MATLAB/Simulink Authoritative Guide

Development Environment, Programming, System Simulation and Case Studies

MATLAB/Simulink 权威指南

开发环境、程序设计、系统仿真与案例实战

徐国保 张冰 石丽梅 吴凡◎编著

Xu Guobao Zhang Bing Shi Limei Wu Fan

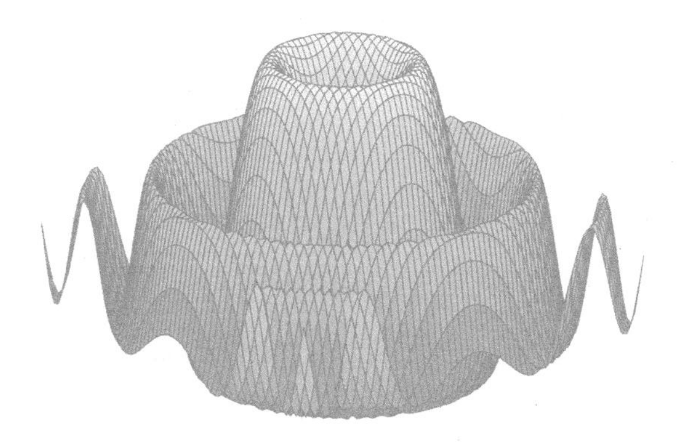

清华大学出版社

北京

内容简介

本书全面、系统地介绍MATLAB/Simulink的基础知识，以及MATLAB/Simulink在图像处理、信息处理、优化与控制系统、通信系统和电力电子系统中的应用。全书以当今流行的MATLAB R2016a和Simulink 8.7为平台，也适用于其他更高级版本(MATLAB R2017和MATLAB R2018等)，结合高等学校不同专业教师的丰富教学经验和科学研究，详细介绍了MATLAB/Simulink的开发环境、程序设计、系统仿真和案例实战。本书的特色是注重MATLAB/Simulink的基础以及MATLAB/Simulink与电子、通信、自动化、电气、计算机等相关学科领域应用相结合，强调基础，兼顾应用；内容编排合理科学，先基础，后应用，由浅入深，循序渐进；内容翔实，例题新颖，应用实例丰富，便于读者学习和掌握MATLAB/Simulink。

全书内容包含六部分，即MATLAB基础篇、MATLAB高级篇、MATLAB信号处理篇、MATLAB通信系统篇、MATLAB优化与控制篇和MATLAB电力电子篇，共17章，内容包括MATLAB语言概述、矩阵及其运算、程序结构和M文件、数值计算、符号运算、数据可视化、Simulink仿真基础、MATLAB图形用户界面、MATLAB在数字图像处理中的应用、MATLAB在信号与系统中的应用、MATLAB在数字信号处理中的应用、MATLAB在语音信号处理中的应用、MATLAB在通信系统中的应用、MATLAB在优化中的应用、MATLAB在控制系统中的应用、MATLAB在电子电路中的应用和Simulink在电力系统中的应用。内容涉及MATLAB/Simulink在电子、电气、自动化、通信、计算机等信息类相关学科领域的应用，能满足一般用户使用的各种功能需求。

本书既可作为初学者的入门用书，也可作为高等院校理工科专业尤其是电子信息工程、电子科学与技术、自动化、电气工程及其自动化、通信工程和计算机科学与技术等专业的本科生教学用书，还可作为研究生、科研与工程技术人员的参考用书。

图书在版编目(CIP)数据

MATLAB/Simulink权威指南：开发环境、程序设计、系统仿真与案例实战/徐国保等编著.—北京：清华大学出版社，2019 (2023.6重印)
(科学与工程计算技术丛书)
ISBN 978-7-302-51839-6

Ⅰ.①M… Ⅱ.①徐… Ⅲ.①自动控制系统－系统仿真－Matlab软件 Ⅳ.①TP273-39

中国版本图书馆CIP数据核字(2018)第272364号

责任编辑：盛东亮
封面设计：李召霞
责任校对：时翠兰
责任印制：宋　林

出版发行：清华大学出版社
网　　址：http://www.tup.com.cn，http://www.wqbook.com
地　　址：北京清华大学学研大厦A座　　邮　　编：100084
社 总 机：010-83470000　　邮　　购：010-62786544
投稿与读者服务：010-62776969，c-service@tup.tsinghua.edu.cn
质量反馈：010-62772015，zhiliang@tup.tsinghua.edu.cn
课件下载：http://www.tup.com.cn，010-83470236
印 装 者：三河市君旺印务有限公司
经　　销：全国新华书店
开　　本：185mm×260mm　　**印　张**：46　　**字　　数**：1045千字
版　　次：2019年5月第1版　　**印　　次**：2023年6月第4次印刷
定　　价：129.00元

产品编号：080427-01

PREFACE

To Accelerate the Pace of Engineering and Science. These eight words have summarized the MathWorks mission for over 30 years.

In that time, it has been an honor and a humbling experience to see engineers and scientists using MATLAB and Simulink to create transformational breakthroughs in an amazingly diverse range of applications: the electrification and increasing autonomy of automobiles; the dramatically more accurate models and forecasts of our weather and climates; the increased performance and safety of aircraft; the insights from neuroscientists about how our brains and bodies work; the pervasiveness of wireless communications; the reliability of power grids; and much more.

At the same time, MATLAB and Simulink have helped countless students in engineering and science courses to learn key technical concepts and apply them to real-world problems, preparing them better for roles in research, teaching, and industry. They are also equipped to become lifelong learners, exploring for new techniques, combining them, and applying them in novel ways.

Today, the pace of innovation in engineering and science is astonishing. That pace is fueled by huge volumes of data, matched with computing hardware and machine-learning algorithms for extracting information from it. It is embodied by software and algorithms in almost every type of system—from children's toys to household appliances to robots and manufacturing systems to almost every form of transportation—making those systems more functional, flexible, and autonomous. Most important, that pace is driven by the engineers and scientists who gain the insights, create the technologies, and design the innovative systems.

To support today's pace of innovation, MATLAB has evolved into a broad and unifying technical computing platform, spanning well-established methods, such as control design and signal processing, with exciting newer areas, such as deep learning, robotics, and IoT development. For today's smart connected systems, Simulink is the platform that enables you to simulate those systems, optimize the design, and automatically generate the embedded code.

The topics in this book series reflect the broad set of areas that MATLAB and Simulink bring together: large-scale programming, machine learning, scientific computing, robotics, and more. We are delighted to collaborate on this series, in support of our ongoing goal: to enable you to accelerate the pace of your engineering and scientific work.

I look forward to the innovations that you will create!

Jim Tung

MathWorks Fellow

序言

致力于加快工程技术和科学研究的步伐——这句话总结了 MathWorks 坚持超过三十年的使命。

在这期间，MathWorks 有幸见证了工程师和科学家使用 MATLAB 和 Simulink 在多个应用领域中的无数变革和突破：汽车行业的电气化和不断提高的自动化；日益精确的气象建模和预测；航空航天领域持续提高的性能和安全指标；由神经学家破解的大脑和身体奥秘；无线通信技术的普及；电力网络的可靠性，等等。

与此同时，MATLAB 和 Simulink 也帮助了无数大学生在工程技术和科学研究课程里学习关键的技术理念并应用于实际问题中，培养他们成为栋梁之才，更好地投入科研、教学以及工业应用中，指引他们致力于学习、探索先进的技术，融合并应用于创新实践中。

如今，工程技术和科研创新的步伐令人惊叹。创新进程以大量的数据为驱动，结合相应的计算硬件和用于提取信息的机器学习算法。软件和算法几乎无处不在——从孩子的玩具到家用设备，从机器人和制造体系到每一种运输方式——让这些系统更具功能性、灵活性、自主性。最重要的是，工程师和科学家推动了这些进程，他们洞悉问题，创造技术，设计革新系统。

为了支持创新的步伐，MATLAB 发展成为一个广泛而统一的计算技术平台，将成熟的技术方法（比如控制设计和信号处理）融入令人激动的新兴领域，例如深度学习、机器人、物联网开发等。对于现在的智能连接系统，Simulink 平台可以让您实现模拟系统，优化设计，并自动生成嵌入式代码。

“科学与工程计算技术丛书”系列主题反映了 MATLAB 和 Simulink 汇集的领域——大规模编程、机器学习、科学计算、机器人等。我们高兴地看到“科学与工程计算技术丛书”支持 MathWorks 一直以来追求的目标：助您加速工程技术和科学研究。

期待着您的创新！

Jim Tung

MathWorks Fellow

前言

MATLAB由MathWorks公司开发,目前已经发展成为国际上最流行、应用最广的科学计算软件之一。MATLAB软件具有强大的矩阵计算、数值计算、符号计算、数据可视化和系统仿真分析等功能,广泛应用于科学计算、信号处理、图像处理、通信系统、信号检测、控制设计、仿真分析、金融建模设计与分析等领域,也是线性代数、高等数学、概率论与数理统计、大学物理、数字信号处理、信号与系统、数字图像处理、自动控制原理、时间序列分析、动态系统仿真等课程的基本教学工具。近些年来,MATLAB已经成为国内外众多高校本科生和研究生的课程,是学生必须掌握的基本编程语言之一,也是教师、科研人员和工程师进行教学、科学研究和研究开发的基本工具。

1. 本书特点

本书是基于当今流行的MATLAB R2016a和Simulink 8.7平台编写的,也适用于其他更高级版本(MATLAB R2017和MATLAB R2018等),是由不同专业的多名高校教师在十余年从事MATLAB课程教学、课程改革、毕业设计指导和利用MATLAB进行科学研究的基础上编著而成的。本书具有以下特点。

(1) 内容编排合理科学。先基础后应用,先理论后实践,由浅入深,循序渐进地进行编排,便于读者学习和掌握MATLAB/Simulink。

(2) 内容翔实,例题新颖。本书结合编者多年的MATLAB教学和使用经验,详细介绍了最新的MATLAB/Simulink版本基本内容,列举了丰富的例题和应用实例,便于读者更好地掌握MATLAB各种函数和命令。

(3) 理论与应用有机结合。本书前8章介绍MATLAB/Simulink基础内容,每章最后两节都给出应用实例和综合实例。第9章到第17章详细介绍了MATLAB/Simulink在电子、通信、电气、自动化和计算机等相关学科领域中的应用。

(4) 实例丰富,简单易学。本书用通俗易懂的语言介绍了MATLAB/Simulink基础内容,全书通过近400个应用实例的详细讲解,指导读者更好地应用MATLAB解决专业领域的实际应用问题。

2. 本书内容

全书内容包含六部分,即MATLAB基础篇、MATLAB高级篇、MATLAB信号处理篇、MATLAB通信系统篇、MATLAB优化与控制篇和MATLAB电力电子篇,共17章。MATLAB基础篇包括:第1章MATLAB语言概述,主要介绍MATLAB语言的发展、特点、环境、帮助系统、数据类型和运算符;第2章MATLAB矩阵及其运算,主要介绍矩阵的创建、修改和基本运算,矩阵分析,字符串,多维数组,结构数组和元胞数组;第3章MATLAB程序结构和M文件,主要介绍MATLAB程序结构、M文件、M函数文件和程序调试;第4章MATLAB数值计算,主要介绍多项式运算、数据插值、数据拟合、数据统计和数值计算；第5章 MATLAB 符号运算，主要介绍符号定义，符号运算，符号极限，符号微分和积分。MATLAB 高级篇包括：第6章 MATLAB 数据可视化，主要介绍 MATLAB 二维曲线绘制，二维特殊图形绘制，三维曲线和曲面绘制；第7章 Simulink 仿真基础，主要介绍 Simulink 的基本概念、模块组成、常用模块、模块编辑和 Simulink 仿真；第8章 MATLAB 图形用户界面，主要介绍图形用户界面，GUI 控制框常用对象及功能，GUI 菜单的设计方法和 GUI 设计实例。MATLAB 信号处理篇主要包括：第9章 MATLAB 在数字图像处理中的应用；第10章 MATLAB 在信号与系统中的应用；第11章 MATLAB 在数字信号处理中的应用；第12章 MATLAB 在语言信号处理中的应用。MATLAB 通信系统篇包括第13章 MATLAB 在通信系统中的应用。MATLAB 优化与控制篇包括：第14章 MATLAB 在优化中的应用；第15章 MATLAB 在控制系统中的应用。MATLAB 电力电子篇包括：第16章 MATLAB 在电子电路中的应用；第17章 Simulink 在电力系统中的应用。

3. 本书读者

本书既可作为初学者的入门用书，也可作为高等院校理工科专业，尤其是电子信息工程、电子科学与技术、自动化、电气工程及其自动化、通信工程和计算机科学与技术等专业的教学用书，也可作为研究生、科研与工程技术人员的参考用书。

(1) MATLAB/Simulink 的初学者。

(2) MATLAB/Simulink 的爱好者。

(3) MATLAB/Simulink 的提高人员。

(4) MATLAB/Simulink 相关从业人员。

(5) 高等院校理工科专业师生。

(6) 广大科研工作人员。

4. 本书作者

本书由广东海洋大学的徐国保主编。第1章至第4章、第6章、第8章和第9章由电子信息工程专业的徐国保编写；第7章、第15章至第17章由广东海洋大学电气工程及其自动化专业的张冰编写；第10章至第12章由广东海洋大学通信工程专业的石丽梅编写；第5章、第13章和第14章由广东海洋大学通信工程专业的吴凡编写。为了确保本书的质量，应用部分均由教学经验丰富的相关专业任课教师编写。本书的编写思路与内容选择由编者集体讨论确定，全书由徐国保负责统稿和定稿。

在本书的编写过程中，参考和引用了相关教材和资料，在此一并向教材和资料的作者表示诚挚的谢意。赵霞参与了资料收集和校稿工作，本书也得到清华大学出版社高级策划编辑盛东亮的指导和帮助，在此表示感谢！

前言

为了便于读者学习，全书附有所有应用实例和综合实例的源代码。为了方便教师教学，本书配有教学课件和所有图片素材，欢迎选用本书作为教材的老师索取，联系邮箱为xuguobao@126.com。

由于编者水平有限，书中难免存在不妥之处，欢迎使用本书的读者批评指正，以便再版时改进和提高，共同促进本书质量的提高。

编　者

2019年1月

目录

第一部分　MATLAB 基础篇

目录

目录

目录

第二部分　MATLAB 高级篇

目录

目录

目录

目录

第六部分 MATLAB电力电子篇

第一部分
MATLAB基础篇

MATLAB基础篇主要介绍MATLAB的基础知识、MATLAB编程的基本方法,以及MATLAB的数值计算和符号计算。通过MATLAB基础篇的学习,读者可以了解和掌握MATLAB的基本语法、基本函数、常用命令、M文件、程序结构等知识,掌握MATLAB的矩阵及其运算,数值计算和符号计算等功能,为学习MATLAB高级篇奠定良好的基础。

MATLAB基础篇包含如下5章:

第1章 MATLAB语言概述

本章要点：

◇ MATLAB 语言的发展；
◇ MATLAB 语言的特点；
◇ MATLAB 语言的环境；
◇ MATLAB 的帮助系统；
◇ MATLAB 的数据类型；
◇ MATLAB 的运算符。

1.1 MATLAB 语言的发展

MATLAB 语言最初是由美国的 Cleve Moler 教授为了解决“线性代数”课程的矩阵运算问题，于 1980 年前后编写的。MATLAB 是 Matrix Laboratory(矩阵实验室)中两个单词前三个字母的组合。早期的 MATLAB 版本是用 FORTRAN 语言编写的。1984 年，John Little、Cleve Moler 和 Steve Bangert 合作成立了 MathWorks 公司，正式把 MATLAB 推向市场。此后，MATLAB 版本都是用 C 语言编写，功能越来越强大，除了原有的数值计算功能外，还增加了符号计算功能和图形图像处理功能等。MATLAB 支持 UNIX、Linux 和 Windows 等多种操作平台系统。

从 1984 年以来，MATLAB 版本更新非常快，现在几乎每年更新两次，上半年推出 a 版本，下半年推出 b 版本。MATLAB 主要版本如表 1-1 所示。

目前，MATLAB 已经成为“线性代数”“高等数学”“概率论与数理统计”“自动控制原理”“数字信号处理”“信号与系统”“时间序列分析”“动态系统仿真”和“数字图像处理”等课程的基本教学工具，国内外高校纷纷将 MATLAB 列为本科生和研究生的课程，成为学生必须掌握的基本编程语言之一。在高校、研究所和公司企业单位中，MATLAB 也成为教师、科研人员和工程师们进行教学、科学研究和生产实践的一个基本工具，主要应用于科学计算、控制设计、仿真分析、信号处理与通信、图像处理、信号检测和金融建模设计与分析等领域。

MATLAB R2016a 版本集成了 MATLAB 9.0 编译器、Simulink 8.7 仿真软件和很多工具箱，具有强大的数值计算、符号计算、图形图像处理和仿真分析等功能。本书以 MATLAB R2016a 版本为基础，介绍 MATLAB 的基本功能及应用。

表 1-1　MATLAB 的发展

版　　本	编　　号	发布时间	版　　本	编　　号	发布时间
MATLAB 1		1984	MATLAB 7.2	R2006a	2006
MATLAB 2		1986	MATLAB 7.4	R2007a	2007
MATLAB 3		1987	MATLAB 7.6	R2008a	2008
MATLAB 3.5		1990	MATLAB 7.8	R2009a	2009
MATLAB 4		1992	MATLAB 7.10	R2010a	2010
MATLAB 4.2c	R7	1994	MATLAB 7.12	R2011a	2011
MATLAB 5.0	R8	1996	MATLAB 7.14	R2012a	2012
MATLAB 5.3	R11	1999	MATLAB 8.0	R2012b	2012
MATLAB 6.0	R12	2000	MATLAB 8.1	R2013a	2013
MATLAB 6.5	R13	2002	MATLAB 8.3	R2014a	2014
MATLAB 7.0	R14	2004	MATLAB 8.5	R2015a	2015
MATLAB 7.1	R14SP3	2005	MATLAB 9.0	R2016a	2016

1.2　MATLAB 语言的特点

MATLAB 自 1984 年由 MathWorks 公司推向市场以来，经历了 30 余年的发展和完善，代表了当今国际科学计算软件的先进水平。同其他高级语言相比，MATLAB 的特点包括：简单的编程环境、可靠的数值计算和符号计算功能、强大的数据可视化功能、直观的 Simulink 仿真功能、丰富的工具箱和完整的帮助功能等。

1. 简单的编程环境

MATLAB 语言编程简单，书写自由，不需要编译和连接即可执行。MATLAB 语言的函数名和命令表达很接近标准的数学公式和表达方式，可以利用 MATLAB 命令窗口直接书写公式并求解，能直接得出运算结果，快速验证编程人员的算法结果，因此，MATLAB 被称为“草稿式”的语言。MATLAB 程序编写语法限制不严格，在命令窗口能立即给出错误提示，便于编程者修改，减轻编程和调试工作，提高了编程效率。

2. 可靠的数值计算和符号计算功能

MATLAB 以矩阵作为数据操作的基本单位，这使得矩阵运算变得非常简单、快捷和高效。MATLAB 还提供了 600 多个数值计算函数，极大地降低了编程工作量，因而具有强大的数值计算功能。另外，MATLAB 和符号计算语言 Maple 相结合，可以解决数学、应用科学和工程计算领域的符号计算问题，具有高效的符号计算功能。

3. 强大的数据可视化功能

MATLAB具有非常强大的数据可视化功能,能将矩阵和数组显示成图形,智能地根据输入数据自动确定坐标轴和不同颜色线型。利用不同作图函数可以画出多种坐标系(如笛卡儿坐标系、极坐标系和对数坐标系等)的图形,可以设置不同的颜色、线型和标注方式,可以对图形进行修饰(如标题、横纵坐标名称和图例等)。

4. 直观的Simulink仿真功能

Simulink是MATLAB的仿真工具箱,是一个交互式动态系统建模、仿真和综合分析的集成环境。使用Simulink构建和模拟一个系统,简单方便,用户通过框图的绘制代替程序的输入,用鼠标操作替代编程,不需要考虑系统模块内部。Simulink支持线性、非线性以及混合系统,也支持连续、离散和混合系统的仿真,能够用于控制系统、电路系统、信号与系统、信号处理和通信系统等进行系统建模、仿真和分析。

5. 丰富的工具箱

MATLAB包括数百个核心内部函数和丰富的工具箱。其工具箱可以分为功能性工具箱和学科性工具箱,每个工具箱都是为了某一类学科专业和应用而编制,为不同领域的用户提供了丰富强大的功能。MATLAB的常用工具箱有符号数学工具箱(Symbolic Math Toolbox)、图像处理工具箱(Image Processing Toolbox)、数据库工具箱(Database Toolbox)、优化工具箱(Optimization Toolbox)、统计工具箱(Statistics Toolbox)、信号处理工具箱(Signal Processing Toolbox)、小波分析工具箱(Wavelet Toolbox)、通信工具箱(Communication Toolbox)、滤波器设计工具箱(Filter Design Toolbox)、控制系统工具箱(Control System Toolbox)、系统辨识工具箱(System Identification Toolbox)、神经网络工具箱(Neural Network Toolbox)、机器人系统工具箱(Robotics System Toolbox)、鲁棒控制工具箱(Robust Control Toolbox)、模糊逻辑工具箱(Fuzzy Logic Toolbox)和金融工具箱(Financial Toolbox)等。

6. 完整的帮助功能

MATLAB的帮助功能完整,用户使用方便。用户可以通过命令窗口输入help函数命令获取特定函数的使用帮助信息,利用lookfor函数搜索和关键字相关的Matlab函数信息,另外还可以通过联机帮助系统获取各种帮助信息。MATLAB的帮助文件不仅介绍函数的功能、参数定义和使用方法,还给出了相应的实例,以及相关的函数名称。

1.3 MATLAB语言的环境

1.3.1 MATLAB语言的安装

安装MATLAB软件的主要操作步骤如下。

(1) 下载MATLAB R2016a安装文件,安装文件为iso格式,需要用解压缩软件解压，安装前要确保系统满足软硬件要求。MATLAB R2016a 需要 64 位操作系统，软件安装文件占用 13GB 以上的空间。

（2）双击 setup.exe 文件进行安装，选择“使用文件安装密钥不使用 Internet 安装”，单击“下一步”按钮，如图 1-1 所示。

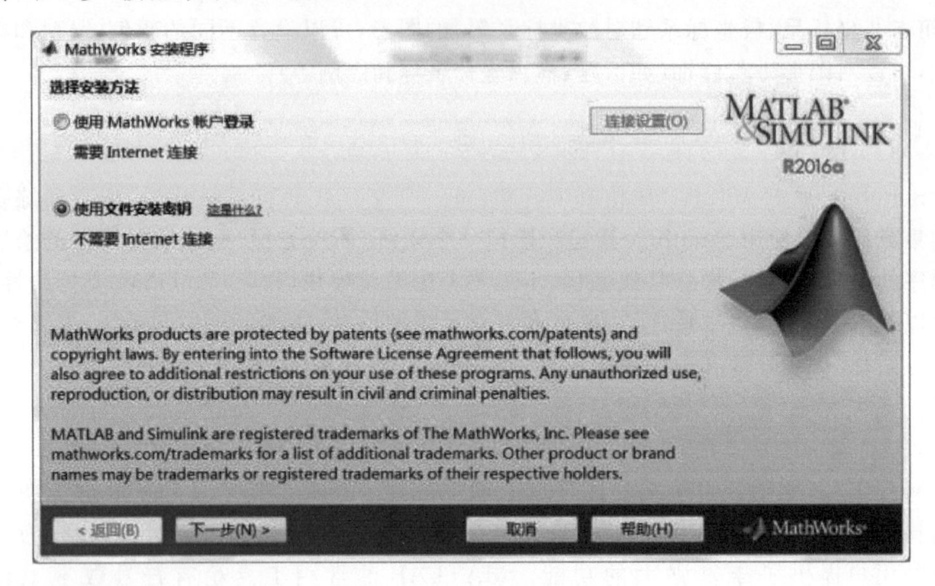

图 1-1　选择安装方法

（3）在“是否接受许可协议的条款?”提示后选择“是(Y)”，单击“下一步”按钮，如图 1-2 所示。

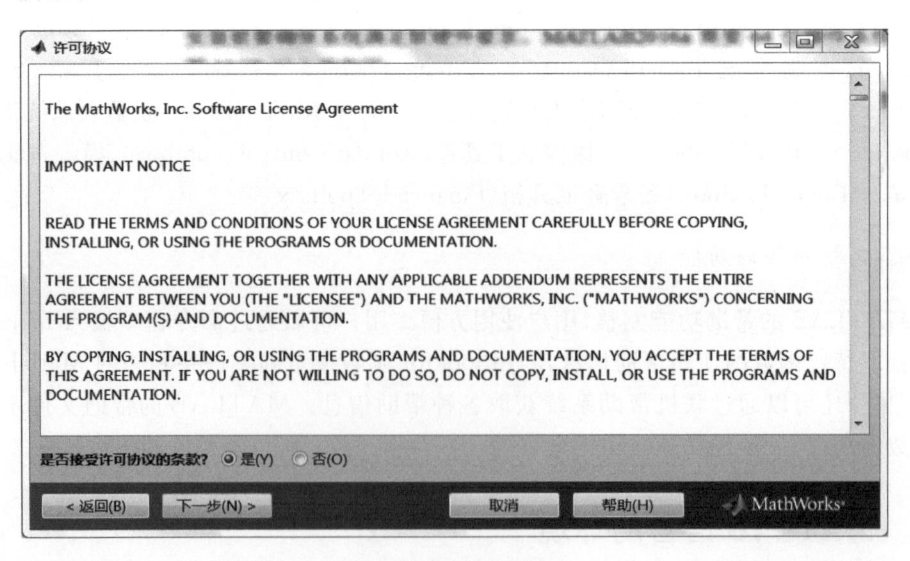

图 1-2　接受许可协议

（4）选择“我已有我的许可证的文件安装密钥”，输入文件安装密钥，单击“下一步”按钮，如图 1-3 所示。

（5）选择安装类型。可以根据自己的爱好和需要，选择安装类型。典型类型将安装

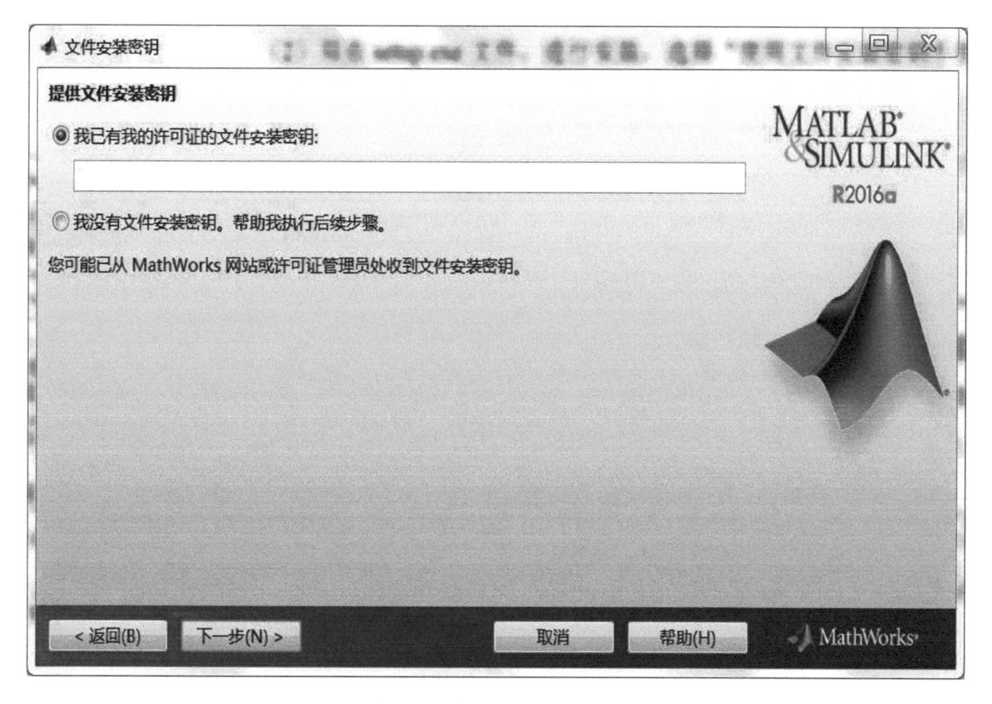

图 1-3　输入文件安装密钥

所有默认的组件，需要空间大，功能完善，而自定义类型将有选择地安装组件，需要的空间可以相对小一些。如果选择典型安装类型，则单击“下一步”按钮，开始安装默认组件，如图 1-4 所示。

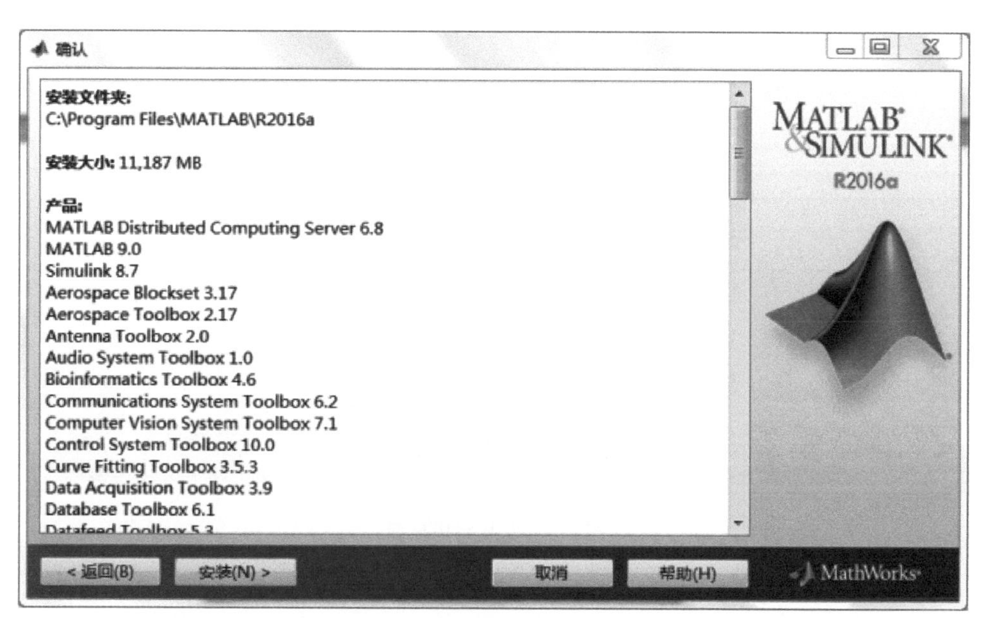

图 1-4　确认安装目录和组件

(6) 等待安装结束。由于软件很大，安装时间可能较长，安装界面如图 1-5 所示。

(7) 安装完成。安装完成后，弹出的安装完成对话框如图 1-6 所示。

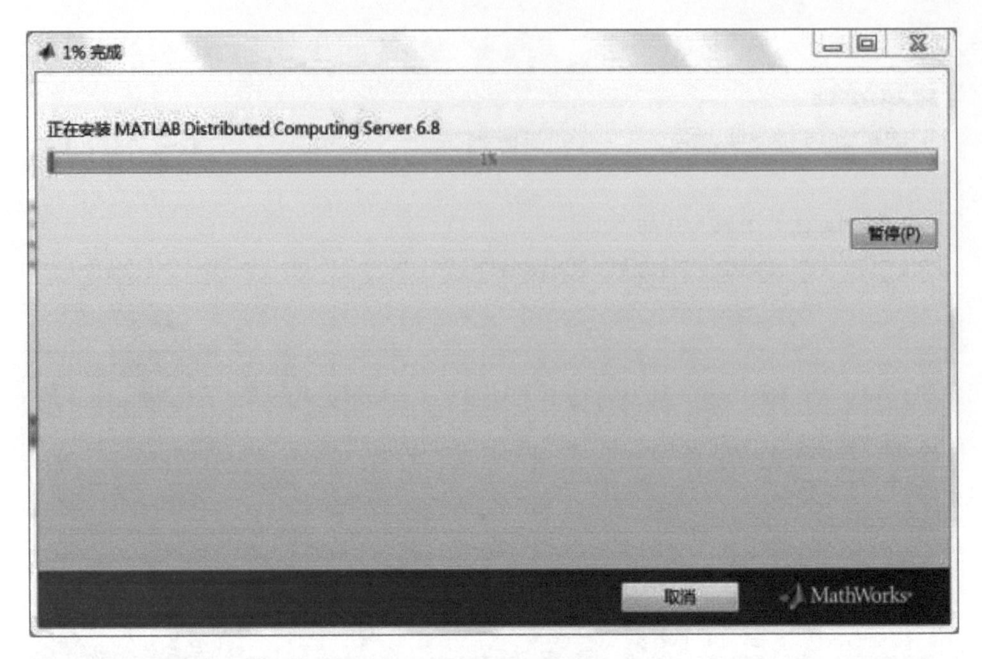

图 1-5 正在安装界面

图 1-6 安装完毕界面

(8) 激活软件。安装完成后,单击“下一步”按钮,出现软件激活界面,一般选择“不使用 Internet 手动激活”,如图 1-7 所示。完成输入许可文件的所在路径,找到许可文件,单击“下一步”按钮,完成激活,如图 1-8 所示。

用户如果需要卸载 MATLAB,可在安装目录中找到 uninstall. exe 文件,双击该文件

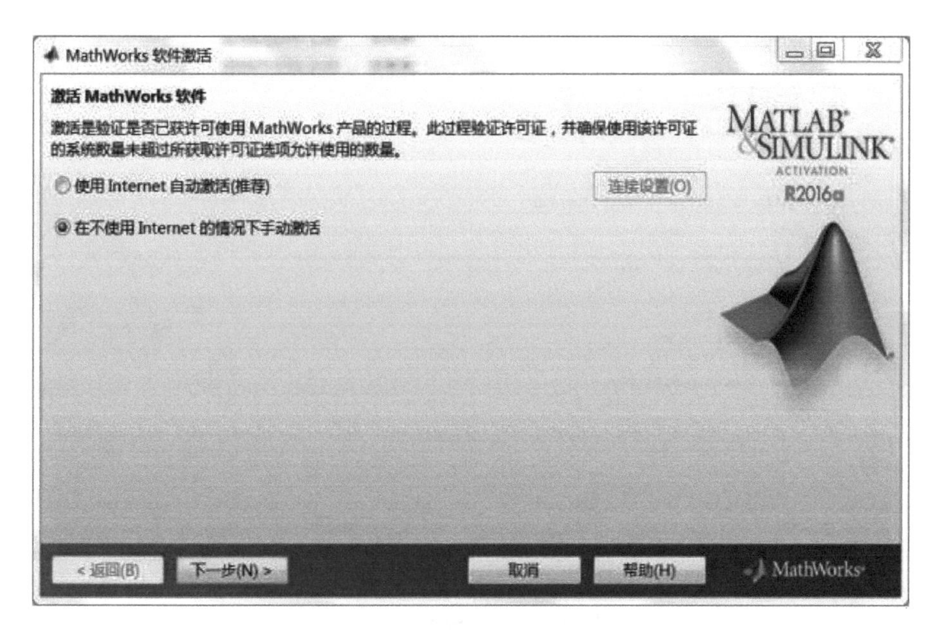

图 1-7　软件激活界面

图 1-8　完成离线激活界面

后，MATLAB 开始卸载，如图 1-9 所示。

打开运行 MATLAB 软件，有下面几种方法：

(1) 双击桌面上的快捷方式图标 。

(2) 在“开始”菜单中的“程序”中选择运行 MATLAB。

(3) 在 MATLAB 的根目录下，双击 MATLAB.exe 文件运行。

打开 MATLAB 软件后，启动运行窗口如图 1-10 所示。

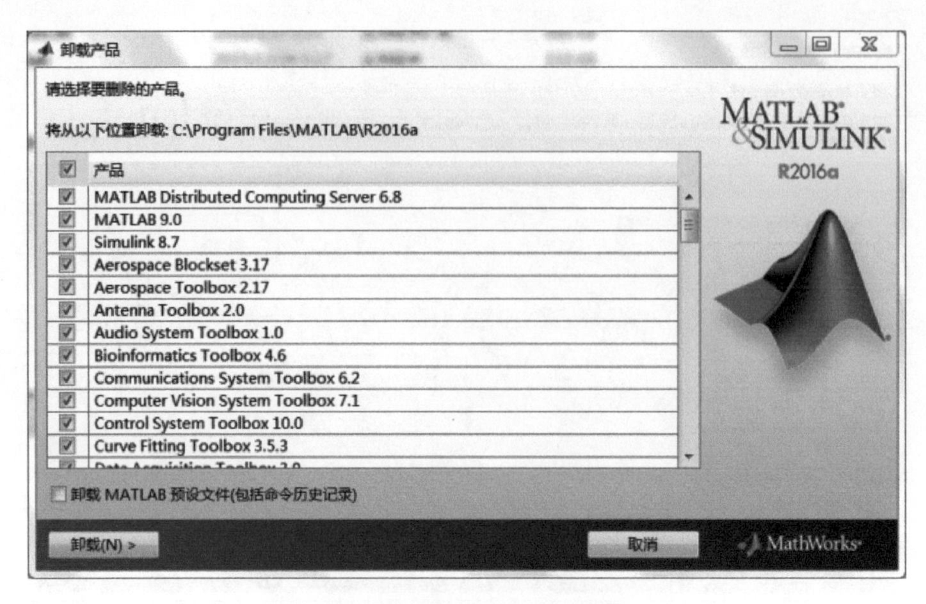

图 1-9　卸载 MATLAB 界面

图 1-10　启动 MATLAB 界面

1.3.2　MATLAB 语言的界面简介

MATLAB R2016a 版的界面是一个高度集成的 MATLAB 工作界面，其默认形式如图 1-11 所示。该界面分割成 4 个最常用的窗口：命令窗口(Command Window)、当前目录(Current Directory)浏览器、工作空间(Workspace)窗口和当前文件夹(Current Folder)窗口。

1. 命令窗口

命令窗口是进行各种 MATLAB 操作的最主要的窗口。在该窗口中，可以输入各种

MATLAB菜单和工具栏
当前文件夹
MATLAB当前目录
工作空间窗口
命令窗口

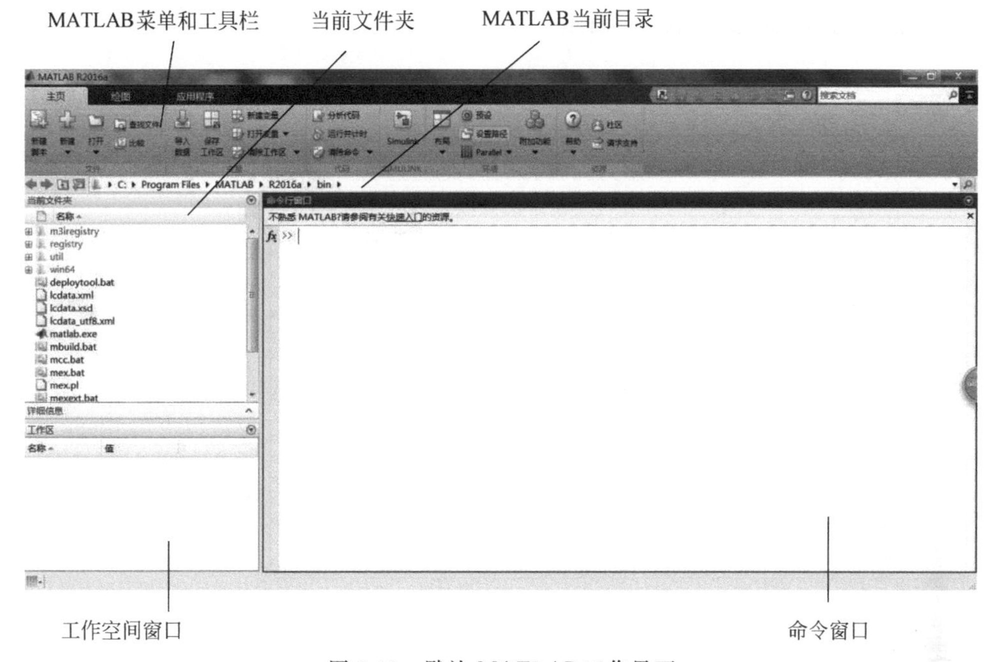

图 1-11　默认 MATLAB 工作界面

MATLAB 运行的指令、函数和表达式，显示除图形外的所有运算结果，显示错误信息等，如图 1-12 所示。

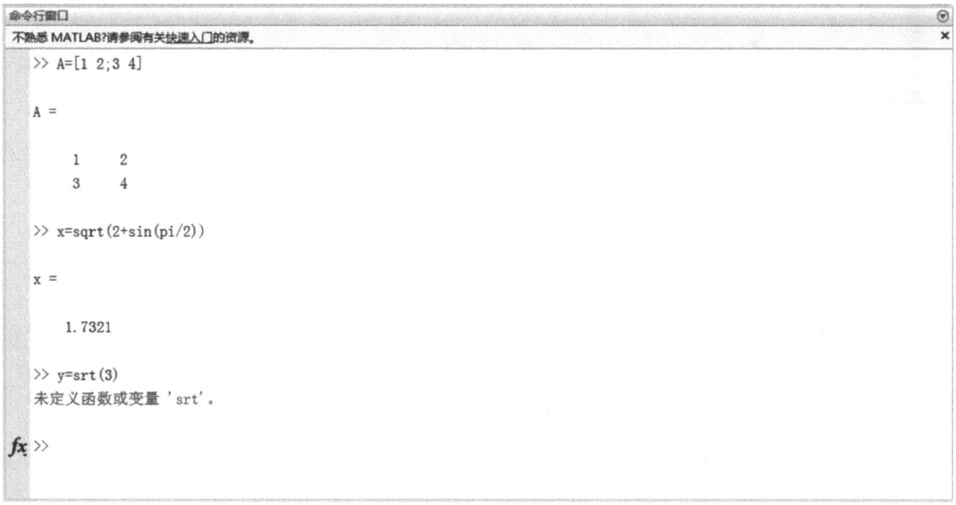

命令行窗口
不熟悉 MATLAB?请参阅有关快速入门的资源。
>> A=[1 2;3 4]
A =
1 2
3 4
>> x=sqrt(2+sin(pi/2))
x =
1.7321
>> y=srt(3)
未定义函数或变量 'srt'。
>>

图 1-12　命令窗口

MATLAB 命令窗口中的>>为命令提示符，表示 MATLAB 处于准备状态。在命令提示符后面输入命令，并按 Enter 键，MATLAB 立即执行所输入的命令，并在工作空间中显示变量名、数值、大小和类别等信息。

命令行可以输入一条命令，也可以同时输入多条命令，命令之间可以用分号或者逗号分隔，最后一条命令可以不用分号或者逗号，直接按 Enter 键，MATLAB 立即执行命令。如果命令结尾使用分号，则不在命令空间显示该条命令的结果。MATLAB 语言中常用的标点符号及其功能如表 1-2 所示。

表 1-2　常用标点符号的功能

符　号	名称	功　　能	例　　子
	空格	数组或矩阵各行列元素的分隔符	A=[1 0 0]
,	逗号	数组或矩阵各行列元素的分隔符； 显示计算结果的指令和后面指令分隔符	A=[1,0,0] x=1,y=2;
.	点号	数值中是小数点； 用于运算符前，表示点运算	x=3.14 C=A.*B
:	冒号	用于生成一维数组或矩阵； 用于矩阵行或者列，表示全部的行或者列	v=1:1:10 A(2,:)=[1 2 3]
;	分号	用于指令后，不显示计算结果； 用于矩阵，作为行间分隔符	A=[1 2 3];B=[1 0 0] A=[1 0 0;0 1 0;0 0 1]
' '	单引号	用于生成字符串	x='student'
%	百分号	用于注释分隔符	%后面的指令不执行
( )	圆括号	用于改变运算次序； 用于引用数组元素； 用于函数输入参量列表	x=3*(6-2) a(2) sqrt(x)
[ ]	方括号	用于创建矩阵或者数组； 用于函数输出参数列表	A=[1 0 0] [x,y]=ff(x)
{ }	大括号	用于创建元胞数组	A={'cell',[1 2];1+2i,0:5}
…	续行号	用于后面的行与该行连接，构成完整行	a=1+2+3+… 4+5+6
_	下画线	用于变量、文件和函数名中的连字符	a_student=3
@	“at”号	用于形成函数句柄及形成用户对象目录	a=@sqrt

逗号或者按 Enter 键前的命令，会在命令空间显示运行结果。运行后都会在工作空间存储并显示变量名、数值、大小和类别等信息。例如：

```
>> a = 1;b = 1 + 2,c = 1 + 2i
b =
     3
c =
   1.0000 + 2.0000i
```

结果都会在工作空间存储和显示，如图 1-13 所示。

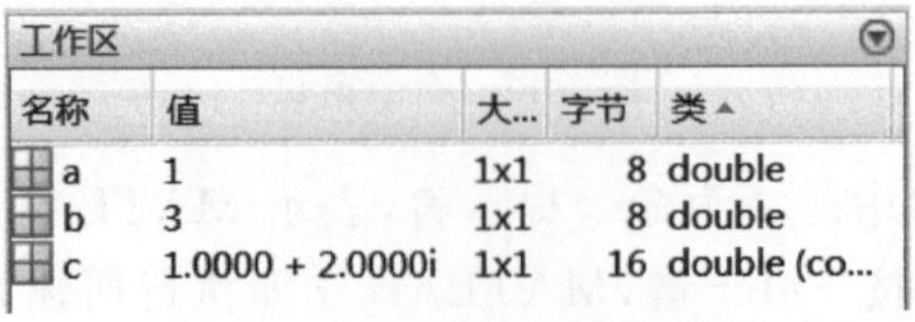

工作区

名称	值	大...	字节	类
a	1	1x1	8	double
b	3	1x1	8	double
c	1.0000 + 2.0000i	1x1	16	double (co...

图 1-13　变量存储和显示

如果命令语句很长，可以在第一行之后加上 3 个小黑点，按 Enter 键后，在第二行继续输入命令的剩余部分。3 个小黑点为续行符，表示把下面的行看作该行的逻辑继续。

例如：

```
>> a = 1 + 2 + 3 + …
4 + 5 + 6
a =
    21
```

MATLAB命令窗口不仅可以对输入的命令进行编辑和运行，而且可以使用很多控制键对已经输入的命令进行回调、编辑和重新运行，提高编程效率。命令窗口中行编辑的常用控制键如表1-3所示。

表1-3　命令窗口中行编辑的常用控制键

控制键名	功　能	控制键名	功　能
↑	向前调回已输入的命令	Delete	删除光标右边的字符
↓	向后调回已输入的命令	Backspace	删除光标左边的字符
←	光标左移一个字符	Esc	删除当前行全部内容
→	光标右移一个字符	PgUp	向前翻一页已输入命令
Home	光标移到当前行行首	PgDn	向后翻一页已输入命令
End	光标移到当前行末尾	Ctrl+C	中断MATLAB命令的运行

例如，在命令窗口中输入命令 y=(1+tg(pi/3))/sqrt(2)，按Enter键后，MATLAB给出下面的错误信息：

```
>> y = (1 + tg(pi/3))/sqrt(2)
未定义函数或变量'tg'
```

重新输入命令时，用户不需要输入整行命令，只需按向上方向(↑)键，就可以调出刚输入的命令，把光标移到相应位置，删除g，输入an，并按Enter键即可。反复使用↑键，可以调回以前输入的所有命令。

若要清除MATLAB命令窗口的命令和信息，可以使用清除工作命令窗口clc函数，相当于擦去一页命令窗口，光标回到屏幕左上角。需要注意，clc命令只清除命令窗口显示的内容，不能清除工作空间的变量。

2. 当前目录浏览器

当前目录浏览器用来设置当前目录，显示当前目录下的各种文件信息，并提供搜索功能。通过目录下拉列表框可以选择已经访问过的目录，也可以单击搜索图标，就可以在当前文件夹及子文件夹中搜索文件。

3. 当前文件夹窗口

当前文件夹窗口用来显示当前文件夹里的所有文件和文件夹，便于用户浏览、查询和打开文件，也可以在当前文件夹创建新文件夹。

4. 工作空间窗口

工作空间窗口是MATLAB用于存储各种变量和结构的内部空间，可以显示变量的名称、值、维度大小、字节、类别、最小值、最大值、均值、中位数、方差和标准差等，可以对变量进行观察、编辑、保存和删除等操作，工作空间窗口如图1-14所示。

工作区

名称	值	大小	字节	类▲	最小值	最大值
a	[1,2;3,4]	2x2	32	double	1	4
y	1	1x1	8	double	1	1
x	1	1x1	1	logical		

图1-14　工作空间

MATLAB常用4个指令函数who、whos、clear和exist来管理工作空间。

1）who和whos

查询变量信息函数。who只显示工作空间的变量名称；whos显示变量名Name、大小Size、字节Bytes、类型Class和属性Attributes等信息。

```
>> who
您的变量为:
a  b  c  da
>> whos
  Name      Size            Bytes  Class     Attributes
  a         1x1                 8  double
  b         2x2                32  double
  c         1x1                16  double    complex
  da        1x1                 8  double
```

2）clear删除变量和函数

MATLAB清除命令空间的变量可以用clear函数。

常见的有下面几种格式：

```
clear var1              % 清除 var1 一个变量
clear var1 var2         % 清除 var1 和 var2 两个变量
clear                   % 清除工作空间中的所有变量
clear all               % 清除工作空间中的所有变量和函数
```

注意，变量之间没有“,”或“;”符号，clear是无条件删除变量，且不可恢复。

3）exist查询变量函数

MATLAB查询变量空间中是否存在某个变量，可以用exist函数，函数调用格式：

```
i = exist('var')
```

其中，var为要查询的变量名；i为返回值。i=1表示工作空间存在变量名为var的变量；i=0表示工作空间不存在变量名为var的变量。

1.4 MATLAB 帮助系统

学习 MATLAB 的最佳途径是充分使用帮助系统所提供的信息。MATLAB 的帮助系统较为完善，包括 help 和 lookfor 查询帮助命令函数以及联机帮助系统。

MATLAB 用户可以通过在命令窗口直接输入帮助函数命令来获取相关的帮助信息，这种获取帮助的方式比联机帮助更为便捷。命令窗口查询帮助主要使用 help 和 lookfor 这两个函数命令。

1.4.1 help 查询帮助函数

当 MATLAB 用户知道函数名称，但不知道该函数具体用法时，可以在命令窗口输入 help＋函数名，就可以获得该函数的使用帮助信息。例如，在命令窗口输入：

```
>> help fft2
 fft2 Two - dimensional discrete Fourier Transform.
fft2(X) returns the two - dimensional Fourier transform of matrix X.
If X is a vector, the result will have the same orientation.
 fft2(X,MROWS,NCOLS) pads matrix X with zeros to size MROWS - by - NCOLS
before transforming.
 Class support for input X:
       float: double, single
 See also fft, fftn, fftshift, fftw, ifft, ifft2, ifftn.
fft2 的参考页
名为 fft2 的其他函数
```

由帮助文件可知，fft2 是二维离散傅里叶变换函数，帮助文件也给出了使用方法。

1.4.2 lookfor 查询帮助函数

当 MATLAB 用户不知道一些函数的名称时，不能用 help 函数寻求帮助，但可以用 lookfor 函数帮助查找和关键字相关的所有函数名称。所以在使用 lookfor 函数时，用户只需要知道函数的部分关键字，在命令窗口中输入 lookfor＋关键字，就可以很方便地查找函数名称。例如，在命令窗口里输入：

```
lookfor Fourier
```

运行结果如下：

```
fft                        - Discrete Fourier transform.
fft2                       - Two - dimensional discrete Fourier Transform.
fftn                       - N - dimensional discrete Fourier Transform.
ifft                       - Inverse discrete Fourier transform.
```

```
ifft2                     - Two-dimensional inverse discrete Fourier transform.
ifftn                     - N-dimensional inverse discrete Fourier transform.
slexFourPointDFTSysObj    - 4 point Discrete Fourier Transform
fourierBasis              - Generates Fourier series expansion for gain surface tuning.
fi_radix2fft_demo         - Convert Fast Fourier Transform (FFT) to Fixed Point
power_fftscope            - Fourier analysis of simulation data.
dftmtx                    - Discrete Fourier transform matrix.
specgram                  - Spectrogram using a Short-Time Fourier Transform (STFT).
spectrogram               - Spectrogram using a Short-Time Fourier Transform (STFT).
instdfft                  - Inverse non-standard 1-D fast Fourier transform.
nstdfft                   - Non-standard 1-D fast Fourier transform.
waveft2                   - Wavelet Fourier transform 2-D.
```

由运行结果可知，可以得到与 Fourier 关键字相关的所有函数名称。如果想知道这些函数的具体使用方法，可以接着使用 help＋函数名的方法得到其帮助信息。

1.4.3 联机帮助系统

MATLAB 联机帮助系统（帮助窗口）相当于一个帮助信息浏览器。使用帮助窗口可以查看和搜索所有 MATLAB 的帮助文档信息，还能运行有关演示例题程序。可以通过下面两种方法打开 MATLAB 帮助窗口。

（1）单击 MATLAB 主窗口工具栏中的帮助按钮。

（2）在命令窗口中运行 helpdesk 或者 doc 命令。

MATLAB 帮助窗口如图 1-15 所示，该窗口的下面显示各种模块和各种工具箱名称的链接。若单击 Wavelet Toolbox，则得到 Wavelet Toolbox 的帮助窗口如图 1-16 所示。在左边的帮助向导窗口选择帮助项目名称，将在右边的帮助显示窗口中显示对应的帮助信息。

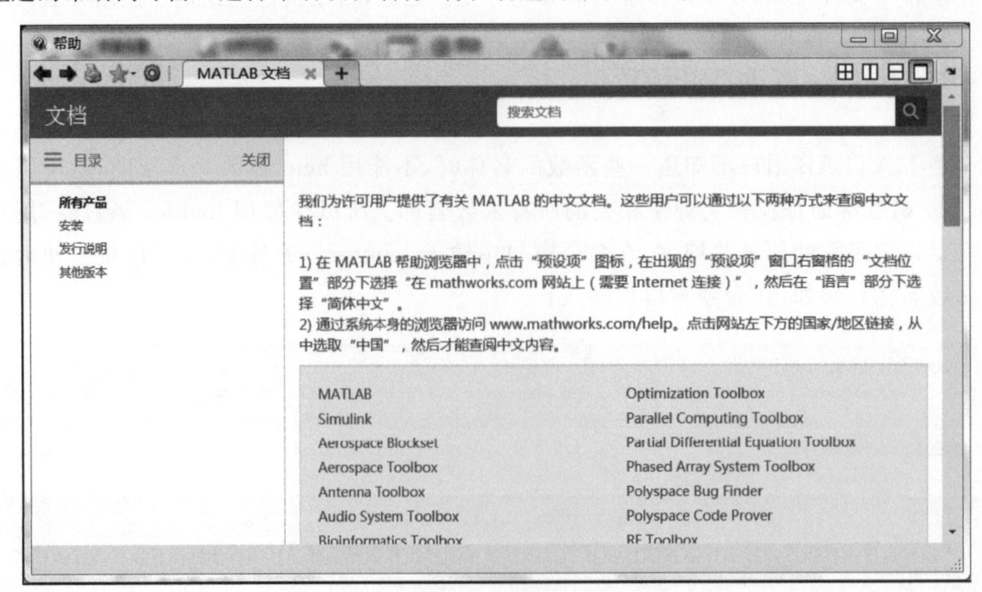

图 1-15　帮助窗口

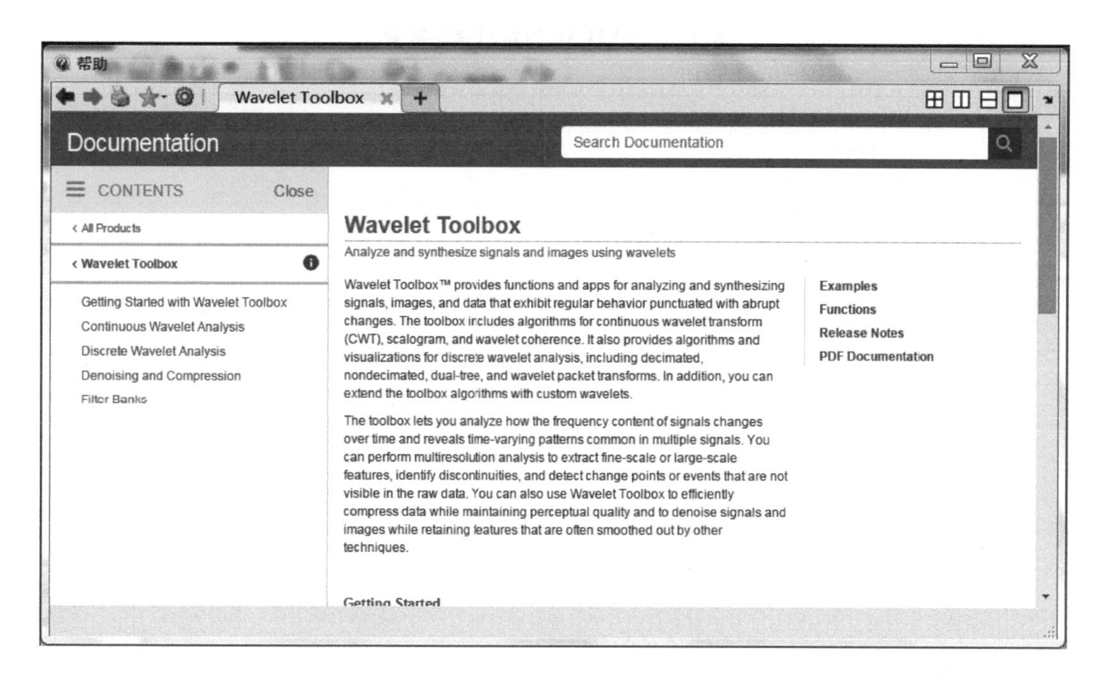

图 1-16　Wavelet Toolbox 帮助窗口

在右边的帮助显示窗口中还有两个常用选项卡：Examples 选项卡和 Functions 选项卡。Examples 选项卡查看和运行 MATLAB 的例题演示程序，这对学习 MATLAB 编程非常有帮助。Functions 选项卡查看这个模块或者工具箱相关的所有函数名称，这样可以快速找到该工具箱里的常用函数名称。

1.5　MATLAB 数据类型

MATLAB R2016a 定义了多种基本的数据类型，常见的有整型、浮点型、字符型和逻辑型等。MATLAB 内部的任何数据类型，都是按照数组（矩阵）的形式进行存储和运算。

整型数包括符号数和无符号数，浮点数包括单精度型和双精度型。MATLAB R2016 默认将所有数值都按照双精度浮点数类型存储和操作，可以使用类型转换函数将不同数据类型相互转换。

1.5.1　常量和变量

1. 特殊常量

MATLAB 有些固定的变量，称为特殊常量。这些特殊常量具有特定的意义，用户在定义变量名时应避免使用。表 1-4 给出了 MATLAB 的常用特殊常量。

表 1-4 MATLAB的常用特殊常量

特殊常量名	取值及说明	特殊常量名	取值及说明
ans	运算结果的默认变量名	tic	秒表计时开始
pi	圆周率 π	toc	秒表计时停止
eps	浮点数的相对误差	i 或 j	虚数单位
inf	无穷大∞,如 1/0	date	日历
NaN	不定值,如 0/0、0×∞	clock	时钟
now	按照连续的日期数值格式获取当前系统时间	etime	运行时间

例如:

```
>> date   %当前系统的时间
ans =
23 - Jan - 2017
>> clock  %按照日期向量格式获取当前系统时间
ans =
   1.0e+03 *
    2.0170 0.0010 0.0230 0.0210 0.0230 0.0321
>> now     %按照连续的日期数值格式获取当前系统时间,即 2017 年 1 月 23 日到公
           %元元年 1 月 1 日的间隔天数
ans =
   7.3672e+05
```

在 MATLAB 语言中,需要知道程序或者代码的运行时间,可以使用计时函数 tic/toc 和 etime 两种方法实现。

(1) tic/toc 方法:tic 在程序代码开始时启动计时器;toc 放在程序代码的最后,用于终止计时器,并返回计时时间即程序运行时间。

例如:

```
tic
   %程序段
toc %返回时间就是程序运行时间
```

(2) etime 方法使用 etime 函数来获取程序运行时间,函数命令格式为

```
etime(t2,t1)
```

其中,t2 和 t1 可以使用 clock 函数获得,例如:

```
t1 = clock
    %程序段
t2 = clock
t = etime(t2,t1) %t为程序运行时间
```

2. 变量

变量是其值可以改变的量,是数值计算的基本单元。与其他高级语言不同,

MATLAB变量使用无须事先定义和声明，也不需要指定变量的数据类型。MATLAB语言可以自动根据变量值或对变量操作来识别变量类型。在变量赋值过程中，MATLAB语言自动使用新值替换旧值，用新值类型替换旧值类型。

MATLAB语言变量的命名应遵循下面的规则。

(1) 变量名由字母、数字和下画线组成，且第一个字符为字母，不能有空格和标点符号。例如，1a、a 1、_a、a%、b－1 和变量 a 都是不合法的变量名。

(2) 变量名区分大小写。例如，P1Q、p1q、P1q 和 p1Q 是 4 个不同的变量。

(3) 变量名的长度上限为 63 个字符，第 63 个字符后面的字符被忽略。

(4) 关键字或者系统的函数名不能作为变量，如 if、while、for、function 和 who 等。

需要指出，在 MATLAB R2016a 中，函数名和文件名都要遵循变量名的命名规则。

1.5.2 整数和浮点数

1. 整数

MATLAB R2016a 提供 8 种常见的整数类型，可以使用类型转换函数将各种整数类型强制互相转换。表 1-5 给出了 MATLAB 各种整数类型的取值范围和类型转换函数。

表 1-5 各种整数类型的取值范围和类型转换函数

数据类型	取值范围	字节数	类型转换函数
无符号 8 位整数 uint8	$0\sim2^{8}-1$	1	uint8( )
无符号 16 位整数 uint16	$0\sim2^{16}-1$	2	uint16( )
无符号 32 位整数 uint32	$0\sim2^{32}-1$	4	uint32( )
无符号 64 位整数 uint64	$0\sim2^{64}-1$	8	uint64( )
有符号 8 位整数 int8	$-2^{7}\sim2^{7}-1$	1	int8( )
有符号 16 位整数 int16	$-2^{15}\sim2^{15}-1$	2	int16( )
有符号 32 位整数 int32	$-2^{31}\sim2^{31}-1$	4	int32( )
有符号 64 位整数 int64	$-2^{63}\sim2^{63}-1$	8	int64( )

2. 浮点数

在 MATLAB R2016a 中，浮点数包括单精度型(single)和双精度型(double)。MATLAB默认的数据类型是双精度型。单精度型的取值范围是 $-3.4028\times10^{38}\sim3.4028\times10^{38}$；双精度型的取值范围是 $-1.7977\times10^{308}\sim1.7977\times10^{308}$，浮点数类型可以用类型转换函数 single()和 double()互相转换。

例如，按照如下方式在命令空间操作类型转换函数。

```
>> y1 = int8(1.6e16)          % 将浮点数强制转换为有符号 8 位整数,最大为 127
y1  =  127
>> y2 = int16(1.6e16)         % 将浮点数强制转换为有符号 16 位整数,最大为 32767
y2 =  32767
>> y3 = int8(2.65)            % 将浮点数强制转换为有符号 8 位整数(四舍五入)
```

```
y3 =    3
>> y4 = uint8( - 3.2)          % 8 位无符号整数最小值是 0
y4 =    0
>> y5 = 1/3                    % MATLAB 默认的数据类型是双精度型
y5 =    0.3333
>> y6 = single(1/3)            % 用 single()函数将双精度型强制转换为单精度型
y6 =
    0.3333
```

工作空间窗口如图 1-17 所示，该窗口直观显示了各种整数类型的值、大小、字节以及数据类型。

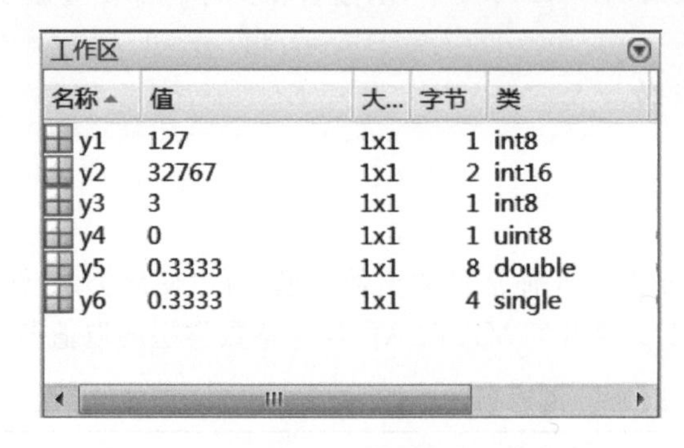

图 1-17　各种整数类型转换工作空间窗口

1.5.3　复数

MATLAB 用特殊变量 i 或 j 表示虚数的单位。MATLAB 中复数运算可以直接进行。复数 z 可以通过以下几种方式产生。

(1) z=a+b＊i 或者 z=a+b＊j，其中 a 为实部，b 为虚部；

(2) z=a+bi 或者 z=a+bj；

(3) z=r＊exp(i＊thetha)，其中 r 为半径，thetha 为相角(以弧度为单位)；

(4) z=complex(a,b)；

(5) z=a+b＊sqrt(−1)。

MATLAB 复数运算的常见函数如表 1-6 所示。

表 1-6　常见的复数运算函数

函　数　名	功　　能	函　数　名	功　　能
abs(z)	求复数 z 的模	real(z)	求复数 z 的实部
angle(z)	求复数 z 的相角，以弧度为单位	imag(z)	求复数 z 的虚部
complex(a,b)	以 a 和 b 分别为实部和虚部，创建复数	conj(z)	求复数 z 的共轭复数

【例 1-1】　使用常见复数运算函数实现复数的创建和运算。

```
>> a = 1,b = 2;
>> z = complex(a,b)               % 已知实部 a,虚部 b,产生复数 z
z =
   1.0000 + 2.0000i
>> a1 = real(z)                   % 求复数 z 的实部
a1 =
     1
>> b1 = imag(z)                   % 求复数 z 的虚部
b1 =
     2
>> r = 5,thetha = pi/6;
>> z1 = r * exp(i * thetha)       % 已知模 r 和相角 thetha,产生复数 z1
z1 =
   4.3301 + 2.5000i
>> r1 = abs(z1)                   % 求复数 z1 的模
r1 =
     5
>> thetha1 = angle(z1)            % 求复数 z1 的相角
thetha1 =
    0.5236
>> z2 = conj(z1)                  % 求复数 z1 的共轭复数
z2 =
4.3301 - 2.5000i
```

1.6 MATLAB 运算符

MATLAB 语言包括三种常见运算符：算术运算符、关系运算符和逻辑运算符。

1.6.1 算术运算符

MATLAB 语言有许多算术运算符，如表 1-7 所示。

表 1-7 算术运算符

运 算 符	功 能	运 算 符	功 能
+	加	./	点右除
−	减	\	左除
*	乘	.\	点左除
.*	点乘	^	乘方
/	右除	.^	点乘方

说明：

(1) 加、减、乘和乘方运算规则与传统的数学定义一样，用法也相同。

(2) 点运算(点乘、点乘方、点左除和点右除)是指对应元素点对点运算，要求参与运算矩阵的维度要一样。需要指出点左除与点右除不一样，A./B 是指 A 的对应元素除以 B 的对应元素，A.\B 是指 B 的对应元素除以 A 的对应元素。

(3) MATLAB 除法相对复杂些，对于单个数值运算，右除和传统除法一样，即 a/b=a÷b；而左除与传统除法相反，即 a\b=b÷a。对于矩阵运算，左除 A\B 相当于矩阵方程组 AX=B 的解，即 X=A\B=inv(A) * B；右除 B/A 相当于矩阵方程组 XA=B 的解，即 X=B/A= B * inv(A)。

【例 1-2】 矩阵 A=[1 2;3 4],B=[1 1;0 1]，求：A\B, inv(A) * B, B/A, B * inv(A)。

```
>> A = [1 2;3 4];B = [1 1;0 1];
>> C1 = A\B
C1 =
   - 2.0000   - 1.0000
     1.5000     1.0000
>> C2 = inv(A) * B
C2 =
   - 2.0000   - 1.0000
     1.5000     1.0000

>> D1 = B/A
D1 =
   - 0.5000     0.5000
     1.5000   - 0.5000
>> D2 = B * inv(A)
D2 =
   - 0.5000     0.5000
     1.5000   - 0.5000
```

显然，A\B=inv(A) * B；B/A=B * inv(A)。

MATLAB 提供了许多常用数学函数，若函数自变量是一个矩阵，运算规则是将函数逐项作用于矩阵的元素上，得到的结果是一个与自变量同维数的矩阵。表 1-8 列出了常用的数学函数。

说明：

(1) abs 函数可以求实数的绝对值，复数的模和字符串的 ASCII 值，例如，abs(−2.3)=2.3；abs(3+4i)=5；abs('a')=97。

(2) MATLAB 语言有 4 个取整的函数：round、fix、floor 和 ceil，它们之间是有区别的。例如，round(1.49)=1，fix(1.49)=1，floor(1.49)=1，ceil(1.49)=2；round(−1.51)=−2，fix(−1.51)=−1，floor(−1.51)=−2，ceil(−1.51)=−1。

(3) MATLAB 语言中以 10 为底的对数函数是 log10(x)，而不是 lg(x)；自然指数函数是 exp(x)，而不是 e^(x)。

(4) 符号函数 sign(x)的值有三种：当 x=0 时，sign(x)=0；当 x>0 时，sign(x)=1；当x<0 时，sign(x)=−1。

表 1-8 常用的数学函数

函数类型	函数名	功　　能	函数类型	函数名	功　　能
三角函数	sin(x)	正弦	指数对数函数	exp(x)	自然指数
	cos(x)	余弦		pow2(x)	2 的幂
	tan(x)	正切		log(x)	自然对数
	asin(x)	反正弦		log10(x)	常用对数
	acos(x)	反余弦		log2(x)	以 2 为底的对数
	atan(x)	反正切	复数函数	abs(x)	复数的模
	sinh(x)	双曲正弦		angle(x)	复数的相角
	cosh(x)	双曲余弦		real(x)	复数的实部
	tanh(x)	双曲正切		imag(x)	复数的虚部
	asinh(x)	反双曲正弦		conj(x)	复数的共轭
	acosh(x)	反双曲余弦	基本函数	abs(x)	绝对值
	atanh(x)	反双曲正切		sqrt(x)	平方根
取整函数	round(x)	四舍五入取整		sign(x)	符号函数
	fix(x)	向零方向取整		mod(x,y)	x 除以 y 的余数
	floor(x)	向－∞方向取整		lcm(x,y)	x 和 y 的最小公倍数
	ceil(x)	向＋∞方向取整		gcd(x,y)	x 和 y 的最大公约数

(5) MATLAB 语言的三角函数都是对弧度进行操作，使用三角函数时，需要将度数变换为弧度，变换公式为弧度＝2 * pi *（度/360）。例如，数学上的 sin(60°)，MATLAB 语言应该写成 sin(2 * pi * 60/360)。

1.6.2 关系运算符

MATLAB 语言有大于、大于或等于、小于、小于或等于、等于和不等于 6 种常见的关系运算符，如表 1-9 所示。

表 1-9 关系运算符

关系运算符	定　　义	关系运算符	定　　义
>	大于	<	小于
>=	大于或等于	<=	小于或等于
==	等于	~=	不等于

关系运算符主要用于数与数、数与矩阵元素、矩阵与矩阵之间的元素进行比较，返回两者之间的关系的矩阵（由数 0 和 1 组成），0 和 1 分别表示关系不满足和满足。矩阵与矩阵之间进行比较时，两个矩阵的维度要一样。

【例 1-3】 已知 a＝1，b＝2，C＝[1,2;3 4]，D＝[4 3;2 1]，求关系运算 a＝＝b，a~＝b，a＝＝C 和 C<D。

```
>> a = 1;b = 2; C = [1,2;3 4]; D = [4 3;2 1];
>> p = a == b
p =
```

```
    0
>> q = a~= b
q =
    1
>> P = a == C
P =
    1    0
    0    0
>> Q = C<D
Q =
    1    1
    0    0
```

1.6.3 逻辑运算符

MATLAB语言提供4种常见的逻辑运算符：&(与)、|(或)、~(非)和xor(异或)。

运算规则：

(1) 在逻辑运算中，所有非零元素均被认为真，用1表示；零元素为假，用0表示。

(2) 设参与逻辑运算的两个标量为a和b，那么逻辑运算规则如表1-10所示。

表1-10 逻辑运算规则

输入		非	与	或	异或
a	b	~a	a&b	a|b	xor(a,b)
0	0	1	0	0	0
0	1	1	0	1	1
1	0	0	0	1	1
1	1	0	1	1	0

(3) 如果两个同维矩阵参与逻辑运算，矩阵对应元素按标量规则进行逻辑运算，得到同维的由1或者0构成的矩阵。

(4) 如果一个标量和一个矩阵参与逻辑运算，标量和矩阵的每个元素按标量规则进行逻辑运算，得到同维的由1或者0构成的矩阵。

例如：

```
>> A = [1 0;2, - 1];
>> B = [0,2;3 1];
>> C = A|B
C =
    1    1
    1    1
>> C = A&B
C =
    0    0
    1    1
```

```
>> b = 2;
>> C = A&b
C =
      1     0
      1     1
```

1.6.4 优先级

在 MATLAB 算术、关系和逻辑三种运算符中，算术运算符优先级最高，关系运算符次之，逻辑运算符优先级最低。即程序先执行算术运算，然后执行关系运算，最后执行逻辑运算。在逻辑“与”“或”“非”三种运算符中，“非”的优先级最高，“与”和“或”的优先级相同，即从左往右执行。实际应用中，可以通过括号来调整运算的顺序。

例如：

```
>> q = (1 > 2|2 < 1 + 2)
q =
      1
```

其中，MATLAB 先执行算术运算 1+2=3，然后执行关系运算 1>2 为 0，以及 2<3 为 1，最后执行逻辑运算 0|1=1。

1.7 应用实例

MATLAB 语言提供了丰富的数学函数，可以在命令窗口很方便地实现各种数学公式的计算，下面通过几个例子说明 MATLAB 在数学计算上的优势。

【例 1-4】 计算下式的结果，其中，$x=-29°$，$y=57°$，求 z 的值。

$$z=\frac{2\cos(|x|+|y|)}{\sqrt{\sin(|x+y|)}}$$

程序代码及运行结果如下：

```
>> x = pi/180 * ( - 29);y = pi/180 * 57;      % 将角度转换为弧度值
>> z = 2 * cos(abs(x) + abs(y))/sqrt(sin(abs(x + y)))
z =
    0.2036
```

【例 1-5】 求解一元二次方程 $ax^2+bx+c=0$ 的根，其中 $a=1,b=3,c=6$。

已知一元二次方程的求根公式为

$$x_{1,2}=\frac{-b\pm\sqrt{b^2-4ac}}{2a}$$

程序代码及运行结果如下：

```
>> a = 1;b = 3;c = 6;
```

```
>> d = sqrt(b * b - 4 * a * c);
>> x1 = ( - b + d)/(2 * a)
x1 =
   - 1.5000 + 1.9365i
>> x2 = ( - b - d)/(2 * a)
x2 =
   - 1.5000 - 1.9365i
```

【例 1-6】 我国人口按 2000 年第五次全国人口普查的结果为 12.9533 亿，如果年增长率为 1.07%，求公元 2016 年末的人口数。

已知人口增长模型为 $x_1=x_0(1+p)^n$，其中 x_1 为几年后的人口，x_0 为人口的初值，p 为年增长率，n 为年数。

程序代码及运行结果如下：

```
>> p = 0.0107;
>> n = 2016 - 2000;
>> x0 = 12.9533e8;
>> x1 = x0 * (1.0 + p)^n
x1 =
    1.5358e + 09
```

【例 1-7】 设 $A=1.6, B=-12, C=3.0, D=5$，计算

$$a = \arctan\left(\frac{2\pi A - |B|/(2\pi C)}{\sqrt{D}}\right)$$

程序代码及运行结果如下：

```
>> A = 1.6;B = - 12;C = 3.0;D = 5;
>> a = atan((2 * pi * A - abs(B)/(2 * pi * C))/sqrt(D))
a =
    1.3377
```

【例 1-8】 设 $x=1.57, y=3.93$，计算

$$z = \frac{e^{x+y}}{\lg(x+y)}$$

程序代码及运行结果如下：

```
>> x = 1.57;y = 3.93;
>> z = exp(x + y)/log10(x + y)
z =
  330.5028
```

【例 1-9】 已知圆的半径为 4，求其直径、周长及面积。

程序代码及运行结果如下：

```
>> r = 4;
>> D = 2 * r         % 直径
```

```
D =
     8
>> L = 2 * pi * r        % 周长
L =
   25.1327
>> S = pi * r * r        % 面积
S =
   50.2655
```

【例 1-10】 已知三角形三边 $a=8.5$，$b=14.6$，$c=18.4$，求三角形面积。

三角形面积公式：

$$S=\sqrt{p*(p-a)*(p-b)*(p-c)}\text{，其中 } p=(a+b+c)/2$$

程序代码及运行结果如下：

```
>> a = 8.5;b = 14.6;c = 18.4;
>> p = (a + b + c)/2;
>> s = sqrt(p * (p - a) * (p - b) * (p - c))
s =
   60.6106
```

【例 1-11】 已知 $a=2$，$b=1$，$C=[1,2;2\ 0]$，$D=[1\ 3;2\ 1]$，求

(1) 关系运算 $a==b$，$a\sim=b$，$a==C$ 和 $C<D$。

(2) 逻辑运算 $a\&b$，$C\&D$，$a|b$ 和 $C|D$。

程序代码及运行结果如下：

```
>> a = 2;b = 1;C = [1,2;2 0];D = [1 3;2 1];
>> a == b
ans =
     0
>> a~ = b
ans =
     1
>> a == C
ans =
     0     1
     1     0
>> C < D
ans =
     0     1
     0     1
>> a&b
ans =
     1
>> C&D
ans =
     1     1
     1     0
>> a|b
```

```
ans =
     1
>> C|D
ans =
     1     1
     1     1
```

需要指出，用MATLAB计算公式时，需要注意以下几点：

(1) 乘号 * 不能省略；

(2) MATLAB语言三角函数是用弧度操作的，所以需先把度转换为弧度；

(3) MATLAB语言用e(E)表示10为底的科学计数，例如，1.56×10^6，MATLAB写成1.56e6；

(4) 写MATLAB表达式时，要注意括号配对使用；

(5) 指数 e^x 要写成exp(x)。

1.8 综合实例

“模拟电子技术”课程有一章内容是直流稳压电源电路，一个典型的串联型稳压电源包括整流电路。利用MATLAB的关系运算、逻辑运算和一些相关函数，可以方便地实现全波整流波形的绘制。

【例1-12】 利用MATLAB的关系运算、逻辑运算和一些相关函数，绘制削顶全波整流波形图，削顶发生在每个周期的[60°,120°]之间。

程序代码如下：

```
clear                                              %清除变量
thetha = 0:0.01:3 * pi;y = sin(thetha);            %生成正弦波数据
y11 = ((thetha < pi)|(thetha > 2 * pi)). * y;      %获得正半轴整流波形
y12 = ((thetha > pi)&(thetha < 2 * pi)). * - y;    %负半轴半波变成正波形
y1 = y11 + y12;                                    %获得全波整流波形
Q = (thetha > pi/3&thetha < 2 * pi/3) + ...        %确定削顶处的值为1
 (thetha > 4 * pi/3&thetha < 5 * pi/3) + (thetha > 7 * pi/3&thetha < 8 * pi/3);
P = ~Q;                                            %削顶处取反
y2 = Q * sin(pi/3) + P. * y1;                      %获得削顶全波整流波形
subplot(5,1,1)                                     %将图形窗口分隔为5行1列在第1区域画图
plot(thetha,y)                                     %画正弦波图
axis([0,10, - 1.2,1.2])                            %标注横纵坐标轴数据
ylabel('y'),grid on                                %标注纵坐标'y'符号,在图形中开启网格线
subplot(5,1,2),plot(thetha,y1),axis([0,10, - 0.2,1.2]),ylabel('y1'),grid on
subplot(5,1,3),plot(thetha,Q),axis([0,10, - 0.2,1.2]),ylabel('Q'),grid on
subplot(5,1,4),plot(thetha,P),axis([0,10, - 0.2,1.2]),ylabel('P'),grid on
subplot(5,1,5),plot(thetha,y2),                    %画削顶全波整流图
axis([0,10, - 0.2,1.2]),xlabel('thetha'),ylabel('y2'),grid on
```

程序运行结果如图1-18所示。

削顶全波整流全过程如图1-18所示。本例题程序代码中的关于画图部分所用函数在后续章节会详细讲解。

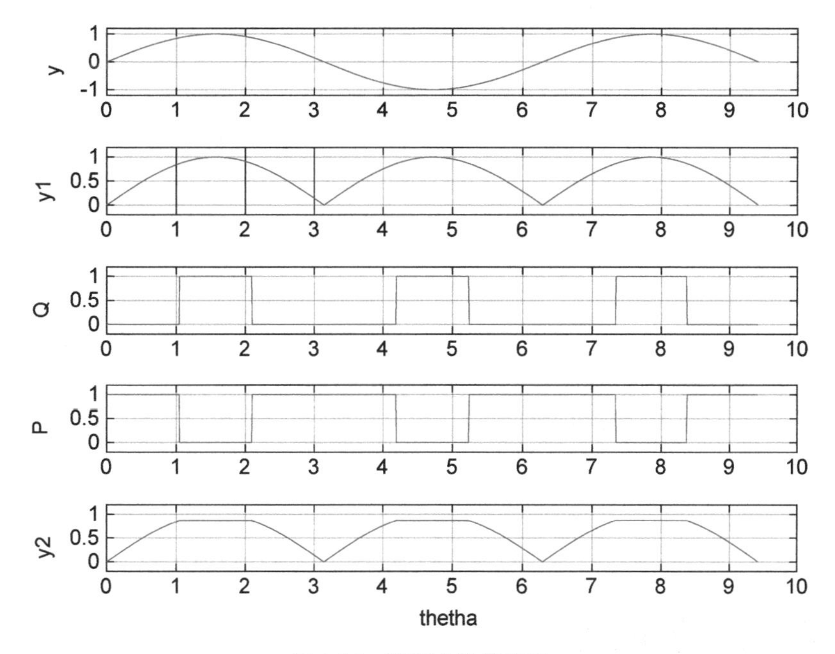

图 1-18　削顶全波整流图

1.9　本章小结

本章回顾了 MATLAB 语言的发展历程，简单介绍了 MATLAB 语言的特点，重点介绍了 MATLAB 语言的环境和 MATLAB 帮助系统的两个常用函数 help 和 lookfor，以及 MATLAB 的几个数据类型和 MATLAB 的三种运算符，即算术运算符、关系运算符和逻辑运算符。通过大量应用实例，读者可以更加深刻地认知 MATLAB 用于数学计算的优越性。

第2章 MATLAB矩阵及其运算

本章要点：

◇ 矩阵的创建；

◇ 矩阵的修改；

◇ 矩阵的基本运算；

◇ 矩阵的分析；

◇ 字符串；

◇ 结构数组和元胞数组。

MATLAB 各种数据类型都是以矩阵形式存在，大部分运算都是基于矩阵运算，所以矩阵是 MATLAB 最基本和最重要的数据对象。

在 MATLAB 语言中，矩阵主要分为三类：数值矩阵、符号矩阵和特殊矩阵。其中，数值矩阵又分为实数矩阵和复数矩阵。每种矩阵生成方法不完全相同，本章主要介绍数值矩阵和特殊矩阵的创建方法及其运算。

2.1 矩阵的创建

2.1.1 直接输入矩阵

MATLAB 语言最简单的创建矩阵的方法是通过键盘在命令窗口直接输入矩阵，直接输入法的规则如下：

(1) 将所有矩阵元素置于一对方括号[ ]内；

(2) 同一行不同元素之间用逗号“,”或者空格符来分隔；

(3) 不同行用分号“;”或者回车符分隔。

例如，在命令空间输入：

```
>> A = [1 2;3 4]   %元素之间用空格符分隔,换行用分号
A =
     1     2
     3     4
>> A = [1,2        %用回车符代替分号
      3,4]
```

```
A =
     1     2
     3     4
```

MATLAB语言创建复数矩阵,方法和创建一般实数矩阵一样,虚数单位用 i 或者 j 表示。例如,创建复数矩阵:

```
>> B = [1 + 2i,2 - 3 * j;2 + 2 * sqrt( - 2),3.5j] %创建一个复数矩阵
B =
   1.0000 + 2.0000i   2.0000 - 3.0000i
   2.0000 + 2.8284i   0.0000 + 3.5000i
```

其中:

(1) 虚部和虚数单位之间可以使用乘号 * 连接,也可以忽略乘号 *;

(2) 复数矩阵元素可以用运算表达式;

(3) 虚数单位用 i 或者 j,显示时都是 i。

2.1.2 冒号生成矩阵

在 MATLAB 语言中,冒号":"是一个很重要的运算符,可以利用它产生步长相等的一维数组或行向量。冒号表达式的格式如下:

```
x = a:step:b
```

其中:

(1) a 是数组或者行向量的第一个元素,b 是最后一个元素,step 是步长增量;

(2) 冒号表达式可以产生一个由 a 开始到 b 结束,以步长 step 自增或自减(步长为负值,b<a)的数组或者行向量;

(3) 如果步长 step=1,则冒号表达式可以省略步长,直接写为 x=a:b。

例如:

```
>> x1 = 1:1:10
x1 =
     1     2     3     4     5     6     7     8     9    10
>> x2 = 1:10
x2 =
     1     2     3     4     5     6     7     8     9    10
>> x3 = 10: - 2:0
x3 =
    10     8     6     4     2     0
```

2.1.3 利用函数生成矩阵

在 MATLAB 语言中,可以利用函数生成一维数组或者行向量。

1. linspace 函数

MATLAB语言可以用linspace函数生成初值、终值和元素个数已知的一维数组或者行向量，元素之间是等差数列。其调用格式如下：

```
x = linspace(a,b,n)
```

其中：

(1) a和b分别是生成一维数组或者行向量的初值和终值，n是元素总数，当n省略时，自动产生100个元素；

(2) 用linspace函数产生的一维数组或者行向量，n个元素是等差数列；

(3) 当a>b时，元素之间是等差递减，当a<b时，元素之间是等差递增；

(4) 显然，linspace(a,b,n)与a：(b－a)/(n－1)：b是等价的。

例如：

```
>> x1 = linspace(0,10,5)
x1 =
         0    2.5000    5.0000    7.5000    10.0000
>> x2 = linspace(10,0,5)
x2 =
   10.0000    7.5000    5.0000    2.5000    0
>> x3 = 10:(0 - 10)/(5 - 1):0
x3 =
10.0000    7.5000    5.0000    2.5000    0
```

2. logspace 函数

MATLAB语言可以用logspace函数生成一维数组或者行向量，元素之间是对数等比数列。其调用格式如下：

```
x = logspace(a,b,n)
```

其中：

(1) 第一个元素为10^a，最后一个元素为10^b，元素个数为n的对数等比数列；

(2) 如果b的值为pi，则该函数产生到pi之间n个对数等比数列。

例如：

```
>> x1 = logspace(1,2,10)
x1 =
   10.0000  12.9155  16.6810  21.5443  27.8256  35.9381  46.4159  59.9484  77.4264
100.0000
>> x2 = logspace(1,pi,10)
x2 =
   10.0000  8.7928    7.7314  6.7980    5.9774    5.2558    4.6213  4.0634  3.5729
3.1416
```

2.1.4 利用文本文件生成矩阵

MATLAB 语言中的矩阵还可以由文本文件生成，即先建立 txt 数据文件，然后在命令窗口直接调用该文件，就能产生数据矩阵。需要注意，txt 文件中不含变量名称，文件名为矩阵变量名，每行数值个数相等。

这种生成矩阵方法的优点是可以将数据存储在文本文件中，利用 load 函数，直接将数据读入 MATLAB 工作空间中，自动生成矩阵，而不需要手动输入数据。

【例 2-1】 利用文本文件建立矩阵 A，把下面代码另存至工作目录中，文件名为 A.txt 文件，如图 2-1 所示。

```
1 2
3 4
```

图 2-1 文本文件数据

```
>> load A.txt
>> A
A =
     1     2
     3     4
```

2.1.5 利用 M 文件生成矩阵

对于一些比较大的常用矩阵，MATLAB 语言可以为它专门建立一个 M 文件，在命令窗口中直接调用文件，此种方法比较适合大型矩阵创建，便于修改。需要注意，M 文件中的矩阵变量名不能与文件名相同，否则会出现变量名和文件名混乱的情况。

【例 2-2】 利用 M 文件生成如下大矩阵 A，文件名为 exam_2_2.m：

```
    34  32  30  28  26  24
    32  30  28  26  24  22
A = 30  28  26  24  22  20
    28  26  24  22  20  18
    26  24  22  20  18  16
%定义 exam_2_2.m 文件，将下面的代码另存为工作目录下的 exam_2_2.m 文件
A = [34 32 30 28 26 24
   32 30 28 26 24 22
   30 28 26 24 22 20
   28 26 24 22 20 18
   26 24 22 20 18 16]
>> exam_2_2
A =
    34  32  30  28  26  24
    32  30  28  26  24  22
    30  28  26  24  22  20
    28  26  24  22  20  18
    26  24  22  20  18  16
```

2.1.6 特殊矩阵的生成

MATLAB 语言中内置了许多特殊矩阵的生成函数，可以通过这些函数自动生成具有不同特殊性质的矩阵。表 2-1 是 MATLAB 语言中常见的特殊矩阵函数。

表 2-1 常见的特殊矩阵函数

函数名	功　　能	函数名	功　　能
eye	单位矩阵	rand	元素服从 0～1 分布的随机矩阵
zeros	元素全为零的矩阵	randn	元素服从 0 均值单位方差正太分布的随机矩阵
ones	元素全为 1 的矩阵	diag	对角矩阵
magic	魔方矩阵	tril(u)	tril 下三角矩阵；triu 上三角矩阵

1. 单位矩阵

MATLAB 语言生成单位矩阵的函数是 eye，其调用格式如下：

```
A1 = eye(n); A2 = eye(m,n)
```

其中：

(1) A1=eye(n)表示生成 n×n 的单位矩阵；

(2) A2=eye(m,n)表示生成 m×n 的单位矩阵。

例如：

```
>> A1 = eye(3)
A1 =
     1     0     0
     0     1     0
     0     0     1
>> A2 = eye(2,3)
A2  =
     1     0     0
     0     1     0
```

2. **0** 矩阵

MATLAB 语言生成所有元素为 0 的矩阵的函数是 zeros，其调用格式如下：

```
A1 = zeros(n); A2 = zeros(m,n)
```

其中：

(1) A1＝zeros(n)表示生成 n×n 的 **0** 矩阵；

(2) A2＝zeros(m,n)表示生成 m×n 的 **0** 矩阵。

例如：

```
>> A1 = zeros(3)
A1  =
     0     0     0
     0     0     0
     0     0     0
>> A2 = zeros(1,3)
A 2 =
     0     0     0
```

3. **1** 矩阵

MATLAB 语言生成所有元素为 1 的矩阵的函数是 ones，其调用格式如下：

```
A1 = ones(n); A2 = ones(m,n)
```

其中：

(1) A1＝ones(n)表示生成 n×n 的 **1** 矩阵；

(2) A2＝ones(m,n)表示生成 m×n 的 **1** 矩阵。

例如：

```
>> A1 = ones(3)
A1 =
     1     1     1
     1     1     1
     1     1     1
```

```
>> A2 = ones(2,3)
A2 =
     1     1     1
     1     1     1
```

4. 魔方矩阵

魔方矩阵是指行和列，正和反斜对角线元素之和都相等的矩阵，MATLAB语言可以用magic函数生成魔方矩阵，其调用格式如下：

```
A = magic(n)
```

其中，A＝magic(n)表示生成n×n的魔方矩阵，n＞0，且n≠2。例如：

```
>> A = magic(3)
A =
     8     1     6
     3     5     7
     4     9     2
>> B = sum(A)          %计算每列的和
B =
    15    15    15
>> C = sum(A')         %计算每行的和
C =
    15    15    15
```

显然，由B和C的结果可知，矩阵A是一个魔方矩阵。

5. 0～1均匀分布随机矩阵

MATLAB语言生成0～1均匀分布的随机矩阵的函数是rand，其调用格式如下：

```
A1 = rand(n); A2 = rand(m,n); A3 = a + (b - a) * rand(m,n)
```

其中：

(1) A1＝rand(n)表示生成n×n个元素值为0～1均匀分布的随机矩阵；

(2) A2＝rand(m, n)表示生成m×n个元素值为0～1均匀分布的随机矩阵；

(3) A3＝a＋(b－a) * rand(m,n)表示生成m×n个元素值为a～b均匀分布的随机矩阵。

例如：

```
>> A1 = rand(3)
A1 =
    0.8147    0.9134    0.2785
    0.9058    0.6324    0.5469
    0.1270    0.0975    0.9575
```

```
>> A2 = rand(2,3)
A2 =
    0.9649    0.9706    0.4854
    0.1576    0.9572    0.8003
>> A3 = 10 + (15 - 10) * rand(2,3)    % 生成 2×3 个元素值为 10~15 均匀分布的随机矩阵
A3 =
   10.7094   14.5787   14.7975
   12.1088   13.9610   13.2787
```

6. 正态分布随机矩阵

MATLAB 语言生成均值为 0，单位方差的正态分布的随机矩阵的函数是 randn，其调用格式如下：

```
A1 = randn(n); A2 = randn(m,n); A3 = a + sqrt(b) * randn(m,n)
```

其中：

(1) A1=randn(n)表示生成 n×n 个元素且均值为 0、方差为 1 的正态分布的随机矩阵；

(2) A2=randn(m, n)表示生成 m×n 个元素且均值为 0、方差为 1 的正态分布的随机矩阵；

(3) A3=a+sqrt(b) * randn(m,n)表示生成 m×n 个元素且均值为 a、方差为 b 的正态分布的随机矩阵。

例如：

```
>> A1 = randn(3)
A1 =
  -1.2075    0.4889   -0.3034
    0.7172    1.0347    0.2939
    1.6302    0.7269   -0.7873
>> A2 = randn(2,3)
A2 =
    0.8884   -1.0689   -2.9443
  -1.1471   -0.8095    1.4384
>> A3 = 1 + sqrt(0.1) * randn(2,3)    % 生成 2×3 个元素值为均值为 1,方差为 0.1 的正态
                                      % 分布的随机矩阵
A3 =
    1.1028    1.4333    0.9677
    0.7613    0.4588    0.9236
```

需要指出的是，rand 和 randn 产生的都是随机数，用户所得结果可能与本书的例题不同。

7. 对角矩阵

MATLAB 语言生成对角矩阵的函数是 diag，其调用格式如下：

```
A = diag(v,k)
```

其中：

(1) A＝diag(v,k)表示生成以向量 v 元素作为矩阵 A 的第 k 条对角线元素的对角矩阵；

(2) 当 k＝0 时，v 为 A 的主对角线，当 k＞0 时，v 为 A 的主对角线上方第 k 条对角线的元素，当 k＜0 时，v 为 A 的主对角线下方第 k 条对角线的元素。

例如：

```
>> v = [3 2 1];
>> A1 = diag(v)
A1 =
     3     0     0
     0     2     0
     0     0     1
>> A2 = diag(v,1)
A2 =
     0     3     0     0
     0     0     2     0
     0     0     0     1
     0     0     0     0
```

若 A 是一个矩阵，则 diag(A)是提取矩阵 A 的对角线矩阵。例如：

```
>> A = [1 2 3;4 5 6]
A =
     1     2     3
     4     5     6
>> B = diag(A)
B =
     1
     5
```

8. 三角矩阵

MATLAB 语言生成三角矩阵的函数是 tril 和 triu，其调用格式如下：

```
A1 = tril(A,k); A2 = triu(A,k)
```

其中：

(1) A1＝tril(A,k)表示生成矩阵 A 中第 k 条对角线的下三角部分的矩阵；

(2) A1＝triu(A,k)表示生成矩阵 A 中第 k 条对角线的上三角部分的矩阵；

(3) k＝0 为 A 的主对角线，k＞0 为 A 的主对角线以上，k＜0 为 A 的主对角线以下。

例如：

```
>> A = ones(4);
>> L = tril(A, - 2)
```

```
L =
     0     0     0     0
     0     0     0     0
     1     0     0     0
     1     1     0     0
>> U = triu(A,0)
U =
     1     1     1     1
     0     1     1     1
     0     0     1     1
     0     0     0     1
```

2.2 矩阵的修改

2.2.1 矩阵部分替换

MATLAB 语言可以部分替换矩阵的某个值、某行或者某列的值，常用下面的格式：

```
A(m,n) = a1; A(m,:) = [a1,a2,…,an]; A(:,n) = [a1,a2,…,am]
```

其中：

(1) $A(m,n)=a_1$ 表示替换矩阵 A 中的第 m 行，第 n 列元素为 a_1；

(2) $A(m,:)=[a_1,a_2,\cdots,a_n]$表示替换矩阵 A 中第 m 行的所有元素为 $a_1,a_2,\cdots,a_n$；

(3) $A(:,n)=[a_1,a_2,\cdots,a_m]$表示替换矩阵 A 中第 n 列的所有元素为 $a_1,a_2,\cdots,a_m$。

例如：

```
>> A = [1 2 3;4 5 6;7 8 9]
A =
     1     2     3
     4     5     6
     7     8     9
>> A(2,:) = [14 15 16]          % 整行替换
A =
     1     2     3
    14    15    16
     7     8     9
>> A = [1 2 3;4 5 6;7 8 9];
>> A(:,2) = [12 15 18]          % 整列替换
A =
     1    12     3
     4    15     6
     7    18     9
```

2.2.2 矩阵部分删除

MATLAB 语言可以部分删除矩阵行或者列，常用下面的格式：

```
A(:,n) = []; A(m,:) = []
```

其中：

(1) A(:,n)=[]表示删除矩阵 A 的第 n 列；

(2) A(m,:)=[]表示删除矩阵 A 的第 m 行。

例如：

```
>> A = [1 2 3 4;2 3 4 5;3 4 5 6]
A =
     1     2     3     4
     2     3     4     5
     3     4     5     6
>> A(2,:) = []      % 删除 A 的第 2 行
A =
     1     2     3     4
     3     4     5     6
>> A = [1 2 3 4;2 3 4 5;3 4 5 6];
>> A(:,2) = []      % 删除 A 的第 2 列
A =
     1     3     4
     2     4     5
     3     5     6
```

2.2.3 矩阵部分扩展

MATLAB 语言可以部分扩展矩阵，生成大的矩阵，常用下面的格式：

1. M=[A; B C]

其中：

(1) A 为原矩阵，B 和 C 为要扩展的元素，M 为扩展后的矩阵；

(2) 需要注意，B 和 C 的行数都要相等；

(3) B 和 C 的列数之和要与 A 的列数相等。

例如：

```
>> A = [1 0 0 0;0 1 0 0]
A =
     1     0     0     0
     0     1     0     0
>> B = zeros(2);
>> C = eye(2);
>> M = [A;B C]
M =
     1     0     0     0
     0     1     0     0
     0     0     1     0
     0     0     0     1
```

2. 平铺矩阵函数

MATLAB 语言可以利用平铺矩阵函数 repmat 扩展矩阵，函数的调用格式如下：

```
M = repmat(A,m,n)
```

其中，M＝repmat(A，m，n)表示将矩阵 A 复制扩展为 m×n 块。例如：

```
>> A = [1 2 3;4 5 6;7 8 9];
>> M = repmat(A,2,3)
M =
     1     2     3     1     2     3     1     2     3
     4     5     6     4     5     6     4     5     6
     7     8     9     7     8     9     7     8     9
     1     2     3     1     2     3     1     2     3
     4     5     6     4     5     6     4     5     6
     7     8     9     7     8     9     7     8     9
```

3. 指定维数拼接函数

MATLAB 语言可以利用指定维数拼接函数 cat 拼接矩阵，函数的调用格式如下：

```
M1 = cat(1,A,B); M2 = cat(2,A,B); M3 = cat(3,A,B)
```

其中：

(1) M1＝cat(1，A，B)垂直拼接；

(2) M2＝cat(2，A，B)水平拼接；

(3) M3＝cat(3，A，B)三维拼接。

例如：

```
>> A = eye(2);
>> B = zeros(2);
>> M1 = cat(1,A,B)
M1 =
     1     0
     0     1
     0     0
     0     0
>> M2 = cat(2,A,B)
M2 =
     1     0     0     0
     0     1     0     0
>> M3 = cat(3,A,B)
M3(:,:,1) =
     1     0
     0     1
M3(:,:,2) =
     0     0
     0     0
```

2.2.4 矩阵结构变换

MATLAB语言可以利用函数变换矩阵的结构，常用以下几种函数。

1. 上下行对调

MATLAB语言可以用函数flipud上下变换矩阵的结构，常用下面的格式：

```
M = flipud(A)
```

其中，M=flipud(A)表示将矩阵A的行元素上下对调，列数不变。例如：

```
>> A = [1 2 3;4 5 6]
A =
     1     2     3
     4     5     6
>> M = flipud(A)
M =
     4     5     6
     1     2     3
```

2. 左右列对调

MATLAB语言可以用函数fliplr左右变换矩阵的结构，函数的调用格式如下：

```
M = fliplr(A)
```

其中，M=fliplr(A)表示将矩阵A的列元素左右对调，行数不变，相当于将矩阵A镜像对调。例如：

```
>> A = [1 3 6;2 4 8]
A =
     1     3     6
     2     4     8
>> M = fliplr(A)        % 左右对调矩阵 A 的列
M =
     6     3     1
     8     4     2
```

3. 逆(顺)时针旋转

MATLAB语言可以用函数rot90旋转矩阵的结构，函数的调用格式如下：

```
M1 = rot90(A); M2 = rot90(A,k)
```

其中：

(1) M1＝rot90(A)表示将矩阵 A 逆时针旋转 90°；

(2) M2＝rot90(A,k)表示将矩阵 A 旋转 k 倍的 90°，当 k＞0 时，逆时针旋转，当 k＜0 时，顺时针旋转。

例如：

```
>> A = [1 2 3;4 5 6]
A =
     1     2     3
     4     5     6
>> M1 = rot90(A)
M1 =
     3     6
     2     5
     1     4
>> M2 = rot90(A, - 1)
M2 =
     4     1
     5     2
     6     3
```

4. 转置

MATLAB 语言可以用转置实现矩阵结构的改变，转置用“'”运算符，调用格式如下：

```
M1 = A'; M2 = B'
```

其中：

(1) 当 A 为实数矩阵时，转置的运算规则是矩阵的行变列，列变行；

(2) 当 B 为复数矩阵时，转置的运算规则是先将 B 取共轭，然后行变列，列变行，也就是 Hermit 转置。

例如：

```
>> A = [1 2;3 4]
A =
     1     2
     3     4
>> M1 = A'
M1 =
     1     3
     2     4
>> B = [1 + i,1 - 2i;2 + i,2i]
B =
   1.0000 + 1.0000i   1.0000 - 2.0000i
   2.0000 + 1.0000i   0.0000 + 2.0000i
```

```
>> M2 = B'
M2 =
   1.0000 - 1.0000i    2.0000 - 1.0000i
   1.0000 + 2.0000i    0.0000 - 2.0000i
```

5. 矩阵的变维

MATLAB语言可以用函数 reshape 实现矩阵变维，函数的调用格式如下：

```
M = reshape(A,m,n)
```

其中，M=reshape(A,m,n)表示以矩阵 A 的元素构成 m×n 维 M 矩阵。显然，M 中元素的个数与 A 相同。

例如：

```
>> A = 1:8
A =
     1     2     3     4     5     6     7     8
>> M = reshape(A,2,4)
M =
     1     3     5     7
     2     4     6     8
```

2.3 矩阵的基本运算

2.3.1 矩阵的加减运算

两个矩阵相加或相减运算的规则是两个同维(相同的行和列)的矩阵对应元素相加减。若一个标量和一个矩阵相加减，规则是标量和所有元素分别进行相加减操作。加减运算符分别是+和-。

例如：

```
>> A = [1 2 3;4 5 6];
>> B = [2 3 4;5 6 7];
>> M1 = A - 1
M1 =
     0     1     2
     3     4     5
>> M2 = A - B
M2 =
    -1    -1    -1
    -1    -1    -1
```

2.3.2 矩阵的乘法运算

两个矩阵相乘运算的规则是第一个矩阵的各行元素分别与第二个矩阵的各列元素对应相乘并相加。假定两个矩阵 $A_{m\times n}$ 和 $B_{n\times p}$，则 $M_{m\times p}=A_{m\times n}*B_{n\times p}$。若一个标量和一个矩阵相乘，规则是标量和所有元素分别进行乘操作。乘法运算符是“ * ”。

例如：

```
>> A = [1 2 3;4 5 6];
>> B = [1 2;3 4;5 6];
>> M1 = A * B
M1 =
    22  28
    49  64
>> M2 = A * 2
M2 =
     2    4    6
     8   10   12
```

2.3.3 矩阵的除法运算

在 MATLAB 语言中，有两种除法运算：左除和右除。左除和右除的运算符分别是\和/。假定矩阵 A 是非奇异方阵，A\B 等效为 A 的逆矩阵左乘 B 矩阵，即 inv(A) * B，相当于方程 A * X=B 的解；B/A 等效为 A 的逆矩阵右乘 B 矩阵，即 B * inv(A)，相当于方程X * A=B 的解。一般来说，A\B≠B/A。

例如：

```
>> A = [1 2;3 4];
>> B = [1 3;2 1];
>> M1 = A\B
M1 =
         0   -5.0000
    0.5000    4.0000
>> M2 = B/A
M2 =
    2.5000   -0.5000
   -2.5000    1.5000
```

2.3.4 矩阵的乘方运算

在 MATLAB 语言中，当 A 是方阵，n 为大于 0 的整数时，一个矩阵 A 的 n 次乘方运算可以表示成为 A ^ n，即 A 自乘 n 次；当 n 为小于 0 的整数时，A ^ n 表示 A 的逆矩阵(A ^ -1)的|n|次方。

```
>> A = [1 2;3 4];
>> M1 = A ^2
M1  =
      7    10
     15    22
>> M2 = A ^ - 2
M2  =
    5.5000     - 2.5000
  - 3.7500       1.7500
>> M = M1 * M2
M =
    1.0000    0.0000
  - 0.0000    1.0000
```

显然，由例题可以验证：M＝A ^2 * A ^－2＝I 单位矩阵。

2.3.5 矩阵的点运算

在 MATLAB 语言中，点运算是一种特殊的运算，其运算符是在有关算术运算符前加点。点运算符有“. *”“. /”“. \”和“. ^”4 种。点运算规则是对应元素进行相关运算，具体如下：

(1) 若两个矩阵 A 和 B 进行点乘运算，要求矩阵维度相同，对应元素相乘；

(2) 如果 A 和 B 两个矩阵同维，则 A. /B 表示 A 矩阵除以 B 矩阵的对应元素；B. \A 表示 A 矩阵除以 B 矩阵的对应元素，等价于 A. /B；

(3) 若 A 和 B 两个矩阵同维，则 A. ^B 表示两个矩阵对应元素进行乘方运算；

(4) 若 b 是标量，则 A. ^b 表示 A 的每个元素与 b 做乘方运算，若 a 是标量，则 a. ^B 表示 a 与 B 的每个元素进行乘方运算。

例如：

```
>> A = [1 2;3 4];
>> B = [1  -1;2 1];
>> C = A. * B %A 点乘 B
C =
      1   - 2
      6     4
>> C = A. /B %A 点右除 B
C =
    1.0000     - 2.0000
    1.5000     4.0000
>> C = B. \A %B 点左除 A
C =
    1.0000   - 2.0000
    1.5000     4.0000
>> C = A. ^B %A 点乘方 B
C =
    1.0000     0.5000
    9.0000     4.0000
```

```
>> a = 2;b = 2;
>> C = A.^b %A点乘方标量b
C =
     1     4
     9    16
>> C = a.^B %标量a点乘方B
C =
    2.0000    0.5000
    4.0000    2.0000
```

点运算是MATLAB语言的一个很重要的特殊运算符,有时候点运算可以代替一重循环运算,例如,当 x 从0到1,增量按照0.1变化时,求函数 $y=e^x\sin(x)$ 的值。

正常使用别的高级语言编程时,需要用一重循环语句,求出 y 的值。而用MATLAB语言的点运算,可以很方便地求出 y 的值,具体代码如下:

```
>> x = 0:0.1:1
x =
         0    0.1000    0.2000    0.3000    0.4000    0.5000    0.6000    0.7000    0.8000    0.9000
1.0000
>> y = exp(x) * sin(x)
错误使用 *
内部矩阵维度必须一致
>> y = exp(x). * sin(x)
y =
         0    0.1103    0.2427    0.3989    0.5809    0.7904    1.0288    1.2973    1.5965    1.9267
2.2874
```

其中,y表达式中必须用点乘运算,因为exp(x)和sin(x)是一个同维的矩阵。

2.4 矩阵分析

矩阵是MATLAB语言的基本运算单元。本节主要介绍矩阵分析与处理的常用函数和功能。

2.4.1 方阵的行列式

一个行数和列数相同的方矩阵可以看作一个行列式,而行列式是一个数值。MATLAB语言用D=det(A)函数求方矩阵的行列式的值。例如:

已知一个方矩阵A=[1 0 1;2 1 0;0 2 1],求行列式的值D。

```
>> A = [1 0 1;2 1 0;0 2 1]
A =
     1     0     1
     2     1     0
     0     2     1
>> D = det(A)
```

```
D =
     5
```

2.4.2 矩阵的秩和迹

1. 矩阵的秩

与矩阵线性无关的行数或者列数称为矩阵的秩。MATLAB 语言用 r=rank(A)函数求矩阵的秩。例如：

```
>> A = [1 0 1;2 1 0;0 2 1]
A =
     1     0     1
     2     1     0
     0     2     1
>> r = rank(A)
r =
     3
```

2. 矩阵的迹

一个矩阵的迹等于矩阵的对角线元素之和，也等于矩阵的特征值之和。MATLAB 语言用 t=trace(A)函数求矩阵的迹。例如：

```
>> A = [1 0 1;2 1 0;0 2 1]
A =
     1     0     1
     2     1     0
     0     2     1
>> t = trace(A)
t =
     3
```

2.4.3 矩阵的逆和伪逆

1. 方阵的逆矩阵

对于一个方矩阵 A，如果存在一个同阶方矩阵 B，使得 A·B=B·A=I(其中 I 为单位矩阵)，则称 B 为 A 的逆矩阵，A 也为 B 的逆矩阵。

在线性代数里用公式计算逆矩阵相对烦琐，然而，在 MATLAB 语言里，用求逆矩阵的函数 inv(A)求解却很容易。例如：

```
>> A = [1 0 1;2 1 0;0 2 1]
A =
```

```
        1     0     1
        2     1     0
        0     2     1
>> B = inv(A)
B =
    0.2000    0.4000   -0.2000
   -0.4000    0.2000    0.4000
    0.8000   -0.4000    0.2000
>> A * B
ans =
        1     0     0
        0     1     0
        0     0     1
>> B * A
ans =
        1     0     0
        0     1     0
        0     0     1
```

显然，A＊B＝B＊A＝I，故B与A是互逆矩阵。

2. 矩阵的伪逆矩阵

如果矩阵A不是一个方阵，或者A为非满秩矩阵，那么就不存在逆矩阵，但可以求广义上的逆矩阵B，称为伪逆矩阵，MATLAB语言用B＝pinv(A)函数求伪逆矩阵。例如：

```
>> A = [1 0 1;2 1 0]
A =
        1     0     1
        2     1     0
>> B = pinv(A)
B =
    0.1667    0.3333
   -0.3333    0.3333
    0.8333   -0.3333
```

在线性代数中，可以用矩阵求逆的方法求解线性方程组的解。将设有n个未知数，由n个方程构成线性方程组，表示为

$$\begin{cases} a_{11}x_1 + a_{12}x_2 + \cdots + a_{1n}x_n = b_1 \\ a_{21}x_1 + a_{22}x_2 + \cdots + a_{2n}x_n = b_2 \\ \qquad\qquad\vdots \\ a_{n1}x_1 + a_{n2}x_2 + \cdots + a_{nn}x_n = b_n \end{cases}$$

用矩阵表示为

$$\boldsymbol{Ax} = \boldsymbol{b}$$

其中：

$$A=\begin{bmatrix} a_{11} & a_{12} & \cdots & a_{1n} \\ a_{21} & a_{22} & \cdots & a_{2n} \\ \vdots & \vdots & \ddots & \vdots \\ a_{n1} & a_{n2} & \cdots & a_{nn} \end{bmatrix},\quad x=\begin{bmatrix} x_1 \\ x_2 \\ \vdots \\ x_n \end{bmatrix},\quad b=\begin{bmatrix} b_1 \\ b_2 \\ \vdots \\ b_n \end{bmatrix}$$

线性方程组的解为

$$x = A^{-1}b$$

所以,利用 MATLAB 求系数矩阵 **A** 的逆矩阵,可以求线性方程组的解。

【例 2-3】 利用 MATLAB 求系数矩阵的逆矩阵方法,求如下线性方程组的解。

$$\begin{cases} x-y+z=3 \\ 3x+y-z=6 \\ x+y+z=4 \end{cases}$$

MATLAB 命令程序如下:

```
A=[1 -1 1;3 1 -1;1 1 1];
b=[3; 6; 4];
x=inv(A)*b
x =
    2.2500
    0.5000
    1.2500
```

2.4.4 矩阵的特征值和特征向量

矩阵的特征值与特征向量在科学计算中广泛应用。设 A 为 n 阶方阵,使得等式 Av=Dv 成立,则 D 称为 A 的特征值,向量 v 称为 A 的特征向量。MATLAB 语言用函数 eig(A)求矩阵的特征值和特征向量,常用下面两种格式:

(1) E=eig(A)求矩阵 A 的特征值,构成向量 E;

(2) [v,D]=eig(A)求矩阵 A 的特征值,构成对角矩阵,并求 A 的特征向量 v。

例如:

```
>> A=[1 1 1;1 0 0.25;0.5 0.25 2];
>> [v,D]=eig(A)
v =
    0.5334   -0.6834    0.6435
   -0.8456   -0.5326    0.3174
   -0.0211    0.4992    0.6966
D =
   -0.6246         0         0
         0    1.0488         0
         0         0    2.5758
>> A*v
ans =
   -0.3332   -0.7168    1.6574
```

```
     0.5282   - 0.5586    0.8176
     0.0132     0.5236    1.7942
>> v * D
ans =
   - 0.3332   - 0.7168    1.6574
     0.5282   - 0.5586    0.8176
     0.0132     0.5236    1.7942
```

显然,A * v= v * D,故 D 和 v 分别是 A 矩阵的特征值和特征向量。

特征值还可以应用于求解一元多次方程的根,具体方法是,先将方程的多项式系数组成行向量 a,然后用 compan(a)函数构造成伴随矩阵 A,最后再用 eig(A)函数求 A 的特征值,特征值就是方程的根。

【例 2-4】 用 MATLAB 求特征值的方法求解一元多次方程的根,方程如下:

$$x^5 - 5x^4 + 5x^3 + 5x^2 - 6x = 0$$

MATLAB 命令程序如下:

```
a = [1 -5 5 5 -6 0];
A = compan(a);
x1 = eig(A)
x1 =
         0
    3.0000
  - 1.0000
    2.0000
    1.0000
```

当然,求一元多次方程的根还可以利用多项式函数 roots。

```
x2 = roots(a)
x2 =
         0
    3.0000
  - 1.0000
    2.0000
    1.0000
```

显然,用这两种不同方法求解一元多次方程的根,结果是一样的。

2.4.5 矩阵的分解

矩阵有多种分解方法,常见的有对称正定矩阵分解(Cholesky)、高斯消去法分解(LU)、正交分解(QR)和矩阵的奇异值分解(SVD)。

1. 对称正定矩阵分解

MATLAB 语言中的对称正定矩阵 Cholesky 分解用函数 chol(A),函数语法格式如下:

```
R = chol(A)
```

其中,分解后的R满足R′＊R=A。若A是n阶对称正定矩阵,则R为实数的非奇异上三角矩阵；若A是非正定矩阵,则产生错误信息。

```
[R,p] = chol(A)
```

其中,分解后的R满足R′＊R=A。若A是n阶对称正定矩阵,则R为实数的非奇异上三角矩阵,p=0；若A是非正定矩阵,则p为正整数。

例如,已知A=[1 1 1;1 2 3;1 3 6],求该矩阵的Cholesky分解。

MATLAB语言程序代码及结果如下：

```
>> A = [1 1 1;1 2 3;1 3 6]     % A为3阶对称正定矩阵
A =
     1     1     1
     1     2     3
     1     3     6
>> [R,p] = chol(A)             % Cholesky分解
R =
     1     1     1
     0     1     2
     0     0     1
p =
     0
>> R' * R
ans =
     1     1     1
     1     2     3
     1     3     6
```

由结果可知,Cholesky分解得到的R矩阵是一个实数的非奇异上三角矩阵,且满足R′＊R=A。

当A为非正定矩阵时,用Cholesky分解,错误信息如下：

```
>> A = [1 2;3 4]          % 非对称正定矩阵
A =
     1     2
     3     4
>> R = chol(A)
错误使用 chol             % 错误信息提示
矩阵必须为正定矩阵
```

2. 矩阵的高斯消去法分解

高斯消去法分解是在线性代数中矩阵分解的一种重要方法,主要应用在数值分析中,用来解线性方程及计算行列式。矩阵的高斯消去法分解又称为三角分解,是将一个一般方矩阵分解成一个下三角矩阵L和一个上三角矩阵U,且满足A=LU,故称为LU

分解。MATLAB 语言用 lu(A)函数实现 LU 分解。函数语法格式如下：

```
[L,U] = lu(A)
```

其中，L 为下三角矩阵或其变换形式，U 为上三角矩阵，且满足 LU=A。

```
[L,U,P] = lu(A)
```

其中，L 为下三角矩阵，U 为上三角矩阵，P 为单位矩阵的行变换矩阵，且满足LU=PA。

例如，已知 A=[1 2 3;4 5 6;7 8 9]，求该矩阵的 LU 分解。

MATLAB 语言程序代码及结果如下：

```
>> A = [1 2 3;4 5 6;7 8 9]
A =
     1     2     3
     4     5     6
     7     8     9
>> [L,U] = lu(A)
L =
    0.1429    1.0000         0
    0.5714    0.5000    1.0000
    1.0000         0         0
U =
    7.0000    8.0000    9.0000
         0    0.8571    1.7143
         0         0   -0.0000
>> L * U
ans =
     1     2     3
     4     5     6
     7     8     9
```

由上述结果可知，LU 分解得到的 L 是一个下三角变换矩阵，U 是一个上三角矩阵，且满足 L * U=A。

同样的矩阵 A，若用另一种 LU 分解，结果如下：

```
>> A = [1 2 3;4 5 6;7 8 9];
>> [L,U,P] = lu(A)
L =
    1.0000         0         0
    0.1429    1.0000         0
    0.5714    0.5000    1.0000
U =
    7.0000    8.0000    9.0000
         0    0.8571    1.7143
         0         0   -0.0000
P =
     0     0     1
     1     0     0
```

```
     0     1     0
>> P * A
ans =
     7     8     9
     1     2     3
     4     5     6
>> L * U
ans =
     7     8     9
     1     2     3
     4     5     6
```

由上述结果可知，LU 分解得到的 L 是一个下三角矩阵，U 是一个上三角矩阵，P 为单位矩阵的行变换矩阵，且满足 L * U=P * A。

3. 矩阵的正交分解

矩阵的正交分解是将一个一般矩阵 A 分解成一个正交矩阵 Q 和一个上三角矩阵 R 的乘积，且满足 A=QR，故称为 QR 分解。

MATLAB 语言用 qr(A)函数实现 QR 分解。函数语法格式如下：

```
[Q,R] = qr(A)
```

其中，Q 为正交矩阵，R 为上三角矩阵，且满足 QR=A。

```
[Q,R,E] = qr(A)
```

其中，Q 为正交矩阵，R 为对角元素按大小降序排列的上三角矩阵，E 为单位矩阵的变换形式，且满足 QR=AE。

例如，已知 A=[1 2 3;4 5 6;7 8 9]，求该矩阵的 QR 分解。

MATLAB 语言程序代码及结果如下：

```
>> A = [1 2 3;4 5 6;7 8 9]
A =
     1     2     3
     4     5     6
     7     8     9
>> [Q,R] = qr(A)
Q =
   -0.1231    0.9045    0.4082
   -0.4924    0.3015   -0.8165
   -0.8616   -0.3015    0.4082
R =
   -8.1240   -9.6011  -11.0782
         0    0.9045    1.8091
         0         0   -0.0000
>> Q * R
ans =
```

```
        1.0000       2.0000       3.0000
        4.0000       5.0000       6.0000
        7.0000       8.0000       9.0000
```

由上述结果可知,QR 分解得到的 Q 是一个正交矩阵,R 是一个上三角矩阵,且满足 Q * R=A。

同样的矩阵 A,若用另一种 QR 分解,结果如下:

```
>> [Q,R,E] = qr(A)
Q =
     -0.2673       0.8729       0.4082
     -0.5345       0.2182      -0.8165
     -0.8018      -0.4364       0.4082
R =
   -11.2250      -8.0178      -9.6214
           0      -1.3093      -0.6547
           0            0      -0.0000
E =
      0     1     0
      0     0     1
      1     0     0
>> Q * R
ans =
      3.0000      1.0000      2.0000
      6.0000      4.0000      5.0000
      9.0000      7.0000      8.0000
>> A * E
ans =
      3     1     2
      6     4     5
      9     7     8
```

由上述结果可知,QR 分解得到的 Q 为正交矩阵,R 为对角元素按大小降序排列的上三角矩阵,E 为单位矩阵的变换形式,且满足 Q * R=A * E。

4. 矩阵的奇异值分解

奇异值分解(Singular Value Decomposition)是线性代数中一种重要的矩阵分解方法,可以应用在信号处理和统计学等领域。矩阵的奇异值分解是将一个一般矩阵 A 分解成一个与 A 同大小的对角矩阵 S,两个酉矩阵 U 和 V,且满足 A= U * S * V'。

MATLAB 语言用 svd(A)函数实现奇异值分解。函数语法格式如下:

s = svd (A)产生矩阵 A 的奇异值向量。

[U,S,V] = svd(A)产生一个与 A 同大小的对角矩阵 S、两个酉矩阵 U 和 V,且满足 A= U * S * V'。若 A 为 m×n 阵,则 U 为 m×m 阵,V 为 n×n 阵。奇异值在 S 的对角线上,非负且按降序排列。

例如,已知 A=[1 2 3;4 5 6],求该矩阵的奇异值分解。

MATLAB 语言程序代码及结果如下:

```
>> A = [1 2 3;4 5 6]
A =
     1     2     3
     4     5     6
>> [U,S,V] = svd(A)
U =
   - 0.3863   - 0.9224
   - 0.9224     0.3863
S =
    9.5080          0         0
         0     0.7729         0
V =
   - 0.4287     0.8060     0.4082
   - 0.5663     0.1124   - 0.8165
   - 0.7039   - 0.5812     0.4082
>> U * S * V'
ans =
     1.0000     2.0000     3.0000
     4.0000     5.0000     6.0000
```

由上述结果可知，奇异值分解得到的一个与 A 同大小的对角矩阵 S、两个酉矩阵 U 和 V，且满足 A= U * S * V'。

2.4.6 矩阵的信息获取函数

MATLAB 语言提供了很多函数以获取矩阵的各种属性信息，包括矩阵的大小、矩阵的长度和矩阵元素的个数等。

1. size

MATLAB 语言可以用 size(A)函数来获取矩阵 A 的行和列的数。函数的调用格式如下：

D=size(A)返回一个行和列数构成两个元素的行向量；

[M,N]=size(A)返回矩阵 A 的行数为 M，列数为 N。

例如，已知 A=[1 2 3;4 5 6]，求该矩阵的行数和列数。

MATLAB 语言程序代码及结果如下：

```
>> A = [1 2 3;4 5 6]
A =
     1     2     3
     4     5     6
>> D = size(A)
D =
     2     3
>> [M,N] = size(A)
M =
     2
N =
     3
```

2. length

MATLAB 语言可以用 length(A)函数来获取矩阵 A 的行数和列数的较大者，即 length(A)=max(size(A))。函数的调用格式如下：

d=length(A)返回矩阵 A 的行数和列数的较大者。

例如：

```
>> A = [1 2 3;4 5 6]
A =
     1     2     3
     4     5     6
>> d = length(A)
d =
     3
```

3. numel

MATLAB 语言可以用 numel(A)函数来获取矩阵 A 的元素的总个数。函数的调用格式如下：

n=numel(A)返回矩阵 A 的元素的总个数。

例如：

```
>> A = [1 2 3;4 5 6]
A =
     1     2     3
     4     5     6
>> n = numel(A)
n =
     6
```

2.5 字符串

字符串是 MATLAB 语言的一个重要组成部分，MATLAB 语言提供强大的字符串处理功能。本节主要介绍字符串的创建，字符串的操作和字符串的转换等内容。

2.5.1 字符串的创建

在 MATLAB 语言中，字符串一般以 ASCII 码形式存储，以行向量形式存在，并且每个字符占用两字节的内存。在 MATLAB 语言中，创建一个字符串可以用下面几种方法：

(1) 直接将字符内容用单引号(' ')括起来，例如：

```
>> str = 'Student_name'
str =
Student_name
```

字符串的存储空间如下所示，所定义的字符串有 12 个字符，每个字符占用两字节的内存。

```
>> whos
  Name     Size     Bytes   Class   Attributes
  Str      1x12     24      char
```

若要显示单引号(')字符，需要使用两个单引号，例如：

```
>> str = 'I''m a student'
str =
I'm a student
```

(2) 用方括号连接多个字符串组成一个长字符串，例如：

```
>> str = ['I''m' ' a' ' student']
str =
I'm a student
```

(3) 用函数 strcat 把多个字符串水平连接合并成一个长字符串，strcat 函数语法格式如下：

```
str = strcat(str1,str2, … )
```

例如：

```
>> str1 = 'I''m a student';
>> str2 =  'of';
>> str3 = ' Guangdong Ocean University';
>> str = strcat(str1,str2,str3)
str =
I'm a student of Guangdong Ocean University
```

(4) 用函数 strvcat 把多个字符串连接成多行字符串，strvcat 函数语法格式如下：

```
str = strvcat(str1, str2, … )
```

例如：

```
>> str1 = 'good';
>> str2 = 'very good';
>> str3 = 'very very good';
```

```
>> strvcat(str1,str2,str3)
ans =
good
very good
very very good
```

MATLAB语言可以用abs或者double函数获取字符串所对应的ASCII码数值矩阵。相反,可以用char函数把ASCII码转换为字符串。例如:

```
>> str1 = 'I''m a student'
str1 =
I'm a student
>> A = abs(str1) %把字符串转换为对应的ASCII码数值矩阵
A =
 73  39  109  32  97  32  115  116  117  100  101  110  116
>> str = char(A)   %把ASCII码数值矩阵转换为字符串
str =
I'm a student
```

【例2-5】 已知一个字符串向量str='It is a Green Bird',完成以下任务:

(1) 计算字符串向量的字符个数;

(2) 显示'a Green Bird';

(3) 将字符串倒序重排;

(4) 将字符串中的大写字母变成相应的小写字母,其余字符不变。

MATLAB程序代码如下:

```
str = 'It is a Green Bird'               %创建字符串向量
n = length(str)                          %计算字符串向量字符个数
str1 = str(7:18)                         %显示'a Green Bird'
str2 = str(end: - 1:1)                   %将字符串倒序重排
k = find(str >= 'A'&str <= 'Z')          %查找大写字母的位置
str(k) = str(k) + ('a' - 'A')            %将大写字母变成相应小写字母
```

程序运行结果如下:

```
str =
It is a Green Bird
n =
    18
str1 =
a Green Bird
str2 =
driB neerG a si tI
k =
     1     9     15
str =
it is a green bird
```

2.5.2 字符串的操作

1. 字符串比较

MATLAB语言比较两个字符串是否相同的常用函数有strcmp、strncmp、strcmpi和strncmpi 4个，字符串比较函数的调用格式及功能说明如表2-2所示。

表2-2 字符串比较函数格式及功能

函数名	调用格式	功能说明
strcmp	strcmp(str1,str2)	比较两个字符串是否相等，相等为1，不等为0
strncmp	strncmp(str1,str2,n)	比较两个字符串前n个字符是否相等，相等为1，不等为0
strcmpi	strcmpi(str1,str2)	忽略大小写，比较两个字符串是否相等，相等为1，不等为0
strncmpi	strncmpi(str1,str2,n)	忽略大小写，比较两个字符串前n个字符是否相等，相等为1，不等为0

例如：

```
>> str1 = {'one','two','three','four'}; %定义字符串元胞数组
>> str2 = 'two';
>> strcmp(str1,str2)                      %比较两个字符串str1和str2是否相等
ans =
     0     1     0     0
>> str1 = 'I am a handsome boy';
>> str2 = 'I am a pretty girl';
>> strncmp(str1,str2,7)                   %比较两个字符串str1和str2前7个字符是否相等
ans =
     1
>> strncmp(str1,str2,8)
ans =
     0
>> str1 = 'MATLAB 2016a';
>> str2 = 'MATLAB 2016A';
>> strcmp(str1,str2)
ans =
     0
>> strcmpi(str1,str2)                     %忽略大小写,比较两个字符串是否相等
ans =
     1
>> str1 = 'I am a handsome boy';
>> str2 = 'I am A pretty girl';
>> strncmpi(str1,str2,7)                  %忽略大小写,比较两个字符串前7个字符是否相等
ans =
     1
>> strncmp(str1,str2,7)
ans =
     0
```

2. 字符串查找和替换

MATLAB 语言查找与替换字符串的常用函数有 5 个：strfind、findstr、strmatch、strtok 和 strrep。字符串查找函数的调用格式及功能说明如表 2-3 所示。

表 2-3　字符串查找函数

函 数 名	功 能 说 明
strfind(str, 'str1')	在字符串 str 中查找另一个字符串 str1 出现的位置
findstr(str, 'str1')	在一个较长字符串 str 中查找较短字符串 str1 出现的位置
strmatch('str1',str)	在 str 字符串数组中，查找匹配以字符 str1 为开头的所在的行数
strtok(str)	从字符串 str 中截取第一个分隔符（包括空格、Tab 键和回车键）前面的字符串
strrep(str, 'oldstr', 'newstr')	在原来字符串 str 中，用新的字符串 newstr 替换旧的字符串 oldstr

例如：

```
>> str = 'sqrt(X) is the square root of the elements of X. Complex'     % 构建一个长字符串 str
str =
sqrt(X) is the square root of the elements of X. Complex
>> findstr(str,'of')       % 在一个较长字符串 str 中查找较短字符串'of'出现的位置
ans =
    28    44
>> strfind(str,'of')       % 在字符串 str 中查找字符串'of'出现的位置
ans =
    28    44
>> strrep(str,'X','Y')     % 在原来字符串 str 中，用新的字符串'Y'替换旧的字符串'X'
ans =
sqrt(Y) is the square root of the elements of Y. Complex
>> strtok(str)             % 从字符串 str 中截取第一个分隔符前面的字符串 sqrt(X)
ans =
sqrt(X)
>> str = strvcat('good','very good','very very good')
                           % 构建字符串数组 str
str =
good
very good
very very good
>> strmatch('very',str)    % 在字符串数组 str 中，查找匹配以字符'very'为开头的所在
ans =                      % 的行数
     2
     3
```

3. 字符串的其他操作

在 MATLAB 语言中，除了常用的字符串创建、比较、查找和替换操作外，还有许多其他字符串操作，如表 2-4 所示。

表 2-4 字符串其他操作函数

函 数 名	函数功能及说明
upper(str)	将字符串 str 中的字符转为大写
lower(str)	将字符串 str 中的字符转为小写
strjust(str,'right') strijust(str)	将字符串 str 右对齐
strjust(str,'left')	将字符串 str 左对齐
strjust(str,'center')	将字符串 str 中间对齐
strtrim(str)	删除字符串开头和结束的空格符
eval(str)	执行字符常量 str 运算

例如：

```
>> str = 'Matlab 2016a'
str =
Matlab 2016a
>> upper(str)                                          %将字符转换为大写
ans =
MATLAB 2016A
>> lower(str)                                          %将字符转换为小写
ans =
matlab 2016a
>> str = strvcat('good','very good','very very good')  %创建一个字符串 str 序列
str =
good
very good
very very good
>> strjust(str)                                        %将字符串 str 右对齐
ans =
          good
     very good
very very good
>> strjust(str,'right')                                %将字符串 str 右对齐
ans =
          good
     very good
very very good
>> strjust(str,'left')                                 %将字符串 str 左对齐
ans =
good
very good
very very good
>> strjust(str,'center')                               %将字符串 str 中间对齐
ans =
     good
  very good
very very good
>> str = ' matlab 2016a '
str =
  matlab 2016a
```

```
>> strtrim(str)                 % 删除字符串开头和结束的空格符
ans =
matlab 2016a
>> str = '2 * 3 + 6'            % 创建一个字符串常量
str =
2 * 3 + 6
>> eval(str)                    % 执行字符常量 str 运算
ans =
    12
```

2.5.3 字符串转换

在 MATLAB 语言中，字符串进行算术运算会自动转换为数值型。MATLAB 还提供了许多字符串与数值之间的转换函数，如表 2-5 所示。

表 2-5　字符串与数值转换函数

函数名	格式及例子	功能与说明
abs	abs('a')=97	将字符串转换为 ASCII 码数值
double	double('a')=97	将字符串转换为 ASCII 码数值的双精度数据
char	char(97)=a	将数值整数部分转换为 ASCII 码等值的字符
str2num	str2num('23')=23	将字符串转为数值
num2str	num2str(63)= '63'	将数值转为字符串
str2double	str2double('97')=97	将字符串转为双精度类型数据
mat2str	mat2str([32,64;97,101])= '[32 64;97 101]'	将矩阵转为字符串
dec2hex	dec2hex(64)= '40'	将十进制整数转为十六进制整数字符串
hex2dec	hex2dec('40')=64	将十六进制字符串转为十进制整数
dec2bin	dec2bin(16)= '10000'	将十进制整数转为二进制整数字符串
bin2dec	bin2dec('10000')=16	将二进制字符串转为十进制整数
dec2base	dec2base(16,8)= '20'	将十进制整数转为指定进制的整数字符串
base2dec	base2dec('20',8)=16	将指定进制字符串转为十进制整数

例如，可以利用字符串与数值之间的转换，对一串字符明文进行加密处理。MATLAB 命令代码如下：

```
>> str = 'welcome to MATLAB 2016a'       % 创建待加密的字符串
str =
welcome to MATLAB 2016a
>> str1 = str - 2;                       % 每个字符的 ASCII 码值减去 2 处理
>> str2 = char(str1)                     % 对移位后的每个 ASCII 转换为字符，完成加密
str2 =
ucjamkc-rm-K?RJ?@-0./4_
>> str3 = str2 + 2;                      % 解密是与加密相反的过程
>> str4 = char(str3)
str4 =
welcome to MATLAB 2016a
```

2.6 多维数组

多维数组(Multidimensional Arrays)是三维及以上的数组。三维数组是二维数组的扩展,二维数组行和列构成面,三维数组可以看成行、列和页构成的“长方体”,实际中三维数组用得比较多。

三维数组用3个下标表示,数组的元素存放遵循规则:第一页第一列接该页的第二列、第三列,以此类推;第一页最后一列接第二页第一列,直到最后一页最后一列结束。

四维数组和三维数组有些类似,使用4个下标表示,更高维的数组是在后面添加维度来确定页。

2.6.1 多维数组的创建

多维数组的创建一般有4种方法:直接赋值法、二维数组扩展法、使用cat函数创建法和使用特殊数组函数法。

1. 直接赋值法

例如,创建三维数组A。

```
>> A(:,:,1) = [1 2;3 4]        %赋值第一页
A =
     1     2
     3     4
>> A(:,:,2) = [5 6;7 8]        %赋值第二页
A(:,:,1) =
     1     2
     3     4
A(:,:,2) =
     5     6
     7     8
>> whos A                      %查看三维数组A的属性
  Name      Size            Bytes  Class     Attributes
  A         2x2x2           64     double
```

2. 二维数组扩展法

MATLAB可以利用二维数组扩展到三维数组,例如:

```
>> B = [1 2;3 4]
B =
     1     2
     3     4
>> B(:,:,2) = [5 6;7 8]
B(:,:,1) =
     1     2
     3     4
```

```
B(:,:,2) =
     5     6
     7     8
```

如果第一页不赋值，直接赋值第二页，那么也能产生三维数组，第一页值全默认为0，例如：

```
>> C(:,:,2) = [5 6;7 8]
C(:,:,1) =
     0     0
     0     0
C(:,:,2) =
     5     6
     7     8
```

3. 使用函数cat创建法

MATLAB语言可以使用cat函数，把几个原先赋值好的数组按照某一维连接起来，创建一个多维数组。函数调用格式如下：

```
A = cat(n,A1,A2,…)        % 将A1和A2等数组连接成n维数组
```

例如，使用cat函数创建多维数组：

```
>> A1 = [1 2;3 4];         % 创建三个二维数组
>> A2 = [5 6;7 8];
>> A3 = [9 8;7 6];
>> A = cat(3,A1,A2,A3)    % 用函数cat创建一个三维数组
A(:,:,1) =
     1     2
     3     4
A(:,:,2) =
     5     6
     7     8
A(:,:,3) =
     9     8
     7     6
>> A = cat(2,A1,A2,A3)    % 用函数cat连接A1、A2和A3成一个二维数组
A =
     1     2     5     6     9     8
     3     4     7     8     7     6
>> A = cat(1,A1,A2,A3)    % 用函数cat连接A1、A2和A3成一个二维数组
A =
     1     2
     3     4
     5     6
     7     8
     9     8
     7     6
```

4. 使用特殊数组函数法

MATLAB语言提供了许多创建特殊多维矩阵的函数，例如 rand、randn、ones 和 zeros 等，这些函数都可以创建多维特殊矩阵。函数的功能和使用方法与二维特殊矩阵类似。

例如：

```
>> A = rand(2,2,2)          % 创建 0～1 均匀分布的三维随机矩阵
A(:,:,1) =
    0.9575    0.1576
    0.9649    0.9706
A(:,:,2) =
    0.9572    0.8003
    0.4854    0.1419
>> B = randn(2,2,2)         % 创建正态分布的三维随机矩阵
B(:,:,1) =
   -0.1241    1.4090
    1.4897    1.4172
B(:,:,2) =
    0.6715    0.7172
   -1.2075    1.6302
>> C = ones(2,2,2)          % 创建三维全 1 矩阵
C(:,:,1) =
     1     1
     1     1
C(:,:,2) =
     1     1
     1     1
>> D = zeros(2,2,2)         % 创建三维全 0 矩阵
D(:,:,1) =
     0     0
     0     0
D(:,:,2) =
     0     0
     0     0
>> E = rand(2,2,2,2)        % 创建 0～1 均匀分布的四维随机矩阵
E(:,:,1,1) =
    0.6787    0.7431
    0.7577    0.3922
E(:,:,2,1) =
    0.6555    0.7060
    0.1712    0.0318
E(:,:,1,2) =
    0.2769    0.0971
    0.0462    0.8235
E(:,:,2,2) =
    0.6948    0.9502
    0.3171    0.0344
```

2.6.2 多维数组的操作

MATLAB多维数组操作主要有数组元素的提取、多维数组形状的重排和维度重新排序。

1. 多维数组元素的提取

提取多维数组元素的方法有两种：全下标方式和单下标方式。

1）全下标法

例如：

```
>> A = [1 2;3 4];
>> A(:,:,2) = [5 6;7 8]          %创建一个三维数组
A(:,:,1) =
     1     2
     3     4
A(:,:,2) =
     5     6
     7     8
>> a = A(1,1,2)                  %用全下标法提取第 2 页,第 1 行第 1 列的元素
a =
     5
```

2）单下标法

MATLAB单下标取多维数组的元素遵循规则：第一页第一列，然后第一页第二列，然后第一页最后一列，然后第二页第一列，直到最后一页最后一列。

例如：

```
>> A = [1 2;3 4];
>> A(:,:,2) = [5 6;7 8]          %创建一个三维数组
A(:,:,1) =
     1     2
     3     4
A(:,:,2) =
     5     6
     7     8
>> a = A(7)                      %单下标法取第 7 个元素
a =
     6
```

2. 多维数组形状的重排

MATLAB语言可以利用函数reshape改变多维数组的形状，函数的调用格式如下：

```
A = reshape(A1,[m,n,p])
```

其中,m、n 和 p 分别是行、列和页,A1 是重排的多维数组。数组还是按照单下标方式存储顺序重排,重排前后元素数据大小没变,位置和形状会改变。

例如:

```
>> A1 = rand(3,3);              % 创建三维数组
>> A1(:,:,2) = randn(3,3)
A1(:,:,1) =
    0.4387    0.7952    0.4456
    0.3816    0.1869    0.6463
    0.7655    0.4898    0.7094
A1(:,:,2) =
    1.1093   -1.2141    1.5326
   -0.8637   -1.1135   -0.7697
    0.0774   -0.0068    0.3714
>> A = reshape(A1,[2,3,3]) % 重排 2 行、3 列和 3 页的三维数组
A(:,:,1) =
    0.4387    0.7655    0.1869
    0.3816    0.7952    0.4898
A(:,:,2) =
    0.4456    0.7094   -0.8637
    0.6463    1.1093    0.0774
A(:,:,3) =
   -1.2141   -0.0068   -0.7697
   -1.1135    1.5326    0.3714
```

3. 多维数组维度的重新排序

MATLAB语言可以利用函数 permute 重新定义多维数组的维度顺序,按照新的行、列和页重新排序数组,permute 改变了线性存储的方式,函数的调用格式如下:

```
A = permute(A1,[m,n,p])
```

其中,m、n 和 p 分别是列、行和页,A1 是重定义的多维数组,要求定义后的维度不少于原数组的维度,而且各维度数不能相同。

例如:

```
>> A1 = rand(3,3);                  % 创建一个三维数组
>> A1(:,:,2) = randn(3,3)
A1(:,:,1) =
    0.4387    0.7952    0.4456
    0.3816    0.1869    0.6463
    0.7655    0.4898    0.7094
A1(:,:,2) =
    1.1093   -1.2141    1.5326
   -0.8637   -1.1135   -0.7697
    0.0774   -0.0068    0.3714
>> B = permute(A1,[3,2,1])          % 重新定义三维数组,存储顺序改变
B(:,:,1) =
    0.4387    0.7952    0.4456
```

```
    1.1093   -1.2141    1.5326
B(:,:,2) =
    0.3816    0.1869    0.6463
   -0.8637   -1.1135   -0.7697
B(:,:,3) =
    0.7655    0.4898    0.7094
    0.0774   -0.0068    0.3714
```

2.7 结构数组和元胞数组

在 MATLAB 语言中,有两种复杂的数据类型,分别是结构数组(Structure Array)和元胞数组(Cell Array),这两种类型都能在一个数组里存放不同类型的数据。

2.7.1 结构数组

结构数组又称结构体,能将一组具有不同属性的数据放到统一变量名下进行管理。结构体的基本组成是结构,每个结构可以有多个字段,可以存放多种不同类型的数据。

1. 结构数组的创建

结构数组的创建方法有两种:直接创建法和用 struct 函数创建。

(1) 直接创建法可以直接使用赋值语句,对结构数组的元素赋值不同类型的数据。具体格式如下:

```
结构数组名.成员名 = 表达式
```

例如,构建一个班级学生信息结构数组 dz1143,有三个元素 dz1143(1)、dz1143(2)和 dz1143(3),每个元素有四个字段 Name、Sex、Nationality 和 Score,分别存放学生姓名、性别、国籍和成绩等信息。

程序代码如下:

```
>> dz1143(1).Name = 'Zhang san';
>> dz1143(1).Sex = 'Male';
>> dz1143(1).Nationality = 'China';
>> dz1143(1).Score = [98 95 90 99 87];
>> dz1143(2).Name = 'Li si';
>> dz1143(2).Sex = 'Male';
>> dz1143(2).Nationality = 'Japan';
>> dz1143(2).Score = [88 95 91 90 97];
>> dz1143(3).Name = 'Wang wu';
>> dz1143(3).Sex = 'Female';
>> dz1143(3).Nationality = 'USA';
>> dz1143(3).Score = [81 75 61 80 87];
dz1143 =
```

```
1x3 struct array with fields:
    Name
    Sex
    Nationality
    Score
```

其中,dz1143是结构数组名,dz1143(1)、dz1143(2)和dz1143(3)分别是结构数组的元素,Name、Sex、Nationality和Score分别是字段。

(2) 利用函数struct创建结构数组还可以使用struct函数。函数具体格式如下:

```
struct('field1','值 1', 'field2','值 2', 'field3','值 3', …)
```

例如:

```
>> dz1144(1) = struct('Name','Li ke','Sex','Male','Nationality','China', 'Score',[98,95,91,
89])
dz1144 =
           Name: 'Li ke'
            Sex: 'Male'
    Nationality: 'China'
          Score: [98 95 91 89]
>> dz1144(2) = struct('Name','Xu bo','Sex','Male','Nationality','Canada', 'Score',[99,97,95,92])
dz1144 =
1x2 struct array with fields:
    Name
    Sex
    Nationality
    Score
```

2. 结构体内部数据的获取

(1) 使用"."符号获取结构体内部数据,对于上面例题中的dz1143结构体,用下面命令获得结构体的各个字段的内部数据:

```
>> str1 = dz1143(1).Name
str1 =
Zhang san
>> str2 = dz1143(1).Sex
str2 =
Male
>> str3 = dz1143(1).Nationality
str3 =
China
>> S = dz1143(1).Score
S =
    98    95    90    99    87
```

(2) 使用函数getfield获取结构体内部数据,getfield函数的格式如下:

```
str = getfield(S,{S_index},'fieldname',{field_index})
```

其中,S 是结构体名称,S_index 是结构体的元素,fieldname 为结构体的字段,field_index 是字段中数组元素的下标。

例如:

```
>> str1 = getfield(dz1143,{1},'Name')          % 获取 dz1143 结构体中第一个元素,
                                               % 字段为 Name 的内容
str1 =
Zhang san
>> S1 = getfield(dz1143,{1},'Score',{2})       % 获取 dz1143 结构体中第一个
                                               % 元素,字段 Score 中第二门课成绩
S1 =
    95
```

(3) 使用函数 fieldnames 获取结构体所有字段,fieldnames 函数的格式如下:

```
x = fieldnames(S)
```

例如:

```
x = fieldnames(dz1143)              % 获取结构体 dz1143 所有字段信息
x =
    'Name'
    'Sex'
    'Nationality'
    'Score'
>> whos dz1143 x                    % 查看结构体 dz1143 和变量 x 的属性信息
  Name      Size      Bytes    Class     Attributes
  dz1143    1x3       1816     struct
  x         4x1       494      cell
```

3. 结构体的操作函数

(1) 可以使用 setfield 函数对结构体的数据进行修改,函数的格式如下:

```
S = setfield(S,{S_index},'fieldname',{field_index},值)
```

例如,修改结构体 dz1143(1)中的 Sex 字段的内容:

```
>> dz1143 = setfield(dz1143,{1},'Sex','Female'); % 修改字段 Sex 内容
dz1143 =
1x3 struct array with fields:
    Name
    Sex
    Nationality
    Score
```

(2) 可以使用 rmfield 函数删除结构体的字段,函数格式如下:

```
S = rmfield(S,'fieldname')
```

例如,删除结构体 dz1143 中的 Nationality 字段:

```
>> dz1143 = rmfield(dz1143,'Nationality')        % 删除字段 Nationality
dz1143 =
1x3 struct array with fields:
    Name
    Sex
    Score
```

2.7.2 元胞数组

元胞数组是常规矩阵的扩展,其基本元素是元胞,每个元胞可以存放各种不同类型的数据,如数值矩阵、字符串、元胞数组和结构数组等。

1. 元胞数组的创建

创建元胞数组的方法和一般数值矩阵方法相似,用大括号将所有元胞括起来。创建元胞数组的方法有两种:直接创建和使用函数创建。

(1) 直接创建元胞数组可以一次性输入所有元胞值,也可以每次赋值一个元胞值。

```
>> A = {[1 + 2i],'MATLAB 2016A';1:6,{[1 2;3 4],'cell'}}        % 一次性输入所有元胞值
A =
    [1.0000 + 2.0000i]    'MATLAB 2016A'
          [1x6 double]        {1x2 cell}
>> B(1,1) = {[1 + 2i]};                                        % 每次输入一个元胞值
>> B(1,2) = {'MATLAB 2016A'};
>> B(2,1) = {1:6};
>> B(2,2) = {{[1 2;3 4],'cell'}}
B =
    [1.0000 + 2.0000i]    'MATLAB 2016A'
          [1x6 double]        {1x2 cell}
```

另外还可以根据各元胞内容创建元胞数组,例如:

```
>> C{1,1} = [1 + 2i];
>> C{1,2} = 'MATLAB 2016A';
>> C{2,1} = 1:6;
>> C{2,2} = {[1 2;3 4],'cell'}
C =
    [1.0000 + 2.0000i]    'MATLAB 2016A'
          [1x6 double]        {1x2 cell}
```

由上面结果可知,用三种不同的直接输入法创建的元胞数组 A、B 和 C 结果是一样的。注意()和{ }的区别,创建元胞数组无论用哪种方法,等式的左边或者右边一般都需要使用一次{ },若元胞是由元胞数组构成,则需要用两次{ }。

(2) MATLAB语言可以使用cell函数创建元胞数组。函数格式如下：

```
A = cell(m,n)
```

cell函数可以创建一个m×n空的元胞数组，对于每个元胞的数据还需要单独赋值。例如：

```
>> A = cell(2)
A =
    []    []
    []    []
>> A{1,1} = [1 + 2i];
>> A{1,2} = 'MATLAB 2016A';
>> A{2,1} = 1:6;
>> A{2,2} = {[1 2;3 4],'cell'}
A =
    [1.0000 + 2.0000i]      'MATLAB 2016A'
           [1x6 double]        {1x2 cell}
```

2. 元胞数组的操作

在MATLAB中，创建元胞数组后，可以通过下面几种方法，引用和提取元胞数组元素的数据。

(1) 用{ }提取元胞数组的元素数据。

例如：

```
>> A = {1 + 2i,'MATLAB 2016A';1:6,{[1 2;3 4],'cell'}}    %创建2*2的元胞数组
A =
    [1.0000 + 2.0000i]      'MATLAB 2016A'
           [1x6 double]        {1x2 cell}
>> a = A{2,1}                                            %全下标提取元素
a =
     1     2     3     4     5     6
>> a = A{1,2}
a =
MATLAB 2016A
>> a = A{4}                                              %单下标提取元素
a =
    [2x2 double]    'cell'
```

(2) 用()只能定位元胞的位置，返回的仍然是元胞类型的数组，不能得到详细元胞元素数据，例如：

```
>> b = A(2,1) %全下标定位
b =
    [1x6 double]
>> b = A(4) %半下标定位
b =
    {1x2 cell} %元胞类型
```

(3) 用 deal 函数提取多个元胞元素的数据。

例如：

```
>> [c1,c2,c3] = deal(A{[1:3]})  %提取元胞数组 A 中第 1～3 个元素
                                 %分别赋值给 c1、c2 和 c3
c1 =
   1.0000 + 2.0000i
c2 =
     1     2     3     4     5     6
c3 =
MATLAB 2016A
>> [c1,c2,c3,c4] = deal(A{:,:})
c1 =
   1.0000 + 2.0000i
c2 =
     1     2     3     4     5     6
c3 =
MATLAB 2016A
c4 =
    [2x2 double]    'cell'
```

(4) 用 celldisp 函数显示元胞数组中的详细数据内容。

在 MATLAB 命令窗口中，输入元胞数组名称，只显示元胞数组的各元素的数据类型和尺寸，不直接显示各元素的详细内容。可以用 celldisp 函数显示元胞数组中各元素的详细数据内容。

例如：

```
>> A = {1 + 2i,'MATLAB 2016A';1:6,{[1 2;3 4],'cell'}}    %创建 2*2 的元胞数组
A =
    [1.0000 + 2.0000i]    'MATLAB 2016A'
          [1x6 double]      {1x2 cell}
>> A                                                     %在命令窗口直接输入元胞数组名称
A =                                                      %只显示各元胞的数据类型和尺寸
    [1.0000 + 2.0000i]    'MATLAB 2016A'
          [1x6 double]      {1x2 cell}
>> celldisp(A)                                           %显示元胞数组各元胞的具体数据
A{1,1} =
    1.0000 + 2.0000i
A{2,1} =
     1     2     3     4     5     6
A{1,2} =
 MATLAB 2016A
 A{2,2}{1} =
     1     2
     3     4
A{2,2}{2} =
     cell
```

(5) 用 cellplot 函数以图形方式显示元胞数组的结构。

在 MATLAB 中，可以用 cellplot 函数以图形方式显示元胞数组的结构。

例如，创建一个元胞数组，并用图形方式显示。

代码如下：

```
>> A = {1 + 2i,'MATLAB 2016A';1:6,{[1 2;3 4],'cell'}} % 创建 2 * 2 的元胞数组
A =
    [1.0000 + 2.0000i]     'MATLAB 2016A'
          [1x6 double]        {1x2 cell}
>> cellplot(A)
```

用 cellplot 函数显示元胞数组 A 的结果如图 2-2 所示，其中用不同的颜色和形状表示元胞数组的各元素的内容。

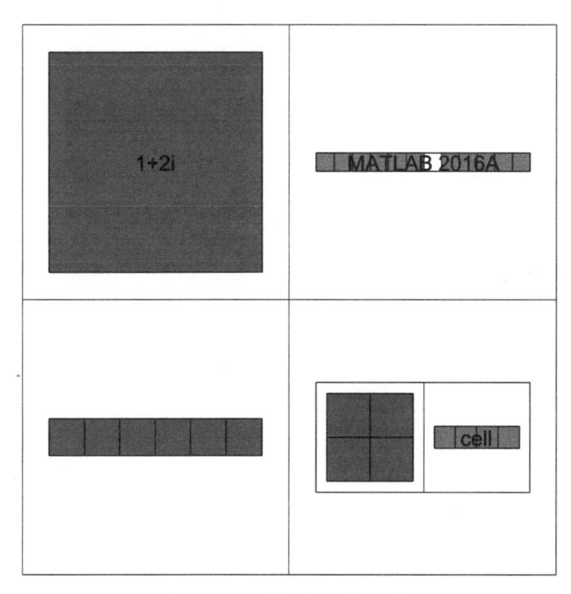

图 2-2　元胞数组显示图

2.8　矩阵及其运算应用实例

【例 2-6】　用冒号法生成矩阵 $\boldsymbol{A}$=[1 1.5 2 2.5 3 3.5 4 4.5 5 5.5 6]和矩阵 $\boldsymbol{B}$=[10 8 6 4 2 0]。

程序代码及运行结果如下：

```
>> A = 1:0.5:6
A =
    1.0000    1.5000    2.0000    2.5000    3.0000    3.5000    4.0000    4.5000
5.0000    5.5000    6.0000
>> B = 10: - 2:0
B =
    10     8     6     4     2     0
```

【例 2-7】　利用 linspace 函数法生成矩阵 $\boldsymbol{A}$=[1 2 3 4 5 6 7 8]和矩阵 $\boldsymbol{B}$= [10 8 6 4 2 0]。

程序代码及运行结果如下：

```
>> A = linspace(1,8,8)
A =
     1     2     3     4     5     6     7     8
>> B = linspace(10,0,6)
B =
    10     8     6     4     2     0
```

【例 2-8】 利用特殊矩阵生成函数生成下面的特殊矩阵。

$$\boldsymbol{A}=\begin{bmatrix}1&0&0\\0&1&0\\0&0&1\end{bmatrix},\quad \boldsymbol{B}=\begin{bmatrix}0&0&0\\0&0&0\\0&0&0\end{bmatrix},\quad \boldsymbol{C}=\begin{bmatrix}1&1&1\\1&1&1\\1&1&1\end{bmatrix}$$

$$\boldsymbol{D}=\begin{bmatrix}1&0&0\\0&2&0\\0&0&3\end{bmatrix},\quad \boldsymbol{E}=\begin{bmatrix}0&0&0\\1&0&0\\1&1&0\end{bmatrix},\quad \boldsymbol{F}=\begin{bmatrix}1&1&1\\0&1&1\\0&0&1\end{bmatrix}$$

程序代码及运行结果如下：

```
>> A = eye(3)
A =
     1     0     0
     0     1     0
     0     0     1
>> B = zeros(3)
B =
     0     0     0
     0     0     0
     0     0     0
>> C = ones(3)
C =
     1     1     1
     1     1     1
     1     1     1
>> v = [1 2 3];
D = diag(v)
D =
     1     0     0
     0     2     0
     0     0     3
E = tril(C, - 1)
E =
     0     0     0
     1     0     0
     1     1     0
>> F = triu(C,0)
F =
     1     1     1
     0     1     1
     0     0     1
```

【例 2-9】 试用 MATLAB 生成 5 阶魔方矩阵，验证每行和每列元素之和是否相等。

程序代码及运行结果如下：

```
>> A = magic(5)
A =
    17    24     1     8    15
    23     5     7    14    16
     4     6    13    20    22
    10    12    19    21     3
    11    18    25     2     9
>> B = sum(A)                   % 计算每列的和
B =
    65    65    65    65    65
>> C = sum(A')                  % 计算每行的和
C =
    65    65    65    65    65
```

【例 2-10】 试用 MATLAB 生成[10,16]区间内均匀分布的 5 阶随机矩阵和均值为 1、方差为 0.2 的正态分布的 4 阶随机矩阵。

程序代码及运行结果如下：

```
>> A = 10 + (16 - 10) * rand(5)
A =
   14.8883   10.5852   10.9457   10.8513   13.9344
   15.4348   11.6710   15.8236   12.5306   10.2143
   10.7619   13.2813   15.7430   15.4944   15.0948
   15.4803   15.7450   12.9123   14.7532   15.6040
   13.7942   15.7893   14.8017   15.7570   14.0724
>> B = 1 + sqrt(0.2) * randn(4)
B =
    1.4627    0.6479    0.6380    0.6624
    1.3251    1.3973   -0.3167    1.6128
    0.8643    0.4870    1.6433    0.2346
    1.1314    0.5220    1.1454    0.9543
```

【例 2-11】 将矩阵 $\boldsymbol{A}=\begin{bmatrix}1 & 2 & 3\\4 & 5 & 6\\7 & 8 & 9\end{bmatrix}$ 中的第一行元素替换为 $[1 \quad 1 \quad 1]$，最后一列元素替换为 $\begin{bmatrix}1\\2\\3\end{bmatrix}$，删除矩阵 $\boldsymbol{A}$ 的第二行元素。

程序代码及运行结果如下：

```
>> A = [1 2 3;4 5 6;7 8 9]
A =
     1     2     3
     4     5     6
     7     8     9
```

```
>> A(1,:) = [1 1 1]
A =
     1     1     1
     4     5     6
     7     8     9
>> A(:,3) = [1 2 3]'
A =
     1     1     1
     4     5     2
     7     8     3
>> A(2,:) = []
A =
     1     1     1
     7     8     3
```

【例 2-12】 已知矩阵 $\boldsymbol{A}=\begin{bmatrix}1 & 2 & 3 & 4\\3 & 4 & 6 & 8\\5 & 5 & 7 & 9\\4 & 3 & 2 & 1\end{bmatrix}$，对矩阵 $\boldsymbol{A}$ 实现上下翻转，左右翻转，逆时针旋转 90°，顺时针旋转 90°，平铺矩阵 $\boldsymbol{A}$ 为 $2*3=6$ 块操作。

程序代码及运行结果如下：

```
>> A = [1 2 3 4;3 4 6 8;5 5 7 9;4 3 2 1]
A =
     1     2     3     4
     3     4     6     8
     5     5     7     9
     4     3     2     1
>> B = flipud(A)                    % 上下翻转
B =
     4     3     2     1
     5     5     7     9
     3     4     6     8
     1     2     3     4
>> C = fliplr(A)                    % 左右翻转
C =
     4     3     2     1
     8     6     4     3
     9     7     5     5
     1     2     3     4
>> D = rot90(A)                     % 逆时针旋转 90°
D =
     4     8     9     1
     3     6     7     2
     2     4     5     3
     1     3     5     4
>> E = rot90(A, - 1)                  % 顺时针旋转 90°
E =
     4     5     3     1
     3     5     4     2
```

```
        2     7     6     3
        1     9     8     4
>> F = repmat(A,2,3)            % 平铺矩阵 A 为 2 * 3 = 6 块操作
F =
        1     2     3     4     1     2     3     4     1     2     3     4
        3     4     6     8     3     4     6     8     3     4     6     8
        5     5     7     9     5     5     7     9     5     5     7     9
        4     3     2     1     4     3     2     1     4     3     2     1
        1     2     3     4     1     2     3     4     1     2     3     4
        3     4     6     8     3     4     6     8     3     4     6     8
        5     5     7     9     5     5     7     9     5     5     7     9
        4     3     2     1     4     3     2     1     4     3     2     1
```

【例 2-13】 已知矩阵 $\boldsymbol{A}=\begin{bmatrix}1&2&3\\4&5&6\\6&8&9\end{bmatrix}$，$\boldsymbol{B}=\begin{bmatrix}1&1&1\\0&1&1\\1&0&1\end{bmatrix}$，试用 MATLAB 分别实现 $\boldsymbol{A}$ 和 $\boldsymbol{B}$ 两个矩阵的加、减、乘、点乘、左除和右除操作。

程序代码及运行结果如下：

```
>> A = [1 2 3;4 5 6;6 8 9]
A =
        1     2     3
        4     5     6
        6     8     9
>> B = [1 1 1;0 1 1;1 0 1]
B =
        1     1     1
        0     1     1
        1     0     1
>> C = A + B
C =
        2     3     4
        4     6     7
        7     8    10
>> D = A - B
D =
        0     1     2
        4     4     5
        5     8     8
>> E = A * B
E =
        4     3     6
       10     9    15
       15    14    23
>> F = A. * B
F =
        1     2     3
        0     5     6
        6     0     9
>> G = A\B
```

```
G =
   -2.0000    1.0000         0
    2.0000   -3.0000   -1.0000
   -0.3333    2.0000    1.0000
>> H = B/A
H =
   -0.3333    0.3333    0.0000
    0.6667   -1.6667    1.0000
   -0.3333    3.3333   -2.0000
```

【例 2-14】 已知矩阵 $\boldsymbol{A}=\begin{bmatrix}1 & 1 & 1\\1 & 2 & 3\\1 & 4 & 9\end{bmatrix}$，试用 MATLAB 分别求矩阵 $\boldsymbol{A}$ 的行列式、转置、秩、逆、特征值和特征向量。

程序代码及运行结果如下：

```
>> A = [1 1 1;1 2 3;1 4 9]
A =
     1     1     1
     1     2     3
     1     4     9
>> D = det(A)
D =
    2.0000
>> B = A'
B =
     1     1     1
     1     2     4
     1     3     9
>> C = inv(A)
C =
    3.0000   -2.5000    0.5000
   -3.0000    4.0000   -1.0000
    1.0000   -1.5000    0.5000
>> [v,D] = eig(A)
v =
   -0.1324   -0.7300    0.5730
   -0.3401   -0.5645   -0.7692
   -0.9310    0.3853    0.2829
D =
   10.6031         0         0
         0    1.2454         0
         0         0    0.1515
```

【例 2-15】 已知三阶对称正定矩阵 $\boldsymbol{A}=\begin{bmatrix}1 & 1 & 1\\1 & 2 & 3\\1 & 3 & 6\end{bmatrix}$，试用 MATLAB 分别对矩阵 $\boldsymbol{A}$ 进行 Cholesky 分解、LU 分解和 QR 分解。

程序代码及运行结果如下：

```
>> A = [1 1 1;1 2 3;1 3 6]
A =
     1     1     1
     1     2     3
     1     3     6
>> [R,p] = chol(A)
R =
     1     1     1
     0     1     2
     0     0     1
p =
     0
>> [L,U] = lu(A)
L =
    1.0000         0         0
    1.0000    0.5000    1.0000
    1.0000    1.0000         0
U =
    1.0000    1.0000    1.0000
         0    2.0000    5.0000
         0         0   -0.5000
>> [Q,R] = qr(A)
Q =
   -0.5774    0.7071    0.4082
   -0.5774   -0.0000   -0.8165
   -0.5774   -0.7071    0.4082
R =
   -1.7321   -3.4641   -5.7735
         0   -1.4142   -3.5355
         0         0    0.4082
```

【例 2-16】 定义两个字符串 str1 = 'MATLAB R2016a' 和 str2 = 'MATLAB R2016A',试用字符串比较函数 strcmp、strncmp、strcmpi 和 strncmpi 比较 str1 和 str2 两个字符串。

程序代码及运行结果如下:

```
>> str1 = 'MATLAB R2016a'
str1 =
MATLAB R2016a
>> str2 = 'MATLAB R2016A'
str2 =
MATLAB R2016A
>> strcmp(str1,str2)
ans =
     0
>> strcmpi(str1,str2)
ans =
     1
>> strncmp(str1,str2,13)
ans =
     0
```

```
>> strncmpi(str1,str2,13)
ans =
     1
```

【例 2-17】 分别用 MATLAB 的左除和逆矩阵方法,求解下列方程组的解。

(1) $\begin{cases} x_1+x_2+x_3=6 \\ x_1-x_2+x_3=4 \\ x_1-x_2+2x_3=8 \end{cases}$; (2) $\begin{cases} x_1+x_2+x_3=6 \\ x_1+x_3=2 \\ 2x_1-x_2=4 \end{cases}$。

程序代码及运行结果如下：

```
>> A = [1 1 1;1 -1 1;1 -1 2]
A =
     1     1     1
     1    -1     1
     1    -1     2
>> b = [6;4;8]
b =
     6
     4
     8
>> x = A\b
x =
     1
     1
     4
>> x = inv(A) * b
x =
     1
     1
     4
A = [1 1 1;1 0 1;2 -1 0]
b = [6;2;4]
x = A\b
x = inv(A) * b
A =
     1     1     1
     1     0     1
     2    -1     0
b =
     6
     2
     4
x =
    4.0000
    4.0000
   -2.0000
x =
    4.0000
    4.0000
   -2.0000
```

【例 2-18】 分别用 MATLAB 的左除和伪逆矩阵方法求解下列方程组的一组解。

(1) $\begin{cases} x_1+x_2+x_3=4 \\ x_1-x_2+x_3=2 \end{cases}$;　　(2) $\begin{cases} x_1+x_2+x_3+x_4=6 \\ x_1+x_3+2x_4=4 \\ 2x_1-x_2+x_3=2 \end{cases}$。

程序代码及运行结果如下：

```
>> A = [1 1 1;1 -1 1]
b = [4;2]
x = A\b
x = pinv(A) * b
A =
     1     1     1
     1    -1     1
b =
     4
     2
x =
    3.0000
    1.0000
         0
x =
    1.5000
    1.0000
    1.5000
>> A = [1 1 1 1;1 0 1 2;2 -1 1 0]
b = [6;4;2]
x = A\b
x = pinv(A) * b
A =
     1     1     1     1
     1     0     1     2
     2    -1     1     0
b =
     6
     4
     2
x =
    2.4000
    2.8000
         0
    0.8000
x =
    1.5000
    2.5000
    1.5000
    0.5000
```

【例 2-19】 在 MATLAB 语言中，建立下面的多维数组。

```
A(:,:,1) =
     0     0     0
```

```
     0     0     0
     0     0     0
A(:,:,2) =
     1     1     1
     1     1     1
     1     1     1
A(:,:,3) =
     1     0     0
     0     1     0
     0     0     1
```

程序代码及运行结果如下：

```
A(:,:,1) = zeros(3);
A(:,:,2) = ones(3);
A(:,:,3) = eye(3);
>> A
A(:,:,1) =
     0     0     0
     0     0     0
     0     0     0
A(:,:,2) =
     1     1     1
     1     1     1
     1     1     1
A(:,:,3) =
     1     0     0
     0     1     0
     0     0     1
```

【例 2-20】 在 MATLAB 语言中，建立下面的结构数组。

```
  dz1161 =
          Name: 'Li ke'
           Sex: 'Male'
      Province: 'Guangdong'
           Tel: '13800000000'
```

程序代码及运行结果如下：

```
>> dz1161 = struct('Name','Li ke','Sex','Male', 'Province', 'Guangdong', 'Tel','13800000000
')
dz1161 =
          Name: 'Li ke'
           Sex: 'Male'
      Province: 'Guangdong'
           Tel: '13800000000'
```

2.9 矩阵及其运算综合实例

2.9.1 矩阵在图像处理中的应用

在MATLAB中,一幅灰度数字图像被存为二维矩阵,图像的分辨率是矩阵的行数和列数,矩阵的值对应图像每个点的颜色。对图像进行处理,实际上是对矩阵的值进行操作。在图像处理中,经常对一幅图像进行左右镜像处理,上下翻转,逆时针或者顺时针旋转90°以及图像平铺处理,可以利用本章学过的矩阵结构变换函数方便地实现图像处理。

【例2-21】 已知一幅数字图像lena.bmp,用MATLAB语言对该图像进行左右翻转、上下翻转、逆时针翻转90°、顺时针翻转90°以及进行图像平铺3*2=6块处理。

程序代码如下:

```
A = imread('E:\work\lena.bmp','bmp');      %读取原始图像lena.bmp到变量空间中,存储为
                                           %A矩阵
subplot(2,3,1)                             %当前图形窗口分隔为2*3块,在第1块显示图像
imshow(A)                                  %将矩阵A数据显示为图像
title('原始图像')                           %在图像正上方显示标题"原始图像"
B = fliplr(A);                             %图像矩阵A左右对调
subplot(2,3,2)
imshow(B);
title('左右对调')
C = flipud(A);                             %图像矩阵A上下对调
subplot(2,3,3)
imshow(C)
title('上下对调')
D = rot90(A);                              %图像矩阵A逆时针旋转90°
subplot(2,3,4)
imshow(D)
title('逆时针旋转90°')
E = rot90(A, - 1);                         %图像矩阵A顺时针旋转90°
subplot(2,3,5)
imshow(E)
title('顺时针旋转90°')
F = repmat(A,3,2);                         %图像矩阵A平铺3*2块
subplot(2,3,6)
imshow(F)
title('图像平铺2*3块')
```

程序运行结果如图2-3所示,由该例题结果可知,在MATLAB语言中,对数字图像矩阵的简单变换,就能实现对图像的各种处理,所以MATLAB语言特别适合应用于数字图像处理。

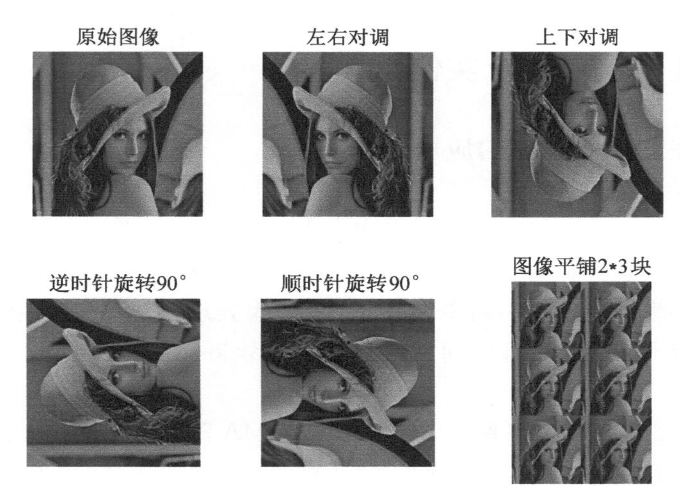

图 2-3　矩阵结构变换函数处理图像

2.9.2　线性方程组的求解

线性方程组的解一般包括两大类：一类是方程组存在唯一解或者特解，另一类方程组有无穷解或者通解。可以通过求方程组的系数矩阵的秩来判断解的类型。

假设含有 n 个未知数的 m 个方程构成方程组 $\boldsymbol{A}_{m\times n}\boldsymbol{x}=\boldsymbol{b}$，系数矩阵 $\boldsymbol{A}$ 的秩为 r，方程组的解有下面两种情况：

(1) 若 $r=n$，则方程组有唯一解；

(2) 若 $r<n$，则方程组有无穷解。

1. 线性方程组唯一解

用 MATLAB 语言求解线性方程组 $\boldsymbol{Ax}=\boldsymbol{b}$ 唯一解的常用方法是左除法和逆矩阵法，下面通过一个例子介绍这两种方法。

【例 2-22】　在 MATLAB 语言中，用左除法和逆矩阵法分别求解下列线性方法组的唯一解。

$$\begin{cases} x_1 - x_2 + x_3 + x_4 = 2 \\ 3x_1 + x_2 - x_3 + x_4 = 6 \\ x_1 + x_2 + x_4 = 4 \\ x_1 + 2x_2 + x_3 = 1 \end{cases}$$

程序代码如下：

```
>> A = [1 -1 1 1;3 1 -1 1;1 1 0 1;1 2 1 0]; % 输入方程组的系数矩阵
>> b = [2 6 4 1]';
>> r = rank(A)                              % 求系数矩阵 A 的秩，判断方程组是否有唯一解
r =
     4
>> x = A\b                                  % 用左除法求解方程组的唯一解
```

```
x =
    0.6000
    0.6000
   -0.8000
    2.8000
>> x = inv(A) * b                % 用逆矩阵法求解方程组的唯一解
x =
    0.6000
    0.6000
   -0.8000
    2.8000
```

以上结果表明，当方程组的系数矩阵 **A** 的秩等于未知量的个数时，线性方程组具有唯一解，用常用的左除法和逆矩阵方法求解线性方程组的解，结果是一样的。

2. 线性方程组多解

用 MATLAB 语言求解线性方程组 $\boldsymbol{A}_{m\times n}\boldsymbol{x}=\boldsymbol{b}$ 多解的方法常用左除法和伪逆矩阵法，下面通过一个例子介绍这两种方法。

【例 2-23】 在 MATLAB 语言中，用左除法和伪逆矩阵法分别求解下列线性方法组的解。

$$\begin{cases} x_1 - x_2 + x_3 + x_4 = 2 \\ 3x_1 + x_2 - x_3 + x_4 = 6 \\ x_1 + x_2 + x_4 = 4 \end{cases}$$

程序代码如下：

```
>> A = [1 -1 1 1;3 1 -1 1;1 1 0 1];        % 输入方程组的系数矩阵
>> b = [2 6 4]';
>> r = rank(A)                              % 求系数矩阵 A 的秩，判断方程组是否有唯一解
r =
     3
>> x = A\b                                  % 用左除法求解方程组的一组解
x =
    2.0000
    2.0000
    2.0000
         0
>> x = pinv(A) * b                          % 用伪逆矩阵求解方程组的一组解
x =
    1.2000
    1.2000
    0.4000
    1.6000
```

以上结果表明，方程组的系数矩阵 **A** 的秩小于未知量的个数时，线性方程组具有无穷解，用常用的左除法和伪逆矩阵方法求解线性方程组的解，结果是不唯一的，但都是方程组的解。

2.9.3 多维数组在彩色图像中的应用

彩色图像被读入 MATLAB 中,RGB 三种颜色分量一般被存为三维数组。对彩色图像处理,实际上是对三维数组进行提取和操作,所以用 MATLAB 语言处理彩色图像比较方便。下面通过一个例子说明三维数组在彩色图像处理中的应用。

【例 2-24】 用 MATLAB 语言,对一幅彩色图像分别提取红色分量、绿色分量和蓝色分量,并在同一个图形窗口的不同区域显示,利用 cat 函数把三个分量连接成一个三维数组,并显示合成后的图像。

程序代码如下:

```
clear
% ------读入图片 flower.jpg 存入 A 中------ %
A = imread('E:\work\flower.jpg');
subplot(2,2,1)            %将当前图形窗口分隔为两行两列,在第一个区域画图
imshow(A);                %将三维数组 A 显示为彩色图像
title('原始图像')          %在图的正上方显示图题
[r c d] = size(A);        %计算图像大小,r 为行,c 为列,d 为页,1、2 和 3 分别代表红、绿和蓝
                          %分量
% ------提取红色分量并显示分解图------ %
red(:,:,1) = A(:,:,1);    %提取红色分量
red(:,:,2) = zeros(r,c);  %蓝色和绿色分量用 0 矩阵填充
red(:,:,3) = zeros(r,c);
red = uint8(red);         %将红色分量数据类型转换为无符号 8 位
subplot(2,2,2)
imshow(red)
title('红色分量');
% -------提取绿色分量并显示分解图------- %
green(:,:,2) = A(:,:,2);
green(:,:,1) = zeros(r,c);
green(:,:,3) = zeros(r,c);
green = uint8(green);
subplot(2,2,3)
imshow(green)
title('绿色分量');
% --------提取蓝色分量并显示分解图------- %
blue(:,:,3) = A(:,:,3);
blue(:,:,1) = zeros(r,c);
blue(:,:,2) = zeros(r,c);
blue = uint8(blue);
subplot(2,2,4)
imshow(blue)
title('蓝色分量');
% ------------合成彩色图像----------- %
ci = cat(3,red(:,:,1),green(:,:,2),blue(:,:,3));
figure;
subplot(1,2,1)
imshow(A);
title('原始图像')
```

```
subplot(1,2,2)
imshow(ci);
title('合成图像');
```

由程序代码可知，彩色图像读入 MATLAB 中，被存为三维数组，红色分量存为第一页，绿色分量存为第二页，蓝色分量存为第三页。用三维数组提取和连接方法就能实现三种颜色分量的提取以及合成彩色图像。

程序结果如图 2-4 和图 2-5 所示。

红色分量

绿色分量

图 2-4 提取彩色图像的各个分量

图 2-5 合成图像和原始图像比较

2.10 本章小结

本章首先介绍了 MATLAB 矩阵的创建和修改，重点介绍了矩阵的基本运算和矩阵的分析，简单介绍了字符串、结构数组和元胞数组的创建和修改。通过大量应用实例，读者可以更加深刻地认知 MATLAB 用于矩阵运算的优越性。

第3章 MATLAB程序结构和M文件

本章要点：

- ◇ 程序结构；
- ◇ M 文件；
- ◇ M 函数文件；
- ◇ 程序调试。

MATLAB R2016a 和其他高级编程语言（如 C 语言和 FORTRAN 语言）一样，要实现复杂的功能需要编写程序文件和调用各种函数。

3.1 程序结构

MATLAB 语言有三种常用的程序控制结构：顺序结构、选择结构和循环结构。MATLAB 语言里的任何复杂程序都可以由这三种基本结构组成。

3.1.1 顺序结构

顺序结构是 MATLAB 语言程序的最基本的结构，是指按照程序中的语句排列顺序依次执行，每行语句是从左往右执行，不同行语句是从上往下执行。一般数据的输入和输出、数据的计算和处理程序都是顺序结构。顺序结构的基本流程如图 3-1 所示，程序先执行语句 A，然后执行语句 B，最后执行语句 C。

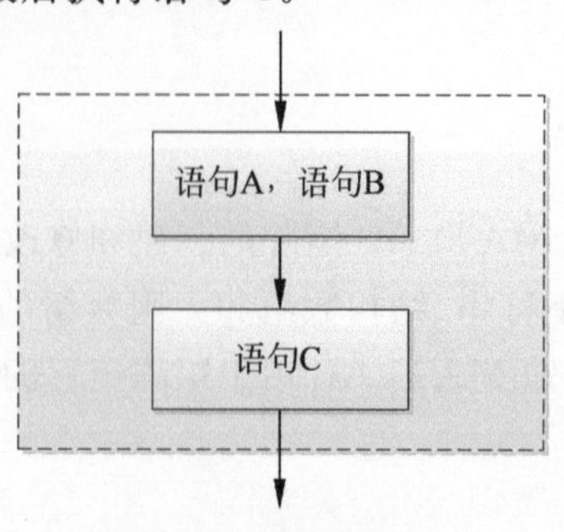

图 3-1　顺序结构流程图

1. 数据的输入

MATLAB 语言要从键盘输入数据，可以使用 input 函数，该函数的调用格式有如下两种。

1) x=input('提示信息')

其中，提示信息表示字符串，用于提示用户输入什么样的数据，等待用户从键盘输入数据，赋值给变量 x。

例如，从键盘中输入变量 x，可以用下面的命令实现：

```
>> x = input('输入变量 x: ')
输入变量 x: 3
x =
     3
```

执行该语句时，命令行窗口显示提示信息“输入变量 x：”，然后等待用户从键盘输入 x 的值。

2) str=input('提示信息','s')

其中，该格式用于用户输入一个字符串，赋值给字符变量 str。

例如，用户想从键盘输入自己的名字，赋值给字符变量 str，可以采用下面命令：

```
>> str = input('what ''s your name?','s')
what 's your name?XuGuobao
str =
XuGuobao
```

执行该语句时，命令行窗口显示提示信息“what 's your name?”，然后等待用户从键盘输入字符变量 str 的值。

2. 数据的输出

MATLAB 语言可以在命令窗口显示输出信息，可以用函数 disp 实现，该函数的调用格式如下：

```
disp('输出信息')
```

其中，输出信息可以是字符串，也可以是矩阵信息。例如：

```
>> disp('What ''s your name? ')
disp('My name is XuGuobao')
What 's your name?
My name is XuGuobao
>> A = [1 2;3 4];
>> disp(A)
     1     2
     3     4
```

需要注意，用 disp 函数显示矩阵信息将不显示矩阵的变量名，输出格式更紧凑，没有空行。

【例 3-1】 从键盘输入 a、b 和 c 的值，求解一元二次方程 $ax^2+bx+c=0$ 的根。

程序代码如下：

```
a = input('a = ');
b = input('b = ');
c = input('c = ');                    % 从键盘输入 a、b 和 c 的值
delt = b * b - 4 * a * c;
x1 = ( - b + sqrt(delt))/(2 * a);
x2 = ( - b - sqrt(delt))/(2 * a);
disp(['x1 = ',num2str(x1)]);          % 显示 x1 和 x2 的值
disp(['x2 = ',num2str(x2)]);
```

程序运行结果是：

```
>> exam_3_1
a = 1
b = - 5
c = 6
x1 = 3
x2 = 2
```

再一次运行程序后的结果是：

```
>> exam_3_1
a = 1
b = 2
c = 3
x1 = - 1 + 1.4142i
x2 = - 1 - 1.4142i
```

由上面程序结果可知，MATLAB 语言的数据输入、数据处理和数据输出命令都是按照顺序结构执行的。

3.1.2 选择结构

MATLAB 语言的选择结构是根据选定的条件成立或者不成立，分别执行不同的语句。选择结构有下面三种常用语句：if 语句、switch 语句和 try 语句。

1. if 语句

在 MATLAB 语言中，if 语句有三种格式。

1）单项选择结构

单项选择语句的格式如下：

```
if 条件
语句组
end
```

当条件成立时，执行语句组，执行完后继续执行 end 后面的语句；若条件不成立，则直接执行 end 后面的语句。单项选择程序结构流程图如图 3-2 所示。

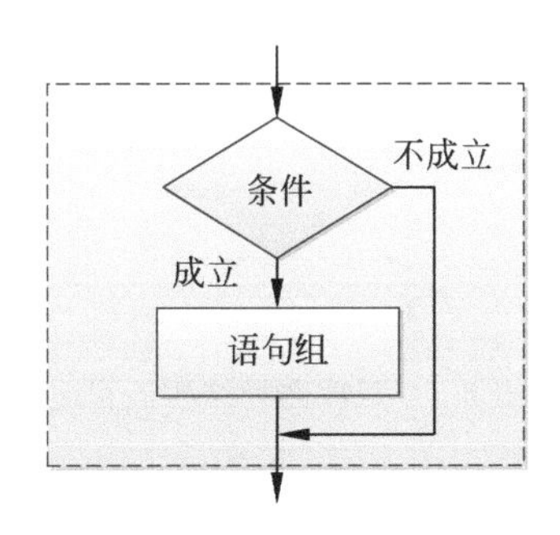

图 3-2　单项选择结构流程图

【例 3-2】　从键盘输入一个值 x，判断当 $x>0$ 时，计算$\sqrt{x}$的值并显示。

程序代码如下：

```
x = input('x:');
if x > 0
    y = sqrt(x);
    disp(['y = ',num2str(y)]);
end
```

程序运行结果如下：

```
>> exam_3_2
x:2
y = 1.4142
```

再一次运行程序，输入 x＝－2，程序结果是：

```
>> exam_3_2
x: - 2
```

由上面的程序结果可知，当条件不满足时，就直接执行 end 后面的语句。

2）双项选择结构

双项选择语句的格式如下：

```
if 条件 1
语句组 1
else
语句组 2
end
```

当条件 1 成立时，执行语句组 1，否则执行语句组 2，之后继续执行 end 后面的语句。双项选择程序结构流程图如图 3-3 所示。

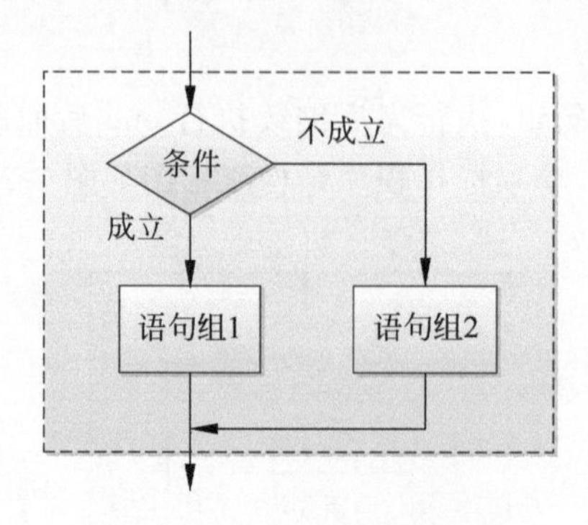

图 3-3 双项选择结构流程图

【例 3-3】 从键盘输入一个值 x，计算下面分段函数的值并显示。

$$y=\begin{cases}2x+1, & x>0\\ -2x-1, & x<0\end{cases}$$

程序代码如下：

```
x = input('x:');
if x > 0
    y = 2 * x + 1;
    disp(['y = ',num2str(y)]);
else
    y = - 2 * x + 1;
    disp(['y = ',num2str(y)]);
end
```

程序运行结果是：

```
>> exam_3_3
x:2
y = 5
```

再一次运行程序，输入 x=－2，程序结果是：

```
>> exam_3_3
x: - 2
y = 3
```

该例题如果用单项选择结构也可以实现，程序代码如下：

```
x = input('x:');
if x > 0
    y = 2 * x + 1;
    disp(['y = ',num2str(y)]);
```

```
end
if x<0
    y= -2*x+1;
    disp(['y=',num2str(y)]);
end
```

3）多项选择结构

多项选择语句的格式如下：

```
if 条件 1
语句组 1
elseif 条件 2
语句组 2
⋮
elseif 条件 m
语句组 m
else
语句组 n
end
```

当条件 1 成立时，执行语句组 1；否则当条件 2 成立时，执行语句组 2；以此类推，最后执行 end 后面的语句。需要注意，if 和 end 必须配对使用。多项选择程序的结构流程图如图 3-4 所示。

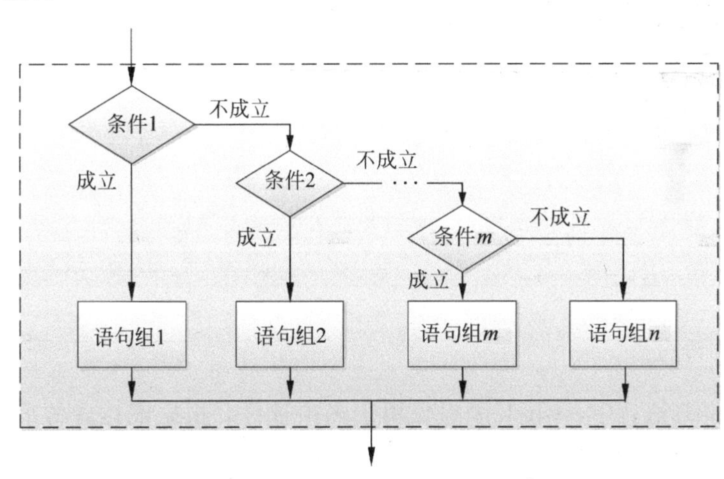

图 3-4 多项选择结构流程图

【例 3-4】 从键盘输入一个值 x，用下面的分段函数实现符号函数的功能。

$$y=\begin{cases}1, & x>0\\ 0, & x=0\\ -1, & x<0\end{cases}$$

程序代码如下：

```
x=input('x:');
if x>0
```

```
    y = 1;
    disp(['y = ',num2str(y)]);
elseif x == 0
    y = 0;
    disp(['y = ',num2str(y)]);
else
     y = -1;
    disp(['y = ',num2str(y)]);
end
```

程序运行结果如下：

```
>> exam_3_4
x:3
y = 1
>> exam_3_4
x: -3
y = -1
>> exam_3_4
x:0
y = 0
```

若用 MATLAB 的符号函数 sign 验证，可以得到同样的结果：

```
>> sign(3)
ans =
     1
>> sign( -3)
ans =
    -1
>> sign(0)
ans =
     0
```

2. switch 语句

在 MATLAB 语言中，switch 语句也用于多项选择。根据表达式的值的不同，分别执行不同的语句组。该语句的格式如下：

```
switch 表达式
case 表达式 1
    语句组 1
case 表达式 2
    语句组 2
⋮
case 表达式 m
    语句组 m
otherwise
    语句组 n
end
```

switch 语句结构流程图如图 3-5 所示。当表达式的值等于表达式 1 的值时，执行语句组 1；当表达式的值等于表达式 2 的值时，执行语句组 2；以此类推，当表达式的值等于表达式 m 的值时，执行语句组 m；当表达式的值不等于 case 所列表达式的值时，执行语句组 n。需要注意，当任意一个 case 表达式为真，执行完其后的语句组，直接执行 end 后面的语句。

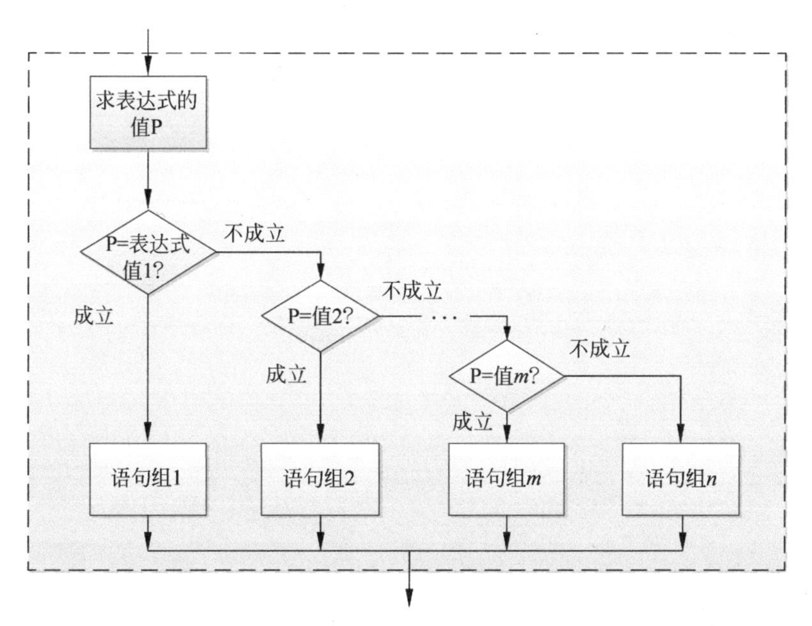

图 3-5 switch 语句结构流程图

【例 3-5】 某商场“十一”假期搞促销活动，对顾客所购商品总价打折，折扣率标准如下，从键盘输入顾客所购商品总价，计算打折后总价。

$$
\text{rate} = \begin{cases} 0\%, & \text{price} < 500 \\ 5\%, & 500 \leqslant \text{price} < 1000 \\ 10\%, & 1000 \leqslant \text{price} < 2000 \\ 15\%, & 2000 \leqslant \text{price} < 5000 \\ 20\%, & 5000 \leqslant \text{price} \end{cases}
$$

程序代码如下：

```
price = input('price:');
num = fix(price/500);
switch num
    case 0                          %总价小于 500
        rate = 0;
    case 1                          %总价大于或等于 500,小于 1000
        rate = 5/100;
    case {2,3}                      %总价大于或等于 1000,小于 2000
        rate = 10/100;
    case num2cell(4:9)              %总价大于或等于 2000,小于 5000
        rate = 15/100;
    otherwise                       %总价大于或等于 5000
```

```
        rate = 20/100;
end
discount_price = price * (1 - rate)     % 折扣后的总价
format short g                          % 不用科学计数显示
```

num2cell 函数的功能是将数值矩阵转换为单元矩阵。程序运行结果如下：

```
>> exam_3_5
price:499
discount_price =
   499
>> exam_3_5
price:800
discount_price =
   760
>> exam_3_5
price:1800
discount_price =
        1620
>> exam_3_5
price:4800
discount_price =
        4080
>> exam_3_5
price:6000
discount_price =
        4800
```

3. try 语句

在 MATLAB 语言里，try 语句是一种试探性执行语句，该语句的格式如下：

```
try
语句组 1
catch
语句组 2
end
```

try 语句先试探执行语句组 1，如果语句组 1 在执行过程中出错，则将错误信息赋值给系统变量 lasterr，并转去执行语句组 2。

【例 3-6】 试用 try 语句求函数 $y=x*\sin(x)$ 的值，自变量的范围为 $0\leqslant x\leqslant \mathrm{pi}$，步长为pi/10。

程序代码如下：

```
x = 0:pi/10:pi;
try
    y = x * sin(x);
catch
```

```
    y = x. * sin(x);
end
y
lasterr                         %显示出错原因
```

程序运行结果如下：

```
>> exam_3_6
y =
   0  0.0971  0.3693  0.7625  1.1951  1.5708  1.7927  1.7791  1.4773  0.8737  0.0000
ans =
错误使用 *
内部矩阵维度必须一致。
```

3.1.3 循环结构

循环结构是MATLAB语言的一种非常重要的程序结构，是按照给定的条件，重复执行指定的语句。MATLAB语言提供两种循环结构语句：循环次数确定的for循环语句和循环次数不确定的while循环语句。

1. for循环语句

for循环语句是MATLAB语言的一种重要的程序结构，是以指定次数重复执行循环体内的语句。for循环语句的格式如下：

```
for 循环变量 = 表达式1: 表达式2: 表达式3
   循环体语句
end
```

其中

(1) 表达式1的值为循环变量的初始值，表达式2的值为步长，表达式3的值为循环变量的终值；

(2) 当步长为1时，可以省略表达式2；

(3) 当步长为负值时，初值大于终值；

(4) 循环体内不能对循环变量重新设置；

(5) for循环允许嵌套使用；

(6) for和end配套使用，且小写。

for循环语句的流程图如图3-6所示。首先计算3个表达式的值，将表达式1的值赋给循环变量k，然后判断k值是否介于表达式1和表达式3的值之间，如果不是，结束循环，如果是，则执行循环体语句，k增加一个表达式2的步长，然后再判断k值是否介于表达式1和表达式3的值之间，直到条件不满足，结束循环为止。

【例3-7】 利用for循环语句，求解1～100的数字之和。

程序代码如下：

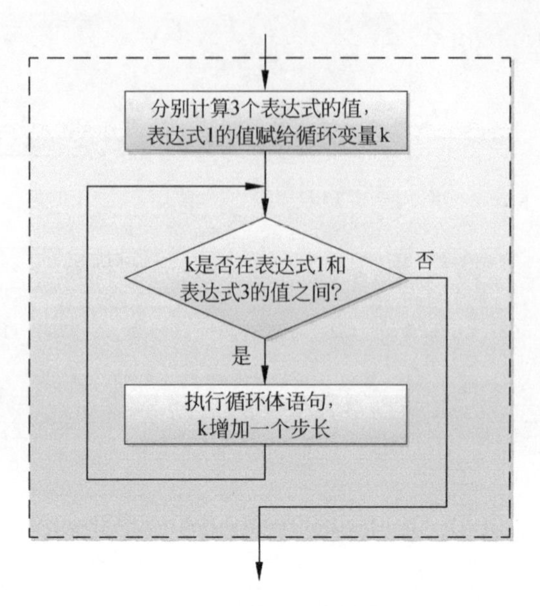

图 3-6　for 循环语句流程图

```
sum = 0;
for k = 1:100
sum = sum + k;
end
sum
```

程序运行结果如下：

```
>> exam_3_7
sum =
        5050
```

【例 3-8】 利用 for 循环语句，验证当 n 等于 1000 和 1 000 000 时，y 的值。

$$y = 1 - \frac{1}{2} + \frac{1}{3} - \frac{1}{4} + \cdots + (-1)^{n+1}\frac{1}{n}$$

程序代码如下：

```
n = input('n:');
tic                                    %计时开始
sum = 0;
for i = 1:n
sum = sum + ( - 1)^(i + 1)/i;
end
sum
toc                                    %计时结束
```

程序运行结果如下：

```
>> exam_3_8
n:1000
sum =
    0.6926
时间已过 0.000907 秒。
>> exam_3_8
n:1000000
sum =
    0.6931
时间已过 0.211798 秒。
```

MATLAB是一种基于矩阵的语言，为了提高程序执行速度，也可以用向量的点运算来代替循环操作。可以用下面的程序代替：

```
clear
n = input('n:');
tic
i = 1:n;                    % 生成一个向量 i
f = ( - 1).^(i + 1)./i;     % 用点运算生成一个向量 f,f 的各元素对应 y 的各项
y = sum(f)                  % 利用 MATLAB 提供的求和函数 sum,求 f 的各个元素之和
toc
```

程序运行结果：

```
>> exam_3_8_1
n:1000000
y =
    0.6931
时间已过 0.059535 秒。
```

由以上程序结果可知，当 n 都取值 1 000 000 时，用后一种方法编写的程序比前一种方法的运算速度快很多。

循环的嵌套是指在一个循环结构的循环体中又包含另一个循环结构，或称为多重循环结构。设计多重循环时要注意外循环和内循环之间的关系，以及各循环体语句的放置位置。总的循环次数是外循环次数与内循环次数的乘积。可以用多个 for 和 end 配套实现多重循环。

【例 3-9】 利用 for 循环的嵌套语句，求解 $x(i,j)=i^2+j^2, i\in[1:4], j\in[5:1]$。

程序代码如下：

```
for i = 1:4
    for j = 5: - 1:1
        x(i,j) = i^2 + j^2;
    end
end
x
```

程序运行结果如下：

```
>> exam_3_9
x =
     2     5    10    17    26
     5     8    13    20    29
    10    13    18    25    34
    17    20    25    32    41
```

【例 3-10】 若一个整数等于它的各个真因子之和，则称该数为完数。利用 for 双重循环语句，求解[1,10000]之间的所有完数。

程序代码如下：

```
for n = 1:10000
    sum = 0;
    for i = 1:n/2
        if rem(n, i) == 0      % rem 函数是求余数，余数为 0 表示 i 为真因子
            sum = sum + i;     % 各真因子累加求和
        end
    end
    if n == sum                % 判断是否是完数
       n
    end
end
```

程序运行结果如下：

```
>> exam_3_10
n = 6
n = 28
n = 496
n = 8128
```

2. while 循环语句

while 循环语句是 MATLAB 语言的一种重要的程序结构，是在满足条件下重复执行循环体内的语句，循环次数一般是不确定的。while 循环语句的格式如下：

```
while 条件表达式
    循环体语句
end
```

其中，当条件表达式为真，就执行循环体语句；否则，就结束循环。while 和 end 匹配使用。

while 循环结构的流程图如图 3-7 所示。当条件表达式为真，执行循环体语句，修改循环控制变量，再次判断表达式是否为真，直至条件表达式为假，跳出循环体。

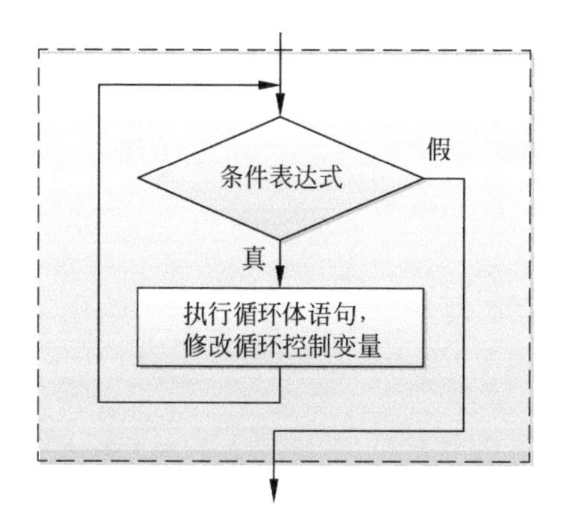

图 3-7　while 循环结构流程图

【例 3-11】 利用 while 循环语句，求解 sum$=1+2+\cdots+n\geqslant 800$ 时，最小正整数 n 的值。

程序代码如下：

```
clear
sum = 0;
n = 0;
while sum < 800
   n = n + 1;sum = sum + n;
end
sum
n
```

程序运行结果如下：

```
>> exam_3_11
sum =
   820
n =
    40
```

【例 3-12】 所谓水仙花数是指一个三位数，各位数字的立方和等于该数本身，例如 153＝1 ^3＋5 ^3＋3 ^3，所以 153 是一个水仙花数。试用 while 循环语句编程找出 100～999 所有的水仙花数。

程序代码如下：

```
n = 100;
while n <= 999;
    n1 = fix(n/100);
    n2 = fix((n - fix(n/100) * 100)/10);
    n3 = n - fix(n/10) * 10;
    if (n1 ^3 + n2 ^3 + n3 ^3 == n)
        disp(n);
```

```
    end
    n = n + 1;
end
```

程序运行结果如下：

```
>> exam_3_12
   153
   370
   371
   407
```

3.1.4 程序控制命令

MATLAB语言有许多程序控制命令，主要有pause暂停命令、continue继续命令、break中断命令和return退出命令等。

1. pause命令

在MATLAB语言中，pause命令可以使程序运行停止，等待用户按任意键继续，也可设定暂停时间。该命令的调用格式如下：

```
pause        % 程序暂停运行，按任意键继续
pause(n)     % 程序暂停运行n秒后继续运行
```

2. continue命令

MATLAB语言的continue命令一般用于for或while循环语句中，与if语句配套使用，达到跳出本次循环，执行下次循环的目的。

例如：

```
sum = 0;
for i = 1:5
    sum = sum + i;
    if i<3
        continue % 当i<3时，不执行后面显示sum的值语句
    end
    sum
end
```

程序运行结果如下：

```
sum =
     6
```

```
sum =
    10
sum =
    15
```

3. break 命令

MATLAB 语言的 break 命令一般用于 for 或 while 循环语句中，与 if 语句配套使用终止循环，或跳出最内层循环。

例如：

```
sum = 0;
for i = 1:100
    sum = sum + i;
    if sum > 90 % 当 sum > 90 时，终止循环
        break
    end
end
i
sum
```

程序运行结果如下：

```
i =
    13
sum =
    91
```

4. return 命令

MATLAB 语言的 return 命令一般用于直接退出程序，与 if 语句配套使用。

例如：

```
clear
clc
n = -2;
if n < 0
  disp('n is a negative number')
  return; % 不执行下面的程序段，直接退出程序
end
disp('n is a positive number')
```

程序运行结果如下：

```
n is a negative number
```

3.2 M文件

MATLAB命令有两种执行方式：命令执行方式和M文件执行方式。命令执行方式是在命令窗口逐条输入命令，逐条解释执行。这种方式操作简单直观，但速度慢，命令语句保留，不便于今后查看和调用。M文件执行方式是将命令语句编成程序存储在一个文件中，扩展名为.m(称为M文件)。当运行程序文件后，MATLAB依次执行该文件中的所有命令，运行结果或错误信息会在命令空间显示。这种方式编程方便，便于今后查看和调用，适用于复杂问题的编程。

3.2.1 M文件的分类和特点

MATLAB R2016a编写的M文件有两种：M脚本文件(Script File)和M函数文件(Function File)。M脚本文件一般由若干MATLAB命令和函数组合在一起，可以完成某些操作，实现特定功能。M函数文件是为了完成某个任务，将文件定义成一个函数。实际上，MATLAB提供各种函数和工具箱都是利用MATLAB命令开发的M文件。这两种文件都可以用M文件编辑器(Editor)来编辑，它们的扩展名均为m。两种文件的主要区别是：

(1) M脚本文件按照命令先后顺序编写，而M函数文件第一行必须是以function开头的函数声明行；

(2) M脚本文件没有输入参数，也不返回输出参数，而M函数文件可以带有输入参数和返回输出参数；

(3) M脚本文件执行完后，变量结果返回到工作空间，而函数文件定义的变量为局部变量，当函数文件执行完，这些变量不会存在工作空间；

(4) M脚本文件可以按照程序中命令的先后顺序直接运行，而函数文件一般不能直接运行，需要定义输入参数，使用函数调用的方式来调用它。

【例3-13】 建立一个M脚本文件，已知圆的半径，求圆的周长和面积。

在文件编辑窗口编写命令文件，保存为exam_3_13.m脚本文件。

```
clear
r = 5;
S = pi * r * r
P = 2 * pi * r
```

在命令空间输入文件名exam_3_13.m，就能直接运行该脚本文件。结果如下：

```
>> exam_3_13
S =
   78.5398
P =
   31.4159
```

调用脚本文件不需要输入参数，也没有返回输出参数，文件自身创建的变量S、P保存在变量空间中，可以用whos命令查看。

【例3-14】 建立一个M函数文件，已知圆的半径，求圆的周长和面积。

在文件编辑窗口编写函数文件，保存为fexam_3_13.m脚本文件。

```
function [ S,P ] = fexam_3_13(r)
%FEXAM_3_13 calculates the area and perimeter of a circle of radii r
%r  圆半径  S圆面积  P圆周长
%2017-2-20
%XuGuobao 编写
S=pi*r*r;
P=2*pi*r;
end
```

在命令空间调用该函数fexam_3_13.m，结果如下：

```
>> clear
>> r=5;
>> [X,Y]=fexam_3_13(r)
X =
   78.5398
Y =
   31.4159
```

调用该函数文件，既有输入参数r，又有返回输出参数X、Y。用whos命令查看工作空间中的变量，函数文件里的参数S和P未保存在工作空间中。

3.2.2 M文件的创建和打开

1. 创建新的M文件

M文件可以用MATLAB文件编辑器来创建。

1）创建M脚本文件

创建M脚本文件，可以从MATLAB主窗口的主页下，单击“新建脚本”，或者选择“新建菜单”，再选择“脚本”，就能打开脚本文件编辑器窗口，如图3-8左边的窗口所示。

2）创建M函数文件

创建M函数文件，可以从MATLAB主窗口的主页下，选择“新建菜单”，再选择“函数”，就能打开函数文件编辑器窗口，如图3-8右边的窗口所示。新建的M函数文件Untitled3.m有关键字function和end，具体格式在3.3节详细介绍。

在文档窗口输入M文件的命令语句，输入完毕后，选择编辑窗口“保存”或者“另存为”命令保存文件。M文件一般默认存放在MATLAB的Bin目录中，如果存在别的目录，运行该M文件时，应该选择“更改文件夹”选项或者“添加到路径”选项。

另外，创建M文件，还可以在MATLAB命令窗口输入命令edit，启动MATLAB文件编辑窗口，输入文件内容后保存。

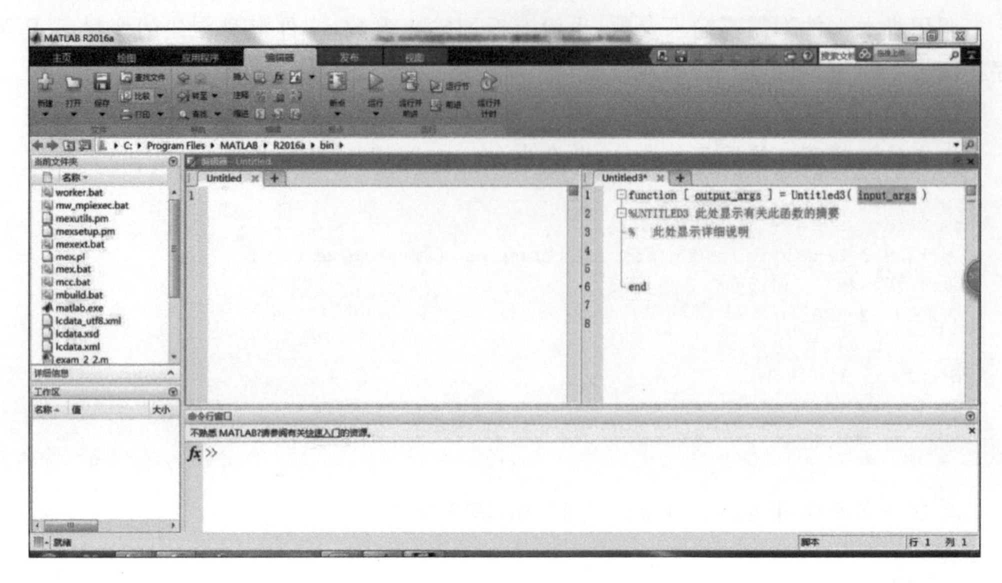

图 3-8　创建 M 脚本文件窗口

2. 打开已创建的 M 文件

在 MATLAB 语言中，打开已有的 M 文件有下面两种方法：

1）菜单操作

打开已有的 M 函数文件，可以从 MATLAB 主窗口的主页下，选择“打开”，在打开窗口选择文件路径，选中 M 文件，单击“打开”按钮。

2）命令操作

另外，还可以在 MATLAB 命令窗口输入命令：edit 文件名，就能打开已有的 M 文件。对打开的 M 文件可以进行编辑和修改，然后再存盘。

3.3　M 函数文件

M 函数文件是一种重要的 M 文件，每个函数文件都定义为一个函数。MATLAB 提供的各种函数基本都是由函数文件定义的。

3.3.1　M 函数文件的格式

M 函数文件由 function 声明行开头，其格式如下：

```
function [ output_args ] = Untitled4(input_args)
%UNTITLED4 此处显示有关此函数的摘要
%此处显示详细说明
函数体语句
end
```

其中，以 function 开头的这行为函数声明行，表示该 M 文件是一个函数文件。Untitled4

为函数名，函数名的命名规则和变量名相同。input_args 为函数的输入形参列表，多个参数间用“,”分隔，用圆括号括起来。output_args 为函数的输出形参列表，多个参数间用“,”分隔，当输出参数为两个或两个以上时，用方括号括起来。

M 函数文件说明如下：

(1) M 函数文件中的函数声明行是必不可少的，必须以 function 语句开头，用以区分 M 脚本文件和 M 函数文件。

(2) M 函数文件名和声明行中的函数名最好相同，以免出错。如果不同，MATLAB 将忽略函数名而确认函数文件名，调用时使用函数文件名。

(3) 注释说明要以%开头，第一注释行一般包括大写的函数文件名和函数功能信息，可以提供 lookfor 和 help 命令查询使用。第二及以后注释行为帮助文本，提供 M 函数文件更加详细的说明信息，通常包括函数的功能，输入和输出参数的含义，调用格式说明，以及版权信息，便于 M 文件查询和管理。

例如，在命令窗口使用 lookfor 和 help 命令查找已经编写好的函数文件“fexam_3_13”的注释说明信息。

```
>> lookfor fexam_3_13
fexam_3_13 - calculate the area and perimeter of a circle of radii r
>> help fexam_3_13
 fexam_3_13 calculate the area and perimeter of a circle of radii r
  r  圆半径  s 圆面积  p 圆周长
  2017 - 2 - 20
  XuGuobao 编写
```

由以上结果可知，lookfor 命令只显示注释的第一行信息，而 help 命令显示所有注释信息。

如果用 lookfor 命令查询 perimeter 关键字，可以查询到已经编写过的有关周长 perimeter 的函数文件，如下所示。

```
>> lookfor perimeter
fexam_3_13 - calculates the area and perimeter of a circle of radii r
bwperim - Find perimeter of objects in binary image.
scircle2 - small circles from center and perimeter
```

3.3.2 M 函数文件的调用

M 函数文件编写好后，就可以在命令窗口或者 M 脚本文件中调用函数。函数调用的一般格式如下：

```
[输出实参数列表] = 函数名(输入实参数列表)
```

需要注意，函数调用时各实参数列表出现的顺序和个数，应与函数定义时的形参列表的顺序和个数一致，否则会出错。函数调用时，先将输入实参数传送给相应的形参数，然后再执行函数，函数将输出形参数传送给输出实参数，从而实现参数的传递。

【例 3-15】 编写函数文件，实现极坐标(ρ,θ)与直角坐标(x,y)之间的转换。

已知转换公式为

$$\begin{cases} x=\rho\cos(\theta) \\ y=\rho\sin(\theta) \end{cases}$$

函数文件 ftran.m：

```
function[x,y] = ftran(rho,thetha)
%ftran 极坐标转化为直角坐标
%rho 是极坐标的半径
%thetha 是极坐标的极角
%徐国保于 2017 年 2 月 26 日编写
x = rho * cos(thetha);
y = rho * sin(thetha);
end
```

在命令窗口可以直接调用函数文件 ftran.m：

```
>> rho = 4;
>> thetha = pi/3;
>> [xx,yy] = ftran(rho,thetha)
xx =
    2.0000
yy =
    3.4641
```

也可以编写调用函数文件 ftran.m 的 M 脚本文件 exam_3_15.m：

```
rho = 4;
thetha = pi/3;
[xx,yy] = ftran(rho,thetha)
```

运行 M 脚本文件 exam_3_15.m，结果如下：

```
>> exam_3_15
xx =
    2.0000
yy =
    3.4641
```

3.3.3 主函数和子函数

1. 主函数

在 MATLAB 中，一个 M 文件可以包含一个或者多个函数，但只能有一个主函数，主函数一般出现在文件最上方，主函数名与 M 函数文件名相同。

2. 子函数

在一个 M 函数文件中若有多个函数，则除了第一个主函数以外，其余函数都是子函数。子函数的说明如下：

(1) 子函数只能被同一文件中的函数调用，不能被其他文件调用；

(2) 各子函数的次序没有限制；

(3) 同一文件的主函数和子函数的工作空间是不同的。

【例 3-16】 分段函数如下所示，编写 M 函数文件，使用主函数 exam_3_16.m 调用三个子函数 y1、y2 和 y3 的方式，实现分段函数相应曲线绘制的任务，其中，a、b 和 c 分别从屏幕输入 1、2 和 3。

$$y=\begin{cases} ax^2+bx+c, & z=1 \\ a\sin(x)+b, & z=2 \\ \ln\left|a+\dfrac{b}{x}\right|, & z=3 \end{cases}$$

M 函数文件 exam_3_16.m 如下：

```
function y = exam_3_16(z)
%exam_3_16 分段曲线的绘制
%z 选择画哪条曲线
%y 分段函数的值
%徐国保于 2017 年 2 月 27 日编写
a = input('请输入 a: ');
b = input('请输入 b: ');
c = input('请输入 c: ');
x = -3:0.1:3;
if z == 1
    y = y1(x,a,b,c);
elseif z == 2
    y = y2(x,a,b);
elseif z == 3
    y = y3(x,a,b);
end
xlabel('x')
ylabel('y')
    function y = y1(x,a,b,c)
        %z = 1,画 ax^2 + bx + c 的曲线
        y = a * x. * x + b * x + c;
        plot(x,y)
        title('a * x. * x + b * x + c')

    end
    function y = y2(x,a,b)
        %z = 2,画 a * sin(x) + b 的曲线
        y = a * sin(x) + b;
        plot(x,y)
        title('y = a * sin(x) + b')
    end
```

```
    function y = y3(x,a,b)
        % z = 3,画 ln|a + b/x|的曲线
        y = log(abs(a + b./x));
        plot(x,y)
        title('log(abs(a + b./x))')
    end
end
```

在命令窗口直接调用函数文件 exam_3_16.m：

```
>> y = exam_3_16(1);
请输入 a: 1
请输入 b: 2
请输入 c: 3
```

结果如图 3-9 所示。

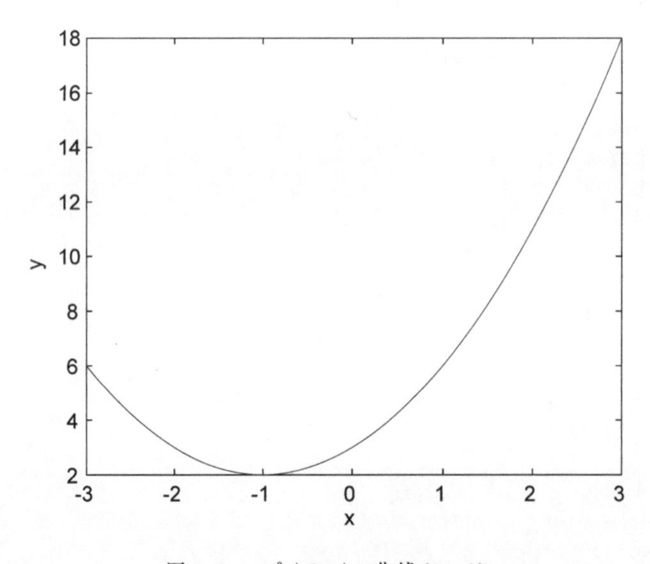

图 3-9 ax^2+bx+c 曲线($z=1$)

```
>> y = exam_3_16(2);
请输入 a: 1
请输入 b: 2
请输入 c: 3
```

结果如图 3-10 所示。

```
>> y = exam_3_16(3);
请输入 a: 1
请输入 b: 2
请输入 c: 3
```

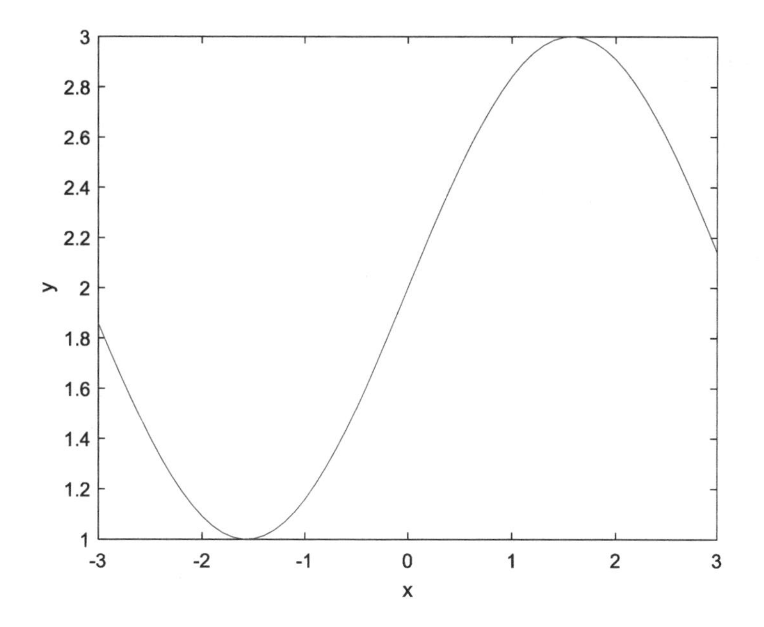

图 3-10　$a\sin(x)+b$ 曲线($z=2$)

结果如图 3-11 所示。

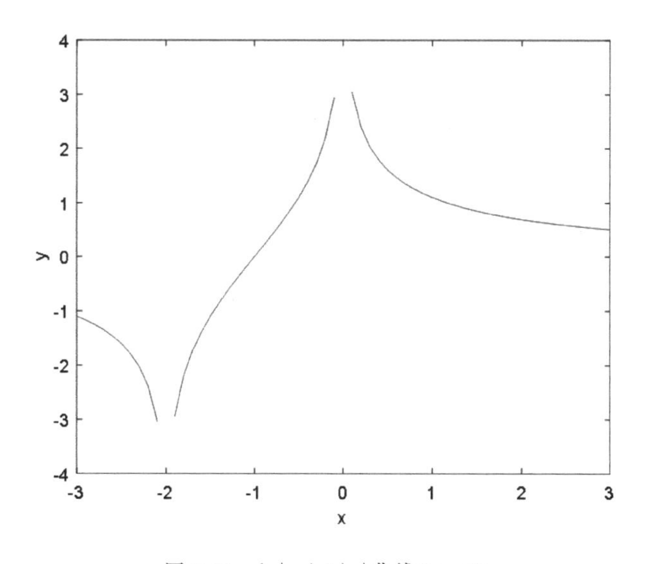

图 3-11　$\ln|a+b/x|$ 曲线($z=3$)

该 M 函数文件由一个主函数 exam_3_16 和三个子函数 y1、y2 和 y3 组成，它们的变量空间是相互独立的。可以用 help 命令查找子函数的帮助信息，格式是“help 文件名>子函数名”。例如，查找“exam_3_16”文件中的子函数 y1 的帮助信息：

```
>> help exam_3_16 > y1
  z = 1,画 ax^2 + bx + c 的曲线
```

3.3.4 函数的参数

MATLAB语言的函数参数包括函数的输入参数和输出参数。函数通过输入参数接收数据，经过函数执行后由输出参数输出结果，因此，MATLAB的函数调用就是输入输出参数传递的过程。

1. 参数的传递

函数的参数传递是将主函数中的变量值传送给被调函数的输入参数，被调函数执行后，将结果通过被调函数的输出参数传送给主函数的变量。被调函数的输入和输出参数都存放在函数的工作空间中，与MATLAB的工作空间是独立的，当调用结束后，函数的工作空间数据被清除，被调函数的输入和输出参数也被清除。

例如，在MATLAB命令空间调用例3-15已创建的函数ftran.m：

```
>> r = 6;
>> x = pi/6;
>> [xx,yy] = ftran(r,x)
xx =
    5.1962
yy =
    3.0000
```

可知，将变量r和x的值传送给函数的输入变量rho和thetha，函数运行后，将函数的输出变量x和y传送给工作空间中的xx和yy变量。

2. 参数的个数

MATLAB函数的输入输出参数使用时，不用事先声明和定义，参数的个数可以改变。MATLAB语言提供nargin和nargout函数获得实际调用时函数的输入和输出参数的个数。还可以用varagrin和varargout函数获得输入和输出参数的内容。

(1) nargin和nargout函数可以分别获得函数的输入和输出参数的个数，调用格式如下：

```
x = nargin('fun')
y = nargout('fun')
```

其中，fun是函数名，x是函数的输入参数个数，y是函数的输出参数个数。当nargin和nargout在函数体内时，fun可以省略。

例如，用nargin和nargout函数求例3-15创建的函数ftran.m的输入和输出参数的个数。

```
>> x = nargin('ftran')
x =
     2
```

```
>> y = nargout('ftran')
y =
     2
```

(2) MATLAB提供了varargin和varargout函数，将函数调用时实际传递的参数构成元胞数组，通过访问元胞数组中各元素的内容来获得输入和输出变量。varargin和varargout函数的格式如下：

```
function y = fun(varargin)          % 输入参数为 varargin 的函数 fun
function varargout = fun(x)         % 输出参数为 varargout 的函数 fun
```

【例3-17】 根据输入参数的个数使用varargin和varargout函数，绘制sin(x)不同线型的曲线。

```
function varargout = exam_3_17(varargin)
 % exam_3_17 用 varargin 和 varargout 函数控制输入输出参数的个数画正弦曲线
 % varargin 输入参数,varargout 输出参数
 % 徐国保于 2017 年 2 月 26 日编写
t = 0:0.1:2 * pi;
x = length(varargin);
y = x * sin(t);
hold on
if x == 0
    plot(t,y)
elseif x == 1
    plot(t,y,varargin{1})
else
    plot(t,y,[varargin{1} varargin{2}])
end
varargout{1} = x;
end
```

在MATLAB命令空间输入下列命令，执行该函数，显示的曲线如图3-12所示。

```
>> y = exam_3_17
y =
     0
>> y = exam_3_17('g')
y =
     1
>> y = exam_3_17('r',' * ')
y =
     2
```

需要注意，varargin和varargout函数获得的都是元胞数组。

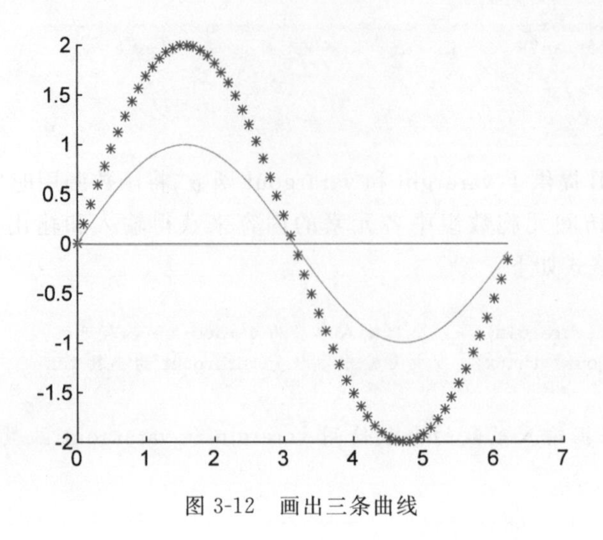

图 3-12　画出三条曲线

3.3.5　函数的变量

MATLAB 的函数变量根据作用范围，可以分为局部变量和全局变量。

1. 局部变量

局部变量(Local Variables)的作用范围是函数的内部，函数内部的变量如果没有特别声明，都是局部变量。都有自己的函数工作空间，与 MATLAB 工作空间是独立的，局部变量仅在函数内部执行时存在，当函数执行完，变量就消失。

2. 全局变量

全局变量(Global Variables)的作用范围是全局的，可以在不同的函数和 MATLAB 工作空间中共享。使用全局变量可以减少参数的传递，有效地提高程序的执行效率。

全局变量在使用前必须用“global”命令声明，而且每个要共享的全局变量的函数和工作空间，都必须逐个使用“global”对该变量声明。格式如下：

```
global 变量名
```

要清除全局变量可以用 clear 命令，命令格式如下：

```
clear global 变量名 %清除某个全局变量
clear global %清除所有的全局变量
```

【例 3-18】　利用在工作空间和函数文件中定义全局变量，将直角坐标变为极坐标。

```
function [rho,thetha] = exam_3_18()
%exam_3_18 利用定义全局变量求极坐标
%rho 为极坐标的半径,thetha 为极坐标的极角
```

```
%徐国保于2017年2月26日编写
global a b
rho = sqrt(a^2 + b^2);
thetha = atan(b/a);
end
```

在命令空间输入下面命令，调用函数 exam_3_18，结果如下：

```
>> global a b
>> a = 1;
>> b = 2;
[r,t] = exam_3_18
r =
    2.2361
t =
    1.1071
```

由于函数 exam_3_18 和工作空间都定义了 a 和 b 为全局变量，只要在命令窗口修改 a 和 b 的值，就能完成直角坐标转换为极坐标，而不需要修改函数 exam_3_18 文件。

在函数文件里，全局变量的定义语句应放在变量使用之前，一般都放在文件的前面，用大写字符命名，以防止重复定义。

3.4 程序调试

程序调试是程序设计的重要环节，MATLAB 提供了相应的程序调试功能，既可以通过文件编辑器进行调试，又可以通过命令窗口结合具体的命令进行调试。

3.4.1 命令窗口调试

MATLAB 在命令窗口运行语句，或者运行 M 文件时，会在命令窗口提示错误信息。一般有两类错误：一类是语法错误；另一类是程序逻辑错误。

1. 语法错误

语法错误一般包括文法或词法的错误，例如，表达式书写错误和函数的拼写错误等。MATLAB 能够自己检查出大部分的语法错误，给出相应的错误提示信息，并标出错误在程序中的行号，通过分析 MATLAB 给出的错误信息，不难排除程序代码中的语法错误。例如，在命令窗口输入下面语句：

```
>> x = 1 + 2 * (3 + 2
 x = 1 + 2 * (3 + 2
 ↑
 错误：表达式或语句不正确 -- 可能 (、{ 或 [ 不对称。
 是不是想输入：
 >> x = 1 + 2 * (3 + 2)
```

以上,MATLAB给出了错误提示,并给出了一个可能正确的表述式。

如果在M文件语句出现错误,会在命令窗口提示错误所在的行和列信息,例如:

```
a = 1;
b = 2;
c = 3;
x1 = ( - b + sqrt(b * b - 4 * a * c))/2a
```

运行文件 untitled.m,结果如下:

```
>> Untitled
错误: 文件:Untitled.m 行:4 列:26
不应为 MATLAB 表达式。
```

提示是第4行、第26列鼠标所在位置是2a之间,经检查发现少了一个“*”乘号。

2. 程序逻辑错误

程序逻辑错误是指程序运行结果有错误,MATLAB系统对逻辑错误是不能检测和发现的,也不会给出任何错误提示信息。这时需要通过一些调试手段来发现程序中的逻辑错误,可以通过获取中间结果的方式来获得错误可能发生的程序段。采取的方法是:

(1) 可以将程序中间的一些结果输出到命令窗口,从而确定错误的区断。命令语句后的分号去掉,就能输出语句的结果。或者用注释%,放置在一些语句前,就能忽略这些语句的作用。逐步测试,就能找到逻辑错误可能出现的程序区段了。

(2) 使用MATLAB的调试菜单(Debug)调试。通过设置断点和控制程序单步运行等操作。

3.4.2 MATLAB菜单调试

MATLAB的文件编辑器除了能编辑和修改M文件之外,还能对程序菜单调试。通过调试菜单可以查看和修改函数工作空间中的变量,找到运行的错误。调试菜单提供设置断点的功能,可以使得程序运行到某一行暂停运行,可以查看工作空间中的变量值,来判断断点之前的语句逻辑是否正确。还可以通过调试菜单逐行运行程序,逐行检查和判断程序是否正确。

MATLAB调试菜单界面如图3-13所示。调试菜单界面上有“断点”选项,该选项下有4种命令:

(1) 全部清除,清除所有文件中的全部断点。

(2) 设置/清除,设置或清除当前行上的断点。

(3) 启用/禁止,启用或者禁止当前行上的断点。

(4) 设置条件,设置或修改条件断点。

在程序某行设置断点后,程序运行到该行就暂停下来,并在命令窗口显示:K>>,可以在K>>后输入变量名,就能显示变量的值,从而可以分析和检查前面的程序是否正确。然后可以单击调试菜单的“继续”选项,在下个断点处暂停,这时又可以输入变量名,检查

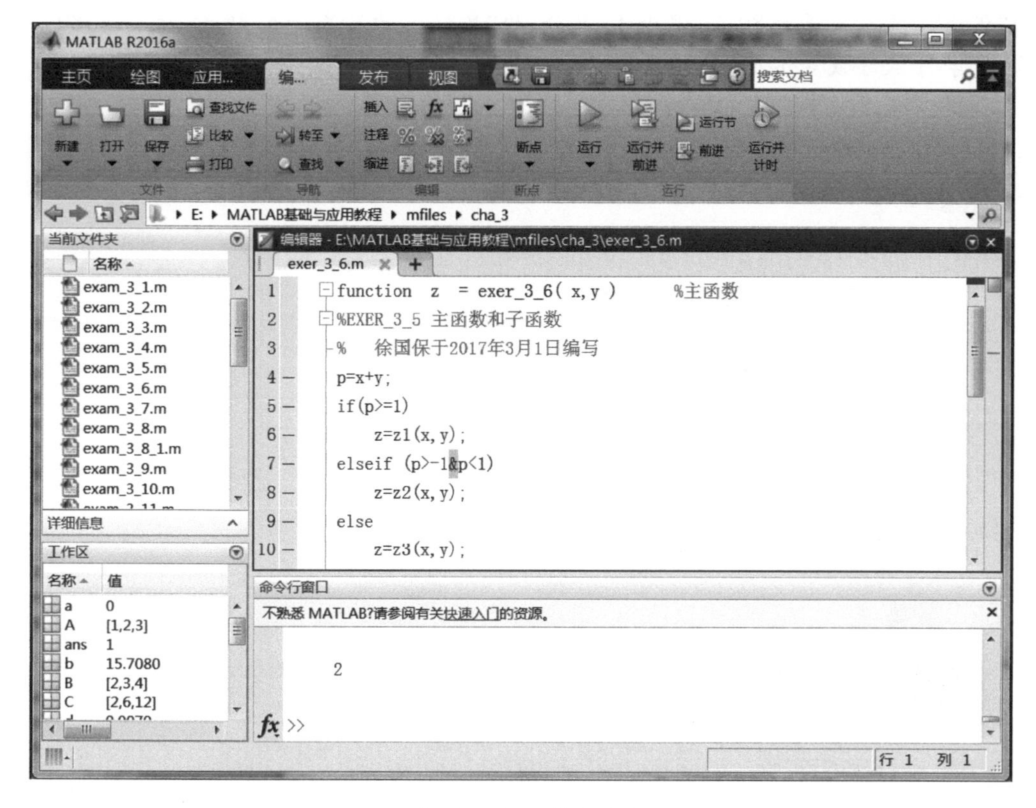

图 3-13 调试菜单界面

变量的值。如此重复,直到发现程序问题为止。

3.4.3 MATLAB 调试函数

MATLAB 调试程序还可以利用调试函数,如表 3-1 所示。

表 3-1 MATLAB 常用调试函数

调试函数名	功能和作用	调试函数名	功能和作用
dbstop	用于在 M 文件中设置断点	dbstep	从断点处继续执行 M 文件
dbstatus	显示断点信息	dbstack	显示 M 文件执行时调用的堆栈等
dbtype	显示 M 文件文本(包括行号)	dbup/dbdown	实现工作空间的切换

表 3-1 中的各调试函数的功能和作用和菜单调试用法类似,具体使用方法可以用 MATLAB 的帮助命令 help 查询。

3.5 程序结构和 M 文件应用实例

【例 3-19】 编写一个 M 脚本文件,完成从键盘输入一个学生成绩。分别用 if 结构和 switch 结构判断该成绩是什么等级,并显示等级信息任务。已知:大于或等于 90 分为“优秀”；大于或等于80分，且小于90分，为“良好”；大于或等于70分，且小于80分，为“中等”；大于或等于60分，且小于70分，为“及格”；小于60分，为“不及格”。

(1) 下面是if结构代码存为exer_3_19_1.m脚本文件。

```
S = input('请输入学生成绩 S:');
if S >= 90
    disp(['S = ',num2str(S),'为优秀']);
elseif (S >= 80&S < 90)
    disp(['S = ',num2str(S),'为良好']);
elseif (S >= 70&S < 80)
     disp(['S = ',num2str(S),'为中等']);
elseif (S >= 60&S < 70)
     disp(['S = ',num2str(S),'为及格']);
else
    disp(['S = ',num2str(S),'为不及格']);
end
```

程序运行结果：

```
>> exem_3_19_1
请输入学生成绩 S:91
S = 91 为优秀
>> exem_3_19_1
请输入学生成绩 S:89
S = 89 为良好
>> exem_3_19_1
请输入学生成绩 S:75
S = 75 为中等
>> exem_3_19_1
请输入学生成绩 S:60
S = 60 为及格
>> exem_3_19_1
请输入学生成绩 S:6
S = 6 为不及格
```

(2) 下面是switch结构代码存为exer_3_19_2.m脚本文件。

```
S = input('请输入学生成绩 S:');
s1 = fix(S/10);
switch s1
    case {10,9}
       disp(['S = ',num2str(S),'为优秀']);
    case 8
       disp(['S = ',num2str(S),'为良好']);
    case 7
       disp(['S = ',num2str(S),'为中等']);
    case 6
       disp(['S = ',num2str(S),'为及格']);
    otherwise
       disp(['S = ',num2str(S),'为不及格']);
end
```

程序运行结果：

```
>> exem_3_19_2
请输入学生成绩S:90
S = 90 为优秀
>> exem_3_19_2
请输入学生成绩S:88
S = 88 为良好
>> exem_3_19_2
请输入学生成绩S:79
S = 79 为中等
>> exem_3_19_2
请输入学生成绩S:60
S = 60 为及格
>> exem_3_19_2
请输入学生成绩S:59
S = 59 不及格
```

【例 3-20】 编写M脚本文件，使用梯形法计算定积分 $\int_a^b f(x)\mathrm{d}x$，其中 $a=0$，$b=5\pi$，被积函数为 $f(x)=\mathrm{e}^{-x}\cos\left(x+\frac{\pi}{6}\right)$，取积分区间等分数为2000。

其中 $\int_a^b f(x)\mathrm{d}x \approx \sum_{i=1}^{n} d/2 * (f(a+id)+f(a+(i+1)d))$，$d=(b-a)/n$ 为增量，n 为等分数。

程序代码如下：

```
clear
a = 0;
b = 5 * pi;
n = 2000;
d = (b - a)/n;
s = 0;
y0 = exp( - a) * cos(a + pi/6);
for i = 1:n
    y1 = exp( - (a + i * d)) *  cos(a + i * d + pi/6);
    s = s + (d/2) * (y0 + y1);
    y0 = y1;
end
```

程序运行结果：

```
>> exem_3_20
s =
    0.1830
```

【例 3-21】 编写一个M函数文件，用for循环结构求当 $n=1000$ 时下列式子的值。

(1) $y=\frac{1}{1^2}+\frac{1}{2^2}+\frac{1}{3^2}+\cdots+\frac{1}{n^2}$

(2) $y=1-\frac{1}{3}+\frac{1}{5}-\frac{1}{7}+\cdots+(-1)^n\frac{1}{2n+1}$

(1) 程序代码如下：

```
function s = exam_3_21_1( n )
s = 0;
for i = 1:n
    s = s + 1/i/i;
end
end
```

程序运行结果：

```
>> exam_3_21_1(1000)
ans =
    1.6439
```

(2) 程序代码如下：

```
function s = exam_3_21_2( n )
s = 0;
for i = 0:n
    s = s + ( - 1)^i/(2 * i + 1);
end
end
```

程序运行结果：

```
>> exam_3_21_2(1000)
ans =
    0.7856
```

【例 3-22】 编写 M 脚本文件，分别使用 for 和 while 循环语句，编程计算 $sum=\sum_{i=1}^{20}(i^2+i)$，当 sum>2000 时，终止程序，并输出 i 的值。

(1) for 循环语句如下：

```
sum = 0;
for i = 1:20
    sum = sum + i * i + i;
    if sum > 2000
        break
    end
end
i
sum
```

程序运行结果：

```
>> exam_3_22_1
i =
    18
sum =
    2280
```

（2）while 循环语句如下：

```
sum = 0;
i = 1;
while sum < 2000
    sum = sum + i * i + i;
    i = i + 1;
end
i - 1
sum
```

程序运行结果：

```
>> exam_3_22_2
ans =
    18
sum =
    2280
```

【例 3-23】 编写 M 函数文件，已知圆柱体的半径 r 和高 h，求一个圆柱体的表面积 S 和体积 V。并在命令窗口调用函数文件，求当 $r=2$，$h=3$ 时，圆柱体的表面积 S 和体积 V。

程序代码如下：

```
function [ S,V ] = exam_3_23(r,h)
%EXAM_3_23 计算圆柱体的表面积 S 和体积 V
% r 圆半径 h 圆柱体的高 S 圆柱体表面积 V 圆柱体的体积
% 2018 - 4 - 21
% XuGuobao 编写
S = 2 * pi * r * r + 2 * pi * r * h;
V = pi * r * r * h;
end
```

在命令空间调用函数 exam_3_23. m，结果为：

```
>> clear
>> r = 2
r =
     2
>> h = 3
h =
     3
>> [S,V] = exam_3_23(r,h)
S =
```

```
   62.8319
V =
   37.6991
```

【例 3-24】 编写M函数文件，通过主函数调用3个子函数形式，计算下列式子，并输出计算之后的结果。

$$f(x,y)=\begin{cases}1-2\sin(0.5x+3y), & x+y\geqslant 1\\ 1-\mathrm{e}^{-x}(1+y), & -1<x+y<1\\ 1-3(\mathrm{e}^{-2x}-\mathrm{e}^{-0.7y}), & x+y\leqslant -1\end{cases}$$

程序代码如下：

```
function z = exam_3_24( x,y ) % 主函数
%EXER_3_6 主函数和子函数
% 徐国保于 2017 年 3 月 1 日编写
p = x + y;
if(p>= 1)
    z = z1(x,y);
elseif (p>- 1&p<1)
    z = z2(x,y);
else
    z = z3(x,y);
end
     function y = z1(x,y)
         %x + y>= 1
         y = 1 - 2 * sin(0.5 * x + 3 * y);
    end
    function y = z2(x,y)
         % - 1<x + y<1
         y = 1 - exp( - x) * (1 + y);
    end
    function y = z3(x,y)
         %x + y<= - 1
         y = 1 - 3 * (exp( - 2 * x) - exp( - 0.7 * y));
    end
end
```

程序运行结果：

```
>> z = exam_3_24(1,2)
z =
    0.5698
>> z = exam_3_24( - 1,0.5)
z =
   - 3.0774
>> z = exam_3_24( - 1, - 0.5)
z =
   - 16.9100
```

【例 3-25】 编写输入和输出参数都是两个的M函数文件，当没有输入参数时，则输出为0；当输入参数只有一个时，输出参数等于这个输入参数；当输入参数为两个时，输

出参数分别等于这两个输入参数。

程序代码如下：

```
function [y1,y2 ] = exam_3_25( x1,x2 )
% 输入与输出参数的判断
% 徐国保于 2017 年 3 月 1 日编写
if nargin == 0
    y1 = 0;
elseif nargin == 1
    y1 = x1;
else
    y1 = x1;
    y2 = x2;
end
```

程序运行结果：

```
>> exam_3_25
ans =
     0
>> exam_3_25(1)
ans =
     1
>> [y1,y2 ] = exam_3_25(2,3)
y1 =
     2
y2 =
     3
```

3.6 程序结构和 M 文件综合实例

一个典型的二阶电路系统的阶跃响应分三种情况：欠阻尼、临界阻尼和过阻尼，如下面公式所示。编写 M 函数文件，使用主函数 exam_3_26.m 调用三个子函数 y1、y2 和 y3 的方式，完成根据阻尼系数绘制下列二阶系统的阶跃输入时域相应曲线的任务。

$$y=\begin{cases}1-\dfrac{1}{\sqrt{1-\xi^2}}\mathrm{e}^{-\xi t}\sin\left(\sqrt{1-\xi^2}\,t+\arctan\left(\dfrac{\sqrt{1-\xi^2}}{\xi}\right)\right), & 0<\xi<1\\ 1-\mathrm{e}^{-\xi t}(1+t), & \xi=1\\ 1-\dfrac{1}{2(1+\xi\sqrt{\xi^2-1}-\xi^2)}\mathrm{e}^{-\left(\xi-\sqrt{\xi^2-1}\right)t}-\dfrac{1}{2(1-\xi\sqrt{\xi^2-1}-\xi^2)}\mathrm{e}^{-\left(\xi+\sqrt{\xi^2-1}\right)t}, & \xi>1\end{cases}$$

M 函数文件 exam_3_26.m 如下：

```
function y = exam_3_26(zeta)
%exam_3_26 二阶系统的阶跃时间响应
%zeta 阻尼系数
%y 阶跃响应
%徐国保于 2017 年 2 月 26 日编写
t = 0:0.1:30;
```

```
if(zeta>=0)&(zeta<1)
    y=y1(zeta,t);
elseif zeta==1
    y=y2(zeta,t);
else
    y=y3(zeta,t);
end
plot(t,y)
title(['The second order response of zeta=',num2str(zeta)])
xlabel('time(t)')
ylabel('response(y)')
    function y=y1(zeta,t)
        %阻尼系数0<zeta<1的二阶系统阶跃响应
        y=1-1/sqrt(1-zeta^2)*exp(-zeta*t).*sin(sqrt(1-zeta^2)*t+…
atan(sqrt(1-zeta^2)/zeta));
    end
    function y=y2(zeta,t)
        %阻尼系数zeta=1的二阶系统阶跃响应
        y=1-exp(-zeta*t).*(1+t);
    end
    function y=y3(zeta,t)
        %阻尼系数zeta>1的二阶系统阶跃响应
        sq=sqrt(zeta^2-1);
        y=1-1/(2*(1-zeta^2+zeta*sq))*exp(-(zeta-sq)*t)-1/… (2*(1-
zeta^2-zeta*sq))*exp(-(zeta+sq)*t);
    end
end
```

在命令窗口直接调用函数文件exam_3_26.m：

```
>> y=exam_3_26(0.5);
```

结果如图3-14所示。

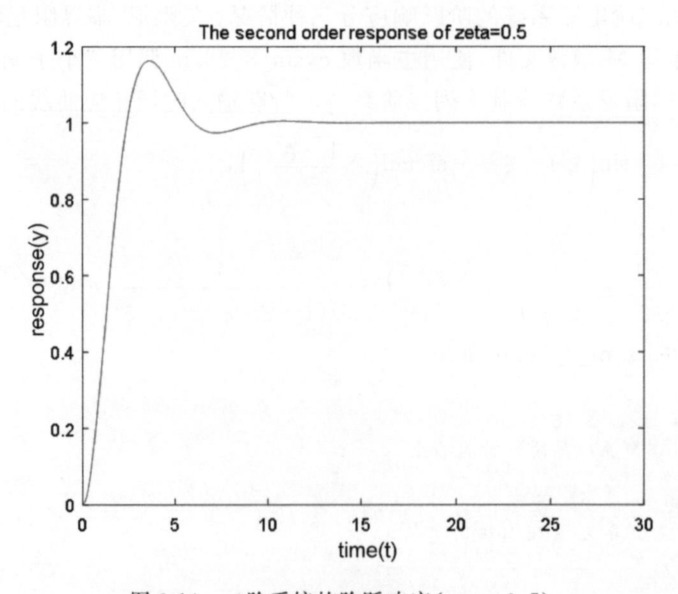

图3-14 二阶系统的阶跃响应(zeta=0.5)

```
>> y = exam_3_26(1);
```

结果如图 3-15 所示。

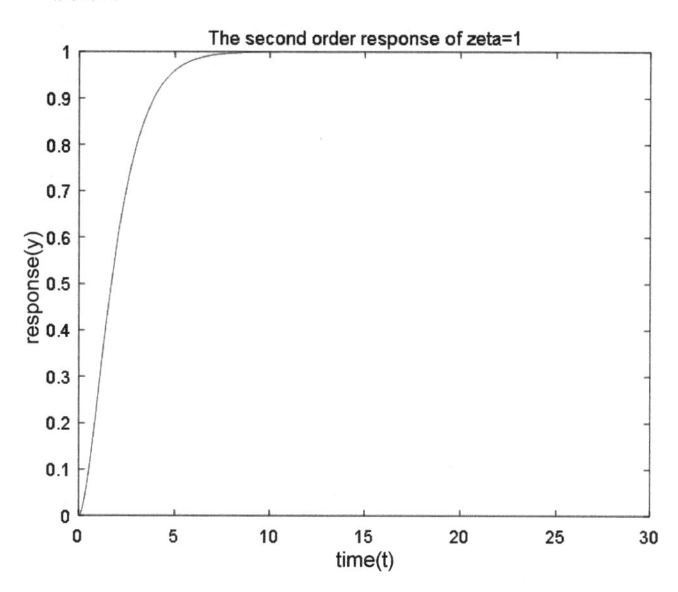

图 3-15　二阶系统的阶跃响应(zeta=1)

```
>> y = exam_3_26(3);
```

结果如图 3-16 所示。

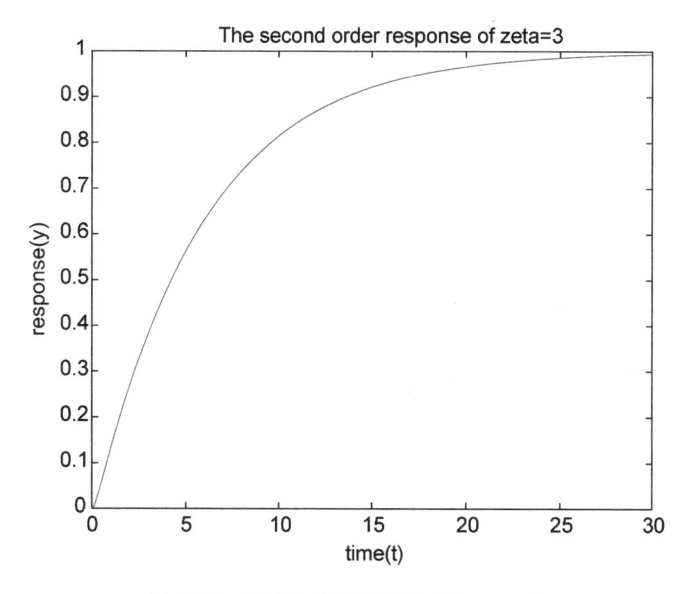

图 3-16　二阶系统的阶跃响应(zeta=3)

3.7 本章小结

本章介绍了MATLAB三种常用程序结构，即顺序结构、选择结构和循环结构；重点介绍了两种M文件，即脚本文件和函数文件；简单介绍了程序调用的方法。通过大量应用实例，读者可以更加深刻地认知MATLAB的程序结构和M文件的应用。

第4章 MATLAB数值计算

本章要点：

- ◇ 多项式运算；
- ◇ 数据插值；
- ◇ 多项式拟合；
- ◇ 数据统计；
- ◇ 数值计算。

4.1 多项式

多项式在代数中占有重要的地位，广泛用于数据插值、数据拟合和信号与系统等应用领域。MATLAB 提供了多项式的创建和各种多项式的运算方法，处理起来非常简单方便。

4.1.1 多项式的创建

一个多项式按降幂排列为

$$p(x) = a_n x^n + a_{n-1} x^{n-1} + \cdots + a_1 x + a_0 \qquad (4\text{-}1)$$

在 MATLAB 中多项式的各项系数用一个行向量表示，使用长度为 $n+1$ 的行向量按降幂排列，多项式中某次幂的缺项用 0 表示，则表示为

$$\boldsymbol{p} = [a_n, a_{n-1}, \cdots, a_1, a_0] \qquad (4\text{-}2)$$

例如，多项式 $p_1(x)=x^3-2x^2+4x+6$，在 MATLAB 中可以表示为 $\boldsymbol{p}_1=[1,-2,4,6]$；$p_2(x)=x^3+3x+6$ 可表示为 $\boldsymbol{p}_2=[1,0,3,6]$。

在 MATLAB 中，创建一个多项式，可以用 poly2str 和 poly2sym 函数实现，其调用格式如下：

```
f = poly2str(p,'x')        %p为多项式的系数,x为多项式的变量
f = poly2sym(p)            %p为多项式的系数
```

其中，f =poly2str(p,'x')表示创建一个系数为 p，变量为 x 的字符串型多项式；f = poly2sym(p)表示创建一个系数为 p，默认变量为 x 的

符号型多项式。两者在命令窗口的显示形式类似，但数据类型是不一样的，一个是字符串型，另一个是符号型。

【例 4-1】 已知多项式系数为 $\boldsymbol{p}=[1,-2,4,6]$，分别用 poly2str(p,'x')和 poly2sym(p)创建多项式，比较它们有什么不同。

程序代码如下：

```
>> p = [1 -2 4 6]
p =
     1    -2     4     6
>> f1 = poly2str(p,'x')
f1 =
   x^3 - 2 x^2 + 4 x + 6
>> f2 = poly2sym(p)
f2 =
   x^3 - 2*x^2 + 4*x + 6
```

显然，两种函数创建的多项式 f1 和 f2 显示形式类似，但数据类型和大小都不一样，如图 4-1 所示。

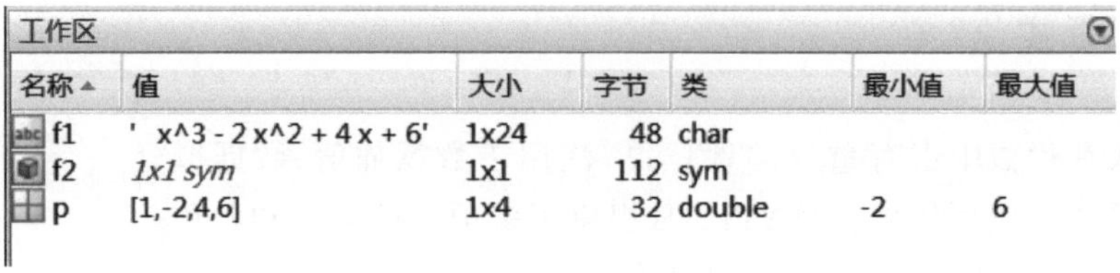

工作区

名称 ▲	值	大小	字节	类	最小值	最大值
f1	' x^3 - 2 x^2 + 4 x + 6'	1x24	48	char		
f2	*1x1 sym*	1x1	112	sym		
p	[1,-2,4,6]	1x4	32	double	-2	6

图 4-1　两种多项式的比较

4.1.2　多项式的值和根

1. 多项式的值

在 MATLAB 里，求多项式的值可以用 polyval 和 polyvalm 函数。它们的输入参数都是多项式系数和自变量，两者区别是前者是代数多项式求值，后者是矩阵多项式求值。

1）代数多项式求值

polyval 函数可以求代数多项式的值，其调用格式为

```
y = polyval(p,x)
```

其中，p 为多项式的系数，x 为自变量，当 x 为一个数值，则求多项式在该点的值；若 x 为向量或矩阵，则对向量或矩阵的每个元素求多项式的值。

【例 4-2】 已知多项式为 $f(x)=x^3-2x^2+4x+6$，分别求 $x_1=2$ 和 $\boldsymbol{x}=[0,2,4,6,8,10]$ 向量的多项式的值。

程序代码如下：

```
x1 = 2;
x = [0:2:10];
p = [1 -2 4 6];
y1 = polyval(p,x1)
y = polyval(p,x)
```

程序运行结果：

```
>> exam_4_2
y1 =
    14
y =
     6    14    54   174   422   846
```

2）矩阵多项式求值

polyvalm 函数以矩阵为自变量求多项式的值，其调用格式为

```
Y = polyvalm(p,X)
```

其中，p 为多项式系数，X 为自变量，要求为方阵。

MATLAB 用 polyvalm 和 polyval 函数求多项式的值是不一样的，因为运算规则不一样。例如，假设 **A** 为方阵，***p*** 为多项式 x^2-5x+6 的系数，则 polyvalm(p,A)表示 A * A-5 * A+6 * eye(size(A))，而 polyval(p,A)表示 A * A-5 * A+6 * ones(size(A))。

【例 4-3】 已知多项式为 $f(x)=x^2-3x+2$，分别用 polyvalm 和 polyval 函数，求 $\boldsymbol{X}=\begin{bmatrix}1 & 2\\3 & 4\end{bmatrix}$ 的多项式的值。

程序代码如下：

```
X = [1 2;3 4];
p = [1 -3 2];
Y = polyvalm(p,X)
Y1 = polyval(p,X)
```

程序运行结果：

```
>> exam_4_3
Y =
     6     4
     6    12
Y1 =
     0     0
     2     6
```

2. 多项式的根

一个 n 次多项式有 n 个根，这些根有实根，也有可能包含若干对共轭复根。MATLAB

提供了 roots 函数用于求多项式的全部根,其调用格式为

```
r = roots(p)
```

其中,p 为多项式的系数向量,r 为多项式的根向量,r(1),r(2),…,r(n)分别表示多项式的 n 个根。

MATLAB 还提供了一个由多项式的根,求多项式的系数的函数 poly,其调用格式为

```
p = poly(r)
```

其中,r 为多项式的根向量,p 为由根 r 构造的多项式系数向量。

【例 4-4】 已知多项式为 $f(x)=x^4+4x^3-3x+2$。

(1) 用 roots 函数求该多项式的根 $\boldsymbol{r}$。

(2) 用 poly 函数求根为 $\boldsymbol{r}$ 的多项式系数。

程序代码如下:

```
p = [1 4 0 - 3 2];
r = roots(p)
p1 = poly(r)
```

程序运行结果:

```
>> exam_4_4
r =
  - 3.7485 + 0.0000i
  - 1.2962 + 0.0000i
    0.5224 + 0.3725i
    0.5224 - 0.3725i
p1 =
    1.0000     4.0000     - 0.0000     - 3.0000     2.0000
```

显然,roots 和 poly 函数的功能正好相反。

4.1.3 多项式的四则运算

多项式之间可以进行四则运算,其结果仍为多项式。在 MATLAB 中,用多项式系数向量进行四则运算,得到的结果仍为多项式系数向量。

1. 多项式的加减运算

MATLAB 没有提供多项式加减运算的函数。事实上多项式的加减运算,是合并同类型,可以用多项式系数向量相加减运算。如果多项式阶次不同,则把低次多项式系数不足的高次项用 0 补足,使得多项式系数矩阵具有相同维度,以便进行加减运算。

2. 多项式乘法运算

在 MATLAB 中,两个多项式的乘积可以用函数 conv 实现。其调用格式为

```
p = conv(p1,p2)
```

其中,p1 和 p2 是两个多项式的系数向量；p 是两个多项式乘积的系数向量。

3. 多项式除法运算

MATLAB 可以用函数 deconv 实现两个多项式的除法运算。其调用格式为

```
[q,r] = deconv(p1,p2)
```

其中,q 为多项式 p1 除以 p2 的商式；r 为多项式 p1 除以 p2 的余式。q 和 r 都是多项式系数向量。

deconv 是 conv 的逆函数,即满足 p1＝conv(p2,q)＋r。

【例 4-5】 已知两个多项式为 $f(x)=x^4+4x^3-3x+2$, $g(x)=x^3-2x^2+x$。

(1) 求两个多项式相加 $f(x)+g(x)$和两个多项式相减 $f(x)-g(x)$的结果。

(2) 求两个多项式相乘 $f(x)\times g(x)$和两个多项式相除 $f(x)/g(x)$的结果。

程序代码如下：

```
p1 = [1 4 0 - 3 2];
p2 = [0 1 - 2 1 0];
p3 = [1 - 2 1 0];
p = p1 + p2                 % f(x) + g(x)
poly2sym(p)
p = p1 - p2                 % f(x) - g(x)
poly2sym(p)
p = conv(p1,p2)             % f(x) * g(x)
poly2sym(p)
[q,r] = deconv(p1,p3)       % f(x)/g(x)
p4 = conv(q,p3) + r         % 验证 deconv 是 conv 的逆函数
```

程序运行结果：

```
>> exam_4_5
p =
     1     5    - 2    - 2     2
ans =
x^4 + 5*x^3 - 2*x^2 - 2*x + 2
p =
     1     3     2    - 4     2
ans =
x^4 + 3*x^3 + 2*x^2 - 4*x + 2
p =
     0     1     2    - 7     1     8    - 7     2     0
ans =
x^7 + 2*x^6 - 7*x^5 + x^4 + 8*x^3 - 7*x^2 + 2*x
q =
     1     6
r =
     0     0    11    - 9     2
```

```
p4 =
     1     4     0    -3     2
```

4.1.4 多项式的微积分运算

1. 多项式的微分

对于 n 阶多项式 $p(x)=a_n x^n+a_{n-1}x^{n-1}+\cdots+a_1 x^1+a_0$ 的求导，其导数为 $n-1$ 阶多项式 $dp(x)=na_n x^{n-1}+(n-1)a_{n-1}x^{n-2}+\cdots+a_1$。原多项式及其导数多项式的系数分别为$\boldsymbol{p}=[a_n,a_{n-1},\cdots,a_1,a_0]$，$\boldsymbol{d}=[na_n,(n-1)a_{n-1},\cdots,a_1]$。

在 MATLAB 中，可以用 polyder 函数来求多项式的微分运算，polyder 函数可以对单个多项式求导，也可以对两个多项式乘积和商求导，其调用格式如下：

```
p = polyder(p1)              %求多项式 p1 的导数
p = polyder(p1,p2)           %求多项式 p1 * p2 的积的导数
[p,q] = polyder(p1,p2)       %p1/p2 的导数,p 为导数的分子多项式系数
                             %q 为导数的分母多项式系数
```

【例 4-6】 已知两个多项式为 $f(x)=x^4+4x^3-3x+2$，$g(x)=x^3-2x^2+x$。

(1) 求多项式 $f(x)$的导数。

(2) 求两个多项式乘积 $f(x)*g(x)$的导数。

(3) 求两个多项式相除 $g(x)/f(x)$的导数。

程序代码如下：

```
p1 = [1 4 0 -3 2];
p2 = [1 -2 1 0];
p = polyder(p1)
poly2sym(p)
p = polyder(p1,p2)
poly2sym(p)
[p,q] = polyder(p2,p1)
```

程序运行结果：

```
>> exam_4_6
p =
     4    12     0    -3
ans =
4*x^3 + 12*x^2 - 3
p =
     7    12   -35     4    24   -14     2
ans =
7*x^6 + 12*x^5 - 35*x^4 + 4*x^3 + 24*x^2 - 14*x + 2
p =
    -1     4     5   -14    12    -8     2
q =
     1     8    16    -6   -20    16     9   -12     4
```

2. 多项式的积分

对于 n 阶多项式 $p(x)=a_nx^n+a_{n-1}x^{n-1}+\cdots+a_1x^1+a_0$，其不定积分为 $n+1$ 阶多项式 $i(x)=\frac{1}{n+1}a_nx^{n+1}+\frac{1}{n}a_{n-1}x^n+\cdots+\frac{1}{2}a_1x^2+a_0x+k$，其中 k 为常数项。原多项式和积分多项式分别可以表示为系数向量 $\boldsymbol{p}=[a_n,a_{n-1},\cdots,a_1,a_0]$，$\boldsymbol{I}=\left[\frac{1}{n+1}a_n,\frac{1}{n}a_{n-1},\cdots,\frac{1}{2}a_1,k\right]$。

在 MATLAB 中，提供了 polyint 函数用于多项式的积分。其调用格式为

```
I = polyint(p,k)        %求以p为系数的多项式的积分,k为积分常数项
I = polyint(p)          %求以p为系数的多项式的积分,积分常数项为默认值0
```

显然 polyint 是 polyer 的逆函数，即有 p=polyder(I)。

【例 4-7】 求多项式的积分 $I=\int(x^4+4x^3-3x+2)\mathrm{d}x$。

程序代码如下：

```
p = [1 4 0 -3 2];
I = polyint(p)              %求多项式的积分,常数项为默认的0
poly2sym(I)                 %显示多项式的积分的多项式
p = polyder(I)              %验证polyint是polyder的逆函数
symsk                       %定义常数项k
I1 = polyint(p,k)           %求多项式的积分,常数项为k
poly2sym(I1)
```

程序运行结果：

```
>> exam_4_7
I =
    0.2000    1.0000    0    -1.5000    2.0000    0
ans =
x^5/5 + x^4 - (3*x^2)/2 + 2*x
p =
     1     4     0    -3     2
I1 =
[ 1/5, 1, 0, -3/2, 2, k]
ans =
x^5/5 + x^4 - (3*x^2)/2 + 2*x + k
```

4.1.5 多项式的部分分式展开

由分子多项式 $B(s)$ 和分母多项式 $A(s)$ 构成的分式表达式进行多项式的部分分式展开，表达式如下：

$$\frac{B(s)}{A(s)}=\frac{r_1}{s-p_1}+\frac{r_2}{s-p_2}+\cdots+\frac{r_n}{s-p_n}+k(s) \tag{4-3}$$

MATLAB可以用residue函数实现多项式的部分分式展开，residue函数的调用格式如下：

```
[r,p,k] = residue(B,A)
```

其中，B为分子多项式系数行向量；A为分母多项式系数行向量；$[p_1;p_2;\cdots;p_n]$为极点列向量；$[r_1;r_2;\cdots;r_n]$为零点列向量；k为余式多项式行向量。

residue函数还可以将部分分式展开式转换为两个多项式的除的分式，其调用格式为

```
[B,A] = residue(r,p,k)
```

【例4-8】 已知分式表达式为 $f(s)=\frac{B(s)}{A(s)}=\frac{3s^3+1}{s^2-5s+6}$。

(1) 求$f(s)$的部分分式展开式。

(2) 将部分分式展开式转换为分式表达式。

程序代码如下：

```
a = [1 -5 6];
b = [3 0 0 1];
[r,p,k] = residue(b,a)                    % 部分分式展开
[b1,a1] = residue(r,p,k)                  % 将部分分式展开转换为分式表达式
```

程序运行结果：

```
>> exam_4_8
r =
    82.0000
   -25.0000
p =
    3.0000
    2.0000
k =
     3    15
b1 =
     3     0     0     1
a1 =
     1    -5     6
```

4.2 数据插值

在工程测量与科学实验中，通常得到的数据都是离散的。如果要得到这些离散数据点以外的其他数据值，就需要根据这些已知数据进行插值。假设测量得到n个点数据，$(x_1,y_1),(x_2,y_2),\cdots,(x_n,y_n)$，满足某一个未知的函数关系$y=f(x)$，数据插值的任务就是根据已知的$n$个数据，构造一个函数$y=p(x)$，使得$y_i=p(x_i)(i=1,2,\cdots,n)$成立，就称$p(x)$为$f(x)$关于点$x_1,x_2,\cdots,x_n$的插值函数。求插值函数$p(x)$的方法为插值法。

插值函数 $p(x)$一般可以用线性函数、多项式或样条函数实现。

根据插值函数的自变量的个数，数据插值可以分为一维插值、二维插值和多维插值等；根据插值函数的不同，可以分为线性插值、多项式插值和样条函数插值等。MATLAB 提供了一维插值 interp1、二维插值 interp2、三维插值 interp3 和 N 维插值 interpn 函数，以及三次样条插值 spline 函数等。

4.2.1 一维插值

所谓一维插值是指被插值函数的自变量是一个单变量的函数。一维插值采用的方法一般有一维多项式插值、一维快速插值和三次样条插值。

1. 一维多项式插值

MATLAB 中提供了 interp1 函数进行一维多项式插值。interp1 函数使用了多项式函数，通过已知数据点计算目标插值点的数据。interp1 函数的调用格式如下：

```
yi = interp1(Y,xi)
```

其中，Y 是在默认自变量 x 选为 1：n 的值。

```
yi = interp1(X,Y,xi)
```

其中，X 和 Y 是长度一样的已知向量数据，xi 可以是一个标量，也可以是向量。

```
yi = interp1(X,Y,xi,'method')
```

其中，method 是插值方法，其取值有下面几种：

(1) linear 线性插值：这是默认插值方法，它是把与插值点靠近的两个数据点以直线连接，在直线上选取对应插值点的数据。这种插值方法兼顾速度和误差，插值函数具有连续性，但平滑性不好。

(2) nearest 最邻近点插值：根据插值点和最接近已知数据点进行插值，这种插值方法速度快，占用内存小，但一般误差最大，插值结果最不平滑。

(3) next 下一点插值：根据插值点和下一点的已知数据点插值，这种插值方法的优缺点和最邻近点插值一样。

(4) previous 前一点插值：根据插值点和前一点的已知数据点插值，这种插值方法的优缺点和最邻近点插值一样。

(5) spline 三次样条插值：采用三次样条函数获得插值点数据，要求在各点处具有光滑条件。这种插值方法连续性好，插值结果最光滑，缺点为运行时间长。

(6) cubic 三次多项式插值：根据已知数据求出一个三次多项式进行插值。这种插值方法连续性好，光滑性较好，缺点是占用内存多，速度较慢。

需要注意，xi 的取值如果超出已知数据 X 的范围，就会返回 NaN 错误信息。

MATLAB 还提供 interp1q 函数用于一维插值。它与 interp1 函数的主要区别是，当已知数据不是等间距分布时，interp1q 插值速度比 interp1 快。需要注意，interp1q 执行的插值数据 x 必须是单调递增的。

【例 4-9】 某气象台对当地气温进行测量，实测数据如表 4-1 所示，用不同的插值方法计算 $t=12$ 时的气温。

表 4-1 某地不同时间的气温

测量时间 t/h	6	8	10	14	16	18	20
温度 T/℃	16	17.5	19.3	22	21.2	19.5	18

程序代码如下：

```
t = [6 8 10 14 16 18 20];                  % 测量时间 t
T = [16 17.5 19.3 22 21.2 19.5 18];        % 测量的温度 T
t1 = 12;                                   % 插值点时间 t1
T1 = interp1(t,T,t1,'nearest')             % 最接近点插值
T2 = interp1(t,T,t1,'linear')              % 线性插值
T3 = interp1(t,T,t1,'next')                % 下一点插值
T4 = interp1(t,T,t1,'previous')            % 前一点插值
T5 = interp1(t,T,t1,'cubic')               % 三次多项式插值
T6 = interp1(t,T,t1,'spline')              % 三次样条插值
```

程序运行结果：

```
>> exam_4_9
T1 =
    22
T2 =
   20.6500
T3 =
    22
T4 =
   19.3000
T5 =
   21.0419
T6 =
   21.1193
```

【例 4-10】 假设测量的数据来自函数 $f(x)=\mathrm{e}^{-0.5x}\sin x$，试根据生成的数据，用不同的方法进行插值，比较插值结果。

程序代码如下：

```
clear
x = (0:0.4:2 * pi)';
y = exp( - 0.5 * x). * sin(x);                 % 生成测试数据
x1 = (0:0.1:2 * pi)';                          % 插值点
y0 = exp( - 0.5 * x1). * sin(x1);              % 插值点真实值
y1 = interp1(x,y,x1,'nearest');                % 最接近点插值
disp('interp1 函数插值时间');tic
y2 = interp1(x,y,x1); toc;                     % interp1 插值时间
```

```
y3 = interp1(x,y,x1,'spline');           % 三次样条插值
disp('interp1q 函数插值时间');tic
yq = interp1q(x,y,x1);toc;               % interp1q 插值时间
plot(x1,y1,'--',x1,y2,'-',x1,y3,'-.',x,y,'*',x1,y0,':')
legend('nearest 插值数据','linear 插值数据','spline 插值数据',...
'样本数据点','插值点真实数据')
max(abs(y0 - y3))
```

程序运行结果如下，插值效果如图 4-2 所示。

```
>> exam_4_10
interp1 函数插值所需时间:
时间已过 0.001926 秒.
interp1q 函数插值所需时间:
时间已过 0.000790 秒.
ans =
   7.0467e-04
```

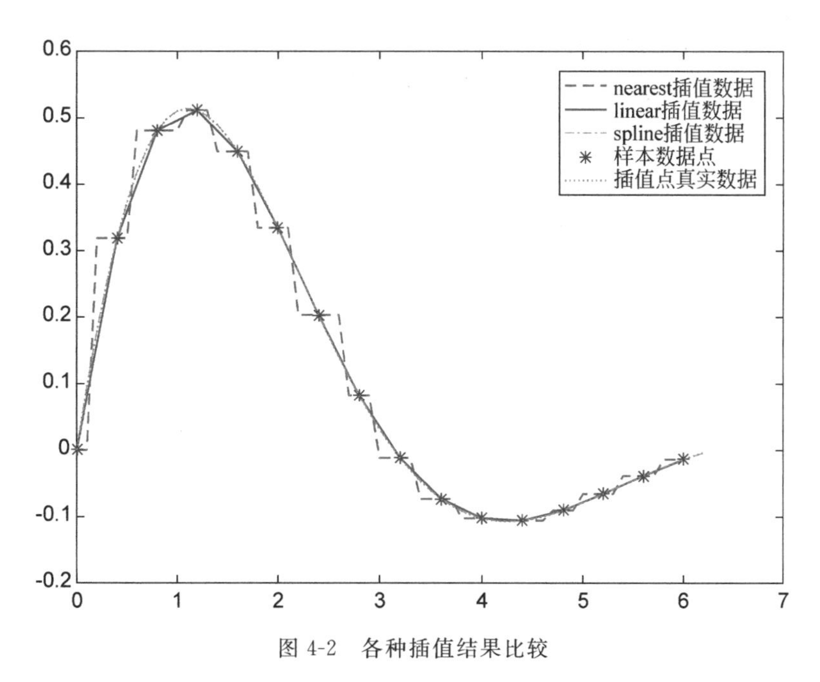

图 4-2　各种插值结果比较

由上面的结果可知，interp1q 实现插值的速度比 interp1 要快；最接近点拟合误差大，直线拟合得到曲线不平滑；采用三次样条插值效果最好，曲线平滑，误差很小，基本逼近真实值。

2. 一维快速傅里叶插值

在 MATLAB 中，一维快速傅里叶插值可以用 interpft 函数实现。该函数利用傅里叶变换将输入数据变换到频率域，然后用更多点实现傅里叶逆变换，实现对数据的插值。函数调用格式为

```
y = interpft(x,n)    % 表示对 x 进行傅里叶变换,然后采用 n 点傅里叶逆变换,得到插值后的数据
y = interpft(x,n,dim)% 表示在 dim 维上进行傅里叶插值
```

【例 4-11】 假设测量的数据来自函数 $f(x)=\sin x$,试根据生成的数据,用一维快速傅里叶插值,比较插值结果。

程序代码如下:

```
clear
x = 0:0.4:2 * pi;
y = sin(x);                 % 原始数据
N = length(y);
M = N * 4;
x1 = 0:0.1:2 * pi;
y1 = interpft(y,M - 1);     % 傅里叶插值
y2 = sin(x1);               % 插值点真实数据
plot(x,y,'O',x1,y1,' * ',x1,y2,' - ')
legend('原始数据','傅里叶插值数据','插值点真实数据')
max(abs(y1 - y2))
```

程序运行结果如下,插值效果如图 4-3 所示。

```
>> exam_4_11
ans =
    0.0980
```

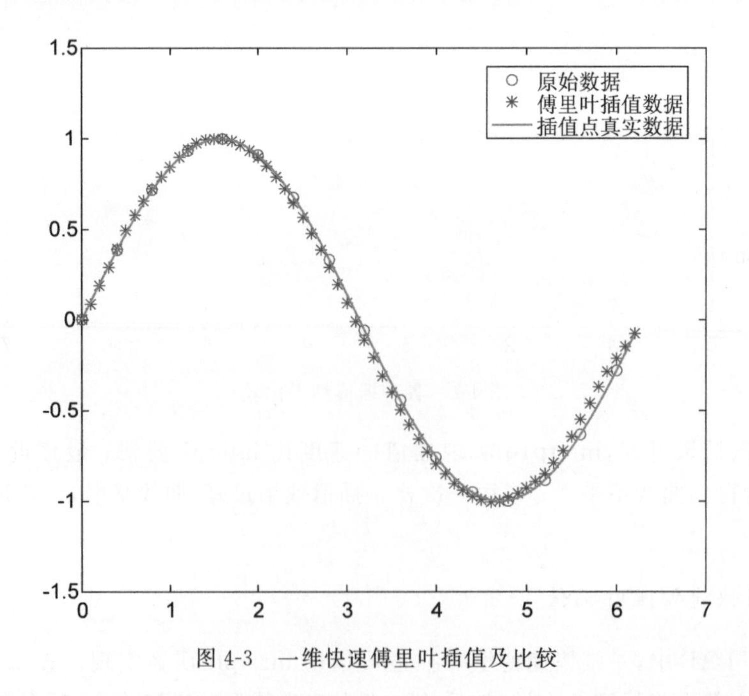

图 4-3 一维快速傅里叶插值及比较

由上述结果可知,一维快速傅里叶插值 interpft 实现插值的速度比较快,曲线平滑,误差很小,基本逼近真实值。

3. 三次样条插值

三次样条插值利用多段多项式逼近插值，降低了插值多项式的阶数，使得曲线更为光滑。在MATLAB中，interp1插值函数的method选为spline样条插值选项，就可以实现三次样条插值。另外，MATLAB专门提供了三次样条插值函数spline，其格式如下：

```
yi = spline(x,y,xi)    %利用初始值x和y,对插值点数据xi进行三次样条插值.采用这种调用方
                       %式,相当于yi = interp1(x,y,xi,'spline')
```

【例4-12】 已知数据x=[−5 −4 −3 −2 −1 0 1 2 3 4 5]，y=[26 16 9 4 1 0 1 4 9 16 25]，对xi=−5：0.5：5，用spline进行三次样条插值，并比较用interp1实现三次样条插值的结果。

程序代码如下：

```
x = -5:5
y = x.*x
xi = -5:0.5:5;
y0 = xi.*xi;
y1 = spline(x,y,xi);
y2 = interp1(x,y,xi,'spline');
plot(x,y,'O',xi,y0,xi,y1,'+',xi,y2,'*')
legend('原始数据','插值点真实数据','spline插值','interp1样条插值')
max(abs(y1 - y2))
```

程序运行结果如下，插值效果如图4-4所示。

```
>> exam_4_12
ans =
     0
```

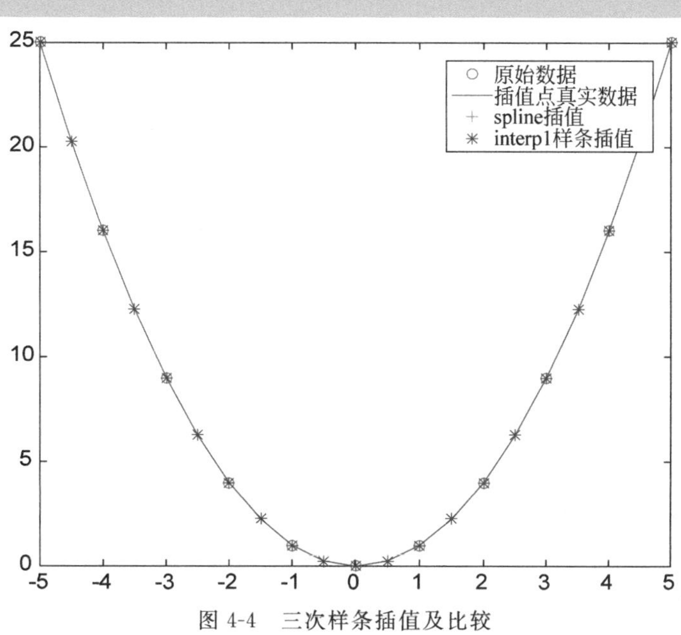

图4-4 三次样条插值及比较

由程序结果可知，三次样条插值 spline 函数实现插值的效果和 interp1(x,y,xi,'spline')一样。

4.2.2 二维插值

二维插值是指已知一个二元函数的若干个采用数据点 x、y 和 z(x,y)，求插值点(x1,y2)处的 z1 的值。在 MATLAB 中，提供了 interp2 函数用于实现二维插值，其调用格式为

```
Z1 = interp2(X,Y,Z,X1,Y1,'method')
```

其中，X 和 Y 是两个参数的采样点，一般是向量，Z 是参数采样点对应的函数值。X1 和 Y1 是插值点，可以是标量也可以是向量。Z1 是根据选定的插值方法(method)得到的插值结果。插值方法 method 和一维插值函数相同，linear 为线性插值(默认算法)，nearest 为最近点插值，spline 为三次样条插值，cubic 为三次多项式插值。需要注意，X1 和 Y1 不能超出 X 和 Y 的取值范围，否则会得到 NaN 错误信息。

【例 4-13】 某实验对计算机主板的温度分布做测试。用 x 表示主板的宽度(cm)，y 表示主板的深度(cm)，用 T 表示测得的各点温度(℃)，测量结果如表 4-2 所示。

表 4-2 主板各点温度测量值

y	x					
	0	5	10	15	20	25
0	30	32	34	33	32	31
5	33	37	41	38	35	33
10	35	38	44	43	37	34
15	32	34	36	35	33	32

(1) 分别用最近点二维插值和线性二维插值法求(12.6,7.2)点的温度。

(2) 用三次多项式插值求主板宽度每 1cm、深度每 1cm 处各点的温度，并用图形显示插值前后主板的温度分布图。

程序代码如下：

```
clear
x = [0:5:25];
y = [0:5:15]';
T = [30 32 34 33 32 31;
33 37 41 38 35 33;
35 38 44 43 37 34;
32 34 36 35 33 32];
x1 = 12.6;y1 = 7.2;                              %插值点(12.6,7.2)
T1 = interp2(x,y,T,x1,y1,'nearest')              %最近点二维插值
T2 = interp2(x,y,T,x1,y1,'linear')               %线性二维插值
xi = [0:1:25];
yi = [0:1:15]';
```

```
Ti = interp2(x,y,T,xi,yi,'cubic');               %三次多项式二维插值
subplot(1,2,1)
mesh(x,y,T)
xlabel('Board width(cm)');ylabel('Board depth(cm)');zlabel('Temperature(degree)')
title('插值前主板温度分布图')
subplot(1,2,2)
mesh(xi,yi,Ti)
xlabel('Board width(cm)');ylabel('Board depth(cm)');zlabel('Temperature(degree)')
title('插值后主板温度分布图')
```

运行程序,结果如下,图 4-5 是插值前后主板温度分布图。由图 4-5 可知,用插值技术处理数据,可以使得温度分布图更加光滑。

```
>> exam_4_13
T1  =
     38
T2  =
    40.0400
```

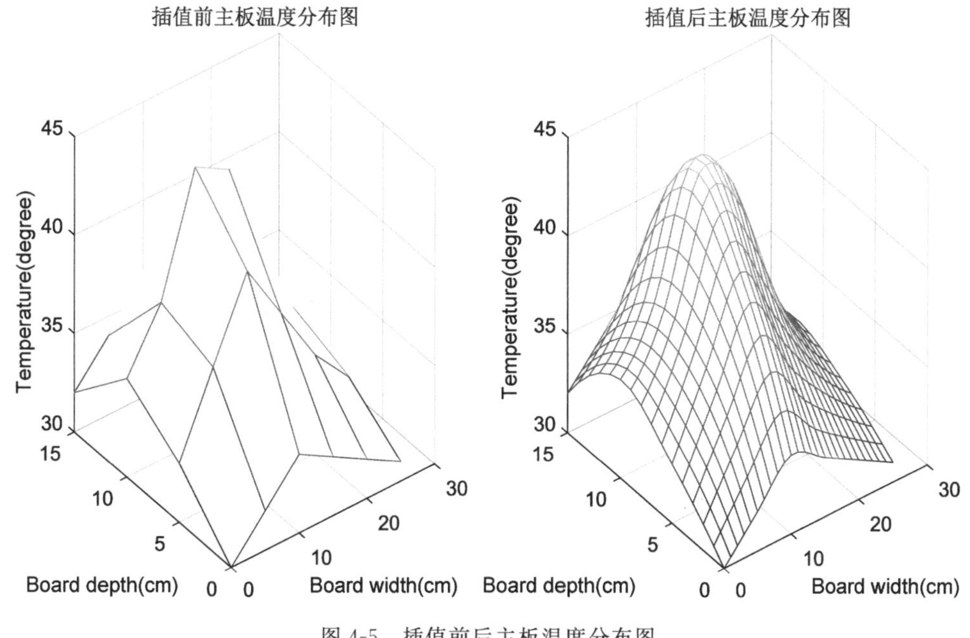

图 4-5　插值前后主板温度分布图

4.2.3　多维插值

1. 三维插值

在 MATLAB 中,还提供了三维插值的函数 interp3,其调用格式为

```
U1 = interp3(X,Y,Z,U,X1,Y1,Z1,'method')
```

其中,X、Y、Z是三个参数的采样点,一般是向量,U是参数采样点对应的函数值。X1、Y1、Z1是插值点,可以是标量也可以是向量。U1是根据选定的插值方法(method)得到的插值结果。插值方法method和一维插值函数相同,linear为线性插值(默认算法),nearest为最近点插值,spline为三次样条插值,cubic为三次多项式插值。需要注意,X1、Y1和Z1不能超出X、Y和Z的取值范围,否则会得到NaN错误信息。

2. *n* 维插值

在MATLAB中,还可以实现更高维的插值,interpn函数用于实现 n 维插值。其调用格式为

```
U1 = interpn(X1,X2, … ,Xn,U,Y1,Y2, … ,Yn,'method')
```

其中,X1,X2,…,Xn是n个参数的采用点,一般是向量,U是参数采样点对应的函数值。Y1,Y2,…,Yn是插值点,可以是标量也可以是向量。U1是根据选定的插值方法(method)得到的插值结果。插值方法method和一维插值函数相同,linear为线性插值(默认算法),nearest为最近点插值,spline为三次样条插值,cubic为三次多项式插值。需要注意,Y1,Y2,…,Yn不能超出X1,X2,…,Xn的取值范围,否则会得到NaN错误信息。

4.3 数据拟合

与数据插值类似,数据拟合的目的也是用一个较为简单的函数 $g(x)$ 去逼近一个未知的函数 $f(x)$。利用已知测量的数据 $(x_i, y_i)(i=1,2,\cdots,n)$,构造函数 $y=g(x)$,使得误差 $\delta_i=g(x_i)-f(x_i)(i=1,2,\cdots,n)$ 在某种意义上达到最小。

一般用得比较多的是多项式拟合,所谓多项式拟合是利用已知测量的数据 $(x_i, y_i)(i=1,2,\cdots,n)$,构造一个 $m(m<n)$ 次多项式 $p(x)$:

$$p(x) = a_m x^m + a_{m-1} x^{m-1} + \cdots + a_1 x + a_0 \tag{4-4}$$

使得拟合多项式在各采样点处的偏差的平方和 $\sum_{i=1}^{n}(p(x_i)-y_i)^2$ 最小。

在MATLAB中,用polyfit函数可以实现最小二乘意义的多项式拟合。polyfit拟合函数求的是多项式的系数向量。该函数的调用格式为

```
p = polyfit(x,y,n)
[p,S] = polyfit(x,y,n)
```

其中,p为最小二乘意义上的n阶多项式系数向量,长度为n+1;x和y为数据点向量,要求是等长的向量;S为采样点的误差结构体,包括R、df和normr分量,分别表示对x进行QR分解为三角元素、自由度和残差。

【例4-14】 在MATLAB中,用polyfit函数实现一个4阶和5阶多项式,在区间 $[0,3\pi]$ 内逼近函数 $f(x)=\mathrm{e}^{-0.5x}\sin x$,利用绘图的方法,比较拟合的4阶多项式、5阶多项式和 $f(x)$ 的区别。

程序代码如下：

```
clear
x = linspace(0,3 * pi,30);                  %在给定区间,均匀选取 30 个采样点
y = exp( - 0.5 * x). * sin(x);
[p1,s1] = polyfit(x,y,4)                     %4 阶多项式拟合
g1 = poly2str(p1,'x')                        %显示拟合的 4 阶多项式
[p2,s2] = polyfit(x,y,5)                     %5 阶多项式拟合
g2 = poly2str(p2,'x')                        %显示拟合的 5 阶多项式
y1 = polyval(p1,x);                          %用 4 阶多项式求采样的值
y2 = polyval(p2,x);                          %用 5 阶多项式求采样的值
plot(x,y,'- * ',x,y1,':O',x,y2,': + ') %4 阶多项式、5 阶多项式和 f(x)绘图比较
legend('f(x)','4 阶多项式','5 阶多项式')
```

程序运行结果如下，图 4-6 是 4 阶多项式和 5 阶多项式拟合 $f(x)$函数的比较结果。

```
>> exam_4_14
p1 =
   - 0.0024     0.0462     - 0.2782     0.4760     0.1505
s1 =
        R: [5x5 double]
df: 25
normr: 0.4086
g1 =
   - 0.002378 x ^4  +  0.04625 x ^3  -  0.27815 x ^2  +  0.476 x  +  0.15048
p2 =
0.0007     - 0.0191     0.1856     - 0.7593     1.0826     0.0046
s2 =
        R: [6x6 double]
df: 24
normr: 0.0909
g2 =
   0.00071166 x ^5  -  0.019146 x ^4  +  0.18564 x ^3  -  0.75929 x ^2  +  1.0826 x  +  0.0045771
```

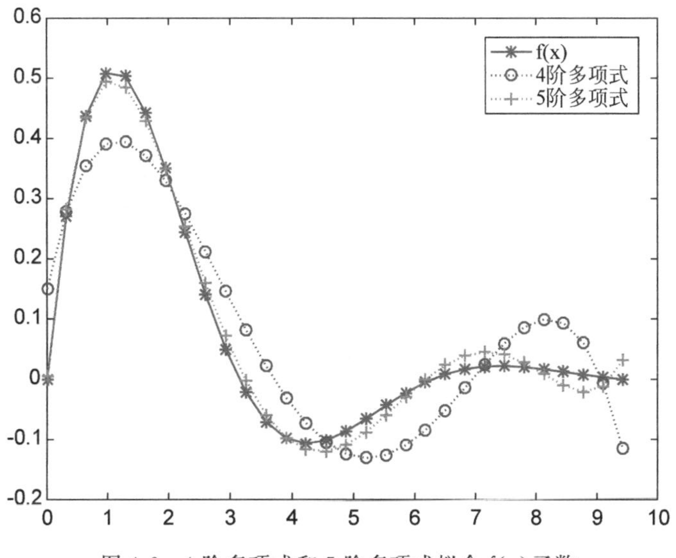

图 4-6　4 阶多项式和 5 阶多项式拟合 f(x)函数

由上述例题结果可知,用高阶多项式拟合 $f(x)$ 函数的效果更好,误差小,更加逼近实际函数 $f(x)$。

4.4 数据统计

在生产实际和科学研究中经常会对数据进行统计,MATLAB 语言提供了很多数据统计方面的函数。

4.4.1 矩阵元素的最大值和最小值

1. 求向量的最大元素和最小元素

1) 求向量的最大元素

MATLAB 求一个向量 X 的最大元素可以使用函数 max(X),其调用格式为

```
y = max(X)          % 返回向量 X 的最大元素给 y,如果 X 中包括复数元素,则按模取最大元素
[y,k] = max(X)      % 返回向量 X 的最大元素给 y,最大元素所在的位置序号给 k,如果 X 中包括复
                    % 数元素,则按模取最大元素
```

例如,求向量 X=[34,23,−23,6,76,56,14,35]的最大值。

```
>> X = [34,23, - 23,6,76,56,14,35];
>> y = max(X)
y =
    76
>> [y,k] = max(X)
y =
    76
k =
     5
```

2) 求向量的最小元素

MATLAB 求一个向量 X 的最小元素可以使用函数 min(X),其调用格式及用法与 max(X)函数一样。

例如,求向量 X=[34,10,−23,6,76,0,14,35]的最小值。

```
>> X = [34,10, - 23,6,76,0,14,35];
>> y = min(X)
y =
   - 23
>> [y,k] = min(X)
y =
   - 23
k =
     3
```

2. 求矩阵的最大元素和最小元素

1）求矩阵的最大元素

MATLAB求一个矩阵A的最大元素可以使用函数max，其调用格式为

```
Y = max(A)        % 返回矩阵 A 的每列上的最大元素给 Y,Y 是一个行向量
[Y, K] = max(A)  % 返回矩阵 A 的每列上的最大元素给 Y,K 向量记录每列最大元素所在的行号.如
                  % 果 X 中包括复数元素,则按模取最大元素
[Y, K] = max(A, [], dim)
```

其中，dim为1时，该函数和max(A)完全相同；当dim为2时，该函数返回一个每行上最大元素的列向量。

2）求矩阵的最小元素

MATLAB求一个矩阵A的最小元素可以使用函数min，其调用格式及用法和max函数一样。

【例4-15】 在MATLAB中，用max和min函数求矩阵$\boldsymbol{A}$的每行和每列的最大和最小元素，并求整个$\boldsymbol{A}$的最大和最小元素。

$$\boldsymbol{A}=\begin{bmatrix}12 & 1 & -6 & 24\\ -4 & 23 & 12 & 0\\ 2 & -3 & 18 & 6\\ 45 & 3 & 16 & -7\end{bmatrix}$$

程序代码如下：

```
>> A = [12 1 -6 24; -4 23 12 0;2 -3 18 6;45 3 16 -7];
>> Y1 = max(A,[],2)            % 求每行最大元素
Y1  =
     24
     23
     18
     45
>> [Y2,K] = min(A,[],2)        % 求每行最小元素,及每行最小值的列数
Y2  =
     -6
     -4
     -3
     -7
K  =
      3
      1
      2
      4
>> Y3 = max(A)                 % 求每列的最大元素
Y3  =
     45     23     18     24
>> [Y4,K1] = min(A)            % 求每列的最小元素,及最小元素所在的行数
Y4  =
     -4     -3     -6     -7
```

```
K1 =
     2     3     1     4
>> ymax = max(max(A))            %求矩阵A的最大元素
ymax =
    45
>> ymin = min(min(A))            %求矩阵A的最小元素
ymin =
    -7
```

3. 两个维度一样的向量或矩阵对应元素比较

max 和 min 函数还能对两个维度一样的向量或矩阵对应元素求大值和小值。

```
Y = max(A, B)
```

其中,A 和 B 是同维度的向量或矩阵,Y 的每个元素为 A 和 B 对应元素的较大者,与 A 和 B 同维。

min 函数的用法和 max 一样。

例如,求 A 和 B 矩阵对应元素的较大元素 Y_1 和较小元素 Y_2。

程序代码如下:

```
>> A = [1 5 6;7 3 1;3 7 4]
A =
     1     5     6
     7     3     1
     3     7     4
>> B = [2 9 4;9 1 3; -1 0 3]
B =
     2     9     4
     9     1     3
    -1     0     3
>> Y1 = max(A,B)
Y1 =
     2     9     6
     9     3     3
     3     7     4
>> Y2 = min(A,B)
Y2 =
     1     5     4
     7     1     1
    -1     0     3
```

4.4.2 矩阵元素的平均值和中值

数据序列的平均值指的是算术平均,中值是指数据序列中其值位于中间的元素,如果数据序列个数为偶数,中值等于中间两项的平均值。

MATLAB求矩阵或向量元素的平均值用mean函数，求中值用median函数。它们的调用方法如下：

```
(1) y = mean(X)          %返回向量X的算术平均值
(2) Y = mean(A)          %返回一个矩阵A每列的算术平均值的行向量
(3) y = median(X)        %返回向量X的中值
(4) Y = median(A)        %返回一个矩阵A每列的中值的行向量
(5) Y = mean(A,dim)      %当dim为1时,等同于mean(A);当dim为2时,返回一个矩阵A每行的
                         %算术平均值的列向量
(6) Y = median(A,dim)    %当dim为1时,等同于median(A);当dim为2时,返回一个矩阵A每行
                         %的中值的列向量
```

例如，求向量X和矩阵A的平均值和中值。

程序代码如下：

```
>> X = [1,12,23,7,9, - 5,30];
>> y1 = mean(X)
y1 =
    11
>> y2 = median(X)
y2 =
     9
>> A = [0 9 2;7 3 3; - 1 0 3]
A =
     0     9     2
     7     3     3
    -1     0     3
>> Y1 = mean(A)
Y1 =
    2.0000 4.0000 2.6667
>> Y2 = median(A)
Y2 =
     0     3     3
>> Y3 = mean(A,2)
Y3 =
    3.6667
    4.3333
    0.6667
>> Y4 = median(A,2)
Y4 =
     2
     3
     0
```

4.4.3 矩阵元素的排序

在MATLAB中，可以用函数sort实现数据序列的排序。对于向量X的排序，可以用函数sort(X)，函数返回一个对向量X的元素按升序排列的向量。

sort函数还可以对矩阵A的各行或各列的元素重新排序，其调用格式为

```
[Y,I] = sort(A, dim, mode)
```

其中,当 dim 为 1 时,矩阵元素按列排序;当 dim 为 2 时,矩阵元素按行排序。dim 默认为 1。当 mode 为'ascend',则按升序排序;当 mode 为'descend',则按降序排序。mode 默认取'ascend'。Y 为排序后的矩阵,而 I 记录 Y 中元素在 A 中的位置。

例如,对一个向量 X 和一个矩阵 A 做各种排序。

程序代码如下:

```
>> X = [1,12,23,7,9, - 5,30];
>> Y = sort(X)
Y =
    -5   1    7    9  12  23  30
>> A = [0 9 2;7 3 1; - 1 0 3]
A =
     0    9    2
     7    3    1
    -1    0    3
>> Y1 = sort(A)
Y1  =
    -1    0    1
     0    3    2
     7    9    3
>> Y2 = sort(A,1,'descend')
Y2  =
     7    9    3
     0    3    2
    -1    0    1
>> Y3 = sort(A,2,'ascend')
Y3  =
     0    2    9
     1    3    7
    -1    0    3
>> [Y4,I] = sort(A,2,'descend')
Y4  =
     9    2    0
     7    3    1
     3    0   -1
I  =
     2    3    1
     1    2    3
     3    2    1
```

4.4.4 矩阵元素求和与求积

在 MATLAB 中,向量和矩阵求和与求积的基本函数是 sum 和 prod,它们的使用方法类似,调用格式为

```
(1) y = sum(X)          % 返回向量 X 各元素的和
(2) y = prod(X)         % 返回向量 X 各元素的乘积
(3) Y = sum(A)          % 返回一个矩阵 A 各列元素的和的行向量
(4) Y = prod(A)         % 返回一个矩阵 A 各列元素的乘积的行向量
(5) Y = sum(A,dim)      % 当 dim 为 1 时,该函数等同于 sum(A); 当 dim 为 2 时,返回一个矩阵 A
                        % 各行元素的和的列向量
(6) Y = prod(A,dim)     % 当 dim 为 1 时,该函数等同于 prod(A); 当 dim 为 2 时,返回一个矩阵
                        % A 各行元素的乘积的列向量
```

例如,求一个向量 X 和一个矩阵 A 的各元素的和与乘积。

程序代码如下:

```
>> X = [1,3,9, - 2,7];
>> y = sum(X)              % 求向量 X 的各元素的和
y =
    18
>> y = prod(X)             % 求向量 X 的各元素的乘积
y =
  - 378
>> A = [1 9 2;7 3 1; - 1 1 3]
A =
     1     9     2
     7     3     1
    -1     1     3
>> Y1 = sum(A)             % 求矩阵 A 的各列元素的和
Y1 =
     7    13     6
>> Y2 = sum(A,2)           % 求矩阵 A 的各行元素的和
Y2 =
    12
    11
     3
>> Y3 = prod(A)            % 求矩阵 A 的各列元素的乘积
Y3 =
    - 7    27     6
>> Y4 = prod(A,2)          % 求矩阵 A 的各行元素的乘积
Y4 =
    18
    21
    - 3
>> Y5 = sum(Y1)            % 求矩阵 A 所有元素的和
Y5 =
    26
>> Y6 = prod(Y3)           % 求矩阵 A 所有元素的乘积
Y6 =
        - 1134
```

4.4.5 矩阵元素的累加和与累乘积

在 MATLAB 中,向量和矩阵的累加和与累乘积的基本函数是 cumsum 和 cumprod,

它们的使用方法类似，调用格式为

```
(1) y = cumsum(X)        %返回向量X累加和向量
(2) y = cumprod(X)       %返回向量X累乘积向量
(3) Y = cumsum(A)        %返回一个矩阵A各列元素的累加和的矩阵
(4) Y = cumprod(A)       %返回一个矩阵A各列元素的累乘积的矩阵
(5) Y = cumsum(A,dim)    %当dim为1时，该函数等同于cumsum(A)；当dim为2时，返回一个矩阵A
                         %各行元素的累加和矩阵
(6) Y = cumprod(A,dim)   %当dim为1时，该函数等同于cumprod(A)；当dim为2时，返回一个
                         %矩阵A各行元素的累乘积矩阵
```

例如，求一个向量X和一个矩阵A的各元素的累加和与累乘积。

程序代码如下：

```
>> X = [1,3,9,-2,7];
>> Y = cumsum(X)
Y =
     1     4    13    11    18
>> Y = cumprod(X)
Y =
     1     3    27   -54  -378
>> A = [1 9 2;7 3 1;-1 1 3]
A =
     1     9     2
     7     3     1
    -1     1     3
>> Y1 = cumsum(A)
Y1 =
     1     9     2
     8    12     3
     7    13     6
>> Y2 = cumsum(A,2)
Y2 =
     1    10    12
     7    10    11
    -1     0     3
>> Y3 = cumprod(A)
Y3 =
     1     9     2
     7    27     2
    -7    27     6
>> Y4 = cumprod(A,2)
Y4 =
     1     9    18
     7    21    21
    -1    -1    -3
```

4.4.6 标准方差和相关系数

1. 标准方差

对于具有 N 个元素的向量数据 $x_1, x_2, \cdots, x_N$，有如下两种标准方差的公式：

$$D_1 = \sqrt{\frac{1}{N-1}\sum_{i=1}^{N}(x_i - \bar{x})^2} \tag{4-5}$$

或

$$D_2 = \sqrt{\frac{1}{N}\sum_{i=1}^{N}(x_i - \bar{x})^2} \tag{4-6}$$

其中

$$\bar{x} = \frac{1}{N}\sum_{i=1}^{N}x_i \tag{4-7}$$

在 MATLAB 中，可以用函数 std 计算向量和矩阵的标准方差。对于向量 X，std(X) 返回一个标准方差；对于矩阵 A，std(A) 返回一个矩阵 A 各列或者各行的标准方差向量。std 函数的调用格式为

```
(1) d = std(X)          % 求向量 X 的标准方差
(2) D = std(A,flag,dim)
```

其中，当 dim 为 1 时，求矩阵 A 的各列元素的标准方差；当 dim 为 2 时，则求矩阵 A 的各行元素的标准方差。当 flag 为 0 时，按式(4-5)计算标准方差；当 flag 为 1 时，按式(4-6)计算标准方差。默认 flag=0，dim=1。

例如，求一个向量 X 和一个矩阵 A 的标准方差。

程序代码如下：

```
>> X = [1,3,9, - 2,7];
>> d = std(X) % 求向量 X 的标准方差
d =
    4.4497
>> A = [1 9 2;7 3 1; - 1 1 3]
A =
     1     9     2
     7     3     1
    -1     1     3
>> D1 = std(A,0,1)          % 按 D1 标准方差公式，求矩阵 A 的列元素标准方差
D1 =
    4.1633    4.1633    1.0000
>> D2 = std(A,0,2)          % 按 D1 标准方差公式，求矩阵 A 的行元素标准方差
D2 =
    4.3589
    3.0551
    2.0000
```

```
>> D3 = std(A,1,1)          % 按 D2 标准方差公式，求矩阵 A 的列元素标准方差
D3 =
    3.3993    3.3993    0.8165
>> D4 = std(A,1,2)          % 按 D2 标准方差公式，求矩阵 A 的行元素标准方差
D4 =
    3.5590
    2.4944
    1.6330
```

2. 相关系数

对于两组数据序列 $x_i, y_i (i=1,2,\cdots,N)$，可以用下列公式定义两组数据的相关系数：

$$\rho = \frac{\sum_{i=1}^{N}(x_i-\bar{x})(y_i-\bar{y})}{\sqrt{\sum_{i=1}^{N}(x_i-\bar{x})^2\sum_{i=1}^{N}(y_i-\bar{y})^2}} \tag{4-8}$$

其中

$$\bar{x} = \frac{1}{N}\sum_{i=1}^{N}x_i, \quad \bar{y} = \frac{1}{N}\sum_{i=1}^{N}y_i \tag{4-9}$$

在 MATLAB 中，可以用函数 corrcoef 计算数据的相关系数。corrcoef 函数的调用格式为

```
(1) R = corrcoef(X,Y)      % 返回相关系数，其中 X 和 Y 是长度相等的向量
(2) R = corrcoef(A)        % 返回矩阵 A 的每列之间计算相关形成的相关系数矩阵
```

例如，求两个向量 X 和 Y 的相关系数，并求正态分布随机矩阵 A 的均值、标准方差和相关系数。

程序代码如下：

```
>> X = [1,3,9, - 2,7];
>> Y = [2,3,7,0,6];
>> r = corrcoef(X,Y)         % 求 X 和 Y 向量的相关系数
r =
    1.0000    0.9985
    0.9985    1.0000
>> A = randn(1000,3);        % 产生一个均值为 0、方差为 1 的正态分布随机矩阵
>> y = mean(A)               % 计算矩阵 A 的列均值
y =
    0.0253    0.0042    0.0427
>> D = std(A)                % 计算矩阵 A 的列标准方差
D =
    0.9902    0.9919    1.0014
>> R = corrcoef(A)           % 计算 A 矩阵列的相关系数
R =
    1.0000    0.0023   - 0.0028
    0.0023    1.0000    0.0454
  - 0.0028    0.0454    1.0000
```

由上述结果可知,每列的均值接近 0,每列的标准方差接近 1,验证了 **A** 为标准正态分布随机矩阵。

4.5 数值计算

数值计算是指利用计算机求数学问题(例如,函数的零点、极值、积分和微分以及微分方程)近似解的方法。常用的数值分析有求函数的最小值、求过零点、数值微分、数值积分和解微分方程等。

4.5.1 函数极值

数学上利用计算函数的导数来确定函数的最大值点和最小值点,然而,很多函数很难找到导数为零的点。为此,可以通过数值分析来确定函数的极值点。MATLAB 只有处理极小值的函数,没有专门求极大值的函数,因为 $f(x)$的极大值问题等价于$-f(x)$的极小值问题。MATLAB 求函数的极小值使用 fminbnd 和 fminsearch 函数。

1. 一元函数的极值

fminbnd 函数可以获得一元函数在给定区间内的最小值,函数调用格式如下:

```
(1) x = fminbnd(fun,x1,x2)
```

其中,fun 是函数的句柄或匿名函数; x1 和 x2 是寻找函数最小值的区间范围(x1<x<x2); x 为在给定区间内,极值所在的横坐标。

```
(2) [x,y] = fminbnd(fun,x1,x2)
```

其中,y 为求得的函数极值点处的函数值。

【例 4-16】 已知 $y=e^{-0.2x}\sin(x)$,在 $0\leqslant x\leqslant 5\pi$ 区间内,使用 fminbnd 函数获取 y 函数的极小值。

程序代码如下:

```
clear
x1 = 0;x2 = 5 * pi;
fun = @(x)(exp( - 0.2 * x) * sin(x));      %创建函数句柄
[x,y1] = fminbnd(fun,x1,x2)                %计算句柄函数的极小值
x = 0:0.1:5 * pi;
y = exp( - 0.2 * x). * sin(x);
plot(x,y)
grid on
```

程序运行结果如下,图 4-7 是函数在区间[0,5 * pi]的函数曲线图。

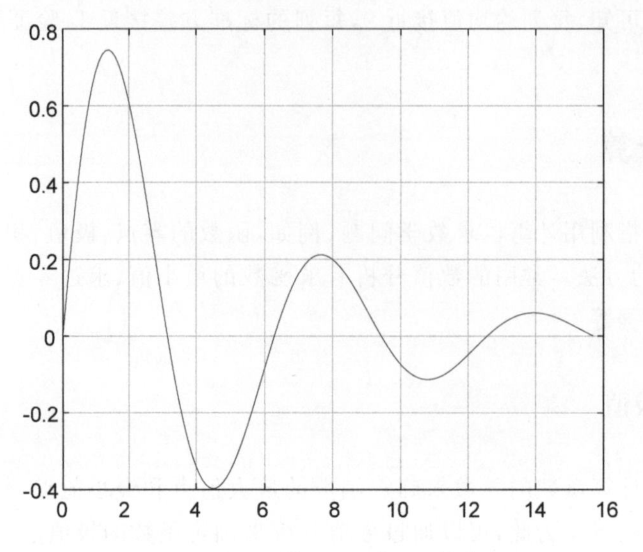

图 4-7　在区间[0,5 * pi]的函数曲线

```
>> exam_4_16
x =
    4.5150
y1 =
   - 0.3975
```

由图 4-7 可知，函数在 x＝4.5 附近出现极小值点，极小值约为－0.4，验证了用极小值 fminbnd 函数求的极小值点和极小值是正确的。

2. 多元函数的极值

fminsearch 函数可以获得多元函数的最小值，使用该函数时需要指定开始的初始值，获得初始值附近的局部最小值。该函数的调用格式如下：

```
(1) x = fminsearch(fun, x0)
(2) [x,y] = fminsearch(fun, x0)
```

其中，fun 是多元函数的句柄或匿名函数；x0 是给定的初始值；x 是最小值的取值点；y 是返回的最小值，可以省略。

【例 4-17】　使用 fminsearch 函数获取 $f(x,y)$二元函数在初始值(0, 0)附近的极小值，已知 $f(x,y)=100\,(y-x^2)^2+(1-x)^2$。

程序代码如下：

```
clear
fun = @(x)(100 * (x(2) - x(1)^2)^2 + (1 - x(1))^2); % 创建句柄函数
x0 = [0,0];
[x,y1] = fminsearch(fun,x0)                         % 计算局部函数的极小值
```

程序运行结果如下：

```
>> exam_4_17
x =
    1.0000    1.0000
y1 =
    3.6862e-10
```

由结果可知，由函数 fminsearch 计算出局部最小值点是[1, 1]，最小值为 y1 =3.6862e-10，和理论上是一致的。

4.5.2 函数零点

一元函数 $f(x)$的过零点的求解相当于求解 $f(x)=0$ 方程的根，MATLAB 可以使用 fzero 函数实现，需要指定一个初始值，在初始值附近查找函数值变号时的过零点，也可以根据指定区间来求过零点。该函数的调用格式为

```
(1) x = fzero(fun, x0)
(2) [x,y] = fzero(fun, x0)
```

其中，x 为过零点的位置，如果找不到，则返回 NaN；y 是指函数在零点处函数的值；fun 是函数句柄或匿名函数；x0 是一个初始值或初始值区间。

需要指出，fzero 函数只能返回一个局部零点，不能找出所有的零点，因此需要设定零点的范围。

【例 4-18】 使用 fzero 函数求 $f(x)=x^2-5x+4$ 分别在初始值 $x=0$ 和 $x=5$ 附近的过零点，并求出过零点函数的值。

程序代码如下：

```
clear
fun = @(x)(x^2-5*x+4); % 创建句柄函数
x0 = 0;
[x,y1] = fzero(fun,x0) % 求初始值 x0 为 0 附近时函数的过零点
x0 = 5;
[x,y1] = fzero(fun,x0) % 求初始值 x0 为 5 附近时函数的过零点
x0 = [0,3];
[x,y1] = fzero(fun,x0) % 求初始值 x0 区间内函数的过零点
```

程序运行结果如下：

```
>> exam_4_18
x =
    1
y1 =
    0
x =
    4.0000
y1 =
  -3.5527e-15
```

```
x =
     1
y1 =
     0
```

由结果可知,用 fzero 函数可以求在初始值 x0 附近的函数过零点。不同的零点,需要设置不同的初始值 x0。

4.5.3 数值差分

任意函数 $f(x)$在 x 点的前向差分定义为

$$\Delta f(x) = f(x+h) - f(x) \tag{4-10}$$

称 $\Delta f(x)$为函数 $f(x)$在 x 点处以 $h(h>0)$为步长的前向差分。

在 MATLAB 中,没有直接求数值导数的函数,只有计算前向差分的函数 diff,其调用格式为

```
(1) D = diff(X)              %计算向量 X 的向前差分,即 D = X(i+1) - X(i),i = 1,2,…,n-1
(2) D = diff(X, n)           %计算向量 X 的 n 阶向前差分,即 diff(X, n) = diff(diff(X,n-1))
(3) D = diff(A, n, dim)      %计算矩阵 A 的 n 阶差分,当 dim = 1(默认),按行计算矩阵 A 的差分;
                             %当 dim = 2,按列计算矩阵的差分
```

例如,已知矩阵 $\mathbf{A}=\begin{bmatrix}1 & 6 & 3\\6 & 2 & 4\\5 & 8 & 1\end{bmatrix}$,分别求矩阵 $\mathbf{A}$ 行和列的一阶和二阶前向差分。

```
>> A = [1 6 3;6 2 4;5 8 1]
A =
     1     6     3
     6     2     4
     5     8     1
>> D = diff(A,1,1)
D =
     5    -4     1
    -1     6    -3
>> D = diff(A,1,2)
D =
     5    -3
    -4     2
     3    -7
>> D = diff(A,2,1)
D =
 -6    10    -4
>> D = diff(A,2,2)
D =
    -8
     6
   -10
```

4.5.4 数值积分

数值积分是研究定积分的数值求解的方法。MATLAB 提供了很多种求数值积分的函数，主要包括一重积分和二重积分两类函数。

1. 一重数值积分

MATLAB 提供了 quad 函数和 quadl 函数求一重积分。它们的调用格式分别如下：

```
(1) q = quad(fun, a, b, tol, trace)
```

它是一种采用自适应的 Simpson 方法的一重数值积分，其中，fun 为被积函数，函数句柄；a 和 b 为定积分的下限和上限；tol 为绝对误差容限值，默认是 10^{-6}；trace 控制是否展现积分过程，当 trace 取非 0，则展现积分过程，默认取 0。

```
(2) q = quadl(fun, a, b, tol, trace)
```

它是一种采用自适应的 Lobatto 方法的一重数值积分，参数定义和 quad 一样。

【例 4-19】 分别使用 quad 函数和 quadl 函数求 $q=\int_0^{3\pi} \mathrm{e}^{-0.2x}\sin(x)\mathrm{d}x$ 的数值积分。

程序代码如下：

```
clear
fun = @(x)(exp( - 0.2 * x). * sin(x)); % 定义一个函数句柄
a = 0;b = 3 * pi;
q1 = quad(fun,a,b)                     % 自适应 Simpson 法数值积分
q2 = quadl(fun,a,b)                    % 自适应的 Lobatto 法数值积分
q3 = quad(fun,a,b,1e - 3,1)            % 定义积分精度和显示积分过程
```

程序运行结果如下：

```
>> exam_4_19
q1 =
     1.1075
q2 =
     1.1075
        9     0.0000000000     2.55958120e + 00     1.3793949196
       11     0.0000000000     1.27979060e + 00     0.6053358622
       13     1.2797905993     1.27979060e + 00     0.7742537042
       15     2.5595811986     4.30561556e + 00    - 0.6459997048
       17     2.5595811986     2.15280778e + 00    - 0.3430614927
       19     4.7123889804     2.15280778e + 00    - 0.3052258622
       21     6.8651967622     2.55958120e + 00     0.3762543321
q3 =
     1.1076
```

其中，迭代过程最后一列的和为数值积分 q3 的值。

2. 多重数值积分

MATLAB 提供了 dblquad 函数和 triplequad 函数求二重积分和三重积分。它们的调用格式如下：

```
(1) q2 = dblquad(fun, xmin, xmax, ymin,ymax, tol)
(2) q3 = triplequad(fun, xmin, xmax, ymin, ymax, zmin, zmax, tol)
```

函数的参数定义和一重积分一样。

例如，求二重数值积分 $q=\int_0^{3\pi}\int_0^{2\pi}\sin(x)\cos(y)+\cos(x)\sin(y)\mathrm{d}x$。

代码如下：

```
>> q = dblquad('sin(x) * y + x * sin(y)',0,2 * pi,0,3 * pi)
q =
   39.4784
```

4.5.5 常微分方程求解

MATLAB 为解常微分方程提供了多种数值求解方法，包括 ode45、ode23、ode113、ode15s、ode23s、ode23t 和 ode23tb 等函数，用得最多的是 4/5 阶龙格-库塔法 ode45 函数。该函数的调用格式如下：

```
[t,y] = ode45(fun,ts,y0,options)
```

其中，fun 是待解微分方程的函数句柄；ts 是自变量范围，可以是范围[t0, tf]，也可以是向量[t0,…,tf]；y0 是初始值，y0 和 y 具有相同长度的列向量；options 是设定微分方程解法器的参数，可以省略，也可以由 odeset 函数获得。

需要注意，用 ode45 求解时，需要将高阶微分方程 $y^{(n)}=f(t,y,y',\cdots,y^{(n-1)})$，改写为一阶微分方程组，通常解法是，假设 $y_1=y$，从而 $y_1=y, y_2=y', \cdots, y_n=y^{(n-1)}$，于是高阶微分方程可以转换为下述常微分方程组求解：

$$\begin{cases} y_1'=y_2 \\ y_2'=y_3 \\ \vdots \\ y_n'=f(t,y,y',\cdots,y^{(n-1)}) \end{cases} \tag{4-11}$$

【例 4-20】 已知二阶微分方程 $\frac{\mathrm{d}^2y}{\mathrm{d}t^2}-3y'+2y=1, y(0)=1, \frac{\mathrm{d}y(0)}{\mathrm{d}t}=0, t\in[0,1]$，试用 ode45 函数解微分方程，作出 $y-t$ 的关系曲线图。

(1) 首先把二阶微分方程改写为一阶微分方程组。

令 $y_1=y, y_2=y_1'$，则

$$\begin{bmatrix} \dfrac{\mathrm{d}y_1}{\mathrm{d}t} \\ \dfrac{\mathrm{d}y_2}{\mathrm{d}t} \end{bmatrix} = \begin{bmatrix} y_2 \\ 3y_2 - 2y_1 + 1 \end{bmatrix}, \quad \begin{bmatrix} y_1(0) \\ y_2(0) \end{bmatrix} = \begin{bmatrix} 1 \\ 0 \end{bmatrix} \tag{4-12}$$

(2) 程序代码如下：

```
clear
t0 = [0,1]; % 求解的时间区域
y0 = [1;0]; % 初值条件
[t,y] = ode45(@f04_20,t0,y0); % 采用 ode45 函数解微分方程
plot(t,y(:,1))
xlabel('t'),ylabel('y')
title('y(t) - t')
grid on
% 定义 f04_20 函数文件
function y = f04_20(t,y)
%F04_20 定义微分方程的函数文件
y = [y(2);3 * y(2) - 2 * y(1) + 1];
end
```

程序运行结果如图 4-8 所示。

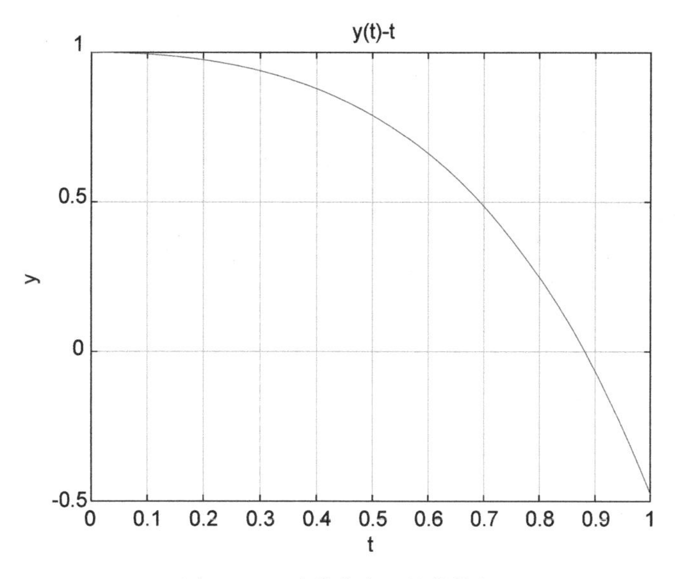

图 4-8　二阶微分方程的数值解

4.6 数值计算应用实例

【例 4-21】 已知多项式 $p_1(x)=x^4-3x^3+5x+1$，$p_2(x)=x^3+2x^2-6$，求：

(1) $p(x)=p_1(x)+p_2(x)$；

(2) $p(x)=p_1(x)-p_2(x)$；

(3) $p(x)=p_1(x)\times p_2(x)$；

(4) $p(x)=p_1(x)/p_2(x)$。

程序代码如下：

```
p1 = [1 -3 0 5 1];
p2 = [0 1 2 0 -6];
p3 = [1 2 0 -6];
p = p1 + p2                  % p1(x) + p2(x)
poly2sym(p)
p = p1 - p2                  % p1(x) - p2(x)
poly2sym(p)
p = conv(p1,p2)              % p1(x) * p2(x)
poly2sym(p)
[q,r] = deconv(p1,p3)        % p1(x)/p2(x)
```

程序运行结果：

```
>> exam_4_21
p3 =
     1     2     0    -6
p =
     1    -2     2     5    -5
ans =
x^4 - 2*x^3 + 2*x^2 + 5*x - 5
p =
     1    -4    -2     5     7
ans =
x^4 - 4*x^3 - 2*x^2 + 5*x + 7
p =
     0     1    -1    -6    -1    29     2   -30    -6
ans =
x^7 - x^6 - 6*x^5 - x^4 + 29*x^3 + 2*x^2 - 30*x - 6
q =
     1    -5
r =
     0     0    10    11   -29
```

【例 4-22】 已知多项式为 $p(x)=x^4-2x^2+4x-6$，分别求 $x=3$ 和 $x=[0,2,4,6,8]$ 向量的多项式的值。

程序代码如下：

```
x1 = 3;
x = [0:2:8];
p = [1 0 -2 4 -6];
y1 = polyval(p,x1)
y = polyval(p,x)
```

程序运行结果：

```
>> exam_4_22
y1 =
    69
```

```
y =
        -6          10         234        1242        3994
```

【例 4-23】 已知多项式为 $p(x)=x^4-2x^2+4x-6$,试求:

(1) 用 roots 函数求该多项式的根 r;

(2) 用 poly 函数求根为 r 的多项式系数。

程序代码如下:

```
p=[1 0 -2 4 -6]
r=roots(p)
p=poly(r)
```

程序运行结果:

```
>> exam_4_23
p =
     1     0    -2     4    -6
r =
  -2.2343 + 0.0000i
   1.4485 + 0.0000i
   0.3929 + 1.3037i
   0.3929 - 1.3037i
p =
    1.0000         0   -2.0000    4.0000   -6.0000
```

【例 4-24】 已知两个多项式为 $p_1(x)=x^4-3x^3+x+2$,$p_2(x)=x^3-2x^2+4$,试求:

(1) 多项式 $p_1(x)$的导数;

(2) 两个多项式乘积 $p_1(x)*p_2(x)$的导数;

(3) 两个多项式相除 $p_2(x)/p_1(x)$的导数。

程序代码如下:

```
p1=[1 -3 0 1 2];
p2=[1 -2 0 4];
p=polyder(p1)
poly2sym(p)
p=polyder(p1,p2)
poly2sym(p)
[p,q]=polyder(p2,p1)
```

程序运行结果:

```
>> exam_4_24
p =
     4    -9     0     1
ans =
4*x^3 - 9*x^2 + 1
p =
     7   -30    30    20   -36    -8     4
```

```
ans =
7*x^6 - 30*x^5 + 30*x^4 + 20*x^3 - 36*x^2 - 8*x + 4
p =
    -1      4     -6    -14     40     -8     -4
q =
     1     -6      9      2     -2    -12      1      4      4
```

【例 4-25】 已知分式表达式为 $f(s)=\dfrac{B(s)}{A(s)}=\dfrac{s+1}{s^2-7s+12}$，试求：

(1) $f(s)$的部分分式展开式；

(2) 将部分分式展开式转换为分式表达式。

程序代码如下：

```
a=[1 -7 12];
b=[1 1];
[r,p,k]=residue(b,a)
[b1,a1]=residue(r,p,k)
```

程序运行结果：

```
>> exam_4_25
r =
     5
    -4
p =
     4
     3
k =
     []
b1 =
     1     1
a1 =
     1    -7    12
```

【例 4-26】 某电路元件，测试两端电压 U 与流过电流 I 的关系，实测数据见表 4-3，用不同插值方法(最接近点法、线性法、三次样条法和三次多项式法)计算 $I=9$A 处的电压 U。

表 4-3　某电路元件两端电压 *U* 与流过电流 *I* 数据

流过的电流 I/A	0	2	4	6	8	10	12
两端的电压 U/V	0	2	5	8.2	12	16	21

程序代码如下：

```
I=0:2:12;
U=[0 2 5 8.2 12 16 21];
I1=9;
```

```
U1 = interp1(I,U,I1,'nearest')
U2 = interp1(I,U,I1,'linear')
U3 = interp1(I,U,I1,'cubic')
U4 = interp1(I,U,I1,'spline')
```

程序运行结果：

```
>> exam_4_26
U1 =
    16
U2 =
    14
U3 =
   13.9316
U4 =
   13.9500
```

【例 4-27】 某实验对一幅灰度图像灰度分布做测试。用 i 表示图像的宽度(PPI)，j 表示图像的深度(PPI)，I 表示测得的各点图像颜色的灰度，测量结果如表 4-4 所示。

(1) 分别用最近点二维插值、三次样条插值、线性二维插值法求(13，12)点的灰度值；

(2) 用三次多项式插值求图像宽度每 1PPI，深度每 1PPI 处各点的灰度值，并用图形显示插值前后图像的灰度分布图。

表 4-4 图像各点颜色灰度测量值

j	i					
	0	5	10	15	20	25
0	130	132	134	133	132	131
5	133	137	141	138	135	133
10	135	138	144	143	137	134
15	132	134	136	135	133	132

程序代码如下：

```
clear
i = [0:5:25];
j = [0:5:15];
I = [130  132 134 133 132 131;
133 137 141 138 135 133;
135 138 144 143 137 134;
132 134 136 135 133 132];
i1 = 13;j1 = 12;
I1 = interp2(i,j,I,i1,j1,'nearest')
I2 = interp2(i,j,I,i1,j1,'linear')
I3 = interp2(i,j,I,i1,j1,'spline')
ii = [0:1:25];
ji = [0:1:15]';
Ii = interp2(i,j,I,ii,ji,'cubic');
subplot(1,2,1)
```

```
mesh(i,j,I)
xlabel('Image width(PPI)');ylabel('Image depth(PPI)');zlabel('Grayscale(I)')
title('插值前图像灰度分布图')
subplot(1,2,2)
mesh(ii,ji,Ii)
xlabel('Image width(PPI)');ylabel('Image depth(PPI)');zlabel('Grayscale(I)')
title('插值后图像灰度分布图')
```

程序运行结果：

```
>> exam_4_27
I1 =
   143
I2 =
  140.2000
I3 =
  143.1268
```

插值前后图像的灰度分布图如图 4-9 所示。

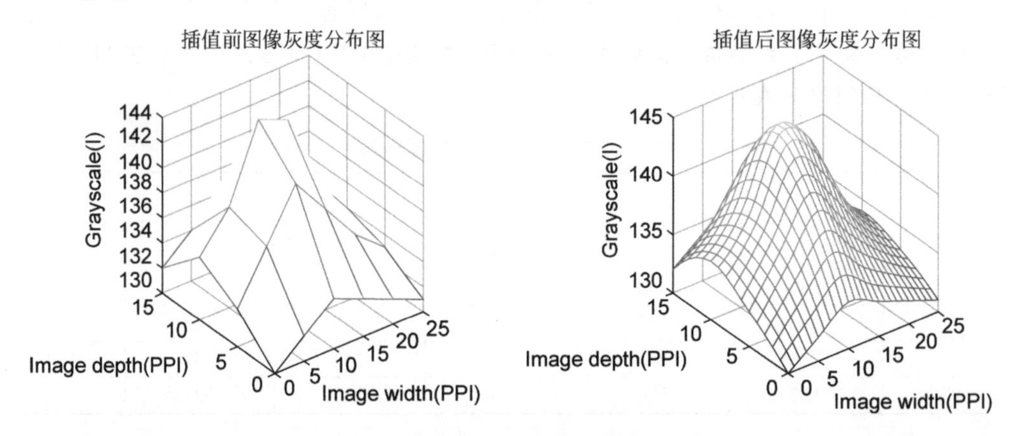

图 4-9　插值前后图像的灰度分布图

【例 4-28】 用 polyfit 函数实现一个 5 阶和 7 阶多项式在区间[0,2]内逼近函数 $f(x)=e^{-0.5x}+\sin x$。利用绘图的方法，比较拟合的 5 阶多项式、7 阶多项式和 $f(x)$的区别。

程序代码如下：

```
clear
x = linspace(0,3 * pi,30);
y = exp( - 0.5 * x) + sin(x);
[p1,s1] = polyfit(x,y,5)
g1 = poly2str(p1,'x')
[p2,s2] = polyfit(x,y,7)
g2 = poly2str(p2,'x')
y1 = polyval(p1,x);
y2 = polyval(p2,x);
plot(x,y,'- * ',x,y1,':O',x,y2,': + ')
legend('f(x)','5 阶多项式','7 阶多项式')
```

程序运行结果：

```
>> exam_4_28
p1 =
   -0.0000   -0.0118    0.2268   -1.2850    1.9547    0.7522
s1 =
        R: [6x6 double]
       df: 24
    normr: 0.8335
g1 =
   -3.0805e-05 x^5 - 0.011773 x^4 + 0.22684 x^3 - 1.285 x^2 + 1.9547 x
   + 0.75223
p2 =
   -0.0000    0.0006   -0.0175    0.1744   -0.6933    0.8020    0.1677    1.0214
s2 =
        R: [8x8 double]
       df: 22
    normr: 0.0999
g2 =
   -1.7388e-07 x^7 + 0.00062255 x^6 - 0.017545 x^5 + 0.17441 x^4
   - 0.69326 x^3 + 0.80196 x^2 + 0.16773 x + 1.0214
```

比较 5 阶多项式和 7 阶多项式拟合如图 4-10 所示。

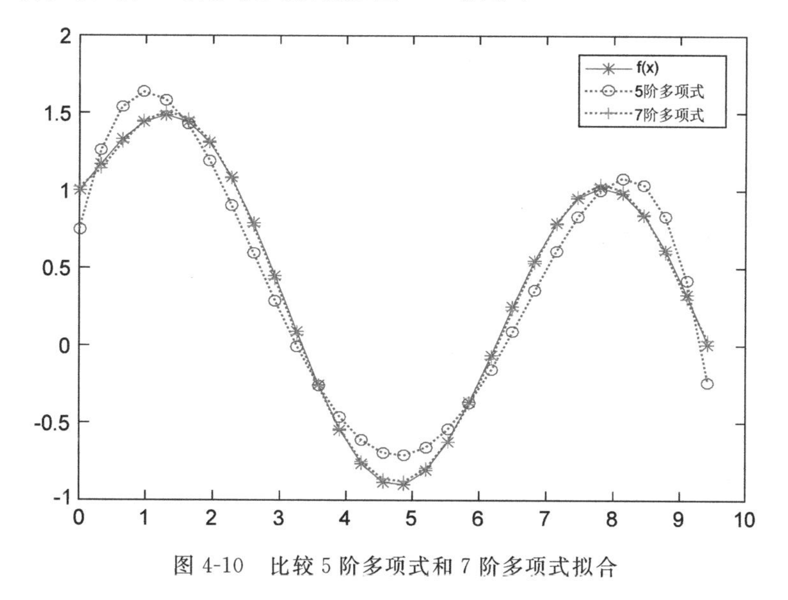

图 4-10　比较 5 阶多项式和 7 阶多项式拟合

【例 4-29】 已知矩阵 $\boldsymbol{A}=\begin{bmatrix}10 & 4 & 7\\ 9 & 6 & 2\\ 3 & 9 & 4\end{bmatrix}$，试求：

(1) 用 max 和 min 函数，求每行和每列的最大和最小元素，并求整个 $\boldsymbol{A}$ 的最大和最小元素；

(2) 求矩阵 $\boldsymbol{A}$ 的每行和每列的平均值和中值；

(3) 对矩阵 $\boldsymbol{A}$ 进行各种排序；

(4) 对矩阵 **A** 的各列和各行求和与求乘积；

(5) 求矩阵 **A** 的行和列的标准方差；

(6) 求矩阵 **A** 列元素的相关系数。

程序代码如下：

```
clear
%最大值和最小值
A=[10 4 7;9 6 2;3 9 4];
Y1=max(A,[],2)
[Y2,K]=min(A,[],2)
Y3=max(A)
[Y4,K1]=min(A)
ymax=max(max(A))
ymin=min(min(A))
Y1 =
    10
     9
     9
Y2 =
     4
     2
     3
K =
     2
     3
     1
Y3 =
    10     9     7
Y4 =
     3     4     2
K1 =
     3     1     2
ymax =
    10
ymin =
     2
%均值和中值
Y1=mean(A)
Y2=mean(A,2)
Y3=median(A)
Y4=median(A,2)
Y1 =
    7.3333    6.3333    4.3333
Y2 =
    7.0000
    5.6667
    5.3333
```

```
Y3 =
     9     6     4
Y4 =
     7
     6
     4
%排序
Y1 = sort(A)
Y2 = sort(A,1,'descend')
Y3 = sort(A,2,'ascend')
[Y4,I] = sort(A,2,'descend')
Y1 =
     3     4     2
     9     6     4
    10     9     7
Y2 =
    10     9     7
     9     6     4
     3     4     2
Y3 =
     4     7    10
     2     6     9
     3     4     9
Y4 =
    10     7     4
     9     6     2
     9     4     3
I =
     1     3     2
     1     2     3
     2     3     1
%求和与求乘积
Y1 = sum(A)
Y2 = sum(A,2)
Y3 = prod(A)
Y4 = prod(A,2)
Y1 =
    22    19    13
Y2 =
    21
    17
    16
Y3 =
   270   216    56
Y4 =
   280
   108
   108
%标准方差和相关系数
D1 = std(A,0,1)
D2 = std(A,0,2)
R = corrcoef(A)
```

```
D1 =
    3.7859    2.5166    2.5166
D2 =
    3.0000
    3.5119
    3.2146
R =
    1.0000   -0.9621    0.2449
   -0.9621    1.0000   -0.5000
    0.2449   -0.5000    1.0000
```

【例 4-30】 已知 $y=e^{-0.5x}\sin(2*x)$，在 $0\leqslant x\leqslant\pi$ 区间内，使用 fminbnd 函数获取 y 函数的极小值。

程序代码如下：

```
clear
x1 = 0;x2 = pi;
fun = @(x)(exp( - 0.5 * x) * sin(2 * x));
[x,y1] = fminbnd(fun,x1,x2)
x = 0:0.1:pi;
y = exp( - 0.5 * x). * sin(2 * x);
plot(x,y)
grid on
```

程序运行结果：

```
>> exam_4_30
x =
    2.2337
y1 =
   - 0.3175
```

【例 4-31】 使用 fzero 函数求 $f(x)=x^2-8x+12$ 分别在初始值 $x_0=0$，$x_0=7$ 附近的过零点，并求出过零点函数的值。

程序代码如下：

```
clear
fun = @(x)(x^2 - 8 * x + 12);
x0 = 0
[x,y1] = fzero(fun,x0)
x0 = 7
[x,y1] = fzero(fun,x0)
```

程序运行结果：

```
>> exam_4_31
x0 =
     0
```

```
x =
     2
y1 =
     0
x0 =
     7
x =
     6
y1 =
     0
```

【例 4-32】 已知矩阵 $\mathbf{A}=\begin{bmatrix}10 & 4 & 7\\ 9 & 6 & 2\\ 3 & 9 & 4\end{bmatrix}$，分别求矩阵 $\mathbf{A}$ 行和列的一阶和二阶前向差分。

程序代码如下：

```
clear
A = [10 4 7;9 6 2;3 9 4]
D = diff(A,1,1)
D = diff(A,1,2)
D = diff(A,2,1)
D = diff(A,2,2)
A =
    10     4     7
     9     6     2
     3     9     4
D =
    -1     2    -5
    -6     3     2
D =
    -6     3
    -3    -4
     6    -5
D =
    -5     1     7
D =
     9
    -1
   -11
```

【例 4-33】 分别使用 quad 函数和 quadl 函数求 $q=\int_0^{2\pi}\frac{\sin(x)}{x+\cos^2 x}\mathrm{d}x$ 的数值积分。

程序代码如下：

```
clear
fun = @(x)(sin(x)./(x + cos(x). * cos(x)));
a = 0;b = 2 * pi;
q1 = quad(fun,a,b)
q2 = quadl(fun,a,b)
q1 =
    0.7830
q2 =
    0.7830
```

【例 4-34】 求二重数值积分 $q=\int_0^{2\pi}\int_0^{2\pi} x\cos(y)+y\sin(x)\mathrm{d}x$。

程序代码如下：

```
>>  q = dblquad('x * cos(y) + y * sin(x)',0,2 * pi,0,2 * pi)
q =
   - 4.7607e - 10
```

【例 4-35】 已知二阶微分方程 $\frac{\mathrm{d}^2 y}{\mathrm{d}t^2}-2y'+y=0, y(0)=1, \frac{\mathrm{d}y(0)}{\mathrm{d}t}=0, t\in[0,2]$，试用 ode45 函数解微分方程，作出 $y—t$ 的关系曲线图。

程序代码如下：

```
clear
t0 = [0,2];
y0 = [1;0];
[t,y] = ode45(@fexer04_15,t0,y0);
plot(t,y(:,1))
xlabel('t'),ylabel('y')
title('y(t) - t')
grid on
function y =  fexer04_15(t,y)
%F04_21 定义微分方程的函数文件
y = [y(2);2 * y(2) - y(1)];
end
```

程序运行结果：

```
>> exam_4_35
```

$y—t$ 的关系曲线如图 4-11 所示。

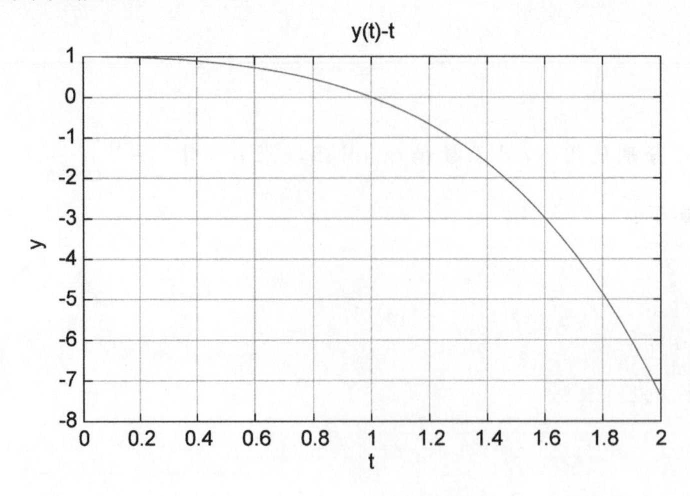

图 4-11 $y—t$ 的关系曲线图

【例 4-36】 洛伦兹(Lorenz)模型的状态方程表示为

$$\begin{cases}\dfrac{\mathrm{d}x_1(t)}{\mathrm{d}t}=-\beta x_1(t)+x_2(t)x_3(t)\\ \dfrac{\mathrm{d}x_2(t)}{\mathrm{d}t}=-\delta x_2(t)+\delta x_3(t)\\ \dfrac{\mathrm{d}x_3(t)}{\mathrm{d}t}=-x_2(t)x_1(t)+\rho x_2(t)-x_3(t)\end{cases};\quad\begin{cases}x_1(0)=0\\ x_2(0)=0\\ x_3(0)=10^{-10}\end{cases}$$

取$\delta=10,\rho=28,\beta=8/3$,解该微分方程,并绘制出$x_1(t)$—$t$时间曲线和$x_1(t)$—$x_2(t)$相空间曲线。

程序代码如下:

```
clear
t0 = [0,30];
x0 = [0;0;10e-10];
[t,x] = ode45(@fexer04_16,t0,x0);
subplot(1,2,1)
plot(t,x(:,1))
xlabel('t'),ylabel('x')
title('x(t) - t')
grid on
subplot(1,2,2)
plot(x(:,1),x(:,2))
xlabel('x(t)'),ylabel('x''(t)')
title('x''(t) - x(t)')
grid on
function x = fexer04_16(t,x)
%FEXER04_16 定义 Lorenz 微分方程的函数文件
%徐国保于 2017 年 3 月 12 日编写
a = 10;
ro = 28;
b = 8/3;
x = [-b*x(1) + x(2)*x(3); -a*x(2) + a*x(3); -x(2)*x(1) + ro*x(2) - x(3)];
end
```

程序运行结果:

```
>> exam_4_36
```

$x_1(t)$—t时间曲线和$x_1(t)$—$x_2(t)$相空间曲线如图4-12所示。

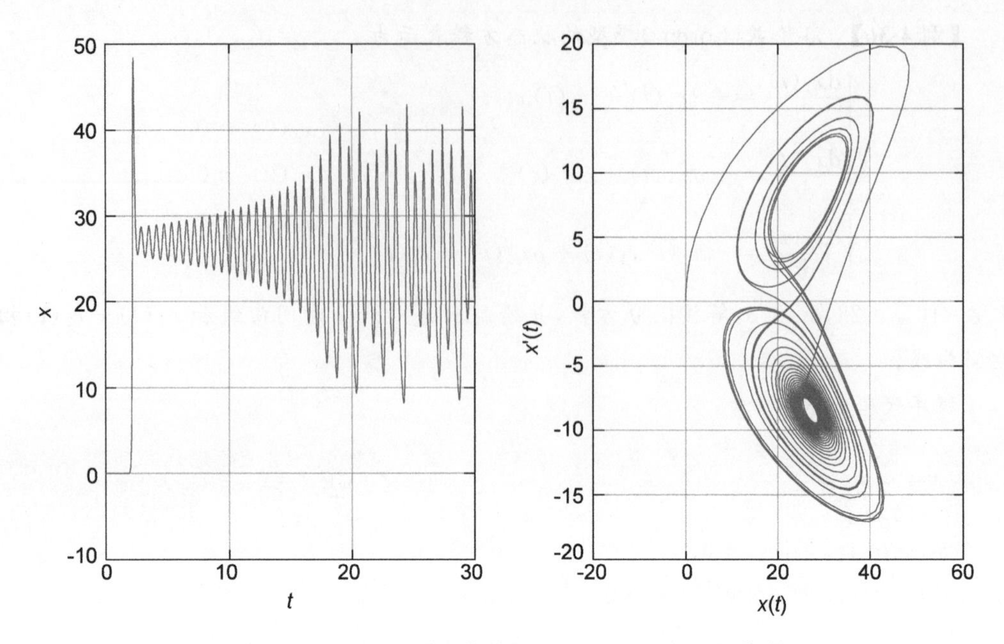

图 4-12　$x_1(t)$—t 时间曲线和 $x_1(t)$—$x_2(t)$ 相空间曲线

4.7　数值计算综合实例

1928 年，荷兰科学家范德波尔（Van der Pol）为了描述 LC 电子管振荡电路，提出并建立了著名的 Van der Pol 方程式 $\frac{\mathrm{d}^2 y}{\mathrm{d}t^2}-\mu(1-y^2)y'+y=0$，它是一个具有可变非线性阻尼的微分方程，在自激振荡理论中具有重要意义。

试用 MATLAB 的 ode45 函数求当 $\mu=10$，初始条件 $y(0)=1$，$\frac{\mathrm{d}y(0)}{\mathrm{d}t}=0$ 情况下的 Van der Pol 微分方程的解，并作出 y—t 的关系曲线图和 y—y' 相平面图。

（1）首先把高阶微分方程改写为一阶微分方程组。

令 $y_1=y$，$y_2=y'_1$，则

$$\begin{bmatrix}\frac{\mathrm{d}y_1}{\mathrm{d}t}\\ \frac{\mathrm{d}y_2}{\mathrm{d}t}\end{bmatrix}=\begin{bmatrix}y_2\\ 10(1-y_1^2)y_2-y_1\end{bmatrix},\quad \begin{bmatrix}y_1(0)\\ y_2(0)\end{bmatrix}=\begin{bmatrix}1\\ 0\end{bmatrix} \tag{4-13}$$

（2）程序代码如下：

```
clear
t0 = [0,40];                        %求解的时间区域
y0 = [1;0];                         %初值条件
[t,y] = ode45(@f04_20,t0,y0);       %采用 ode45 函数解微分方程
subplot(1,2,1)
plot(t,y(:,1))
```

```
xlabel('t'),ylabel('y')
title('y(t) - t')
subplot(1,2,2)
plot(y(:,1),y(:,2))                    %函数与一阶导函数之间关系曲线
xlabel('y(t)'),ylabel('y''(t)')
title('y''(t) - y(t)')
                                       %定义 f04_21 函数文件
function y = f04_21(t,y)
                                       %F04_21 定义 Van der Pol 微分方程的函数文件
mu = 10;
y = [y(2);mu * (1 - y(1)^2) * y(2) - y(1)];
end
>> exam_4_37
```

程序运行结果如图 4-13 所示。

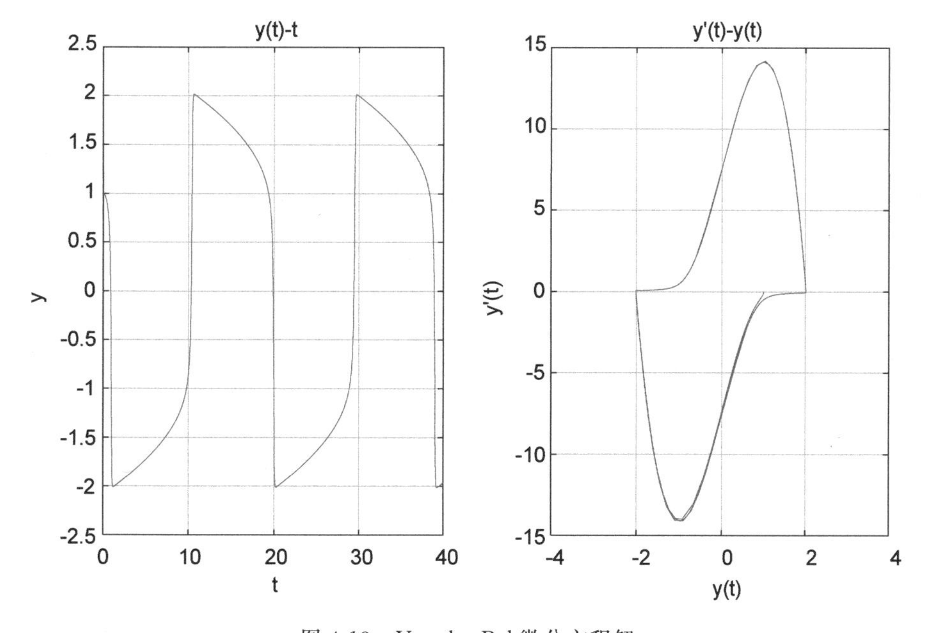

图 4-13 Van der Pol 微分方程解

4.8 本章小结

本章介绍了 MATLAB 多项式的创建及运算,重点讲解了数据插值和多项式拟合方法及应用,简单介绍了数据统计和数值计算常用函数。通过大量应用实例讲解,读者可以更加深刻地认知 MATLAB 在数值计算中的应用。

第5章 MATLAB符号运算

本章要点：

- ◇ MATLAB 符号运算的特点；
- ◇ MATLAB 符号对象的创建和使用；
- ◇ MATLAB 符号多项式函数运算；
- ◇ MATLAB 符号微积分运算；
- ◇ MATLAB 符号方程求解。

5.1 MATLAB 符号运算的特点

MATLAB 语言的符号运算是指基于数学公理和数学定理，采用推理和逻辑演绎的方式对符号表达式进行运算从而获得符号形式的解析结果。在 MATLAB 中，符号常量、符号函数、符号方程和符号表达式等的计算成为符号运算的内容，一方面这些符号运算都严格遵循数学中的各种计算法则、基本的计算公式来进行，另一方面符号运算时可以根据计算精度的实际要求来调整运算符号(数值)的有效长度，从而符号运算所得的结果具有完全准确的特点，这种完全准确的结果可以解决纯数值计算中误差不断累积的问题。

在实际的科研计算和工程计算过程中，取得符号形式的解析结论是有重大意义的。它能完整清晰地给出对结论有影响的变量是哪一些，详尽描述各变量相互的定性及定量的关系。相比较数值计算所得的结论，符号解析式的结论易于分析和总结，其逻辑清晰，结构完整，作为阶段性的结论又能轻易地移植到比它高一级的知识结构中，同时，符号形式的解析结论也是知识成果的传统保存形式之一。但在许多的计算工作中，取得符号形式的解析结论还是有一定的困难的，而不得不采用数值计算的方式来对自然现象和科学实验进行研究和诠释。

在进行符号计算时，MATLAB 会调用内置的符号计算工具箱进行运算，然后返回到指令窗口中。例如，MATLAB 7.8 的符号计算工具箱采用 MuPAD(Multi Processing Algebra Data Tool)软件，其不但具有符号计算的功能，还具有完善的绘图功能。可以输入多个 2D 函数、极坐标函数或3D函数，选择绘图参数，就可以轻松地完成图形的绘制，此外图形的动画制作也非常方便。MATLAB的符号计算工具箱功能远不止于推导公式，结合系统的建模和仿真Simulink功能模块，在算法开发、数据可视化、数据分析以及数值计算等方面具有广泛的应用空间。

5.2 MATLAB符号对象的创建和使用

MATLAB符号运算工具箱处理的符号对象主要是符号常量、符号变量、符号表达式以及符号矩阵。符号常量是不含变量的符号表达式。符号变量即由字母(除了i与j)与数字构成的，且由字母打头的字符串。任何包含符号对象的表达式或方程，即为符号表达式。任何包含符号对象的矩阵，即为符号矩阵。换言之，任何包含符号对象的表达式、方程或矩阵也一定是符号对象。要实现符号运算，首先需要将处理对象定义为符号变量或符号表达式。

1. 符号对象的创建

符号对象的创建可以使用sym和syms函数来实现。在声明一个符号变量时，二者没有区别，可以互用，但syms函数可以同时声明多个变量且还可以直接声明符号函数。

1）sym函数的调用格式

```
P = sym(p ,flag) % 由数值 p 创建一个符号常量 P
```

当p是数值时，sym函数可以将其转变为一个符号常量P；为了说明所创建的符号常量P所需的计算精度，参数flag可以是'f'、'e'、'r'或'd'4种格式；'f'表示符号常量P是浮点数，'e'表示给出估计误差，'r'表示有理数，'d'表示采用基数为十的浮点数，其有效长度由VPA函数指定；默认为'r'格式。

在MATLAB窗口直接输入下列的命令行，示范sym函数的使用：

```
>> a1 = sym(sin(pi/3),'d')
 % 采用基数为十的浮点数表示,有效长度由 VPA 函数指定,这里是 32 位有效长度
a1  = 0.86602540378443859658830206171842
```

继续输入：

```
>> a2 = sym(sin(pi/3),'f')    % 采用有理分式的浮点数表示
 a2  = 3900231685776981/4503599627370496
```

继续输入：

```
>> a3 = sym(sin(pi/3),'e') % 采用有理数表示,并给出误差估计的有理分式
 a3  = 3^(1/2)/2 - (47 * eps)/208
```

继续输入：

```
>> a4 = sym(sin(pi/3),'r')       %采用有理数表示,不给出误差
 a4  = 3^(1/2)/2
```

继续输入：

```
>> a5 = sym(sin(pi/3))       %默认采用有理数表示
 a5  = 3^(1/2)/2
```

【例 5-1】 举例说明数值常量与符号常量的区别。

在 MATLAB 窗口直接输入下列的命令行：

```
>> a = sin(pi/3);                   %创建了一个数值常量 a
>> a1 = sym(sin(pi/3),'d');         %创建了一个符号常量 a1
>> vpa(a - a1)                      %采用两者之差来说明区别
 ans = 0.0000000000000000050175421109034516183471368839563
 %ans 显示了 a 与 a1 的差值,并以 32 位有效长度的数字加以表示
```

2）声明符号变量(集)、创建符号表达式以及符号矩阵

先使用 sym 和 syms 函数来声明符号变量或符号变量集，再使用已定义符号变量去构造需表达的符号表达式以及符号矩阵。

通过输入以下的命令行进行举例：

```
>> syms a b c x              %声明一个符号变量集
>> f1 = a*x^2 + b*x + c      %创建符号表达式
 f1 = a*x^2 + b*x + c
```

继续输入：

```
>> syms a b c x
>> A = [a*x^2 b*c;a*sqrt(x) b+c]        %创建符号矩阵
A =
[     a*x^2, b*c]
[ a*x^(1/2), b+c]
```

2. 自由符号变量

在符号表达式 $f1=ax^2+bx+c$ 中，式子等号右边共有 4 个符号，其中，x 被习惯认为是自变量，其他被认为是已知的符号常量。在 MATLAB 中，x 称为自由符号变量，其他已知的符号常量被认为是符号参数，解题时是围绕自由符号变量进行的。得到的结果通常是“用符号参数构成的表达式表述自由符号变量”，解题时，自由符号变量可以人为指定，也可以由软件默认地自动认定。

1）自由符号变量的确定

符号表达式中的多个符号变量，系统按以下原则来选择自由符号变量：首选自由符

号变量是 x，倘若表达式中不存在 x，则与 x 的 ASCII 值之差的绝对值小的字母优先；差绝对值相同时，ASCII 码值大的字母优先。例如：

识别自由符号变量时，字母的优先顺序为 x、y、w、z、v 等。

规定大写字母比所有的小写字母都靠后，例如：

在符号表达式 ax^2+bX^2 中，自由符号变量的顺序为 x、b、a、X。

此外，字母 pi、i 和 j 等不能作为自由符号变量。

2）列出符号表达式中的符号变量

```
symvar(S)            % 列出表达式 S 中的所有的符号变量
symvar(S ,n)         % 按优先次序列出表达式中 n 个自由符号变量
```

通过输入以下的命令行进行举例：

```
>> syms a b c x
>> f1 = a * x ^2 + b * x + c
>> symvar(f1)        % 列出表达式 f1 中的所有的符号变量
ans =
[ a, b, c, x]
```

继续输入：

```
>> symvar(f1,3)        % 按优先次序列出表达式中的 3 个自由符号变量
ans =
 [ x, c, b]
```

上述 symvar 函数还可列出整个符号矩阵中的自由符号变量，如下：

```
>> A = [a * x ^2 b * c;a * sqrt(x) b + c];
>> symvar(A)        % 列出矩阵 A 中的所有的符号变量
ans =
 [ a, b, c, x]
```

继续输入：

```
>> symvar(A,3)      % 按优先次序列出矩阵 A 中的 3 个自由符号变量
 ans =
  [ x, c, b]
```

3. 基本的符号运算

MATLAB 中基本的符号运算范围及所采用的运算符号与数值运算没有大的差异，涉及的运算函数也几乎与数值计算中的情况完全一样，简介如下。

1）算术运算

加、减、乘、左除、右除、乘方：+、−、* 、\、/、^。

点乘、点左除、点右除、点乘方：. * 、.\、./、.^。

共轭转置、转置：′。

2）关系运算

相等运算符号：==。

不等运算符号：~=。

符号关系运算仅有以上两种。

3）三角函数、双曲函数

三角函数：sin、cos 和 tan 等。

双曲函数：sinh、cosh 和 tanh 等。

4）三角函数、双曲函数的反函数

反三角函数：asin、acos 和 atan 等。

反双曲函数：asinh、acosh 和 atanh 等。

5）复数函数

求复数的共轭：conj。

求复数的实部：real。

求复数的虚部：imag。

求复数的模：abs。

求复数的相角：angle。

6）矩阵函数

求矩阵的对角元素：diag。

求矩阵的上三角矩阵：triu。

求矩阵的下三角矩阵：tril。

求矩阵的逆：inv。

求矩阵的行列式：det。

求矩阵的秩：rank。

求矩阵的特征多项式：poly。

求矩阵的指数函数：expm。

求矩阵的特征值和特征向量：eig。

求矩阵的奇异值分解：svd。

通过输入以下命令行进行举例：

```
 syms a b c
>> B = [a b;c 0]
 >> C = inv(B)         % 求矩阵 B 的逆
C =
[ 0,        1/c]
[ 1/b, - a/(b * c)]
```

【例 5-2】 举例说明数值量与符号对象的混合运算。

通过输入以下命令行继续举例：

```
>> D = [1 2;3 4]          % 定义一个数值矩阵 D
D =
```

```
    1    2
    3    4
```

继续输入：

```
>> C+D        %数值矩阵D与符号矩阵C直接相加
ans =
[        1,       1/c + 2]
[ 1/b + 3, 4 - a/(b*c)]
```

继续输入：

```
>> C*D
ans =             %数值矩阵C与符号矩阵D直接相乘
[                   3/c,                  4/c]
[ 1/b - (3*a)/(b*c), 2/b - (4*a)/(b*c)]
```

4. 符号对象的识别与精度转换

在MATLAB中，函数指令繁杂多样，数据对象种类亦有多种。有的函数指令适用于多种数据对象，但也有一些函数指令仅适用某一种数据对象。在数值计算与符号计算混合使用的情况下，常常遇到由于指令和数据对象不匹配而出错的情况，因而在MATLAB中提供了数据对象识别与转换的函数指令。

1）识别数据对象属性

```
class(var)             %给出变量var的数据类型
isa(var, 'Obj')        %若变量是Obj代表的类别，给出1表示真
whos                   %给出所有MATLAB内存变量的属性
```

通过输入以下命令行进行举例说明：

```
>> class(D)          %识别矩阵D的数据类型
ans = double
```

继续输入：

```
>> class(C)          %识别矩阵C的数据类型
ans = sym
```

继续输入：

```
>> class(C+D)          %识别矩阵C+D之后的数据类型
ans = sym
```

继续输入：

```
>> isa(C+D,'sym')          % 询问 C+D之后的数据类型是否为符号型
ans =1                     % 结果为 1,表明 C+D之后的数据类型是符号型
```

【例 5-3】 举例说明如何观察内存变量类型及其他属性。

通过输入以下命令行进行举例说明：

```
>> clear        % 清除工作区中的内存变量
>> a=1;b=2;c=3;d=4;
>> Mn=[a,b;c,d];
>> Mc='[a,b;c,d]';
>> Ms=sym(Mn);
>> whos Mn Mc Ms  % 显示出变量 Mn Mc Ms 的大小、空间及类型属性
  Name     Size     Bytes   Class     Attributes
  Mc       1x9      18      char
  Mn       2x2      32      double
  Ms       2x2      112     sym
```

2）符号对象数值计算的精度转换

符号对象的数值计算需要考虑运行速度和内存空间的占用。符号对象数值计算可以采用系统默认的数值精度,亦可以根据计算需求设置任意的有效精度。要了解当前系统默认的数值精度和设置目前所需求的有效精度,可采用如下的函数指令：

```
>> digits          % 显示系统数值计算精度,以十进制浮点的有效数字位数表示
Digits = 32
```

或输入：

```
>> digits(16)      % 设定系统数值计算精度,有效数字位数被设定为 16 位
>> digits
Digits = 16
```

对于某个符号对象,可以根据计算需求取得 digits 所指定的系统数值计算精度,也可以个别设定某个具体的符号对象的数值计算精度。可参见如下的函数指令：

```
>> fs=vpa(sin(2)+sqrt(2))   % 将式 sin(2)+sqrt(2)转换为符号常量 fs,精度为 16 位
fs =2.323510989198777
```

或输入：

```
>> gs=vpa(sin(2)+sqrt(2),8)     % 将式 sin(2)+sqrt(2)转换为符号常量 gs,精度设为 8 位
gs =2.323511
```

前面介绍了由数值表达式转换为符号常量的函数指令,但有些时候需要将符号对象转换为双精度数值对象,MATLAB 采用如下的函数指令来转换：

```
num=double(s)      % 将符号对象 s 转换为双精度数值对象 num
>> n=double(gs)    % 将上例中的符号对象 gs 转换为双精度数值对象 n
n =2.3000
```

由这个例子可以看出，双精度数值对象 n 运算速度最快，占用内存最少，但转换后得到的结果并不精确。双精度数值对象往往不能满足科学研究和工程计算的需要，此时可以使用 sym 函数指令将其转换为有理数类型。

【例 5-4】 举例说明一个数值表达式在双精度数值、有理数和任意精度数值等不同数值类型下的具体数字。

通过输入以下命令行进行举例说明：

```
>> clear
>> reset(symengine)                              % 重置 MATLAB 内部的 MuPAD 符号运算引擎
>> sa = sym(sin(3) + sqrt(3), 'd')               % 将数值式子 sin(3) + sqrt(3)转换为符号常量 sa
sa  = 1.8731708156287443234333522923407 % 符号常量 sa 精度为十进制 32 位
```

继续输入：

```
>> a = sin(3) + sqrt(3)  % 将数值式子 sin(3) + sqrt(3)赋值给双精度变量 a
a  = 1.8732
>> format long
>> a = sin(3) + sqrt(3)  % 将 sin(3) + sqrt(3)赋值给长格式双精度变量 a
a  = 1.873170815628744
```

继续输入：

```
>> digits(48)
>> a = sin(3) + sqrt(3)
a  = 1.873170815628744  % 采用 48 位系统精度后，长格式变量 a 值不变
```

继续输入：

```
>> sa48 = vpa(sin(3) + sqrt(3))  % 将式 sin(3) + sqrt(3)转换为 sa48，精度设为 48 位
 sa48  =
 1.87317081562874432343335229234071448445320129395
```

5.3 符号多项式函数运算

5.3.1 多项式函数的符号表达形式及相互转换

多项式依运算的要求不同，有时需要整理并给出合并同类项后的表达形式，而有时又需要分解因式或将多项式展开，不一而足，均为常见的多项式运算操作。针对多项式运算操作，MATLAB 提供了多种形式的多项式表达方法。

1. 多项式展开和整理

1）多项式的展开

采用以下的函数指令可以将多项式展开成乘积项和的形式。

```
g = expand(f)       %将多项式展开成乘积项和的形式
```

通过输入以下命令行进行举例说明：

```
syms x y a b c
>> f1 = (x - a) * (x - b) * (x - c);
>> f2 = sin(x + y);
>> f3 = a * sin(x + b) + c * sin(x + a);
>> g1 = expand(f1)      %将多项式 f1 展开
g1 =
x^3 - b*x^2 - c*x^2 - a*x^2 - a*b*c + a*b*x + a*c*x + b*c*x
```

继续输入：

```
>> g2 = expand(f2)      %将多项式 f2 展开
g2 =
cos(x) * sin(y)  +  cos(y) * sin(x)
```

继续输入：

```
>> g3 = expand(f3)      %将多项式 f3 展开
g3 =
a * cos(b) * sin(x)  +  a * sin(b) * cos(x)  +  c * cos(a) * sin(x)  +  c * sin(a) * cos(x)
```

2）多项式的整理

多项式的书写习惯是按照升幂或降幂的规则来完成的，否则需要加以整理。上例中 g1 式子并不符合人们的书写习惯，可以使用下列的函数指令加以整理：

```
h = collect(g)          %按照默认的变量整理表达式 g,g 可以是符号矩阵
h = collect(g,v)        %按照指定的变量或表达式 v 整理表达式 g
```

通过输入以下命令行进行举例说明：

```
>> h1 = collect(g1) %按照变量 x 整理表达式 g1
h1 =
x^3 + (- a - b - c) * x^2 + (a * b + a * c + b * c) * x - a * b * c
```

继续输入：

```
>> h2 = collect(g2,cos(x))       %按照指定的表达式 cos(x)整理表达式 g2
h2 =
sin(y) * cos(x)  +  cos(y) * sin(x)
```

继续输入：

```
>> h3 = collect(g2,cos(y))       %按照指定的表达式 cos(y)整理表达式 g2
h3 =
sin(x) * cos(y)  +  cos(x) * sin(y)
```

继续输入：

```
>> h4 = collect(g3,cos(x)) %按照指定的表达式cos(x)整理表达式g3
h4 =
 (a*sin(b) + c*sin(a))*cos(x) + a*cos(b)*sin(x) + c*cos(a)*sin(x)
```

表达式 h1、h2、h3 和 h4 还可以进一步整理为排版形式的表达方式，如此加以美化之后，更加符合人们的书写习惯，所以有助于人们对表达式的解读，但美化之后的式子已非 MATLAB 所认可的符号表达式。

继续输入以下命令行进行举例说明：

```
>> pretty(h1) %对符号表达式加以美化，注意式中指数的位置
 3           2
x + (- a - b - c) x + (a b + a c + b c) x - a b c
```

继续输入：

```
>> pretty(h2)
sin(x) cos(y) + cos(x) sin(y)
```

继续输入：

```
>> pretty(h4)
(a sin(b) + c sin(a)) cos(x) + a cos(b) sin(x) + c cos(a) sin(x)
```

2. 多项式因式分解与转换成嵌套形式

1) 多项式的因式分解

把一个多项式在一个范围内化为几个整式的积的形式，这种变形称为因式分解，也称为分解因式。MATLAB 所提供的因式分解函数指令格式为

```
p = factor(f) %将符号对象f进行因式分解
```

输入以下命令行进行举例说明：

```
>> syms x y a b c              %声明一个符号变量集
>> f1 = x^2 - 3*x + 2;         %定义符号表达式f1
>> h1 = factor(f1)             %将f1进行因式分解
h1 =
[ x - 1, x - 2]
```

继续输入：

```
>> f2 = x^2 - 7*x + 7;
>> h2 = factor(f2)
h2 =
x^2 - 7*x + 7 %f2无法进行进一步因式分解
```

继续输入：

```
>> f3 = (x + y)^2 - 10 * (x + y) + 25;
>> h3 = factor(f3)
h3 =
 [ x + y - 5, x + y - 5] %f3 对(x + y)所做的因式分解
```

继续输入：

```
>> f4 = a * x^2 + b * x + c;
>> h4 = factor(f4)
h4 =
a * x^2 + b * x + c        %不支持全符号的表达式 f4 进行因式分解
>> factor(120)             %对 120 进行质因数分解
ans =
     2     2     2     3     5
```

对于类似于全符号表达式 f4 的因式分解，可以采用另一种思路加以求解。构造一个 f4＝0 方程式，再用 MATLAB 所提供的函数指令 solve 求出其根，再写出其乘积的形式。此外，函数指令 factor(f)还可以对一个数，例如 120，进行质因数分解。

2）多项式转换成嵌套形式

在编制多项式计算程序时，如若知道多项式的嵌套形式，那么便可以采用一种迭代的算法来完成多项式的计算。MATLAB 所提供的多项式转换成嵌套形式的函数指令格式为

```
g= horner(f) %将多项式 f 转换成嵌套形式 g
```

输入以下命令行进行举例说明：

```
>> syms x y z a b c
>> f1 = 2 * x^6 - 5 * x^5 + 3 * x^4 + x^3 - 7 * x^2 + 7 * x - 20;
>> g1 = horner(f1) %将一维多项式 f1 转换成嵌套形式 g1
g1 =
x * (x * (x * (x * (x * (2 * x - 5) + 3) + 1) - 7) + 7) - 20
```

继续输入：

```
>> f2 = 3 * x^5 + 4 * x^4 * y + 2 * x^3 * y^2 - x * y^4 - y^5 + 9;
>> g2 = horner(f2) %将二维多项式 f2 转换成嵌套形式 g2
g2 =
x * (x^2 * (2 * y^2 + x * (3 * x + 4 * y)) - y^4) - y^5 + 9
```

继续输入：

```
>> f3 = (2 + 2j) * z^3 + (1 + j) * z^2 + (2 + j) * z + (2 + j);
>> g3 = horner(f3) %将复数多项式 f3 转换成嵌套形式 g3
g3 =
z * (z * (z * (2 + 2i) + 1 + 1i) + 2 + 1i) + 2 + 1i
```

3. 多项式的因式代入替换与多项式的数值代入替换

在符号运算中，有符号因式(或称子表达式)会多次出现在不同的地方，为了使总表达式简洁易读，MATLAB提供了如下指令用于多项式的符号因式代入替换。此外，符号形式的多项式已经得到，需要代入具体的数值进行计算，MATLAB亦提供了相应的指令。

1) 多项式的符号因式代入替换

MATLAB所提供的多项式因式代入替换的函数指令格式为

```
DW = subexpr(D,'W') %从D中自动提取公因子w,并重写D为DW
```

输入以下命令行进行举例说明：

```
[V,D] = eig(A) %为了说明因子代入替换,求A的特征值及向量
V =
[ (a/2 + d/2 - (a^2 - 2*a*d + d^2 + 4*b*c)^(1/2)/2)/c - d/c,
(a/2 + d/2 + (a^2 - 2*a*d + d^2 + 4*b*c)^(1/2)/2)/c - d/c]
[                                1,
                                                           1]
D =
[ a/2 + d/2 - (a^2 - 2*a*d + d^2 + 4*b*c)^(1/2)/2,
                                                           0]
[                          0,
a/2 + d/2 + (a^2 - 2*a*d + d^2 + 4*b*c)^(1/2)/2]
```

继续输入：

```
>> DW = subexpr(D,'W') %从D中自动提取公因子W,并重写D为DW
W =
(a^2 - 2*a*d + d^2 + 4*b*c)^(1/2)
DW =
[ a/2 - W/2 + d/2,           0]
[          0, W/2 + a/2 + d/2]
```

继续输入：

```
>> VW = subexpr(V,'W') %从V中自动提取公因子W,并重写V为VW
W =
 (a^2 - 2*a*d + d^2 + 4*b*c)^(1/2)
VW =
 [ (a/2 - W/2 + d/2)/c - d/c, (W/2 + a/2 + d/2)/c - d/c]
[               1,                          1]
```

2) 多项式的数值代入替换

MATLAB所提供的数值代入替换的函数指令格式如下，需要说明的是，subs函数指令不但可以将数值代入多项式中，也可以将符号代入多项式中。在工程计算中subs

函数指令还可用来化简结果。

```
SR = subs(S,new)          % 用 new 代入替换 S 中的自由变量后得到 SR
SR = subs(S,old,new)      % 用 new 代入替换 S 中的 old 后得到 SR
```

输入以下命令行进行举例说明：

```
>> syms a b x y
>> f1 = a + b * cos(x);
f1 =
a + b * cos(x)
>> fr1 = subs(f1,cos(x),log(y)) % 用 log(y)代入替换 f1 中的 cos(x)后得到 fr1
fr1 =
a + b * log(y)
```

继续输入：

```
fr2 = subs(f1,{a,b,x},{2,3,pi/5}) % 用{2,3,pi/5}代入替换 f1 中的{a,b,x}后得到 fr2
fr2 =
 (3 * 5 ^(1/2))/4 + 11/4
```

继续输入：

```
>> fr3 = subs((3 * 5 ^(1/2))/4 + 11/4) % 用 subs 将 fr2 计算化简为一个数值表达式 fr3
fr3 =
4984416289487807/1125899906842624
```

继续输入：

```
>> fr3 = 4984416289487807/1125899906842624
fr3 =
    4.4271 % 依工程计算要求,fr3 最终化简为一个双精度数
```

【例 5-5】 试计算正弦函数 $f=a\sin(\omega t+\varphi)$ 在 12 秒处的值，其中 a、ω 和 φ 为已知量。

输入以下命令行进行计算：

```
>> syms t a w fai
>> f = a * sin(w * t + fai);
f =
a * sin(fai + t * w)
>> f12 = subs(subs(f,{a,w,fai},{10,100 * pi,pi/4}),t,12)
f12 =
5 * 2 ^(1/2)                % 用 subs 分两步将 f12 计算出来
>> 5 * 2 ^(1/2)
ans = 7.0711                % 依工程计算要求,f12 最终需简化为一个数
```

5.3.2 符号多项式的向量表示形式及其计算

1. 以向量形式输入多项式

对于诸如 $f=a_nx^n+a_{n-1}x^{n-1}+\cdots+a_0$ 形式的一元多项式(已整理为降幂的标准形式),MATLAB提供了系数行向量$[a_n\ a_{n-1}\cdots a_0]$的表达方式,其等同于输入了多项式 f,相比于符号的表达形式,多项式向量的输入更为简洁。

输入以下命令行进行举例说明:

```
>> syms x a b c
>> m = a * x ^ 2 + b * x + c;          % 以符号方式输入一个一元多项式 m
>> n = [a b c]
n =
 [ a, b, c]                            % 输入系数向量用来代表一个一元多项式 n
```

继续输入:

```
>> roots(m)             % 求一元方程式 m = 0 的符号解(根)
ans =
Empty sym: 0 - by - 1   % 提示符号为空,不支持以符号方式输入 m
```

继续输入:

```
>> roots(n)                                  % 求一元方程式 n = 0 的符号解(根)
ans =
 - (b + (b^2 - 4 * a * c)^(1/2))/(2 * a)
 - (b - (b^2 - 4 * a * c)^(1/2))/(2 * a)     % 求解完成
```

继续输入:

```
>> p = [1 2 3 4] % 求一元方程式 p = 0 的数值解(根)
>> roots(p)
ans =
   - 1.6506 + 0.0000i
   - 0.1747 + 1.5469i
   - 0.1747 - 1.5469i
```

2. 将系数向量形式写成字符串形式的多项式

接着上面继续输入:

```
>> f = poly2str(p,'x') % 依照系数向量 p 写出 x 为变元的多项式
f =
   x^3 + 2 x^2 + 3 x + 4
```

但要注意的是,式 f 此时不是 MATLAB 所认可的符号表达式,而是一个字符串。

5.3.3 反函数和复合函数求解

1. 反函数的求解

在工程中的许多应用场景下，人们需要知道一个已知函数的反函数。对于单值函数的反函数，其函数值及函数图形都易于理解和掌握，多值函数的反函数则需要先定义一个主值范围，然后再对主值外的函数值加以讨论。

1）单自变量函数求反函数的指令

格式如下：

```
g = finverse(f) % 对原函数 f 的默认变量求反函数 g
```

输入以下命令行进行举例说明：

```
>> syms x
>> f1 = 2 * x^2 + 3 * x+1
>> g1 = finverse(f)
Warning: finverse(2 * x^2 + 3 * x + 1) is not unique.
> In sym.finverse at 43                 %运行过程中警示其反函数值不止一个
g1 =
- 3/4 + 1/4 * (1 + 8 * x)^(1/2)         %对反函数 g 的定义域需定义一个主值范围
```

输入以下命令行进行举例说明：

```
syms a b x
>> f = a/x^2 + b * cos(x)
>> g = finverse(f)
g =
RootOf(cos(_Z) * _Z^2 * b + a - x * _Z^2) %提示函数 g 的解析形式是挂号内函数的根
```

上例中，函数 g 并没有给出一个确定形式的符号解，仅作了一个提示，对于这种情况，要么寻求其他的办法求符号解，要么就考虑数值方法求解。

2）多自变量函数求反函数的指令

格式如下：

```
g = finverse(f,v) %对原函数 f 的指定变量 v 求反函数 g
```

输入以下命令行进行举例说明：

```
>> syms t x a b
>> f1 = b * exp( - t + a * x);
>> g1 = finverse(f1,t) %对原函数 f1 的指定变量 t 求反函数 g1
g1 =
a * x - log(t/b)
```

继续输入：

```
>> g2 = finverse(f1) % 对原函数 f1 的默认变量 x 求反函数 g2
g2 =
 (t + log(x/b))/a
```

2. 求复合函数

复合函数的概念在各种应用环境下都被广泛使用。MATLAB 软件中也提供了求复合函数的指令，因函数复合的法则及其变量代入位置的不同，存在各种格式，如下所列：

1) f(g(y))形式的复合函数

```
k1 = compose(f,g)             % 复合法则是 g(y)代入 f(x)中 x 所在的位置
k2 = compose(f,g,t)           % g(y)代入 f(x)中 x 所在的位置，变量 t 再代替 y
```

输入以下命令行进行举例说明：

```
>> syms x y z t u
>> f = x * exp( - t);
>> g = sin(y);
>> k1 = compose(f,g)
k1 =
sin(y) * exp( - t)
```

继续输入：

```
>> k2 = compose(f,g,t)
k2 =
sin(t) * exp( - t)
```

2) h(g(z))形式的复合函数

```
k3 = compose(h,g,x,z)  % 生成 h(g(z))形式的复合函数，g(z)代入 x 位置
k4 = compose(h,g,t,z)  % 生成 h(g(z))形式的复合函数，g(z)代入 t 位置
```

输入以下命令行进行举例说明：

```
>> h = x ^ - t
>> p = exp( - y/u)
>> k3 = compose(h,g,x,z)
k3 =
sin(z)^( - t)
```

继续输入：

```
>> k4 = compose(h,g,t,z)
k4 =
x ^ ( - sin(z))
```

3) h(p(z))形式的复合函数

```
k5 = compose(h,p,x,y,z) % p(z)代入 x 位置,z 代入 y 所在位置
k6 = compose(h,p,t,u,z) % p(z)代入 t 位置,z 代入 u 所在位置
```

输入以下命令行进行举例说明：

```
>> k5 = compose(h,p,x,y,z)
k5 =
exp( - z/u)^( - t)
```

继续输入：

```
>> k6 = compose(h,p,t,u,z)
k6 =
x^( - exp( - y/z))
```

5.4 符号微积分运算

5.4.1 函数的极限和级数运算

MATLAB具备强大的符号函数微积分运算能力，提供了求函数极限的命令，使用起来十分方便。计算函数在某个点处的极限数值是探讨函数连续性的一种主要的方法，而函数连续是许多算法的基础。此外，还可以通过导数的极限定义式来求导数，当然，在MATLAB中可直接用求导数的指令来求取函数的导数。

1. 求函数极限

1) 求函数极限的指令格式

```
limit(f,x,a)              % 相当于数学符号 lim_{x→a} f(x)
limit(f,a)                % 求函数 f 极限,只是变元为系统默认
limit(f)                  % 求函数 f 极限,变元为系统默认,a 取 0
limit(f,x,a,'right')      % 求函数 f 右极限(x 右趋于 a)
limit(f,x,a,'left')       % 求函数 f 左极限(x 左趋于 a)
```

输入以下命令行进行举例说明：

```
>> syms x a
>> limit(sin(x)/x) % 已知 f(x) = sinx/x,求 lim_{x→0} f(x)
ans =
1
```

继续输入：

```
>> limit((1+x)^(1/x)) % 已知 f(x) = (1+x)^(1/x), 求 lim(x→0) f(x)
ans =
exp(1)
```

继续输入：

```
>> limit(1/x,x,0,'left') % 已知 f(x) = 1/x, 求 lim(x→0+) f(x), 左趋于 0+
ans =
-Inf
```

继续输入：

```
>> limit(1/x,x,0,'right') % 已知 f(x) = 1/x, 求 lim(x→0-) f(x), 右趋于 0-
ans =
Inf
```

2）求复变函数的极限

复变函数 $f(z)$的自变量 z 点在复平面上可以采用任意方式趋近于 z_0 点，必须是所有的趋近方式下得到的极限计算值均相同，复变函数 $f(z)$的极限才存在。求复变函数 $f(z)$的极限通常有两种方法：一种是参量方法；另一种是分别求实部二元函数 $u(x,y)$和虚部二元函数 $v(x,y)$的极限。下面以参量方法列举一例。

【例 5-6】 求复变函数 $f(z)=z^2$，z 趋于点 $2+4i$ 时的极限值，已知 z 局限于复平面上一条直线 $y=x+2$ 上运动。

欲求 $\lim_{z\to z_0} f(z)$，依题意不妨设 $x=t$，则 $y=t+2$，代入复变函数中可得 $f(t)$，z 趋于点 $2+4i$ 时为 t 趋近于 2，输入以下命令行对极限值进行求解：

```
>> syms x y z t
>> x = t;
>> y = t + 2;
>> z = x + i * y
z =
t + sqrt(-1) * (t + 2)
>> f = z^2
f =
 (t + sqrt(-1) * (t + 2))^2
```

继续输入：

```
>> limit(f,t,2)
ans =
-12 + 16 * sqrt(-1)
>> subs(-12 + 16 * sqrt(-1))
ans =
-12.0000 + 16.0000i
```

因而得 $\lim_{z\to z_0} f(z)=-12+16i$。

2. 基本的级数运算

1）级数求和

```
symsum(s,x,a,b) %计算表达式 s 当 x 从 a 到 b 的级数和
symsum(s,x,[a b]) 或 symsum(s,x,[a;b]) %功能同上
symsum(s,a,b) %计算 s 以默认变量从 a 到 b 的级数和
symsum(s) %计算 s 以默认变量 n 从 0 到 n-1 的级数和
```

输入以下命令行进行举例说明：

```
>> syms n k x
>> symsum(n)
 ans =
n^2/2 - n/2
```

继续输入：

```
>> symsum(n,0,k-1)
ans =
    (k*(k - 1))/2
```

继续输入：

```
>> an = 5^(-n/2)
>> symsum(an,0,k)
ans =
5^(1/2)/4 - (1/5)^(k + 1)*5^(k/2 + 1/2)*(5^(1/2)/4 + 5/4) + 5/4
```

2）一维函数的泰勒级数展开

```
taylor(f,x,a) %将函数 f 在 x=a 处展开成 5 阶(默认)泰勒级数
taylor(f,x) %将函数 f 在 x=0 处展开成 5 阶泰勒级数
taylor(f) %将函数 f 在默认变量为 0 处展开成 5 阶泰勒级数
```

此外，以上指令格式中还可以添加参数，指定'ExpansionPoint'（扩展点）、'Order'（阶数）和'OrderMode'（阶的模式）等计算要求，其格式如下：

```
taylor(f,x,a, 'PARAM1',val1,'PARAM2',val2, …)
```

输入以下命令行进行举例说明：

```
syms x y z
>> f = exp(-x)
>> h1 = taylor(f)
h1 =
- x^5/120 + x^4/24 - x^3/6 + x^2/2 - x + 1
```

继续输入：

```
>> h2 = taylor(f,'order',7)
h2 =
x^6/720 - x^5/120 + x^4/24 - x^3/6 + x^2/2 - x + 1
```

继续输入：

```
>> h3 = taylor(f,'ExpansionPoint',1,'order',3)
h3 =
exp(-1) - exp(-1)*(x - 1) + (exp(-1)*(x - 1)^2)/2
```

MATLAB 还可以求二维函数的泰勒级数展开。

5.4.2 符号微分运算

1. 求函数导数的命令

1）单变量函数求导

```
diff(f,x,n) %计算f对变量x的n阶导数
diff(f,x) %计算f对变量x的一阶导数
diff(f,n) %计算f对默认变量的n阶导数
diff(f) %计算f对默认变量的一阶导数
```

输入以下命令行进行举例说明：

```
>> syms x a
>> f = a*x^5
>> g1 = diff(f)
g1 =
5*a*x^4
```

继续输入：

```
>> g2 = diff(f,2)
g2 =
20*a*x^3
```

2）多元函数求偏导

```
diff(f,x,y) %计算f对变量x偏导数,再求对变量y偏导
diff(f,x,y,z) %求x偏导数,再求y偏导,然后再求z偏导
```

输入以下命令行进行举例说明：

```
>> syms x y z a b c
>> f = sin(a*x^2+b*y^2+c*z^2)
```

```
>> h1 = diff(f,x)
h1 =
2 * a * x * cos(a * x^2 + b * y^2 + c * z^2)
```

继续输入：

```
>> h2 = diff(f,x,y)
h2 =
- 4 * a * b * x * y * sin(a * x^2 + b * y^2 + c * z^2)
```

继续输入：

```
>> h3 = diff(f,x,y,z)
h3 =
- 8 * a * b * c * x * y * z * cos(a * x^2 + b * y^2 + c * z^2)
```

2. 隐函数求导数

1) 求隐函数的一阶导数

由多元复合函数的求导法则可以推导出隐函数 $F(x,y)$的一阶导数求解公式为

$$\frac{\mathrm{d}y}{\mathrm{d}x}=-\frac{F_x}{F_y} \tag{5-1}$$

由式(5-1)可知，由隐函数 $F(x,y)$所确定的 y 与 x 之间的函数法则，无须作显性化处理就可以求导，但需要隐函数 $F(x,y)$对 x、y 的偏导数成立。

输入以下命令行进行举例说明：

```
>> syms x y a b
>> F1 = x^2 + y^2 - 1
>> DF1_dx = - diff(F1,x)/diff(F1,y)
DF1_dx =
- x/y
```

继续输入：

```
>> F2 = (x/a)^2 + (y/b)^2 - 1
>> DF2_dx = - diff(F2,x)/diff(F2,y)
DF2_dx =
- (b^2 * x)/(a^2 * y)
```

2) Jacobian(雅可比)矩阵计算

雅可比矩阵是多元函数(通常为隐函数形式)的一阶偏导数以一定方式排列而成的矩阵。这里提出雅可比矩阵的概念是因其元素均为一阶偏导数，则恰当元素之比便可应用于隐函数求导数。其格式如下：

```
jacobian(F,v) %格式中F、v均为行向量，所得元素(i,j) = ∂Fi/∂vj
```

输入以下命令行进行举例说明：

```
>> jacobian(F1,[x,y])
ans =
    [ 2*x, 2*y] %一步求出F1x = 2x、F1y = 2y
```

继续输入：

```
>> jacobian([F1,F2],[x,y])
ans =
 [      2*x,       2*y]
[ (2*x)/a^2, (2*y)/b^2] %一步求出F1x、F1y、F2x、F2y
```

3. 离散数据差分计算

diff 函数式用于求连续函数的导数，也可以用于求离散函数的差分。无论是求微分(导数)还是求差分，计算原理类似。差分计算格式如下：

```
diff(X,n,d)          %当d=1时，对X算n阶行差分，d=2则算列差分
diff(X,n)            %对X算n阶行差分
diff(X)              %对X算一阶差分
```

输入以下命令行进行举例说明：

```
>> V = [1 2 3 5 8 13 21 34 55]
>> diff(V) %前后相邻元素之差
ans =
     1     1     2     3     5     8    13    21
```

继续输入：

```
>> A = [1 2 3 5;8 13 21 34;55 89 144 233]
A =
     1     2     3     5
     8    13    21    34
    55    89   144   233
```

继续输入：

```
>> G1 = diff(A) %前后两行元素之差
G1 =
     7   11    18    29
    47   76   123   199
```

继续输入：

```
>> G2 = diff(A,2) %行元素的二阶差分
G2 =
    40    65   105   170
```

继续输入：

```
>> G3 = diff(A,1,2) %前后两列元素之差
G3 =
     1     1     2
     5     8    13
    34    55    89
```

继续输入：

```
>> G4 = diff(A,2,2) %列元素的二阶差分
G4 =
     0     1
     3     5
    21    34
```

5.4.3 符号积分运算

1. 求函数积分的命令

```
int(S,v,a,b)          %求函数S对指定变量v在[a,b]区间上的定积分
int(S,a,b)            %求函数S对默认变量在[a,b]区间上的定积分
int(S,v)              %求函数S对指定变量v的不定积分
int(S)                %求函数S对默认变量的不定积分
```

求符号函数积分的指令格式如上所示，非常简洁，但在积分的应用计算中还有许多的问题需要加以考虑，诸如双重积分、复变函数积分以及积分上限函数计算等。积分形式的函数是数学应用中最常见的函数形式之一，学生或工程师为了取得结果通常要进行大量的积分运算。使用MATLAB所提供的符号积分运算功能，将极大地降低积分运算的难度，使得数学这一工具能够得到更便利的应用。

1）不定积分和定积分运算举例

【例5-7】 求函数 $f=1/\sqrt{x^2+1}$ 的原函数。

输入以下命令行进行解题：

```
>> syms x
>> f = (x^2+1)^(-1/2)
>> g = int(f) %求f的不定积分便可以求出f的原函数
g =
asinh(x)
```

因而，函数 f 的原函数是函数 g，$g = a\sinh(x)+C$。

【例5-8】 求定积分 $\int_0^\infty \frac{1}{\sqrt{2\pi}}e^{-x^2/2}dx$ 的值。

输入以下命令行进行解题：

```
>> syms x
>> f = (1/sqrt(2 * pi)) * exp( - x ^ 2/2)
>> int(f,0,inf)
ans =
   (7186705221432913 * 2 ^ (1/2) * pi ^ (1/2))/36028797018963968
```

以上得到的是一个计算式而非一个数，需要再做一次计算从而得到一个确切的数，继续输入：

```
>> (7186705221432913 * 2 ^ (1/2) * pi ^ (1/2))/36028797018963968
ans =
    0.5000
```

2）双重积分和三重积分运算举例

【例 5-9】 求由方程 $x^2+y^2=1$ 确定的圆的面积。

输入以下命令行进行解题：

```
>> syms x y
>> S = int(int(1,y, - sqrt(1 - x ^ 2),sqrt(1 - x ^ 2)),x, - 1,1)
S =
pi
```

所求面积公式为 $S=\int_{-1}^{1}\left[\int_{-\sqrt{1-x^2}}^{\sqrt{1-x^2}}\mathrm{d}y\right]\mathrm{d}x$，需要说明的是，算法是由人设计的，即本题中的计算公式先由人推导出，其后交由 MATLAB 进行计算。当然，本题中求面积的算法不是唯一的，例 5-10 中的三重积分的算法就更多了。

【例 5-10】 试计算椭球体$\frac{x^2}{a^2}+\frac{y^2}{b^2}+\frac{z^2}{c^2}\leqslant 1$ 的体积。

采用先求平行于 xoy 平面的椭球剖面的面积，然后再在 z 轴上将剖面的面积叠加求出体积。所求计算公式经推导如下：

$$V=\int_{-c}^{c}\left[\iint_{S(z)}\mathrm{d}x\mathrm{d}y\right]\mathrm{d}z=\pi ab\int_{-c}^{c}\left(1-\frac{z^2}{c^2}\right)\mathrm{d}z \tag{5-2}$$

方括号内即为椭球剖面的面积(平行于 xoy 平面)，其计算公式为

$$Sz=\int_{-\sqrt{a^2\left(1-\frac{z^2}{c^2}\right)}}^{\sqrt{a^2\left(1-\frac{z^2}{c^2}\right)}}\int_{-\sqrt{b^2\left(1-\frac{x^2}{a^2}-\frac{z^2}{c^2}\right)}}^{\sqrt{b^2\left(1-\frac{x^2}{a^2}-\frac{z^2}{c^2}\right)}}\mathrm{d}y\mathrm{d}x \tag{5-3}$$

输入以下命令行进行解题：

方法 1：

```
>> syms x y z a b c
>> g = sqrt(b ^ 2 * (1 - x ^ 2/a ^ 2 - z ^ 2/c ^ 2))
g =
(b ^ 2 * (1 - x ^ 2/a ^ 2 - z ^ 2/c ^ 2)) ^ (1/2)
```

继续输入：

```
>> h = sqrt(a^2 * (1 - z^2/c^2))
h =
 (a^2 * (1 - z^2/c^2))^(1/2)
```

继续输入：

```
>> S = int(int(1,y, - g,g),x, - h,h)
S =
- i * b^2 * ( - log( - i * (a^2 * (c^2 - z^2)/c^2)^(1/2)/(b^2 * (a^2 * (c^2 - z^2)/c^2)^
(1/2)/a^2)^(1/2) * (b^2/a^2)^(1/2)) + log(i * (a^2 * (c^2 - z^2)/c^2)^(1/2)/(b^2 * (a
^2 * (c^2 - z^2)/c^2)^(1/2)/a^2)^(1/2) * (b^2/a^2)^(1/2))) * (c^2 - z^2)/c^2/(b^2/a
^2)^(1/2)
```

继续输入：

```
>> V = int(S,z, - c,c)
V =
4/3 * b^2 * pi/(b^2/a^2)^(1/2) * c
```

方法2：

```
syms a b c x y z
>> V = int(pi * a * b * (1 - z^2/c^2),z, - c,c)
V =
 (4 * pi * a * b * c)/3
```

虽然方法1的结果还需进一步整理变形，但方法1和方法2都能得到正确的结果。本题说明了解题计算方法的重要性，算法正确的情况下计算就十分简便。假如算法不优，则计算过程就复杂一些，时间也不可避免地拉长了。

2. 符号积分变换

对于电子类专业的学生和工程技术人员而言，傅里叶变换、拉普拉斯变换和Z变换是必须学习和掌握的专业基础知识。

1）傅里叶变换及逆变换

```
F = fourier(f)          % 对默认的变量进行傅里叶变换,F的自变量默认为w
F = fourier(f,v)        % 对默认的变量进行傅里叶变换,F的自变量指定为v
F = fourier(f,u,v)      % 对指定的变量u进行傅里叶变换,F的自变量为v
```

以上为傅里叶变换的命令格式，下面为傅里叶逆变换的命令格式：

```
f = ifourier(F)          % 对默认变量w进行傅里叶逆变换,f的自变量为x
f = ifourier(F,v)        % 对指定的变量v进行傅里叶逆变换,f的自变量为x
f = ifourier(F,v,u)      % 对指定的变量v进行傅里叶逆变换,f的自变量为u
```

输入以下命令行进行举例说明：

```
>> syms x t u v w a b
>> f1 = sin(a * x);
```

继续输入：

```
>> Fw1 = fourier(f1)
Fw1 =
pi * (dirac(a + w) - dirac(a - w)) * 1i
```

继续输入：

```
>> f3 = ifourier(Fw1)
f3 =
 (exp( - a * x * 1i) * 1i)/2 - (exp(a * x * 1i) * 1i)/2
>> f3 = simplify(f3)
ans =
sin(a * x) % f3 与 f1 相比,形式上是一样的
```

继续输入：

```
>> f2 = sin(b * t)
>> Fw2 = fourier(f2)
Fw2 =
pi * (dirac(b + w) - dirac(b - w)) * 1i
```

继续输入：

```
>> f4 = ifourier(Fw2)
f4 =
   (exp( - b * x * 1i) * 1i)/2 - (exp(b * x * 1i) * 1i)/2
>> f4 = simplify(f4)
f4 =
sin(b * x) % f4 与 f2 相比,形式上是一样的,但自变量不一样
```

比较函数 f1 和函数 f2,其自变量是不同的,分别为 x 和 t。经傅里叶变换命令 fourier(f)均可以计算得出频谱函数 Fw1 和 Fw2,并以 w 为自变量。频谱函数 Fw1 和 Fw2 经傅里叶逆变换命令 ifourier(F)后又得函数 f3 和 f4,理论上函数 f3 和 f4 应等于函数 f1 和 f2。但函数 f3 和 f4 的自变量均为 x,从而函数 f2 与函数 f4 的自变量就不一样了。

要解决函数 f2 与函数 f4 的自变量不一样的问题,只需采用 f = ifourier(F,w,t)格式的命令。见下列程序行：

```
>> f5 = ifourier(Fw2,w,t)
f5 =
 (exp( - b * t * 1i) * 1i)/2 - (exp(b * t * 1i) * 1i)/2
>> f5 = simplify(f5)
f5 =
sin(b * t)
```

比较函数 f2 和函数 f5，其自变量是相同的。这个问题的解决有益于理清二维函数傅里叶变换的计算思路。

2）拉普拉斯变换及其逆变换

```
L = laplace(F)              % 对默认变量进行拉普拉斯变换，L的自变量默认为 s
L = laplace(F,z)            % 对默认变量进行拉普拉斯变换，L的自变量指定为 z
L = laplace(F,w,u)          % 对指定变量 w 进行拉普拉斯变换，L的自变量指定为 u
```

输入以下命令行进行举例说明：

```
>> syms a s t w x F(t)
>> f = a * sin(w * x)
>> L1 = laplace(f)              % 对变量 x 进行函数 f 的拉普拉斯变换
L1 =
 (a * w)/(s^2 + w^2)            % L1 的自变量取默认的 s
```

继续输入：

```
>> L2 = laplace(f,t)              % 对变量 x 进行函数 f 的拉普拉斯变换
L2 =
 (a * w)/(t^2 + w^2)              % L2 的自变量指定为 t
```

继续输入：

```
>> L3 = laplace(f,w,t)              % 对指定变量 w 进行函数 f 的拉普拉斯变换
L3 =
 (a * x)/(t^2 + x^2)                % L3 的自变量指定为 t
```

继续输入：

```
>> L4 = laplace(diff(F(t))) % 对函数 f(默认变量)的导数进行拉普拉斯变换
L4 =
s * laplace(F(t), t, s) - F(0)
```

以上为拉普拉斯变换的命令格式及应用，下面为拉普拉斯逆变换的命令格式及应用：

```
F = ilaplace(L)             % 对 L(默认变量 s)进行逆变换，F 自变量默认为 t
F = ilaplace(L,y)           % 对 L(默认变量 s)进行逆变换，F 自变量指定为 y
F = ilaplace(L,y,x)         % 对 L(指定变量 x)进行逆变换，F 自变量默认为 y
```

输入以下命令行进行举例说明：

```
>> f1 = ilaplace(L1)          % 对 L1(默认变量 s)进行逆变换，f1 自变量默认为 t
f1 =
a * sin(t * w)
```

继续输入：

```
>> f2 = ilaplace(L2)          % 对 L2(默认变量 w)进行逆变换,f2 自变量默认为 t
f2 =
a * cos(t^2)
```

继续输入：

```
>> f3 = ilaplace(L2,x,t)              % 对 L2(指定变量 x)进行逆变换,f3 自变量默认为 t
f3 =
 (a * w * dirac(t))/(t^2 + w^2)       % 因 L2 中无变量 x,则取 x = 1 来进行计算
```

继续输入：

```
>> f4 = ilaplace(L2,t,x)          % 对 L2(指定变量 t)进行逆变换,f3 自变量默认为 x
f4 =
a * sin(w * x)
```

比较函数 f 与函数 f2、f3、f4，只有 f4＝f。说明只有正确地应用拉普拉斯逆变换的命令格式，才能得到想要的逆变换结果(这里是函数 f4)。

3) Z 变换与 Z 逆变换

```
F = ztrans(f)          % 对 f(默认变量 n)进行 Z 变换,F 的自变量默认为 z
F = ztrans(f,w)        % 对 f(默认变量 n)进行 Z 变换,F 的自变量指定为 w
F = ztrans(f,k,w)      % 对 f(指定变量 k)进行 Z 变换,F 的自变量指定为 w
```

输入以下命令行进行举例说明：

```
>> syms n k w z a b
>> f = a * sin(k * n) + b * cos(k * n)
f =
b * cos(k * n) + a * sin(k * n)
```

继续输入：

```
>> F1 = ztrans(f)              % 对变量 n(默认的)进行离散函数 f 的 Z 变换
F1 =                           % F1 的自变量取默认的 z
(a * z * sin(k))/(z^2 - 2 * cos(k) * z + 1) + (b * z * (z - cos(k)))/(z^2 - 2 * cos(k) * z +
1)
```

继续输入：

```
>> F2 = ztrans(f,w)          % 对变量 n(默认的)进行离散函数 f 的 Z 变换
F2 =                         % F2 的自变量取指定的 w
(a * w * sin(k))/(w^2 - 2 * cos(k) * w + 1) + (b * w * (w - cos(k)))/(w^2 - 2 * cos(k) * w +
1)
```

继续输入：

```
>> F3 = ztrans(f,k,w)           % 对变量 k(指定的)进行离散函数 f 的 Z 变换
F3 =                            % F3 的自变量取指定的 w
(a*w*sin(n))/(w^2 - 2*cos(n)*w + 1) + (b*w*(w - cos(n)))/(w^2 - 2*cos(n)*w + 1)
```

由 Z 变换的性质易知，离散函数 f(n)移位之后的 Z 变换形式将发生变化，输入以下命令行进行举例说明：

```
>> syms f(n)
>> ztrans(f(n))
ans =
ztrans(f(n), n, z)
```

继续输入：

```
>> ztrans(f(n+1))
ans =
z*ztrans(f(n), n, z) - z*f(0)
```

继续输入：

```
>> ztrans(f(n-1))
ans =
f(-1) + ztrans(f(n), n, z)/z
```

以上为 Z 变换的命令格式及应用，下面为 Z 逆变换的命令格式及应用：

```
f = iztrans(F)          % 对 F(默认变量 z)进行逆变换,f 自变量默认为 n
f = iztrans(F,k)        % 对 F(默认变量 z)进行逆变换,f 自变量默认为 k
f = iztrans(F,w,k)      % 对 F(指定变量 w)进行逆变换,f 自变量默认为 k
```

输入以下命令行进行举例说明：

```
>> f2 = iztrans(F2)
f2 =
a*sin(k*n) + (cos(k*n)*(b*cos(k) + a*sin(k)))/cos(k) - (a*cos(k*n)*sin(k))/cos
(k)
```

继续输入：

```
>> f2 = simplify(f2) % 对 F2 进行 Z 逆变换后再对结果进行简化
f2 =
b*cos(k*n) + a*sin(k*n)
% f2 = f,说明 f 进行 Z 变换再进行逆变换后又回到原来的函数形式 f
>> f3 = iztrans(F3)
f3 =
a*sin(n^2) + (cos(n^2)*(b*cos(n) + a*sin(n)))/cos(n) - (a*cos(n^2)*sin(n))/cos(n)
```

继续输入：

```
>> simplify(f3)
ans =
a * sin(n^2) + b * cos(n^2)
```

继续输入：

```
>> f4 = iztrans(F3,w,k)
f4 =
a * sin(k * n) + (cos(k * n) * (b * cos(n) + a * sin(n)))/cos(n) - (a * cos(k * n) * sin(n))/cos
(n)
```

继续输入：

```
>> simplify(f4)
ans =
b * cos(k * n) + a * sin(k * n)
```

f3 与 f4 的结果不同，说明在进行 Z 逆变换时需要仔细选择正确的命令格式。

5.5 符号方程求解

5.5.1 符号代数方程求解

数学上方程大致可分为线性方程和非线性方程，也可以分为代数方程、常系数微分方程和偏微分方程等。首先要指出的是，利用 MATLAB 对符号方程求解，有些符号解答(解析的答案)可能求不出来，则 MATLAB 可以转而去寻求方程的数值解。有的时候只给出了方程的部分解，需要求解的人去做进一步的分析和检查。MATLAB 解方程的函数指令的使用较为复杂烦琐，为了能让读者易于上手及掌握，本节采用逐条介绍函数指令的方式。

1. solve 函数介绍和应用

MATLAB 所提供的 solve 函数指令主要用来求解代数方程(多项式方程)的符号解析解。也能解一些简单方程的数值解，不过对于解其他方程的能力比较弱，所求出的解往往是不精确或不完整的。注意可能得到的只是部分的结果，并不是全部解。

1) 单变量符号方程求解

可采用的函数指令格式如下：

```
S = solve(eqn1)       % 求解方程 eqn1 关于默认变量的符号解 S,所谓默认变量可由 symvar(eqn1)
                      % 找寻
S = solve(eqn1,var1) % 求解方程 eqn1 关于指定变量 var1 的符号解 S
```

输入以下命令行进行举例说明：

```
>> syms a b x y
>> eqn1 = a * sin(x) == b
eqn1 =
a * sin(x) == b
```

继续输入：

```
>> S = solve(eqn1)     % 求解方程 eqn1 关于指定变量 x 的符号解 S
S =                    % 注意只给出了两个解
      asin(b/a)
pi - asin(b/a)
```

很明显，答案中只给出了两个解，这是需要进一步分析的。此时可以在函数指令中加入参数'ReturnConditions'，参数默认值为 false，若取 true，则需额外提供两个参数。

使用格式及应用举例说明如下：

```
>> [S,params, conditions] = solve(eqn1,'ReturnConditions',true)
S =
      asin(b/a) + 2 * pi * k
   pi - asin(b/a) + 2 * pi * k
params =
k
conditions =
a ~= 0 & in(k, 'integer')
         a ~= 0 & in(k, 'integer')
```

很明显，答案中给出了全部的解，其中含一个参数 k(params＝k)。又进一步给出了两个解分别成立的条件：a ~= 0 & in(k, 'integer')及 a ~= 0 & in(k, 'integer')，解读为 a 不为 0 且 k 取整数。

如果方程无解，那么 solve 函数指令的运行又会出来怎样的结果呢？请看下面举例：

```
>> solve(2 * x + 1,3 * x + 1,x)
ans =
Empty sym: 0 - by - 1 % 直接显示无解
```

2) 多变量符号方程组求解

可采用的函数指令格式如下：

```
[Svar1,Svar2, … ,SvarN] = solve(eqn1,eqn2, … ,eqnM,var1,var2, … ,varN)
```

为了避免求解方程时对符号解产生混乱，需要指明方程组中需要求解的变量 var1, var2,…,varN，其所列的次序就是 slove 返回解的顺序，M 不一定等于 N。

输入以下命令行进行举例说明：

```
>> syms a b x y
>> eqn2 = x - y == a
>> eqn3 = 2 * x + y == b
[Sx,Sy] = solve(eqn2,eqn3,x,y)
Sx =
a/3 + b/3
Sy =
b/3 - (2 * a)/3
```

上面的例子中 M=N,下面假如 M<N,试看一下其运行的结果:

```
>> [Sx,Sy] = solve(eqn2,x,y)
Sx =
a
Sy =
0
```

根据 eqn2 方程,solve 解方程后给出一组解。此时可以在函数指令中加入参数 'ReturnConditions',以取得通解和解的条件。

solve 函数指令中加入其他的参数:'IgnoreProperties'默认取值为 false,当为 true 时求解会忽略变量定义时的一些假设,如假设变量为正(syms x positive)。

输入以下命令行进行举例说明:

```
>> syms t x positive % 声明 x 为正数变量
>> [St,Sy] = solve(t^2 - 1,x^3 - 1,t,x)
% 指令中无'IgnoreProperties',仅能得到一组正数解
St =
1
Sy =
1
```

继续输入:

```
>> [St,Sy] = solve(t^2 - 1,x^3 - 1,t,x,'ignoreproperties',true)
St =  % 加上'IgnoreProperties'参数,列出了全部解
-1
   1
 -1
   1
 -1
   1
Sy =
                     1
                     1
     - (3^(1/2) * 1i)/2 - 1/2
     - (3^(1/2) * 1i)/2 - 1/2
       (3^(1/2) * 1i)/2 - 1/2
       (3^(1/2) * 1i)/2 - 1/2
```

solve 函数指令除 'ReturnConditions' 和 'IgnoreProperties' 参数之外，还有 'IgnoreAnalyticConstraints'参数、'MaxDegree'参数、'PrincipalValue'参数和'Real'参数等可以选择，其中，'Real'参数为 true 时只给出实数解，调整'MaxDegree'参数可以给出大于3 解的显性解，'IgnoreAnalyticConstraints'参数为 true 时可以忽略掉一些分析的限制，'PrincipalValue'参数为 true 时只给出主值。

2. fsolve 函数介绍和应用

函数指令 fsolve 可以用于求解非线性方程组(采用最小二乘法)。它的一般调用方式为

```
X = fsolve(fun,X0,option)
```

返回的解为 X，fun，是定义非线性方程组的函数文件名，X0 是求根过程的初值，option 为最优化工具箱的选项设定。

函数指令 fsolve 最优化工具箱提供了 20 多个选项，用户可以在 MATLAB 中使用 optimset 命令将它们显示出来。可以调用 optimset()函数来改变其中某个选项。例如，Display 选项决定函数调用时中间结果的显示方式，其中，'off'为不显示，'iter'表示每步都显示，'final'表示只显示最终结果。optimset('Display','off')将设定 Display 选项为'off'。

【例 5-11】 求解下列非线性方程组的解：

$$\begin{cases} 2x - 0.8\sin x - 0.4\cos y = 0 \\ 3y - 0.8\cos x + 0.3\sin y = 0 \end{cases}$$

先于工作目录下编辑一个函数 m 文件，命名为 nonl.m。

```
function [n] = nonl(m)
x = m(1);
y = m(2);
n(1) = 2 * x - 0.8 * sin(x) - 0.5 * cos(y);
n(2) = 3 * y - 0.8 * cos(x) + 0.3 * sin(y);
end
```

然后在命令行窗口中运行下列指令：

```
>> x = fsolve('nonl',[0.8,0.7],optimset('Display','off'))
x =
    0.3993    0.2235
```

这里将解 x 代入到原方程中，对解的精度进行检验：

```
>> e = nonl(x)
e =
    1.0e-07 *
    0.6505    0.7505
```

解具有较高精度，达到了 10^{-7} 的误差级别。

5.5.2 符号常微分方程求解

微分方程描述了自变量、未知函数和未知函数的微分之间的相互关系，与线性方程及非线性方程相比，其应用非常广泛，对微分方程的研究不断地推动着科学知识和工程技术的发展，而计算机的出现和发展又为提升微分方程的理论研究能力及工程应用水平提供了强有力的工具。常微分方程是指在微分方程中，自变量的个数仅有一个。

1. 单个符号常微分方程求解

MATLAB 提供的 dsolve 函数指令使用格式如下：

```
S = dsolve(eqn,'cond','v')
```

上列函数指令表示对微分方程 eqn 在条件 cond 下对指定的自变量 v 进行求解。其中，自变量 v 省略不写，自变量默认为 t，或在符号声明中指出自变量；cond 是初始条件，也可省略，而所得解中将出现任意常数符 C，构成微分方程的通解；eqn 为微分方程的符号表达式，方程中 D 被定义为微分，D2、D3 被定义为二阶、三阶微分，y 的一阶导数 dy/dx 或 dy/dt 则可定义为 Dy。

下面举例加以说明。

【例 5-12】 求解下列常微分方程，已知初始条件：$y(0)=1, y'(\pi/a)=0$。

$$\frac{\mathrm{d}^2 y}{\mathrm{d}t^2}=-a^2 y(t)$$

程序代码如下：

```
>> syms y(t) a                  % 定义函数 y 及自变量 t
>> Dy = diff(y)                 % 定义 Dy 为 t 的一阶导数
Dy(t) =
diff(y(t), t)
>> D2y = diff(y,2)              % 定义 D2y 为 t 的二阶导数
D2y(t) =
diff(y(t), t, t)
```

继续输入：

```
>> yt = dsolve(D2y == - a ^2 * y, y(0)  ==  1, Dy(pi/a)  ==  0)
yt =
exp( - a * t * 1i)/2  +  exp(a * t * 1i)/2
```

注意，微分方程及初始条件的格式，均为符号表达式而非字符串形式。符号表达式中的等号应采用关系运算符"=="。

【例 5-13】 求解常微分方程，已知初始条件：$w(0)=0$。

$$\frac{\mathrm{d}^3 w}{\mathrm{d}x^3}=-w(x)$$

程序代码如下：

```
>> syms w(x) a                    % 定义函数 w 及自变量 x
>> Dw = diff(w)                   % 定义 Dw 为 x 的一阶导数
Dw(x) =
diff(w(x), x)
```

继续输入:

```
>> D2w = diff(w,2)                % 定义 D2w 为 x 的二阶导数
D2w(x) =
diff(w(x), x, x)
```

继续输入:

```
>> wx = dsolve(diff(D2w) == - a * w,w(0) == 0)
wx =
C2 * exp( - x * (( - a)^(1/3)/2 + (3^(1/2) * ( - a)^(1/3) * 1i)/2)) + C1 * exp( - x * (( - a)^
(1/3)/2 - (3^(1/2) * ( - a)^(1/3) * 1i)/2)) - exp(( - a)^(1/3) * x) * (C1 + C2)
```

解 wx 中出现了两个常数 C1、C2,这是因为对于三阶的常微分方程只提供了一个初始条件,要给出特解还欠缺两个初始条件。

2. 符号常微分方程组的求解

符号常微分方程组的求解仍然使用 dsolve 函数指令,其使用格式如下:

```
[Sv1,Sv2, … ] = dsolve(eqn1, eqn2, … ,'cond1', 'cond2', … ,'v1', 'v2', … )
```

上列使用格式中,[Sv1,Sv2,…]为返回的解,eqn1, eqn2,…为常微分方程组,最大可包含 12 个常微分方程,均以符号表达式形式填入。'v1', 'v2',…为指定的自变量,也可以在符号声明中指出自变量及其函数。'cond1', 'cond2',…是初始条件,既可以是符号表达式形式也可以是字符串形式。

下面举例加以说明。

【例 5-14】 求解下列常微分方程组,已知初始条件: $f(0)=1, g(0)=2$。

$$\begin{cases} f'(t) = f(t) + g(t) \\ g'(t) = g(t) - f(t) \end{cases}$$

程序代码如下:

```
>> syms f(t) g(t)
>> Df = diff(f)
Df(t) =
diff(f(t), t)
```

继续输入:

```
>> Dg = diff(g)
Dg(t) =
diff(g(t), t)
```

继续输入：

```
>> [sf,sg] = dsolve(Df == f + g,Dg == g - f,f(0) == 1,g(0) == 2)
sf =
exp(t) * cos(t) + 2 * exp(t) * sin(t)
sg =
2 * exp(t) * cos(t) - exp(t) * sin(t) % 注意两个返回解的先后次序
```

上面举例是采用标量形式来求解，下面再用向量和矩阵形式来求解：

```
>> syms f(t) g(t)
>> v = [f;g];
>> A = [1 1; -1 1];
>> [Sf,Sg] = dsolve(diff(v) == A * v, v(0) == [1;2])
Sf =
exp(t) * cos(t) + 2 * exp(t) * sin(t)
Sg =
2 * exp(t) * cos(t) - exp(t) * sin(t)
```

5.5.3 一维偏微分方程求解

使用 MATLAB 求解偏微分方程或者方程组，常见有三种方法。第一种方法是使用 MATLAB 中的 PDE Toolbox。PDE Toolbox 既可以使用图形界面，也可以使用命令行进行求解。PDE Toolbox 主要针对求解二维问题(时间 t 不被计算维度)，欲求解三维问题则要设法降维求解，欲求解一维问题则要设法升维求解。第二种方法就是使用 MATLAB 中的 m 语言进行编程计算，相比 Fortran 和 C 等语言，MATLAB 中编程计算有许多库函数可以使用，对于大型矩阵的运算也要方便得多，当然使用 m 语言编程计算也有其劣势。第三种就是使用 pdepe 函数，MATLAB 中 pdepe 函数主要用于求解一维抛物型和椭圆形偏微分方程(组)。

1. 一维偏微分方程的求解

pdepe 函数指令的使用格式如下：

```
S = pdepe(m,@pdefun,@icfun,@bcfun,xmesh,tspan)
```

使用格式中 pdefun 是指一维偏微分方程具有如下的标准形式，如若不同应加以改写：

$$c\left(x,t,\frac{\partial u}{\partial x}\right)\frac{\partial u}{\partial t}=x^{-m}\frac{\partial}{\partial x}\left[x^m f\left(x,t,u,\frac{\partial u}{\partial x}\right)\right]+s\left(x,t,\frac{\partial u}{\partial x}\right) \tag{5-4}$$

式中，x 一般表示位置，t 一般表示时间，格式中的给定值 m 由方程的类型确定；格式中 bcfun 是其边界条件的标准形式，若不同于标准形式应加以改写：

$$p(x,t,u)+q(x,t,u)*f\left(x,t,u,\frac{\partial u}{\partial x}\right)=0 \tag{5-5}$$

考虑左右边界条件,应该写出下列的两条:

$$\begin{cases} p(x_L,t,u) + q(x_L,t,u) * f\left(x_L,t,u,\dfrac{\partial u}{\partial x}\right) = 0 \\ p(x_R,t,u) + q(x_R,t,u) * f\left(x_R,t,u,\dfrac{\partial u}{\partial x}\right) = 0 \end{cases} \tag{5-6}$$

假定给定左边界条件 $u(x_L,t)=0$,则代入上式中第一条公式,得 $p(x_L,t,u)=u(x_L,t)$, $q(x_L,t,u)=0$; 给定右边界条件$\dfrac{\partial u}{\partial x}(x_R,t)=N$,则代入上式中第二条公式,得 $p(x_R,t,u)=-N$,$q(x_L,t,u)=1$。

格式中 icfun 是其初始条件的标准形式,若不同于标准形式应加以改写:

$$u(x,t_0) = u_0$$

输出 S 为一个三维数组,$S(x(i),t(j),k)$表示 u_k 解。依照函数指令的使用格式,解题时先应在函数编辑器中编辑好 pdefun、pdebc 及 icfun 三个函数以便调用。

下面举例加以说明。

【例 5-15】 求解下列偏微分方程:

$$\begin{cases} \pi^2 \dfrac{\partial u}{\partial t} = \dfrac{\partial}{\partial x}\left(\dfrac{\partial u}{\partial x}\right) \\ u(0,t) = 0 \\ \dfrac{\partial u}{\partial t}(1,t) = -\pi e^{-t} \\ u(x,0) = \sin(\pi x) \end{cases}$$

对比已给出的偏微分方程与一维偏微分方程的标准形式,得出

$$c\left(x,t,\frac{\partial u}{\partial t}\right) = \pi^2, \quad m = 0, \quad f\left(x,t,u,\frac{\partial u}{\partial x}\right) = \frac{\partial u}{\partial x}, \quad s\left(x,t,\frac{\partial u}{\partial x}\right) = 0 \tag{5-7}$$

调用 pdepe 运算之前,先编写以下 3 个函数以便于在 pdepe 函数指令的使用中加以调用。按照上述已得到的偏微分方程先编写 pdefun 函数(命名为 pdex1pde. m):

```
function [c,f,s] = pdex1pde(x,t,u,DuDx)
c = pi^2;
f = DuDx;
s = 0;
end
```

接着对比所给的边界条件与边界条件的标准形式,编写边界 bcfun 函数(命名为 pdex1bc. m),结果如下:

```
function [pl,ql,pr,qr] = pdex1bc(xl,ul,xr,ur,t)
pl = ul;
ql = 0;
pr = pi * exp( - t);
qr - 1;
end
```

最后还要对比所给的初始条件与初始条件的标准形式，编写初始 icfun 函数(命名为 pdex1ic.m)，结果如下：

```
function u0 = pdex1ic(x)
u0 = sin(pi * x);
end
```

现在，可以开始编写程序 exam_5_15.m 调用 pdepe 函数运行，同时将所得数据可视化。

```
m = 0;
x = linspace(0,1,20);
t = linspace(0,2,10);
sol = pdepe(m,@pdex1pde,@pdex1ic,@pdex1bc,x,t);
u = sol(:,:,1); % 将解数组赋值给变量 u
surf(x,t,u)
title('Numerical solution')
xlabel('Distance x')
ylabel('Time t')
figure
plot(x,u(end,:))
title('Solution at t = 2')
xlabel('Distance x')
ylabel('u(x,2)')
```

运行程序 exam_5_15 之后，数值解可以绘制成图 5-1。

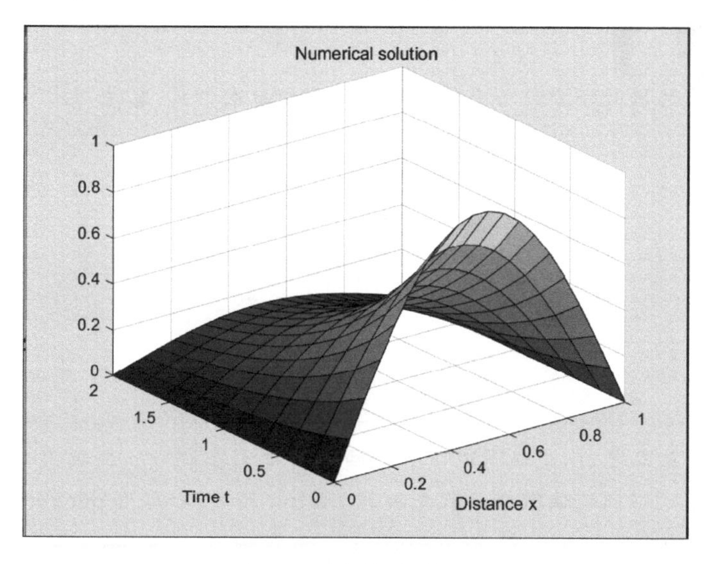

图 5-1 计算结果可视化

由图 5-1 可以直接观察到，t=0 时的初始条件在 x 轴上是满足的，x=0 时的边界条件也是满足的，被求的函数 u 值随时间的变化情况一目了然。

2. 一维偏微分方程组的求解

为了进一步了解函数 dsolve 的使用格式，编写偏微分方程组、边界条件和初值条件等函数文件，熟练地解算一维偏微分方程组应用题，下面再举一例加以说明。

【例 5-16】 求解下列偏微分方程组：

$$\begin{cases}\dfrac{\partial u_1}{\partial t}=0.025\dfrac{\partial^2 u_1}{\partial x^2}-F(u_1-u_2)\\[2ex]\dfrac{\partial u_2}{\partial t}=0.18\dfrac{\partial^2 u_2}{\partial x^2}+F(u_1-u_2)\end{cases}$$

其中，$F=e^{5.75x}-e^{-11.56x}$，满足初值条件 $u_1(x,0)=1$，$u_2(x,0)=0$，且满足如下的边界条件：

左边界条件

$$\begin{cases}\dfrac{\partial u_1}{\partial x}(0,t)=0\\[2ex]u_2(0,t)=0\end{cases}$$

右边界条件

$$\begin{cases}u_1(1,t)=1\\[2ex]\dfrac{\partial u_2}{\partial x}(1,t)=0\end{cases}$$

将已给出的偏微分方程组整理得出

$$\begin{bmatrix}1\\1\end{bmatrix}.*\frac{\partial}{\partial t}\begin{bmatrix}u_1\\u_2\end{bmatrix}=\frac{\partial}{\partial x}\begin{bmatrix}0.025\dfrac{\partial u_1}{\partial x}\\[2ex]0.18\dfrac{\partial u_2}{\partial x}\end{bmatrix}+\begin{bmatrix}-F(u_1-u_2)\\F(u_1-u_2)\end{bmatrix} \tag{5-8}$$

对比已给出的偏微分方程与一维偏微分方程的标准形式，容易得出

$$c\left(x,t,\frac{\partial u}{\partial x}\right)=\begin{bmatrix}1\\1\end{bmatrix},\quad m=0$$

$$f\left(x,t,u,\frac{\partial u}{\partial x}\right)=\begin{bmatrix}0.025\dfrac{\partial u_1}{\partial x}\\[2ex]0.18\dfrac{\partial u_2}{\partial x}\end{bmatrix}$$

$$s\left(x,t,\frac{\partial u}{\partial x}\right)=\begin{bmatrix}-F(u_1-u_2)\\F(u_1-u_2)\end{bmatrix}$$

调用 pdepe 运算之前，先编写以下 3 个函数以便于在 pdepe 函数指令的使用中加以调用。按照上述已得到的偏微分方程先编写 pdefun 函数(命名为 pdex2fun.m)：

```
function [c,f,s] = pdex2fun(x,t,u,du)
c = [1;1];
f = [0.025 * du(1);0.18 * du(2)];
temp = u(1) - u(2);
s = [ - 1;1]. * (exp(5.75 * temp) - exp( - 11.56 * temp));
end
```

将已给出的边界条件整理得出

左边界条件$\begin{bmatrix}0\\u_2\end{bmatrix}+\begin{bmatrix}1\\0\end{bmatrix}.*f=\begin{bmatrix}0\\0\end{bmatrix}$，右边界条件$\begin{bmatrix}u_1-1\\0\end{bmatrix}+\begin{bmatrix}0\\1\end{bmatrix}.*f=\begin{bmatrix}0\\0\end{bmatrix}$。

接着对比所给的边界条件与边界条件的标准形式，编写边界 bcfun 函数（命名为 pdex2bc.m），结果如下：

```
function [pl,ql,pr,qr] = pdex2bc(xl,ul,xr,ur,t)
pl = [0;ul(2)];
ql = [1;0];
pr = [ur(1) - 1;0];
qr = [0;1];
end
```

接着对比所给的初始条件与初始条件的标准形式，编写初始条件 icfun 函数（命名为 pdex2ic.m），结果如下：

```
function u0 = pdex2ic(x)
u0 = [1;0];
end
```

现在，可以开始编写程序 exam_5_16.m 调用 pdepe 函数运行，同时将所得数据可视化。

```
clc
x = 0:0.05:1;
t = 0:0.05:2;
m = 0;
sol = pdepe(m,@pdex2fun,@pdex2ic,@pdex2bc,x,t);
figure('numbertitle','off','name','PDE Demo by Matlabsky')
subplot(211)
surf(x,t,sol(:,:,1))
title('The Solution of u1')
xlabel('x')
ylabel('t')
zlabel('u1')
subplot(212)
surf(x,t,sol(:,:,2))
title('The Solution of u2')
xlabel('x')
ylabel('t')
zlabel('u2')
```

运行程序 exam_5_16 之后，数值解可以绘制成图 5-2。

由图 5-2 可以直接观察到，t=0 时的初始条件在 x 轴上是满足的，x=0 时的边界条件也是满足的，被求的函数 u1 值、函数 u2 值随时间的变化情况一目了然。

偏微分方程的解不仅受方程形式约束，也是由边界条件和初始条件约束的。即偏微分方程、边界条件和初始条件共同考虑才能决定一个确定的解，其符号解析形式的解往往形式复杂，多数以隐函数形式提供，不利于对其解进行定量分析。因而提供数值形式的解并加以可视化也不失其应用的意义。

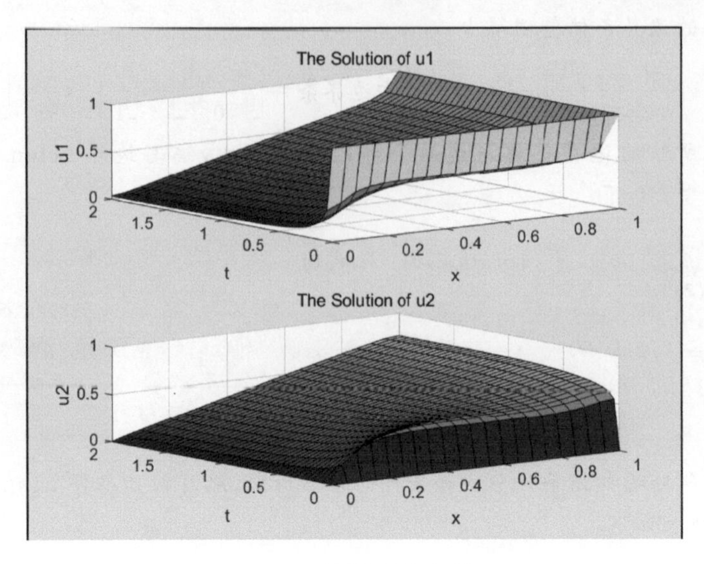

图 5-2 计算结果可视化

5.6 符号运算应用实例

【例 5-17】 求符号矩阵 $A=\begin{bmatrix} a & b \\ c & d \end{bmatrix}$的行列式、逆和特征根。

在 MATLAB 命令窗口中直接输入下列命令行求行列式：

```
>> syms a b c d
>> A = [a b;c d];
>> D = det(A)
D =
a*d - b*c
```

接着直接输入下列命令行求逆：

```
>> B = inv(A)
B =
   [ d/(a*d - b*c), -b/(a*d - b*c)]
[ -c/(a*d - b*c), a/(a*d - b*c)]
```

再接着直接输入下列命令行求特征根：

```
>> S = eig(A)
S =
a/2 + d/2 - (a^2 - 2*a*d + d^2 + 4*b*c)^(1/2)/2
   a/2 + d/2 + (a^2 - 2*a*d + d^2 + 4*b*c)^(1/2)/2
```

【例 5-18】 定义以下符号矩阵 $\boldsymbol{A}$，试求其逆矩阵 $\boldsymbol{B}$，并验证其逆矩阵 $\boldsymbol{B}$ 的运算结果是否正确？

$$\boldsymbol{A}=\begin{bmatrix}a & h\\ d & k\end{bmatrix}$$

首先定义符号矩阵如下：

```
>> syms a d h k
>> A = [a,h;d,k]
A =
[ a, h]
[ d, k]
```

求符号矩阵的逆：

```
>> B = inv(A)
B =
[ k/(a*k - d*h), -h/(a*k - d*h)]
[ -d/(a*k - d*h), a/(a*k - d*h)]
```

验证逆矩阵的正确性：

```
>> A * B
ans =
[ (a*k)/(a*k - d*h) - (d*h)/(a*k - d*h),                                     0]
[                                     0, (a*k)/(a*k - d*h) - (d*h)/(a*k - d*h)]
>> simplify(A * B)
ans =
[ 1, 0]
[ 0, 1]
```

A * B 是单位矩阵。

```
>> simplify(B * A)
ans =
[ 1, 0]
[ 0, 1]
```

B * A 也是单位矩阵。

MATLAB已提供了多条函数指令用于符号矩阵的运算，常用的矩阵运算函数指令如表5-1所示，这些函数指令的应用极大地减轻了人们在做矩阵运算时的繁重工作量。

表5-1 常用矩阵运算函数指令

函数指令	运算功能	函数指令	运算功能
det(A)	求方阵A的行列式	poly(A)	求矩阵A的特征多项式
inv(A)	求方阵A的逆	rref(A)	求矩阵A的行阶梯形
[V,D]=eig(A)	求A的特征向量V和特征值D	colspace(A)	求矩阵A列空间的基
rank(A)	求A的秩	triu(A)	求矩阵A上三角形

【例 5-19】 创建以下符号表达式 $f(t)$，并求其导数 $f'(t)$。当 $t=1\text{s}$ 时，$f'(t)$ 及 $f(t)$ 的值各是多少？

$$f(t)=\sqrt{2}\cdot 220\cdot \cos\left(100\pi\cdot t+\frac{\pi}{6}\right)$$

```
>> syms t
>> y = sqrt(2) * 220 * cos(100 * pi * t + pi/6)
y =
220 * 2^(1/2) * cos(pi/6 + 100 * pi * t)
```

求表达式 y 的导数：

```
>> dydt = diff(y)
dydt =
-22000 * 2^(1/2) * pi * sin(pi/6 + 100 * pi * t)
```

求 y 在 $t=1$ 时的值 y_1：

```
>> y1 = subs(y,t,1)
y1 =
110 * 2^(1/2) * 3^(1/2)
```

将 y_1 值简化为一个有理数：

```
>> eval(y1)
ans =
  269.4439
```

求 y 的导数 dydt 在 $t=1$ 时的值 dydt1：

```
>> dydt1 = eval(subs(dydt,t,1))
dydt1 =
   -4.8872e+04
```

【例 5-20】 求以下两个多项式 p_1、p_2 的乘积多项式 $p_{1\cdot 2}$ 对时间 t 的导数，当 $t=5\text{s}$ 时，$p_{1\cdot 2}$ 多项式的值是多少？再求出多项式 p_1 除以多项式 p_2 之后的多项式 $p_{1/2}$ 对时间 t 的导数。

$$p_1=t^3+5t^2+3t+1,\ p_2=4t^2+2t+6$$

首先将输入多项式 p_1、p_2：

```
>> p1 = [1 5 3 1]
p1 =
     1     5     3     1
>> p2 = [4 2 6]
p2 =
     4     2     6
```

求两个多项式乘积再求导数多项式 p：

```
>> p = polyder(p1,p2)
p =
20    88    84    80    20
```

求导数多项式 p 在 $t=5$ 时的值：

```
>> p5 = polyval(p,5)
p5 =
       26020
```

求多项式 p_1 除以 p_2，再求导数多项式：

```
[Q,D] = polyder(p1,p2)
Q =
     4     4    16    52    16
D =
16    16    52    24    36
```

答案为Q/D。

【例 5-21】 将函数 $f(t)=\sin(\pi\cdot t)$在 $t=1.2$s 处的泰勒级数展开式写出来，并验证其是否正确？

```
>> syms t x
>> f = sin(pi * t)
f =
sin(pi * t)
```

将函数 f 在点 1.2 处展开成 5 阶的泰勒级数 h：

```
>> h = taylor(f,'ExpansionPoint',1.2,'order',5)
h =
(pi^3 * (5^(1/2)/4 + 1/4) * (t - 6/5)^3)/6 - (2^(1/2) * (5 - 5^(1/2))^(1/2))/4 - pi
 * (5^(1/2)/4 + 1/4) * (t - 6/5) + (2^(1/2) * pi^2 * (5 - 5^(1/2))^(1/2) * (t - 6/5)^
2)/8 - (2^(1/2) * pi^4 * (5 - 5^(1/2))^(1/2) * (t - 6/5)^4)/96
```

验证泰勒级数 h 的正确性，先求函数 f 在点 1.2 处的值 f12：

```
>>  f12 = sin(pi * 1.2)
f12 =
   - 0.5878
```

再求泰勒级数 h 在点 1.2 处的值：

```
>> subs(h,t,1.2)
ans =
- (2^(1/2) * (5 - 5^(1/2))^(1/2))/4
```

简化：

```
>> eval(ans)
ans =
   -0.5878
```

eval(ans)= f12=−0.5878，证明泰勒级数 h 是正确的。

【例 5-22】 已知隐函数关系式 $y=\ln(t+y)$，求 $y'(t)$，并给出 $t=3$s 时的 $y'(t)$值。

先输入隐函数 F：

```
>> syms t y
>> F = log(t + y) + y
F =
y + log(t + y)
```

求 F 的导数：

```
>> dt = -diff(F,t)/diff(F,y)
dt =
-1/((1/(t + y) + 1) * (t + y))
```

当 $t=3$ 时，需要知道 y 对应的值，而后代入上式即可求出 F 的导数值；

当 $t=3$ 时，y 对应的值：

```
>>  y = fsolve('nonfun',1,optimset('Display','off'))
y =
1.5052
```

所构造的 nonfun.m 函数代码如下：

```
function [n ] = nonfun( m )
y = m;
n = exp(y) - y - 3;
end
```

将 $t=3, y=1.5052$ 代入 F 的导数，得

```
>> -1/((1/( 1.5052 + 3) + 1) * ( 1.5052 + 3))
ans =
    -0.1816
```

【例 5-23】 已知积分上限函数 $f(x)$，求导数 $f'(x)$。

$$f(x)=\int_0^{\frac{x}{2}}(5t^2+3)\,\mathrm{d}t$$

将积分的核函数输入：

```
syms x t
>> f = 5 * t^2 + 3
```

```
f =
5 * t^2 + 3
```

再求积分上限函数的导数：

```
>> diff(int(f,0,x/2),x)
ans =
(5 * x^2)/8 + 3/2
```

结果与核函数是不同的。

【例 5-24】 定积分 $s=\int_{-\infty}^{5}\frac{2}{\sqrt{\pi}}e^{-\frac{t^2}{2}}dt$ 的值是多少？

将积分的核函数输入：

```
>> syms t
>> f = 2/sqrt(pi) * exp( - t^2/2)
f =
(5081767996463981 * exp( - t^2/2))/4503599627370496
```

求定积分：

```
>> s = int(f, - inf,5)
s =
(5081767996463981 * 2^(1/2) * pi^(1/2) * (erf((5 * 2^(1/2))/2) + 1))/9007199254740992
```

对结果简化：

```
>> eval(s)
ans =
    2.8284
```

【例 5-25】 求分段函数 $f(t)=\sin(\pi t)u(t)+\sin(\pi(t-1))u(t-1)$ 的 laplace 变换 $F(s)$，$F(s)$ 的 laplace 逆变换函数又是怎样的？

将分段函数 f 输入：

```
>> syms t
>> f = sin(pi * t) * heaviside(t) + sin(pi * (t - 1)) * heaviside(t - 1)
f =
heaviside(t - 1) * sin(pi * (t - 1)) + sin(pi * t) * heaviside(t)
```

求 f 的 laplace 变换：

```
>> Fs = laplace(f)
Fs =
pi/(s^2 + pi^2) + (pi * exp( - s))/(s^2 + pi^2)
```

求 $F(s)$ 的 laplace 逆变换：

```
>> ft = ilaplace(Fs)
ft =
sin(pi * t) + heaviside(t - 1) * sin(pi * (t - 1))
```

对函数 f 和函数 ft 进行比较，两者是一样的。

【例 5-26】 以下线性方程组的符号解是怎样的？

$$\begin{cases} ax + by = 3 \\ cx + dy = 4 \end{cases}$$

建立方程组：

```
>> syms x y a b c d
>> eqn1 = a * x + b * y == 3
eqn1 =
a * x + b * y == 3
>> eqn2 = c * x + d * y == 4
eqn2 =
c * x + d * y == 4
```

求方程组的解：

```
>> [Sx,Sy] = solve(eqn1,eqn2,x,y)
Sx =
- (4 * b - 3 * d)/(a * d - b * c)
Sy =
(4 * a - 3 * c)/(a * d - b * c)
```

【例 5-27】 常微分方程 $ay'(t)+bt \cdot y(t)=0, y(0)=1$ 的符号解是怎样的？

定义 Dy：

```
>> syms t y(t) a b
>> Dy = diff(y)
```

求常微分方程符号解：

```
>> yt = dsolve(Dy == - b * t * y/a, y(0) == 1)
yt =
exp( - (b * t ^ 2)/(2 * a))
```

5.7 符号运算综合实例

5.7.1 符号函数可视化应用

通常函数表达式以显式的方式列出时较易被人们理解和分析，画图也很方便，只需定义好自变量取值，调用相应的图形绘制函数指令运行便可以了。但函数表达式以隐函数的方式列出时，其图形绘制之前是否需要整理变形，将函数表达式以显式的方式列出之后再绘制其图形呢？答案是无须如此。MATLAB 提供了一组以 ez 打头的绘图指令，可以方便用户以隐函数的方式直接进行图形绘制，这被称为符号函数可视化。

【例 5-28】 绘制以下参数方程表示的三维图形，t 的范围为$[0,20\pi]$。

$$\begin{cases} x = t\sin(t) \\ y = t\cos(t) \\ z = t \end{cases}$$

在 MATLAB 命令窗口中直接输入下列命令行绘制 3D 图：

```
>> syms t
>> ezplot3(t * sin(t),t * cos(t),t,[0,20 * pi])
```

所绘制的图形如图 5-3 所示。

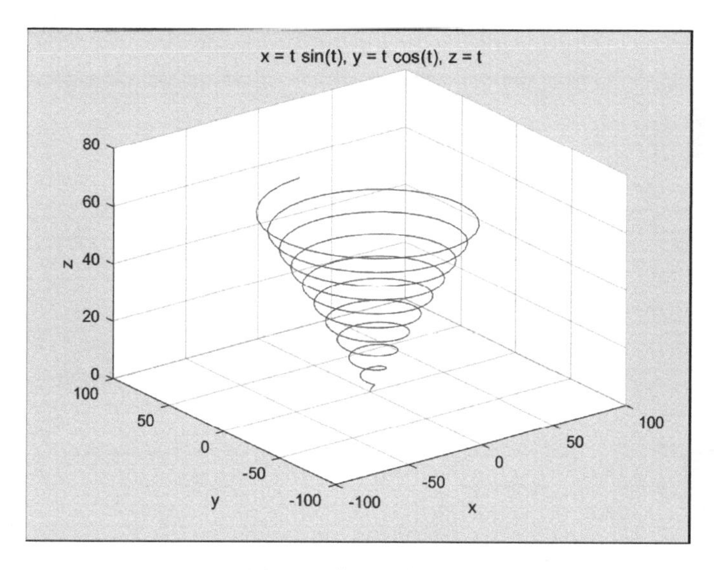

图 5-3 符号函数绘图

MATLAB 已提供了多条函数指令用于符号函数的绘图，均以 ez 开头，常用的符号函数的绘图指令如表 5-2 所示，这些符号函数绘图指令极大地方便了函数绘图工作，特别是隐函数的绘图。

表 5-2 常用符号函数绘图指令

函数指令	运算功能	函数指令	运算功能
ezplot	绘制二维曲线图	ezsurfc	绘制带等位线的曲面图
ezplot3	绘制三维曲线图	ezmesh	绘制网线图
ezpolar	绘制极坐标曲线图	ezmeshc	绘制带等位线的网线图
ezsurf	绘制曲面图	ezcontour	绘制等位线图

5.7.2 符号积分应用

MATLAB 提供的符号积分功能强大且应用广泛，而符号函数绘图能直接绘图。

【例 5-29】 绘制函数 $y(t)=0.6\mathrm{e}^{-\frac{t}{3}}\cos\frac{\sqrt{3}}{4}t$ 及其积分上限函数 $s(t)=\int_0^t y(t)\mathrm{d}t$ 的图形。

编制名为 exint.m 的程序如下：

```
syms t tao
y = 0.6 * exp( - t/3) * cos(sqrt(3)/4 * t);
s = subs(int(y,t,0,tao),tao,t);
subplot(2,1,1)
ezplot(y,[0,4 * pi]),ylim([ - 0.2,0.7])
grid on
subplot(2,1,2)
ezplot(s,[0,4 * pi]),ylim([ - 0.2,1.1])
grid on
```

之后在 MATLAB 命令窗口中运行 exam_5_29.m，得到函数图形如图 5-4 所示。

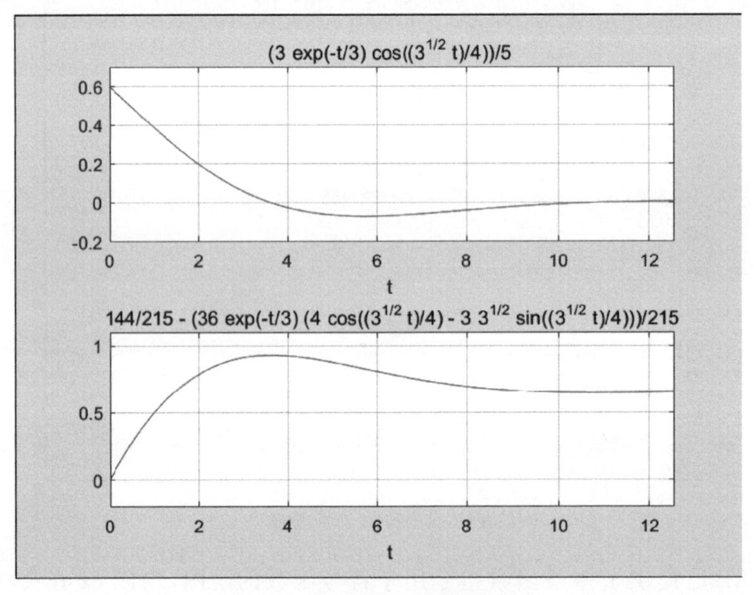

图 5-4 符号积分上限函数绘图

观察图 5-4 的两张子图，第一张子图为 $y(t)$ 的曲线图，图的顶部显示了由程序所定义的函数解析式；第二张子图为 $s(t)$ 的曲线图，图的顶部显示了由 int 函数指令符号计算出的函数解析式。比较子图 1 和子图 2，可以体会到函数积分后图形的直观意义，$s(t)$ 曲线图的顶点正好对应于 $y(t)$ 曲线图的第一次过零点。

5.7.3 符号卷积应用

依据线性时不变系统理论，卷积运算是计算线性系统输出的主要计算方法，卷积定理则揭示了时域卷积（或乘积）运算与变换域乘积（或卷积）运算之间的关系。在工程领域，无论是对线性时不变系统进行分析还是设计滤波器，都要运用到卷积的知识。

【例 5-30】 已知线性时不变系统的系统(传输)函数 $H(s)$如下,在系统输入为单位阶跃信号 $u(t)$时,试求系统的输出信号 $y(t)$。

$$H(s)=\frac{2}{(s+1)(s+3)}$$

依据线性时不变系统理论,系统输出为

$$y(t)=u(t)\circledast h(t)=\int_0^t u(\tau)*h(t-\tau)\mathrm{d}\tau \tag{5-9}$$

上式中的⊛符号代表的是卷积符号。$h(t)$是系统的单位冲激响应,可由下列命令行求出(对 $H(s)$做拉普拉斯逆变换):

```
>> syms s t
>> hs = 2/(s+1)/(s+3)
hs =
2/((s + 1)*(s + 3))
```

接着在命令窗口中输入:

```
>> ht = ilaplace(hs,s,t)
ht =
exp(-t) - exp(-3*t)
```

下面便进行符号卷积运算,直接在窗口中输入下列命令行:

```
>> syms tao
>> yt = int(heaviside(tao)*subs(ht,t,t-tao),tao,0,t)
yt =
  (sign(t)/2 + 1/2)*(exp(-3*t)/3 - exp(-t) + 2/3)
```

上面的解答完整明了,其中 sign(t)为符号函数,改写成数学符号表达如下:

$$y(t)=\frac{\mathrm{e}^{-3t}}{3}-\mathrm{e}^{-t}+\frac{2}{3},\quad t\geqslant 0$$

5.7.4 符号积分变换应用

函数积分变换的重要意义之一便是提供了微分方程和偏微分方程的变换域求解方法,通常是变换到频域或复频域内进行求解,变换域求解方法有效地降低了微分方程和偏微分方程的求解难度,在工程各领域具有广泛的应用。

【例 5-31】 利用拉普拉斯变换方法求解以下波动方程的定解问题。

$$\begin{cases}\dfrac{\partial^2 u}{\partial t^2}=a^2\dfrac{\partial^2 u}{\partial x^2}, & x>0,t>0\\ u(x,0)=0, & \dfrac{\partial u(x,0)}{\partial t}=0\\ u(0,t)=\varphi(t), & \lim\limits_{x\to\infty}u(x,t)=0\end{cases}$$

设函数 $u(x,t)$ 关于 t 取拉普拉斯变换后为 $U(x,s)$，则对上面的波动方程两边关于 t 均取拉普拉斯变换，方程左边关于 t 的变换结果如下：

$$\mathrm{L}\left[\frac{\partial^2 u}{\partial t^2}\right] = s^2\mathrm{L}[u(x,t)] - su(x,0) - \frac{\partial u(x,0)}{\partial t} = s^2U(x,s) \tag{5-10}$$

方程右边关于 t 变换结果如下：

$$\mathrm{L}\left[a^2\frac{\partial^2 u}{\partial x^2}\right] = a^2\frac{\partial^2}{\partial x^2}\mathrm{L}[u(x,t)] = a^2\frac{\partial^2}{\partial x^2}U(x,s) \tag{5-11}$$

边界条件也关于 t 取拉普拉斯变换后结果如下：

$$\mathrm{L}[u(0,t)] = \phi(s),\quad \mathrm{L}[\lim_{x\to\infty}u(x,t)] = \lim_{x\to\infty}\mathrm{L}[u(x,t)] = \lim_{x\to\infty}U(x,s) = 0$$

于是，利用拉普拉斯变换方法将波动方程定解问题成功转变为常微分边值问题如下：

$$\begin{cases} a^2\dfrac{\partial^2}{\partial x^2}U(x,s) - s^2U(x,s) = 0 \\ U(0,s) = \phi(s), \lim\limits_{x\to\infty}U(x,s) = 0 \end{cases}$$

以上方程的求解可以参照前面常微分方程求解的例 5-12，在 MATLAB 命令窗口中直接输入以下程序行对微分符号 Du 及 D2u 进行定义：

```
>> syms a s u(x)
>> Du = diff(u)
Du(x) =
diff(u(x), x)
>> D2u = diff(Du)
D2u(x) =
diff(u(x), x, x)
```

再直接输入以下程序行求解：

```
>> u = dsolve(D2u == (s/a)^2 * u)
u =
C7 * exp( - (s * x)/a) + C8 * exp((s * x)/a)
```

实质求出的是 $U(x,s)$ 的通解含有两个常数，还需要进一步求解，通过将边值条件代入之后，可以推导出：

$$C7 = \Phi(s),\quad C8 = 0$$

于是 $U(x,s)$ 的解为

$$U(x,s) = \Phi(s) * \exp(-(s * x)/a)$$

而 $u(x,t)$ 的求解只需要对 $U(x,s)$ 关于 s 做拉普拉斯逆变换便可以了，但 MATLAB 做这个逆变换会遇到一个问题：$\Phi(s)$ 并非特定的函数，那么对 $\Phi(s)$ 关于 s 做拉普拉斯逆变换其结果会如何呢？

试在 MATLAB 中输入如下程序行：

```
>> syms fai(s)
>> ilaplace(fai(s))
ans =
ilaplace(fai(s), s, t)
```

从上面的结果可以看出,MATLAB 只能给出 ilaplace(fai(s), s, t)的表示,而无法按照前面的假设,给出符合人们思维的直接答案: $\varphi(t)=L^{-1}[\phi(s)]$。

在理解了 MATLAB 的局限性之后,下面对 $U(x,s)$ 关于 s 做拉普拉斯逆变换:

```
>> syms fai(s) t x a
>> ilaplace(fai(s) * exp( - (x/a) * s),s,t)
ans =
ilaplace(exp( - (s * x)/a) * fai(s), s, t)
```

只能得到上面这样不完全的解答,之所以这样,是因为 $U(x,s)$ 中的符号太多了,我们可以对不参与拉普拉斯逆变换的 x、a 符号数值化,例如令 $x=1000$,$a=314$,将其代入再求拉普拉斯逆变换:

```
syms fai(s) t
>> ilaplace(exp( - (s * 1000)/314) * fai(s), s, t)
ans =
heaviside(t - 1000/314) * ilaplace(fai(s), s, t - 1000/314)
```

上面的这个解答就完全容易理解了,改写成数学符号表达便是

$$u(x,t)=\begin{cases}0, & t\leqslant \dfrac{x}{a}\\ \varphi\left(t-\dfrac{x}{a}\right), & t>\dfrac{x}{a}\end{cases}$$

以上便是波动方程的完整解析解。从以上解偏微分方程的过程可以感受到,虽然 MATLAB 的符号运算能力强大,但其始终是居于辅助运算的地位,现阶段人的思维仍然是机器无法取代的。

5.8 本章小结

本章简单介绍了 MATLAB 符号运算的特点,详细介绍了符号对象的创建和使用、符号多项式函数运算、符号微积分运算和符号方程求解。通过大量应用实例的讲解,读者可以更加深刻地认知 MATLAB 在符号运算中的应用。

第二部分
MATLAB高级篇

MATLAB 高级篇主要介绍 MATLAB 的数据可视化、Simulink 仿真基础和 MATLAB 图形用户界面(GUI)。通过 MATLAB 高级篇的学习,读者可以了解和掌握 MATLAB 的二维绘图、三维绘图、Simulink 仿真基础知识和 MATLAB 图形用户界面功能,为学习 MATLAB 各种应用篇奠定良好的基础。

MATLAB 高级篇包含如下 3 章:

第 6 章　MATLAB 数据可视化

第 7 章　Simulink 仿真基础

第 8 章　MATLAB 图形用户界面

第6章 MATLAB数据可视化

本章要点：

◇ 二维曲线和图形；

◇ 二维特殊绘图；

◇ 三维曲线和曲面；

◇ MATLAB 图形窗口。

数据可视化是 MATLAB R2016a 非常重要的功能，它将杂乱无章的数据通过图形来显示，从中观察出数据的变换规律和趋势特性等内在关系。本章主要介绍使用 MATLAB 绘制二维曲线、特殊二维图形、三维曲线及曲面，以及曲线和图形修饰等内容。

6.1 概述

MATLAB R2016a 提供了丰富的绘图函数和绘图工具，可以简单方便地绘制出令人满意的各种图形。MATLAB 绘制一个典型图形一般需要下面几个步骤。

1. 准备绘图的数据

对于二维曲线，需要准备横纵坐标数据；对于三维曲面，则需要准备矩阵参变量和对应的 Z 轴数据。

在 MATLAB 中，可以通过下面几种方法获得绘图数据：

(1) 把数据存为.txt 的文本文件，用 load 函数调入数据；

(2) 由用户自己编写命令文件得到绘图数据；

(3) 在命令窗口直接输入数据；

(4) 在 MATLAB 主工作窗口，通过“导入数据”菜单，导入可以识别的数据文件。

2. 选定绘图窗口和绘图区域

MATLAB 使用 figure 函数指定绘图窗口，默认时打开标题为 Figurc 1 的图形窗口。绘图区域如果位于当前绘图窗口，则可以省略这一步。可以使用 subplot 函数指定当前图形窗口的绘图子区域。

3. 绘图图形

根据数据，使用绘图函数绘制曲线和图形。

4. 设置曲线和图形的格式

图形的格式的设置，主要包括下面几方面：

(1) 线型、颜色和数据点标记设置；

(2) 坐标轴范围、标识及网格线设置；

(3) 坐标轴标签、图题、图例和文本修饰等设置。

5. 输出所绘制的图形

MATLAB 可以将绘制的图形窗口保存为.fig 文件，或者转换为别的图形文件，也可以复制图片或者打印图片等。

其中，步骤 1 和步骤 3 是必不可少的绘图步骤，其他步骤系统通常都有相应的默认设置，可以省略。例如，要在[0,2π]内绘制正弦函数的图形，可以用下面简单的语句：

```
t = 0:0.1:2 * pi;
y = sin(t);
plot(t,y)
```

其中，前两个语句是步骤 1 准备绘图数据，plot 函数是步骤 3，调用绘图函数画图。程序运行结果如图 6-1 所示。

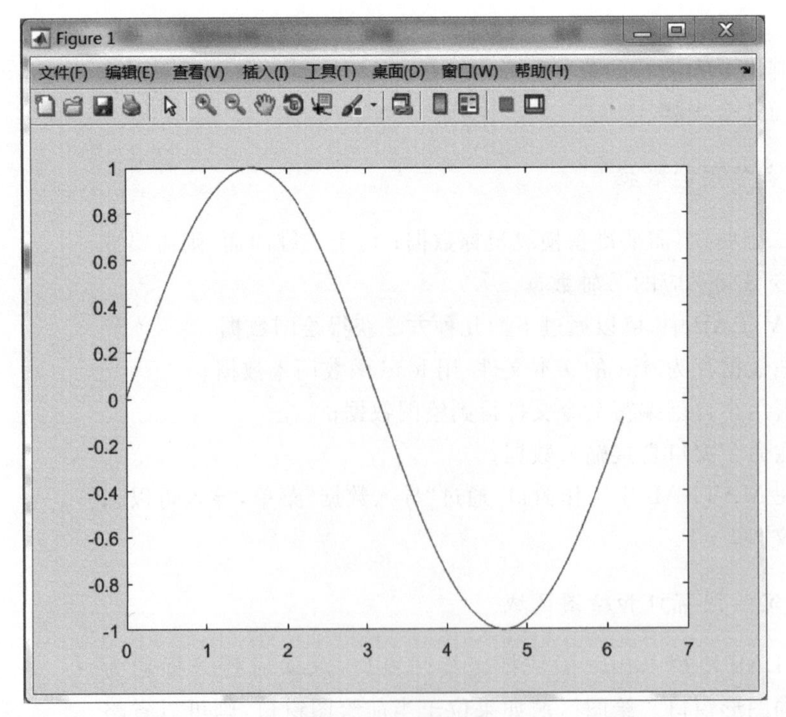

图 6-1 正弦曲线图

6.2 二维曲线的绘制

6.2.1 绘图基本函数

在 MATLAB 中，最基本且应用最广泛的绘图函数是绘制曲线函数 plot，利用它可以在二维平面上绘制不同的曲线。plot 函数有下列几种用法。

1. plot(y)

功能：绘制以 y 为纵坐标的二维曲线。

说明：

1) y 为向量时的 plot(y)

当 y 为长度为 n 的向量时，则纵坐标为 y，横坐标 MATLAB 根据 y 向量的元素序号自动生成，为 1：n 的向量。

例如，绘制幅值为 1 的锯齿波。

程序代码如下，结果如图 6-2 所示。

```
>> y=[0 1 0 1 0 1 0 1 0]
y =
     0     1     0     1     0     1     0     1     0
>> plot(y)
```

由上述程序可知，横坐标是 y 向量的序号，自动为 1～9。plot(y)适合绘制横坐标从 1 开始，间隔为 1，长度和纵坐标的长度一样的 y 曲线。

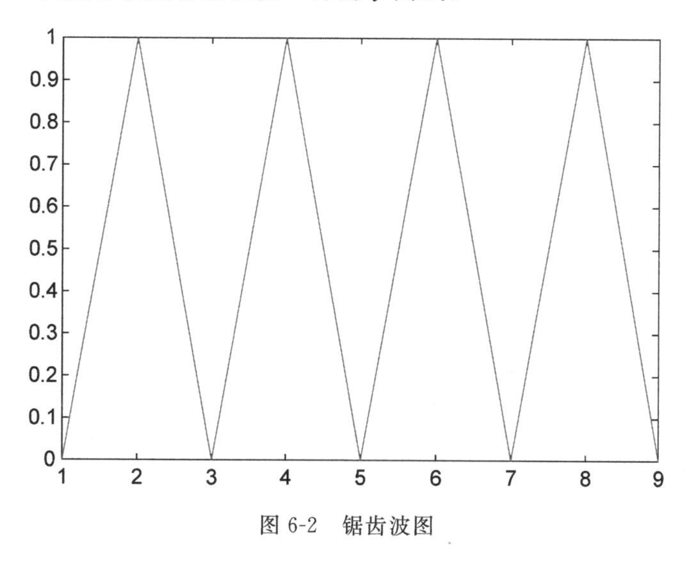

图 6-2 锯齿波图

2) y 为矩阵时的 plot(y)

当 y 为 m×n 矩阵时，plot(y)的功能是将矩阵的每一列画一条曲线，共 n 条曲线，每个曲线自动用不同颜色表示，每条曲线横坐标为向量 1：m，m 为矩阵的行数。

例如，绘制矩阵 y 为 3×3 的曲线图，已知 $y=\begin{bmatrix}4 & 5 & 6\\1 & 2 & 3\\4 & 5 & 6\end{bmatrix}$。

程序代码如下，结果如图 6-3 所示。

```
>> y = [4 5 6;1 2 3;4 5 6];
>> plot(y)
```

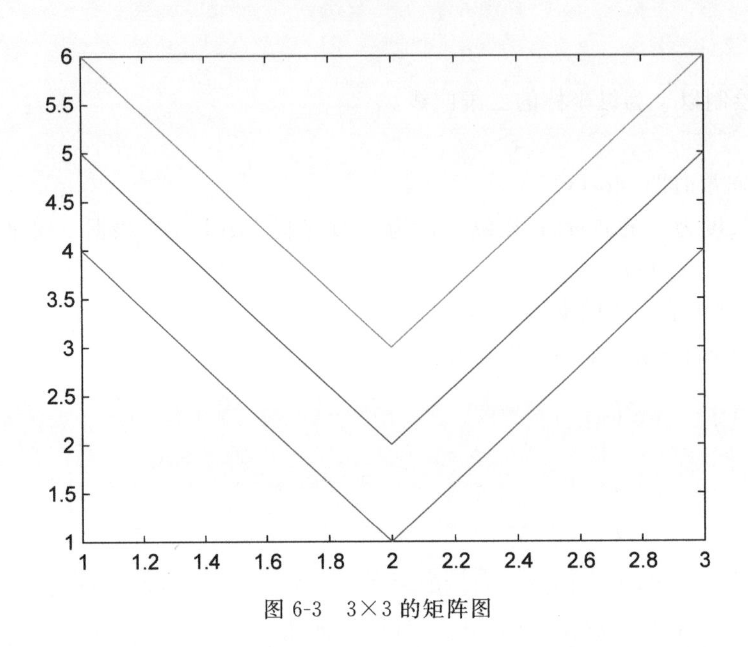

图 6-3　3×3 的矩阵图

由上述程序可知，y 矩阵有 3 列，故绘制 3 条曲线，纵坐标是矩阵每列的元素，行为 1 至矩阵的行数的向量。

3）y 为复数时的 plot(y)

当 y 为复数数组时，绘制以实部为横坐标，虚部为纵坐标的曲线，y 可以是向量也可以是矩阵。

2. plot(x, y)

功能：绘制以 x 为横坐标，y 为纵坐标的二维曲线。

说明：

1）x 和 y 为向量时的 plot(x, y)

x 和 y 的长度必须相等，图 6-1 的正弦曲线就是这种情况。

例如，用 plot(x, y)绘制幅值为 1，周期为 2s 的方波。

程序代码如下，结果如图 6-4 所示。

```
>>x = [0 1 1 2 2 3 3 4 4 5 5];
>> y = [1 1 0 0 1 1 0 0 1 1 0];
```

```
>> plot(x,y)                    %绘制二维曲线
>> axis([0 6 0 1.5])            %将横坐标设为0～6,纵坐标设为0～1.5
```

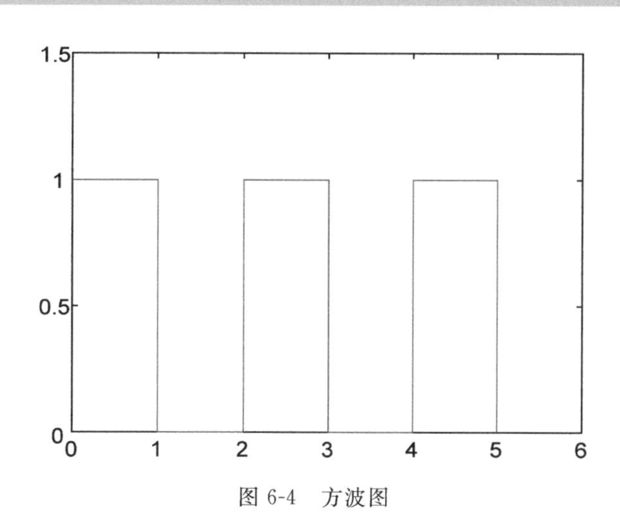

图 6-4　方波图

2）x 为向量、y 为矩阵时的 plot(x, y)

要求 x 的长度必须和 y 的行数或者列数相等。当向量 x 的长度和矩阵 y 的行数相等,向量 x 和 y 的每一列向量画一条曲线；当向量 x 的长度与矩阵 y 的列数相等时,则向量 x 和 y 的每一行向量画一条曲线；如果 y 是方阵,x 和 y 的行数和列数都是相等,则向量 x 与矩阵 y 的每一列向量画一条曲线。

3）x 是矩阵、y 是向量时的 plot(x,y)

要求 x 的行或者列数必须和 y 的长度相等。绘制方法与第二种情况相似。

4）x 和 y 都是矩阵时的 plot(x,y)

要求 x 和 y 大小必须相等,矩阵 x 的每一列与 y 对应的每一列画一条曲线。

【例 6-1】　已知 $\boldsymbol{x}_1=[1\ 2\ 3\ 4]$,$\boldsymbol{x}_2=\begin{bmatrix}1&2&3&4\\5&6&7&8\\9&10&11&12\\13&14&15&16\end{bmatrix}$，　$\boldsymbol{y}_1=\begin{bmatrix}1&2&3&4\\2&4&6&8\end{bmatrix}$，　$\boldsymbol{y}_2=\begin{bmatrix}1&1\\3&4\\5&9\\7&16\end{bmatrix}$，　$\boldsymbol{y}_3=\begin{bmatrix}1&2&3&4\\2&4&6&8\\3&6&9&12\\4&8&12&16\end{bmatrix}$。分别绘制 $\boldsymbol{x}_1$ 和 $\boldsymbol{y}_1$、$\boldsymbol{x}_1$ 和 $\boldsymbol{y}_2$、$\boldsymbol{x}_1$ 和 $\boldsymbol{y}_3$ 以及 $\boldsymbol{x}_2$ 和 $\boldsymbol{y}_3$ 的曲线。

程序代码如下,结果如图 6-5 所示。

```
x1 = 1:4;
x2 = [1 2 3 4;5 6 7 8;9 10 11 12;13 14 15 16];        %x2是方阵
y1 = [x1;2 * x1];                                      %y1的行与x1长度相等
y2 = [1 1;3 4;5 9;7 16];                               %y2的列与x1长度相等
y3 = [x1;2 * x1;3 * x1;4 * x1];                        %y3的行和列数与x1的长度相等
```

```
plot(x1,y1)
figure; plot(x1,y2)
figure; plot(x1,y3)
figure; plot(x2,y3)
>> exam_6_1
```

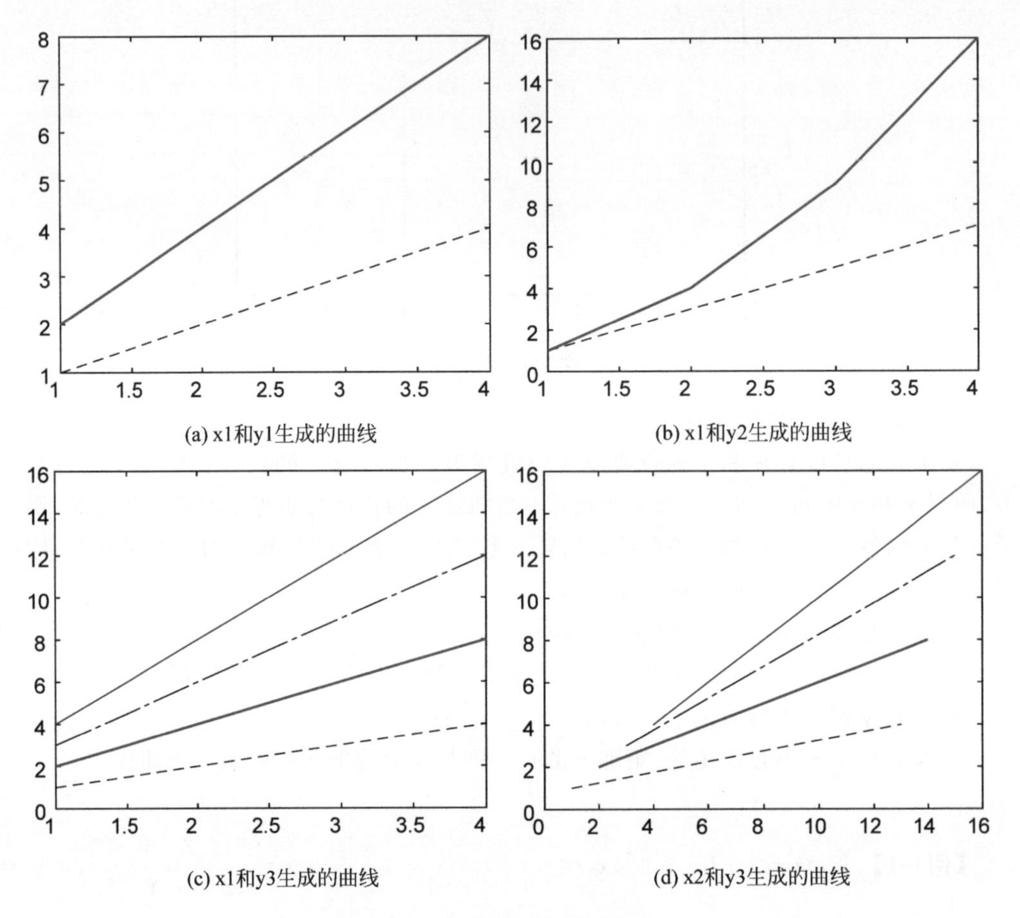

图 6-5　向量或矩阵 plot 绘图

3. plot(x1,y1,x2,y2,…)

功能：在同一坐标轴下绘制多条二维曲线。

plot(x1,y1,x2,y2,…)函数可以在一个图形窗口，同一坐标轴下绘制多条曲线，MATLAB 自动以不同颜色绘制不同曲线。

【例 6-2】 在一个图形窗口同一坐标轴绘制 $\sin(x)$、$\cos(x)$、$\sin^2(x)$和 $\cos^2(x)$4 种不同的曲线。

程序代码如下，结果如图 6-6 所示。

```
x = 0:0.1:2 * pi;
y1 = sin(x);
```

```
y2 = cos(x);
y3 = sin(x).^2;
y4 = cos(x).^2;
plot(x,y1,x,y2,x,y3,x,y4)
>> exam_6_2
```

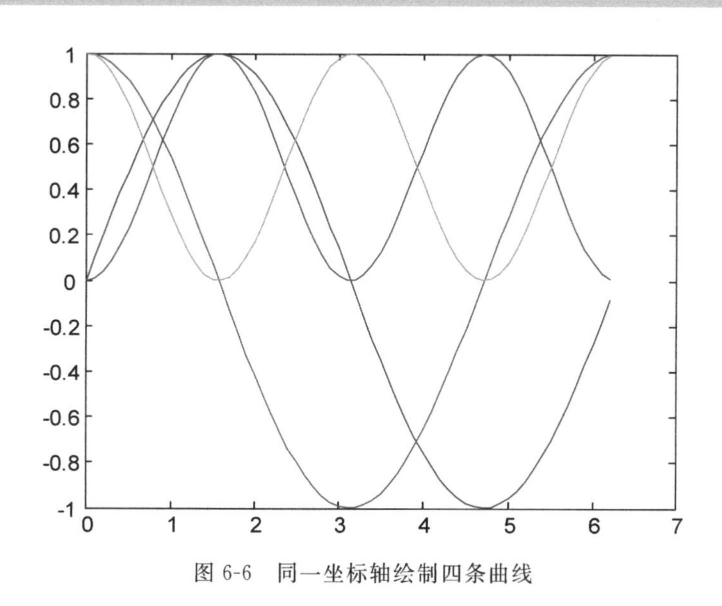

图 6-6 同一坐标轴绘制四条曲线

6.2.2 线性图格式设置

1. 设置曲线的线型、颜色和数据点标记

为了便于曲线比较，MATLAB 提供了一些绘图选项，可以控制所绘的曲线的线型、颜色和数据点的标识符号。命令格式如下：

```
plot(x, y,'选项')
```

其中，选项一般由线型、颜色和数据点标识组合一起。选项具体定义如表 6-1 所示。当选项省略时，MATLAB 默认线型一律使用实线，颜色将根据曲线的先后顺序依次采用表 6-1 给出的颜色。

表 6-1 线型、颜色和数据点标识定义

颜色		线型		数据点标识	
类型	符号	类型	符号	类型	符号
蓝色	b(blue)	实线(默认)	—	实点标记	.
绿色	g(green)	点线	:	圆圈标记	o
红色	r(red)	虚线	——	叉号标记	x
青色	c(cyan)	点画线	—.	十字标记	+

续表

颜　　色		线　　型		数据点标识	
类型	符号	类型	符号	类型	符号
紫红色	m(magenta)			星号标记	*
黄色	y(yellow)			方块标记	s
黑色	k(black)			钻石标记	d
白色	w(white)			向下三角标记	v
				向上三角标记	^
				向左三角标记	<
				向右三角标记	>
				五角星标记	p
				六角形标记	h

【例 6-3】 在一个图形窗口同一坐标轴，绘制蓝色、实线和数据点标记为圆圈的正弦曲线，同时绘制红色、点画线和数据点为钻石标记余弦曲线。

程序代码如下，结果如图 6-7 所示。

```
clear
x = 0:0.1:2 * pi;
y1 = sin(x);y2 = cos(x);
plot(x,y1,'b-o',x,y2,'r-.d')
```

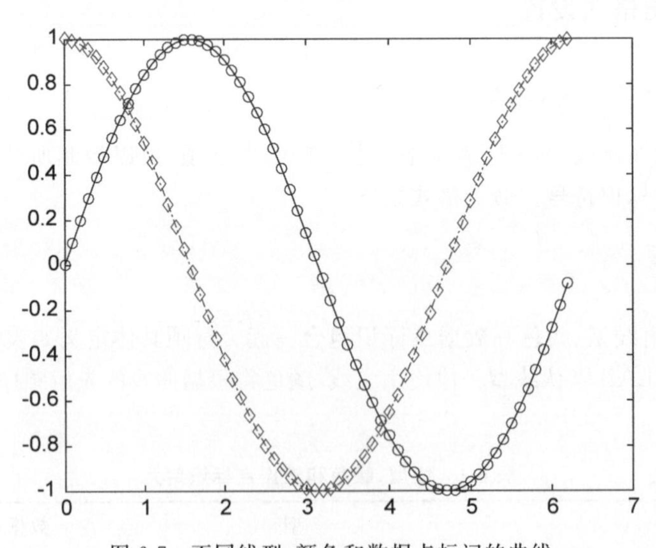

图 6-7　不同线型、颜色和数据点标记的曲线

2. 设置坐标轴

MATLAB 可以通过函数设置坐标轴的刻度和范围来调整坐标轴。设置坐标轴函数 axis 的常用调用格式如表 6-2 所示。

表 6-2 常用设置坐标轴函数及功能

函数命令	功能及说明	函数命令	功能及说明
axis auto	使用默认设置	axis manual	保持当前坐标范围不变
axis ([xmin, xmax, ymin, ymax])	设定坐标范围，且要求 xmin < xmax, ymin < ymax	axis fill	在 manual 方式下，使坐标充满整个绘图区域
axis equal	横纵坐标使用等长刻度	axis on	显示坐标轴
axis square	采用正方形坐标系	axis off	取消坐标轴
axis normal	默认矩形坐标系	axis xy	普通直角坐标，原点在左下方
axis tight	把数据范围设为坐标范围	axis ij	矩阵式坐标，原点在左上方
axis image	横纵轴采用等长刻度，且坐标框紧贴数据范围	axis vis3d	保持高宽比不变，三维旋转时避免图形大小变化

【例 6-4】 使用调整坐标轴函数 axis，实现 $\sin(x)$和 $\cos(x)$两条曲线的坐标轴调整。程序代码如下，结果如图 6-8 所示。

```
clear
close all
x = 0:0.1:2 * pi;
y1 = sin(x); y2 = cos(x);
plot(x,y1,x,y2) ; axis([0 4 * pi  - 2 2])      %设置横纵坐标为[0,4π],[ - 2,2]
figure
plot(x,y1,x,y2); axis([0 pi 0 0.9])            %设置横纵坐标为[0,π],[0,0.9]
figure
plot(x,y1,x,y2); axis image                    %设置横纵轴等长刻度,坐标边框紧贴数据范围
figure
plot(x,y1,x,y2); axis tight                    %设置数据范围设为坐标范围
```

由图 6-8 结果可知，通过设置坐标轴的范围，可以实现曲线的放大和缩小效果。

3. 网格线和坐标边框

1）网格线

为了便于读数，MATLAB 可以在坐标系中添加网格线，网格线根据坐标轴的刻度使用虚线分隔。MATLAB 的默认设置是不显示网格线。

MATLAB 使用 grid on 函数显示网格线，grid off 函数不显示网格线，反复使用 grid 函数可以在 grid on 和 grid off 之间切换。

2）坐标边框

坐标边框是指坐标系的刻度框，MATLAB 使用 box on 函数实现添加坐标边框，box off 函数去掉当前坐标边框，反复使用 box 函数则在 box on 和 box off 之间切换。默认设置是添加坐标边框。

【例 6-5】 绘制 $y=3e^{-0.3x}\sin(2x)$，$x\in[0,2\pi]$曲线及包络线，使用网格线函数 grid 分别实现在坐标轴上添加和不显示网格线；利用三维表面图函数 surf 绘制 peaks 曲面图，利用坐标边框函数 box，添加和不显示坐标边框功能。

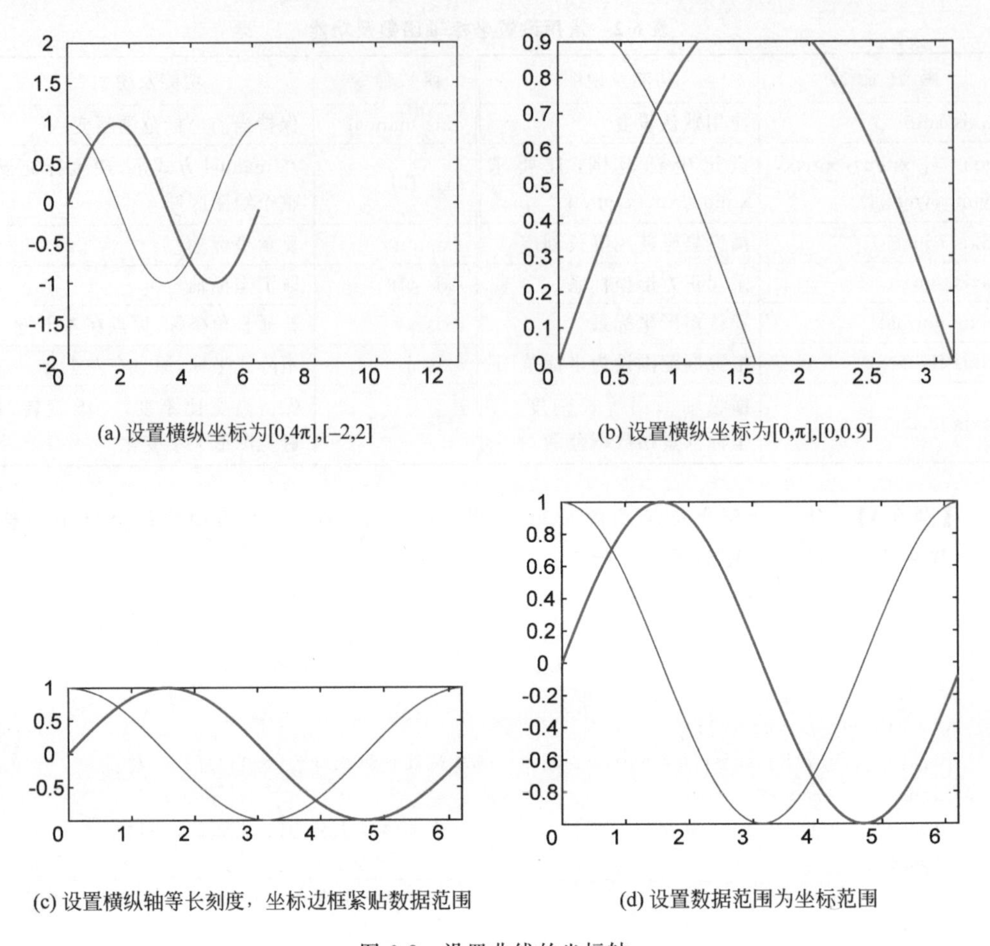

图 6-8 设置曲线的坐标轴

程序代码如下，结果如图 6-9 所示。

```
close all
x = (0:0.1:2 * pi)';
y1 = 3 * exp( - 0.3 * x) * [1, - 1];
y2 = 3 * exp( - 0.3 * x). * sin(2 * x);
plot(x,y1,x,y2) %MATLAB 默认不添加网格线
figure;plot(x,y1,x,y2)
grid on %添加网格线
figure;plot(x,y1,x,y2)
[X,Y,Z] = peaks;
surf(X,Y,Z);box on %添加坐标边框
figure;[X,Y,Z] = peaks;
surf(X,Y,Z);box off %不显示坐标边框
>> exam_6_5
```

从图 6-9 结果可知，添加网格线，便于曲线数据的读取；添加坐标边框，效果更明显。

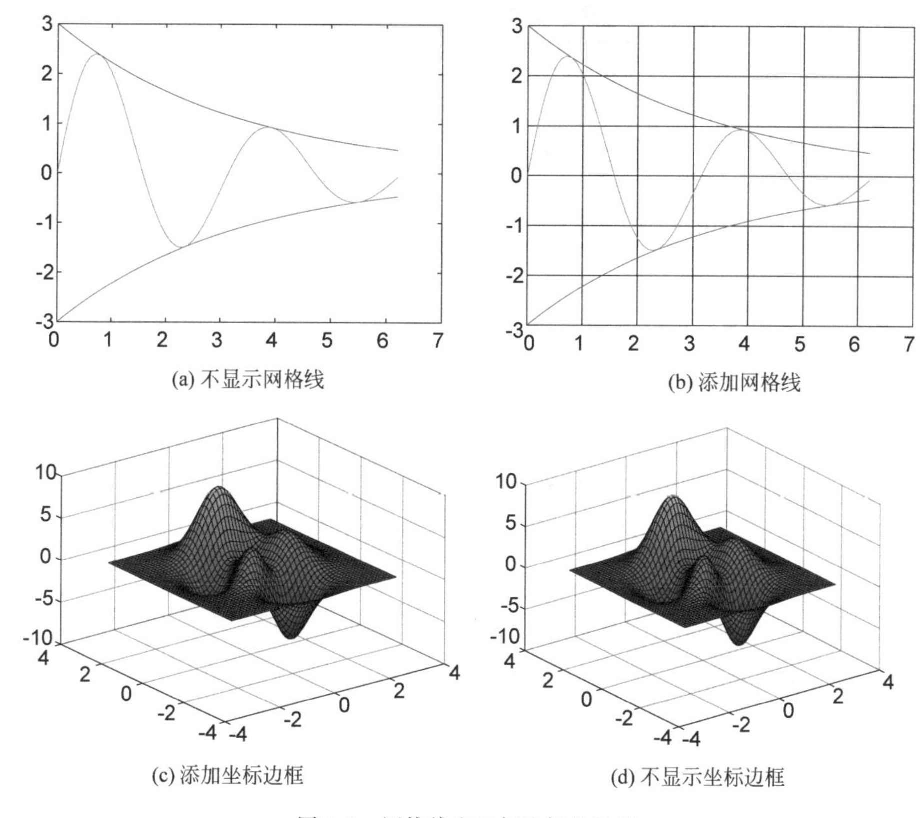

(a) 不显示网格线　(b) 添加网格线

(c) 添加坐标边框　(d) 不显示坐标边框

图 6-9　网格线和坐标边框的设置

6.2.3　图形修饰

绘图完成后，为了使图形意义更加明确，便于读图，还需要对图形进行一些修饰操作。MATLAB 提供了很多图形修饰函数，实现对图形添加标题(title)、横纵坐标轴的标签(label)，图形某一部分文本标注(text)，不同数据线的图例标识(legend)等功能。

1. 标题和标签设置

MATLAB 提供 title 函数和 label 函数实现添加图形的标题和坐标轴的标签功能。它们的调用格式如下：

```
(1) title('str')
(2) xlabel('str' )
(3) ylabel('str')
(4) zlabel('str')
```

其中，title 为设置图形标题的函数；xlabel、ylabel 和 zlabel 为设置 x、y 和 z 坐标轴的标签函数；str 为注释字符串，也可为结构数组。

如果图形注释中需要使用一些特殊字符如希腊字符、数学字符以及箭头等符号，则可以使用表 6-3 所示的对应命令。

表 6-3　常用的希腊字母、数学字符和箭头符号

类别	命令	符号	命令	符号	命令	符号	命令	符号
希腊字母	\alpha	α	\zeta	ζ	\sigma	σ	\Sigma	Σ
	\beta	β	\epsilon	ε	\phi	ϕ	\Phi	Φ
	\gamma	γ	\Gamma	Γ	\psi	ψ	\Psi	Ψ
	\delta	δ	\Delta	Δ	\upsilon	υ	\Upsilon	ϒ
	\theta	θ	\Theta	Θ	\mu	μ	\eta	η
	\lambda	λ	\Lambda	Λ	\nu	ν	\chi	χ
	\xi`	ξ	\Xi`	Ξ	\kappa	κ	\iota	ι
	\pi	π	\Pi	Π	\rho	ρ		
	\omega	ω	\Omega	Ω	\tau	τ		
数学符号	\times	×	\approx	≈	\cup	∪	\int	∫
	\div	÷	\neq	≠	\cap	∩	\infty	∞
	\pm	±	\oplus	≡	\in	∈	\angle	∠
	\leq	⩽	\sim	≌	\otimes	⊗	\vee	∨
	\geq	⩾	\exists	∝	\oplus	⊕	\wedge	∧
箭头	\leftarrow	←	\uparrow	↑	leftrightarrow		↔	
	\rightarrow	→	\downarrow	↓	updownarrow		↕	

2. 图形的文本标注

MATLAB 提供 text 和 gtext 函数，能在坐标系某一位置标注文本注释。它们的调用格式如下：

```
(1) text(x, y, 'str')
(2) gtext('str')
(3) gtext({'str1';'str2';'str3';…})
```

其中，text(x, y, 'str')函数能在坐标系位置(x,y)处添加文本 str 注释；gtext('str')可以为鼠标选择的位置处添加文本 str 注释；gtext({'str1';'str2';'str3';…})一次放置一个字符串，多次放置在鼠标指定的位置上。

【例 6-6】 使用 title、xlabel、ylabel、text 和 gtext 函数，对正弦曲线设置标题，横纵坐标轴标签，在曲线特殊点标识文本注释。

程序代码如下，结果如图 6-10 所示。

```
clear
close all
t = 0:0.1:2 * pi;
y = sin(t);
plot(t,y)
xlabel('t(S)')
ylabel('sin(t)(V)')
grid on
title('This is an example of sin(t)\rightarrow 2\pi')
text(pi,sin(pi),'\leftarrow this is a zero point for\pi')
```

```
gtext('\uparrow this is a max point for\pi/2')
gtext('\downarrow this is a min point for 3 * \pi/2')
```

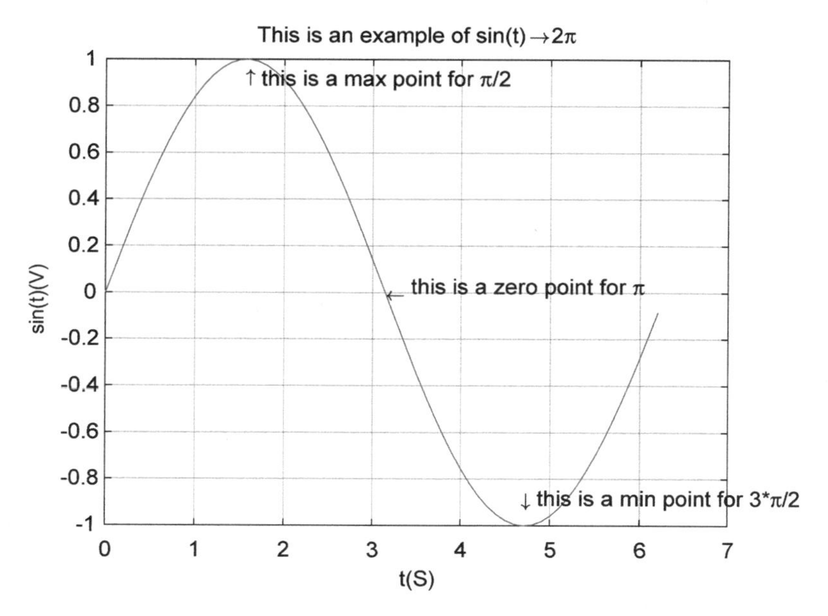

图 6-10　标题、标签和文本修饰

3. 图例设置

为了区别在同一坐标系里的多条曲线，一般会在图形空白处添加图例。MATLAB 提供 legend 函数可以添加图例，函数调用格式为

```
legend('str1','str2',…,'location',LOC)
```

其中，str1，str2，…为图例标题，与图形内曲线依次对应；LOC 为图例放置位置参数，LOC 的取值如表 6-4 所示。

legend off 用于删除当前图中的图例。

表 6-4　图例位置参数

位置参数	功　能	位置参数	功　能
'North'	放在图内的顶部	'NorthOutside'	放在图外的顶部
'South'	放在图内的底部	'SouthOutside'	放在图外的底部
'East'	放在图内的右侧	'EastOutside'	放在图外的右侧
'West'	放在图内的左侧	'WestOutside'	放在图外的左侧
'NorthEast'	放在图内的右上角	'NorthEastOutside'	放在图外的右上角
'NorthWest'	放在图内的左上角	'NorthWestOutside'	放在图外的左上角
'SouthEast'	放在图内的右下角	'SouthEastOutside'	放在图外的右下角
'SouthWest'	放在图内的左下角	'SouthWestOutside'	放在图外的左下角
'Best'	最佳位置(覆盖数据最好)	'BestOutside'	放在图外最佳位置

【例 6-7】 在同一坐标系中,分别绘制以红实线、数据点标记为"*"的正弦曲线和绿点画线、数据点标记为"o"的余弦曲线,并设置适当的图例、标题和坐标轴标签。

程序代码如下,结果如图 6-11 所示。

```
clear
close all
t = 0:0.1:2 * pi;
y1 = sin(t);
y2 = cos(t);
plot(t,y1,'r-* ',t,y2,'g-.o')                      %在同一个坐标系画正弦和余弦曲线
xlabel('t(S)')                                     %添加横坐标标签
ylabel('sin(t)&cos(t)(V)')                         %添加纵坐标标签
grid on                                            %增加网格线
title('正弦和余弦曲线')                              %设置图形标题
legend('正弦曲线','余弦曲线','location','north')     %图例放在图内顶部
>> exam_6_7
legend('正弦曲线','余弦曲线','location','best')      %图例放在图内最佳位置
```

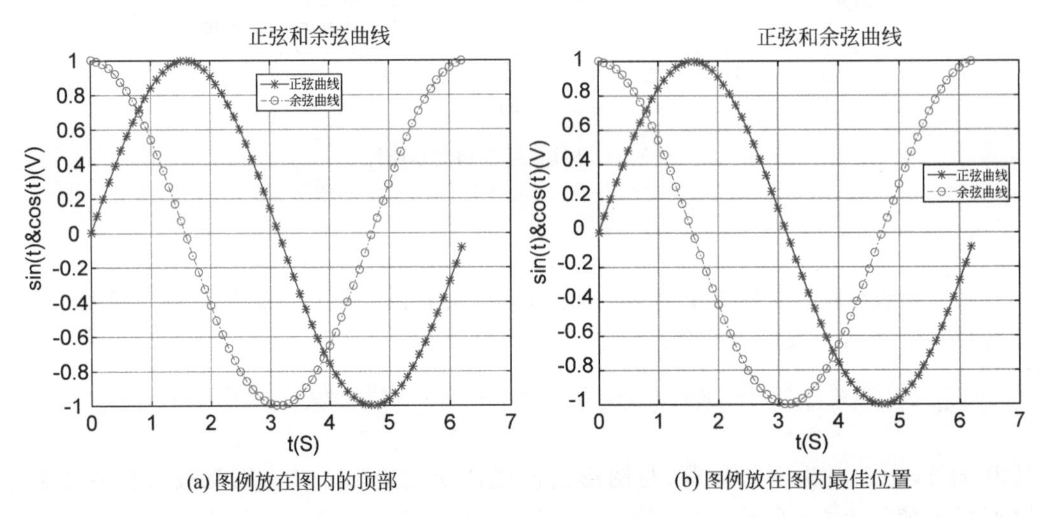

(a) 图例放在图内的顶部　　(b) 图例放在图内最佳位置

图 6-11　图例及其位置设置

4. 用鼠标获取二维图形数据

MATLAB 提供 ginput 函数,实现用鼠标从图形获取数据功能。ginput 函数在工程设计、数值优化中很有用,仅适用于二维图形。该函数格式如下:

```
[x, y] = ginput(n)                    %用鼠标从图形中获取 n 个点的坐标(x,y)
```

其中,n 为正整数,是通过鼠标在图形中获取数据点的个数; x 和 y 用来存放所获取的坐标,是列向量,每次获取的坐标点为列向量的一个元素。

当运行 ginput 函数后,会把当前图形从后台调到前台,同时鼠标光标变为十字叉,用户移动鼠标将十字叉移动到待取坐标点,单击便获得该点坐标。当 n 个点的数据全部取完后,图形窗口便退回后台。

为了使 ginput 函数能准确选择坐标点，可以使用工具栏放大按钮 对图形进行局部放大处理。

例如，在命令窗口中使用 ginput 函数，从图形窗口获取两点的坐标数据，存放在变量 x 和 y 中。

```
>> [x,y] = ginput(2)
```

6.2.4 图形保持

一般情况下，MATLAB 绘图每执行一次 plot 绘图命令，就刷新一次当前图形窗口，原有的图形将被覆盖。如果希望在已存在的图形上继续添加新的图形，可以使用图形保持命令 hold 函数。hold on 命令是控制保持原有图形，hold off 是刷新原有图形。反复使用 hold 函数，则在 hold on 和 hold off 之间切换。

【例 6-8】 用图形保持功能在同一坐标内，绘制曲线 $y=3e^{-0.3x}\sin(3x)$ 及其包络线，$x\in[0,2\pi]$。

程序代码如下，结果如图 6-12 所示。

```
clear
t = (0:0.1:2 * pi)';
y1 = 3 * exp( - 0.3 * t) * [1, - 1];
y2 = 3 * exp( - 0.3 * t). * sin(3 * t);
plot(t,y1,'r:')                                        % 绘制包络线
hold on                                                % 打开图形保持功能
plot(t,y2,'b - ')                                      % 绘制曲线 y
legend('包络线','包络线','曲线 y','location','best')   % 添加图例
xlabel('t')                                            % 设置横坐标签
ylabel('y')                                            % 设置纵坐标签
hold off                                               % 关闭图形保持功能
grid on                                                % 添加网格线
>> exam_6_8
```

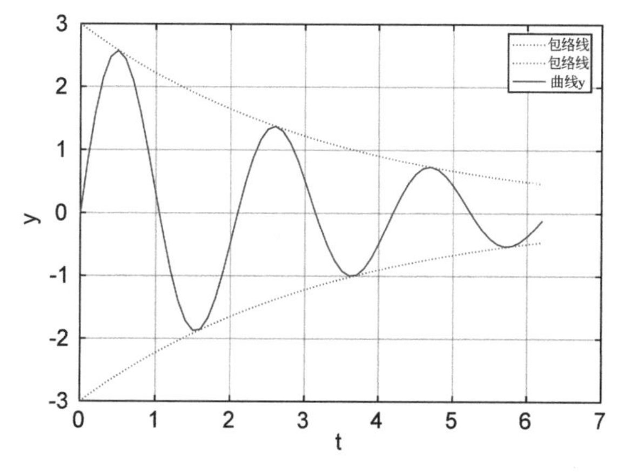

图 6-12 图形保持功能

6.2.5 多个图形绘制

为了便于多个图形比较,MATLAB提供了subplot函数,实现一个图形窗口绘制多个图形的功能。subplot函数可以将同一窗口分割成多个子图,能在不同坐标系绘制不同的图形,这样便于对比多个图形,也可以节省绘图空间。subplot函数的格式如下:

```
subplot(m,n,p)                    %将图形窗口分割成(m×n)子图,在第p幅为当前图
```

其中,subplot中的逗号“,”可以省略;子图排序原则是:左上方为第一幅,从左往右从上向下依次排序,子图之间彼此独立;n为子图列数,共分割为m×n个子图。

【例6-9】 试在同一图形窗口的4个子图中,用不同的坐标系绘制 $y_1=\sin(t)$, $y_2=\cos(t)$, $y_3=\sin(2t)$, $y_4=\cos(2t)$ 在 $t\in[0,2\pi]$ 的4条不同的曲线。

程序代码如下,结果如图6-13所示。

```
clear
t = (0:0.1:2 * pi);
y1 = sin(t);y2 = cos(t);
y3 = sin(2 * t);y4 = cos(2 * t);
subplot(2,2,1);plot(t,y1)   %将当前图形窗口分隔为2行2列,在第一个子图作t-y1曲线
title('sin(t)')
subplot(2,2,2);plot(t,y2)   %将当前图形窗口分隔为2行2列,在第二个子图作t-y2曲线
title('cos(t)')
subplot(2,2,3);plot(t,y3)   %将当前图形窗口分隔为2行2列,在第三个子图作t-y3曲线
title('sin(2 * t)')
subplot(2,2,4);plot(t,y4)   %将当前图形窗口分隔为2行2列,在第四个子图作t-y4曲线
title('cos(2 * t)')
```

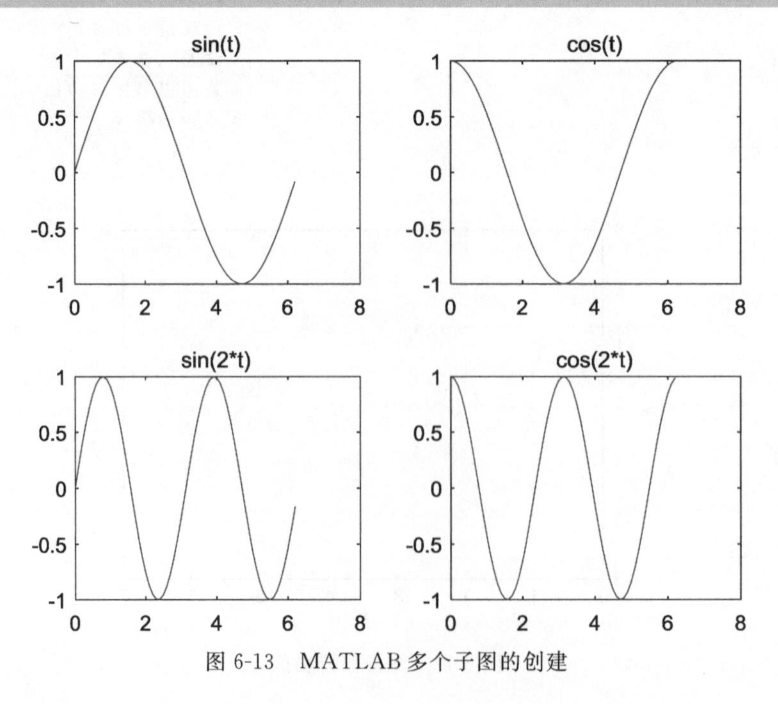

图6-13 MATLAB多个子图的创建

6.3 二维特殊图形的绘制

在生产实际中，有时候需要绘制一些特殊的图形，例如饼图、柱状体、直方图和极坐标图等，MATLAB提供了绘制各种特殊图形的函数，使用起来很方便。

6.3.1 柱状图

柱状图常用于统计的数据进行显示，便于观察和比较数据的分布情况，适用于数据量少的离散数据。MATLAB使用bar、barh、bar3和bar3h函数来绘制柱状图，它们的调用格式如下：

```
(1) bar(x,y, width,参数)          %绘制垂直柱状图
```

其中，x是横坐标向量，默认值为1；m，m为y的向量长度；y是纵坐标，可以是向量或者矩阵，当y为向量时，每个元素对应一个竖条，当y为m×n的矩阵时，绘制m组竖条，每组包含n条；width是竖条的宽度，默认宽度为0.8，如果宽度大于1，则条与条之间将重叠；参数用于控制条形显示效果，有'grouped'分组式和'stacked'堆栈式，默认为'grouped'。

```
(2) barh(x, y, width,参数)        %绘制水平柱状图
```

其中，变量及参数定义与bar函数一致。

```
(3) bar3(x, y, width,参数)        %绘制三维垂直柱状图
(4) barh3(x, y, width,参数)       %绘制三维水平柱状图
```

其中，bar3和barh3函数的变量的定义与bar类似；参数除了有'grouped'分组式和'stacked'堆栈式，还多了'detached'分离式，默认为'detached'。

【例6-10】 已知某个班4位学生，在5次考试中取得下列成绩，如表6-5所示，请用垂直柱状图、水平柱状图、三维垂直柱状图和三维水平柱状图分别显示成绩。

表6-5 学生成绩

学生序号	第一次考试	第二次考试	第三次考试	第四次考试	第五次考试
1	98	90	60	75	80
2	78	87	90	80	65
3	50	70	89	99	92
4	86	83	70	60	94

程序代码如下，结果如图6-14所示。

```
clear
x1 = [98 90 60 75 80];
x2 = [78 87 90 80 65];
```

```
x3 = [50 70 89 99 92];
x4 = [86 83 70 60 94];
x = [x1;x2;x3;x4];
subplot(2,2,1);bar(x)                          % 在第一个子图绘制垂直分组式柱状图
title('垂直柱状图')
xlabel('Students');ylabel('Scores')
subplot(2,2,2);barh(x,'stacked')               % 在第二个子图绘制水平堆栈式柱状图
title('水平柱状图')
xlabel('Scores');ylabel('Students')
subplot(2,2,3);bar3(x)                         % 在第三个子图绘制三维垂直柱状图
title('三维垂直柱状图')
xlabel('Test Number');ylabel('Students');zlabel('Scores')
subplot(2,2,4);bar3h(x,'detached')             % 在第四个子图绘制三维水平分离式柱状图
title('三维水平柱状图')
xlabel('Test Number');ylabel('Scores');zlabel('Students')
>> exam_6_10
```

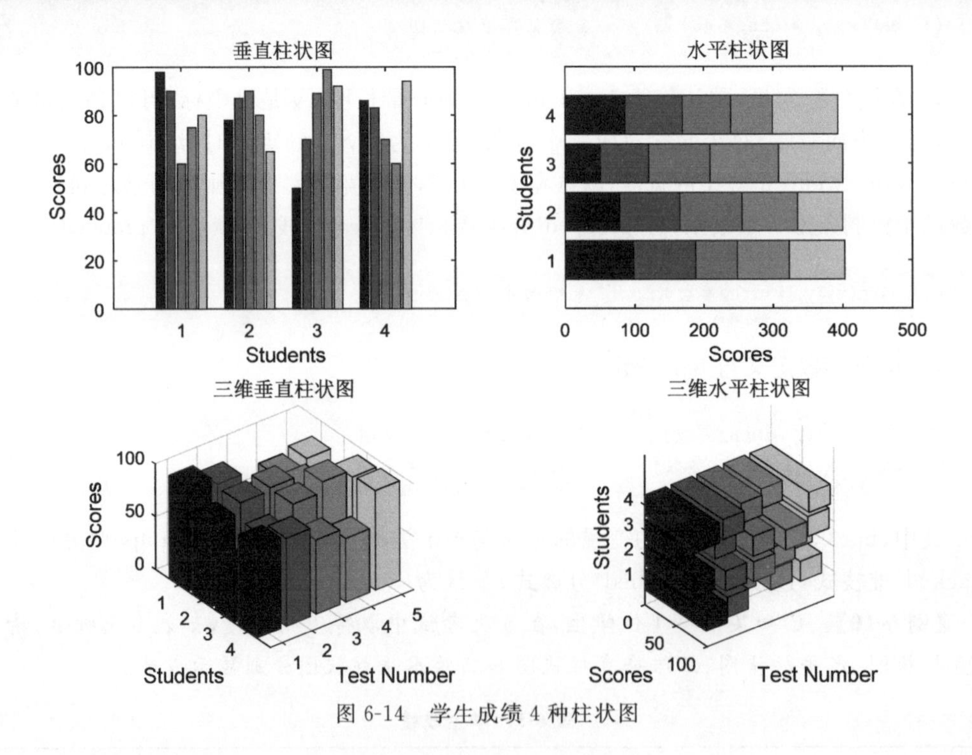

图 6-14　学生成绩 4 种柱状图

6.3.2　饼形图

饼形图适用于显示向量和矩阵各元素占总和的百分比。MATLAB 提供 pie 和 pie3 函数绘制二维和三维饼形图,它们的调用格式分别如下：

```
(1) pie(x, explode, 'label')      % 绘制二维饼图
```

其中,当 x 为向量时,每个元素占总和的百分比；当 x 为矩阵时,每个元素占矩阵所有元素总和的百分比；explode 是与 x 同长度的向量,用于控制是否从饼图中分离对应的一块,非零元素表示该部分需要分离,系统默认是省略 explode 项,即不分离；label 用来

标注饼形图的字符串数组。

```
(2) pie3(x, explode, 'label')     % 绘制三维饼图
```

其中,变量及参数定义和二维饼图 pie 函数一致。

【例 6-11】 已知一个服装店 4 个月的销售数据为 x=[210 240 180 300],分别用二维和三维饼图显示销售数据。

程序代码如下,结果如图 6-15 所示。

```
clear
x=[210 240 180 300];
subplot(2,2,1);
pie(x,{'一月份','二月份','三月份','四月份'})                    % 绘制销售额的二维饼图
title('销售额的二维饼图')
subplot(2,2,2);
pie(x,[0 0 1 0])                                              % 绘制销售额的二维饼图(分离)
title('销售额的二维饼图(分离)')
subplot(2,2,3);
pie3(x,{'一月份','二月份','三月份','四月份'})                   % 绘制销售额的三维饼图
title('销售额的三维饼图')
subplot(2,2,4);
pie3(x,[0 0 0 1],{'一月份','二月份','三月份','四月份'}) % 绘制销售额的三维饼图(分离)
title('销售额的三维饼图(分离)')
>> exam_6_11
```

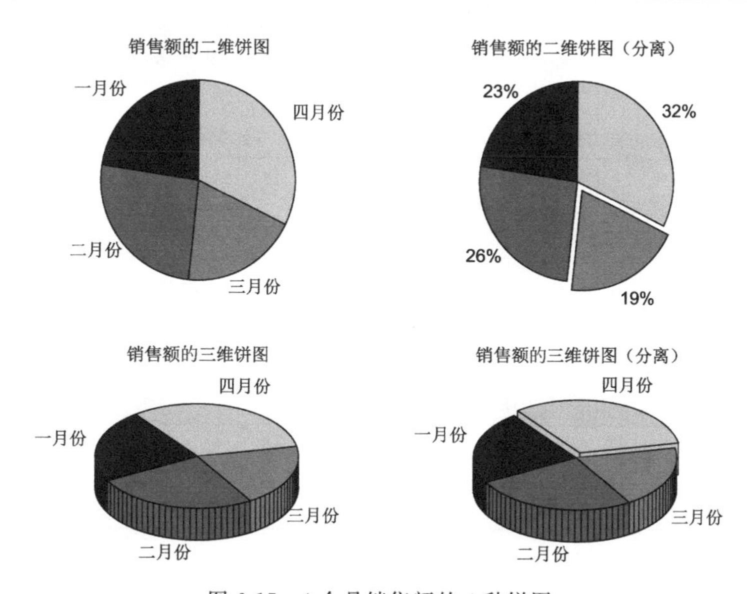

图 6-15　4 个月销售额的 4 种饼图

6.3.3 直方图

直方图又称为频数直方图,适用于统计并记录已知数据的分布情况。MATLAB 提供 hist 函数用于绘制条形直方图。直方图的横坐标将数据范围划分成若干段,统计在每

一段内有多少个数,纵坐标显示每段数据的个数。函数调用格式如下:

```
(1) hist(y,n)(统计每段元素个数并绘制直方图)
(2) hist(y,x)
(3) N = hist(y,x)
```

其中,n为分段的个数,若n省略时,默认分成10段;x是向量,用于指定所划分每个数据段的中间值;y可以是向量,也可以是矩阵,如果是矩阵,则按列分段;N是每段元素的个数。

【例6-12】 用hist函数绘制rand(10000,1)和randn(10000,1)函数产生的数据的直方图。

程序代码如下,结果如图6-16所示。

```
clear
y1 = rand(10000,1);
y2 = randn(10000,1);
subplot(2,2,1);hist(y1,50)                    %绘制均匀分布的直方图(50分段)
title('均匀分布的直方图(50分段)')
subplot(2,2,2);hist(y1,[0:0.1:1])             %绘制均匀分布的直方图(10分段)
title('均匀分布的直方图(10分段)')
subplot(2,2,3);hist(y2)                       %绘制正态分布的直方图(默认分段)
title('正态分布的直方图(默认段)')
subplot(2,2,4);hist(y2,[-5:0.1:5])            %绘制正态分布的直方图(100分段)
title('正态分布的直方图(100分段)')
N1 = hist(y1,10)                              %统计10个分段,每段多少个元素
N2 = hist(y2)                                 %统计默认10分段,每段多少个元素
```

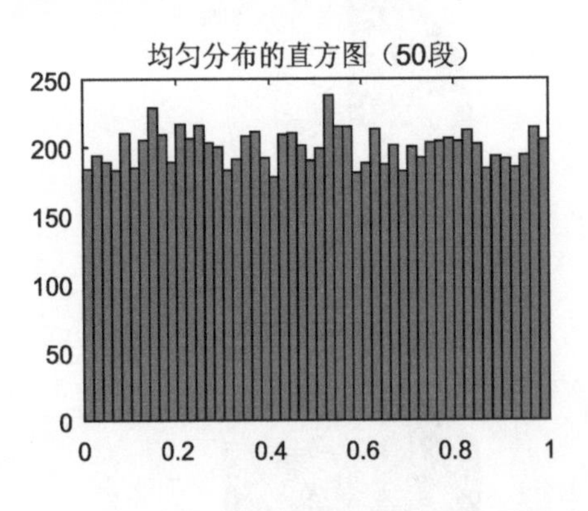

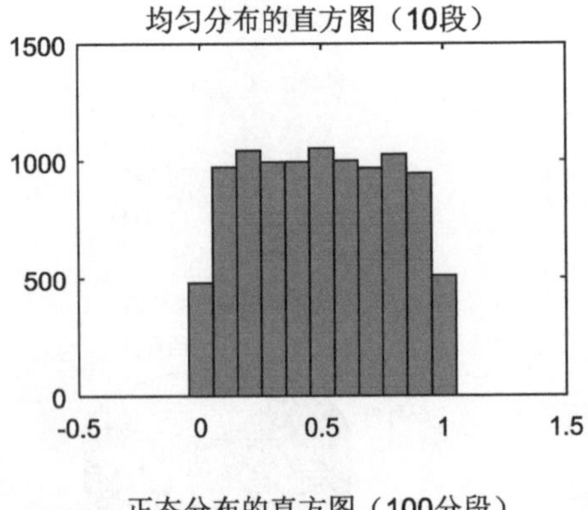

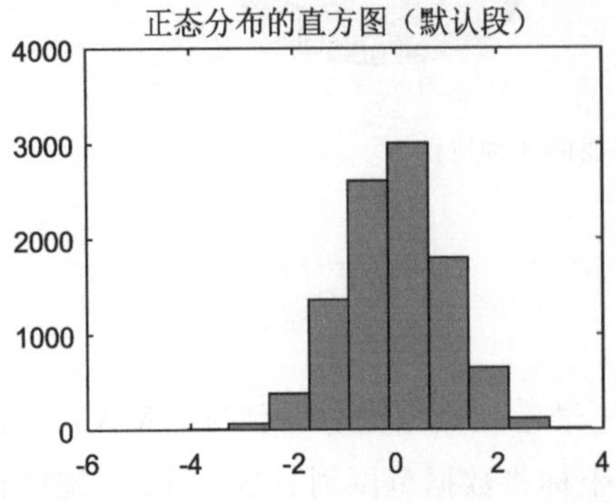

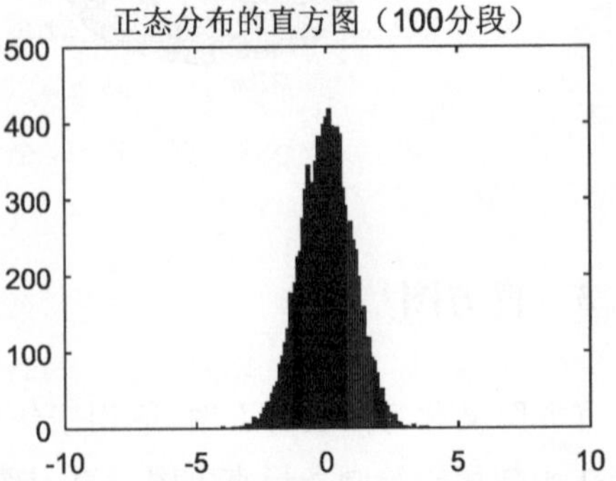

图6-16 均匀分布和正态分布的直方图

```
>> exam_6_12
N1 =
      960  1017  1042   985   988  1048  971  1005  995  989
N2 =
  6    64   377  1366  2607  3006  1803  647   115    9
```

由上述程序结果可知，用 hist 函数可以方便地绘制出均匀分布 rand 和正态分布 randn 的函数产生的随机数的直方图，验证了它们服从均匀分布和正态分布。

6.3.4 离散数据图

MATLAB 的离散数据图常用 stairs 函数绘制的阶梯图、stem 函数绘制的火柴杆图和 candle 函数绘制的蜡烛图。

1. stairs 阶梯图

MATLAB 提供 stairs 函数绘制阶梯图，stairs 函数的调用格式如下：

```
stairs(x,y,'参数')
```

其中，stairs 函数的格式与 plot 函数相似，不同的是将数据用一个阶梯图表示；x 是横坐标，可以省略，当 x 省略时，横坐标为 1:size(y,1)；如果 y 是矩阵，则绘制每一行画一条阶梯曲线；参数主要是控制线的颜色和线型，和 plot 函数定义一样。

2. stem 火柴杆图

MATLAB 提供 stem 函数绘制火柴杆图，stem 函数的调用格式如下：

```
stem(x, y, '参数')
```

其中，stem 函数绘制的方法和 plot 命令很相似，不同的是将数据用一个垂直的火柴杆表示，火柴头的小圆圈表示数据点；x 是横坐标，可以省略，当 x 省略时，横坐标为 1:size(y,1)；y 是用于画火柴杆的数据，y 可以是向量或矩阵，若 y 是矩阵，则每一行数据画一条火柴杆曲线；参数可以是‘fill’或线型，‘fill’表示将火柴头填充，线型与 plot 线型参数相似。

3. candle 蜡烛图

MATLAB 提供 candle 函数绘制蜡烛图，即股票的分析图，用于股票数据的分析，candle 函数的调用格式如下：

```
candle(HI, LO, CL, OP)
```

其中，HI 为股票的最高价格向量；LO 为股票的最低价格向量；CL 为股票的收盘价格向量；OP 为股票的开盘价格向量。

【例 6-13】 使用 stairs 函数和 stem 函数绘制正弦离散数据 $y=\sin(t)$阶梯图和火柴杆图。

程序代码如下，结果如图 6-17 所示。

```
clear
t = 0:0.1:2 * pi;
y = sin(t);
subplot(2,1,1);
stairs(t,y,'r-') %绘制正弦曲线的阶梯图
xlabel('t');
ylabel('sin(t)')
title('正弦曲线的阶梯图')
subplot(2,1,2);
stem(t,y,'fill') %绘制正弦曲线的火柴杆图
xlabel('t');
ylabel('sin(t)')
title('正弦曲线的火柴杆图')
>> exam_6_13
```

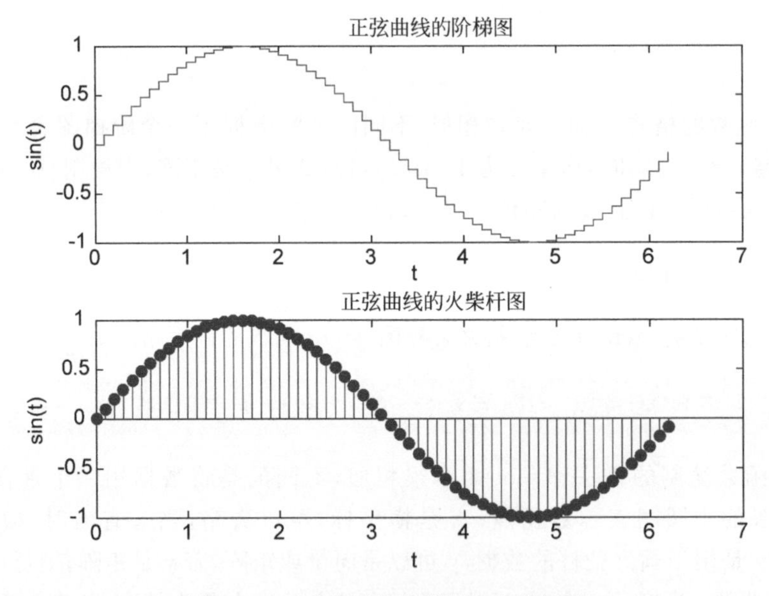

图 6-17　正弦曲线的阶梯图和火柴杆图

【例 6-14】 使用 candle 函数绘制 2017 年 2 月 27 日到 3 月 14 日，12 个交易日大众公用股票的蜡烛图，即分析图。

程序代码如下，结果如图 6-18 所示。

```
clear
open = [6.42 6.37 6.38 6.53 6.44 6.48 6.46 6.44 6.44 6.52 6.52 6.53]';
high = [6.55 6.42 6.68 6.60 6.49 6.49 6.49 6.54 6.66 6.55 6.58 6.55]';
low = [6.38 6.34 6.38 6.43 6.42 6.43 6.40 6.42 6.35 6.43 6.48 6.43]';
close = [6.38 6.39 6.55 6.46 6.46 6.47 6.46 6.46 6.56 6.50 6.53 6.45]';
candle(high,low,close,open)
```

```
xlabel('t');ylabel('Stock Price')
title('大众公用 2017.2.27 至 3 月 14 日 12 个交易日趋势图')
>> exam_6_14
```

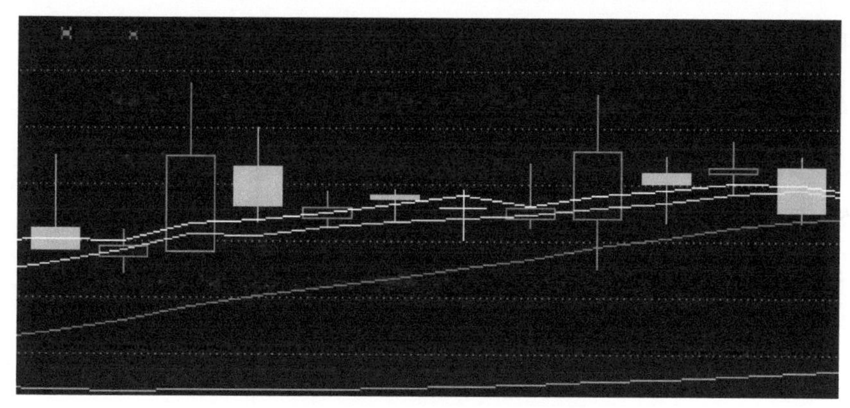

(a) 用股票交易软件得到的趋势图

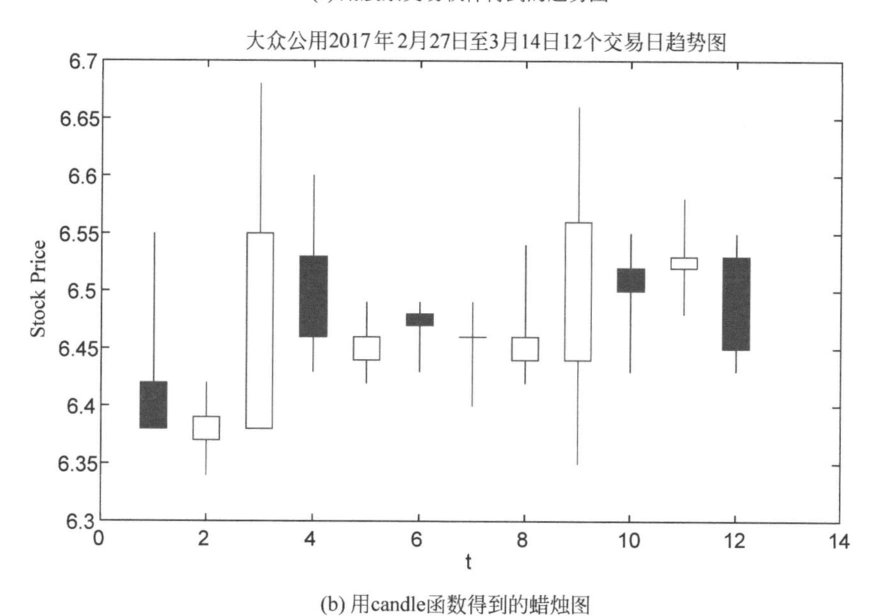

(b) 用candle函数得到的蜡烛图

图 6-18 大众公用股票 12 日蜡烛图

6.3.5 向量图

向量图是一种带有方向的数据图，可以用来表示复数和向量。MATLAB 提供三种绘制向量图的函数：罗盘图 compass 函数、羽毛图 feather 函数和向量场 quiver 函数。

1. *罗盘图*

MATLAB 提供 compass 函数绘制罗盘图，在极坐标系中绘制从原点到每一个数据点带箭头的线段。函数调用格式如下：

```
(1) compass(u,v,'线型')  %绘制横坐标为u,纵坐标为v的罗盘图
(2) compass(Z,'线型')    %绘制复向量Z的罗盘图
```

其中，u和v分别是复向量Z的实部和虚部，u=real(Z)，v=imag(Z)。

2. 羽毛图

MATLAB提供feather函数绘制羽毛图，在直角坐标系中绘制从原点到每一个数据点带箭头的线段。函数调用格式如下：

```
(1) feather(u,v,'线型')  %绘制横坐标为u,纵坐标为v的羽毛图
(2) feather(Z,'线型')    %绘制复向量Z的羽毛图
```

3. 向量场

MATLAB提供quiver函数绘制向量场图，在直角坐标系中绘制以(x,y)为起点，到每一个数据点带箭头的向量场。函数调用格式如下：

```
quiver(x, y, u, v)  %绘制以(x,y)为起点,横纵坐标为(u,v)的向量场
```

【例6-15】 已知三个复数向量A1=5+5i，A2=3－4i和A3=－4+2i，使用compass、feather和quiver函数绘制复向量的向量图。

程序代码如下，结果分别如图6-19和图6-20所示。

```
clear
A1 = 5 + 5i;A2 = 3 - 4i;A3 = - 4 + 2i;                 %输入三个复数向量
subplot(1,2,1);
compass([A1,A2,A3],'b')                                %绘制罗盘图
title('罗盘图')
subplot(1,2,2);
feather([A1,A2,A3],'r')                                %绘制羽毛图
title('羽毛图')
figure
quiver([0,1,2],0,[real(A1),real(A2),real(A3)],…,  %绘制向量场图
[imag(A1),imag(A2),imag(A3)],'b')
title('向量场图')
>> exam_6_15
```

6.3.6 极坐标图

MATLAB提供polar函数绘制极坐标图，在极坐标系中根据相角theta和离原点的距离rho绘制极坐标图。函数调用格式如下：

```
polar(theta,rho,'参数')
```

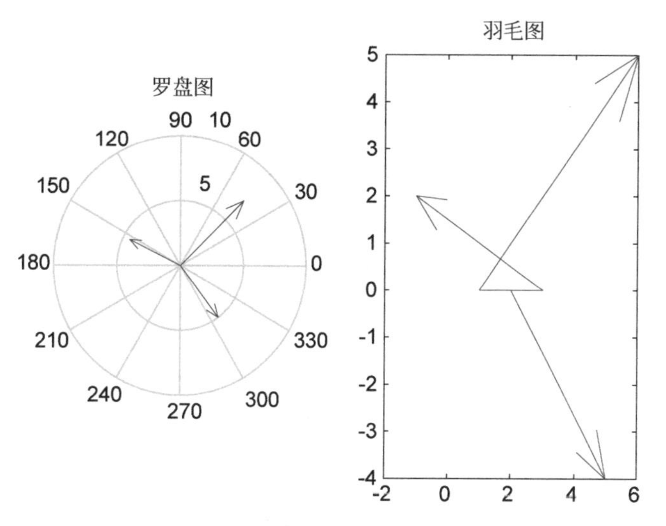

图 6-19 罗盘图和羽毛图

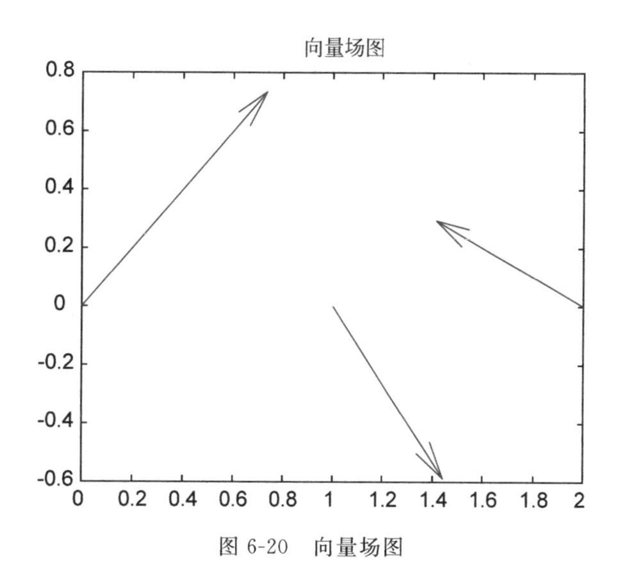

图 6-20 向量场图

其中，theta 为相角，以弧度为单位；rho 为半径；参数定义与 plot 函数参数相同。

【例 6-16】 已知 4 个极坐标曲线 $\rho_1=\sin(\theta)$，$\rho_2=2\cos(3\theta)$，$\rho_3=3\sin^2(5\theta)$，$\rho_4=5\cos^3(6\theta)$，$-\pi\leqslant\theta\leqslant\pi$，在同一图形窗口 4 个不同子图中，使用 polar 函数绘制 4 个极坐标图。

程序代码如下，结果如图 6-21 所示。

```
clear;                          %清除工作空间变量
theta = - pi:0.01:pi;
rho1 = sin(theta);              %计算4个半径
rho2 = 2 * cos(3 * theta);
rho3 = 3 * sin(5 * theta).^2;
rho4 = 5 * cos(6 * theta).^3;
subplot(2,2,1);
polar(theta,rho1)               %绘制第一条极坐标曲线
```

```
title('sin(θ)')
subplot(2,2,2);
polar(theta,rho2,'r')           %绘制第二条极坐标曲线
title('2 * cos(3θ)')
subplot(2,2,3);
polar(theta,rho3,'g')           %绘制第三条极坐标曲线
title('3 * (sin(5θ))^2')
subplot(2,2,4);
polar(theta,rho4,'c')           %绘制第四条极坐标曲线
title('5 * (cos(6θ))^3')
```

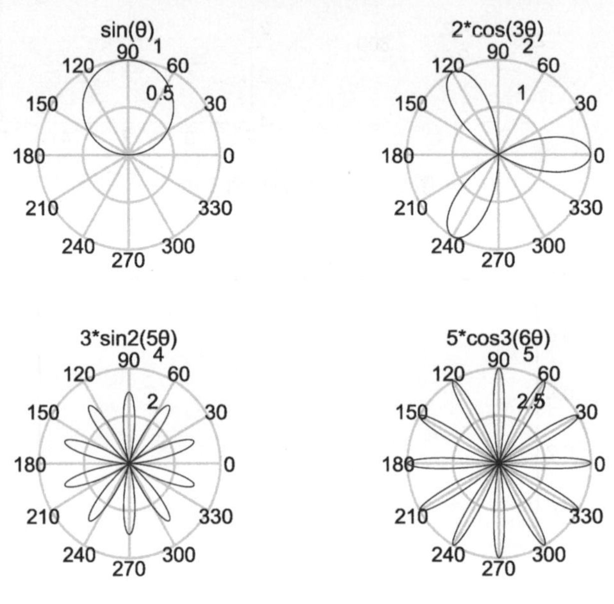

图 6-21　极坐标图

6.3.7　对数坐标图

在实际应用中，常用到对数坐标。对数坐标图是指坐标轴的刻度不是用线性刻度而是使用对数刻度。MATLAB 提供 semilogx 和 semilogy 函数实现对 x 轴和 y 轴的半对数坐标图，提供 loglog 函数实现双对数坐标图。它们的调用格式如下：

```
(1) semilogx(x1,y1,'参数 1',x2,y2,'参数 2',…)
(2) semilogy(x1,y1,'参数 1',x2,y2,'参数 2',…)
(3) loglog(x1,y1,'参数 1',x2,y2,'参数 2',…)
```

其中，参数的定义和 plot 函数参数定义相同，所不同的是坐标轴的选取；semilogx 函数使用半对数坐标，x 轴为常用对数刻度，y 轴为线性坐标刻度；semilogy 函数也使用半对数坐标，x 轴为线性坐标刻度，y 轴为常用对数刻度；loglog 函数使用全对数坐标，x 轴和 y 轴均采用常用对数刻度。

【例 6-17】　在同一图形窗口 4 个不同子图中，绘制 $y=5x^3, 0\leqslant x\leqslant 8$ 函数的线性坐

标、半对数坐标和双对数坐标图。

程序代码如下，结果如图 6-22 所示。

```
clear;                          %清除变量空间
x = 0:0.1:8;y = 5 * x.^3;       %计算作图数据
subplot(2,2,1);
plot(x,y)                       %绘制线性坐标图
title('线性坐标图')
subplot(2,2,2);
semilogx(x,y,'r-.')             %绘制半对数坐标图 x
title('半对数坐标图 x')
subplot(2,2,3);
semilogy(x,y,'g-')              %绘制半对数坐标图 y
title('半对数坐标图 y')
subplot(2,2,4);
loglog(x,y,'c--')               %绘制双对数坐标图
title('双对数坐标图')
>> exam_6_17
```

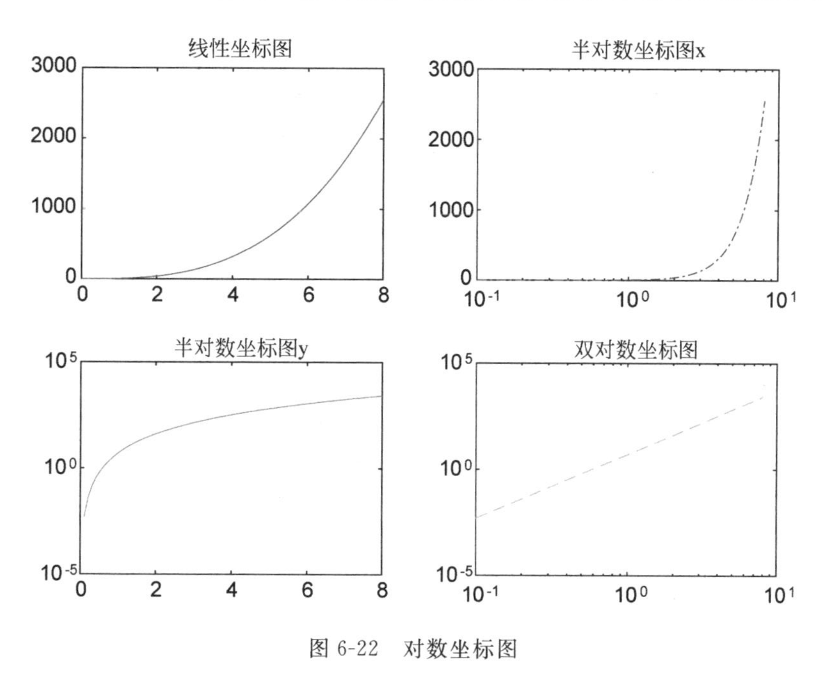

图 6-22 对数坐标图

6.3.8 双纵坐标绘图

在实际中，为了便于数据对比分析，可以将不同坐标刻度的两个图形绘制在同一个窗口。MATLAB 提供 plotyy 函数实现把函数值具有不同量纲、不同数量级的两个函数绘制在同一坐标系中。plotyy 函数的调用格式为

```
(1) plotyy(x1,y1,x2,y2)
(2) plotyy(x1,y1,x2,y2,fun1,fun2)
```

其中,x1,y1对应一条曲线；x2,y2对应另一条曲线。横坐标的刻度相同,左纵坐标用于x1,y1数据绘图,右纵坐标用于x2,y2数据绘图；fun1和fun2是句柄或字符串,控制作图的方式,fun可以为plot、semilogx、semilogy、loglog和stem等二维绘图指令。

【例6-18】 在同一图形窗口,实现两条曲线 $y1=3\sin(x)$,$y2=2x^2$,$0\leqslant x\leqslant 6$ 的双纵坐标绘图。

程序代码如下,结果如图6-23所示。

```
clear; %清空变量空间
x = 0:0.1:6;
y1 = 3 * sin(x);
y2 = 2 * x.^2; %计算y1,y2绘图数据
subplot(1,2,1);
plotyy(x,y1,x,y2) %绘制线性双纵坐标图
title('绘制线性双纵坐标图')
grid on
subplot(1,2,2);
plotyy(x,y1,x,y2,'plot','semilogy') %绘制线性和半对数双纵坐标图
title('线性和半对数双纵坐标图')
grid on
>> exam_6_18
```

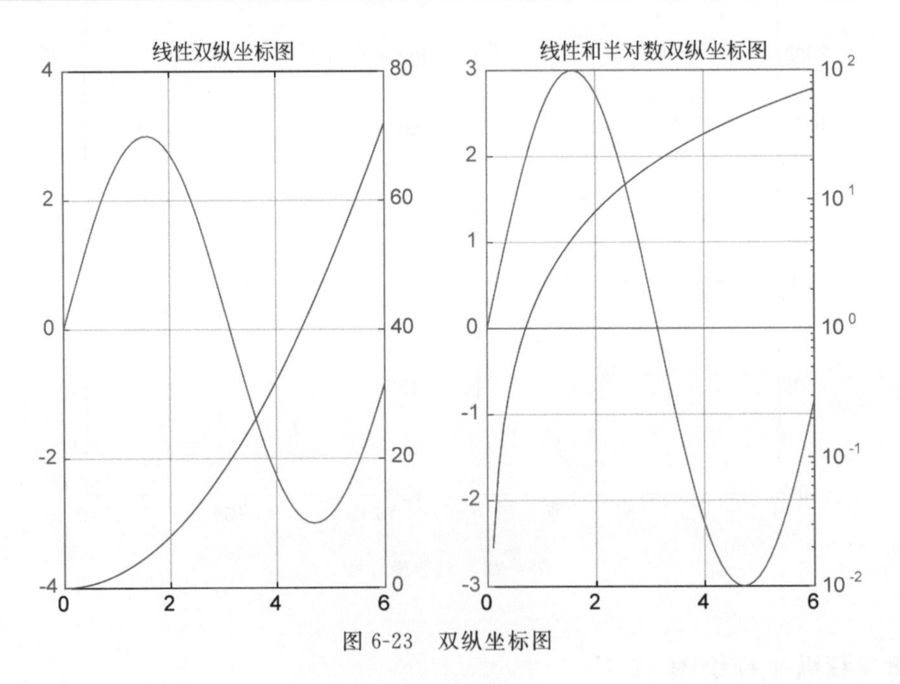

图6-23　双纵坐标图

6.3.9　函数绘图

MATLAB提供ezplot函数,实现函数绘图功能,其调用格式有如下几种。

1) ezplot(f)

其中,f=f(x),x是默认取值范围(x∈[−2π,2π]),绘制f=f(x)的图形。对于f(x,y),x和y的默认取值范围都是[−2π,2π],绘制f(x,y)=0的图形。

2）ezplot(f,[min,max])

其中，f=f(x)，x 的取值范围是 x∈[min,max]，绘制 f=f(x)的图形。对于 f(x,y)，ezplot(f, [xmin,xmax,ymin,ymax])按照 x 和 y 的取值范围（x∈[xmin,xmax]，y∈[ymin,ymax]）绘制f(x,y)=0 的图形。

3）ezplot(x,y)

其中，x=x(t)，y=y(t)，按照 t 的默认取值范围（t∈[0,2π]）绘制函数 x=x(t)、y=y(t)的图形。

4）ezplot(x,y,[tmin,tmax])

按照 t 的指定取值范围（t∈[tmin,tmax]），绘制函数 x=x(t)、y=y(t)的图形。

【例 6-19】 在同一图形窗口的不同子窗口下，用 ezplot 函数绘制两条曲线 $y=\sin(2x)$，$x\in[0,2\pi]$，$f=x^2-y^2-1$，$x\in[-2\pi,2\pi]$，$y\in[-2\pi,2\pi]$。

程序代码如下，结果如图 6-24 所示。

```
clear;
f1 = 'sin(2 * x)';f2 = 'x.^2 - y.^2 - 1';
subplot(1,2,1);
ezplot(f1,[0,2 * pi])
title('f = sin(2 * x)'); grid on
subplot(1,2,2);
ezplot(f2)
title('x^2 - y^2 - 1'); grid on
>> exam_6_19
```

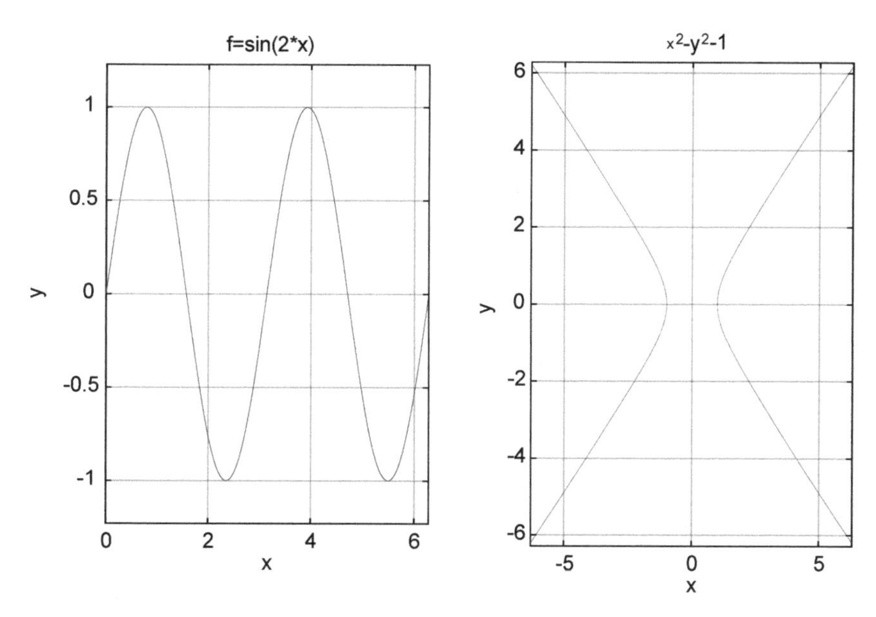

图 6-24　函数绘图

6.4　三维曲线和曲面的绘制

MATLAB 能绘制很多种三维图形，包括三维曲线、三维网格线、三维表面图和三维特殊图形。

6.4.1 绘制三维曲线图

三维曲线图是根据三维坐标(x,y,z)绘制的曲线,MATLAB 使用 plot3 函数实现。其调用格式和二维绘图的 plot 命令相似,命令格式为

```
plot3(x,y,z,'选项')        %绘制三维曲线
```

其中,x,y,z 必须是同维的向量或者矩阵,若是向量,则绘制一条三维曲线,若是矩阵,则按矩阵的列绘制多条三维曲线,三维曲线的条数等于矩阵的列数。选项的定义和二维 plot 函数定义一样,一般由线型、颜色和数据点标识组合在一起。

【例 6-20】 绘制三维曲线,当 x 为矩阵和向量,绘制 $y=\sin(x)$, $z=\cos(x)$。

程序代码如下,结果如图 6-25 所示。

```
clear;
x = [0:0.1:2 * pi;4 * pi:0.1:6 * pi]';
y = sin(x);z = cos(x);              %创建三维数据,x,y,z 都是两列的矩阵
subplot(1,2,1);
plot3(x,y,z)                        %绘制矩阵的三维曲线
title('矩阵的三维曲线绘制')
x1 = [0:0.2:10 * pi];
y1 = cos(x1);z1 = sin(x1);
subplot(1,2,2);
plot3(x1,y1,z1,'r-. *')             %绘制向量的三维曲线,红色,点画线,数据点用 * 标识
title('向量的三维曲线绘制')
grid on
>> exam_6_20
```

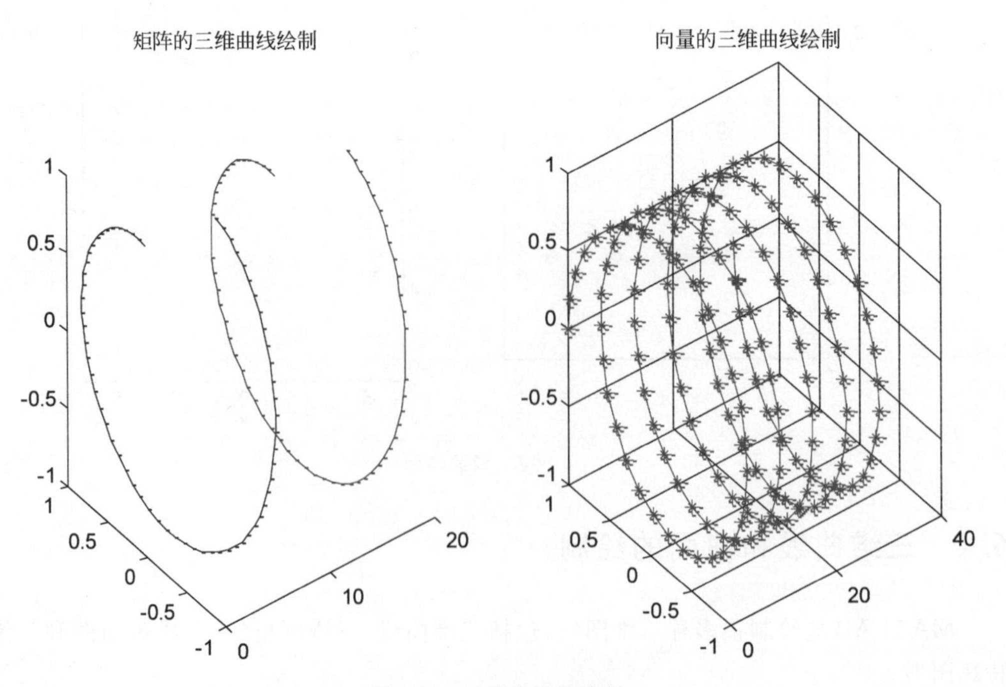

图 6-25 三维曲线的绘制

6.4.2 绘制三维曲面图

三维曲面图包括三维网格图和三维表面图，三维曲面图和三维曲线图的不同之处是三维曲线是以线来定义，而三维曲面图是以面来定义。MATLAB 提供的常用的三维曲面函数有：三维网格图 mesh 函数、带有等高线的三维网格图 meshc 函数、带基准平面的三维网格图 meshz 函数、三维表面图 surf 函数、带等高线的三维表面图 surfc 函数和加光照效果的三维表面图 surfl 函数。

1. 三维网格图

三维网格图就是将平面上的网格点(X,Y)对应的 Z 值的顶点画出来，并将各顶点用线连接起来。MATLAB 提供 mesh 函数绘制三维网格图，其调用格式如下：

```
mesh(X,Y,Z,C)
```

其中，X，Y 是通过 meshgrid 得到的网格顶点；C 是指定各点的用色矩阵，C 可以省略。

meshgrid 函数用来在(x,y)平面上产生矩形网格，其调用格式为

```
[X,Y] = meshgrid(x,y)
```

其中，若 x 和 y 分别为 n 个和 m 个元素的一维数组，则 X 和 Y 都是 n×m 的矩阵，每个(X,Y)对应一个网格点；如果 y 省略，则 X 和 Y 都是 n×n 的方阵。

例如，x 为 4 个元素数组，y 为 3 个元素数组，由 x 和 y 产生 3×4 的矩形网格，并绘制出(X,Y)对应的网格顶点，如图 6-26 所示。

```
>> x = 1:4
x =
     1   2   3   4
>> y = 2:2:6
y =
     2   4   6
>> [X,Y] = meshgrid(x,y)
X =
     1   2   3   4
     1   2   3   4
     1   2   3   4
Y =
     2   2   2   2
     4   4   4   4
     6   6   6   6
>> plot(X,Y,'d')
```

图 6-26　网格顶点图

另外，mesh 函数还派生出另外两个函数 meshc 和 meshz，meshc 用来绘制带有等高线的三维网格图；meshz 用来绘制带基准平面的三维网格图，用法和 mesh 类似。

【例 6-21】 已知 $z=x^2-y^2,x,y\in[-5,5]$，分别使用 plot3、mesh、meshc 和 mechz 绘制三维曲线和三维网格图。

程序代码如下，结果如图 6-27 所示。

```
clear;
x = -5:0.2:5;
[X,Y] = meshgrid(x); % 生成矩形网格数据
Z = X.^2 - Y.^2;
subplot(2,2,1);
plot3(X,Y,Z) % 绘制三维曲线
title('plot3')
subplot(2,2,2);
mesh(X,Y,Z) % 绘制三维网格图
title('mesh')
subplot(2,2,3);
meshc(X,Y,Z) % 绘制带等高线的三维网格图
title('meshc')
subplot(2,2,4);
meshz(X,Y,Z) % 绘制带基准平面的三维网格图
title('meshz')
```

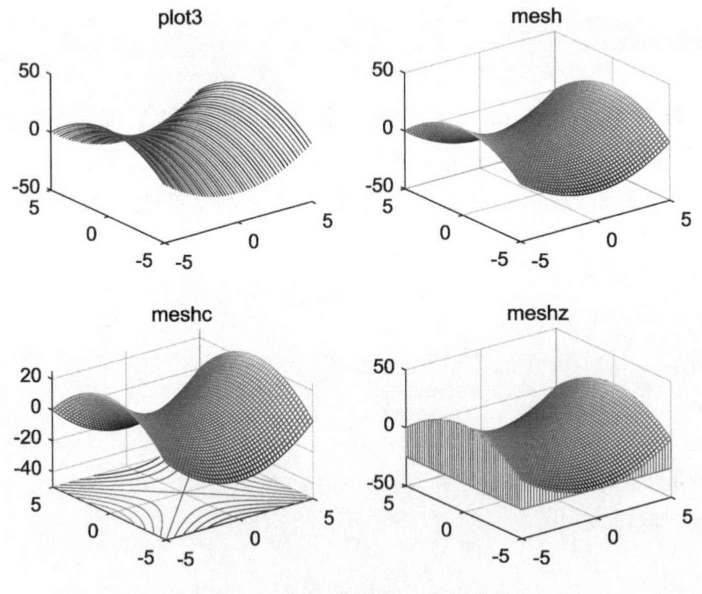

图 6-27　三维曲线和三维网格图

2. 三维表面图

与三维网格图不同的是，三维表面图网格范围内用颜色来填充。MATLAB 提供 surf 函数，实现绘制三维表面图，也是需要先生成网格顶点(X,Y)，再计算出 Z，函数调用格式为

```
surf(X,Y,Z,C) % 绘制三维表面图
```

其中，参数定义和 mesh 参数定义相同。

另外，surf 函数还派生出另外两个函数 surfc 和 surfl，surfc 用来绘制带有等高线的三维表面图；surfl 用来绘制带光照效果的三维表面图，用法和 surf 类似。

【例 6-22】 在 $x\in[-5,5]$，$y\in[-3,3]$上作出 $z^2=x^3y^2$ 所对应的三维表面图。

程序代码如下，结果如图 6-28 所示。

```
clear;
x = -5:0.3:5;
y = -3:0.2:3;
[X,Y] = meshgrid(x,y);                    % 生成矩阵网格数据
Z = sqrt(X.^4. * Y.^2);
subplot(2,2,1);mesh(X,Y,Z)                % 绘制三维网格图
title('mesh')
subplot(2,2,2);surf(X,Y,Z)                % 绘制三维表面图
title('surf')
subplot(2,2,3);surfc(X,Y,Z)               % 绘制带有等高线的表面图
title('surfc')
subplot(2,2,4);surfl(X,Y,Z)               % 绘制带有光照效果的表面图
title('surfl')
>> exam_6_22
```

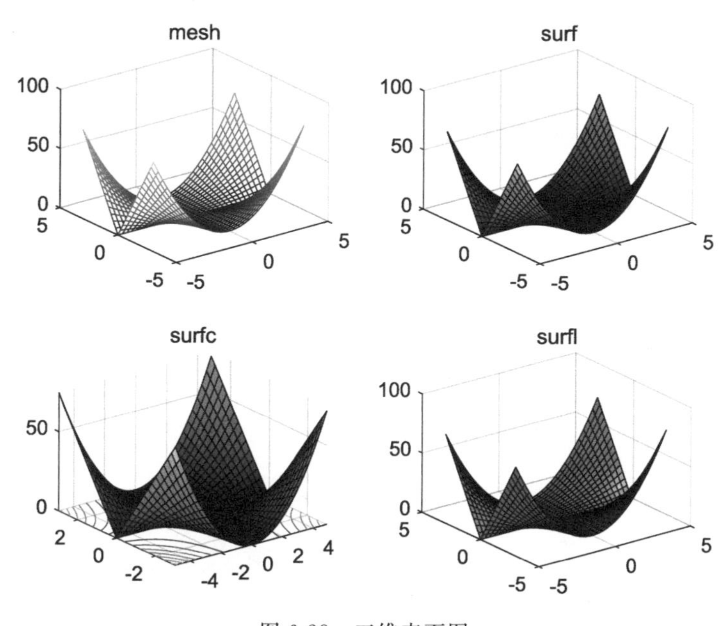

图 6-28　三维表面图

6.4.3　特殊的三维图形

MATLAB 提供很多函数绘制特殊的三维图形，例如三维柱状图 bar3、bar3h、饼图 pie3 和火柴杆图 stem3，这些函数在二维特殊图形绘制章节已经介绍过了，此处不再赘述。下面主要介绍三维等高线图和瀑布图。

1. 等高线图

等高线图常用于地形绘制中，MATLAB 提供 contour3 函数用于绘制等高线图，它能自动根据 Z 值的最大值和最小值来确定等高线的条数，也可以根据给定参数来取值。函数调用格式为

```
contour3(X,Y,Z,n) %绘制等高线图
```

其中，X，Y 和 Z 定义和 mesh 的 X，Y 和 Z 定义一样，n 为给定等高线的条数，若 n 省略，则自动根据 Z 值确定等高线的条数。

2. 瀑布图

瀑布图和网格图很相似，不同的是瀑布图把每条曲线都垂下来，形成瀑布状。MATLAB 提供 waterfall 函数绘制瀑布图。函数调用格式为

```
waterfall(X,Y,Z) %绘制瀑布图
```

其中，X，Y 和 Z 定义和 mesh 的 X，Y 和 Z 定义一样，X 和 Y 还可以省略。

【例 6-23】 在 $x\in[-5,5]$，$x\in[-3,3]$上，作出 $z=\sin\sqrt{x^2+y^2}$ 所对应的等高线图、瀑布图和三维网格图。

程序代码如下，结果如图 6-29 所示。

```
clear;
x = -5:0.3:5;
y = -3:0.2:3;
[X,Y] = meshgrid(x,y);
Z = sin(sqrt(X.^2 + Y.^2));
subplot(2,2,1);contour3(X,Y,Z)          %绘制默认值的等高线图
title('默认值的等高线图')
subplot(2,2,2);contour3(X,Y,Z,30);      %绘制给定值的等高线图
title('给定值的等高线图')
subplot(2,2,3);waterfall(X,Y,Z);        %绘制瀑布图
title('瀑布图')
subplot(2,2,4);mesh(X,Y,Z);             %绘制三维网格图
title('三维网格图')
>> exam_6_23
```

6.4.4 绘制动画图形

MATLAB 可以利用函数(movie、getframe 和 moviein)实现动画的制作。原理是先把帧二维或者三维图形存储起来，然后利用命令把这些帧图形回放，产生动画效果。函数调用格式为

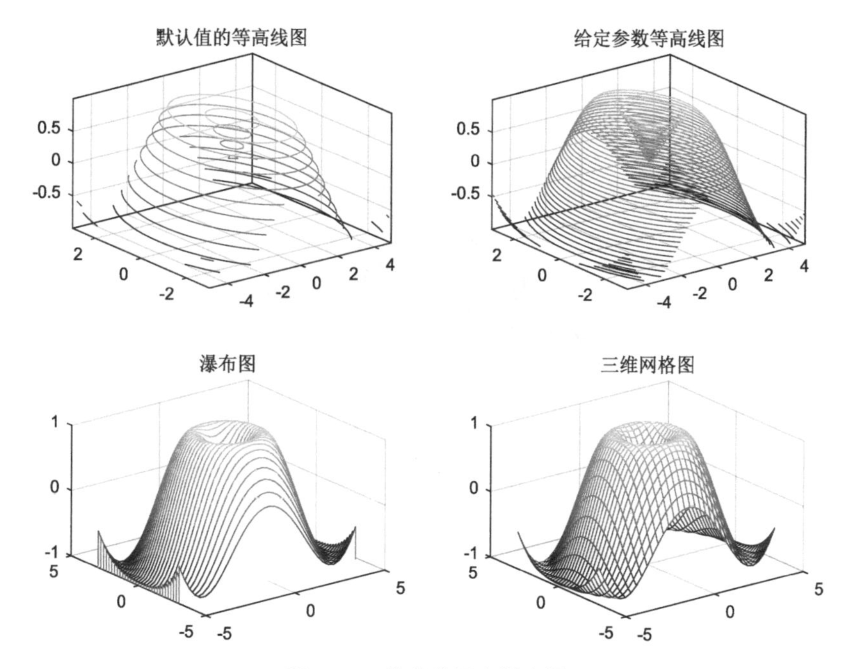

图 6-29 等高线图和瀑布图

```
(1) movie(M, k)          % 播放动画
```

其中,M 是要播的画面矩阵;k 如果是一个数,则为播放次数;k 如果是一个向量,则第一个元素为播放次数,后面向量组成播放帧的清单。

```
(2) M(i) = getframe      % 录制动画的每一帧图形
(3) M = moviein(n)       % 预留分配存储帧的空间
```

其中,n 为存储放映帧数,M 预留分配存储帧的空间。

【例 6-24】 矩形函数的傅里叶变换是 sinc 函数,$\mathrm{sinc}(r)=\sin(r)/r$,其中 r 是 X-Y 平面上的向径。用 surfc 命令,制作 sinc 函数的立体图,并采用动画函数,播放动画效果。

程序代码如下,结果如图 6-30 所示。

```
clear;
close all
x = -9:0.2:9;
[X,Y] = meshgrid(x);
R = sqrt(X.^2 + Y.^2) + eps;
Z = sin(R)./R;
h = surfc(X,Y,Z);                    % 产生每帧数据
M = moviein(20);                     % 预先分配一个能存储 20 帧的矩阵
for i = 1:20
    rotate(h,[0 0 1],15);            % 使得图形绕 z 轴旋转,15°/次
    M(i) = getframe;                 % 录制动画的每一帧
end
movie(M,10,6)                        % 每秒 6 帧速度,重复播放 10 次
```

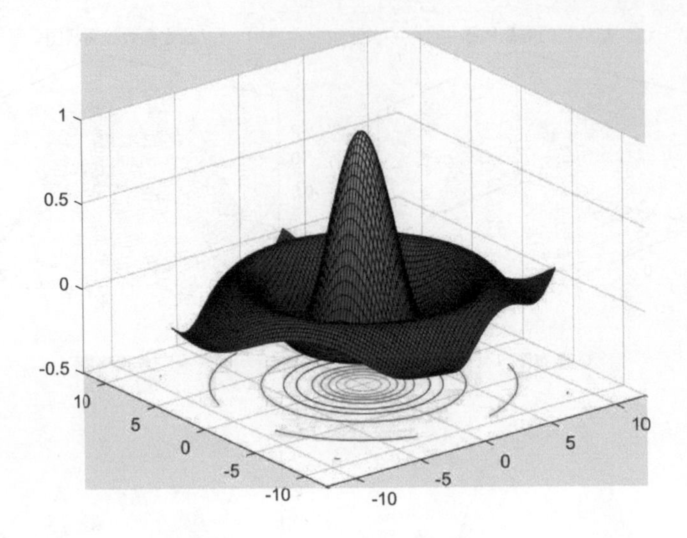

图 6-30　sinc 函数的动画

6.5　MATLAB 图形窗口

MATLAB 图形窗口不仅仅是绘图函数和工具形成的显示窗口，而且还可利用图形窗口编辑图形。前面本章介绍的很多图形制作和图形修饰命令，都可以利用 MATLAB 图形窗口操作实现。

MATLAB 的图形窗口界面如图 6-31 所示，分为 4 个部分：图形窗口标题栏、菜单栏、快捷工具栏和图形显示窗口。图形窗口的菜单栏是编辑图形的主要部分，很多菜单按键和 Windows 标准按键相同，不再赘述。

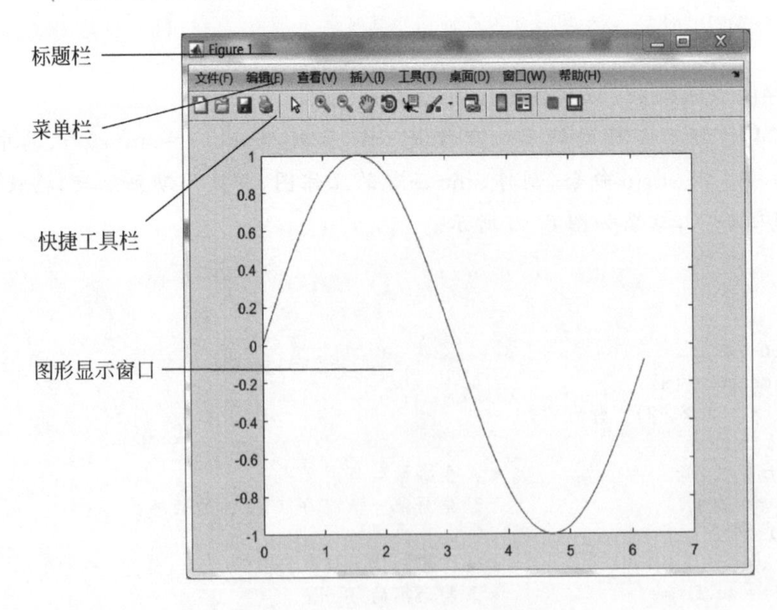

图 6-31　MATLAB 图形窗口

可利用图形窗口对曲线和图形编辑和修饰，用得比较多的是“插入”菜单。插入菜单主要用于向当前图形窗口中插入各种标注图形，包括X轴标签、Y轴标签、Z轴标签、图形标题、图例、颜色栏、直线、箭头、文本箭头、双向箭头、文本、矩形、椭圆、坐标轴和灯光。几乎所有标注都可以通过菜单来添加。

图形窗口的快捷工具栏有编辑绘图键、放大键、缩小键、平移键、三维旋转、数据游标、刷亮/选择数据、链接绘图、插入颜色栏、插入图例、隐藏绘图工具键以及显示绘图工具键。

下面通过一个例题，介绍利用MATLAB图形窗口编辑图形功能。

【例6-25】 利用图形窗口编辑所绘制的曲线 $y=3e^{-0.5x}\sin(5x)$ 及其包络线，$x\in[0,2\pi]$。

1. 绘出简单的曲线及其包络线

程序代码如下，运行结果如图6-32所示。

```
clear
t = (0:0.1:2 * pi)'; % 定义域范围内采样
y1 = 3 * exp( - 0.5 * t) * [1, - 1]; % 包络线数据
y2 = 3 * exp( - 0.5 * t). * sin(5 * t); % 生成曲线 y 数据
plot(t,y1,t,y2) % 在同一个图形窗口绘制 y 曲线和包络线
>> exam_6_25
```

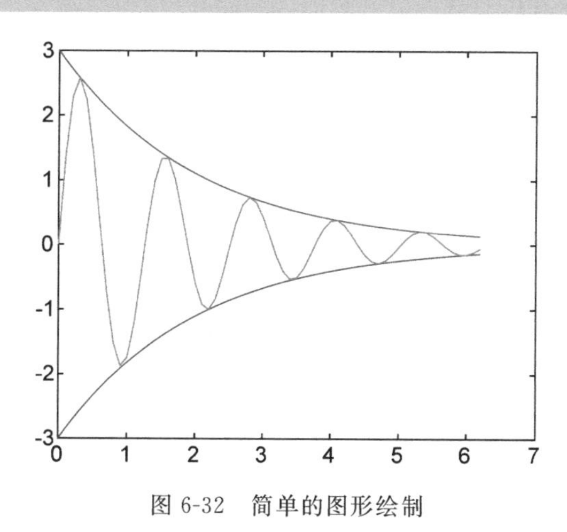

图6-32 简单的图形绘制

2. 利用菜单插入完成标注功能

1) 添加X和Y轴标签和标题

选择菜单栏，单击“插入”按钮，分别选择X标签按键和Y标签按键，输入“t(S)”和“y(V)”，选择标题按键，输入“y～x曲线”。

2) 添加图例

单击图例按钮，把鼠标移到图例的data1注释处，双击，修改为“包络线1”，用同样的方法，将data2和data3注释修改为“包络线2”和“曲线y”，光标移到图例处，长按左键，可以移动图例。

3）在图形中插入文本注释

单击文本框，移动鼠标到合适位置，单击，放置文本框，双击文本框，添加本文注释信息，插入文本箭头。

添加标注后，效果如图6-33所示。

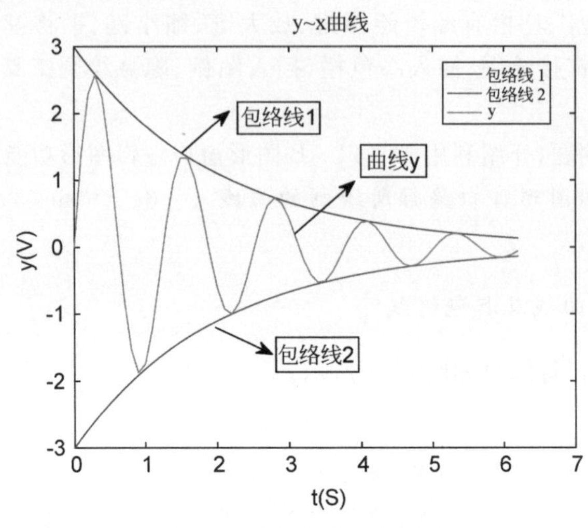

图6-33　添加标注后的图形

3. 编辑曲线和图形的格式

单击快捷工具栏的编辑绘图按钮，移到图形区，双击，图形窗口从默认的显示模式转变为编辑模式，如图6-34所示。选择图形对象元素进行相应的编辑。可以添加X轴和Y轴的网格线，选择曲线，修改线型、线的颜色和线的粗细，数据点标记图案选择、大小及颜色，还可以修改横纵坐标轴刻度和字体及大小。

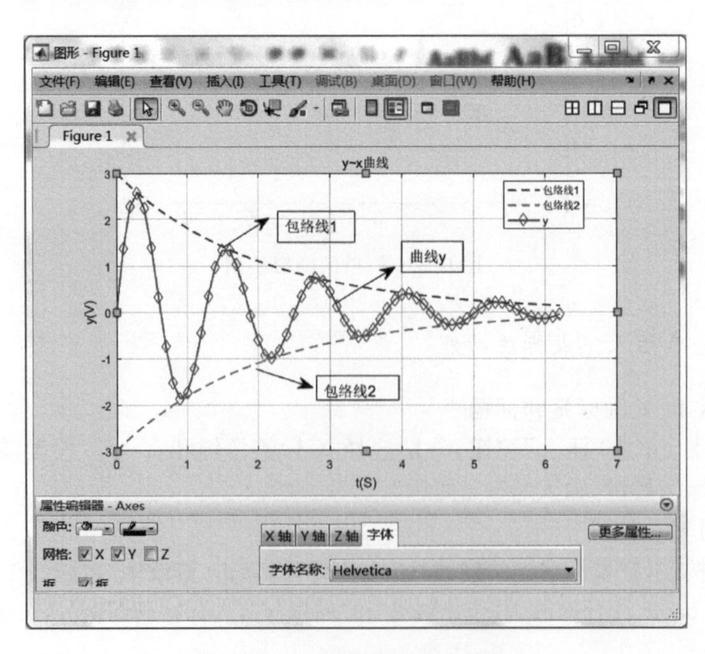

图6-34　图形窗口编辑工作模式

曲线和图形的格式编辑后的效果如图 6-35 所示。

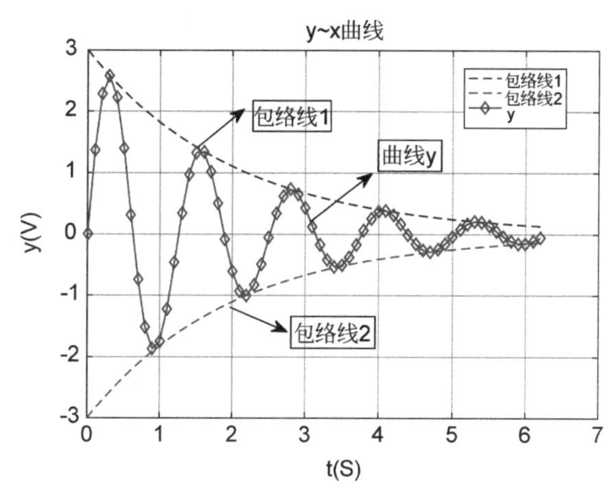

图 6-35 图形窗口编辑后的曲线

6.6 数据可视化应用实例

【例 6-26】 利用 plot 函数，绘制函数曲线 $y=\sin(t)+\cos(t)$，$t\in[0,2\pi]$，y 线型选为点画线，颜色为红色，数据点设置为钻石型，x 轴标签设为 t，y 轴标签设置为 y，标题设置为 $\sin(t)+\cos(t)$。

程序代码如下，结果如图 6-36 所示。

```
clear
t = [0:0.1:2 * pi];
y = sin(t) + cos(t);
plot(t,y,'r - .d')
xlabel('t')
ylabel('y')
title('sin(t) + cos(t)')
>> exam_6_26
```

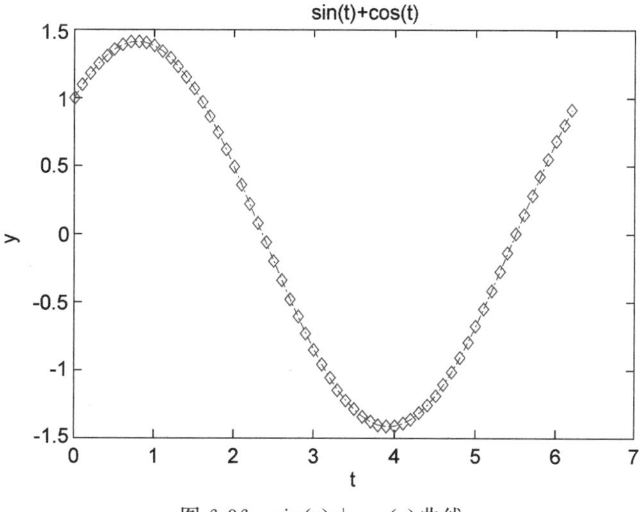

图 6-36 $\sin(t)+\cos(t)$ 曲线

【例 6-27】 在同一图形窗口，利用 plot 函数绘制函数曲线 $y_1=t\sin(2\pi t),t\in[0,2\pi]$，$y_2=5e^{-t}\cos(2\pi t),t\in[0,2\pi]$，$y_1$ 线型选为点画线，颜色为红色，数据点设置为五角星；y_2 线型选为实线，颜色为蓝色，数据点设置为圆圈，x 轴标签设为 t，y 轴标签设置为 $y1\&y2$，添加图例和网格。

程序代码如下，结果如图 6-37 所示。

```
clear
t = [0:0.1:2 * pi];
y1 = t. * sin(2 * pi * t);
y2 = 5 * exp( - t). * cos(2 * pi * t);
plot(t,y1,'r - .p',t,y2,'b - 0')
xlabel('t')
ylabel('y1&y2')
legend('t * sin(2 * pi * t)', '5 * exp(t) * cos(2 * pi * t)')
grid on
>> exam_6_27
```

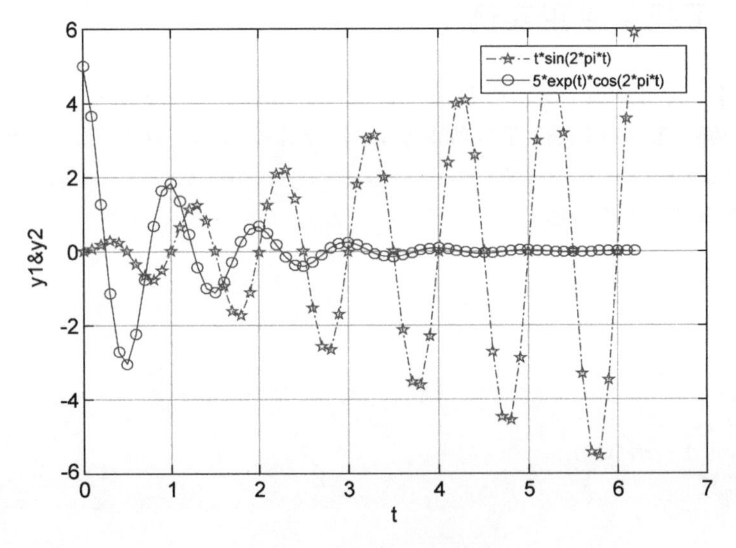

图 6-37 图例及网格修饰

【例 6-28】 在同一图形窗口，分割为 4 个子图，分别绘制 4 条曲线 $y_1=\sin(t)$，$y_2=\sin(2t)$，$y_3=\cos(t)$，$y_4=\cos(2t)$，t 的范围均为$[0,3\pi]$，要求给每个子图添加标题和网格。

程序代码如下，结果如图 6-38 所示。

```
clear
t = (0:0.1:3 * pi);
y1 = sin(t);y2 = sin(2 * t);
y3 = cos(t);y4 = cos(2 * t);
subplot(2,2,1);plot(t,y1)
title('sin(t)')
grid on
```

```
subplot(2,2,2);plot(t,y2)
title('sin(2 * t)')
grid on
subplot(2,2,3);plot(t,y3)
title('cos(t)')
grid on
subplot(2,2,4);plot(t,y4)
title('cos(2 * t)')
grid on
>> exam_6_28
```

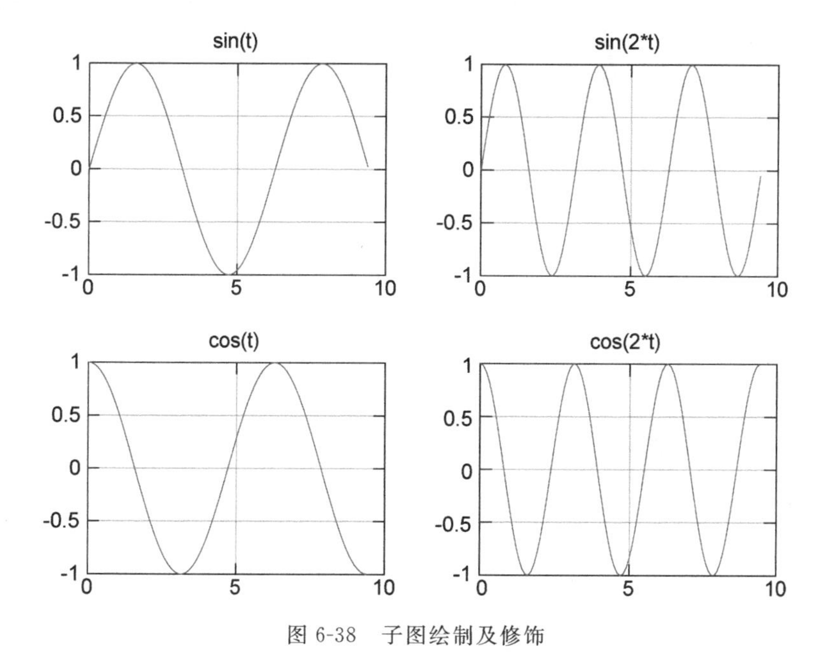

图 6-38 子图绘制及修饰

【例 6-29】 已知一个班有 4 名学生,他们 3 次考试的成绩为$\begin{bmatrix} 72 & 98 & 86 & 76 \\ 80 & 92 & 85 & 90 \\ 65 & 88 & 82 & 56 \end{bmatrix}$,请用垂直柱状图、水平柱状图、三维垂直柱状图和三维水平柱状图分别显示成绩。

程序代码如下,结果如图 6-39 所示。

```
clear
x1 = [72 80 65];
x2 = [98 92 88];
x3 = [86 85 82];
x4 = [76 90 56];
x = [x1;x2;x3;x4];
subplot(2,2,1);bar(x)                    % 在第一个子图绘制垂直柱状图
title('垂直柱状图')
xlabel('Students');ylabel('Scores')
subplot(2,2,2);barh(x,'stacked')         % 在第二个子图绘制水平柱状图
title('水平柱状图')
```

```
xlabel('Scores');ylabel('Students')
subplot(2,2,3);bar3(x)                %在第三个子图绘制三维垂直柱状图
title('三维垂直柱状图')
xlabel('Test Number');ylabel('Students');zlabel('Scores')
subplot(2,2,4);bar3h(x,'detached')    %在第四个子图绘制三维水平柱状图
title('三维水平柱状图')
xlabel('Test Number');ylabel('Scores');zlabel('Students')
>> exam_6_29
```

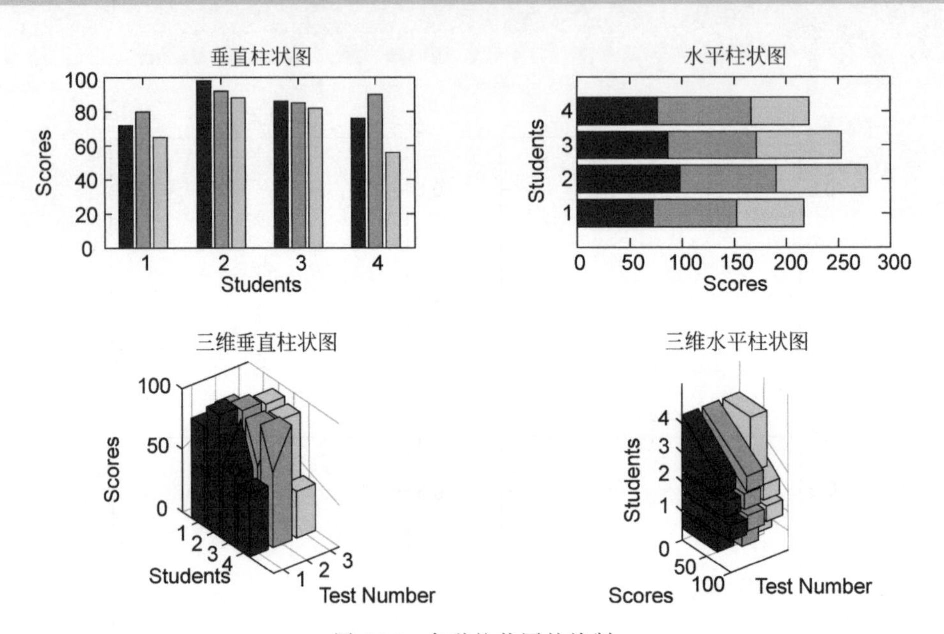

图 6-39　各种柱状图的绘制

【例 6-30】 已知一个班成绩为 ***x***=[61 98 78 65 54 96 93 87 83 72 99 81 77 72 62 74 65 40 82 71],用 hist 函数统计 60 分以下、60～70 分、70～80 分、80～90 分、90～100 分各分数段学生人数,并绘制直方图,分别用二维和三维饼图显示各分数段学生百分比,分别对应标注"不及格""及格""中等""良好"和"优秀"。

程序代码如下,结果如图 6-40 所示。

```
x = [61 98 78 65 54 96 93 87 83 72 99 81 77 72 62 74 65 40 82 71];
y = [55 65 75 85 95];
subplot(2,2,1)
hist(x,y)
N = hist(x,y)
subplot(2,2,2)
pie(N,{'不及格','及格','中等','良好','优秀'})
supplot(2,2,3)
pie3(N,{'不及格','及格','中等','良好','优秀'})
>> exam_6_30
N =
     2     4     6     4     4
```

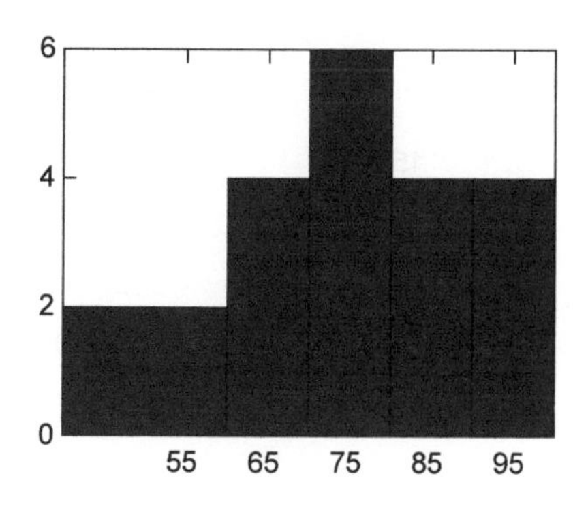

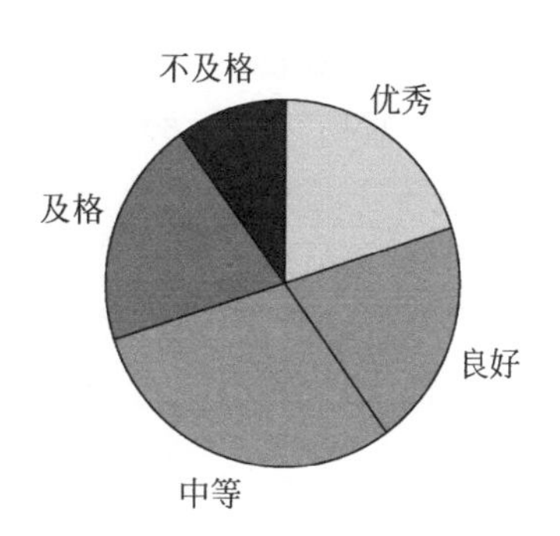

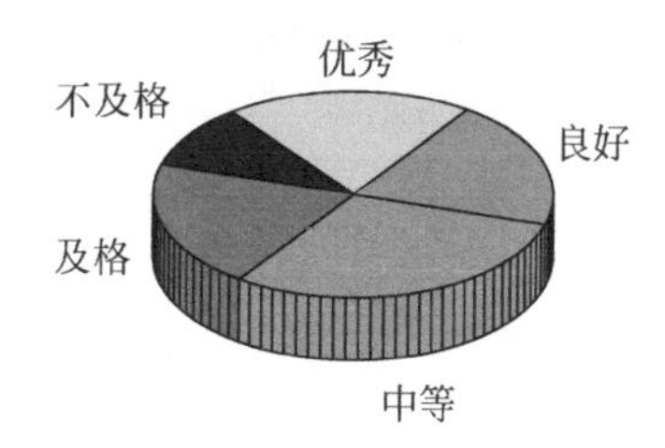

图 6-40　各种饼图的绘制

【例 6-31】　已知 4 个极坐标曲线 $\rho_1=\sin(2\theta)$，$\rho_2=2\cos(3\theta)$，$\rho_3=2\sin^2(5\theta)$，$\rho_4=\cos^2(6\theta)$，$-\pi\leqslant\theta\leqslant\pi$，在同一图形窗口 4 个不同子图，使用 polar 函数绘制 4 个极坐标图。

程序代码如下，结果如图 6-41 所示。

```
clear;                          %清除工作空间变量
theta = - pi:0.01:pi;
rho1 = sin(2 * theta);          %计算 4 个半径
rho2 = 2 * cos(2 * theta);
rho3 = 2 * sin(5 * theta).^2;
rho4 = cos(6 * theta).^2;
subplot(2,2,1);
polar(theta,rho1)               %绘制第一条极坐标曲线
title('sin(2θ)')
subplot(2,2,2);
polar(theta,rho2,'r')           %绘制第二条极坐标曲线
title('2 * cos(2θ) ')
subplot(2,2,3);
polar(theta,rho3,'g')           %绘制第三条极坐标曲线
title('2 * sin2(5θ) ')
subplot(2,2,4);
polar(theta,rho4,'c')           %绘制第四条极坐标曲线
title('cos3(6θ) ')
>> exam_6_31
```

【例 6-32】　在同一图形窗口，4 个不同子图中绘制 $y=5e^x$，$0\leqslant x\leqslant5$ 函数的线性坐标、半对数坐标和双对数坐标图。

程序代码如下，结果如图 6-42 所示。

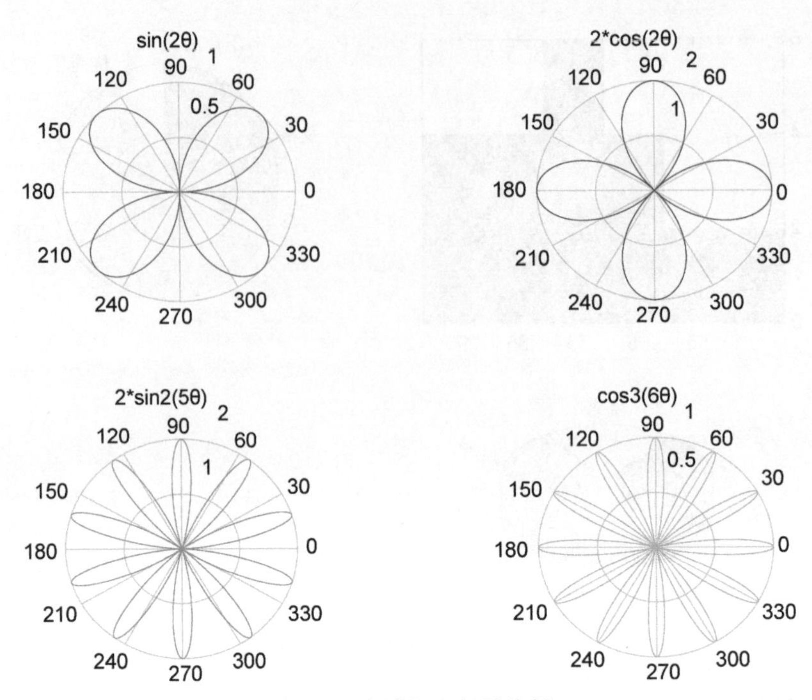

图 6-41　各种极坐标图绘制

```
clear;                        %清除变量空间
x = 0:0.1:5;y = 5 * exp(x);   %计算作图数据
subplot(2,2,1);
plot(x,y)                     %绘制线性坐标图
title('线性坐标图')
subplot(2,2,2);
semilogx(x,y,'r-.')           %绘制半对数坐标图 x
title('半对数坐标图 x')
subplot(2,2,3);
semilogy(x,y,'g-')            %绘制半对数坐标图 y
title('半对数坐标图 y')
subplot(2,2,4);
loglog(x,y,'c--')             %绘制双对数坐标图
title('双对数坐标图')
>> exam_6_32
```

【例 6-33】 用 ezplot 函数绘制曲线 $y=x*\sin(2x),x\in[0,2\pi]$。

程序代码如下，结果如图 6-43 所示。

```
clear;
f1 = 'x. * sin(2 * x)';
ezplot(f1,[0,2 * pi])
title('f = x * sin(2 * x)')
grid on
>> exam_6_33
```

【例 6-34】 试用绘制三维曲线函数 plot3，绘制 $x\in[0,2\pi],y=\cos(x)$ ，$z=2*\sin(x)$的曲线。

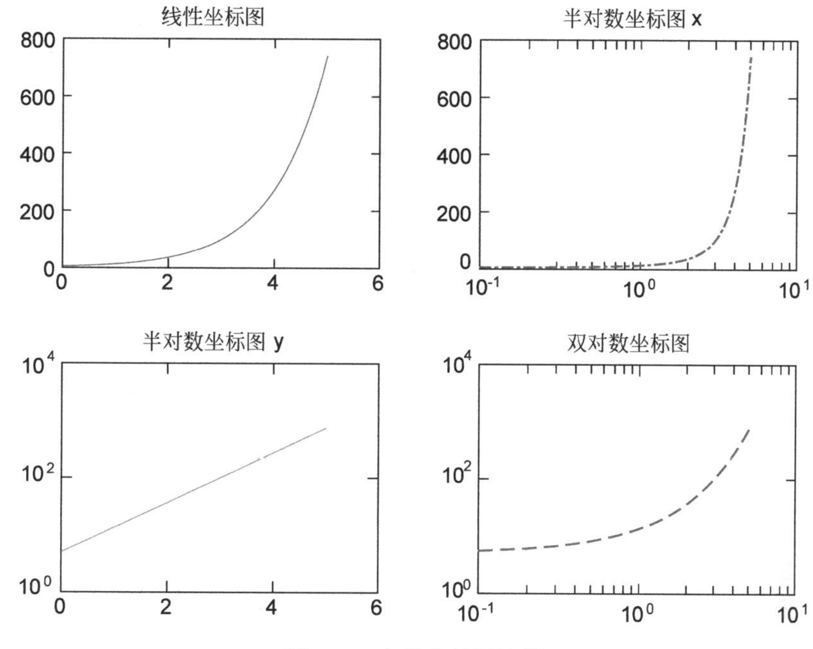

图 6-42　各种坐标图绘制

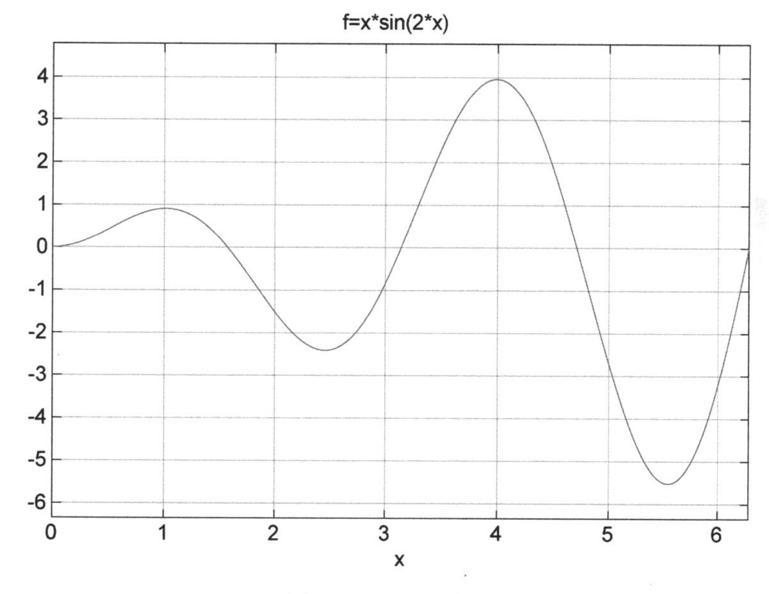

图 6-43　ezplot 绘图

程序代码如下，结果如图 6-44 所示。

```
clear;
x = [0:0.1:6 * pi]';
y = cos(x);z = 2 * sin(x); % 创建三维数据
plot3(x,y,z)
title('矩阵的三维曲线绘制')
>> exam_6_34
```

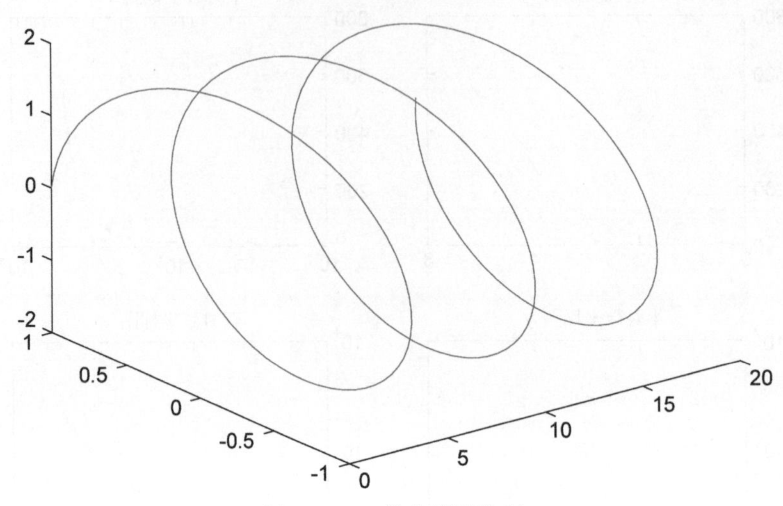

图 6-44　三维曲线图绘制

【例 6-35】 已知 $z=2x^2+y^2$，x、$y\in[-3,3]$，分别使用 plot3、mesh、meshc 和 mechz 绘制三维曲线和三维网格图。

程序代码如下，结果如图 6-45 所示。

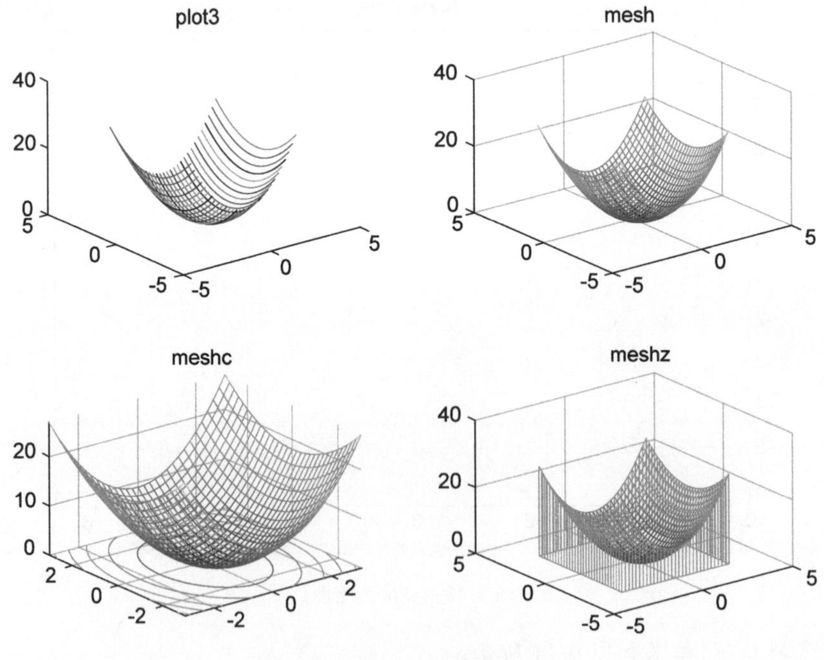

图 6-45　各种三维网格图绘制

```
clear;
x = -3:0.2:3;
[X,Y] = meshgrid(x); % 生成矩形网格数据
Z = 2 * X.^2 + Y.^2;
subplot(2,2,1);
```

```
plot3(X,Y,Z)                %绘制三维曲线
title('plot3')
subplot(2,2,2);
mesh(X,Y,Z)                 %绘制三维网格图
title('mesh')
subplot(2,2,3);
meshc(X,Y,Z)                %绘制带等高线的三维网格图
title('meshc')
subplot(2,2,4);
meshz(X,Y,Z)                %绘制带基准平面的三维网格图
title('meshz')
>> exam_6_35
```

【例 6-36】 在 $x\in[-3,3]$，$y\in[-3,3]$上作出 $z=\sqrt{x^2+y^2}/\cos(\sqrt{x^2+y^2})$所对应的三维网格图和三维表面图。

程序代码如下，结果如图 6-46 所示。

```
clear;
x = - 3:0.2:3;
[X,Y] = meshgrid(x);                    %生成矩阵网格数据
Z = sqrt(X.^2 + Y.^2)./ cos(sqrt(X.^2 + Y.^2));
subplot(2,2,1);mesh(X,Y,Z)              %绘制三维网格图
title('mesh')
subplot(2,2,2);surf(X,Y,Z)              %绘制三维表面图
title('surf')
subplot(2,2,3);surfc(X,Y,Z)             %绘制带有等高线的表面图
title('surfc')
subplot(2,2,4);surfl(X,Y,Z)             %绘制带有光照效果的表面图
title('surfl')
>> exam_6_36
```

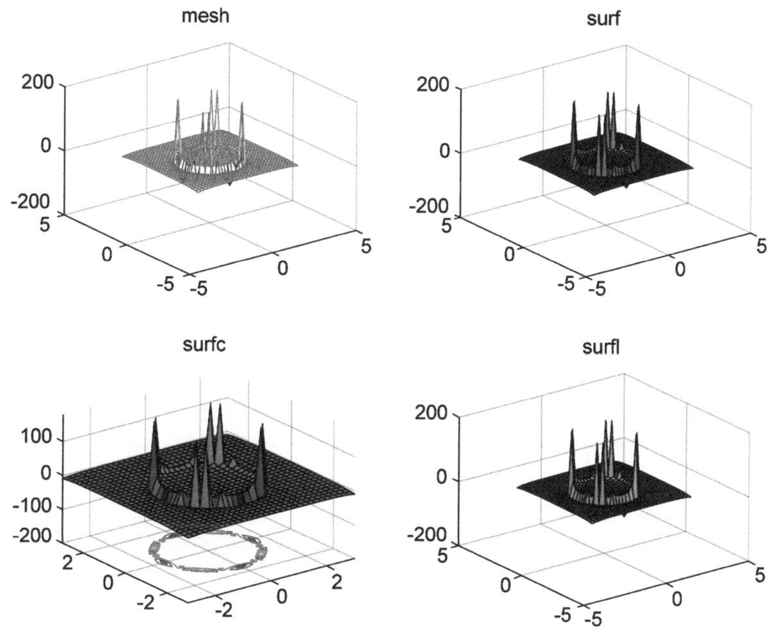

图 6-46 三维表面图绘制

6.7 数据可视化综合实例

"电路分析"课程中的正弦稳态电路是使用向量法来分析电路。可以利用本章介绍的画向量图函数 compass 和 feather 绘制电路的电压和电流向量，更直观地比较各向量之间的区别，以便更好地理解电路规律。

【例 6-37】 已知一个 RLC 串联电路如图 6-47 所示，电流 $i(t)=8\cos\left(314t+\frac{\pi}{3}\right)\mathrm{A}$，$R=8\Omega, \omega L=6\Omega, \frac{1}{\omega C}=4\Omega$ 时，分别计算 $\dot{U}$、$\dot{U}_{\mathrm{R}}$、$\dot{U}_{\mathrm{L}}$ 和 $\dot{U}_{\mathrm{C}}$，使用 compass、feather 和 quiver 函数绘制复向量 $\dot{U}$、$\dot{U}_{\mathrm{R}}$、$\dot{U}_{\mathrm{L}}$ 和 $\dot{U}_{\mathrm{C}}$ 的向量图。

令 $Z_{\mathrm{L}}=\mathrm{j}\omega L$ 和 $Z_{\mathrm{C}}=1/(\mathrm{j}\omega C)$，根据电路知识可知：

$$\dot{I}=8\angle\frac{\pi}{3}=10\mathrm{e}^{\mathrm{j}\frac{\pi}{3}},$$

$$\dot{U}_{\mathrm{R}}=\dot{I}*R$$

$$\dot{U}_{\mathrm{L}}=\dot{I}*Z_{\mathrm{L}}$$

$$\dot{U}_{\mathrm{C}}=\dot{I}*Z_{\mathrm{C}}$$

$$\dot{U}_{\mathrm{R}}=\dot{I}*(R+Z_{\mathrm{L}}+Z_{\mathrm{C}})$$

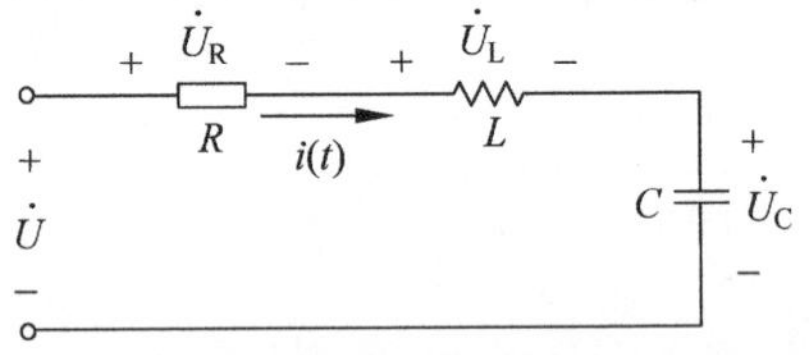

图 6-47　RLC 电路图

程序代码如下，结果如图 6-48 所示。

```
clear
R = 8;zl = 6j;zc = 4 * 1/j;
I = 8 * exp(j * pi/3);
Ur = I * R
Ul = I * zl
Uc = I * zc
U = I * (R + zl + zc)                                          % 求各电压
subplot(2,2,1);
compass([Ur,Ul,Uc,U],'b')                                      % 绘制电压向量的罗盘图
title('罗盘图')
subplot(2,2,2);
feather([Ur,Ul,Uc,U],'r')                                      % 绘制电压向量的羽毛图
title('羽毛图')
subplot(2,1,2);
quiver([0,1,2,3],0,[real(Ur),real(Ul),real(Uc),real(U)],…,   % 绘制向量场图
[imag(Ur),imag(Ul),imag(Uc),imag(U)],'b')
title('向量场图')
>> exam_6_37
Ur =
   32.0000 + 55.4256i
Ul =
  - 41.5692 + 24.0000i
Uc =
```

```
  27.7128 - 16.0000i
U =
  18.1436 + 63.4256i
```

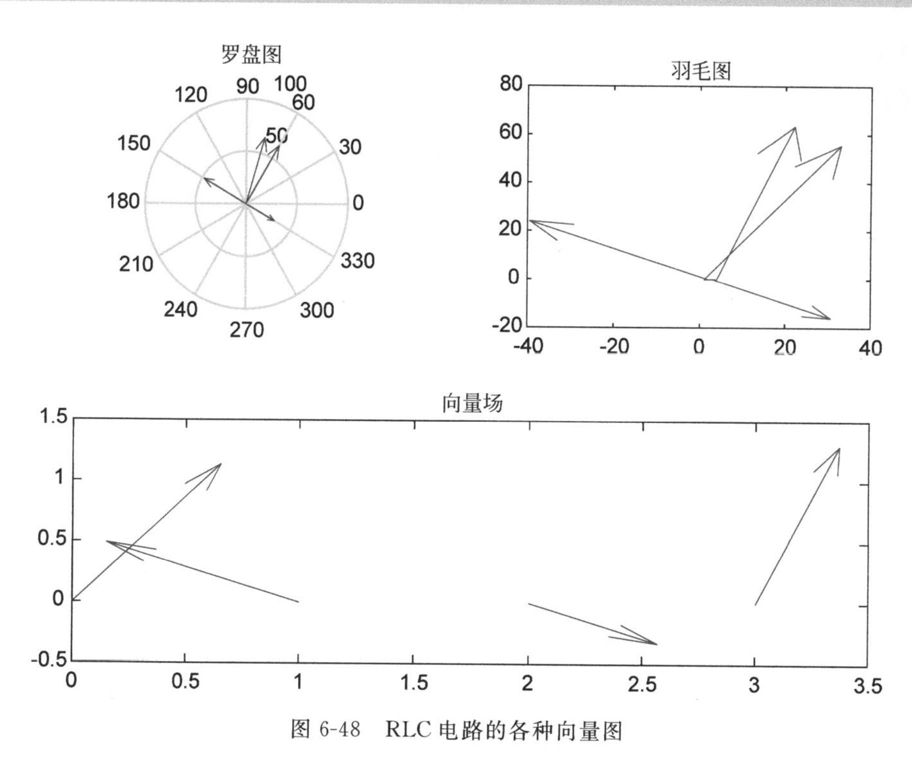

图 6-48 RLC 电路的各种向量图

由程序结果可知，quiver 向量场图的起点横坐标分别是 0、1、2、3，纵坐标均为 0，显示向量的实部和虚部。

6.8 本章小结

本章介绍了 MATLAB 的二维曲线绘制函数及修饰函数的使用方法和常用的二维特殊绘图函数，简单介绍了三维曲线和曲面函数的使用方法。通过大量应用实例，读者可以更加深刻地认知 MATLAB 数据可视化的优势。

第7章 Simulink仿真基础

本章要点：

- ◇ Simulink 的概述；
- ◇ Simulink 的使用；
- ◇ Simulink 的基本模块及其操作；
- ◇ Simulink 建模；
- ◇ Simulink 模块及仿真的参数设置；
- ◇ 过零检测及代数环。

MathWorks 公司 1990 年为 MATLAB 增加了用于建立系统框图和仿真的环境，并于 1992 年将该软件更名为 Simulink。它可以搭建通信系统物理层和数据链路层、动力学系统、控制系统、数字信号处理系统、电力系统、生物系统和金融系统等。

Simulink 是 MATLAB 提供的实现动态系统建模和仿真的一个软件包，它是一个集成化、智能化、图形化的建模与仿真工具，是一个面向多域仿真以及基于模型设计的框模块图环境，它支持系统设计、仿真、自动化代码生成及嵌入式系统的连续测试和验证。基于这些特点，用户可以把精力从编程转向模型的构造。其最大的优点就是为用户省去了许多重复的代码编写工作。

Simulink 提供了图形编辑器、可自定义的定制模块库以及求解器，能进行动态系统建模和仿真。通过与 MATLAB 集成，用户不仅能够将 MATLAB 算法融合到模型中，而且还能将仿真结果导出至 MATLAB 进行进一步分析。

7.1 Simulink 概述

Simulink 是一个进行动态系统的建模、仿真和综合分析的集成软件包。它可以处理的系统包括：线性、非线性系统；离散、连续及混合系统；单任务、多任务离散事件系统。

在 Simulink 提供的图形用户界面 GUI 上，只要进行鼠标的简单操作就可以构造出复杂的仿真模型。它的外表以方框图形式呈现，且采用分层结构。从建模角度来看，Simulink 既适用于自上而下的设计流程，又适用于自下而上的逆程设计。从分析研究角度，这种 Simulink 模型不仅让用户知道具体环节的动态细节，而且能够让用户清晰地了解各器件、各子系统、各系统间的信息交换，掌握各部分的交互影响。

在 Simulink 环境中，用户摆脱了理论演绎时所需做的理想化假设，而且可以在仿真过程中对感兴趣的相关参数进行改变，实时地观测在影响系统的相关因素变化时对系统行为的影响，例如死区、饱和、摩擦、风阻和齿隙等非线性因素以及其他随机因素。

7.1.1 Simulink 的基本概念

Simulink 有如下几个基本概念。

1. 模块与模块框图

Simulink 模块有标准模块和定制模块两种类型。Simulink 模块是系统的基本功能单元部件，并且产生输出宏。每个模块包含一组输入、状态和一组输出等几个部分。模块的输出是仿真时间、输入或状态的函数。模块中的状态是一组能够决定模块输出的变量，一般当前状态的值取决于过去时刻的状态值或输入，这样的模块称为记忆功能模块。例如，积分(Integrator)模块就是典型的记忆功能模块，模块的输出当前值取决于从仿真开始到当前时刻这一段时间内的输入信号的积分。

Simulink 模块的基本特点是参数化。多数模块都有独立的属性对话框用于定义/设置模块的各种参数。此外，用户可以在仿真过程中实时改变模块的相关参数，以期找到最合适的参数，这类参数称为可调参数，例如在增益(Gain)模块中的增益参数。

此外，Simulink 也可以允许用户创建自己的模块，这个过程又称为模块的定制。定制模块不同于 Simulink 中的标准模块，它可以由子系统封装得到，也可以采用 M 文件或 C 语言实现自定义的功能算法，称为 S 函数。用户可以为定制模块设计属性对话框，并将定制模块合并到 Simulink 库中，使得定制模块的使用与标准模块的使用完全一样。

Simulink 模块框图是动态系统的图形显示，它由一组模块的图标组成，模块之间的连接是连续的。

2. 信号

Simulink 使用“信号”一词来表示模块的输出值。Simulink 允许用户定义信号的数据类型、数值类型(实数或复数)和维数(一维或二维等)等。此外，Simulink 还允许用户创建数据对象(数据类型的实例)作为模块的参数和信号变量。

3. 求解器

Simulink 模块指定了连续状态变量的时间导数，但没有定义这些导数的具体值，它们必须在仿真过程中通过微分方程的数值求解方法计算得到。Simulink 提供了一套高效、稳定、精确的微分方程数值求解算法(ODE)，用户可根据需要和模型特点选择合适的求解算法。

4. 子系统

Simulink 子系统是由基本模块组成的、相对完整且具备一定功能的模块框图封装后得到的。通过封装,用户还可以实现带触发使用功能的特殊子系统。子系统的概念是 Simulink 的重要特征之一,体现了系统分层建模的思想。

5. 零点穿越

在 Simulink 对动态系统进行仿真时,一般在每一个仿真过程中都会检测系统状态变化的连续性。如果 Simulink 检测到某个变量的不连续性,为了保持状态突变处系统仿真的准确性,仿真程序会自动调整仿真步长,以适应这种变化。

动态系统中状态的突变对系统的动态特性具有重要影响,例如,弹性球在撞击地面时其速度及方向会发生突变,此时,若采集的时刻并非正好发生在仿真当前时刻(如处于两个相邻的仿真步长之间),Simulink 的求解算法就不能正确反映系统的特性。

Simulink 采用一种称为零点穿越检测的方法来解决这个问题。首先模块记录下零点穿越的变量,每一个变量都是有可能发生突变的状态变量的函数。突变发生时,零点穿越函数从正数或负数穿过零点。通过观察零点穿越变量的符号变化,就可以判断出仿真过程中系统状态是否发生了突变现象。

如果检测到穿越事件发生,Simulink 将通过对变量的以前时刻和当前时刻的插值来确定突变发生的具体时刻,然后,Simulink 会调整仿真步长,逐步逼近并跳过状态的不连续点,这样就避免了直接在不连续点处进行的仿真。

采用零点穿越检测技术,Simulink 可以准确地对不连续系统进行仿真,从而极大提高了系统仿真的速度和精度。

7.1.2 Simulink 模块的组成

1. 应用工具

Simulink 软件包的一个重要特点是它完全建立在 MATLAB 的基础上,因此 MATLAB 的各种应用工具箱也完全可应用到 Simulink 环境中来。

2. Real-Time Workshop(实时工作室)

Simulink 软件包中的 Real-Time Workshop 可将 Simulink 的仿真框图直接转换为 C 语言代码,从而直接从仿真系统过渡到系统实现。该工具支持连续、离散及连续-离散混合系统。用户完成 C 语言代码的编程后可直接进行汇编及生成可执行文件。

3. stateflow(状态流模块)

Simulink 中包含了 stateflow 的模块,用户可以模块化设计基于状态变化的离散事件系统,将该模块放入 Simulink 模型中,就可以创建包含离散事件子系统的更为复杂的模型。

4. 扩展的模块集

如同众多的应用工具箱扩展了 MATLAB 应用范围一样，MathWorks 公司为 Simulink 提供了各种专门的模块集(BlockSet)来扩展 Simulink 的建模和仿真能力。这些模块涉及通信、电力、非线性控制和 DSP 系统等不同领域，以满足 Simulink 对不同领域系统仿真的需求。

7.1.3 Simulink 中的数据类型

Simulink 在开始仿真之前及仿真过程中会进行一个检查(无须手动设置)，以确认模型的类型安全性。所谓模型的类型安全性，是指保证该模型产生的代码不会出现上溢或下溢，不至于产生不精确的运行结果。其中，使用 Simulink 默认数据类(Double)的模型都是安全的固有类型。

1. Simulink 支持的数据类型

Simulink 支持所有的 MATLAB 内置数据类型，内置数据类型是指 MATLAB 自定义的数据类型，如表 7-1 所示。

表 7-1 Simulink 支持的数据类型

名　称	类型说明
double	双精度浮点型(Simulink 默认数据类型)
single	单精度浮点型
int8	有符号 8 位整数
uint8	无符号 8 位整数(包含布尔类型)
int16	有符号 16 位整数
uint16	无符号 16 位整数
int32	有符号 32 位整数
uint32	无符号 32 位整数

在设置模块参数时，指定某一数据类型的方法为 type(value)。例如，要把常数模块的参数设置为 1.0 单精度表示，则可以在常数模块的参数设置对话框中输入 single(1.0)。如果模块不支持所设置的数据类型，Simulink 就会弹出错误警告。

2. 数据类型的传播

构造模型时会将各种不同类型的模块连接起来，而这些不同类型的模块所支持的数据类型往往并不完全相同，如果把它们直接连接起来，就会产生冲突。仿真时，查看端口数据类型或更新数据类型时就会弹出一个提示对话框，用于告知用户出现冲突的信号和端口，而且有冲突的信号和路径会被加亮显示。此时就可以通过在有冲突的模块之间插入一个 Data Type Conversion 模块来解决类型冲突。

一个模块的输出一般是模块输入和模型参数的函数。而在实际建模过程中，输入信号的数据类型和模块参数的数据类型往往是不同的，Simulink在计算这种输出时会把参数类型转换为信号的数据类型。当信号的数据类型无法表示参数值时，Simulink将中断仿真，并给出错误信息。

3. 使用复数信号

Simulink默认的信号值都是实数，但在实际问题中有时需要处理复数的信号。在Simulink中通常用下面两种方法来建立处理复数信号的模型。一种是将所需复数分解为实部和虚部，利用Real-Image to Complex模块将它们联合成复数，如图7-1所示。另一种是将所需复数分解为复数的幅值和幅角，利用Magnitue-Angle to Complex模块将它们联合成复数。当然，也可以利用相关模块将复数分解为实部和虚部或者是幅值和幅角。

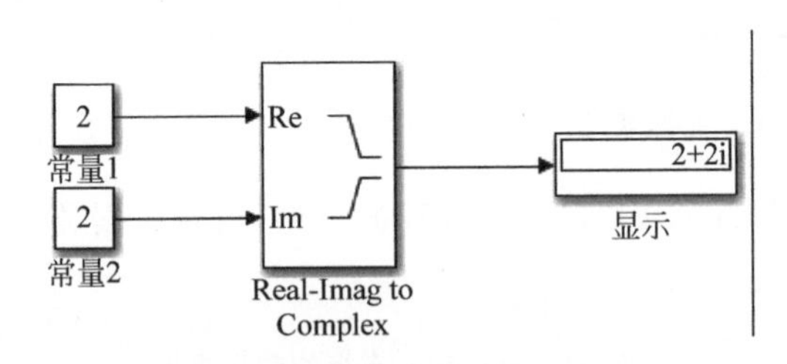

图7-1 建立复数信号的模型

7.2 Simulink的使用

7.2.1 Simulink的启动和退出

1. 启动Simulink的方法

启动Simulink的方法有如下三种：

(1) 在MATLAB的命令窗口直接输入Simulink；

(2) 单击工具栏上的Simulink模块库浏览器命令按钮，如图7-2所示。

(3) 在工具栏File菜单中选择New菜单工具栏下的Model命令，如图7-2所示。

之后会弹出一个名为Untitled的空白窗口，所有控制模块都创建在这个窗口中。

退出Simulink只要关闭所有模块窗口和Simulink模块库窗口即可。

2. 打开已经存在的Simulink模型文件

打开已经存在的Simulink模型文件也有如下几种方式：

(1) 在MATLAB命令窗口直接输入模型文件名(不要加扩展名“.mdl”)，这要求该文件在当前的路径范围内；

(2) 在MATLAB菜单上选择File Open；

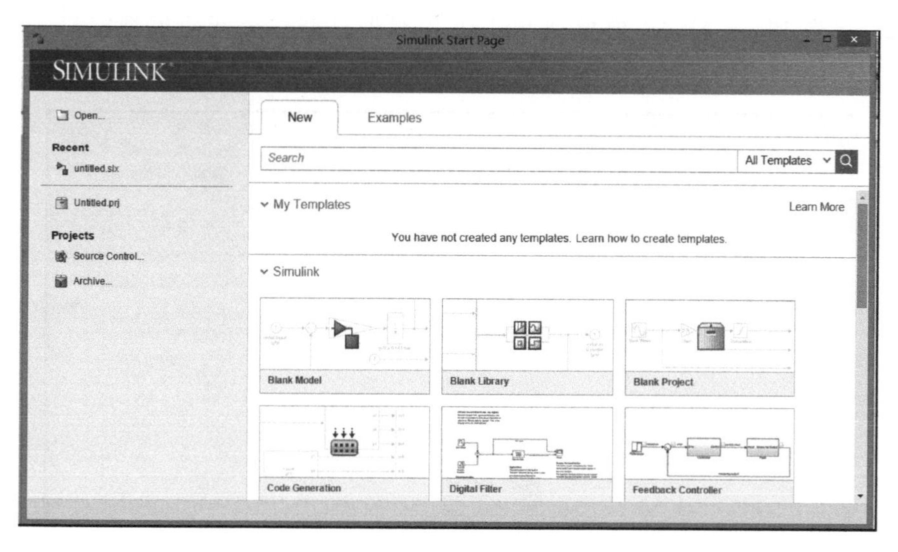

图 7-2　Simulink 启动窗口

(3) 单击工具栏上的打开图标。

若要退出 Simulink 窗口只要关闭该窗口即可。

7.2.2　在 Simulink 的窗口创建一个新模型

(1) 打开 MATLAB，在工具栏中单击 Simulink 按钮，会出现如图 7-3 所示的窗口。

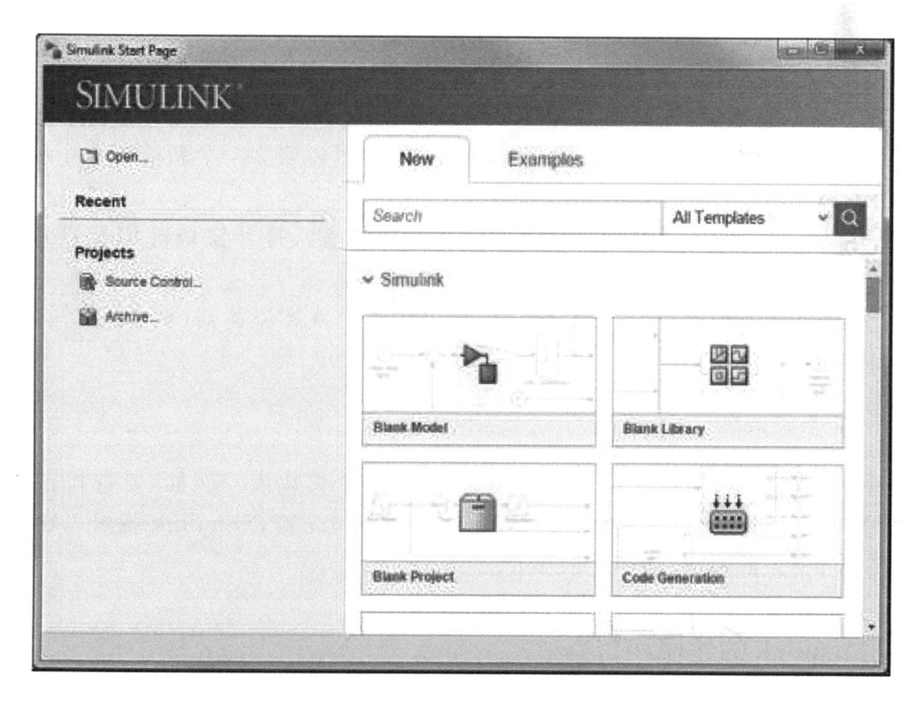

图 7-3　Simulink 启动窗口

(2) 单击 Blank Model 模板，Simulink 编辑器打开一个新建模型窗口，如图 7-4 所示。

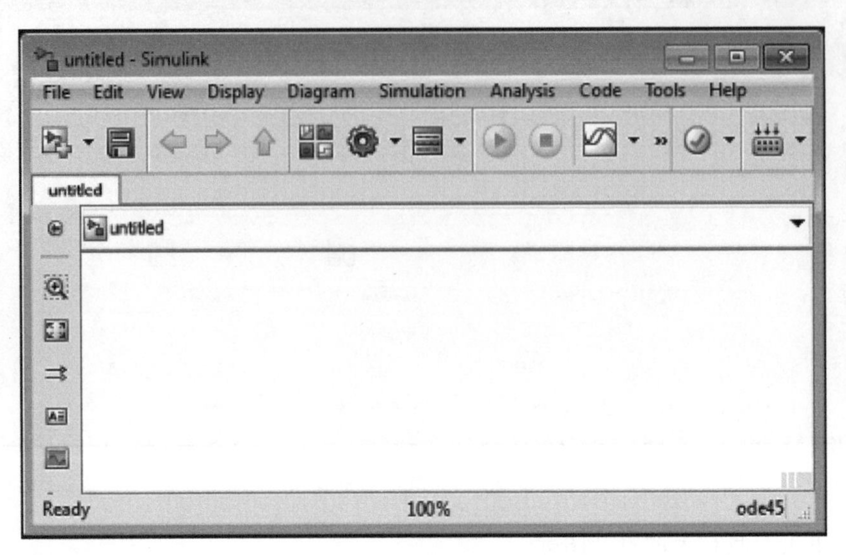

图 7-4 新建模型窗口

(3) 选择 File→Save as，写入该文件的文件名。例如 simple_model.slx，单击保存。

7.2.3 Simulink 模块的操作

模块是建立 Simulink 模型的基本单元。用适当的方式把各种模块连接在一起就能够建立任何动态系统的模型。本节将介绍对模块的操作方法。

1. 从模块库选取模块

从 Simulink 模块库选取建立模型需要的模块，也可以建立一个新的 Simulink 模块、项目或者状态流图。

在 Simulink 工具栏，单击 Simulink Library 按钮，打开模块库浏览器如图 7-5 所示。

设置模块库浏览器处于窗口的最上层，可以单击模块库浏览器(图 7-5)上的工具栏中的按钮。

2. 浏览查找模块

在图 7-5 的左边列出的是所有的模块库，选择一个模块库。例如，要查找正弦波模块，可以在浏览器工具栏的搜索框中输入 sine，按下 Enter 键，Simulink 就可以在正弦波的库中找到并显示此模块，如图 7-6 所示。

7.2.4 Simulink 的建模和仿真

Simulink 建模仿真的一般过程如下：

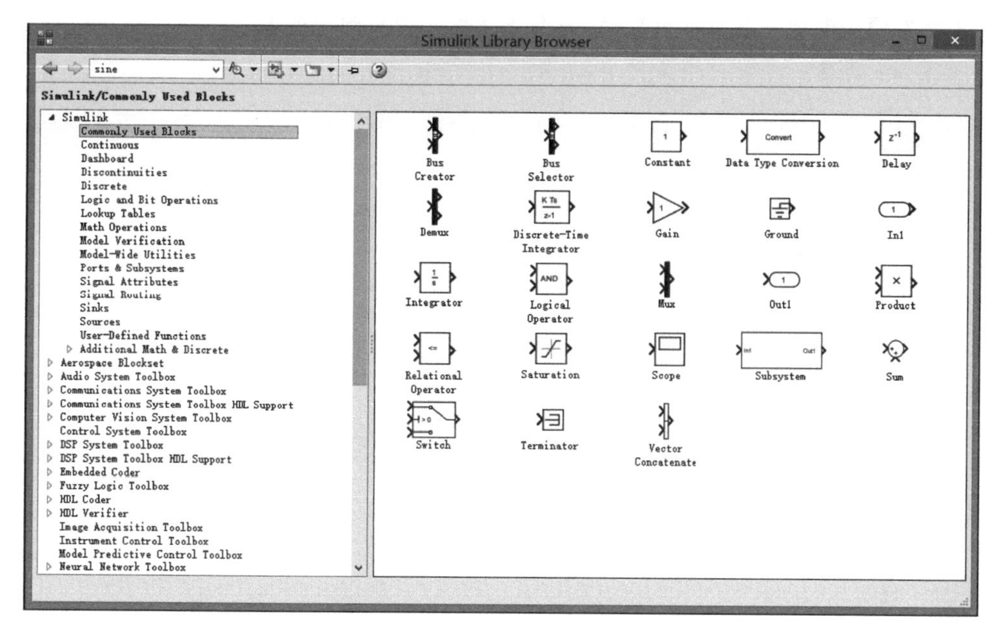

图 7-5　从模块库浏览器选取模块

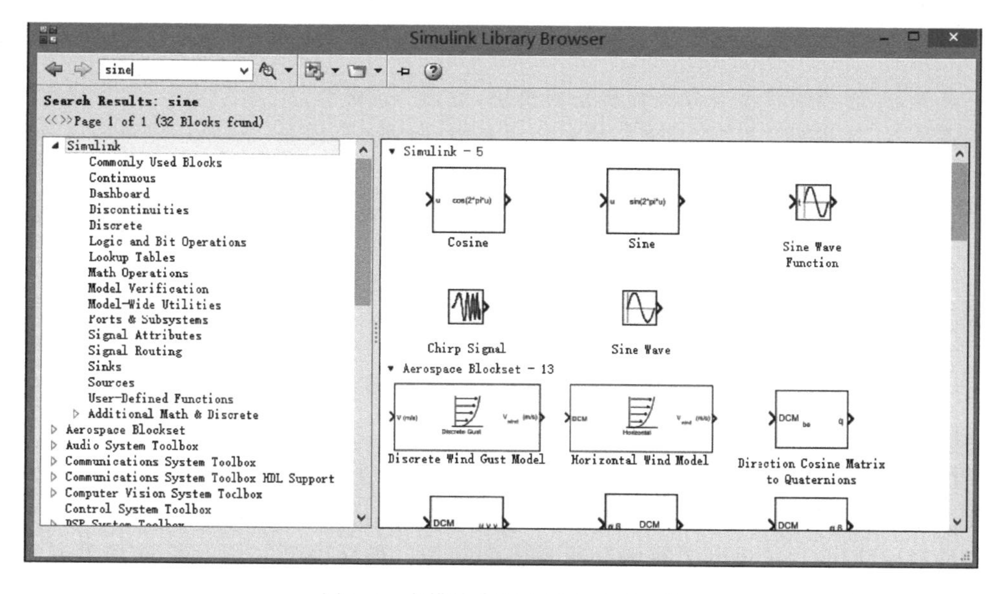

图 7-6　在模块库浏览器中查找模块

（1）打开一个空白的编辑窗口；

（2）将模块库中的模块复制到编辑窗口中，并依据给定的框图修改编辑窗口中模块的参数；

（3）将各个模块按给定的框图连接起来；

（4）用菜单选择或命令窗口键入命令进行仿真分析，在仿真的同时，可以观察仿真结果，如果发现有不正确的地方，可以停止仿真并可修正参数；

（5）若对结果满意，可以将模型保存。

【例 7-1】 设计一个简单模型，将一个正弦信号输出到示波器。

步骤 1：新建一个空白模型窗口，如图 7-7 所示。

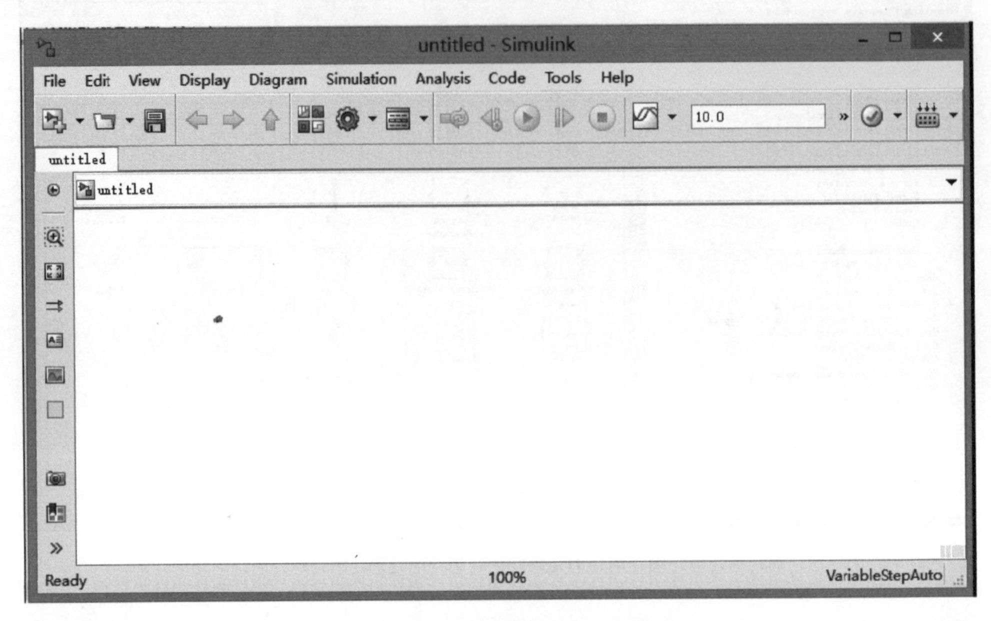

图 7-7 新建模型窗口

步骤 2：为空白模型窗口添加所需的模块，如图 7-8 所示。

步骤 3：连接相关模块，构成所需的系统模型，如图 7-9 所示。

步骤 4：单击 进行系统仿真。

步骤 5：观察仿真结果，单击 Scope 打开如图 7-10 所示的窗口即可观察仿真结果。

7.3 Simulink 的模块库及模块

Simulink 建模的过程可以简单地理解为从模块库中选择合适的模块，然后将它们按照实际系统的控制逻辑连接起来，最后进行仿真调试的过程。

模块库的作用就是提供各种基本模块，并将它们按应用领域及功能进行分类管理，以便于用户查找和使用。库浏览器将各种模块库按树结构进行罗列，便于用户快速查找所需的模块，同时它还提供了按照名称查找的功能。模块则是 Simulink 建模的基本元素，了解各个模块的作用是 Simulink 仿真的前提和基础。

Simulink 的模块库由两部分组成：基本模块和各种应用工具箱。例如，对于通信系统仿真而言，主要用到 Simulink 基本库、通信系统工具箱和数字信号处理工具箱。

Simulink 的基本模块由典型模块库里的模块构成。这些模块库主要有：系统仿真模块库(Simulink)、通信模块库(Communications Blockset)、数字信号处理模块库(DSP Blockset)和控制系统模块库(Control System Toolbox)等。

Simulink 模块库中包含了如下子模块库：

(1) Commonly Used Blocks 子模块库，为仿真提供常用模块元件；

(2) Continuous 子模块库，为仿真提供连续系统模块元件；

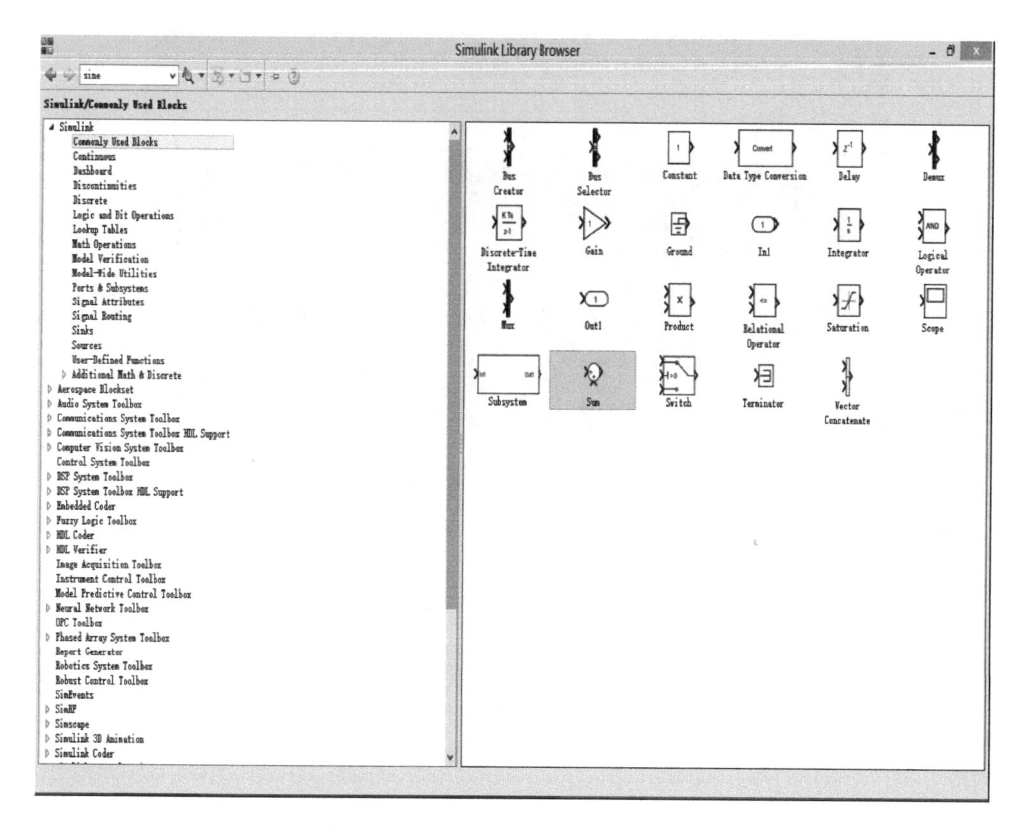

图 7-8　从模块库中添加模块

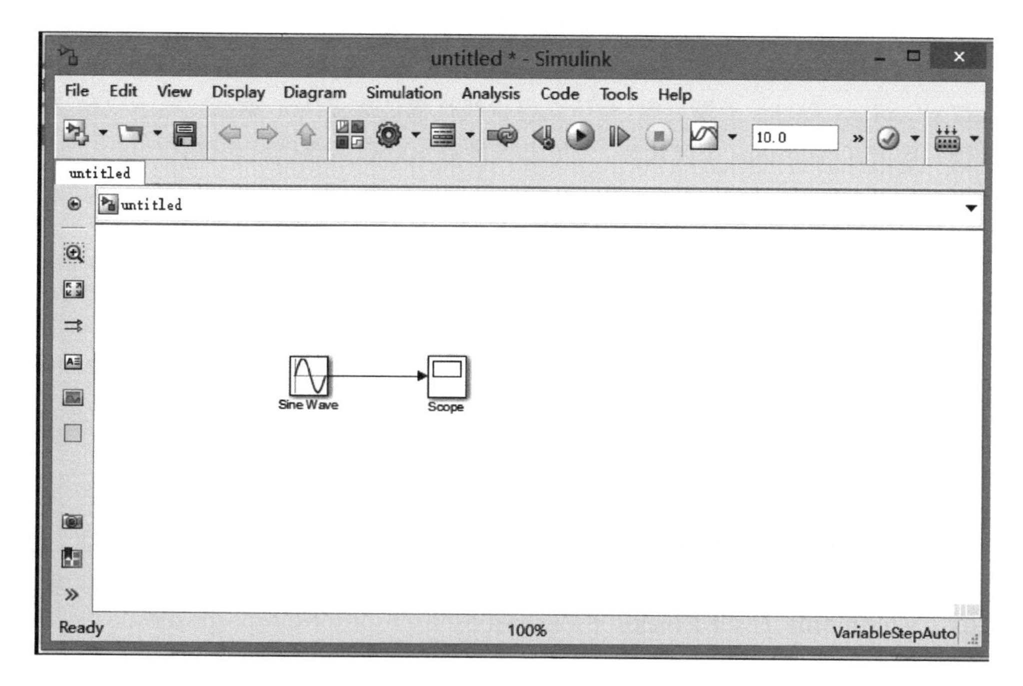

图 7-9　在模型窗口中连接各模块

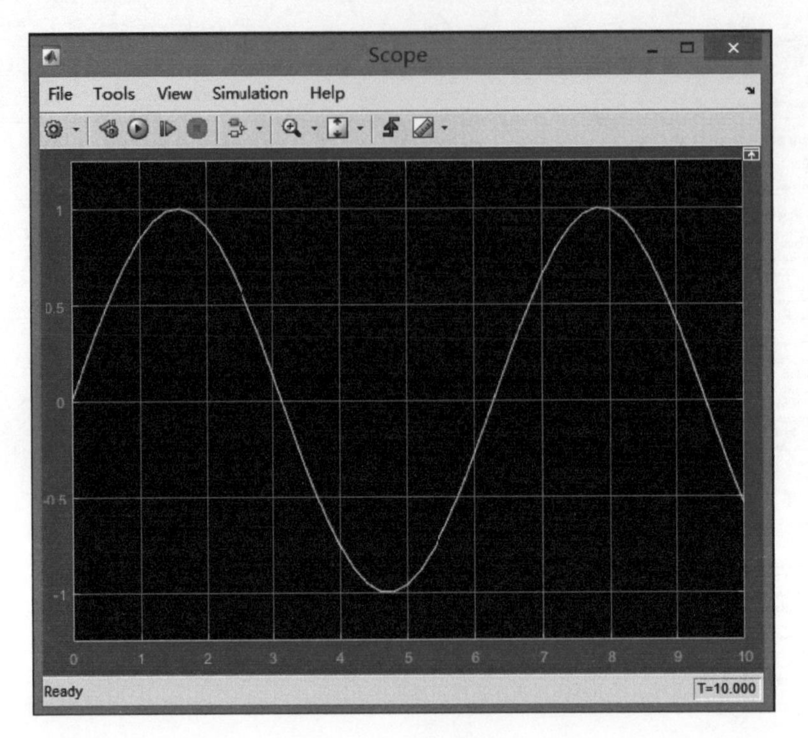

图 7-10 仿真图形

(3) Dashboard 子模块库，为仿真提供一些类似仪表显示的模块元件；

(4) Discontinuous 子模块库，为仿真提供非连续系统模块元件；

(5) Discrete 子模块库，为仿真提供离散系统模块元件；

(6) Logic and Bit Operations 子模块库，为仿真提供逻辑运算和位运算模块元件；

(7) Lookup Tables 子模块库，为仿真提供线性插值表模块元件；

(8) Math Operations 子模块库，为仿真提供数学运算功能模块元件；

(9) Model Verification 子模块库，为仿真提供模型验证模块元件；

(10) Model-Wide Utilities 子模块库，为仿真提供相关分析模块元件；

(11) Ports & Subsystems 子模块库，为仿真提供端口和子系统模块元件；

(12) Signals Attributes 子模块库，为仿真提供信号属性模块元件；

(13) Signals Routing 子模块库，为仿真提供输入/输出及控制的相关信号处理模块元件；

(14) Sinks 子模块库，为仿真提供输出设备模块元件；

(15) Sources 子模块库，为仿真提供信号源模块元件；

(16) User-defined Functions 子模块库，为仿真提供用户自定义函数模块元件。

7.3.1 Commonly Used Blocks 子模块库

Commonly Used Blocks(常用元件)子模块库为系统仿真提供常见元件，如图 7-11 所示，其所含模块及功能如表 7-2 所示。

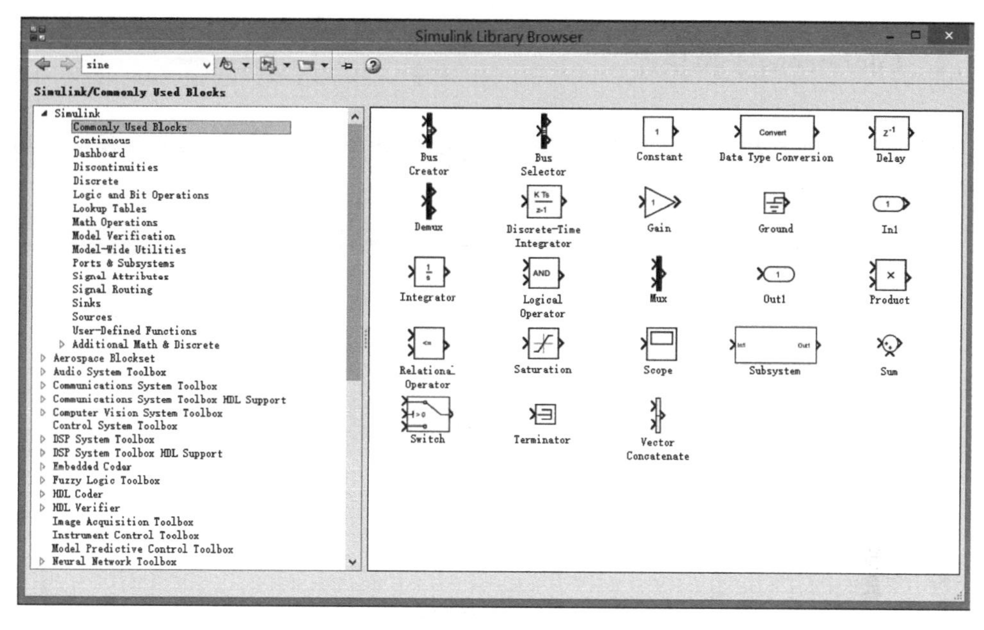

图 7-11 Commonly Used Blocks(常用元件)子模块库

表 7-2 Commonly Used Blocks 子模块库基本模块及功能描述

名　称	功能说明
Bus Creator	将输入信号合并成向量信号
Bus Selector	将输入向量分解成多个信号(输入只接受 Mux 和 Bus)
Creator	输出的信号
Constant	输出常量信号
Data Type Conversion	数据类型的转换
Demux	将输入向量转换成标量或更小的标量
Discrete-Time Integrator	离散积分器
Gain	增益模块
In1	输入模块
Integrator	连续积分器
Logical Operator	逻辑运算模块
Mux	将输入的向量、标量或矩阵信号合成
Out1	输出模块
Product	乘法器(执行向量、标量、矩阵的乘法)
Relational Operator	关系运算(输出布尔类型数据)
Saturation	定义输入信号的最大值和最小值
Scope	输出示波器
Subsystem	创建子系统
Sum	加法器
Switch	选择器(根据第二个输入来选择输出第一个或第三个信号)
Terminator	终止输出
Vector Concatenate	将向量或多维数据合成统一数据输出

7.3.2 Continuous 子模块库

Continuous 子模块库为仿真提供连续系统元件，如图 7-12 所示，其所含模块及功能如表 7-3 所示。

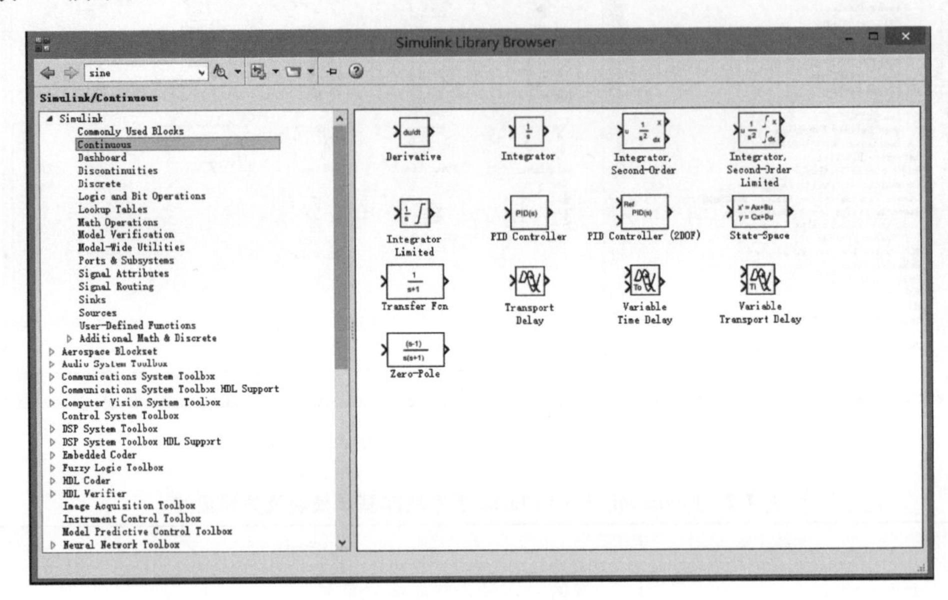

图 7-12　Continuous 子模块库

表 7-3　Continuous 子模块库基本模块及功能描述

名　　称	功 能 说 明
Derivative	微分
Integrator	积分器
Integrator Limited	定积分
Integrator，Second-Order	二阶积分
Integrator，Second-Order Limited	二阶定积分
PID Controller	PID 控制器
PID Controller (2DOF)	PID 控制器
State-Space	状态空间
Transfer Fcn	传递函数
Transport Delay	传输延时
Variable Transport Delay	可变传输延时
Zero-Pole	零-极点增益模型

7.3.3 Dashboard 子模块库

Dashboard 子模块库为仿真提供一些类似仪表显示元件，其所含模块及功能如图 7-13 所示。

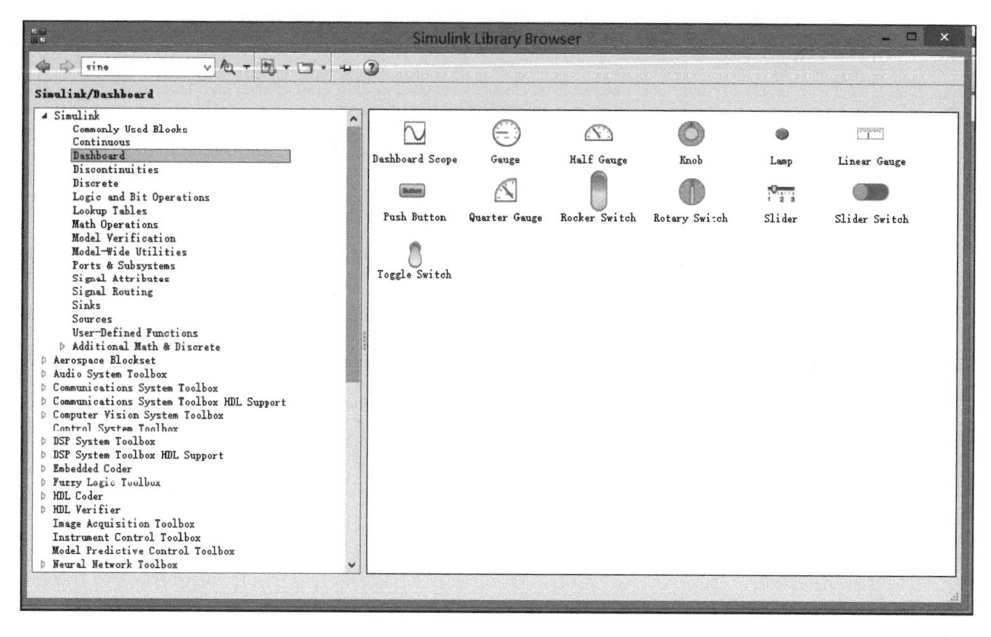

图 7-13　Dashboard 子模块库

7.3.4　Discontinuous 子模块库

Discontinuous 子模块库为仿真提供非连续系统元件，如图 7-14 所示，其所含模块及功能如表 7-4 所示。

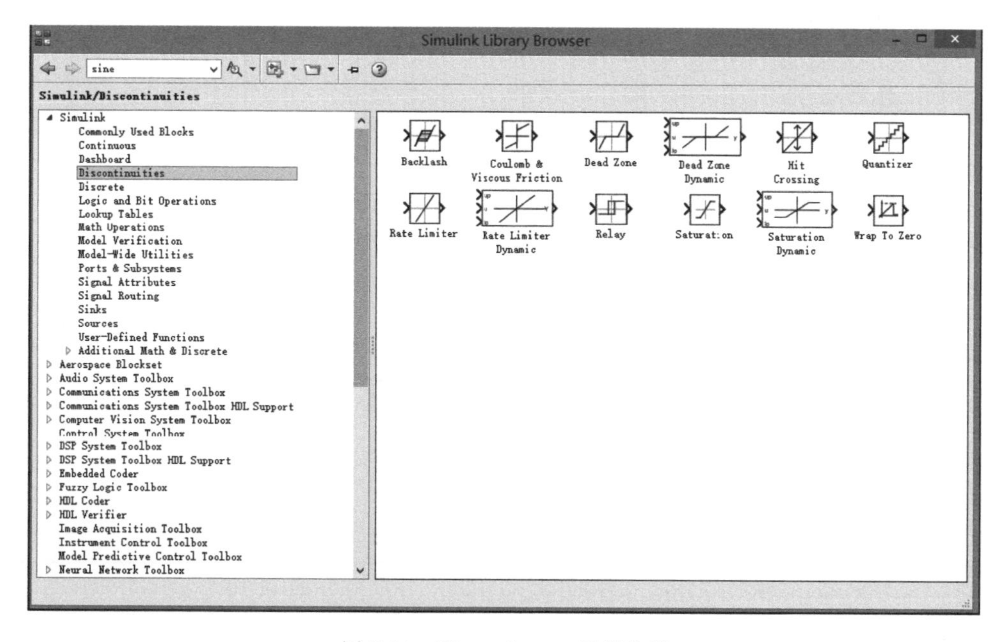

图 7-14　Discontinuous 子模块库

表 7-4　Discontinuous 子模块库基本模块及功能描述

名　　称	功 能 说 明
Backlash	间隙非线性
Coulomb & Viscous Friction	库仑和黏度摩擦非线性
Dead Zone	死区非线性
Dead Zone Dynamic	动态死区非线性
Hit Crossing	冲击非线性
Quantizer	量化非线性
Rate Limiter	静态限制信号的变化速率
Rate Limiter Dynamic	动态限制信号的变化速率
Relay	滞环比较器,限制输出值在某一范围内变化
Saturation	饱和输出,让输出超过某一值时能够饱和
Saturation Dynamic	动态饱和输出
Wrap To Zero	还零非线性

7.3.5　Discrete 子模块库

Discrete 子模块库为仿真提供离散系统元件,如图 7-15 所示,其所含模块及功能如表 7-5 所示。

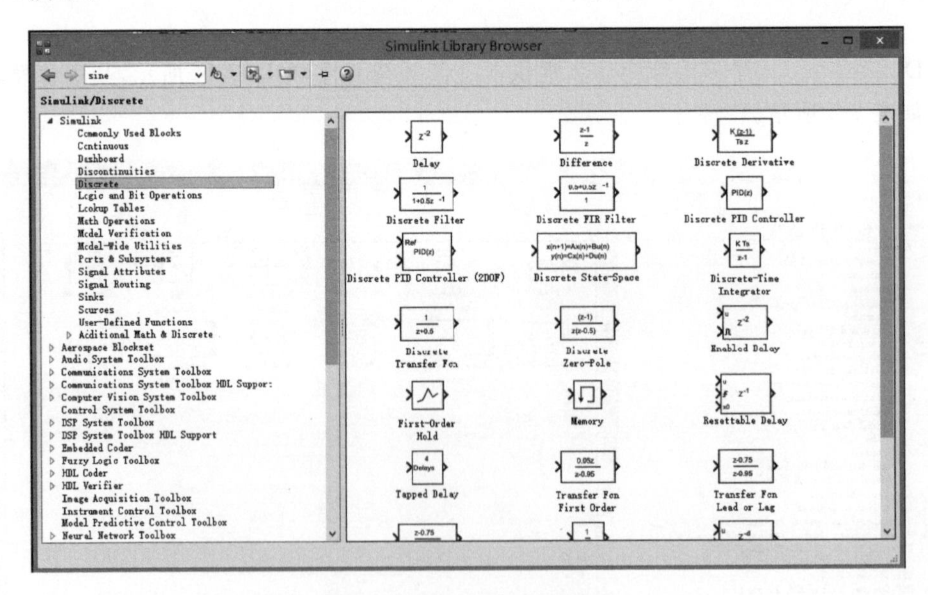

图 7-15　Discrete 子模块库

表 7-5　Discrete 子模块库基本模块及功能描述

名　　称	功 能 说 明
Delay	延时器
Difference	差分环节
Discrete Derivative	离散微分环节

续表

名　　称	功 能 说 明
Discrete FIR Filter	离散 FIR 滤波器
Discrete Filter	离散滤波器
Discrete PID Controller	离散 PID 控制器
Discrete PID Controller(2DOF)	离散 PID 控制器(2DOF)
Discrete State-Space	离散状态空间系统模型
Discrete Transfer-Fcn	离散传递函数模型
Discrete Zero-Pole	以零极点表示的离散传递函数模型
Discrete-time Integrator	离散时间积分器
First-Order Hold	一阶保持器
Memory	输出本模块上一步的输入值
Tapped Delay	延迟
Transfer Fcn First Order	离散一阶传递函数
Transfer Fcn Lead or Lag	传递函数
Transfer Fcn Real Zero	离散零点传递函数
Unit Delay	一个采样周期的延迟
Zero-Order Hold	零阶保持器

7.3.6　Logic and Bit Operations 子模块库

Logic and Bit Operations 子模块库为仿真提供逻辑操作元件，如图 7-16 所示，其所含模块及功能如表 7-6 所示。

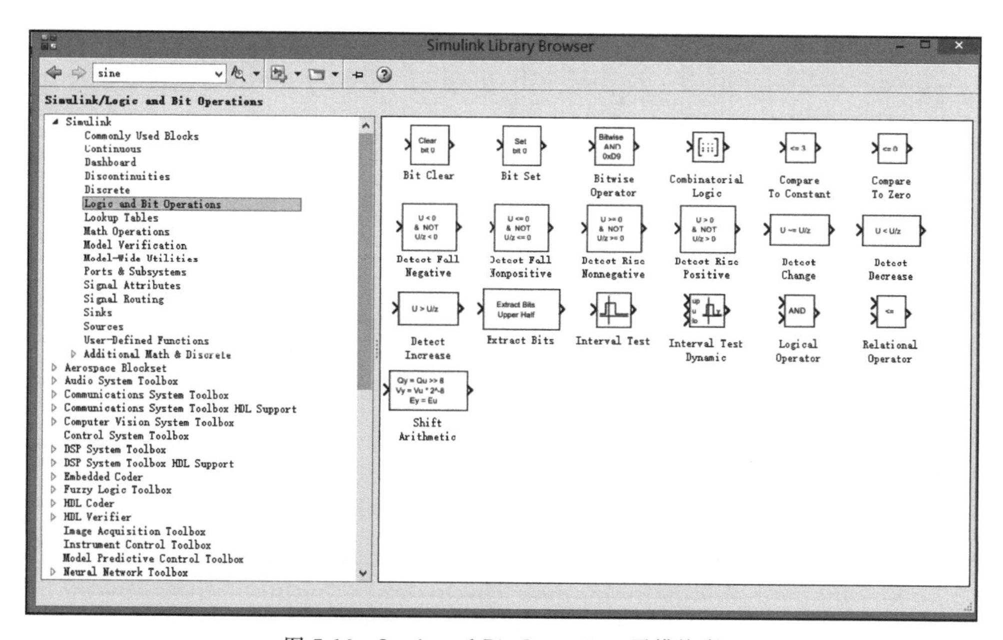

图 7-16　Logic and Bit Operations 子模块库

表 7-6 Logic and Bit Operations 子模块库基本模块及功能描述

名　称	功能说明
Bit Clear	位清零
Bit Set	位置位
Bitwise Operator	逐位操作
Combinatorial Logic	组合逻辑
Compare To Constant	和常量比较
Compare To Zero	和零比较
Detect Change	检测跳变
Detect Decrease	检测递减
Detect Fall Negative	检测负下降沿
Detect Fall Nonpositive	检测非负下降沿
Detect Increase	检测递增
Detect Rise Nonnegative	检测非负上升沿
Detect Rise Positive	检测正上升沿
Extract Bits	提取位
Interval Test	检测开区间
Interval Test Dynamic	动态检测开区间
Logical Operator	逻辑操作符
Relational Operator	关系操作符
Shift Arithmetic	移位运算

7.3.7 Lookup Tables 子模块库

Lookup Tables 子模块库为仿真提供线性插值表元件，如图 7-17 所示，其所含模块及功能如表 7-7 所示。

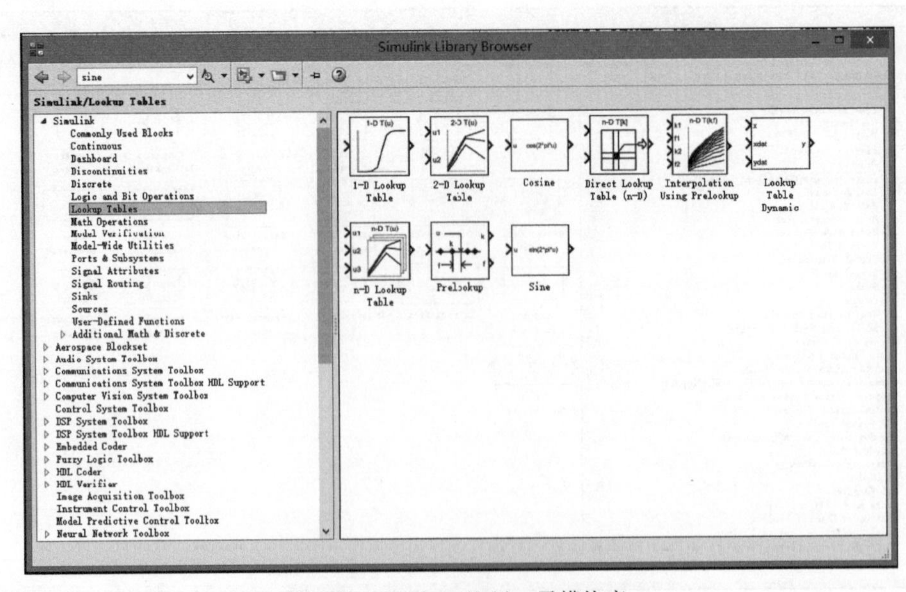

图 7-17　Lookup Tables 子模块库

表 7-7 Lookup Tables 子模块库基本模块及功能描述

名　　称	功 能 说 明
1-D Lookup Table	一维输入信号的查询表(线性峰值匹配)
2-D Lookup Table	二维输入信号的查询表(线性峰值匹配)
Cosine	余弦函数查询表
Direct Lookup Table (n-D)	N 个输入信号的查询表(直接匹配)
Interpolation Using Prelookup	输入信号的预插值
Lookup Table Dynamic	动态查询表
Prelookup	预查询索引搜索
Sine	正弦函数查询表
n-D Lookup Table	N 维输入信号的查询表(线性峰值匹配)

7.3.8 Math Operations 子模块库

Math Operations 子模块库为仿真提供数学运算功能模块元件，如图 7-18 所示，其所含模块及功能如表 7-8 所示。

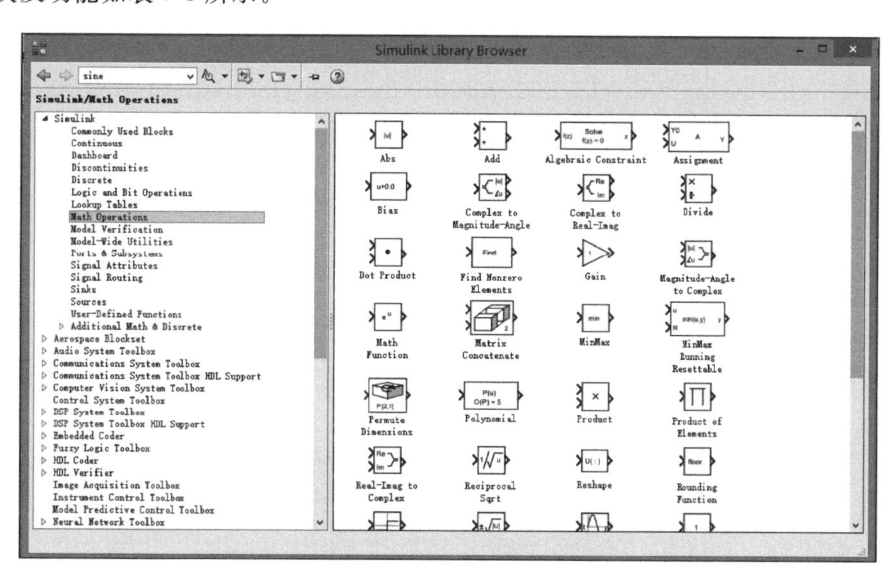

图 7-18 Math Operations 子模块库

表 7-8 Math Operations 子模块库基本模块及功能描述

名　　称	功 能 说 明	名　　称	功 能 说 明
Abs	取绝对值	Complex to Magnitude-Angle	由复数输入转为幅值和相角输出
Add	加法		
Algebraic Constraint	代数约束	Complex to Real-Imag	由复数输入转为实部和虚部输出
Assignment	赋值		
Bias	偏移	Divide	除法

续表

名　称	功能说明	名　称	功能说明
Dot Product	点乘运算	Real-Imag to Complex	由实部和虚部输入合成复数输出
Find Nonzero Elements	查找非零元素		
Gain	比例运算	Magnitude-Angle to Complex	由幅值和相角输入合成复数输出
Reciprocal Sqrt	开平方后求倒数		
Math Function	包括指数对数函数、求平方等常用数学函数	Reshape	取整
		Rounding Function	舍入函数
Matrix Concatenation	矩阵级联	Sign	符号函数
MinMax	最值运算	Signed Sqrt	符号根式
Squeeze	删去大小为 1 的“孤维”	Sine Wave Function	正弦波函数
Subtract	减法	Slider Gain	滑动增益
Sum	求和运算	Sqrt	平方根
MinMax Running Resettable	最大最小值运算	Sum of Elements	元素和运算
Permute Dimensions	按维数重排	Weighted Sample Time Math	权值采样时间运算
Polynomial	多项式	Unary Minus	一元减法
Product	乘运算	Trigonometric Function	三角函数
Product of Elements	元素乘运算		

7.3.9 Model Verification 子模块库

Model Verification 子模块库为仿真提供模型验证模块元件，如图 7-19 所示，其所含模块及功能如表 7-9 所示。

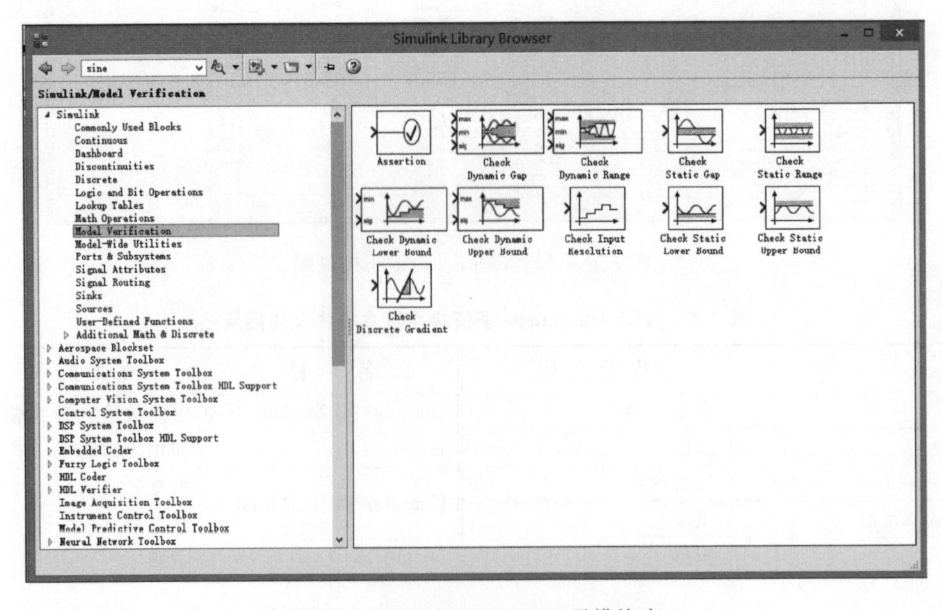

图 7-19　Model Verification 子模块库

表 7-9　Model Verification 子模块库基本模块及功能描述

名　　称	功 能 说 明
Assertion	确定操作
Check Dynamic Gap	检查动态偏差
Check Dynamic Range	检查动态范围
Check Static Gap	检查静态偏差
Check Static Range	检查静态范围
Check Discrete Gradient	检查离散梯度
Check Dynamic Lower Bound	检查动态下限
Check Dynamic Upper Bound	检查动态上限
Check Input Resolution	检查输入精度
Check Static Lower Bound	检查静态下限
Check Static Upper Bound	检查静态上限

7.3.10　Model-Wide Utilities 子模块库

Model-Wide Utilities 子模块库为仿真提供相关分析模块元件，如图 7-20 所示，其所含模块及功能如表 7-10 所示。

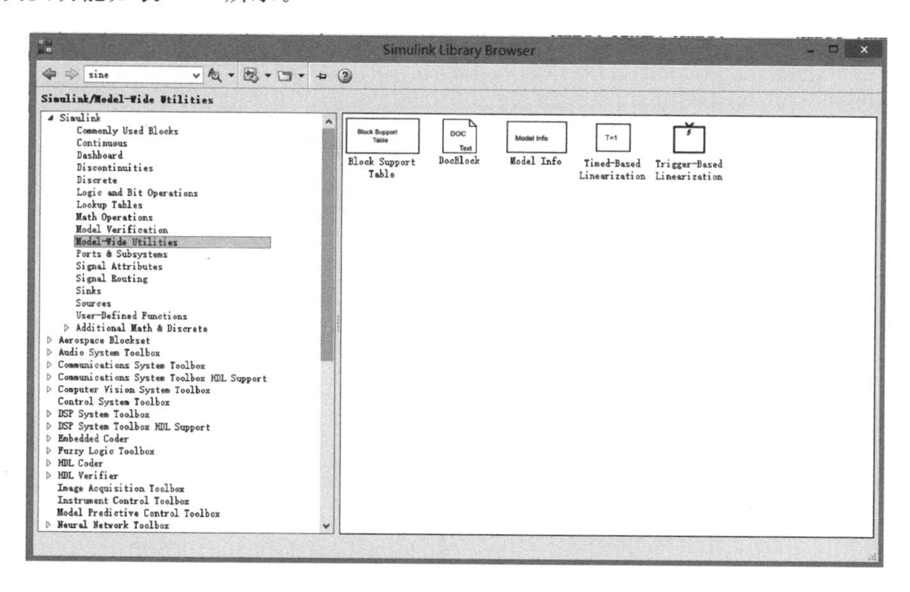

图 7-20　Model-Wide Utilities 子模块库

表 7-10　Model-Wide Utilities 子模块库基本模块及功能描述

名　　称	功 能 说 明
Block Support Table	功能块支持的表
DocBlock	文档模块
Model Info	模型信息
Timed-Based Linearization	时间线性分析
Trigger-Based Linearization	触发线性分析

7.3.11 Ports & Subsystems 子模块库

Ports & Subsystems 子模块库为仿真提供端口和子系统模块元件，如图 7-21 所示，其所含模块及功能如表 7-11 所示。

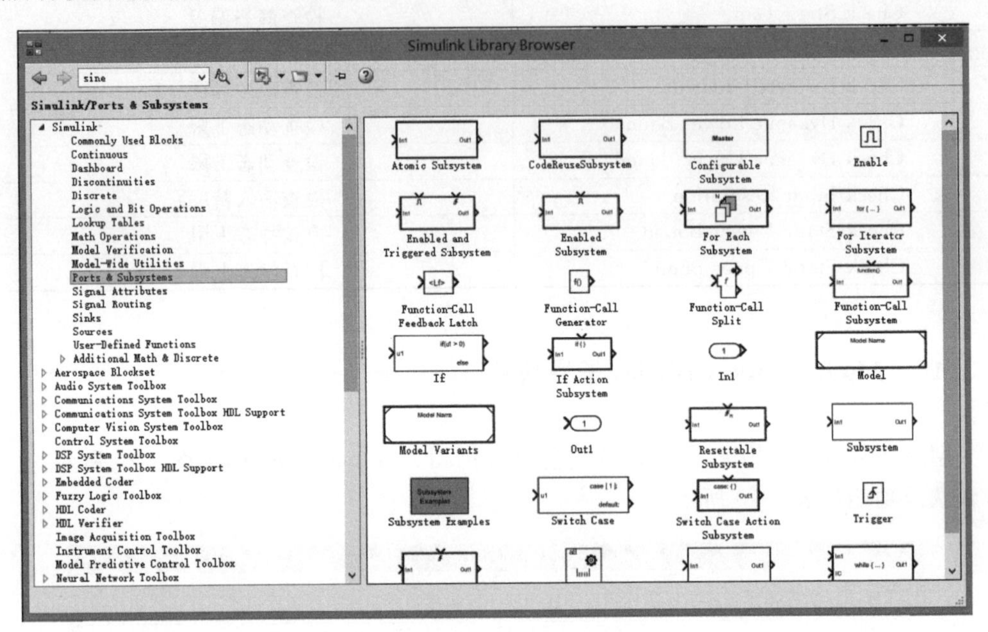

图 7-21 Ports & Subsystems 子模块库

表 7-11 Ports & Subsystems 子模块库基本模块及功能描述

名　称	功 能 说 明	名　称	功 能 说 明
Atomic Subsystem	单元子系统	If	If 操作
CodeReuseSubsystem	代码重用子系统	If Action Subsystem	If 操作子系统
Configurable Subsystem	可配置子系统	In1	输入端口
Enable	使能	Model	模型
Enabled Subsystem	使能子系统	Model Variants	模型变种
Enabled and Triggered Subsystem	使能和触发子系统	Out1	输出端口
For Each Subsystem	For Each 子系统	Switch Case Action Subsystem	Switch Case 操作子系统
For Iterator Subsystem	For 迭代子系统	Subsystem Examples	子系统例子
Function-Call Feedback Latch	函数调用反馈锁存	Switch Case	Switch Case 语句
Function-Call Generator	函数调用生成器	Subsystem	子系统
Function-Call Split	函数调用切换	Trigger	触发操作
Function-Call Subsystem	函数调用子系统	Triggered Subsystem	触发子系统
		While Iterator Subsystem	While 迭代子系统

7.3.12 Signals Attributes 子模块库

Signals Attributes 子模块库为仿真提供信号属性模块元件，如图 7-22 所示，其所含模块及功能如表 7-12 所示。

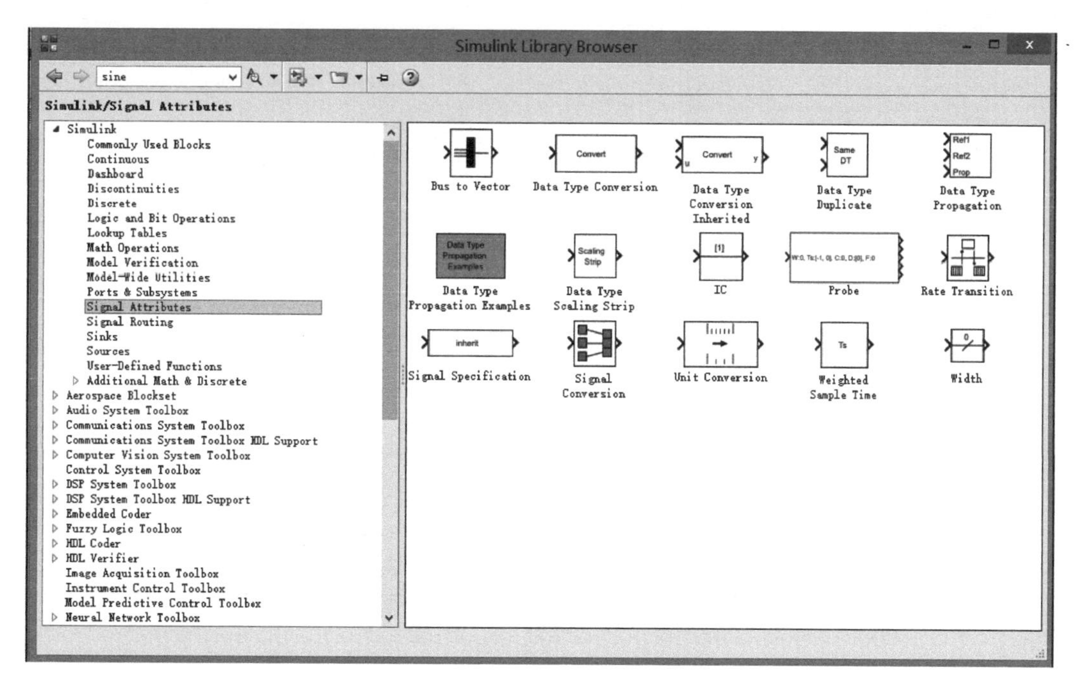

图 7-22 Signals Attributes 子模块库

表 7-12 Signals Attributes 子模块库基本模块及功能描述

名　　称	功 能 说 明	名　　称	功 能 说 明
Bus to Vector	总线到矢量转换	IC	信号输入属性
Data Type Conversion	数据类型转换	Probe	探针点
Data Type Conversion Inherited	数据类型继承	Rate Transition	速率转换
Data Type Duplicate	数据类型复制	Signal Conversion	信号转换
Data Type Propagation	数据类型传播	Signal Specification	信号特征指定
Data Type Propagation Examples	数据类型传播示例	Weighted Sample Time	加权的采样时间
Data Type Scaling Strip	数据类型缩放	Width	信号宽度

7.3.13 Signals Routing 子模块库

Signals Routing 子模块库为仿真提供输入/输出及控制的相关信号处理模块元件，如图 7-23 所示，其所含模块及功能如表 7-13 所示。

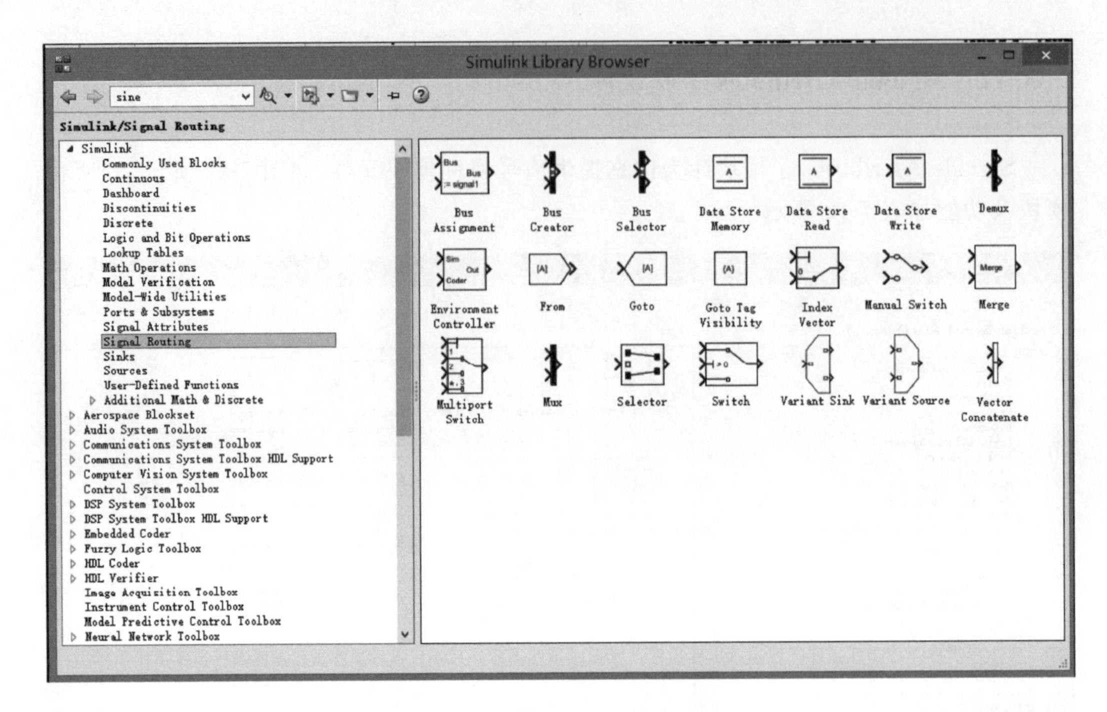

图 7-23　Signals Routing 子模块库

表 7-13　Signals Routing 子模块库基本模块及功能描述

名　　称	功 能 说 明	名　　称	功 能 说 明
Bus Assignment	总线分配	Data Store Memory	数据存储
Bus Creator	总线生成	Data Store Read	数据存储读取
Bus Selector	总线选择	Data Store Write	数据存储写入
Demux	分路	Mux	合路
Environment Controller	环境控制器	Selector	信号选择器
From	信号来源	Switch	开关选择，当第二个输入端大于临界值时，输出由第一个输入端而来，否则输出由第三个输入端而来
Goto	信号去向		
Goto Tag Visibility	Goto 标签可视化		
Index Vector	索引矢量		
Manual Switch	手动选择开关		
Merge	信号合并	Vector Concatenate	将矢量或多维信号合成为统一的信号输出
Multiport Switch	多端口开关		

7.3.14　Sinks 子模块库

Sinks 子模块库为仿真提供输出设备模块元件，如图 7-24 所示，其所含模块及功能如表 7-14 所示。

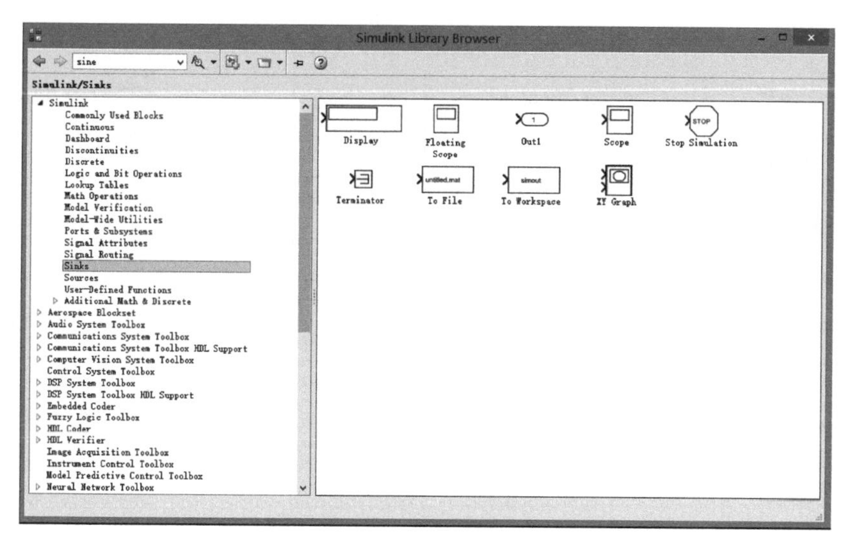

图 7-24　Sinks 子模块库

表 7-14　Sinks 子模块库基本模块及功能描述

名　　称	功能说明	名　　称	功能说明
Display	数字显示器	Terminator	终止符号
Floating Scope	浮动示波器	To File	将输出数据写入数据文件保护
Out1	输出端口	To Workspace	将输出数据写入 MATLAB 的工作空间
Scope	示波器		
Stop Simulation	停止仿真	XY Graph	显示二维图形

7.3.15　Sources 子模块库

Sources 子模块库为仿真提供信号源模块元件，如图 7-25 所示，其所含模块及功能如表 7-15 所示。

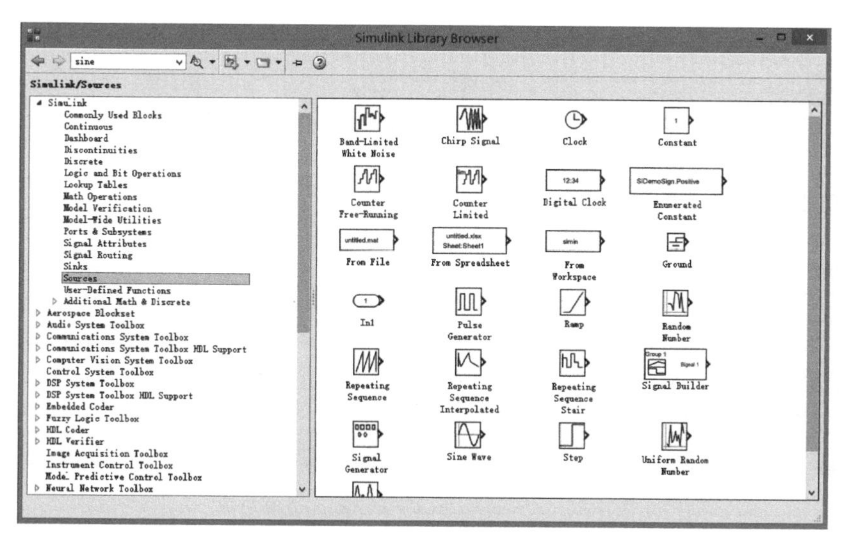

图 7-25　Sources 子模块库

表 7-15　Sources 子模块库基本模块及功能描述

名　称	功能说明	名　称	功能说明
Band-Limited White Noise	带限白噪声	Ramp	斜坡输入
		Random Number	产生正态分布的随机数
Digital Clock	数字时钟	Repeating Sequence	产生规律重复的任意信号
Clock	显示和提供仿真时间		
Chirp Signal	产生一个频率不断增大的正弦波	Repeating Sequence Interpolated	重复序列内插值
Counter Free-Running	无限计数器	Repeating Sequence Stair	重复阶梯序列
Counter Limited	有限计数器	Signal Builder	信号创建器
From Workspace	来自 MATLAB 的工作空间	Signal Generator	信号发生器,可产生正弦、方波、锯齿波及随意波
Enumerated Constant	枚举常量		
From File	来自文件	Sine Wave	正弦波信号
Constant	常数信号	Step	阶跃信号
Ground	接地	Uniform Random Number	均匀分布随机数
In1	输入信号	Pulse Generator	脉冲发生器

7.3.16　User-defined Functions 子模块库

User-defined Functions 子模块库为仿真提供用户自定义函数模块元件,如图 7-26 所示,其所含模块及功能如表 7-16 所示。

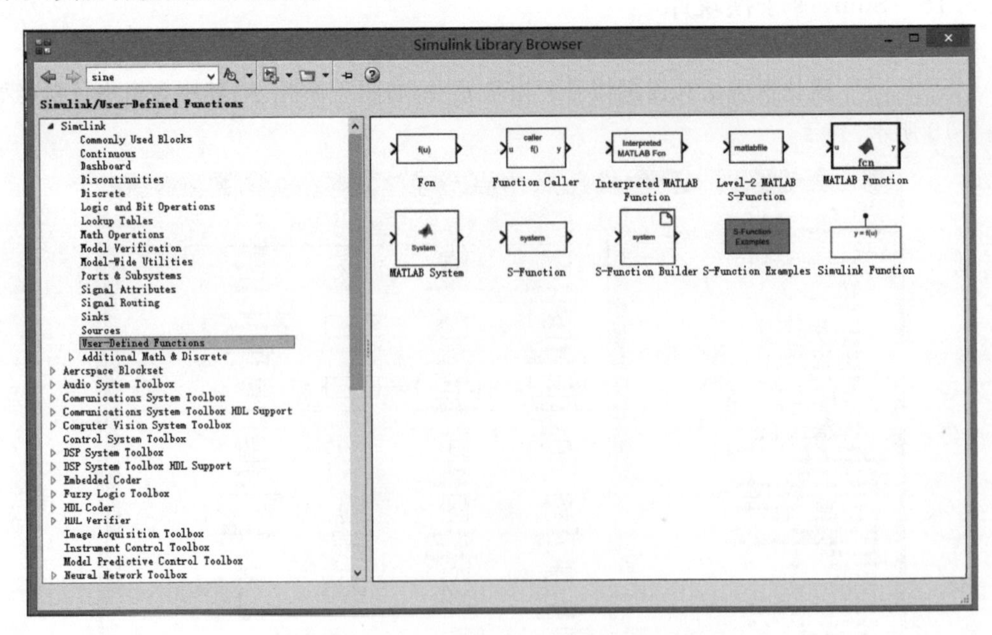

图 7-26　User-defined Functions 子模块库

表 7-16 User-defined Functions 子模块库基本模块及功能描述

名　　称	功能说明
Fcn	用自定义的函数(表达式)进行运算
Interpreted MATLAB Function	解释的 MATLAB 函数
Level-2 MATLAB S-Function	二级 MATLAB S 函数
MATLAB Function	利用 MATLAB 的现有函数进行运算
S-Function	调用自编的 S 函数的程序进行运算
S-Function Builder	S 函数创建
S-Function Examples	S 函数例子

7.4 Simulink 模块操作及建模

7.4.1 Simulink 模型

1. Simulink 模型的概念

Simulink 意义上的模型根据表现形式不同有着不同的含义。在模型窗口中表现为可见的方框图；在存储形式上表现为扩展名为.mdl 的 ASCII 文件；而从其物理意义上来讲，Simulink 模型模拟了物理器件构成的实际系统的动态行为。采用 Simulink 软件对一个实际动态系统进行仿真，关键是建立起能够模拟并代表该系统的 Simulink 模型。

从系统组成上来看，一个典型的 Simulink 模型一般包括 3 部分：输入、系统和输出。输入一般用信源(Source)模块表示，具体形式可以为常数(Constant)和正弦信号(Sine)等模块；系统就是指在 Simulink 中建立并对其研究的系统方框图；输出一般用信宿(Sink)模块表示，具体可以是示波器(Scope)和图形记录仪等模块。无论输入、系统和输出，都可以从 Simulink 模块库中直接获得，或由用户根据需要用相关模块组合后自定义而得。

对一个实际的 Simulink 模型来说，并非完全包含这 3 个部分，有些模型可能不存在输入或输出部分。

2. 模型文件的创建和修改

模型文件是指在 Simulink 环境中记录模型中的模块类型、模块位置和各模块相关参数等信息的文件，其文件扩展名为.mdl。在 MATLAB 环境中，可以创建、编辑和保持模型文件。

3. 模型文件的格式

Simulink 的模型通常都是以图形界面形式来创建的，此外，Simulink 还为用户提供了通过命令行来建立模型和设置参数的方法。这种方法要求用户熟悉大量的命令，因此很不直观，用户通常不需要采用这种方法。

Simulink将每一个模型(包括库)都保存在一个扩展名为.mdl的文件里,称为模型文件。一个模型文件就是一个结构化的ASCII文件,包含关键字和各种参数值。

7.4.2 Simulink模块的基本操作

Simulink模块的基本操作包括选取模块、复制和删除模块、模块的参数和属性设置、模块外形的调整、模块名的处理、模块的连接及在连线上反映信息等操作。

表7-17和表7-18汇总了Simulink对模块、直线和信号标签进行各种常用操作的方法。

表7-17 Simulink对模块的基本操作

任　务	Microsoft Windows环境下的操作
选择一个模块	右击选中的模块,选择"Add Block to…"或按下Ctrl+I键
不同模型窗口之间复制模块	直接将模块从一个模型窗口拖动到另一个模型窗口
同一模型窗口内复制模块	选中模块,按下Ctrl+C键,然后按下Ctrl+V键即可复制
移动模块	长按鼠标左键直接拖动
删除模块	选中模块,按下Delete键
连接模块	鼠标拖动模块的输出至另一模块的输入
断开模块间的连接	先按下Shift键,然后用鼠标左键拖动模块到另一个位置;或将鼠标指向连续的箭头处,出现一个小圆圈圈住箭头时按下左键并移动连线
改变模块大小	选中模块,鼠标移动到模块方框的一角,当鼠标图标变成两端有箭头的线段时,按下鼠标左键拖动图标以改变图标大小
调整模块的方向	右键选中模块,通过参数设置项Rotate & Flip调整模块方向
修改模块名	双击选中的模块,在弹出对话框里修改

表7-18 Simulink对直线的基本操作

任　务	Microsoft Windows环境下的操作
选择一条直线	单击选中的直线
连线的分支	按下Ctrl键,单击选中的连线
移动直线段	按下鼠标左键直接拖动直线段
移动直线顶点	将鼠标指向连线的箭头处,当出现一个小圆圈圈住箭头时按下左键并移动连线
直线调整为斜线段	按下Shift键,将鼠标指向需要移动的直线上的一点并按下鼠标左键直接拖动直线
直线调整为折线段	按下鼠标左键不放直接拖动直线

7.4.3 系统模型注释与信号标签设置

对于复杂系统的Simulink仿真模型,若没有适当说明则很难让人读懂,因此需要对其进行注释说明。通常可采用Simulink的模型注释和信号标签两种方法。

1. 系统模型注释

在 Simulink 中对系统模型进行注释只需单击系统模型窗口右边的[A≡],打开一个文本编辑框,输入相应的注释文档即可,如图 7-27 所示。添加注释后,可用鼠标进行移动。需要注意的是,虽然文本编辑框支持汉字输入,但是 Simulink 无法添加有汉字注释的系统模型,因此建议采用英文注释。

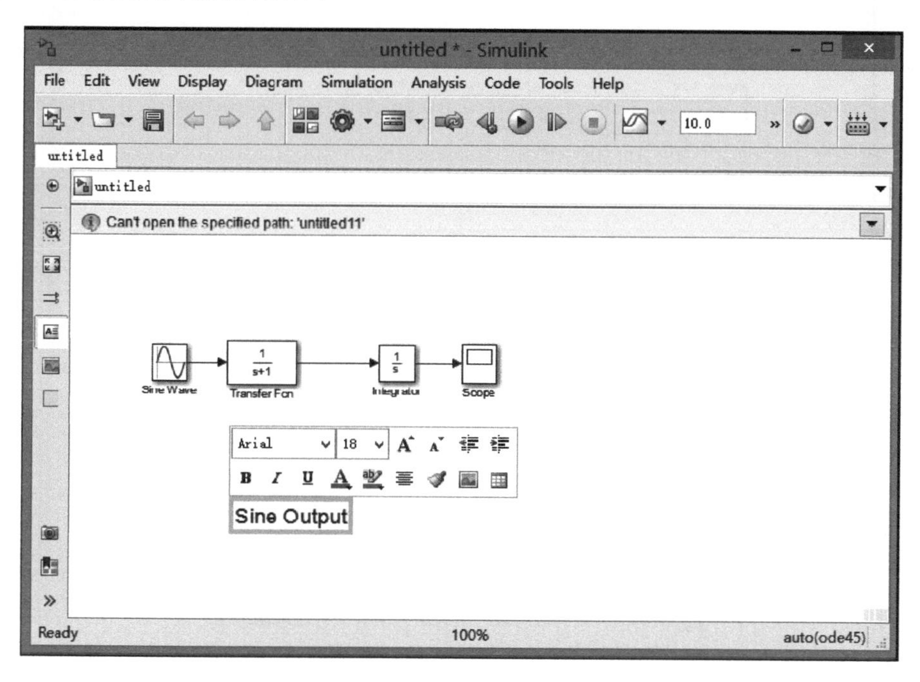

图 7-27 系统模型注释

2. 系统信号标签

信号标签在创建复杂系统的 Simulink 仿真模型时非常重要。信号标签也称为信号的“名称”或“标记”,它与特定的信号相联系,用于描述信号的一个固有特性,与系统模型注释不同。系统模型注释是对系统或局部模块进行说明的文字信息,它与系统模型是相分离的,而信号标签则是不可分离的。

通常生成信号标签的方法有两种。

(1) 双击需要添加标签的信号(即系统模型中模块之间的连线),这时会出现标签编辑框,在其中输入标签文本即可。信号标签也可以移动位置,但只能在信号线附近,如图 7-28 所示。当一个信号定义标签后,又引出新的信号线,且这个新的信号线将继承这个标签。

(2) 选择需要加入的标签信号,单击信号连线,然后选择 Simulink 窗口菜单中的 Diagram,在弹出的快捷菜单中选择 Signal Properties 命令,弹出信号属性编辑对话框,如图 7-29 所示。在 Signal name 文本框中可输入信号的名称;单击 Documentation 选项卡,还可以对信号进行文档注释或添加文档链接。

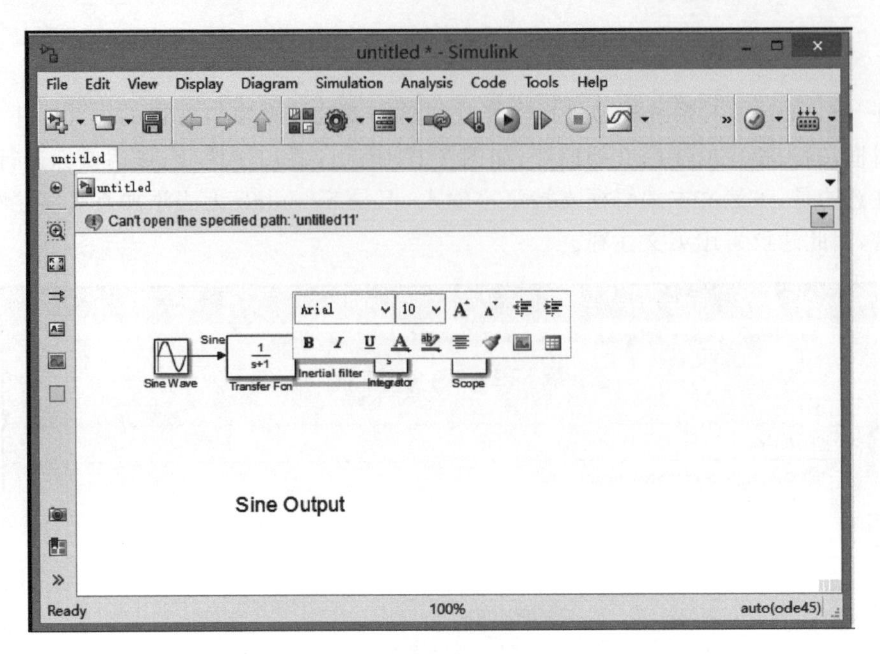

图 7-28　系统信号标签

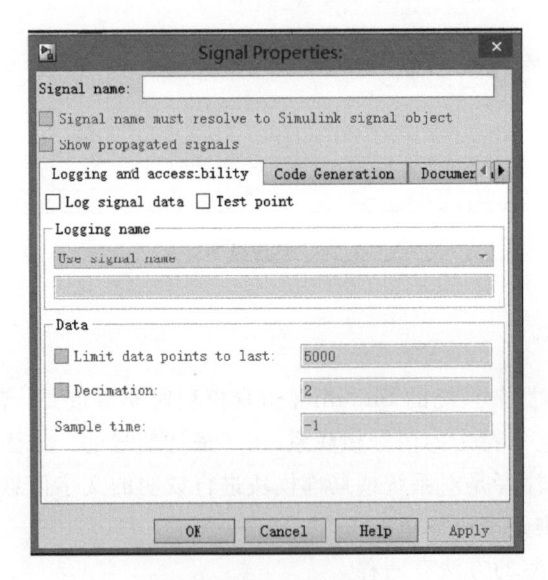

图 7-29　信号属性对话框

7.4.4　Simulink 建模

为了设计过程控制系统及整定调节器参数，指导设计生产工艺设备，培训系统运行操纵人员，进行仿真试验研究等目的，需要对控制系统进行建模。控制系统的数学模型一般指控制系统在各种输入量（包括控制输入和扰动输入）的作用下，相应的被控量（输出量）变化的函数关系，用数学表达式来表示。

根据参数类型可将控制系统的数学模型分为两类：参数模型和非参数模型。参数模型是以参数为对象的数学模型，通常用数学方程式表示，例如微分方程、传递函数、脉冲响应函数、状态方程和差分方程等。非参数模型是以非参数为对象的数学模型，通常用曲线表示，例如阶跃响应曲线、脉冲响应曲线和频率特性曲线等。

在以实际问题为研究对象进行建模及仿真时，用户可能会意识到把实际问题抽象为模型需要考虑诸多方面，非常复杂，而不仅仅是简单选择几个模块将其连接起来，运行仿真就可以了。下面介绍建模的基本步骤和一些方法技巧，便于读者更好地掌握 Simulink 建模。

1. Simulink 建模的基本步骤

(1) 画出系统草图。将所研究的仿真系统根据功能划分为一个个小的子系统，然后用各模块子库里的基本模块搭建好每个小的子系统。

(2) 启动 Simulink 模块库浏览器，新建一个空白模型窗口。

(3) 在库中找到所需的基本模块并添加到空白模型窗口中，按照第一步画出的系统草图的布局摆放好并连接各模块。若系统较复杂或模块太多，可以将实现同一功能的模块封装为一个子系统。

(4) 设置各模块的参数及与仿真有关的各种参数。

(5) 保持模型，其扩展名为.mdl。

(6) 运行仿真、观察结果。若仿真出错，则按弹出的错误提示查看错误原因并加以解决。若仿真结果不理想，则首先检查各模块的连接是否正确、所选模块是否合适，然后检查模块参数和仿真参数是否设置合理。

(7) 调试模型。若在第(6)步中没有任何错误就不必进行调试。若需调试，可以查看系统在每一个仿真步的运行情况，找到出现仿真结果不理想的地方，修改后再运行仿真，直至得到理想结果。最后还要保持模型。

【例 7-2】 设系统的开环传递函数为 $G(s)=\dfrac{s+4}{s^2+2s+8}$，求在单位阶跃输入作用下的单位负反馈系统的时域响应。

步骤 1：新建一个空白模型窗口，如图 7-30 所示。

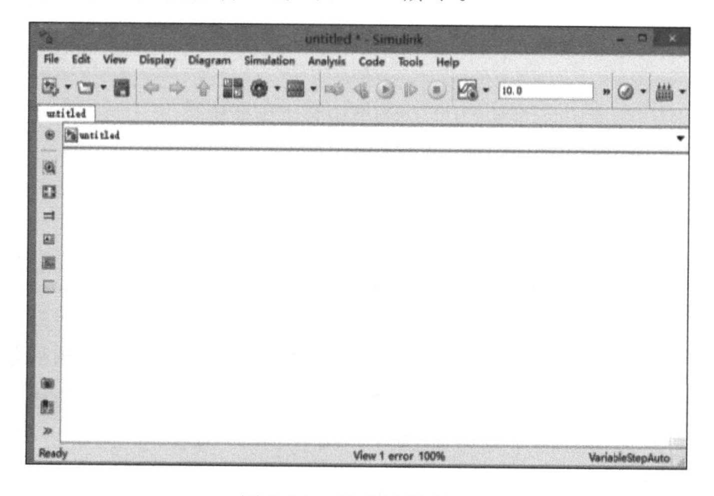

图 7-30　空白模型窗口

步骤 2：为空白模型窗口添加所需的模块，如图 7-31 所示。

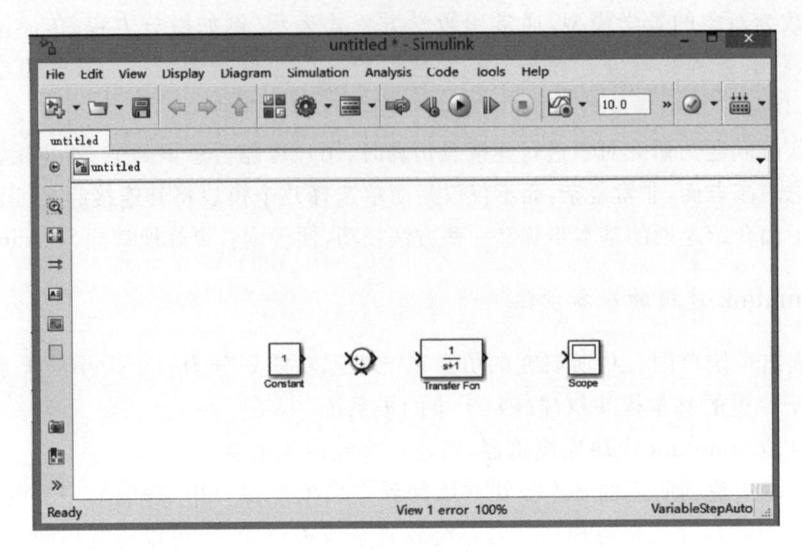

图 7-31 添加模块至模型窗口

步骤 3：连接相关模块，构成所需的系统模型，如图 7-32 所示。

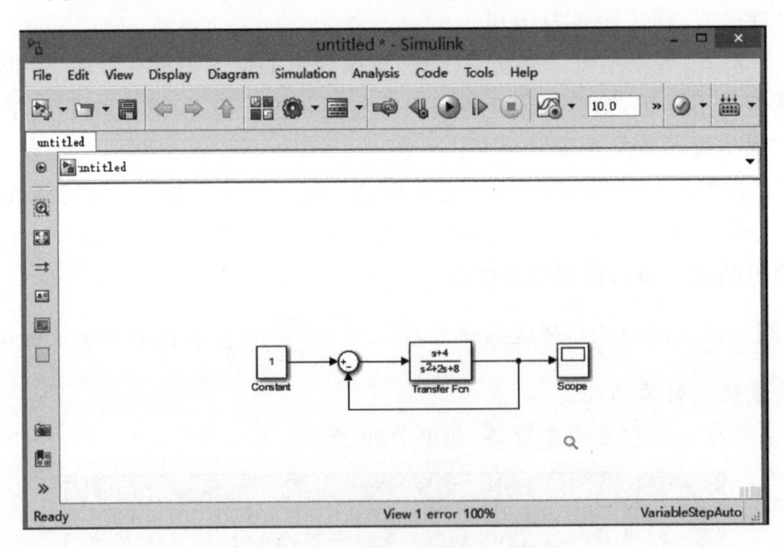

图 7-32 连线并设置模块参数

步骤 4：单击 进行系统仿真。

步骤 5：观察仿真结果，单击 Scope 打开如图 7-33 所示的窗口即可观察仿真结果。

2. Simulink 子系统建模的方法与技巧

通常 Simulink 建模都采用根据系统框图选择所需的基本模块，然后连接、设置模块及仿真参数，最后运行仿真，观察结果并调试。这样的方法在创建复杂模型时，一旦得不到理想结果，将会增加仿真的工作量和难度。因此，对于复杂模型，可以通过将相关的模块组织成子系统来简化模型的显示。

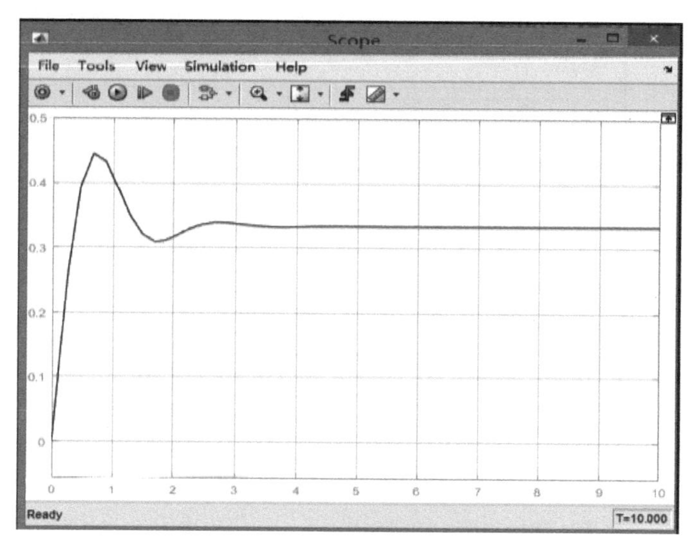

图 7-33 观察仿真图形

创建子系统的方法大致有两种。一种是在模型中加入子系统(Subsystem)模块,然后打开并编辑;另一种是直接选中组成子系统的数个模块,然后选择相应的菜单项来完成子系统的创建。

这样,通过子系统,用户可将复杂模型进行分层并简化模型,便于仿真。

7.5 Simulink 模块及仿真参数设置

7.5.1 模块参数设置

系统模块参数设置是 Simulink 仿真进行人机交互的一种重要途径,虽然简单,但十分重要。Simulink 绝大多数系统模块都需进行参数设置,即便用户自己封装的子系统也通常有参数设置项。Simulink 系统参数设置通常有以下 3 种方式:

(1) 编辑框输入模式;

(2) 下拉菜单选择模式;

(3) 选择框模式。

下面以 Integrator 模块为例,双击积分模块,弹出参数设置对话框,如图 7-34 所示。图中共有多种参数设置模式。例如,参数项 Initial condition source 为下拉菜单选择模式,参数项 Initial condition 为编辑框输入模式,参数项 Enable zero-crossing detection 为选择框模式。

根据模块的不同要求,其参数设置的内容与格式也不同。例如,如图 7-35 所示的 Transfer Fcn 模块的参数 Numerator Coefficient、Denominator Coefficient 分别为传递函数模型的分子、分母多项式系数向量,要以方括号括起来;而状态空间模型的参数"A、B、C、D"为其系数矩阵,要按矩阵的形式进行编辑输入。具体的参数设置需要根据不同模块的要求,此处不再赘述。

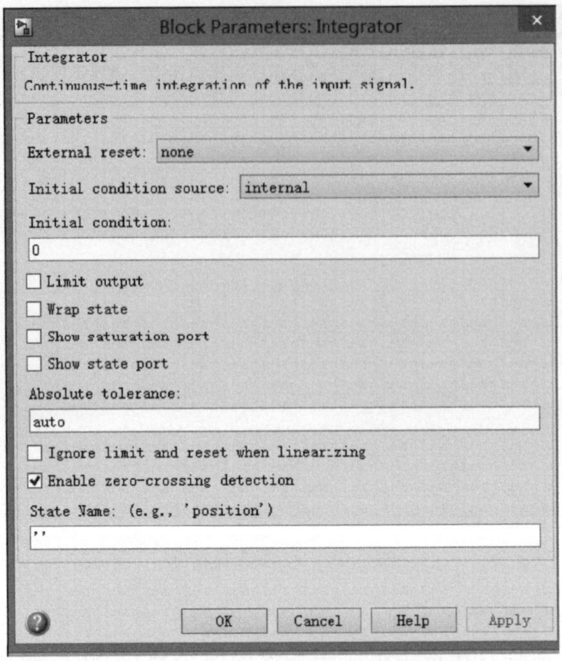

图 7-34　Integrator 参数设置对话框

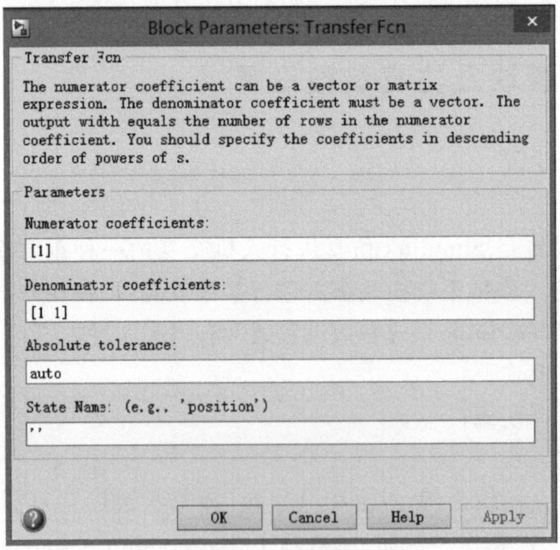

图 7-35　Transfer Fcn 模块参数设置对话框

7.5.2　Simulink 仿真参数设置

Simulink 仿真参数设置是 Simulink 动态仿真的重要内容，是深入了解并掌握 Simulink 仿真技术的关键内容之一。建立好系统的仿真模型后，需要对 Simulink 仿真参数进行设置。在 Simulink 模型窗口中选择 Simulation 下的 Configuration Parameters 命令，打开如图 7-36 所示的仿真参数设置对话框。从图 7-36 左侧可以看出，仿真参数设置对话框主要包括 Solver(求解器)、Data Imput/Export(数据输入/输出项)、Optimization(最优化配置)、Diagnostics(诊断)、Hardware Implementation、Model Referencing 共 6 项内容。其中，Solver 参数配置最为关键。

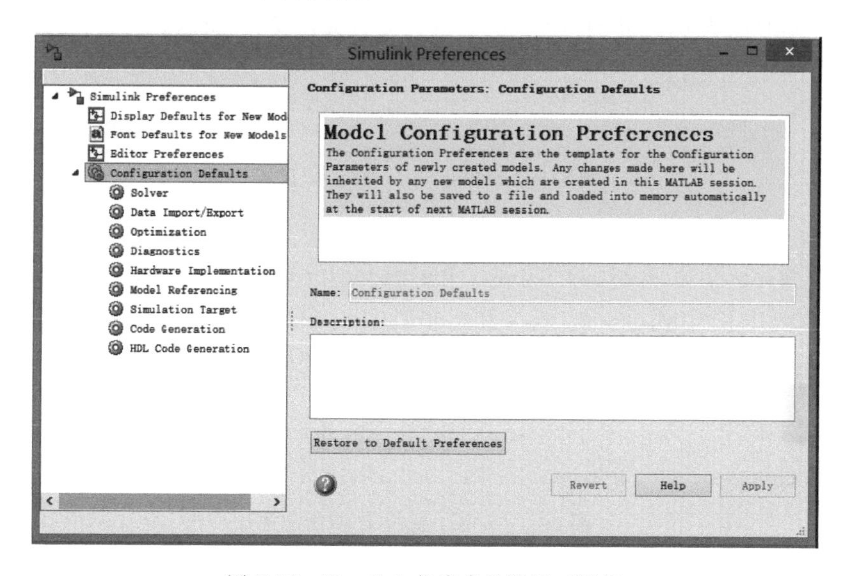

图 7-36　Simulink 仿真参数设置对话框

1. Solver 参数设置

Solver 参数主要包括 Simulation time(仿真时间)、Solver options(求解器选项)、Tasking and sample time options(任务处理及采样时间项)和 Zero crossing options(过零项)共 4 项内容。Solver 参数设置如图 7-37 所示。

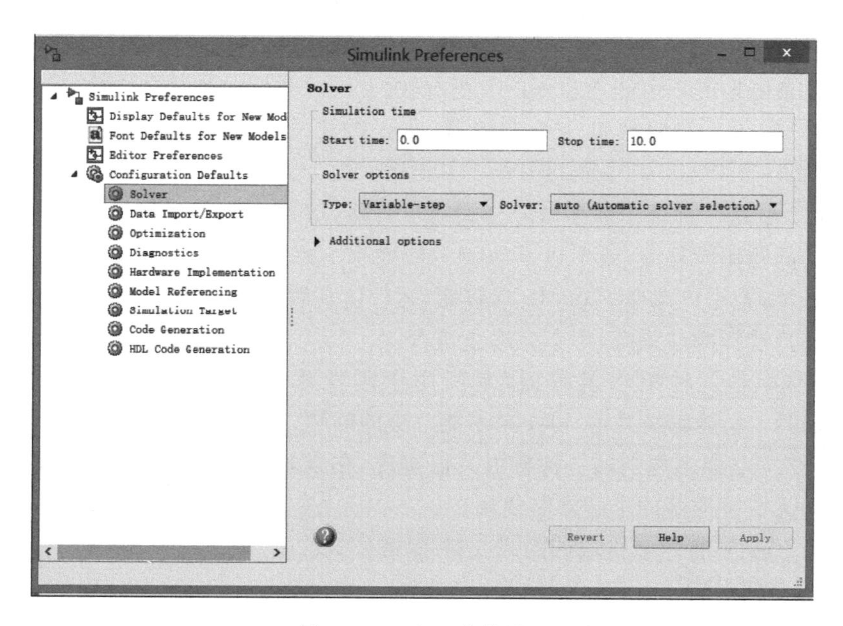

图 7-37　Solver 参数设置

1）Simulation time

仿真时间参数与计算机执行任务具体需要的时间不同。例如，仿真时间10s，当采样步长为0.2时，需要执行100步。Start time用来设置仿真的起始时间，一般从零开始（也可以选择从其他时间开始），Stop time用来设置仿真的终止时间。Simulink仿真系统默认的起始时间为0，终止时间为10s。参数设置如图7-38所示。

图7-38 Simulation time参数设置

2）Solver options

可设置Type(仿真类型)和Solver(求解器算法)。对于可变步长仿真，还有Max step size(最大步长)、Min step size(最小步长)、Initial step size(初始步长)、Relative tolerance(相对误差限)和Absolute tolerance(绝对误差限)等，参数设置如图7-39所示。

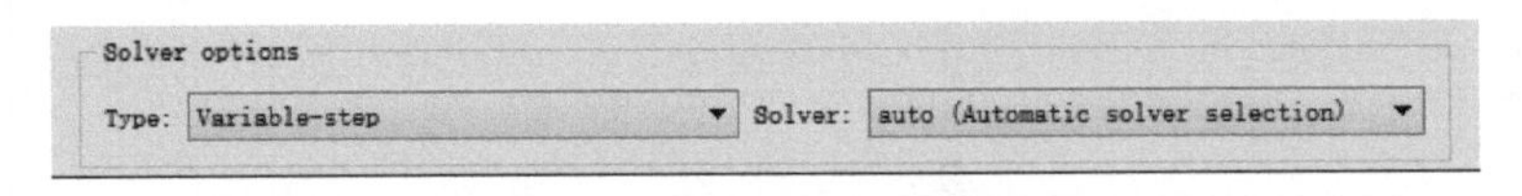

图7-39 Solver options参数设置

(1) Type(仿真类型)：包括固定步长仿真(Fixed-step)和变步长仿真(Variable-step)，变步长仿真为系统默认求解器类型。

(2) Solver(变步长仿真求解器算法)：包括discrete、ode45、ode23、ode113、ode15s、ode23s、ode23t和ode23tb。下面一一介绍。

- discrete：当Simulink检测到模块没有连续状态时使用。
- ode45：求解器算法是4阶/5阶龙格-库塔法，为系统默认值，适用于大多数连续系统或离散系统仿真，但不适用于Stiff(刚性)系统。
- ode23：求解器算法是2阶/3阶龙格-库塔法，在误差限要求不高和所求解问题不太复杂的情况下可能会比ode45更有效。
- ode113：是一种阶数可变的求解器，在误差要求严格的情况下通常比ode45更有效。
- ode15s：是一种基于数字微分公式的求解器，适用于刚性系统。当用户估计要解决的问题比较复杂，或不适用ode45，或效果不好时，可采用ode15s。通常对于刚性系统，若用户选择了ode45求解器，运行仿真后Simulink会弹出警告对话框，提醒用户选择刚性系统，但不会终止仿真。
- ode23s：是一种单步求解器，专门用于刚性系统，在弱误差允许下效果好于ode15s。它能解决某些ode15s不能解决的问题。
- ode23t：是梯形规则的一种自由差值实现，在求解适度刚性的问题而用户又需要一个无数字振荡的求解器时使用。
- ode23tb：具有两个阶段的隐式龙格-库塔公式。

3）仿真时间设置

在设置仿真步长时，最大步长要大于最小步长，初始步长则介于两者之间。系统默认最大步长为“仿真时间/50”，即整个仿真至少计算50个点。最小步长及初始步长建议使用默认值(auto)即可。

4）误差容限

Relative tolerance(相对误差)指误差相对于状态的值，一般是一个百分比。默认值为1e−3，表示状态的计算值要精确到0.1%。Absolute tolerance(绝对误差)表示误差的门限，即在状态为零的情况下可以接受的误差。如果设为默认值(auto)，则Simulink为每一个状态设置初始绝对误差限为1e−6。

5）其他参数项

建议使用默认值。

2. Data Imput/Export 参数设置

Data Imput/Export参数设置包括Load from workspacc(从工作空间输入数据)、Save to workspace(将数据保存到工作空间)、Simulation Data Inspector(信号查看器)和Additional parameters(附加选项)，其设置如图7-40所示。

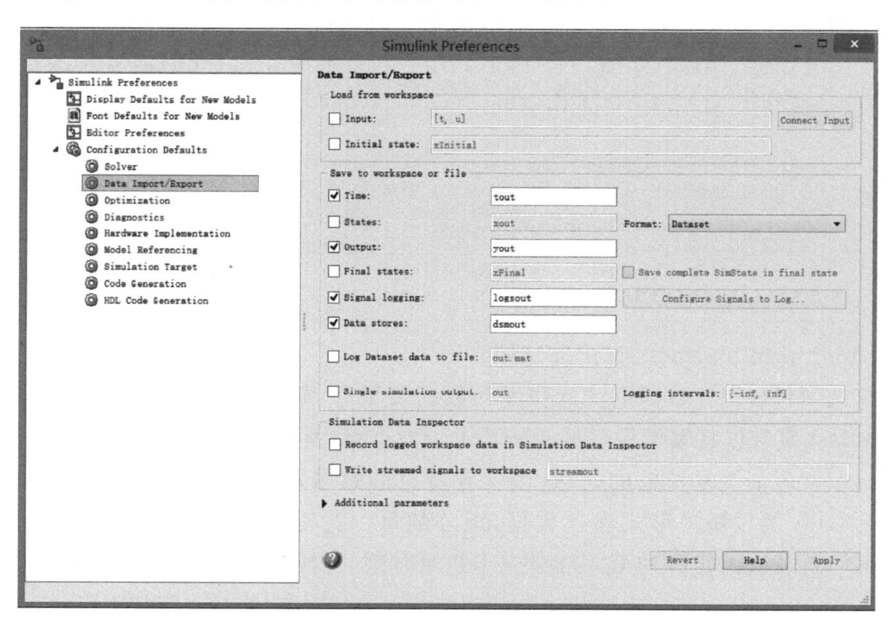

图7-40 Data Imput/Export参数设置

1）Load from workspace(从工作空间输入数据)

从工作空间输入数据，如图7-41所示，勾选复选框，运行仿真即可从MATLAB工作空间输入指定变量。一般时间定义为t，输入变量定义为u，也可以定义为其他名称，但要与工作空间中的变量名称保持一致。

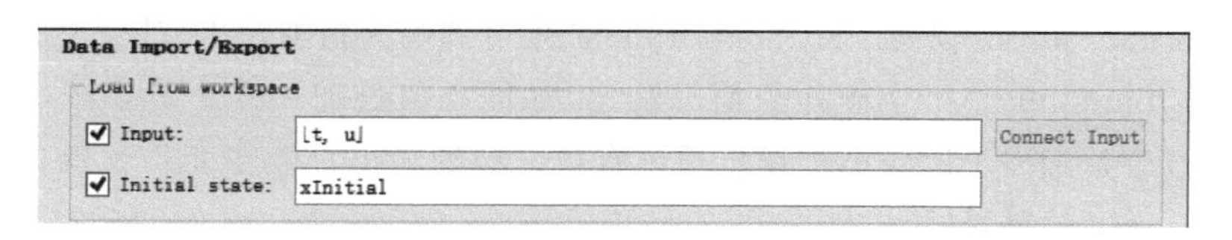

图7-41 Load from workspace参数设置

2) Save to workspace(将数据保存到工作空间)

将数据保存到工作空间,如图 7-42 所示,通常需要设置保持的时间向量 tout 和输出数据项 yout。

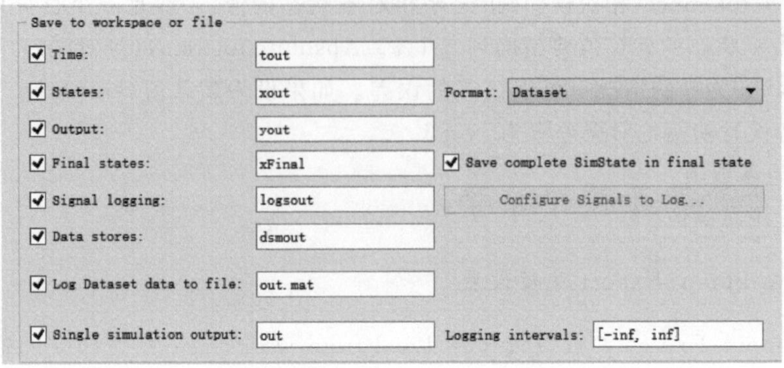

图 7-42　Save to workspace 参数设置

3) Simulation Data Inspector(Simulink 信号查看器)

用于信号数据的调试,如图 7-43 所示。用于将需要记录/监控的信号录入信号查看器,或将信号流写入 MATLAB 工作空间。

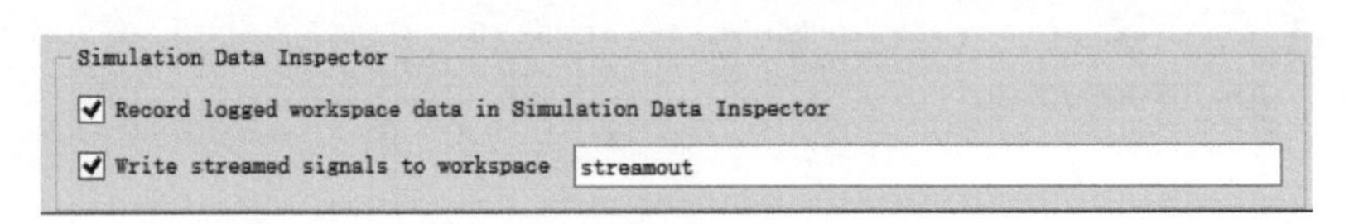

图 7-43　Simulation Data Inspector 参数设置

4) Additional parameters(附加选项)

保持选项包含保存数据点设置和保存数据类型等,如图 7-44 所示。勾选 limit data points to last 复选框将编辑保存最新的若干个数据点,系统默认值为保存最近的 1000 个数据点。通常取消该复选框的勾选,则保存所有的数据点。Format 项用来保存数据格式,其中 Array 为以矩阵形式保存数据,矩阵的每一行对应于所选中的输出变量 tout、xout、yout 或 xFinal,矩阵的第一行对应于初始时刻。对于绘图操作,建议将数据保存为 Array 格式。

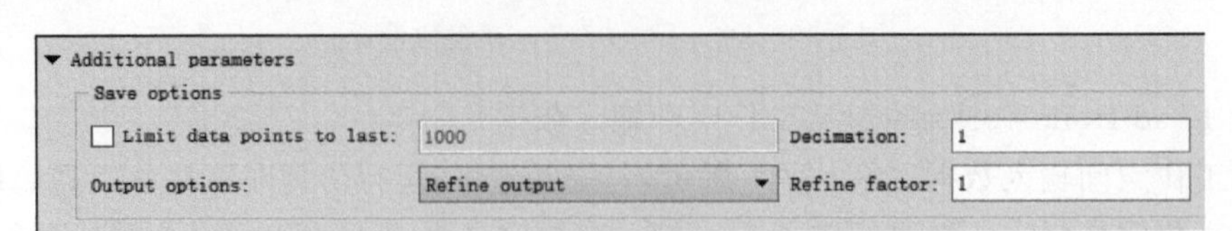

图 7-44　Additional parameters 参数设置

(1) Output options 选项:Refine output 选项可理解为精细输出,其意义是在仿真输出太稀松时,Simulink 会产生额外的精细输出,如同插值处理一样。若要产生更光滑的输出曲线,改变精细因子比减小仿真步长更有效。精细输出只能在变步长模式中才能使用,并且在 ode45 效果最好。

Produce additional output：允许用户直接指定产生输出的时间点。一旦选择了该项，则在它的右边出现一个 Output times 编辑框，在这里用户指定额外的仿真输出点，它既可以是一个时间向量，也可以是表达式。与精细因子相比，这个选项会改变仿真的步长。

Produce specified output only：让 Simulink 只在指定的时间点上产生输出。为此解法器要调整仿真步长以使之和指定的时间点重合。这个选项在比较不同的仿真时可以确保它们在相同的时间输出。

（2）Decimation：设定一个亚采样因子，默认值为 1，也就是对每一个仿真时间点产生值都保存。若为 2，则每隔一个仿真时刻才保存一个值。

（3）Refine factor：用户可用其设置仿真时间步内插入的输出点数。

3. Optimization 参数设置

用来对 Simulink 仿真进行优化配置，以提高仿真性能和产生代码的性能。其中，Simulation and code generation 设置项对模型仿真及代码生成共同有效；Code generation 设置项仅对代码生成有效，如图 7-45 所示。

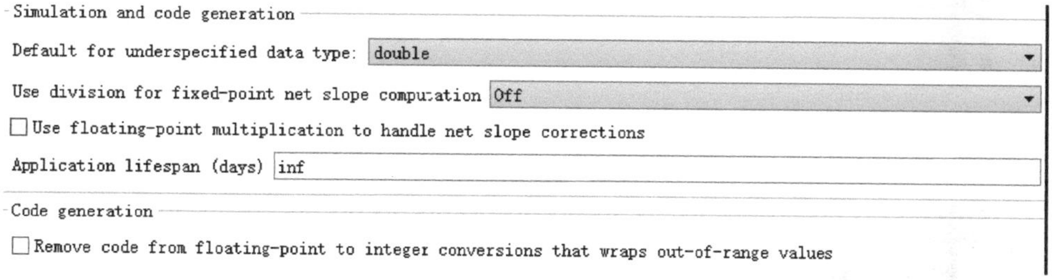

Simulation and code generation

Default for underspecified data type: double

Use division for fixed-point net slope computation Off

☐ Use floating-point multiplication to handle net slope corrections

Application lifespan (days) inf

Code generation

☐ Remove code from floating-point to integer conversions that wraps out-of-range values

图 7-45 Optimization 参数设置

4. Diagnostics 参数设置

主要用于对一致性检验、是否禁用过零检测、是否禁止复用缓存、是否进行不同版本的 Simulink 检验、仿真过程中出现各类错误时发出的警告等级等内容进行设置，如图 7-46 所示。设置内容为三类，其中，warning 表示提出警告、但警告信息并不影响程序的运行；error 为提示错误同时终止运行的程序；none 为不做任何反应。

5. Hardware Implementation 参数设置

主要针对计算机系统模型，如嵌入式控制器。允许设置这些用来执行模型所表示系统的硬件参数，如图 7-47 所示。

6. Model Referencing 参数设置

主要设置模型引用的有关参数。允许用户设置模型中的其他子模型，以方便仿真的调试和目标代码的生成，如图 7-48 所示。

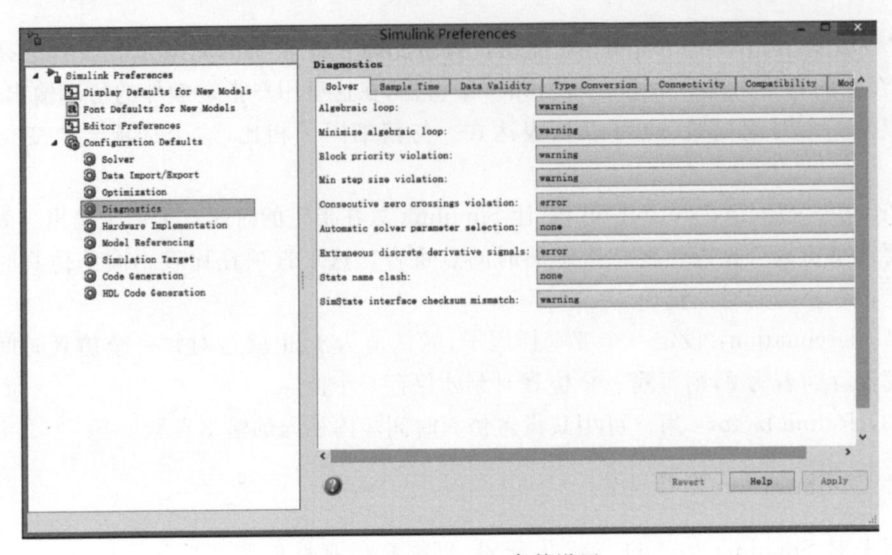

图 7-46　Diagnostics 参数设置

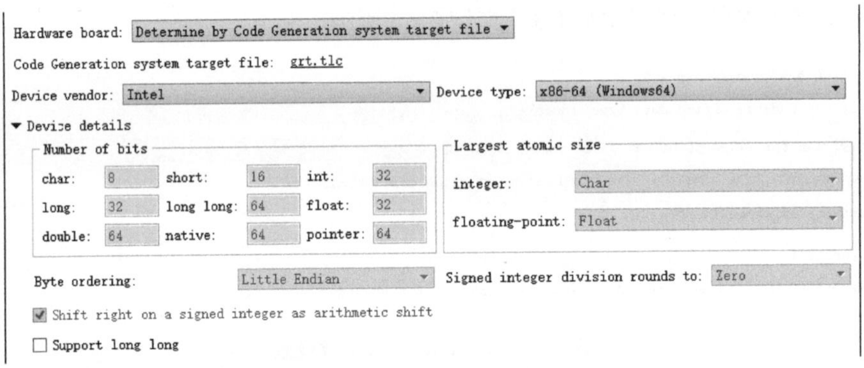

Hardware board: Determine by Code Generation system target file

Code Generation system target file: grt.tlc

Device vendor: Intel　Device type: x86-64 (Windows64)

Device details

Number of bits

char: 8　short: 16　int: 32

long: 32　long long: 64　float: 32

double: 64　native: 64　pointer: 64

Largest atomic size

integer: Char

floating-point: Float

Byte ordering: Little Endian　Signed integer division rounds to: Zero

☑ Shift right on a signed integer as arithmetic shift

☐ Support long long

图 7-47　Hardware Implementation 参数设置

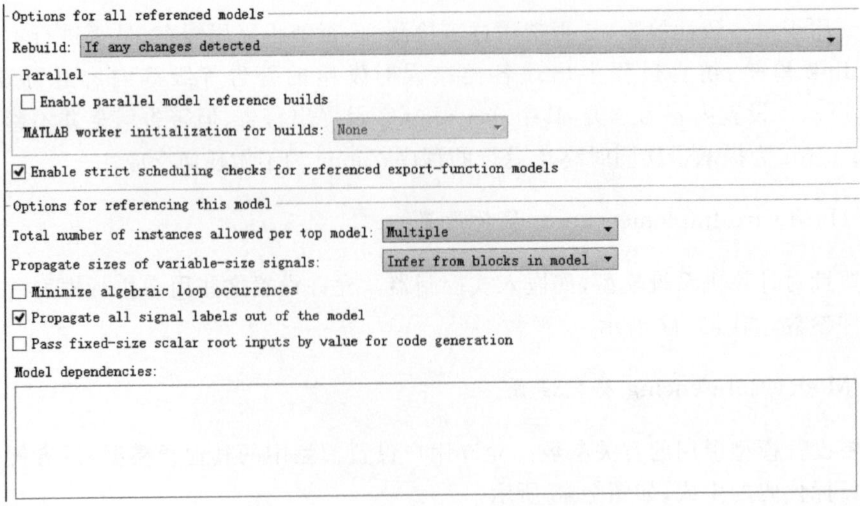

Options for all referenced models

Rebuild: If any changes detected

Parallel

☐ Enable parallel model reference builds

MATLAB worker initialization for builds: None

☑ Enable strict scheduling checks for referenced export-function models

Options for referencing this model

Total number of instances allowed per top model: Multiple

Propagate sizes of variable-size signals: Infer from blocks in model

☐ Minimize algebraic loop occurrences

☑ Propagate all signal labels out of the model

☐ Pass fixed-size scalar root inputs by value for code generation

Model dependencies:

图 7-48　Model Referencing 参数设置

7.6 过零检测和代数环

动态系统在仿真时,Simulink 在每一个时间步使用过零检测技术来检测系统状态变量的突变点。系统仿真时,Simulink 如果检测到突变点的存在,则 Simulink 会在该时间点前后增加附加的时间步进行仿真。

有些 Simulink 模块的输入端口支持直接输入,这表明这些模块的输出信号值在不知道输入端口的信号值之前不能被计算出来。当一个支持直接输入信号的输入端口由同一个模块的输出直接或间接地通过其他模块组成的反馈回路的输出驱动时,就会产生一个代数环。

下面介绍过零检测的工作原理以及如何产生代数环。

7.6.1 过零检测

使用过零检测技术,一个模块能够通过 Simulink 注册一系列过零变量,每一个变量就是一个状态变量(含不连续点)的函数。当相应的不连续发生时,过零函数从正值或负值传递零值。在每一个仿真步结束时,Simulink 通过调用每一个注册了过零变量的模块来更新变量,然后 Simulink 检测是否有变量的符号发生变化(表明突变的产生)。

如果检测到过零点,Simulink 就会在每一个发生符号改变的变量的前一时刻值和当前时刻值之间插入新值以评估过零点的个数,然后逐步增加内插点数目并使该值依次越过每一个过零点。这样,Simulink 通过过零检测技术就可以避免在不连续发生点处进行直接仿真。

过零检测使得 Simulink 可以精确地仿真不连续点而不必通过减小步长增加仿真点来实现,因此仿真速度不会受到太大影响。大多数 Simulink 模块都支持过零检测,表 7-19 列出了 Simulink 中支持过零检测的模块。如果用户需要显示定义的过零事件,可使用 Discontinuous 子模块库中的 Hit Crossing 模块来实现。

表 7-19 支持过零点检测的 Simulink 模块

名　　称	功能说明
Abs	一个过零检测:检测输入信号的沿上升或下降方向通过的过零点
Backlash	两个过零检测:一个检测是否超过上限阈值,一个检测是否超过下限阈值
Dead Zone	两个过零检测:一个检测何时进入死区,一个检测何时离开死区
Hit Crossing	一个过零检测:检测输入何时通过阈值
Integrator	若提供了 Reset 端口,就检测何时发生 Reset;若输出有限,则有 3 个过零检测,即检测何时到达上限饱和值、何时达到下限饱和值、何时离开饱和区
MinMax	一个过零检测:对于输出向量的每一个元素,检测一个输入何时成为最大或最小值
Relay	一个过零检测:若 Relay 是 off 状态就检测开启点;若为 on 状态就检测关闭点
Relational Operator	一个过零检测:检测输出何时发生改变

续表

名　　称	功 能 说 明
Saturation	两个过零检测：一个检测何时到达或离开上限，一个检测何时离开或到达下限
Sign	一个过零检测：检测输入何时通过零点
Step	一个过零检测：检测阶跃发生时间
Switch	一个过零检测：检测开关条件何时满足
Subsystem	用于有条件的运行子系统：一个使能端口，一个触发端口

如果仿真的误差容忍度设置得太大，那么 Simulink 有可能检测不到过零点，如图 7-49 所示。

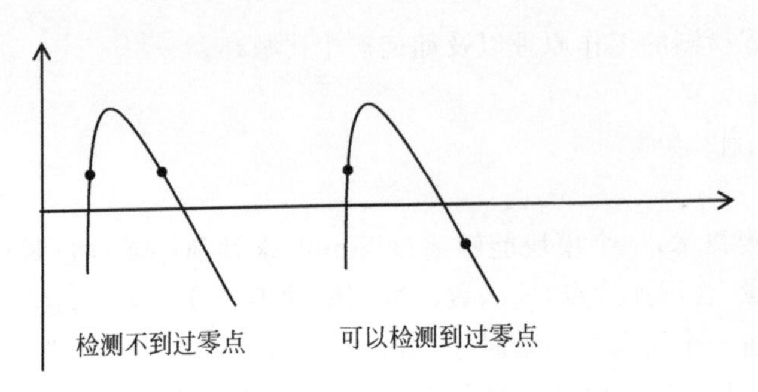

图 7-49　过零点检测

7.6.2　代数环

从代数的角度来看，图 7-50 模块的解是 z=1，但是大多数的代数环是无法直接看出解的。Algebraic Constraint 模块为代数方程等式建模及定义其初始解猜想值提供了方便，它约束输入信号 F(z)等于零并输出代数状态 z，其输出必须能够通过反馈回路影响输入。用户可以为代数环状态提供一个初始猜想值，以提高求解代数环的效率。

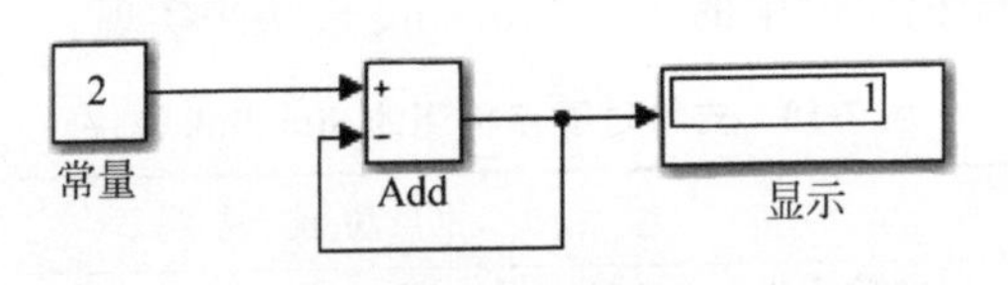

图 7-50　代数环

一个标量代数环代表了一个标量等式或一个形如 F(z)=0 的约束条件，其中 z 是环中一个模块的输出，函数 F 由环路中的另一个反馈回路组成。可将图 7-50 所示的含有反馈环的模型改成用 Algebraic Constraint 模块创建的模型（如图 7-51 所示），其仿真结果不变。

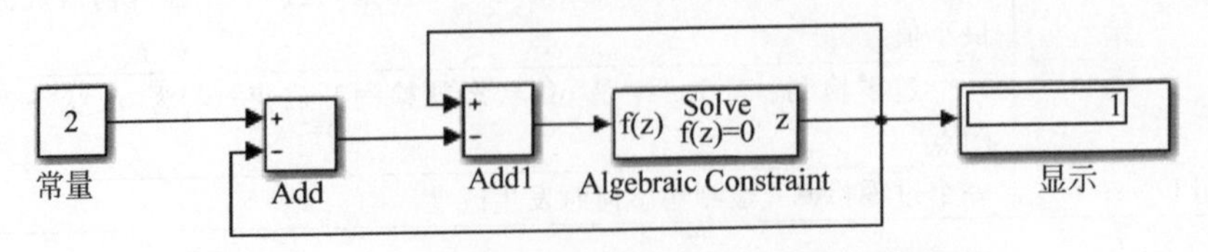

图 7-51　用 Algebraic Constraint 模块创建的代数环

创建向量代数环也很容易，在图7-52所示的向量代数环中可以由下面的代数方程描述：

$$z_2 + z_1 - 2 = 0 \tag{7-1}$$

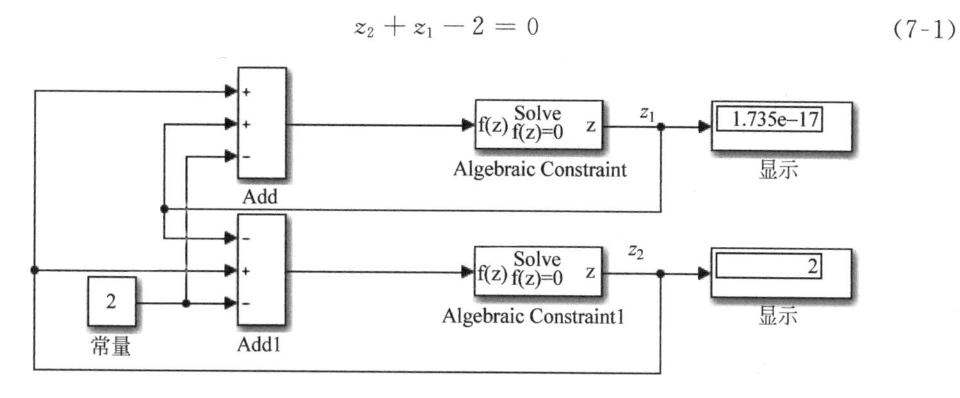

图7-52 向量代数环

当一个模型包含一个Algebraic Constraint模块时就会产生一个代数环，这种约束可能是系统物理连接的结果，也可能是由于用户试图为一个微分-代数系统(DAE)建模的结果。

为了求解F(z)=0，Simulink环路求解器会采用弱线性搜索的秩为1的牛顿方法更新偏微分Jacobian矩阵。尽管这种方法很有效，但如果代数状态z没有一个好的初始估计值，解法器可能会不收敛。此时，用户可以为代数环中的某个连线(对应一个信号)定义一个初始值，设置方法有两种：一种是可通过Algebraic Constraint模块的参数设置；另一种是通过在连线上放置IC模块(初始信号设置模块)实现。

当一个系统包含Atomic Subsystem、Enabled Subsystem或Model模块时，Simulink可通过模块的参数设置来消除其中一些代数环。对于含有Atomic Subsystem和Enabled Subsystem模块的模型，可在模块设置对话框中选择Minimize algebraic loop occurrences项；对于含有Model模块的模型，可在Configuration Parameters对话框中的Model Referencing面板中选择Minimize algebraic loop occurrences项。

7.7 Simulink仿真基础应用实例

【例7-3】 已知传递函数为$G(s)=\dfrac{5.2s^2+11.2s+35.3}{s^4+8.5s^3+32s^2+3s}$，试建立其Simulink模型。

步骤1：创建一个空白的Simulink模型窗口。

步骤2：将Transfer Fcn模块添加至空白窗口。

步骤3：设置相关参数，如图7-53所示。

步骤4：得到如图7-54所示模型。

【例7-4】 已知给定开环传递函数$G(s)=\dfrac{3s^4+2s^3+5s^2+4s+6}{s^5+3s^4+4s^3+2s^2+7s+2}$，试观测其在单位阶跃作用下的单位负反馈系统的时域响应。

步骤1：创建一个空白的Simulink模型窗口，将所需模块添加至空白窗口并连接相关模块，构成所需的系统模型，如图7-55所示。

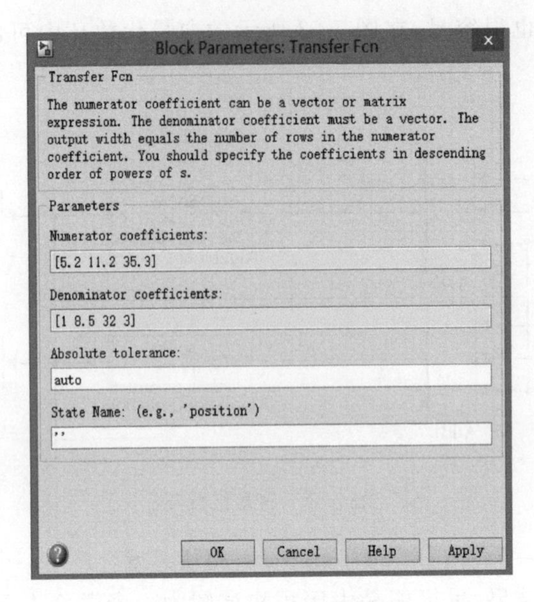

图 7-53　例 7-3 参数设置

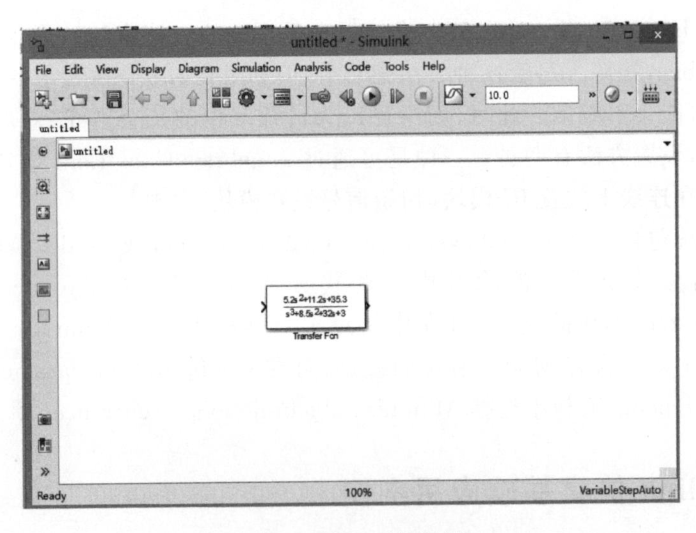

图 7-54　例 7-3 模型结构

步骤 2：设置相关参数。

步骤 3：运行仿真，打开示波器，如图 7-56 所示。

【例 7-5】 利用 Simulink 构建如图 7-57 所示的系统，求系统在阶跃作用下的动态响应，并分析当比例系数 K 增大时系统动态响应的变化。

步骤 1：创建一个空白的 Simulink 模型窗口，将所需模块添加至空白窗口并连接相关模块，构成所需的系统模型，如图 7-58 所示。

步骤 2：设置相关参数。

步骤 3：运行仿真，打开示波器，设置参数 K 分别为 0.1、1 和 10 时仿真波形分别如图 7-59、图 7-60 和图 7-61 所示。

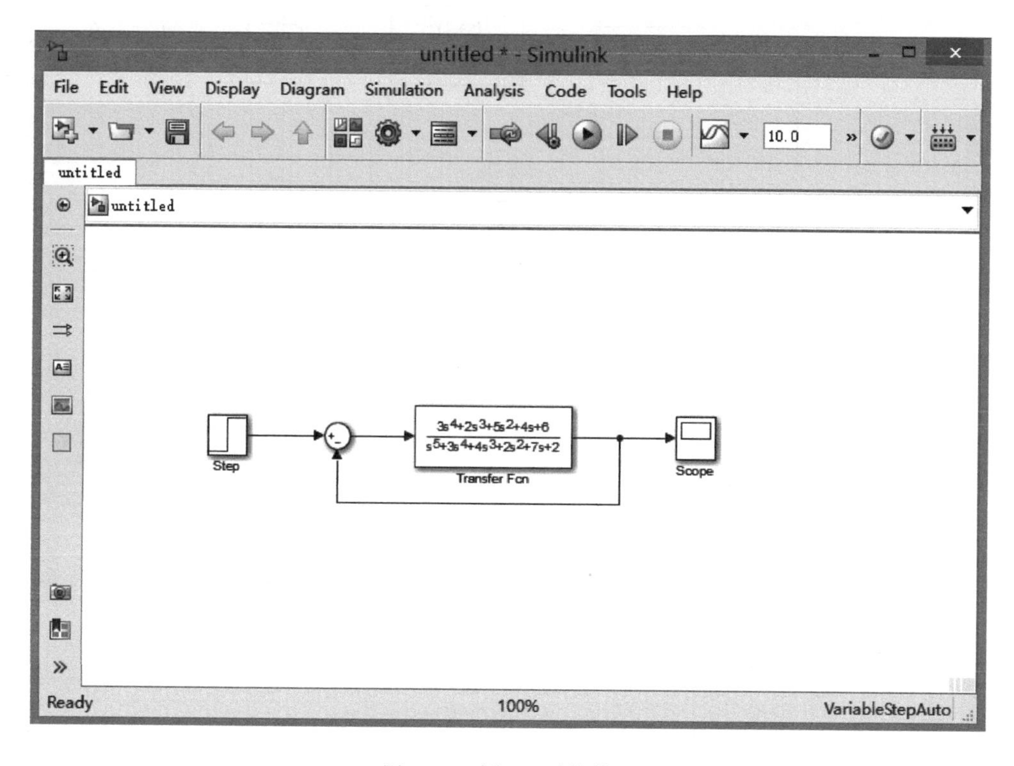

图 7-55 例 7-4 系统模型

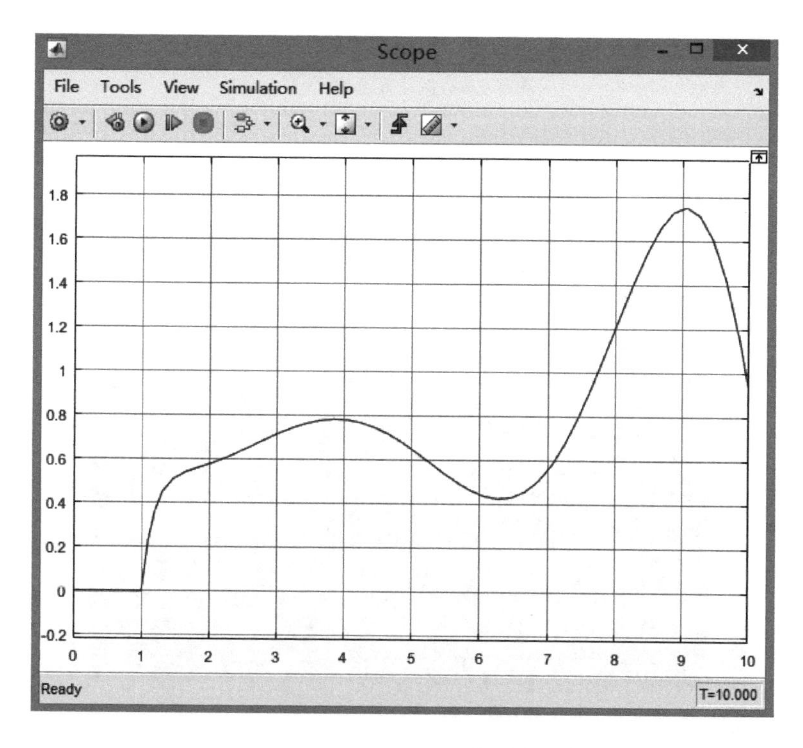

图 7-56 例 7-4 输出波形

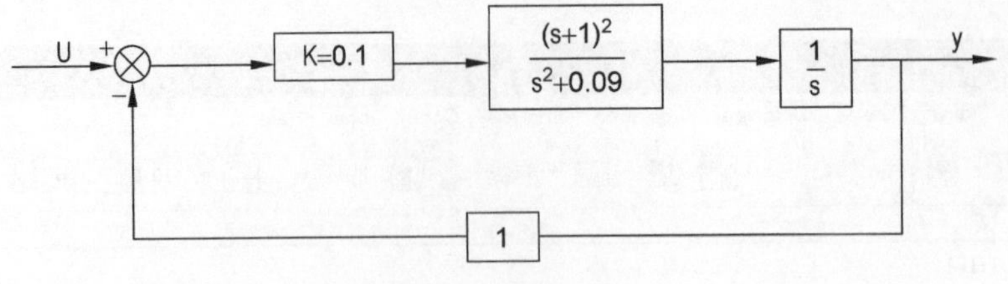

图 7-57 例 7-5 图

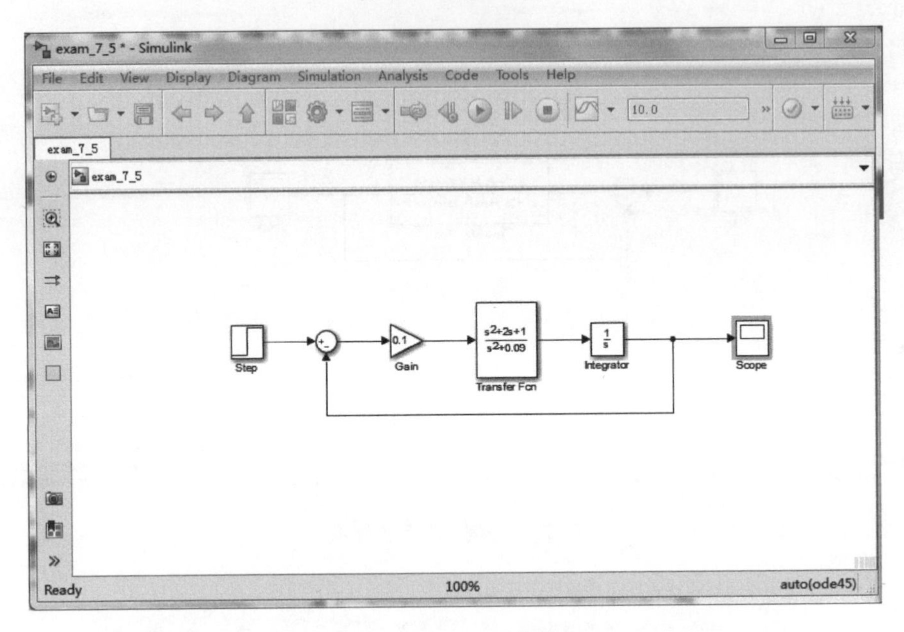

图 7-58 例 7-5 系统模型

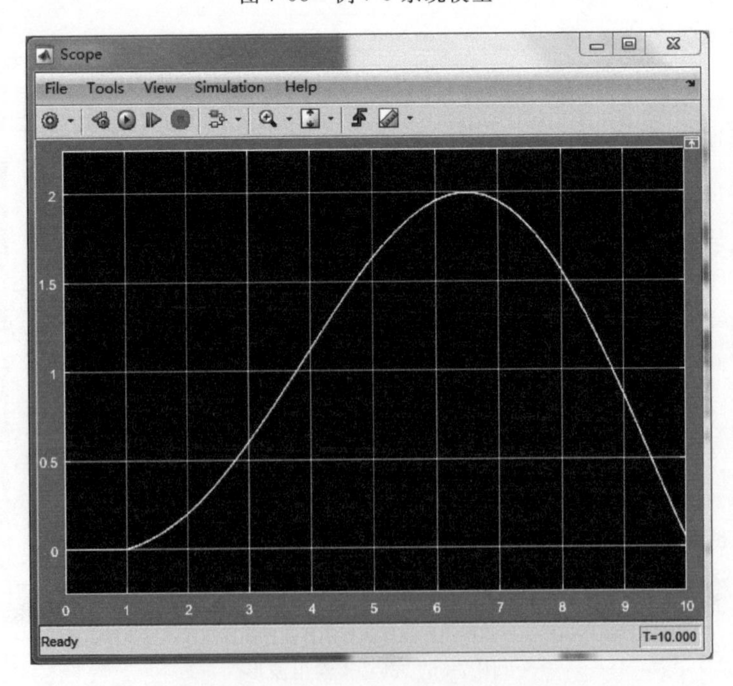

图 7-59 例 7-5 中 $K=0.1$ 时仿真波形

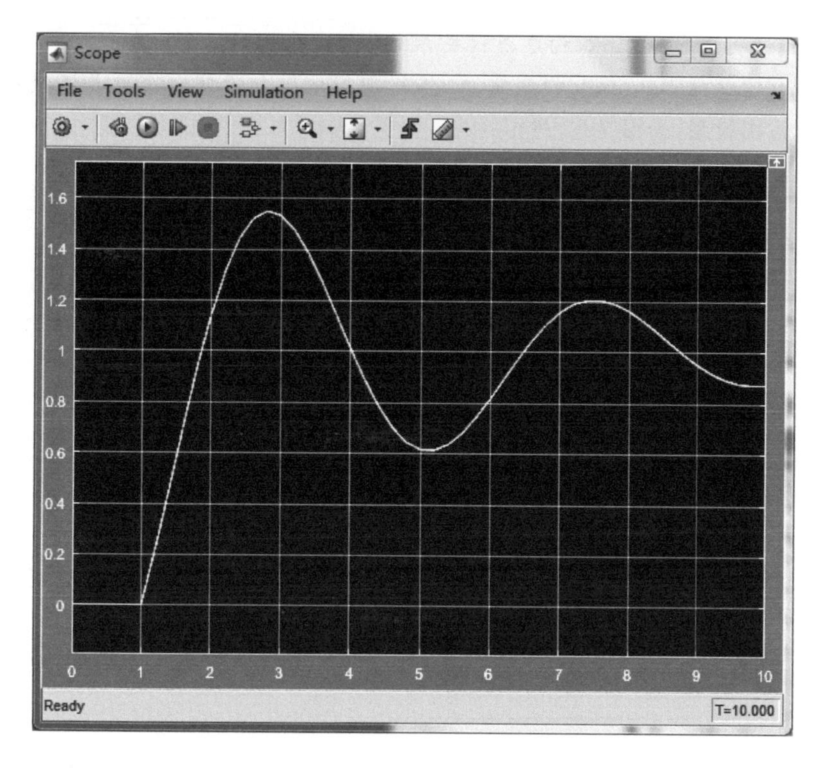

图 7-60　例 7-5 中 $K=1$ 时仿真波形

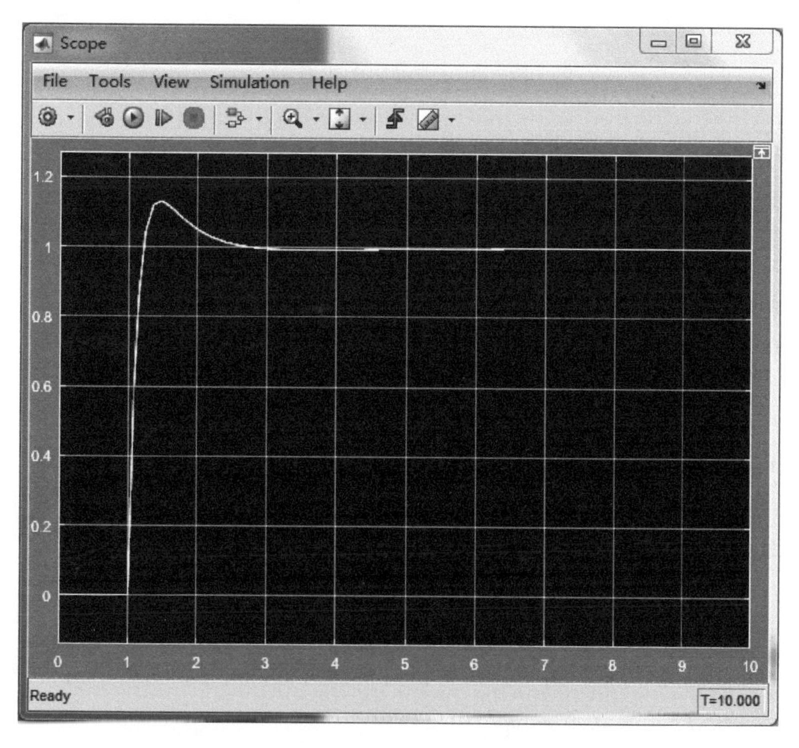

图 7-61　例 7-5 中 $K=10$ 时仿真波形

【例 7-6】 利用 Simulink，构建逻辑关系式 $z=\overline{A\cdot\overline{A\cdot B}+B\cdot\overline{A\cdot B}}$。

创建一个空白的 Simulink 模型窗口，将所需模块添加至空白窗口并连接相关模块，构成所需的系统模型，如图 7-62 所示。

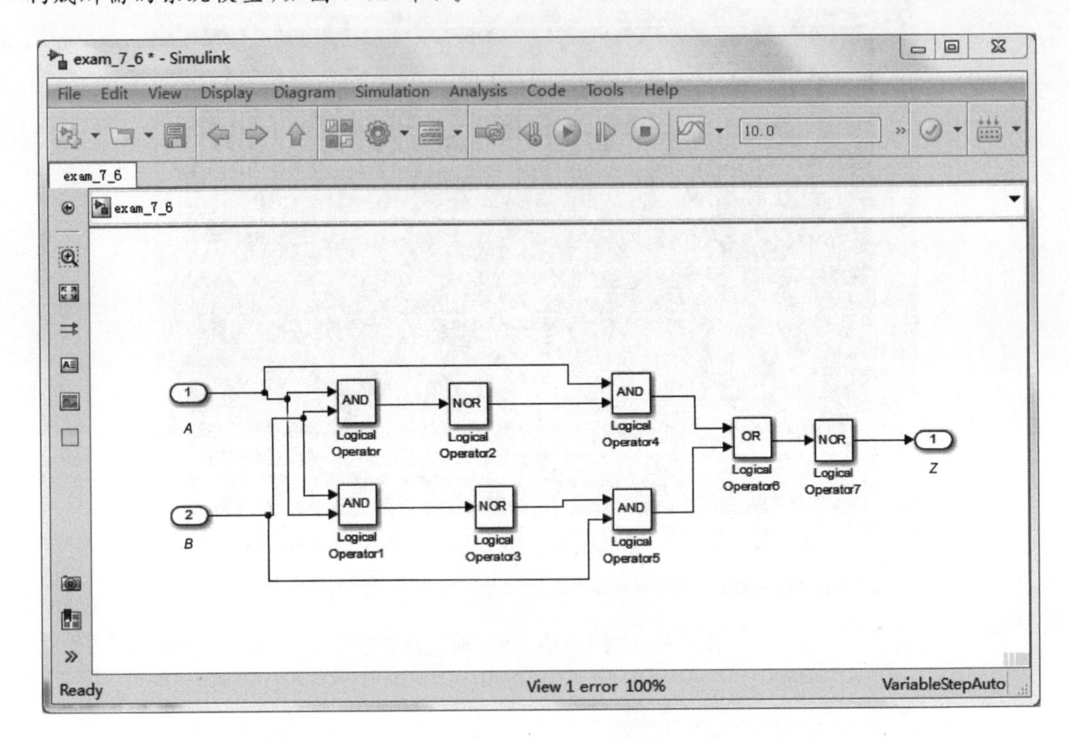

图 7-62 例 7-6 系统模型

【例 7-7】 考虑简单的线性微分方程

$$y^{(4)}+3y^{(3)}+3y''+4y'+5y=\mathrm{e}^{-3t}+\mathrm{e}^{-5t}\sin\left(4t+\frac{\pi}{3}\right)$$

方程初值 $y(0)=1, y^{(1)}(0)=y^{(2)}(0)=1/2, y^{(3)}=0.2$

(1) 试用 Simulink 搭建系统的仿真模型，并绘制出仿真结果曲线；

(2) 若给定的微分方程变成时变线性微分方程

$$y^{(4)}+3ty^{(3)}+3t^2y''+4y'+5y=\mathrm{e}^{-3t}+\mathrm{e}^{-5t}\sin\left(4t+\frac{\pi}{3}\right)$$

试用 Simulink 搭建起系统的仿真模型，并绘制出仿真结果曲线。

步骤 1：创建一个空白的 Simulink 模型窗口，将所需模块添加至空白窗口并连接相关模块，构成所需的系统模型，如图 7-63 所示。

步骤 2：设置相关参数，其中 Fcn 模块参数设置如图 7-64 所示。

步骤 3：运行仿真，打开示波器，仿真波形如图 7-65 所示。

步骤 4：在上述系统模型窗口里添加相关模块并连线，构成如图 7-66 所示系统；运行仿真，打开示波器，仿真波形如图 7-67 所示。

【例 7-8】 图 7-68 为含有磁滞回环非线性环节的控制系统，利用 Simulink 求其阶跃响应曲线。

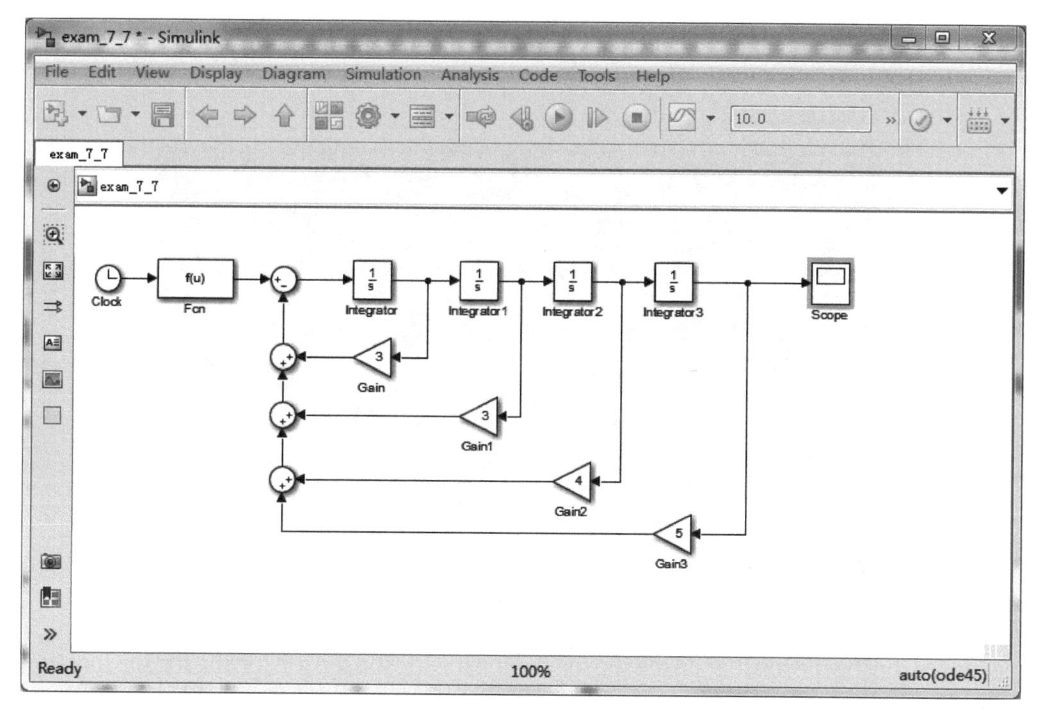

图 7-63　例 7-7 系统模型 1

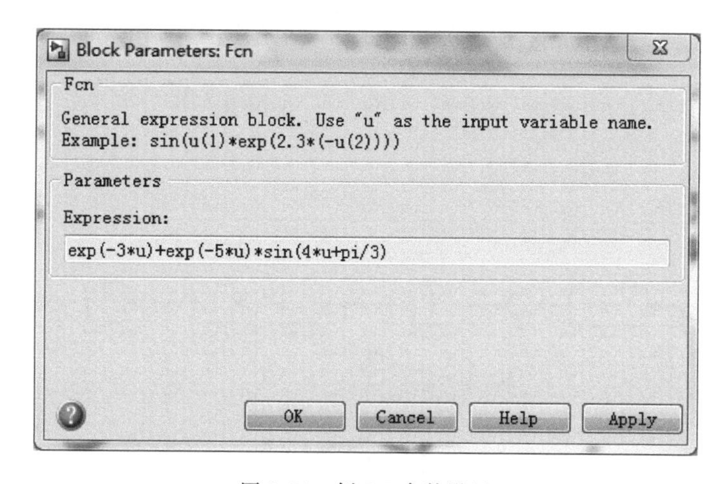

图 7-64　例 7-7 参数设置

步骤 1：创建一个空白的 Simulink 模型窗口，将所需模块添加至空白窗口并连接相关模块，构成所需的系统模型，如图 7-69 所示。

步骤 2：设置相关参数。

步骤 3：运行仿真，打开示波器，仿真波形如图 7-70 所示。

【例 7-9】 已知开环传递函数 $G(s)=\dfrac{1}{(s+2)(s^2+4s+4)}$。创建一个仿真系统，输入阶跃信号经过单位负反馈系统将信号送到示波器，修改仿真参数 solver 为 ode23，Stop time 为 50，Max step size 为 0.2。

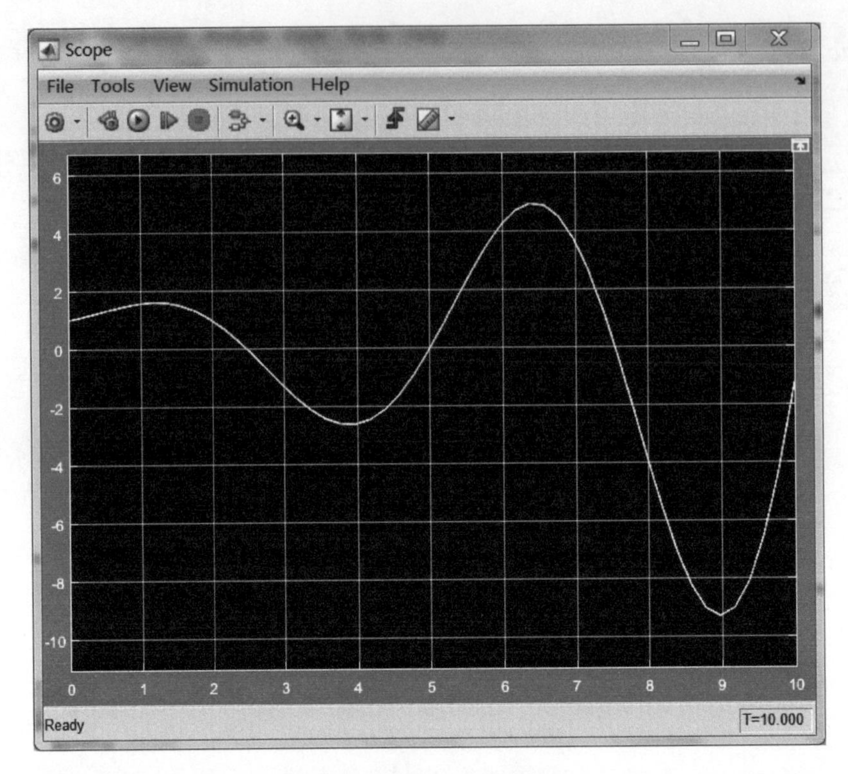

图 7-65 例 7-7 仿真波形 1

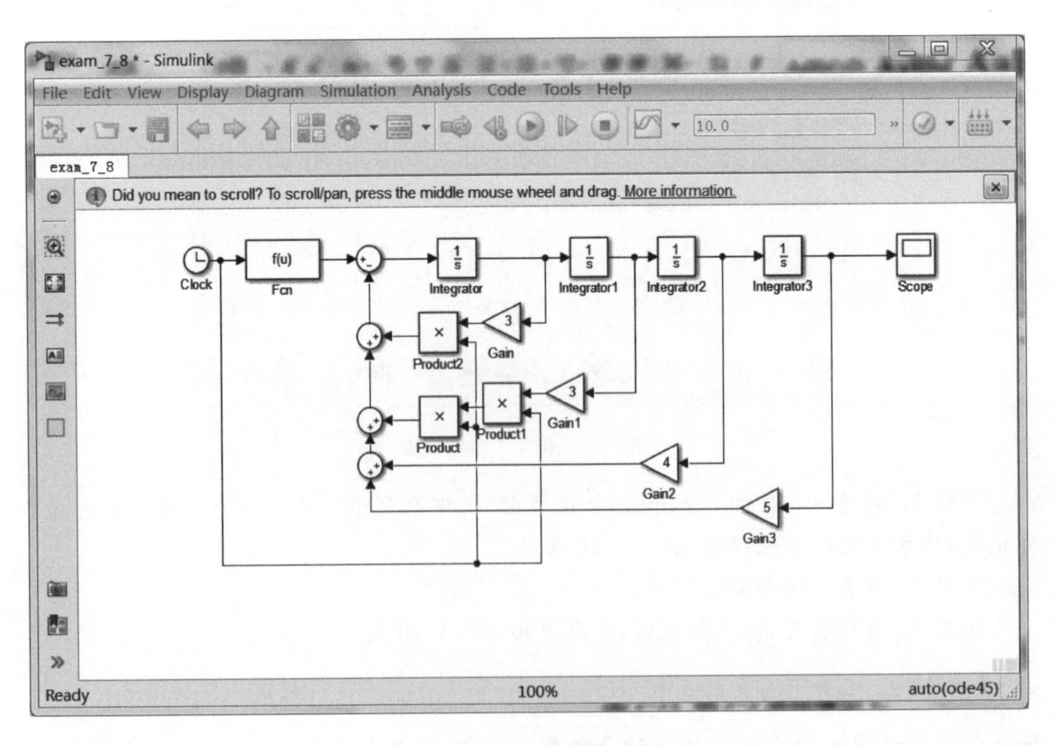

图 7-66 例 7-7 系统模型 2

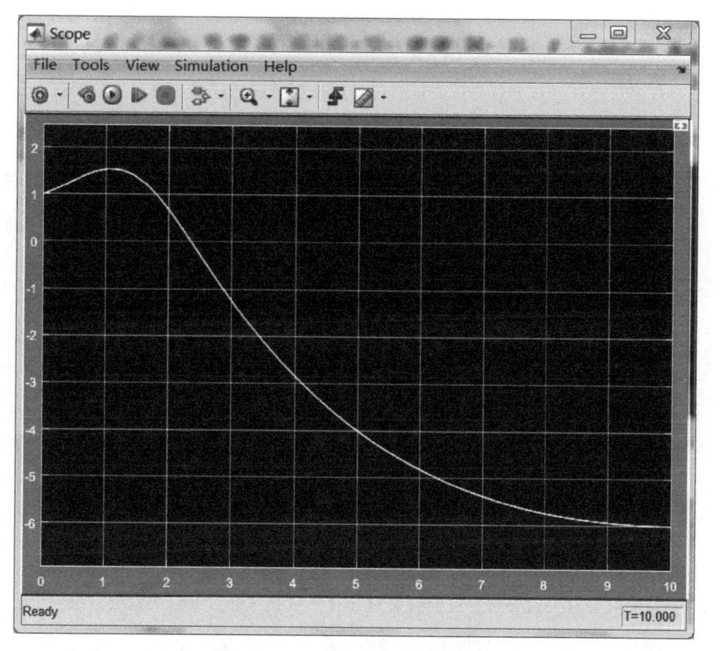

图 7-67 例 7-7 仿真波形 2

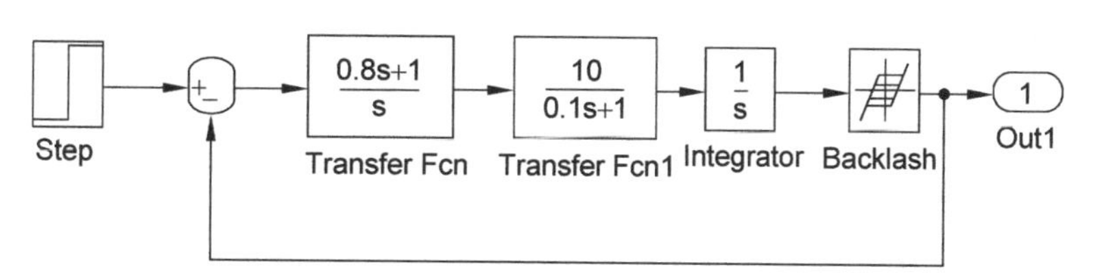

图 7-68 例 7-8 图

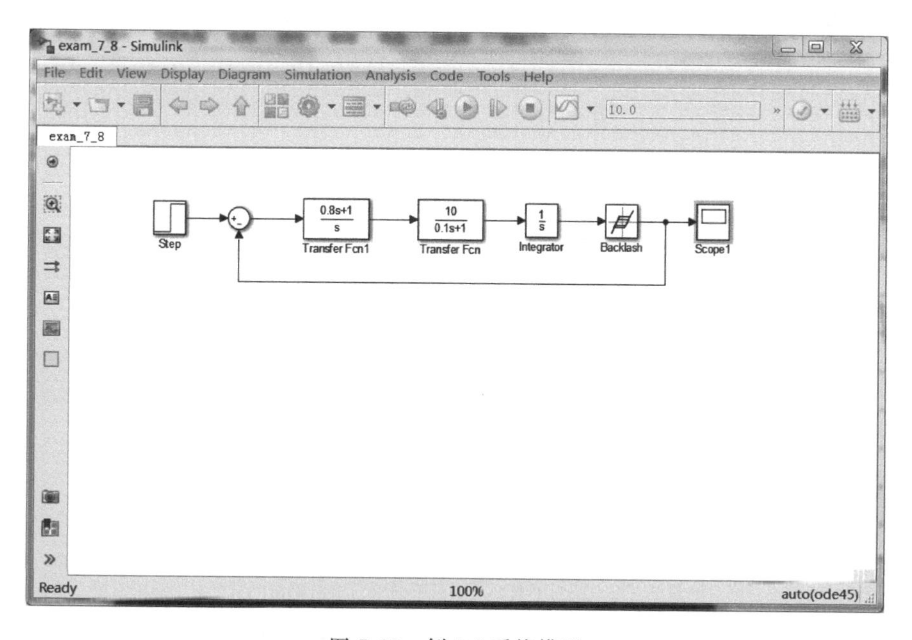

图 7-69 例 7-8 系统模型

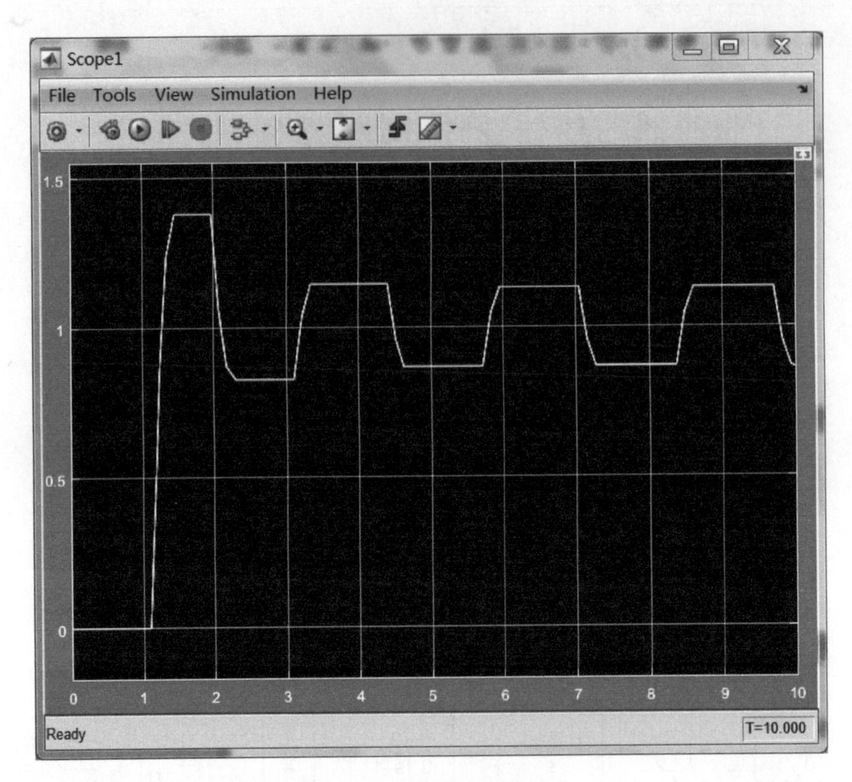

图 7-70 例 7-8 仿真波形

步骤 1：创建一个空白的 Simulink 模型窗口，将所需模块添加至空白窗口并连接相关模块，构成所需的系统模型，如图 7-71 所示。

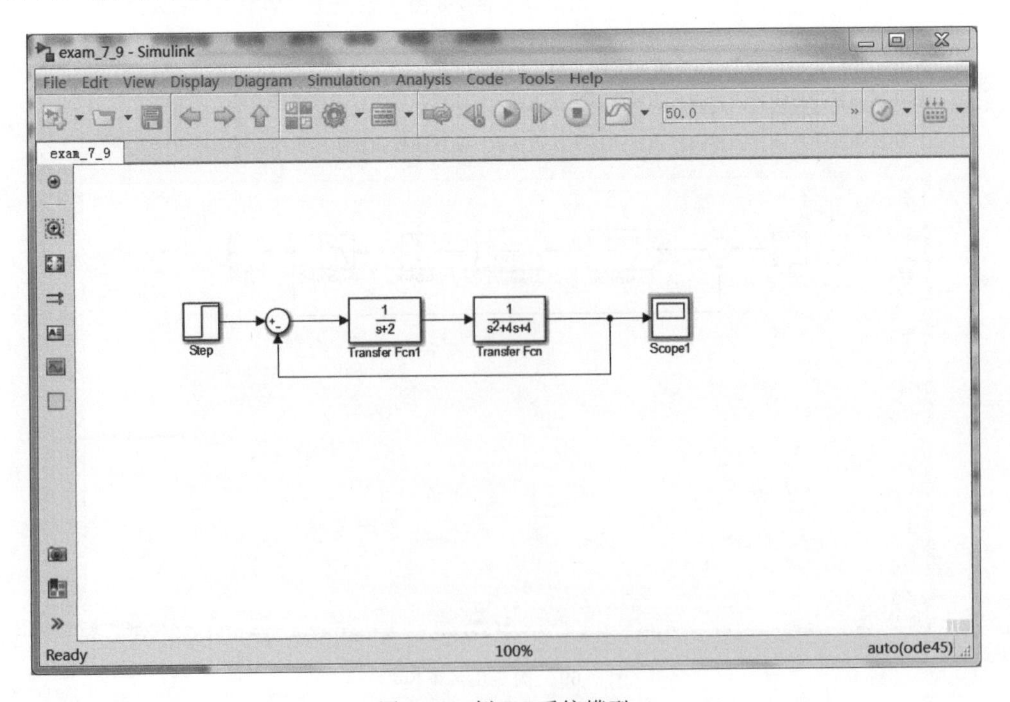

图 7-71 例 7-9 系统模型

步骤 2：设置相关参数，如图 7-72 所示。

步骤 3：运行仿真，打开示波器，仿真波形如图 7-73 所示。

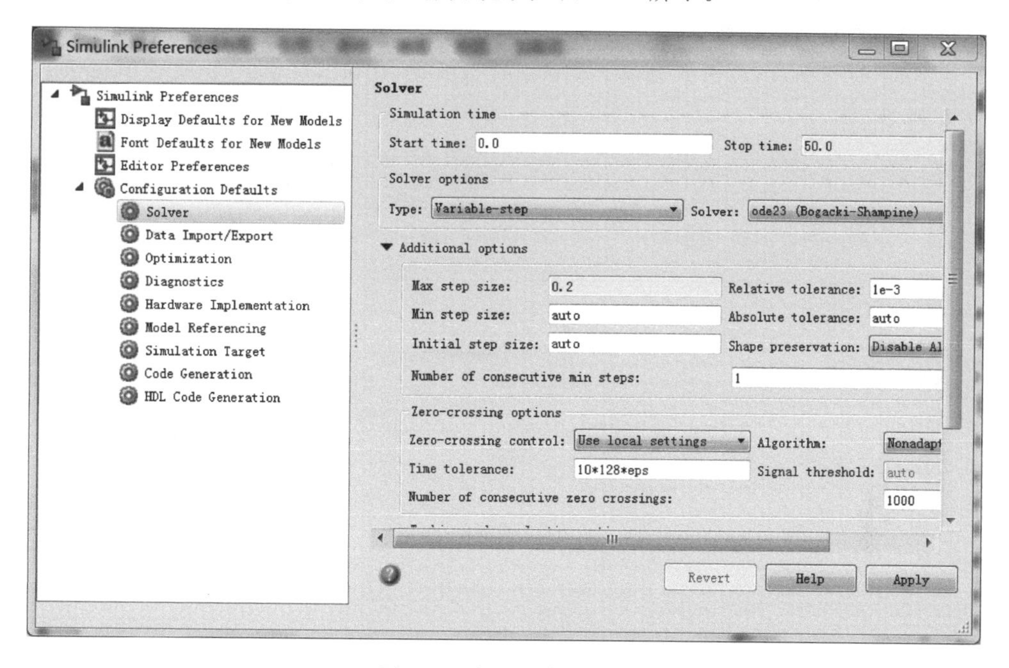

图 7-72　例 7-9 参数设置

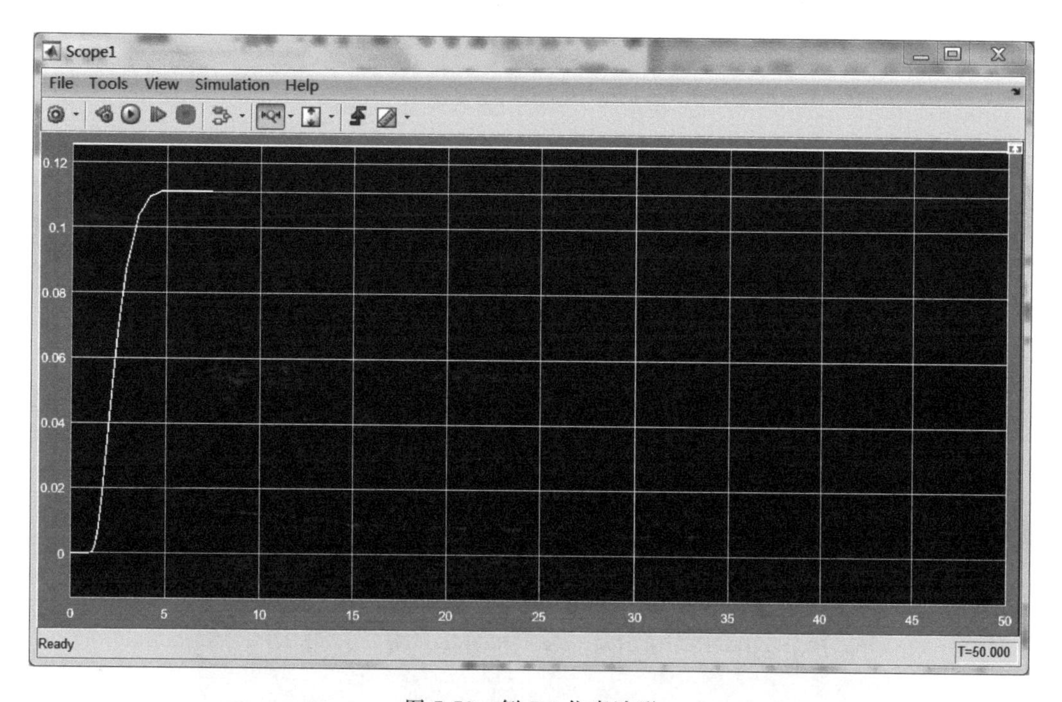

图 7-73　例 7-9 仿真波形

【例 7-10】 已知开环传递函数 $G(s)=\dfrac{1}{10s+1}e^{-\tau s}$。创建一个仿真系统，当输入单位阶跃信号时，查看延迟时间 τ 对系统输出响应的影响。

步骤1：创建一个空白的Simulink模型窗口，将所需模块添加至空白窗口并连接相关模块，构成所需的系统模型，如图7-74所示。

步骤2：设置相关参数。

步骤3：运行仿真，打开示波器，当τ分别为1和10时，仿真波形分别如图7-75和图7-76所示。

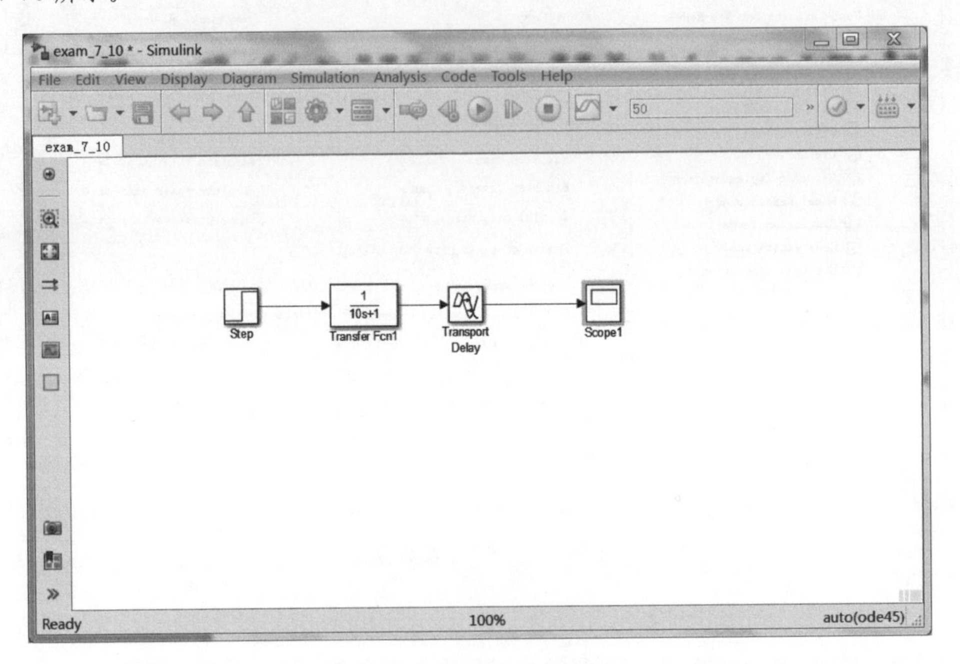

图7-74　例7-10系统模型

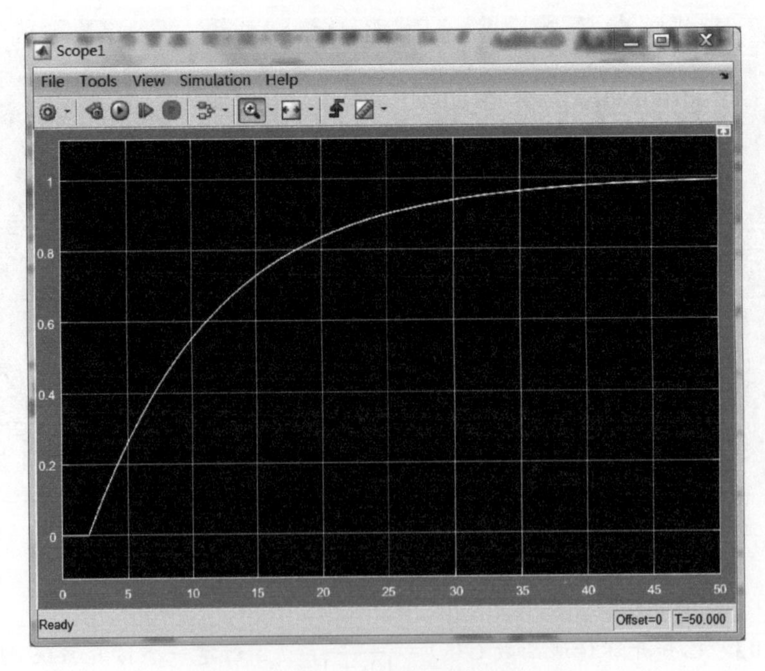

图7-75　例7-10仿真波形(延时1s)

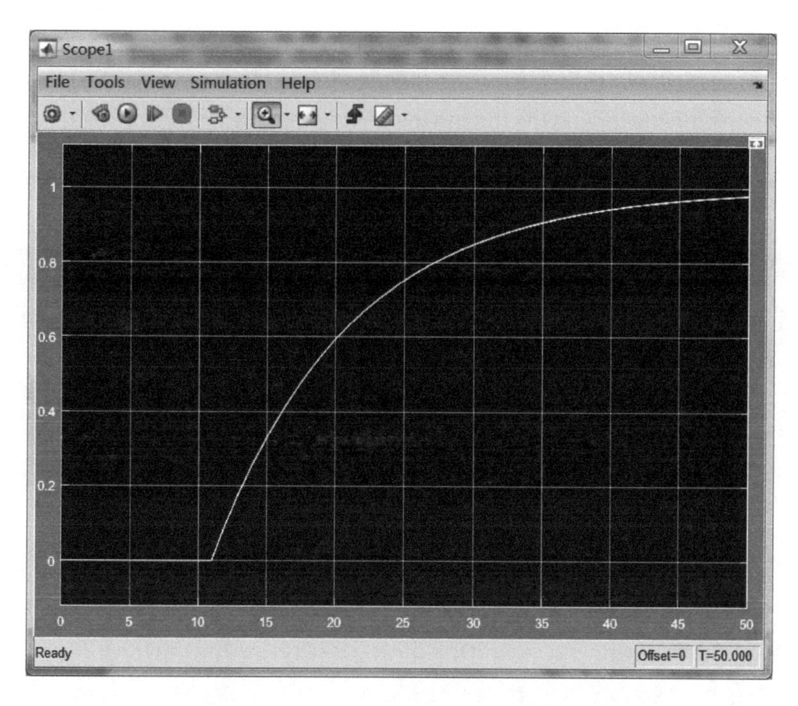

图 7-76　例 7-10 仿真波形(延时 10s)

【例 7-11】　创建一个仿真系统,用示波器同时显示两个信号 $\int u\mathrm{d}t=\sin t$ 和 $u=3.3\sin\left(t-\dfrac{\pi}{3}\right)$。

步骤 1:创建一个空白的 Simulink 模型窗口,将所需模块添加至空白窗口并连接相关模块,构成所需的系统模型,如图 7-77 所示。

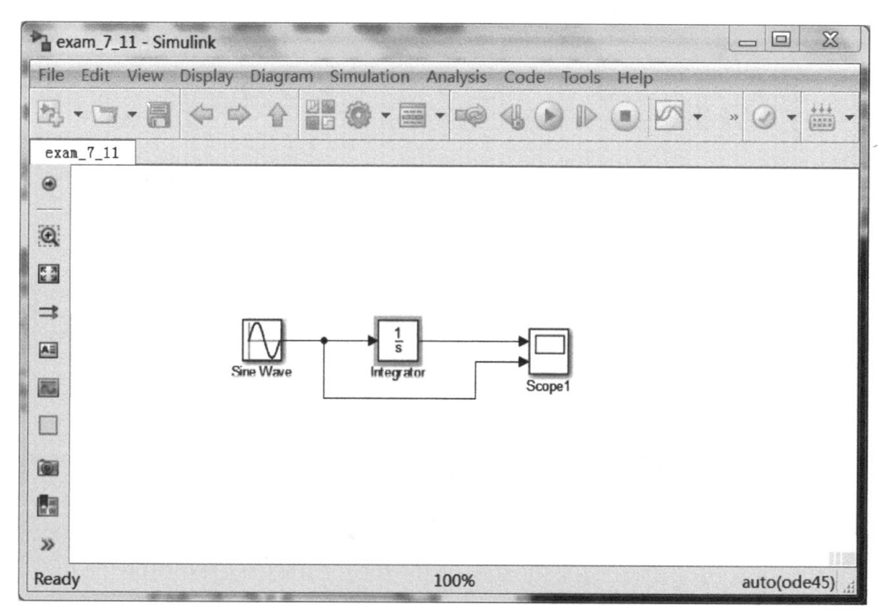

图 7-77　例 7-11 系统模型

步骤 2：设置相关参数。

步骤 3：运行仿真，打开示波器，仿真波形如图 7-78 所示。

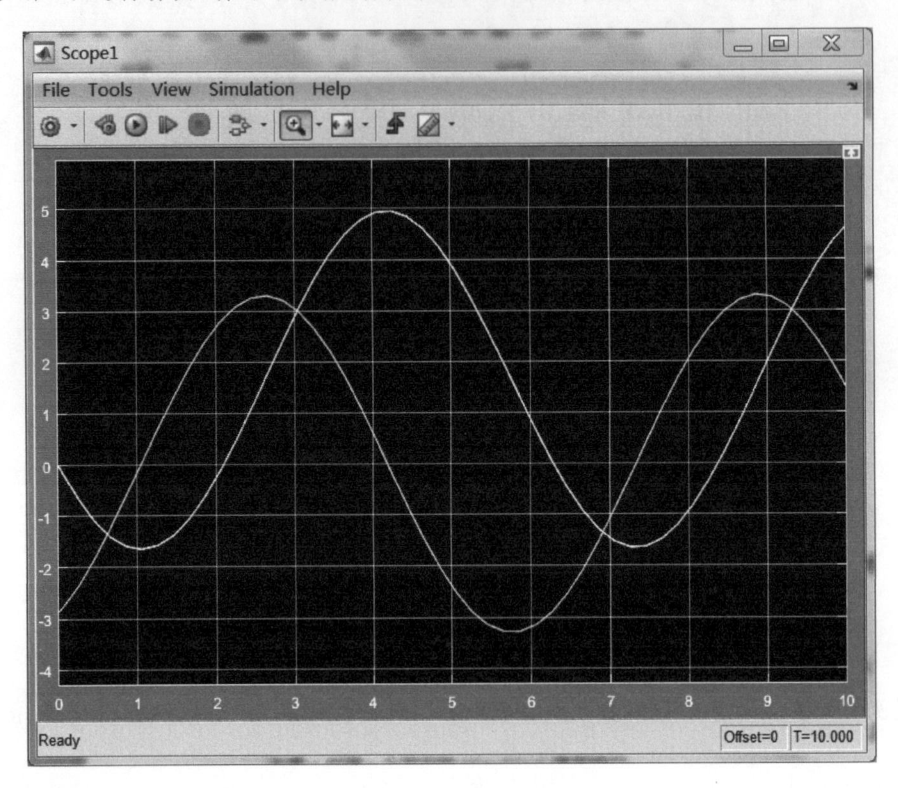

图 7-78 例 7-11 仿真波形

7.8 Simulink 仿真基础综合实例

【例 7-12】 已知控制系统的状态空间模型为$\begin{cases}\dot{x}=\boldsymbol{A}x+\boldsymbol{B}u\\ y=\boldsymbol{C}x\end{cases}$，其中 $\boldsymbol{A}=\begin{bmatrix}0 & 1\\ -1 & -3\end{bmatrix}$，$\boldsymbol{B}=[0\quad 1]^{\mathrm{T}}$，$\boldsymbol{C}=[1\quad 0]$。创建 Simulink 模型，输入单位阶跃信号分别经过 State-space 模块和用户自定义 S 函数模块，比较其输出波形。

步骤 1：创建一个空白的 Simulink 模型窗口。

步骤 2：将 Step、State-space、Scope 模块添加至空白窗口并连接相关模块，构成所需的系统模型，如图 7-79 所示。

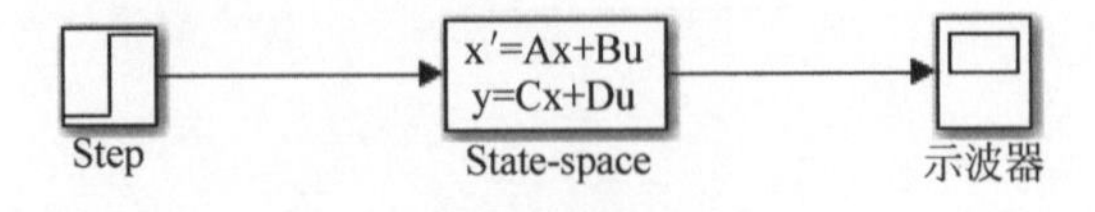

图 7-79 系统模型

步骤 3：设置相关参数，如图 7-80 所示。

步骤 4：运行仿真，打开示波器，观察到的波形如图 7-81 所示。

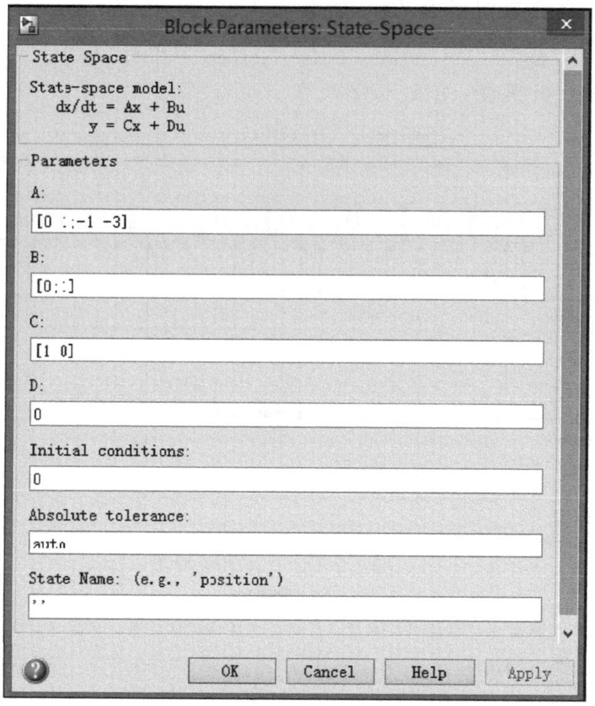

Block Parameters: State-Space
State Space
State-space model:
dx/dt = Ax + Bu
y = Cx + Du
Parameters
A:
[0 1;-1 -3]
B:
[0;1]
C:
[1 0]
D:
0
Initial conditions:
0
Absolute tolerance:
auto
State Name: (e.g., 'position')
''
OK
Cancel
Help
Apply

图 7-80 State-space 参数设置

Scope
File Tools View Simulation Help
Ready
T=10.000

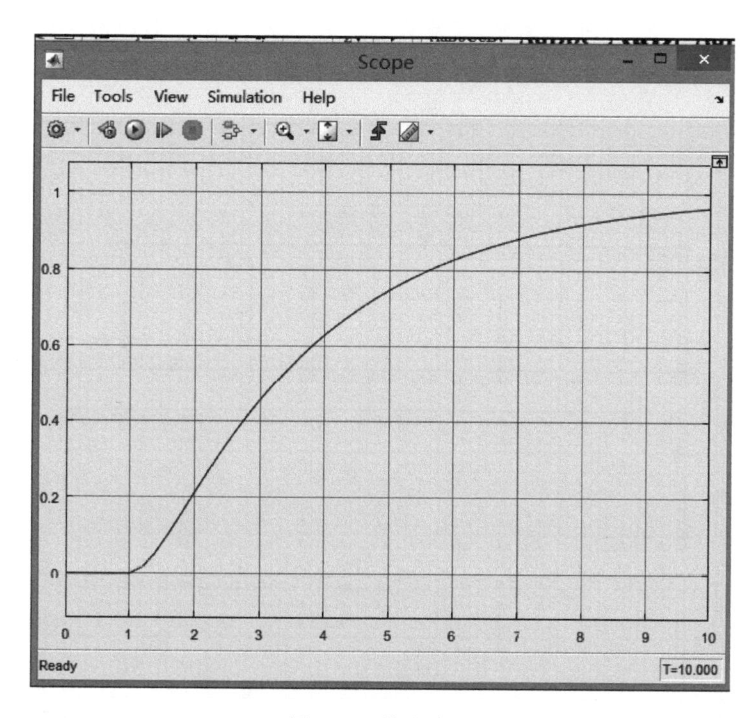

图 7-81 输出波形

【例 7-13】 构建一个 Simulink 模型实现 3-8 译码器电路，当输入脉冲序列时仿真并观察译码结果。

步骤1：创建一个空白的Simulink模型窗口。

步骤2：将Pulse Generator、Logical Operator、Scope模块添加至空白窗口并连接相关模块，构成所需的系统模型，如图7-82所示。

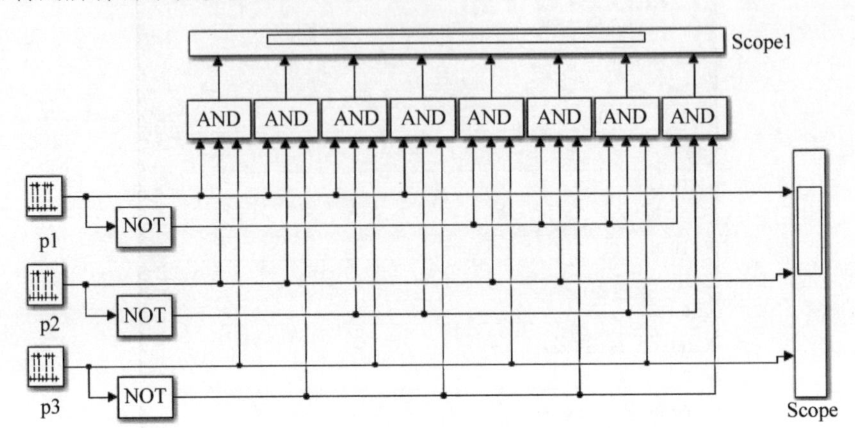

图7-82　3-8译码器系统模型

步骤3：设置相关参数。选择模型窗口的Simulation菜单栏下的Model Configuration Parameters对话框，将Solver设置为discrete；三个Pulse Generator模块p1、p2、p3的Pulse type、Amplitude、Period、Pulse width、Phase delay参数设置均分别为Sample based、2、2、1、1，p1、p2、p3的参数项Sample time分别为1、2、4。

步骤4：运行仿真，打开示波器，观察到的三线输入信号波形如图7-83所示，译码后得到的八线输出信号如图7-84所示。

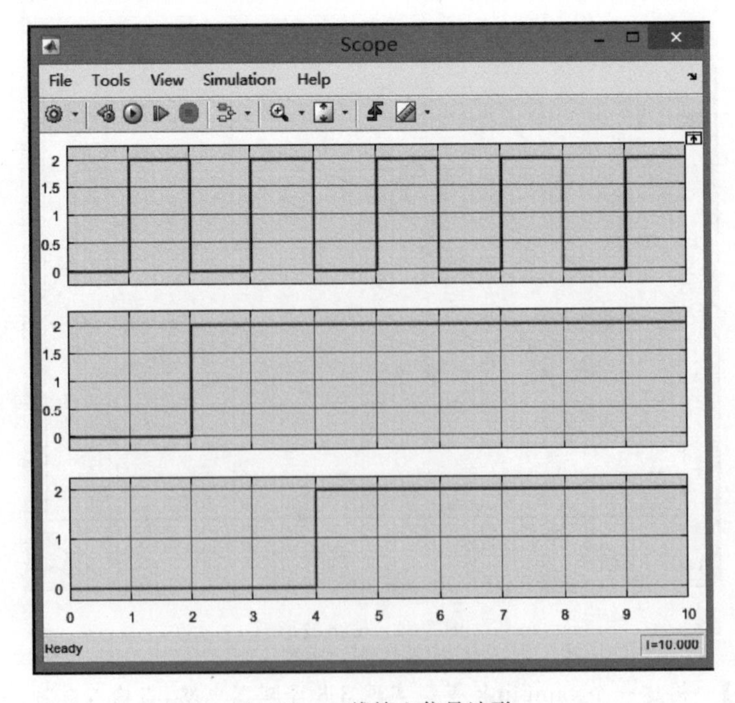

图7-83　三线输入信号波形

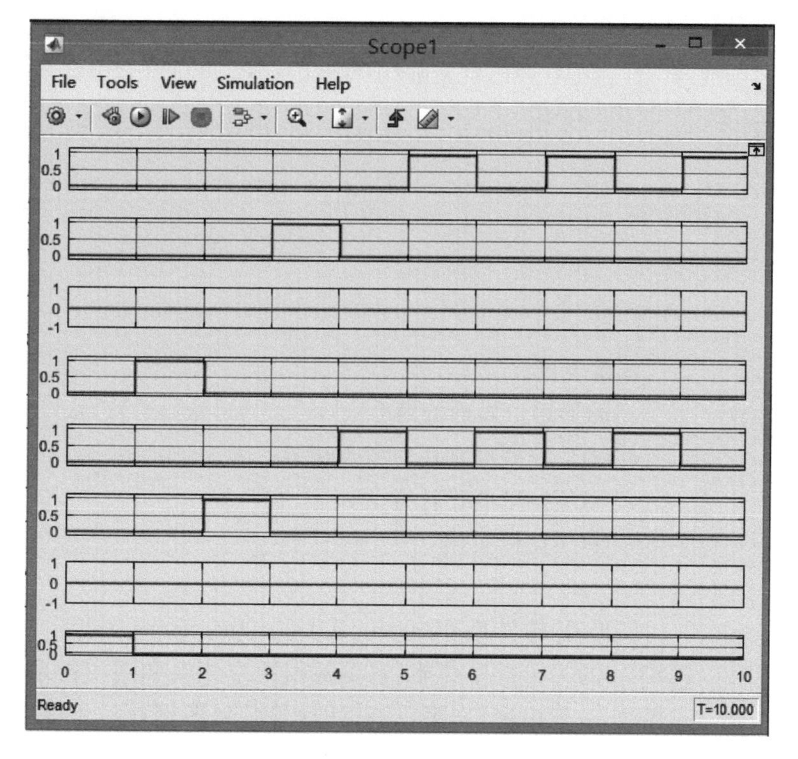

图 7-84 八线译码输出波形

7.9 本章小结

本章主要介绍了使用 Simulink 仿真的基础知识,包括其基本概念、模型库的构成、模块的基本功能、模型创建、模型及仿真的参数设置、过零检测及代数环等内容。这些内容是进行 Simulink 仿真的基础,在第 15 章将利用这些 Simulink 的基础知识对控制系统进行仿真研究。通过大量应用实例讲解,读者可以更加深刻地理解 Simulink 仿真的基础知识。

第8章 MATLAB图形用户界面

本章要点：

◇ 图形用户界面的简介；
◇ GUI 控制框常用对象及功能；
◇ GUI 菜单的设计方法；
◇ GUI 设计实例。

图形用户界面（Graphical User Interfaces，GUI）是 MATLAB R2016a 的一个重要功能，它是根据用户体验和用户需求来设计的用户界面，一般由窗口、菜单、对话框等各种图形对象组成，用于观看和感知计算机、操作系统和应用程序。

8.1 图形用户界面简介

图形用户界面是指人与机器之间交互作用的工具和方法，它是由窗口、按键、菜单、滑标、文字说明等对象构成的一个用户界面，使计算机产生某种动作，实现计算和绘图等功能。MATLAB R2016a 提供了丰富的绘制图形用户界面的工具，可以简单方便地绘制出令人满意的图形用户界面。

8.1.1 GUI 的设计原则及步骤

1. GUI 的设计原则

一个好的图形用户界面应该遵循简单性（Simplicity）、习惯性（Familiarity）和一致性（Consistency）3 个设计原则。

1）简单性

设计图形用户界面，应力求简洁、直接、清晰地体现界面的功能和特征。无用的功能应尽量删除，以保持界面的整洁。设计的图形界面要直观，多采用图形，尽量避免数值和文字说明；尽量减少窗口数目，避免不同窗口之间来回切换。

2）习惯性

设计的图形用户界面应尽量使用人们熟悉的标志和符号，这样便于用户了解和使用新的用户界面的具体含义及操作方法。

3）一致性

新设计的图形用户界面与已有的界面风格应尽量一致。

2. GUI 的设计步骤

(1) 需求分析：分析图形用户界面要实现的主要功能，明确设计任务。

(2) 界面布局设计：拖拽控制面板中的控件到界面设计区中；使用对象对齐工具(Align Objects)进行控件的布局调整，使用 Tab 顺序编辑器(Tab Order Editor)对各控件的 Tab 顺序进行设置；使用菜单编辑器(Menu Editor)进行菜单设计；使用对象浏览器(Object Browser)查看所有图形对象，完成界面的布局设计。

(3) 属性设置：每个图形对象都有其默认的属性设置，可以利用属性编辑器(Property Inspector)对相关的属性进行修改，菜单的属性可以在菜单编辑器中设置。

(4) 编写回调函数：在 M 文件编辑器(M-File Editor)窗口中编写回调函数，用于控制控件的动作。

8.1.2 GUI 设计窗口的打开、关闭和保存

1. GUI 设计窗口的打开

在 MATLAB 2016a 中，打开 GUI 设计窗口可以使用以下几种方法。

(1) 在命令窗口输入 guide 函数打开 GUI 设计窗口，如图 8-1 所示。

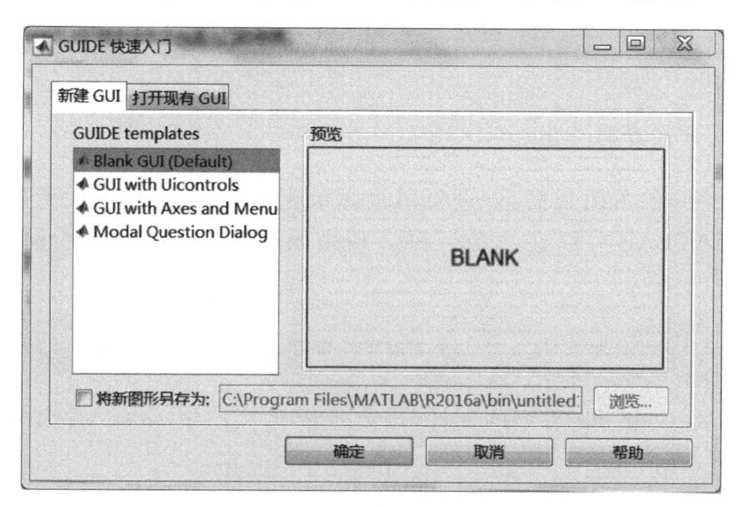

图 8-1 GUI 快速开始界面

(2) 在 MATLAB 主界面选择菜单“新建”→“应用程序”→“GUIDE”也可以打开 GUI 快速开始界面，如图 8-1 所示。

在图 8-1 中，如果要打开已经创建的 GUI 文件，可以选择“打开现有 GUI”菜单；如

果要创建空白的GUI文件，可以选择“Blank GUI(Default)”选项，出现空白的GUI模板窗口，如图8-2所示。

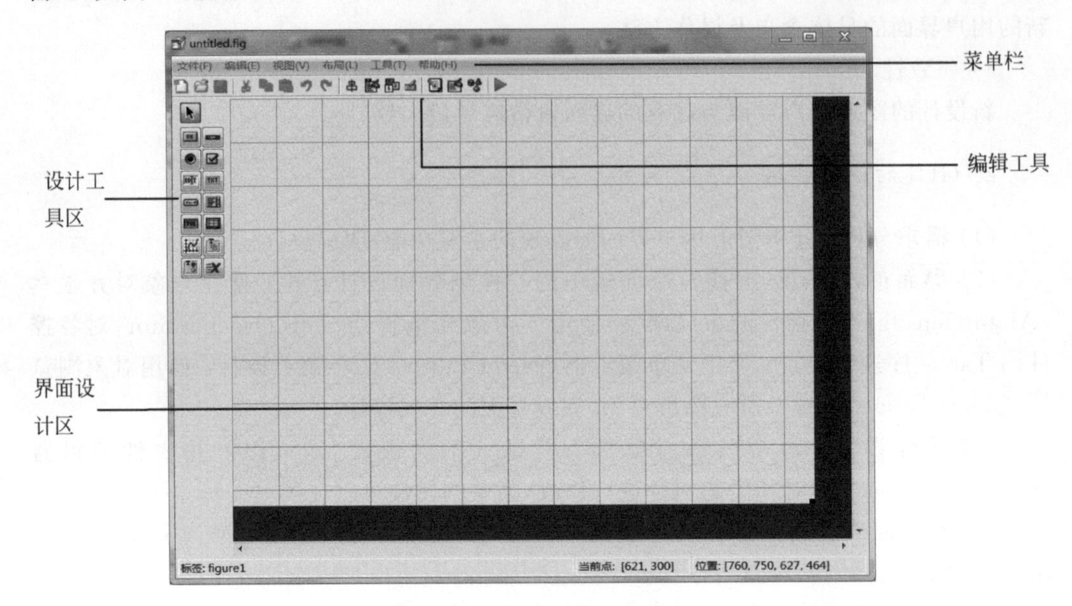

图8-2 空白的GUI模板窗口

GUI设计窗口的菜单栏包括文件、编辑、视图、布局、工具和帮助等选项。菜单栏的下方为编辑工具，提供了设计GUI常用的工具，包括对象对齐工具、菜单编辑器、Tab顺序编辑器、M文件编辑器、属性编辑器、对象浏览器和运行等工具按钮。窗口的左半部分为设计工具区，提供了设计GUI时使用的各种控件，包括选择按钮、按钮、滑块按钮、单选按钮、复选框、可编辑文本、静态文本、弹出式菜单、列表框、切换按钮、表、轴、面板、按钮组和Active X控件等。窗口中间网格区域是用户设计GUI的界面设计区。

2. GUI设计窗口的关闭

GUI设计窗口的关闭很简单，直接用鼠标单击GUI右上角的关闭按钮即可关闭GUI。另外，MATLAB可以在命令行窗口利用函数close关闭GUI设计窗口，格式如下：

```
>> close(untitled6)                    %关闭文件名为untitled6的GUI
```

由于GUI是一个.fig后缀的文件，因此可以直接使用close all命令关闭所有的Figure文件，格式如下：

```
>> close all                           %关闭所有的Figure文件
```

3. GUI设计窗口的保存

GUI设计窗口的保存就是对GUI文件的保存，以便用户以后调用和修改。

在MATLAB空白的GUI模块中，设计如图8-3所示的GUI，用户只需要单击该GUI菜单“文件”→“保存”或者“另存为”按钮，即可对GUI文件进行保存操作，一般默认存为.fig后缀的文件，保存后GUI会自动生成一个.m的脚本文件，如图8-4所示。

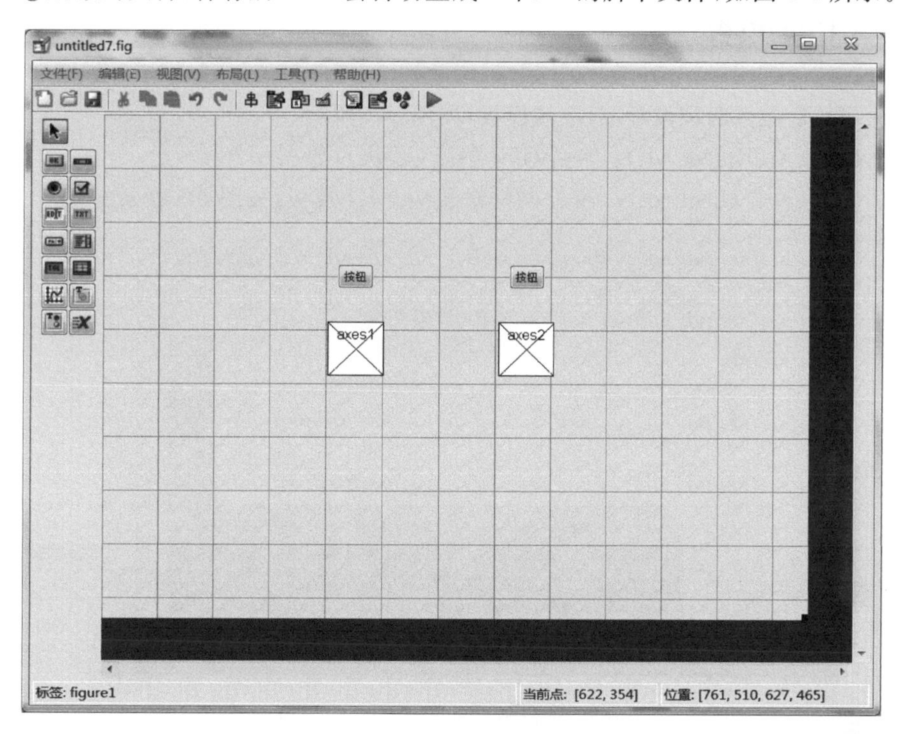

图8-3 GUI设计窗口

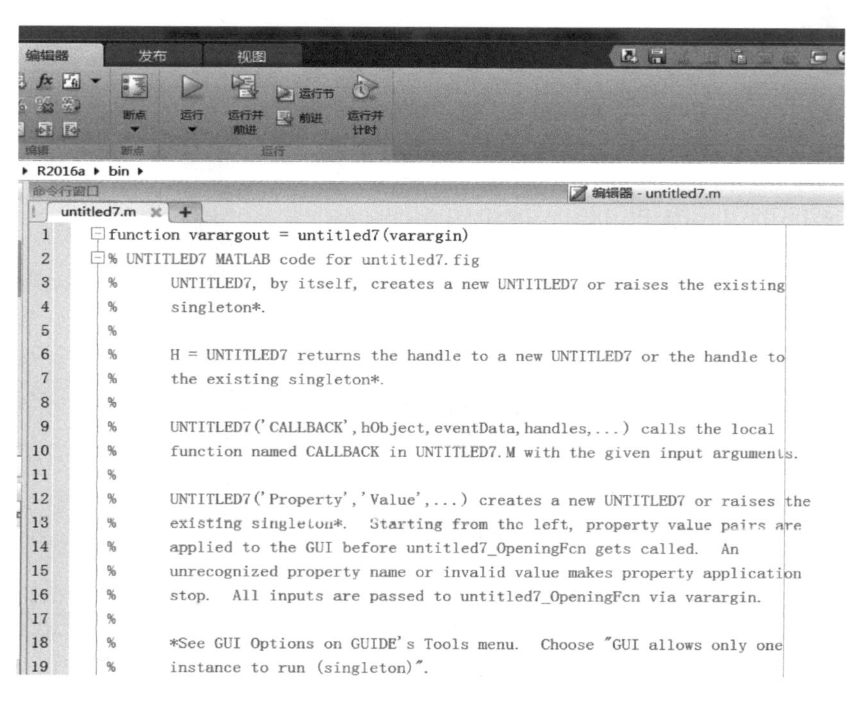

图8-4 GUI设计窗口对应的脚本文件

如图 8-4 所示，用户只需要在脚本文件中相应按钮的 callback 函数下面进行程序编写，然后保存脚本文件，单击相应的按钮，即可得到用户编写程序所对应的结果。

8.1.3 GUI 的模板

MATLAB 提供四种设计 GUI 的模板，如图 8-1 所示。

(1) Blank GUI(Default)：空白 GUI 模板(默认)，如图 8-2 所示。

(2) GUI with Uicontrols：带控制框对象的 GUI 模板，如图 8-5 所示。

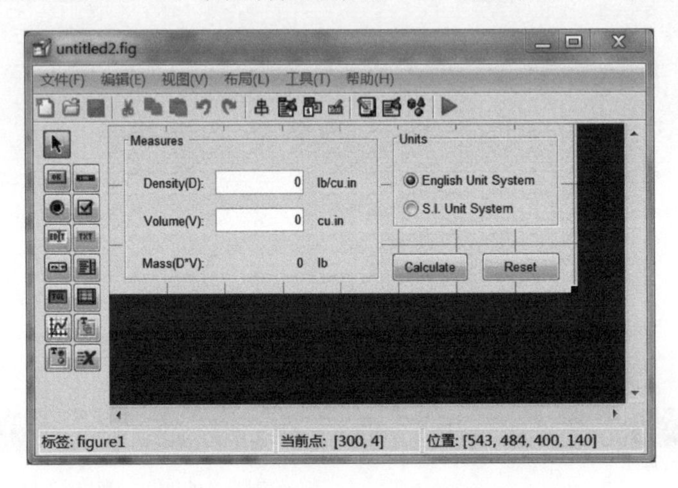

图 8-5 带控制框对象的 GUI 模板窗口

(3) GUI with Axes and Menu：带坐标轴和菜单的 GUI 模板，如图 8-6 所示。

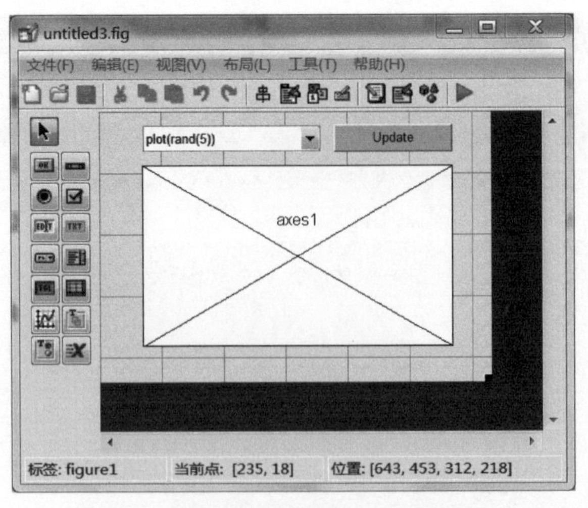

图 8-6 带坐标轴和菜单的 GUI 模板窗口

(4) Modal Question Dialog：带模式问题对话框的 GUI 模板，如图 8-7 所示。

当用户选择不同的模板时，在 GUI 设计模板界面右边就会显示与该模板对应的 GUI 图形。在 GUI 设计模板中选择一个模板，单击“确定”按钮，就会显示相应的 GUI 模板设计窗口。

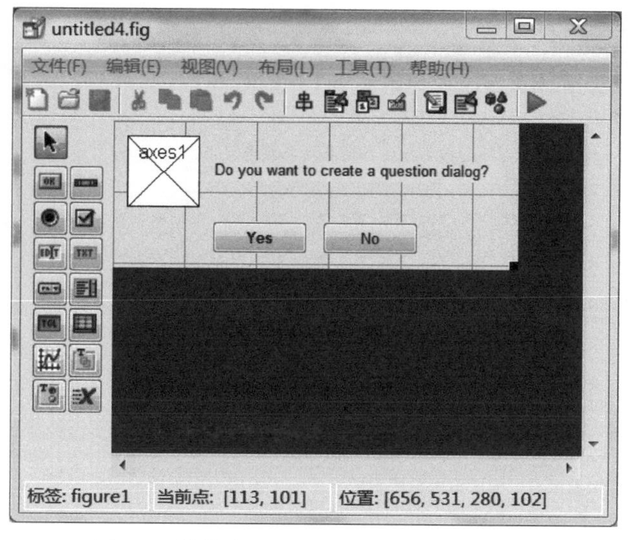

图 8-7 带模式问题对话框的 GUI 模板窗口

8.2 控制框常用对象及功能

控制框是一种包含在应用程序中的基本可视化构建块，控制着该程序处理的所有数据以及关于这些数据的交互操作。事件响应的图形界面对象称为控制框对象。MATLAB 中的控制框可以分为两种：一种为动作控制框，单击这些控制框会产生相应的响应，如按钮等；另一种为静态控制框，是一种不产生响应的控制框，如文本框等。每种控制框都有一些可以设置的参数即属性，用于修改控制框的外形、功能及效果。属性由两部分组成：属性名和属性值，它们必须是成对出现的。在 MATLAB 的 GUI 模板窗口的左侧设计工具区有各种各样的控制按钮，用于实现有关控制的功能。下面分别介绍设计工作区常用的控制按钮。

8.2.1 GUI 按钮

在 MATLAB 中，GUI 按钮为实现相应功能的按钮，用户在按钮的属性 callback 函数中，编写一定功能的程序，运行 GUI 程序时，单击该按钮，就可以执行相关的程序，实现相关的功能。

【例 8-1】 设计一个 GUI，单击 GUI 上的一个按钮，弹出一个提示窗口，显示"Designed by XuGuobao"信息。

具体设计步骤如下：

(1) 先建立空白 GUI，用鼠标将按钮拖放在空白 GUI 界面设计区，如图 8-8 所示；

(2) 单击保存按钮，直接保存为 MATLAB GUI 默认的文件名 f_8_1.fig，并自动生成 f_8_1.m 的脚本文件；

(3)单击该按钮，右击，在弹出的下拉菜单里，选择"查看回调"命令，选择"callback"按钮，如图 8-9 所示。

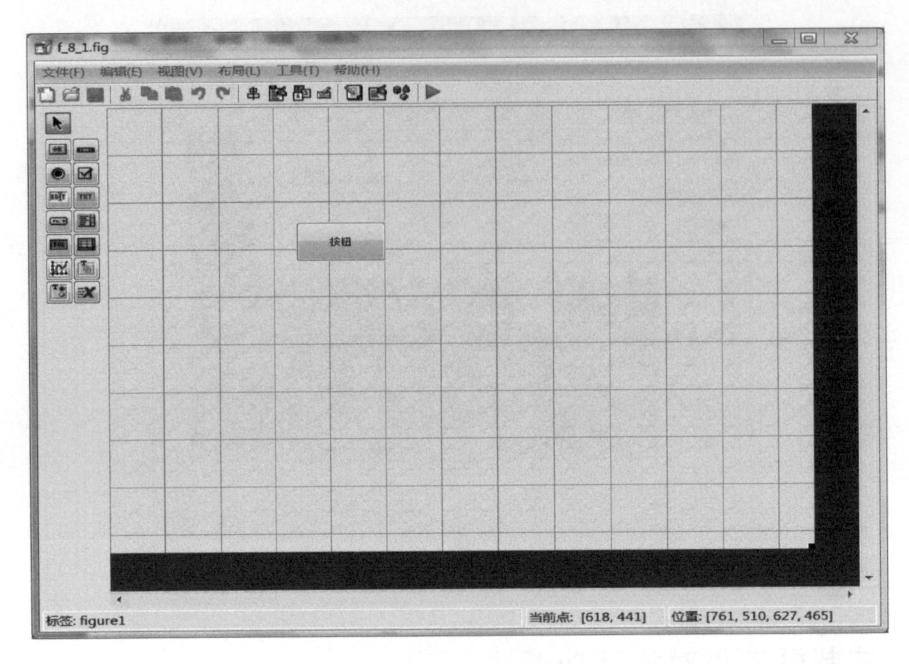

图 8-8 拖放按钮到空白 GUI

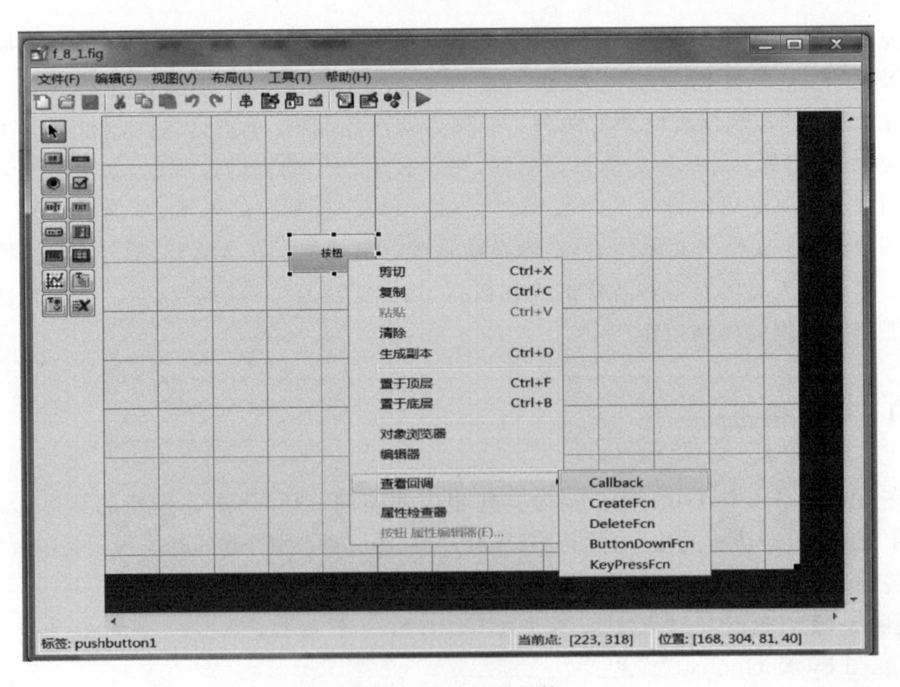

图 8-9 查看回调函数

鼠标自动回到 f_8_1.m 脚本文件该按钮所在的函数区，用户只需要在函数体里面编写程序即可，如图 8-10 所示。

输入函数命令：

```
msgbox('Designed by Xu Guobao')
```

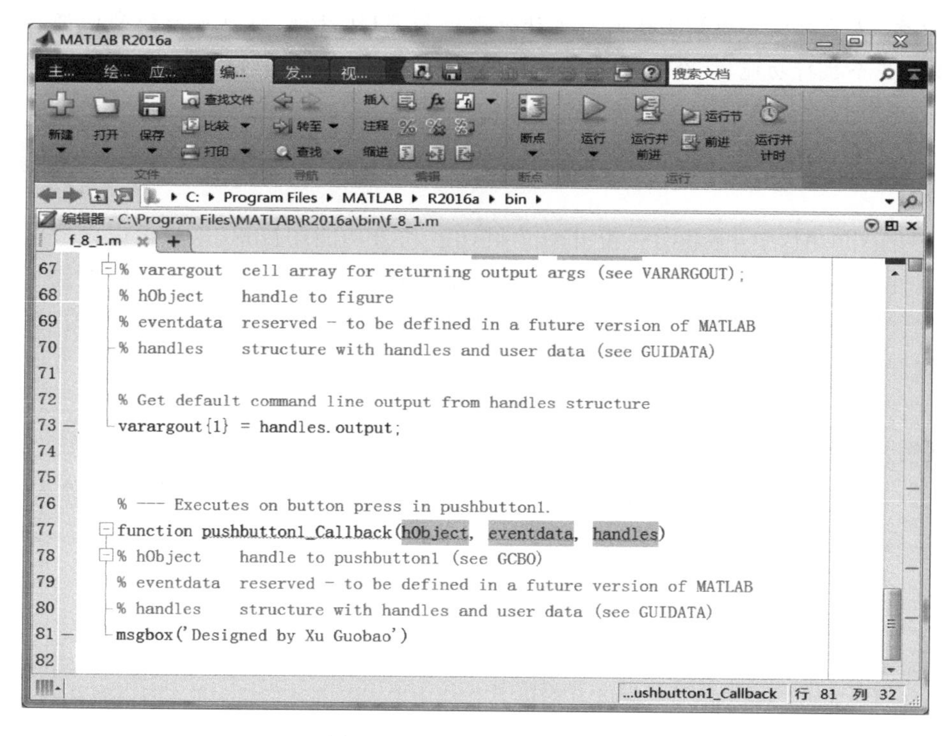

图 8-10 callback 函数区编程

(4) 单击保存按钮，保存该脚本文件，运行按钮 GUI 文件 f_8_1.fig，单击“按钮”，即可执行用户输入的函数代码功能，如图 8-11 所示。

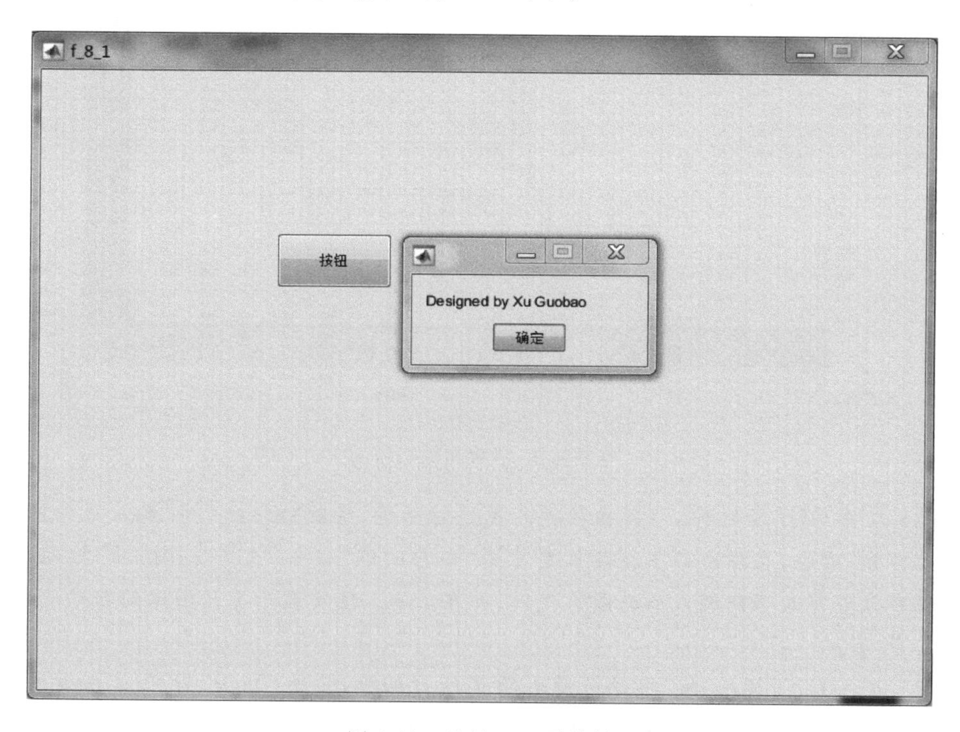

图 8-11 运行 GUI 及结果

总之，用户只需要遵循上述四个设计步骤进行 GUI 设计，将每个按钮的回调函数编程，赋予某个执行功能，就会得到一个用户需要的 GUI 产品。

8.2.2 GUI 滑块

在 MATLAB 中，GUI 滑块按钮为设计滑动条功能的按钮，用户可以设置滑块按钮的属性 Max 和 Min 的线性变换值，可以在滑块按钮的属性 callback 函数中编写一定功能的程序，运行 GUI 程序时，用户用鼠标滑动滑块，就可以选择一定的滑块值，执行相关的程序，实现相关的功能。GUI 滑块可以用于通过滑块取值，利用该值参与运算的操作。

【例 8-2】 设计一个 GUI，滑动 GUI 上的一个滑块，实现图像的灰度值变换。

(1) 先建立空白 GUI，用鼠标将按钮和滑块拖放在空白 GUI 界面设计区，并在正下方用鼠标拖放两个轴，分别用于显示原始图像和灰度调整后的图像，如图 8-12 所示。

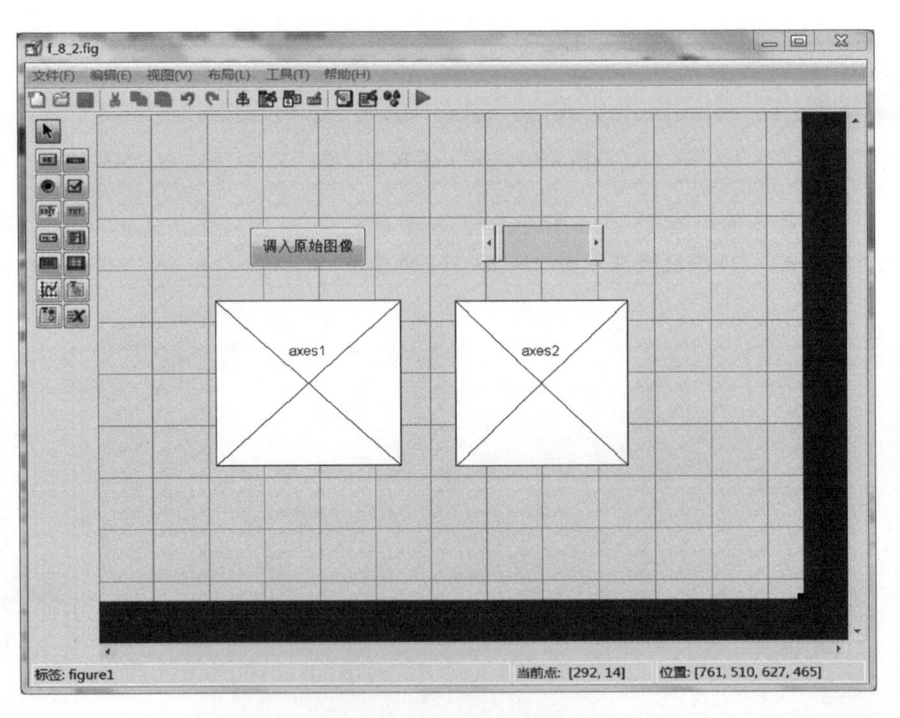

图 8-12 拖放按钮、滑块和轴按钮到空白 GUI

(2) 双击 GUI 按钮，将弹出按钮的属性对话框，修改“String”为“调入原始图像”，单击该按钮，右击，在弹出的下拉菜单里选择“查看回调”命令，选择“callback”按钮，在对应的程序位置写入下列调入原始图像代码，并在 axes1 区域显示原始图像的程序代码，如图 8-13 所示。

(3) 双击 GUI 按钮，将弹出滑块的属性对话框，修改“Max”为 2，单击该滑块按钮，右击，在弹出的下拉菜单里选择“查看回调”命令，选择“callback”按钮，在对应的程

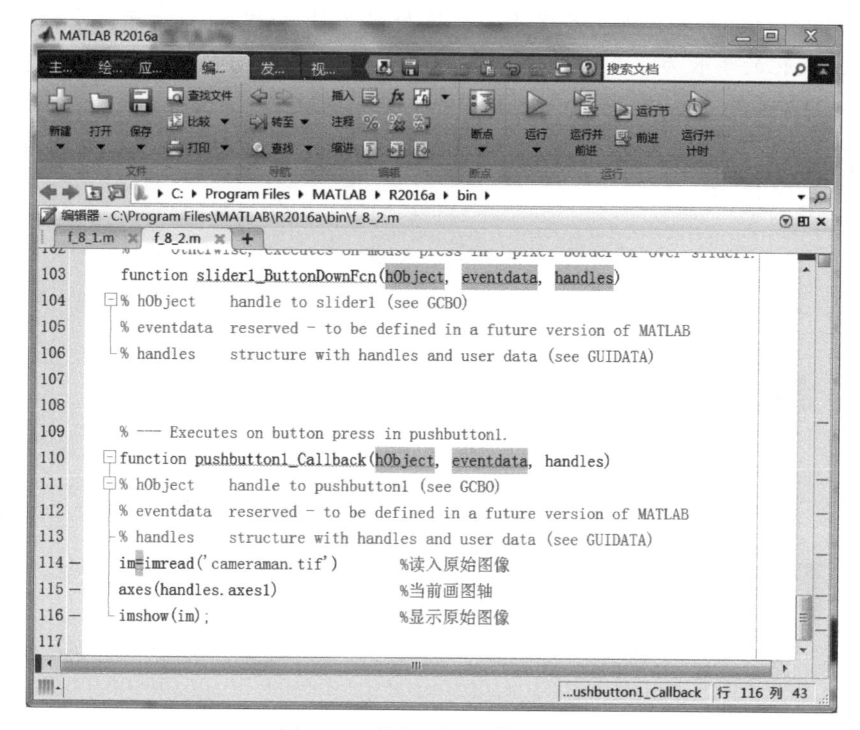

图 8-13 按钮回调函数区编程

序位置写入下列调入原始图像代码，获取滑动条值，并在 axes2 区域显示灰度变换后图像的程序代码，如图 8-14 所示。

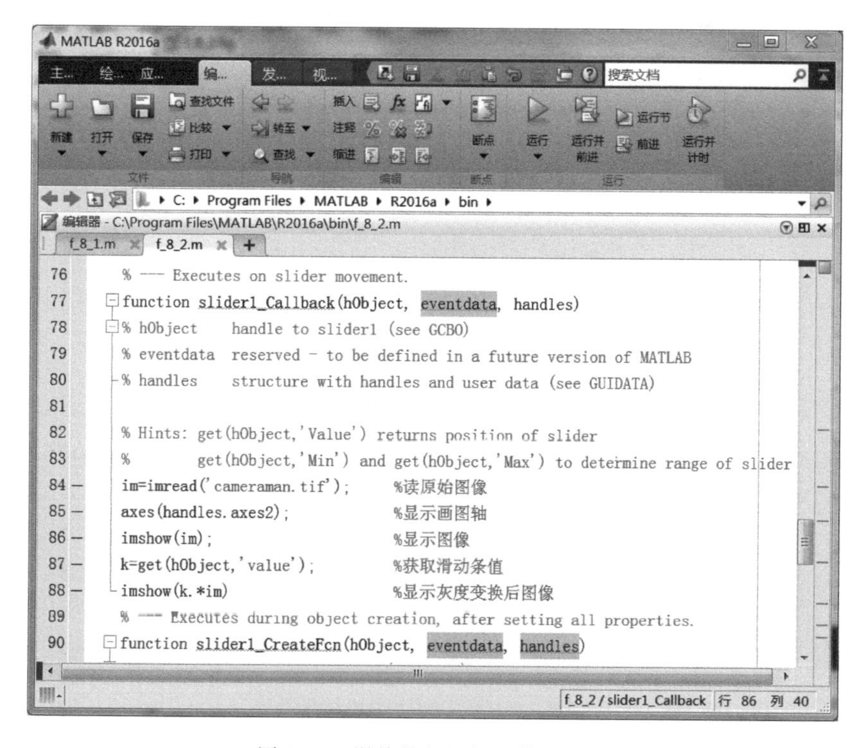

图 8-14 滑块按钮回调函数区编程

(4) 运行滑块 GUI 文件 f_8_2.fig，结果如图 8-15 和图 8-16 所示。滑块的数值在 0～2 变化，变化的步长为 0.01。当滑动条的值很小时，图像的每个灰度值乘以一个很小的值，使得图像灰度值变小，接近 0，图像显示的效果是亮度变暗，如图 8-15 所示。相反，当滑动条的值很大时，图像的灰度值乘以一个很大的值，使得图像灰度值变大，图像亮度增强，如图 8-16 所示。

图 8-15　运行 GUI 滑块结果 1

图 8-16　运行 GUI 滑块结果 2

8.2.3 GUI 单选按钮

在 MATLAB 中,GUI 单选按钮为选择事件功能的按钮。用户只能选择按下一个按钮,如果想取消该按钮,只能单击其他存在的单选按钮。用户选择其中一个按钮后,其他几个按钮将不起作用。可以在每个单选按钮的属性 callback 函数中编写一定功能的程序,运行 GUI 程序时,用户选择单选按钮就可以执行相关的程序,实现相关的功能。GUI 单选按钮可以用于从多项选择中选取一个进行操作。

【例 8-3】 设计一个 GUI,用两个 GUI 单选按钮在同一个轴内分别绘制正弦和余弦曲线。

(1) 先建立空白 GUI,用鼠标拖曳两个单选按钮放置在空白 GUI 界面设计区,并在右方用鼠标拖放一个轴,用于显示正弦或者余弦曲线,如图 8-17 所示。

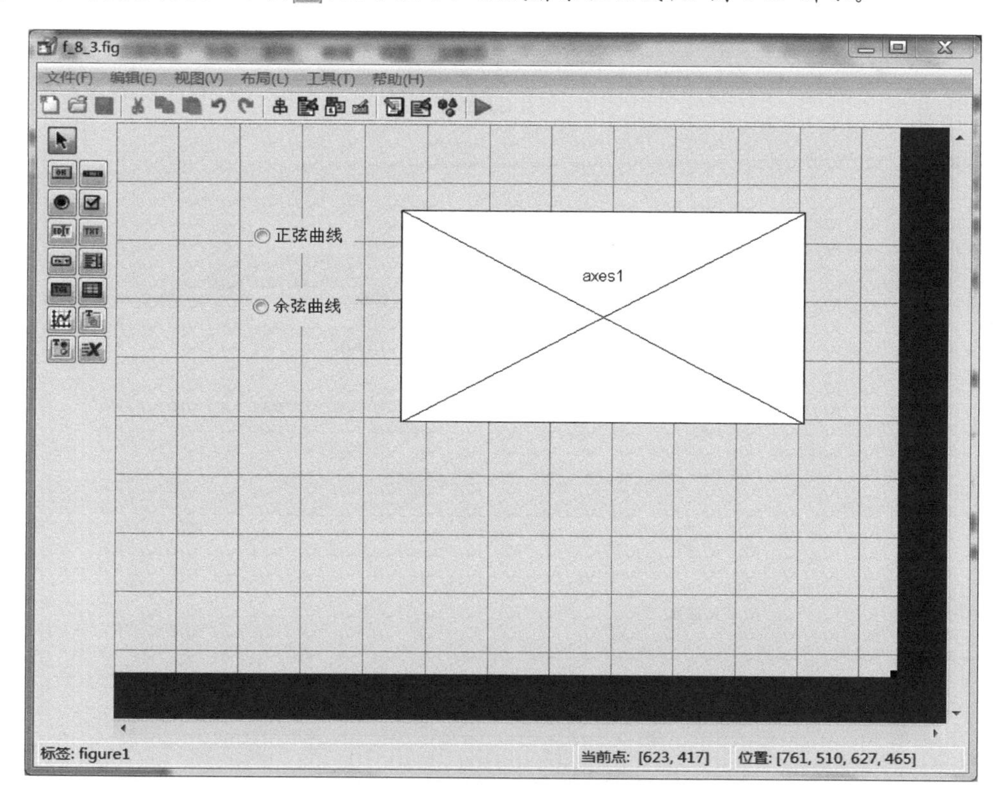

图 8-17 拖放单选按钮和轴到空白 GUI

(2) 分别双击 GUI 单选按钮,将弹出按钮的属性对话框,修改"String"为"正弦曲线"和"余弦曲线";单击该按钮,右击,在弹出的下拉菜单里,选择"查看回调"命令,选择"callback"按钮,在对应的程序位置写入下列调入原始图像代码,并在 axes1 区域显示原始图像的程序代码,如图 8-18 所示。

(3) 运行单选按钮 GUI 文件 f_8_3. fig,结果如图 8-19 和图 8-20 所示,结果所示为分别用单选按钮生成的正弦和余弦曲线。

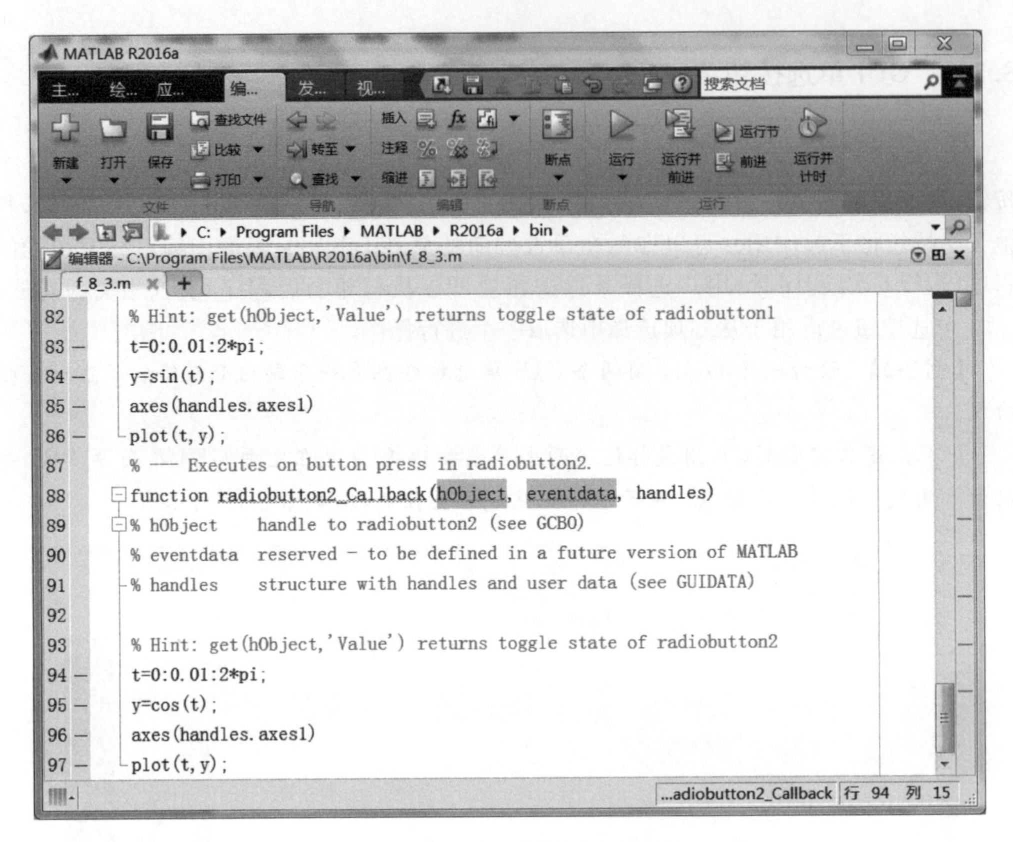

图 8-18 单选按钮回调函数区编程

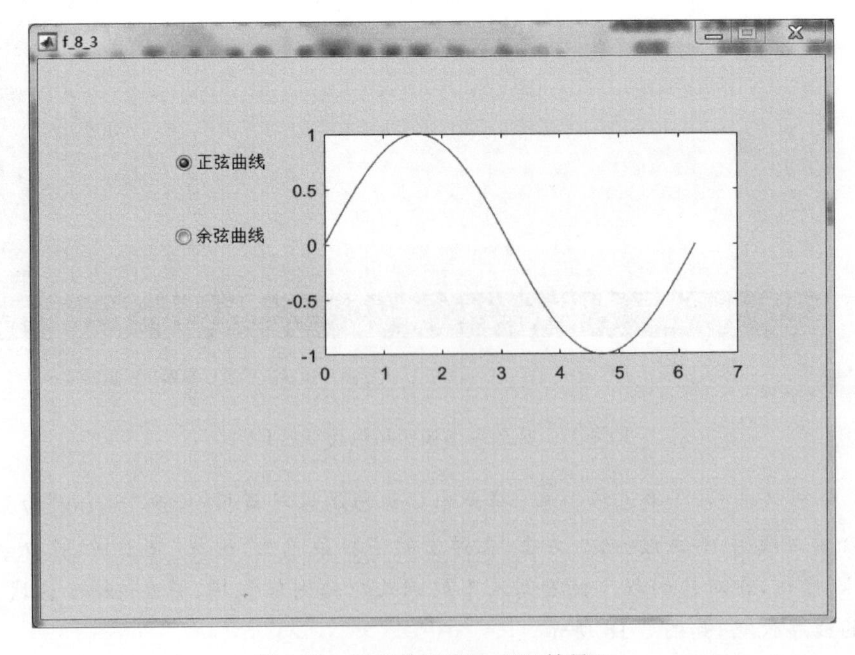

图 8-19 运行单选按钮 GUI 结果 1

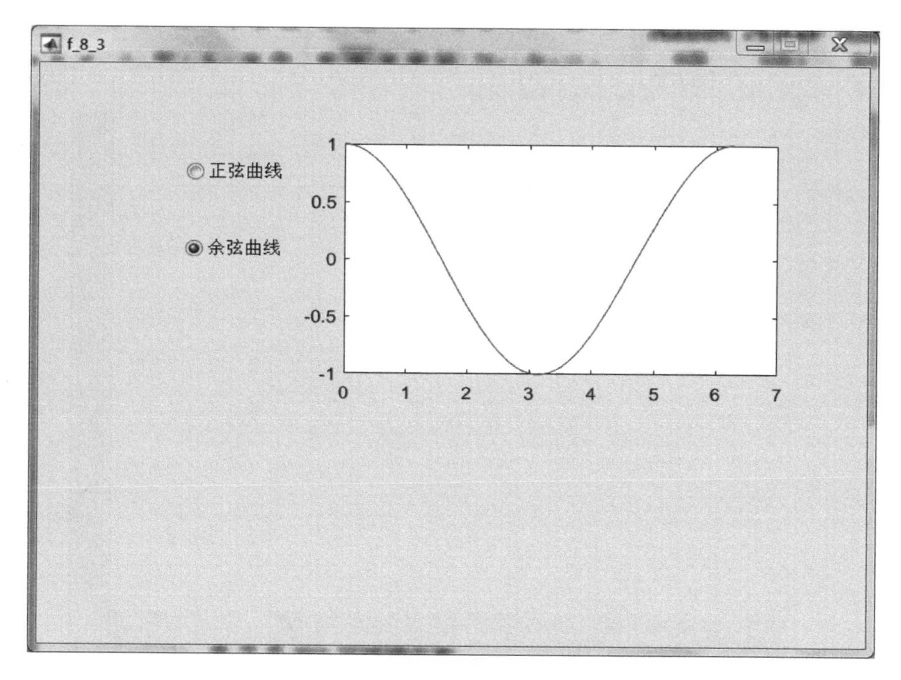

图 8-20 运行单选按钮 GUI 结果 2

8.2.4 GUI 复选框

在 MATLAB 中，GUI 复选框☑的功能和单选按钮类似，但又有一些不同。复选框一旦被选中，将执行该复选框对应的功能程序，如果用户想取消该功能，则可以点击其他复选框。复选框的属性值需要修改为：勾选复选框，则该复选框值为 1，若勾选其他复选框，该复选框值为 0。在实际中，可以在每个复选框按钮的属性 callback 函数中编写一定功能的程序，运行 GUI 程序时，用户选择复选框按钮就可以执行相关的程序，实现相关的功能。GUI 复选框按钮可以用于从多项复选框中单取一个进行操作。

【例 8-4】 设计一个 GUI，用两个 GUI 复选框按钮在同一个轴内分别绘制正弦和余弦曲线。

(1) 先建立空白 GUI，用鼠标拖两个复选框按钮☑放置在空白 GUI 界面设计区，并在右方用鼠标拖放一个轴，用于显示正弦或者余弦曲线，如图 8-21 所示。

(2) 分别双击 GUI 单选按钮☑，将弹出按钮的属性对话框，修改“String”为“正弦”和“余弦”；修改“FontSize”为 10 号字；单击复选框按钮，右击，在弹出的下拉菜单里，选择“查看回调”命令，选择“callback”按钮，在对应的程序位置，写入下列调入原始图像代码，并在 axes1 区域显示原始图像的程序代码，如图 8-22 所示。

(3) 运行复选框按钮 GUI 文件 f_8_4. fig，结果如图 8-23 和图 8-24 所示，结果所示为分别用复选框按钮生成的正弦和余弦曲线。

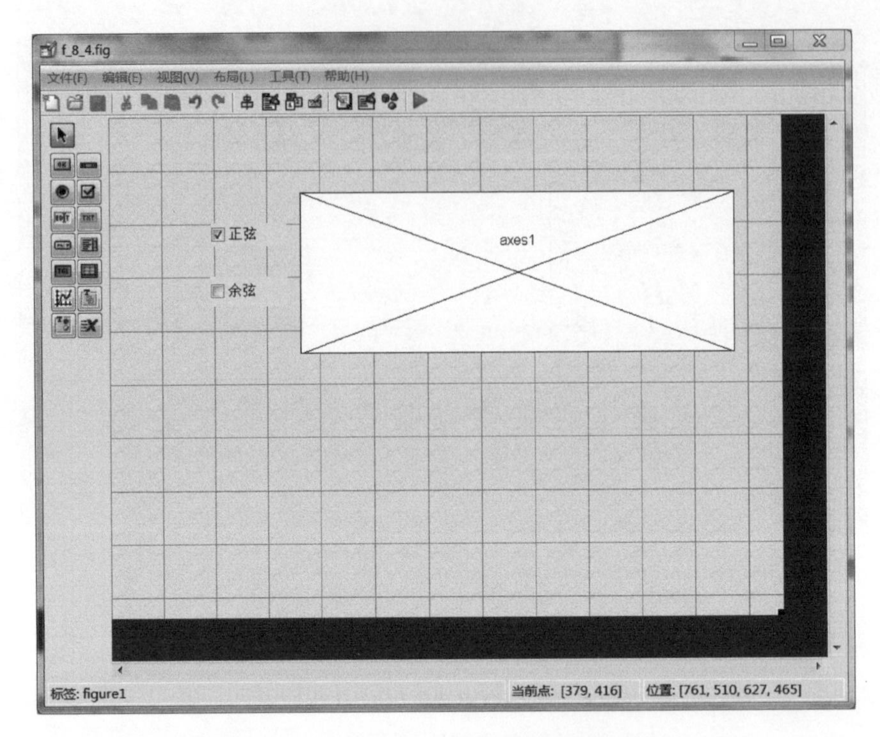

图 8-21　拖放复选框按钮和轴到空白 GUI

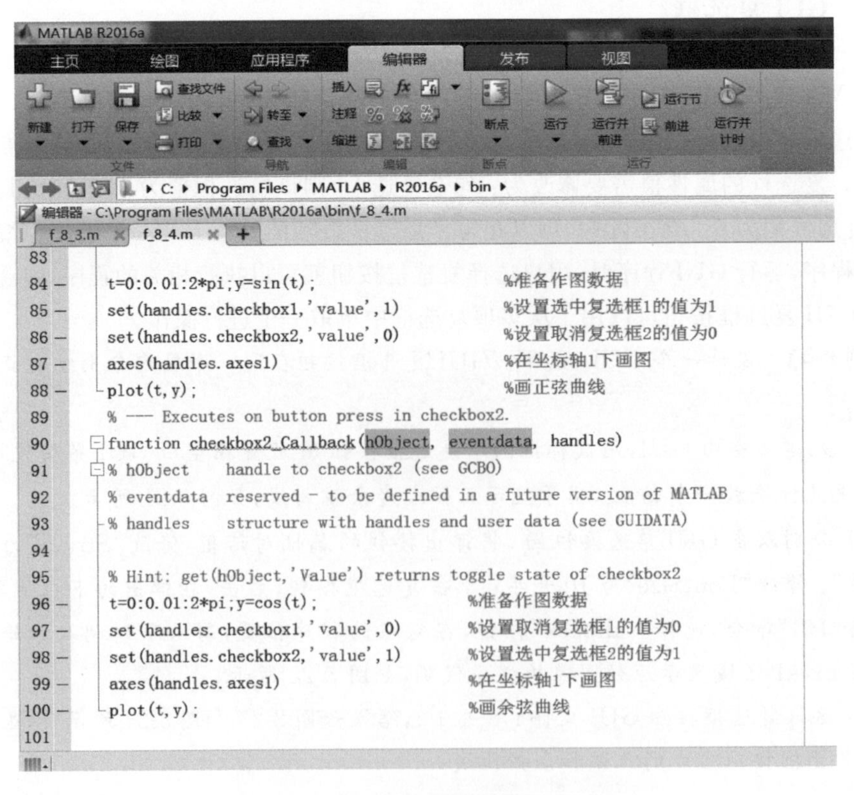

图 8-22　复选框按钮回调函数区编程

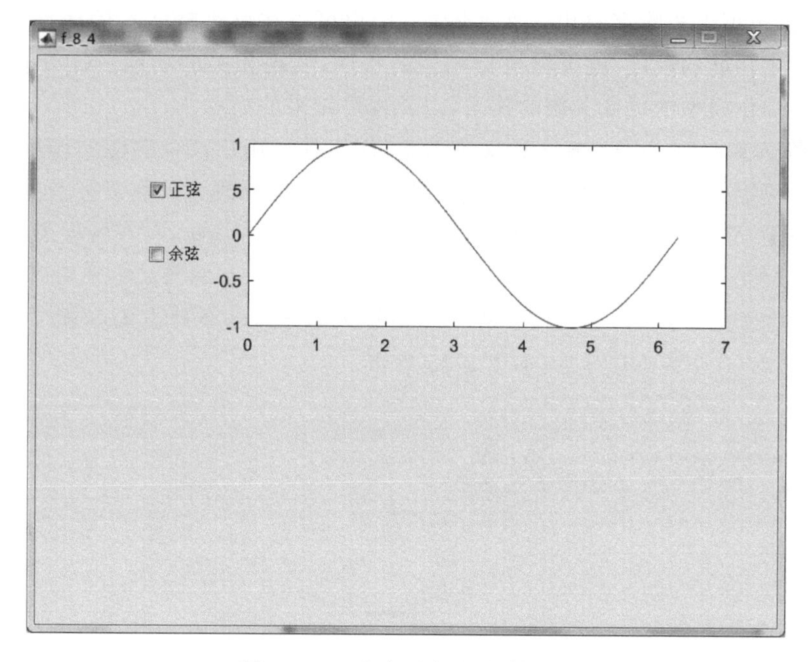

图 8-23　运行复选框 GUI 结果 1

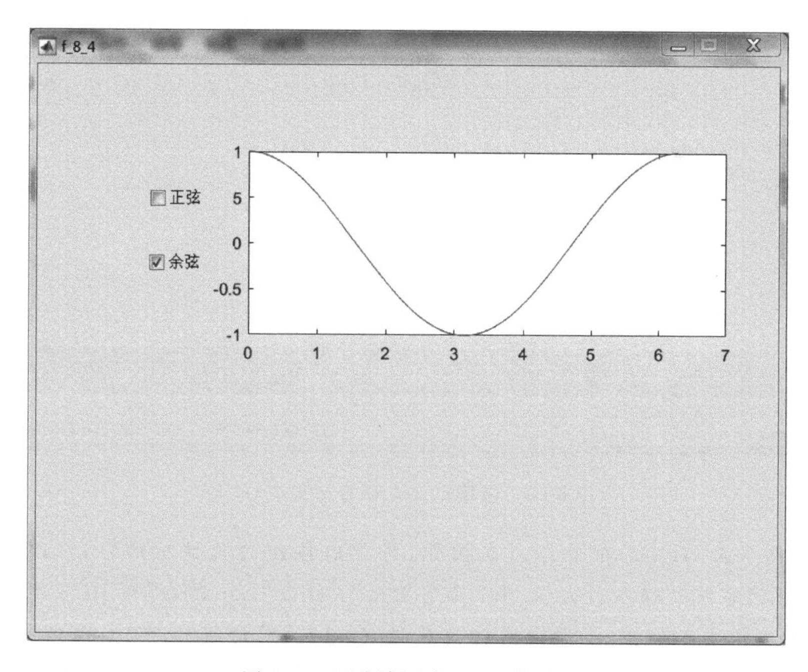

图 8-24　运行复选框 GUI 结果 2

8.2.5　GUI 可编辑文本和静态文本

在 MATLAB 中，GUI 可编辑文本 可以为用户输入数字或者文字的对话框功能。可编辑文本的属性“String”值默认为“可编辑文本”，用户双击该可编辑文本，可以进行字符串的填写,也可以删除字符串。在实际中,用户可以在可编辑文本的属性 callback 函数中编写一定功能的程序,就可以执行相关的程序,实现相关的功能。GUI 可编辑文本可以为用户提供模型的可变参数的输入,以及程序结果的显示。

GUI 静态文本 为静态输入的文本信息,用于提示用户某个功能的作用,具有提示功能。用户可以双击静态文本按钮,将其属性"String"值修改为其他字符串。

【例 8-5】 设计一个 GUI,使用可编辑文本和静态文本按钮,在可编辑文本框区域动态显示从 1 到用户设置的值。用户设置的值可以从另一个可编辑文本框输入。

(1) 先建立空白 GUI,用鼠标拖两个可编辑文本 ,三个静态文本 ,和一个按钮 放置在空白 GUI 界面设计区,如图 8-25 所示。

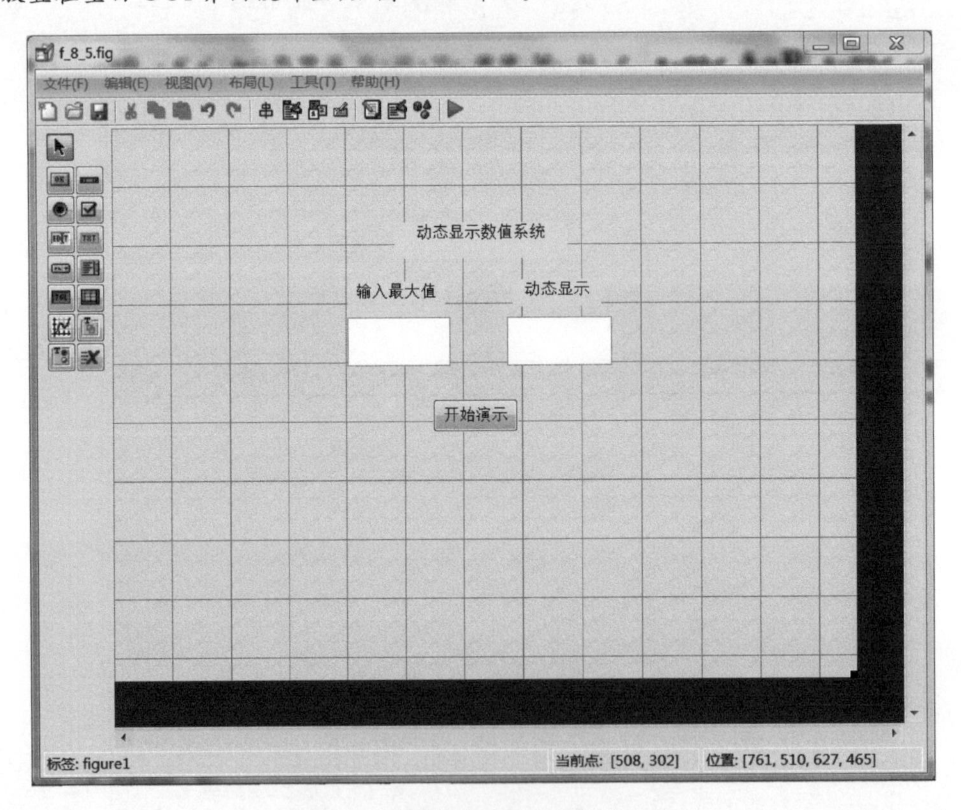

图 8-25 可编辑文本和静态文本 GUI

(2) 分别双击 GUI 三个静态文本按钮,将弹出按钮的属性对话框,修改"String"为"动态显示数值系统""输入最大值"和"动态显示";修改"FontSize"为 10 号字;分别双击 GUI 两个可编辑文本按钮,将弹出按钮的属性"String"对话框的"可编辑文本"删除;双击 GUI 按钮,将弹出按钮的属性对话框,修改"String"为"开始演示",修改"FontSize"为 10 号字,如图 8-25 所示。

(3) 单击按钮,右击,在弹出的下拉菜单里,选择"查看回调"命令,选择"callback"按钮,在对应的程序位置写入根据在可编辑文本框输入的最大值,在第二个可编辑文本框动态显示数组的程序代码,如图 8-26 所示。

(4) 运行可编辑文本和静态文本 GUI 文件 f_8_5. fig,结果如图 8-27 和图 8-28 所示。

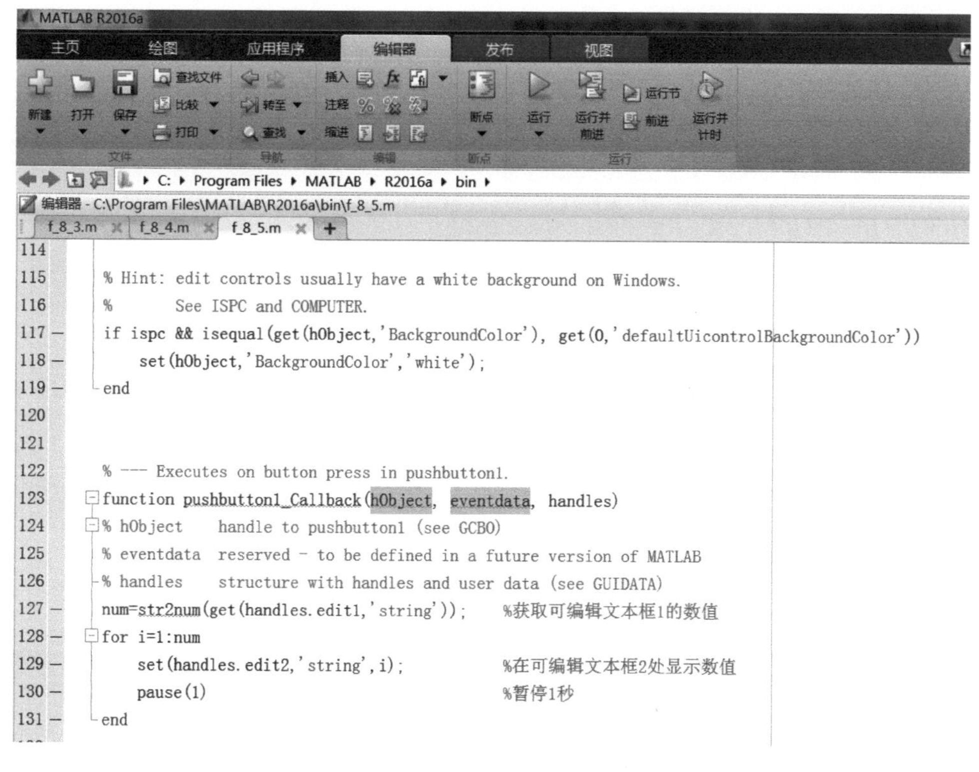

图 8-26　开始演示按钮回调函数区编程

在该程序中，动态显示的最大值可以通过一个可编辑文本，由用户自己输入，这样便于修改。例如，用户在输入最大值可编辑文本中，输入 10，单击“开始演示”按钮，则会在动态显示可编辑文本框动态显示 1、2、3、…、9、10 这 10 个数。

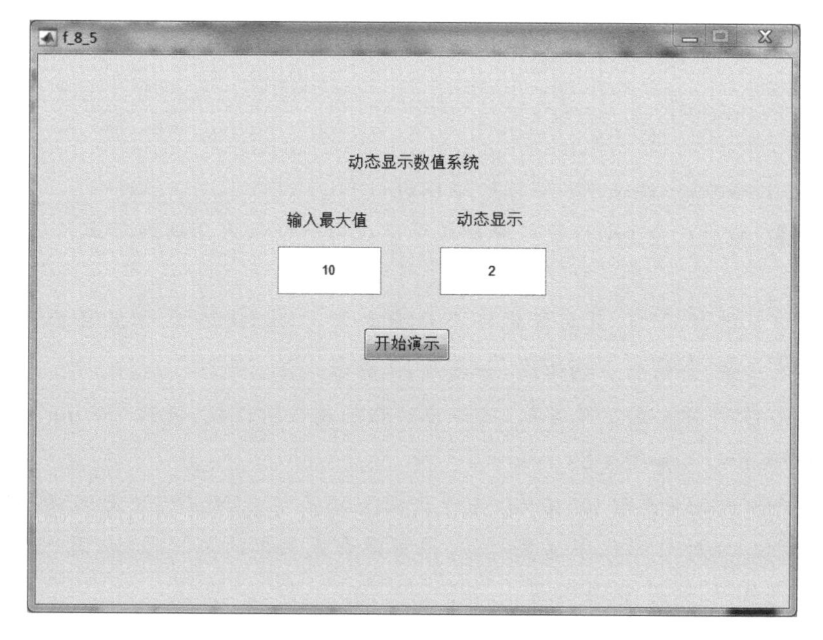

图 8-27　运行可编辑文本和静态文本 GUI 结果 1

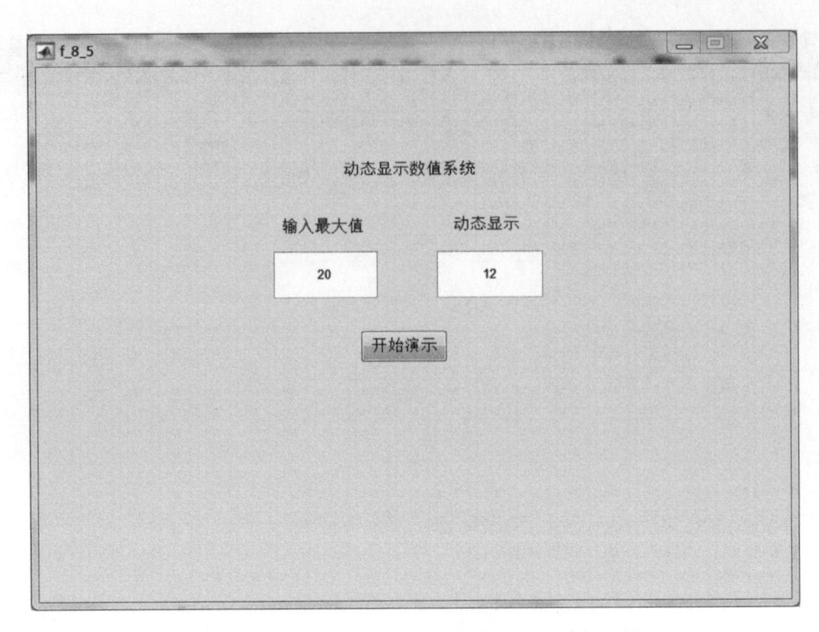

图 8-28　运行可编辑文本和静态文本 GUI 结果 2

8.2.6　GUI 弹出式菜单

在 MATLAB 中，GUI 弹出式菜单可以为用户提供互斥的一系列选项的对话框功能，用户可以选择其中的某一项。弹出式菜单可以位于图形窗口内的任意位置。弹出式菜单的属性“String”值默认为“弹出式菜单”，用户可以进行修改。在实际中，用户可以在弹出式菜单的属性 callback 函数中编写一定功能的程序，就可以执行相关的程序，实现相关的功能。可以用 get 函数读取弹出式菜单的属性值，命令如下：

```
get(handles.popupmenu1,'value')
```

一般使用 switch…case…多项选择结构进行 GUI 设计。

【例 8-6】　设计一个 GUI，使用弹出式菜单在同一个轴内分别绘制正弦、余弦和正切曲线。

(1) 先建立空白 GUI，用鼠标拖一个弹出式菜单，并在右方用鼠标拖放一个轴，用于显示正弦、余弦和正切曲线，如图 8-29 所示。

(2) 双击 GUI 弹出式菜单按钮，将弹出按钮的属性对话框，修改“String”为“sin(x)”“cos(x)”和“tan(x)”，如图 8-29 所示。

(3) 单击弹出式菜单按钮，右击，在弹出的下拉菜单里，选择“查看回调”命令，选择“callback”按钮，在对应的程序位置，写入根据弹出式菜单的属性值，在同一个轴绘制相应曲线的程序代码，如图 8-30 所示。

(4) 运行弹出式菜单 GUI 文件 f_8_6.fig，结果如图 8-31 和图 8-32 所示。

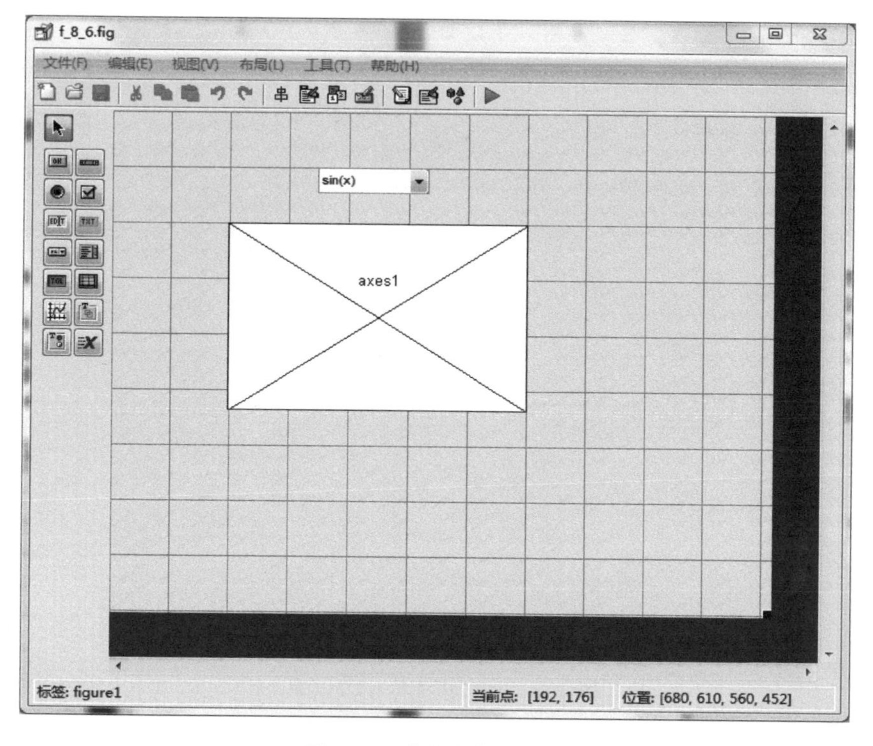

图 8-29 弹出式菜单 GUI

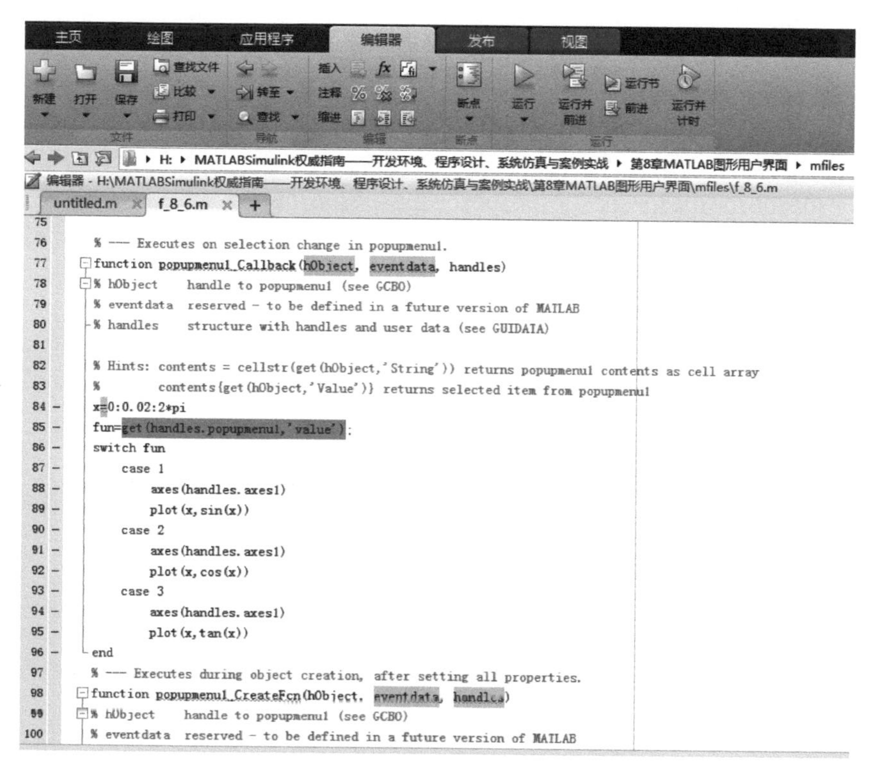

图 8-30 弹出式菜单按钮回调函数区编程

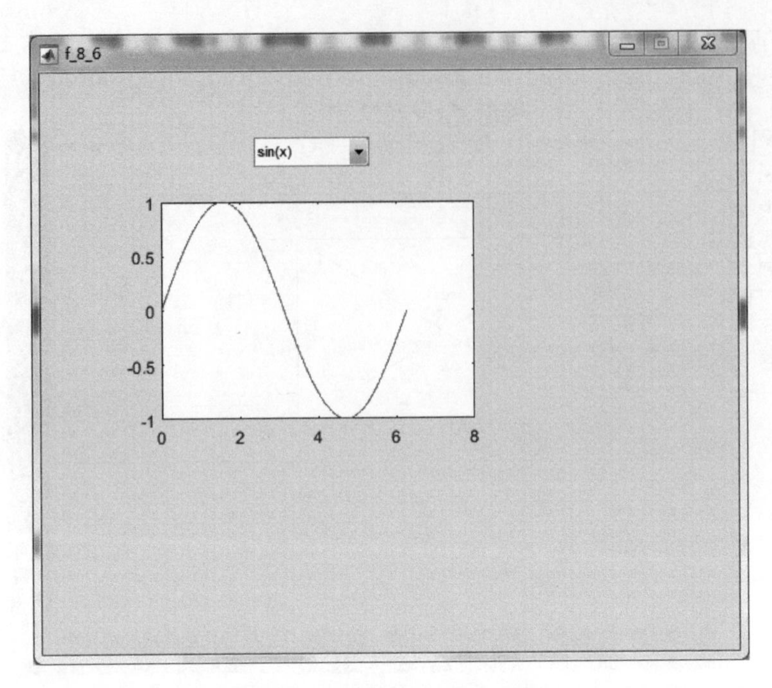

图 8-31 弹出式菜单 GUI 结果 1

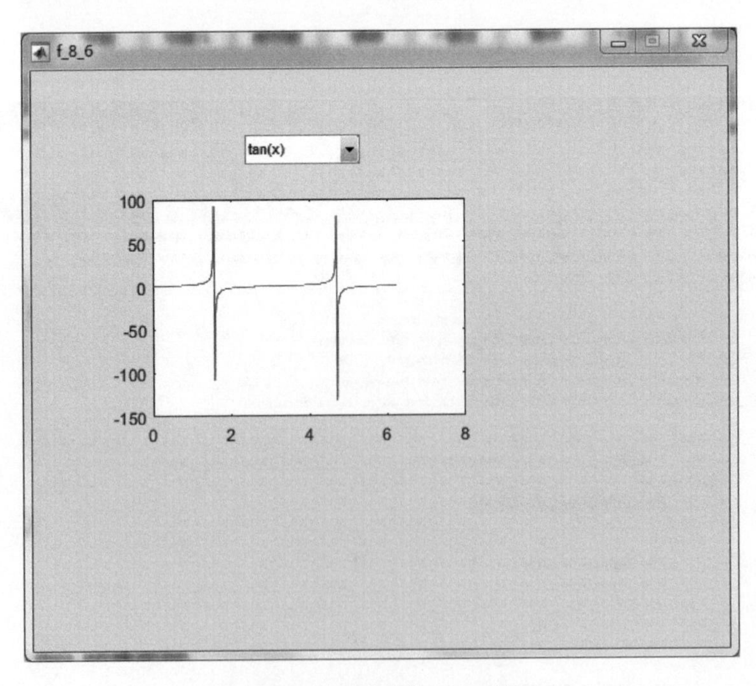

图 8-32 弹出式菜单 GUI 结果 2

8.2.7 GUI 列表框

在 MATLAB 中,GUI 列表框可以为用户提供显示多行字符功能,也可以显示多行数据功能。GUI 列表框将用户要选择的信息直接呈现出来，用户在列表框中选择字符或者数据，将执行不同的程序功能。GUI 列表框可以位于图形窗口内的任意位置。列表框的属性“String”值默认为“列表框”，用户可以进行修改。在实际中，用户在列表框的属性 callback 函数中编写一定功能的程序，就可以执行相关的程序，实现相关的功能。可以用 get 函数读取列表框的属性值，命令如下：

```
get(handles.listbox1,'value')
```

callback 函数一般使用 switch…case…多项选择结构进行 GUI 设计。

【例 8-7】 设计一个 GUI，使用列表框在同一个静态文本中分别显示用户选择的文本信息。

(1) 先建立空白 GUI，用鼠标拖放一个列表框，并在右方用鼠标拖放一个静态文本，用于显示用户选择的文本信息，如图 8-33 所示。

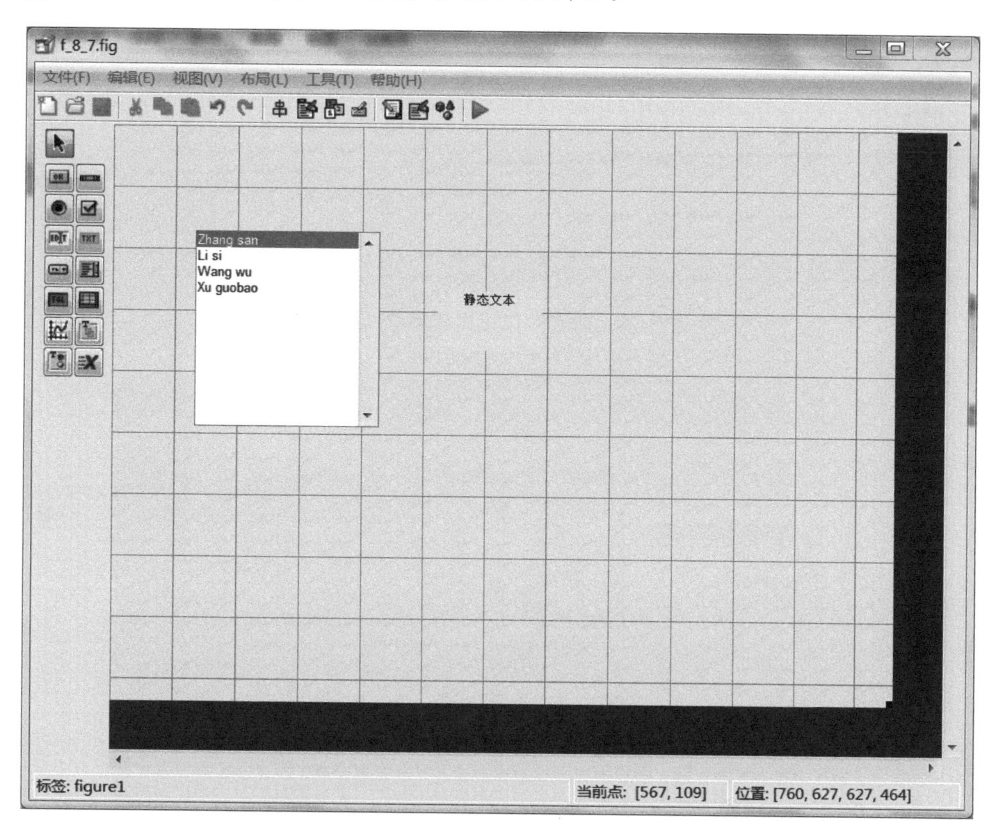

图 8-33　拖放列表框与静态文本到空白 GUI

(2) 双击 GUI 列表框按钮，将列表框属性对话框的 “String” 修改为“Zhang san”“Li si”“Wang wu”和“Xu guobao”，如图 8-33 所示。

(3) 单击列表框按钮，右击，在弹出的下拉菜单里，选择“查看回调”命令，选择“callback”按钮，在对应的程序位置，写入根据列表框选择的字符，在静态文本中显示选择的字符的程序代码，如图 8-34 所示。

(4) 运行列表框 GUI 文件 f_8_7.fig，结果如图 8-35 和图 8-36 所示。

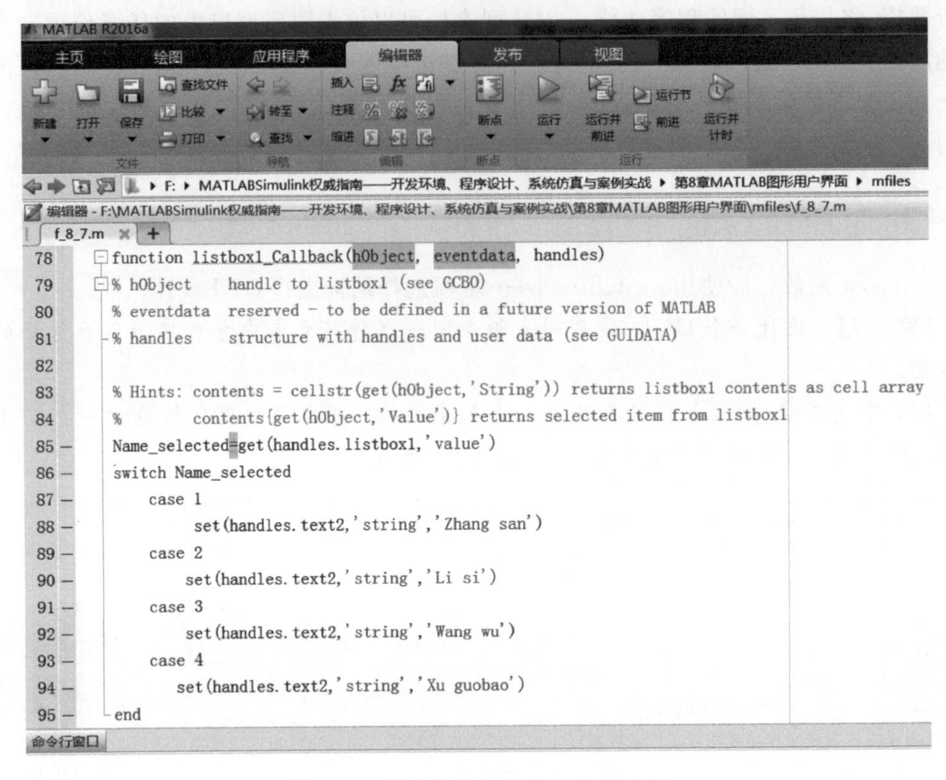

图 8-34　列表框按钮回调函数区编程

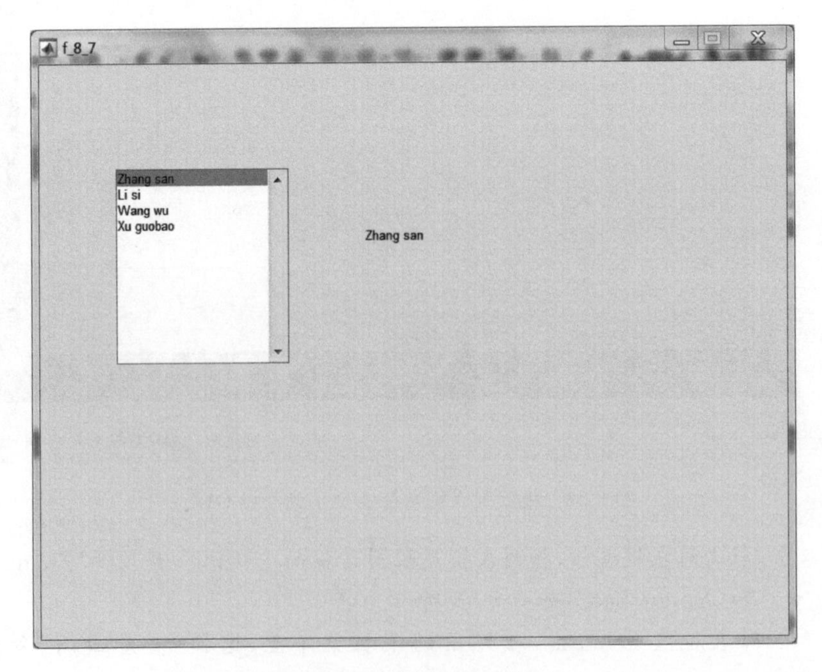

图 8-35　列表框 GUI 结果 1

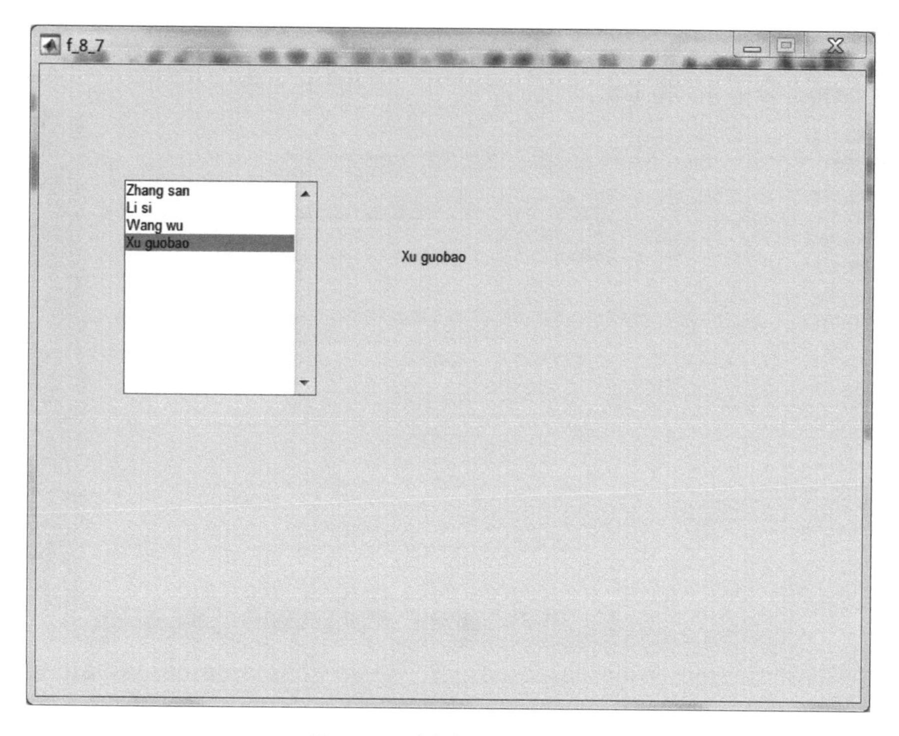

图 8-36 列表框 GUI 结果 2

8.2.8 GUI 切换按钮

在 MATLAB 中,GUI 切换按钮 可以为用户提供切换执行状态功能。切换按钮每单击一次,属性值就翻转一次,一般为“Max”和“Min”两个属性。GUI 切换按钮可以位于图形窗口内的任意位置。切换按钮的属性“String”值默认为“切换按钮”,用户可以进行修改。在实际中,用户可以在切换按钮的属性 callback 函数中编写一定功能的程序,执行相关的程序,就可以实现相关的功能。可以用 get 函数读取切换按钮的属性值,命令如下:

```
get(hObject,'value')
```

【例 8-8】 设计一个 GUI,使用切换按钮,在同一个轴中,分别显示有网格图形和无网格图形。

(1) 先建立空白 GUI,用鼠标拖放一个切换按钮 ,并在右方用鼠标拖放一个轴 ,用于显示用户选择的有网格图形和无网格图形,如图 8-37 所示。

(2) 双击 GUI 切换按钮,将切换按钮属性对话框的“String”修改为“有网格”,如图 8-37 所示。

(3) 单击切换按钮,右击,在弹出的下拉菜单里,选择“查看回调”命令,选择“callback”按钮,在对应的程序位置,写入根据切换按钮属性值,在轴中显示有网格图形和无网格图形的程序代码,如图 8-38 所示。

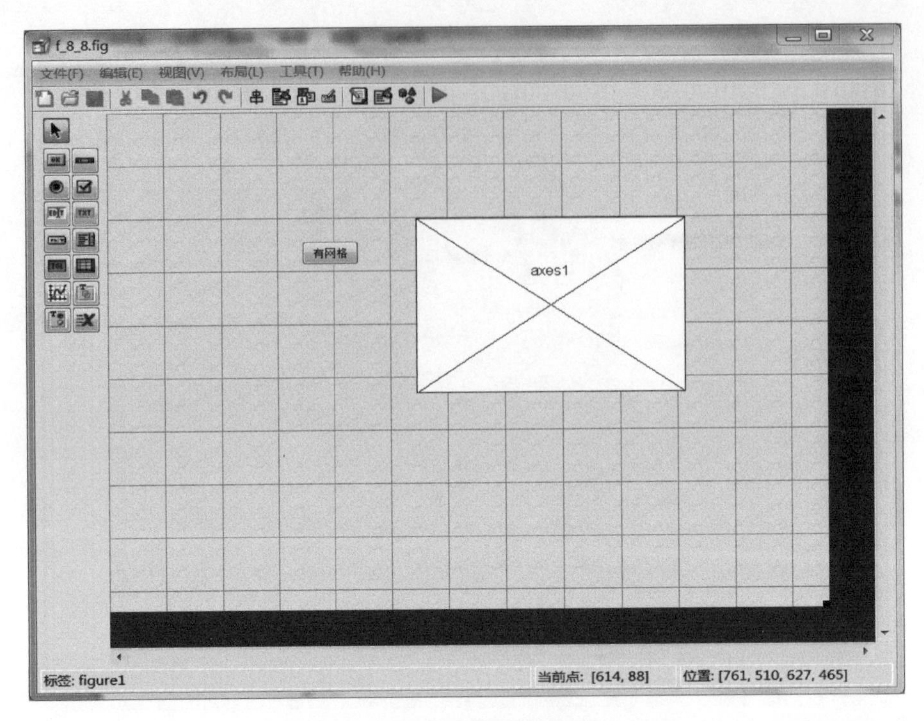

图 8-37　拖放切换按钮和轴到空白 GUI

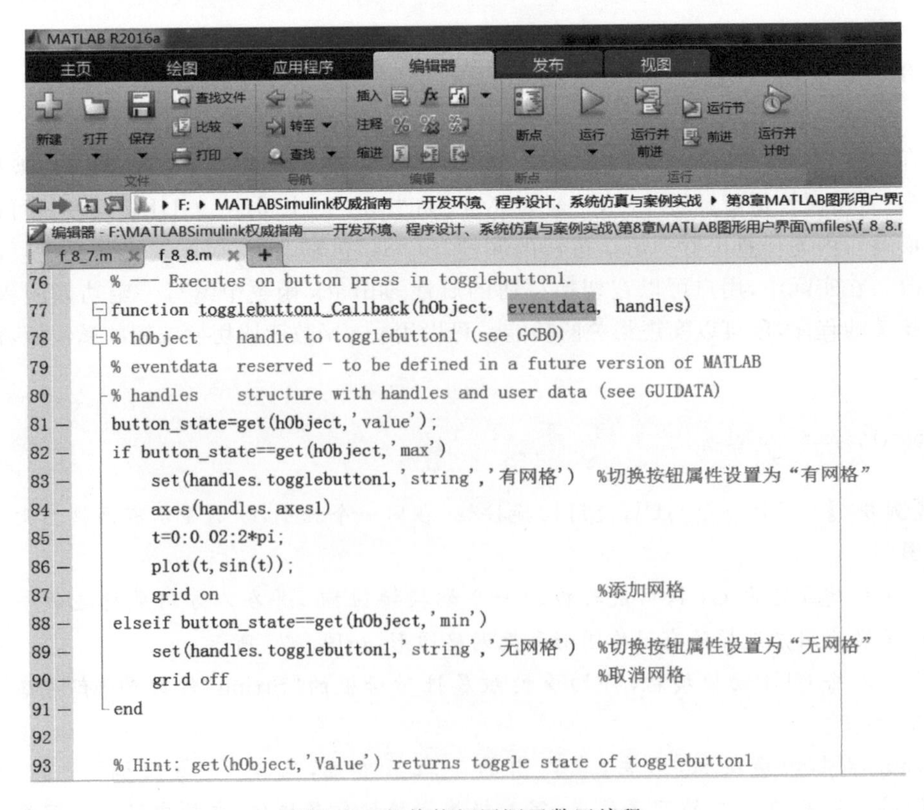

图 8-38　切换按钮回调函数区编程

(4) 运行切换按钮 GUI 文件 f_8_8.fig,结果如图 8-39 和图 8-40 所示。

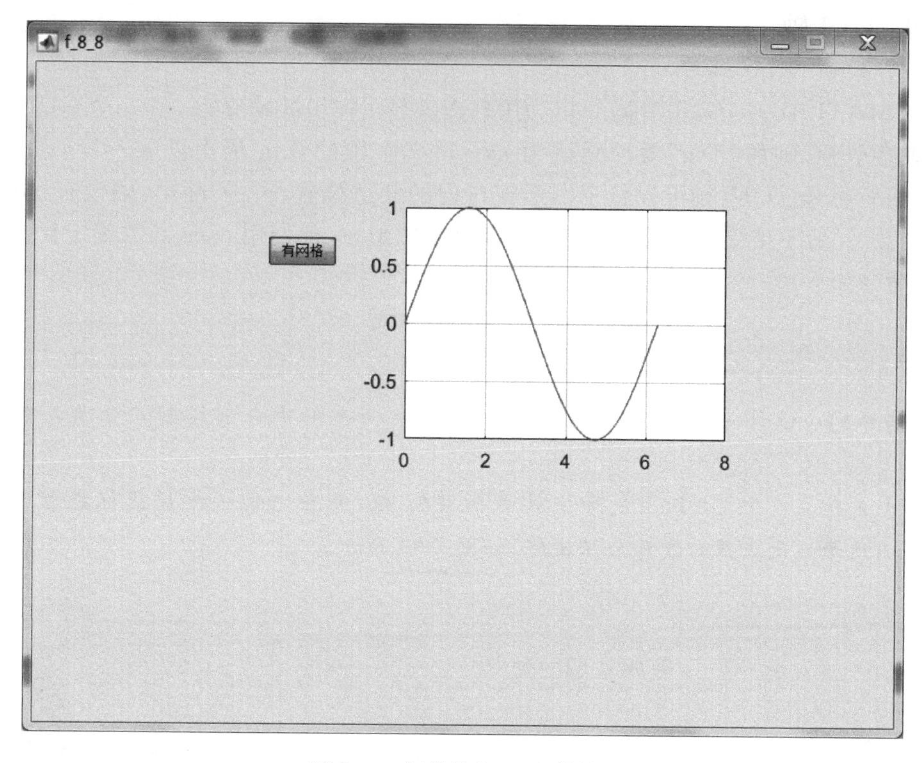

图 8-39　切换按钮 GUI 结果 1

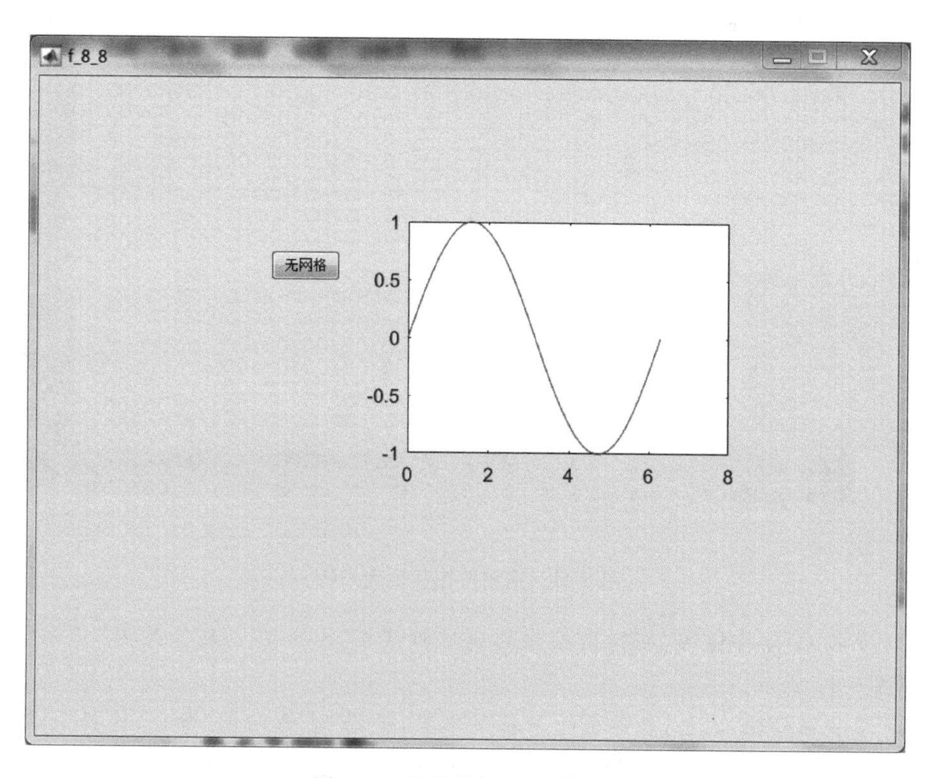

图 8-40　切换按钮 GUI 结果 2

8.2.9 GUI 轴

在 MATLAB 中,GUI 轴可以为用户提供显示图形区域功能。在一个 GUI 中,可以设置多个轴,轴的"Tag"属性默认为 axes1,多个轴的 Tag 依次以 axes1,axes2,…,axesn 进行标号。GUI 轴可以位于图形窗口内的任意位置。在实际中,轴没有 callback 回调函数,一般不接受用户操作。在轴区域显示图形,一般使用 axes 函数确定显示的坐标轴,命令如下:

```
axes(handles.axes1)
```

【例 8-9】 设计一个 GUI,使用两个按钮,在两个轴中分别绘制正弦曲线和余弦曲线。

(1) 先建立空白 GUI,用鼠标拖放两个按钮,并在它们下方用鼠标拖放两个轴,分别用于显示正弦曲线和余弦曲线,如图 8-41 所示。

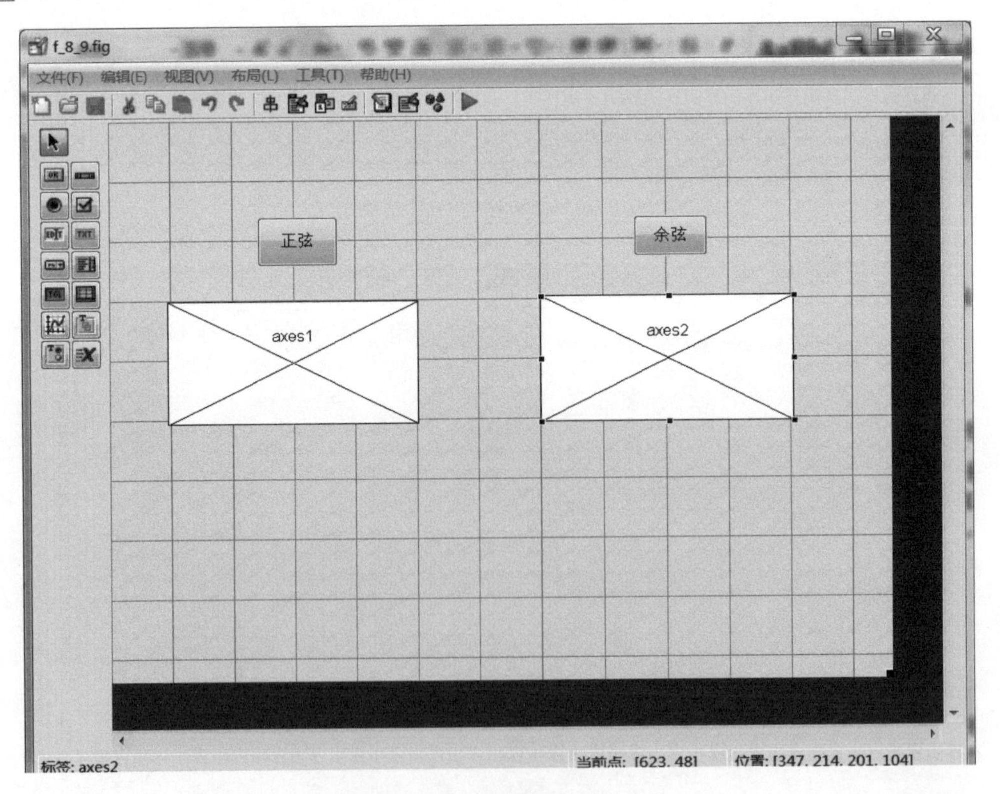

图 8-41 拖放按钮和轴到 GUI

(2) 双击 GUI 按钮,将弹出按钮的属性对话框"String"分别修改为"正弦"和"余弦",如图 8-41 所示。

(3) 单击该按钮,右击,在弹出的下拉菜单里,选择"查看回调"命令,选择"callback"按钮,在对应的程序位置,写入绘制正弦和余弦曲线的程序代码,并在 axes1 和 axes2 区域分别显示正弦和余弦曲线的程序代码,如图 8-42 所示。

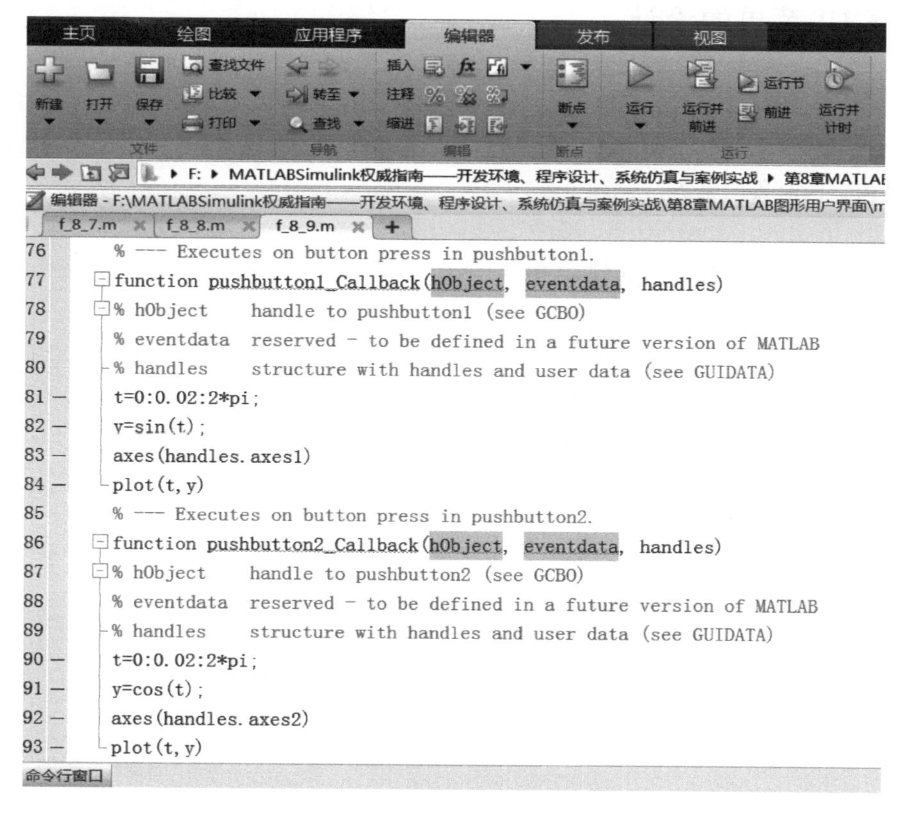

图 8-42 轴 GUI 回调函数区编程

(4) 运行轴 GUI 文件 f_8_9.fig,结果如图 8-43 所示。

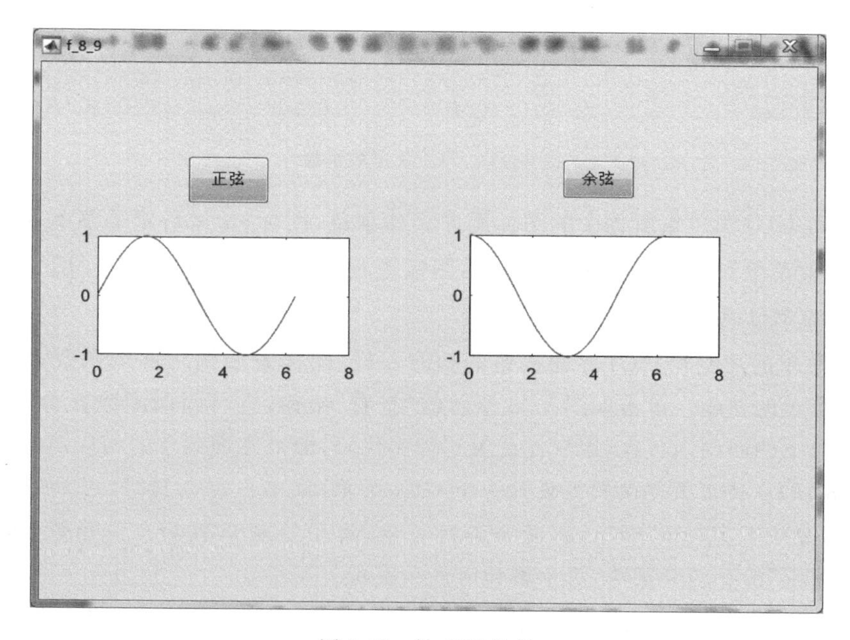

图 8-43 轴 GUI 结果

8.3 GUI 菜单的设计

在一个标准的 GUI 中,菜单是必不可少的一部分,它可以为用户实现一个系统集成化的设计,避免 GUI 界面的冗余。菜单包括普通菜单和弹出式菜单,可以用 GUI 菜单编辑器和句柄对象两种方法创建。

8.3.1 使用菜单编辑器创建菜单

在 MATLAB 的 GUI 中,创建一个菜单可以使用菜单编辑器,如图 8-44 所示。

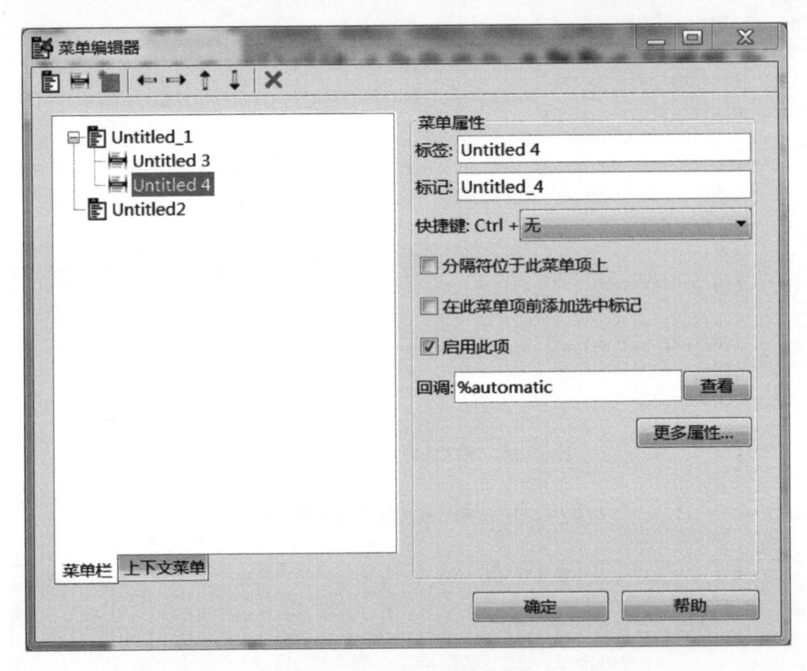

图 8-44 GUI 菜单编辑器

图 8-44 GUI 菜单编辑器中的图标是新建菜单,图标是新建子菜单,图标和分别调整菜单为上一级和下一级菜单,图标和是调整菜单向上和向下的位置,图标是删除菜单项。

GUI 菜单的功能和 GUI 界面按钮的功能一样,同样需要调用回调函数 callback 才能实现各菜单的功能。单击如图 8-44 所示的"查看"按钮,进行回调函数查看,鼠标自动指向该菜单下的回调函数区,用户在此编写程序代码,即可实现菜单的相应功能。

【例 8-10】 使用菜单编辑器设计一个 GUI 菜单,菜单内容包括"File"和"Edit"两个一级菜单,文件下有"sin"和"cos"两个二级菜单,用于绘制正弦和余弦曲线,编辑下有"grid"和"title"两个二级菜单,用于添加网格和图题。

(1) 用鼠标拖一个静态文本按钮,并在其下方用鼠标拖放一个轴,分别用于显示曲线的名称和显示正弦或余弦曲线,如图 8-45 所示。

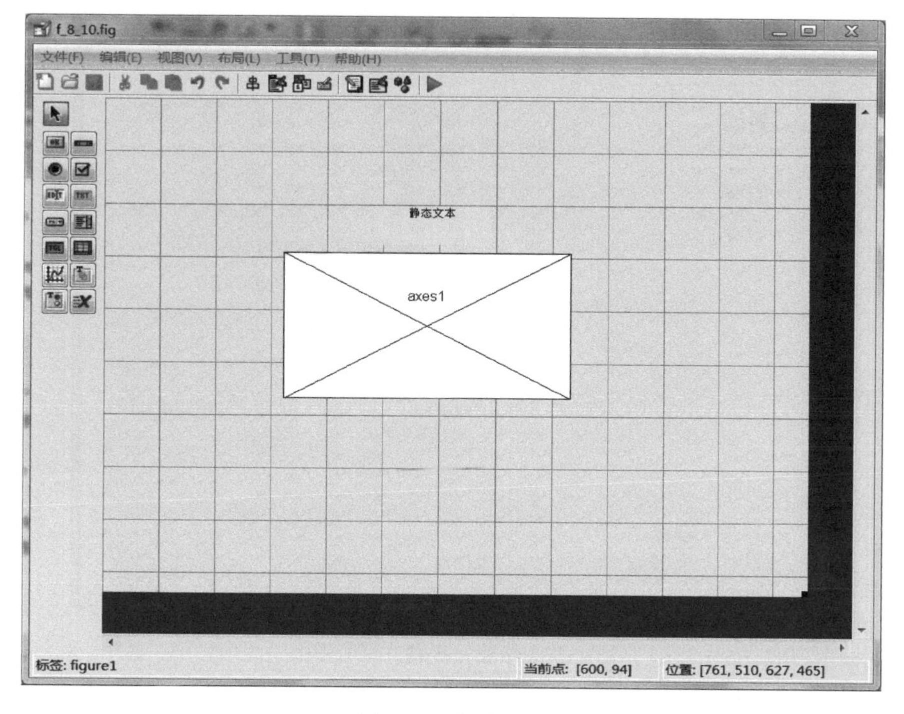

图 8-45 菜单 GUI

(2) 用鼠标单击菜单编辑器按钮，创建两个一级菜单和四个二级菜单，如图 8-46 所示。

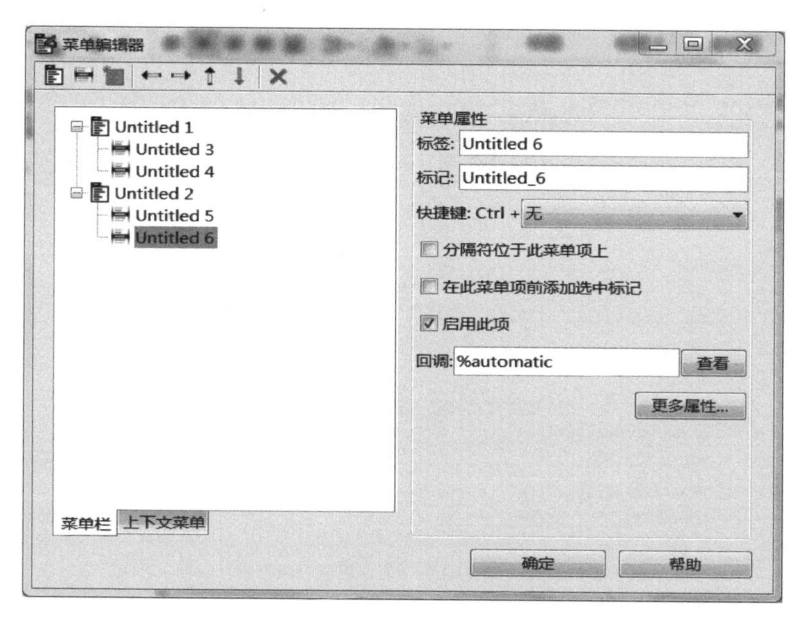

图 8-46 创建一级和二级菜单

(3) 分别修改标签和标记项，修改为 File 和 Edit，sin、cos、grid 和 title，如图 8-47 所示。

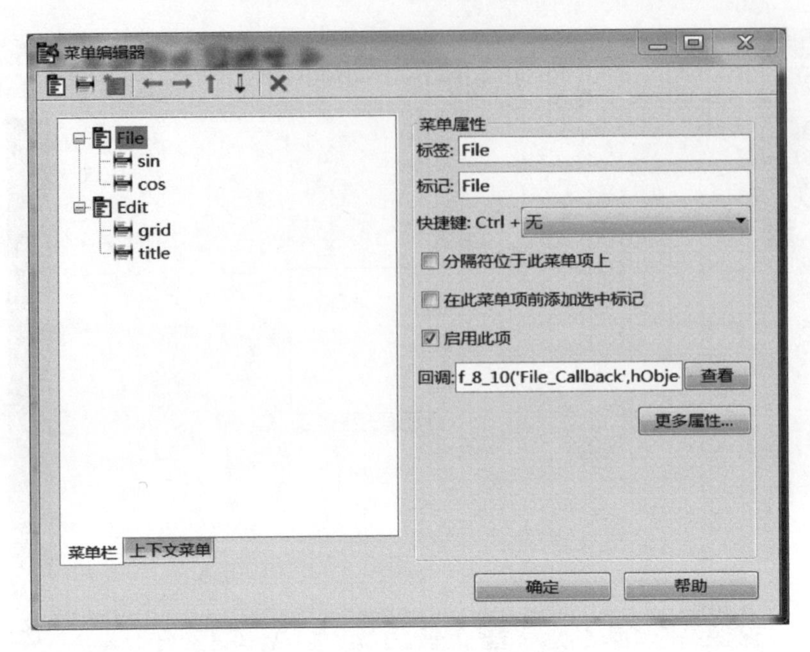

图 8-47　修改一级和二级菜单名

(4) 分别单击各菜单的“查看”按钮，在回调函数 callback 对应的程序位置，写入程序代码，实现绘制正弦和余弦曲线，并在 axes1 区域显示正弦和余弦曲线，添加网格和图题等功能，如图 8-48 所示。

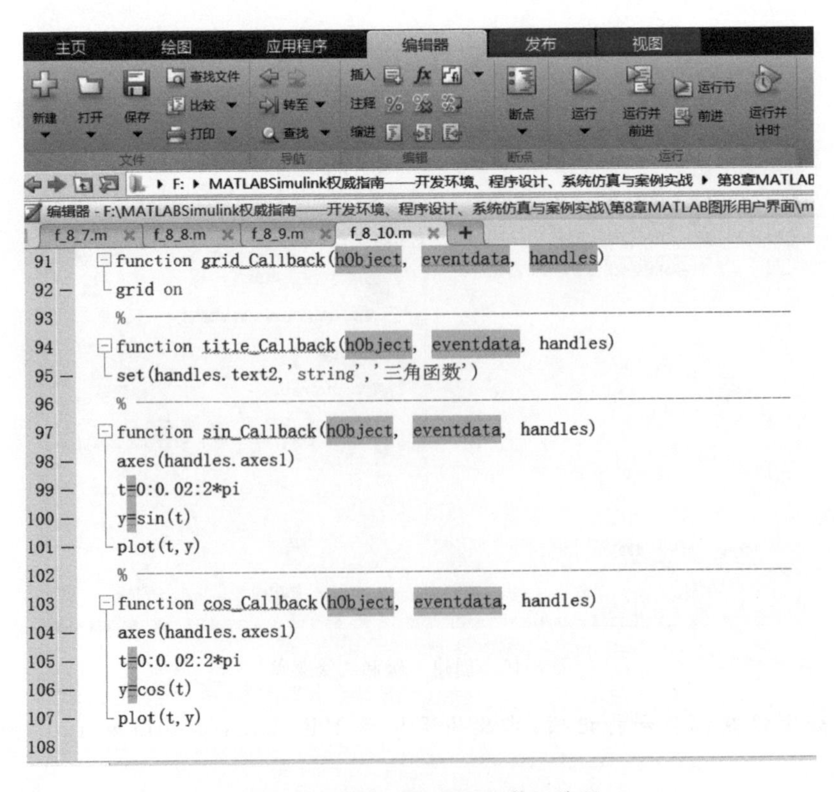

图 8-48　菜单 GUI 回调函数区编程

(5) 运行轴 GUI 文件 f_8_10.fig,结果如图 8-49 和图 8-50 所示。

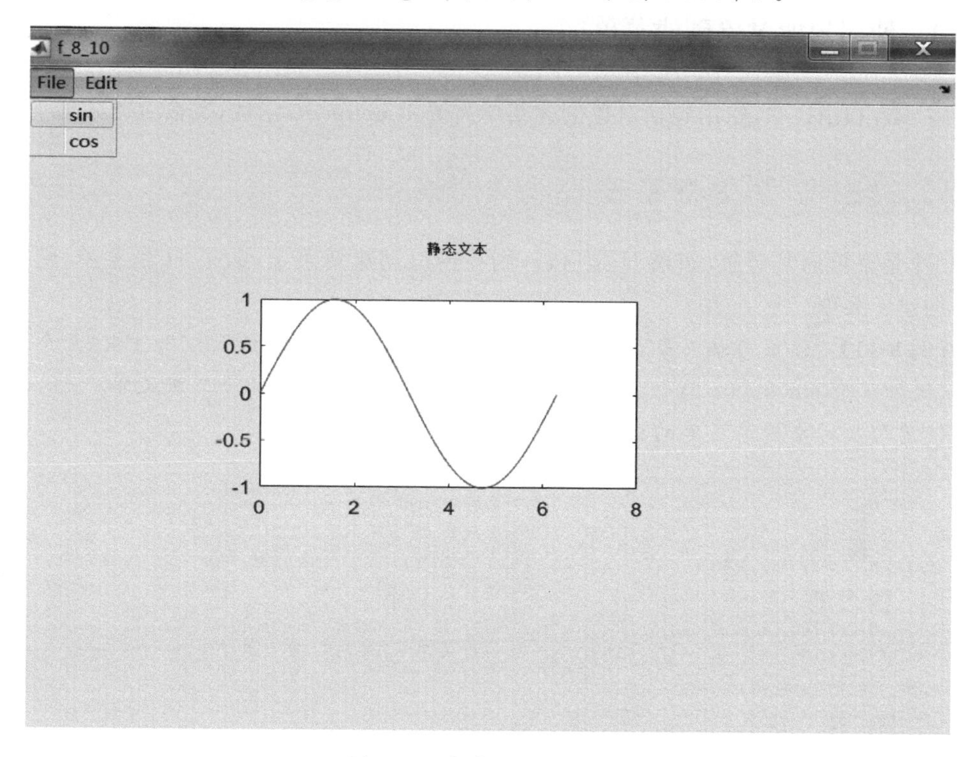

图 8-49　菜单 GUI 的结果 1

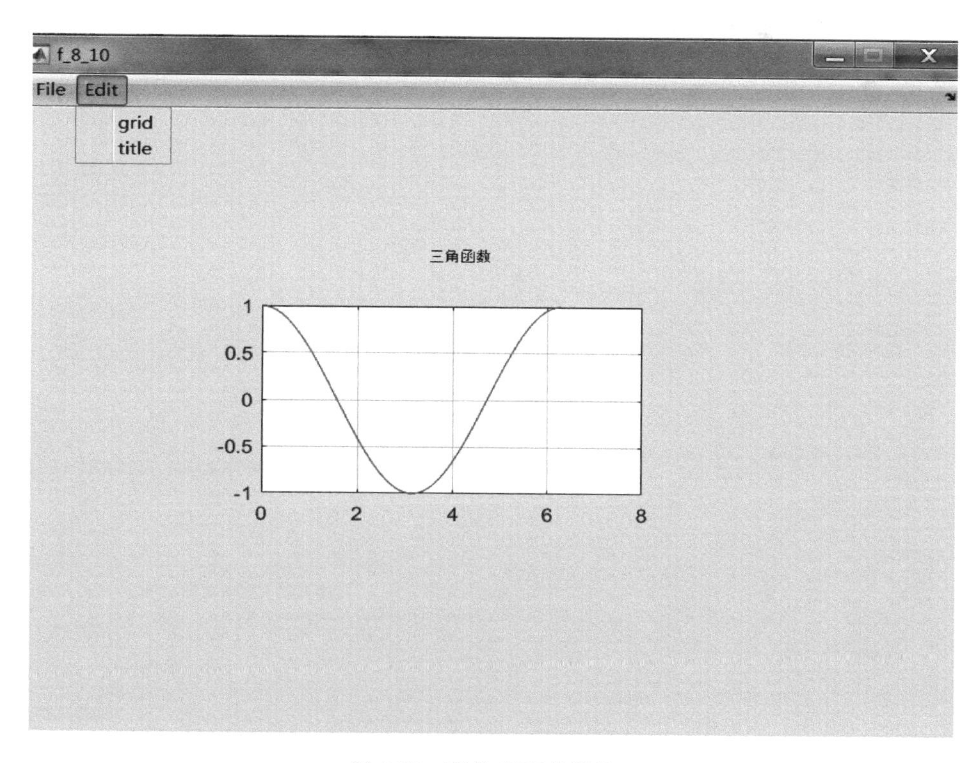

图 8-50　菜单 GUI 的结果 2

8.3.2 使用句柄对象创建菜单

在 MATLAB 中,使用句柄对象创建菜单需调用 unimenu 函数,其命令格式如下:

```
h_m = uimenu(H,'PropertyName1',value1,...) %创建菜单
```

其中,H 是菜单的父对象,如果 H 是窗口,则在窗口创建新菜单,如果 H 是菜单,则在菜单下创建子菜单。

【例 8-11】 使用句柄对象设计一个 GUI 菜单,菜单内容包括 File 和 Edit 两个一级菜单,文件下有 sin 和 cos 两个二级菜单,编辑下有 grid 和 title 两个二级菜单。

使用句柄对象创建菜单的程序如下:

```
close all;                              %关闭所有图形窗口
h_m = figure(1);                        %创建图形窗口 1
set(h_m,'menubar','none')               %清除图形窗口 1 默认的菜单条
h_mf = uimenu(h_m,'label','File');      %创建菜单 File
h_me = uimenu(h_m,'label','Edit');
h_mfs = uimenu(h_mf,'label','sin');     %创建菜单 File 的二级子菜单 sin
h_mfc = uimenu(h_mf,'label','cos');
h_mfg = uimenu(h_me,'label','grid');
h_mft = uimenu(h_me,'label','title');
```

运行文件 f_8_11.m,结果如图 8-51 和图 8-52 所示。

图 8-51 使用句柄对象创建菜单 1

图 8-52　使用句柄对象创建菜单 2

8.4　GUI 设计实例

8.4.1　曲线修饰演示系统

在 MATLAB 中，用 plot 函数可以方便地绘制曲线，还可以用各种曲线修饰函数对曲线进行修饰，实现对曲线添加网格、取消网格、修改线型和线颜色、标识数据点和修改线宽等功能。

【例 8-12】 设计一个 GUI 曲线修饰演示系统，实现绘制曲线、添加网格、取消网格、退出系统、修改线型和线颜色、标识数据点和修改线宽等功能。

(1) 用鼠标拖放 5 个静态文本按钮，4 个按钮，4 个弹出式菜单，和一个轴，各个按钮布局如图 8-53 所示。

(2) 修改静态文本、按钮和弹出式菜单的属性“String”值，修改“FontSize”为 10 号字。

(3) 分别单击各按钮、弹出式菜单，在回调函数 callback 对应的程序位置写入程序代码，实现相应功能。

在“绘制曲线”按钮的 callback 处，写入如下代码：

```
t=0:0.02:2*pi;
y=sin(t);
axes(handles.axes1)
plot(t,y)
```

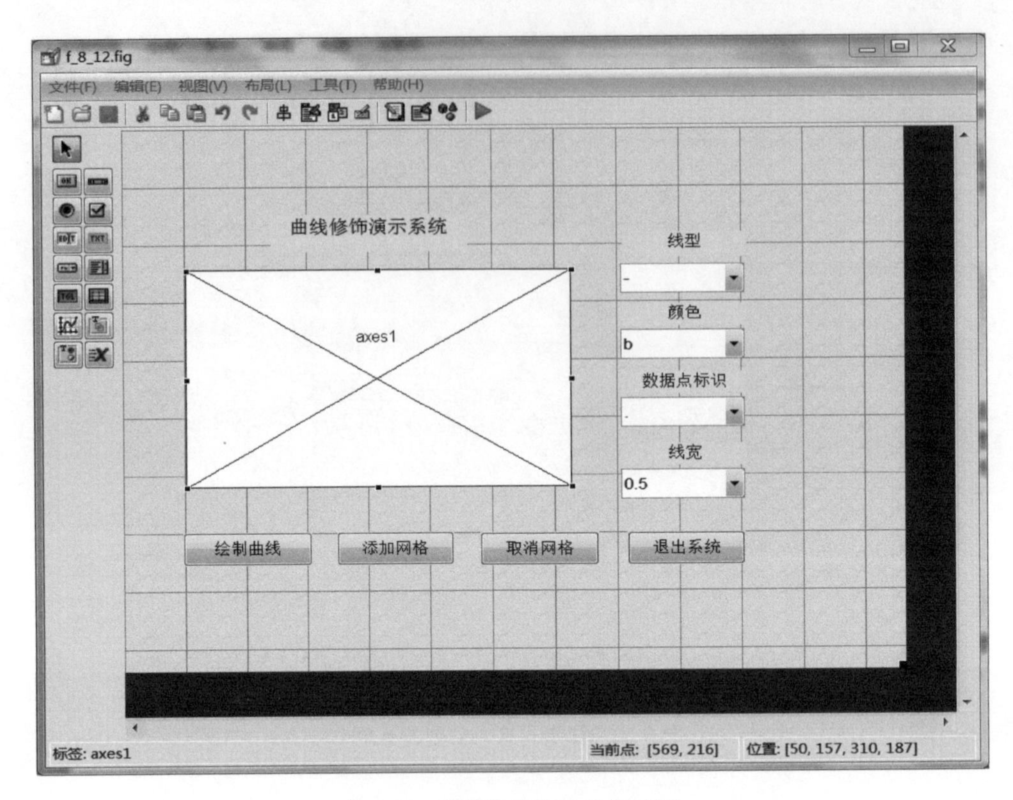

图 8-53　曲线修饰演示系统 GUI

运行 GUI,得到如图 8-54 所示的结果。

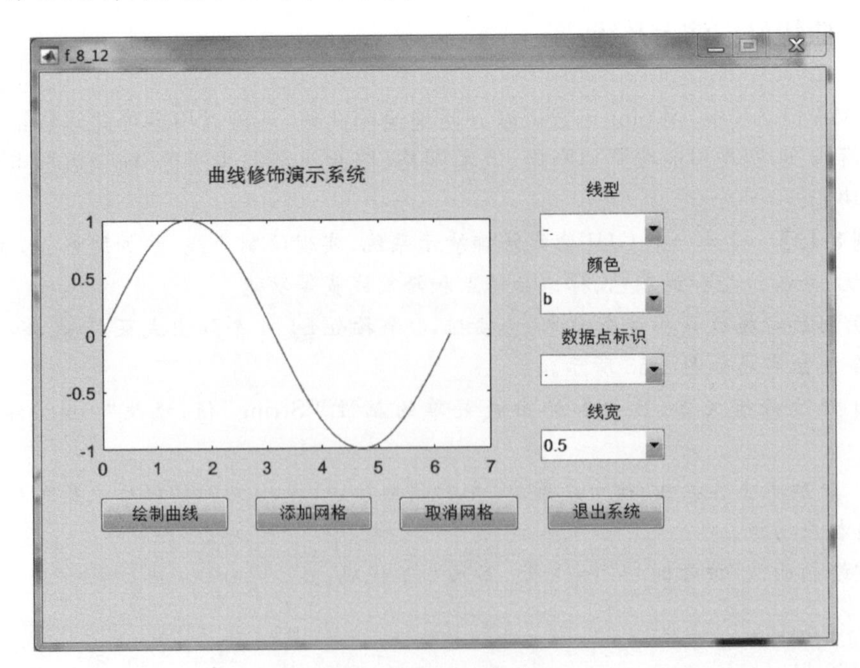

图 8-54　GUI 绘制曲线

在“添加网格”和“取消网格”按钮的callback处，分别写入如下代码：

```
grid on                              % 添加网格
grid off                             % 取消网格
```

运行GUI，得到如图8-55的结果。

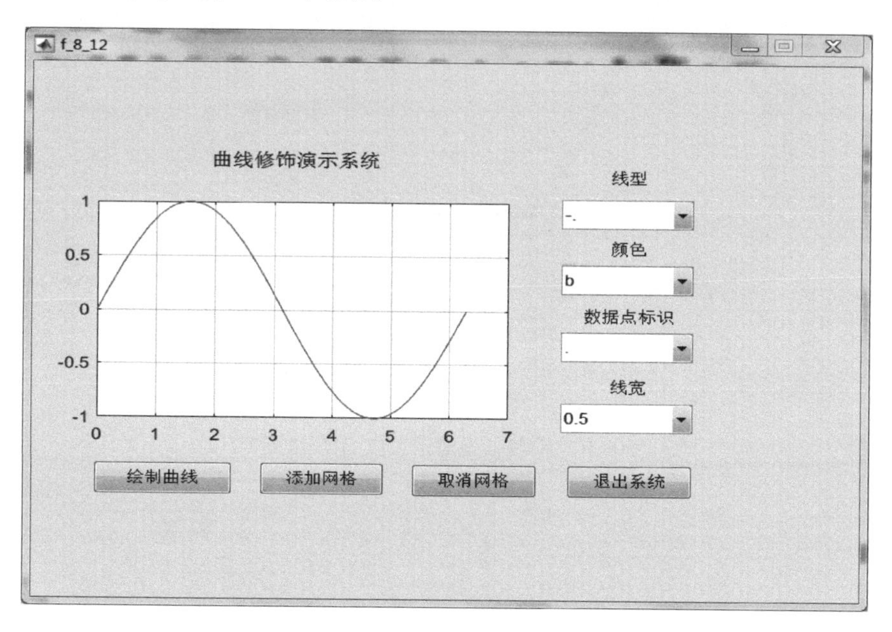

图8-55　GUI添加网格

在“弹出式菜单”按钮的callback处，写入如下代码：

```
t = 0:0.2:2 * pi;
y = sin(t);
ind1 = get(handles.popupmenu1,'value'); % 线型
xx = ['-',':','--','-.'];
ind2 = get(handles.popupmenu2,'value'); % 颜色
ys = ['b','g','r','c','m','y','k','w'];
ind3 = get(handles.popupmenu3,'value'); % 数据点标识
bs = ['.','o','x','+','*','s','d','v','^','<','>','p','h'];
ind4 = get(handles.popupmenu4,'value'); % 线宽
xk = [0.5,1,1.5,2,2.5,3,3.5,4,4.5,5];
plot(t,y,xx(ind1),'color',ys(ind2),'marker',bs(ind3),'linewidth',xk(ind4))
```

运行GUI，得到如图8-56和图8-57的结果。用户在弹出式菜单选择不同的修饰项，就能得到不同的修饰效果。

在“退出系统”按钮的callback处，分别写入如下代码：

```
clc,clear,closeall      % 清除命令窗口数据,清除工作区数据,和关闭所有图形窗口
```

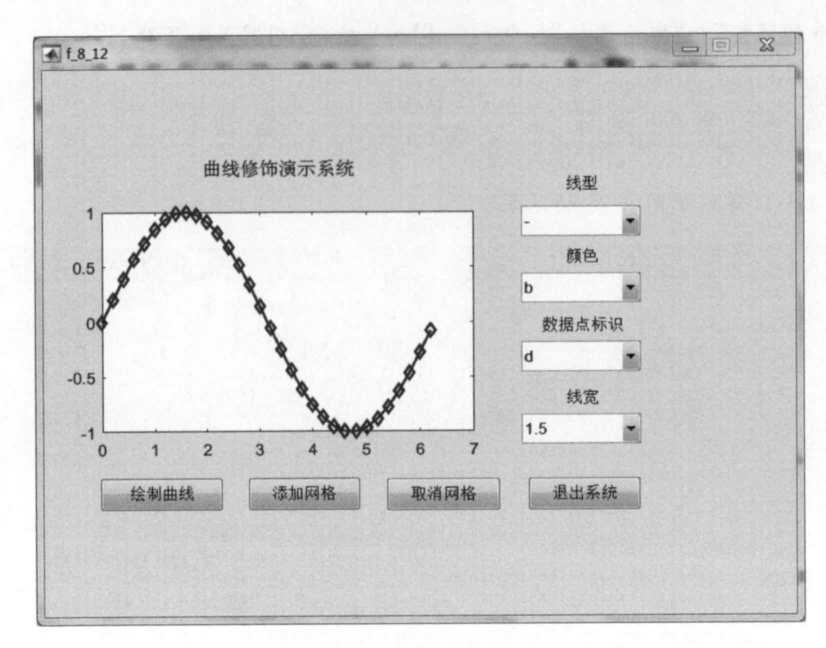

图 8-56　曲线修饰演示系统 GUI 结果 1

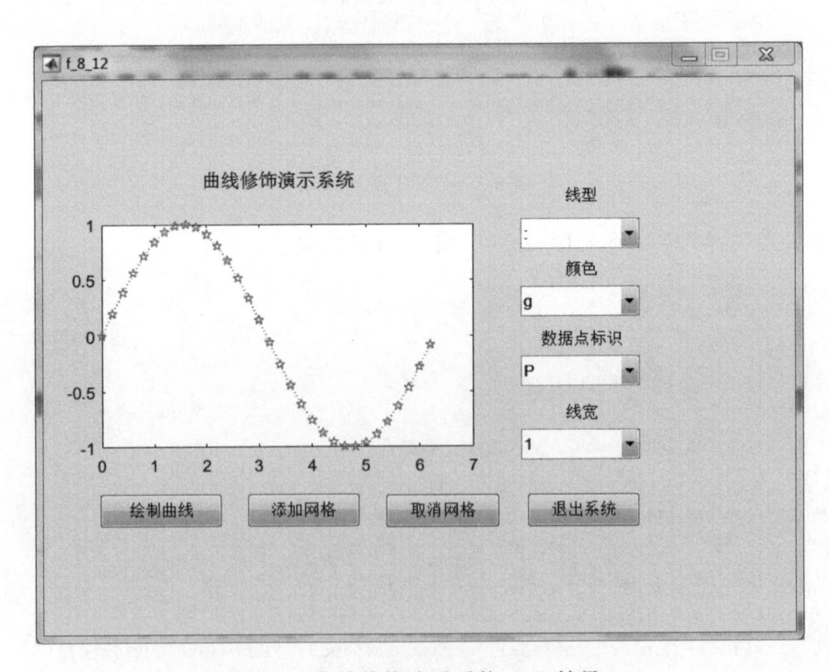

图 8-57　曲线修饰演示系统 GUI 结果 2

8.4.2　图像预处理演示系统

图像预处理包括图像几何运算（图像裁剪、图像缩小、图像放大、左右对调、上下对调、逆时针旋转 90°、顺时针旋转 90°等）、图像滤波（平滑滤波、中值滤波和维纳滤波等）和图像边缘检测（Roberts 算子、Sobel 算子、Prewitt 算子、LoG 算子和 Canny 算子等）等内容。用 MATLAB 的 GUI 可以设计一个图像预处理的可视化演示系统。

【例 8-13】 设计一个 GUI 图像预处理演示系统，实现图像的几何运算(图像裁剪、图像缩小、图像放大、左右旋转、上下旋转、逆时针旋转 90°、顺时针旋转 90°等)、图像滤波(平滑滤波、中值滤波和维纳滤波等)、图像边缘检测(Roberts 算子、Sobel 算子、Prewitt 算子、LoG 算子和 Canny 算子等)等功能，可以添加椒盐噪声、高斯噪声和斑点噪声三种噪声，还可以保存处理后的图像。

(1) 用鼠标拖放 7 个静态文本 按钮、3 个按钮 、4 个弹出式菜单 和 2 个轴 ，各个按钮布局如图 8-58 所示。

(2) 修改静态文本，按钮和弹出式菜单的属性“String”的值，修改“FontSize”为 10 号字，如图 8-58 所示。

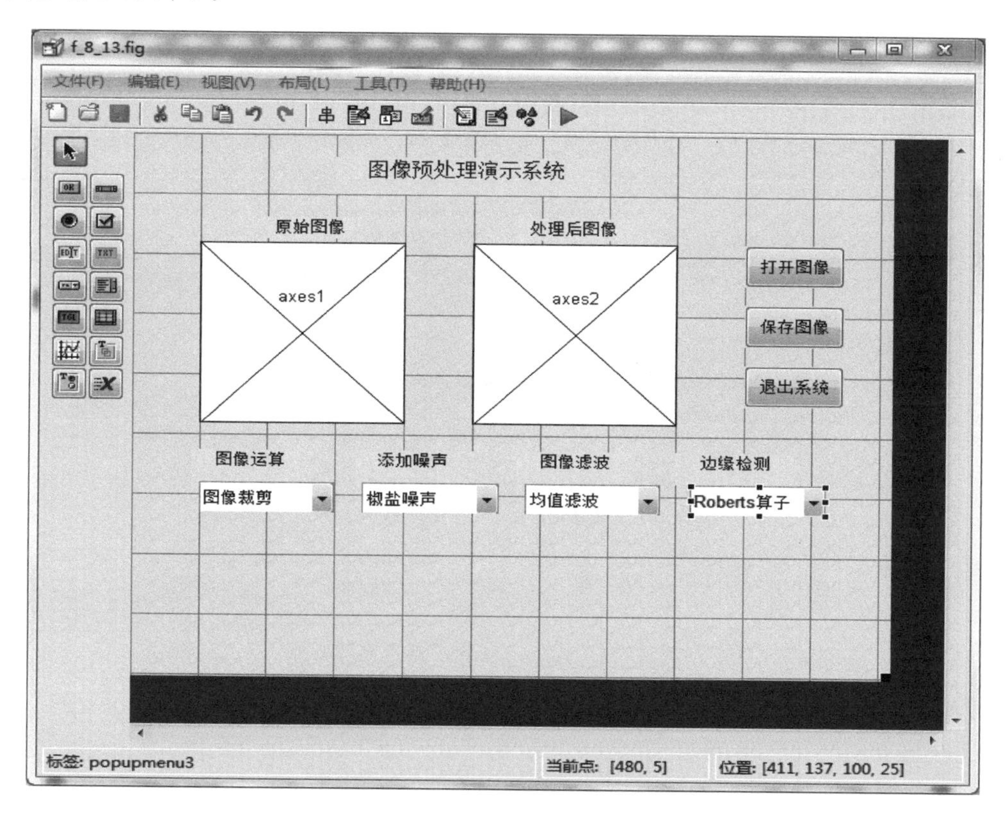

图 8-58　图像预处理演示系统 GUI

(3) 分别单击各按钮、弹出式菜单，在回调函数 callback 对应的程序位置写入程序代码，实现相应功能。

在“打开图像”按钮的 callback 处，写入如下代码，实现打开图像并显示图像的功能。

```
global im                        %定义全局变量
[file,path] = uigetfile({'*.jpg';'*.bmp';'*.tif'},'选择图片');
str = [path,file];               %合并路径和图像文件名
im = imread(str);                %读图
axes(handles.axes1);             %在轴 1 绘图
imshow(im)                       %显示图像
```

在“保存图像”按钮的 callback 处，写入如下代码，实现保存图像的功能。

```
global im_proc
[path] = uigetdir('','保存处理后的图像');    %获取保存的路径
imwrite(uint8(im_proc),strcat(path,'\','pic_corr.bmp'),'bmp');
                                              %保存为.bmp 格式图像
```

在“退出系统”按钮的 callback 处，写入如下代码，实现退出系统的功能。

```
clc,clear,close all          %退出系统
```

在图像运算的“弹出式菜单”按钮的 callback 处，写入如下代码，实现图像的几何运算功能。

```
global im im_proc
fun = get(handles.popupmenu1,'value');       %获取弹出式菜单 1 的值
switch fun
    case 1
        im_proc = imcrop();                  %用鼠标裁剪图像
        axes(handles.axes2)                  %在轴 2 下绘图
        imshow(im_proc)                      %显示处理后的图像
    case 2
        im_proc = imresize(im,0.5);          %图像缩小一半
        axes(handles.axes2)
        imshow(im_proc)
    case 3
        im_proc = imresize(im,2,'bilinear'); %图像放大一倍
        axes(handles.axes2)
        imshow(im_proc)
    case 4
        im_proc = fliplr(im);                %图像左右旋转
        axes(handles.axes2)
        imshow(im_proc)
    case 5
        im_proc = flipud(im);                %图像上下旋转
        axes(handles.axes2)
        imshow(im_proc)
    case 6
        im_proc = rot90(im);                 %图像逆时针旋转 90°
        axes(handles.axes2)
        imshow(im_proc)
    case 7
        im_proc = rot90(im, -1);             %图像顺时针旋转 90°
        axes(handles.axes2)
        imshow(im_proc)
end
```

运行 GUI,得到如图 8-59 所示的结果。用户在图像运算的弹出式菜单选择不同的项,就能得到不同的几何运算的效果。

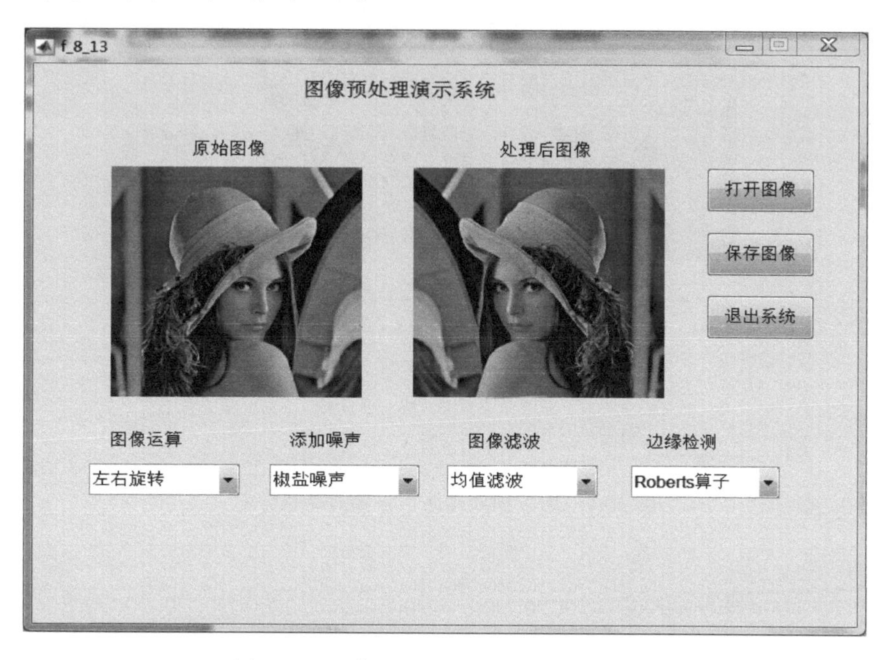

图 8-59 图像预处理演示系统的几何运算

在添加噪声的“弹出式菜单”按钮的 callback 处,写入如下代码,实现图像的添加各种噪声的功能。

```
global im im_proc
fun = get(handles.popupmenu4,'value');
switch fun
    case 1
        im_proc = imnoise(im,'salt & pepper',0.02);     % 添加椒盐噪声
        axes(handles.axes2)
        imshow(im_proc)
    case 2
        im_proc = imnoise(im,'gaussian',0.02);          % 添加高斯噪声
        axes(handles.axes2)
        imshow(im_proc)
    case 3
        im_proc = imnoise(im,'speckle',0.02);           % 添加斑点噪声
        axes(handles.axes2)
        imshow(im_proc)
end
```

运行 GUI,得到如图 8-60 所示的结果。用户在添加噪声的弹出式菜单选择不同的项,就能得到添加不同的噪声效果。

在图像滤波的“弹出式菜单”按钮的 callback 处,写入如下代码,实现图像的均值滤波、中值滤波和维纳滤波功能。

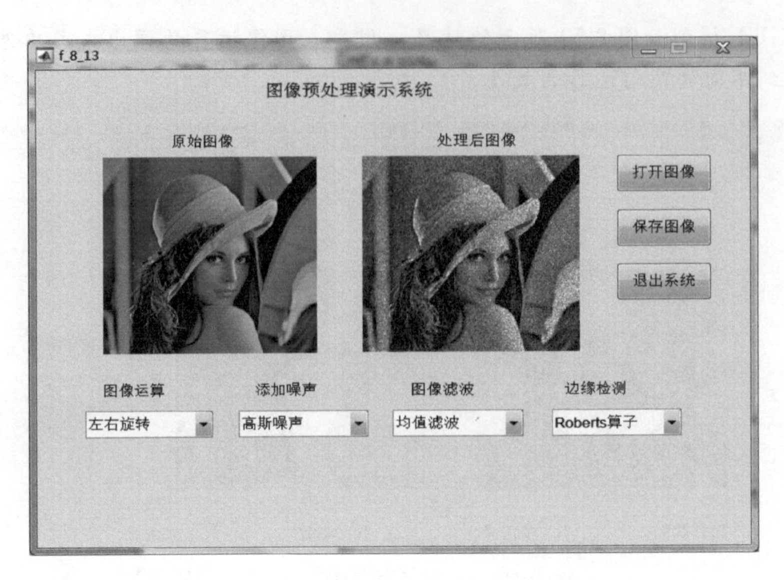

图 8-60　图像预处理演示系统的添加噪声

```
global im im_proc
fun = get(handles.popupmenu2,'value');
switch fun
    case 1
        im_proc1 = imnoise(im,'salt & pepper',0.02);
        axes(handles.axes1)
        imshow(im_proc1)
        im_proc = filter2(fspecial('average',3),im_proc1)/255; %3*3窗口平滑滤波
        axes(handles.axes2)
        imshow(im_proc)
    case 2
        im_proc1 = imnoise(im,'salt & pepper',0.02);
        axes(handles.axes1)
        imshow(im_proc1)
        im_proc = medfilt2(im_proc1);        %中值滤波
        axes(handles.axes2)
        imshow(im_proc)
    case 3
        im_proc1 = imnoise(im,'gaussian',0.02);
        axes(handles.axes1)
        imshow(im_proc1)
        im_proc = wiener2(im_proc1,[5,5]);  %5*5窗口的维纳滤波
        axes(handles.axes2)
        imshow(im_proc)
end
```

运行GUI,得到如图8-61所示的结果。用户在图像滤波的弹出式菜单选择不同的项,就能得到不同的滤波效果。

在边缘检测的“弹出式菜单”按钮的callback处,写入如下代码,实现图像的各种边缘检测算子检测边缘的功能。

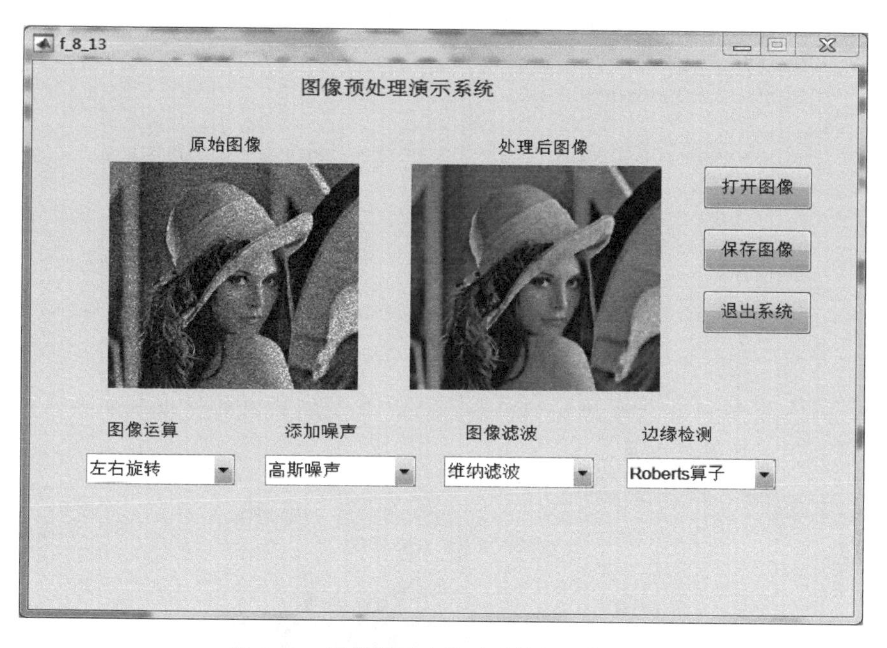

图 8-61　图像预处理演示系统的图像滤波

```
global im im_proc
fun = get(handles.popupmenu3,'value');
switch fun
    case 1
        im_proc = edge(im,'roberts',0.04);        % 用 roberts 算子检测图像边缘
        axes(handles.axes1)
        imshow(im)
        axes(handles.axes2)
        imshow(im_proc)
        im_proc = 255 * im_proc;                  % 将检测后的 0 和 1 的二值图像变为 0 和
                                                  % 255 的二值图像,便于保存图像
    case 2
        im_proc = edge(im,'sobel');               % 用 sobel 算子检测图像边缘
        axes(handles.axes1)
        imshow(im)
        axes(handles.axes2)
        imshow(im_proc)
        im_proc = 255 * im_proc;
    case 3
        im_proc = edge(im,'prewitt');             % 用 prewitt 算子检测图像边缘
        axes(handles.axes1)
        imshow(im)
        axes(handles.axes2)
        imshow(im_proc)
        im_proc = 255 * im_proc;
    case 4
        im_proc = edge(im,'log');                 % 用 LoG 算子检测图像边缘
        axes(handles.axes1)
        imshow(im)
```

```
        axes(handles.axes2)
        imshow(im_proc)
        im_proc = 255 * im_proc;
    case 5
        im_proc = edge(im,'canny');              % 用 canny 算子检测图像边缘
        axes(handles.axes1)
        imshow(im)
        axes(handles.axes2)
        imshow(im_proc)
        im_proc = 255 * im_proc;
end
```

运行 GUI,得到如图 8-62 所示的结果。用户在图像滤波的弹出式菜单选择不同的项,就能得到不同的滤波效果。

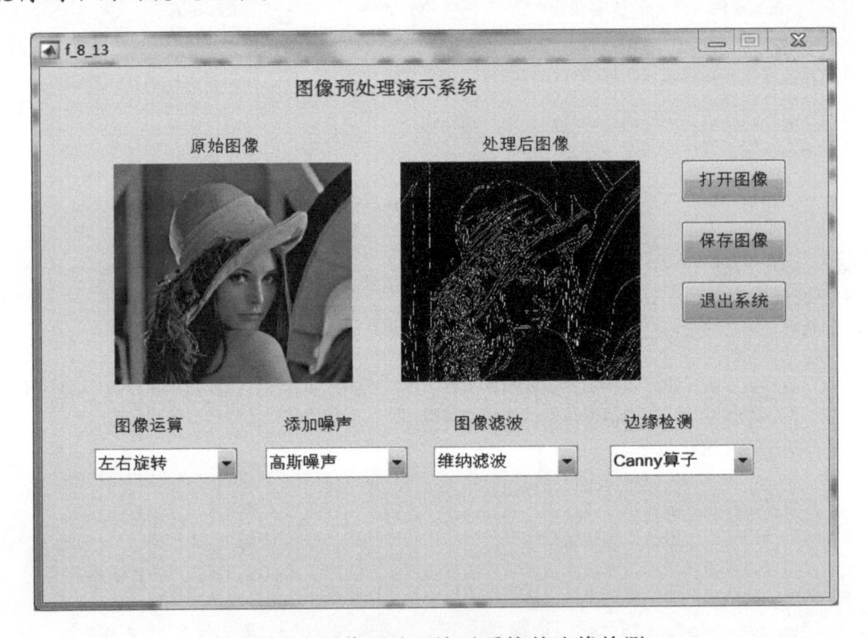

图 8-62　图像预处理演示系统的边缘检测

8.5　本章小结

本章主要介绍了 MATLAB 图形用户界面的功能、设计原则及步骤和 GUI 模板,详细介绍了 GUI 控制框常用对象及功能。通过大量应用实例讲解,读者可以更加深刻地掌握 MATLAB 图形用户界面每个按钮的使用方法。

第三部分
MATLAB信号处理篇

MATLAB 信号处理篇主要介绍 MATLAB 在数字图像处理中的应用、MATLAB 在信号与系统中的应用、MATLAB 在数字信号处理中的应用和 MATLAB 在语音信号分析处理中的应用。通过 MATLAB 信号处理篇的学习，使得读者掌握利用 MATLAB 软件解决数字图像处理、信号与系统、数字信号处理和语音信号处理等课程中数学计算、符号计算、数据可视化以及动态系统仿真等问题的能力，提高了读者解决信号处理实际问题的能力。

MATLAB 信号处理篇包含如下 4 章：

第9章 MATLAB在数字图像处理中的应用

本章要点：

- ◇ 图像的读取、显示和存储；
- ◇ 图像的类型及转换；
- ◇ 图像的基本运算；
- ◇ 图像增强；
- ◇ 图像滤波；
- ◇ 图像边缘检测；
- ◇ 图像压缩。

数字图像在计算机中都是用二维或者三维数组（矩阵）存储的，数组中的每个元素的值都对应图像中的每个像素的颜色。数字图像处理实际上是对数组（矩阵）进行处理，而 MATLAB 是基于矩阵运算的语言，因此用 MATLAB 语言处理数字图像非常方便快捷。

9.1 数字图像的读取、显示和存储

9.1.1 图像的读取

在 MATLAB 中，读取一幅图像可以使用 imread 函数，其调用格式如下：

```
I = imread(filename, fmt)
```

其中，filename 是一个含有图像文件全名的字符串，文件扩展名用 fmt 表示，其作用是将图像文件读入矩阵 I 中。如果 filename 所指的为灰度图像，则 I 是一个二维矩阵；如果 filename 所指的是彩色 RGB 图像，则 I 是一个 m×n×3 的三维矩阵，m 和 n 是图像的分辨率。若 filename 中不包含路径，则 imread 从当前目录中读取图像文件，一般情况下，都需要提供图像文件的完整路径。

例如：

```
I = imread('lena.bmp')
```

该命令读取当前目录中的 lena. bmp 图像文件,并存储到矩阵 I 中。

```
I = imread('D:/matlab/lena.bmp')
```

该命令读取 D 盘的 matlab 文件夹中的 lena. bmp 图像文件,并存储到矩阵 I 中。

读取一幅索引图像,MATLAB 用下面格式:

```
[I,map] = imread(filename)
```

其中,索引图像的数据保存到 I 矩阵中,颜色表保存到 map 中。

查看一幅图像的分辨率大小和信息,可以使用 size 函数和 whos 函数。

例如,当 I 是一幅灰度图像时,可以在命令窗口调用 size 函数,查看图像的分辨率。

```
I = imread('trees.tif');              %在当前路径下读取 trees.tif 灰度图像,存储到矩阵 I 中
>> [M,N] = size(I)                   %查看图像矩阵 I 的分辨率大小
M =
   258
N =
   350
```

其中,M 为数字图像矩阵 I 的行数,N 为数字图像矩阵 I 的列数,M 和 N 表示数字图像的分辨率。

用 whos 不仅可以查看图像的分辨率大小,而且还可以显示图像的存储字节和数据类型等信息。

```
>> whos
  Name      Size              Bytes    Class    Attributes
  I         258x350           90300    uint8
```

9.1.2 图像的显示

在 MATLAB 中,显示一幅图像一般使用 imshow 函数。其调用格式如下:

```
(1) imshow(I)
```

其中,I 可以为灰度图像、真彩 RGB 图像和二值图像等。

```
(2) imshow(I,map)
```

其中,map 为索引图像的颜色表矩阵,I 为索引图像的数据矩阵。该函数的作用是将数据矩阵 I 中的每个像素显示为颜色表 map 中相对应的颜色。

【例 9-1】 在命令空间,分别读取和显示灰度图像和索引图像。

程序命令代码如下,显示的图像如图 9-1 所示。

```
>> I = imread('pout.tif');
>> [I1,map] = imread('canoe.tif');
>> imshow(I)
>> imshow(I1,map)
```

(a) pout.tif 灰度图像

(b) canoe.tif 索引图像

图 9-1　灰度图像和索引图像的读取和显示

9.1.3　图像文件的存储

在 MATLAB 中，存储图像文件可以使用 imwrite 函数，其调用格式如下：

```
imwrite(I,filename,fmt)
```

其中，filename 是一个含有图像文件全名的字符串（包括文件存储的路径），文件扩展名用 fmt 表示，其作用是将图像矩阵 I 存储为以 fmt 为扩展名的 filename 图像文件。

```
imwrite(I,map,filename,fmt)
```

其中，filename 是一个含有图像文件全名的字符串（若文件存储路径省略，则存储到当前文件夹中），文件扩展名用 fmt 表示，其作用是将图像矩阵 I 和颜色表 map 存储为以 fmt 为扩展名的 filename 索引图像文件。

【例 9-2】 在 MATLAB 中用 imwite 函数将图像数据存储为新的图像文件。

程序命令代码如下，显示的图像如图 9-2 所示。

```
>> A = rand(100);                                %创建 0～1 的均匀分布的数值矩阵 A
>> imwrite(A,'myfig.tif','tif')                  %将数值矩阵 A 存为当前文件夹 myfig.tif 图像
>> I = imread('myfig.tif');                      %读取刚存储的图像文件
>> imshow(I)                                     %显示图像
>> B = imread('autumn.tif');                     %读取 autumn.tif 真彩图像
>> C = B(50:150,100:250,:);                      %剪切部分图像
>> imwrite(C,'autumn - part.jpg','jpg')          %将剪切后的图像存储为 autumn - part.jpg
>> D = imread('autumn - part.jpg');              %读取刚剪切后存储的图像文件
>> imshow(B)                                     %显示原始图像
>> imshow(D)                                     %显示剪切后图像
```

(a) 创建的均匀分布灰度图

(b) 原始彩色图

(c) 剪切后的彩色图

图 9-2　图像数据存储图像文件

9.2　数字图像的类型及转换

9.2.1　图像类型

MATLAB 图像处理工具箱定义了 4 种基本的图像类型：二值图像、灰度图像、索引图像和真彩图像。

1）二值图像

二值图像是一个黑白图像，颜色只取 0 和 1 两个值，0 表示黑色，1 表示白色。数据类型为 logical(逻辑型)。需要注意，其他类型(如 double 或 uint8 类型)数组的 0 和 1 并不能表示黑白二值图像。

例如，在命令空间读入一幅二值图像并显示，再查看像素值。

程序代码如下，结果如图 9-3 所示。

```
I2 = imread('circles.png');    % 读入一幅 circles.png 二值图像
>> imshow(I2)                  % 显示二值图像
>> whos I2
  Name      Size             Bytes     Class      Attributes
  I2        256x256          65536     logical
```

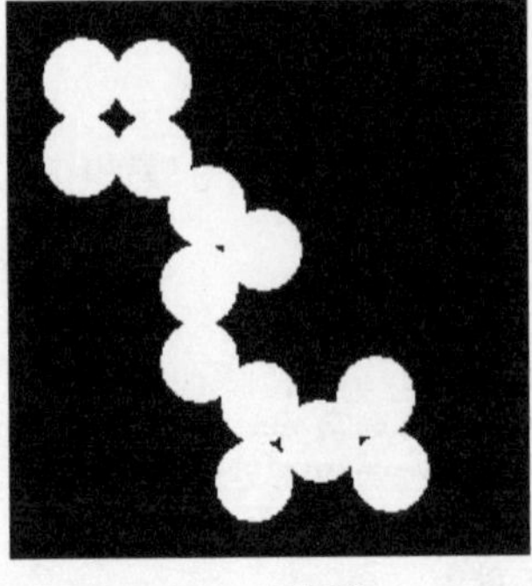

(a) 二值图像

256x256 logical

	18	19	20	21	22	23	
25	0	0	0	0	0	0	1
26	0	0	0	0	0	1	1
27	0	0	0	0	0	1	1
28	0	0	0	0	1	1	1
29	0	0	0	1	1	1	1
30	0	0	0	1	1	1	1
31	0	0	1	1	1	1	1
32	0	0	1	1	1	1	1
33	0	0	1	1	1	1	1
34	0	0	1	1	1	1	1
35	0	1	1	1	1	1	1

(b) 像素值

图 9-3　二值图像及像素值

从二值图像中选择一个小方块进行观察，图 9-3(b)是二值图像的像素值，可以看到只有 0 和 1 两个值，0 表示黑色，1 表示白色。用 whos 函数查看二值图像矩阵 I2 的信息，显示类型是 logical。

MATLAB 提供 logical 函数，可以把数值数组强制转换为逻辑型。其调用格式为

```
I = logical(A)
```

其中，A 为数值数组，I 为逻辑数组，规则是将 A 中所有非零数值置换为逻辑 1，所有 0 值置换为逻辑 0。需要注意，数值 0 和逻辑 0 不是同一个概念，数值 0 若是 double 类型，则存储需要 8 字节，而逻辑 0 存储只需要 1 字节。

MATLAB 提供 islogical 函数用来测试数组是否为逻辑数组。例如，

```
>> clear
>> A = eye(5);                      % 创建一个 5 * 5 的单位数值矩阵
>> I = logical(A)                   % 将数值矩阵 A 转换为逻辑矩阵 I
I =
     1     0     0     0     0
     0     1     0     0     0
     0     0     1     0     0
     0     0     0     1     0
     0     0     0     0     1
>> islogical(A)                     % 测试 A 矩阵是否为逻辑矩阵
ans =
     0
>> islogical(I)
ans =
     1
>> whos A I
  Name      Size            Bytes  Class     Attributes
  A         5x5             200    double
  I         5x5             25     logical
```

从结果可知，A 为数值矩阵，数据类型是 double，每个元素存为 8 字节；I 为逻辑矩阵，每个元素存为 1 字节。

2) 灰度图像

在 MATLAB 中，把一幅灰度图像存储为一个二维矩阵，矩阵中的每个元素的值表示每个像素的灰度值。对于一个 double 类型的灰度矩阵，0 表示黑色，1 表示白色，像素值的取值范围为[0,1]。小于 0 的 double 数值均置换为 0，显示为黑色；大于 1 的 double 数值均置换为 1，显示为白色。灰度图像更多时候是使用 uint8 类型和 uint16 类型，像素的取值范围分别为[0,255]和[0,65535]，0 表示黑色，255 和 65535 表示白色，颜色从黑到白分为 256 级和 65536 级。

【例 9-3】 生成一个 3×3 块的 double 数值矩阵，用 imshow 显示灰度图像。

程序命令代码如下，显示的图像如图 9-4 所示。

```
>> A1 = -1 * ones(50);              % 50 * 50 的数值为 -1 的 double 矩阵，颜色为黑色
>> A2 = zeros(50);                  % 50 * 50 的数值为 0 的 double 矩阵，颜色为黑色
```

```
>> A3 = 0.1 * ones(50);
>> A4 = 0.2 * ones(50);
>> A5 = 0.3 * ones(50);
>> A6 = 0.5 * ones(50);
>> A7 = 0.7 * ones(50);
>> A8 = ones(50);
>> A9 = 2 * ones(50);                    %50 * 50 的数值为 2 的 double 矩阵,颜色为白色
>> A = [A1,A2,A3;A4 A5 A6;A7 A8 A9]; %合成一个 3×3 块的 double 矩阵
>> imshow(A)                            %显示灰度图像
>> I = imread('cameraman.tif');         %读入 cameraman.tif 灰度图像
>> imshow(I)                            %显示灰度图像
```

(a) double类型灰度图像

(b) uint8 类型灰度图像

图 9-4　double 类型和 uint8 类型的灰度图像

3）索引图像

索引图像在 MATLAB 存储为两部分：数据矩阵 X 和颜色表矩阵 map。颜色表矩阵 map 是一个大小为 m×3 的数组,数组元素的值由[0,1]区间的浮点数构成,m 是定义的颜色数。map 的每一行都定义单色的红 R、绿 G 和蓝 B 分量。数据矩阵 X 的元素值并不是颜色值,而是颜色表矩阵的索引值。索引图像的结构如图 9-5 所示。

```
>> [X,map] = imread('trees.tif');
```

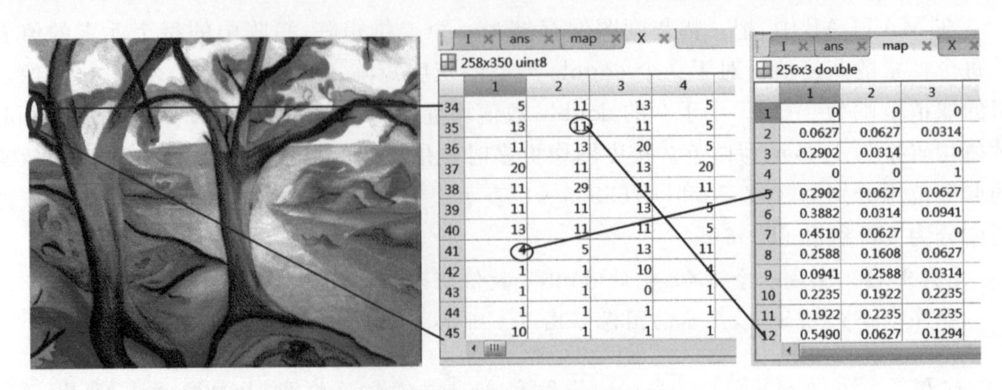

图 9-5　索引图像的结构图

图 9-5 左边是一幅 256 色的 uint8 类型的索引图像，map 长度 m 是 256。从图像中选取一个小方块来观察图像，中间部分是对应的数据矩阵 X，右边是颜色表矩阵 map，map 的第一列是红色分量，第二列是绿色分量，第三列是蓝色分量。数据矩阵中所有的 11 都表示该像素为颜色矩阵中的第 12 行颜色值。

4）真彩图像

真彩图像在 MATLAB 中存储为 m×n×3 的三维数据矩阵。其中，m×n×1（第一层）矩阵存红色分量；m×n×2（第二层）矩阵存绿色分量；m×n×3（第三层）矩阵存蓝色分量。真彩色图像不适用颜色表，图像的像素的颜色由像素所在位置上的红、绿和蓝的强度配色确定。例如，颜色值（0,0,0）显示的是黑色；颜色值（255,255,255）显示的是白色。如图 9-6 所示，数据矩阵使用的是 uint8 类型，像素（1,1）的红、绿和蓝颜色值分别对应保存在三维矩阵中的元素，（1,1,1）红色值为 63，（1,1,2）绿色值为 35，（1,1,3）蓝色值为 64。

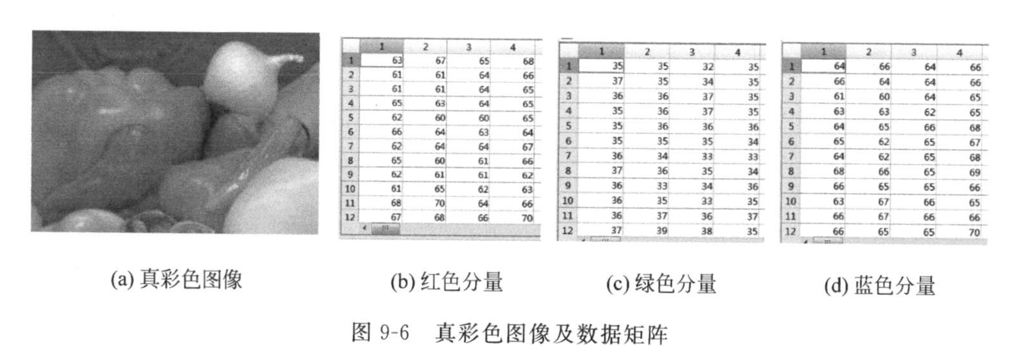

(a) 真彩色图像

	1	2	3	4
1	63	67	65	68
2	61	61	64	66
3	61	61	64	65
4	65	63	64	65
5	62	60	60	65
6	66	64	63	64
7	62	64	64	67
8	65	60	61	66
9	62	61	61	62
10	61	65	62	63
11	68	70	64	66
12	67	68	66	70

(b) 红色分量

	1	2	3	4
1	35	35	32	35
2	37	35	34	35
3	36	36	37	35
4	35	36	37	35
5	35	36	36	36
6	35	35	35	34
7	36	34	33	33
8	37	36	35	34
9	36	33	34	36
10	36	35	33	35
11	36	37	36	37
12	37	39	38	35

(c) 绿色分量

	1	2	3	4
1	64	66	64	66
2	66	64	64	66
3	61	60	64	65
4	63	63	62	65
5	64	65	66	68
6	65	62	65	67
7	64	62	65	68
8	68	66	65	69
9	66	65	65	66
10	63	67	66	65
11	66	67	66	66
12	66	65	65	70

(d) 蓝色分量

图 9-6　真彩色图像及数据矩阵

9.2.2　图像转换

在图像处理中，有时需要对 4 种图像类型进行转换。MATLAB 提供 4 种图像基本类型的转换函数。

1）灰度图像转换为索引图像

在 MATLAB 中，灰度图像转换为索引图像可以用 gray2ind 函数实现。函数调用格式为

```
[X,map] = gray2ind(I,n) % 灰度图像转换为索引图像
```

其中，I 为灰度图像，n 是颜色表的大小，系统默认为 64，X 是转换后索引图像的数据矩阵，map 是颜色表矩阵。当 I 为二值图像时，也可以用该函数实现二值图像转换为索引图像。

例如，

```
>> I = imread('moon.tif');
>> [X,map] = gray2ind(I,256);
>> whos
```

```
  Name      Size          Bytes    Class    Attributes
   I        537x358       192246   uint8
   X        537x358       192246   uint8
  map       256x3         6144     double
```

2）索引图像转换为灰度图像

在 MATLAB 中，索引图像转换为灰度图像可以用 ind2gray 函数实现。函数调用格式为

```
I = ind2gray (X,map)                          % 索引图像转换为灰度图像
```

其中，X 为索引图像的数据矩阵，map 为颜色表矩阵，I 为转换后的灰度图像。X 可以是 uint8、uint16、single 和 double 数据类型，map 为 double 类型。

例如，将索引图像转换为灰度图像并显示。

程序代码如下，结果如图 9-7 所示。

```
>> I = ind2gray(X,map);
>> imshow(I)
>> [X,map] = imread('trees.tif');
>> imshow(X,map)
>> I = ind2gray(X,map);
>> figure,imshow(I)
```

(a) 索引图像

(b) 灰度图像

图 9-7　索引图像转换为灰度图像

3）索引图像转换为真彩图像

在 MATLAB 中，索引图像转换为真彩图像可以用 ind2rgb 函数实现。函数调用格式为

```
RGB = ind2rgb(X,map)                % 索引图像转换为真彩图像
```

其中，X 为索引图像的数据矩阵，map 为颜色表矩阵，RGB 为转换后的真彩图像。X 可以是 uint8、uint16、single 和 double 数据类型，map 为 double 类型，RGB 的大小为 m×n×3，其中 m×n 为图像 X 的分辨率大小。

4）真彩图像转换为灰度图像

在 MATLAB 中，真彩图像转换为灰度图像可以用 rgb2gray 函数实现。函数调用格式为

```
I = rgb2gray(RGB)
```

其中，I 为转换后的灰度图像，RGB 为转换之前的真彩图像。

真彩图像转换为灰度图像也可以按照下面的算法公式进行：

$$I = 0.299 \times R + 0.587 \times G + 0.114 \times B$$

其中，R、G 和 B 分别为图像像素的红、绿和蓝分量。

例如，真彩图像转换为灰度图像并显示。

程序代码如下，结果如图 9-8 所示。

```
RGB = imread('football.jpg');
>> I = rgb2gray(RGB);
>> imshow(I)
>> figure
>> imshow(RGB)
```

(a) RGB真彩图像　　(b) 灰度图像

图 9-8　真彩色图像转换为灰度图像

5）真彩图像转换为索引图像

在 MATLAB 中，真彩图像转换为索引图像可以用 rgb2ind 函数实现。函数调用格式为

```
(1) [X,map] = rgb2ind(RGB, n)        % 按预先设置的颜色数,将真彩图像转换为索引图像
```

其中，X 为转换后的索引图像的数据矩阵，map 为转换后的颜色表矩阵，n 为转换后的颜色表的颜色数，RGB 为转换前的真彩图像。

```
(2) X = rgb2ind(RGB, map)        % 按预先设置的颜色表,将真彩图像转换为索引图像
```

其中，map 为预先规定的颜色表矩阵，map 的长度必须不超过 65536。

```
(3) [X,map] = rgb2ind(RGB, tol)
```

用均匀量化的方法将真彩图像 RGB 转换为索引图像 X,map 是生成的颜色表,tol 的范围为 0～1。

6）图像转换为二值图像

在 MATLAB 中,一般图像转换为二值图像可以用 im2bw 函数实现。函数调用格式为

```
(1) BW = im2bw(I,level)
```

这种格式是将灰度图像 I 转换为二值图像 BW,level 是图像二值化的阈值,取值范围为 0～1,系统默认 level 是 0.5。

im2bw 函数首先把灰度图像 I 的值归一化为 0～1 的 double 类型。具体做法是：对于 uint8 类型图像,把所有像素点值除以 255；对于 uint16 类型图像,则把所有像素点值除以 65535。再根据阈值 level 进行转换,规则是输入灰度图像像素点的值小于阈值 level 的设置为 0,显示为黑色,相反,输入灰度图像像素点的值大于阈值 level 的设置为 1,显示为白色,从而实现灰度图像转换为二值图像的操作。

```
(2) BW = im2bw(X,map, level)
```

这种格式是将索引图像 X 转换为二值图像 BW,map 是 X 对应的颜色表。

```
(3) BW = im2bw(RGB, level)
```

这种格式是将真彩图像 RGB 转换为二值图像 BW。

【例 9-4】 利用函数 im2bw 分别将灰度图像、真彩图像和索引图像转换为二值图像,并显示转换前后的图像。

程序代码如下,结果如图 9-9 所示。

```
close all
I = imread('riceblurred.png');
I1 = im2bw(I);
RGB = imread('onion.png');
I2 = im2bw(RGB,0.4);
[X,map] = imread('trees.tif');
I3 = im2bw(X,map,0.6);
imshow(I)
figure;imshow(I1)
figure;imshow(RGB)
figure;imshow(I2)
figure;imshow(X,map)
figure;imshow(I3)
```

(a) 灰度图像　(b) 真彩图像　(c) 索引图像

(d) 灰度图像转换为二值图像　(e) 真彩图像转换为二值图像　(f) 索引图像转换为二值图像

图 9-9　图像转换为二值图像

9.3　图像的基本运算

在图像处理中,有时需要对图像进行运算,图像的运算方式可以分为图像的代数运算和图像的几何运算。

9.3.1　图像的代数运算

图像的代数运算是指两幅同维图像对应像素点进行加、减、乘和除等代数运算,得到同维的输出图像的过程。图像的代数运算实际上可以理解为两个图像数组或矩阵点运算。

1）图像的相加运算

图像的相加运算一般用于对同一场景的多幅图像求算术平均,以便有效地降低随机噪声的影响。图像融合可以理解为图像的相加运算。

MATLAB 提供 imadd 函数实现两幅图像的相加或给一幅图像加上一个常数的运算。函数调用格式为

```
I = imadd(I1,I2)
```

imadd 函数的功能是将输入图像 I1 和 I2 的对应像素值相加,如果值大于 255,则该元素值设为 255,并将结果返回给输出图像 I 的对应像素值。

【例 9-5】　利用 imadd 函数实现两个同维图像的相加运算,并显示结果。

程序代码如下,结果如图 9-10 所示。

```
close all
clear
I1 = imread('cameraman.tif');          % 读入 cameraman 图像,保存在矩阵 I1 中
I2 = imread('moon.jpg');               % 读入 moon 图像,保存在矩阵 I2 中
I = imadd(I1,I2);                      % 将两幅图像相加,保存在 I 中
imwrite(I,'cameraman_moon.jpg')        % 将相加后的图像保存为 cameraman_moon.jpg
imshow(I1);                            % 显示图像
figure;imshow(I2);
figure;imshow(I)
```

(a) cameraman

(b) moon

(c) cameraman_moon

图 9-10　图像相加

给一幅图像的每个像素加上一个常数,可以增加图像的整体亮度,相当于实现图像的增强,如图 9-11 所示。可以用下面的程序代码实现:

```
I1 = imread('cameraman.tif');          % 读入 cameraman 图像,保存在矩阵 I1 中
I = imadd(I1,40);                      % 将两幅图像相加,保存在 I 中,
subplot(1,2,1);imshow(I1);             % 显示图像
subplot(1,2,2);imshow(I);
```

(a) 原始图像

(b) 相加后的图像

图 9-11　图像与常数相加

2）图像的相减运算

图像相减运算也称为图像差分运算,可以使用图像相减运算来检测具有相同背景的运动物体。

MATLAB 提供 imsubtract 函数实现两幅图像的相减或给一幅图像减去一个常数的运算。函数调用格式为

```
I2 = imsubtract(I,I1)
```

imsubtract 函数的功能是将输入图像 I 和 I1 的对应像素值相减，如果值小于 0，则该元素值设为 0，并将结果返回给输出图像 I2 的对应像素值。

【例 9-6】 利用 imsubtract 函数实现两个同维图像的相减运算，以及完成一个图像减去一个常数的运算，并显示结果。

程序代码如下，结果如图 9-12 所示。

```
close all
clear
I = imread('cameraman_moon.jpg');          % 读入 cameraman_moon 图像，保存在矩阵 I 中
I1 = imread('cameraman.tif');              % 读入 cameraman 图像，保存在矩阵 I1 中
I2 = imsubtract(I,I1);                     % 将两幅图像相减，结果保存在 I2 中
I3 = imsubtract(I,50);
imshow(I);
figure;imshow(I1);
figure;imshow(I2);
figure;imshow(I3);
```

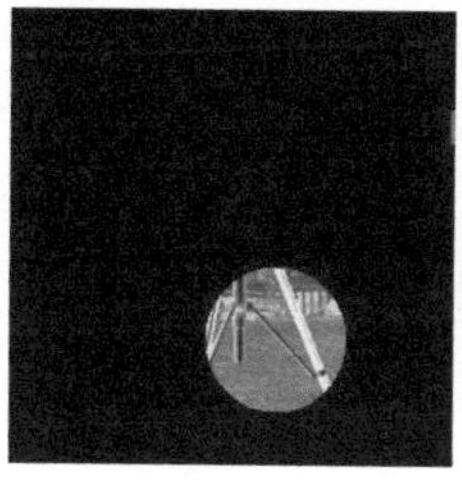

(a) 图像I　(b) 图像I1　(c) 图像I减去图像I1　(d) 图像I减去50

图 9-12　图像相减

3）图像的相乘运算

两幅图像的相乘可以实现图像的局部增强，或者将图像的某一部分去掉。而一幅图像乘以一个常数通常实现图像的增强或者弱化的作用。

MATLAB 提供 immultiply 函数实现两幅图像的相乘或给一幅图像乘以一个常数的运算。函数调用格式为

```
I = immultiply(I1,I2)
```

immultiply 函数的功能是将输入图像 I1 和 I2 的对应像素值相乘，如果值小于 0，则该元素值设为 0，如果值大于 255，则该元素值设为 255，并将结果返回给输出图像 I 的对应像素值。

【例 9-7】 利用 immultiply 函数实现一个图像与常数相乘的运算，并显示结果。

程序代码如下，结果如图 9-13 所示。

```
close all
I = imread('cameraman.tif');      % 读入 cameraman 图像，保存在矩阵 I 中
I1 = immultiply(I,1.5);           % 图像 I 乘以 1.5
I2 = immultiply(I,0.5);           % 图像 I 乘以 0.5
imshow(I);                        % 显示图像
figure;imshow(I1);
figure;imshow(I2);
```

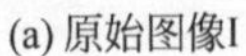

(a) 原始图像I　　(b) 图像I乘以1.5　　(c) 图像I乘以0.5

图 9-13　图像相乘

4）图像的相除运算

两幅图像相除，或者一幅图像除以一个常数，可以实现图像的局部增强或者弱化作用。

MATLAB 提供 imdivide 函数实现两幅图像的相除或给一幅图像除以一个常数的运算。函数调用格式为

```
I = imdivide(I1,I2)
```

imdivide 函数的功能是将输入图像 I1 和 I2 的对应像素值相除，如果值小于 0，则该元素值设为 0，如果值大于 255，则该元素值设为 255，并将结果返回给输出图像 I 的对应像素值。

【例 9-8】 利用 imdivide 函数实现一个图像与常数相除的运算，并显示结果。

程序代码如下，结果如图 9-14 所示。

```
close all
I = imread('cameraman.tif');      % 读入 cameraman 图像，保存在矩阵 I1 中
I1 = imdivide (I,1.5);            % 图像 I 除以 1.5
I2 = imdivide (I,0.5);            % 图像 I 除以 0.5
imshow(I);                        % 显示图像
figure;imshow(I1);
figure;imshow(I2);
```

(a) 原始图像I　　(b) 图像I除以1.5　　(c) 图像I除以0.5

图 9-14　图像相除

9.3.2　图像的几何运算

图像的几何运算是指图像的几何形状发生改变的运算，常见的几何运算包括图像的缩放、旋转和剪切等。

1）图像的缩放

图像的缩放是指在保持原有图像形状的基础上对图像的大小进行放大或者缩小。MATLAB 提供 imresize 函数实现一幅图像的缩放。函数调用格式为

```
B = imresize(A, SCALE, METHOD)
[Y, MAP1] =  imresize(X, MAP, SCALE, METHOD)
```

其中，A 为原始图像，可以是灰度图、真彩图和二值图像；X 和 MAP 是原始索引图像的数据和颜色表；SCALE 是缩放系数，大于 1 表示放大 SCALE 倍数，小于 1 表示缩小 SCALE 倍数；METHOD 为插值方法，可以取值为 nearest、bilinear 和 bicubic；B 为缩放后的图像；Y 和 MAP1 为缩放后的索引图像的数据和颜色表。

【例 9-9】 利用 imresize 函数实现一个灰度图像和一个索引图像的缩放，并显示结果。

程序代码如下，结果如图 9-15 所示。

```
close all
I = imread('cameraman.tif');                     % 调入一幅灰度图像
[X,map] = imread('trees.tif')                    % 调入一幅索引图像
I1 = imresize(I,0.5);                            % 灰度图像缩小 0.5 倍
[Y, map1] =  imresize(X, map, 2, 'bilinear');    % 索引图像放大 2 倍
imshow(I);
figure;imshow(I1);
figure;imshow(X,map);
figure;imshow(Y,map1)
```

2）图像的旋转

MATLAB 提供 imrotate 函数实现一幅图像的旋转。函数调用格式为

(a) 灰度图像

(b) 缩小0.5倍的灰度图像

(c) 索引图像

(d) 放大2倍的索引图像

图 9-15　图像的缩放

```
J = imrotate(I, ANGLE, METHOD,BBOX)
```

其中,I 是需要旋转的图像; ANGLE 是旋转的角度,正值为逆时针,负值为顺时针; METHOD 是插值的方法,可以取值为 nearest、bilinear 和 bicubic; BBOX 为旋转后图像显示方式; J 是旋转后的图像。

【例 9-10】 利用 imrotate 函数实现一个灰度图像的旋转,并显示结果。

程序代码如下,结果如图 9-16 所示。

```
close all
I = imread('cameraman.tif');                %读入待旋转的图像
J = imrotate(I,30,'bilinear','crop');       %逆时针旋转30°后的图像
imshow(I)
figure;imshow(J)
```

(a) 原始图像

(b) 逆时针旋转30°图像

图 9-16　图像的旋转

3）图像的剪切

图像的剪切是指将图像不需要的部分切掉，保留感兴趣的部分。MATLAB 提供 imcrop 函数实现一幅图像的剪切。函数调用格式为

```
(1) J = imcrop(I)            % 用鼠标指定剪切区域，对图像进行剪切
(2) J = imcrop(I,RECT)       % 按指定剪切区域，对图像进行剪切
```

其中，I 为待剪切的图像，可以是灰度图、真彩图和索引图；J 为剪切后的图像；RECT 为指定的剪切区域，使用坐标点[XMIN YMIN WIDTH HEIGHT]来确定。

【例 9-11】 利用 imcrop 函数实现一个灰度图像和一个真彩图像的剪切，并显示结果。

程序代码如下，结果如图 9-17 所示。

(a) 灰度图像

(b) 指定区域剪切

(c) 真彩图像

(d) 用鼠标指定区域剪切

图 9-17　图像的剪切

```
close all
I = imread('cameraman.tif');
I1 = imread('autumn.tif')
J = imcrop(I,[50 50 150 100]);        % 按指定区域剪切图像
J1 = imcrop(I1);                      % 用鼠标选定区域剪切图像
imshow(I)
figure;imshow(J)
figure;imshow(I1)
figure;imshow(J1)
```

9.4 图像增强

图像增强通过采用相关技术，提高图像的清晰度，改善图像的视觉效果。图像增强的方法分为空间域增强和频率域增强，本节简单介绍利用直方图技术的空间域图像增强方法。

9.4.1 图像的直方图

图像的直方图反映一幅图像中的灰度级与出现这种灰度的概率之间的关系，其横坐标是灰度级，纵坐标是该灰度出现的频率。图像直方图是空间域处理技术的基础，能用于图像增强。

MATLAB 提供 imhist 函数显示一幅图像的直方图。函数调用格式为

```
imhist(I,n)          %显示一幅灰度图像的直方图
imhist(X,map)        %显示一幅索引图像的直方图
```

其中，I 为灰度图像；X 和 map 是索引图像的数据和颜色表；n 为灰度级，默认是 256，可以省略。

【例 9-12】 利用 imhist 函数实现一个灰度图像的直方图，并显示结果。

程序代码如下，结果如图 9-18 所示。

```
I = imread('cameraman.tif');
subplot(1,2,1);imshow(I)
subplot(1,2,2);imhist(I,128)
```

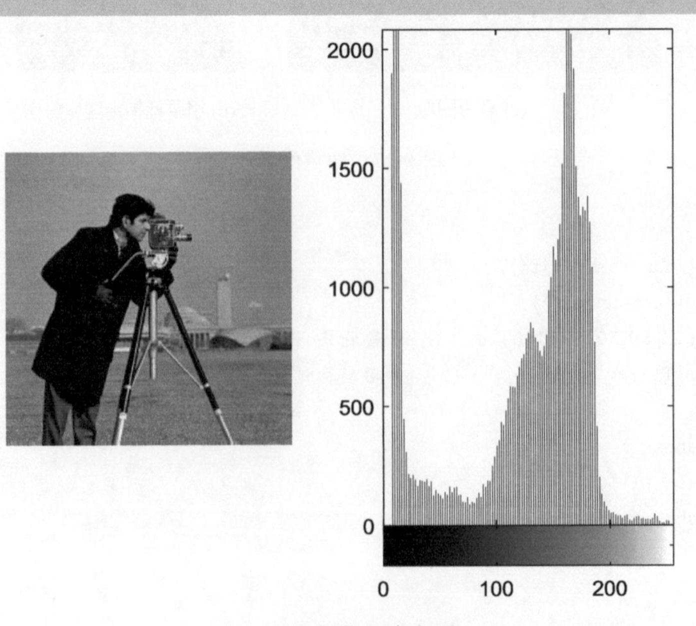

图 9-18 图像的直方图

9.4.2 图像的灰度调整增强

灰度调整是图像增强的重要方法，可以使图像的动态范围增大，对比度得到扩展，图像更清晰。MATLAB 提供 imadjust 函数实现一幅图像的灰度调整。函数常用调用格式为

```
J = imadjust(I)
```

其中，I 为输入图像，J 为灰度调整后的图像。

【例 9-13】 利用 imadjust 函数实现一个灰度图像的灰度调整，并显示结果。

程序代码如下，结果如图 9-19 所示。

```
I = imread('spine.tif');
J = imadjust(I);
subplot(2,2,1);imshow(I)
subplot(2,2,2);imhist(I,64)
subplot(2,2,3);imshow(J)
subplot(2,2,4);imhist(J,64)
```

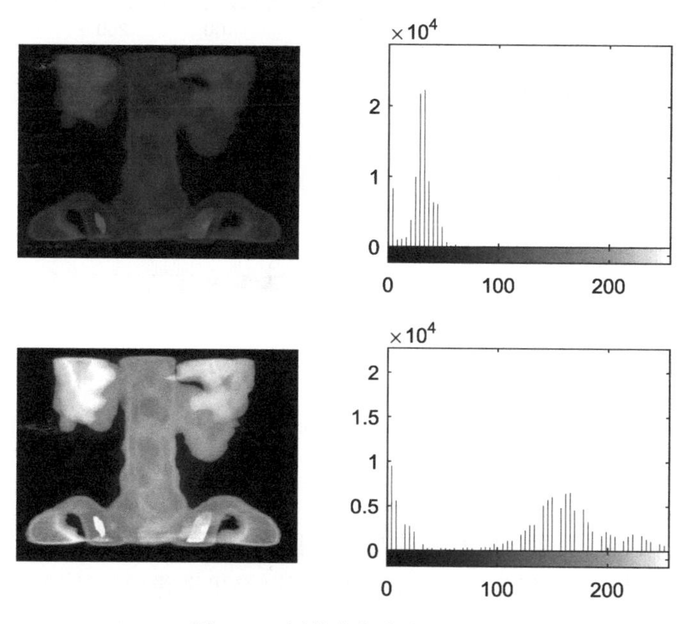

图 9-19 图像的灰度调整增强

9.4.3 图像的直方图均衡增强

直方图均衡化增强是指将图像变换为一幅具有均匀灰度概率密度分布的新图像，可以使图像动态范围增大，增强图像的对比度，使图像更清晰。MATLAB 提供 histeq 函数

实现图像的均衡化增强。函数常用调用格式为

```
J = histeq(I)
```

其中,I为输入图像,J为直方图均衡化增强的图像。

【例9-14】 利用histeq函数实现一个灰度图像的直方图均衡化增强,并显示结果。

程序代码如下,结果如图9-20所示。

```
I = imread('pout.tif');
J = histeq(I);
subplot(2,2,1);imshow(I)
subplot(2,2,2);imhist(I,64)
subplot(2,2,3);imshow(J)
subplot(2,2,4);imhist(J,64)
```

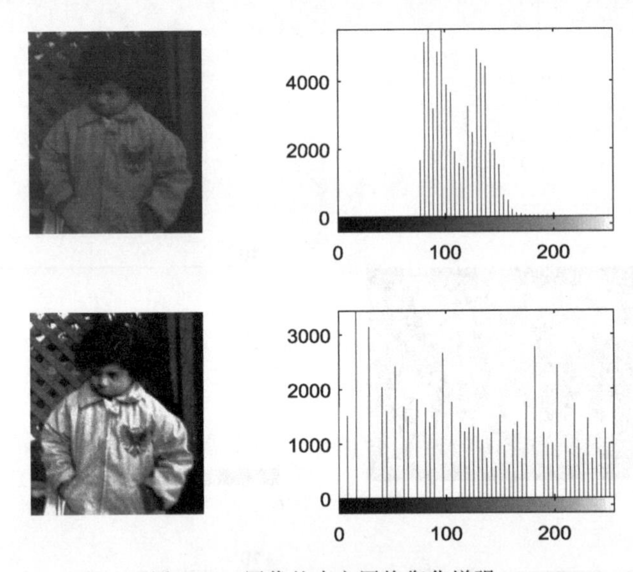

图9-20 图像的直方图均衡化增强

9.5 图像滤波

图像滤波可以突出图像中的某些信息,同时抑制或消除那些不需要的信息,进而提高图像的质量。例如,加强图像中的高频分量,可以突出图像中的边缘信息,从而使得图像中物体的轮廓更为清晰。但是,图像滤波不以图像保真为准则,它主要是以改善图像的视觉效果、增强图像清晰度以及便于后续特征提取与分析为目的。在MATLAB中,能进行图像滤波的常用函数有如下几种。

9.5.1 基于卷积的图像滤波函数filter2以及imfilter

调用格式1:B=filter2(h,A)

调用格式 2：B=filter2(h,A,shape)

函数功能：用指定的滤波器模板对图像 A 进行二维线性数字滤波。其中，B=filter2(h,A,shape)返回图像 A 经算子 h 滤波后的结果；h 为线性数字滤波器；参数 shape 用于指定滤波器的计算范围，其关键字说明如下：

(1) shape='full'时，表明在滤波时会对图像进行边界补零；

(2) shape='same'时，表明返回与图像 A 等大的图像 B；

(3) shape='valid'时，表明滤波时不对图像进行边界补零，只计算有效输出部分。

调用格式 1：B=imfilter(A,h)

调用格式 2：B=imfilter(A,h,option1,option2,…)

函数功能：用指定的滤波器模板对图像 A 进行二维线性数字滤波。其中，h 为线性数字滤波器(算子)；B=imfilter(A,h,option1,option2,…)返回图像 A 经算子 h 和指定的参数 option 后的滤波结果；参数 option 用于指定边界填充选项以及滤波选项，其关键字说明如下：

(1) option='symmetric'时，表明填充选项为边界对称；

(2) option='replicace'时，表明填充选项为边界幅值，此为默认项；

(3) option='circular'时，表明填充选项为边界循环，输出尺寸选项，其与 filter2 函数中的 shape 参数相同；

(4) option='corr'时，表明滤波选项为使用相关性进行滤波，此为默认项；

(5) option='conv'时，表明滤波选项为使用卷积进行滤波。

以上两个滤波函数中的参数 h 可以是 MATLAB 中提供的预定义滤波器模板，也可以是自定义的滤波器模板。对于自定义滤波器模板，MATLAB 提供了 fspecial 函数来实现该功能。

调用格式 1：h=fspecial('type')

调用格式 2：h=fspecial('type','parameters')

函数功能：生成预定义类型的滤波器。其中，参数 type 表明滤波器的种类，可取的关键字为'average'(均值滤波器)、'gaussian'(高斯低通滤波器)、'laplacian'(拉普拉斯算子)和'sobel'(sobel 算子)等；参数 parameters 与滤波器的具体种类有关。fspecial 函数的详细使用说明，请参考 MATLAB 的帮助文档。

【例 9-15】 对 7 阶魔方矩阵进行 sobel 滤波。

MATLAB 源程序如下：

```
clear;
A = magic(7)                    %7 阶魔方矩阵
h = fspecial('sobel')           %生成 sobel 算子，默认状态下算子大小是 3*3
B = filter2(h,A,'valid')        %用 sobel 算子对图像(矩阵)A 进行滤波，且不考虑边界补零
```

程序运行结果如下：

```
>> exam_9 - 15
A =
    30    39    48     1    10    19    28
    38    47     7     9    18    27    29
```

```
    46     6     8    17    26    35    37
     5    14    16    25    34    36    45
    13    15    24    33    42    44     4
    21    23    32    41    43     3    12
    22    31    40    49     2    11    20
h =
     1     2     1
     0     0     0
    -1    -2    -1
B =
    90    97    -8   -64   -57
    90    -1   -57   -57   -50
    -1   -57   -64   -57    -1
   -50   -57   -57    -1    90
   -57   -64    -8    97    90
```

由本例可见,虽然矩阵A是7×7阶,h为3×3阶,但因为不考虑边缘像素点,所以滤波后的矩阵B大小仅有5×5阶。因此,在对图像进行滤波的过程中,如果不进行边界填充,则滤波后的图像与原始图像的尺寸会不一致。

【例9-16】 通过不同的滤波窗口对图像实现平滑滤波处理。

所得结果如图9-21所示。MATLAB源程序如下:

```
A = imread('Cameraman.bmp');                       %读取原始图像
subplot(231);imshow(A);
xlabel('(a) 原始图像');
A1 = imnoise(A,'salt & pepper',0.02);              %给图像添加椒盐噪声
subplot(232);imshow(A1);
xlabel('(b) 添加椒盐噪声的图像');
B1 = filter2(fspecial('average',3),A1)/255;  %进行3*3模板平滑滤波
B2 = filter2(fspecial('average',5),A1)/255;  %进行5*5模板平滑滤波
B3 = filter2(fspecial('average',7),A1)/255;  %进行7*7模板平滑滤波
B4 = filter2(fspecial('average',9),A1)/255;  %进行9*9模板平滑滤波
subplot(233),imshow(B1);
xlabel('(c) 3*3模板平滑滤波');
subplot(234),imshow(B2);
xlabel('(d) 5*5模板平滑滤波');
subplot(235),imshow(B3);
xlabel('(e) 7*7模板平滑滤波');
subplot(236),imshow(B4);
xlabel('(f) 9*9模板平滑滤波');
```

9.5.2 中值滤波

中值滤波是一种非线性滤波,其基本原理是把数字图像或数字序列中一点的值用该点的一个邻域中各点值的中值来替代。在MATLAB中,能实现中值滤波的是medfilt2函数,其函数调用方法如下:

(a) 原始图像

(b) 添加椒盐噪声的图像

(c) 3*3模板平滑滤波

(d) 5*5模板平滑滤波

(e) 7*7模板平滑滤波

(f) 9*9模板平滑滤波

图 9-21　图像在不同模板下的平滑滤波

调用格式：B=medfilt2(A,[m,n])

函数功能：对图像矩阵 A 进行二维中值滤波，得到图像矩阵 B。其中，[m,n]为指定滤波器窗口的大小，函数每个输出像素都是该像素 m×n 邻域像素的中值。

【例 9-17】 利用中值滤波去除图像中的多种噪声。

所得结果如图 9-22 所示。MATLAB 源程序如下：

```
A = imread('pens.bmp');                      % 读取图像
M = rgb2gray(A);
N1 = imnoise(M,'salt & pepper',0.02);  % 中值滤波去噪
N2 = imnoise(M,'gaussian',0,0.02);
N3 = imnoise(M,'speckle',0.02);
G1 = medfilt2(N1);
G2 = medfilt2(N2);
G3 = medfilt2(N3);
subplot(2,3,1);imshow(N1);
xlabel('(a) 添加椒盐噪声图像');
subplot(2,3,2);imshow(N2);
xlabel('(b) 添加高斯噪声');
subplot(2,3,3);imshow(N3);
xlabel('(c) 添加乘性噪声');
subplot(2,3,4);imshow(G1);
xlabel('(d) 椒盐噪声中值滤波图像');
subplot(2,3,5);imshow(G2);
xlabel('(e) 高斯噪声中值滤波图像');
subplot(2,3,6);imshow(G3);
xlabel('(f) 乘性噪声中值滤波图像');
```

(a) 添加椒盐噪声图像

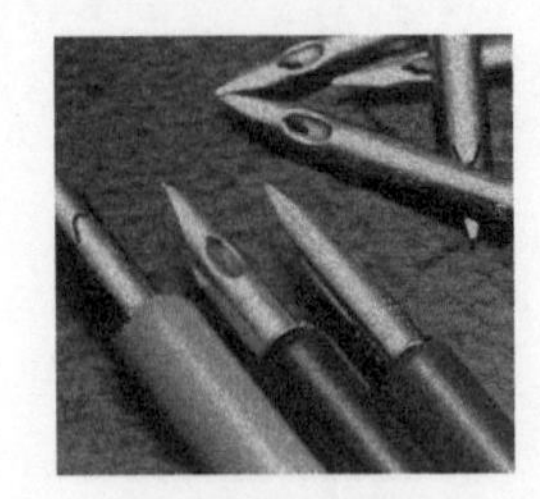
(b) 添加高斯噪声

(c) 添加乘性噪声

(d) 椒盐噪声中值滤波图像

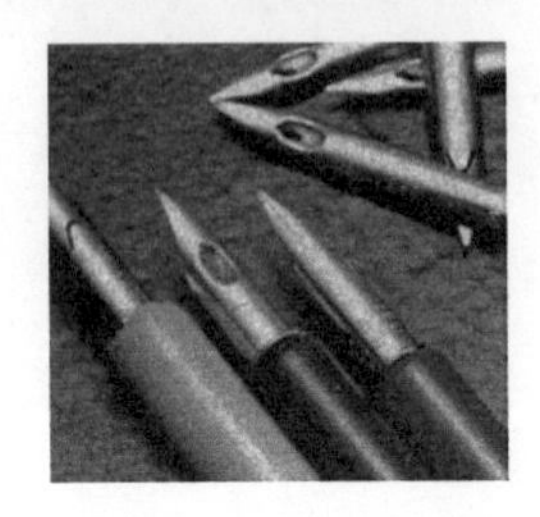
(e) 高斯噪声中值滤波图像

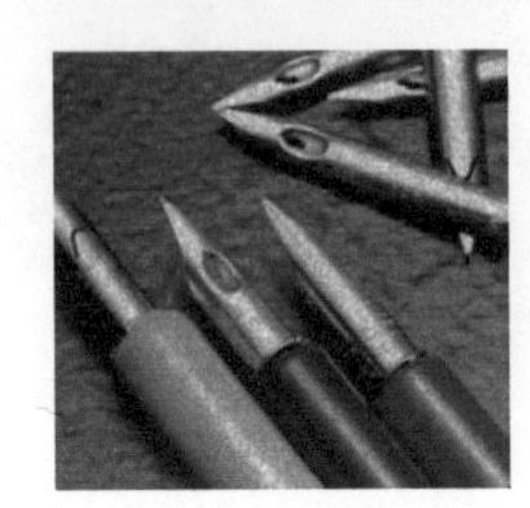
(f) 乘性噪声中值滤波图像

图 9-22 中值滤波去除图像中的多种噪声效果对比

9.5.3 二维统计顺序滤波

二维统计顺序滤波是中值滤波的推广。对于给定的 n 个数值$\{a_1,a_2,a_3,\cdots,a_n\}$，将它们按照由小到大的顺序排列，将处于第 k 个位置的元素作为图像的滤波输出，则称此时为序号为 k 的二维统计滤波。在 MATLAB 图像处理工具箱中，ordfilt2 函数可对图像进行二维统计顺序滤波，其函数调用方法如下：

调用格式 1：B＝ordfilt2(A,order,domain)

调用格式 2：B＝ordfilt2(A,order,domain,S)

函数功能：对图像矩阵 A 进行二维统计顺序滤波，得到图像矩阵 B。其中，order 为滤波器输出的顺序值；domain 是一个用矩阵描述的滤波窗口，其仅含有 0 和 1，1 可定义参与滤波运算的邻域；S 是一个与 domain 大小相同的矩阵，它对应 domain 中非零值位置的输出偏差。

函数说明：B＝ordfilt2(A,5,ones(3,3))相当于 3×3 的中值滤波；B＝ordfilt2(A,1,ones(3,3))相当于 3×3 的最小值滤波；B＝ordfilt2(A,9,ones(3,3))相当于 3×3 的最大值滤波；B＝ordfilt2(A,1,[0 1 0; 1 0 1; 0 1 0])则输出的是每个像素在东西南北四个方向上相邻像素灰度的最小值。

【例 9-18】 采用二维统计顺序滤波对图像进行增强。

所得结果如图 9-23 所示。MATLAB 源程序如下：

```
A = imread('pepper.bmp');
A = rgb2gray(A);
A = im2double(A);
```

```
A = imnoise(A,'salt & pepper',0.1);
domain = [0 1 1 0;1 1 1 1;1 1 1 1;0 1 1 0];
J = ordfilt2(A,6,domain);
subplot(121); imshow(A);
xlabel('(a) 含有椒盐噪声的图像');
subplot(122); imshow(J);
xlabel('(b) 排序滤波后的图像');
```

(a) 含有椒盐噪声的图像

(b) 排序滤波后的图像

图 9-23　采用二维统计顺序滤波对图像进行增强

9.5.4　自适应滤波

在 MATLAB 中，能对图像进行自适应除噪滤波的函数是 wiener2，它能够对每个像素的局部均值与方差进行估计，该函数调用方法如下：

调用格式 1：B=wiener2(A,[M N],noise)

调用格式 2：[B,noise]=wiener2 (A,[M N])

函数功能：采用 M×N 大小的滤波窗口，且在计算出该窗口对应的邻域局部图像的均值与方差后，对图像矩阵 A 进行像素式自适应滤波，得到图像矩阵 B。其中，A 为待滤波的图像矩阵；[M N]为滤波窗口的大小，默认值为 3×3；noise 是噪声功率的估计值；B 为二维自适应滤波后的输出图像。

【例 9-19】 对图像进行自适应滤波增强。

所得结果如图 9-24 所示。MATLAB 源程序如下：

```
Clear all;close all;
A = imread('tape.png');
A = rgb2gray(A);
A = imcrop(A,[100,100,1024,1024]);
J = imnoise(I,'gaussian',0,0.03);
[K,noise] = wiener2(J, [5, 5]);
subplot(121);imshow(J);
xlabel('(a) 含有高斯噪声的图像');
```

```
subplot(122);imshow(K);
xlabel('(b) 自适应滤波后的图像');
```

(a) 含有高斯噪声的图像

(b) 自适应滤波后的图像

图 9-24　采用自适应滤波对图像进行增强

9.6　图像边缘检测

为了检测图像中有意义的不连续性，经常需要对图像中物体的边缘进行检测，而一条边缘可看作是一组相连的像素组合，通常这些像素就位于两个区域的边界上。边缘总是以强度突变的形式出现，因此又可以把边缘定义为图像局部的不连续性，如纹理或灰度的突变等。因此，常常需要借助于各种梯度算子模板来完成边缘检测。MATLAB 给出了函数 edge 来进行边缘检测，该函数调用方法如下：

调用格式：[g,t]=edge(A,'method',parameters)

函数功能：选用参数为 parameters 的梯度算子模板'method'对输入图像 A 进行边缘检测，返回数组 g 和参数 t。在输出中，g 是一个逻辑数组，其值按如下方法确定：梯度算子模板在 f 中检测到边缘的位置为 1，没检测到边缘的位置则为 0。参数 t 是可选项，它给出 edge 函数使用的阈值，用以确定边缘点的那个足够大的梯度值。在输入中，A 是输入图像；method 是 edge 函数用于判断边缘的方法，也就是梯度算子模板，常称为边缘检测器，常用的有 Sobel、Prewitt、Roberts、LoG(Laplacian of a Gaussian)以及 Canny 等；parameters 常用于给出梯度算子模板的某些计算参数，如用于给出梯度算子模板的阈值、标准偏差以及计算方向等。

【例 9-20】 对图像进行自适应滤波增强。

所得结果如图 9-25 所示。MATLAB 源程序如下：

```
A = imread('tape.png');
A = rgb2gray(A);
g1 = edge(A,'Roberts',0.04);                % 用 Roberts 算子进行边缘检测
g2 = edge(A,'Sobel',0.04);                  % 用 Roberts 算子进行边缘检测
g3 = edge(A,'Prewitt',0.04);                % 用 Roberts 算子进行边缘检测
```

```
g4 = edge(A,'LoG',0.04);              % 用 Roberts 算子进行边缘检测
g5 = edge(A,'Canny',0.04);            % 用 Roberts 算子进行边缘检测
subplot(2,3,1);imshow(A);
xlabel('(a) 原图像');
subplot(2,3,2);imshow(g1);
xlabel('(b) Roberts');
subplot(2,3,3);imshow(g2);
xlabel('(c) Sobel');
subplot(2,3,4);imshow(g3);
xlabel('(d) Prewitt');
subplot(2,3,5);imshow(g4);
xlabel('(e) LoG');
subplot(2,3,6);imshow(g5);
xlabel('(f) Canny');
```

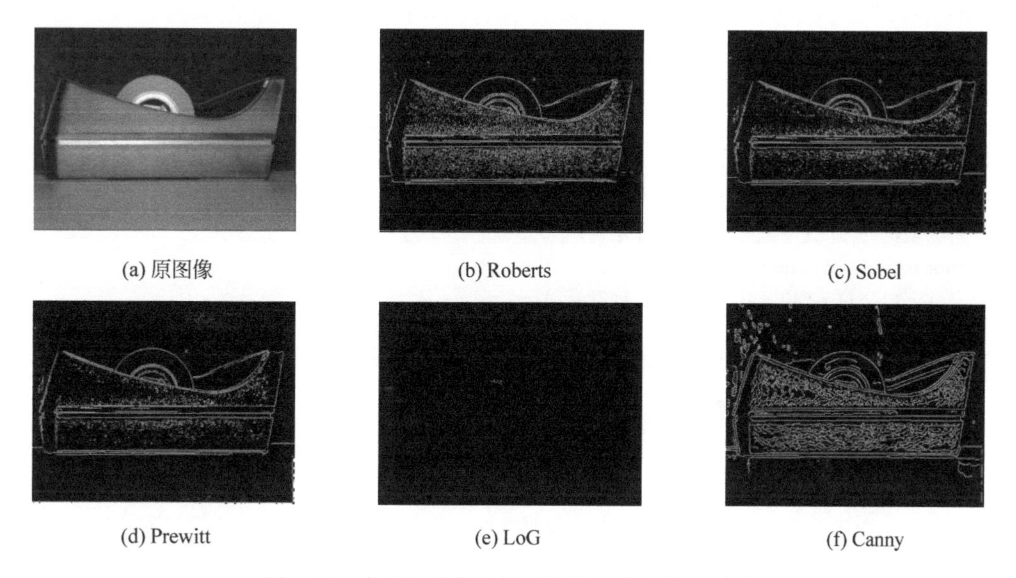

图 9-25　常用边缘提取算子提取图像边缘的对比

9.7　图像压缩

图像压缩讨论的是减少描述数字图像的数据量的问题。数字图像中一般包含三个冗余：编码冗余、像素间冗余和心理视觉冗余。而压缩是通过去除这三个冗余中的一个或多个来实现的。其中，常用于消除数字图像冗余的高效编码方式为哈夫曼编码、香农编码、算数编码以及行程编码等。以下简单介绍 MATLAB 中用于图像压缩的离散余弦变换(DCT)函数和离散余弦逆变换(IDCT)函数。

调用格式：B=dct2(A)

函数功能：对图像 A 进行离散余弦变换，所得结果存于矩阵 B 中。

调用格式：A=idct2(B)

函数功能：对经过离散余弦变换的图像 B 进行离散余弦逆变换，所得结果存于矩阵 A 中。

【例 9-21】 对图像进行基于 DCT 的图像压缩。

所得结果如图 9-26 所示。MATLAB 源程序如下：

```
A = imread('tape.png');
A = rgb2gray(A);
D1 = A;
D2 = dct2(D1);                  %进行离散余弦变换
P = zeros(size(D1));
P1 = P;P2 = P;P3 = P;
P1(1:40,1:40) = D2(1:40,1:40);
P2(1:60,1:60) = D2(1:60,1:60);
P3(1:80,1:80) = D2(1:80,1:80);
D3 = idct2(D2)./256;
E1 = idct2(P1)./256;        %将离散余弦变换后的矩阵和各小区域矩阵进行离散余弦逆变换
E2 = idct2(P2)./256;
E3 = idct2(P3)./256;
subplot(2,3,1);imshow(D1);
xlabel('(a)原始图片');
subplot(2,3,2);imshow(D2);
xlabel('(b)原始图片的 DCT 变换');
subplot(2,3,3);imshow(D3);
xlabel('(c)IDCT 全尺寸恢复的图片');
subplot(2,3,4);imshow(E1);
xlabel('(d)IDCT40 * 40 尺寸恢复的图片');
subplot(2,3,5);imshow(E2);
xlabel('(e)IDCT60 * 60 尺寸恢复的图片');
subplot(2,3,6);imshow(E3);
xlabel('(f)IDCT80 * 80 尺寸恢复的图片');
```

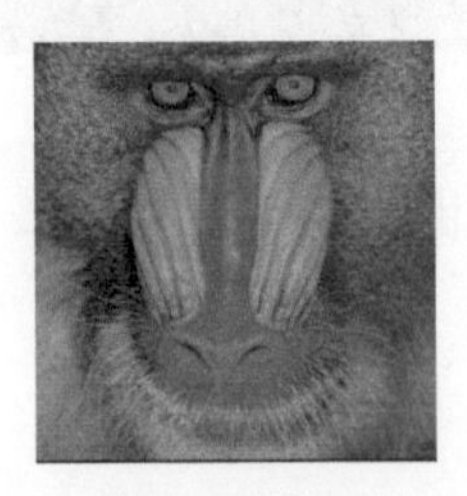

(a) 原始图片

(b) 原始图片的DCT变换

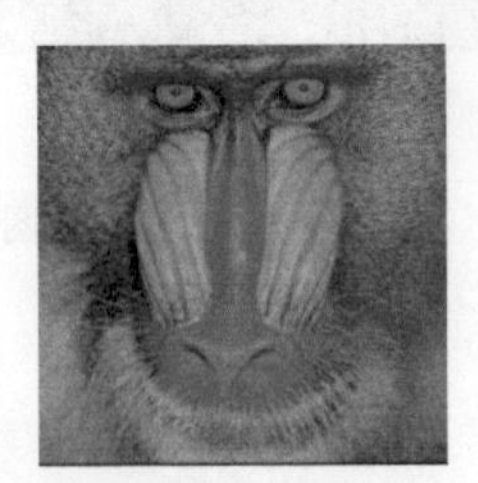

(c) IDCT全尺寸恢复的图片

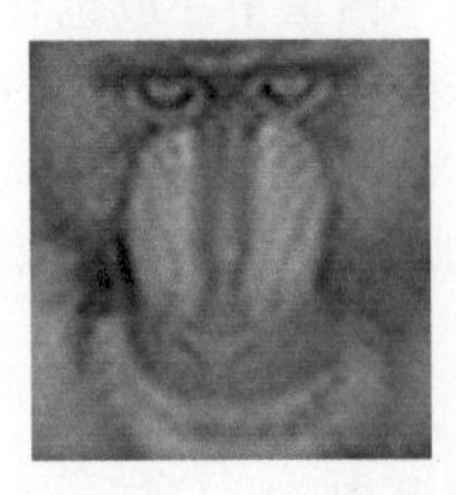

(d) IDCT40*40尺寸恢复的图片

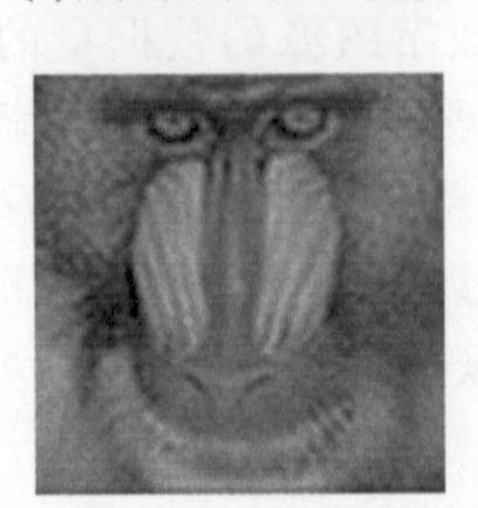

(e) IDCT60*60尺寸恢复的图片

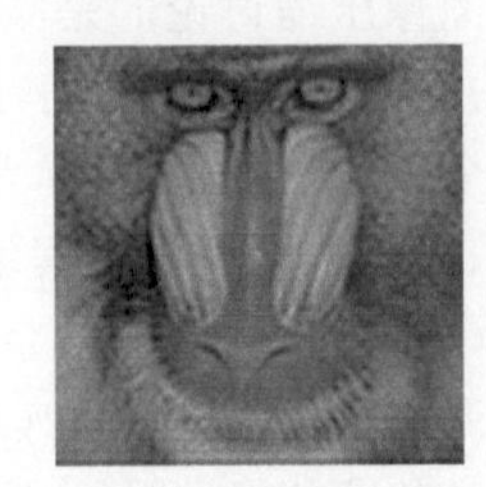

(f) IDCT80*80尺寸恢复的图片

图 9-26　利用 DCT 以及 IDCT 对图像进行压缩

由图 9-26 可知,DCT 变换后图像的能量主要集中在变换后矩阵的左上角,这就使得只要能保留左上角的元素,就能通过 IDCT 变换大致恢复出原始图像,从而达到图像压缩的目的。

9.8 本章小结

本章主要介绍了数字图像的读取、显示和存储方法,图像的类型及转换方法,图像的算术运算和几何运算,图像增强方法,图像滤波,图像的边缘检测和图像压缩等内容。通过大量应用实例讲解,读者可以更加深刻地理解 MATLAB 在数字图像处理中的应用。

第10章 MATLAB在信号与系统中的应用

本章要点：

◇ 信号及表示；
◇ 信号的基本运算；
◇ 信号的能量和功率；
◇ 线性时不变系统的创建；
◇ 线性时不变系统的时域分析；
◇ 线性时不变系统的频域分析。

“信号与系统”作为电子信息、通信和计算机科学等专业学生必须掌握的专业基础课之一，承担着传授学生信号与系统的基本理论以及基本分析方法的任务，使学生能够初步建立信号与系统的数学模型并利用高等数学的分析方法对模型进行求解，对所得结果给出合理的物理解释。由于信号与系统中涉及的概念和方法比较抽象，在教学中需借助仿真软件避免烦琐的计算，使学生加深对课程的理解。本节在前面章节的基础上，介绍MATLAB在信号与系统中常用函数的使用以及在系统分析中的应用。

10.1 信号及表示

信号作为信息的载体，数学上可以表示成一个或几个独立变量的函数。对于单维信号，通常可将其看作以时间 t 为变量的函数 $x(t)$。根据时间变量 t 的取值形式，可将信号简单地分成连续时间信号和离散时间信号。本节将分别介绍这两种信号形式在MATLAB中的表示和产生。

10.1.1 连续信号的表示

对于连续信号，要求时间变量 t 是连续变化的。但是连续变化的时间变量 t 中包含了无穷多的点，因此在信号处理和系统分析的时候，MATLAB是通过采样点的数据来模拟连续信号的。通常来说，这种方法是不能用来表示连续信号的，因为它只给出了孤立的离散点数值，但是如果样本点的取值很“密”，就可以把它看成是连续信号，其中，“密”是相对于信号变化快慢而言的。因此，一般都假设相对于采样密度，信号的变化要足够慢。所以MATLAB中实现的连续函数(包括信号等)，实质均是“离散函数”，只是取样间隔足够小，小到可以认为是连续函数。在MATLAB中，采用向量和矩阵作为信号的表示形式。其中，行向量和列向量表示单维信号，矩阵表示多维信号。

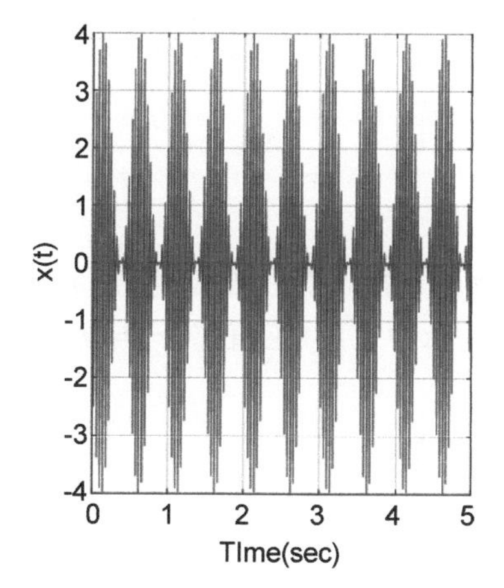

图10-1 连续时间信号图形

【例10-1】 用MATLAB命令绘出连续时间信号$x(t)=(2+2\sin(4\pi t))\cos(50\pi t)$关于$t$的曲线。其中，$t$的取值范围为0～5s，并以0.01s递增。

所得结果如图10-1所示，MATLAB源程序如下：

```
clear                                      %清除变量
t=0:0.01:5;                                %对时间变量赋值
x=(2+2*sin(4*pi*t)).*cos(50*pi*t);         %计算变量所对应的函数值
plot(t,x);grid on;                         %绘制函数曲线
ylabel('x(t)');xlabel('Time(sec)');        %添加x轴和y轴的标签
```

10.1.2 几种连续信号产生函数

除了常用的指数函数和三角函数外，在MATLAB的信号处理工具箱中还单独提供了多种常用连续信号的发生函数，可分别产生方波信号、三角波信号和sinc函数等函数波形。

1) 非周期方波信号函数rectpuls

调用格式1：z=rectpuls(t)

调用格式2：z=rectpuls(t,width)

函数功能：产生一个幅值为1、宽度为width且以t=0为对称轴的非周期方波信号。当参数width缺省时，默认宽度为1。

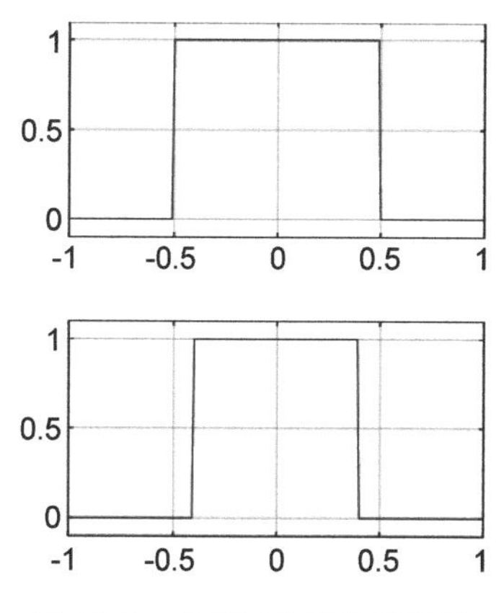
图10-2 非周期方波的波形图

【例10-2】 用rectpuls函数生成非周期方波信号。

所得结果如图10-2所示，MATLAB源程序如下：

```
clear                                   %清除变量
t=-1:0.01:1;                            %对时间变量赋值
Z1=rectpuls(t);                         %生成宽度为1的非周期方波
Z2=rectpuls(t,0.8);                     %生成宽度为0.8的非周期方波
subplot(2,1,1),plot(t,Z1),grid on;      %绘制函数曲线
axis([-1,1,-0.1,1.1]);                  %设定x轴和y轴的取值范围
```

```
subplot(2,1,2),plot(t,Z2),grid on;
axis([-1,1,-0.1,1.1]);
```

2）周期方波信号函数 square

调用格式 1：z=square(t)

调用格式 2：z=square(t,duty)

函数功能：该函数默认产生一个周期为 2π、幅值为±1 的周期性方波信号，其中，duty 参数用来表示信号的占空比 duty%，即在一个周期内脉冲宽度（正值部分）与脉冲周期的比值。参数 duty 缺省时，默认为 50。

【例 10-3】 用 square 函数生成周期为 0.025 的方波信号。

所得结果如图 10-3 所示，MATLAB 源程序如下：

```
clear
F=1e5;t=-0.5:1/F:0.5;                %对时间变量赋值
Z1=square(2*pi*40*t);                %生成周期为 0.025 且占空比为 0.5 的周期方波信号
Z2=square(2*pi*40*t,80);             %生成周期为 0.025 且占空比为 0.8 的周期方波信号
subplot(2,1,1),plot(t,Z1);           %绘制函数曲线
axis([-0.1,0.1,-1.1,1.1]);
subplot(2,1,2),plot(t,Z2);
axis([-0.1,0.1,-1.1,1.1]);
```

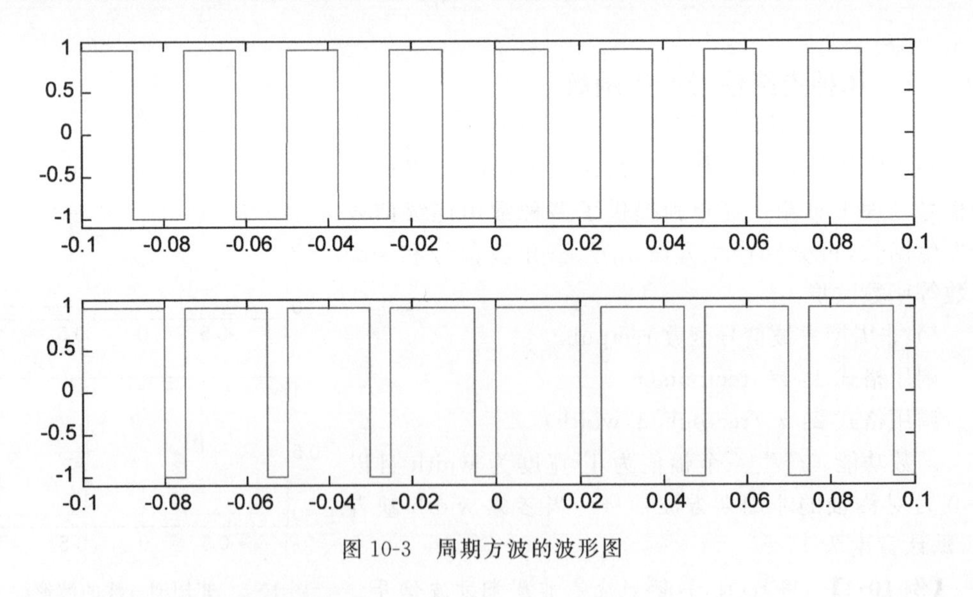

图 10-3 周期方波的波形图

3）非周期三角波信号函数 tripuls

调用格式 1：z=tripuls(t)

调用格式 2：z=tripuls(t,width,skew)

函数功能：该函数用于产生一个最大幅度为 1、宽度为 width，且以 t=0 为中心左右各展开 width/2 大小，同时斜度为 skew 的三角波。参数 width 缺省时，默认值为 1。参数 skew 的取值范围为−1～+1。skew 缺省时，默认值为 0，此时产生对称三角波。该三角波最大幅度一般出现在 t=(width/2)×skew 的横坐标位置。

【**例 10-4**】 用 tripuls 函数生成非周期三角波信号。

所得结果如图 10-4 所示，MATLAB 源程序如下：

```
clear
F = 1e5;t = - 2:1/F:2;                 % 对时间变量赋值
Z1 = tripuls(t);                       % 生成宽度为 1,斜度为 0 的非周期三角波信号
Z2 = tripuls(t,2,0.5);                 % 生成宽度为 2,斜度为 0.5 的非周期三角波信号
subplot(2,1,1),plot(t,Z1);             % 绘制函数曲线
axis([ - 1.1,1.1, - 0.1,1.1]),grid on;
subplot(2,1,2),plot(t,Z2);
axis([ - 1.1,1.1, - 0.1,1.1]),grid on;
```

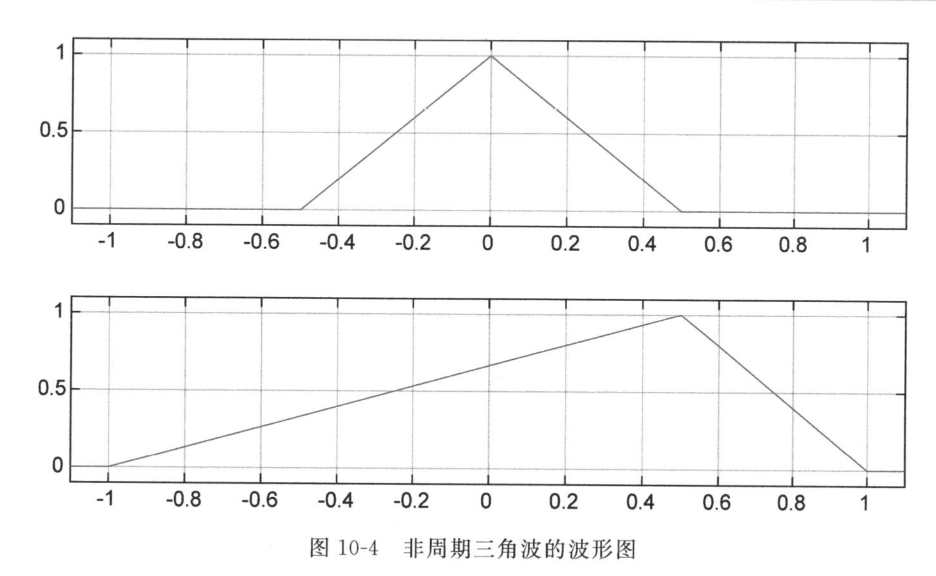

图 10-4 非周期三角波的波形图

4）周期三角波（锯齿波）信号函数 sawtooth

调用格式 1：z＝sawtooth(t)

调用格式 2：z＝sawtooth(t,width)

函数功能：该函数默认状态下可产生一个最小值为－1、最大值为＋1 且周期为 2π 的周期三角波。其中，参数 width 表示一个周期内三角波的上升时长与整个周期的比值，width 的不同取值决定了三角波的不同形状。width 的取值范围为 0～1，缺省时默认为 1。

【**例 10-5**】 用 sawtooth 函数生成周期为 0.1 且 width 值不同的三角波信号。

所得结果如图 10-5 所示，MATLAB 源程序如下：

```
clear;
F = 1e5;t = - 0.5:1/F:0.5;             % 对时间变量赋值
Z1 = sawtooth(2 * pi * 10 * t);        % 生成周期为 0.1 且 width = 1 的周期三角波信号
Z2 = sawtooth(2 * pi * 10 * t,0.8);    % 生成周期为 0.1 且 width = 0.8 的周期三角波信号
Z3 = sawtooth(2 * pi * 10 * t,0.2);    % 生成周期为 0.1 且 width = 0.2 的周期三角波信号
subplot(3,1,1),plot(t,Z1),axis([ - 0.5,0.5, - 1.1,1.1]);
subplot(3,1,2),plot(t,Z2),axis([ - 0.5,0.5, - 1.1,1.1]);
subplot(3,1,3),plot(t,Z3),axis([ - 0.5,0.5, - 1.1,1.1]);
```

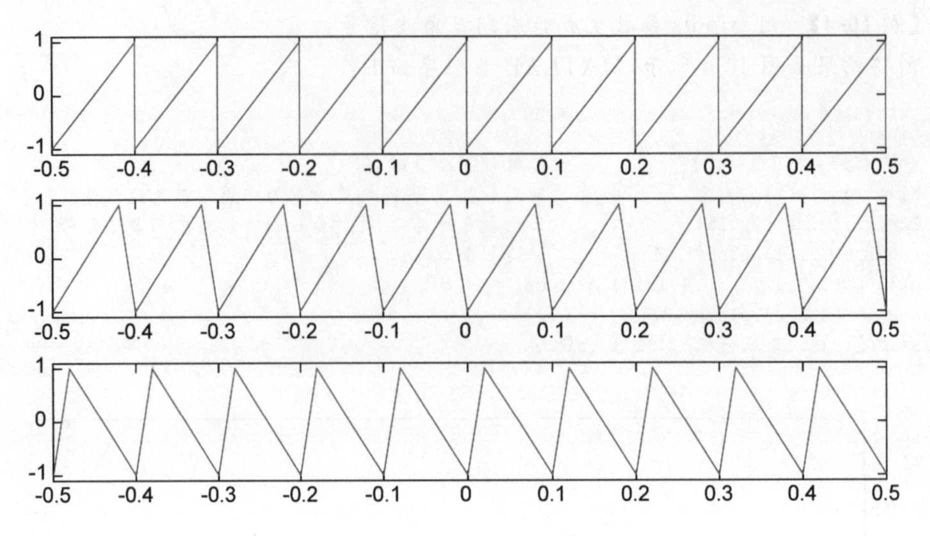

图 10-5 周期三角波的波形图

5）降正弦信号函数 sinc

降正弦信号的归一化定义为 $Sa(t)=\mathrm{sinc}(t)=\sin(t)/t$，又称为辛格函数。它与幅值为 1 的门限函数构成傅里叶变换对，因此它成为信号与系统中的重要信号之一。其在 MATLAB 中表示为非归一化的形式 $\mathrm{sinc}(t)=\sin(\pi t)/\pi t$。

调用格式：z＝sinc(t)

函数功能：sinc(t)用于产生降正弦信号的波形。

【例 10-6】 用 sinc 函数生成降正弦信号波形。

所得结果如图 10-6 所示，MATLAB 源程序如下：

```
clc;
t = linspace( - 5,5);
Z = sinc(t);
plot(t,Z);
```

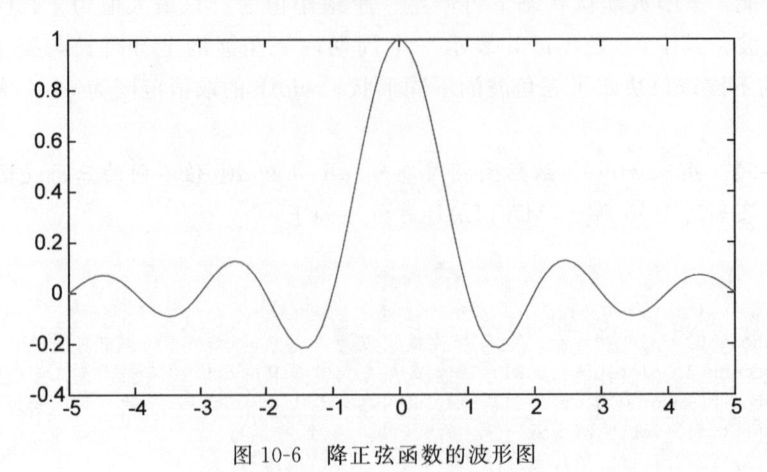

图 10-6 降正弦函数的波形图

6）冲激串信号函数 pulstran

调用格式：Z=pulstran(t,D,'func')

函数功能：按照向量 D 中给出的平移量，在时间 t 内对连续函数 func 进行平移，并把平移后的信号进行求和，得到冲激串信号 Z=func(t−D(1))+func(t−D(2))+…。其中，函数 func 需要是 t 的函数。

【例 10-7】 生成非对称的方波冲激串信号。

所得结果如图 10-7 所示，MATLAB 源程序如下：

```
clear;
t = 0:1e-3:2;                          % 抽样频率为 1kHz,连续时间为 2s
D = [0.0 0.2 0.5 0.9 1.1 1.7 2.0];     % 平移量向量
Z = pulstran(t,D,'rectpuls',0.1);      % 调用 rectpuls 函数实现矩形冲激串
plot(t,Z),axis([0,2,-0.02,1.02]);
```

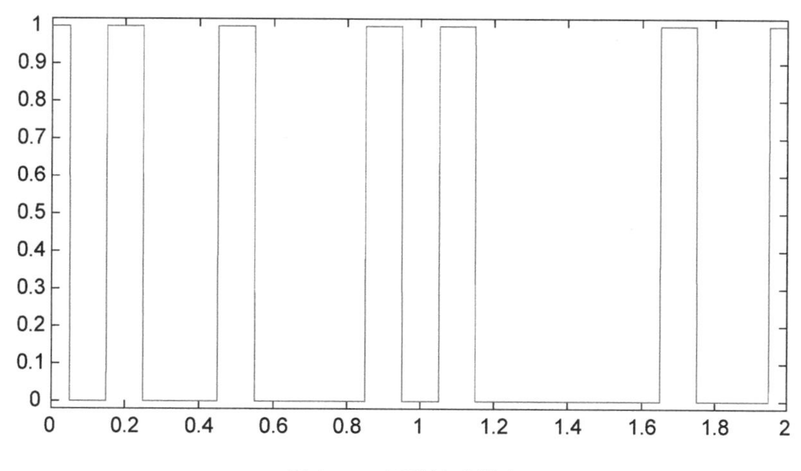

图 10-7　矩形波冲激串

7）单位阶跃信号函数 heaviside

单位阶跃信号是单位冲激信号从负无穷到正无穷的积分，即

$$\varepsilon(t)=\int_{-\infty}^{+\infty}\delta(t)\mathrm{d}t=\begin{cases}0, & t<0\\ 1, & t>0\end{cases} \tag{10-1}$$

调用格式：z=heaviside(t)

函数功能：heaviside(t)用于产生单位阶跃信号。由于单位阶跃信号的定义中对 t=0 时的取值没有规定，而在数值计算的过程中往往还需要用，所以在 MATLAB 中定义了 heaviside(0)=0.5。单位阶跃信号非常重要，常用此信号来构造出不同信号的因果信号形式，其波形表述见图 10-8。

8）符号函数 sign

调用格式：z=sign(t)

函数功能：sign(t)用于产生符号函数，即

$$\mathrm{sign}(t)=\begin{cases}-1, & t<0\\ 1, & t>0\end{cases} \tag{10-2}$$

它的生成原理为 sign(t)=t./ABS(t)。由于符号函数的定义中对 t=0 时的取值没有规定，且在生成原理中 t 也不能为 0，因此在 MATLAB 中就直接定义了 sign(0)=0。符号函数十分重要，它能够判断变量 t 的正负，并可以生成在信号与系统中更为重要的单位阶跃信号。

【例 10-8】 用 sign 函数生成符号函数和单位阶跃信号的波形。

所得结果如图 10-8 所示。

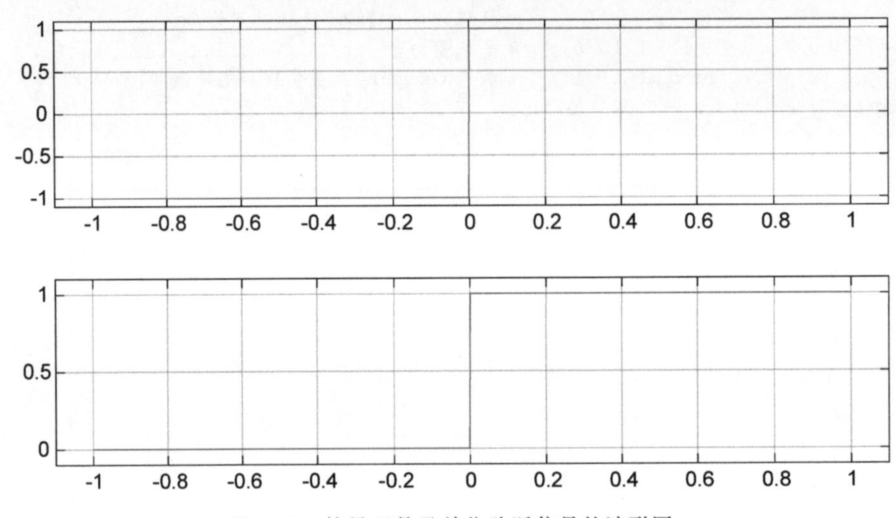

图 10-8 符号函数及单位阶跃信号的波形图

MATLAB 源程序如下：

```
clear;
t = -1:1e-3:1;                    %对时间变量赋值
Z1 = sign(t);                     %生成符号函数
Z2 = 0.5 + 0.5 * sign(t);         %由符号函数生成单位阶跃信号
subplot(2,1,1),plot(t,Z1);
axis([-1.1,1.1,-1.1,1.1]),grid on;
subplot(2,1,2),plot(t,Z2);grid on;
```

表 10-1 给出了更多连续信号的产生函数。

表 10-1 更多连续信号产生函数

函数名	函数功能	语法格式 1	语法格式 2
gauspuls	生成高斯正弦脉冲信号	Z1=gauspuls(T,FC,BW,BWR)	Z2=gauspuls('cutoff',FC,BW,BWR,TPE)
gmonopuls	生成高斯单脉冲信号	Z1=gmonopuls(T,FC)	Z2=gmonopuls('cutoff',FC)
vco	生成电压控制振荡器信号	Z1=vco(t,FC,FS)	Z2=vco(t,[fmin fmax],FS)
diric	生成 Dirichlet 信号	Z=diric(t,N)	

10.1.3 离散信号的表示

离散时间信号(简称离散信号)是只在一系列离散时刻才有定义的信号,即离散信号是离散时间变量 t_n 的函数,可表示为 $x(t_n)$。通常为了表示方便,一般把时间间隔省略,而用$x(n)$来表示离散信号,其中,n 表示采样的间隔数。因此,$x(n)$是一个离散序列,简称序列。

在离散信号的表示中,离散时间 n 的取值范围是$(-\infty,+\infty)$的整数。而在MATLAB中,向量 **x** 的下标不能取小于或等于0的数,因此时间变量 n 不能简单地看成是向量 **x** 的下标,而必须按照向量 **x** 的长度和起始时间来对时间变量 n 进行定义,如此才能利用向量 **x** 和时间变量 n 完整地表示离散序列。

【例 10-9】 离散时间信号的棒状图举例。其中,$\boldsymbol{x}(-3)=-4$,$\boldsymbol{x}(-2)=-2$,$\boldsymbol{x}(-1)=0$,$\boldsymbol{x}(0)=2$,$\boldsymbol{x}(1)=-1$,$\boldsymbol{x}(2)=4$,$\boldsymbol{x}(3)=-3$,$\boldsymbol{x}(4)=1$,$\boldsymbol{x}(5)=-1$,其他时间时 $\boldsymbol{x}(n)=0$。所得结果如图10-9所示。

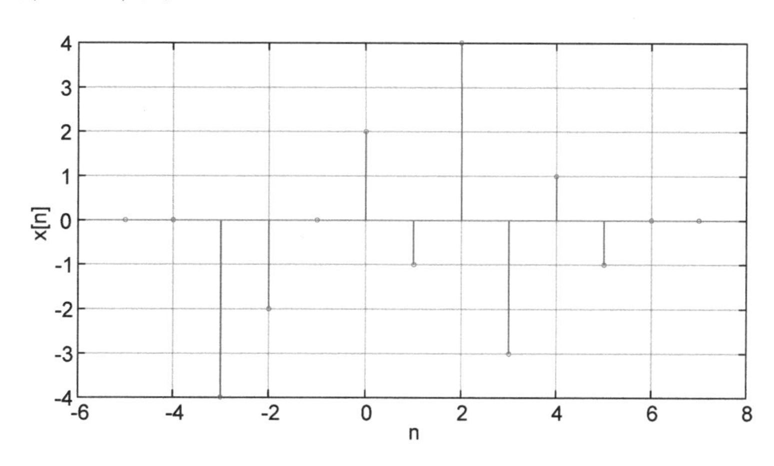

图 10-9 离散信号的棒状图

MATLAB 源程序如下:

```
clear;
n = -5:7;                                 %对时间变量赋值
x=[0 0 -4 -2 0 2 -1 4 -3 1 -1 0 0];   %对离散信号赋值
stem(n,x),grid on;                        %绘制离散信号的棒状图
line([-5,7],[0,0]);                       %对x轴画线
xlabel('n');ylabel('x[n]');
```

10.1.4 几种离散信号产生函数

由于离散信号就是连续信号在离散点处的值,因此MATLAB中对离散信号没有单独给出函数来实现,而是通过对现有连续信号的函数在离散点处取值得来的。同时,也可以利用现有函数自行编写离散信号的生成函数。对于一些常用的离散信号,

下面给出它们相关的数学描述和MATLAB的实现方法。为了叙述的便利，设序列Z的起始时刻和终止时刻分别用ns和nf来表示，序列的长度可用length(x)来表示，则离散序列的时间n可表示为

$$n = [ns:nf] \quad 或 \quad n = [ns:ns + length(x) - 1]$$

1）单位脉冲序列

$$\delta(n - n_0) = \begin{cases} 1, & n = n_0 \\ 0, & n \neq n_0 \end{cases} \tag{10-3}$$

实现方式1：n=[ns:nf];Z=[(n₀-n)==0]。

实现方式2：利用逻辑表达式构建单位脉冲序列的m函数，即

```
function[Z,n] = impuseq(n0,ns,nf)
n = [ns:nf];Z = [(n0 - n) == 0];
```

2）单位阶跃序列

$$\varepsilon(n - n_0) = \begin{cases} 1, & n \geqslant n_0 \\ 0, & n < n_0 \end{cases} \tag{10-4}$$

实现方式1：n=[ns:nf];Z=[(n_0-n)<=0]。

实现方式2：利用逻辑表达式构建单位阶跃序列的m函数，即

```
function[Z,n] = stepseq(n0,ns,nf)
n = [ns:nf];Z = [(n0 - n)<= 0];
```

3）正弦序列

$$z(n) = A\sin(\omega n + \theta), \quad \forall n \tag{10-5}$$

实现方式1：n=[ns:nf];Z=A * sin(w * n+sita)。

实现方式2：利用正弦信号函数构建正弦序列的m函数，即

```
function[Z,n] = sinseq(A,w,ns,nf,sita)
n = [ns:nf];Z = A * sin[w * n + sita];
```

4）余弦序列

$$z(n) = A\cos(\omega n + \theta), \quad \forall n \tag{10-6}$$

实现方式1：n=[ns:nf];Z=cos(w * n+sita)。

实现方式2：利用余弦信号函数构建余弦序列的m函数，即

```
function[Z,n] = cosseq(A,w,ns,nf,sita)
n = [ns:nf];Z = A * cos[w * n + sita];
```

5）实指数序列

$$z(n) = b^n, \quad \forall n, b \in R \tag{10-7}$$

实现方式1：n=[ns:nf];Z=b.^n。

实现方式2：利用幂次运算符构建实指数序列的m函数，即

```
function[Z,n] = rexpseq(b,ns,nf)
n = [ns:nf];Z = b.^n;
```

6）复指数序列

$$z(n) = e^{(\sigma+j\omega)n}, \quad \forall n \tag{10-8}$$

实现方式 1：n=[ns:nf];Z=exp((sigema+j * w) * n)。

实现方式 2：利用自然指数函数构建复指数序列的 m 函数，即

```
function[Z,n] = cexpseq(sigema,w,ns,nf)
n = [ns:nf];Z = exp((sigema + j * w) * n);
```

10.2 信号的基本运算

信号的基本运算通常包括相加、相乘、延时、翻转和卷积等运算操作。任何一种运算操作都会产生新的信号，并且运算方法对于连续时间信号和离散时间信号均成立。但由于在 MATLAB 中实际是无法生成连续信号的，因此通常都是按照离散时间信号来表示信号的基本运算。信号的基本运算是复杂信号处理的基础。

10.2.1 信号的相加和相乘

信号的相加与相乘是指两个信号在同一时刻信号值的相加与相乘。它们的数学表达式为

$$Z(n) = z_1(n) + z_2(n) \tag{10-9}$$

$$Z(n) = z_1(n) \times z_2(n) \tag{10-10}$$

从以上数学表达式可知，在进行相加与相乘运算时，两信号的时间长度需要相等且时间点要一一对应。因此，两个信号的相加与相乘在 MATLAB 中的实现方法为先把时间变量延拓到等长且时间点能一一对应，则信号 z1(n)和 z2(n)延拓后变为信号 y1(n)和 y2(n)，其中延拓出的信号值为 0；再对信号进行逐点相加或逐点相乘，即 Z(n)=y1(n)+y2(n)或Z(n)=y1(n). * y2(n)，从而求出运算后的新信号。

【例 10-10】 信号相加和相乘举例。

所得结果如图 10-10 所示。MATLAB 源程序如下：

```
clear;
n1 = -5:7;                                               % 设定序列 z1 的起止时刻
z1 = sin(n1);                                            % 对序列 z1 的不同时刻进行赋值
n2 = -1:9;                                               % 设定序列 z2 的起止时刻
z2 = cos(n2);                                            % 对序列 z2 的不同时刻进行赋值
ns = min(n1(1),n2(1));nf = max(n1(end),n2(end));         % 设定结果序列的起止时刻
n = ns:nf;
y1 = zeros(1,length(n));                                 % 生成延拓序列
y2 = zeros(1,length(n));
```

```
y1(((n>=n1(1)&n<=n1(end))==1))=z1;          % 按照对应时刻对延拓序列赋值 z1
y2(((n>=n2(1)&n<=n2(end))==1))=z2;          % 按照对应时刻对延拓序列赋值 z2
Za=y1+y2;                                   % 对应时刻相加
Zb=y1.*y2;                                  % 对应时刻相乘
subplot(4,1,1),stem(n,y1,'.');              % 绘制离散信号的棒状图
line([ns,nf],[0,0]);ylabel('z1(n)');        % 对 x 轴画线并标注 y 轴标签
subplot(4,1,2),stem(n,y2,'.');
line([ns,nf],[0,0]);ylabel('z2(n)');
subplot(4,1,3),stem(n,Za,'.');
line([ns,nf],[0,0]);ylabel('z1(n)+z2(n)');
subplot(4,1,4),stem(n,Zb,'.');
line([ns,nf],[0,0]);ylabel('z1(n).*z2(n)');
```

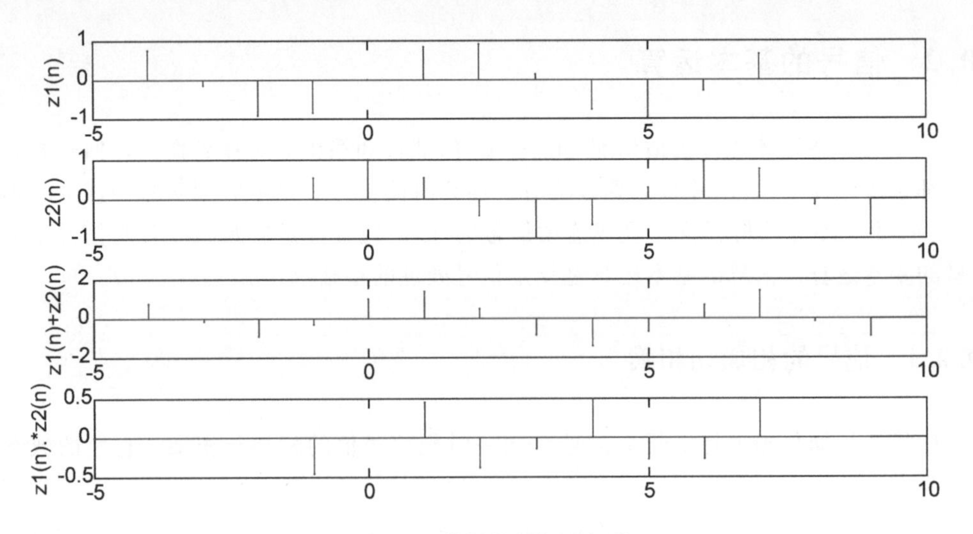

图 10-10　信号的相加和相乘

10.2.2　序列延时与周期拓展

序列延时的数学表达式为 $z(n)=y(n-k)$，其中 k 为正数表示向右延时，k 为负数表示向左延时。序列延时在 MATLAB 中可实现为：z=y；nz=ny−k。

序列周期拓展的数学表达式为 $z(n)=y((n)_M)$，其中 M 表示取余运算，同时也表示延拓的周期。序列周期拓展在 MATLAB 中可实现为：nz=nys:nyf；z=y(mod(nz,M)+1)。

【例 10-11】 序列延时与周期拓展举例。

所得结果如图 10-11 所示。MATLAB 源程序如下：

```
clear;
N=21;M=7;k=6;
ns=0;nf=N+1;
n1=0:N-1;
y1=sin(n1);                                 % 生成正弦序列
y2=(n1>=0)&(n1<M);                          % 生成矩形序列
y=y1.*y2;                                   % 在 y1(n)中截取出新序列 y(n)
```

```
ym = zeros(1,N);
ym(k + 1:k + M) = y(1:M);                    % 生成 y(n)的延时序列 y(n - 6)
yc = y(mod(n1,M) + 1);                       % 生成 y(n)的周期拓展序列 y((n)7)
ycm = y(mod(n1 - k,M) + 1);                  % 生成 y(n - 3)的周期拓展序列 y((n - 6)7)
subplot(4,1,1),stem(n1,y,'.');               % 绘制离散信号的棒状图
line([ns,nf],[0,0]);ylabel('y(n)');          % 对 x 轴画线并标注 y 轴标签
subplot(4,1,2),stem(n1,ym,'.');
line([ns,nf],[0,0]);ylabel('y(n - 6)');
subplot(4,1,3),stem(n1,yc,'.');
line([ns,nf],[0,0]);ylabel('y((n)_7)');
subplot(4,1,4),stem(n1,ycm,'.');
line([ns,nf],[0,0]);ylabel('y((n - 6)_7)');
```

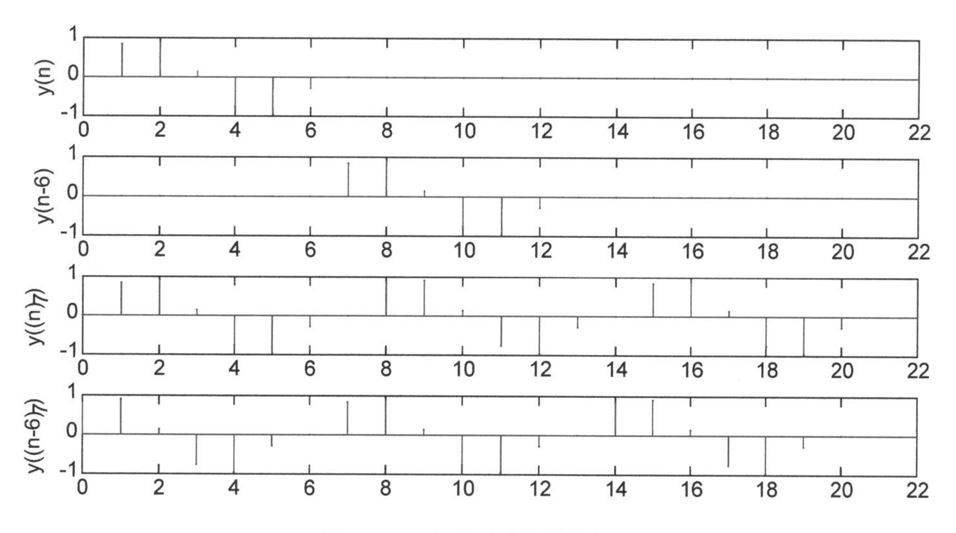

图 10-11　序列延时与周期拓展

10.2.3　序列反转与累加

将序列 $y(n)$的时间变量 n 换为$-n$，就可以得到另一个序列 $y(-n)$，这种运算称为序列的反转，其数学表达式为 $z(n)=y(-n)$。在 MATLAB 中，函数 fliplr 可用来实现序列行方向的左右翻转，其调用格式为 z=fliplr(y)。

将序列 $y(n)$在 n 之前的某一时刻 n_s 作为起始时刻，对$[n_s\sim n]$时刻的 $y(n)$进行求和，所得值作为新序列在 n 点处的值，这种运算称为序列的累加，其数学表达式为 $z(n)=\sum_{i=n_s}^{n} y(i)$。在 MATLAB 中，函数 cumsum 可用来实现序列累加，其调用格式为 z=cumsum (y)。

【例 10-12】　序列反转与累加举例。

所得结果如图 10-12 所示。MATLAB 源程序如下：

```
clear;
n = 0:8;a = 3;A = 5;                 % 设定 y(n)序列的时间序列
```

```
y = A. * a.^( - 0.3. * n);          % 计算 y(n)序列的值
Z = fliplr(y);                       % 对 y(n)序列进行反转
n1 = - n(end): - n(1);               % 以原点为中心对时间序列进行反转
n2 = fliplr( - (n - 4));             % 左移 4 个单位的时间序列以原点为中心进行反转
s1 = cumsum(y);                      % 求累加序列 s1(n)
s2 = cumsum(Z);
s3 = cumsum(0.1 * s1);
subplot(3,2,1),stem(n,y);ylabel('y(n)');
subplot(3,2,2),stem(n1,Z);ylabel('Z(n) = y( - n)');
subplot(3,2,3),stem(n2,Z);ylabel('Z(n) = y( - n + 4)');
subplot(3,2,4),stem(n,s1);ylabel('s1(n)');
subplot(3,2,5),stem(n1,s2);ylabel('s2(n)');
subplot(3,2,6),stem(n,s3);ylabel('s3(n)');
```

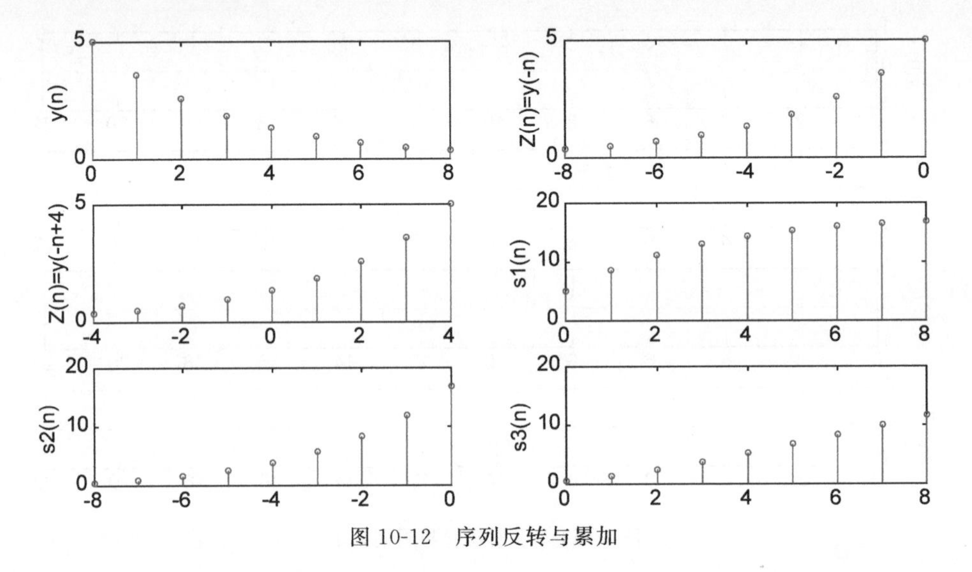

图 10-12　序列反转与累加

10.2.4　两序列卷积运算

在连续时间信号和离散时间信号中都存在卷积运算，其离散时间信号下的数学表达式为 $z(n)=y_1(n)*y_2(n)=\sum_m y_1(m)*y_2(n-m)$。在 MATLAB 中，两序列的卷积用函数 conv 来实现，其调用格式为 z=conv(y1,y2)。其中，两序列 y1(n)和 y2(n)的长度需有限。

【例 10-13】 用 MATLAB 实现如下两个有限长度序列的卷积运算。

(1) $z_1(n)=y_1(n)*g_1(n)$，其中，$y_1(n)=\mathrm{e}^{-n}R_{25}(n)$，$g_1(n)=R_9(n)$。

(2) $z_2(n)=y_2(n)*g_2(n)$，其中，$y_2(n)=\mathrm{e}^{-n+4}R_{25}(n-4)$，$g_2(n)=R_8(n)$。

所得结果如图 10-13 所示。MATLAB 源程序如下：

```
clear;
Ny = 25;Ng1 = 9;Ng2 = 8;k = 4;          % 设定各序列的长度以及序列的位移值 k
ny1 = 0:Ny - 1;
y1 = exp( - 0.1 * ny1);                  % 生成 y1(n)序列
```

```
ny2 = 0:Ny + k - 1;
y2 = zeros(1,Ny + k);
y2(k + 1:k + Ny) = y1(1:Ny);            % 完成对序列 y1(n)的位移
ng1 = 0:Ng1 - 1;
g1 = ones(1,Ng1);                       % 生成 g1(n)序列
ng2 = 0:Ng2 - 1;
g2 = ones(1,Ng2);                       % 生成 g2(n)序列
Z1 = conv(y1,g1);                       % 计算两序列 y1(n)和 g1(n)的卷积
Z2 = conv(y2,g2);                       % 计算两序列 y2(n)和 g2(n)的卷积
subplot(3,2,1),stem(ny1,y1);ylabel('y1(n)');
subplot(3,2,2),stem(ny2,y2);ylabel('y2(n)');
subplot(3,2,3),stem(ng1,g1);ylabel('g1(n)');
subplot(3,2,4),stem(ng2,g2);ylabel('g2(n)');
subplot(3,2,5),stem(0:length(Z1) - 1,Z1);ylabel('Z1(n)');
subplot(3,2,6),stem(0:length(Z2) - 1,Z2);ylabel('Z2(n)');
```

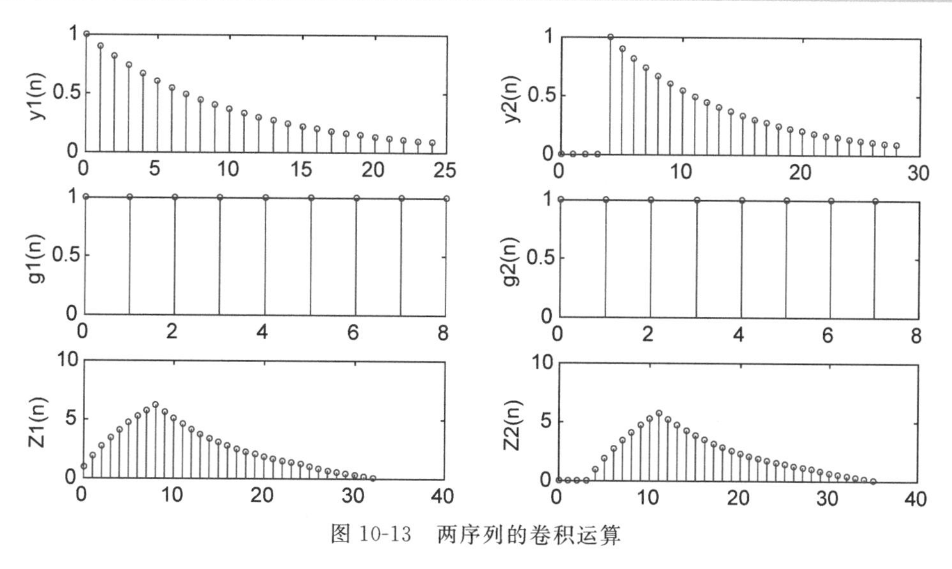

图 10-13　两序列的卷积运算

10.3　信号的能量和功率

按照对信号的不同积分方式来划分,信号可以分为能量信号和功率信号。如果信号的能量 E 有限,则称此信号为能量信号;如果信号的功率 P 有限,则称此信号为功率信号。信号的能量 E 和功率 P 的数学表达式见表 10-2,它们在 MATLAB 中的实现方法见表 10-3。

表 10-2　信号能量和功率的数学表达式

信号	信号能量	信号功率
连续时间信号	$E=\int_{-\infty}^{+\infty}\lvert x(t)\rvert^2\mathrm{d}t$	$P=\lim\limits_{T\to\infty}\frac{1}{T}\int_0^T\lvert x(t)\rvert^2\mathrm{d}t$
离散时间信号	$E=\sum\limits_{n=-\infty}^{+\infty}\lvert x(n)\rvert^2$	$P=\lim\limits_{N\to\infty}\frac{1}{N}\sum\limits_{n=-N}^{+N}\lvert x(n)\rvert^2$

表 10-3 信号能量和功率的 MATLAB 实现

名称	离散式定义	MATLAB 实现
信号能量	$E=\sum_{n=0}^{N-1} \mid x(n) \mid^2$	E=sum(abs(x).^2)
信号功率	$P=\frac{1}{N}\sum_{n=0}^{N-1} \mid x(n) \mid^2$	P=sum(abs(x).^2)/N

【例 10-14】 用 MATLAB 实现非周期方波信号能量的计算以及周期三角波信号的功率计算。

MATLAB 源程序如下。

```
clear;
dt = 1/1e5;t = -1:dt:1;
Z1 = rectpuls(t);
E = sum(abs(Z1).^2 * dt)
Z2 = sawtooth(2 * pi * t,0.5);
P = sum(abs(Z2).^2 * dt)./(4 * pi)
```

程序运行结果如下：

```
>> exam_10_14
E = 1
P = 0.053052
```

10.4 线性时不变系统的创建

从输入和输出的角度来考虑，所谓的信号处理系统就是把输入信号在经过该系统后变为输出信号的运算方式。因此，在信号处理中常把系统抽象为描述输出信号和输入信号之间变换关系的某种数学方程。由于输出可看作系统对输入的回应，因此称为响应；而输入可看作系统得到输出的原因，因此称为激励。三者的关系如图 10-14 所示。

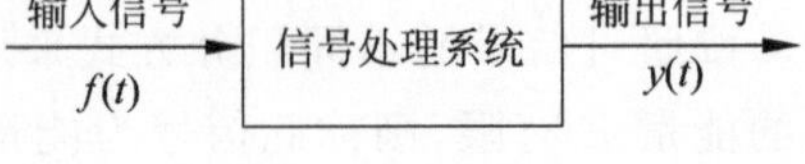

输入信号 $f(t)$ → 信号处理系统 → 输出信号 $y(t)$

图 10-14 信号处理系统

以连续时间信号 $f(t)$ 作为输入信号的系统，称为连续时间处理系统：以离散时间信号 $f(n)$ 作为输入信号的系统，称为离散时间处理系统。它们可分别描述为

$$y(t) = T[f(t)] \tag{10-11}$$

$$y(n) = T[f(n)] \tag{10-12}$$

当一个系统同时满足齐次性和可加性时，可称此系统为线性系统，即：

(1) 对于连续时间系统，当 a_1 和 a_2 为常数且 $y_1(t)=T[f_1(t)]$ 和 $y_2(t)=T[f_2(t)]$ 时，如果满足 $a_1y_1(t)+a_2y_2(t)=T[a_1f_1(t)+a_2f_2(t)]$，则称此系统为连续时间下的线性系统。

(2) 对于离散时间系统，当 a_1 和 a_2 为常数且 $y_1(n)=T[f_1(n)]$ 和 $y_2(n)=T[f_2(n)]$

时，如果满足 $a_1y_1(n)+a_2y_2(n)=T[a_1f_1(n)+a_2f_2(n)]$，则称此系统为离散时间下的线性系统。

如果系统响应的变化规律不因输入信号接入系统的时间不同而改变，则称此系统为时不变系统。即对于连续时间系统需满足 $y(t-t_0)=T[f(t-t_0)]$，对于离散时间系统需满足 $y(n-m)=T[f(n-m)]$。

同时满足线性和时不变性的系统称为线性时不变(LTI)系统，其在系统分析中是一种常用且非常重要的系统。通常采用常系数线性微分(差分)方程、系统函数或状态方程(对应多输入多输出系统)来对线性时不变系统进行描述。其中，系统函数又可分为零极点增益模型、二次分式模型和部分分式模型等。

10.4.1 常系数线性微分/差分方程

常系数线性微分/差分方程常用于描述单输入单输出的连续/离散时间线性时不变系统。其中，常系数线性微分方程可描述为

$$\sum_{i=0}^{N} a_i y^{(i)}(t) = \sum_{j=0}^{M} b_j f^{(j)}(t) \tag{10-13}$$

其中，$y^{(i)}(t)$表示输出的第 i 阶导数，$f^{(j)}(t)$表示输入的第 j 阶导数，a_i 和 b_j 均为常数，且通常令 $a_N=1$，正整数 N 称为系统的阶数。常系数线性差分方程可描述为

$$\sum_{i=0}^{N} a_i y(n-i) = \sum_{j=0}^{M} b_j f(n-j) \tag{10-14}$$

其中，$y(n)$表示 n 时刻的输出，$f(n)$表示 n 时刻的输入，a_i 和 b_j 均为常数，且通常令 $a_0=1$，正整数 N 称为系统的阶数。

10.4.2 系统函数的标准模型

通过傅里叶变换、拉普拉斯变换或者 Z 变换可以把时间信号转换到它的频域形式，这样 LTI 系统的系统函数就可以定义为系统输出的频域形式与输入的频域形式之比。若对式(10-13)左右两边同时进行拉普拉斯变换，就可以得到单输入单输出的连续时间系统的系统函数：

$$H(s) = \frac{Y(s)}{F(s)} = \frac{b_M s^M + b_{M-1}s^{M-1} + \cdots + b_1 s + b_0}{s^N + a_{N-1}s^{N-1} + \cdots + a_1 s + a_0} \tag{10-15}$$

对式(10-14)的左右两边同时进行 Z 变换，就可以得到单输入单输出的离散时间系统的系统函数：

$$H(z) = \frac{Y(z)}{F(z)} = \frac{b_0 + b_1 z^{-1} + \cdots + b_{M-1}z^{-M+1} + b_M z^{-M}}{1 + a_1 z^{-1} + \cdots + a_{N-1}z^{-N+1} + a_N z^{-N}} \tag{10-16}$$

对于式(10-15)和式(10-16)所体现的标准形式的系统函数模型，在 MATLAB 中用分子和分母两个多项式中的系数构成的两个向量来描述，且向量中的系数为降幂次排列。如中间有某一幂次缺失，则需在相应向量中该幂次所对应位置用 0 补全。例如：

(1) 拉氏变换域下的系统函数 $H(s)=\dfrac{3s^4+2s^3+9s^2-7s+6}{s^5+4s^3+8}$可表示为 num=[3,2,

9,−7,6]；den=[1,0,4,0,0,8]。

(2) Z变换域下的系统函数 $H(z)=\dfrac{2+5z^{-1}+8z^{-4}}{1+3z^{-1}-11z^{-2}+9z^{-3}+6z^{-4}+7z^{-5}}$ 可表示为 num=[2,5,0,0,8]；den=[1,3,−11,9,6,7]。

10.4.3 系统函数的零极点增益模型

通过对系统函数的标准模型进行因式分解，可把系统函数的标准模型改写为零极点增益模型，即连续时间系统和离散时间系统的系统函数可分别改写为式(10-17)和式(10-18)：

$$H(s)=k_s\frac{(s-z_1)(s-z_2)\cdots(s-z_M)}{(s-p_1)(s-p_2)\cdots(s-p_N)} \tag{10-17}$$

$$H(z)=k_z\frac{(z-z_1)(z-z_2)\cdots(z-z_M)}{(z-p_1)(z-p_2)\cdots(z-p_N)} \tag{10-18}$$

其中，k_s 和 k_z 为增益系数；$z_i(i=1,2,\cdots,M)$表示系统的零点；$p_j(j=1,2,\cdots,N)$表示系统的极点。系统函数的零极点增益模型在 MATLAB 中分别用增益系数 k、零点列向量 $\boldsymbol{z}$ 和极点列向量 $\boldsymbol{p}$ 来表示。

10.4.4 系统函数的二次分式模型

对于包含复数零极点的 LTI 系统，如果系统函数单纯采用零极点增益模型来表示，就会显得很复杂。而在系统函数中，由于复数零极点一定是共轭存在，因此可以把每对共轭零点或共轭极点的多项式合并，从而得到系统函数的二次分式模型。即连续时间系统和离散时间系统的系统函数可分别改写为

$$H(s)=g_s\prod_{k=1}^{L}\frac{b_{2k}s^2+b_{1k}s+b_{0k}}{a_{2k}s^2+a_{1k}s+1} \tag{10-19}$$

$$H(z)=g_z\prod_{k=1}^{L}\frac{b_{0k}+b_{1k}z^{-1}+b_{2k}z^{-2}}{1+a_{1k}z^{-1}+a_{2k}z^{-2}} \tag{10-20}$$

其中，$p_j(j=1,2,\cdots,N)$表示系统的极点。从式(10-19)和式(10-20)可以看出，二次分式模型就是零极点增益模型的一种变形模型。

10.4.5 系统函数的部分分式模型

对于只包含单极点的 LTI 系统，可以通过部分分式展开法把零极点增益模型改写为部分分式模型。即连续时间系统和离散时间系统的系统函数可分别改写为

$$H(s)=\frac{r_1}{s-p_1}+\frac{r_2}{s-p_2}+\cdots+\frac{r_N}{s-p_N} \tag{10-21}$$

$$H(z)=\frac{r_1}{1-p_1z^{-1}}+\frac{r_2}{1-p_2z^{-1}}+\cdots+\frac{r_N}{1-p_Nz^{-1}} \tag{10-22}$$

10.4.6 线性时不变系统的创建函数和系统函数模型转换函数

对于 LTI 系统，其系统函数完全表征了系统的所有属性。因此在 MATLAB 中，对线性时不变系统的创建，就变为创建其对应的系统函数。由于不同的系统函数模型适用于不同的零极点情况，MATLAB 控制系统工具箱还提供了不同模型间转换的函数。

1) 系统函数标准模型的创建函数 tf

调用格式：sys=tf(num,den,T_s)

函数功能：生成用标准模型表示的系统函数。其中，num 和 den 分别为系统的分子与分母多项式系数构成的向量，且向量中的系数为降幂次排列；T_s 为采样周期，当 $T_s=-1$ 或为空时，表示系统的采样周期未定义，此时返回的是拉普拉斯变换描述下的连续时间系统的标准模型；如 T_s 取其他正值，则返回的是 Z 变换描述下的离散时间系统的标准模型。

【例 10-15】 用 tf 函数创建系统的数学模型，其中，num=[1,4]，den=[1 3 2 0]。

MATLAB 源程序如下：

```
num = [1,4];den = [1 3 2 0];
sys1 = tf(num,den)
sys2 = tf(num,den,0.1)
```

程序运行结果如下：

```
>> exam_10_15
sys1 =
          s + 4
  -----------------
    s^3 + 3 s^2 + 2 s
Continuous - time transfer function.

sys2 =
          z + 4
  -----------------
    z^3 + 3 z^2 + 2 z
Sample time: 0.1 seconds
Discrete - time transfer function.
```

2) 系统函数零极点增益模型的创建函数 zpk

调用格式：sys=zpk(z,p,k,T_s)

函数功能：生成用零极点增益模型表示的系统函数。其中，z 为零点列向量；p 为极点列向量；k 为系统增益；T_s 为采样周期。当 $T_s=-1$ 或为空时，表示系统的采样周期未定义，此时返回的是拉普拉斯变换描述的连续时间系统的零极点增益模型；如 T_s 取其他正值，则返回的是 Z 变换描述的离散时间系统的零极点增益模型。

【例 10-16】 用 zpk 函数创建系统的数学模型，其中，z=[−4]，p=[0,−2,−1]'，k=1。

MATLAB 源程序如下：

```
z = [ - 4];p = [0, - 2, - 1]';k = 1;
sys3 = zpk(z,p,k)
sys4 = zpk(z,p,k,0.1)
```

程序运行结果如下：

```
>> exam_10_16
sys3 =
          (s + 4)
  ------------------
       s (s + 2) (s + 1)
Continuous - time zero/pole/gain model.

sys4 =
          (z + 4)
  ------------------
       z (z + 2) (z + 1)
Sample time: 0.1 seconds
Discrete - time zero/pole/gain model.
```

3）离散系统函数标准模型的创建函数 filt

调用格式：sys=filt(num,den,T_s)

函数功能：生成一个采样时间由 T_s 指定的离散时间系统函数的标准模型。其中，num 和 den 分别为系统的分子与分母多项式系数构成的向量，且向量中的系数为降幂次排列；T_s 为采样周期，当 $T_s=-1$ 或为空时，表示系统的采样周期未定义。

4）系统函数标准模型的打印输出函数 printsys

调用格式 1：printsys(num,den,'s')

调用格式 2：printsys(num,den,'z')

函数功能：打印输出标准模型描述下的系统函数。其中，调用格式 1 输出拉普拉斯变换描述下的连续时间系统的标准模型；调用格式 2 输出 Z 变换描述下的离散时间系统的标准模型。

【例 10-17】 用 filt 函数创建离散系统的数学模型，并用 printsys 函数打印输出该系统模型。其中 num=[1,4],den=[1 3 2 0]。

MATLAB 源程序如下：

```
num = [1,4];den = [1 3 2 0];
sys5 = filt(num,den)
sys6 = filt(num,den,0.1)
printsys(num,den,'s');
printsys(num,den,'z');
```

程序运行结果如下：

```
>> exam_10_17
Sys5 =
      1 + 4 z^-1
  --------------------
   1 + 3 z^-1 + 2 z^-2
Sample time: unspecified
Discrete - time transfer function.
num/den =
            s + 4
   ------------------
    s^3 + 3 s^2 + 2 s

sys6 =
      1 + 4 z^-1
  --------------------
   1 + 3 z^-1 + 2 z^-2
Sample time: 0.1 seconds
Discrete - time transfer function.
num/den =
            z + 4
   ------------------
    z^3 + 3 z^2 + 2 z
```

5）系统标准模型转换为零极点增益模型的函数 tf2zp 及 zpk

调用格式：[z,p,k]=tf2zp(num,den)

函数功能：将系统函数的标准模型转换为零极点增益模型。其中，num 和 den 分别为系统的分子与分母多项式系数构成的向量；z、p、k 分别为系统的零点列向量、极点列向量和系统增益。

如果在 MATLAB 中已经创建好了系统标准模型，那么可以简单地利用 zpk 函数来生成零极点增益模型，而无须知道系统的分子与分母多项式系数构成的向量。

调用格式：sys=zpk(systf)

函数功能：将系统函数的标准模型转换为零极点增益模型。其中，systf 是已经创建好的标准模型；sys 是新创建的零极点增益模型。

【例 10-18】 用 tf2zp 函数和 zpk 函数把系统函数的标准模型转换为零极点增益模型。其中，num=[1,4]，den=[1 3 2 0]。

MATLAB 源程序如下：

```
num = [1,4];den = [1 3 2 0];
[z,p,k] = tf2zp(num,den)
sys1 = tf(num,den);
sys2 = tf(num,den,0.1);
sys7 = zpk(sys1)
sys8 = zpk(sys2)
```

程序运行结果如下：

```
>> exam_10_18
z =
    - 4
p =
      0
    - 2
    - 1
k =
      1
Sys7 =
      (s + 4)
  ---------------
   s (s + 2) (s + 1)
Continuous - time zero/pole/gain model.

sys8 =
         (z + 4)
    ---------------
     z (z + 2) (z + 1)
Sample time: 0.1 seconds
Discrete - time zero/pole/gain model.
```

6）系统零极点增益模型转换为标准模型的函数 zp2tf 及 tf

调用格式：[num,den]=zp2tf (z,p,k)

函数功能：将系统函数的零极点增益模型转换为标准模型。其中，z、p、k 分别为系统的零点列向量、极点列向量和系统增益；num 和 den 分别为系统的分子与分母多项式系数构成的向量。

如果在 MATLAB 中已经创建好了系统零极点增益模型，那么可以简单地利用 tf 函数来生成标准模型,而无须知道系统的零点列向量、极点列向量和系统增益。

调用格式：sys=tf(syszpk)

函数功能：将系统函数的零极点增益模型转换为标准模型。其中,syszpk 是已经创建好的零极点增益模型；sys 是新创建的标准模型。

【例 10-19】 用 zp2tf 函数和 tf 函数把系统函数的零极点增益模型转换为标准模型。其中,z=[−4],p=[0,−2,−1]',k=1。

MATLAB 源程序如下：

```
z = [ - 4];p = [0, - 2, - 1]';k = 1;
[num,den] = zp2tf(z,p,k)
sys3 = zpk(z,p,k);
sys4 = zpk(z,p,k,0.1);
sys9 = tf(sys3)
sys10 = tf(sys4)
```

程序运行结果如下：

```
>> exam_10_19
num =
     0     0     1     4
den =
     1     3     2     0
Sys9 =
           s + 4
   -------------------
    s^3 + 3 s^2 + 2 s
Continuous - time transfer function.

sys10 =
           z + 4
   -------------------
    z^3 + 3 z^2 + 2 z
Sample time: 0.1 seconds
Discrete - time transfer function.
```

更多系统模型转换函数见表 10-4。

表 10-4 更多系统模型转换函数

函数名	函数功能	调用格式 1
sos2tf	将二次分式模型 sos 转换为标准模型[num,den],增益系数 g 默认为 1	[num,den]=sos2tf(sos,g)
tf2sos	将标准模型[num,den]转换为二次分式模型 sos,g 为增益系数	(sos,g)= tf2sos[num,den]
sos2zp	将二次分式模型 sos 转换为零极点增益模型,增益系数 g 默认为 1	[z,p,k]=sos2zp(sos,g)
zp2sos	将零极点增益模型转换为二次分式模型 sos,g 为增益系数	(sos,g)= zp2sos[z,p,k]

10.5 线性时不变系统的时域分析

线性时不变系统的时域分析主要是指对表征系统性质的常系数线性微分方程进行时域求解,进而通过得到的响应来对系统的性能进行分析。其中最重要的就是对常系数线性微分方程进行时域求解。而在信号处理领域,通常把系统的全响应定义为：全响应=

零输入响应+零状态响应。因此,只要能分别求出这两种响应形式,就能够对线性时不变系统进行时域分析。下面分别介绍在 MATLAB 中这两种响应形式以及一些常用响应的求解方法。

10.5.1 LTI 系统零输入响应的数值求解

(1) 在 MATLAB 中,连续 LTI 系统的零输入响应的求解可通过函数 initial 来实现,initial 函数中的参量必须是状态变量所描述的系统模型。

调用格式 1:[yzi,t,x]=initial(A,B,C,D,f0)

调用格式 2:[yzi,t,x]=initial(A,B,C,D,f0,t0)

函数功能:该函数可计算出由初始值 f0 所引起的连续 LTI 系统的零输入响应 yzi。其中,x 用于状态记录;t 为仿真所用的采样时间向量;t0 是指定的用于计算零输入响应的时间向量,t0 缺省时该时间向量由函数自动选取。

(2) 在 MATLAB 中,离散 LTI 系统的零输入响应的求解可通过函数 dinitial 来实现,dinitial 函数中的参量必须是状态变量所描述的系统模型。

调用格式 1:[yzin,x,n]=dinitial(A,B,C,D,f0)

调用格式 2:[yzin,x,n]=dinitial(A,B,C,D,f0,n0)

函数功能:该函数可计算出由初始值 f0 所引起的离散 LTI 系统的零输入响应 yzin。其中,n 为仿真所用的点数;n0 是指定的用于计算零输入响应的取样点数向量,n0 缺省时该取样点数向量由函数自动选取。

函数说明:当函数 initial 和 dinitial 没有指定输出变量时,系统此时的零输入响应曲线会在当前图形窗口中直接绘制;当指定了输出变量时,就不会在当前图形窗口中绘制曲线,而是给出系统零输入响应的输出数据。

【例 10-20】 用 initial 函数和 dinitial 函数求解 LTI 系统的零输入响应。

所得结果如图 10-15 所示。

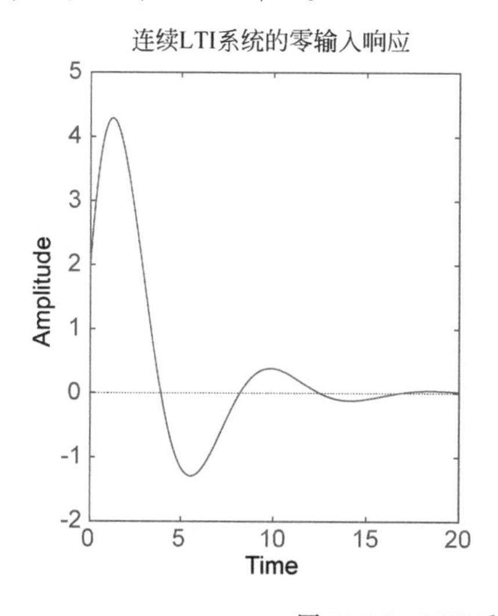

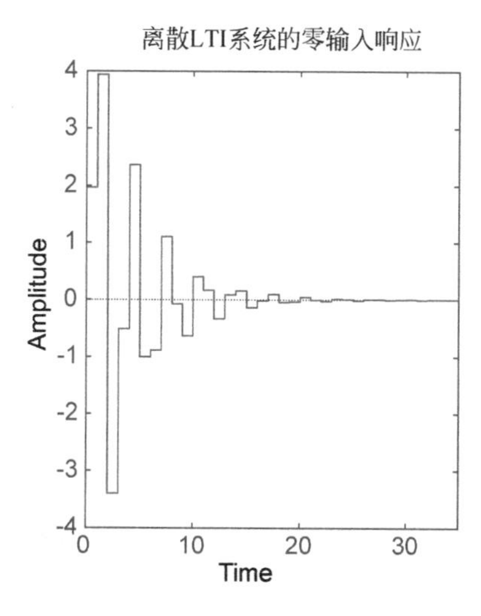

图 10-15 LTI 系统的零输入响应

MATLAB源程序如下：

```
t0 = 0:0.0001:20;f0 = [1;0];
A = [ - 0.5572, - 0.7814;0.7814,0];B = [1;0];
C = [1.9691,6.4493];D = [0];
subplot(1,2,1)
initial(A,B,C,D,f0,t0);
ylabel('Amplitude');xlabel('Time');
title('连续 LTI 系统的零输入响应');
subplot(1,2,2)
dinitial(A,B,C,D,f0);
ylabel('Amplitude');xlabel('Time');
title('离散 LTI 系统的零输入响应');
```

10.5.2 LTI系统零状态响应的数值求解

在信号与系统中，对于系统零状态响应的时域求解方法有很多。MATLAB中主要提供了两种方法。

(1) 对于连续时间的LTI系统，在输入信号为$f(t)$时的系统零状态响应$y_{zs}(t)$可以表示为输入信号与系统的单位冲激响应$h(t)$的卷积积分；对于离散时间的LTI系统，在输入信号为$f(n)$时的系统零状态响应$y_{zs}(n)$可以表示为输入信号与系统的单位冲激响应$h(n)$的卷积和。其数学表达式为

$$y_{zs}(t)=f(t)*h(t)=\int_{-\infty}^{+\infty}f(\tau)h(t-\tau)\mathrm{d}\tau \tag{10-23}$$

$$y_{zs}(n)=f(n)*h(n)=\sum_{k=-\infty}^{+\infty}f(k)h(n-k) \tag{10-24}$$

在MATLAB中，对于离散LTI系统的卷积和运算可以采用conv函数来实现。而对于连续系统，由于当假设采样频率比信号波形的变化速率快时，可以用采样点数据来表示连续时间信号，这使得连续时间LTI系统的零状态响应也可以直接调用卷积函数命令conv来实现。即，当系统输入信号和系统的单位冲激响应均已知时，可采用卷积函数conv来计算系统的零状态响应。

【例10-21】 试利用conv函数求下列LTI系统的零状态响应：(1)连续系统的单位冲激响应为$h(t)=(2\mathrm{e}^{-t}-\mathrm{e}^{-2t})\varepsilon(t)$，输入信号为$f(t)=\varepsilon(t+4)-\varepsilon(t-6)$；(2)离散系统的单位冲激响应为$h(n)=0.5^n(n=0,1,\cdots,20)$，输入信号为$f(n)=\varepsilon(n+4)-\varepsilon(n-6)$。

所得结果如图10-16所示，MATLAB源程序如下：

```
dt = 0.01;t1 = 0:dt:4;                          %设定离散时间间隔以及单位冲激响应的持续时间
h1 = 2 * exp( - t1) - exp( - 2 * t1);            %生成单位冲激响应
t2 = - 4:dt:6; f1 = ones(1,length(t2));          %生成输入信号
yzs_1 = conv(f1,h1);yzs_1 = yzs_1 * dt;          %调用卷积函数计算零状态响应
ts = min(t1) + min(t2);te = max(t1) + max(t2);   %计算卷积结果的时间范围
t = ts:dt:te;                                    %构造卷积结果的时间序号向量
subplot(2,4,1);
plot(t1,h1);grid on;
```

```
title('h(t)');xlabel('t');
subplot(2,4,2); plot(t2,f1);grid on;
title('f(t)');xlabel('t');
subplot(2,2,3);plot(t,yzs_1);grid on;
title('连续 LTI 系统的零状态响应 yzs(t)');xlabel('t');
n1 = 0:20;h2 = 0.5.^n1;
n2 = - 4:6;f2 = ones(1,length(n2));
yzs_2 = conv(f2,h2);
ns = min(n1) + min(n2);ne = max(n1) + max(n2);              % 计算卷积结果的时间范围
n = ns:ne;                                                  % 构造卷积结果的时间序号向量
subplot(2,4,3); stem(n1,h2);grid on;
title('h(n)');xlabel('n');
subplot(2,4,4); stem(n2,f2);grid on;
title('f(n)');xlabel('n');
subplot(2,2,4); stem(n,yzs_2);grid on;
title('离散 LTI 系统的零状态响应 yzs(n)');xlabel('n');
```

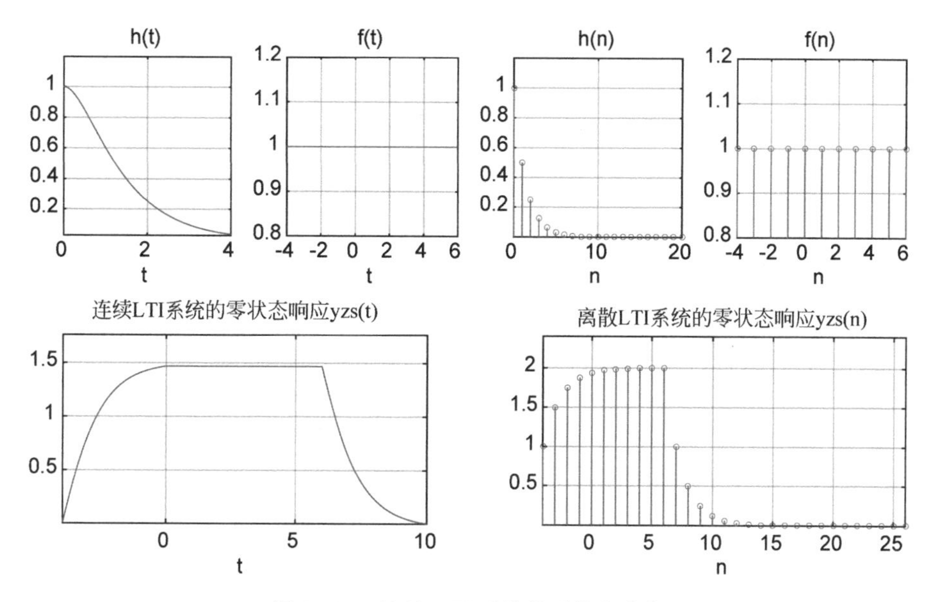

图 10-16　连续 LTI 系统的零状态响应

注意：函数 conv 在运算的过程中不需要知道输入信号和单位冲激响应的时间序号，也不返回卷积结果的时间序号。因此在例 10-21 中，为了能够正确显示零状态响应的波形，程序中需要特别构造卷积结果的时间序号向量。

(2) 在 MATLAB 中，如果已知 LTI 系统的系统函数或状态方程，也可以通过调用专用的函数来求解系统的零状态响应。

① 对于连续时间 LTI 系统，MATLAB 控制系统工具箱提供了对其零状态响应进行数值仿真的函数 lsim，该函数可求解零初始条件下微分方程的数值解。

调用格式 1：[y, x]= lsim(A,B,C,D, u,t,x0)

函数功能：返回连续时间 LTI 系统

$$\begin{cases} x'(t) = Ax(t) + Bu(t) \\ y(t) = Cx(t) + Du(t) \end{cases} \tag{10-25}$$

在给定输入信号时的系统响应 y 和状态记录 x。其中,u 是给定的每个输入的时间序列,通常情况下都是一个矩阵;t 是给定的仿真时间的区间,要求其为等间隔;x0 是初始状态,缺省时表示 y 为连续系统的零状态响应。

调用格式 2:yzs=lsim(num,den,f,t)或 yzs=lsim(sys,f,t)

函数功能:在给定输入和系统函数时返回连续 LTI 系统的零状态响应 y 和状态记录 x。其中,num 和 den 分别为系统函数的分子与分母多项式系数构成的向量,且向量中的系数为降幂次排列;f 是系统的输入信号向量;t 表示计算系统响应的时间抽样点向量;sys 是用标准模型表示的系统函数,格式为 sys=tf(num,den)。

② 对于离散时间 LTI 系统,MATLAB 控制系统工具箱提供了对其零状态响应进行数值仿真的函数 dlsim,该函数可求解零初始条件下差分方程的数值解。

调用格式 1:[y, x]=dlsim(A,B,C,D,u,x0)

函数功能:返回离散时间 LTI 系统

$$\begin{cases} x(n+1) = Ax(n) + Bu(n) \\ y(t) = Cx(n) + Du(n) \end{cases} \tag{10-26}$$

在给定输入序列 u 时的系统响应 y 和状态记录 x。其中,x0 是初始状态,缺省时表示 y 为离散系统的零状态响应。

调用格式 2:yzs=dlsim(num,den,f)

函数功能:在给定输入信号和系统函数标准模型的情况下返回离散 LTI 系统的零状态响应 yzs。其中,num 和 den 分别为系统函数的分子与分母多项式系数构成的向量,且向量中的系数按照 z 的降幂次排列;f 是系统的输入信号序列。

函数说明:当函数 lsim 和 dlsim 没有指定输出变量时,系统的输入信号曲线和零状态响应曲线都会在当前图形窗口中直接绘制;当指定了输出变量时,就不会在当前图形窗口中绘制曲线,而是给出系统零状态响应的输出数据。

【例 10-22】 试利用 lsim 和 dlsim 函数求下列 LTI 系统的零状态响应:(1)现有二阶连续系统的系统函数为

$$H(s) = \frac{s^2 + 7s + 3}{s^2 + 2s + 3}$$

求当输入是周期为 5s 的锯齿波时的系统零状态响应;(2)现有二阶离散系统的系统函数为

$$H(z) = \frac{3 - 2.7z^{-1} + 3.1z^{-2}}{1 - 1.2z^{-1} + 0.8z^{-2}}$$

求当输入为服从均值为 0、方差为 1 的高斯分布的噪声信号时的系统零状态响应。

所得结果如图 10-17 所示,图中淡色曲线是输入信号的波形,深色曲线是系统的零状态响应。MATLAB 源程序如下:

```
num1 = [1,7,3];den1 = [1,2,3];            % 生成系统函数标准模型多项式的向量
dt = 0.01;t = 0:dt:12;                    % 设置采样间隔和仿真时间的区间
f1 = sawtooth(0.4 * pi * t,0.5);          % 生成周期为 5 且 width = 0.5 的锯齿波信号
subplot(1,2,1);lsim(num1,den1,f1,t);      % 生成连续系统的零状态响应
title('连续 LTI 系统锯齿波响应');
```

```
num2 = [3, - 2.7,3.1];den2 = [1, - 1.2,0.8];          % 生成系统函数标准模型多项式的向量
f2 = randn(1,120);                                    % 生成高斯噪声信号
subplot(1,2,2);dlsim(num2,den2,f2);                   % 生成离散系统的零状态响应
title('离散 LTI 系统高斯噪声响应');
```

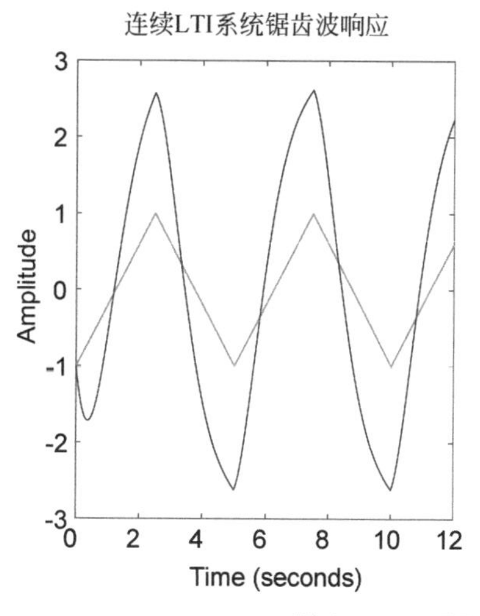

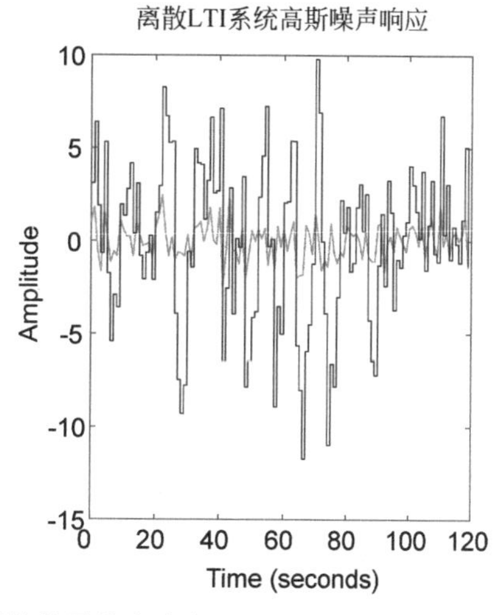

图 10-17　LTI 系统的零状态响应

③ 从频域的角度出发,系统的响应就是系统通过系统函数对输入信号频谱进行选择处理的过程,通常把该过程称为滤波,而把系统函数称为滤波器。因此,输入信号通过滤波器(系统函数)后的滤波结果就是系统的响应。在 MATLAB 的信息处理工具箱中,提供了一维滤波器函数 filter 和二维滤波器函数 filter2,通过该函数也可求解零初始条件下差分方程的数值解。

调用格式：yzs=filter(num,den,f)

函数功能：把输入向量 f 中的数据通过滤波器进行滤波,返回的滤波结果即可看作离散 LTI 系统的零状态响应 yzs。其中,num 和 den 分别为数字滤波器系统函数的分子与分母多项式系数构成的向量,且向量中的系数按照 z 的降幂次排列; f 是滤波器的输入信号序列。filter 函数还有多种调用方式,详情可用 help 语句在 MATLAB 中查阅。

【例 10-23】 设数据控制系统的差分方程为 $y(n)+0.6y(n-1)-0.16y(n-2)=f(n)+2f(n-1)$,若激励为 $f(n)=0.4^n R_{32}(n)$,求其零状态响应。

所得结果如图 10-18 所示,MATLAB 源程序如下：

```
num = [1,2];den = [1,0.6, - 0.16];           % 生成系统函数标准模型多项式的向量
n = 0:29;f = 0.9.^n;                         % 生成输入序列
y = filter(num,den,f);                       % 生成离散系统的零状态响应
subplot(1,2,1);stem(f);
ylabel('Amplitude');
xlabel('n');
title('输入信号 f(n)');
subplot(1,2,2);stem(y);
ylabel('Amplitude');
xlabel('n');
title('离散 LTI 系统的零状态响应 yzs(n)');
```

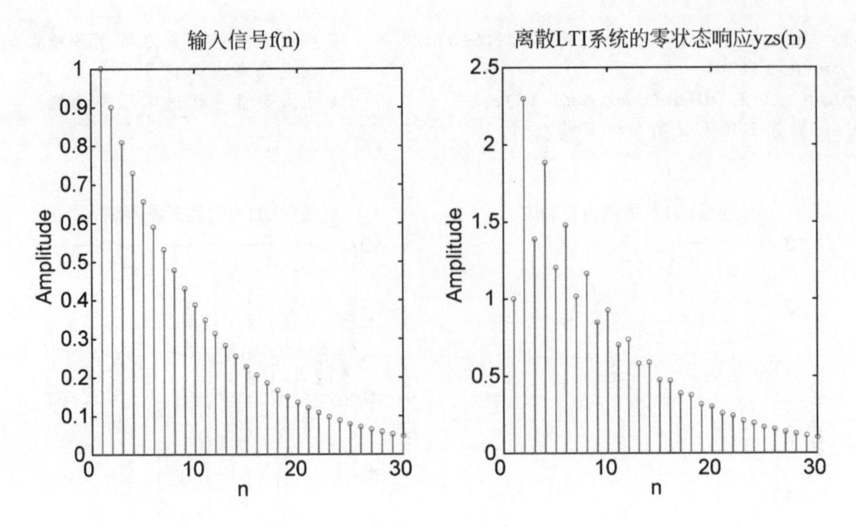

图 10-18　离散 LTI 系统的零状态响应

10.5.3　LTI 系统响应的符号求解

除了需要求解常系数线性微分方程的数值解外，有时还需要求解出微分方程的解析解，即要求出解的表达式。MATLAB 符号工具箱提供了 dsolve 函数，可实现常系数微分方程的符号求解。

调用格式：y＝dsolve('eq1,eq2,…','cond1,cond2,…','v')

函数功能：在给定微分方程的符号表达式和初始条件后返回微分方程响应的符号表达式 y。其中，参数 eq1,eq2,…表示各微分方程的符号表达式，它与 MATLAB 符号表达式的输入基本相同，即微分或导数的输入是用 Dy,D2y,D3y,…来表示 y 的一阶导数 y'，二阶导数 y''，三阶导数 y'''，…；参数 cond1,cond2,…表示各初始条件或起始条件的符号表达式；参数 v 表示自变量，默认是变量 t。对于 LTI 系统，可利用 dsolve 函数来求解系统微分方程的零输入响应和零状态响应，进而求出完全响应。

【例 10-24】　连续时间系统零输入响应和零状态响应的符号求解：试用 MATLAB 命令求解微分方程 $y''(t)+3y'(t)+2y(t)=x'(t)+3x(t)$ 当输入 $x(t)=\mathrm{e}^{-3t}\varepsilon(t)$，起始条件为 $y(0_-)=1$、$y'(0_-)=2$ 时系统的零输入响应、零状态响应及完全响应。

MATLAB 源程序如下：

```
eq = 'D2y + 3 * Dy + 2 * y = 0';                    % 生成微分方程的符号表达式
cond = 'y(0) = 1,Dy(0) = 2';                        % 输入初始条件的符号表达式
yzi = dsolve(eq,cond);                              % 求解系统响应的符号表达式
yzi = simplify(yzi)                                 % 对所求解的符号表达式进行化简
eq1 = 'D2y + 3 * Dy + 2 * y = Dx + 3 * x';
eq2 = 'x = exp( - 3 * t) * heaviside(t)';           % 生成输入信号的符号表达式
cond = 'y( - 0.001) = 0,Dy( - 0.001) = 0';
yzs = dsolve(eq1,eq2,cond);
yzs = simplify(yzs.y)
y = simplify(yzi + yzs)                             % 求解完全响应并对所得表达式进行化简
```

程序运行结果如下：

```
>> exam_10_23
yzi =
exp( - 2 * t) * (4 * exp(t) - 3)
yzs =
(exp( - 2 * t) * (exp(t) - 1) * (sign(t) + 1))/2
y =
exp( - 2 * t) * (4 * exp(t) - 3) + (exp( - 2 * t) * (exp(t) - 1) * (sign(t) + 1))/2
```

10.5.4 LTI系统的单位冲激响应和单位阶跃响应

(1) 单位冲激响应是指LTI系统中由单位冲激信号作为输入所引起的系统响应。当系统表述为系统函数或状态方程时，MATLAB给出了求解单位冲激响应的专用函数。

① 对于连续时间LTI系统，MATLAB控制系统工具箱提供了求解单位冲激响应的函数impulse。

调用格式：[h, T]=impulse(sys,tend)

函数功能：在给定连续时间LTI系统模型的条件下返回系统的单位冲激响应h和时间向量T。其中，sys表示系统的模型，其可为系统函数的标准模型(tf)、零极点模型(zpk)以及状态空间模型(ss)；tend表示仿真的时间范围是t=0到t=tend，缺省时则MATLAB自动选择仿真的时间范围。

② 对于离散时间LTI系统，MATLAB控制系统工具箱提供了求解单位冲激响应的函数dimpulse。

调用格式1：[h, x] = dimpulse(A,B,C,D,iu)

函数功能：返回离散时间LTI系统

$$\begin{cases} x(n+1) = Ax(n) + Bu(n) \\ y(t) = Cx(n) + Du(n) \end{cases} \tag{10-27}$$

的第iu个输入到全部输出的单位冲激响应，缺省时则输出单位冲激响应向量h和状态记录向量x。

调用格式2：h=dimpulse(num,den)

函数功能：在给定系统函数标准模型的情况下返回离散LTI系统的单位冲激响应h。其中，num和den分别为系统函数的分子与分母多项式系数构成的向量，且向量中的系数按照z的降幂次排列。

函数说明：当函数impulse和dimpulse没有指定输出变量时，系统的单位冲激响应曲线会在当前图形窗口中直接绘制；当指定了输出变量时，就不会在当前图形窗口中绘制曲线，而是给出系统单位冲激响应的输出数据。

【例10-25】 试利用impulse和dimpulse函数求下列LTI系统的单位冲激响应：①已知某连续时间LTI系统的微分方程为 $y''(t)+2y'(t)+32y(t)=f'(t)+16f(t)$，试用MATLAB的impulse命令绘出 $0\leqslant t\leqslant 4$ 范围内系统的冲激响应 $h(t)$；②现有二阶离散系统的系统函数为

$$H(z)=\frac{3-2.7z^{-1}+3.1z^{-2}}{1-1.2z^{-1}+0.8z^{-2}}$$

试用 MATLAB 的 dimpulse 命令绘出系统的冲激响应 $h(n)$。

所得结果如图 10-19 所示，MATLAB 源程序如下：

```
dt = 0.01;t = 0:dt:4;                            %设置采样间隔和仿真时间的区间
num1 = [1,16];den1 = [1,2,32];sys = tf(num1,den1);              %生成系统函数的标准模型
subplot(1,2,1);impulse(sys,t);                   %生成连续系统的单位冲激响应
title('连续 LTI 系统的单位冲激响应 h(t)');
num2 = [3, - 2.7,3.1];den2 = [1, - 1.2,0.8];
                                                 %生成系统函数标准模型的分子分母多项式的向量
h = dimpulse(num2,den2);                         %生成离散系统的单位冲激响应
subplot(1,2,2);stem(0:length(h) - 1,h);ylabel('Amplitude');xlabel('n');
title('离散 LTI 系统的单位冲激响应 h(n)');
```

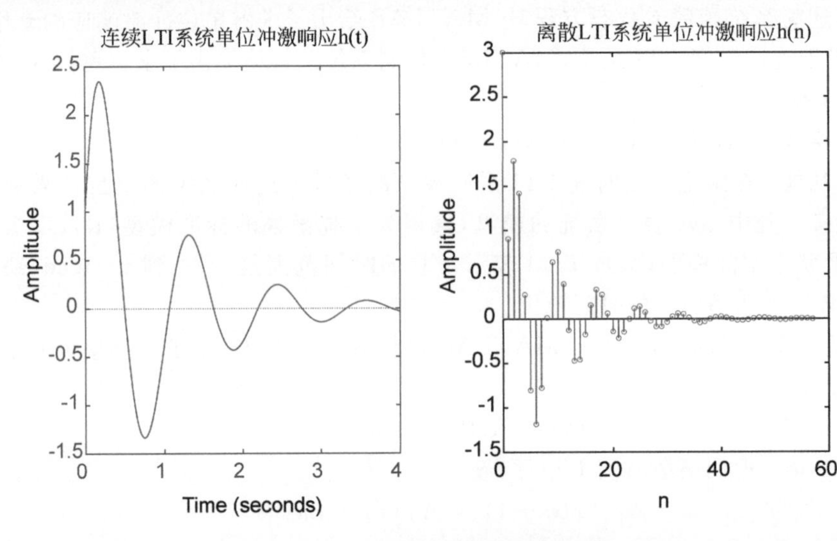

图 10-19　LTI 系统的单位冲激响应

(2) 单位阶跃响应是指 LTI 系统中由单位阶跃信号作为输入所引起的系统响应。当系统表述为系统函数或状态方程时，MATLAB 给出了求解单位阶跃响应的专用函数。

① 对于连续时间 LTI 系统，MATLAB 控制系统工具箱提供了求解单位阶跃响应的函数 step。

调用格式：[s, T]=step(sys,tend)

函数功能：在给定连续时间 LTI 系统模型的条件下返回系统的单位阶跃响应 s 和时间向量 T。其中，sys 表示系统的模型，其可为系统函数的标准模型(tf)、零极点模型(zpk)以及状态空间模型(ss)；tend 表示仿真的时间范围是 t=0 到 t=tend，缺省时则 MATLAB 自动选择仿真的时间范围。

② 对于离散时间 LTI 系统，MATLAB 控制系统工具箱提供了求解单位阶跃响应的函数 dstep。

调用格式 1：[s, x]=dstep(A,B,C,D,iu)

函数功能：返回离散时间 LTI 系统

$$\begin{cases} x(n+1) = Ax(n) + Bu(n) \\ y(t) = Cx(n) + Du(n) \end{cases} \tag{10-28}$$

的第 iu 个输入到全部输出的单位阶跃响应，缺省时则输出单位阶跃响应向量 s 和状态记录向量 x。

调用格式 2：s=dstep(num,den)

函数功能：在给定系统函数标准模型的情况下返回离散 LTI 系统的单位阶跃响应 s。其中，num 和 den 分别为系统函数的分子与分母多项式系数构成的向量，且向量中的系数按照 z 的降幂次排列。

函数说明：当函数 step 和 dstep 没有指定输出变量时，系统的单位阶跃响应曲线会在当前图形窗口中直接绘制；当指定了输出变量时，就不会在当前图形窗口中绘制曲线，而是给出系统单位阶跃响应的输出数据。

【例 10-26】 试利用 step 和 dstep 函数求下列 LTI 系统的单位阶跃响应：(1)已知某连续时间 LTI 系统的微分方程为 $y''(t)+2y'(t)+32y(t)=f'(t)+16f(t)$，试用 MATLAB 的 step 命令绘出系统的阶跃响应 $s(t)$；(2)现有二阶离散系统的系统函数为

$$H(z)=\frac{3-2.7z^{-1}+3.1z^{-2}}{1-1.2z^{-1}+0.8z^{-2}}$$

试用 MATLAB 的 dstep 命令绘出系统的阶跃响应 $s(n)$。

所得结果如图 10-20 所示，MATLAB 源程序如下：

```
num1 = [1,16];den1 = [1,2,32];
sys = tf(num1,den1);                        % 生成系统函数的标准模型
subplot(1,2,1);step(sys,t);                 % 生成连续系统的单位阶跃响应
title('连续 LTI 系统的单位阶跃响应 s(t)');
num2 = [3, - 2.7,3.1];den2 = [1, - 1.2,0.8];% 生成系统函数标准模型的分子分母多项式的向量
subplot(1,2,2);dstep(num2,den2);            % 生成离散系统的单位阶跃响应
title('离散 LTI 系统的单位阶跃响应 s(n)');
```

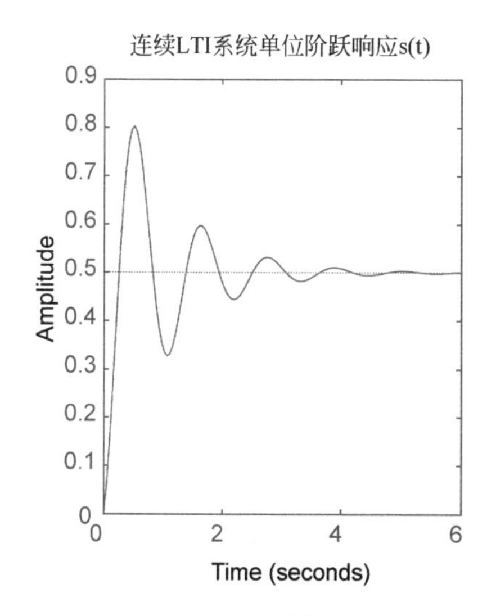

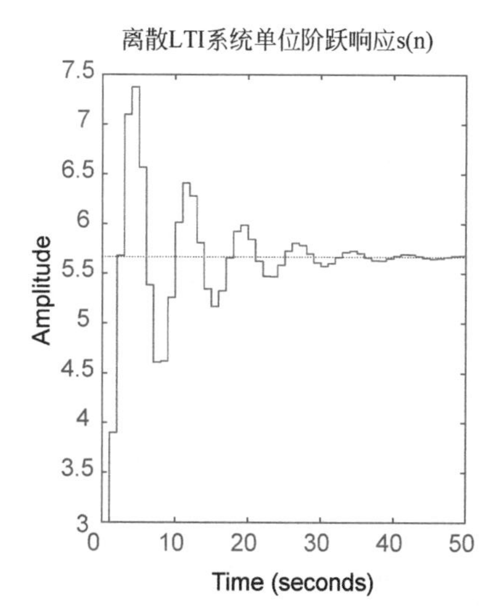

图 10-20 LTI 系统的单位阶跃响应

10.6 线性时不变系统的频域分析

LTI 系统的频域分析就是求解系统的频率响应，分为幅频特性和相频特性。为了方便对连续和离散时间系统进行频率分析，MATLAB 在信号处理工具箱中专门为用户提供了相关求解的函数。

10.6.1 连续时间 LTI 系统的频域分析

一个连续时间 LTI 系统的数学模型通常用常系数线性微分方程来描述，即

$$a_n \frac{d^n y}{dt^n} + \cdots + a_1 \frac{dy}{dt} + a_0 y(t) = b_n \frac{d^n x}{dt^n} + \cdots + b_1 \frac{dx}{dt} + b_0 x(t) \tag{10-29}$$

对上式两边进行傅里叶变换，并根据傅里叶变换的时域微分特性，得到系统的频率响应为

$$H(j\Omega) = \frac{Y(j\Omega)}{X(j\Omega)} = \frac{b_m (j\Omega)^m + \cdots + b_1 (j\Omega) + b_0}{a_n (j\Omega)^n + \cdots + a_1 (j\Omega) + a_0} \tag{10-30}$$

MATLAB 信号处理工具箱提供的 freqs 函数可直接计算连续时间 LTI 系统的频率响应的数值解。

调用格式：[H,W]=freqs(num,den,M)

函数功能：在给定连续时间系统函数模型的情况下返回连续 LTI 系统的频率响应 H。其中，num 和 den 分别为系统函数的分子与分母多项式系数构成的向量，且向量中的系数按照降幂次排列；对应频率处频率响应的数值存于 H 向量中；M 为正整数时表示频率的采样点总数，freqs 函数自动将这 M 个频率点设置在适当的频率范围内，并将 M 个频率点处的频率响应存放在向量 H 中，M 个频率值存放在向量 W 中；M 为频率点向量时，freqs 函数依照 M 中的频率计算对应的频率响应，并把频率点存放在向量 W 中；M 缺省时，freqs 函数自动选取 200 个频率点设置在适当的频率范围。

函数说明：当函数 freqs 没有指定输出变量时，频率响应的幅频和相频曲线会在当前图形窗口中直接绘制；当指定了输出变量时，就不会在当前图形窗口中绘制曲线，而是给出频率响应的输出数据。

【例 10-27】 已知一个 LTI 系统的微分方程为 $y'''(t)+10y''(t)+8y'(t)+5y(t)=13f'(t)+7f(t)$，求系统的频率响应。

对微分方程进行傅里叶变换，得 $Y(\Omega)[(j\Omega)^3+10(j\Omega)^2+8(j\Omega)+5]=X(\Omega)[13(j\Omega)+7]$，因此，频率响应为

$$H(j\Omega)=\frac{Y(j\Omega)}{X(j\Omega)}=\frac{13(j\Omega)+7}{(j\Omega)^3+10(j\Omega)^2+8(j\Omega)+5}$$

所得结果如图 10-21 所示，MATLAB 源程序如下：

```
clear;
M = - 3 * pi:0.01:3 * pi;                % 设置频率点向量
num = [13,7];den = [1,10,8,5];           % 生成系统函数标准模型的分子分母多项式的向量
H = freqs(num,den,M);                    % 生成连续系统的频率响应
```

```
subplot(2,1,1);
plot(M,abs(H)),grid on;
set(gca,'Fontsize',20);
xlabel('Frequency(rad/s)','Fontsize',20),ylabel('Magnitude','Fontsize',20);
% title('连续系统的幅频特性','Fontsize',20);
subplot(2,1,2);
plot(M,angle(H)),grid on;
set(gca,'Fontsize',20);
xlabel('Frequency(rad/s)','Fontsize',20),ylabel('Phase(degrees)','Fontsize',20);
% title('连续系统的相频特性','Fontsize',20);
```

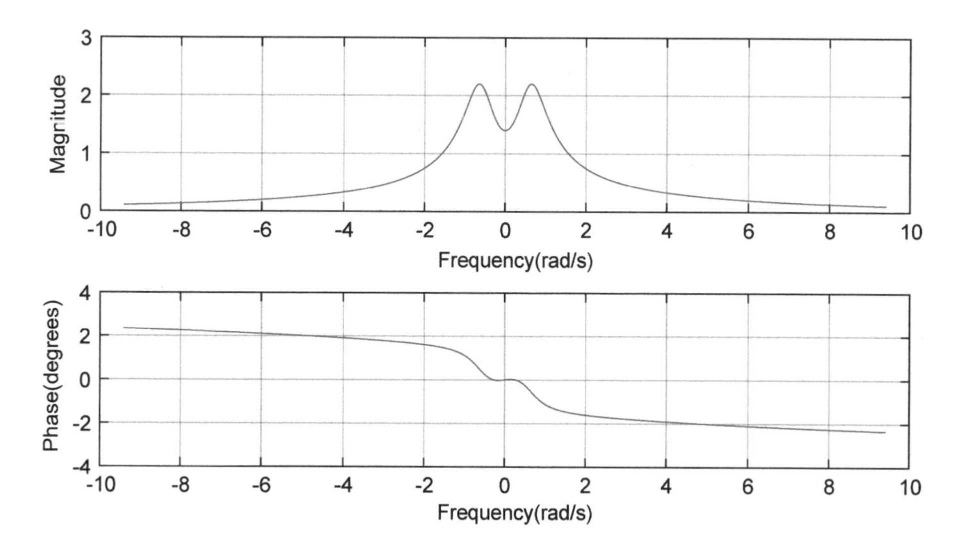

图 10-21　连续时间 LTI 系统的频率响应

10.6.2　离散时间 LTI 系统的频域分析

MATLAB 信号处理工具箱提供的 freqz 函数可直接计算离散时间 LTI 系统的频率响应的数值解。

调用格式：[H,W]=freqz(num,den,M)

函数功能：在给定离散系统函数模型的情况下返回系统的频率响应 H。其中，num 和 den 分别为离散系统函数的分子与分母多项式系数构成的向量，且向量中的系数按照 z 的降幂次排列；对应数字频率处频率响应的数值存于 H 向量中；M 为正整数时表示数字频率的采样点总数，freqs 函数自动将这 M 个频率均匀设置在[0,π]的频率范围内，并将 M 个频率点处的频率响应存放在向量 H 中，M 个频率值存放在向量 W 中；M 为频率点向量（通常指[0,π]范围的频率）时，freqz 函数依照 M 中的频率计算对应的频率响应，结果存于向量 H 中，并把频率点存放在向量 W 中；M 缺省时，freqz 函数自动选取 512 个频率点来计算频率响应。

freqz 函数还有多种调用方式，详情可用 help 语句在 MATLAB 中查阅。

函数说明：当函数 freqz 没有指定输出变量时，频率响应的幅频和相频曲线会在当前图形窗口中直接绘制；当指定了输出变量时，就不会在当前图形窗口中绘制曲线，而是给出频率响应的输出数据。

【例 10-28】 已知某数字滤波器的系统函数为

$$H(z)=\frac{1+6z^{-3}}{1+z^{-1}+4z^{-2}+4z^{-3}}$$

求系统的频率响应。

所得结果如图 10-22 所示，MATLAB 源程序如下：

```
clear;
M = - 10 * pi:0.01:10 * pi;                 % 设置频率点向量
num = [1,0,0,6];den = [1,1,4,4];           % 生成系统函数标准模型的分子分母多项式的向量
 % num = [1,1,0];den = [1,0.1, - 0.2];
 % freqz(num,den,M);
H = freqz(num,den,M);                       % 生成离散系统的频率响应
subplot(2,1,1);
plot(M./pi,10 * log10(abs(H))),grid on;
set(gca,'Fontsize',20);
xlabel('Normalized Frequency(x\pi rad/s)','Fontsize',20),ylabel('Magnitude(dB)','Fontsize',
20);
 % title('离散系统的幅频特性','Fontsize',20);
subplot(2,1,2);
plot(M./pi,angle(H)),grid on;
set(gca,'Fontsize',20);
xlabel('Normalized Frequency(x\pi rad/s)','Fontsize',20),ylabel('Phase(degrees)','Fontsize',
20);
 % title('离散系统的相频特性','Fontsize',20);
```

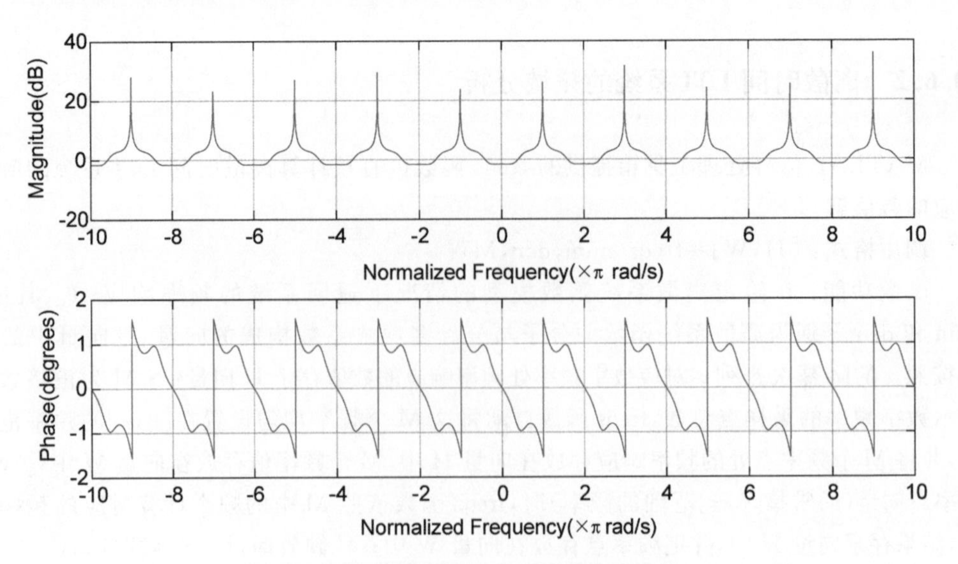

图 10-22 离散时间 LTI 系统的频率响应

10.7 本章小结

本章主要介绍了信号及表示，信号的基本运算，信号的能量和功率，线性时不变系统的创建，线性时不变系统的时域分析和线性时不变系统的频域分析。通过大量应用实例讲解，读者可以更加深刻地认知 MATLAB 在信号与系统中的应用。

第11章 MATLAB在数字信号处理中的应用

本章要点：

◇ 傅里叶变换；
◇ IIR 数字滤波器的设计；
◇ FIR 数字滤波器的设计。

本节在前面章节的基础上，介绍了 MATLAB 在傅里叶变换以及数字信号处理中最重要的滤波器设计中的应用。

11.1 傅里叶变换

1822 年，法国数学家傅里叶（J. Fourier，1768—1830 年）在研究热传导理论时发表了“热的分析理论”，提出并证明了将周期函数展开为正弦级数的原理，从而奠定了傅里叶级数的理论基础。

傅里叶变换就是在以时间为自变量的信号和以频率为自变量的频谱函数间建立变换关系。由于以时间为自变量的信号存在周期和非周期、离散和连续等不同情况，这就导致了几种不同的傅里叶变换形式。通常根据信号在时域和频域上的连续和离散情况，来对不同形式的傅里叶变换形式进行划分。

11.1.1 时间连续频率连续的傅里叶变换

变换关系为

正变换：

$$F(\mathrm{j}\Omega)=\int_{-\infty}^{\infty}f(t)\mathrm{e}^{-\mathrm{j}\Omega t}\,\mathrm{d}t \tag{11-1}$$

反变换：

$$f(t)=\frac{1}{2\pi}\int_{-\infty}^{\infty}F(\mathrm{j}\Omega)\mathrm{e}^{\mathrm{j}\Omega t}\,\mathrm{d}\Omega \tag{11-2}$$

其中，$f(t)$为非周期的连续时间信号；Ω是连续角频率；$F(\mathrm{j}\Omega)$为$f(t)$的连续且非周期的频谱密度函数。由于式(11-1)和式(11-2)中的积分上下限是负无穷到正无穷，而按照 MATLAB 对数值计算的要求，无法计算此区间上的积分，因此在 MATLAB 中实际编写程序时，只能选择有限的积分时间，再对该时间段进行抽样，然后用求和代替积分来计算傅里叶变换。

【例 11-1】 求解矩形脉冲信号 $f(t)=\varepsilon(t)-\varepsilon(t-4)$ 在 $\Omega=-30\sim30\text{rad/s}$ 的频谱函数，积分时间 t 为 0～8s，采样点数为 256。

所得结果如图 11-1 所示。

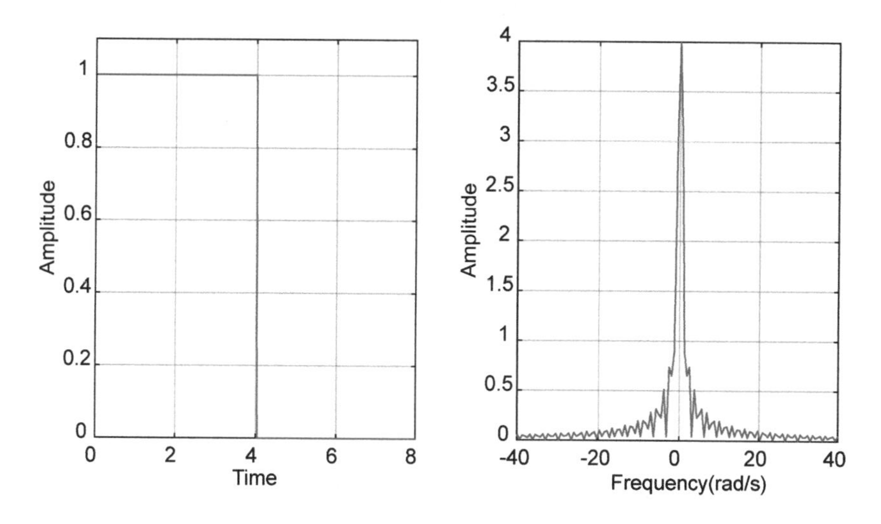

图 11-1 连续时间非周期时域信号及其频谱图

MATLAB 源程序如下：

```
wf = 40;Nf = 64;
t_end = 8;N_time = 256;
dt = t_end./N_time;t = (1:N_time).*dt;                    % 给出信号的时间分割
f = zeros(1,N_time);
f(1,1:N_time/2) = f(1,1:N_time/2) + ones(1,N_time/2);     % 给出持续时间为 0～4s 的方波
w_r = linspace(0,wf,Nf);dw = wf/(Nf - 1);
F_r = f * exp( - 1i * t' * w_r) * dt;                     % 计算傅里叶变换
w = [ - fliplr(w_r),w_r(2:Nf)];                           % 设定整个频率区间
F = [fliplr(F_r),F_r(2:Nf)];                              % 给出整个频率区间上的频谱
subplot(1,2,1);plot(t,f),grid on;
ylabel('Amplitude');xlabel('Time');
axis([0,tend,0,1.1]);
subplot(1,2,2);plot(w,abs(F)),grid on;                    % 绘制出信号的幅频特性
ylabel('Amplitude');xlabel('Frequency(rad/s)');
```

11.1.2 时间连续频率离散的傅里叶级数

变换关系为

正变换：

$$F(\mathrm{j}k\Omega_0)=\frac{1}{T_0}\int_{-T_0/2}^{T_0/2}f(t)\mathrm{e}^{-\mathrm{j}k\Omega_0 t}\mathrm{d}t \tag{11-3}$$

反变换：

$$f(t)=\sum_{k=-\infty}^{\infty}F(\mathrm{j}k\Omega_0)\mathrm{e}^{\mathrm{j}k\Omega_0 t} \tag{11-4}$$

其中，$f(t)$是周期为 T_0 的连续时间周期信号；$F(\mathrm{j}k\Omega_0)$为 $f(t)$的傅里叶级数的系数，其为频率离散的非周期函数；$\Omega_0=2\pi/T_0$ 是相邻离散谱线的间隔，k 表示谐波序号。

11.1.3 时间离散频率连续的序列傅里叶变换

变换关系为

正变换：

$$F(\mathrm{e}^{\mathrm{j}\omega})=\sum_{n=-\infty}^{\infty}f(n)\mathrm{e}^{-\mathrm{j}\omega n} \tag{11-5}$$

反变换：

$$f(n)=\frac{1}{2\pi}\int_{-\pi}^{\pi}F(\mathrm{e}^{\mathrm{j}\omega})\mathrm{e}^{\mathrm{j}\omega n}\mathrm{d}\omega \tag{11-6}$$

其中，$f(n)$为周期且绝对可和的序列；ω 是数字频率且 $\omega=\Omega T$，这里 T 是把连续时间信号$f(t)$离散为序列 $f(n)$时的采样周期，Ω 为模拟角频率。由式(11-5)可以看出，时域上具有周期性且绝对可和的离散序列在频域上是具有连续性和周期性的频谱。

观察式(11-5)可以发现，无限长的离散序列 $f(n)$可以进行序列傅里叶变换，但此时 MATLAB 却不能直接用式(11-5)来计算 $F(\mathrm{e}^{\mathrm{j}\omega})$，而只能先自行计算出 $F(\mathrm{e}^{\mathrm{j}\omega})$的表达式，再利用 MATLAB 求取 $F(\mathrm{e}^{\mathrm{j}\omega})$的数值解，最后利用相关函数画出它的幅度频谱和相位频谱。反之，如果求取有限长离散序列 $f(n)$的序列傅里叶变换，则可以直接利用 MATLAB，按照式(11-5)求取 $F(\mathrm{e}^{\mathrm{j}\omega})$在任意频率下的数值解。

【例 11-2】 求有限长序列 $f(n)=(0.7)^n\mathrm{e}^{\mathrm{j}n\pi/4}(\varepsilon(n)-\varepsilon(n-16))$的序列傅里叶变换。

所得结果如图 11-2 所示，MATLAB 源程序如下：

```
N = 0:15;f = (0.7 * exp(1i * pi/4)).^N;          % 在给定采样点数下计算待变换函数值
z = - 300:300;w = (pi/50) * z;                    % 对频率进行采样
F = f * (exp( - 1i * pi/50)).^(N' * z);           % 计算序列傅里叶变换
subplot(2,1,1);plot(w,abs(F));grid on;
set(gca,'Fontsize',20);
ylabel('Magnitude');xlabel('Frequency(rad/s)');
title('幅度频谱',);
subplot(2,1,2);plot(w,angle(F));grid on;
ylabel('Phase');xlabel('Frequency(rad/s)');
title('相位频谱','Fontsize',20);
```

11.1.4 时间离散频率离散的离散傅里叶变换(DFT)

变换关系为

正变换：

$$F(k)=\sum_{n=0}^{N-1}f(n)W_N^{nk},\quad k=0,1,2,\cdots,N-1 \tag{11-7}$$

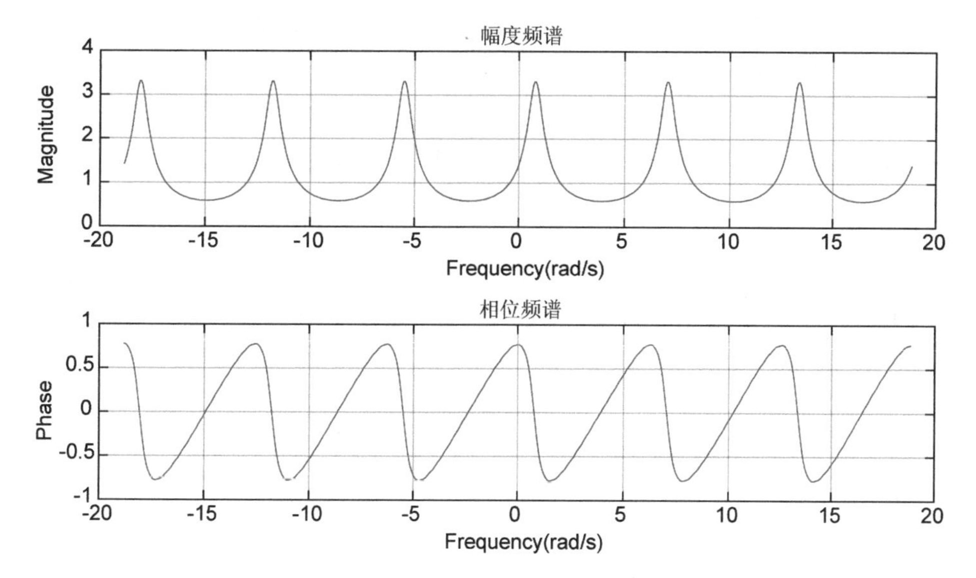

图 11-2　幅度频谱和相位频谱的特性曲线

反变换：

$$f(n)=\frac{1}{N}\sum_{k=0}^{N-1}F(k)W_N^{-nk},\quad n=0,1,2,\cdots,N-1 \tag{11-8}$$

其中，$f(n)$是长度为 N 的有限长时域序列；$W_N^{nk}=\mathrm{e}^{-\mathrm{j}\frac{2\pi}{N}nk}$。式(11-7)通常称为离散傅里叶变换，简称为 DFT 变换。从 DFT 变换的定义中可以看出，DFT 使时域有限长序列和频域有限长序列相对应，从而能够通过计算机计算出信号的 DFT，进而可以在频域完成信号的处理。同时，由于存在 FFT 这个能够计算 DFT 的快速算法，使得计算机可以实时地对信号进行处理。因此，DFT 成为了数字信号处理中对信号进行分析的重要的数学工具之一，其实际应用领域十分广泛。

11.1.5　计算离散傅里叶变换的常用函数

在 MATLAB 中，依照快速傅里叶变换(FFT)对不同维数的信号处理方式的不同，给出了不同的变换及反变换函数。MATLAB 不仅在基础部分提供了一维傅里叶正变换和反变换的快速计算函数 fft 以及 ifft，还提供了二维以及多维信号的傅里叶正反变换的快速计算函数 fft2 和 ifft2 以及 fftn 和 ifftn。本节只介绍一维和二维的傅里叶正反变换函数，fftn 和 ifftn 可在 MATLAB 中通过 help 查阅。

1）一维正离散傅里叶变换快速计算函数 fft

调用格式：F=fft(f,N)

函数功能：通过 FFT 算法计算序列 f 的 N 点离散傅里叶变换。其中，N 为默认值时函数自动选择 N=length(f)来计算 DFT；当 $N=2^M$ 时，函数会按照蝶形运算来计算 DFT，否则会采用混合算法。

2）一维反离散傅里叶变换快速计算函数 ifft

调用格式：f=ifft(F,N)

函数功能：利用 FFT 算法计算序列 F 的 N 点反离散傅里叶变换。

3）二维正离散傅里叶变换快速计算函数 fft2

调用格式：F=fft2(f)

函数功能：对矩阵 f 进行二维离散傅里叶变换。

4）二维反离散傅里叶变换快速计算函数 ifft2

调用格式：f=ifft2(F)

函数功能：对矩阵 F 进行二维离散傅里叶反变换。

【例 11-3】 （1）用 FFT 计算以下两个序列的卷积：$f_1(n)=\cos(0.6n)R_N(n)$，$f_2(n)=0.9^nR_M(n)$。

所得结果如图 11-3 所示，其中选取 N=25，M=25。

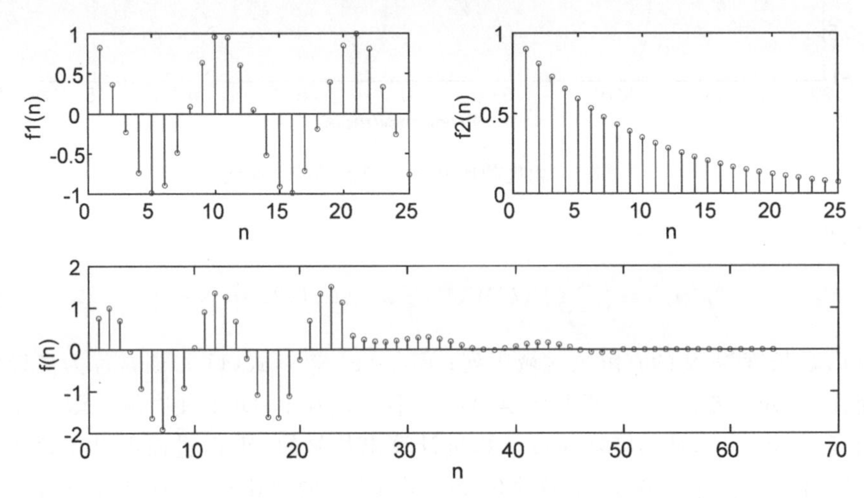

图 11-3　两个有限长序列的线性卷积波形

MATLAB 源程序如下：

```
N = input('序列 f1 的长度 N = ');          % 设定序列 f1(n)的长度 N
nf1 = 1:N;f1n = cos(0.6 * nf1);            % 求序列 f1(n)的时间序列并对其赋值
M = input('序列 f2 的长度 M = ');          % 设定序列 f2(n)的长度 M
nf2 = 1:M;f2n = 0.9.^nf2;                  % 求序列 f2(n)的时间序列并对其赋值
L = pow2(nextpow2(M + N - 1));             % 取 L 为 2 的 L 次幂不小于且最接近(N + M - 1)
F1K = fft(f1n,L);                          % 对序列 f1(n)计算 L 点的 FFT 运算
F2K = fft(f2n,L);                          % 对序列 f2(n)计算 L 点的 FFT 运算
FK = F1K. * F2K;                           % 两序列的频域进行相乘运算得到 F(k)
fn = ifft(FK,L);                           % 对 F(k)进行 L 点 IFFT 运算得到 f(n)
subplot(2,2,1),stem(nf1,f1n);
ylabel('f1(n)');xlabel('n');
subplot(2,2,2),stem(nf2,f2n);
ylabel('f2(n)');xlabel('n');
subplot(2,1,2),stem(1:L,fn);
ylabel('f(n)');xlabel('n');
```

（2）利用 FFT 求两个有限长序列 $f_1(n)=\{1\ 4\ -1\ 31\ 52\ 1\}$和 $f_2(n)=\{2\ 32\ -1\ 3\ 1\ -42\}$的线性相关性。

两个长为 N 的实离散时间序列 $f_1(n)$ 与 $f_2(n)$ 的互相关函数定义为

$$r_{f_1f_2}(m)=\sum_{n=0}^{N-1}f_1(n-m)f_2(n)=\sum_{n=0}^{N-1}f_1(n)f_2(n+m) \tag{11-9}$$

而离散时间序列的卷积公式为

$$f(m)=\sum_{n=0}^{N-1}f_1(m-n)f_2(n)=x(m)*y(m) \tag{11-10}$$

对比式(11-9)和式(11-10)就能得到

$$\begin{aligned}r_{f_1f_2}(m)&=\sum_{n=0}^{N-1}f_1(n-m)f_2(n)\\&=\sum_{n=0}^{N-1}f_1[-(m-nn)]f_2(n)\\&=f_1(-m)*f_2(m)\end{aligned} \tag{11-11}$$

并且已知 $\mathrm{DFT}[f_1((-n))_NR_N(n)]=F_1^*(k)$，那么对式(11-11)进行离散傅里叶变换，可得

$$R_{f_1f_2}(k)=F_1^*(k)*F_2(k) \tag{11-12}$$

其中，$R_{f_1f_2}(k)=\mathrm{DFT}[r_{f_1f_2}(n)]$，$F_1(k)=\mathrm{DFT}[f_1(n)]$，$F_2(k)=\mathrm{DFT}[f_2(n)]$。因此欲求解本题中的相关系数，只要先对两个序列进行FFT运算，然后再计算出相关系数的离散傅里叶变换，最后进行离散傅里叶反变换即可。

所得结果如图11-4所示。

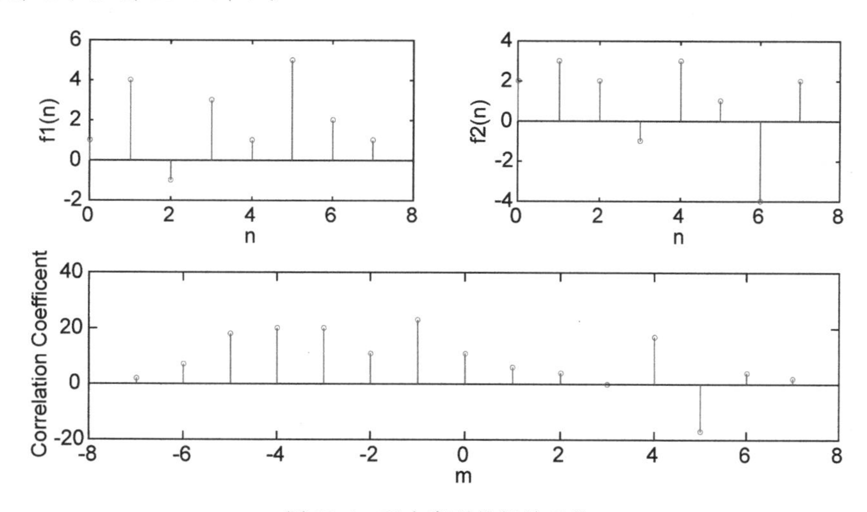

图11-4　两个序列的相关系数

MATLAB源程序如下：

```
f1n = [1,4, - 1,3,1,5,2,1];
f2n = [2,3,2, - 1,3,1, - 4,2];
k = length(f1n);                          % 求取序列 f1(n)的长度 k
F1K = fft(f1n,2 * k);                     % 对序列 f1(n)计算 L 点的 FFT 运算
F2K = fft(f2n,2 * k);                     % 对序列 f2(n)计算 L 点的 FFT 运算
rm = real(ifft(conj(F1K). * F2K));  % 利用式(11-12)及 IFFT 计算相关系数的实部
```

```
rm = [rm(k+2:2*k) rm(1:k)];
m = (1-k):(k-1);
subplot(2,2,1),stem(0:k-1,f1n);
ylabel('f1(n)');xlabel('n');
subplot(2,2,2),stem(0:k-1,f2n);
ylabel('f2(n)');xlabel('n');
subplot(2,1,2),stem(m,rm);
ylabel('Correlation Coefficent');xlabel('m');
```

11.2 IIR 数字滤波器的设计

利用模拟滤波器设计数字滤波器，就是从已知的模拟滤波器的系统函数 $H_a(s)$中得到数字滤波器的系统函数 $H(z)$。这个过程本质上就是建立 S 平面与 Z 平面之间映射关系的过程，其映射变换必须遵循以下两个基本原则：

(1) $H(z)$的频率特性要能模仿 $H_a(s)$的频率特性，也就是 S 平面的虚轴与 Z 平面的单位圆间要建立映射关系。

(2) $H_a(s)$经过映射变换变为 $H(z)$后，其稳定性要保持不变，即 S 平面的左半平面要能映射到 Z 平面的单位圆内。

11.2.1 脉冲响应不变法

模拟滤波器和数字滤波器之间转换的实现既可以在频域内也可以在时域内，而时域内转换的基本思想就是使数字滤波器的时域响应和模拟滤波器时域响应的采样值相等，其典型方法就是脉冲响应不变法。

脉冲响应不变法设计 IIR 滤波器的基本思想是：通过使数字滤波器的单位脉冲响应 $h(n)$等于模拟滤波器的单位冲激响应 $h_a(t)$的抽样值，达到数字滤波器模仿模拟滤波器特性的目的。即 $h(n)$与 $h_a(t)$间要满足如下关系：

$$h_a(nT) = h(n) \tag{11-13}$$

其中，T 表示采样周期。

脉冲响应不变法特别适合于用部分分式表示的系统函数。当模拟滤波器的系统函数只有单极点，且分母的阶次比分子的阶次高时，设模拟滤波器系统函数的拉普拉斯变换形式为

$$H_a(s) = \sum_{k=1}^{N} \frac{A_k}{s - s_k} \tag{11-14}$$

则其拉普拉斯反变换为$h_a(t) = L^{-1}[H_a(s)] = \sum_{k=1}^{N} A_k e^{s_k t} \varepsilon(t)$。按照式(11-13)所示的脉冲响应不变法设计 IIR 滤波器的基本思想，可得数字滤波器的单位脉冲响应为 $h(n) = h_a(nT) = \sum_{k=1}^{N} A_k e^{s_k nT} \varepsilon(n) = \sum_{k=1}^{N} A_k (e^{s_k T})^n \varepsilon(n)$，再对 $h(n)$取 Z 变换就能得到脉冲响应不变法下的数字滤波器的系统函数，其表达式为

$$H(z)=\sum_{n=-\infty}^{\infty}h(n)z^{-n}=\sum_{k=1}^{N}\frac{A_k}{1-e^{s_kT}z^{-1}} \tag{11-15}$$

观察式(11-14)和式(11-15)可知,脉冲响应不变法就是使得模拟滤波器系统函数 $H_a(s)$和得到的数字滤波器的系统函数 $H(z)$之间建立如下关系:

$$H_a(s)=\sum_{k=1}^{N}\frac{A_k}{s-s_k} \quad\rightarrow\quad H(z)=\sum_{k=1}^{N}\frac{A_k}{1-e^{s_kT}z^{-1}} \tag{11-16}$$

因此,通过 $H_a(s)$的部分分式的形式就能够得到 $H(z)$的表达式,进而得到通过脉冲响应不变法设计出的 IIR 滤波器。在 MATLAB 中提供了专用的函数 impinvar 来实现以上系统函数模型参数间的转换,函数调用格式如下:

调用格式:[BZ,AZ]=impinvar(B,A,Fs,TOL)

函数功能:把模拟滤波器的系统函数模型[B,A]在采样频率为 Fs(Hz)下,转换为数字滤波器的系统函数模型[BZ,AZ]。其中,Fs 为采样频率,缺省状态下为 1; TOL 是给定的容错误差,其可确定极点是否重复,当容错误差增大时,相邻很近的极点被认为是重复极点的可能性会增大,缺省状态下 TOL=0.001。

【例 11-4】 一个二阶模拟滤波器的系统函数为

$$H_a(s)=\frac{2}{s^2+4s+3}$$

试用脉冲响应不变法求出数字滤波器的系统函数,并求出它们的单位冲激响应。

所得结果如图 11-5 所示,MATLAB 源程序如下:

```
num = [2];                              % 模拟滤波器系统函数的分子
den = [1,4,3];                          % 模拟滤波器系统函数的分母
[num1,den1] = impinvar(num,den)         % 脉冲响应不变法求数字滤波器的系统函数
dt = 0.01;t = 0:dt:20;
sys = tf(num,den);
subplot(1,2,1);
impulse(sys,t);
ylabel('Amplitude');xlabel('Time');
title('模拟滤波器的单位冲激响应 h(t)');
h = dimpulse(num1,den1);
subplot(1,2,2);stem(0:length(h) - 1,h);
ylabel('Amplitude');xlabel('n');
title('数字滤波器的单位冲激响应 h(n)');
```

程序运行结果如下:

```
>> exam_11_4
num1 =
         0    0.3181
den1 =
    1.0000    - 0.4177    0.0183
```

【例 11-5】 利用 Butterworth 模拟滤波器,通过脉冲响应不变法设计 Butterworth 数字滤波器。其中,数字滤波器的技术指标为 $0.93\leqslant|H_a(e^{j\omega})|\leqslant1.0$ 和 $0\leqslant|\omega|\leqslant0.4\pi$ 以及 $|H_a(e^{j\omega})|\leqslant0.16$ 和 $0.5\pi\leqslant|\omega|\leqslant\pi$,采样周期 $T=2$。

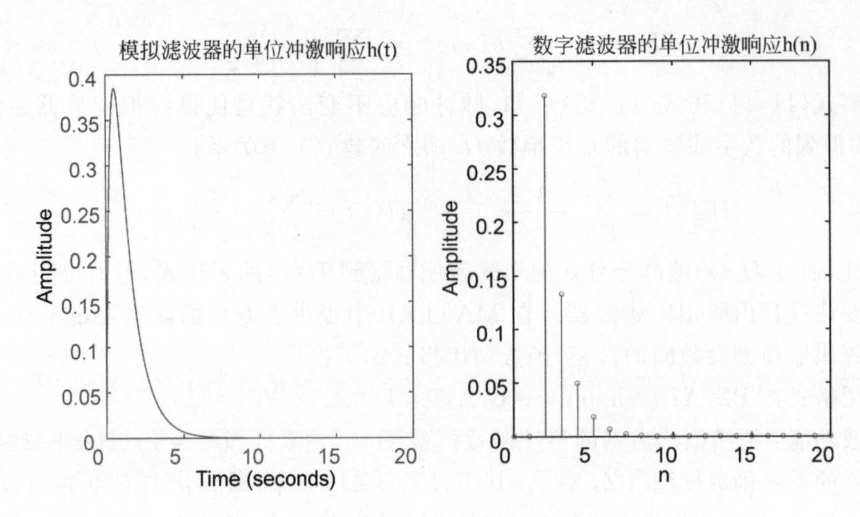

图 11-5 模拟和数字滤波器的单位冲激响应

所得结果如图 11-6 所示。

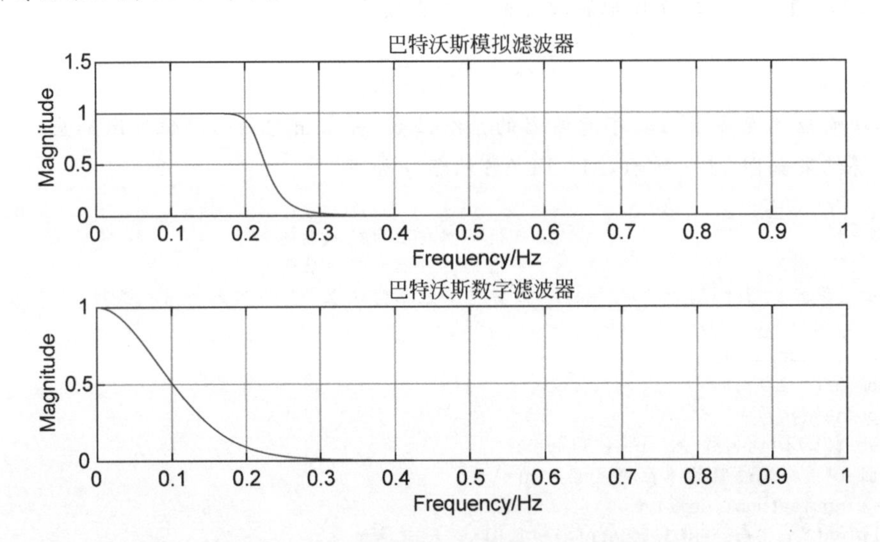

图 11-6 巴特沃斯模拟和数字滤波器的幅度频谱

MATLAB 源程序如下：

```
T = 2;fs = 1/T;                        % 设置采样周期为 2,频率为 0.5
wp = 0.4 * pi/T;ws = 0.5 * pi/T;       % 设置归一化通带和阻带截止频率
ap = 20 * log10(1/0.93);as = 20 * log10(1/0.18);      % 设置通带最大和最小衰减
[N,wc] = buttord(wp,ws,ap,as,'s'); % 调用 butter 函数确定巴特沃斯滤波器阶数
[B,A] = butter(N,wc,'s');
W = linspace(0,pi,400 * pi);          % 指定一段频率值
hf = freqs(B,A,W);                     % 计算模拟滤波器的幅频响应
subplot(2,1,1);
plot(W/pi,abs(hf)/abs(hf(1)));      % 绘出巴特沃斯模拟滤波器的幅频特性曲线
grid on;title('巴特沃斯模拟滤波器');
xlabel('Frequency/Hz');ylabel('Magnitude');
```

```
[D,C] = bilinear(B,A,fs);                    %调用脉冲响应不变法
Hz = freqs(D,C,W);                           %返回频率响应
subplot(2,1,2);
plot(W/pi,abs(Hz)/abs(Hz(1)));               %绘出巴特沃斯数字低通滤波器的幅频特性曲线
grid on;title('巴特沃斯数字滤波器');
xlabel('Frequency/Hz');ylabel('Magnitude');
```

11.2.2 双线性变换法

脉冲响应不变法的主要缺点是会产生频率混叠现象，其根本原因是从S域到Z域的变换关系 $Z=e^{sT}$ 是多值映射。为了克服这个缺点，就需要建立S平面到Z平面的一一映射关系，即 $s=f(z)$，然后就可令 $H(z)=H_a(s)\Big|_{s=f(z)}$，最终就能得出数字滤波器的系统函数。其中，双线性变换法进行频率间变换时采用了如下模拟频率和数字频率间的关系：

$$\Omega = \frac{2}{T}\tan\left(\frac{\omega}{2}\right) \tag{11-17}$$

通过式(11-17)就能最终得到S平面到Z平面的一一映射关系，即

$$s = f(z) = \frac{2}{T}\frac{1-z^{-1}}{1+z^{-1}} \tag{11-18}$$

其中，T 为采样周期。

这样，按照式(11-18)再利用 $H_a(s)$ 就能够得到数字滤波器的系统函数 $H(z)$ 的表达式，进而得到通过双线性变换法设计出的IIR滤波器。在MATLAB中提供了专用的函数bilinear来实现以上系统函数模型参数间的转换，函数调用格式如下：

函数格式1：[dZ,dP,dK]=bilinear(Z,P,K,Fs,Fp)

函数功能：把模拟滤波器系统函数的零极点模型[Z,P,K]在采样频率为Fs(Hz)下，转换为数字滤波器系统函数的零极点模型[dZ,dP,dK]。其中，Fp(Hz)为畸变频率，用于在双线性变换之前，通过对采样频率进行畸变，以达到保证冲激响应在变换前后，在Fp处具有良好的单值映射关系。Fp缺省时默认为没有畸变。

调用格式2：[dnum,dden]=bilinear(num,den,Fs,Fp)

函数功能：把模拟滤波器系统函数的标准模型[num,den]在采样频率为Fs(Hz)下，转换为数字滤波器系统函数的标准模型[dnum,dden]。

调用格式3：[dA,Bd,dC,dD]=bilinear(A,B,C,D,Fs,Fp)

函数功能：把模拟滤波器系统函数的状态方程模型[A,B,C,D]在采样频率为Fs(Hz)下，转换为数字滤波器系统函数的状态方程模型[dA,Bd,dC,dD]。

【例11-6】 一个二阶模拟滤波器的系统函数为

$$H_a(s) = \frac{2}{s^2+4s+3}$$

试用双线性变换法求出数字滤波器的系统函数，并求出它们的单位冲激响应。

所得结果如图11-7所示。MATLAB源程序如下：

```
num = [2];                                 % 模拟滤波器系统函数的分子
den = [1,4,3];                             % 模拟滤波器系统函数的分母
[num1,den1] = bilinear(num,den,0.1)        % 双线性变换法求数字滤波器的系统函数
dt = 0.01;t = 0:dt:20;
sys = tf(num,den);
subplot(1,2,1);
impulse(sys,t);
ylabel('Amplitude');xlabel('Time');title('模拟滤波器的单位冲激响应 h(t)');
h = dimpulse(num1,den1);
subplot(1,2,2);stem(0:length(h) - 1,h);
ylabel('Amplitude');xlabel('n');title('数字滤波器的单位冲激响应 h(n)');
```

程序运行结果如下：

```
>> exam_11_6
num1 =
    0.2604    0.5208    0.2604
den1 =
    1.0000    1.5417    0.5833
```

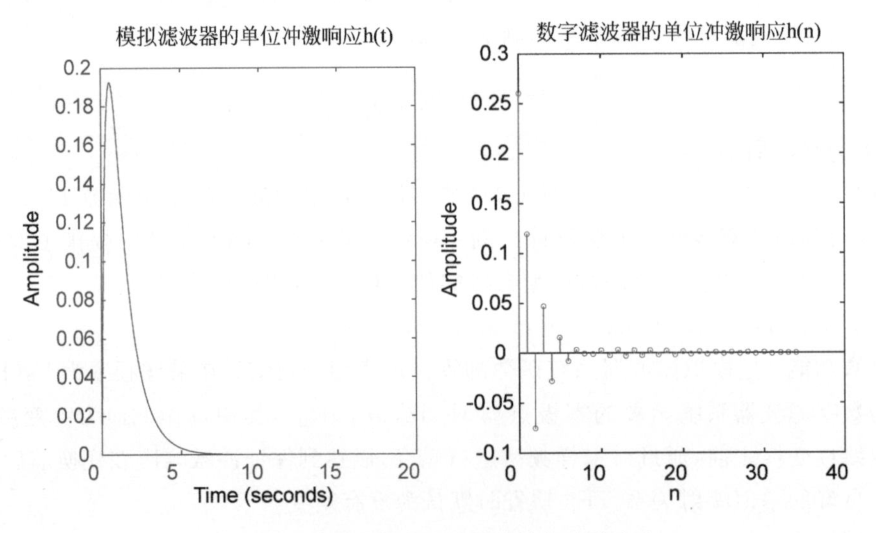

图 11-7　模拟和数字滤波器的单位冲激响应

【例 11-7】 利用巴特沃斯模拟滤波器，通过双线性变换法设计数字带阻滤波器，数字滤波器的技术指标为 $0.93\leqslant|H_a(e^{j\omega})|\leqslant1.0$ 和 $0\leqslant|\omega|\leqslant0.35\pi$、$|H_a(e^{j\omega})|\leqslant0.1$ 和 $0.45\pi\leqslant|\omega|\leqslant0.85\pi$，以及 $0.93\leqslant|H_a(e^{j\omega})|\leqslant1.0$ 和 $0.85\pi\leqslant|\omega|\leqslant\pi$，采样周期为 1。

所得结果如图 11-8 所示。MATLAB 源程序如下：

```
T = 1;fs = 1/T;                                 % 设置采样周期为 1 且采样频率为周期倒数
wp = [0.35 * pi,0.85 * pi];ws = [0.45 * pi,0.65 * pi];
Wp = (2/T) * tan(wp/2);Ws = (2/T) * tan(ws/2); % 设置归一化通带和阻带截止频率
Ap = 20 * log10(1/0.93);As = 20 * log10(1/0.16);    % 设置通带最大和最小衰减
[N,Wc] = buttord(Wp,Ws,Ap,As,'s');              % 调用 butter 函数确定巴特沃斯滤波器阶数
[B,A] = butter(N,Wc,'stop','s');                % 调用 butter 函数设计巴特沃斯滤波器
```

```
W = linspace(0,2 * pi,200 * pi);                 % 指定一段频率值
hf = freqs(B,A,W);                               % 计算模拟滤波器的幅频响应
subplot(2,1,1);plot(W/pi,abs(hf));               % 绘出巴特沃斯模拟滤波器的幅频特性曲线
grid on;title('巴特沃斯模拟滤波器');
xlabel('Frequency/Hz');ylabel('Magnitude');
[D,C] = bilinear(B,A,fs);                        % 调用双线性变换法
Hz = freqz(D,C,W);                               % 返回频率响应
subplot(2,1,2);plot(W/pi,abs(Hz));               % 绘出巴特沃斯数字低通滤波器的幅频特性曲线
grid on;title('巴特沃斯数字滤波器');
xlabel('Frequency/Hz');ylabel('Magnitude');
```

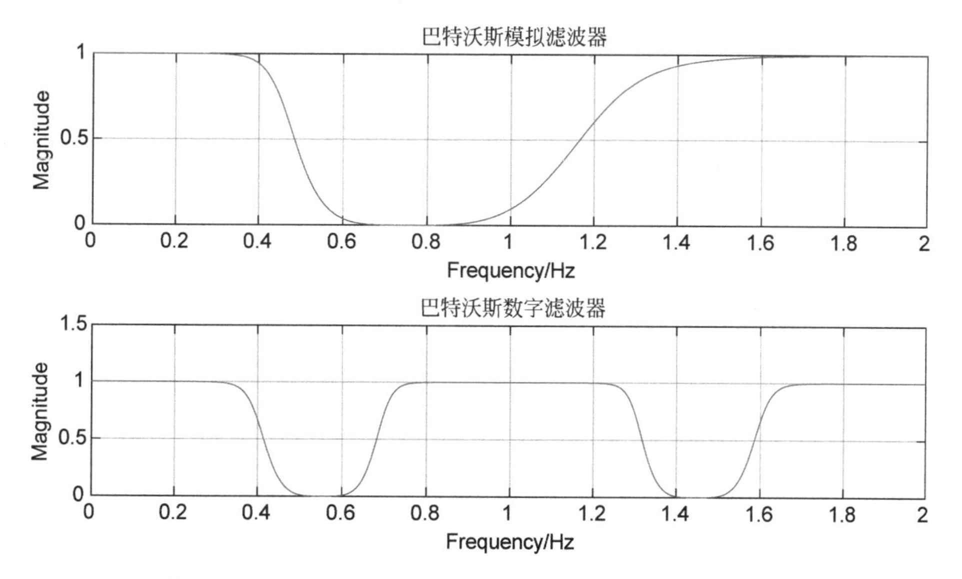

图 11-8 双线性变换法设计的巴特沃斯数字滤波器的幅度频谱

11.3 FIR 数字滤波器的设计

FIR 数字滤波器能够方便地把滤波器的相位特性设计成线性，并且同时还能得到有限长的单位冲激响应，这就使得设计出的数字滤波器能够永远稳定。FIR 滤波器的设计中，最常用的方法是窗函数法和频率抽样法。

11.3.1 窗函数法

由于理想滤波器在边界频率处不连续，所以其频率响应对应的一定是无限长序列，且是非因果的序列。因此，理想滤波器是物理不可实现的。而为了能够实现一个具有理想线性相位特性的滤波器，则只能选用有限长序列来逼近理想滤波器的频率响应。所以，这就需要对无限长序列 $h_{\mathrm{d}}(t)$进行截取，而截取的方法就是所谓的加窗。在卷积理论中，已知截取后的有限长序列的频率响应为

$$H(\mathrm{e}^{\mathrm{j}\omega}) = \int_{-\pi}^{\pi} H_{\mathrm{d}}(\mathrm{e}^{\mathrm{j}\theta}) W(\mathrm{e}^{\mathrm{j}(\omega-\theta)})\mathrm{d}\theta \tag{11-19}$$

其中，$H_d(e^{j\omega})$是理想滤波器的频率响应；$W(e^{j\omega})$是窗函数的频率响应。从式(11-19)可以看出，有限长序列的频率响应等于理想的频率响应与窗函数频率响应的圆周卷积，因此$H(e^{j\omega})$对$H_d(e^{j\omega})$逼近程度的好坏，完全取决于窗函数的频率响应。

MATLAB的信号处理工具箱为用户提供了多种窗函数，如矩形窗(Boxcar)、汉宁窗(Hanning，又称为升余弦窗)、汉明窗(Hamming)以及布莱克曼窗(Blackman)等。下面仅以矩形窗(Boxcar)函数为例来说明它们的调用格式。

调用格式：w＝boxcar(M)

函数功能：返回M点的矩形窗序列。其中，M就是通过窗函数设计的FIR滤波器的阶数。

【例11-8】 用矩形窗设计线性相位FIR低通滤波器，其中，该滤波器的通带截止频率$w_c=\pi/5$，单位脉冲响应$h(n)$的长度$M=35$。最后还要绘出$h(n)$及其幅度响应特性曲线。

所得结果如图11-9所示。MATLAB源程序如下：

```
M = 35;wc = pi/5;                                %理想低通滤波器参数
n = 0:M-1;r = (M-1)/2;
nr = n-r + eps*((n-r) == 0);
hdn = sin(wc*nr)/pi./nr;                         %计算理想低通单位脉冲响应 hd(n)
if rem(M,2)~= 0,hdn(r+1) = wc/pi;end;            %M为奇数时,处理 n=r 点的 0/0 型
wn1 = boxcar(M);                                 %矩形窗
hn1 = hdn.*wn1';                                 %加窗
subplot(2,1,1);stem(n,hn1,'.');line([0,20],[0,0]);
xlabel('n'),ylabel('h(n)'),title ('矩形窗设计的 h(n)');
hw1 = fft(hn1,512);w1 = 2*[0:511]/512;          %求频谱
subplot(2,1,2),plot(w1,20*log10(abs(hw1)))
xlabel('w/pi');ylabel('Amplitude');title ('幅度特性');
```

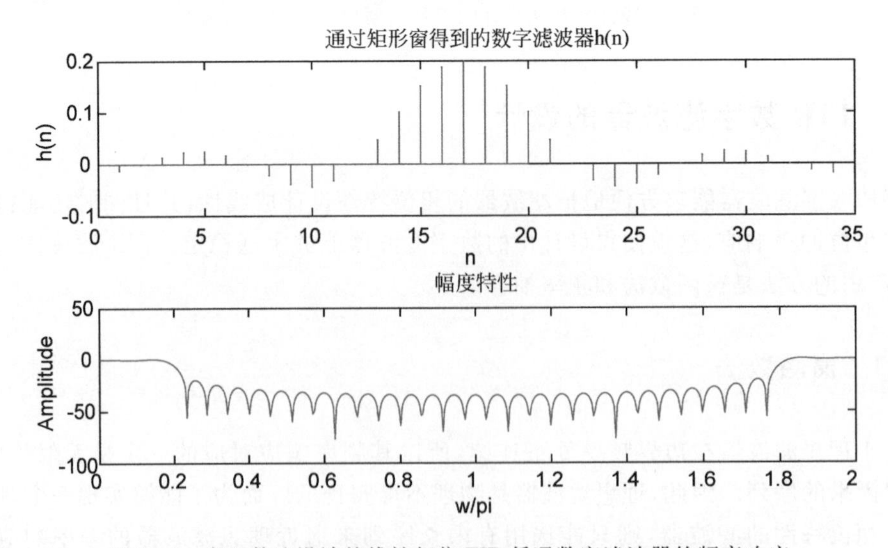

图11-9　窗函数法设计的线性相位FIR低通数字滤波器的频率响应

除了可以利用窗函数生成命令来构造FIR数字滤波器外，在MATLAB的信号处理工具箱中还提供了窗函数法的专用函数fir1来设计FIR数字滤波器。

调用格式 1：B=firl(N,wc)

函数功能：生成一个具有线性相位的 N 阶低通 FIR 数字滤波器。其中，向量 B 存储的是长度为 N+1 的数字滤波器的单位冲激响应序列；wc 是截止频率，其取值是0～1，当 wc=1 时，表示截止频率是采样频率的一半。

调用格式 2：B=firl(N,wc,'high')或 B=fir1(N,wc,'low')

函数功能：生成一个高通数字滤波器或低通数字滤波器或者带通数字滤波器。如果在前两种形式中，wc=[w1,w2]是包含两个元素的向量，那么表示设计的是带通数字滤波器，即 B=fir1(N,wc,'bandpass')，函数最终返回一个通带为 w1<w<w2 的 N 阶带通数字滤波器。

调用格式 3：B=fir1(N,wc,'stop')

函数功能：生成一个带阻数字滤波器。如果 wc 是一个多元素的向量，且各元素按照由小到大排列，如 wc=[w1,w2,w3,w4,…,wn]，则函数返回一个 N 阶多通带数字滤波器，其频带为 0<w<w1，w1<w<w2，…，wn<w<1。其中，如 B=fir1(N,wc,'dc-1')则返回的数字滤波器的第一个频带为通带；如 B=fir1(N,wc,'dc-0')则返回的数字滤波器的第一个频带为阻带。

函数说明：对于通带在 Fs/2 附近的滤波器，N 的取值必须是偶数。即使用户选取的 N 为奇数，函数 firl 也会自动对其增加 1。函数 firl 的其他格式，可以参考 MATLAB 的 help。

【例 11-9】 设计一个 36 阶 FIR 带通滤波器，通带为 $0.47<w<0.62$。

所得结果如图 11-10 和图 11-11 所示。MATLAB 源程序如下：

```
wc = [0.47 0.62];d = fir1(36,wc);         %设置通带的范围,调用 firl 函数
freqz(d);                                 %绘制滤波器的频率响应曲线
figure;
stem(d,'.');                              %绘制单位冲激响应序列
line([0,25],[0,0]);xlabel('n'),ylabel('h(n)');
title('数字滤波器的单位脉冲响应序列');
```

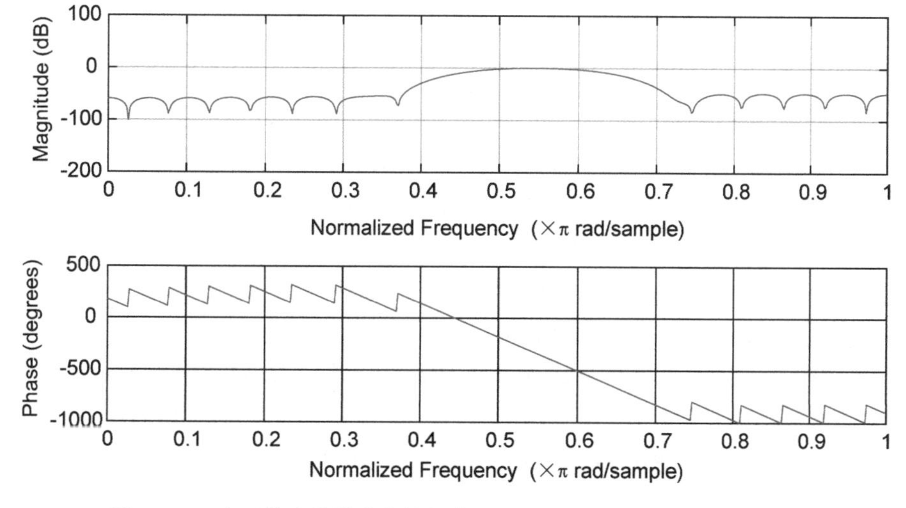

图 11-10 窗函数法设计的线性相位 FIR 带通数字滤波器的频率响应

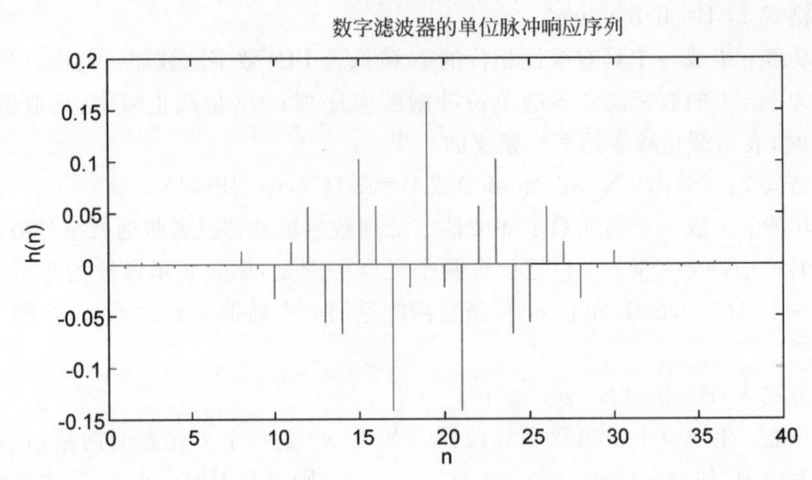

图 11-11　窗函数法设计的线性相位 FIR 带通数字滤波器的单位冲激响应序列

11.3.2　频率抽样法

频率抽样法的设计思想不同于窗函数法的对理想滤波器频率响应的逼近,而是对所期望达到的滤波器的频率响应进行频域上的抽样,把抽样得到的离散频率响应作为 FIR 滤波器的 $H(k)$,即令 $H(k)=H_d(e^{j2k\pi/N})$。

在 MATLAB 的信号处理工具箱中提供了用频率抽样法设计 FIR 数字滤波器的专用函数 fir2。该函数能够通过频率抽样法设计任意频率响应的 FIR 数字滤波器,并且所得滤波器的系数全为实数,且相位还满足线性关系。同时,设计出的滤波器还满足偶对称性。其基本的函数调用格式如下。

调用格式 1:B=fir2(N,F,A)

函数功能:生成一个 N 阶 FIR 数字滤波器。其中,N 为数字滤波器的阶次;生成的滤波器的单位冲激响应的系数存储于 B 中,其长度为 N+1;向量 F 和 A 用于指定生成的 FIR 数字滤波器的采样点频率以及该点的幅值,因此所期望的滤波器的频率响应通过 F(横坐标)和 A(纵坐标)就能绘出。F 中包含的频率点只能在 0～1,频率点必须按从小到大的顺序排列且从 0 开始至 1 结束;F=1 时对应于采样频率的一半。

调用格式 2:B=fir2(N,F,A,win)

函数功能:生成一个 N 阶 FIR 数字滤波器。其与上面格式的区别在于,要用指定的窗函数设计 FIR 数字滤波器。其中,窗函数包括矩形窗、汉明窗、布莱克曼窗和切比雪夫窗等。默认情况下,函数 fir2 使用汉明窗。

函数说明:对于通带在 Fs/2 附近的滤波器,N 的取值必须是偶数。即使用户选取的 N 为奇数,函数 fir2 也会自动对其增加 1。

【例 11-10】 试用频率抽样法设计一个 FIR 低通滤波器,该滤波器的截止频率为 π,频率抽样点数为 60。

所得结果如图 11-12 和图 11-13 所示。MATLAB 源程序如下:

```
N=60;
F=0:1/60:1;                          %设置抽样点的频率,抽样频率必须含0和1
A=[ones(1,30),zeros(1,N-30)];   %设置抽样点相应的幅值
B=fir2(N,F,A);
freqz(B);                            %绘制滤波器的频率响应曲线
figure(2);stem(B,'.');              %绘制单位冲激响应的实部
line([0,35],[0,0]);xlabel('n');ylabel('h(n)');
```

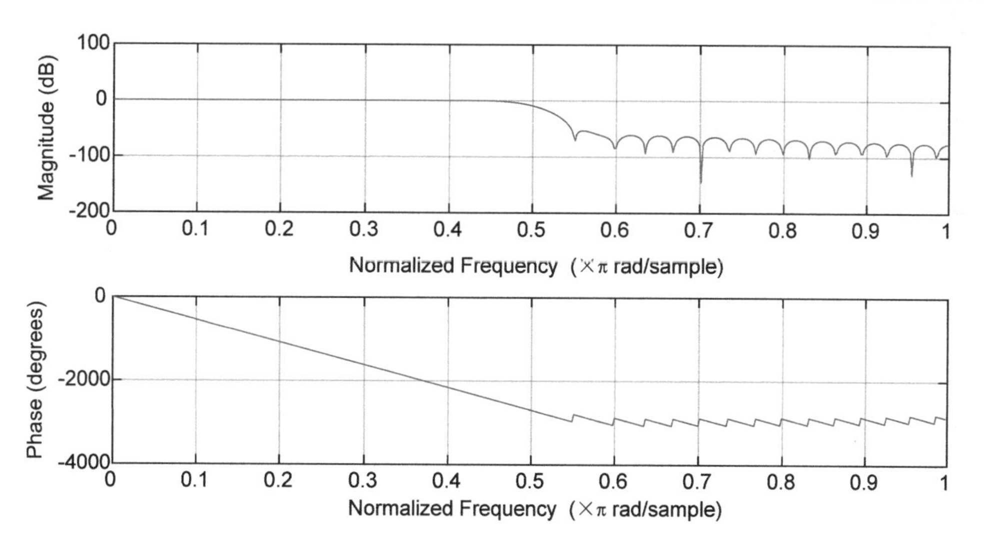

图 11-12　频率抽样法设计的线性相位 FIR 带通数字滤波器的频率响应

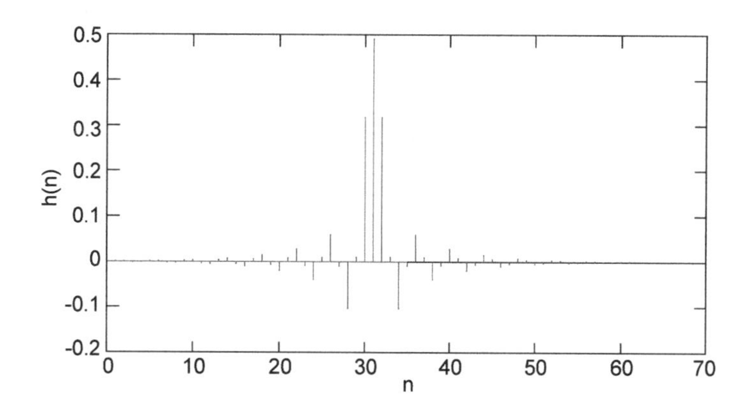

图 11-13　频率抽样法设计的线性相位 FIR 带通数字滤波器的单位冲激响应序列

11.4　本章小结

本章主要介绍了连续傅里叶变换和离散傅里叶变换的定义以及常用的 MATLAB 傅里叶变换函数。重点介绍了 IIR 数字滤波器和 FIR 数字滤波器的设计。通过大量应用实例讲解,读者可以更加深刻地认知 MATLAB 在数字信号处理中的应用。

第12章 MATLAB在语音信号处理中的应用

本章要点：

◇ 语音产生过程；

◇ 语音信号的特点以及数字化；

◇ 语音信号产生的数字模型；

◇ MATLAB 在语音信号分析和处理中的应用。

语音信号处理包括语音通信、语音合成、语音识别、说话人识别和语音增强等，但其前提和基础是对语音信号进行分析。只有将语音信号分析成表示其本质特征的参数，才有可能利用这些参数进行高效的语音通信，才能建立用于语音合成的语音库，才可能建立用于语音识别的模板库或知识库。而且语音合成的音质好坏、语音识别率的高低，都取决于对语音信号分析的准确性和精度。因此，本章从应用的角度介绍 MATLAB 在语音信号分析处理中的应用。

12.1 语音产生过程

根据气流与声带(声道)作用方式的不同，语音在声学上通常可划分为“浊音”“清音”和“爆破音”。当空气从肺部排出形成气流，随着声带周期性的开启和闭合，通过的气流将使声带产生张弛振动。当声带开启时，空气流快速通过声门，短时间内相当于产生了一个脉冲；当声带闭合时，空气流无法通过声门，从而构成了脉冲的间歇。这样，一个准周期性的脉冲序列空气流就在声门处产生，并经过声道最终由嘴辐射出声波，从而形成了“浊音”语音。

当声带完全舒展，空气流经肺部发出，将无障碍地通过声门。此时，通过声门的气流会遇到两种不同的情况：其一，声道的某个部位发生了收缩，使得声道部分变窄，通过的气流会以高速通过此处，从而在此处产生空气湍流，这样通过声道后就形成了“清音”；其二，当空气流通过时，声道完全闭合使得闭合处产生空气压力，则一旦闭合点开启，压力就会快速释放，这样的空气流经过声道后就形成了“爆破音”。

由此可见，语音是由空气流和声道相互作用，再从嘴唇或鼻孔或两者同时辐射出来而产生的。

12.2 语音信号的特点及数字化

12.2.1 语音信号的特点

语音信号是一种典型非平稳的时变信号。由于它的非周期性，根据傅里叶变换的性质可知，语音信号的完整频谱是随时间变化的连续谱。因此，通过标准的傅里叶变换无法找到各个时刻语音信号的谱图特性，但通过窗函数法，可以把语音信号分解成小的片段，再对该片段进行傅里叶变换，就可以得到语音信号的短时谱。从而就可以在频域上对语音信号进行分析和处理。

在处理语音信号的过程中通常按照音素来划分基本的组成单位。其中，音素一般按照语音形成方式的不同，被分为"浊音"和"清音"两大类。同时，在语音信号处理中还要考虑只有背景噪声而无语音信号的情况，此种状况称为"无声"。这样，"浊音""清音"和"无声"就构成了语音信号处理中音素的三大类。

根据形成方式的不同，"浊音"和"清音"的短时谱拥有各自不同的特点。由于浊音的激励源是具有周期脉冲性质的气流，所以它的短时谱具有明显的周期性频谱的结构。同时，人体发声时口腔存在多共振峰频率(即谐振频率)，使得浊音的短时谱中有明显的凸出点，通常称此凸出点为"共振峰"，它们的频率点与谐振频率点具有对应性。而由于清音的产生机理只是气流在狭窄处的快速通过，它的短时谱则不具有浊音的两个特点，而更类似于一段随机噪声的频谱。

贯穿于语音分析全过程的是"短时分析技术"。根据对语音信号的研究，其特性是随时间而变化，因此它是一个非稳态过程。但是，从另一方面看，虽然语音信号具有时变特性，但在一个短时间范围内其特性可以基本保持不变，具有相对稳定性。这样就可以把语音信号看作是一个具有短时平稳性的准稳态过程，因此任何语音信号的分析和处理过程都必须以"短时"分析为基础，即对语音信号进行分段处理，逐段分析其特征参数。其中，借用电影和电视中的术语"帧"的概念，把分解出的每一段称为一帧，每帧的时长一般定义为 10～30ms。这样，对于语音信号分析的整体来讲，得出的就是由各帧信号的特征参数组成的时间序列。

在各帧信号的众多特征参数中，常用的短时能量特征参数在不同类型的语音中具有重要用途。首先，生成机理的差异导致浊音的短时平均能量比清音的要大很多，因此可以用短时能量来区分浊音段与清音段；其次，利用短时平均能量还可以对语音信号中的声母与韵母、无语音与有语音以及连字音等情况进行分界。比如，当语音为高信噪比信号时，无语音信号中只存在背景噪声，而背景噪声的短时平均能量很小，但有语音信号的短时平均能量会明显大于某一个阈值，因此通过比较短时平均能量就可以对语音信号的开始或者终止进行区分。

12.2.2 语音信号的数字化

语音信号的波形在时间上是连续的，而它的幅值如果转化为电信号的振幅，可以是在一个电压范围内的任意连续电位，因此语音信号是一个确定的模拟信号。但由于数字信号相对于模拟信号有许多优点，且现今大多数设备都是在数字系统中对信号进行处理，所以原本属于模拟信号的语音信号需要经过模数转换器变为数字信号，从而才能方便对语音信号进行存储以及后续通过计算机对语音信号进行分析和处理。同样，数字化的语音信号经过数字系统的分析和处理后，还得通过数模转换器变为模拟信号，才能作为有效的输出信号。而从模拟信号到数字信号的转换，一般需要经过采样和量化这两个步骤，才能得到时间和幅值均离散的数字语音信号。

所谓采样，就是对连续时间的语音信号以固定间隔来取值，从而得到离散时间的语音信号。由于发声机理的不同，浊音信号的频谱主要集中在4kHz以下的低频段，而清音信号却是能一直延伸到10kHz以上高频段的宽频信号，并且实际的模拟语音信号大都是在有噪声的环境下采集到的，因而无法避免要叠加宽频的随机噪声信号，这就使得模拟语音信号通常都是频带很宽的信号。而采样定理告诉我们，要想通过采样后的信号无失真地恢复出原始模拟信号，采样频率必须要大于或等于原始信号带宽的两倍。同时，通过对模拟信号进行采样而得到的信号，其频谱是原模拟信号的频谱以采样频率为周期进行周期延拓后得到的频谱。这时，如果采样频率不能满足采样定理的要求，则必然会产生频谱混叠失真。可见，对模拟语音信号的无失真采样，需要极高的采样频率。由于采样频率不能无限制提高，且人耳对声音信号的接收有频率上限，通常在对模拟语音信号进行采样之前，会让其通过一个低通滤波器，使其频谱限制在一定范围内，这样做既可以消除混叠失真，还可以减少噪声干扰。在某些情况下，模拟语音信号还受到工频(50Hz)干扰，这种情况下还需要用下截止频率高于工频的带通滤波器来实现反混叠失真滤波。

实验表明，对语音的可懂度影响较大的频谱分布在语音信号的3.4kHz以下的低频段，所以通常采用频率为8kHz或10kHz的采样信号对窄带语音信号(如电话中的语音信号)进行采样。但是如果想要得到更高质量的语音，则要保留语音信号中更高频段的频谱，也就是要提高采样信号的频率。比如，满足电话会议效果的语音信号的频谱通常分布在50Hz～7kHz，那么这时的采样信号的频率一般选为16kHz。如果想实现更高质量的语音合成或提高语音识别系统的识别率，则还要相应保留语音信号更高的频谱，那么相应的采样信号的频谱也要提高。表12-1列出了语音信号在常用的几种应用场景中的典型数据。

表12-1 几种应用场景中语音信号的带宽和常用采样频率

应用场景	带宽/kHz	采样频率/kHz
电话中的语音信号	3.5	8
计算机上麦克风接口的语音信号	7	16
调幅广播中的语音信号	10	20
调频广播中的语音信号	15	32
根据人耳听觉上限得出的音响中的语音信号	20	44.1

语音信号经过采样之后就要进行量化。对于量化的过程,从数学的角度来看就是把一个包含连续幅度值的无限集合映射成一个包含离散幅度值的有限集合的过程;从信号处理的角度来看,量化的过程就是把语音信号所具有的无限个连续幅度值的采样值用有限个离散幅度值来表示的过程。由于有限个离散幅度值无法完整表述无限个连续幅度值,因此量化的过程必然会产生误差。通常把原始连续信号与量化后信号间的差值称为量化误差或量化噪声。对于量化噪声可以证明,如果满足信号波形有足够大的变化或量化间隔足够小,那么量化噪声的统计模型就满足以下三个特征:①量化噪声是一个平稳的白噪声过程;②量化噪声满足等概率密度分布,即在量化间隔内均匀分布;③量化噪声与输入信号之间不相关。

可以证明,量化过程的信噪比(信号与量化噪声的功率之比,简称为 SNR)可以表示为式(12-1)的形式。

$$\mathrm{SNR(dB)} = 10\lg\left(\frac{\sigma_x^2}{\sigma_e^2}\right) = 6.02B + 4.77 - 20\lg\left(\frac{X_{\max}}{\sigma_x}\right) \tag{12-1}$$

其中,σ_x^2 表示输入语音信号序列的方差,σ_e^2 表示噪声序列的方差,B 表示量化字长,$X_{\max}$ 表示信号的峰值。假设语音信号的幅度服从 Laplacian 分布,则根据该分布的性质可知,信号幅度超过 $4\sigma_x$ 的概率只有 0.35%,因此可以令 $X_{\max}=4\sigma_x$,那么此时式(12-1)就可以改写为

$$\mathrm{SNR(dB)} = 6.02B - 7.2 \tag{12-2}$$

根据式(12-2)可知,SNR 中约每 6dB 是由量化器中的 1bit 字长贡献出的。则当 $B=$ 7bit 时,SNR 约为 35dB。采用此字长量化后的语音质量能达到一般通信系统的要求。但是,有研究表明,语音信号波形的动态范围可以达到 55dB,因此对于高语音质量要求的系统,量化字长至少要取 $B=10$bit。而为了能在语音变化的范围内依然保持有 35dB 的 SNR,通常要求 $B\geqslant11$bit。在实际中一般采用 $B=12$bit 来对语音信号进行量化,其中的 5bit 附加字长是用于补偿 30dB 左右的语音波形的动态范围变化。

12.3 语音信号产生的数字模型

我们通常利用离散时间信号模型来描述采样之后的语音信号。对于模型的建立,它的基本准则就是寻找到一种可以对物理状态进行表达的数学关系,并且不仅要求该关系有最大的精确度,还得要尽量简洁。由于语音信号产生机理的复杂性,虽然现今已经提出了许多不同的语音信号的假定模型,但还没有发现一种可以详细描述人类语音中已观察到的全部特征的理想模型(也许根本不可能找到那个理想的模型)。对于描述语音信号的模型,如果能同时满足线性和时不变性,则这就是最理想的模型。

语音信号产生的模型是对发声器官的模拟或仿真。从人类发音器官的工作机理来看,发不同性质的声音时,声道的情况是不同的。声门和声道相互耦合会使语音信号产生非线性特征,这显然与理想中线性同时又是时不变的语音信号模型不同。但是语音信号特征随着时间变化的过程是很缓慢的,所以我们往往可以做出一些合理的假设,即在较短的时间间隔内对语音信号进行表示时,可以采用线性时不变模型来描述语音信号。

通过对发音器官和语音产生机理分析,按照语音的生成过程,常把语音生成系统理

论上分成三个部分。

(1) 在声门以下的部分称为“声门子系统”,它负责产生激励振动,常称为“激励系统”;

(2) 从声门到嘴唇的呼气通道是声道,常称为“声道系统”;

(3) 震动信号最后从嘴唇辐射出去形成语音,因此嘴唇以外部分称为“辐射系统”。

由于这三个部分的作用不尽相同,因此通常分别对这三个部分构建不同的模型。

12.3.1 激励模型

长期研究证实,发不同性质的音,激励的情况是不同的。根据声带振动与否,可将语音分为浊音和清音两大类型。因此激励模型一般可分为浊音激励模型和清音激励模型。

发浊音时,气流会通过绷紧的声带并冲激声带产生振动,使声门处形成准周期性的脉冲波,并用它去激励声道。通常认为,这个脉冲波类似于斜三角形的脉冲。因此,此时的激励信号是一个以基音周期为周期的斜三角脉冲串,其一个周期内的数学表达式如式(12-3)所示。

$$g(n)=\begin{cases}\frac{1}{2}\left[1-\cos\left(\frac{n\pi}{N_1}\right)\right], & 0\leqslant n\leqslant N_1\\ \cos\left[\frac{\pi(n-N_1)}{2N_2}\right], & N_1\leqslant n\leqslant N_1+N_2\\ 0, & 其他\end{cases} \tag{12-3}$$

其中,N_1 为斜三角波上升部分的时间,N_2 为斜三角波下降部分的时间。

由于单个斜三角波的频谱是一个低通滤波器,通常将其表示为 z 变换的全极点模型形式,即式(12-4)所示。

$$G(z)=\frac{1}{(1-\mathrm{e}^{-CT}z^{-1})^2} \tag{12-4}$$

其中,C 是一个频率常数。由式(12-4)可知,$G(z)$是一个双极点的模型,因此斜三角波可视为加权的单位脉冲激励上述单个斜三角波模型的输出。而单位脉冲串及幅值因子则可表示成式(12-5)的 z 变换形式。

$$E(z)=\frac{A_v}{1-z^{-1}} \tag{12-5}$$

其中,A_v 表示单位脉冲串的幅值因子。这样,根据 z 变换的卷积定理可知,整个浊音激励模型就可表示为式(12-6)。

$$U(z)=G(z)E(z)=\frac{A_v}{1-z^{-1}}\cdot\frac{1}{(1-\mathrm{e}^{-CT}z^{-1})^2} \tag{12-6}$$

另一种情况就是发清音时,声带松弛而不振动,气流通过声门直接进入声道。此时声道被阻碍形成湍流,所以可把清音激励模拟成随机白噪声。实际上一般使用均值为 0,方差为 1,并在时间或幅值上为白色分布的序列作为随机白噪声。

在实际应用中,这样简单地把激励分为浊音和清音两种情况有时是不够严格的。对于某些音,即使把两种激励简单地叠加起来也是不合适的。但是,若将这两种激励源经过适当的网络后,还是可以得到良好的激励信号的。

为了更好地模拟激励信号，可以采用在一个基音周期时间内用多个三角波脉冲的方法，或者用多脉冲序列和随机噪声序列的自适应激励等方法来达到更好的模拟效果。

12.3.2 声道模型

关于声道部分的数学模型，相关的建模思想有很多，但目前最常用的有以下两种模型。

(1) 将声道视为由多个不同截面积的管子串联而成的系统，按此观点推导出“声管模型”；

(2) 将声道视为一个谐振腔，按此观点推导出“共振峰模型”。

下面分别针对这两种模型进行介绍。

1. 声管模型

声管模型是将声道视为有多个不同截面积的管子串联而成的系统。在语音信号的某一“短时”期间，声道可表示为性状稳定的管道。

在声道模型中，每个管子可看作一个四端网络，这个网络具有反射系数，而这些系数和语音信号的线性预测模型的参数之间有一一对应的关系。每个管子都有一个截面积，这时声道可由一组截面积或转化为一组反射系数来表示。由于语音的短时平稳性，假设在短时间内，各个管子的截面积是一个常数，一般用 A 来表示。设第 n 段声管的截面积为 A_n，第$n+1$ 段声管的截面积为 A_{n+1}，则面积差和比 k_m 可定义为式(12-7)。

$$k_m=\frac{A_{n+1}-A_n}{A_{n+1}+A_n} \tag{12-7}$$

其中$-1<k_m<1$。

2. 共振峰模型

如果将声道模型视为一个谐振腔，这个腔体的谐振频率就是共振峰。由于人耳听觉的纤毛细胞是按对不同声音信号频率的感受而排列的，因此共振峰的声道模型的分析方法具有较好的性能。实践证明，用前 3 个共振峰来代表一个元音就足够了，而对于较复杂的辅音或鼻音，大概要用到 5 个以上的共振峰才可以。

从物理声学观点可以很容易推导出具有均匀截断面的声管的共振频率。一般成人的声道约为 17cm 长，因此其开口时的共振频率可由式(12-8)计算得出。

$$F_i=\frac{(2i-1)c}{4L} \tag{12-8}$$

其中，i 为非零的正整数，表示共振峰的序号；c 为声速；L 为声管长度。

对于级联型的共振峰模型来说，声道可以视为一组串联的二阶谐振器。从共振峰理论来看，整个声道具有多个谐振频率和反谐振频率，所以可被模拟为一个包含零极点的数学模型。但对于一般元音，则用全极点模型即可。这样，其系统函数可表示为式(12-9)。

$$V(z)=\frac{G}{1-\sum_{k=1}^{N}a_k z^{-k}} \tag{12-9}$$

其中,G 是幅值因子;N 是极点个数;a_k 是系统的常系数。此时,利用系统的特征根,可将系统函数分解为多个具有二阶极点的子系统的串联,即式(12-10)所示。

$$V(z)=\frac{G}{1-\sum_{k=1}^{N}a_kz^{-k}}=\prod_{i=1}^{M}\frac{a_i}{1-b_iz^{-1}-c_iz^{-2}} \tag{12-10}$$

其中,T 是取样周期;$c_i=-\mathrm{e}^{(-2\pi B_iT)}$;$b_i=2\mathrm{e}^{(-\pi B_iT)}\cos(2\pi F_iT)$;$a_i=1-b_i-c_i$;$G=\prod_{i=1}^{M}a_i$;$M$ 是小于$\frac{N+1}{2}$的整数;若 z_k 是第 k 个极点,则有 $z_k=\mathrm{e}^{-(B_k+2\pi F_k)T}$。

12.3.3 辐射模型

由于声道的终端为口和唇,而声道输出的是速度波,语音信号却是声压波,则把二者之倒比称为辐射阻抗 Z_L。因此用辐射阻抗可表征口和唇的辐射效应,其中也包括原型头部的绕射效应等。

研究表明,在发音腔道内形成的气流经由嘴唇端辐射出来,再到达听者耳朵的这段过程中,声音信号会衰减,且其衰减具有高通滤波的特性。因此,为描述此衰减过程,经常用一个一阶的数字高通滤波器来模拟这个现象,这个滤波器即为辐射模型。口唇端辐射在高频端较为显著,而在低频端则对语音信号影响较小,所以辐射模型 $R(z)$应是一阶高通滤波器的形式。口唇的辐射模型可表示为一阶后向差分方程,如式(12-11)所示。

$$R(z)=R_0(1-z^{-1}) \tag{12-11}$$

其中 $R_0<1$,且 $R_0\approx1$。

在语音信号模型中,如果不考虑式(12-5)所描述的冲击脉冲串模型 $E(z)$,则斜三角波模型就是二阶低通滤波器模型,而辐射模型是一阶高通滤波器模型。所以,在实际信号分析中常采用“预加重技术”。就是在对信号采样之后,插入一个一阶的高通滤波器,从而只剩下声道部分,进而可简化流程,以便于对声道参数进行分析。在语音合成的时候再进行“去加重”处理,就可以恢复原来的语音。常用的预加重因子如式(12-12)所示。

$$1-[R(1)/R(0)]z^{-1} \tag{12-12}$$

其中,$R(n)$是语音信号的自相关函数,$n=0$ 或 1。通常对于浊音,$R(1)/R(0)\approx1$;而对于清音来说,其取值可为很小的值。

12.3.4 描述语音信号的完整数字模型

综上所述,完整的语音信号数字模型可用激励模型 $U(z)$、声道模型 $V(z)$和辐射模型 $R(z)$的级联来表示。则语音信号的完整数字模型的系统函数 $H(z)$可由式(12-13)表示为

$$H(z)=U(z)\cdot V(z)\cdot R(z) \tag{12-13}$$

其中,$U(z)$为激励信号,发浊音时,激励信号是声门脉冲即斜三角波的形式,发清音时,激励信号是随机噪声的形式;$V(z)$为声道传递函数,既可以用声管模型,也可以用共振峰模型来描述;$R(z)$可用一阶高通滤波器的形式来描述。图 12-1 给出了完整语音信号

的数学模型。

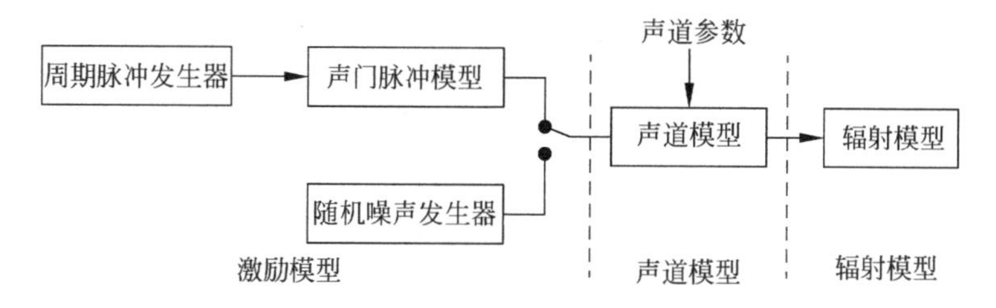

图 12-1　语音信号的完整数学模型

12.3.5　语音信号的预处理

一般情况下,对语音信号进行分析处理前都必须有预处理的步骤。其中,常规预处理包括的内容很多,除了前面在 12.2.2 节中介绍的语音信号的数字化外,还包括放大、增益控制、反混叠滤波等。如果还需要把经过处理的语音信号输出,则还要进行 D/A 转换和平滑滤波。图 12-2 为一般语音数字分析处理系统的框图。

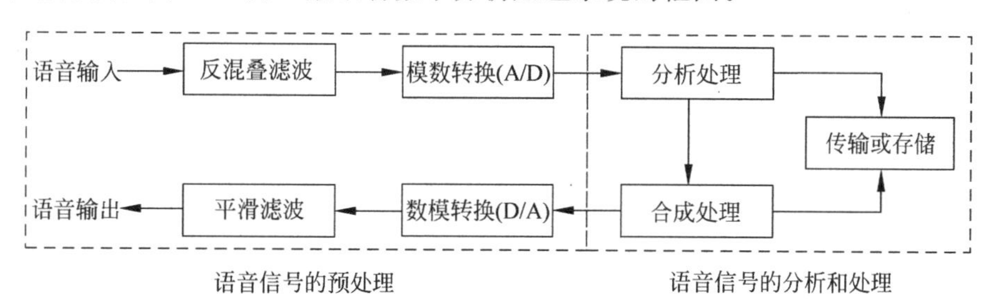

图 12-2　一般语音数字分析处理系统的框图

图 12-2 中的反混叠滤波器在工频干扰严重或无额外抗干扰措施的情况下,需采用带通滤波器,否则可选用低通滤波器。由所处理语音信号的带宽决定滤波器的截止频率,并且滤波器的带内波动和带外衰减特性要尽可能好。而数模转换后的平滑滤波主要是为了对重构的语音波形的高次谐波起平滑作用,因此通常选用低通滤波器,以消除高次谐波失真。其中,低通滤波器的特性和数模转换的频率要与采样时具有相同的关系。

除了以上介绍的常规预处理方法,语音信号的预处理还包括一些对语音信号的特殊处理,包括 12.3.3 节中提到的预加重(也称为高频提升)技术以及分帧处理等。

由于语音信号的平均功率频谱在声门激励以及口鼻辐射的作用下,其高频端在约 800Hz 以上的频率段有 6dB/倍频程的跌落,因此才在预处理的过程中引进预加重技术。对语音信号进行预加重可以使语音信号的高频部分得到提升,去除口唇辐射的影响,增加语音的高频分辨率,使信号的频谱变得平坦,从而可以更容易地对频谱和声道参数进行分析。预加重处理可以在模数变换前也可以在模数变换后,但为了能尽量提高信噪比(SNR),一般在模数变换之前对语音信号进行预加重。通常预加重处理采用式(12-14)所示的一阶 FIR 高通数字滤波器来实现。

$$H(z) = 1 - \alpha z^{-1} \tag{12-14}$$

其中，α 为预加重系数，取值范围是 $0.9<\alpha<1$。如果设 n 时刻的语音采样值是 $x(n)$，则经过预加重处理后的输出结果可由式(12-15)描述为

$$y(n)=x(n)-\alpha x(n-1),\quad 0.9<\alpha<1 \tag{12-15}$$

加重后的语音信号在经过分析和处理后还需要进行去加重处理，即加上 6dB/倍频程的具有下降频率特性的数字滤波器来还原语音信号原来的特性。

由于语音信号是时变且非平稳的随机过程，因而无法用平稳过程来描述。但人的发音器官的肌肉运动速度相对较慢，所以在短时间内可以把语音信号作为平稳随机过程来处理，这就大大简化了语音信号的分析和处理的难度。因此，常常把语音信号进行分帧(或分段)处理，一般定义 10～30ms 作为一帧的时长。对一段语音信号的分帧方式，既可以是连续式也可以是交叠式。在语音信号的分析中常把这种考虑短时平稳过程的方法称为“短时分析”。

傅里叶变换分析方法中的短时傅里叶变换就对应着语音信号的短时分析，其频谱称为短时谱。语音信号的短时谱分析以短时傅里叶变换为核心，通过 FFT 进行高速处理，其频谱包络线与频谱细微结构以信号相乘的形式混合在一起。目前，语音信号的处理主要有数字信号处理和模拟信号处理这两种分析方法。由于数字处理比模拟处理具有很多优势，通常对语音信号的处理都采用数字处理。

12.4 MATLAB 在语音信号分析和处理中的应用

12.4.1 语音信号的采集

为了便于比较，语音信号需要在安静、无噪音且干扰小的环境下进行采集。录制时需要配备录音硬件，如麦克风等。录制的软件可以使用专业的录音软件也可以利用 Windows 系统自带的录音机功能。由于要对语音信号要进行分帧处理，所以采集的声音信号的长度不能小于 30ms。

12.4.2 语音信号的读取与打开

在 MATLAB 2016 中，语音信号的读取常用 audioread 函数，其调用格式和函数功能如下。

调用格式 1：[y,Fs]= audioread(filename)

调用格式 2：[y,Fs]= audioread(filename,samples)

调用格式 3：[y,Fs]= audioread(___,dataType)

函数功能：从名为 filename 的文件中读取数据，并返回样本数据 y 以及该数据的采样频率 Fs。其中，samples 是[start,finish]格式的向量，用于标定从 filename 文件中读取音频样本的范围；dataType('native'或'double')表示返回数据范围内与 dataType 类型一致的采样数据，可以包含先前语法中的任何输入参数。

在 MATLAB 2016 中，语音信号的打开常用 sound 函数，其调用格式和函数功能如下。

调用格式 1：sound(z)

调用格式 2：sound(z,Fs)

调用格式 3：sound(z,Fs,nBits)

函数功能：以采样率 Fs 向扬声器发送音频信号 z。其中，Fs 缺省时，默认采样率为 8192Hz；nBits 为采样位数(位深度)，即对音频信号 z 使用 nBits 的采样位数。

【例 12-1】 利用 audioread 函数和 sound 函数实现在 MATLAB 中对语音信号的读取和打开，并绘制出语音信号的时域波形图、信号的频谱图、信号幅度频谱图以及相位频谱图。

MATLAB 源程序如下，所得结果如图 12-3 所示。

```
[z,Fs] = audioread('system.wav');         % 语音信号的读取
sound(z);                                 % 在扬声器中打开读取的语音信号
Z = fft(z,4096);                          % 对读取的语音信号进行快速傅里叶变换
magZ = abs(Z);                            % 计算语音信号的幅度频谱
angZ = angle(Z);                          % 计算语音信号的相位频谱
subplot(221);
plot(z);
title('语音信号的时域波形');
subplot(222);
plot(Z);
title('语音信号的频谱');
subplot(223);
plot(magZ);
title('语音信号的幅度频谱');
subplot(224);
plot(angZ);
title('语音信号的相位频谱');
```

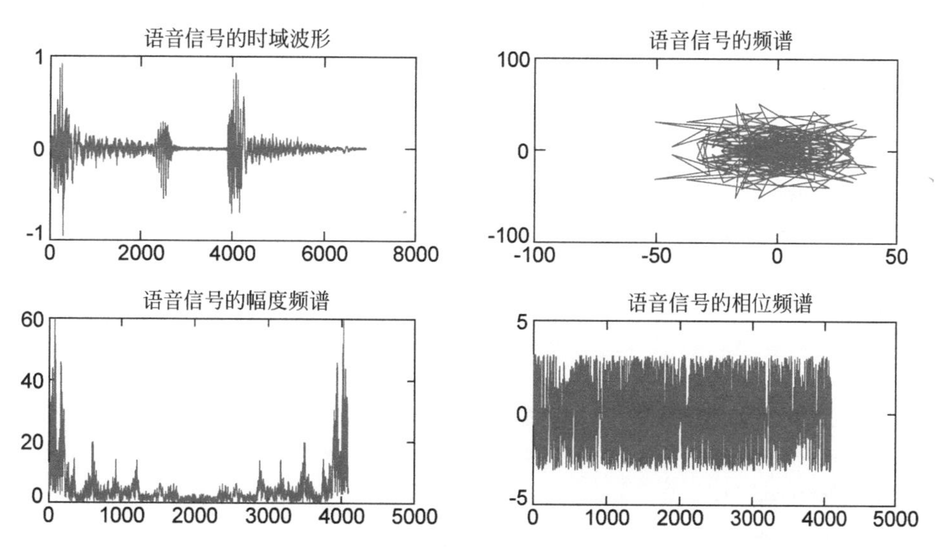

图 12-3 语音信号的读取和打开

12.4.3 语音信号的分析

对语音信号的分析，在时域上经常要观察语音信号的时域图，这只要已知语音信号的幅值利用 plot 函数即可画出；而在频域上需要经常观察语音信号的频率响应图，此时就要用到 freqz 函数，其调用格式和函数功能如下。

调用格式 1：[h,w]= freqz (b,a,n)

调用格式 2：freqz (filename)

函数功能：求取分子和分母多项式系数，把其分别存储在 b 和 a 中的数字滤波器的 n 点频率响应向量和对应的相位频率向量中，并把它们分别赋值给输出参数 h 和 w。其中，如果输出参数缺省，则直接画出名为 filename 的文件中读取出来的数据的归一化后的频率响应中的幅度频谱图和相位频谱图。freqz 函数还有多种调用方式，详情可用 help 语句在 MATLAB 中查阅。

【例 12-2】 绘制出语音信号的时域波形图并画出语音信号的 FFT 幅度频谱，最后利用 freqz 函数直接画出语音信号的频率响应图。

MATLAB 源程序如下，所得结果如图 12-4 和图 12-5 所示。

```
[z,Fs] = audioread('Global.wav');
sound(z,Fs);                    %播放语音信号
z1 = fft(z,2048);               %对信号做 2048 点 FFT 变换
F = Fs * (0:1023)/2048;
figure(1);
subplot(2,1,1);
plot(z);                        %绘制语音信号的时域波形图
title('语音信号的时域图');
xlabel('Time');
ylabel('Magnitude');
subplot(2,1,2);
plot(F,abs(z1(1:1024)));        %绘制语音信号的频谱图
title('语音信号的 FFT 幅度频谱');
xlabel('Frequency');
ylabel('Magnitude');
figure(2);
freqz(z)                        %绘制语音信号的频率响应图
title('语音信号的频率响应')
plot(F,abs(z1(1:1024)));        %绘制语音信号的频谱图
title('语音信号的频谱');
xlabel('Frequency');
ylabel('Magnitude');
```

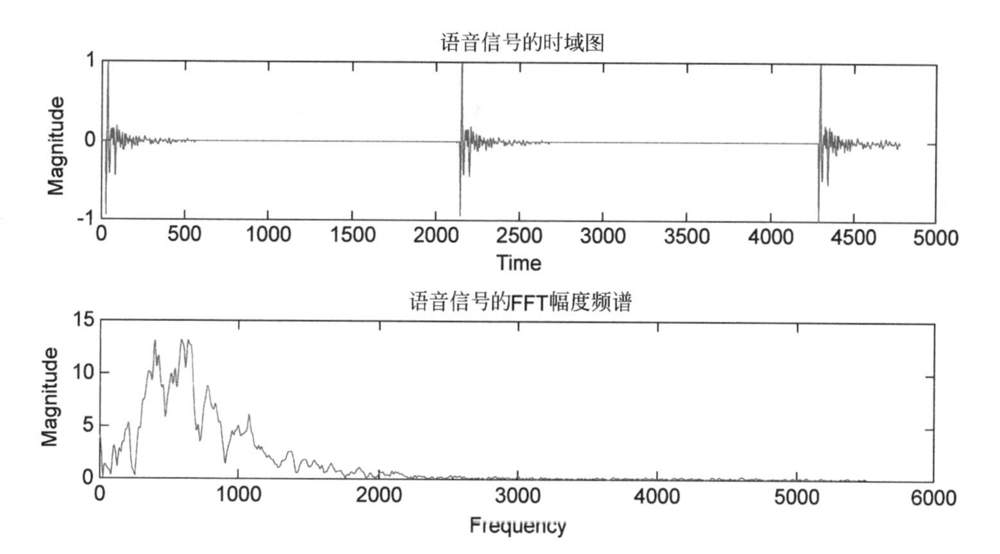

图 12-4 语音信号的时域图和 FFT 幅度频谱

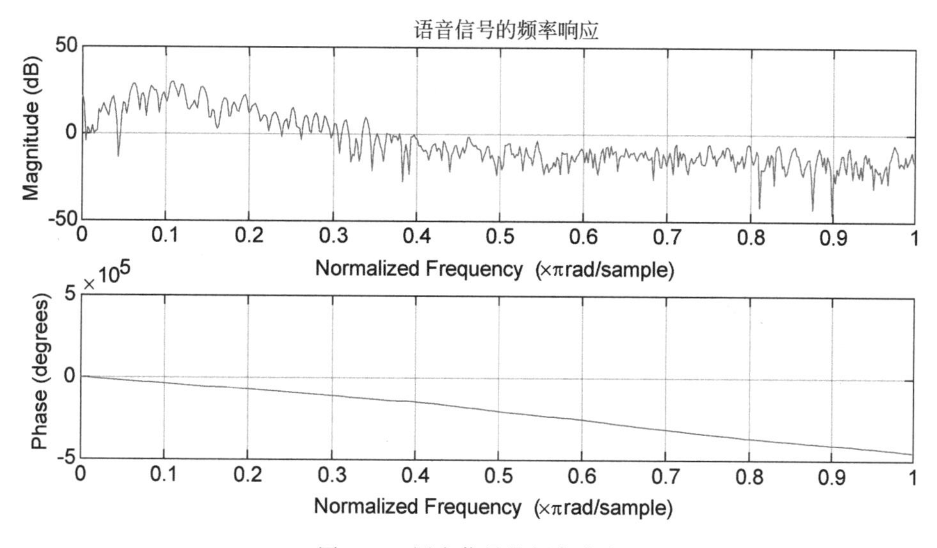

图 12-5 语音信号的频率响应

12.4.4 含噪语音信号的合成

含噪语音信号的合成是指在原始语音信号上叠加噪声信号，在 MATLAB 中常用于叠加在语音信号上的噪声可以简略分为以下两类。

(1) 单频噪声：一般把正余弦信号作为单频噪声干扰源。

(2) 随机噪声：在 MATLAB 中常用于产生随机信号的函数为 rand 以及 randn 函数，它们的调用格式和函数功能如下

调用格式 1：Z= rand

调用格式 2：Z= rand(n)

调用格式 3：Z= rand (sz1,…,szN)

函数功能:返回一个在区间(0,1)内服从均匀分布的随机矩阵。其中,调用格式 1 时,返回一个服从均匀分布的随机标量；调用格式 2 时,返回的是一个服从均匀分布的 n 阶随机方阵；调用格式 3 时,返回的是一个由随机数组成的服从均匀分布的 sz1×…×szN 维数组,sz1,…,szN 中的每个值表示对应维度的长度。

调用格式 1：Z= randn

调用格式 2：Z= randn (n)

调用格式 3：Z= randn (sz1,…,szN)

函数功能:返回一个服从标准正态分布的随机矩阵。其中,调用格式 1 时,返回一个服从标准正态分布的随机标量；调用格式 2 时,返回的是一个服从标准正态分布的 n 阶随机方阵；调用格式 3 时,返回的是一个由随机数组成的服从标准正态分布的 sz1×…×szN 维数组,sz1,…,szN 中的每个值表示对应维度的长度。

【例 12-3】 绘制出原始语音信号以及分别加入均匀噪声、标准正态噪声和正弦噪声后的语音信号的时域波形图,再画出以上四种信号的 FFT 幅度频谱。

MATLAB 源程序如下,所得结果如图 12-6、图 12-7、图 12-8 和图 12-9 所示。

```
[z,Fs] = audioread('system.wav');     % 读取语音信号数据并赋给变量 z
y1 = rand(length(z),1);               % 生成与语音信号长度和形式均一致的均匀随机信号
y1_t = y1 + z;
y2 = randn(length(z),1);              % 生成与语音信号长度和形式均一致的标准正态随机信号
y2_t = y2 + z;
t = (0:(size(z) - 1))/Fs;
A = (min(abs(z)) + max(abs(z))) * 0.5;
y3 = A * sin(6 * pi * 50 * t);        % 生成与语音信号长度一致的正弦信号
y3_t = y3' + z;
figure(1);
subplot(2,1,1);
plot(z);                              % 绘制原始语音信号的时域图形
title('原始语音信号时域图');
xlabel('Time');ylabel('Magnitude');
subplot(2,1,2);
plot(y1_t);                           % 绘制加均匀噪声后语音信号的时域图形
title('加均匀噪声后语音信号时域图');
xlabel('Time');ylabel('Magnitude');
figure(2);
subplot(2,1,1);
plot(y2_t);                           % 绘制加标准正态噪声后语音信号的时域图形
title('加标准正态噪声后语音信号时域图');
xlabel('Time');ylabel('Magnitude');
subplot(2,1,2);
plot(y3_t);                           % 绘制加正弦噪声后语音信号的时域图形
title('加正弦噪声后语音信号时域图');
xlabel('Time');ylabel('Magnitude');
z_f = fft(z,2048);                    % 对原始语音信号做 2048 点 FFT 变换
y1_f = fft(y1_t,2048);                % 对加均匀噪声后语音信号做 2048 点 FFT 变换
y2_f = fft(y2_t,2048);                % 对加标准正态噪声后语音信号做 2048 点 FFT 变换
y3_f = fft(y3_t,2048);                % 对加正弦噪声后语音信号做 2048 点 FFT 变换
figure(3);
subplot(2,1,1);
plot(abs(z_f));
title('原始语音信号频谱');
```

```
xlabel('Frequency');ylabel('Magnitude');
subplot(2,1,2)
plot(abs(y1_f));
title('加均匀噪声后语音信号频谱');
xlabel('Frequency');ylabel('Magnitude');
figure(4);
subplot(2,1,1)
plot(abs(y2_f));
title('加标准正态噪声后语音信号频谱');
xlabel('Frequency');ylabel('Magnitude');
subplot(2,1,2)
plot(abs(y3_f));
title('加正弦噪声后语音信号频谱');
xlabel('Frequency');
ylabel('Magnitude');
```

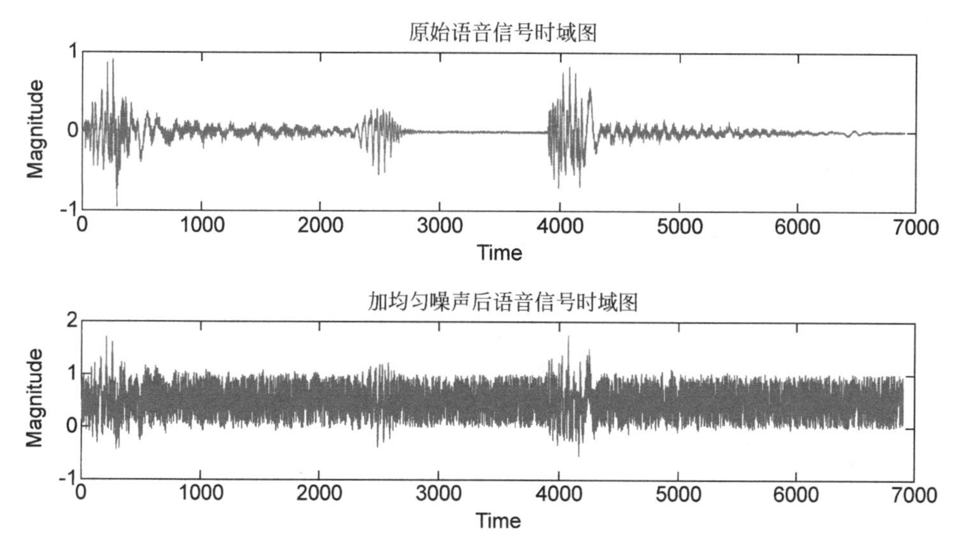

图 12-6　原始语音信号和加均匀噪声后语音信号的时域图

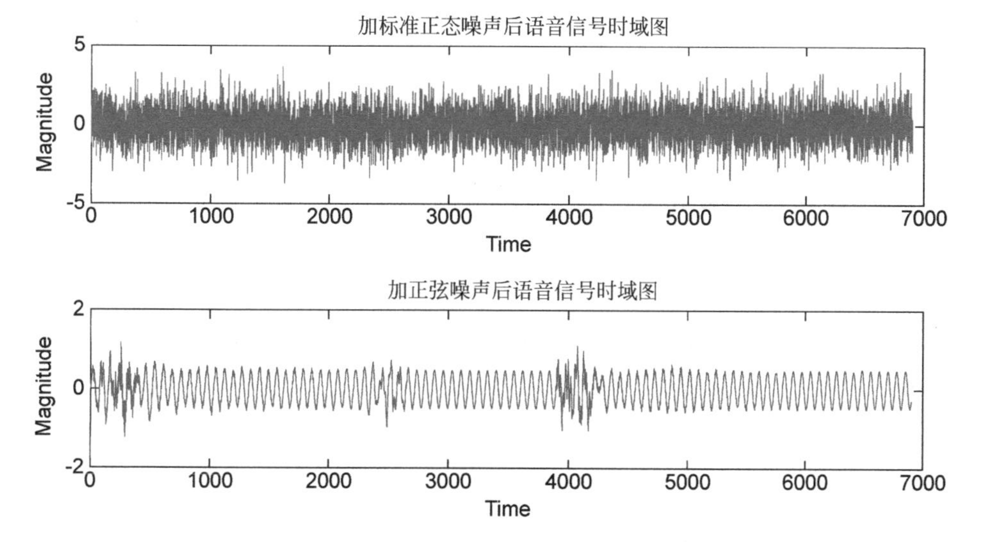

图 12-7　加标准正态噪声和正弦噪声后语音信号的时域图

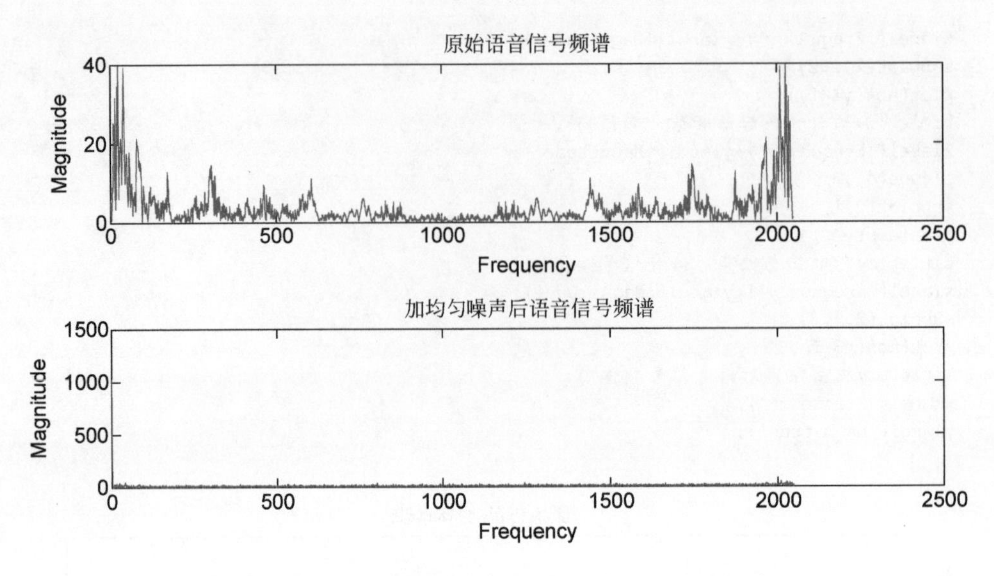

图 12-8　原始语音信号和加均匀噪声后语音信号的频谱图

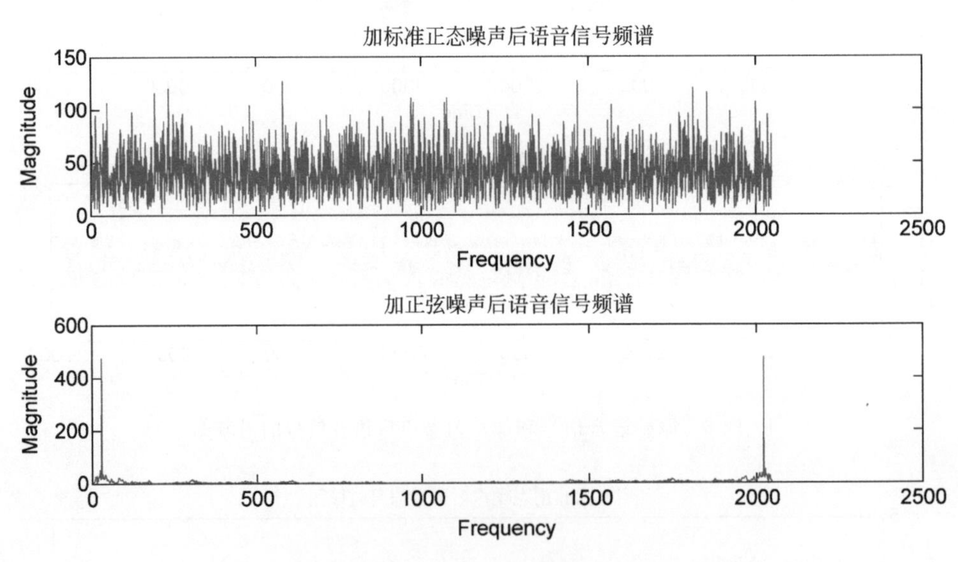

图 12-9　加标准正态噪声和正弦噪声后语音信号的频谱图

12.4.5　语音信号处理中滤波器的设计

在本书的第 11 章“MATLAB 在数字信息处理中的应用”中，已经对 IIR 和 FIR 数字滤波器的设计进行了简略的介绍，并对 MATLAB 中的双线性变换函数 bilinear 和窗函数法的专用函数 fir1 的调用格式和函数功能进行了比较详尽的说明，故在本节中就不再赘述，仅对本小节例题中前述未说明过的重要函数进行介绍。

1. 利用双线性变换法设计巴特沃斯低通滤波器对语音信号进行处理

在滤波器的设计中,巴特沃斯滤波器的设计较为重要。其相关函数较多,本节主要用到 buttord、buttap 以及 lp2lp 函数,下面对它们的调用格式和函数功能分别进行介绍。

1) buttord 函数

调用格式 1:[n,Wn]= buttord (Wp,Ws,Rp,Rs)

调用格式 2:[n,Wn]= buttord (Wp,Ws,Rp,Rs,'s')

函数功能:在不超过 RpdB 的通带波动和最少 RsdB 的阻带衰减的要求下给出阶次最低的 n 阶数字巴特沃斯滤波器的截止角频率 Wn。其中,Wp 和 Ws 分别是滤波器的通带和阻带的边界频率,并且都是以奈奎斯特采样频率为比较对象,归一化在 0~1 的数值,数值 1 对应着 πrad/s; 返回值(或向量)Wn 是得出的 n 阶数字巴特沃斯滤波器的截止频率; 's'表示输出为拉普拉斯变换描述下的巴特沃斯模拟滤波器。函数的输出参数 n 和 Wn 可作为设计巴特沃斯滤波器的函数 butter 的输入参数。

2) buttap 函数

调用格式:[z,p,k]= buttap (n)

函数功能:返回一个 n 阶巴特沃斯模拟低通滤波器的系统零极点增益模型。其中,p 表示函数返回的极点值,是长度为 n 的列向量; k 是系统增益; 由于不需要零点,则 z 是一个空矩阵。

3) lp2lp 函数

调用格式 1:[bt,at]= lp2lp (b,a,Wo)

调用格式 2:[At,Bt,Ct,Dt]= lp2lp (A,B,C,D,Wo)

函数功能:改变模拟低通滤波器的截止频率。其中,参数 b 和 a 分别表示输入的模拟低通滤波器标准模型中分子和分母多项式的系数; Wo 是输出的模拟低通滤波器的截止角频率; 参数 bt 和 at 分别表示输出的模拟低通滤波器标准模型中分子和分母多项式的系数; 调用格式 2 表示把由矩阵 A、B、C、D 描述的连续时间状态空间低通滤波器转换为截止角频率为 Wo 的由矩阵 At、Bt、Ct、Dt 描述的连续时间状态空间低通滤波器。

【例 12-4】 利用双线性变换法设计巴特沃斯数字低通 IIR 滤波器,对加入正弦噪声和高斯随机噪声的语音信号进行滤波处理。绘制出加入噪声前后语音信号的时域波形图和幅度频谱图以及设计出的巴特沃斯低通滤波器的幅度频谱图。

MATLAB 源程序如下,所得结果如图 12-10、图 12-11 以及图 12-12 所示。

```
[z,Fs] = audioread('system.wav');             %读取语音信号的数据并赋值给变量 z
z1 = randn(length(z),1);                      %产生与 z 长度一致的标准正态随机信号
t = (0:(size(z) - 1))/Fs;
A = (min(abs(z)) + max(abs(z))) * 0.5;
z2 = A * sin(6 * pi * 5000 * t);              %产生与 z 长度一致的正弦信号
z4 = z + z1 + z2';
sound(z4);                                    %播放滤波前的语音信号
wp_1 = 0.2 * pi;                              %设置模拟滤波器的指标
ws_1 = 0.5 * pi;
```

```
Rp_1 = 2;
Rs_1 = 17;
Fs_1 = 2 * Fs;
Ts_1 = 1/Fs_1;
wp_2 = 2/Ts_1 * tan(wp_1/2);                %把低通滤波器的模拟指标转换为数字指标
ws_2 = 2/Ts_1 * tan(ws_1/2);
[N_1,Wn_1] = buttord(wp_2,ws_2,Rp_1,Rs_1,'s'); %在给定指标下获取滤波器的最小阶数
[Z,P,K] = buttap(N_1);                      %根据获得的最小阶数创建滤波器的零极点增益模型
[b_1,a_1] = zp2tf(Z,P,K);                   %把零极点增益模型转换为标准模型
[b_2,a_2] = lp2lp(b_1,a_1,Wn_1);            %改变低通滤波器标准模型的截止频率
[b_z,a_z] = bilinear(b_2,a_2,Fs_1);         %用双线性变换法把生成的模拟滤波器转换为
                                            %数字滤波器
[H,W] = freqz(b_z,a_z);                     %求解数字低通滤波器频率响应
figure(1);
plot(W * Fs_1/(2 * pi),abs(H));
title('低通滤波器频率响应曲线');
xlabel('Frequency');ylabel('Magnitude');
grid on;
f_1 = filter(b_z,a_z,z4);
figure(2);
subplot(2,1,1);
plot(z4);
title('滤波前的时域波形');
xlabel('Sample');ylabel('Magnitude');
subplot(2,1,2);
plot(f_1);
title('滤波后的时域波形');
xlabel('Sample');ylabel('Magnitude');
sound(f_1);                                 %播放滤波后的语音信号
F0 = fft(f_1,2048);
f = Fs * (0:1023)/2048;
figure(3);
y2 = fft(z4,2048);
subplot(2,1,1);
plot(f,abs(y2(1:1024)));
title('加噪语音信号滤波前的频谱');
xlabel('Frequency');
ylabel('Magnitude');
subplot(2,1,2);
F1 = plot(f,abs(F0(1:1024)));
title('加噪语音信号滤波后的频谱');
xlabel('Frequency');
ylabel('Magnitude');
```

2. 利用双线性变换法实现连续系统到离散系统的频率响应变换

在巴特沃斯滤波器的设计中，除了以上介绍的 buttord、buttap 函数外，还有一个用于设计巴特沃斯滤波器的函数 butter 也很重要，下面对它的调用格式和函数功能进行介绍。

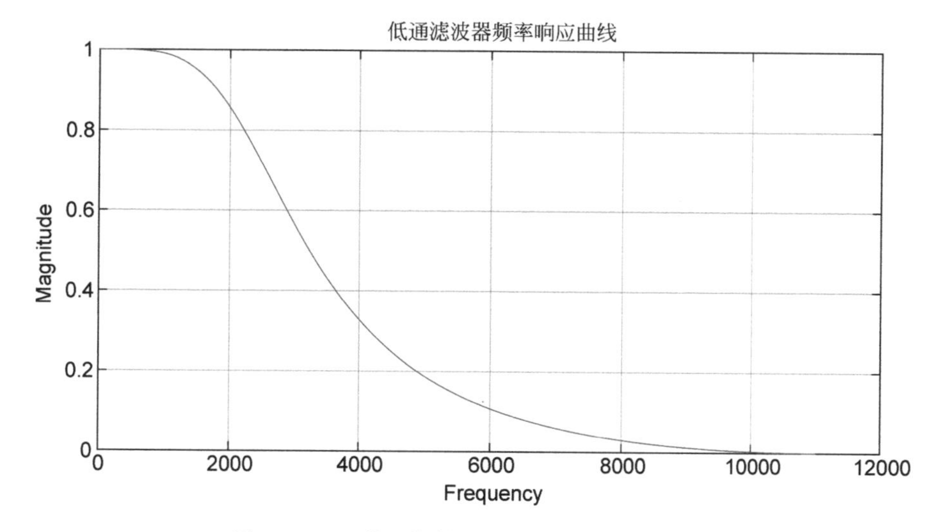

图 12-10 巴特沃斯低通滤波器的幅频响应曲线

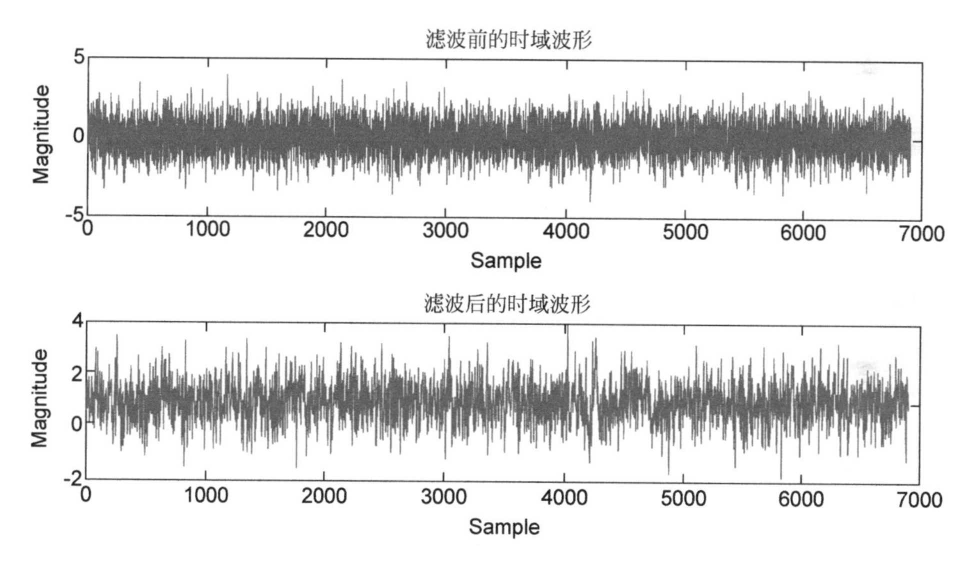

图 12-11 加噪语音信号低通滤波前后的时域波形图

调用格式 1：[b,a]= butter (n,Wn)

调用格式 2：[b,a]= butter (___,'s')

函数功能:返回一个 n 阶数字低通巴特沃斯滤波器的标准模型中分子和分母多项式的系数 b 和 a,其截止频率 Wn 为归一化的数值。其中,可选参数's'表示设计出的是模拟频率下的巴特沃斯滤波器。

【例 12-5】 利用双线性变换法设计巴特沃斯数字低通 IIR 滤波器,要求先设计出模拟频率下的低通滤波器再转换为数字频率下的低通滤波器。再利用得出的巴特沃斯数字低通 IIR 滤波器对加入正弦噪声和均匀随机噪声的语音信号进行滤波处理。最后绘制出加入噪声前后语音信号的时域波形图和幅度频谱图以及设计出的巴特沃斯低通滤波器的幅度频谱图。

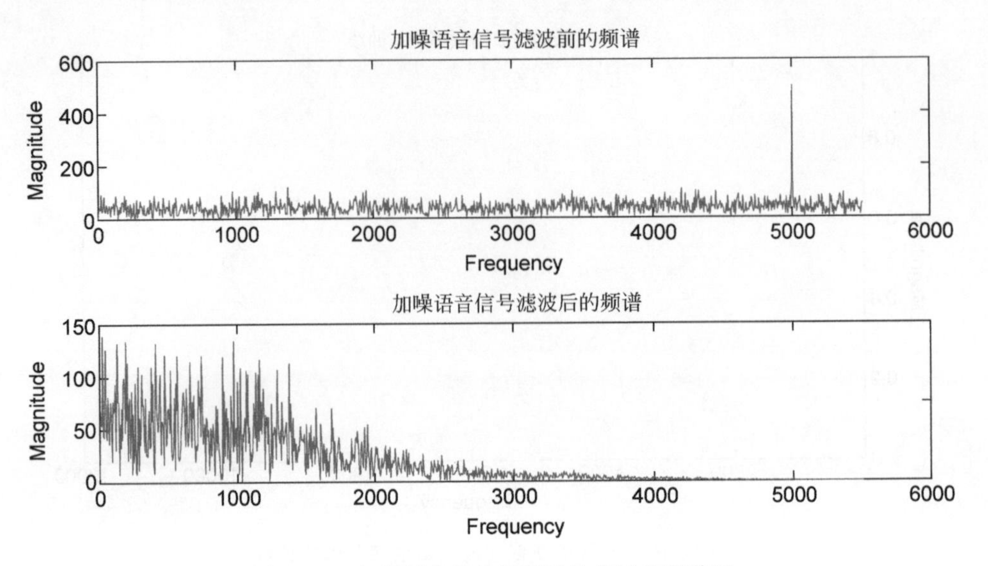

图 12-12　加噪语音信号低通滤波前后的频谱图

MATLAB 源程序如下，所得结果如图 12-13、图 12-14 以及图 12-15 所示。

```
[z,Fs] = audioread('system.wav');
z1 = rand(length(z),1);                    %产生与 z 长度一致的均匀分布随机信号
t = (0:(size(z) - 1))/Fs;
A = (min(abs(z)) + max(abs(z))) * 0.5;
z2 = A * sin(2 * pi * 5000 * t);
z4 = z + z1 + z2';
F_t = 8000;
F_p = 800;
Fs_1 = 2000;
W_p = 2 * pi * F_p/F_t;
W_s = 2 * pi * Fs_1/F_t;
[N_1,Wn_1] = buttord(W_p,W_s,2,17,'s'); %在给定指标下获取滤波器的最小阶数
[b_1,a_1] = butter(N_1,Wn_1,'s');       %根据求得的参数设计 s 域下的低通滤波器
[b_z,a_z] = bilinear(b_1,a_1,0.5); %用双线性变换法把生成的模拟滤波器转换为数字滤波器
[H,W] = freqz(b_z,a_z);
figure(1);
plot(W * Fs_1/(2 * pi),abs(H));
title('低通滤波器频率响应曲线');
xlabel('Frequency');ylabel('Magnitude');
grid on;
figure(2);
f2 = filter(b_z,a_z,z4);
subplot(2,1,1);
plot(t,z4);
title('滤波前加噪声的语音信号时域波形图');
xlabel('Time(s)');ylabel('Magnitude');
subplot(2,1,2);
plot(t,f2);
title('滤波后的语音信号时域波形图');
xlabel('Time(s)');ylabel('Magnitude');
sound(f2);
```

```
F0 = fft(f2,2048);
f = Fs * (0:1023)/2048;
figure(3);
y2 = fft(z4,2048);
subplot(2,1,1);
plot(f,abs(y2(1:1024)));
title('滤波前加噪声的语音信号的频谱');
xlabel('Frequency');ylabel('Magnitude');
subplot(2,1,2);
plot(f,abs(F0(1:1024)));
title('滤波后的语音信号的频谱');
xlabel('Frequency');
ylabel('Magnitude');
```

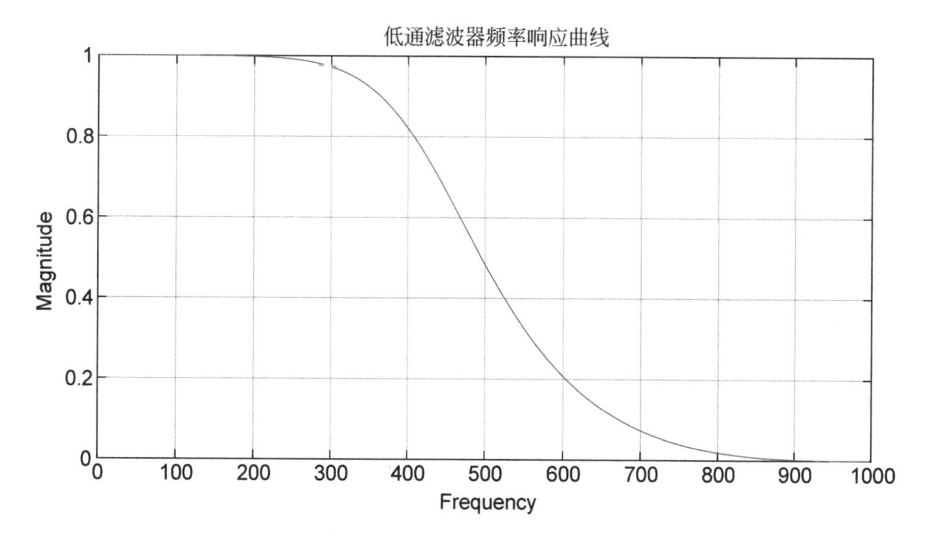

图 12-13　巴特沃斯低通滤波器的幅频响应曲线

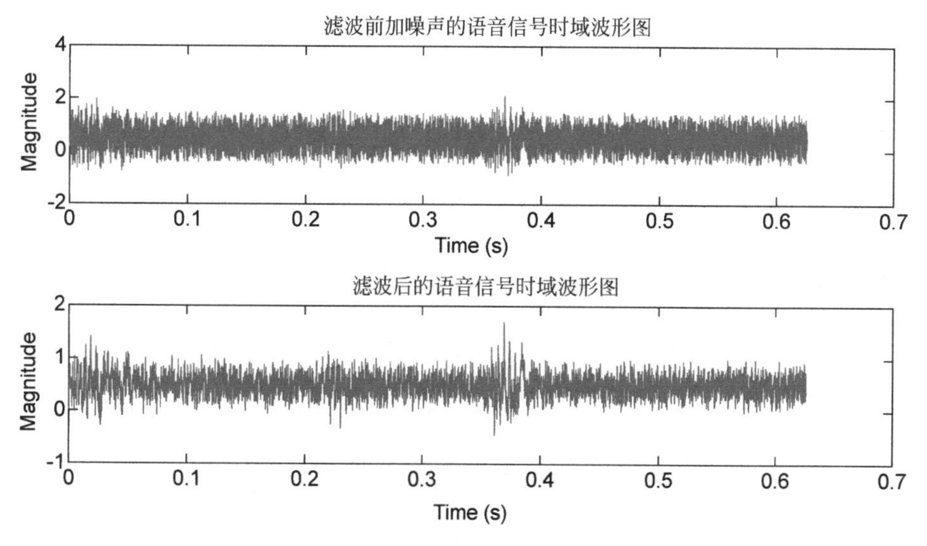

图 12-14　加噪语音信号低通滤波前后的时域波形图

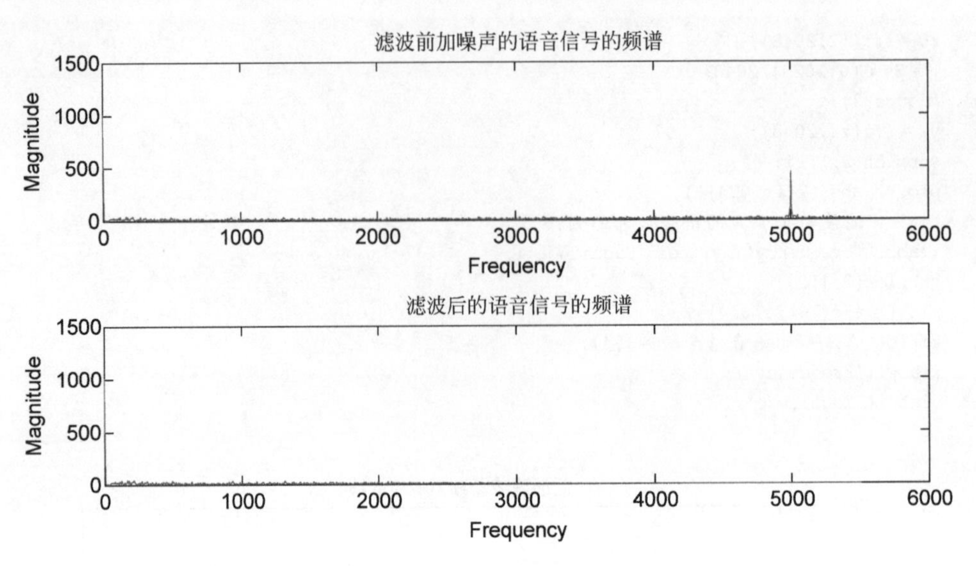

图 12-15 加噪语音信号低通滤波前后的频谱图

3. 利用巴特沃斯模拟滤波器设计数字带通滤波器并对语音信号进行处理

在 MATLAB 平台中,函数 butter 除了 12.4.4 节介绍的可以设计低通滤波器的调用格式外,它还可以设计高通、带通以及带阻滤波器,下面对其调用格式和函数功能进行介绍。

调用格式:[b,a]= butter (n,Wn,ftype)

函数功能:返回一个数字低通(高通、带通以及带阻)巴特沃斯滤波器的标准模型中分子和分母多项式的系数 b 和 a。其中,滤波器的属性依靠参数 ftype 的取值以及 Wn 的取值。ftype 可取值为'low'、'bandpass' 、'high' 、'stop'。当 ftype 取'bandpass'和'stop'时,Wn 中要包含两个数值,分别是它们的通频带和截止频带;当 ftype 取'low'和'high'时,Wn 是它们的截止频率,只包含一个数值。butter 函数还有多种调用方式,详情请用 help 语句在 MATLAB 中查阅。

【例 12-6】 利用 butter 函数设计巴特沃斯数字带通 IIR 滤波器。再利用得出的带通滤波器对加入正弦噪声和高斯噪声的语音信号进行滤波处理。最后绘制出加入噪声前后语音信号的时域波形图和幅度频谱图以及设计出的巴特沃斯带通滤波器的频率响应。

MATLAB 源程序如下,所得结果如图 12-16、图 12-17 以及图 12-18 所示。

```
[z,Fs] = audioread('system.wav');          %读取语音信号的数据,赋给变量 z
sound(z);                                  %播放原始语音信号
z1 = randn(length(z),1);                   %产生与 z 长度一致的标准正态分布噪声
t = (0:(size(z) - 1))/Fs;
A = (min(abs(z)) + max(abs(z))) * 0.5;
z2 = A * sin(2 * pi * 5000 * t);           %生成正弦噪声
z4 = z + z1 + z2';                         %随机噪声合成
sound(z4);                                 %播放加噪声后的语音信号
```

```
Wp_1 = [0.35 * pi,0.65 * pi];
Ws_1 = [0.25 * pi,0.75 * pi];
Ap_1 = 2;
As_1 = 17;
[N_1,Wn_1] = buttord(Wp_1/pi,Ws_1/pi,Ap_1,As_1);    %计算带通滤波器的阶次和截止频率
[bz,az] = butter(N_1,Wn_1,'bandpass');               %生成带通滤波器的标准模型
figure(1);
freqz(bz,az,2048);
f2 = filter(bz,az,z4);
sound(f2);                                           %播放滤波后的语音信号
figure(2);
subplot(2,1,1);
plot(t,z4);
title('滤波前加噪声的语音信号时域波形图');
xlabel('Time(s)');
ylabel('Magnitude');
subplot(2,1,2);
plot(t,f2);
title('滤波后的语音信号时域波形图');
xlabel('Time(s)');
ylabel('Magnitude');
figure(3);
f = Fs * (0:1023)/2048;
y2 = fft(z4,2048);
subplot(2,1,1);
plot(f,abs(y2(1:1024)));
title('滤波前加噪声的语音信号的频谱');
xlabel('Frequency');
ylabel('Magnitude');
F0 = fft(f2,2048);
subplot(2,1,2);
plot(f,abs(F0(1:1024)));
title('滤波后的语音信号的频谱');
xlabel('Frequency');
ylabel('Magnitude');
```

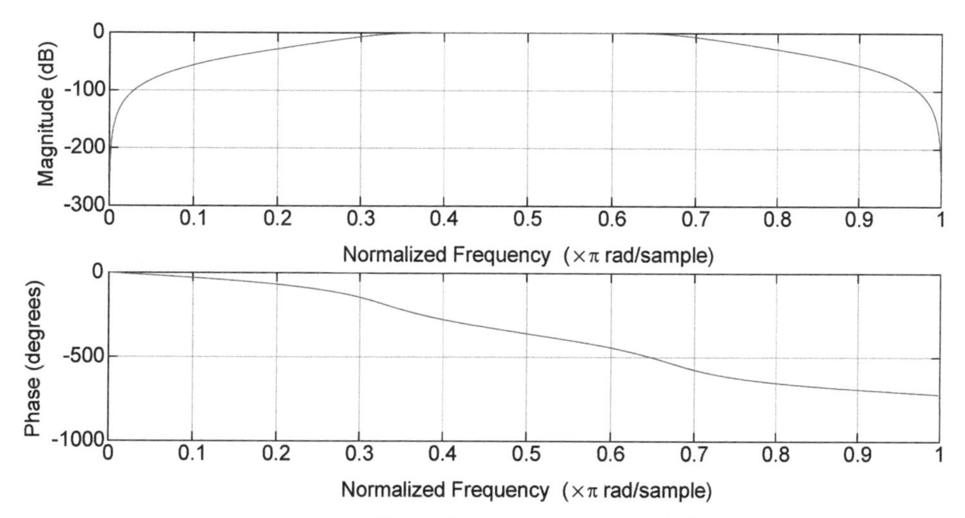

图 12-16 巴特沃斯带通滤波器的频率响应曲线

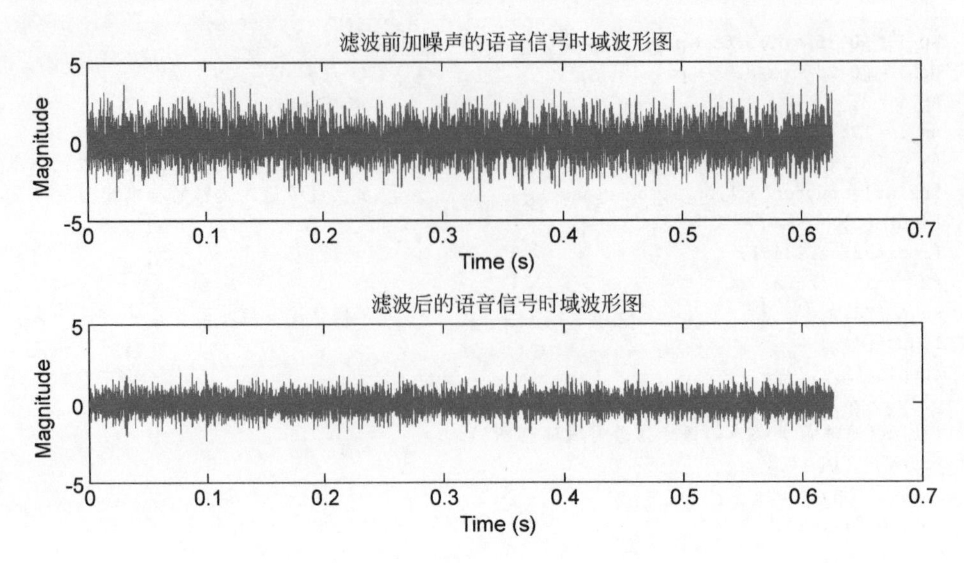

图 12-17　加噪语音信号带通滤波前后的时域波形图

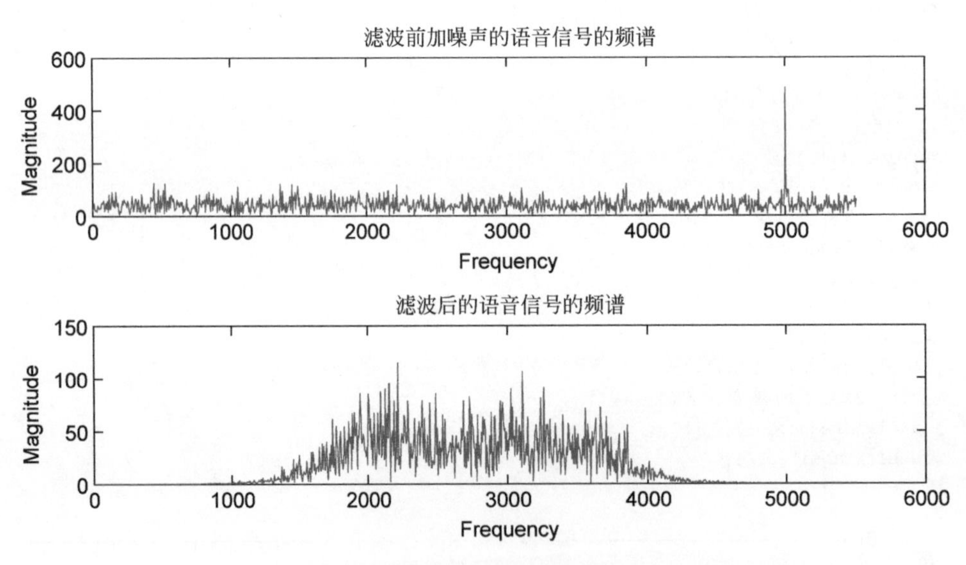

图 12-18　加噪语音信号带通滤波前后的频谱图

4. 利用窗函数法设计 FIR 滤波器并对语音信号进行处理

在 MATLAB 平台中，利用窗函数设计 FIR 滤波器时常用 firl 函数生成窗函数。

【例 12-7】 使用窗函数法的专用函数 firl，并选用布莱克曼窗(Blackman)设计数字 FIR 带阻滤波器，对加了正弦和高斯随机噪声的语音信号进行滤波，绘制出加入噪声前后语音信号的时域波形图和幅度频谱图以及设计出的 FIR 滤波器的频率响应。

MATLAB 源程序如下，所得结果如图 12-19、图 12-20 以及图 12-21 所示。

```
[z,Fs] = audioread('system.wav');          % 读取语音信号的数据,赋给变量 z
z1 = randn(length(z),1);                   % 产生与 z 长度一致的标准正态分布噪声
```

```
t = (0:(size(z) - 1))/Fs;
A = (min(abs(z)) + max(abs(z))) * 0.5;
z2 = A * sin(2 * pi * 5000 * t);                  % 生成正弦噪声
z4 = z + z1 + z2';                                % 随机噪声合成
sound(z4);                                        % 播放加噪声后的语音信号
Wp_1 = 0.25 * pi;
Ws_1 = 0.3 * pi;
Wdelta_1 = Ws_1 - Wp_1;
N_1 = ceil(6.6 * pi/Wdelta_1);                    % 取整
Wn_1 = [0.2 0.7] * pi/2;                          % 设置阻带边缘频率
b_1 = fir1(N_1,Wn_1/pi,'stop',blackman(N_1 + 1)); % 选择布莱克曼窗,生成带阻滤波器
figure(1);
freqz(b_1,1,1024);
f2 = filter(b_1,1,z4);
sound(f2);                                        % 播放滤波后的语音信号
figure(2);
subplot(2,1,1);
plot(t,z4);
title('滤波前加噪声的语音信号时域波形图');
xlabel('Time(s)');ylabel('Magnitude');
subplot(2,1,2);
plot(t,f2);
title('滤波后的语音信号时域波形图');
xlabel('Time(s)');ylabel('Magnitude');
figure(3);
f = Fs * (0:1023)/2048;
y2 = fft(z4,2048);
subplot(2,1,1);
plot(f,abs(y2(1:1024)));
title('滤波前加噪声的语音信号的频谱');
xlabel('Frequency');ylabel('Magnitude');
F0 = fft(f2,2048);
subplot(2,1,2);
plot(f,abs(F0(1:1024)));
title('滤波后的语音信号的频谱');
xlabel('Frequency');ylabel('Magnitude');
```

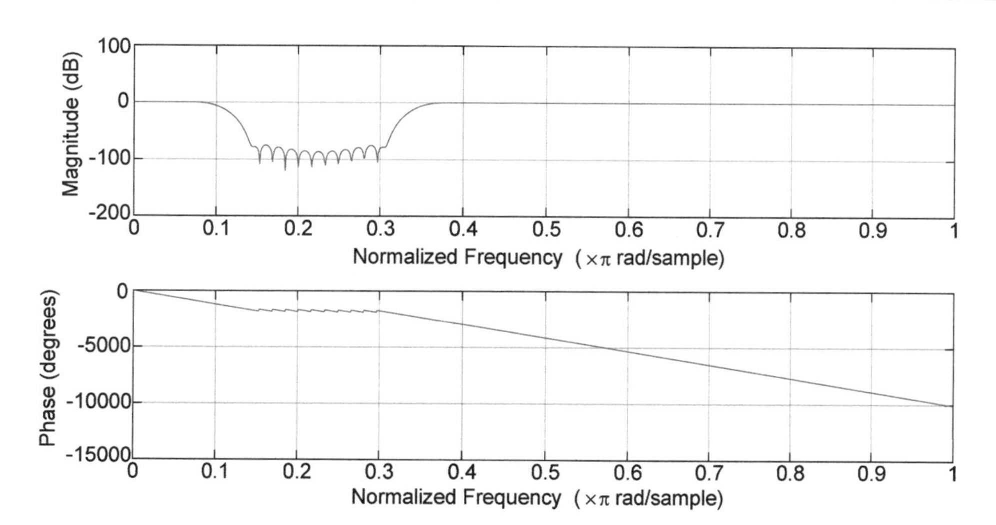

图 12-19 布莱克曼窗设计的FIR带阻滤波器的频率响应曲线

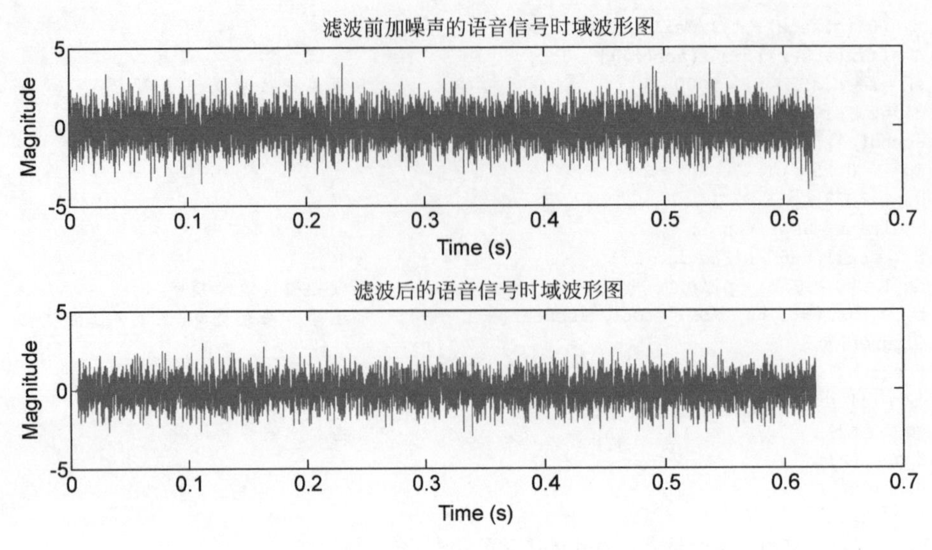

图 12-20　加噪语音信号带阻滤波前后的时域波形图

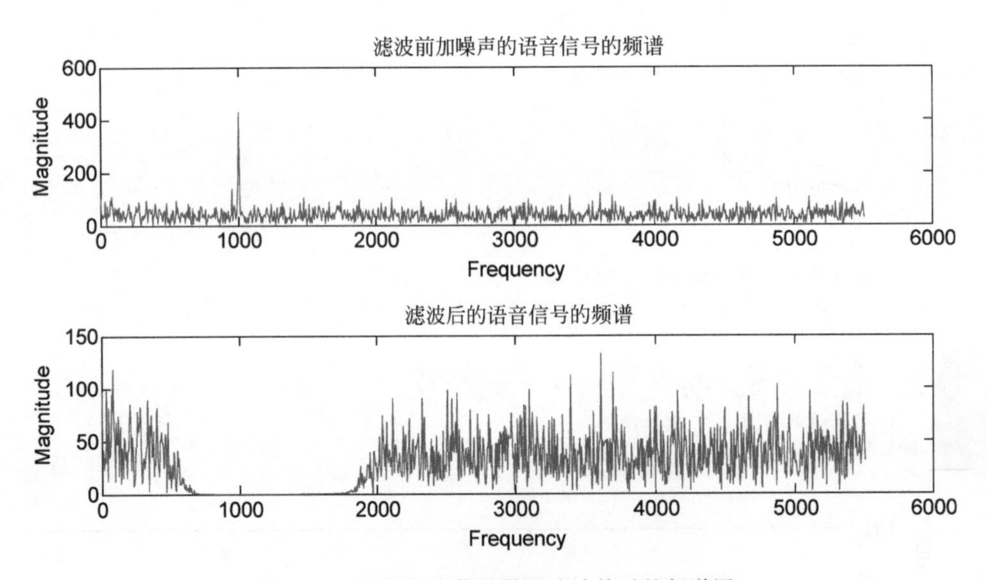

图 12-21　加噪语音信号带阻滤波前后的频谱图

12.5　MATLAB 在语音信号处理中的应用实例

语音时域分析中最简单的一种分析方法就是过零分析。顾名思义,过零就是指语音信号通过零值,即语音信号的幅值在该时刻的取值为零。当语音信号是连续时间信号时,通常考察其时域波形穿过时间轴的情况。而对于离散时间的语音信号,一般考察相邻采样值的符号是否一致。如果两个采样值的符号不一致则认为语音信号完成了过零。根据以上方法,统计样本改变符号的次数,就可以很容易地计算出一段语音信号的过零数。通常把单位时间内的过零数称为平均过零数。

如果语音信号是窄带信号,则作为信号频率的一种简单度量方法,平均过零数可以对信号的频率进行比较准确的估计。例如，一个频率为 f_0 的余弦信号，如果以采样频率 f_s 对其进行采样，则每个信号周期内会有 f_s/f_0 个采样点；而另一个方面，余弦信号在每个周期内都会有两次过零发生，因此按照上面介绍过的平均过零数的定义，其计算方法可表示为式(12-16)。

$$Z = 2 \cdot \frac{f_0}{f_s} \quad (\text{过零} / \text{样本}) \tag{12-16}$$

由式(12-16)可知，根据计算出的平均过零数 Z 以及 f_s 可精确地计算出余弦信号(窄带信号)的频率 f_0。

但是，实际生活中的单音频语音信号(如正余弦信号)是不存在的，而窄带的语音信号(比如固定电话中所传输的语音信号)一般都是经过滤波处理后才使得频带变窄的语音信号。因而，实际中的语音信号序列均是带宽信号，所以无法简单地用式(12-16)来计算语音信号的频率。但是，采用短时平均过零数仍然可以对宽带语音信号序列的频率进行粗略估计。由于语音信号 $x(n)$ 是离散序列，则其短时平均过零数 Z_n 的计算方法就不能采用式(12-16)中的方式，而需要重新定义为式(12-17)所示的公式。

$$\begin{aligned} Z_n &= \sum_{m=-\infty}^{+\infty} \left| \text{sgn}[x(m)] - \text{sgn}[x(m-1)] \right| w(n-m) \\ &= \left| \text{sgn}[x(n)] - \text{sgn}[x(n-1)] \right| * w(n) \end{aligned} \tag{12-17}$$

其中，$\text{sgn}[x(n)]$ 是符号函数，其表示式如式(12-18)所示。

$$\text{sgn}[x(n)] = \begin{cases} 1, & x(n) > 0 \\ 0, & x(n) = 0 \\ -1, & x(n) < 0 \end{cases} \tag{12-18}$$

$w(n)$ 为矩形窗口序列，其表达式如式(12-19)所示。

$$w(n) = \begin{cases} \dfrac{1}{2N}, & 0 \leqslant n \leqslant N-1 \\ 0, & \text{其他} \end{cases} \tag{12-19}$$

由于人类发音器官具有惯性运动，可以把一小段时间内的语音信号的特征认为近似不变，也就是说认为短时语音信号具有平稳性。从而可以对一段离散时间的语音信号，与一个固定长度的窗口相乘，只保留窗口内的信号，只对这些信号进行计算，进而可以只求出在该窗口内的语音特征。通常把这样的处理方法称为加窗处理，一般简称为加窗，而被保留下来的这一段语音信号就称为语音帧。观察式(12-17)可以发现，虽然窗口内共有 N 个样本点，但是窗口内的每个样本点在计算过零点个数时都被使用了两次，则统计出来的过零点个数是实际个数的 2 倍，所以这里窗口幅度取 $1/2N$ 才能准确计算出窗口范围内的短时平均过零数。当然，对语音信号进行加窗处理时，也可以不采用矩形窗，而采用其他形式的窗函数，比如汉明窗等。

根据式(12-17)，可以得到如图 12-22 所示的短时平均过零数 Z_n 的实现框图。由图可见，计算短时平均过零数 Z_n，首先要对语音信号序列进行成对地检查以确定采样过程中是否发生过零，若发生符号变化，则表示有一次过零现象发生；然后对前后两个采样点进行一阶差分计算，再对计算结果求取绝对值；最后把结果进行低通滤波。

观察式(12-17)还可以发现，按照此公式计算，如果语音信号受到了噪声的干扰，则直

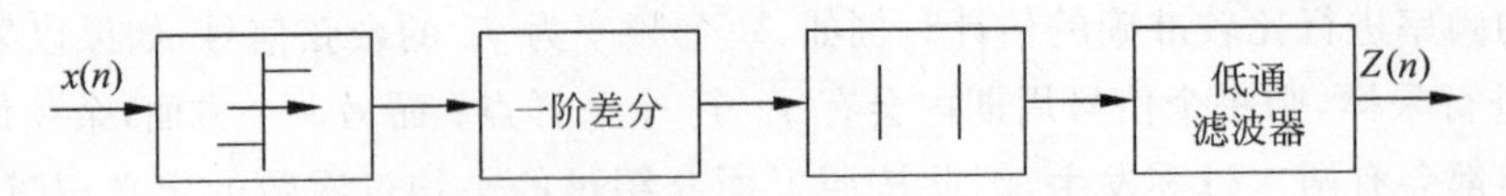

图 12-22 短时平均过零数 Z_n 的实现框图

接计算符号改变的次数并不能比较准确地得到过零数。因此，为了克服短时平均过零率对噪声很敏感的缺点，可以将式(12-17)修正为式(12-20)。

$$Z_n = \frac{1}{2N}\sum_{m=-\infty}^{+\infty}\{|\operatorname{sgn}[x(m)-A]-\operatorname{sgn}[x(m-1)-A]|+ |\operatorname{sgn}[x(m)+A]-\operatorname{sgn}[x(m-1)+A]|\} \tag{12-20}$$

根据式(12-20)可知，为了规避噪声对短时平均过零率的干扰，实际上判断语音信号是否过零，不是简单以信号相邻采样值符号改变来进行判断，而是以信号相邻采样值超过设定的某个合适的正负门限后仍然还存在改变符号的现象来判断。这样就尽可能排除了噪声引起的虚假过零点。

短时平均过零数在语音信号分析中可用于区别语音中的清浊音。发浊音时，虽然声道会产生若干个共振峰，但在信号的高频段，声门波的信号频谱具有高频跌落，所以其语音能量约集中于 3kHz 以下。而发清音时，信号频谱没有高频跌落，信号的多数能量都出现在较高频率上。而通常高频率意味着高的平均过零数，低频率则意味着低的平均过零数。则据此可以认为，浊音时信号的平均过零数较低，而清音时则会得到较高的平均过零数。但是，这种高和低又仅是相对而言的，实际上是没有精确的数值比较关系的。

通常情况下清音和噪声都是高频信号，其短时平均过零率一般比浊音的大很多，因此利用短时平均过零率能够很容易地把浊音、噪声和清音区别开来。短时平均过零率同时也是语音起止点判别的重要参数。

【例 12-8】 利用本章介绍的 MATLAB 语句以及本节介绍的短时过零法的基本原理，试通过短时过零法对语音信号进行分段。

MATLAB 源程序如下，所得结果如图 12-23 以及图 12-24 所示。

```
[z,Fs] = audioread('system.wav');     %读取语音信号的数据赋给变量
figure(1);
subplot(3,1,1)
plot(z);
title('原始语音信号');
m_1 = length(z);                      %给出采样点数
chongfudianshu = 160;                 %给出重复点数
L_1 = 250 - chongfudianshu;
nn_1 = (m_1- 250)/L_1;                %判断语音信号可以按照 L_1 长度分成多少段
N = ceil(nn_1);
count_zeros = zeros(1,N+1);
%段内过零点统计
%thesh 为一界限，不对(-thresh,thresh)之间的点进行过零点统计
threshhold = 0.00010;
for n = 0:N-1
    for k = L_1*n+1:(L_1*n+250)
```

```
        if z(k) > threshhold && z(k + 1) < - threshhold || z(k) < - threshhold && z(k + 1)
> threshhold
            count_zeros(n + 1) = count_zeros(n + 1) + 1;
        end
    end
end
%最后一段的过零点数统计
for i = k:m_1 - 1;
    if z(i)> threshhold && z(i + 1)< - threshhold || z(i)< - threshhold && z(i + 1)> threshhold
        count_zeros(N + 1) = count_zeros(N + 1) + 1;
    end
end
%画出过零点统计图
subplot(3,1,2)
plot(count_zeros);
title('过零点个数统计图');
%语音信号的分段提取
%选取合适的阈值
threshold_1 = 15;
y = zeros(1,N + 1);
i = 0;
for n1 = 1:N + 1
    i = i + 1;
    if count_zeros(n1)> threshold_1
        y(i) = count_zeros(n1);
    else
        y(i) = 0;
    end
end
subplot(3,1,3)
plot(y);
title('选取适当阈值后的过零点个数统计图');
%提取各个语音片段
pianduan = 0;     %片段数
qidian = 0;       %分割后每段的起点标志
for n2 = 1:N - 1
    if y(n2)> 0
        for i = 1:L_1
            z_2((n2 - 1 - qidian) * L_1 + i) = z((n2 - 1) * L_1 + i);
        end
        if y(n2)> 0 && y(n2 + 1) == 0 && y(n2 + 2) == 0
            pianduan = pianduan + 1;
            qidian = n2 - 1;
        end
        %将每一个片段转换为 wma 格式并保存
        switch pianduan
            case 0
                audiowrite('z_0.wav',z_2,Fs)
            case 1
                audiowrite('z_1.wav',z_2,Fs)
```

```
            case 2
                audiowrite('z_2.wav',z_2,Fs)
            case 3
                audiowrite('z_3.wav',z_2,Fs)
            case 4
                audiowrite('z_4.wav',z_2,Fs)
            case 5
                audiowrite('z_5.wav',z_2,Fs)
            case 6
                audiowrite('z_6.wav',z_2,Fs)
            case 7
                audiowrite('z_7.wav',z_2,Fs)
            case 8
                audiowrite('z_8.wav',z_2,Fs)
            case 9
                audiowrite('z_9.wav',z_2,Fs)
            otherwise
                disp('error')
        end
        if y(n2)> 0 && y(n2 + 1) == 0 && y(n2 + 2) == 0
            z_2 = 0;
        end
    end
end
%选取4段分割后的语音信号作为输出
figure(2);
[z0,Fs] = audioread('z_0.wav');
subplot(2,2,1)
plot(z0);
title('分割后的语音信号片段一');
xlabel('Sample');ylabel('Magnitude');
[z1,Fs] = audioread('z_1.wav');
subplot(2,2,2)
plot(z1);
title('分割后的语音信号片段二');
xlabel('Sample');
ylabel('Magnitude');
[z2,Fs] = audioread('z_2.wav');
subplot(2,2,3)
plot(z2);
title('分割后的语音信号片段三');
xlabel('Sample');
ylabel('Magnitude');
[z3,Fs] = audioread('z_3.wav');
subplot(2,2,4)
plot(z3);
title('分割后的语音信号片段四');
xlabel('Sample');
ylabel('Magnitude');
```

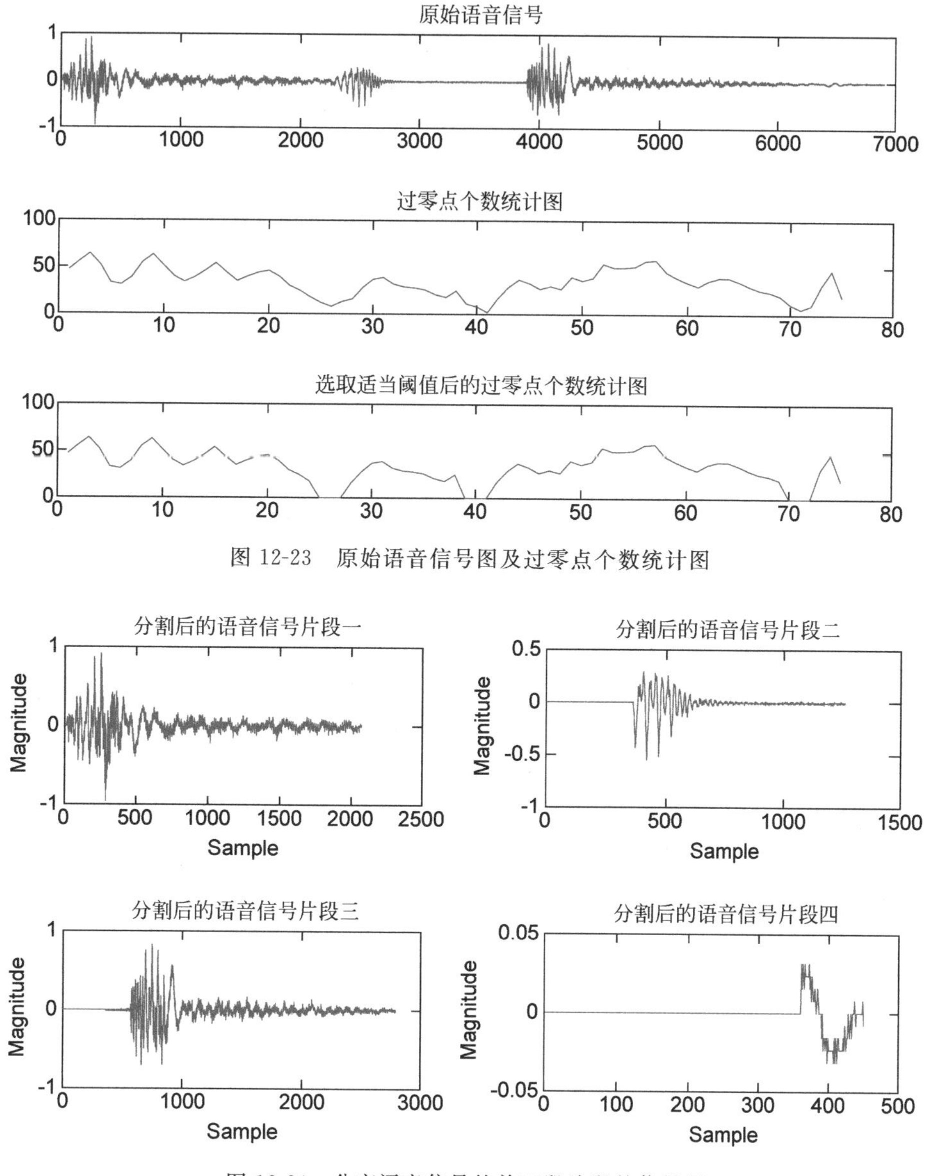

图 12-23　原始语音信号图及过零点个数统计图

图 12-24　分离语音信号的前四段片段的信号图

12.6　本章小结

本章主要介绍了语音产生过程，语音信号的特点以及数字化，语音信号产生的数字模型和 MATLAB 在语音信号分析和处理中的应用，介绍了常用的语音信号分析和处理函数的功能和使用方法。通过大量应用实例讲解，读者可以更加深刻地认知 MATLAB 在语音信号处理中的应用。

第四部分 MATLAB通信系统篇

MATLAB 通信系统篇主要介绍 MATLAB 在通信系统中的应用。通过 MATLAB 通信系统篇的学习，使得读者掌握利用 MATLAB 软件解决通信系统中数学计算、符号计算、数据可视化以及动态系统仿真等问题的能力，提高了读者解决通信系统实际问题的能力。

MATLAB 通信系统篇包含 1 章：

第 13 章　MATLAB 在通信系统中的应用

第13章 MATLAB在通信系统中的应用

本章要点：

◇ MATLAB通信工具箱的组成；

◇ 通信系统信源与信道编码；

◇ 模拟调制与解调；

◇ 数字调制与解调；

◇ 数字通信系统BER仿真。

13.1 MATLAB通信工具箱的组成

MATLAB通信工具箱是一个应用在通信工程专业领域，辅助工程技术人员进行理论分析研究、系统建模仿真和通信性能计算的专业化工具软件集。MATLAB通信工具箱由两大部分组成：通信工程专业函数库和Simulink仿真模型库。这里需要说明的是读者要想熟练地应用MATLAB通信工具箱内的专业函数库和仿真模型库，那么就必须先掌握通信系统的一般性原理知识，需要懂诸如调制、功率谱和误码率等专业词汇的内涵，还需要了解各类通信系统的组成原理和系统方框图。

MATLAB通信工程专业函数库包含七十多个通信专业函数，这些函数的功能覆盖了现代通信系统的各个方面。可将它们分类为信号源产生函数、信源编码/信源解码函数、纠错控制编码/纠错控制解码函数、调制/解调函数、滤波器函数、传输信道函数、TDMA/FDMA/CDMA函数、同步函数和专业工具函数等。每一个函数在调用时应注意函数格式中各参数的含义及单位，以便设定正确。以纠错控制编码（或解码）函数为例，此函数提供了线性分组码、汉明码、循环码、BCH码、里德-索罗蒙码和卷积码6种纠错控制编码（或解码）选项，还需要对输入（或输出）数据格式进行选择，可选序列或矢量（矩阵）两种不同的格式。

一般而言，对通信系统进行仿真可以采用在m程序（脚本）文件中调用相关函数的方式进行，也可以使用Simulink仿真模型（块）库的方式来进行。只考虑点到点通信模式，Simulink仿真模型组成框图是自信源开始的,各仿真模型是依次串联型的,分别为信源模型、信源编码模型、纠错控制编码模型、调制模型、复用模型和发射/滤波模型,之后送入信道。信号接收之后系统框图是各种模型再依照下列次序串接,分别为接收/滤波模型、复用模型、解调模型、纠错控制解码模型和信源解码模型,最后输出信号。有时系统框图中还需要加入同步及工具模型。

不同通信系统仿真时,上述各种仿真模块可以根据具体需求有针对性地指定参数。仍以纠错控制编码(或解码)模型为例,需要选定其具体的编码方式,例如某系统已选定为 BCH 码进行纠错编码,同时此系统的接收端,也必须选择对应解码 BCH 码的模块才行。

本章主要是按照点到点通信链路来进行阐述的,挑选了一些常见的且具备代表性的通信系统进行分析和计算。由于篇幅所限,有一些通信系统没有涉及,如脉冲调制 PCM 编解码、数字基带通信系统、同步提取和最佳接收等。在调用通信工具箱中的函数进行计算时,因其参数名称与国内通信术语存在差异,为了正确设置函数格式中的各种参数值,本章对涉及的通信理论列出了一些相应的关系式并简单地加以说明。

13.2 信息量度与信源编码

13.2.1 信息的量度计算

考虑离散取值并用随机过程来表达一个信源,对于一个离散无记忆平稳随机过程,则信源输出的信息量(熵)可定义为

$$H(x) = -\sum_{x \in X} \log_2 P(x) \tag{13-1}$$

在式(13-1)中,X 表示信源取值的一个集合,$P(x)$表示输出 x 值时的概率。下面通过程序 xysh.m 举例说明离散信源熵的计算。

【例 13-1】 已知甲信源可以输出 4 种电平 a_1、a_2、a_3、a_4,乙信源只能输出两种电平 b_1、b_2,经观察测量甲乙各自输出不同电平的概率分别为[1/2,1/4,1/8,1/8]和[7/8,1/8],试分别计算甲乙两种信源输出的信息量(熵)。

编制程序 xysh.m 如下:

```
clear
p1 = [1/2,1/4,1/8,1/8];
p2 = [7/8,1/8];
H1 = 0.0;H2 = 0.0;
I = [];J = [];
for i = 1:4
  H1 = H1 + p1(i) * log2(1/p1(i));
  I(i) = log2(1/p1(i));
end
disp('甲信源各电平自信息量分别为: ');I
disp('甲信源熵为: ');H1
for j = 1:2
   H2 = H2 + p2(j) * log2(1/p2(j));
```

```
    J(j) = log2(1/p2(j));
end
disp('乙信源各电平自信息量分别为: ');J
disp('乙信源熵为: ');H2
```

然后再在MATLAB命令窗口运行程序xysh.m,结果如下:

```
>> xysh
甲信源各电平自信息量分别为
I =
     1     2     3     3
甲信源熵为
H1 =
    1.7500
乙信源各电平自信息量分别为
J =
    0.1926    3.0000
乙信源熵为
H2 =
    0.5436
```

甲乙两信源各电平自信息量是指单一电平的信息量,它与产生此电平的概率有关。比较甲乙两信源熵的数值,甲熵大于乙熵,这和实际情况是吻合的。甲信源可以输出4种电平而乙信源仅可以输出两种电平,考虑信息发送组合的能力大小,甲输出的信息量显然更大。

13.2.2 模拟信号量化和数字化

自然界的大多数信源(如语音和温度)都是模拟信号输出的,模拟信号转变成数字信号时必首先进行离散和量化处理。离散是将连续的模拟信号抽样为时间上离散的模拟信号,而量化是将模拟信号的连续取值以数目有限的量化值(集合)去取代。单个信源的模拟输出值被量化后称标量量化,标量量化有均匀量化和非均匀量化两种方案。均匀量化中量化值的间隔是等长的,非均匀量化中量化值的间隔是不相等的。

在标量量化中,随机标量 X 的取值区间(值域)被划分成为 N 个互不重叠的区域 $R_i(1\leqslant i\leqslant N)$,$R_i$ 被称为量化间隔,在每个 R_i 区域内选择一个数值点 x_i 定为其量化值,那么整个取值区间就可以得出一个量化值集合 $\{x_i\}$。这样落在区域 R_i 内的随机变量的取值都被量化为第 i 个量值 x_i,量化的数学表达如下:

$$Q(x) = x_i(x \in R_i) \tag{13-2}$$

这种量化方法不可避免地引入了失真,其均方误差可按下式计算:

$$D = \sum_{i=1}^{N}\int_{R_i}(x-x_i)^2 f(x)\mathrm{d}x \tag{13-3}$$

式(13-3)中,$f(x)$是信源随机变量的概率密度函数。信号量化噪声比(SQNR)为

$$\mathrm{SQNR} = 10\log_{10}\frac{E(x^2)}{D} \tag{13-4}$$

MATLAB 通信工具箱提供了标量量化的函数指令 quantiz，其使用格式如下：

```
[INDX, QUANTV, DISTOR] = quantiz(SIG, PARTITION, CODEBOOK)
```

在确定的 PARTITION（量化间隔）和 CODEBOOK（量化值集合$\{x_i\}$）条件下，对 SIG（信号）进行标量量化，输出 INDX（量化索引）、量化值和失真值 D；

```
[INDX, QUANTV] = quantiz(SIG, PARTITION, CODEBOOK)
```

功能同上，不输出失真值 D。

```
INDX = quantiz(SIG, PARTITION)
```

仅输出 INDX（量化索引）。

从使用格式上可以看出，函数指令 quantiz 的运行需要确定 PARTITION（量化间隔）和 CODEBOOK（量化值集合$\{x_i\}$）这两个条件。MATLAB 通信工具箱提供了优化标量量化的 Lloyds 算法函数，可以得到 PARTITION（量化间隔）和 CODEBOOK（量化值集合$\{x_i\}$）参数。lloyds 函数的使用格式如下：

```
[PARTITION, CODEBOOK] = lloyds(TRAINING_SET, INI_CODEBOOK)
```

依据给定的 TRAINING_SET（训练信号集），给出 PARTITION 和 CODEBOOK 这两个参数集，INI_CODEBOOK 可以是假设的量化值集合$\{x_i\}$，也可以是期望量化值集合$\{x_i\}$的长度（集合元素的个数）。

【例 13-2】 试用 8 个电平对最大幅度值为 1 的正弦信号进行标量量化。

解：在 MATLAB 命令窗口直接输入下列命令：

```
>> N = 2^3; % 取 N = 8 个电平长
>> t = [0:50] * pi/20;
>> u = sin(t);
>> [p,c] = lloyds(u,N)
p =
   -0.7836   -0.5145   -0.2220    0.0469    0.2690    0.5145    0.7850
c =
   -0.9197   -0.6474   -0.3815   -0.0626    0.1564    0.3815    0.6474    0.9226
```

函数 lloyds 运行后，给出的向量 p 是将区间[−1,1]划分为 8 个区间的分界（分割）点。向量 c 正是这 8 个区间中量化值的集合$\{x_i\}$。

继续在 MATLAB 命令窗口直接输入下列命令运行：

```
>> [index,quant,distor] = quantiz(u,p,c)
index =
  % 1～22 列
     3     4     5     5     6     6     7     7     7     7     7     7     7     7     7     6
  6     5     5     4     3     3
 % 23～51 列之后数据删掉没有列出
```

```
quant =
  %1～13 列
   -0.0626    0.1564    0.3815    0.3815    0.6474    0.6474    0.9226    0.9226
  0.9226    0.9226    0.9226    0.9226    0.9226
%14～51 列之后数据删掉没有列出了
distor =
    0.0045
```

INDX(量化索引)值可以用于数字编码，从输出结果可以看出取 3 时正好对应量化值 $x_3=-0.0626$。计算出的失真值 $D=0.0045$，数值上看还是比较小的。为了得到更直观的量化结果，可以继续在 MATLAB 命令窗口输入画图命令：

```
>> plot(t,u,t,quant,'*')
```

图形绘制如图 13-1 所示。

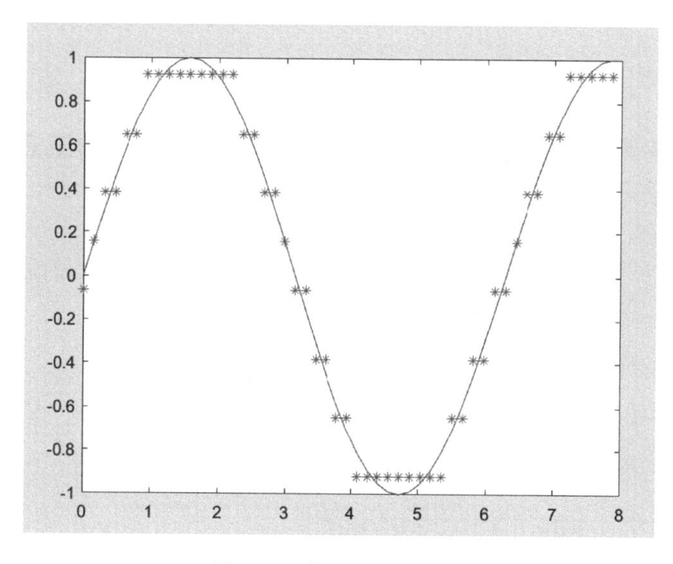

图 13-1 信号标量量化图

观察图 13-1，最大幅度值为 1 的正弦信号已被量化，图中共有 8 个量化电平。正弦信号经采样量化后，下一步经信源编码便成为数字信号。对于线性量化，8 个量化电平可以采用 3 位 BCD 编码。MATLAB 提供的将模拟信号数字化函数指令还有一些，下面简单列出几个。

函数指令 compand 的功能是用于 μ 律或 A 律压扩编码；dpcmenco/dpcmdeco 的功能是用于差分脉冲调制 PCM 编码/PCM 解码；dpcmopt 的功能是用于使用训练序列优化差分脉冲调制参数；arithenco/arithdeco 的功能是用于对一符号序列进行算术编码/算术解码。

13.2.3 信源编码

信源输出的数字信号一般还需要对其进行信源编码，目的是提高数字信号的有效性。即针对信源输出符号序列的统计特性来寻找某种方法，把信源输出符号序列变换为最短的码字序列，使后者的各码元所载荷的平均信息量（熵）最大，同时又要保证在接收端无失真地恢复原来的符号序列。信源编码能够压缩数据冗余，降低码元速率。

MATLAB 通信工具箱提供了哈夫曼信源编码的函数指令，哈夫曼编码是一种可变长无损编码，应用范围广泛，哈夫曼编码/解码函数指令的使用格式介绍如下：

```
ENCO = huffmanenco(SIG, DICT)
```

huffmanenco 函数能将输入信号 SIG 编码为哈夫曼码，格式中的 DICT 为码字字典，由函数指令 huffmandict 生成。

```
DECO = huffmandeco(COMP, DICT)
```

哈夫曼解码函数，将哈夫曼编码 COMP 解码为 DECO。

```
DICT = huffmandict(SYM, PROB)
```

哈夫曼码字字典生成函数，SYM 为信源符号向量，需要包含信息中的所有符号，PROB 为相应符号出现的概率。

哈夫曼编码/解码函数指令使用的关键之一是需要获取码字字典，这是由函数 huffmandict 指令生成的，例如：信源符号向量 SYM 设为[1:6]；相应符号出现的概率 PROB 设为[.5 .125 .125 .125 .0625 .0625]。

在 MATLAB 命令窗口直接输入下列命令运行：

```
>> [dict,avglen] = huffmandict([1:6],[.5 .125 .125 .125 .0625 .0625])
dict =
    [1]    [         0]
    [2]    [1x3 double]
    [3]    [1x3 double]
    [4]    [1x3 double]
    [5]    [1x4 double]
    [6]    [1x4 double]
avglen =
    2.1250
```

结果中给出了码字字典和码字的平均字长，但码字字典没有以直观的形式给出。为了让码字字典的含义更清楚明了，下面继续在 MATLAB 命令窗口输入下列命令运行：

```
>> temp = dict;
>> for i = 1:length(temp)
temp{i,2} = num2str(temp{i,2});
end
>> temp
temp =
    [1]    '0'
```

```
[2]    '1  0  0'
[3]    '1  1  1'
[4]    '1  1  0'
[5]    '1  0  1  1'
[6]    '1  0  1  0'
```

上面以直观的形式给出了码字字典，其第 1 列为符号，第 2 列对应的行是此符号的哈夫曼编码。通过查找可得符号'2'的哈夫曼编码为'1　0　0'。

有了码字字典，下面以一个简单的例子说明一段信息的哈夫曼编码和哈夫曼解码，再在 MATLAB 命令窗口直接输入一段信息 sig 并运行哈夫曼编码函数 huffmanenco：

```
>> sig = [2 1 4 2 1 1 5 4]
sig =
    2    1    4    2    1    1    5    4
>> sig_encoded = huffmanenco(sig,dict)
sig_encoded =
    1    0    0    0    1    1    0    1    0    0    0    0    1    0    1    1    1    1    0
```

哈夫曼编码结果 sig_encoded 如上，下面在 MATLAB 命令窗口直接输入运行哈夫曼解码函数 huffmandeco 如下：

```
>> DECO = huffmandeco(sig_encoded, dict)
DECO =
    2    1    4    2    1    1    5    4
```

哈夫曼解码结果 DECO 如上，经比较，其与信源发出的码 sig 完全一样。下面通过程序 huffm.m 举例说明一幅图的哈夫曼编/解码。

【例 13-3】 已知 C 盘某目录下有一幅灰度图像，大小为 165×202，试将其读入 MATLAB 中显示并与哈夫曼编码和解码之后的图片显示结果加以比较。

编写程序 huffm.m 如下，程序运行结果如图 13-2 所示。

```
clear
I = imread('C:\Users\lev\Documents\cha.10\10_2.jpg');
[M,N] = size(I);I1 = I(:);
P = zeros(1,256);
for i = 0:255
  P(i+1) = length(find(I1 == i))/(M*N);
end
k = 0:255;
dict = huffmandict(k,P);                          %生成字典
enco = huffmanenco(I1,dict);                      %编码
deco = huffmandeco(enco,dict);                    %解码
Ide = col2im(deco,[M,N],[M,N],'distinct');        %把向量重新转换成图像块
subplot(1,2,1);imshow(I);title('original image');
subplot(1,2,2);imshow(uint8(Ide));title('deco image');
```

图 13-2 输出了原始的灰度图像及哈夫曼编码和解码之后的图像，对这两幅图加以比较后发现，肉眼看并无差异。经过比较计算也证实哈夫曼编码是一种可变长无损编码。

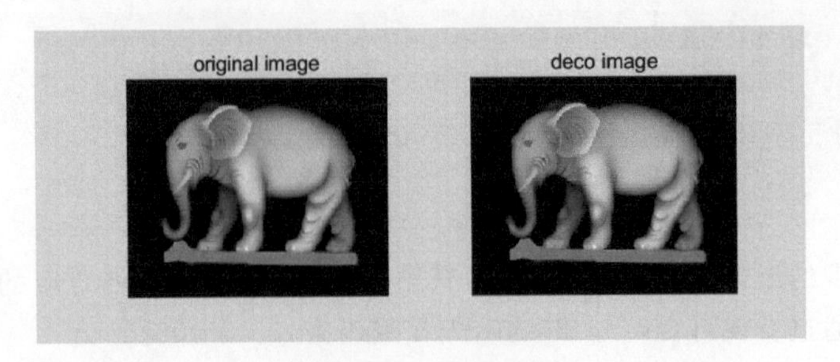

图 13-2　输出图形

可以计算出其平均码长 avglen=4.1360，几乎为 BCD 码所需 8 位码长的一半。

13.3　差错控制和信道编码

数字信号在信道传输的过程中，不可避免地要受到噪声和干扰的影响产生误码。为此，在将数字信号送入信道之前，就必须对数字信号采用差错控制编码技术，以增强数据在信道中传输时抵御各种噪声和干扰的能力，提高通信系统的可靠性。

13.3.1　线性分组码编解码

提高数据传输可靠性，降低误码率是信道编码的任务。信道差错控制编码的原理是在源数据码流中有目的地加插一些冗余的码元，而在接收端又利用这些冗余的码元进行判错和纠错，从而达到差错控制的目的。差错控制编解码有多种分类口径，每种类型的编解码数理基础和工作原理各不相同。MATLAB 通信工具箱中提供了汉明码、循环码、BCH 码、卷积码和 RS 码等种类的编解码函数指令。

可以用线性方程组表述码规律性的分组码称为线性分组码。以 (n,k) 汉明码为例，码长为 n，信息元长为 k，那么监督元长 r 为 $n-k$。其中，码长 n 与监督元长 r 满足以下关系式：

$$n = 2^r - 1 \tag{13-5}$$

现以 $r=3$，$n=7$ 的汉明码为例，则信息元长为 $k=4$。从而存在下面的监督方程组：

$$[\boldsymbol{P} \vdots \boldsymbol{I}_r]\boldsymbol{A}^{\mathrm{T}} = O \tag{13-6}$$

式中，$\boldsymbol{P}$ 为 $r\times k$ 阶矩阵，$\boldsymbol{I}_r$ 为 r 阶单位矩阵，$\boldsymbol{A}=[a_6 a_5 \cdots a_0]$为汉明码，将$[\boldsymbol{P} \vdots \boldsymbol{I}_r]$命名为 $\boldsymbol{H}$ 监督矩阵，若将汉明码改写为 $\boldsymbol{A}=[a_6 a_5 a_4 a_3 \vdots a_2 a_1 a_0]=[\boldsymbol{M} \vdots \boldsymbol{R}]$，由此可推导出：

$$\boldsymbol{R} = \boldsymbol{M}\cdot\boldsymbol{P}^{\mathrm{T}},\quad \boldsymbol{A} = \boldsymbol{M}\cdot[\boldsymbol{I}_k \vdots \boldsymbol{P}^{\mathrm{T}}] \tag{13-7}$$

定义 $\boldsymbol{G}=[\boldsymbol{I}_k \vdots \boldsymbol{P}^{\mathrm{T}}]$为生成矩阵。

接收端是通过计算校正子 $\boldsymbol{S}=\boldsymbol{E}\cdot\boldsymbol{H}^{\mathrm{T}}$ 来实现检错和纠错的。

MATLAB 通信工具箱提供了差错控制编码的函数指令，允许采用汉明码、循环码及线性码等编码技术，差错控制编码/解码函数指令的使用格式如下：

```
CODE = encode(MSG, N, K, METHOD, OPT)
```

用 METHOD 指定的方法完成纠错编码。其中，MSG 代表信息码元；OPT 是一个可选择的优化参数；N 为码长；K 为信息元长；输出 CODE 为纠错编码。

```
MSG = decode(CODE, N, K, METHOD…)
```

用 METHOD 指定的方法完成纠错解码，其余参数同上，CODE 为纠错编码，输出 MSG 为解码得出的信息。

对于汉明码，N 为码长，K 为信息元长，其必须满足如何分组的规定，MATLAB 通信工具箱也提供了寻找监督矩阵 $\boldsymbol{H}$ 及生成矩阵 $\boldsymbol{G}$ 的函数指令，其使用格式如下：

```
[H, G, N, K] = hammgen(r)
```

依据给定的监督元长度 r，输出码长 N、信息元长 K、监督矩阵 $\boldsymbol{H}$ 和生成矩阵 $\boldsymbol{G}$。

下面通过在 MATLAB 命令窗口直接输入下列命令进行说明：

```
>> [h,g,n,k] = hammgen(3)
h =
     1     0     0     1     0     1     1
     0     1     0     1     1     1     0
     0     0     1     0     1     1     1
g =
     1     1     0     1     0     0     0
     0     1     1     0     1     0     0
     1     1     1     0     0     1     0
     1     0     1     0     0     0     1
n =
     7
k =
     4
```

以(7,4)汉明码为例，监督元长度 $r=3$，得到了码长 N、信息元长 K、监督矩阵 $\boldsymbol{H}$ 和生成矩阵 $\boldsymbol{G}$。继续在 MATLAB 命令窗口直接输入下列命令运行：

```
>> msg = [0 0 0 1;0 0 0 1;0 0 0 1;0 0 1 1;0 0 1 1;0 1 0 1;0 1 1 0;0 1 1 1];
msg =
     0     0     0     1
     0     0     0     1
     0     0     0     1
     0     0     1     1
     0     0     1     1
     0     1     0     1
     0     1     1     0
     0     1     1     1
```

上面输入了 8 组信息码之后，继续在 MATLAB 命令窗口直接输入下列命令运行：

```
>> code = encode(msg,n,k,'hamming/binary')
code =
```

```
     1     0     1     0     0     0     1
     1     0     1     0     0     0     1
     1     0     1     0     0     0     1
     0     1     0     0     0     1     1
     0     1     0     0     0     1     1
     1     1     0     0     1     0     1
     1     0     0     0     1     1     0
     0     0     1     0     1     1     1
```

输出为8组汉明码。下面再输入汉明码的解码指令：

```
>> newmsg = decode(code,n,k,'hamming/binary')
newmsg =
     0     0     0     1
     0     0     0     1
     0     0     0     1
     0     0     1     1
     0     0     1     1
     0     1     0     1
     0     1     1     0
     0     1     1     1
```

解码结果与8组信息码完全一致。将code码每一行改换掉一个符号，再去验证其纠错能力：

```
>> code =[
     0     0     1     0     0     0     1              %换掉1个符号
     1     1     1     1     0     0     1              %换掉2个符号
     1     0     0     1     0     0     1              %换掉2个符号
     0     1     0     1     1     0     1              %换掉3个符号
     0     1     0     0     1     1     1              %换掉1个符号
     1     1     0     0     1     1     1              %换掉1个符号
     1     0     0     0     1     1     1              %换掉1个符号
     0     0     1     0     1     1     1]             %换掉0个符号
```

再输入汉明码的解码指令如下：

```
>> newmsg = decode(code,n,k,'hamming/binary')
newmsg =
     0     0     0     1              %解码正确
     1     0     0     1              %解码错误
     1     0     1     1              %解码错误
     1     1     0     1              %解码错误
     0     0     1     1              %解码正确
     0     1     0     1              %解码正确
     0     1     1     0              %解码正确
     0     1     1     1              %解码正确
```

用上面输出的结果与8组信息码对比后可以得出结论，(7,4)汉明码只能纠1个错误，对于2个以上的错误则无能为力，这是由(7,4)汉明码的最小距离是3来决定的(可用gfweight函数计算线性分组码的最小距离)。从工程应用的角度来使用MATLAB的encode和decode函数指令非常方便，但不能忽视对编码理论的学习和掌握，否则即便只考虑一般的应用，也会难以周全。不能不承认编码的设计和应用对数理基础知识的要求较高，系统地掌握需要一段时间进行专业的学习。

13.3.2 交织编码

对于信道传输过程中的成群突发错误，受差错控制编码最小距离的限制，差错控制码也是没有办法纠错的。交织编码的目的就是把一段较长的突发差错离散成随机差错，再用纠正随机差错的编码技术消除。交织深度越大，则离散度越大，抗突发差错的能力也就越强。但交织深度越大，交织编码处理时间就越长，从而造成数据传输时延增大。交织编码一般置于差错控制编码之后，信道发送之前。

交织编码根据交织方式的不同，可分为线性交织、卷积交织和伪随机交织。其中线性交织编码是一种比较常见的形式。一种线性交织编码器的原理是把差错纠错编码器来的输入信号按行填充入一个临时的$n\times m$阶矩阵中去，填满之后再按列的次序逐列输出信号。

MATLAB通信工具箱提供了线性交织编码/解码的函数指令，其使用格式如下：

```
INTRLVED = matintrlv(DATA, Nrows, Ncols)
```

将数据DATA送入一个临时的Nrows×Ncols阶矩阵中进行交织编码，并由INTRLVED输出交织好的编码。

```
DEINTRLVED = matdeintrlv(DATA, Nrows, Ncols)
```

将交织好的编码数据块DATA再恢复为交织前的序列。

下面通过在MATLAB命令窗口直接输入下列命令举例说明：

```
>> A = [1 3 5 7 9 11];
>> INTRLVED = matintrlv(A', 2, 3)
INTRLVED =
     1
     7
     3
     9
     5
    11
```

函数指令matintrlv使用时要求输入数据行的长度应等于Nrows×Ncols，在本例中，输入数据行的长度应等于6，否则报错，如果输入数据有多行，则对应输出多列。

继续在MATLAB命令窗口直接输入下列命令解交织：

```
>> DEINTRLVED = matdeintrlv(INTRLVED', 2, 3)
DEINTRLVED =
     1     3     5     7     9    11
```

上面的解交织码结果是完全正确的，函数指令 matdeintrlv 使用与 matintrlv 相同的参数 Nrows、Ncols，显然解码过程应该是与编码时相反的，即按列填入按行取出。MATLAB 提供了多条有关交织编码和解码的函数指令，依据的原理方法各不相同，以下将其列出供读者参考，限于篇幅就不一一举例详细说明了。

Intrlv/deintrlv：对符号序列进行交织编码/解码恢复符号序列。helintrlv/heldeintrlv：使用 helintrlv 方法对符号序列进行交织编码/采用 helintrlv 方法解码恢复符号序列。helscanintrlv/helscandeintrlv：用螺旋模型对符号序列进行交织编码/采用螺旋模型解码恢复符号序列。convintrlv/convdeintrlv：使用移动寄存器对符号序列进行交织编码/采用移动寄存器解码恢复符号序列。algintrlv/algdeintrlv：利用代数派生排列表对符号序列进行交织编码/采用代数派生排列表解码恢复符号序列。muxintrlv/muxdeintrlv：按指定的移动寄存器对符号序列进行交织编码/采用指定的移动寄存器解码恢复符号序列。randintrlv/randdeintrlv：使用随机排列对符号序列进行交织编码/采用随机排列解码恢复符号序列。

13.3.3 扰码与解扰

扰码就是对前一级来的信码做随机化处理，扰码器一般设置于信道发射机之前。扰码器的目的之一在于信码经随机化处理之后减少连‘0’或连‘1’符号的长度，以保证在接收端能提取到定时信息，此外扰码器能使加扰后的信号频谱更适宜在基带信道内传输。扰码器还可以应用在保密通信系统中。扰码后还需要解扰，因此其随机化的处理并非是完全真正的随机。

实际加解扰时，一般将前一级来的信码与一个周期很长的伪随机序列模 2 相加，就可以将原信息变成随机化的难以直接解读的另一序列。但这是一种可处理的伪随机码，只需在接收端再加上(模 2 加)同样的伪随机序列，就可恢复出原来发送的信码。

加扰的关键就是先产生一个合适的伪随机序列。移位寄存器的每个本原多项式均可构造出一个伪随机序列，而 m 序列是最大长度线性反馈移位寄存器序列。从硬件成本角度考虑，相同数量的移位寄存器，m 序列的长度最大，所以称 m 序列是最重要的伪随机序列中的一种。m 序列易于产生，并且有优良的相关特性。MATLAB 提供了直接产生各种伪随机序列的函数指令 idinput，其使用格式如下：

```
u = idinput(N,type,band,levels)
```

函数格式中的参数 N 的含义是产生的序列 u 的长度，如果 N=[N nu]，则 nu 为下一级输入的通道数，如果 N=[P nu M]，则 nu 指定通道数，P 为周期，M * P 为信号长度。默认情况下，nu=1，M=1，即一个通道，一个周期。

参数 Type 的含义是指定产生信号的类型，可选类型如下：'rgs'高斯随机信号；'rbs'

(默认)二值随机信号;'prbs'二值伪随机信号(m 序列)和'sine'正弦信号。

参数 Band 的含义是指定输出信号的频率成分,对于'rgs''rbs''sine',band = [wlow, whigh]指定通带的范围,如果是白噪声信号,则 band=[0, 1],这也是默认值。指定非默认值时,相当于有色噪声。对于'prbs',band=[0, B],B 表示信号在一个间隔 1/B(时钟周期)内为恒值,默认为[0, 1]。

参数 Levels 的含义是指定下一级输入的幅值,Levels=[minu, maxu],在 type 为'rbs' 'prbs'和'sine'时,表示信号 u 的值总是在 minu 和 maxu 之间。对于 type='rgs',minu 指定信号的均值减标准差,maxu 指定信号的均值加标准差,对于 0 均值、标准差为 1 的高斯白噪声信号,则 levels=[-1, 1],这也是默认值。

通过设置函数指令参数,idinpu 就能产生 m 序列,在编辑器编写程序 Mser.m 如下:

```
n = 6;                          % 指定阶次
p = 2 ^ n - 1;                  % 计算 m 序列周期
ms = idinput(p, 'prbs');
subplot(1,2,1)
stairs(ms)
title('M 序列')
c = xcorr(ms, 'coeff');         % 计算相关函数
subplot(1,2,2)
plot(c)
title('相关函数')
```

在 MATLAB 命令窗口中运行程序 Mser.m,结果如图 13-3 所示。

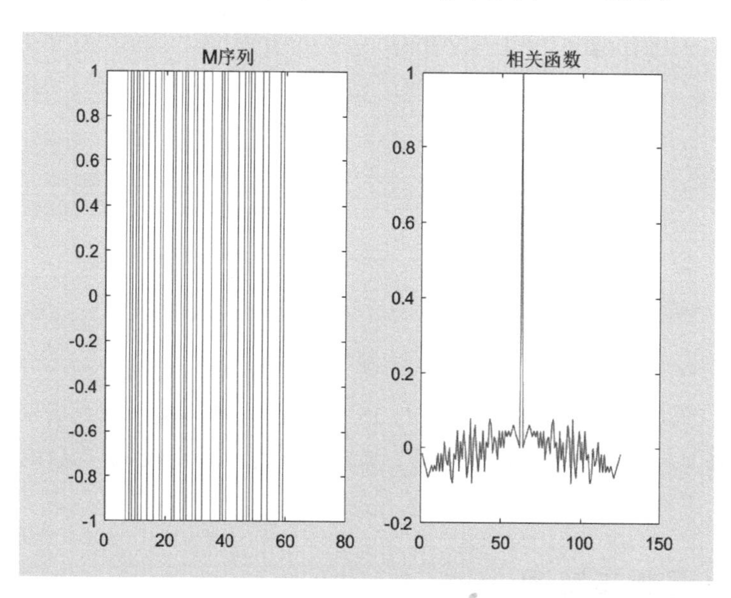

图 13-3　M 序列及其相关函数

下面再在编辑器里编制程序 ssca.m,用来验证加扰和解扰的原理,为了易于直观地对扰码及解扰结果进行观察,信码及 m 序列的长度仅设为 15 位长。

```
n = 4;
p = 2^n - 1;
ms = idinput(p,'prbs');
ms = ((ms + 1)/2)';          % 将双极性码的列向量转换成单极性码的行向量
sc = [ones(1,4) zeros(1,5) ones(1,6)];
subplot(1,3,1)
stem(sc)                     % 显示信码
title('信码')
subplot(1,3,2)
rm = mod(ms + sc,2)
stem(rm)                     % 显示加扰后的编码
title('加扰')
dm = mod(rm + ms,2)
subplot(1,3,3)
stem(dm)                     % 显示解扰后的信码
title('解扰')
```

在 MATLAB 命令窗口中运行程序 ssca.m，结果如图 13-4 所示。

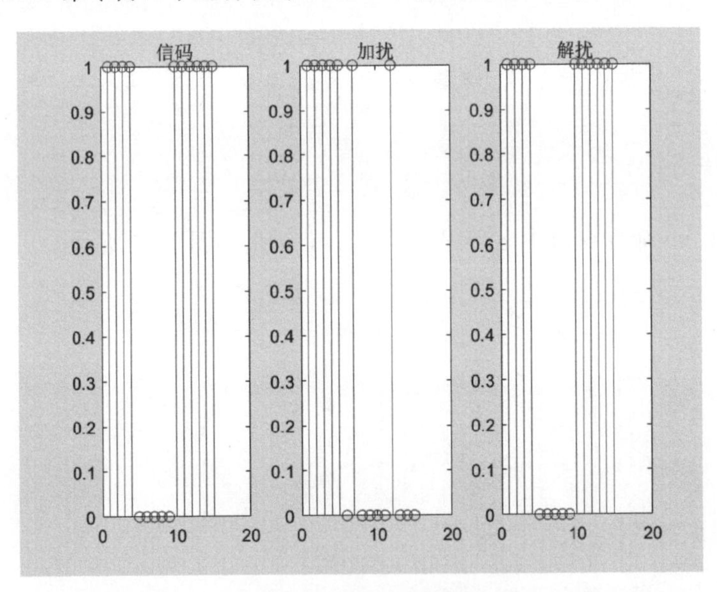

图 13-4　加扰与解扰

从图 13-4 可以看出，15 位长的信码与 15 位长的 m 序列模 2 加之后形成了加扰后的扰码，而后扰码又与 15 位长的 m 序列模 2 加之后解扰。经比较，解扰后的码与信码完全相同，从而验证了加解扰原理的正确性。

13.4　模拟调制与解调

调制与解调往往是通信系统中的关键环节。依据调制信号与调制方式的不同，以及调制结果的差异，调制可以划分为许多不同种类，用于适应各种不同通信系统的需求。大多数传感器输出信号具有较低的频率成分，可称为基带信号。一方面，许多带限信道不适宜基带信号直接传输；另一方面，基带信号直接传输导致信道的频带利用率也很低。

模拟调制一般是指模拟信号的载波(连续波)调制,与数字信号的载波(连续波)调制是不同分类,与脉冲调制也是不同分类。连续波调制有幅度调制、频率调制和相位调制。频率调整和相位调制都是使载波的相角发生变化,因此两者又统称为角度调制。

13.4.1 幅度调制与解调

1. 幅度调制 AM

幅度调制(AM)是让基带信号 $x(t)$ 去控制载波(连续波)的幅度参数,AM 已调波的幅度参数按照信号 $x(t)$ 的规律变化。振幅调制可分为普通调幅(AM)、双边带调幅(DSB-AM)、单边带调幅(SSB-AM)与残留边带调幅(VSB-AM)等几种不同方式。

以普通调幅 AM 为例,设零均值调制信号(基带信号)为 $x(t)$,载波信号为 $c(t)$,则 AM 已调波可表示如下:

$$u_{AM}=[A_0+x(t)]\cdot c(t)=[A_0+x(t)]\cdot A_c\cos(\omega_c t+\theta_c) \tag{13-8}$$

从已调波 u_{AM} 可以看出,其幅度值 $[A_0+x(t)]\cdot A_c$ 是按照信号 $x(t)$ 的规律变化而变化的,其载频 ω_c 与其初始相位 θ_c 均不受影响,符合线性运算的特征,因而 AM 被称为线性调制。A_0 为调制时的偏移电平,应大于 $x(t)$ 的幅度值,否则会出现过调的情况。在已调波 u_{AM} 的表达式中包括了载波项 $A_0A_c\cos(\omega_c+\theta_c)$,如果将这一项在信号发射前加以抑制(为了节省信号发射功率),则系统变成为双边带调幅(DSB-AM)系统。

在 MATLAB 通信工具箱中提供了产生 AM 和 DSB-AM 已调波的函数指令,它们的使用格式如下:

```
Y = ammod(X,Fc,Fs,INI_PHASE,CARRAMP)
```

信号 $x(t)$ 调制后产生 AM 已调波,载波频率为 Fc,载波初始相位为 INI_PHASE,调制信号 $x(t)$ 抽样后为 X,已调波抽样后为输出 Y,抽样频率均为 Fs,抽样频率 Fs 的选择必须符合奈奎斯特抽样定理提出的要求,CARRAMP 参数为调制时偏移电平 A_0,不能省略。

```
Y = ammod(X, Fc, Fs)
```

对信号 $x(t)$ 进行振幅调制,且抑制掉载波项,产生 DSB-AM 已调波,载波初始相位 INI_PHASE 设为 0,可以不写。

下面编写程序 yam.m,利用函数指令 ammod 产生一个 AM 已调波和一个 DSB-AM 已调波,程序如下:

```
clear
Fs = 100000;            %采样频率
Fc = 1000;              %载波频率
T = 0.1                 %信号观察区间
Ns = Fs * T;            %信号观察长度
```

```
t = 0:1/Fs:(Ns - 1)/Fs;
A0 = 3;                        % 调制偏移电平
x1 = 2 * cos(2 * pi * 50 * t);
x2 = cos(2 * pi * 20 * t);
x = x1 + x2;                   % 调制信号
figure(1)
subplot(3,1,1)
plot(x)
title('调制信号')
u1 = ammod(x,Fc,Fs,0,A0);      % AM 调制
pam = sum(u1.^2)/length(u1)/ T;
subplot(3,1,2)
plot(u1)
title('AM 已调信号')
u2 = ammod(x,Fc,Fs);           % DSB - AM 调制
pdbsam = sum(u2.^2)/length(u2)/ T;
subplot(3,1,3)
plot(u2)
title('DSB - AM 已调信号')
wbzt = pdbsam/pam
```

在 MATLAB 命令窗口中运行程序 yam.m，运行结果如图 13-5 所示。

```
>> yam
wbzt =
  0.2174
```

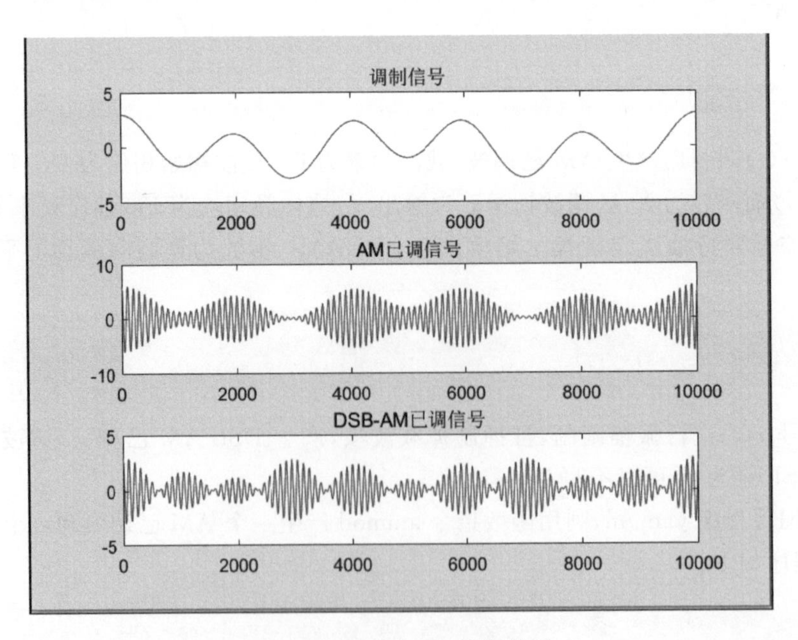

图 13-5　AM 及 DSB 调制波形

图 13-5 的横轴意义是时间，显示了 0 到 10000 的区间，代表 0 到 0.1s 的时间区间，也就是信号在 1s 内抽样了 10 万个点，所以程序中取 Fs=100000(比较大，图形显示更加

精细一些）。观察 AM 已调波形，其载波的包络曲线与调制信号起伏是相同的。偏移电平 $A_0=3$ 使得调幅指数达到了最大，为 1。此波形包含了载波分量，增加了发射机的功率。该图也给出了抑制载波双边带调幅波（DSB-AM）信号，经计算 DSB 信号功率仅为 AM 信号功率的 21.74%（在本例中）。

除了观察已调波的时域信号，我们也比较关心振幅调制各发射波的频谱。图 13-6 直观地显示了 AM 及 DSB 信号的功率谱密度，这里编写了程序 ypwelch.m，采用的是 welch 估算功率谱方法（其他估算功率谱方法一样可用）。MATLAB 提供了相关的函数指令 pwelch，读者可通过帮助文档详细了解。具体程序如下：

```
ypsd1 = pwelch(x)                          %x 为调制信号
  n = 0:(length(ypsd1) - 1);
  f = n1 * Fs/2/(length(ypsd1) - 1);  %Fs = 2500
  figure(1)
    subplot(3,1,1)
    plot(f,ypsd1);
    title('调制信号功率谱')
    ypsd2 = pwelch(u1);                    %u1 为 AM 调制
    subplot(3,1,2)
plot(f,ypsd2);
    title('AM 信号功率谱')
    ypsd3 = pwelch(u2);                    %u2 为 DSB 信号
    subplot(3,1,3)
    plot(f,ypsd3);
    title('DSB 信号功率谱')
wbzf = sum(ypsd3)/sum(ypsd2);
```

程序 ypwelch.m 运行后，各信号功率谱显示如图 13-6 所示。

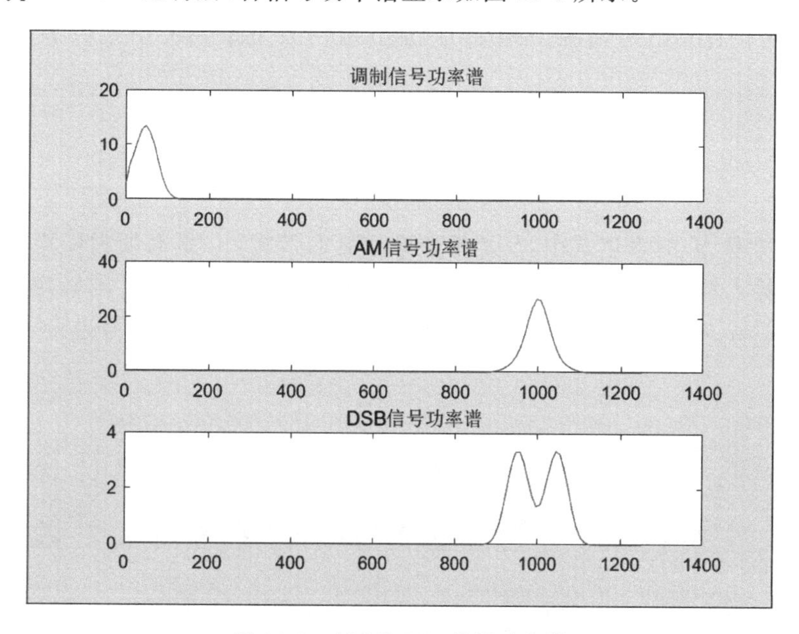

图 13-6　AM 及 DSB 信号功率谱

图 13-6 的横轴意义是频率，调制信号 $x(t)$的功率谱显示其为低频的基带信号。AM 信号的功率谱谱显示经调制后，$x(t)$功率谱已经搬到了频率轴高处，功率谱中心为 1000Hz 载波，因其还含有载波成分，因此看到一单峰。DSB 信号的功率谱显示经调制后，1000Hz 载波成分已被抑制掉了，显示为一双峰，但峰值与单峰相比低了许多，经计算 DSB 信号功率仅为 AM 波形功率的 21.69%(在本例中)，与时域内的计算结果 21.74% 相比是吻合的。

2. 幅度解调

1）接收带通滤波

幅度调制 AM 信号经信道传输到接收端后通常有两种解调方式，相干解调(又称同步检测)和简单的非相干解调。而 DSB-AM 信号接收后只有相干解调一种解调方式。对于抑制载波单边带(SSB-AM)信号，接收后也仅有一种解调方式，即相干解调方式。幅度调制信号的相干解调原理都是一样的，信号接收后首先由一个带通滤波器将所需的已调波信号选择出来，然后进入乘法器与载波(同相位)相乘，再经由低通滤波器输出调制信号，而载波能量则被低通滤波器所阻止(或滤掉)不能通过。

设信道内的噪声为加性高斯白噪声 wgn，对于 AM 信号，解调器的输入信号就必须考虑信道内的噪声是叠加到了 AM 信号上，可用下式描述：

$$x_{\mathrm{AM}}(t)=[A_0+x(t)]\cdot\cos(\omega_c t)+n(t) \tag{13-9}$$

信号 $x_{\mathrm{AM}}(t)$经过接收端的带通滤波器之后，AM 已调波作为有用信号被顺利地输送出来，而叠加在 AM 信号上的信道内噪声 $n(t)$的一部分也被过滤出来成为窄带高斯白噪声，因而带通滤波器输出端的信号描述为

$$y_{\mathrm{AM}}(t)=[A_0+x(t)]\cdot\cos(\omega_c t)+n_c(t)\cos(\omega_c t)-n_s(t)\sin(\omega_c t) \tag{13-10}$$

由上式可以计算出解调器(AM 信号)输入端信号 $y_{\mathrm{AM}}(t)$的信号功率 S_i 和噪声功率 N_i：

$$S_i=\frac{A_0^2+\overline{x^2(t)}}{2} \tag{13-11}$$

$$N_i=n_0 B \tag{13-12}$$

在噪声功率 N_i 的表达式中，B 是带通滤波器的带宽，n_0 是高斯白噪声的功率谱密度。解调器输入端信号 $y_{\mathrm{AM}}(t)$的信噪比 SNR 便由以上的各因素共同确定。下面编写了程序 ydam.m，对解调输入信号 $y_{\mathrm{AM}}(t)$经过带通滤波器之后的信号进行了仿真分析，程序如下：

```
clear
xam                                 % 产生 AM 信号 u1
snr = -5;
u1z = awgn(u1,snr);                 % 加入信道噪声,信噪比设为 snr
ypsd1z = pwelch(u1z);
w1 = (Fc-50)*2/Fs;
w2 = (Fc+50)*2/Fs;
[b,a] = butter(5,[w1,w2]);          % 设计一个带通滤波器
u1zd = filter(b,a,u1z);             % 对接收信号带通滤波
```

```
ypsd1d = pwelch(u1zd);
n = 0:(length(ypsd1z) - 1);
f = n * Fs/2/(length(ypsd1z) - 1);
figure(1)
subplot(4,1,1)
plot(u1z)
title('带通滤波器输入信号')
subplot(4,1,2)
plot(f,ypsd1z);
title('带通滤波器输入信号功率谱')
subplot(4,1,3)
plot(u1zd)
title('带通滤波器输出信号')
subplot(4,1,4)
plot(f,ypsd1d);
title('带通滤波器输出信号功率谱')
```

程序 ydam.m 运行后，接收端带通滤波器输入信号及其功率谱与带通滤波器输出信号及其功率谱分别显示在图 13-7 中。滤波器输入信号 u1z(见上述程序行)包含两个 AM 信号，载波分别为 500Hz 和 1000Hz，还叠加了信道高斯白噪声。从滤波器输入信号 u1z 的时间波形来看，和图 13-6 的 AM 信号相比，已完全为杂散波形。而实际信道内传输波形就是如此，实际信道会容纳更多路信号，因此信号接收端设置带通滤波器是必不可少的。

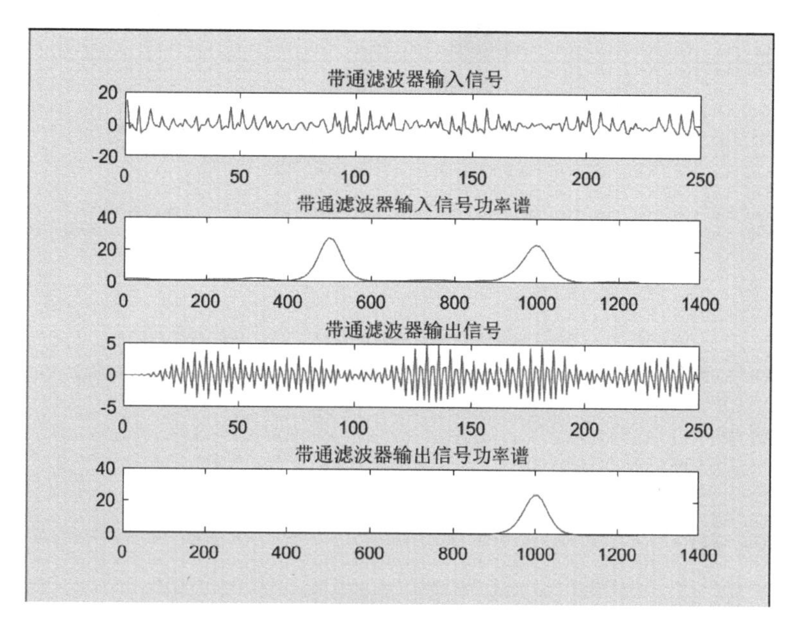

图 13-7 带通滤波器输入输出信号对比

观察图 13-7 中带通滤波器输出信号功率谱，发现输入信号中载波为 500Hz 的 AM 信号已经被滤掉了，载波为 1000Hz 的 AM 信号顺利得以通过，此外通带外的噪声也已经被滤掉了。经计算，滤波器输出信号总的功率为 281.6147，而采用相同的算法对图 13-6 中 AM 信号功率谱波形进行计算，其总的功率为 209.3496。差额部分正是噪声叠加而来的，由此可以计算出带通滤波器输出 AM 信号的信噪比：

$$\mathrm{SNR_i} = 10\log_{10}\left(\frac{209.3496}{281.6147 - 209.3496}\right) = 4.6194\mathrm{dB}$$

由 $\mathrm{SNR_i}$ 值可以得知，AM 信号在输入带通滤波器之前的信噪比为－5dB，经过带通滤波器滤波之后的信噪比提高了约 9.6dB。这是因为带通滤波器将信道内高斯白噪声滤掉了大部分的噪声能量，输出为窄带高斯白噪声了。

2）模拟振幅 AM 信号解调

上面主要对比了 AM 信号（在信道内叠加了噪声）进出接收滤波器（带通滤波器）前后的频谱变化情况，对于 DSB 信号也可以做同样的分析，留给读者自行讨论。在经过接收滤波之后，信号便可以进行下一步的解调了。在 MATLAB 通信工具箱中提供了 AM 和 DSB-AM 已调波信号的解调函数指令，它们的使用格式如下：

```
Z = amdemod(Y,Fc,Fs,INI_PHASE,CARRAMP)
```

将载波为 Fc 的 AM 信号 Y 进行相干解调，Fs 为采样频率，INI_PHASE 为初始相位，CARRAM 为调制时偏移电平 A_0。

该解调函数已内置了一个低通滤波器，低通滤波器传输函数的分子、分母由输入参数 num、den 指定，低通滤波器的采样时间等于 1/Fs。当 num＝0 或缺省时，函数使用一个默认的巴特沃斯低通滤波器，可由[num,den]＝butter(5,Fc＊2/Fs)生成。

下面编写程序 udeam.m，利用函数指令 amdemod 对接收滤波之后的 AM 信号进行解调。程序如下：

```
Clear; clc
Fs = 10000; Fc = 1000;
T = 0.1;
Ns = Fs * T; t = 0:1/Fs:(Ns - 1)/Fs;
A0 = 6;
x = 2 * cos(2 * pi * 50 * t) + cos(2 * pi * 20 * t);
u1 = ammod(x,Fc,Fs,0,A0);
snr = - 5;
u1z = awgn(u1,snr);
w1 = (Fc - 50) * 2/Fs;w2 = (Fc + 50) * 2/Fs;
[b,a] = butter(5,[w1,w2]);
u1zd = filter(b,a,u1z);
z = amdemod(u1zd,Fc,Fs,0,A0);
subplot(5,1,1);plot(x);
title('原始调制波形')
subplot(5,1,2);plot(u1);
title('AM 已调波形')
subplot(5,1,3);plot(u1z);
title('叠加噪声波形')
subplot(5,1,4);plot(u1zd);
title('带通滤波后波形')
subplot(5,1,5);plot(z);
title('解调后波形')
axis([0 2000 - 5 5])
```

程序 udeam.m 运行后，AM 通信从调制波形一直到解调出信号，系统传输全过程关键环节的信号对比显示如图 13-8 所示。

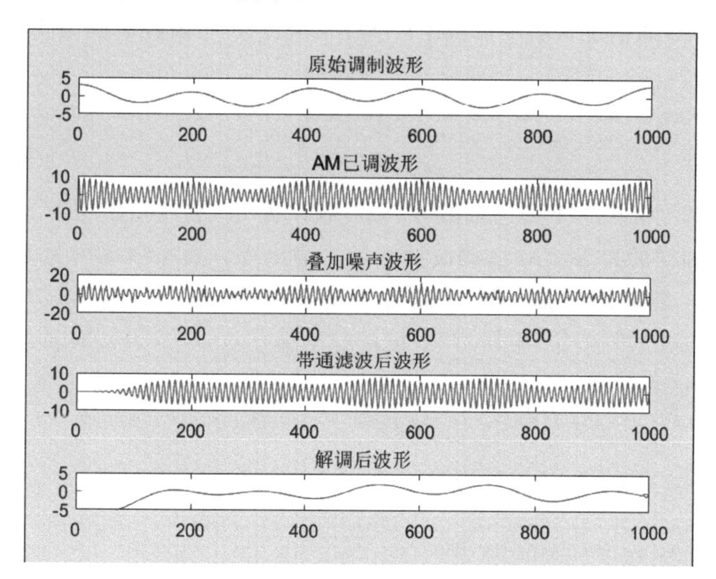

图 13-8 AM 调制与解调系统波形图

在图 13-8 中，对比原始调制波形与解调后波形：首先 AM 解调后波形存在时滞，这主要由系统仿真环节中的滤波器带来的，接收端带通滤波器和解调器内置的低通滤波器均需要考虑它们的暂态响应；其次解调后波形存在失真，系统仿真显示的谐波失真也主要是因为滤波器的特性不能达到理想特性的原因。

13.4.2 角度调制与解调

用模拟基带信号(模拟调制信号)去改变高频载波的角度，即已调波的角度随调制信号的规律变化而变化。角度调制可分为调相(PM)和调频(FM)两种方式，调频按其调频指数的不同又可分为宽带调频(WBFM)和窄带调频(NBFM)。角度调制波形可表达如下：

$$y(t)=A\cos(\omega_c t+\varphi(t)) \tag{13-13}$$

式(13-13)中 $\varphi(t)$是相对于 $\omega_c t$ 的瞬时相位偏移，$\varphi'(t)$是相对于 ω_c 的瞬时角频率偏移。对于调相波(PM)，$\varphi(t)$随模拟调制信号 $x(t)$线性变化，即

$$\varphi(t)=k_p x(t) \tag{13-14}$$

式(13-14)中 k_p 是调相灵敏度，由调相具体电路决定，将式(13-14)代入角度调制波形就可以得到调相波表达式。而对于调频波(FM)，$\varphi'(t)$随模拟调制信号 $x(t)$线性变化，即

$$\varphi'(t)=k_F x(t) \tag{13-15}$$

式(13-15)中 k_F 是调相灵敏度，由调频具体电路决定。将式(13-15)代入角度调制波形同样可以得到调频波表达式。

1. 角度调制

在MATLAB通信工具箱中提供了产生FM和PM已调波的函数指令，它们的使用格式分别如下：

```
Y = fmmod(X,Fc,Fs,FREQDEV,INI_PHASE)
```

信号$x(t)$调制后产生FM已调波Y，载波频率为Fc，载波初始相位为INI_PHASE，调制信号$x(t)$抽样后为X，FM已调波抽样后为输出Y。抽样频率均为Fs，抽样频率Fs的选择必须符合奈奎斯特抽样定理提出的要求，取值较大时输出波形精细程度高。FREQDEV参数表示每单位（电压）调频波的频率偏移量，即调频灵敏度。

```
Y = fmmod(X,Fc,Fs,FREQDEV)
```

函数功能同上，载波初始相位为INI_PHASE缺省，其值默认为0。

```
Y = pmmod(X,Fc,Fs,PHASEDEV,INI_PHASE)
```

信号$x(t)$调制后产生PM已调波Y，载波频率为Fc，载波初始相位为INI_PHASE，调制信号$x(t)$抽样后为X，FM已调波抽样后为输出Y。抽样频率均为Fs，抽样频率Fs的选择必须符合奈奎斯特抽样定理提出的要求，取值较大时输出波形精细程度高。PHASEDEV参数表示每单位（电压）调相波的相位偏移量，即调相灵敏度。

```
Y = pmmod(X,Fc,Fs,PHASEDEV)
```

函数功能同上，载波初始相位为INI_PHASE缺省，其值默认为0。

下面编写程序yjdm.m，利用函数指令fmmod和pmmod分别产生一个FM已调波和一个PM已调波。程序如下：

```
clear
clc
Fc = 1000;                          %载波频率
Fs = 100000;                        %抽样频率
T = 0.02;                           %观察区间
Ns = Fs * T;                        %观察点数量
t = 0:1/Fs:(Ns - 1)/Fs;             %时间轴取值
x = [ - 1:0.002:1 - 0.002];
x = [x,[1: - 0.002: - 1 + 0.002]];  %x信号
fredev = 1000;
phasedev = pi;
yfm = fmmod(x,Fc,Fs,fredev);
ypm = pmmod(x,Fc,Fs,phasedev);
figure(1);
subplot(4,1,1)
plot(t,x);
title('调制波形')
```

```
subplot(4,1,2)
plot(t,cos(2 * pi * Fc * t));
title('载波波形')
subplot(4,1,3)
plot(t,yfm);
title('FM 波形')
subplot(4,1,4)
plot(t,ypm);
title('PM 波形')
```

在 MATLAB 命令窗口中运行程序 yjdm.m,运行结果如图 13-9 所示。

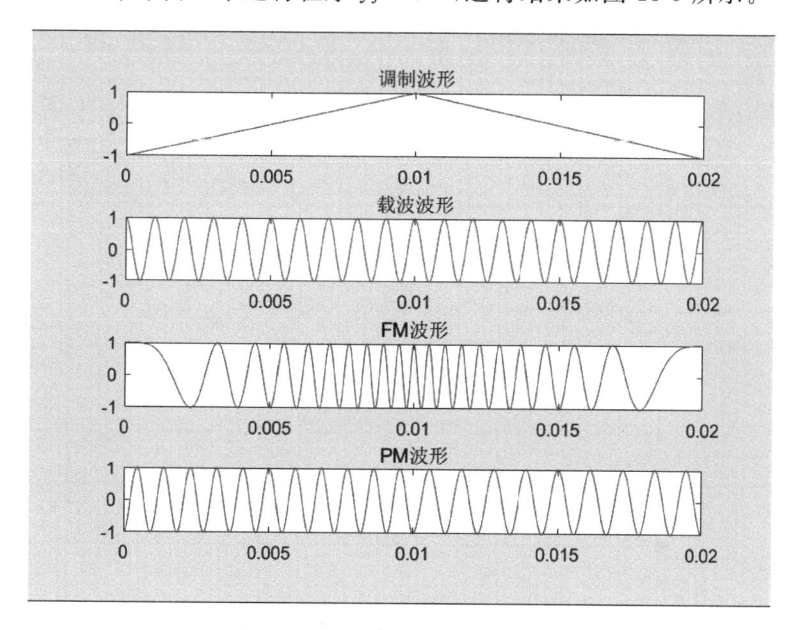

图 13-9 FM 与 PM 调制波形图

在图 13-9 中容易观察到,调制波形是周期为 0.02、均值为 0 的三角波,载波是频率为 1000Hz 的正弦波。FM 波形的频率随调制信号三角波的幅值变化而变换,PM 波形的相位随调制信号三角波的幅值变化而变换,因 $y(t)=A\cos(\omega_c t+kt)=A\cos((\omega_c+k)t)$,所以看到的波形是对应于三角波上升段的频率为$(\omega_c+k)$的正弦波形,和对应于三角波下降段的频率为$(\omega_c-k)$的正弦波形。

除了观察角度已调波的时域信号,我们也比较关心角度调制各发射波的频谱。这里编写了程序 ypwelch.m,采用的是 welch 估算功率谱方法(其他估算功率谱方法一样可用)。具体程序如下:

```
clear
clc
yjd                                     %得到时域信号
figure(2)
psdx = pwelch(x,[],[],1000,Fs);
psdzb = pwelch(zb,[],[],1000,Fs);
psdyfm = pwelch(yfm,[],[],1000,Fs);
```

```
psdypm = pwelch(ypm,[],[],1000,Fs);
subplot(4,1,1)
plot(psdx);
title('调制波功率谱');xlim([0,40])
subplot(4,1,2)
plot(psdzb);
title('载波功率谱');xlim([0,40])
subplot(4,1,3)
plot(psdyfm);
title('FM 波功率谱');xlim([0,40])
subplot(4,1,4)
plot(psdypm);
title('PM 波功率谱');xlim([0,40])
```

在 MATLAB 命令窗口中运行程序 ypwelch. m，运行结果如图 13-10 所示。

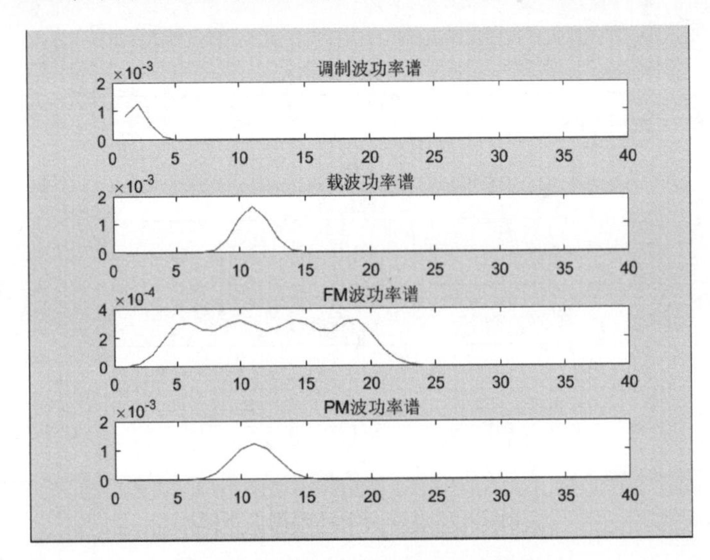

图 13-10　FM 与 PM 调制波功率谱图

图 13-10 横轴显示为单边数字频率，最高可显示 Fs/2＝50000Hz，对应图中横轴刻度为 500。图 13-10 很直观地给出了 FM 波形和 PM 波形的频谱资源的占用情况，调频波形占据频谱资源最大，0～2000Hz 以上，为载频 1000Hz 的两倍。调相波形占据频谱资源相对窄些，约为 500～1500Hz，这说明了这种 PM 信号在信道中传输可占据较少的带宽。

2. 角度解调

因为 FM 调频信号的瞬时频率正比于调制信号的幅值，所以调频信号的解调必须做到解调器的输出电压正比于输入频率。理想鉴频器可看成是微分器与包络检波器的级联，设调频波表达式为

$$y_{\mathrm{FM}}(t) = A\cos\left[\omega_{\mathrm{c}} t + K_{\mathrm{F}}\int_{-\infty}^{t} x(\tau)\mathrm{d}\tau\right] \tag{13-16}$$

调频信号 $y_{\mathrm{FM}}(t)$ 微分后得以下表达式：

$$y'_{FM}(t) = -A(\omega_c + K_F x(t))\sin\left[\omega_c t + K_F\int_{-\infty}^{t} x(\tau)\mathrm{d}\tau\right] \tag{13-17}$$

再加以包络检波并滤去直流量，则得解调器的输出电压：

$$u(t) = kx(t) \tag{13-18}$$

式(13-18)中，k为综合参数，受调频灵敏度和鉴频灵敏度影响。

在MATLAB通信工具箱中提供了FM和PM已调波信号的解调函数指令，它们的使用格式如下：

```
Z = fmdemod(Y,Fc,Fs,FREQDEV,INI_PHASE)
```

将载波为Fc的FM信号Y进行解调，Fs为采样频率，INI_PHASE为载波初始相位，FREQDEV参数表示每单位(电压)调频波的频率偏移量，即调频灵敏度。

```
Z = fmdemod(Y,Fc,Fs,FREQDEV)
```

功能同上，INI_PHASE载波初始相位缺省，其值默认为0。

```
Z = pmdemod(Y,Fc,Fs,PHASEDEV,INI_PHASE)
```

将载波为Fc的PM信号Y进行解调，Fs为采样频率，INI_PHASE为载波初始相位，PHASEDEV参数表示每单位(电压)调相波的相位偏移量，即调相灵敏度。

```
Z = pmdemod(Y,Fc,Fs,PHASEDEV)
```

功能同上，INI_PHASE载波初始相位缺省，其值默认为0。

下面编写程序udejd.m，利用函数指令fmdemod和pmdemod对FM信号和PM信号进行解调，这里并没有考虑信道噪声和接收滤波等问题。程序如下：

```
clc
yjd                                   %调用FM及PM信号
ufm = fmdemod(yfm,Fc,Fs,freqdev);
upm = pmdemod(ypm,Fc,Fs,10);
figure(2);
subplot(4,1,1)
plot(t,yfm);
title('FM波形')
subplot(4,1,2)
plot(t,ufm);
title('FM解调波形')
subplot(4,1,3)
plot(t,ypm);
title('PM波形')
subplot(4,1,4)
plot(t,upm);
title('PM解调波形')
```

在MATLAB命令窗口中运行程序udejd.m,运行结果如图13-11所示。

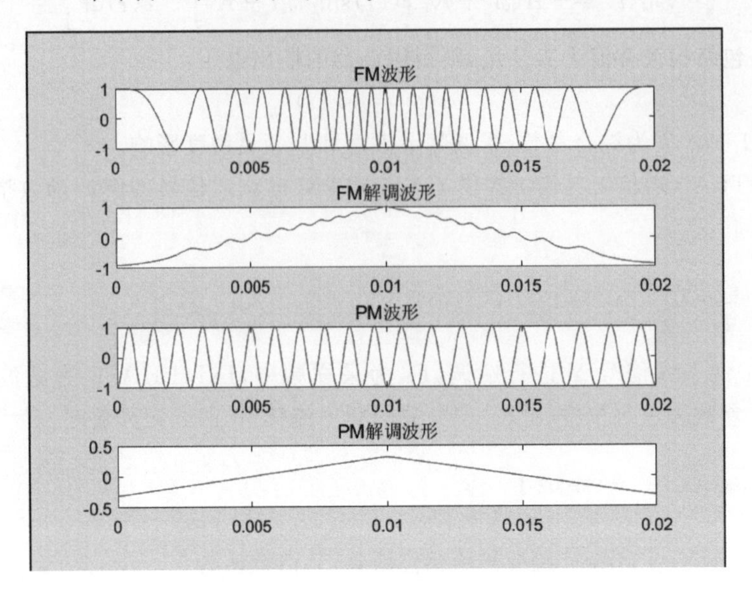

图13-11　FM与PM解调波形图

观察图13-11中的FM解调波形,其变化规律与图13-9中的调制波形是相同的,但波形上叠加了细小的波纹,这非噪声所致,而是由鉴频器的特性造成的。图13-11中的PM解调波形就非常漂亮了,除了其幅度值与原调制波形相差了一个乘数(比例因子),这可以通过调节鉴频器的参数来修正。FM与PM通信系统的抗噪声性能如何呢?这可以通过叠加信道中的噪声,然后再运用MATLAB进行仿真计算加以估计。在得到仿真计算的结果之前,我们就已经知道了角度调制系统比振幅调制系统抗噪声能力更好。

13.5　数字调制与解调

在数字通信系统中,数字调制与解调技术通常是使用在数字频带传输系统之中。与频带传输系统相对应,我们把没有调制器与解调器的数字通信系统称为数字基带传输通信系统。数字调制是将基带数字信号控制高频载波的某个参量,从而将信号频谱由基带(低频)迁移到高频带通的过程,而高频带通信号还原成基带数字信号的反变换过程就是数字解调。

13.5.1　数字调制

数字调制是现代通信的最重要的方法。数字调制具有更好的抗干扰性能,更强的抗信道损耗,以及更好的安全性。数字传输系统中可以使用差错控制技术、信源编码、加密技术以及信道均衡等复杂的信号处理技术。

数字调制方式包括比较传统的幅移键控(ASK)、频移键控(FSK)和相移键控(PSK),也包括近期发展起来的网格编码调制(TCM)、残留边带调制(VSB)和正交频分复用调制(OFDM)等方法。

1．相位调制(PSK)

二进制数字相位调制(2PSK)利用双极性基带矩形脉冲(代表数字信号)去控制一个连续高频载波的相位。输出载波相位为 π 时代表发送“1”，输出载波相位为 0 时代表发送“0”。设数字信号“0”出现的概率为 P，信号“1”出现的概率为 $1-P$，且相互独立，则二进制相位调制信号可表示如下：

$$y(t)=s(t)\cos(\omega_c t) \tag{13-19}$$

式中，$s(t)$代表基带矩形脉冲，表达式为

$$s(t)=\sum_{n=-\infty}^{\infty}a_n g(t-nT_s) \tag{13-20}$$

$$a_n=\begin{cases}1, & \text{概率为 } P\\ -1, & \text{概率为 } 1-P\end{cases} \tag{13-21}$$

式中，$g(t)$是宽带为 T_s、高度为 1 的门函数。

若用 φ 表示 2PSK 信号的初始相位，则 2PSK 信号的初始相位与数字信息之间满足下式：

$$\varphi=\begin{cases}0, & \text{发送数字“0”}\\ \pi, & \text{发送数字“1”}\end{cases} \tag{13-22}$$

多进制数字相位调制(MPSK)是二进制数字相位调制的推广，其调制原理总的思路仍然是用多个相位状态的高频正弦波去代表不同的数字信息。以 4PSK 为例，其调制波形可表示如下：

$$y(t)=\left[\sum_{n=-\infty}^{\infty}a_n g(t-nT_s)\right]\cos(\omega_c t)-\left[\sum_{n=-\infty}^{\infty}b_n g(t-nT_s)\right]\sin(\omega_c t) \tag{13-23}$$

式中，基带矩形脉冲通过串并变换分成了两个支路分别去控制两个连续高频载波的相位，而这两个载波分别是 $\cos(\omega_c t)$和 $\sin(\omega_c t)$，它们的相位相差 $\pi/2$。设某一个码元时间内，当取 $a_n=b_n=1$ 时，则 $y(t)=\sqrt{2}\cos(\omega_c t+\pi/4)$，即输入数字信号为“11”时，对应 4PSK 信号的初始相位是 $\pi/4$。同样可以推理得 4PSK 信号的初始相位 φ 与数字信息之间关系式如下：

$$\varphi=\begin{cases}\pi/4, & \text{发送数字“11”}\\ 3\pi/4, & \text{发送数字“01”}\\ 5\pi/4, & \text{发送数字“00”}\\ 7\pi/4, & \text{发送数字“10”}\end{cases} \tag{13-24}$$

定义 $\pi/4$ 体制的 4PSK 解析信号如下：

$$\widehat{y(t)}=\sqrt{2}[\cos(\omega_c t+\varphi)+\mathrm{j}\sin(\omega_c t+\varphi)] \tag{13-25}$$

改写为指数函数形式为

$$\widehat{y(t)}=\sqrt{2}\,\mathrm{e}^{\mathrm{j}(\omega_c t+\varphi)}=\sqrt{2}\,\mathrm{e}^{\mathrm{j}\varphi}\mathrm{e}^{\mathrm{j}\omega_c t} \tag{13-26}$$

即可从上式取出调相信号的复包络：

$$\sqrt{2}\,\mathrm{e}^{\mathrm{j}\varphi}=\sqrt{2}[\cos(\varphi)+\mathrm{j}\sin(\varphi)]=\sqrt{2}\,\mathrm{e}^{\mathrm{j}\varphi} \tag{13-27}$$

将调相信号的复包络与调相信号的解析信号相对比，可以发现两者仅差一个复载波项$e^{j\omega_c t}$。可以这样说，复包络与调相信号的解析信号存在一一对应的关系，得到MPSK信号的复包络也就相当于得到了MPSK解析信号，再取解析信号实部便得到了MPSK信号。

在MATLAB通信工具箱中提供了数字相位调制PSK信号的函数指令，它们的使用格式如下：

```
Y = pskmod(X,M,INI_PHASE)
```

对输入数字信号X进行MPSK的相位调制，将已调波的复包络通过Y输出（相当于得到了MPSK解析信号，再取实部便得到了MPSK信号），INI_PHASE参数可以设定输出MPSK信号的初始相位，缺省则默认为0。

下面以4PSK信号为例说明pskmod函数指令的使用，直接在MATLAB命令窗口中输入以下程序行：

```
>> clear;
>> s = randi([0,3],1,12)
s =
    3    1    0    1    0    0    3    3    2    0    0    1
```

从而得到信号序列s，接着再输入以下程序行：

```
>> ypsk = pskmod(s,4)
ypsk =
  %1～7 列
  -0.0000 - 1.0000i   0.0000 + 1.0000i   1.0000 + 0.0000i   0.0000 + 1.0000i   1.0000
 + 0.0000i   1.0000 + 0.0000i  -0.0000 - 1.0000i
  %8～12 列
  -0.0000 - 1.0000i  -1.0000 + 0.0000i   1.0000 + 0.0000i   1.0000 + 0.0000i   0.0000
 + 1.0000i
>> abs(ypsk)
ans =
     1     1     1     1     1     1     1     1     1     1     1     1
>> angle(ypsk)
ans =
 %1～12 列
   -1.5708  1.5708  0  1.5708  0  0  -1.5708  -1.5708   3.1416  0  0  1.5708
```

从以上复包络ypsk数据可以解读出下列的调相关系：

$$\varphi=\begin{cases}0, & \text{发送数字“0”}\\ \pi/2, & \text{发送数字“1”}\\ \pi, & \text{发送数字“2”}\\ 3\pi/2, & \text{发送数字“3”}\end{cases} \tag{13-28}$$

可以通过复包络ypsk数据解读振幅值均为“1”，可见4PSK信号的振幅值没有被调制信号影响，属于恒值包络，但$\pi/2$体制的4PSK解析信号$A=1$。由复包络ypsk数据还可以绘制出4PSK信号的星座图（复平面上空间信号矢量端点分布图），从中可以直观地了解到4PSK信号的振幅和相位和各星座点之间的距离。

继续在MATLAB命令窗口中输入以下程序行：

```
>> scatterplot(ypsk,[],[],'b*');
>> grid;
```

运行后，4PSK信号星座图形如图13-12所示。

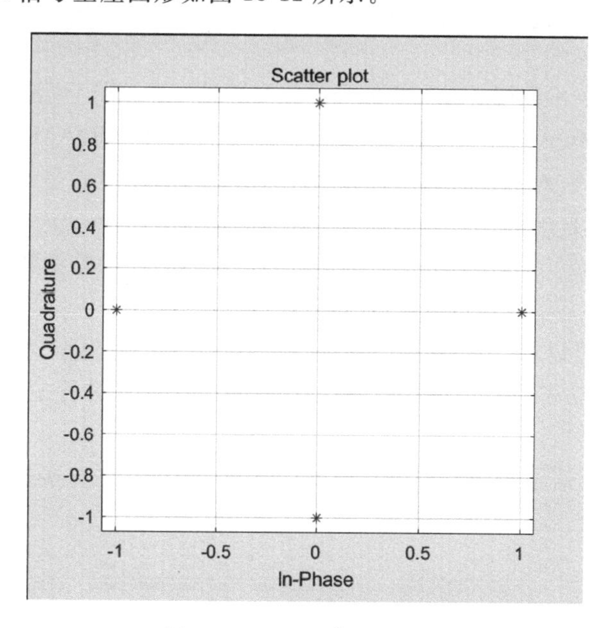

图13-12　4PSK信号星座图

由图13-12可以看到，各星点的幅值均为1，相位分别为0、$\pi/2$、π、$3\pi/2$，相邻星点相差$\pi/2$，但详细的调相关系不能由星座图直接推导出。pskmod函数指令的INI_PHASE参数可设定MPSK信号的初始相位为其他值，例如$\pi/4$，从而得到不同于图13-12的星座图。

2. 正交振幅调制(QAM)

QAM是Quadrature Amplitude Modulation的缩写，意为"正交振幅调制"。其幅度和相位同时变化，属于非恒包络二维调制。QAM是正交载波调制技术与多电平振幅键控的结合。QAM是用两路独立的基带信号对两个相互正交的同频载波进行抑制载波双边带调幅，利用这种已调信号的频谱在同一带宽内的正交性，实现两路并行的数字信息的传输。该调制方式通常有二进制QAM(4QAM)、四进制QAM(16QAM)、八进制QAM(64QAM)…，对应的星座图，分别有4、16、64…个矢量端点。QAM的调制波形可表示如下：

$$y(t)=\left[\sum_{n=-\infty}^{\infty}a_n g(t-nT_s)\right]\cos(\omega_c t)+\left[\sum_{n=-\infty}^{\infty}b_n g(t-nT_s)\right]\sin(\omega_c t) \quad (13\text{-}29)$$

式(13-29)中的a_n、b_n是多电平的双极性信号，以四进制QAM(16QAM)为例，a_n、b_n均是4电平。下面给出QAM信号的解析信号：

$$\widehat{y(t)}=A(t)\mathrm{e}^{\mathrm{j}(\omega_c t+\varphi(t))}=A(t)\mathrm{e}^{\mathrm{j}\varphi(t)}\mathrm{e}^{\mathrm{j}\omega_c t} \quad (13\text{-}30)$$

可从式(13-30)取出 QAM 信号的复包络：

$$A(t)e^{j\varphi(t)}$$

从复包络表达式可以看出，其振幅 $A(t)$ 与相位 $\varphi(t)$ 均受调制信号的影响。在 MATLAB 通信工具箱中提供了数字调制 QAM 信号的函数指令，它们的使用格式如下：

```
Y = qammod(X,M,SYMBOL_ORDER,Name,Value)
```

对输入数字信号 X 进行 MQAM 信号的正交振幅调制，将已调波的复包络通过 Y 输出(相当于得到了 MQAM 解析信号，再取实部便得到了 MQAM 信号)；SYMBOL_ORDER 参数可指定输入码流的编码类型，可以是格雷码，也可以是二进制 8421 码。

Name 和 Value 是配对使用的参数，当 Name 取'InputType'时(意义是输入类型)，Value 可取'integer'或'bit'；取'integer'时，输入是 1～M－1 的整型数字；取'bit'时，输入是 1 或 0 的二进制数字；缺省则默认为'integer'。

此外，Name 还可以取'UnitAveragePower'、'OutputDataType'和'PlotConstellation'等，分别对单位平均功率、输出数据类型和绘制星座图等项目进行指定，一般取默认设定就可以。

下面以 16QAM 信号为例说明 qammod 函数指令的使用，直接在 MATLAB 命令窗口中输入以下程序行：

```
>> clear;
>> s = randi([0,15],5,8)
s =
    10     5     8     2    13     4     9    12
     2     9    11     2     3     9     8     6
     1     3    14     4    14     7    14     9
     7    12    15    13     5     5     4     1
    15     4     8     4     3    13    12     0
```

以上得到信号矩阵，可以变换成信号序列 s，接着再输入以下程序行：

```
>> yqam = qammod(s,16);
>> yqam = yqam(:); % 变换成信号序列 s
>> scatterplot(yqam,[],[],'b*');
>> grid;
```

运行后，16QAM 信号星座图形如图 13-13 所示。

由图 13-13 可以看到，按照 qammod 函数默认参数设定，16 个星点的幅值与相位均不相同，可以计算出最小幅度值为$\sqrt{2}$，最大为 $3\sqrt{2}$，16 个星点的相位分布也不均匀，相邻星点的最小距离为“2”。整个星座图是方形的，这种形状的星座图性能不是最优，优点是它的生成是最方便的。此外详细的调相关系不能由星座图直接推导出。

除了上面介绍的 PSK 和 QAM 信号，数字调制信号还有很多，MATLAB 通信工程工具箱提供了以下的一些函数，仅列举如下：函数指令 dpskmod 的功能是差分移相键控调制器；函数指令 fskmod 的功能是频移键控调制器；函数指令 fenqammod 的功能是普

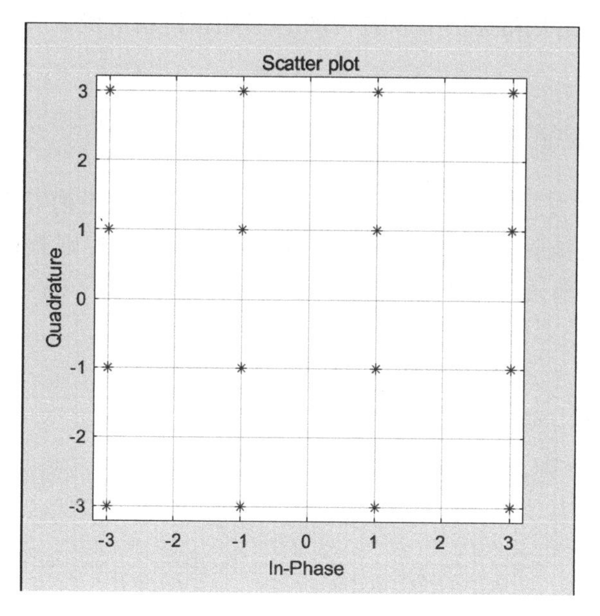

图 13-13　16QAM 信号星座图

通正交幅度调制器；函数指令 mskmod 的功能是 MSK 调制器；函数指令 oqpskmod 的功能是 OQPSK 调制器。

13.5.2　数字解调

1. PSK 信号解调

以 4PSK 信号解调为例，其常用的解调方法有两种：相干正交解调和相位比较法。相干正交解调的性能较为优异，4PSK 信号是两个正交的 2PSK 信号合成的，所以解调时也可以借鉴 2PSK 信号的相干解调方式，即将接收后的 4PSK 信号带通滤波之后，一分为二后分别送到两个正交的本地载波进行相干解调，然后再把两路解调出来的码元进行并串合并后形成一路输出信号。假设暂不考虑信道传输噪声，只是考虑 4PSK 信号的解调原理，那么从复数的角度更容易理解，书写起来更简洁。首先本地载波 $\cos(\omega_c t)$的解析信号设计如下：

$$\cos(\omega_c t) - \mathrm{j}\sin(\omega_c t) \tag{13-31}$$

将其与接收到的 4PSK 解析信号进行相干解调（含低通滤波和抽样判决环节）：

$$A\mathrm{e}^{\mathrm{j}\varphi(t)}\mathrm{e}^{\mathrm{j}\omega_c t}[\cos(\omega_c t) - \mathrm{j}\sin(\omega_c t)] = A\mathrm{e}^{\mathrm{j}\varphi(t)} \tag{13-32}$$

得到 4PSK 信号的复包络 $A\mathrm{e}^{\mathrm{j}\varphi(t)}$，改写如下：

$$A\mathrm{e}^{\mathrm{j}\varphi(t)} = A[\cos(\varphi(t)) + \mathrm{j}\sin(\varphi(t))] \tag{13-33}$$

然后采用两路电路分别处理复包络 $A\mathrm{e}^{\mathrm{j}\varphi(t)}$ 的实部和虚部，从而得到了 $A\cos(\varphi(t))$和 $A\sin(\varphi(t))$两路解调出来的码流，再进行并串合并后便得到了调制信号。对于 $\pi/4$ 体制的 4PSK，$\varphi(t)=\pi/4$，$A=\sqrt{2}$，代入表达式中，则两路解调出来的码分别为“1”“1”，合并以后就是“11”。

MATLAB通信工具箱提供了数字PSK信号相位解调的函数指令，它们的使用格式如下：

```
Z = pskdemod(Y,M,INI_PHASE,SYMBOL_ORDER)
```

对输入已调波的复包络Y进行MPSK的数字解调，解调出的数字序列通过Z输出，INI_PHASE参数是接收的MPSK信号Y的初始相位，缺省则默认为0。SYMBOL_ORDER参数可指定输出码流的编码类型，可以是格雷码，也可以是二进制8421码，缺省则默认为8421码。

下面以4PSK信号解调为例说明pskdemod函数指令的使用，直接在MATLAB命令窗口中输入以下程序行得到4PSK信号的复包络y4psk。

```
>> clear
>> s = randi([0,3],1,12)
s =
     3    3    0    3    2    0    1    2    3    3    0    3
>> y4psk = pskmod(s,4,pi/4)
y4psk =
   %1～7列
   0.7071 - 0.7071i   0.7071 - 0.7071i   0.7071 + 0.7071i   0.7071 - 0.7071i
-0.7071 - 0.7071i   0.7071 + 0.7071i   -0.7071 + 0.7071i
   %8～12列
   -0.7071 - 0.7071i   0.7071 - 0.7071i   0.7071 - 0.7071i   0.7071 + 0.7071i
0.7071 - 0.7071i
```

继续在MATLAB命令窗口中输入以下程序行，得到解调出来的符号：

```
>>  z = pskdemod(y4psk,4,pi/4)
z =
     3    3    0    3    2    0    1    2    3    3    0    3
```

比较解调输出序列z与调制输入序列x，完全相同，这说明4psk信号的解调函数pskdemod的调用是成功的。

2. QAM信号解调

QAM信号的解调采用正交相干解调的方法。以16QAM信号的解调为例，将接收后的16QAM信号带通滤波之后，一分为二后分别送到两个正交的本地载波发生器进行相干解调，每一路均经低通滤波保留基带信号分量，再由抽样判决器输出此一路码元，最后两路码元进行并串合并后形成一路输出信号。假设暂不考虑信道传输噪声，只是考虑16QAM信号的解调原理，借用复数工具进行解调分析。本地载波$\cos(\omega_c t)$的解析信号设计如下：

$$\cos(\omega_c t)-\mathrm{j}\sin(\omega_c t)$$

$\cos(\omega_c t)$的解析信号可以理解成是一对相互正交的载波，实际16QAM信号调解方框图中显示的也的确如此，$\cos(\omega_c t)$和$\sin(\omega_c t)$作为本地载波分别对一分为二之后的两路16QAM信号进行相干解调，可以表示如下：

$$A(t)\mathrm{e}^{\mathrm{j}\varphi(t)}\mathrm{e}^{\mathrm{j}\omega_c t}[\cos(\omega_c t)-\mathrm{j}\sin(\omega_c t)]=A(t)\mathrm{e}^{\mathrm{j}\varphi(t)} \tag{13-34}$$

这样得到 16QAM 信号的复包络 $A(t)e^{j\varphi(t)}$，改写如下：

$$A(t)e^{j\varphi(t)} = A(t)[\cos(\varphi(t)) + j\sin(\varphi(t))] \tag{13-35}$$

与 13.5.1 节 4PSK 复包络 $Ae^{j\varphi(t)}$ 不同的是，这里的幅值不是恒定的 A 而是四电平的 $A(t)$，再采用两路电路分别处理复包络 $A(t)e^{j\varphi(t)}$ 的实部和虚部，从而得到了 $A(t)\cos(\varphi(t))$ 和 $A(t)\sin(\varphi(t))$ 两路解调出来的码流。从调制的角度看，16QAM 调制可以看作是两路正交的 4ASK 信号合成的，所以解调时也可以借鉴 4ASK 信号的相干解调方式。

在 MATLAB 通信工具箱中提供了数字 QAM 信号相位解调的函数指令，它们的使用格式如下：

```
Z = qamdemod(Y,M,SYMBOL_ORDER,name,Value)
```

对输入已调波的复包络 Y 进行 MPSK 的数字解调，解调出的数字序列通过 Z 输出；SYMBOL_ORDER 参数可指定输出码流的编码类型，可以是格雷码，也可以是二进制 8421 码，缺省则默认是格雷码。

Name 和 Value 是配对使用的参数，Name 可以取'UnitAveragePower'、'OutputDataType'、'NoiseVariance'和'PlotConstellation'等，分别对单位平均功率、输出数据类型、噪声方差和绘制星座图等项目进行指定，一般取默认设定就可以。

下面以 16QAM 信号解调为例说明 qamdemod 函数指令的使用，直接在 MATLAB 命令窗口中输入以下程序行得到 16QAM 信号的复包络 y16qam：

```
>> s = randi([0,15],5,8)
s =
    15    14    13     6     4     5    12    10
     7    12    14    10     0    15    12    11
    12    15    10     2     1     0     2    12
     2    10    12    11    13     7     7     4
     6     0    11     0    11     6     7    10
y16qam = qammod(s,16);
```

继续在 MATLAB 命令窗口中输入以下程序行，得到解调出来的符号 z 并与发送符号 s 进行比较：

```
>> z = qamdemod(yqam,16);
>> d = isequal(s, double(z))
d =
     1
```

命令运行后，d 值是逻辑值“1”，说明解调出来的符号 z 与发送符号 s 是相等的，也说明 16QAM 信号的解调函数 qamdemod 的调用是成功的。

13.6 数字通信系统性能仿真

衡量通信系统性能的最主要的指标是系统的有效性和可靠性。

有效性是指通信的效率高低，可定义为在给定的信道资源条件下传输信息量的能力。某信道资源被使用主要是占用其带宽和占用其时间,即在传输一定量的信息要求下,占用信道带宽越窄和占用时间越少的通信系统效率越高,越有效。具体的有效性指标有频带利用率和码元传输速率等。

通信系统的可靠性是指传输信息的准确程度。对于数字通信系统而言,可靠性可以用误码率(误比特率)指标加以衡量。误码率是指接收处理后的错误码元占发送码元总数的比例。在二进制编码的情况下,一个码元的信息量就是一个比特,误比特率的数值正好等于误码率。

此外,数字信号的发射还涉及信号的功率估算,信号在信道内传输要考虑信道衰落和噪声干扰,为了降低信号的误码率可以进行信道差错控制编码,同步电路的设计也会影响数字通信系统的误码性能,更不用说接收滤波器对性能的巨大影响了。可以说,系统的每个环节都会影响到它的性能。

13.6.1 数字信号的比特能量与AWGN信道

1. 数字信号的能量计算

信噪比SNR是通信系统研究和应用中一个重要的性能指标。只有在具备足够大的信噪比SNR数值的条件下,通信系统才能正常的工作。在传统的模拟通信系统中,已调波和噪声都被认为是连续波形,均属能量信号,因此采用信号的功率与噪声的功率的比率SNR作为主要的指标来衡量系统的性能。在数字通信系统中,数字信号被认为是离散的信号,因而一个数字信号的计算功率是无穷大的,所以除了信噪比SNR之外还可用其他的指标。

为了描述数字信号中有用成分(信号)与无用成分(噪声)各自的占比情况,数字通信系统中最常用的指标是E_b/n_0。E_b是信号每比特能量的平均值,n_0是噪声单边带功率谱的密度(针对叠加于信号上的),E_b的大小是由信号的发射功率决定的,n_0的大小是由信道的噪声决定的。两者的比值E_b/n_0物理意义明确,只是不再表示信号功率与噪声功率之比了,但这个定义已经足以表达出信号在传输过程中受噪声影响的情况。

下面以QPSK(4PSK)信号为例,具体说明如何计算数字信号的比特能量。首先在MATLAB命令窗口中输入以下程序行,产生一列符号均匀分布的QPSK(4PSK)复包络信号,并绘出其星座图。

```
>> clear;
>> s = randi([0,3],1,128);
>> yqpsk = pskmod(s,4,pi/4);
>> scatterplot(yqpsk,[],[],'b*');
>> Es = sum(abs(yqpsk).^2)/length(yqpsk) % 求每符号能量的平均值
Es =
     1
```

运行后,QPSK信号每符号能量的平均值E_c为“1”,无须再对E_s再做归一化,其值恰好是0dBW,信号星座图形如图13-14所示。

图13-14是π/4体制的QPSK星座图,图上每一个星座点代表一个发射信号,每个

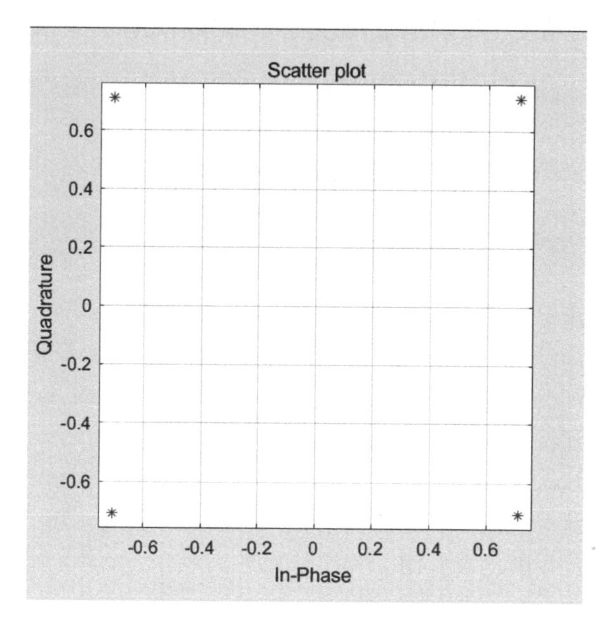

图 13-14　QPSK 信号星座图

发射信号在时域中是通过下式计算其能量的：

$$E_s = \int_0^{T_b} (A\cos(\omega_c t + \varphi))^2 \mathrm{d}t \tag{13-36}$$

上式为 π/4 体制的 4PSK，A 取$\sqrt{2}$，其计算结果与下列公式（通过复包络计算其能量）的计算结果是一样的，均为“1”：

$$E_s = |\operatorname{Re}(A e^{j\varphi} e^{j\omega_c t})|^2 \tag{13-37}$$

因为 QPSK 体制采用了四进制编码，非二进制编码，因此计算结果为每符号的平均能量 E_s 相比 E_b 要大一些，计算公式如下：

$$E_s = \log_2 M \cdot E_b = 2 \cdot E_b \tag{13-38}$$

由以上的计算结果可以知道，QPSK 的每比特的平均能量 E_b=0.5，就是−3dBW。

2. 信道加性高斯白噪声

QPSK 信号输入信道后必然要受到噪声影响，这里只讨论 AWGN 信道的情形。在 MATLAB 通信工程工具箱里提供了将高斯噪声叠加到信号上的信道函数指令 awgn，其使用格式如下：

```
y = awgn(x,snr,sigpower)
```

将白高斯噪声添加到向量信号 x 中，标量参数 snr 指定了每一个采样点信号平均能量与噪声功率谱密度的比值，单位为 dB；如果 x 是复数，awgn 将会添加复数噪声。这个语法假设 x 的能量是 0dBW；参数 sigpower 也给出了 x 的能量，单位为 dBW。

```
y = awgn(x,snr,'measured')
```

功能同上，但不是给出了 x 的能量，而是在添加噪声之前测量了 x 的能量。

```
y = awgn(x,snr,'measured',state)
```

功能同上，参数 state 重置了正态随机数产生器 randn 的状态为整数状态。

```
y = awgn(…,powertype)
```

功能同上，但格式中字符串 powertype 指定了 snr 和 sigpower 的单位；powertype 的选择有'db'和'linear'，如果 powertype 是'db'，那么 snr 是按照 dB 为单位测量的，sigpower 是按照 dBW 为单位测量的；如果 powertype 是线性的，snr 是按照一个比率测量的，sigpower 是以瓦特为单位测量的。

下面编写程序 ebno.m，在前述产生的 yqpsk 信号的基础上给其加上信道内的加性高斯白噪声，在添加噪声之前测量 x 的能量，指定 SNR 分别为 6dB、9dB 和 12dB，试计算所添加噪声的方差值，并画出星座图。程序行如下：

```
clear
x = randi([0,3],1,1024);
yqpsk = pskmod(x,4,pi/4);
zqpsk6 = awgn(yqpsk,6,'measured');
Nvar6 = sum((abs(zqpsk6(1,:)) - 1).^2)/length(x)
zqpsk9 = awgn(yqpsk,9,'measured');
Nvar9 = sum((abs(zqpsk9(1,:)) - 1).^2)/length(x)
zqpsk12 = awgn(yqpsk,12,'measured');
Nvar12 = sum((abs(zqpsk12(1,:)) - 1).^2)/length(x)
scatterplot(zqpsk6,[],[],'b.');
title('SNR = 6dB')
figure(1);
scatterplot(zqpsk12,[],[],'b.');
title('SNR = 12dB')
```

程序运行之后，得到了 SNR 分别设定为 6dB、9dB 和 12dB 时信道噪声的方差如下：

```
Nvar6  = 0.1242
Nvar9  = 0.0623
Nvar12  = 0.0323
```

从运算结果来看，对同一个 QPSK 信号添加噪声，设定的 SNR 值越低噪声方差值(代表噪声的能量)就高。并且 SNR 值每设置低 3dB，实际计算所得噪声方差值就高了一倍。QPSK 信号的信噪比 SNR 与 E_b/n_0 存在一定的换算关系，计算如下：

$$\mathrm{SNR} = 10\log_{10}\frac{E_b}{\mathrm{Nvar}} \Rightarrow E_b = \mathrm{Nvar}\cdot 10^{\mathrm{SNR}/10} \tag{13-39}$$

代入数值，可得 $E_b=0.1242\cdot 10^{6/10}=0.4944$，又可得 $E_b=0.0623\cdot 10^{12/10}=0.4949$，与理论值 $E_b=0.5$ 相当吻合。如果知道 QPSK 信号带宽 W，那么下列的关系式成立：

$$\frac{E_b}{n_0} = \frac{E_s/b}{\mathrm{Nvar}/W} \tag{13-40}$$

式中，$b=\log_2 M$，利用上面的关系式可以在给定 SNR 的条件下对 n_0 进行计算，这个计算过程请读者自行推导，这里不再赘述。QPSK 信号在叠加了噪声情况下的星座图形如图 13-15 所示。

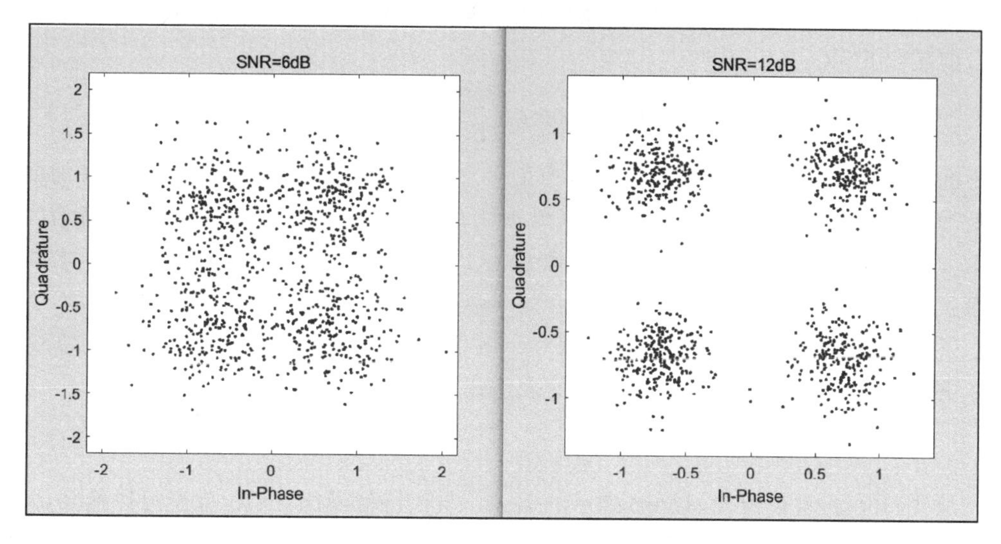

图 13-15　QPSK 含噪声信号星座图

依据前述的计算结果，Nvar6＝0.1242 和 Nvar12＝0.0323，可知 SNR＝6dB 时叠加的噪声能量比较大，反映在星座图上就是 SNR＝6dB 的图上信号星点比较散。SNR＝12dB 的星座图上信号星点就较为集中，因为此时的叠加的噪声能量仅为 SNR＝6dB 情况的 25％。可以推导出，信噪比越高，信号星点就越集中，系统的误码率就越低。

13.6.2　数字通信系统的误码率仿真

通信系统的误码率(BER，Bit Error Rate)是衡量系统性能优劣的非常重要的指标，反映数字码元在传输过程中受影响而错判的概率，通常用所接收到的码元中出现差错的码元数占传输总码元数的比例来表示。误信率是指错误接收的信息量在传送信息总量中所占的比例，即码元的信息量在传输系统中受影响而产生错漏的概率。二进制系统中误码率与误信率相等，但在多进制系统中，误码率与误信率一般不相等，通常误码率大于误信率。

1. 非编码 AWGN 信道的误码率

数字通信系统误码率仿真应该考虑系统产生误码的各种影响因素。从通信的角度出发，信道的影响无疑是最大的，信道内的噪声和干扰以及无线信道多路径传播造成的信号衰落，信道差错控制编码等都是要考虑的。为了简化系统 BER 问题的分析，这里仅考虑 AWGN 信道内噪声对信号码元的影响，接收采用相干解调，抽样判决电平设置在最佳，那么一些基本的通信系统的误码率在理论上已经推导出来了。以 QPSK 信号为例，其误码率如下：

$$P_b^{QPSK} = \frac{1}{2}\mathrm{erfc}(\sqrt{r}) \tag{13-41}$$

式中，$r=r_b$ 是指 QPSK 信号的信噪比 SNR，与式(13-39)中的定义是完全一样的，可以定义为比特信噪比 SNR_b。对于接收端的 QPSK 数字信号，容易由下列的式子计算出它的符号信噪比 SNR_s：

$$SNR_s = 10\log_{10}\frac{E[|y_{QPSK}|^2]}{E[|N_{QPSK}|^2]} \tag{13-42}$$

式中的 $E[|y_{QPSK}|^2]=E_s$ 是没有叠加噪声信号之前的 QPSK 信号的平均能量，叠加的噪声信号平均能量则是 $E[|N_{QPSK}|^2]$。通常所写的 SNR 并不加下标，指的是比特信噪比 SNR_b，以 QPSK 信号为例，$E_b=0.5$，而 $E_s=1$，因而可以得到 SNR_b 与 SNR_s 之间的关系：

$$SNR_s = 3 + SNR_b \tag{13-43}$$

下面由 SNR_b 定义，推导出 E_b/n_0 的表达式：

$$SNR_b = 10\log_{10}\frac{E_b}{n_0 \cdot W} = 10\log_{10}\frac{E_b}{n_0} - 10\log_{10}W \tag{13-44}$$

从式(13-44)可以看出，以 dB 表示的 E_b/n_0 与比特信噪比 SNR_b 完全可以换算，两者的分贝值仅差一个常数项 $10\log_{10}W$，假如取信号带宽 W=1000，则会相差 30dB。仿真时，若使用 SNR_b，就严格考虑到了信号带宽 W，若使用 $10\log_{10}\frac{E_b}{n_0}$，就无须考虑信号带宽 W，只专注于信道内高斯白噪声的单边功率谱密度 n_0。具体使用哪一个，在没有指明的情况下，还需要进行计算比较才能得到准确的结论。

MATLAB 通信工具箱提供了 berawgn 函数指令，可以对一些常见通信系统的误码率进行仿真计算，其使用格式如下：

```
BER = berawgn(EbN0, 'psk', M, DATAENC)
```

分析计算 Mpsk 信号经过没有编码的 AWGN 信道的误码率(采用相干解调)，参数 EbN0 给定了信道内信号能量与噪声功率谱密度的比值，单位是 dB；参数 DATAENC 设置为'diff'是使用差分编码，设置为'nondiff'是不使用差分编码。

```
BER = berawgn(EbN0, 'oqpsk', DATAENC)
```

分析计算 oqpsk 信号经过没有编码的 AWGN 信道的误码率(采用相干解调)；参数 DATAENC 设置为'diff'是使用差分编码，设置为'nondiff'是不使用差分编码。

除了对 PSK 信号进行误码率分析计算，berawgn 函数指令还可以对 MSK、FSK、QAM 和 PAM 等信号进行误码率分析计算，这里不再一一列出。在 MATLAB 命令窗口中直接输入以下程序行并运行：

```
>> EbN0 = (0:10);
>> M = 4;
>> berqpsk = berawgn(EbN0,'psk',M,'nondiff')
berqpsk =
```

```
    0.0786    0.0563    0.0375    0.0229    0.0125    0.0060    0.0024    0.0008
0.0002    0.0000    0.0000
```

从计算结果来看，当 EbN0＝0dB 时，QPSK 通信系统的 BER 为 0.0786，到 EbN0 ＝ 9dB 时，显示数字为 0，实际上是一个比万分之一更小的数，因受双字节浮点数的精度所限而无法显示出来，可以使用图形直观地看出。继续在 MATLAB 命令窗口中输入以下程序行并运行：

```
>> semilogy(EbN0,berqpsk);
>> xlabel('Eb/N0 (dB)');
>> ylabel('BER');
>> title('QPSK');
>> grid;
```

图形显示结果如图 13-16 所示。

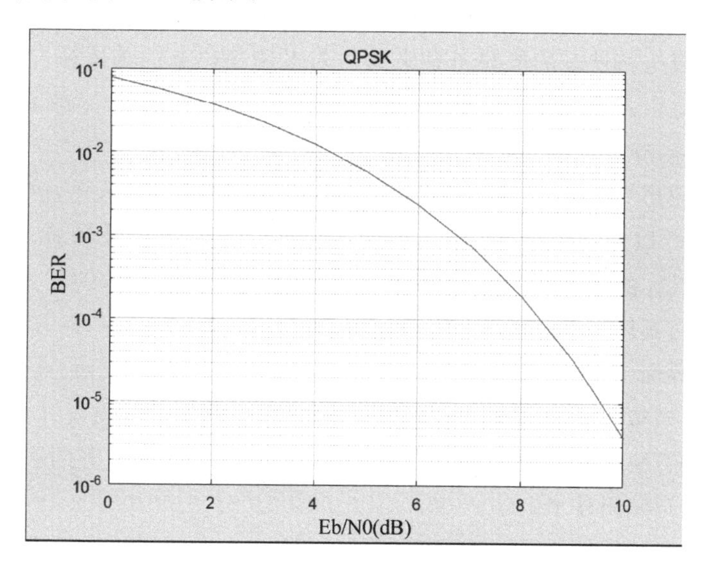

图 13-16 QPSK 信号误码曲线图

从图 13-16 中可以看出，当 EbN0＝9dB 时，QPSK 通信系统的 BER 已经少于万分之一了。依据式(13-41)也可以计算出 QPSK 通信系统的 BER，且结果是一样的，在 MATLAB 命令窗口中直接输入以下程序行并运行：

```
>> snr = [0:10];
>> r = 10.^(snr/10);
>> pe = 0.5 * erfc(sqrt(r))
pe =
    0.0786    0.0563    0.0375    0.0229    0.0125    0.0060    0.0024    0.0008
0.0002    0.0000    0.0000
```

将计算结果 pe 与计算结果 berqpsk 进行比较，发现结果是完全一样的。这说明仿真是依据理论公式进行的，同时也指明这里仿真所调用函数 berawgn 中使用的参数 EbN0

的真实含义就是比特信噪比，可使用符号 SNR_b 代替。

2. 误码率 BER 仿真工具

除了上面的 berawgn 函数指令可以对非编码的 AWGN 进行 BER 分析计算之外，MATLAB 通信工具箱中还提供了以下的函数可以进行 BER 分析计算：函数指令 bercoding 可以对编码的 AWGN 信道进行 BER 分析计算；函数指令 berconfint 可以在蒙特卡罗仿真条件下进行 BER 分析计算；函数指令 berfading 可以在 Rayleigh 和 Rician 衰减信道的情况下进行 BER 分析计算；函数指令 bersync 可以在有失误的同步导致的情形下进行 BER 分析计算等。

MATLAB 中提供了对各种通信系统的误码率进行分析计算的图形界面工具 bertool。在 MATLAB 命令窗口输入命令 bertool，就可以打开这个工具的界面。在 bertool 的界面里，已经集成了各种通信系统在各种条件下进行 BER 分析计算的功能，通过图形的界面就能让使用人员直观简便地完成 BER 的分析计算。方便之余，需要指出的是 bertool 工具分析计算的依据还是来自于对系统误码率的理论研究，相关知识和相应的计算公式均可在网页(http://cn. mathworks. com/help/comm/ug/bit-error-rate-ber. html)上进行查询，当然也可在其他地方查阅到。

在 bertool 图形界面中，可以选择 Semianalytic(半解析)页面，在这个页面上通信系统的部分设置可以依据实际情况加以变动，如可以设置符号抽样率(Samples per symbols)、设计具体的接收滤波器系数(Receiver filter coefficients)等。仿真的结果也不再是纯理论的，对具体系统的设计针对性更强一些。

在 bertool 界面中，还可以选择 Monte carlo(蒙特卡罗仿真)页面，这种仿真方法是通过大量的计算机模拟数值计算来推算系统的动态特性，从而归纳出统计结果的一种随机分析方法。这种方法适宜于仿真那些目前理论研究还没有达到完善的通信技术或体制，例如一种新的信道编码技术。

这里通过一个具体的例子，对 QPSK 和 8PSK 两个通信系统进行 BER 的对比分析计算。在 bertool 图形界面中进行以下的设置，选择 Theoretical(理论上)页面，设 E_b/N_0 范围为 0：18dB，AWGN 信道，4PSK 通信系统，无信道编码，默认为相干解调，没有同步失误。已经设置好的界面如图 13-17 所示。

在图 13-17 顶部菜单的下方，可以看到已经设置好的两个仿真任务：Theoretical-QPSK 和 Theoretical-8PSK。运行后两个系统的 BER 均已经计算出来，用鼠标可以将 QPSK 系统的 BER 显示在淡黄色区域中。$E_b/N_0=0$dB 时，BER＝0.0786，和调用函数 berawgn 的计算结果 berqpsk 完全一样。单击界面上的 plot 按钮，PSK 系统误码率对比结果如图 13-18 所示。

从图 13-18 可以看出，8PSK 系统的误码率比 QPSK 要高，8PSK 系统的误码率具体数据可以用鼠标指向任务列表的相应 BER 区域将其用淡黄色区块显示出来。

在图 13-17 的 bertool 图形界面中，选择 Theoretical(理论上)页面，除了可以对 PSK 通信系统的 AWGN 信道进行 BER 分析计算之外，通过 Modulation type 下拉式菜单还

Bit Error Rate Analysis Tool

File Edit Window Help

Confidence Level	Fit	Plot	BER Data Set	E_b/N_0 (dB)	BER	# of Bits
		☑	theoretical-QPSK	[0 1 2 3 4 5 6 7 8 ...	[0.0786 0.0562 0.0375 ...	N/A
		☑	theoretical-8PSK	[0 1 2 3 4 5 6 7 8 ...	[0.1226	

EbNo (dB)	BER
0	0.0786
1	0.0562
2	0.0375
3	0.0228
4	0.0125
5	0.0059
6	0.0023
7	7.72E-4
8	1.90E-4
9	3.36E-5
10	3.87E-6
11	2.61E-7
12	9.00E-9
13	1.33E-10
14	6.81E-13
15	9.12E-16
16	2.26E-19
17	6.75E-24
18	1.39E-29

Theoretical Semianalytic Monte Carlo

E_b/N_0 range: 0:18 dB

Channel type: AWGN

Modulation type: PSK

Modulation order: 8

Differential encoding

Demodulation type: Coherent / Noncoherent

Channel coding: None / Convolutional / Block

Synchronization: Perfect synchroniz / Normalized timing / RMS phase noise (

图 13-17 bertool 界面设置截图

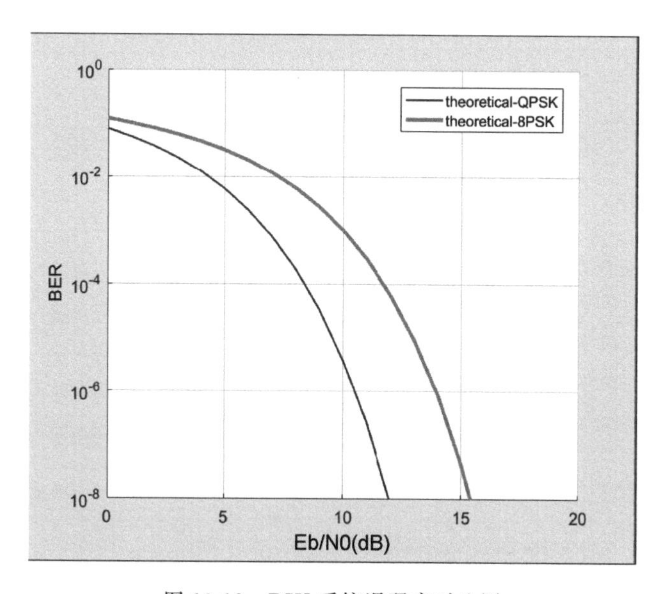

图 13-18 PSK 系统误码率对比图

可以选择 DPSK、OQPSK、PAM、QAM、FSK、MSK 和 CPFSK 等通信系统就 Rayleigh 信道、Rician 信道等进行 BER 分析计算。这里受篇幅所限，不再深入展开。

13.7 本章小结

本章主要介绍了MATLAB通信工具箱的组成、通信系统信源编码、通信系统信道编码、模拟调制与解调、数字调制与解调和数字通信系统BER仿真。通过本章大量应用实例讲解，读者可以更加深刻地认知MATLAB在通信系统中的应用。

第五部分
MATLAB优化与控制篇

MATLAB优化与控制篇主要介绍MATLAB在优化中的应用和MATLAB在控制系统中的应用。通过MATLAB优化与控制篇的学习,使得读者掌握利用MATLAB软件解决优化算法和控制系统中数学计算、符号计算、数据可视化以及动态系统仿真等问题的能力,提高了读者解决优化和控制实际问题的能力。

MATLAB优化与控制篇包含:

第14章 MATLAB在优化中的应用

本章要点：

- ◇ 最优化问题简介；
- ◇ MATLAB 优化工具箱；
- ◇ 线性规划应用；
- ◇ 非线性规划应用；
- ◇ 二次规划应用；
- ◇ 目标规划应用；
- ◇ 优化工具箱图形界面应用。

14.1 最优化问题简介

最优化问题(optimalization problem)在各类工程设计中经常被提出，在社会管理和日常生活中也广泛被提及。MATLAB 优化工具箱给最优化问题的求解提供了一个很好的应用工具。就理论而言，最优化方法是针对各种不同类型的最优化问题而归纳为各种规划问题并提出大量的不同算法求解之，例如线性规划问题、非线性规划问题、多目标规划问题、动态规划问题等。

求解最优化问题需要采用数学方法将一个具体的问题抽象为一个数学模型，模型中包含一个或多个目标函数，此函数(集)具有一个或多个变量，亦称决策变量。同时需要考查这个具体问题的求解空间(亦称可行域)，还要满足问题中提出的一系列有关约束条件，最后采用某种准则下的数学算法来取得这个具体问题的最优解。

线性最优化问题也就是线性规划(Linear Programming，LP)问题，是数学中研究比较早，理论较成熟且应用广泛的一种规划方法。其之所以被称为线性规划，是指模型中的目标函数是决策变量的线性(变换)函数，其次问题中有关的约束也满足线性的条件。非线性规划(Nonlinear Programming)问题，是指模型中的目标函数是决策变量的非线性函数，或者优化问题中有关的约束不满足线性的条件，是非线性的。非线性规划是 20 世纪 50 年代才开始萌芽的一门新兴学科，之后数十年又得到进一步的发展。和线性规划相同的是，一般非线性规划问题的求解通常要受到约束条件的限制。但不同的是,非线性规划问题的求解还存在着一类无约束的方法。

有一类特殊的非线性规划,它的目标函数是二次函数,而约束条件是线性的,这一类非线性规划被单独命名为二次规划。另有一类特殊的非线性规划,它的目标函数和约束函数都是正定多项式(或称正项式),这一类非线性规划被命名为几何规划。此外还因为优化问题的目标函数和约束条件满足了凸函数的定义,于是就有了凸规划的新命名。倘若一个规划问题要研究多于一个目标函数在给定区域上的最优化,就称其为多目标规划(Multiple Objectives Programming)。显然只有一个目标函数的最优化也可称为单目标规划。在大部分的最优化问题中,通常要求我们求取目标函数的最大值或最小值。但是在某些情况下,则要求最大值的最小化才更有意义。例如特色小镇规划中需要确定中心小学、中心医院的位置,欲设计的目标函数应该采用中心点到所有地点最大距离的最小值作为算法准则。这一类问题被称为最大最小化规划问题。

不同类型最优化(规划)问题一般有不同的求解方法,即使同一类型最优化问题也可以有不同的求解方法,而某一种最优化方法也可能适用于多种类型的最优化问题求解。最优化问题的求解方法通常可以归纳为直接法、间接法和其他方法等几类。直接法亦称试验最优化方法。对一类难以用数学表达式描述的实际问题,直接通过有限的试验或仿真计算,从而获得最优解或近似最优解的方法。间接法又称解析法,从数学模型的解析式子开始,首先计算出目标函数的一、二阶导数,然后根据梯度及海赛矩阵提供的信息,构造出一种算法,从而求出目标函数的最优解,如牛顿法、最速下降法、共轭梯度法等。其他还有诸如网络最优化方法等。最优化问题的总体最优解通常需要在考查各局部范围内的最优解(局部最优解)之后才能得出。对于不同优化问题,最优解有不同的含意,因而又采用了不同的专业名称加以命名。例如,在数理经济模型中称为平衡解,在控制问题中称为最优控制,在多目标决策问题中称为有效解等。

14.2 MATLAB 优化工具箱

14.2.1 优化工具箱中的优化函数

利用 MATLAB 优化工具箱可以对诸多种类的数学规划问题进行求解,例如求解非线性方程的极值和函数值,多变量非线性目标函数最小值,最小二乘法求非线性曲线拟合,模拟退火算法求离散组合问题最优解等。在 MATLAB 2016a 版本中,优化工具箱所提供的优化函数(求解器)有近二十种,主要可以归纳为以下几类。

1. 非线性方程(组)求解函数

优化工具箱中共有两个此类函数。函数 fzero 的功能为单变量(单目标)非线性方程的求解(Single-variable Nonlinear Equation Solving),用来求取一个非线性方程在某个设定域内的根。函数 fsolve 的功能为非线性方程(组)的求解(Nonlinear Equation Solving),不但可以解单个非线性方程,还可以用来解非线性方程组。

2. 最小值优化函数

这里列出了优化工具箱中 9 个此类函数。函数 fminbnd 的功能为求取含变量边界限定的单变量非线性最小值解(Single-variable Nonlinear Minimization with Bounds),用来求取一个单变量非线性目标函数在某个设定域内的最小值。

函数 fmincon 的功能为含约束的非线性最小值优化(Constrained Nonlinear Minimization),用来求取一个多变量非线性目标函数在某约束条件下的最小值。函数 fminunc 和函数 fminsearch 的功能均为无约束的非线性最小值优化(Unconstrained Nonlinear Minimization),均可以用来求取一个多变量非线性目标函数的最小值,两者功能虽然相同,但依据的算法不相同。函数 fminsearch 采用的算法是单纯形方法(Simplex)。

函数 fseminf 的功能为半无限(约束)最小值优化(Semi-infinite Minimization),用来求取一个多变量非线性目标函数在线性约束、非线性约束及半无限约束条件下的最小值。

函数 linprog 的功能为线性规划(Linear Programming),用来求取线性单目标函数在线性约束及边界约束的最小优化值。函数 quaprog 的功能为二次规划(Quadratic Programming),用来求取二次的非线性单目标函数在线性约束及边界约束下的最小优化值。

3. 多目标规划

函数 fgoalattain 的功能是多目标达至优化(Multiobjective Attainment),其功能与函数 fminimax 有一定类似,用来求取多目标非线性函数在线性约束、非线性约束及边界约束的多目标达到(不一定是最小优化值)。函数 fminimax 的功能为最大值最小优化(Minimax Optimization),可以用来求取多目标非线性函数在线性约束、非线性约束的最大值的一致逼近理想解最小优化值。

4. 最小二乘法函数

这里列出了优化工具箱中 4 个此类函数。函数 lsqlin 的功能为含约束的线性最小二乘优化(Constrained Linear Least Squares),用来求取在线性约束及边界约束下的目标函数(由最小二乘法定义的误差二次方形式)最小优化值。函数 lsqnonlin 的功能为非线性最小二乘优化(Nonlinear Least Squares),可以用来求取在边界约束下的目标函数(误差二次方形式)最小优化值。函数 lsqcurvefit 的功能为非线性曲线拟合(Nonlinear Curve Fitting),用最小二乘方法来求取非线性拟合曲线中各函数项的系数,每一函数项均可以自定义其表达式。函数 lsqnonneg 的功能为非负线性最小二乘优化(Nonnegative Linear Least Squares),用来求取在非负边界约束下的目标函数最小优化值。

5. 模式搜索算法函数

函数 patternsearch 的功能是采用模式搜索算法求目标函数优化(Pattern Search),可求取无约束或有约束非线性目标函数最小优化值。模式搜索算法是一种直接方法,无须利用目标函数的梯度信息便可进行迭代计算。

6. 遗传算法函数

这里列出了优化工具箱中两个此类函数。函数 ga 的功能是采用遗传算法(Genetic Algorithm)的目标函数优化。函数 gamultiobj 的功能为基于遗传算法的多目标优化(Multiobjective Optimization Using Genetic Algorithm)。遗传算法是一种模拟自然进化过程搜索最优解的方法,其采用概率作为优化的方向,从而获取搜索空间和搜索方向,无须其他判断准则。

7. 模拟退火算法函数

函数 simulannealbnd 的功能是采用模拟退火算法(Simulated Annealing Algorithm)求目标函数优化,可求取离散组合问题目标函数最优化解。现代优化算法除模拟退火算法和遗传算法之外,还有禁忌搜索算法、神经网络算法和蚁群算法等其他算法。

14.2.2 优化参数的创建和编辑

上述 MATLAB 优化函数在使用时,通常需要根据不同要求修改优化算法程序中的各种参数选项,并由 options 字段保存,例如最大迭代次数、X 处的迭代终止容限(精度)等。利用函数 optimset,可以创建和编辑优化算法程序中的各种参数项目和具体取值。利用函数 optimget,可以获取优化函数的参数结构 OPTIONS 中指定的参数选项及此参数的设置值。

1. optimset 函数

函数 optimset 的功能是对优化函数算法中的参数项目的取值进行编辑并保存在 options 字段中。其调用格式及使用说明如下。

(1) OPTIONS =optimset('PARAM1',VALUE1,'PARAM2',VALUE2,...)

格式(1)为创建一个欲调用优化函数的参数(选项)结构,采用 OPTIONS 字段命名(亦可以采用小写形式 options 字段命名)。指定了参数'PARAM1'的值为 VALUE1,参数'PARAM2'的值为 VALUE2 等,其他所有未指定的参数都为缺省值(默认值),用符号[ ]表示。在 MATLAB 命令窗口直接输入下列的命令行,创建一个优化函数的参数结构,采用 OPTIONS1 字段命名。

```
>> options1 = optimset('Display','iter','Jacobian','off','Largescale','off');
```

OPTIONS1 是一个结构体,在 MATLAB 2016a 版本中共有 53 个属性,对应优化函数算法程序中的 53 个通用参数选项,上述命令行对'Display'参数,即结果显示方式设置为'iter',意思是迭代过程每步结果都显示出来。'Display'参数项共有 7 种显示方式。Display:[off | iter | iter-detailed | notify | notify-detailed | final | final-detailed],一般设置为'final',只显示最后结果。上述命令行还对'Jacobian'参数设置为'off',意思是在计算目标函数时,是否使用用户自定义的 Jacobi 矩阵,默认为'off',此时会使用有限差分

算法决定优化函数背后算法的参数。'Largescale'参数项决定是否使用大规模算法,具体算法取决于选择哪一个优化函数,设置为'off',表示不使用大规模算法。

(2) OPTIONS =optimset(OLDOPTS,'PARAM1',VALUE1,...)

格式(2)是创建一个 OLDOPTS 的参数结构备份后,再创建一个优化函数算法中的参数结构,采用 OPTIONS 字段命名。指定参数'PARAM1'的值为 VALUE1,指定参数'PARAM2'的值为 VALUE1 等。

(3) OPTIONS = optimset(OLDOPTS,NEWOPTS)

格式(3)是将 OLDOPTS 参数结构与 NEWOPTS 参数结构进行合并,合并后创建一个优化函数算法中不同前两者所述的参数结构,采用 OPTIONS 字段命名。

(4) OPTIONS = optimset(OPTIMFUNCTION)

格式(4)是创建一个在调用优化函数 OPTIMFUNCTION 时(例如调用函数 fminbnd)所设定的参数结构,含所有的参数选项及具体的设置值,采用 OPTIONS 字段命名。

(5) OPTIONS = optimset

格式(5)是创建一个所有参数选项的设置值均为缺省值(默认值)的参数结构,即所有参数选项的设置值均用符号[]表示,采用 OPTIONS 字段命名。

(6) optimset

格式(6)在使用时,没有输出变量,将显示一张完整的参数结构,含所有的参数选项及每一参数的所有的设置值。

在 MATLAB 命令窗口输入下列命令,显示出优化函数一个完整的参数结构。

```
>> optimset
Display: [ off | iter | iter-detailed | notify | notify-detailed | final | final-detailed ]
MaxFunEvals: [ positive scalar ]
MaxIter: [ positive scalar ]
TolFun: [ positive scalar ]
TolX: [ positive scalar ]
FunValCheck: [ on | {off} ]
OutputFcn: [ function | {[]} ]
PlotFcns: [ function | {[]} ]
Algorithm: [active-set| interior-point | interior-point-convex | levenberg-marquardt
|simplex | sqp | trust-region-dogleg | trust-region-reflective ]
AlwaysHonorConstraints: [ none | {bounds} ]
DerivativeCheck: [ on | {off} ]
Diagnostics: [ on | {off} ]
DiffMaxChange: [ positive scalar | {Inf} ]
DiffMinChange: [ positive scalar | {0} ]
FinDiffRelStep: [ positive vector | positive scalar | {[]} ]
FinDiffType: [ {forward} | central ]
GoalsExactAchieve: [ positive scalar | {0} ]
GradConstr: [ on | {off} ]
GradObj: [ on | {off} ]
HessFcn: [ function | {[]} ]
Hessian: [ user-supplied | bfgs | lbfgs | fin-diff-grads | on | off ]
```

```
HessMult: [ function | {[]} ]
HessPattern: [ sparse matrix | {sparse(ones(numberOfVariables))} ]
HessUpdate: [ dfp | steepdesc | {bfgs} ]
InitBarrierParam: [ positive scalar | {0.1} ]
InitialHessType: [ identity | {scaled - identity} | user - supplied ]
InitialHessMatrix: [ scalar | vector | {[]} ]
InitTrustRegionRadius: [ positive scalar | {sqrt(numberOfVariables)} ]
Jacobian: [ on | {off} ]
JacobMult: [ function | {[]} ]
JacobPattern: [ sparse matrix | {sparse(ones(Jrows,Jcols))} ]
LargeScale: [ on | off ]
MaxNodes: [ positive scalar | {1000 * numberOfVariables} ]
MaxPCGIter: [ positive scalar | {max(1,floor(numberOfVariables/2))} ]
MaxProjCGIter: [ positive scalar | {2 * (numberOfVariables - numberOfEqualities)} ]
MaxSQPIter: [ positive scalar | {10 * max ( numberOfVariables, numberOfInequalities + 
numberOfBounds)} ]
MaxTime: [ positive scalar | {7200} ]
MeritFunction: [ singleobj | {multiobj} ]
MinAbsMax: [ positive scalar | {0} ]
ObjectiveLimit: [ scalar | { - 1e20} ]
PrecondBandWidth: [ positive scalar | 0 | Inf ]
RelLineSrchBnd: [ positive scalar | {[]} ]
RelLineSrchBndDuration: [ positive scalar | {1} ]
ScaleProblem: [ none | obj - and - constr | jacobian ]
Simplex: [ on | {off} ]
SubproblemAlgorithm: [ cg | {ldl - factorization} ]
TolCon: [ positive scalar ]
TolConSQP: [ positive scalar | {1e - 6} ]
TolPCG: [ positive scalar | {0.1} ]
TolProjCG: [ positive scalar | {1e - 2} ]
TolProjCGAbs: [ positive scalar | {1e - 10} ]
TypicalX: [ vector | {ones(numberOfVariables,1)} ]
UseParallel: [ logical scalar | true | {false} ]
```

对于一个具体优化函数的调用，例如调用函数 fminbnd，其参数结构假如不进行改动，则可以通过输入下列的语句查看其参数结构，含所有的参数选项及每一参数的设置值。

```
>> optimset fminbnd
ans =
Display: 'notify'
MaxFunEvals: 500
MaxIter: 500
TolFun: []
TolX: 1.0000e - 04
FunValCheck: 'off'
OutputFcn: []
…              %因后面的参数项均取缺省值[]，显示结果不再详尽列出
```

函数 fminbnd 的参数结果 options 各属性分别解读如下。Display：'notify'说明显示属性为通知(警报)；MaxFunEvals：500 说明函数估算最大次数是 500 次；MaxIter：500

说明迭代次数最大 500 次，TolFun：[]说明目标函数预设容限(精度)为缺省值，TolX：1.0000e-04 说明解 X 预设容限(精度)为 1.0000e-04，FunValCheck：'off'说明函数估算检查关闭。

2. optimget 函数

函数 optimget 的功能是获取优化函数的参数结构 OPTIONS 中指定的参数选项及此参数的设置值。其调用格式及使用说明如下。

(1) VAL = optimget(OPTIONS,'NAME')

格式(1)中 VAL 值是某一优化函数的参数结构 OPTIONS 中由'NAME'指定的参数选项值。下面在 MATLAB 命令窗口输入下列命令，显示优化函数 fminbnd 参数结构中'Display'指定的参数值。

```
>> options = optimset('fminbnd');
>> val = optimget(options, 'Display')
val =
notify
```

运行结果显示 val 返回函数 fminbnd 参数结构中'Display'指定的参数值 notify。

(2) VAL = optimget(OPTIONS,'NAME',DEFAULT)

格式(2)中 VAL 值是某一优化函数的参数结构 OPTIONS 中由'NAME'指定的参数选项值，如果该参数选项值没有定义，则 VAL 值被赋予默认值。

14.2.3 优化函数的演示 GUI

MATLAB R2016a 版的优化工具箱中还带有一些优化函数演示 GUI，以图形界面方式演示优化函数运行，能将优化函数运行结果用直观的图形显示出来，用户还能方便地对图形进行编辑和查看等操作。这里列出其中的几个演示性 GUI 的名称和功能。

在命令窗口中输入 bandem，可以打开一个名为“香蕉”函数的最小值优化的演示 GUI，其功能是使用 BFGS、DFP 等几种算法来搜寻“香蕉”函数最小值。在窗口中输入命令 dfildemo，可以打开一个为滤波器精度优化设计的演示 GUI，其功能是使用最大值最小化优化函数 fminimax 来优化设计一个模拟滤波器。输入命令 goaldemo，可以打开一个多目标规划方法的演示 GUI，其举例说明了多目标规划优化函数 fgoalattain 的使用。在窗口中输入命令 tutdemo，可以打开一个优化工具箱教程的演示 GUI。此 GUI 举例说明了两个非线性优化函数(求解器)fminunc 和 fmincon 的使用方法并解释了如何设定函数选项 options。此外还有 circustent、optdeblur 等优化函数演示 GUI。

下面就以 bandem 演示 GUI 为例，认识其界面，熟悉其操作及内容。在 MATLAB R2016a 版中输入 bandem 命令，打开演示 GUI 窗口界面，如图 14-1 所示。GUI 窗口名为 Using the optimization toolbox，窗口界面大致可分为菜单及快捷工具按钮区域、运算图形显示区域、算法选择按钮区域、说明文字区域四个部分。

单击算法选择按钮区里 simplex 按钮之后，在运算图形显示区的“香蕉”函数曲面上

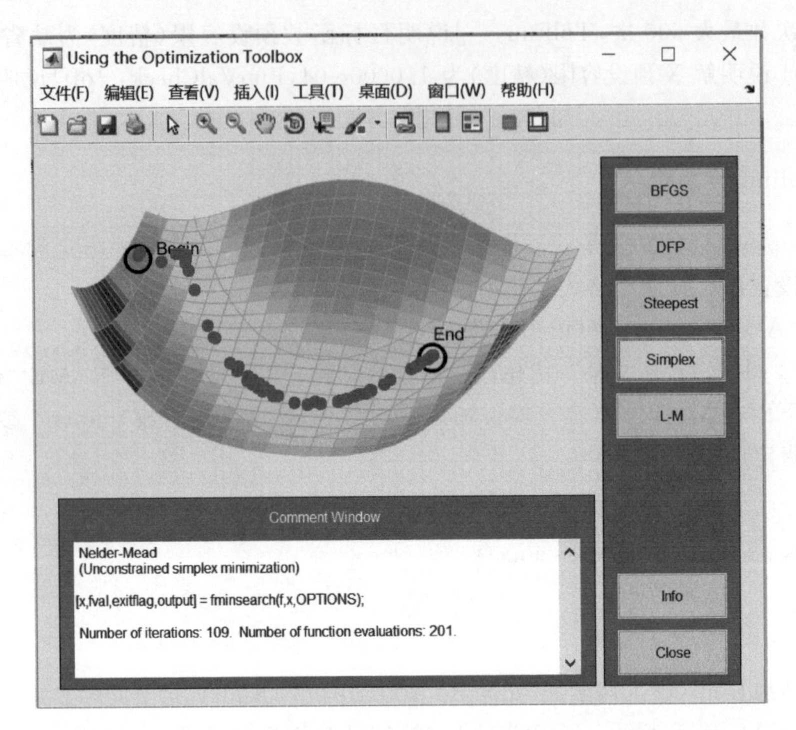

图 14-1 bandom GUI 界面

以红色小点的运动轨迹表示了函数最小值搜索的起点、终点和搜索的路径。在说明文字区可以看到其算法描述为无约束的单纯形最优化方法(Unconstrained Simplex Minization),迭代次数为 109 次,函数估算 201 次。使用的 MATLAB 优化函数格式如下:

```
[x,fval,exiflag,output] = fminsearch(f,x,OPTIONS)
```

单击算法选择按钮区里 info 按钮之后,可以在说明文字区看到搜索的起点是(−1.9,2),搜索的终点(也就是函数最小值处)是(1,1),“香蕉”函数定义如下:

$$f(x_1,x_2)=100(x_2-x_1^2)^2-(1-x_1)^2 \tag{14-1}$$

```
>> bandem
```

选取下拉式菜单“文件”列中的“生成代码”选项,便可以将整个单纯形最优化搜索“香蕉”函数最小值的程序生成两百多行的 MATLAB 代码行,方便用户进一步的编辑和修改。

14.3 线性规划

14.3.1 线性规划的数学模型

一个最优化问题之所以被归纳为线性规划,是因为其数学模型中的目标函数是决策变量的线性(变换)函数,问题中有关的约束也满足线性的条件。线性规划在工程优化设计和日常管理工作中都有着非常广泛的应用。最常见的线性规划问题有资源调配问题，通过诸如人员、物质及财力等资源的合理组织分配，以便完成最多的产品利润或完成最多的某项工作任务。一个实际的线性规划问题的求解大致需要以下三个步骤：首先依据实际情况找到对目标起主要影响的因素，即决策变量；其次确定最优化目标与决策变量之间的函数关系，即目标函数；最后确定决策变量所受到的限制条件，即约束条件。一个线性规划可以由下列的数学模型加以描述。

$$\min(\boldsymbol{F}^{\mathrm{T}}\boldsymbol{X}) \tag{14-2}$$

$$\text{s. t.}\begin{cases}\boldsymbol{AX}\leqslant\boldsymbol{b}\\ \boldsymbol{A}\mathrm{eq}\boldsymbol{X}=\boldsymbol{b}\mathrm{eq}\\ \boldsymbol{L}b\leqslant\boldsymbol{X}\leqslant\boldsymbol{U}b\end{cases}$$

式(14-2)中，$\boldsymbol{F}=(f_1,f_2,\cdots,f_n)^{\mathrm{T}}$，$\boldsymbol{X}=(x_1,x_2,\cdots,x_n)^{\mathrm{T}}$，s. t. 的含义为 subject to，即从属于的意思。约束条件中第一条 $\boldsymbol{AX}\leqslant\boldsymbol{b}$ 为不等式，可称为不等式约束条件，其中

$$\boldsymbol{A}=\begin{bmatrix}a_{11} & a_{12} & \cdots & a_{1n}\\ \vdots & \vdots & \cdots & \vdots\\ a_{m1} & a_{m2} & \cdots & a_{mn}\end{bmatrix},\quad \boldsymbol{b}=[b_1,b_2,\cdots,b_m]^{\mathrm{T}}$$

约束条件中第二条 $\boldsymbol{A}\mathrm{eq}\boldsymbol{X}=\boldsymbol{b}\mathrm{eq}$ 为等式，可称为等式约束条件，其中

$$\boldsymbol{A}\mathrm{eq}=\begin{bmatrix}a_{eq11} & a_{eq12} & \cdots & a_{eq1n}\\ \vdots & \vdots & \cdots & \vdots\\ a_{eqp1} & a_{eqp2} & \cdots & a_{eqpn}\end{bmatrix},\quad \boldsymbol{b}\mathrm{eq}=[b_{eq1},b_{eq2},\cdots,b_{eqp}]^{\mathrm{T}}$$

约束条件中第三条 $\boldsymbol{L}b\leqslant\boldsymbol{X}\leqslant\boldsymbol{U}b$ 称为上下界约束条件，其中

$$\boldsymbol{L}b=(lb_1,lb_2,\cdots,lb_n)^{\mathrm{T}},\quad \boldsymbol{U}b=(ub_1,ub_2,\cdots,ub_n)^{\mathrm{T}}$$

式(14-2)所述线性规划数学模型是标准形式。假如实际问题所归纳出的数学模型不是标准形式，那么就需要增加一个步骤，将其变换为标准形式。例如实际问题的目标函数是求最大值 $\max(\boldsymbol{F}^{\mathrm{T}}\boldsymbol{X})$，那么可将其变换为标准形式目标函数 $\min(-\boldsymbol{F}^{\mathrm{T}}\boldsymbol{X})$。再如实际问题的约束条件是 $\boldsymbol{AX}\geqslant\boldsymbol{b}$ 形式，与标准形式不同，那么也可将其变换为标准形式 $\boldsymbol{AX}\leqslant-\boldsymbol{b}$。此外模型中下界 $\boldsymbol{L}b=(lb_1,lb_2,\cdots,lb_n)^{\mathrm{T}}$。

线性规划数学模型最经典求解方法是单纯形方法，此外还可以采用内点法(Interior Point Legacy)、有效集方法(Active Set)、对偶单纯形方法(Sual Simplex)等。

14.3.2 MATLAB 线性规划函数

1. 函数 linprog 的调用格式

MATLAB 线性规划问题函数 linprog 用来求解线性单目标函数在线性约束及边界约束下的最小优化值，其调用格式及使用说明如下。

(1) X = linprog(f,A,b)

格式(1)是最简洁的调用形式，功能是求解 $\min(\boldsymbol{F}^{\mathrm{T}}\boldsymbol{X})$，约束条件为 $\boldsymbol{AX}\leqslant\boldsymbol{b}$。

(2) X = linprog(f,A,b,Aeq,beq)

格式(2)功能是求解 $\min(\boldsymbol{F}^{\mathrm{T}}\boldsymbol{X})$，约束条件为 $\boldsymbol{AX}\leqslant\boldsymbol{b}$，还增加了等式约束条件 $\boldsymbol{A}\mathrm{eq}\boldsymbol{X}=$

beq,假如无须输入等式约束条件,可以采用默认值,输入 **A**eq**X**=[],**b**eq=[]。

(3) X = linprog(f,A,b,Aeq,beq,Lb,Ub)

格式(3)主要功能同上述格式(2),但限制了 **X** 的上下界,约束了 **X** 的范围。

(4) X = linprog(f,A,b,Aeq,beq,LB,UB,X0)

格式(4)主要功能同上述格式(3),但设置了迭代计算初始值 $\boldsymbol{X}_0$。

(5) X = linprog(PROBLEM)

格式(5)主要功能同上述格式(4),但需要在调用前定义结构体 PROBLEM。PROBLEM 结构体各属性分别定义为 PROBLEM. f = $\boldsymbol{F}^{\mathrm{T}}\boldsymbol{X}$, PROBLEM. A = **A**, PROBLEM. b=**b**,PROBLEM. *A*eq=**A**eq ,PROBLEM. beq=**b**eq,PROBLEM. lb= **L**b, PROBLEM. ub= **U**b, PROBLEM. x0=$\boldsymbol{X}_0$。

(6) [X,FVAL] = linprog(f,A,b)

格式(6)主要功能同上述格式(1),返回值除了解 **X** 之外,还有目标函数解 FVAL。

(7) [X,FVAL,EXITFLAG] = linprog(f,A,b)

格式(7)功能同上述格式(1),返回值比格式(6)多了一个 EXITFLAG,即优化函数运行结束后赋予的标志值。linprog 经运行退出后,结束标志值的定义如下:

EXITFLAG=1,已收敛于一个解 **X**;

EXITFLAG=0,已经达到了迭代预定的最大值;

EXITFLAG=-2,没有找到可行解 **X**;

EXITFLAG=-3,问题是无界的;

EXITFLAG=-4,算法执行过程中遇到非数值情形;

EXITFLAG=-5,原始及对偶问题都是不可行的;

EXITFLAG=-7,搜索方向的值太小,(搜索)无法继续进行,问题是病态的或条件恶劣。

以上结束标志值定义,可以归纳为三类:EXITFLAG>0,函数收敛于一个解 **X**;EXITFLAG=0,已经达到了迭代预定的最大值或已经达到了函数估算预定的最大次数,函数还没有收敛;EXITFLAG<0,函数不收敛。

(8) [X,FVAL,EXITFLAG,OUTPUT] = linprog(f,A,b)

格式(8)主要功能同上述格式(1),只是返回值又比格式(7)多了一个结构体 OUTPUT,属性 OUTPUT. iterations 返回迭代次数,OUTPUT. constrviolation 返回违反约束条件(数量),OUTPUT. algorithm 返回采用的算法,OUTPUT. cgiterations 返回 PGC 迭代次数。

(9) [X,FVAL,EXITFLAG,OUTPUT,LAMBDA] = linprog(f,A,b)

格式(9)主要功能同上述格式(1),只是返回值又比格式(8)多了一个结构体 LAMBDA,意思是一组拉格朗日乘子 λ。属性 LAMBDA. lower 返回 LAMBDA 下界,属性 LAMBDA. upper 返回 LAMBDA 上界,属性 LAMBDA. ineqlin 返回 LAMBDA 的线性不等式,属性 LAMBDA. eqlin 返回 LAMBDA 的线性等式。

2. 函数 linprog 的调用举例

函数 linprog 的调用格式众多,调用时要考虑的输入及输出参数也比较多,下面通过一个经典的例子加以说明。

【例 14-1】 已知线性规划问题可归纳如下，试调用 MATLAB 函数 linprog 求解。

$$\max(2x_1+3x_2+4x_3)$$

$$\text{s.t.}\begin{cases}3x_1+4x_2+2x_3\leqslant 600\\2x_1+1x_2+2x_3\leqslant 400\\1x_1+3x_2+2x_3\leqslant 800\\x_1,x_2,x_3\geqslant 0\end{cases}$$

题意要求目标函数 $x_1+3x_2+4x_3$ 的最大值，这一点与线性规划数学模型的标准形式不同，因此修改为 $\min(-2x_1-3x_2-4x_3)$，则得到 $\boldsymbol{F}=[-2,-3,-4]$，$\boldsymbol{X}=[x_1,x_2,x_3]^{\mathrm{T}}$。

依题意，将题改写为矩阵形式的标准模型后，有

$$\boldsymbol{A}=\begin{bmatrix}3&4&2\\2&1&2\\1&3&2\end{bmatrix},\quad \boldsymbol{B}-[600,400,800]^{\mathrm{T}}$$

在题中 $x_1,x_2,x_3\geqslant 0$，说明解 $\boldsymbol{X}$ 的下界为 $\boldsymbol{L}b=[0,0,0]^{\mathrm{T}}$，没有上界的直接限制，其由不等式约束隐形决定。没有等式约束条件，因此 $\boldsymbol{A}\mathrm{eq}=[]$，$\boldsymbol{B}\mathrm{eq}=[]$，可选用格式(3)求解此线性规划问题。打开 MATLAB 编辑器，新建一个 ex14_1 的 M 文件，程序行如下：

```
clear,clc
f = [ - 2, - 3, - 4];
A = [3,4,2;2,1,2;1,3,2];
b = [600;400;800];
lb = [0;0;0];
x = linprog(f,A,b,[],[],lb)
```

保存后，在命令窗口输入 M 文件名 ex14_1，运行结果如下：

```
Optimization terminated.
x =
     0.0000
    66.6667
   166.6667
```

运行结果显示，最优化(过程)终止后，解为 $\boldsymbol{X}=[0.0000,66.6667,166.6667]^{\mathrm{T}}$。虽然给出了优化解的值，但目标函数的对应值及其他的信息均欠缺了，这时程序 ex14_1 最后一行修改为如下格式便可以了。

```
[x,FVAL,EXITFLAG,OUTPUT,LAMBDA] = linprog(f,A,b,[],[],lb)
```

再一次运行 ex14_1 结果如下：

```
Optimization terminated.
x =
     0.0000
    66.6667
   166.6667
```

```
FVAL =
-866.6667
EXITFLAG =
     1
OUTPUT =
         iterations: 5
          algorithm: 'interior-point-legacy'
       cgiterations: 0
            message: 'Optimization terminated.'
     constrviolation: 0
       firstorderopt: 3.7896e-13
LAMBDA =
     ineqlin: [3x1 double]
       eqlin: [0x1 double]
       upper: [3x1 double]
       lower: [3x1 double]imensional discrete Fourier Transform.
```

再一次运行后，结果显示目标函数的对应值 FVAL = −866.6667，考虑到目标函数是实际题目中的负目标函数，因而目标函数的实际最大值是 866.6667。EXITFLAG =1 说明解 $\boldsymbol{X}=[0.0000,66.6667,166.6667]^{\mathrm{T}}$ 是一个收敛的解，结构体 OUTPUT 的属性 iterations=5 说明迭代次数是 5，属性 algorithm='interior-point-legacy'说明算法是内点法(函数 linprog 默认的)，constrviolation = 0 说明没有违反约束条件数量为 0，firstorderopt=3.7896e−13 说明一阶优化值为 3.7896e−13。结构体 LAMBDA 的各属性的数据类型也被给出。

若想进一步探究格式(4)中初始值 $\boldsymbol{X}_0$ 对优化计算的影响，程序最后一行修改为如下格式便可以了，这时初始值 $\boldsymbol{X}_0=[1,1,1]^{\mathrm{T}}$。

```
[x,FVAL,EXITFLAG,OUTPUT,LAMBDA] = linprog(f,A,b,[],[],lb,[],[1;1;1])
```

运行之后显示初始值 $\boldsymbol{X}_0$ 的加入对运算结果没有影响。

14.3.3 线性规划的应用

线性规划的应用范围非常广泛，原理上只要目标函数是决策变量的线性表达方式并满足线性约束条件的最优化问题就可采用线性规划的方法原理求解。诸如生产组织、原料投放分配、人员工作量安排及财务投资等方面的最优化问题均可以归纳为线性规划的应用。对于二维的线性规划问题，初学者还可以采用图解方法求解。

1. 二维线性规划问题举例

【例 14-2】 某企业计划每天生产甲、乙两种产品，这两种产品均需在 A、B、C 三种不同设备上加工。每单位产品所耗用的设备工时及各设备在一天内的工时限额如表 14-1 所示。已知生产甲单位产品利润为 3000 元，生产乙单位产品利润为 4000 元，试问应如何安排生产计划，才能使企业获得最大生产利润？

表 14-1 企业生产计划要素表(单位:小时)

设备	甲耗工时	乙耗工时	工时限额
A	1	1	6
B	1	2	8
C	0	2	6

首先定义决策变量 x 是甲生产量(每天),y 是乙生产量(每天),那么此线性规划问题可归纳如下:

$$\max(3x+4y)$$

$$\text{s. t.}\begin{cases}1x+1y\leqslant 6\\1x+2y\leqslant 8\\0x+2y\leqslant 6\\x,y\geqslant 0\end{cases}$$

打开 MATLAB 编辑器,新建一个 ex14_2 的 M 文件,程序行如下:

```
clear,clc
f=[-3,-4];
A=[1,1;1,2;0,2];
b=[6;8;6];
lb=[0;0];
[x,FVAL,EXITFLAG,OUTPUT]=linprog(f,A,b,[],[],lb,[])
```

保存后,在命令窗口输入 M 文件名 ex14_2,运行结果如下:

```
Optimization terminated.
x =
    4.0000
    2.0000
FVAL =
  -20.0000
EXITFLAG =
     1
OUTPUT =
         iterations: 9
          algorithm: 'interior-point-legacy'
       cgiterations: 0
            message: 'Optimization terminated.'
    constrviolation: 0
      firstorderopt: 1.4078e-10
```

M 文件 ex14_2 运行后显示,在解 $\boldsymbol{X}=[4.0000,2.0000]^{\mathrm{T}}$ 处,即企业每天生产甲产品 4 件,生产乙产品 2 件,可获得最大生产利润 20000 元。例 14-2 所求解产品数量正好是整数的,这样求出的解便可以直接应用。但有时所得到的解不是整数的,那求出的最优解还不可以直接应用。这个问题可以归纳为整数规划,下面举例加以说明。

【例 14-3】 某企业计划每天生产甲、乙两种产品，这两种产品均需在 A、B、C 三种不同设备上加工。每生产一个甲产品所耗用的设备工时分别为 10 分钟、10 分钟和 5 分钟，每生产一个乙产品所耗用的设备工时分别为 5 分钟、10 分钟和 15 分钟。A、B、C 三种不同设备的每天工时限额分别为 8 小时、10 小时、8 小时。甲、乙两种产品单个利润分别为 25 元和 20 元，试问应如何安排生产计划，才能使企业获得最大生产利润？

首先定义决策变量 x 是甲生产量(每天)，y 是乙生产量(每天)，那么此线性规划问题可归纳如下：

$$\max(25x+20y)$$

$$\text{s.t.}\begin{cases}10x+5y\leqslant 8\times 60\\10x+10y\leqslant 10\times 60\\5x+15y\leqslant 8\times 60\\x,y\geqslant 0\end{cases}$$

打开 MATLAB 编辑器，新建一个 ex14_3 的 M 文件，程序行如下：

```
clear,clc
f = [ - 25, - 20];
A = [10,5;10,10;5,15];
b = 60 * [8;10;8];
lb = [0;0];
[x,FVAL,EXITFLAG,OUTPUT] = linprog(f,A,b,[],[],lb,[])
```

保存后，在命令窗口输入 M 文件名 ex14_3，运行结果如下：

```
Optimization terminated.
x =
   38.4000
   19.2000
FVAL =
  - 1.3440e + 03
EXITFLAG =
     1
OUTPUT =
         iterations: 5
          algorithm: 'interior - point - legacy'
       cgiterations: 0
            message: 'Optimization terminated.'
      constrviolation: 0
       firstorderopt: 9.0165e - 11
```

M 文件 ex14_3 运行后显示，在解 $\boldsymbol{X}=[38.4000,19.2000]^{\mathrm{T}}$ 处，即企业每天生产甲产品 38.4 件，生产乙产品 19.2 件，可获得最大生产利润 1344 元。这个结论不合理之处在于产品生产一般不以半成品件出货，因此要求解是整数形式，不是小数形式。

但上述的解并非完全没有价值，真正的可行解可以在上述的解的附近通过枚举方法找出来，见表 14-2。

表 14-2 企业生产量枚举表

理论计算值	可行解枚举	约束条件校验
$(38.4000,19.2000)^T$	$(38,19)^T$	满足全部三条不等式
	$(38,20)^T$	不满足第三条不等式
	$(39,19)^T$	不满足第一条不等式
	$(39,20)^T$	不满足第一条不等式

通过表 14-2 可以得出结论，真正的可行解是 $\boldsymbol{X}=[38,19]^T$ 处，即企业每天生产甲产品 38 件，生产乙产品 19 件，可获得最大生产利润 1330 元。

2. 多维线性规划问题举例

多维线性规划问题与二维线性规划问题相比较，在于多维线性规划问题不存在图解法。调用 MATLAB 线性规划函数来求解多维线性规划问题，解题步骤和调用的格式没有太大的区别。解多维线性规划问题的关键在于正确理解题意，即要熟悉题目所涉及的行业知识，并能够依据题意建立正确的标准数学模型。

【例 14-4】 某高校财务室报账采用预约制，假设某工作周从周一到周五的预约单数量如表 14-3 所示，预约办结时间均为 3 天。假设财务室报账人员人均效率是每天办结 36 张账单，试问财务室领导在下一周内应如何安排报账人员数量？

表 14-3 财务报账预约单数量表

预约时间	预约单数量	预约办结时间
周一	280	3
周二	260	3
周三	240	3
周四	220	3
周五	240	3

首先定义报账人员数量为决策变量。周一值班人数 x_1，周二值班人数 x_2，周三值班人数 x_3，周四值班人数 x_4，周五值班人数 x_5。那么此线性规划问题的目标函数可归纳为一个最小优化的问题。其约束条件依题意不能用小于或等于关系，只能是大于或等于关系。常数项的取值采用了最简单的策略，考虑是三天办结，因此就简单将当天及随后两天的单数加在一起作为估算值。这个估算值的取值还可以采用其他更好的策略。模型建立如下：

$$\min(x_1+x_2+x_3+x_4+x_5)$$

$$\text{s. t.}\begin{cases}36\times(x_1+x_2+x_3)\geqslant 280+260+240\\36\times(x_2+x_3+x_4)\geqslant 260+240+220\\36\times(x_3+x_4+x_5)\geqslant 240+220+240\\36\times(x_4+x_5+x_1)\geqslant 220+240+280\\36\times(x_5+x_1+x_2)\geqslant 240+280+260\\x_1,x_2,x_3,x_4,x_5\geqslant 0\end{cases}$$

打开MATLAB编辑器,新建一个ex14_4的M文件,程序行如下:

```
clear,clc
f = [1,1,1,1,1];
A = - 36 * [1,1,1,0,0;0,1,1,1,0;0,0,1,1,1;1,0,0,1,1;1,1,0,0,1;];
b = - 10 * [28 + 26 + 24;26 + 24 + 22;24 + 22 + 24;22 + 24 + 28;24 + 28 + 26;];
lb = [0;0;0;0;0];
[x,FVAL,EXITFLAG,OUTPUT] = linprog(f,A,b,[],[],lb,[])
```

保存后,在命令窗口输入M文件名ex14_4,运行结果如下:

```
Optimization terminated.
x =
    7.7778
    7.2222
    6.6667
    6.1111
    6.6667
FVAL =
   34.4444
EXITFLAG =
     1
OUTPUT =
         iterations: 5
          algorithm: 'interior - point - legacy'
       cgiterations: 0
            message: 'Optimization terminated.'
     constrviolation: 0
       firstorderopt: 8.1905e - 11
```

M文件ex14_4运行后显示,解$\boldsymbol{X}=[7.7778,7.2222,6.6667,6.1111,6.6667]^{\mathrm{T}}$处,即安排报账人员周一为7.7778人,周二为7.2222人,周三为6.6667人,周四为6.1111人,周五为6.6667人,一周共安排报账人员34.4444人次。这个结论不合理之处在于报账人员人数是小数形式,应该要求解是整数形式。进一步的优化计算在所难免。一个可行解可以是$\boldsymbol{X}=[8,7,7,6,7]^{\mathrm{T}}$,优化函数值FVAL取35。

3. 有约束等式的线性规划问题举例

依据应用的场景不同,有的线性规划问题不但有约束不等式,还可能包含约束等式。调用MATLAB线性规划函数来求解此类问题,解题步骤没有太大的区别,调用的格式则需要加入约束等式。下面举例加以说明。

【例14-5】 某住户拟新建一栋家庭别墅,预算投入资金200万元。需要考虑地基打桩、主体基建、房屋装修、内部家居等工程的开支,其根据房屋的面积及功能要求,拟定了一个资金分配的大概原则。地基打桩加主体基建工程的开支不能超过预算的60%,但不能少过预算的50%,且内部家居工程的开支不能少于预算的25%,请问房屋装修工程的开支最多能安排多少资金?

首先定义地基打桩、主体基建、房屋装修、内部家居等工程的开支分别为 x_1,x_2,x_3,x_4。依题意可建立如下标准数学模型：

$$\min(-x_3)$$

$$\text{s.t.}\begin{cases}x_1+x_2\leqslant 120\\-x_1-x_2\leqslant -100\\-x_4\leqslant -25\\x_1+x_2+x_3+x_4=200\end{cases}$$

打开 MATLAB 编辑器，新建一个 ex14_5 的 M 文件，程序行如下：

```
clear,clc
f = [0,0, - 1,0];
A = [1,1,0,0; - 1, - 1,0,0;0,0,0, - 1];
b = [120; - 100; - 25];
Aeq = [1,1,1,1];
beq = [200];
lb = [0;0;0;0];
[x,FVAL,EXITFLAG,OUTPUT] = linprog(f,A,b,Aeq,beq,lb,[])
```

保存后，在命令窗口输入 M 文件名 ex14_5，运行结果如下：

```
Optimization terminated.
x =
   50.0000
   50.0000
   75.0000
   25.0000
FVAL =
  - 75.0000
EXITFLAG =
     1
OUTPUT =
          iterations: 5
           algorithm: 'interior - point - legacy'
        cgiterations: 0
             message: 'Optimization terminated.'
      constrviolation: 0
       firstorderopt: 1.1069e - 11
```

M 文件 ex14_5 运行后显示，解在 $\boldsymbol{X}=[50.0000,50.0000,75.0000,25.0000]^{\mathrm{T}}$ 处，即地基打桩安排 50 万，主体基建安排 50 万，房屋装修安排 75 万，内部家居安排 25 万。本题是求解房屋装修工程的最大开支问题，在达到其他资金分配的原则条件下，房屋装修工程的最大开支可分配为 75 万。

地基打桩加主体基建工程的开支分配为 100 万，各占一半。这是题目中并没有对地基打桩的开支分配做出单独的规定，其实地基打桩工程量一般要少于主体基建工程。

14.4 非线性规划

14.4.1 单变量非线性优化

单变量非线性优化是指求取一个单变量非线性目标函数在某个设定域内的最小值(极小值),一般不再附加其他的约束条件。这一类问题在工程设计中有着广泛的应用。单变量非线性目标函数的最优化是基于一维搜索算法实现的,一维搜索算法又称线性搜索(Line Search)。它也是多变量函数最优化的基础,是求解无约束非线性规划问题的基本方法之一。

1. 一维搜索算法简介

一维搜索的含义可以采用如下的数学语言来描述,针对极小值搜索,假设解的迭代格式为

$$\boldsymbol{X}_{k+1}=\boldsymbol{X}_k+a_k*\boldsymbol{D}_k \tag{14-3}$$

式(14-3)中,$\boldsymbol{X}_k=(x_{1k},x_{2k},\cdots,x_{nk})$,$\boldsymbol{X}_{k+1}=(x_{1(k+1)},x_{2(k+1)},\cdots,x_{n(k+1)})$,$\boldsymbol{D}_k=(d_{1k},d_{2k},\cdots,d_{nk})$,$\boldsymbol{D}_k$被称为搜索方向。$a_k$ 是一个标量,a_k 被称为步长因子。因为一次迭代计算中搜索只在一个方向上进行,所以称为一维搜索。假设解的迭代格式为

$$x_{k+1}=x_k+a_k*d_k \tag{14-4}$$

解 x 是一个标量,而不是一个向量 $\boldsymbol{X}_k$,则搜索称为线性(一维)搜索。

单目标函数记为 $f(\boldsymbol{X})$,针对极小值搜索,搜索计算的目的是使 $f(\boldsymbol{X}_{k+1})<f(\boldsymbol{X}_k)$,要达到此目的,有两个关键参数搜索方向 $\boldsymbol{D}_k$ 和步长因子 a_k。

从算法思想角度探讨一维搜索,首先提到直接搜索方法,这种方法仅需计算函数值本身,无须计算其导数值,因此使用面较广,尤其适用于非光滑及导数表达式复杂或写不出等情形。二分法、黄金分割法以及斐波那契(Fibonacci)方法等算法思想基本相同,其基本思想就是通过取试探点和函数值进行比较,通过迭代计算使包含极小点的搜索区间不断缩短,当区间长度缩短到一定程度时,区间上各点的函数值逼近函数的极小值,从而可看作是极小值的近似。

另一种搜索算法是解析方法,通常的思路是用较为简单的曲线去拟合原有的曲线(又称插值函数法),经过不断的迭代计算,最后逼近目标函数的极小值。例如下面要介绍的牛顿迭代算法。

牛顿迭代算法搜索目标函数的极小值的思路是用直线(一次函数)去拟合,经过不断的迭代计算,逐渐逼近极小值。先假设 $f(x)$某区间只存在一个极小值,$f(x)$的一、二阶导函数 $f'(x)$、$f''(x)$存在,记 $f'(x)=q(x)$,$f''(x)=q'(x)$。则求解 $f(x)$某区间极小值,便转换为求解 $q(x)$在某区间的零值。依泰勒公式有

$$q(x)\approx q(x_0)+q'(x_0)(x-x_0) \tag{14-5}$$

式(14-5)说明了函数 $q(x)$在点 x 处近似值可以用直线方程 $q(x_0)+q'(x_0)(x-x_0)$ 去近似。假设此直线方程与 x 轴相交于 x_1 处,那么 $q(x_0)+q'(x_0)(x_1-x_0)=0$ 成立。也就是说,已经找到的直线方程的零点于 x_1 处,此时函数 $q(x)$的值为 $q(x_1)$,通常还不为 0。

但 $q(x_1)$ 比 $q(x_0)$ 数值更低，离零点更近。x_1 计算式如下：

$$x_1 = x_0 - \frac{q(x_0)}{q'(x_0)} \tag{14-6}$$

再构造直线方程 $q(x_1)+q'(x_1)(x-x_1)$ 去近似函数 $q(x)$ 在点 x_1 之后的函数，可以推导出牛顿迭代公式如下：

$$x_{k+1} = x_k - \frac{q(x_k)}{q'(x_k)} \tag{14-7}$$

将式(14-6)与式(14-4)进行比较，牛顿迭代方法的搜索方向由一阶导数 $q'(x_k)$ 确定，步长也可以确定。所有的解析方法首先需要求出目标函数的一阶导数(或二阶及更高阶的梯度)，此决定其搜索方向。在此基础之上，根据不同的搜索原则构造出不同的搜索算法，从而间接地求出目标函数的极小值(最优解)，如最速下降法、共轭梯度法及变尺度法等。

2. 单变量非线性优化函数

Matlab 优化工具箱中函数 fminbnd 的功能是单变量非线性优化，其采用较多的算法是二次插值法、三次插值法和黄金分割法等。其调用格式及使用说明如下：

(1) X = fminbnd(FUN,x1,x2)

(2) X = fminbnd(FUN,x1,x2,OPTIONS)

(3) X = fminbnd(PROBLEM)

格式(1)是最简洁调用形式，功能是返回区间[x1,x2]上 FUN 参数描述的单变量(标量)函数的最小值 X。格式(2)的主要功能同格式(1)，但输入指定了参数结构 OPTIONS，即需要用 OPTIONS 指定的优化参数进行最小值优化。参数结构 OPTIONS 的编辑与修改可参见函数 optimset 的说明。

格式(3)主要功能同格式(2)，但需要在调用前定义结构体 PROBLEM。PROBLEM 结构体各属性分别定义为 PROBLEM. x1 = X1, PROBLEM. x2 = X2, PROBLEM. OPTIONS=OPTIONS。

(4) [X,FVAL] = fminbnd(FUN,x1,x2,OPTIONS)

(5) [X,FVAL,EXITFLAG] = fminbnd(FUN,x1,x2,OPTIONS)

(6) [X,FVAL,EXITFLAG,OUTPUT] = fminbnd(FUN,x1,x2,OPTIONS)

格式(4)主要功能同上述格式(2)，返回值除了解 X 之外，还有目标函数值 FVAL。格式(5)主要功能同上述格式(4)，返回值又比格式(4)多了一个 EXITFLAG，即优化函数运行结束后赋予的标志值。结束标志值的定义参见函数 linprog 的说明。格式(6)主要功能同上述格式(5)，只是返回值又比格式(5)多了一个结构体 OUTPUT，其定义可参见函数 linprog 的说明。

3. 函数 fminbnd 的调用举例

函数 fminbnd 的使用是有一些局限性的，在调用时应有所了解。在目标函数是实函数且连续的情况下，函数 fminbnd 才可以使用，但可能只给出局部最优解。当问题的解位于区间边界上时，fminbnd 函数的收敛速度常常很慢。此时，可以考虑其他的优化函数。函数 fminbnd 格式众多,调用时要考虑的输入及输出参数也比较多,特别是 FUN 参数的导入方式。下面通过一个经典的例子加以说明。

【例 14-6】 试寻找非线性函数 $y=2-e^{-0.4t}\cos 3t$ 在区间[0,2]的极小值。

解一:采用创建一个函数句柄(function handle)的方式,将函数 y 传递给函数 fminbnd 的 FUN 参数。打开 MATLAB 编辑器,新建一个 ex14_6 的 M 文件,程序行如下:

```
Clear,clc
y = @(x) 2 - exp( - 0.4 * x) * cos(3 * x)
fplot(y,[0,2])
[X,FVAL,EXITFLAG,OUTPUT] = fminbnd(y,0,2)
```

保存后,在命令窗口输入 M 文件名 ex14_6,运行结果如下:

```
y =
    @(x)2 - exp( - 0.4 * x). * cos(3 * x)
X =
   4.8379e - 05
FVAL =
    1.0000
EXITFLAG =
     1
OUTPUT =
     iterations: 21
      funcCount: 22
      algorithm: 'golden section search, parabolic interpolation'
        message: '优化已终止:…'
```

M 文件 ex14_6 运行后显示,y = @(x)2-exp(-0.4 * x) * cos(3 * x),这是利用函数句柄的定义方式将函数 2-exp(-0.4 * x) * cos(3 * x)封装成一个变量并赋给 y。解 X =4.8379e-05 逼近 0,函数值 FVAL =1.0000。下面语句在函数 fminbnd 的调用时将参数 FUN 直接引用一个函数句柄,也是可以的。

```
[X,FVAL,EXITFLAG,OUTPUT] = fminbnd(@(x)2 - exp( - 0.4 * x) * cos(3 * x),0,2)
```

非线性函数 $y=2-e^{-0.4t}\cos 3t$ 的图形如图 14-2 所示。

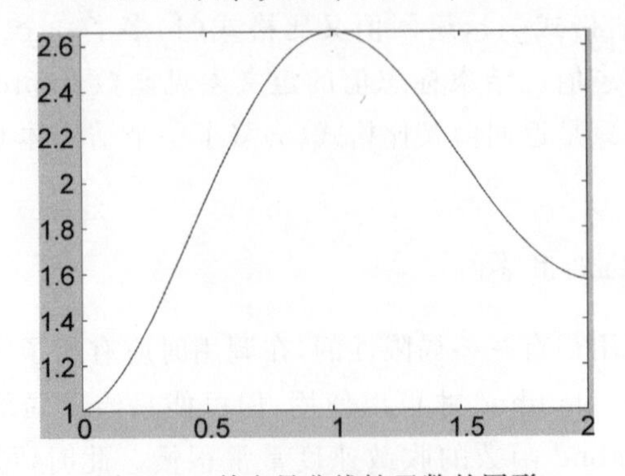

图 14-2 单变量非线性函数的图形

解二：采用创建一个函数 M 文件的方式，将函数 y 传递给函数 fminbnd 的 FUN 参数。打开 MATLAB 编辑器，新建一个 y14_6 的函数 M 文件，程序行如下：

```
function y = y14_6(x)
y = 2 - exp( - 0.4 * x) * cos(3 * x);
```

保存后，在编辑窗口打开 M 文件名 ex14_6，将最后一行程序，即函数 fminbnd 的调用程序，修改为下列语句。

```
[X,FVAL,EXITFLAG,OUTPUT] = fminbnd(@y14_6,0,2)
```

保存后，在命令窗口输入 M 文件名 ex14_6，运行结果显示同解法一完全相同。

14.4.2 无约束非线性规划

无约束非线性规划问题是非线性规划中的一个重要内容，也是最基本的非线性规划问题。对于 n 元的非线性目标函数求解极小值，无约束是指不限制其搜索的范围，优化可以在整个 n 维的实数空间内进行。虽然绝大多数实际规划问题是存在约束条件的，但研究无约束问题的意义在于许多含约束最优化问题可以转化为若干无约束的问题来求解。

1. 无约束非线性优化函数

MATLAB 优化工具箱中函数 fminsearch 和函数 fminunc 的功能均为无约束的非线性最小值优化(Unconstrained nonlinear minimization)。两者功能虽然相同，但函数 fminsearch 适用于求解简单优化问题，函数 fminunc 可求解复杂优化问题。

两者依据的算法也不相同，函数 fminsearch 采用的算法是单纯形方法。单纯形方法属于直接方法一类，因无须求解目标函数的导数或梯度，应用较为广泛。常用的直接方法还有交替方向法(又称坐标轮换法)、旋转方向法、模式搜索法、鲍威尔共轭方向法等。函数 fminunc 采用的算法是达维登-弗莱彻-鲍威尔变尺度法，简称 DFP 方法。DFP 方法属于解析类方法，需要求解目标函数的导数或梯度。常用的解析方法还有梯度法(又称最速下降法)、牛顿法、拟牛顿法、共轭梯度法、变尺度法等。

函数 fminsearch 调用格式及使用说明如下：

(1) X = fminsearch(FUN,X0)

(2) X = fminsearch(FUN,X0,OPTIONS)

(3) X = fminsearch(PROBLEM)

格式(1)是最简洁调用形式，功能是求解 FUN 参数描述的非线性函数的最小值 X，搜索初值为 X0，X0 可以是标量、向量或矩阵。格式(2)的主要功能同格式(1)，但输入指定了参数结构 OPTIONS，即需要用 OPTIONS 指定的优化参数进行最小值优化。参数结构 OPTIONS 的编辑与修改可参见函数 optimset 的说明。格式(3)主要功能同格式(2)，但需要在调用前定义结构体 PROBLEM。PROBLEM 结构体各属性分别定义为

PROBLEM. X0=X0,PROBLEM. OPTIONS = OPTIONS。

(4) [X,FVAL]= fminsearch(FUN,X0,OPTIONS)

(5) [X,FVAL,EXITFLAG] = fminsearch(FUN,X0,OPTIONS)

(6) [X,FVAL,EXITFLAG,OUTPUT] = fminsearch(FUN,X0,OPTIONS)

格式(4)功能同上述格式(2),返回值除了解 X 之外,还有目标函数值 FVAL。格式(5)主要功能同上述格式(4),返回值又比格式(4)多了一个 EXITFLAG,即优化函数运行结束后赋予的标志值。结束标志值的定义参见函数 linprog 的说明。格式(6)主要功能同上述格式(5),只是返回值又比格式(5)多了一个结构体 OUTPUT,其定义参见函数 linprog 的说明。

2. 函数 fminsearch 的调用举例

函数 fminsearch 格式众多,调用时要考虑的输入及输出参数也比较多,特别是参数 OPTIONS 的编辑与修改。下面通过一个经典的例子加以说明。

【例 14-7】 试寻找二元非线性函数 $y=2x_1^2-2x_1x_2+x_2^2-3x_1+x_2$ 的极小值。

打开 MATLAB 编辑器,新建一个 ex14_7 的 M 文件,程序行如下:

```
clear,clc
y = @(x) 2 * x(1)^2 + 2 * x(1) * x(2) + 2 * x(2)^2 - 3 * x(1) - x(2);
x0 = [0.5, - 0.2]
[X,FVAL,EXITFLAG,OUTPUT] = fminsearch(y,x0)
l = - 3:0.01:3;
m = - 3:0.01:3;
[x1,x2] = meshgrid(l,m);
yf = 2 * x1.^2 + 2 * x1. * x2 + 2 * x2.^2 - 3 * x1 - x2;
subplot(1,2,1)
meshc(x1,x2,yf);
subplot(1,2,2)
h = contour(x1,x2,yf);
```

保存后,在命令窗口输入 M 文件名 ex14_7,运行结果如下:

```
x0 =
    0.5000  - 0.2000
X =
    0.8334  - 0.1667
FVAL =
   - 1.1667
EXITFLAG =
     1
OUTPUT =
    iterations: 37
     funcCount: 67
     algorithm: 'Nelder - Mead simplex direct search'
       message: '优化已终止:…'
```

M 文件 ex14_7 运行后显示,iterations: 37 说明从初始点 X0 =[0.5000,−0.2000]搜索到极小值点 X =[0.8334,−0.1667]一共迭代了 37 次。目标函数极小值 FVAL =

−1.1667。

二元非线性函数 $y=2x_1^2-2x_1x_2+x_2^2-3x_1+x_2$ 的图形如图 14-3 所示，这是一个单极值点的函数图形。

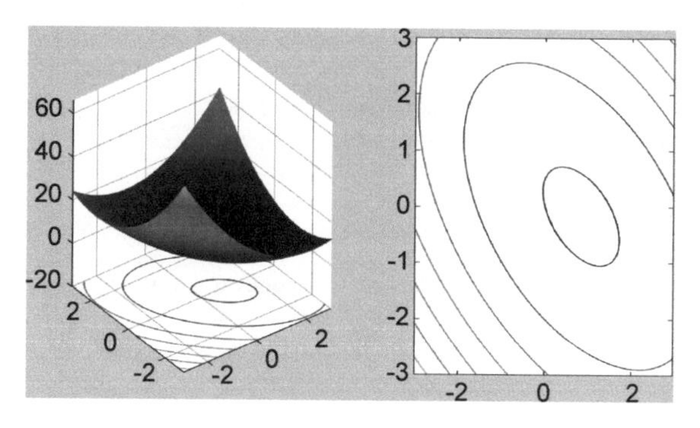

图 14-3　二元单极值非线性函数图形

如果想观察每次迭代的中间运算过程，通过下列语句将'Display'参数的设置修改为'iter'，即将函数 fminsearch 迭代过程每步结果都显示出来。

```
options1 = optimset('Display','iter');
```

将 M 文件 ex14_7 中调用函数 fminsearch 的命令行修改如下：

```
[X,FVAL,EXITFLAG,OUTPUT] = fminsearch(y,x0,options1)
```

再一次保存 M 文件 ex14_7，运行后即可显示出 37 次迭代的中间过程。

```
Iteration   Func-count     min f(x)         Procedure
    0           1          -0.92
    1           3          -0.95375          initial simplex
    2           5          -0.983387         expand
    3           7          -1.05025          expand
    4           9          -1.1092           expand
    5          11          -1.15598          expand
    6          12          -1.15598          reflect
    7          14          -1.15598          contract inside
    8          16          -1.15598          contract inside
    9          18          -1.15598          contract inside
   10          19          -1.15598          reflect
   11          21          -1.16085          expand
   12          22          -1.16085          reflect
   13          24          -1.16578          expand
   14          25          -1.16578          reflect
   15          26          -1.16578          reflect
   16          28          -1.16637          contract outside
   17          30          -1.16653          contract inside
   18          32          -1.16653          contract inside
   19          34          -1.1666           contract inside
   20          36          -1.16665          contract inside
```

```
   21          38          -1.16665        contract inside
   22          40          -1.16666        contract outside
   23          42          -1.16666        contract inside
   24          44          -1.16667        contract inside
   25          46          -1.16667        contract outside
   26          48          -1.16667        contract inside
   27          49          -1.16667        reflect
   28          51          -1.16667        contract inside
   29          53          -1.16667        contract inside
   30          55          -1.16667        contract inside
   31          56          -1.16667        reflect
   32          58          -1.16667        contract inside
   33          59          -1.16667        reflect
   34          61          -1.16667        contract inside
   35          63          -1.16667        contract inside
   36          65          -1.16667        reflect
   37          67          -1.16667        contract inside
```

上述信息中，列出了每一次迭代计算过程中的函数估算次数(Func-count)、目标函数最小值的中间(计算)值以及运算步骤(Procedure)。运算步骤包含初始单纯形(建立)(Initial Simplex)、延伸(Expand)、反射(Reflect)、外部缩小(Contract Outside)、内部缩小(Contract Inside)等。目标函数极小值逼近－1.16667。

3. 函数 fminunc 的格式及调用举例

函数 fminunc 的算法是 DFP 方法，与单纯形算法相比效率更高一些，可求解复杂优化问题。其使用格式及说明如下：

(1) X =fminunc (FUN,X0)

格式(1)是最简洁调用形式，功能是求解 FUN 参数描述的非线性函数的最小值 X，搜索初值为 X0，X0 可以是标量、向量或矩阵。

(2) X = fminunc (FUN,X0,OPTIONS)

格式(2)的主要功能同格式(1)，但输入指定了参数结构 OPTIONS，即需要用 OPTIONS 指定的优化参数进行最小值优化。特别地，设置 specifyobjectivegradient 选项值为 true，那么目标函数的梯度 gradient 也需定义，将被计算程序使用，梯度 gradient 的定义是 df/dx。设置 hessianfcn 选项值为 true，那么目标函数在指定点的 Hessian 矩阵将被计算程序使用，Hessian 矩阵仅用于信赖域算法。参数结构 OPTIONS 的编辑与修改可参见函数 optimoptions 的说明。例如：

options = optimoptions('fminunc','SpecifyObjectiveGradient',true)

(3) X = fminunc (PROBLEM)

格式(3)主要功能同格式(2)，但需要在调用前定义结构体 PROBLEM。PROBLEM 结构体各属性分别定义为 PROBLEM. X0=X0，PROBLEM. OPTIONS = OPTIONS。

(4) [X,FVAL]=fminunc (FUN,X0,OPTIONS)

格式(4)主要功能同上述格式(2)，返回值除了解 X 之外，还有目标函数值 FVAL。

(5) [X,FVAL,EXITFLAG] =fminunc (FUN,X0,OPTIONS)

格式(5)主要功能同上述格式(4),返回值又比格式(4)多了一个 EXITFLAG,即优化函数运行结束后赋予的标志值。结束标志值的定义说明如下:

EXITFLAG=1,梯度幅值已足够小;

EXITFLAG=2,解 X 的变动值太小;

EXITFLAG=3,目标函数的变动值太小;

EXITFLAG=5,沿搜索方向函数值不能增加;

EXITFLAG=0,太多函数评估或迭代;

EXITFLAG=−1,通过输出/绘图停止;

EXITFLAG=−3,问题似乎无限。

(6) [X,FVAL,EXITFLAG,OUTPUT] = fminunc (FUN,X0,OPTIONS)

格式(6)功能同上述格式(5),只是返回值又比格式(5)多了一个结构体 OUTPUT,其定义参见函数 linprog 的说明。

关于函数 fminunc 的调用,特别是目标函数梯度 g 的编辑和输入,下面将通过一个例子加以说明。

【例 14-8】 试寻找二元非线性函数 $y=2x_1^2-1.05x_1^4+\frac{x_1^6}{6}-x_1x_2+x_2^2$ 的极小值。

打开 MATLAB 编辑器,新建一个 ex14_8 的 M 文件,程序行如下:

```
clear,clc
y = @(x) 2 * x(1)^2 - 1.05 * x(1)^4 + (x(1)^6)/6 - x(1) * x(2) + x(2)^2;
x0 = [0.5,1.2]
options1 = optimset('Display','iter');
[X,FVAL,EXITFLAG,OUTPUT] = fminunc(y,x0,options1)
l = -2:0.01:2;
m = -2:0.01:2;
[x1,x2] = meshgrid(l,m);
yf = 2 * x1.^2 - 1.05 * x1.^4 + (x1.^6)/6 - x1. * x2 + x2.^2;
subplot(1,2,1)
meshc(x1,x2,yf);
subplot(1,2,2)
h = contour(x1,x2,yf,23);
```

保存后,在命令窗口输入 M 文件名 ex14_8,运行结果如下:

```
x0 =
    0.5000    1.2000
警告: Gradient must be provided for trust - region algorithm; using quasi - newton algorithm
instead.
                                                        First - order
Iteration  Func - count      f(x)          Step - size      optimality
     0           3          1.27698                          1.9
     1           6        0.188244        0.526316          0.996
     2           9        0.0773506              1          0.683
     3          12        0.000239678            1          0.041
     4          15        6.814e - 07            1          0.00217
     5          18        2.63867e - 14          1          4.84e - 07
```

```
Local minimum found.
Optimization completed because the size of the gradient is less than
the default value of the optimality tolerance.
X =
  1.0e-06 *   0.1067   -0.0271
FVAL =
  2.6387e-14
EXITFLAG =
    1
OUTPUT =
       iterations: 5
        funcCount: 18
         stepsize: 7.0235e-04
    lssteplength: 1
    firstorderopt: 4.8364e-07
        algorithm: 'quasi-newton'
          message: 'Local minimum found. … '
```

M 文件 ex14_8 运行后显示，函数 fminunc 自初始点 X0 =[0.5000,1.2000]开始经 5 次迭代运算后收敛于解 X =1.0e−06 *[0.1067,−0.0271]，逼近于[0,0]。目标函数值最终逼近于 0，各次迭代计算的中间过程值也都一一列出，包含每一次迭代计算过程中的函数估算次数(Func-count)、目标函数最小值的中间(计算)值、步长(Step-size)和一阶优化(度量值)(First-order optimality)。

二元非线性函数 $y=2x_1^2-1.05x_1^4+\frac{x_1^6}{6}-x_1x_2+x_2^2$ 的图形如图 14-4 所示。

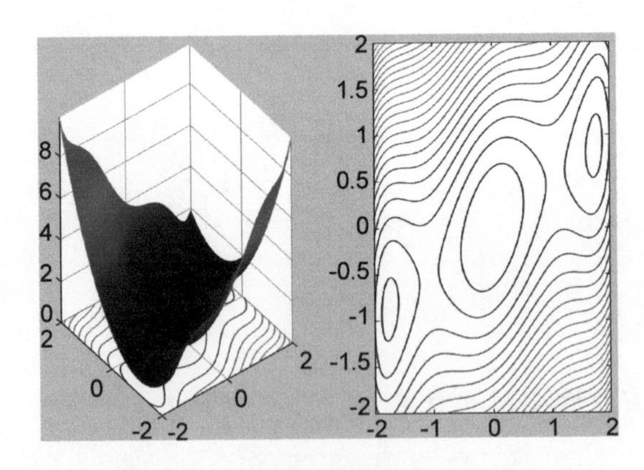

图 14-4　二元多极值非线性函数图形

从图 14-4 可看出，y 存在 3 个极小值点，无约束时，解 X=1.0e−06 * [0.1067，−0.0271]只是中间的那一个极值点，之所以找到这个点和初始点设置为 X0=[0.5000，1.2000]有关。下面将初始点设置为 X0=[1.5000,1.2000]，再一次运行 M 文件 ex14_8，运行后显示，函数 fminunc 自初始点 X0=[1.5000,1.2000]开始经 9 次迭代后收敛于解 X=[1.7476,0.8738]，目标函数值是 0.298638。各次迭代计算的中间过程值一一列出如下：

```
                                                        First - order
 Iteration  Func - count       f(x)        Step - size   optimality
     0           3         0.722813                         1.78
     1           9         0.378349        0.195201         1.41
     2          12         0.338829               1        0.605
     3          15         0.311084               1        0.223
     4          18         0.302443               1        0.138
     5          21         0.299522               1        0.105
     6          24         0.29865                1       0.0165
     7          27         0.298639               1      0.00169
     8          30         0.298638               1     1.91e-05
     9          33         0.298638               1     7.67e-07
```

在调用函数 fminunc 后，运行中出现了一个警告。

```
警告：Gradient must be provided for trust - region algorithm; using quasi - newton algorithm
instead.
```

意思是信赖域算法必须提供梯度信息，如果缺失，将使用拟牛顿算法代替。这说明例题 14-8 的计算实际使用的是拟牛顿算法。下面创建一个函数 M 文件，将目标函数 y 及梯度 g 传递给 FUN 参数。打开 MATLAB 编辑器，新建一个 y14_8 的函数 M 文件，程序行如下：

```
function [y,g] = y14_8(x)
y = 2 * x(1)^2 - 1.05 * x(1)^4 + (x(1)^6)/6 - x(1) * x(2) + x(2)^2;
g = [x(1)^5 - (21 * x(1)^3)/5 + 4 * x(1) - x(2)
    2 * x(2) - x(1)]
```

保存后，在编辑窗口打开 M 文件名 ex14_8，将函数 fminunc 的调用程序修改为下列语句。

```
[X,FVAL,EXITFLAG,OUTPUT] = fminunc(@y14_8,x0,options1)
```

保存后，在命令窗口输入 M 文件名 ex14_8，运行结果显示 X=[1.7476,0.8738]，目标函数值是 0.298638。解的结果与前面完全相同。但因为目标函数中添加了梯度信息 g，输出也显示了历次迭代过程中计算值。从显示结果 funcCount：33 得知，梯度信息 g 一共进行了 33 次计算，这些信息将有助于对算法做更深入研究和优化。梯度 g 迭代计算值逐渐变小，最后逼近[0,0]。梯度 g 计算值整理如表 14-4 所示。

表 14-4 逐次梯度信息计算值表

g1	g2	g3	g4	g5	g6	g7
−1.7813 0.9000	−1.7812 0.9000	−1.7813 0.9000	41.3365 −1.1105	41.3365 −1.1105	41.3365 −1.1105	1.4084 0.2009
g8	**g9**	**g10**	**g11**	**g12**	**g13**	**g14**
1.4084 0.2009	1.4084 0.2009	−0.6051 0.3521	−0.6051 0.3521	−0.6051 0.3521	−0.1258 0.2230	−0.1258 0.2230

续表

g15	g16	g17	g18	g19	g20	g21
−0.1258 0.2230	0.1377 0.0978	0.1377 0.0978	0.1377 0.0978	0.1055 0.0328	0.1055 0.0328	0.1055 0.0328
g22	**g23**	**g24**	**g25**	**g26**	**g27**	**g28**
0.0165 −0.0019	0.0165 −0.0019	0.0165 −0.0019	0.0017 −0.0005	0.0017 −0.0005	0.0017 −0.0005	1.0e−04 * 0.0412 −0.1916
g29	**g30**	**g31**	**g32**	**g33**		
1.0e−04 * 0.0444 −0.1918	1.0e−04 * 0.0410 −0.1913	1.0e−06 * −0.9173 −0.5023	1.0e−06 * −0.6008 −0.5284	1.0e−06 * −0.9322 −0.4725		

14.4.3 约束非线性规划

我们将目标函数为非线性函数，约束条件为非线性关系或线性关系的数学极值问题归纳为约束非线性规划问题。一个约束非线性规划可以由下列的数学模型描述。

$$\min f(\boldsymbol{X}) \tag{14-8}$$
$$\text{s.t.}\begin{cases} C_i(\boldsymbol{X}) \leqslant 0 & (i=1,2,\cdots,m) \\ \mathrm{Ceq}_j(\boldsymbol{X}) = 0 & (j=1,2,\cdots,l) \\ \boldsymbol{AX} \leqslant \boldsymbol{b} \\ \boldsymbol{A}\mathrm{eq}\boldsymbol{X} = \boldsymbol{b}\mathrm{eq} \\ \boldsymbol{Lb} \leqslant \boldsymbol{X} \leqslant \boldsymbol{Ub} \end{cases}$$

式(14-8)中，$\boldsymbol{X}=(x_1,x_2,\cdots,x_n)^{\mathrm{T}}$，s. t. 的含义为 subject to，即从属于的意思。f，C_i，Ceq_j的函数则定义为$\boldsymbol{R}^n \to R$。约束条件包含三个部分，非线性约束条件 $C_i(X)$、Ceq_j，线性约束条件 $\boldsymbol{A}$、$\boldsymbol{A}\mathrm{eq}\boldsymbol{X}$ 等和边界条件 $\boldsymbol{Lb}$、$\boldsymbol{Ub}$。

求解此类问题经典方法有近似规划法和罚函数方法，将非线性规划问题中的目标函数 $f(\boldsymbol{X})$和约束条件 $C_i(\boldsymbol{X})\leqslant 0(i=1,2,\cdots,m)$，$\mathrm{Ceq}_j=0(j=1,2,\cdots,l)$均近似为线性函数，并对变量的取值范围加以限制，从而得到一个近似线性规划问题。然后用求解线性规划问题的算法求解，比如单纯形法。所得的最优解作为原问题的近似解。每得到一个近似解后，又从这点出发，重复迭代以上计算步骤，最终产生一个由线性规划最优解组成的序列，而这样的序列往往收敛于非线性规划问题的解。

罚函数法是通过构造罚函数把约束问题转化为一系列无约束最优化问题。称为序列无约束最小化方法，简称 SUMT 方法。现代求解约束非线性规划问题是以库恩-塔克(Kuhn-Tucker)最优化条件为基础构造的内点法(Interior Point)、序列二次规划方法(SQP)、有效集方法(Active-set)和信赖域反射算法(Trust Region Reflective)等。

1. 约束非线性优化函数

MATLAB 优化工具箱中函数 fmincon 的功能为含约束的非线性最小值优化

(Constrained nonlinear minimization),用来求取一个多变量非线性目标函数在某约束条件下的最小值。函数 fmincon 调用格式及使用说明如下:

(1) X = fmincon(FUN,X0,A,B)

格式(1)功能是求解 FUN 参数描述的非线性函数的最小值 X,线性约束条件为 AX≤b,搜索初值为 X0,X0 可以是标量、向量或矩阵。

(2) X = fmincon(FUN,X0,A,B,Aeq,Beq)

格式(2)主要功能同格式(1),增加了等式约束条件 AeqX=beq,假如无须输入等式约束条件,可以采用默认值,输入 AeqX=[],beq=[]。

(3) X = fmincon(FUN,X0,A,B,Aeq,Beq,LB,UB)

格式(3)主要功能同上述格式(2),但限制了 X 的上下界,约束了 X 的范围。

(4) X = fmincon(FUN,X0,A,B,Aeq,Beq,LB,UB,NONLCON)

格式(4)主要功能同格式(3),又增加了非线性约束条件 NONLCON,参数 NONLCON 被定义成一个函数,以函数文件形式存在,输入 X,输出 C 及 Ceq。

(5) X = fmincon(FUN,X0,A,B,Aeq,Beq,LB,UB,NONLCON,OPTIONS)

格式(5)主要功能同格式(4),但输入指定了参数结构 OPTIONS,即需要用 OPTIONS 指定的优化参数进行优化。参数结构 OPTIONS 的编辑与修改可参见函数 optimoptions 的说明。

(6) X = fmincon(PROBLEM)

格式(6)主要功能同格式(5),但需要在调用前定义结构体 PROBLEM。PROBLEM 结构体各属性分别定义如下:

PROBLEM. X0(初始值),PROBLEM. Aineq(线性不等式系数矩阵);

PROBLEM. bineq (线性不等式常数项),PROBLEM. Aeq(线性等式系数矩阵);

PROBLEM. beq(线性等式常数项),PROBLEM. lb(下界),PROBLEM. ub(上界);

PROBLEM. nonlcon(非线性约束),PROBLEM. options(参数选项结构);

PROBLEM. solver(求解器)。

(7) [X,FVAL] = fmincon(FUN,X0,...)

格式(7)功能与前述命令中括号对应内容的格式一样,返回值除了解 X 之外,还有目标函数值 FVAL。

(8) [X,FVAL,EXITFLAG] = fmincon(FUN,X0,...)

格式(8)主要功能与格式(7)一样,返回值又比格式(7)多了一个 EXITFLAG,即优化函数运行结束后赋予的标志值。结束标志值的定义说明如下:

EXITFLAG=1,一阶最优化条件已满足;

EXITFLAG=0,太多函数评估或迭代;

EXITFLAG=−1,通过输出/绘图停止;

EXITFLAG=−2,找不到可行解(点)(信赖域反射算法、内点法及序列二次规划方法);

EXITFLAG=2,解 X 的变动值太小(信赖域反射算法);

EXITFLAG=3,目标函数的变动值太小(仅有效集方法);

EXITFLAG=4,计算方向太小;

EXITFLAG=5,预测目标函数变化太小(内点法及序列二次规划方法);

EXITFLAG=-3,问题似乎无限。

(9) [X,FVAL,EXITFLAG,OUTPUT] = fmincon(FUN,X0,...)

格式(9)主要功能同上述格式(8),只是返回值又比格式(8)多了一个结构体OUTPUT,其定义参见前述函数 linprog 的说明。

(10) [X,FVAL,EXITFLAG,OUTPUT,LAMBDA] = fmincon(FUN,X0,...)

(11) [X,FVAL,EXITFLAG,OUTPUT,LAMBDA,GRAD] = fmincon(FUN,X0,...)

(12) [X, FVAL, EXITFLAG, OUTPUT, LAMBDA, GRAD, HESSIAN] = fmincon(FUN,X0,...)

格式(10)、(11)、(12)主要功能同上述格式(9),只是返回值又比格式(9)分别多了一个结构体 LAMBDA 信息、梯度信息或 HESSIAN 矩阵信息。

2. 函数 fmincon 的调用举例

函数 fmincon 格式众多,调用时要考虑的输入及输出参数也比较多,特别是非线性约束条件 NONLCON 的创建与编辑。下面通过一个典型的例子加以说明。

【例 14-9】 试寻找二元非线性函数 $y=2x_1^2-1.05x_1^4+\frac{x_1^6}{6}-x_1x_2+x_2^2$ 的极小值,已知非线性约束条件为 $(x_1-1)^2+(x_2-1)^2\leqslant 0.8$。

非线性约束条件是一个圆不等式方程,即在这个圆内的区域去寻找上述二元非线性函数的极小值。因为存在一个非线性约束条件,所以需要创建一个函数文件去定义这个圆不等式方程。打开 MATLAB 编辑器,先新建一个 c14_9 的 M 文件,程序行如下:

```
function [c,ceq] = c14_9(x)
c = (x(1) - 1)^2 + (x(2) - 1)^2 - 0.8;
ceq = [];
```

打开 MATLAB 编辑器,再新建一个 ex14_9 的 M 文件,程序行如下:

```
clear,clc
y = @(x) 2 * x(1)^2 - 1.05 * x(1)^4 + (x(1)^6)/6 - x(1) * x(2) + x(2)^2;
x0 = [0.5,1.2]
options1 = optimset('Display','iter');
[X,FVAL,EXITFLAG,OUTPUT] = fmincon(y,x0,[],[],[],[],[],[],@c14_9,options1)
l = - 2:0.01:2;
m = - 2:0.01:2;
[x1,x2] = meshgrid(l,m);
yf = 2 * x1.^2 - 1.05 * x1.^4 + (x1.^6)/6 - x1. * x2 + x2.^2;
subplot(1,2,1)
meshc(x1,x2,yf);
subplot(1,2,2)
h = contour(x1,x2,yf,23);
hold on
r = 0.8; theta = 0:pi/100:2 * pi;
alpha = r * cos(theta) + 1; beta = r * sin(theta) + 1;
```

```
plot(alpha,beta,'r-.')
axis equal
hold on
plot(X(1), X(2),'r*')
```

保存后，在命令窗口输入 M 文件名 ex14_9，运行结果如下：

```
x0 =
     0.5000 1.2000
                                                    First-order      Norm of
Iter F-count            f(x)          Feasibility   optimality         step
     0       3     1.276979e+00     0.000e+00     1.900e+00
     1       7     2.083920e-01     1.839e-01     8.529e-01      9.641e-01
     2      10     6.348469e-02     5.163e-01     1.980e-01      2.192e-01
     3      13     3.278895e-01     0.000e+00     3.225e-01      3.608e-01
     4      16     3.019953e-01     0.000e+00     7.453e-02      7.058e-02
     5      19     2.592933e-01     0.000e+00     2.518e-02      4.519e-02
     6      22     2.359327e-01     0.000e+00     3.534e-03      2.606e-02
     7      25     2.349241e-01     0.000e+00     2.047e-04      1.508e-03
     8      28     2.347215e-01     0.000e+00     2.101e-06      2.397e-04
     9      31     2.347195e-01     0.000e+00     2.001e-08      2.432e-06
Local minimum found that satisfies the constraints.
X =
    0.3083    0.4329
FVAL =
    0.2347
EXITFLAG =
     1
OUTPUT =
          iterations: 9
           funcCount: 31
     constrviolation: 0
            stepsize: 2.4319e-06
           algorithm: 'interior-point'
       firstorderopt: 2.0012e-08
        cgiterations: 0
             message: 'Local minimum found that satisfies the constraints. ...'
```

M 文件 ex14_9 运行后显示，函数 fmincon 自初始点 X0=[0.5000,1.2000]开始经 9 次迭代运算后收敛于解 X=[0.3083,0.4329]，不逼近于[0,0]。目标函数值是 0.2374，也不逼近于 0。各次迭代计算的中间过程值都被一一列出，包含每一次迭代计算过程中的函数估算次数(Func-count)、目标函数最小值的中间(计算)值，以及步长(Step-size)、一阶优化(度量值)(First-order Optimality)等信息。

函数 $y=2x_1^2-1.05x_1^4+\frac{x_1^6}{6}-x_1x_2+x_2^2$ 的约束区域及解 X=[0.3083,0.4329]的图形如图 14-5 所示。

从图 14-5 可看出，函数 y 存在 3 个极小值点，约束条件是一个圆形的区域，用红色

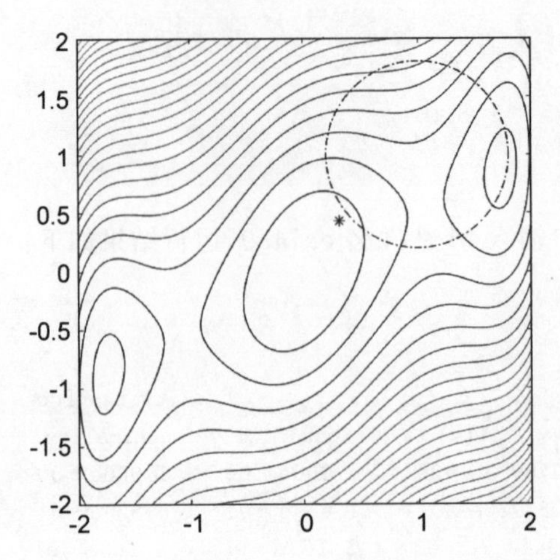

图 14-5　二元非线性函数约束区域内极小值解的图形

的虚线表示。解 X=[0.3083,0.4329]并不是 3 个极小值点中间的任一个,而是圆形约束区域的边缘处一点,说明搜索自初始点 X0=[0.5000,1.2000]开始,并不可以一直搜索到[0,0]点,而是因圆形区域的约束,只能找到解 X=[0.3083,0.4329],这是一个局部的极小值点。

下面将初始点设置为 X0=[1.5000,1.2000],再看沿另一条搜索路径所找到的解。修改初始点值后,再一次运行 M 文件 ex14_9,运行后显示,函数 fmincon 自初始点 X0=[1.5000,1.2000]开始经 10 次迭代后收敛于解 X=[1.7476,0.8738],目标函数值是 0.298638。这是函数 y 存在的 3 个极小值之一,正好在圆形约束内。

14.4.4　二次规划

有一类特殊的非线性规划,它的目标函数是二次函数,而约束条件是线性的,这一类非线性规划被单独命名为二次规划。二次规划问题可以用以下数学模型表示。

$$\min f(\boldsymbol{X}) = \min\left(\frac{1}{2}\boldsymbol{X}^{\mathrm{T}}\boldsymbol{H}\boldsymbol{X} + \boldsymbol{f}^{\mathrm{T}}\boldsymbol{X}\right) \tag{14-9}$$

$$\text{s.t.}\begin{cases}\boldsymbol{A}\boldsymbol{X} \leqslant \boldsymbol{b} \\ \boldsymbol{A}\text{eq}\boldsymbol{X} = \boldsymbol{b}\text{eq} \\ \boldsymbol{L}b \leqslant \boldsymbol{X} \leqslant \boldsymbol{U}b\end{cases}$$

其中 $\boldsymbol{H}$ 是 Hessian 矩阵,如果 Hessian 矩阵是正定的,式(14-9)为严格的凸二次规划,那么就具备唯一的全局最小值。如果 Hessian 矩阵是半正定的,式(14-9)是一个凸二次规划,假设至少一个向量满足约束并且在可行域有下界,则式(14-9)就有一个全局最小值。如果 Hessian 矩阵是一个不定矩阵,则式(14-9)为非凸二次规划,这类二次规划有多个平稳点和局部极小值点,求解需要更多考虑。求解二次规划问题用的是以 Hessian 矩阵性质为基础构造的凸内点法(Interior Point Convex)、信赖域反射算法(Trust Region Reflective)、有效集方法(Active-set)等。

1. 二次规划优化函数

MATLAB 优化工具箱中函数 quadprog 的功能是求取二次的非线性单目标函数在线性约束及边界约束下的最小优化值。函数 quadprog 调用格式及使用说明如下：

(1) X = quadprog(H,f,A,b)

(2) X = quadprog(H,f,A,b,Aeq,beq)

(3) X = quadprog(H,f,A,b,Aeq,beq,LB,UB)

(4) X = quadprog(H,f,A,b,Aeq,beq,LB,UB,X0)

(5) X = quadprog(H,f,A,b,Aeq,beq,LB,UB,X0,OPTIONS)

(6) X = quadprog(PROBLEM)

格式(1)完成最基本的功能，用来求解式(14-9)问题的最小优化值 X，线性约束条件为 AX≤b。格式(2)的主要功能同格式(1)类同，但增加了等式约束条件 AeqX=beq，假如无须输入等式约束条件，可以采用默认值，输入 AeqX=[]，beq=[]。格式(3)主要功能同上述格式(2)，但限制了 X 的上下界，约束了 X 的范围。格式(4)设置了搜索初值为 X0。格式(5)输入指定了参数结构 OPTIONS，即需要用 OPTIONS 指定的优化参数进行优化。参数结构 OPTIONS 的编辑与修改可参见函数 optimoptions 的说明。格式(6)功能同格式(5)，但需要在调用前定义结构体 PROBLEM。PROBLEM 结构体各属性分别定义如下：

PROBLEM. H(Hessian 矩阵)，PROBLEM. f (目标函数的一次项系数向量)；

PROBLEM. A(线性不等式系数矩阵)，PROBLEM. b(线性不等式常数项)；

PROBLEM. Aeq(线性等式系数矩阵)；PROBLEM. beq (线性等式常数项)；

PROBLEM. Lb(下界)，PROBLEM. Ub(上界)，PROBLEM. options(参数选项结构)；PROBLEM. solver(求解器)。

(7) [X,FVAL] = quadprog(H,f,A,b)

(8) [X,FVAL,EXITFLAG] = quadprog(H,f,A,b)

(9) [X,FVAL,EXITFLAG,OUTPUT] = quadprog(H,f,A,b)

(10) [X,FVAL,EXITFLAG,OUTPUT,LAMBDA] = quadprog(H,f,A,b)

格式(7)主要功能与格式(1)功能一样，返回值除了解 X 之外，还有目标函数值 FVAL。格式(8)主要功能与格式(7)功能一样，返回值又比格式(7)多了一个 EXITFLAG，即优化函数运行结束后赋予的标志值。结束标志值的定义说明如下：

EXITFLAG=1，一阶最优化条件已满足；

EXITFLAG=0，超过最大迭代次数；

EXITFLAG=-2，找不到可行解(点)；

EXITFLAG=-3，问题似乎无限(仅内点法)；

EXITFLAG=-6，非凸问题(仅信赖域反射算法)；

EXITFLAG=3，目标函数的变动值太小；

EXITFLAG=-4，搜索方向不是下降方向，无法取得进展(仅有效集方法)；

EXITFLAG=4，找到局部最小值；

EXITFLAG=-7，搜索方向的值太小，(搜索)无法继续进行，问题是病态的或条件恶劣。

格式(9)主要功能同上述格式(8)，只是返回值又比格式(8)多了一个结构体OUTPUT。格式(10)主要功能同上述格式(9)，只是返回值又比格式(9)多了一个结构体LAMBDA。结构体OUTPUT、LAMBDA的定义参见函数linprog的说明。

2. 函数quadprog的调用举例

函数quadprog格式众多，调用时要考虑的输入及输出参数也比较多，特别是Hessian矩阵的建立，下面通过一个典型的例子加以说明。

【例14-10】 求解下列二次规划问题的极小值。

$$\min f(\boldsymbol{X}) = \min(2x_1^2 + 4x_2^2 + x_3^2 - 2x_2x_3 + x_1)$$

$$\text{s. t.}\begin{cases}2x_1 + 2x_2 + x_3 \leqslant 8\\ x_1 - 2x_2 + x_3 = 4\\ x_1, x_2, x_3 \geqslant 0\end{cases}$$

首先将题中问题 $\min(2x_1^2+4x_2^2+x_3^2-2x_2x_3+x_1)$ 简化为式(14-9)表示的标准形式，关键是Hessian矩阵的求取。在MATLAB命令窗口中输入如下命令行：

```
syms x1 x2 x3
H = hessian(2 * x1 ^2 + 4 * x2 ^2 + x3 ^2 - 2 * x2 * x3 + x1,[x1,x2,x3])
```

运行后，结果如下：

```
H =
[ 4,  0,  0]
[ 0,  8, -2]
[ 0, -2,  2]
```

据上述计算结果得出Hessian矩阵，问题可简化为如下的标准形式：

$$\min f(\boldsymbol{X}) = \min\left(\frac{1}{2}(x_1, x_2, x_3)\begin{bmatrix}4 & 0 & 0\\0 & 8 & -2\\0 & -2 & 2\end{bmatrix}\begin{bmatrix}x_1\\x_2\\x_3\end{bmatrix} + [1,0,0]\begin{bmatrix}x_1\\x_2\\x_3\end{bmatrix}\right)$$

打开MATLAB编辑器，新建一个ex14_10的M文件，程序行如下：

```
clear,clc
H = [4,0,0;0,8, - 2;0, - 2,2];
f = [1,0,0];
A = [2,2,1];
b = [8];
Aeq = [1, - 2,1];
beq = [4];
lb = zeros(3,1);
[xopt, fopt, EXITFLAG, OUTPUT] = quadprog(H, f, A, b, Aeq, beq, lb)
```

保存后，在命令窗口输入M文件名ex14_10，运行结果如下：

```
xopt =
    1.1667
    0.0000
    2.8333
fopt =
   11.9167
EXITFLAG =
     1
OUTPUT =
              message: 'Minimum found that satisfies the constraints. … '
            algorithm: 'interior - point - convex'
        firstorderopt: 3.8074e - 08
      constrviolation: 0
           iterations: 4
         cgiterations: []
```

M 文件 ex14_10 运行后显示，解 X=[1.1667,0.0000,2.8333]，目标函数值 fopt=11.9167。如果去除等式约束 $x_1-2x_2+x_3=4$，则需将 ex14_10 的 M 文件最后一行程序改写成如下语句即可。

```
[xopt,fopt,EXITFLAG,OUTPUT] = quadprog(H,f,A,b,[],[],lb)
```

保存后，再在命令窗口输入 M 文件名 ex14_10，运行结果如下：

```
xopt =
   1.0e-03 *
    0.0000
    0.0804
    0.1764
fopt =
   3.0033e-08
EXITFLAG =
     1
```

运行后显示，EXITFLAG=1，一阶最优化条件已满足，换言之，解 X=1.0e−03 * [0.0000,0.0804,0.1764]逼近于[0,0,0]，是收敛的。目标函数值 fopt=3.0033e−08，逼近于0。很明显目标函数值 fopt=0 比有等式约束的目标函数值 11.9167 要小，这是因为等式约束下的可行域比不等式约束下的可行域要窄，即可行域被大大地缩小了。受等式约束之后，解 X=[1.1667,0.0000,2.8333]，不是函数 $f(X)$ 全局极小值点。

14.5 目标规划

本章前述各节内容所介绍的最优化问题只包含一个目标函数，但是在许多工程设计中，设计者希望多个目标（指标）都达到最优值。这种设计方案的好坏往往难以用单个目标来简单判断，而需要用多个目标统筹考虑，麻烦在于这些目标有时不甚协调，甚至是矛盾的。这样一类具有多个目标函数的优化问题，属于目标规划。

求解目标规划的算法大体上有以下几种思路，一种是设法将多目标函数优化问题转化为单目标函数规划问题，比如理想点法、主要目标法、线性加权和法等。另一种是把多目标按其重要性给出一个序列，每次都在前一目标最优解集内求下一个目标最优解，直到求出共同的最优解，称分层序列法。还有一种称为层次分析法，这是一种将定性与定量相结合的多目标决策与分析方法，对于目标结构复杂且缺乏必要数据的情况更为实用。

一般来说，目标规划问题有两类。一类是多目标优化问题，目的是使多个目标函数都达到满意结果的最优方案。另一类是多目标优选问题，目的是根据多个目标函数的各种衡量准则得出一种优化方案或几种优化方案的排序，比如最大值最小化。

根据多目标规划的算法不同，MATLAB 2016a 优化工具箱提供了用来解决多目标优化问题的函数 fgoalattain，和用来解决多目标中最大值最小化的函数 fminmax。

14.5.1 多目标优化

多目标到达（优化）（Multiobjective attainment）是指多个目标函数在线性约束、非线性约束的多目标下达到统筹优化，不一定是逼近最优化值。线性加权和算法是在了解每个分目标函数的目标值，又知道每个分目标函数在总目标函数中的权重值基础上，求解目标函数集的综合优化值。线性加权和算法评价函数 $\gamma(\boldsymbol{X})$ 定义如下：

$$w_i\gamma(\boldsymbol{X}) = f_i(\boldsymbol{X}) - \mathrm{goal}_i \tag{14-10}$$

式(14-10)显示分目标函数 $f_i(\boldsymbol{X})$ 的目标值是 goal_i，用两者之差（$f_i(\boldsymbol{X})-\mathrm{goal}_i$）定义评价函数 $\gamma(\boldsymbol{X})$ 与权重值 w_i 的乘积。其中目标值 goal_i 和权重值 w_i 在优化前被认为是已知标量。γ 及 f_i 函数法则都定义为 $\boldsymbol{R}^n \to R$。考虑全部分目标函数，并对式(14-10)求和得：

$$\gamma(\boldsymbol{X})\sum_{i=1}^{p} w_i = \sum_{i=1}^{p} f_i(\boldsymbol{X}) - \sum_{i=1}^{p}\mathrm{goal}_i \tag{14-11}$$

式(14-11)中权重值和 $\sum_{i=1}^{p} w_i = 1$，因而评价函数 $\gamma(\boldsymbol{X})$ 的定义是全部分目标函数的函数值和 $\sum_{i=1}^{p} f_i(\boldsymbol{X})$ 与目标值和 $\sum_{i=1}^{p}\mathrm{goal}_i$ 之差。依式(14-10)，评价函数 $\gamma(\boldsymbol{X})$ 的大小能够衡量分目标函数的达到情况，评价函数 $|\gamma(\boldsymbol{X})|$ 越小，说明目标函数的达到情况越好。依式(14-11)，评价函数 $\gamma(\boldsymbol{X})$ 的大小能够衡量全部目标函数的总体达到情况，评价函数 $|\gamma(\boldsymbol{X})|$ 越小，说明目标函数的总体达到情况越好。

由以上评价函数 $\gamma(\boldsymbol{X})$ 定义构造出多目标到达（优化）问题的数学模型如下：

$$\min\gamma(\boldsymbol{X}) \tag{14-12}$$

$$\text{s.t.}\begin{cases} f_i(\boldsymbol{X}) - w_i\gamma(\boldsymbol{X}) \leqslant \mathrm{goal}_i & (i = 1,2,\cdots,p) \\ C_j(\boldsymbol{X}) \leqslant 0 & (j = 1,2,\cdots,m) \\ \mathrm{Ceq}_k(\boldsymbol{X}) = 0 & (k = 1,2,\cdots,l) \\ \boldsymbol{AX} \leqslant \boldsymbol{b} \\ \boldsymbol{A}\mathrm{eq}\boldsymbol{X} = \boldsymbol{b}\mathrm{eq} \\ \boldsymbol{Lb} \leqslant \boldsymbol{X} \leqslant \boldsymbol{Ub} \end{cases}$$

式(14-12)描述的数学模型将多目标优化转化为求单目标函数 $\gamma(\boldsymbol{X})$ 极小值优化。模型中包含非线性约束条件、线性约束条件和边界约束条件。

1. 多目标优化函数

MATLAB 优化工具箱中函数 fgoalattain 用来求取多目标(非)线性函数在线性约束、非线性约束及边界约束的多目标达到(不一定是最小优化值)。函数 fgoalattain 调用格式及使用说明如下：

(1) X = fgoalattain(FUN,X0,GOAL,WEIGHT)

(2) X = fgoalattain(FUN,X0,GOAL,WEIGHT,A,B)

(3) X = fgoalattain(FUN,X0,GOAL,WEIGHT,A,B,Aeq,Beq)

(4) X = fgoalattain(FUN,X0,GOAL,WEIGHT,A,B,Aeq,Beq,LB,UB)

(5) X = fgoalattain
(FUN,X0,GOAL,WEIGHT,A,B,Aeq,Beq,LB,UB,NONLCON)

(6) X = fgoalattain
(FUN,X0,GOAL,WEIGHT,A,B,Aeq,Beq,LB,UB,NONLCON,OPTIONS)

(7) X = fgoalattain(PROBLEM)

格式(1)的功能是在求解 $\boldsymbol{X}$ 值，使得各个分目标函数 $f_i(\boldsymbol{X})$ 的值达到其目标值 goal_i，假如目标函数集 $[f_i(\boldsymbol{X})](i=1,2,\cdots,p)$ 达不到绝对最优解，也可以返回有效解，甚至返回一个弱有效解。参数 goal 是分目标值，参数 weight 是权重值，$\boldsymbol{X}_0$ 是初值。格式(2)的主要功能同格式(1)，但需考虑解 $\boldsymbol{X}$ 值要满足不等式约束条件 $\boldsymbol{AX}\leqslant\boldsymbol{b}$。格式(3)的主要功能同格式(2)，但需考虑解 $\boldsymbol{X}$ 值要进一步满足等式约束条件 $\boldsymbol{A}\text{eq}\boldsymbol{X}=\boldsymbol{b}\text{eq}$。格式(4)的主要功能同格式(3)，但需考虑解 X 值要进一步满足边界约束条件 $\boldsymbol{L}b\leqslant\boldsymbol{X}\leqslant\boldsymbol{U}b$。格式(5)的主要功能同格式(4)，但需考虑解 $\boldsymbol{X}$ 值要进一步满足非线性约束条件 NONCLON。格式(6)输入指定了参数结构 OPTIONS，即需要用 OPTIONS 指定的优化参数进行优化。参数结构 OPTIONS 的编辑与修改可参见函数 optimoptions 的说明。格式(7)主要功能同格式(6)，但需要在调用前定义结构体 PROBLEM。结构体 PROBLEM 各属性的定义分别同格式(6)对应的参数一致。

(8) [X,FVAL] = fgoalattain(FUN,X0,...)

(9) [X,FVAL,ATTAINFACTOR] = fgoalattain(FUN,X0,...)

(10) [X,FVAL,ATTAINFACTOR,EXITFLAG] = fgoalattain(FUN,X0,...)

(11) [X,FVAL,ATTAINFACTOR,EXITFLAG,OUTPUT] =
fgoalattain(FUN,X0,...)

(12) [X,FVAL,ATTAINFACTOR,EXITFLAG,OUTPUT,LAMBDA] =
fgoalattain(FUN,X0,...)

格式(8)的功能同前面格式不一样的是除输出解 $\boldsymbol{X}$ 值以外，还输出对应的函数集的值 $[f_i(\boldsymbol{X})](i=1,2,\cdots,p)$。格式(9)的主要功能同格式(8)，输出又多了 ATTAINFACTOR 参数，即达到因子，代表 fval 与 goal 逼近的程度。$\text{fval}=[f_i(\boldsymbol{X})](i=1,2,\cdots,p)$。达到因子的值越逼近 0 值，fval 越逼近 goal，为负值则 fval 接近 goal，为正值则 fval 越过 goal。格式(10)的主要功能同格式(9)，输出又多了一个参数 EXITFLAG，即优化函数运行结束后赋予的标志值。结束标志值的定义说明如下：

EXITFLAG=1，函数 fgoalattain 收敛到一个解；

EXITFLAG=4，估算的搜索方向太小；

EXITFLAG=5，预测的达到因子太小；

EXITFLAG=0，超过函数的评估次数或最大迭代次数；

EXITFLAG=−1，通过输出/绘图停止；

EXITFLAG=−2，找不到可行解(点)。

函数 fgoalattain 的结束标志值的定义与前述优化函数的结束标志值定义大致相同，比如函数 quadprog 的 EXITFLAG=0，同样表示函数调用退出是因为超过函数的评估次数或最大迭代次数。但各优化函数结束标志值列出的项各不相同，例如函数 fgoalattain 的结束标志值列出了 1、4、5、0、−1、−2 共六项，而函数 quadprog 的 EXITFLAG 定义列出了 1、0、−2、−3、−6、3、−4、4、−7 共九项。

格式(11)的主要功能同格式(10)，输出又多了一个参数 OUTPUT。格式(12)的主要功能同格式(11)，输出又多了一个参数 LAMBDA。

2. 函数 fgoalattain 的调用举例

函数 fgoalattain 格式众多，调用时要考虑的输入及输出参数也比较多，特别是多目标函数的创建与编辑，目标值及权重值如何确定。下面通过一个典型的例子加以说明。

【例 14-11】 某油漆工厂拟生产两种新产品甲和乙，其设备损耗费用分别为 2 千元每吨和 2.8 千元每吨。这两种产品造成的环境污染损失可折算为甲为 1 千元每吨，乙为 0.8 千元每吨。由于生产设备的条件限制，工厂生产新产品甲和乙的最大生产能力各为每月600 吨和 500 吨，而市场需要这两种产品的总量每月不少于 800 吨。试问工厂如何安排月度生产计划，在满足市场需要的前提下，使设备损耗和环境污染损失均达最小。该工厂决策认为，这两个目标中环境污染应优先考虑为降到最低，拟将设备损耗的目标值暂定为 200 万元，公害损失的目标为 80 万元。

设工厂安排月度生产计划拟生产新产品甲为 x_1 吨，生产新产品乙为 x_2 吨。依据题意列出多目标的优化问题数学模型如下，首先列出两个目标函数：

$$\begin{cases} f_1(\boldsymbol{X}) = 0.2x_1 + 0.28x_2 \\ f_2(\boldsymbol{X}) = 1.0x_1 + 0.8x_2 \end{cases}$$

约束条件及边界条件为

$$\text{s.t.}\begin{cases} x_1 \leqslant 600 \\ x_2 \leqslant 500 \\ x_1 + x_2 \geqslant 800 \\ x_1 \geqslant 0, x_2 \geqslant 0 \end{cases}$$

打开 MATLAB 编辑器，先新建一个 d14_11 的函数文件，程序行如下：

```
function f = d14_11(x)
f(1) = 0.2 * x(1) + 0.28 * x(2);
f(2) = 1 * x(1) + 0.8 * x(2);
```

再新建一个 ex14_11 的 M 文件，程序行如下：

```
clear,clc
goal = [20;8];
weight = [0.2;0.8];
x0 = [50 50];
A = [1 0;0 1; - 1  - 1];
b = [600;500; - 800];
lb = zeros(2,1);
ub = [];
[x,fval,attainfactor,exitflag] = fgoalattain(@d14_11,x0,goal,weight,A,b,[],[],lb,ub)
```

上述程序中，权重值定为 weight=[0.2; 0.8]，即优先考虑环境污染降到最低。目标值定为 goal=[20; 8]，这只是一个测试的值。保存后，再在命令窗口输入 M 文件名 ex14_11，运行结果如下：

```
x =
600.0000  200.0000
fval =
  176    76
attainfactor =
  780V
exitflag =
    4
```

运行后显示，EXITFLAG=4，运算到最后因搜索方向太小而终止。解 $\boldsymbol{X}$=[600, 200]，即月度生产计划拟生产新产品甲为 600 吨，生产新产品乙为 200 吨，共生产 800 吨。此时设备损耗为 176 万元，公害损失为 76 万元。到达因子达 780，一个很大的数字。这是因为函数值 fval =[176,76]比目标值 goal =[20,8]超过了很多倍所致。说明当初的目标值设置不恰当。将目标值重新设置为 goal =[200,80]，其他程序行不变，保存后运行，结果如下：

```
x =
  329.4118  470.5882
fval =
  197.6471   70.5882
attainfactor =
  - 11.7647
exitflag =
    4
```

运行后显示，到达因子 attainfactor = −11.7647，为负值则 fval 接近 goal。新的解 $\boldsymbol{X}$=[329.4118,470.5882]，即月度生产计划拟生产新产品甲为 329.4 吨，生产新产品乙为 470.6 吨，共生产 800 吨。此时设备损耗为 197.6 万元，比上一个方案增加了 21.6 万元。但公害损失为 70.6 万元，比上一个方案减少了 5.4 万元。可以这样理解，本方案为了减少公害损失 5.4 万元，增加了设备损耗 21.6 万元。

14.5.2 最大最小化优化

多目标函数的解一般非唯一，那么如何从解空间中求出优质解，甚至最优解？若存在最优解 $\boldsymbol{X}^*$，则函数集的值 $[f_i(\boldsymbol{X}^*)]$ $(i=1,2,\cdots,p)$ 同时达到最小值。但目标函数们一般难以达到如此巧合，更常见的相互之间不甚协调，甚至是矛盾的，因此找不到最优解。次优解，或称有效解可以通过某种以范数为度量的准则来逼近。其中范数取无穷大的衡量准则叫一致逼近理想解，数学模型如下：

$$\min\|\boldsymbol{F}(\boldsymbol{X})-\boldsymbol{F}(\boldsymbol{X}^*)\|_\infty \tag{14-13}$$

将式(14-13)按范数取无穷大的定义展开得

$$\min\{\max[(f_1(\boldsymbol{X})-f_1(\boldsymbol{X}^*)),(f_2(\boldsymbol{X})-f_2(\boldsymbol{X}^*)),\cdots,(f_p(\boldsymbol{X})-f_p(\boldsymbol{X}^*))]\} \tag{14-14}$$

式(14-14)说明，一致逼近理想解是使与理想解相差最大的目标函数去逼近相应理想解，假设相差最大的目标函数项是 $(f_k(\boldsymbol{X})-f_k(\boldsymbol{X}^*))$，用最小化方式使 $f_k(\boldsymbol{X})$ 逼近 $f_k(\boldsymbol{X}^*)$。所得到的解 $\boldsymbol{X}$ 一般是有效的，这种优化的方法就称为最大最小规划。一致逼近理想解算法评价函数 $\gamma(\boldsymbol{X})$ 定义如下：

$$\gamma_k(\boldsymbol{X})=f_k(\boldsymbol{X})-f_k(\boldsymbol{X}^*) \tag{14-15}$$

由以上评价函数 $\gamma(\boldsymbol{X})$ 定义构造出最大最小规划(优化)问题的数学模型如下：

$$\min\max\{\gamma_1(\boldsymbol{X}),\gamma_2(\boldsymbol{X}),\cdots,\gamma_p(\boldsymbol{X})\} \tag{14-16}$$

$$\text{s.t.}\begin{cases}C_j(\boldsymbol{X})\leqslant 0 & (j=1,2,\cdots,m)\\ \mathrm{Ceq}_k(\boldsymbol{X})=0 & (k=1,2,\cdots,l)\\ \boldsymbol{AX}\leqslant\boldsymbol{b}\\ \boldsymbol{A}\mathrm{eq}\boldsymbol{X}=\boldsymbol{b}\mathrm{eq}\\ \boldsymbol{L}b\leqslant\boldsymbol{X}\leqslant\boldsymbol{U}b\end{cases}$$

式(14-16)描述的数学模型通过使最大的评价函数 $\gamma_k(\boldsymbol{X})$ 最小化来求得有效解 $\boldsymbol{X}$。模型中包含非线性约束条件、线性约束条件和边界约束条件。

1. 最大最小优化函数

函数 fminimax 的功能为最大最小优化(Minimax optimization)，可以用来求取多目标非线性函数在线性约束、非线性约束的一致逼近理想解最小优化值。函数 fminimax 在 MATLAB 2016a 版的调用格式及使用说明如下：

(1) X = fminimax(FUN,X0)

(2) X = fminimax(FUN,X0,A,B)

(3) X = fminimax(FUN,X0,A,B,Aeq,Beq)

(4) X = fminimax(FUN,X0,A,B,Aeq,Beq,LB,UB)

(5) X = fminimax(FUN,X0,A,B,Aeq,Beq,LB,UB,NONLCON)

(6) X = fminimax(FUN,X0,A,B,Aeq,Beq,LB,UB,NONLCON,OPTIONS)

(7) X = fminimax(PROBLEM)

格式(1)的功能是得到最大最小化的优化解 $\boldsymbol{X}$ 值，$\boldsymbol{X}_0$ 是迭代计算的初值。格式(2)的主要功能同格式(1),但需考虑解 $\boldsymbol{X}$ 值要满足不等式约束条件 $\boldsymbol{AX} \leqslant \boldsymbol{b}$。格式(3)的主要功能同格式(2),但需考虑解 $\boldsymbol{X}$ 值要进一步满足等式约束条件 $\boldsymbol{A}\mathrm{eq}\boldsymbol{X}=\boldsymbol{b}\mathrm{eq}$。格式(4)的主要功能同格式(3),但需考虑解 $\boldsymbol{X}$ 值要进一步满足边界约束条件 $\boldsymbol{Lb} \leqslant \boldsymbol{X} \leqslant \boldsymbol{Ub}$。格式(5)的主要功能同格式(4),但需考虑解 $\boldsymbol{X}$ 值要进一步满足非线性约束条件 NONCLON。格式(6)输入指定了参数结构 OPTIONS,即需要用 OPTIONS 指定的优化参数进行优化。参数结构 OPTIONS 的编辑与修改可参见函数 optimoptions 的说明。格式(7)主要功能同格式(6),但需要在调用前定义结构体 PROBLEM。结构体 PROBLEM 各属性的定义分别同格式(6)对应的参数一致。

(8) [X,FVAL] = fminimax(FUN,X0,...)

(9) [X,FVAL,MAXFVAL] = fminimax(FUN,X0,...)

(10) [X,FVAL,MAXFVAL,EXITFLAG] = fminimax(FUN,X0,...)

(11) [X,FVAL,MAXFVAL,EXITFLAG,OUTPUT] = fminimax(FUN,X0,...)

(12) [X,FVAL,MAXFVAL,EXITFLAG,OUTPUT,LAMBDA] =
fminimax(FUN,X0,...)

格式(8)的功能同前面格式不一样的是输出除解 $\boldsymbol{X}$ 值以外,还输出 FVAL 参数,对应为目标函数集的值 $[f_i(\boldsymbol{X})](i=1,2,\cdots,p)$。格式(9)的主要功能同格式(8),输出又多了 MAXFVAL 参数,即目标函数中的最大值。格式(10)的主要功能同格式(9),输出又多了一个参数 EXITFLAG,即优化函数运行结束后赋予的标志值。结束标志值的定义说明如下:

EXITFLAG=1,函数 fminimax 收敛到一个解;

EXITFLAG=4,估算的搜索方向太小;

EXITFLAG=5,预测的达到因子太小;

EXITFLAG=0,超过函数的评估次数或最大迭代次数;

EXITFLAG=−1,通过输出/绘图停止;

EXITFLAG=−2,找不到可行解(点)。

函数 fminimax 的结束标志值的定义与前述优化函数 fgoalattain 的结束标志值定义相同,结束标志值列出了 1、4、5、0、−1、−2 共六项。格式(11)的主要功能同格式(10),输出又多了一个参数 OUTPUT。格式(12)的主要功能同格式(11),输出又多了一个参数 LAMBDA。

2. 函数 fminimax 的调用举例

函数 fminimax 格式众多,调用时要考虑的输入及输出参数也比较多,特别是矛盾的多目标函数的创建与编辑以及非线性条件如何输入。下面通过一个典型的例子加以说明。

【例 14-12】 已知直径为 1 单位长度的圆柱梁材料,材料的截面是正圆形,材料的长度满足工程需求。要求将它制成矩形截面柱梁,满足重量最轻和强度最大的条件,试确定矩形截面尺寸。

设矩形截面柱梁截面底边长为 x_1 单位长度,截面高度为 x_2 单位长度。矩形截面柱梁的重量和强度两个目标函数分别定义如下:

$$f_1(\boldsymbol{X}) = x_1 x_2$$

$$f_2(\boldsymbol{X}) = \frac{x_1 x_2^2}{6}$$

依据题意列出满足重量最轻和强度最大两个目标的优化问题数学模型如下：

$$\begin{cases}\min f_1(\boldsymbol{X}) \\ \max f_2(\boldsymbol{X})\end{cases}$$

$$\text{s. t.}\begin{cases}x_1^2 + x_2^2 \leqslant 1 \\ x_1 \geqslant 0, x_2 \geqslant 0 \\ x_1 \leqslant 1, x_2 \leqslant 1\end{cases}$$

打开 MATLAB 编辑器，先新建一个 f14_12 的函数文件，程序行如下：

```
function f = d14_11(x)
f(1) = x(1) * x(2);
f(2) = - x(1) * x(2)^2/6;
```

再新建一个 c14_12 的矩形截面梁的约束条件函数文件，程序行如下：

```
function [c,ceq] = c14_12(x)
ceq = x(1)^2 + x(2)^2 - 1;
c = [];
```

再新建一个 ex14_12 的 M 文件，程序行如下：

```
clear,clc
x0 = [1;1];
lb = [0;0];
ub = [1;1];
[x,fval] = fminimax(@f14_12,x0,[],[],[],[],lb,ub,@c14_12)
```

保存后，再在命令窗口输入 M 文件名 ex14_12，运行结果如下：

```
x =
    0.7071
    0.7071
fval =
    0.5000   - 0.0589
```

运行后显示，解 $\boldsymbol{X}=[0.7071, 0.7071]$，即将直径为 1 个单位的圆木加工成边长为 0.7071 的方木，这就可以满足重量最轻和强度最大两个目标。经计算重量取 0.5000 个单位，强度取 0.0589 个单位。

14.6 优化工具箱图形界面应用

14.6.1 优化工具箱图形界面

MATLAB 2016a 版优化工具箱提供了种类多样的优化函数。用户可以编制 M 文件通过程序行调用不同的优化函数，完成对各种数学规划问题的计算。用户还可以使用2016a版提供的优化工具箱图形操作窗口，以单击的方式调用不同的优化函数，完成对各种数学规划问题的计算。这种使用方式直观简明，无须硬记各种优化函数调用格式，极大地方便了用户，有助于MATLAB 2016a版优化工具箱的推广应用。

用户需要通过选择MATLAB 2016a主界面窗口中主菜单第三项“应用程序”中的第2个按钮Optimization来启动优化工具箱图形界面(双击按钮)。按钮图形如图14-6所示。

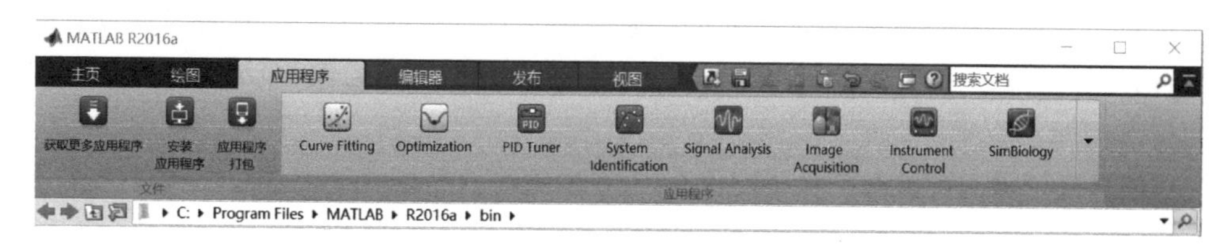

图14-6 启动优化工具箱Optimization按钮图形

启动之后，优化工具箱图形操作窗口便被打开，窗口图形如图14-7所示。

整个优化工具箱图形界面最上面一行是主菜单，仅有两个下拉式项目，分别是file和help。file项下有Reset Optimization Tool和Clear Problem Field等条目，对应复位、清除问题等功能。

图形界面最主要由三个区域构成，最左边是Problem Setup and Results区域，主要作用是优化问题的输入及计算结果显示，包含求解器Solver、算法选择Algorithm、目标函数Problem Objective function等选择框。还包含约束条件设置Constraints小区域，此区域有线性不等式Linear inequalities、线性等式Linear equalities、边界约束Bounds等选择框。

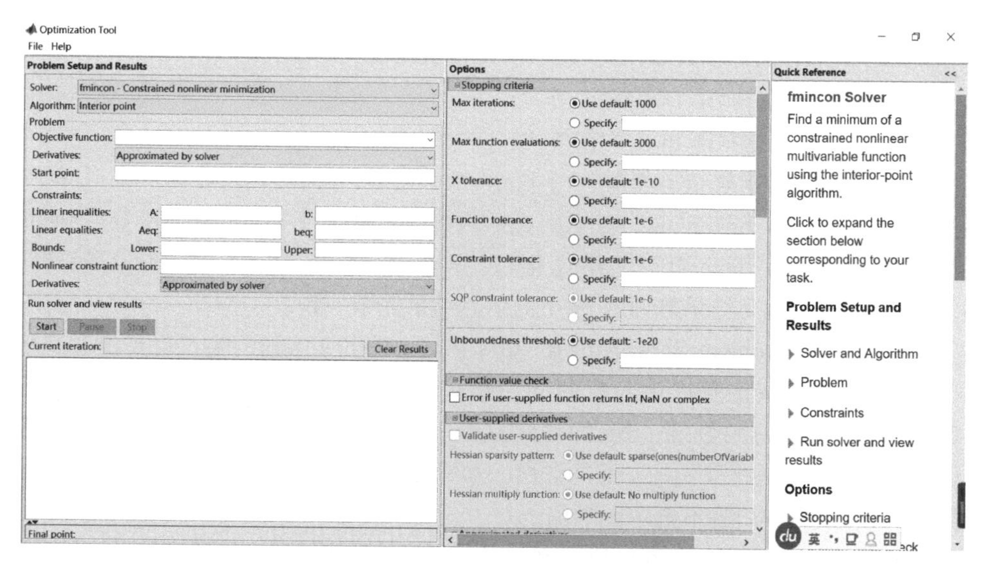

图14-7 优化工具箱界面窗口图

中间为Option区域，主要作用是优化参数的设置。在这个区域，首先是停止准则Stopping Criteria小区域，此区域有最大迭代次数Max iterations，函数评估的最大允许次数 Max function evaluations 等选择框。右边是 Quick Reference 区域,主要作用是提供帮助信息,这个区域可以通过右上角的符号“<<”隐藏。

启动图 14-7 所示的优化工具箱图形界面后,下一步便需要按照一定的步骤输入优化问题,设置对应的算法,建立约束条件等,为优化问题求解做好准备。

14.6.2 图形界面应用

优化工具箱图形界面里的选择框可以通过单击直接选取,而文本框内容就没有如此方便,而是需要输入相应文字、数字或符号。下面以例题 14-1 为例,介绍优化工具箱图形界面解题的基本步骤。

(1) 首先依据具体优化的问题选择相应的求解器 solver。

例题 14-1 为线性优化问题,因此选择的求解器 solver 为 linprog,功能为线性规划(Linear Programming)。

(2) 选择优化算法 algorithm。

例题 14-1 里直接选择默认的优化算法内点法(Interior Point Legacy)。

(3) 输入目标函数(Objective Function)。

将例题 14-1 里 f=[-2,-3,-4]直接输入[-2,-3,-4]。

(4) 设置目标函数的约束条件。

将下列的例题 14-1 里线性约束条件及边界条件对应输入:

```
A=[3,4,2;2,1,2;1,3,2]; b=[600;400;800];
lb=[0;0;0];
```

(5) 设置优化参数。

例题 14-1 未对优化参数做任何设置,均采用默认值。

(6) 单击 start 按钮,运行求解。

(7) 查看求解器的状态和求解结果。

求解器的状态和求解结果如图 14-8 所示,结果显示,当前迭代次数为 5 次,目标函数的对应值 FVAL =-866.6667。考虑到目标函数是实际题目中的负目标函数,因而目标函数的实际最大值是 866.6667。最优化(过程)终止后,解为 $\boldsymbol{X}=[0.0000,66.6667,166.6667]^{\mathrm{T}}$。这个优化结果与例题 14-1 的运算结果完全一致。

图 14-8 显示,Problem Setup and Results 区域中的各文本框的输入也要注意其格式要求。输入格式应该比照优化函数的调用格式,例如图中的文本框 Problem,输入是[-2,-3,-4],这与函数 linprog 的格式完全一致。但也有不一致的格式,如文本框 Aeq,并没有输入空格符号“[ ]”,而是空白。本章中其他例题均可以采用优化工具箱图形界面求解,限于篇幅,就不再一一举例。

同样是篇幅受限原因,本章仅说明和讨论了 MATLAB 2016a 优化工具箱的一些常见的优化问题。讨论了线性规划问题、无约束非线性规划问题、有约束非线性规划问题、二次规划问题、目标规划问题等。还有许多优化问题没有涉及,例如最小二乘规划问题、模式搜索问题等。特别是一些基于现代理论的优化问题没有讨论,比如遗传算法优化问

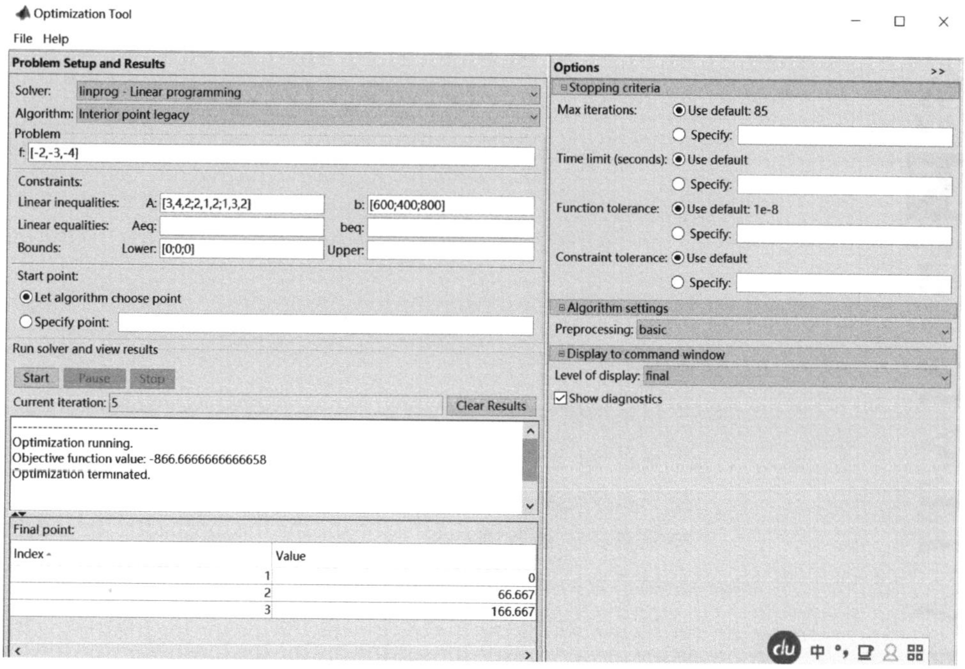

Optimization Tool

File Help

Problem Setup and Results

Solver: linprog - Linear programming

Algorithm: Interior point legacy

Problem

f: [-2,-3,-4]

Constraints:

Linear inequalities: A: [3,4,2;2,1,2;1,3,2] b: [600;400;800]

Linear equalities: Aeq: beq:

Bounds: Lower: [0;0;0] Upper:

Start point:

Let algorithm choose point

Specify point:

Run solver and view results

Start Pause Stop

Current iteration: 5 Clear Results

Optimization running.

Objective function value: -866.6666666666658

Optimization terminated.

Final point:

Index	Value
1	0
2	66.667
3	166.667

Options

Stopping criteria

Max iterations: Use default: 85

Specify:

Time limit (seconds): Use default

Specify:

Function tolerance: Use default: 1e-8

Specify:

Constraint tolerance: Use default

Specify:

Algorithm settings

Preprocessing: basic

Display to command window

Level of display: final

Show diagnostics

图 14-8　优化工具箱求解线性规划问题结果图

题、模拟退火算法优化问题等。不过这些没有讨论的最优化问题在 MATLAB 2016a 优化工具箱中都可以找到相应的优化函数，用户可以借助帮助文档学习和掌握各优化函数的应用。

14.7　本章小结

本章主要介绍了 MATLAB 优化工具箱、线性规划应用、非线性规划应用、二次规划应用、目标规划应用和优化工具箱图形界面应用。通过本章大量应用实例讲解，读者可以更加深刻地认知 MATLAB 在优化中的应用。

第15章 MATLAB在控制系统中的应用

本章要点：

- ◇ 控制系统模型；
- ◇ 控制系统的时域分析；
- ◇ 控制系统的频域分析；
- ◇ 控制系统的根轨迹分析；
- ◇ 控制系统的状态空间分析；
- ◇ 控制系统的零极点配置；
- ◇ 控制系统的综合实例与应用设计。

控制系统计算机辅助设计是一门以计算机为工具进行的控制系统设计与分析的技术。1990年，MathWorks公司为MATLAB 4.x提供了控制系统模型图形输入与仿真工具，命名为SIMULA，该工具很快在控制界得以广泛应用，1992年又正式更名为Simulink。

控制理论的发展是一个由简单到复杂、由量变到质变的辩证过程，其大致经历了经典控制理论、现代控制理论和智能控制理论三个阶段。

经典控制理论主要研究简单控制系统即单输入单输出(SISO)系统，涉及的系统大多是线性时不变(LTI)系统，如电机的位置和速度控制、冶炼炉的温度控制等。控制系统设计的常用方法有频域法、根轨迹法、奈奎斯特稳定判据和期望对数频率特性综合等。经典控制理论主要与生产过程的局部自动化相适应，具有较明显的依靠手工进行分析和综合的特点。

现代控制理论主要用以解决多输入多输出(MIMO)系统，涉及的系统可以是线性或非线性、定常或时变系统，如精密机械加工和航天飞行器控制等。现代控制理论的研究方法采用状态空间法。

智能控制理论是一种能更好地模仿人类智能的非传统的控制理论，其主要方法来自于经典控制、现代控制、人工智能、运筹学和统计学等学科的交叉，其内容包括最优控制、自适应控制、鲁棒控制、神经网络控制、模糊控制和仿人控制等。其控制对象可以是已知系统也可以是未知系统。多数控制策略不仅能抑制参数及环境变化、外界干扰等影响，而且能有效地消除模型化误差的影响。

MATLAB最重要的特点是易于扩展。它允许用户自行建立完成指定功能的扩展MATLAB函数(称为M文件),从而构成适合于其他领域的工具箱,极大扩展了MATLAB的应用范围。目前,MATLAB已成为国际控制界最流行的软件。控制界很多学者将自己擅长的CAD方法用MATLAB加以实现,出现了大量的MATLAB配套工具箱,如控制系统工具箱(Control Systems Toolbox)(如图15-1所示)、系统识别工具箱(System Identification Toolbox)、鲁棒控制工具箱(Robust Control Toolbox)、信号处理工具箱(Signal Processing Toolbox)以及仿真环境Simulink等。

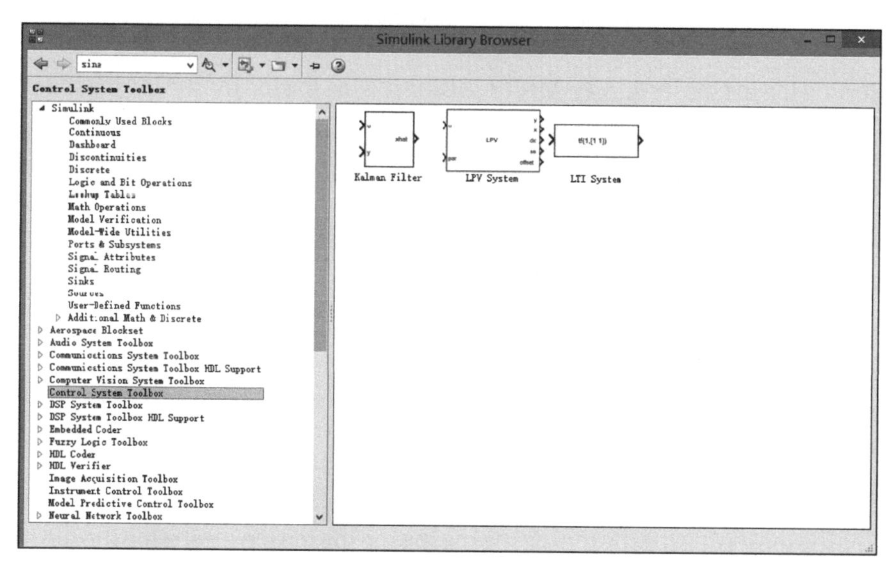

图15-1 Control System Toolbox模块库

本章主要介绍线性控制系统的模型创建,使用时域、频域和根轨迹法对系统的静态及动态性能进行分析,并配以实例辅助学习MATLAB在控制系统中的应用。

15.1 控制系统的模型描述

控制系统的建模方法及步骤详见第7章内容,此处不再赘述。

控制系统的时域和频域描述可用传递函数、零极点增益、状态空间和状态图4种模型表示。每一种模型都有连续和离散系统。其中状态图最为直观,这里不再赘述。为便于分析系统,有时需要在传递函数、零极点增益和状态空间三种模型之间进行转换,借助于MATLAB所提供的各种命令,能很方便地完成这些工作。

15.1.1 控制系统的模型与表达式

1. 传递函数模型

$$G(s)=\frac{b_m s^m+b_{m-1}s^{m-1}+\cdots+b_1 s+b_0}{a_n s^n+a_{n-1}s^{n-1}+\cdots+a_1 s+a_0} \tag{15-1}$$

在MATLAB中直接用矢量组表示传递函数的分子、分母多项式系数(都按降幂排

列),即

```
num = [bm bm - 1 … b0]                    %表示传递函数的分子多项式系数
den = [an an - 1 … a0]                    %表示传递函数的分母多项式系数
sys = tf(num,den)                         %tf命令将sys变量表示成传递函数模型
```

【例 15-1】 分别应用 MATLAB 命令及 Simulink 工具箱设计一个简单的传递函数模型:

$$G(s)=\frac{s+5}{s^4+2s^3+3s^2+4s+5}$$

步骤1:将下面的命令输入到MATLAB工作空间中去。

```
 >> num = [1,5];
den = [1,2,3,4,5];
G = tf(num,den)
```

运行结果:

```
G =
                s + 5
-----------------------------
  s^4 + 2 s^3 + 3 s^2 + 4 s + 5
 Continuous - time transfer function.
```

这时对象G可以用来描述给定的传递函数模型,作为其他函数调用的变量。

步骤2:打开Simulink,新建一个模型窗口,在Continuous模块库里将传递函数模块Transfer FCN添加到新建模型窗口中,如图15-2(a)所示;在模型窗口中双击传递函数模块Transfer FCN,设置其参数,如图15-3所示,得到的传递函数模型如图15-2(b)所示。

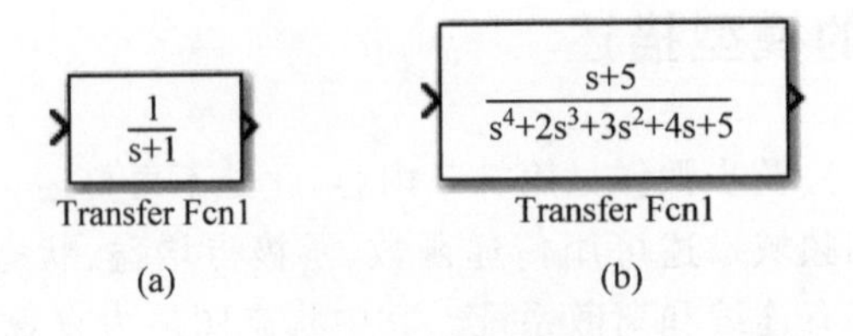

图15-2 传递模块

【例 15-2】 利用MATLAB相关命令建立如下所述的传递函数模型:

$$G(s)=\frac{6(s+5)}{(s^2+3s+1)^2(s+6)}$$

在MATLAB工作空间中输入如下命令:

```
>> num = 6 * [1,5];
   den = conv(conv([1,3,1],[1,3,1]),[1,6]);
    tf(num,den)
```

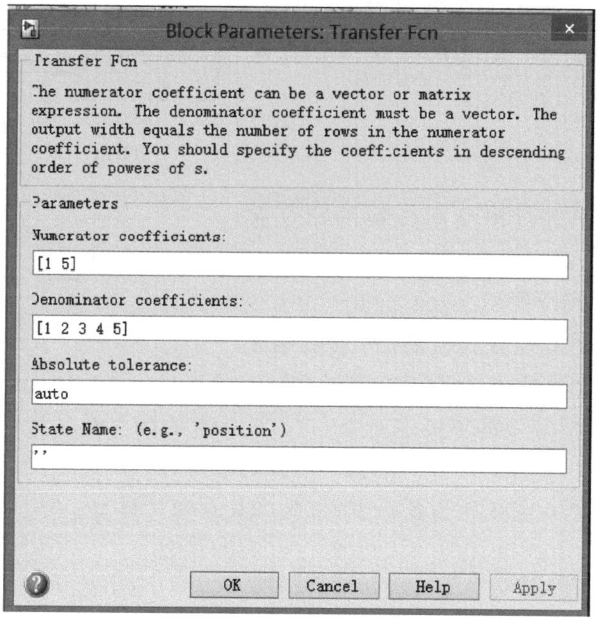

Block Parameters: Transfer Fcn

Transfer Fcn

The numerator coefficient can be a vector or matrix expression. The denominator coefficient must be a vector. The output width equals the number of rows in the numerator coefficient. You should specify the coefficients in descending order of powers of s.

Parameters

Numerator coefficients:

[1 5]

Denominator coefficients:

[1 2 3 4 5]

Absolute tolerance:

auto

State Name: (e.g., 'position')

''

OK Cancel Help Apply

图 15-3　参数设置

运行结果：

```
Transfer function:
                      6 s + 30
  -------------------------------------------
   s^5 + 12 s^4 + 47 s^3 + 72 s^2 + 37 s + 6
```

其中，conv()函数用来计算两个矢量的卷积，多项式乘法当然也可以用这个函数来计算。该函数允许任意地多层嵌套，从而表示复杂的计算。

2. 零极点增益模型

典型的零极点增益模型如式(15-2)所示。

$$G(s)=k\frac{(s-z_1)(s-z_2)\cdots(s-z_m)}{(s-p_1)(s-p_2)\cdots(s-p_n)} \tag{15-2}$$

在 MATLAB 中用 z、p、k 矢量组分别表示系统的零点、极点和增益，即

```
z = [ z1 z2… zm ]
p = [ p1 p2… pn ]
k =[ k ]
sys = zpk(z,p,k) %zpk 命令将 sys 变量表示成零极点增益模型
```

3. 状态空间模型

下式

$$\begin{cases} x = ax + bu \\ y = cx + du \end{cases}$$

在MATLAB中用(a、b、c、d)矩阵组表示，sys = ss(a,b,c,d)命令将sys变量表示成状态空间模型。

4. 模型间的转换

在MATLAB中进行模型间转换的命令有ss2tf、ss2zp、tf2ss、tf2zp、zp2tf和zp2ss。它们之间的转换关系如图15-4所示。

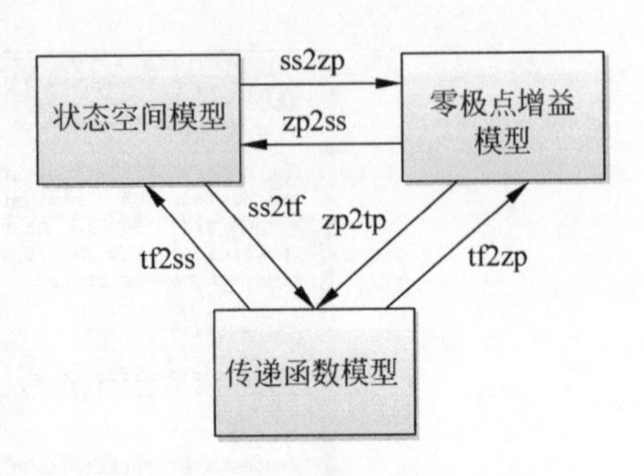

图15-4 三种模型之间的转换

有了传递函数的有理分式模型后，求取零极点模型就不是一件困难的事情了。在控制系统工具箱中，可以由zpk()函数立即将给定的LTI对象G转换成等效的零极点对象G1。该函数的调用格式为

$$G1 = zpk(G)$$

【例15-3】 给定系统传递函数如下，求其零极点增益模型。

$$G(s) = \frac{7s^2 + 21.2s + 25}{s^4 + 5s^3 + 10s^2 + 15s + 32.5}$$

在MATLAB工作空间中输入如下命令：

```
>> z = [7,21.2,25];
   p = [1,5,10,15,32.5];
   G = tf(z,p);
   G1 = zpk(G)
```

运行结果：

```
G1 =
              7 (s^2 + 3.029s + 3.571)
  ---------------------------------------------
   (s^2 + 5.492s + 9.152) (s^2 - 0.4921s + 3.551)
 Continuous - time zero/pole/gain model.
```

可见，在系统的零极点模型中若出现复数值，则在显示时将以二阶因子的形式表示相应的共轭复数对。

同样，对于给定的零极点模型，也可以直接由MATLAB语句立即得出等效传递函数模型。调用格式为

```
G1 = tf(G)
```

【例15-4】 给定零极点模型如下，将其转换为传递函数模型。

$$G(s) = \frac{8(s+3)(s+5)}{s(s+2\pm j2)(s+2.3)}$$

在MATLAB工作空间中输入如下命令：

```
>> Z = [ - 3, - 5];
P = [0, - 2 - 2j, - 2 + 2j, - 2.3];
```

```
K = 8;
G = zpk(Z,P,K);
G1 = tf(G)
```

运行结果：

```
G1 =
        8 s^2 + 64 s + 120
  ----------------------------------
    s^4 + 6.3 s^3 + 17.2 s^2 + 18.4 s
 Continuous - time transfer function.
```

15.1.2 控制系统模型间的关系

实际工作中常常需要由多个简单系统构成复杂系统。MATLAB中有下面几种命令可以解决两个系统间的连接问题。

1. 系统的并联

parallel命令可以实现两个系统的并联，如图15-5所示。

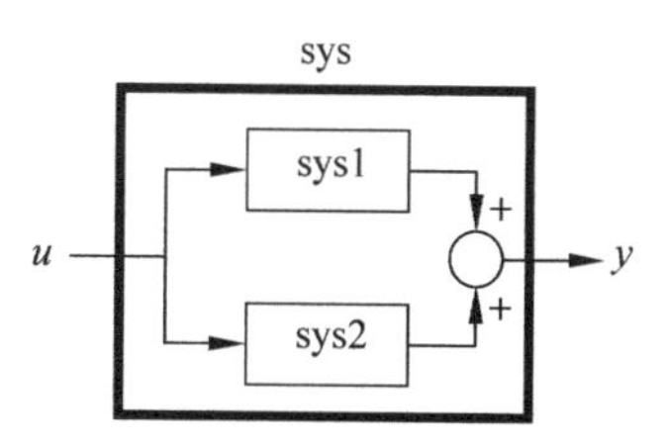

图15-5 并联系统

并联后的系统传递函数表示如式(15-3)所示。

$$g(s) = g_1(s) + g_2(s) = \frac{n_1 d_2 + n_2 d_1}{d_1 d_2} \tag{15-3}$$

其中，n_1、d_1 和 n_2、d_2 分别为 $g_1(s)$、$g_2(s)$的传递函数分子、分母系数行矢量。

命令格式：

```
[ n,d ] = parallel(n1,d1,n2,d2)
[a,b,c,d] = parallel(a1,b1,c1,d1,a2,b2,c2,d2)
```

【例15-5】 设计一个简单模型，将以下两个系统并联连接。

$$g_1(s) = \frac{2}{s+1}, \quad g_2(s) = \frac{3s+1}{s^2+s+2}$$

在MATLAB工作空间中输入如下命令：

```
>> n1 = [2];
d1 = [1 1];
n2 = [3 1];
d2 = [1 1 2];
[n,d] = parallel(n1,d1,n2,d2)
```

运行结果：

```
n =
    0   5   18   25
d =
    1   6   11   12
```

可得并联后系统的传递函数为

$$g(s)=\frac{6s+2}{s^3+2s^2+3s+2}$$

2. 系统的串联

series 命令实现两个系统的串联，如图 15-6 所示。

串联后系统的传递函数如式(15-4)所示。

$$g(s)=g_1(s)\cdot g_2(s)=\frac{n_1\cdot n_2}{d_1\cdot d_2} \tag{15-4}$$

命令格式：

```
[n,d] = series(n1,d1,n2,d2)
[a,b,c,d] = series(a1,b1,c1,d1,a2,b2,c2,d2)
```

3. 系统的反馈

feedback 命令实现两个系统的反馈连接，如图 15-7 所示。

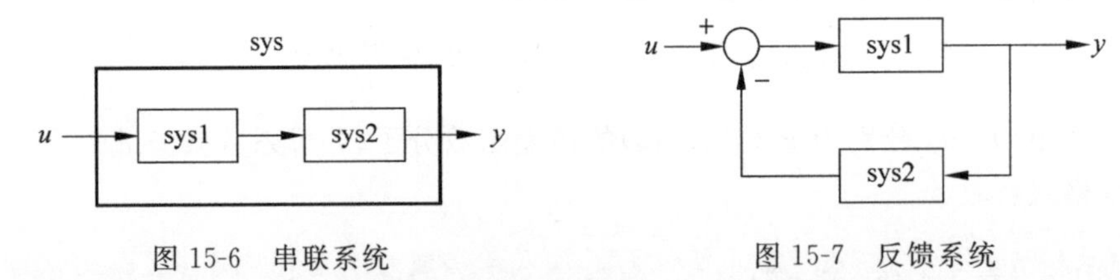

图 15-6　串联系统

图 15-7　反馈系统

连接后系统的传递函数如式(15-5)所示。

$$g(s)=\frac{g_1(s)}{1+g_2(s)}=\frac{n_1\cdot d_2}{d_1\cdot d_2+n_1\cdot n_2} \tag{15-5}$$

命令格式：

```
[n,d] = feedback(n1,d1,n2,d2)
[n,d] = feedback(n1,d1,n2,d2,sign)
[a,b,c,d] = feedback(a1,b1,c1,d1,a2,b2,c2,d2,sign)
```

其中，sign 是指示 y2 到 u1 连接的符号，默认为负(即 sign=−1)。

【例 15-6】 设有下面两个系统，现将它们负反馈连接，设计其传递函数。

$$g_1(s)=\frac{s+1}{s^2+2s+3},\quad g_2(s)=\frac{1}{s+10}$$

在 MATLAB 工作空间中输入如下命令：

```
>> n1 = [ 1,1 ];
   d1 = [ 1,2,3 ];
   n2 = 1;
   d2 = [ 1,10 ];
   [ n,d ] = feedback(n1,d1,n2,d2);
   G=tf(n,d)
```

运行结果：

```
G =
        s^2 + 11 s + 10
   ------------------------
    s^3 + 12 s^2 + 24 s + 31
Continuous-time transfer function.
```

15.2 控制系统的时域分析与 MATLAB 实现

系统对不同的输入信号具有不同的响应，而控制系统在运行中受到的外作用信号具有随机性。因此，在研究系统的性能和响应时，需要采用某些标准的检测信号。常用的检测信号有阶跃信号、速度信号、冲激信号和加速度信号等。具体采用哪种信号，则要看系统主要工作于哪种信号作用的场所，如系统的输入信号是突变信号，则采用阶跃信号分析为宜。而系统输入信号是以时间为基准成比例变化的量时，则采用速度信号分析为宜。MATLAB 中包含了一些常用分析命令如单位阶跃响应、冲激响应等供我们分析所用。

15.2.1 线性系统的稳定性分析

线性系统稳定的充要条件是系统的特征根均位于 S 平面的左半部分。系统的零极点模型可以直接被用来判断系统的稳定性。另外，MATLAB 语言中提供了有关多项式的操作函数，也可以用于系统的分析和计算。

1. 由传递函数求零点和极点

在 MATLAB 控制系统工具箱中，给出了由传递函数对象 G 求出系统零点和极点的函数。其调用格式分别为

```
Z=tzero(G)
P=G.P{1}
```

其中，要求的 G 必须是零极点模型对象，且出现矩阵的点运算“.”，大括号{}表示矩阵元素。

【例 15-7】 已知传递函数如下，试求其零极点。

$$G(s)=\frac{s^3+4s^2+2s+3}{2s^3+5s^2+9s+7}$$

在 MATLAB 工作空间中输入如下命令：

```
>> num = [1,4,2,3];
   den = [2,5,9,7];
   G = tf(num,den);
   G1 = zpk(G);
Z = tzero(G)
P = G1.P{1}
```

运行结果：

```
Z =
   - 0.1610  +  0.8887i
   - 0.1610  -  0.8887i
   - 3.6780  +  0.0000i
P =
   - 0.6550  +  1.5850i
   - 0.6550  -  1.5850i
   - 1.1900  +  0.0000i
```

2. 零极点分布图

在 MATLAB 中，可利用 pzmap()函数绘制连续系统的零、极点图，从而分析系统的稳定性。该函数调用格式为

```
pzmap(num,den)
```

【例 15-8】 已知传递函数如下，用 MATLAB 画图显示该系统的零极点分布情况。

$$G(s)=\frac{s^4+2s^3+3s^2+3s+6}{s^5+3s^4+5s^3+2s^2+8s+7}$$

在 MATLAB 工作空间中输入如下命令，结果如图 15-8 所示。

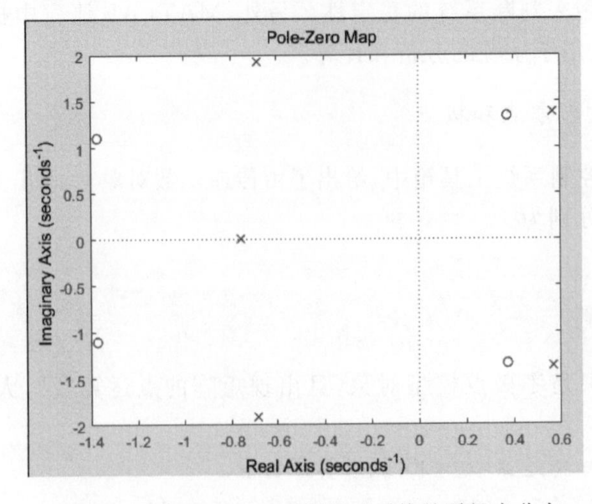

图 15-8　用 MATLAB 画图显示系统的零极点分布

```
>> num = [1,2,3,3,6];
   den = [1,1,5,2,8,7];
   pzmap(num,den)
   title('Pole - Zero Map')        % 图形标题
```

15.2.2 控制系统的动态响应

1. 阶跃响应

step命令可以求得连续系统的单位阶跃响应，当不带输出变量时，可在当前窗口中绘出单位阶跃响应曲线。带有输出变量时则输出一组数据。命令格式如下：

```
step(n,d,t); 或 [y,x,t] = step(n,d,t)
step(a,b,c,d,t) 或 [y,x,t] = step(a,b,c,d,t)
```

其中，t是事先确定的时间矢量，当t缺省时则时间由函数自行决定。

如果需要将输出结果返回到MATLAB工作空间，可采用以下调用格式：

```
c = step(G)
```

此时，屏幕上不会显示响应曲线，必须利用plot()命令去查看响应曲线。plot可以根据两个或多个给定的矢量绘制二维图形。

【例15-9】 已知传递函数如下，试求其单位阶跃响应。

$$G(s)=\frac{10}{s^2+3s+2}$$

在MATLAB工作空间中输入如下命令，结果如图15-9所示。

```
>> num = [0,0,10];
den = [1,3,2];
step(num,den)
grid % 绘制网格线
```

用dcgain命令求取系统输出的稳态值。例如，可用下面的语句来得出阶跃响应曲线及其输出稳态值。

```
>> G = tf([0,0,10],[1,3,2]);
   t = 0:0.1:5;          % 从 0 到 5 每隔 0.1 取一个值
   c = step(G , t);      % 动态响应的幅值赋给变量 c
   plot(t,c)             % 绘二维图形,横坐标取 t,纵坐标取 c
   Css = dcgain(G)       % 求取稳态值
```

系统显示的图形类似于上一个例子，在命令窗口中显示了如下结果：

```
Css =  1
```

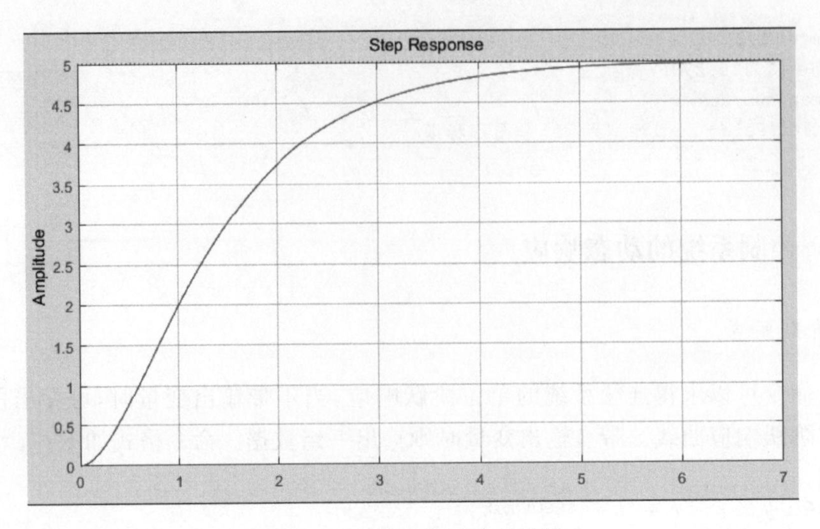

图 15-9　单位阶跃响应曲线图

2. 求系统的单位冲激响应

impulse 命令可求得系统的单位冲激响应。当不带输出变量时可在当前窗口得到单位冲激响应曲线；带有输出变量时则得到一组对应的数据。

命令格式：

```
impulse(n,d) 或 [y,x] = impulse(n,d)
impulse(a,b,c,d) 或 [y,x] = impulse(a,b,c,d)
```

也可加入事先选定的时间矢量 t,t 的特性同上。

【例 15-10】 已知某单位反馈控制系统的开环传递函数如下,求此系统的单位冲激响应。

$$G(s) = \frac{5}{s^2 + 3s}$$

在 MATLAB 工作空间中输入如下命令,结果如图 15-10 所示。

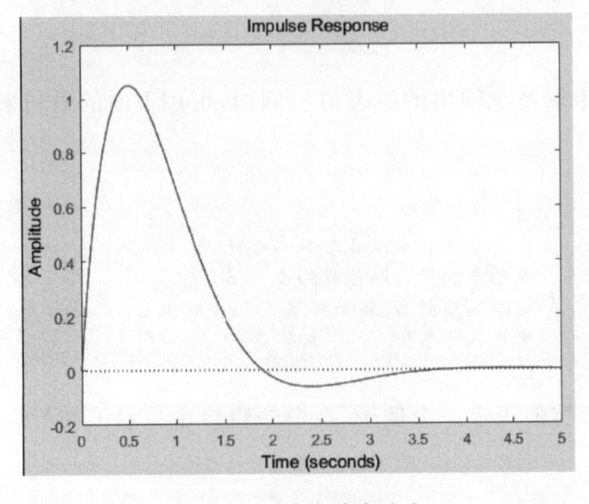

图 15-10　单位冲击响应

```
>> num1 = [5];
 den1 = [1 3 0];
 [n,d] = cloop(num1,den1);
 impulse(n,d)
```

3. 斜坡响应和加速度响应

在 MATLAB 中，斜坡响应和加速度响应可借助阶跃响应求得：

```
斜坡响应 = 阶跃响应 * 1/s
加速度响应 = 阶跃响应 * 1/s²
```

【例 15-11】 已知某系统传递函数如下，求此系统的斜坡响应和加速度响应。

$$G(s) = \frac{2}{s^2 + 3s + 1}$$

在 MATLAB 工作空间中输入如下命令，结果如图 15-11 所示。

```
>> G1 = tf(2,[1 3 1 0]);          % 利用阶跃响应转换为斜坡响应
   subplot(211);                  % 绘制斜坡响应
   step(G1);
   title('斜坡响应');
   G2 = tf(2,[1 3 1 0 0]);        % 利用阶跃响应转换为加速度响应
   subplot(212);                  % 绘制加速度响应
   step(G2);
   title('加速度响应');
```

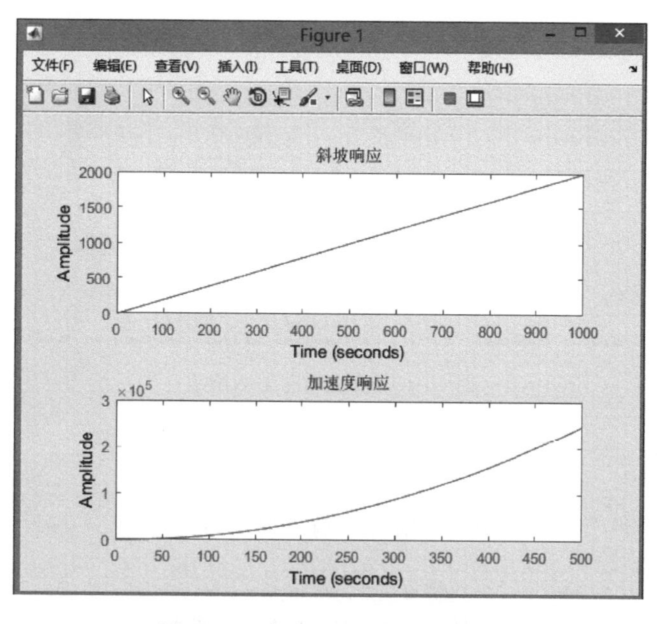

图 15-11 斜坡响应和加速度响应

4. 任意输入响应

连续系统对任意输入的响应用 lsim 函数实现，其命令格式如下：

```
lsim(G,U,T)              %绘制系统 G 的任意响应曲线
[y,t,x] = lsim(G,U,T)    %得到系统 G 的任意响应数据
```

其中，U 为输入序列，每一列对应一个输入；参数 T、t、x 都可省略。

【例 15-12】 已知某系统传递函数如下，求此系统在正弦信号 $\sin(2t)$ 输入下的响应。

$$G(s)=\frac{2}{s^2+3s+1}$$

在 MATLAB 工作空间中输入如下命令，结果如图 15-12 所示。

```
>> t = 0:0.1:10;
   u = sin(2 * t);
   G = tf(2,[1 3 1]);
   Lsim(G,u,t);
```

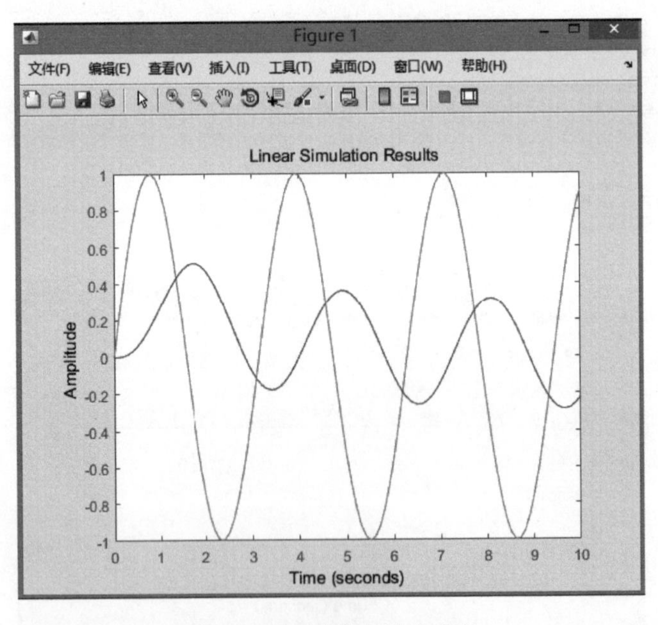

图 15-12　正弦信号输入响应

5. 零输入响应

MATLAB 提供了 initial 函数来实现零输入响应，其命令格式如下：

```
initial(G,x0,T)              %绘制系统 G 的零输入响应曲线
[y,t,x] = initial(G,x0,T)    %得到系统 G 的零输入响应数据
```

其中，G 必须是状态空间模型；x0 是初始条件，x0 与状态的个数应相同。

【例 15-13】 已知某系统传递函数如下，系统初始状态为[1,2]，求此系统的零输入响应。

$$G(s)=\frac{2}{s^2+3s+1}$$

在 MATLAB 工作空间中输入如下命令，结果如图 15-13 所示。

```
>> G1 = tf(2,[1 3 1]);
   S1 = ss(G1);
   x0 = [1,2];
   initial(S1,x0)
```

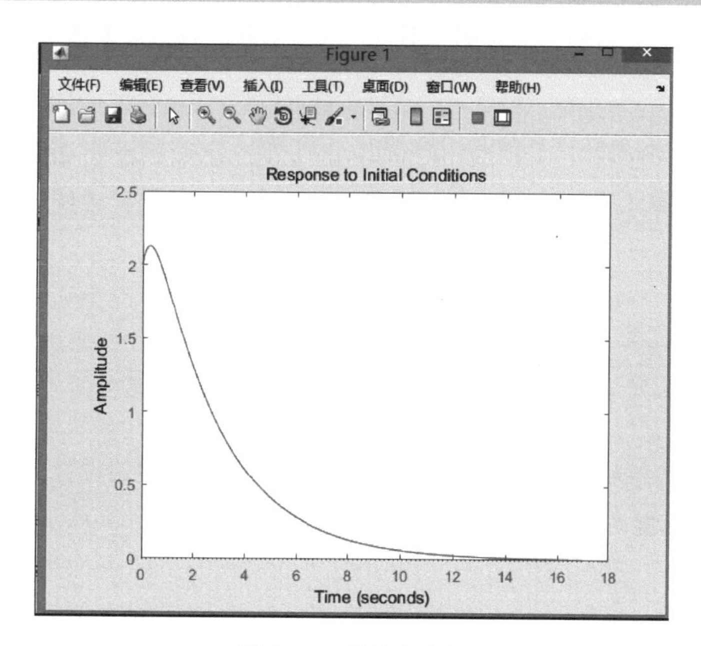

图 15-13 零输入响应

6. 离散系统响应

MATLAB 提供了与连续系统相对应的函数命令，在连续系统的函数名前加“d”就表示相对应的离散系统函数。离散系统的函数如表 15-1 所示。

表 15-1 离散系统的函数

函数命令	功能说明
dstep(a,b,c,d)或 dstep(num,den)	离散系统的阶跃响应
dimpulse(a,b,c,d)或 dimpulse(num,den)	离散系统的脉冲响应
dlsim(a,b,c,d)或 dlsim(num,den)	离散系统的任意输入响应
dinitial(a,b,c,d,x0)或 dinitial(num,den,x0)	离散系统的零输入响应

15.2.3 控制系统的时域响应指标

控制系统的时域分析中常常需要求解响应指标，如稳态误差 e_{ss}、超调量 σ、上升时间

t_r、峰值时间 t_p、调节时间 t_s 和输出稳态值 y_∞。如下所述共有两种方式可以观测和精确求出相关指标。

1. 游动鼠标法

在程序运行完毕得到阶跃响应曲线后，用鼠标单击时域响应曲线的任意一点，系统会自动跳出一个小方框，小方框显示了这一点的横坐标(时间)和纵坐标(幅值)。按住鼠标左键在曲线上移动，可找到曲线幅值最大的一点，即曲线最大峰值，此时小方框显示的时间就是此二阶系统的峰值时间，根据观测到的稳态值和峰值可计算出系统的超调量。系统的上升时间和稳态响应时间可以此类推。注：该方法不适用于 plot()命令画出的图形。

2. 用编程方式求取时域响应的各项性能指标

通过前面的学习，我们已经可以用阶跃响应函数 step()获得系统输出量，若将输出量返回到变量 y 中，可调用如下命令格式：

```
[y,t] = step(G)
```

对返回的这一对 y 和 t 变量的值进行计算，可得到时域性能指标。

1) 稳态误差 e_{ss}

稳态误差是系统稳定误差的终值，即 $e_{ss}=\lim\limits_{t\to\infty}e(t)$。一般使用位置误差系数 k_p、速度误差系数 k_v、加速度误差系数 k_a 来计算稳态误差。其中 $k_p=\lim\limits_{t\to\infty}G(s)$，$k_v=\lim\limits_{t\to\infty}sG(s)$，$k_a=\lim\limits_{t\to\infty}s^2G(s)$。

可利用 MATLAB 提供的 limit 函数来计算稳态误差。一个计算稳态误差的示例详见例 15-32。

2) 峰值时间 t_p

峰值时间 t_p(timetopeak)可由以下命令获得：

```
[Y,k] = max(y);
timetopeak = t(k)
```

取最大值函数 max()求出 y 的峰值及相应的时间，并存于变量 Y 和 k 中。然后在变量 t 中取出峰值时间，并将它赋给变量 timetopeak。

3) 超调量 σ

最大(百分比)超调量(percentovershoot)可由以下命令获得：

```
C = dcgain(G);
[Y,k] = max(y);
percentovershoot = 100 * (Y - C)/C
```

dcgain()函数用于求取系统的终值，将终值赋给变量 C，然后依据超调量的定义，由 Y 和 C 计算出百分比超调量。

4）上升时间 t_r

上升时间(risetime)可利用 MATLAB 中的循环控制语句编写 M 文件来获得。

要求出上升时间，可用 while 语句编写以下程序得到：

```
C = dcgain(G);
n = 1
while y(n)< C
n = n + 1;
end
risetime = t(n)
```

在阶跃输入条件下，y 的值由零逐渐增大，当以上循环满足 y=C 时，退出循环，此时对应的时刻即为上升时间。

对于输出无超调的系统响应，上升时间定义为输出从稳态值的 10%上升到 90%所需的时间，则计算程序如下：

```
C = dcgain(G);
n = 1;
while y(n)< 0.1 * C
   n = n + 1;
end
m = 1;
while y(n)< 0.9 * C
   m = m + 1;
end
risetime = t(m) - t(n)
```

5）调节时间 t_s

调节时间(setllingtime)可由以下编程语句得到：

```
C = dcgain(G);
 i = length(t);
   while(y(i)> 0.98 * C)&(y(i)< 1.02 * C)
   i = i - 1;
  end
setllingtime = t(i)
```

用矢量长度函数 length()可求得 t 序列的长度，将其设定为变量 i 的上限值。

【例 15-14】 已知传递函数如下，试求其单位阶跃响应及其性能指标(最大峰值时间、超调量和调节时间)。

$$G(s) = \frac{3}{(s+1+3i)(s+1-3i)}$$

在 MATLAB 工作空间中输入如下命令：

```
>> G = zpk([ ],[ - 1 + 3 * i, - 1 - 3 * i],3);              %计算最大峰值时间和它对应的超调量
         C = dcgain(G)
         [y,t] = step(G);
```

```
    plot(t,y)
    grid
    [Y,k] = max(y);
    timetopeak = t(k)
    percentovershoot = 100 * (Y - C)/C            %计算上升时间
  n = 1;
  while y(n)<C
     n = n + 1;
  end
  risetime = t(n)                                 %计算稳态响应时间
   i = length(t);
   while(y(i)> 0.98 * C)&(y(i)< 1.02 * C)
      i = i - 1;
   end
 setllingtime = t(i)
```

运行后的响应结果如图 15-14 所示，命令窗口中显示的结果如下：

```
C = 0.3000        timetopeak = 1.0592  percentovershoot = 35.0670
risetime = 0.6447   setllingtime = 3.4999
```

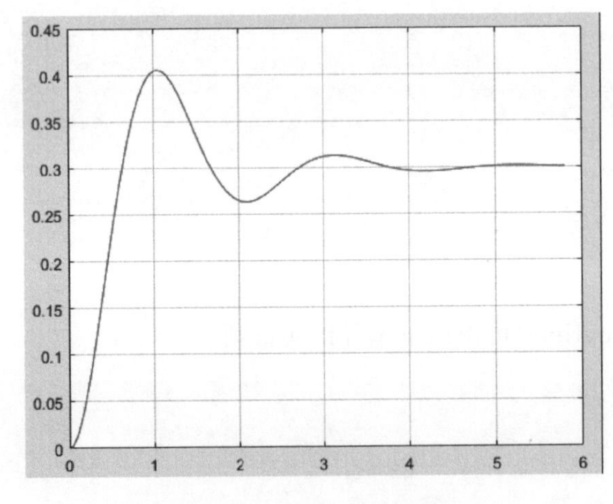

图 15-14　单位阶跃响应

15.3　控制系统的频域分析与 MATLAB 实现

当控制系统输入为正弦信号时，其系统的稳态输出常常需要研究其频域分析，即幅频特性和相频特性，例如绘制 Bode 图、Nyquist 曲线和 Nichols 曲线。

15.3.1　控制系统的频域分析

1. 控制系统的幅频特性和相频特性

设控制系统的传递函数为 $G(s)$，则其频域响应可写成 $G(s)\big|_{s=\mathrm{j}\omega}=|G(\mathrm{j}\omega)|\mathrm{e}^{\mathrm{j}\varphi(\omega)}=$

$A(\omega)e^{j\varphi(\omega)}$，其中，$A(\omega)$为幅频特性，$\varphi(\omega)$为相频特性。MATLAB 提供了 freqresp 函数来计算频率特性，其命令格式如下：

```
GW = freqresp(G,w) % 计算系统 G 在 w 处的频率特性
```

其中，当 w 是标量时，GW 是由实部和虚部组成的频率特性值；当 w 是向量时，GW 是三维数组，最后一维是频率。

【例 15-15】 已知传递函数如下，计算其 $\omega=1$ 处的幅频特性和相频特性。

$$G(s)=\frac{3}{3s+1}$$

在 MATLAB 工作空间中输入如下命令：

```
>> G = tf(3,[3 1]);
     w = 1;
   Gw = freqresp(G,w);        % 计算幅频特性和相频特性
  Aw = abs(Gw);               % 计算幅频特性
  Fw = angle(Gw);             % 计算相频特性
```

运行结果：

```
Gw = 0.3000 - 0.9000i; Aw = 0.9487; Fw = -1.2490
```

2. Bode 图

利用 bode 命令可绘制对数幅相频率特性曲线 Bode 图，其命令格式如下：

```
bode(G,w)                                          % 绘制系统 G 的 Bode 图
bode(G1,'plotstyle1',G2,'plotstyle2', … ,w)        % 绘制多个系统的 Bode 图
[mag,pha] = bode(G,w)                              % 求 w 处的幅值和相角
[mag,pha,w] = bode(G)                              % 求幅值、相角、频率
```

其中，mag 为幅值，pha 为相角。

另外，通过 bodemag 命令可以只绘制对数幅频特性，其命令格式与 bode 相同。

【例 15-16】 已知传递函数如下，试绘制其 Bode 图和对数幅频特性。

$$G(s)=\frac{3}{3s+1}$$

在 MATLAB 工作空间中输入如下命令：

```
>> G = tf(3,[3 1]);
   subplot(1,2,1);
   bode(G);             % 绘制 Bode 图
  subplot(1,2,2);
   bodemag(G);          % 绘制对数幅频特性
```

运行后的结果如图 15-15 所示。

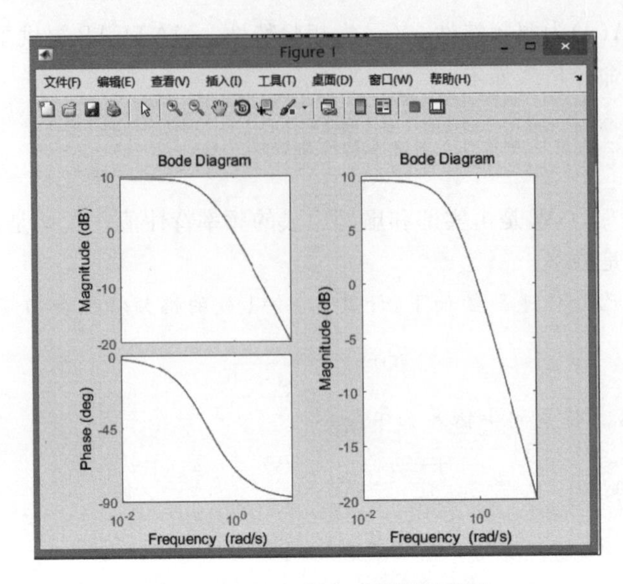

图 15-15　Bode 图和对数幅频特性

3. Nyquist 曲线

使用 nyquist 命令可绘制 ω 从 $-\infty$ 到 ∞ 变化时的 Nyquist 曲线，其命令格式如下：

```
nyquist(G,w)                                        %绘制系统 G 的 Nyquist 曲线
nyquist(G1,'plotstyle1',G2,'plotstyle2',…,w)        %绘制多个系统的 Nyquist 曲线
[Re,Im] = nyquist(G,w)                              %求 w 处的实部、虚部
[Re,Im,w] = nyquist(G)                              %求 w 处的实部、虚部和频率
```

其中，G、G1、G2 等为系统模型，可为连续或离散的 SISO 或 MIMO 系统；plotstyle1、plotstyle2 等是所绘曲线的线型；w 为频率，可以是某个频率点或频率范围，该参数可以省略；Re 为实部；Im 为虚部。

【例 15-17】 已知传递函数如下，试绘制其 Nyquist 曲线。

$$G(s)=\frac{3}{3s+1}$$

在 MATLAB 工作空间中输入如下命令：

```
>> G = tf(3,[3 1]);
   nyquist(G)
```

运行后的结果如图 15-16 所示。

4. Nichols 曲线

Nichols 曲线是将对数幅频特性和对数相频特性绘制在一个图中，MATLAB 提供了 nichols 命令来绘制 Nichols 曲线。同时还提供了 ngrid 命令在 Nichols 曲线中添加等 M 线和等 α 线的网格。nichols 命令格式与 bode 命令相同，此处不再赘述。

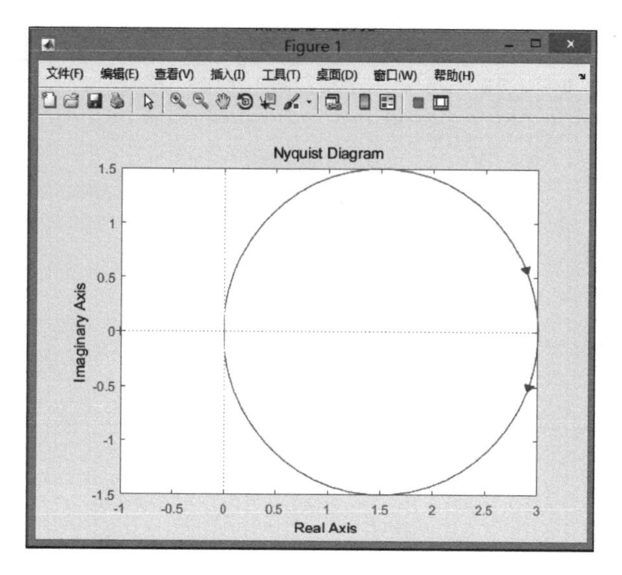

图 15-16　Nyquist 曲线

15.3.2　控制系统的频域分析性能指标

频域分析的性能指标主要有开环频率特性的相角裕度 γ、截止频率 ω_c、幅值裕度 h，闭环频率特性的谐振峰值 M_r、谐振频率 ω_r 和带宽频率 ω_b。

1. 开环频率特性的性能指标

利用 margin 命令可求得相角裕度 γ、截止频率 ω_c 和幅值裕度 h，其命令格式如下：

```
margin(G)                        % 绘制系统 G 的 Bode 图并标出幅值及相角裕度
[Gm,Pm,Wcg,Wcp] = margin(G)      % 求系统 G 的幅值裕度、相角裕度和相应的频率
```

其中，Gm 为幅值裕度，单位为 dB；Wcg 为幅值裕度，对应的频率即 ω_g；Pm 为相角裕度 γ，单位为 rad；Wcp 为相角裕度，对应的频率即截止频率 ω_c。

【例 15-18】 已知传递函数如下，试求其开环频率特性的性能指标。

$$G(s)=\frac{3}{3s+1}$$

在 MATLAB 工作空间中输入如下命令：

```
>> G = tf(3,[3 1]);
   margin(G);
   [Gm,Pm,Wcg,Wcp] = margin(G)
```

运行后的结果如图 15-17 所示。

得到：

```
Gm = Inf; Pm = 109.4712; Wcg = NaN; Wcp = 0.9428
```

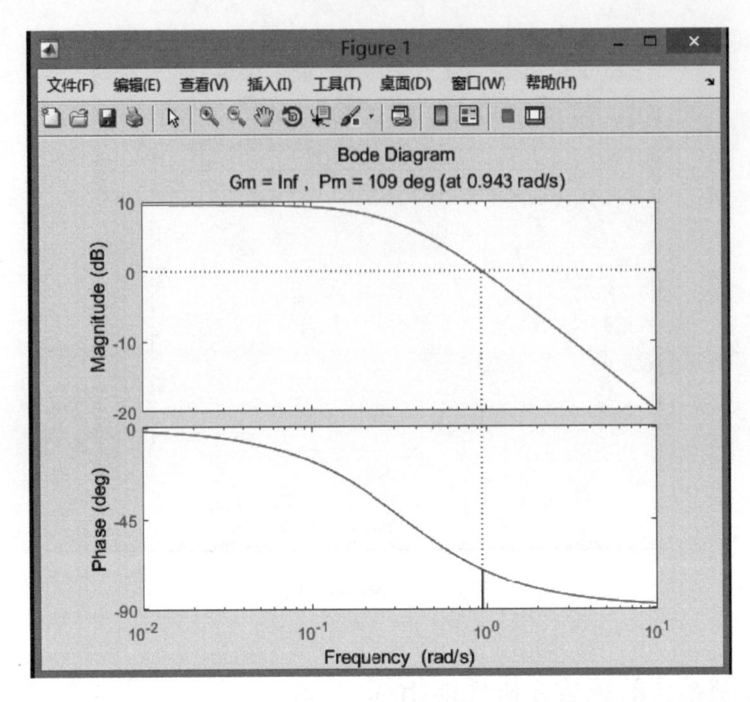

图 15-17　Bode 图

2. 闭环频率特性的性能指标

闭环频率特性的性能指标为谐振峰值 M_r、谐振频率 ω_r 和带宽频率 ω_b。由于 MATLAB 没有专门的命令求取这些数据，可以通过直接计算的方式或利用 LTI Viewer 得出。

谐振峰值 M_r 是幅频特性最大值与零频幅值之比，即 $M_r=M_m/M_0$；带宽频率是闭环频率特性的幅值 M_m 降到零频幅值 M_0 的 0.707(或由零频幅值下降了 3dB)时的频率。

【例 15-19】 已知开环传递函数如下，试求其单位负反馈系统的闭环频率特性的性能指标谐振峰值 M_r、谐振频率 ω_r 和带宽频率 ω_b。

$$G(s)=\frac{5}{s^2+3s+1}$$

在 MATLAB 工作空间中输入如下命令：

```
>> G = tf(5,[1 3 1]);
   Wclose = feedback(G,1);
   [m,p,w] = bode(Wclose);
   [Mm,r] = max(m(1,:));
   [M0,I0] = nyquist(Wclose,0)        %计算零频幅值
```

运行得到：

```
M0 = 0.8333; I0 = 0
>> Mr = Mm/M0          %计算谐振峰值
```

运行得到：

```
Mr = 1.0321
>> wr = w(r)            % 计算谐振频率
```

运行得到：

```
wr = 1.3099
>> wt = (m - 0.707 * M0)< 0;
   [temp,n] = max(wt(1,:));
   Wb = w(n)         % 计算带宽频率
```

运行得到：

```
Wb  =  2.8644
```

15.4 控制系统的根轨迹分析

设闭环系统中的开环传递函数如式(15-9)所示。

$$G_k(s) = K\frac{s^m + b_1 s^{m-1} + \cdots + b_{m-1} + b_m}{s^n + a_1 s^{n-1} + \cdots + a_{n-1}s + a_n} = K\frac{\text{num}}{\text{den}}$$

$$= K\frac{(s+z_1)(s+z_2)\cdots(s+z_m)}{(s+p_1)(s+p_2)\cdots(s+p_n)} = KG_0(s) \tag{15-6}$$

则闭环特征方程为

$$1 + K\frac{\text{num}}{\text{den}} = 0 \tag{15-7}$$

特征方程的根随参数 K 的变化而变化，即为闭环根轨迹。根轨迹可用于分析系统的暂态和稳态性能。

15.4.1 控制系统的根轨迹分析

1. 绘制根轨迹

控制系统工具箱中提供了 rlocus()函数，可以用来绘制给定系统的根轨迹，它的命令格式有以下几种：

```
rlocus(G)           % 绘制系统 G 的根轨迹
[r,k] = rlocus(G)   % 求得系统 G 的闭环极点 r 和增益 k
r = rlocus(G,k)     % 根据 k 求系统 G 的闭环极点
```

其中，G 是 SISO 系统，只能是传递函数模型。

另外，MATLAB 还提供了 sgrid 命令，它可在根轨迹中绘制系统的主导极点的等 ζ 线和等 ω_n 线。

【例 15-20】 已知开环传递函数如下，试画出其根轨迹。

$$G_k(s)=\frac{K}{s(s+1)(s+2)}=KG_0(s)$$

在 MATLAB 命令窗口输入，结果如图 15-18 所示。

```
>> G = tf(1,[conv([1,1],[1,2]),0]);
   rlocus(G);
   grid
   title('Root_Locus Plot of G(s) = K/[s(s+1)(s+2)]')
   xlabel('Real Axis')                   %给图形中的横坐标命名
   ylabel('Imag Axis')                   %给图形中的纵坐标命名
   [K,P] = rlocfind(G)
```

单击根轨迹上与虚轴相交的点，在命令窗口中可发现如图 15-19 所示的结果。

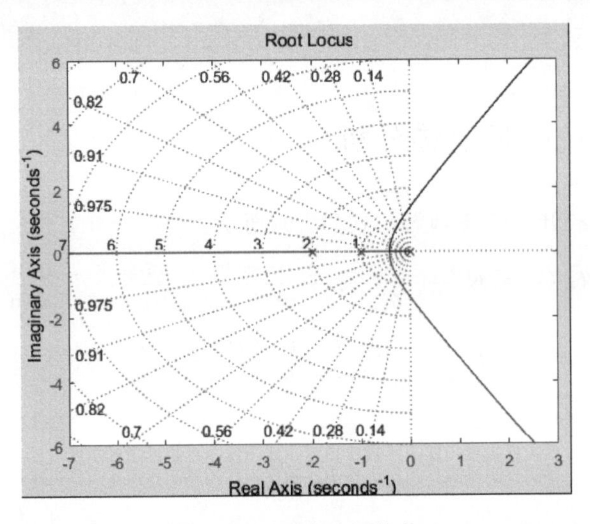

图 15-18　系统的根轨迹

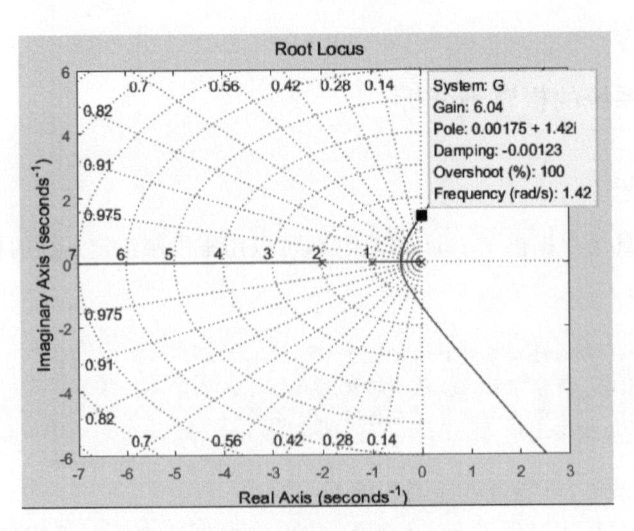

图 15-19　单击后显示相应的数据

得到：

```
select_point = 0.0000 + 1.3921i
  K =
5.8142
  p =
- 2.29830
- 0.0085 + 1.3961i
- 0.0085 - 1.3961i
```

所以，要想使此闭环系统稳定，其增益范围应为 $0<K<5.81$。

参数根轨迹反映了闭环根与开环增益 K 的关系。可以编写下面的程序，通过 K 的变化，观察对应根处阶跃响应的变化。考虑 $K=0.1,0.2,\cdots,1,2,\cdots,5$ 这些增益下闭环系统的阶跃响应曲线。可由以下 MATLAB 命令得到：

```
>> hold off;          % 擦掉图形窗口中原有的曲线
t = 0:0.2:15;
Y = [ ];
for K = [0.1:0.1:1,2:5]
      GK = feedback(K * G,1);
      y = step(GK,t);
      Y = [Y,y];
end
plot(t,Y)
```

对于 for 循环语句，循环次数由 K 给出。系统画出的图形如图 15-20 所示。可以看出，当 K 的值增加时，一对主导极点起作用，且响应速度变快。一旦 K 接近临界 K 值，振荡加剧，性能变坏。

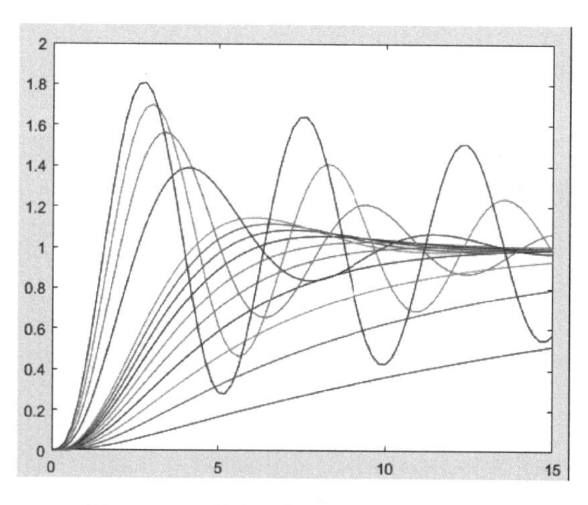

图 15-20　不同 K 值下的阶跃响应曲线

2. 求给定根的根轨迹增益

利用 rlocfind 命令可以获得根轨迹上给定根的增益和闭环根，其命令格式如下：

```
[k,p] = rlocfind (G)          % 求得根轨迹上某点的闭环极点 p 和增益 k
[k,p] = rlocfind (G,p)        % 根据 p 求得系统 G 的增益 k
```

其中,G 是开环系统模型,可以是传递函数、零极点模型或状态空间模型,可以是连续或离散系统。函数运行后,在根轨迹图形窗口中显示十字光标,当用户选择根轨迹上某点并单击时,会获得相应的增益 k 和闭环极点 p。

【例 15-21】 已知开环传递函数如下,试画出其根轨迹,并求取其增益和闭环极点。

$$G(s)=\frac{K}{s(s+4)(s+2-4j)(s+2+4j)}$$

在 MATLAB 命令窗口输入:

```
>> num = 1;
   den = [conv([1,4],conv([1 -2+4j],[1 -2-4j])),0];
   G = tf(num,den);
   rlocus(G);
   sgrid(0.7,10);
   [k,p] = rlocfind(G)
```

根轨迹如图 15-21 所示。在图 15-22 上单击选中的根轨迹上的某点得到如下 4 个闭环根:

```
selected_point =
   4.1232 + 4.5820i
k =
   1.1189e+03
p =
   3.9890 + 4.7881i
   3.9890 - 4.7881i
  -3.9890 + 3.5914i
  -3.9890 - 3.5914i
```

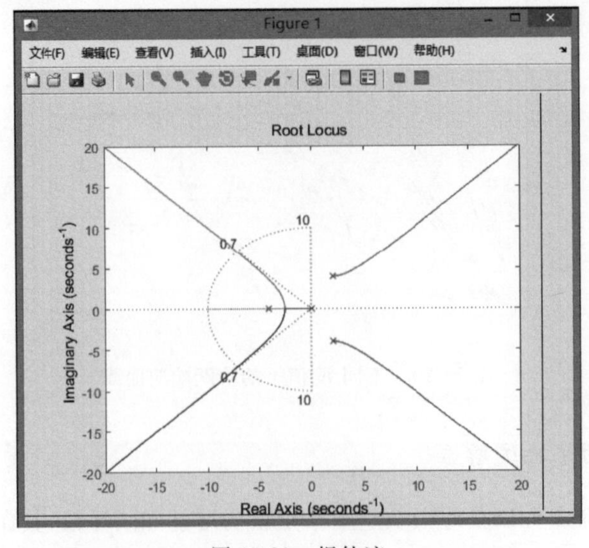

图 15-21　根轨迹

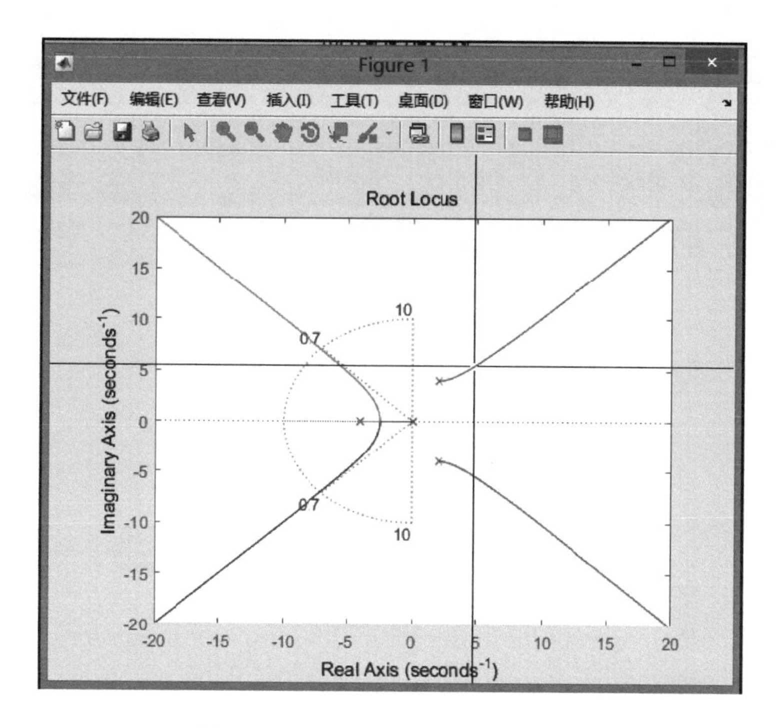

图 15-22 单击选中的根轨迹上的某点

15.4.2 根轨迹设计工具

MATLAB控制工具箱的根轨迹设计器是一个分析根轨迹的图形界面，使用 rltool 命令可以打开根轨迹设计器。其命令格式如下：

```
rltool(G)           % 打开系统 G 的根轨迹设计器
```

其中，G 是系统开环模型，该参数可省略。当该参数省略时，打开的是空白的根轨迹设计器。

【例 15-22】 续例 15-21，打开该传递函数的根轨迹设计器。

在 MATLAB 命令窗口输入：

```
>> rltool(G);
```

运行结果：

弹出如图 15-23 所示的根轨迹设计器窗口。

在根轨迹设计器窗口中，可以用鼠标拖动各零极点运动，查看零极点位置改变时根轨迹的变化，在坐标轴下面显示了鼠标所在位置的零极点值。也可以通过使用工具栏中的相关按钮来添加或删除零极点。

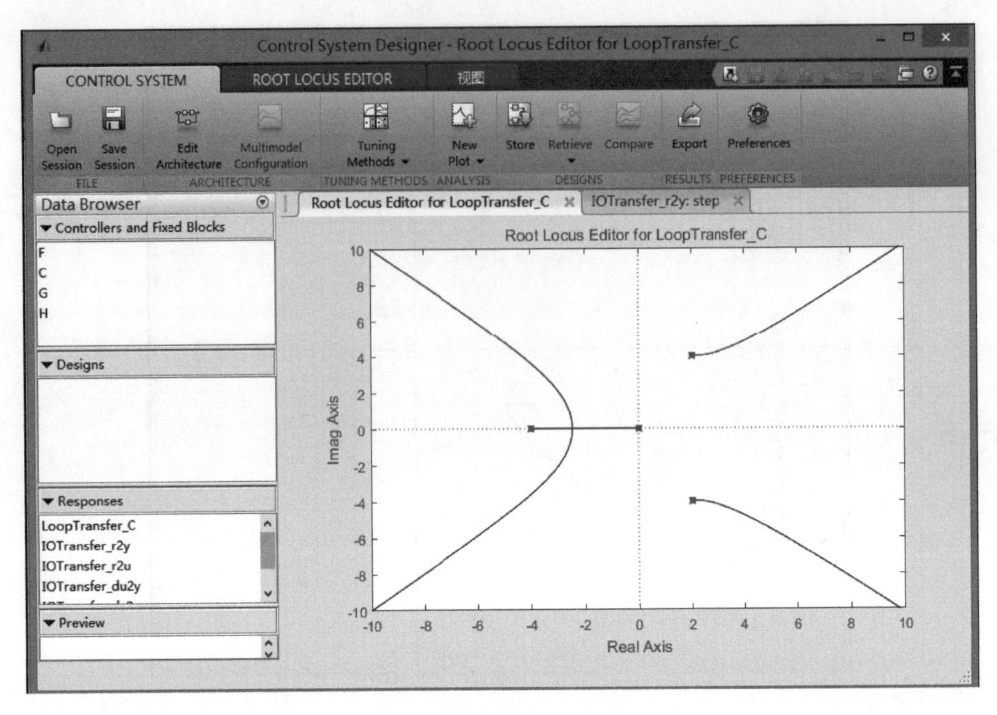

图 15-23 根轨迹设计器

15.5 控制系统的状态空间分析

状态空间描述是 20 世纪 60 年代初，将力学中的相空间法引入到控制系统的研究中而形成的描述系统的方法，它是时域中最详细的描述方法。状态空间模型既可描述线性系统，也可描述时变系统。

15.5.1 状态空间的线性变换

对于一个控制系统来说，根据选取的状态变量可以得到不同的状态空间模型。

1. 状态空间模型的转换

系统从坐标系 x 变换到坐标系$\tilde{x}$($x=p\,\tilde{x}$)，即由(A,B,C,D)转换为($\tilde{A}$,$\tilde{B}$,$\tilde{C}$,$\tilde{D}$)，称系统进行了 P 变换。两个坐标系的转换关系为

$$\begin{cases} \tilde{A} = P^{-1}AP \\ \tilde{B} = P^{-1}B \\ \tilde{C} = CP \end{cases}$$

MATLAB 提供 ss2ss 函数进行状态空间模型的转换，其命令格式如下：

```
sysT = ss2ss(sys,T)        % 坐标变换
```

其中，sys 是变换前的状态模型，sysT 是变换后的状态空间模型。因此对于 P 变换，使用 ss2ss 函数时，$T=P^{-1}$，即 $T=\mathrm{inv}(P)$。

2. 特征值和特征向量

为了计算特征值和特征向量，MATLAB 提供了 eig 函数，其命令格式如下：

```
[V,D] = eig(A)        % 计算矩阵 A 的特征值和特征向量
```

其中，V 是以所有特征向量为列向量构成的矩阵，D 是以特征值为对角线元素构成的对角矩阵。

3. Jordan 标准形

上面的 eig 函数不能计算广义特征向量，MATLAB 提供了 Jordan 函数以计算广义向量和 Jordan 矩阵，其命令格式如下：

```
[V,J] = jordan (A)        % 求矩阵 A 的 Jordan 标准形
```

其中，V 是使 Jordan 标准形，满足 $J=V^{-1}AV$ 的非奇异矩阵，是以广义特征向量为列向量构成的矩阵；J 是矩阵 A 的 Jordan 标准形。

【例 15-23】 已知控制系统的状态空间模型为 $\begin{cases}\dot{x}=\boldsymbol{A}x+\boldsymbol{B}u\\ y=\boldsymbol{C}x\end{cases}$，其中 $\boldsymbol{A}=\begin{bmatrix}0 & 1 & 0\\ 0 & 0 & 1\\ -1 & -3 & -3\end{bmatrix}$，$\boldsymbol{B}=[0\quad 0\quad 1]^{\mathrm{T}}$，$\boldsymbol{C}=[1\quad 1\quad 0]$。试求 A 的特征值，并将该控制系统转换为 Jordan 标准形。

在 MATLAB 命令窗口输入：

```
>> A = [0 1 0;0 0 1; -1 -3 -3];
   B = [0;0;1];
   C = [1 1 0];
   D = 0;
   sys1 = ss(A,B,C,D);          % 构建状态空间模型
  [V,F] = eig(A);               % 求矩阵 A 的特征向量和特征值
  [P,J] = jordan(A);            % 求矩阵 A 的广义特征向量和 Jordan 标准形
 sysJ = ss2ss(sys1,inv(P))      % 状态空间模型的转换
```

运行后得到：

```
V =
     0.5773 + 0.0000i    0.5773 - 0.0000i    0.5774 + 0.0000i
   - 0.5774 - 0.0000i  - 0.5774 + 0.0000i  - 0.5774 + 0.0000i
     0.5774 + 0.0000i    0.5774 + 0.0000i    0.5773 + 0.0000i
```

```
F =
   -1.0000 + 0.0000i    0.0000 + 0.0000i    0.0000 + 0.0000i
    0.0000 + 0.0000i   -1.0000 - 0.0000i    0.0000 + 0.0000i
    0.0000 + 0.0000i    0.0000 + 0.0000i   -1.0000 + 0.0000i
P =
     1     1     1
    -1     0     0
     1    -1     0
J =
    -1     1     0
     0    -1     1
     0     0    -1
sysJ =
  A =
         x1   x2   x3
    x1   -1    1    0
    x2    0   -1    1
    x3    0    0   -1
    B =
         u1
    x1    0
    x2   -1
    x3    1
    C =
         x1   x2   x3
    y1    0    1    1
    D =
         u1
    y1    0
 Continuous-time state-space model.
```

15.5.2 状态空间的能控性和能观性

作为线性系统的重要性质，状态空间模型的能控性和能观性往往是确定最优系统是否有解的前提条件。

1. 能控性

系统能控的充要条件是：

$$\text{rand}[Q_c] = \text{rank}[B \quad AB \quad \cdots \quad A^{N-1}B] = n$$

MATLAB 提供了 ctrb 函数来计算能控性矩阵，它既适用于连续系统也适用于离散系统。其命令格式如下：

```
QC = ctrb(A,B)                    % 由矩阵 A、B 计算能控性矩阵
QC = ctrb(sys)                    % 由给定的系统状态空间模型计算能控性矩阵
```

【例 15-24】 已知控制系统的状态空间模型为$\dot{x}=\boldsymbol{A}x+\boldsymbol{B}u$，其中，$\boldsymbol{A}=\begin{bmatrix}1 & 3 & 2\\0 & 2 & 0\\0 & -3 & 3\end{bmatrix}$，$\boldsymbol{B}=\begin{bmatrix}2 & 1 & -1\\1 & 1 & -1\end{bmatrix}^{\mathrm{T}}$。试判定系统的能控性。

在 MATLAB 命令窗口输入：

```
>> A = [1 3 2;0 2 0;0 - 3 3];
  B = [2 1;1 1; - 1 - 1];
  Qc = ctrb(A,B);            % 产生能控性矩阵
  n = size(A);               % 计算矩阵 A 的行数和列数
  r = rank(Qc);              % 计算能控性矩阵的秩
 if r == n(1)                % 判别能控性
 disp('The system is controlled! ')
else
disp('The system is not controlled! ')
 end
```

运行后得到：

```
Qc =
     2     1     3     2   - 3   - 4
     1     1     2     2     4     4
   - 1   - 1   - 6   - 6  - 24  - 24
n =
     3     3
r =
     3
The system is controlled!
```

2. 能观性

系统能观的充要条件是：

$$\mathrm{rand}[Q_o] = \mathrm{rank}\begin{bmatrix}C\\CA\\\vdots\\CA^{N-1}\end{bmatrix} = n$$

MATLAB 提供了 obsv 函数来计算能观性矩阵，其命令格式如下：

```
Qo = obsv(A,C)              % 由矩阵 A、C 计算能控性矩阵
QC = ctrb(sys)              % 由给定的系统状态空间模型计算能观性矩阵
```

15.5.3 状态空间的状态反馈与极点配置

极点配置是反馈控制系统设计的重要内容之一。

如果给出了对象的状态方程模型，我们希望引入某种控制器，使得闭环系统的极点移动到指定位置，从而改善系统的性能，这就是极点配置。

1. 状态反馈

1）状态反馈

状态反馈是指从状态变量到控制端的反馈。设原系统的动态方程为

$$\begin{cases}\dot{x}=\boldsymbol{A}x+\boldsymbol{B}u\\ y=\boldsymbol{C}x\end{cases}\tag{15-8}$$

引入状态反馈后，系统的动态方程为

$$\begin{cases}\dot{x}=(\boldsymbol{A}-\boldsymbol{B}k)x+\boldsymbol{B}u\\ y=Cx\end{cases}\tag{15-9}$$

2）输出反馈

设原系统动态方程如式(15-8)所示。引入输出反馈后，系统的动态方程为

$$\begin{cases}\dot{x}=(\boldsymbol{A}-\boldsymbol{HC})x+\boldsymbol{B}v\\ y=\boldsymbol{C}x\end{cases}\tag{15-10}$$

2. 极点配置

MATLAB提供了为SISO系统状态反馈极点配置的acker函数，以及为MIMO系统状态反馈极点配置的place函数。

1）SISO系统的极点配置

acker函数的命令格式如下：

```
k = acker(A,b,p)          %计算基于极点配置的状态反馈矩阵
```

其中，A和b分别为SISO系统的系统矩阵和输入矩阵；p为给定的期望闭环极点；K为状态反馈矩阵。

【例15-25】 已知控制系统的状态空间模型为$\dot{x}=\boldsymbol{A}x+\boldsymbol{B}u$，其中，$\boldsymbol{A}=\begin{bmatrix}-1 & -2\\ -1 & 3\end{bmatrix}$，$\boldsymbol{B}=[1\quad 2]^{\mathrm{T}}$。试将系统的闭环极点配置为$-1\pm 3\mathrm{j}$。

在MATLAB命令窗口输入：

```
>> A = [ -1 -2; -1 3];
   b = [1;2];
   p = [ -1 + 2j -1 - 2j];
  k = acker(A,b,p);
   Af = A - b * k;
   sys = ss(Af,b,[],[])
```

运行后得到：

```
k =
  -1.0667    2.5333
Af =
    0.0667   -4.5333
    1.1333   -2.0667
sys =
  A =
              x1        x2
   x1  0.06667   -4.533
   x2    1.133   -2.067
   B =
       u1
   x1   1
   x2   2
   C =
     Empty matrix: 0-by-2
   D =
     Empty matrix: 0-by-1
 Continuous-time state-space model.
```

2）MIMO 系统的极点配置

对 MIMO 系统极点配置所求的状态反馈矩阵可能不唯一。MATLAB 所提供的 place 函数仅仅是使闭环特征值对系统矩阵 A 和输入矩阵 B 的扰动敏感性最小的方法。其命令格式如下：

```
k = place(A,B,p)
```

其中，p 为给定的期望闭环极点；k 为求得的状态反馈矩阵。

15.6 控制系统综合实例与应用设计

应用 Simulink 对控制系统进行仿真设计，首先要对控制系统进行建模。建模的方法主要为机理分析法，即根据过程系统的内部机理（如运动规律和能流规律等），运用一些已知的原理、规律和定律，如物料或能量的平衡方程、运动方程和传热传质原理等，分析和建立过程系统的数学模型。

15.6.1 控制系统综合实例

【例 15-26】 已知控制系统的微分方程为$\ddot{y}(t)+3\dot{y}(t)+2y(t)=\dot{x}(t)+3x(t)$，$x(t)=e^{-t}\varepsilon(t)$。求零状态响应 $y(t)$。

在 MATLAB 命令窗口输入下列代码，结果如图 15-24 所示。

```
>> a = [1 3 2];
b = [1 3];
sys = tf(b, a);
```

```
td = 0.01;
t = 0 : td : 10;
x = exp( - t);
y = lsim(sys, x, t);
plot(t, y);
xlabel('t(sec)');
ylabel('y(t)');
grid on
```

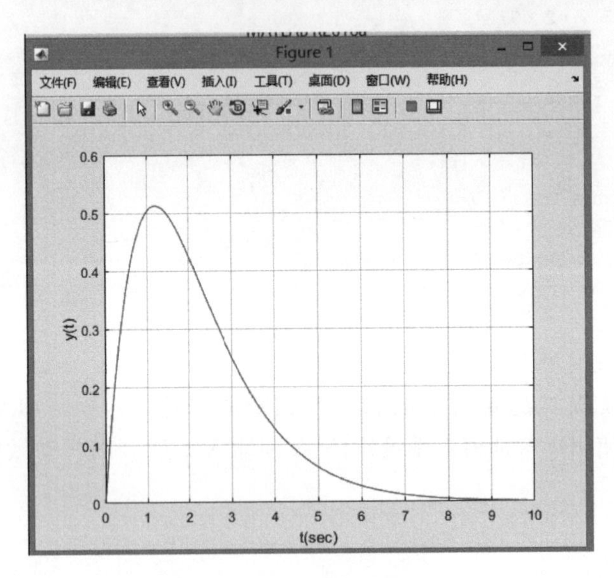

图 15-24　零状态响应

【例 15-27】　已知系统的差分方程为 $y[k]=\frac{1}{m}\sum_{i=0}^{m-1}f[k-i]$($m$ 点滑动平均系统)，输入 $r[k]=s[k]+n[k]$，其中，$s[k]=k0.8^k$ 是有用信号，$n[k]$是噪声信号。求系统的零状态响应输出。

在 MATLAB 命令窗口输入：

```
>> R = 100;          % 输入信号的长度
n = rand(1,R) - 1; % 产生( - 1,1)均匀分布的随机噪声
k = 0:R - 1;
s = k. * (0.8.^k); % 原始的有用信号
r = s + n;          % 加噪信号
figure;
subplot(1, 2, 1)
plot(k,d,'r - ',k,s,'b:',k,f,'k - ');
xlabel('time index k');legend('n[k]','s[k]','r[k]');
m = 5; b = ones(m,1)/m; a = 1;
y = filter(b,a,f);
subplot(1, 2, 2)
plot(k,s,'b:',k,y,'r - ');
xlabel('time index k'); legend('s[k]','y[k]');
```

程序运行结果如图15-25所示。左图中的三条曲线分别为噪声信号n[k]、有用信号s[k]和受干扰的输入信号r[k]，右图中的两条曲线分别为原始的有用信号s[k]和去噪信号y[k]。由此可见，该系统实现了对受噪声干扰信号的去噪处理。

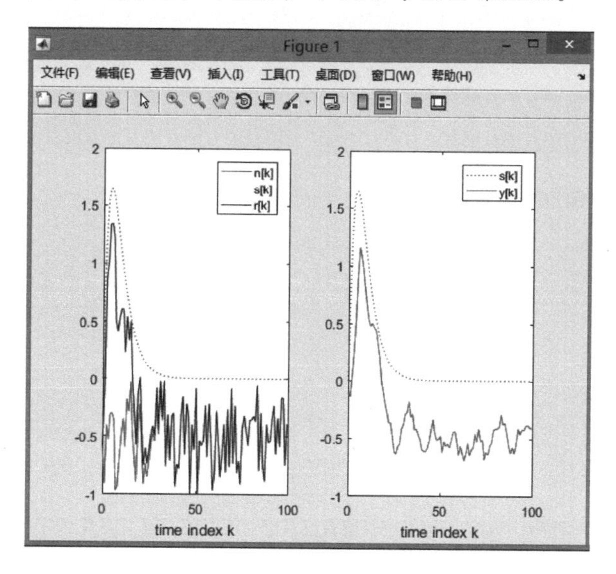

图15-25 零状态响应

【例15-28】 已知系统的开环传递函数为$G(s)=\dfrac{10}{s(0.2s+2)(0.1s+1)}$，使用超前校正环节来校正系统。要求校正后系统的速度误差系数小于10，相角裕度为45°。

由题目可得超前校正的步骤为：

(1) 根据速度误差系数计算k；

(2) 根据校正前的相角裕度γ和校正后的相角裕度$\gamma'=45°$，计算出$\varphi_m=\gamma'-\gamma+\Delta$；

(3) 计算$a=\dfrac{1+\sin\varphi_m}{1-\sin\varphi_m}$；

(4) 测出校正前系统上幅值为$-10\lg a$处的频率就是校正后系统的剪切频率ω_m；

(5) 计算$T=\dfrac{1}{\omega_m\sqrt{a}}$；

(6) 得出校正装置的传递函数$aG_C(s)=\dfrac{1+aTs}{1+Ts}$。

在MATLAB命令窗口输入：

```
>> num1 = 10;
den1 = [conv([0.2 1],[0.1 1]),0];
G1 = tf(num1,den1);
kc = 10/2;
pm = 45;
[mag1,pha1,w1] = bode(G1 * kc);
mag2 = 20 * log10(mag1);
[Gm1,Pm1,Wcg1,Wcp1] = margin(G1 * kc);
phi = (pm - Pm1 + 10) * pi/180;
```

```
a = (1 + sin(phi))/(1 - sin(phi));
lm = - 10 * log10(a);
wcg = spline(mag2,w1,lm);
T = 1/wcg/sqrt(a);
T1 = a * T;
Gc = tf([T1 1],[T 1]);
G = Gc * G1;
bode(G,G1,Gc)
```

运行后得到图 15-26。

```
wcg =
   33.9851
G =
                    4.868 s + 10
  ---------------------------------------------------
  3.557e-05 s^4 + 0.02053 s^3 + 0.3018 s^2 + s
 Continuous-time transfer function.
```

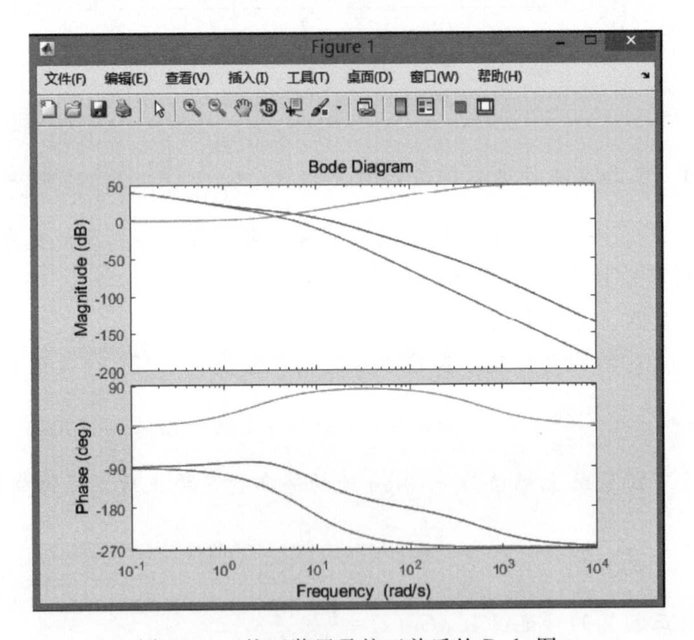

图 15-26 校正装置及校正前后的 Bode 图

【例 15-29】 已知系统的开环传递函数为 $G(s)=\dfrac{10}{s(0.2s+2)(0.1s+1)}$，计算其位置误差系数、速度误差系数和加速度误差系数。

在 MATLAB 命令窗口输入如下命令：

```
>> syms s G
G = 10/(s * (0.2 * s + 2) * (0.1 * s + 1));
kp = limit(G,s,0, 'right');         %计算位置误差
kv = limit(s * G,s,0, 'right');     %计算速度误差
ka = limit(s^2 * G,s,0, 'right');   %计算加速度误差
```

运行后得到：

```
kp = Inf; kv = 5; ka = 0
```

15.6.2 简单运动系统的建模及仿真

图 15-27 为简单的小车运动系统。其中，小车质量为 m，在外力 F 作用下小车位移为 x。

在忽略摩擦力的情况下，根据牛顿力学定律分析可知，小车的运动方程为 $m\ddot{x}=F\Rightarrow\ddot{x}=\frac{F}{m}$。下面用 MATLAB 建立其数学模型并仿真。

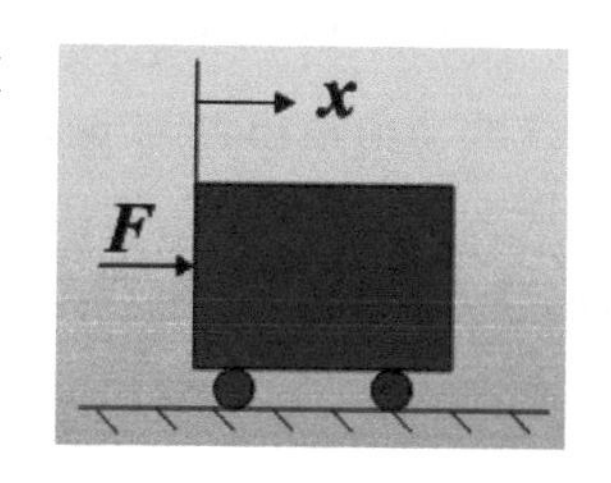

图 15-27 小车运动系统

【例 15-30】 已知图 15-27 所示的小车运动系统，在外力 $F=2+\sin t$ 的作用下，小车质量 $m=0.1\text{kg}$ 时，求 0～10s 时间内小车的位移响应曲线。

步骤 1：新建一个 Simulink 空白模型窗口，将相关模块添加至该窗口并连接构成所需的系统模型，如图 15-28 所示。

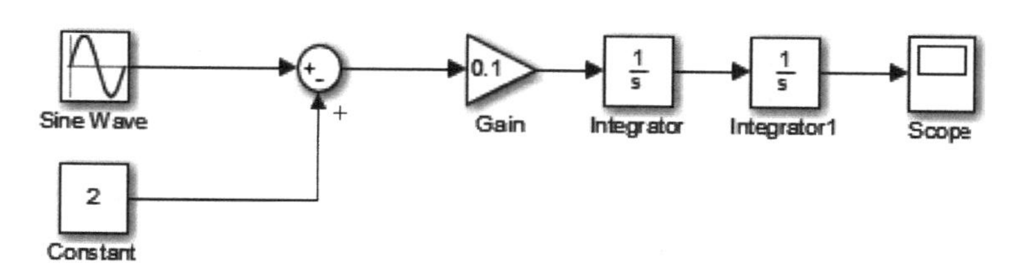

图 15-28 小车运动系统仿真模型

步骤 2：设置相关参数。

步骤 3：运行仿真，单击 Scope 打开如图 15-29 所示的窗口，观察仿真结果。

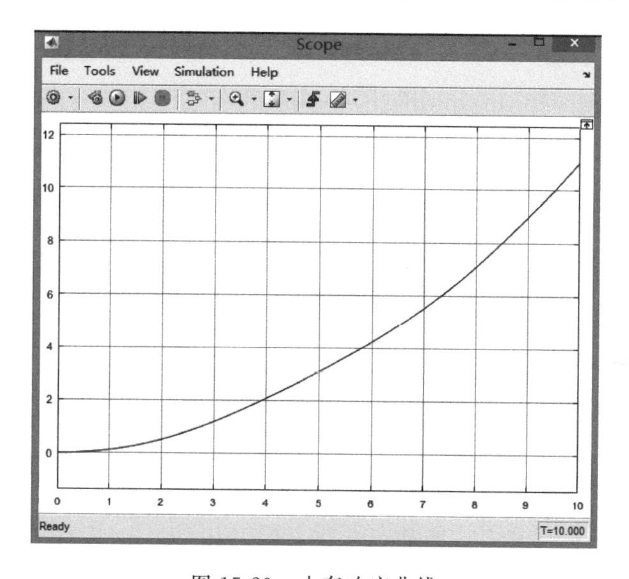

图 15-29 小车响应曲线

15.6.3 “弹簧-质量-阻尼”系统的建模及仿真

图 15-30 为一个“弹簧-质量-阻尼”系统。其中，质量块的质量为 m，在外力 F 的作用下质量块位移为 x，弹簧的弹性系数为 k，缓冲器的粘滞摩擦系数为 c。

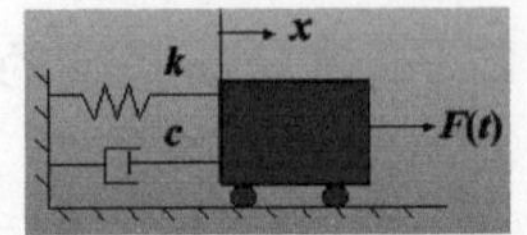

图 15-30 “弹簧-质量-阻尼”系统

根据牛顿力学定律分析可知，“弹簧-质量-阻尼”系统的动力学模型为 $m\ddot{x}+c\dot{x}+kx=F$，两边取拉普拉斯变换，可得 $ms^2X(s)+csX(s)+kX(s)=F(s)$，这样，整个“弹簧-质量-阻尼”系统的数学模型就为

$$G(s)=\frac{X(s)}{F(s)}=\frac{1}{ms^2+cs+k}=\frac{\frac{1}{m}}{s^2+\frac{c}{m}s+\frac{k}{m}}$$

下面用 MATLAB 建立其数学模型并仿真。

【例 15-31】 已知图 15-30 所示的“弹簧-质量-阻尼”系统，在外力 F 的作用下，小车质量 $m=1$kg，阻尼 $c=2$N. sec/m，弹性系数 $k=60$N/m，质量块的初始位移为 0.5m，初始速度为 0.3m/sec，求 0～10s 区间内质量块的位移响应曲线。

步骤 1：新建一个 Simulink 空白模型窗口，将相关模块添加至该窗口并连接构成所需的系统模型，如图 15-31 所示。

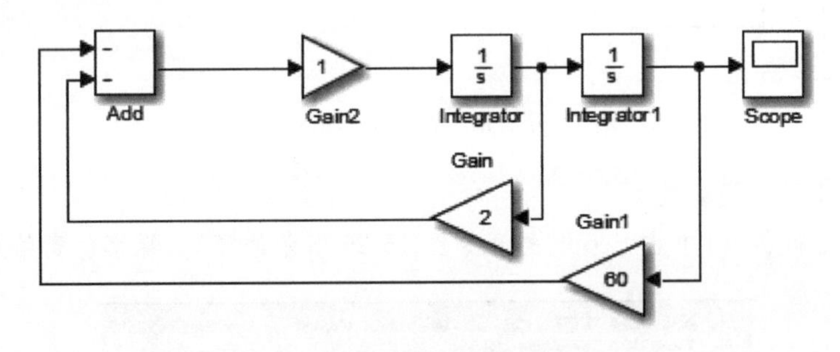

图 15-31 系统模型

步骤 2：设置相关参数。

步骤 3：运行仿真，单击 Scope 打开如图 15-32 所示的窗口，观察仿真结果。

15.6.4 单容过程系统的建模及仿真

设单容水箱的进水和出水的体积流量分别是 q_i 和 q_o，输出量为液位 h，储罐的横截面积为 A。试建立如图 15-33 所示的液体储罐的数学模型。

根据液位的变化满足动态物料平衡关系可知，液罐内蓄液量的变化率＝单位时间内液体流入量－单位时间内液体流出量。

根据上述原理可以建立水位的动态平衡方程

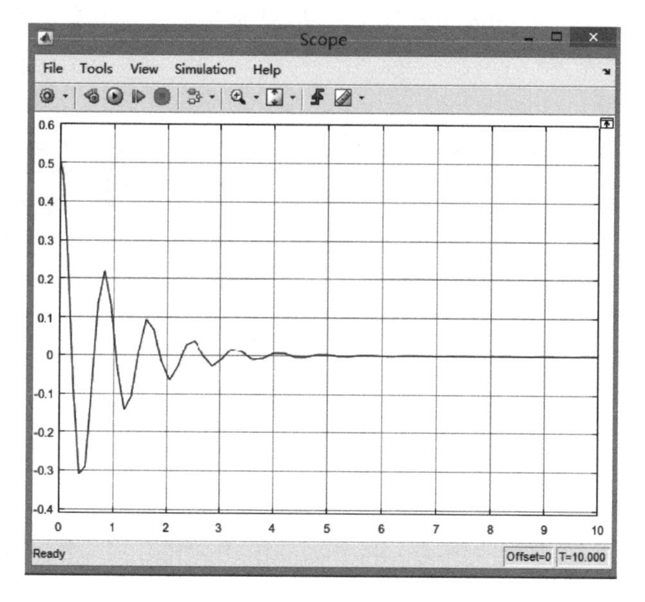

图 15-32 质量块的位移响应曲线

$$A\frac{\mathrm{d}h}{\mathrm{d}t}=q_i-q_o \tag{15-11}$$

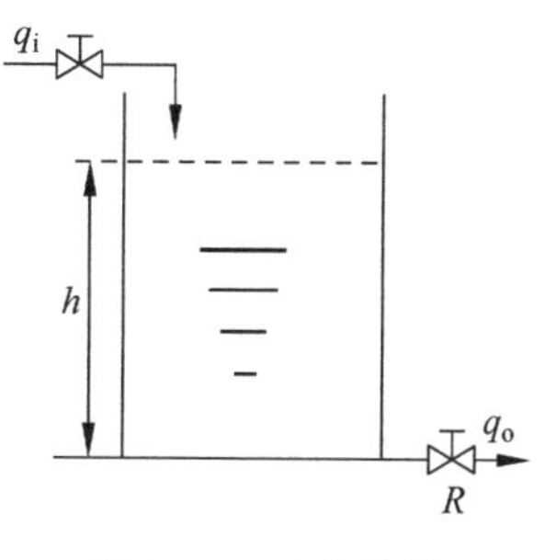

图 15-33 液体储罐

以增量形式表示各变量偏离起始稳态值的程度，即 $A\frac{\mathrm{d}\Delta h}{\mathrm{d}t}=\Delta q_i-\Delta q_o$，其中 $q_o=k\sqrt{h}$。

可见，液位与流出量之间存在非线性关系，在水位平衡点 h_0 处对非线性项进行泰勒级数展开，并取线性部分(忽略二次项及以上的高次项)可得

$$q_o=k\sqrt{h}=q_{o0}+\left.\frac{\mathrm{d}q_o}{\mathrm{d}t}\right|_{h=h_0}(h-h_0)=q_{o0}+\frac{k}{2\sqrt{h_0}}\Delta h$$

则

$$\Delta q_o=q_o-q_{o0}=\frac{k}{2\sqrt{h_0}}\Delta h$$

定义 $\frac{q_o(s)}{h(s)}=\frac{k}{2\sqrt{h_0}}=\frac{1}{R}$ 为液阻(出口阀)。

可得

$$A\frac{\mathrm{d}\Delta h}{\mathrm{d}t}=\Delta q_i-\frac{\Delta h}{R}$$

整理并省略增量符号，得 $RA\frac{\mathrm{d}h}{\mathrm{d}t}+h=Rq_i$，即 $\frac{h(s)}{q_i(s)}=\frac{R}{RAs+1}$。

可见，单容水箱系统为一个一阶惯性环节。

【例 15-32】 已知两个自衡单容过程的模型传递函数分别为 $G(s)=\frac{10}{3s+2}$ 和 $G(s)=\frac{10}{3s+2}\mathrm{e}^{-5s}$，试用 Simulink 建模并求其单位阶跃响应。

步骤1：新建一个Simulink空白模型窗口，将相关模块添加至该窗口并连接构成所需的系统模型，如图15-34所示。

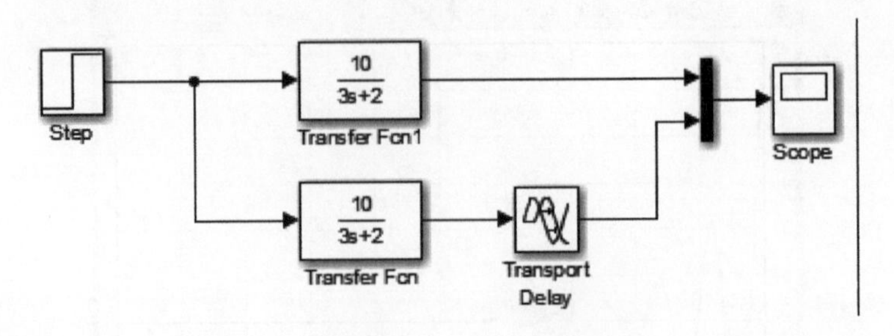

图15-34 系统模型

步骤2：设置相关参数。

步骤3：运行仿真，单击Scope打开如图15-35所示的窗口，观察仿真结果。

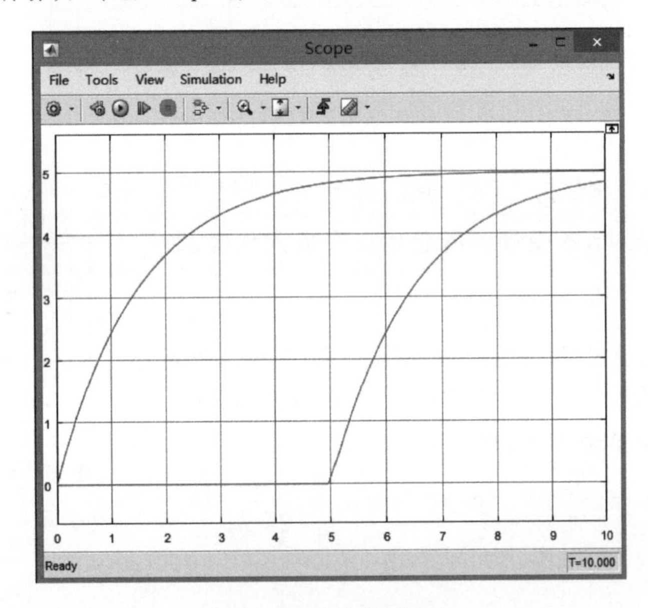

图15-35 单位阶跃响应

15.7 本章小结

本章主要介绍了MATLAB的相关函数及Simulink在控制系统中的应用，包括控制系统的数学模型、控制系统的时域分析、控制系统的频域分析、控制系统的根轨迹分析、控制系统的状态空间分析及控制系统的零极点配置等内容。这些内容是进行控制系统仿真的基础，学好这些知识有助于对控制系统的建模、使用时域、频域、根轨迹法等对系统的稳定性、稳态误差和动态性能等进行分析，从而指导控制系统的设计和应用。通过本章大量应用实例讲解，读者可以更加深刻地认知MATLAB在控制系统中的应用。

第六部分
MATLAB电力电子篇

MATLAB 电力电子篇主要介绍 MATLAB 在电子电路中的应用和 Simulink 在电力系统中的应用。通过 MATLAB 电力电子篇的学习，使得读者掌握利用 MATLAB 和 Simulink 仿真工具箱解决电子电路和电力系统中数学计算、数据可视化以及动态系统仿真等问题的能力，提高了读者解决电子电路和电力系统实际问题的能力。

MATLAB 电力电子篇包含 2 章：

第 16 章　MATLAB 在电子电路中的应用

第 17 章　Simulink 在电力系统中的应用

第16章 MATLAB在电子电路中的应用

本章要点：

- MATLAB 在电子电路分析中的应用；
- Simulink 在模拟电路中的应用；
- Simulink 在数字电路中的应用。

传统的电子电路设计方法是先按照系统指标要求设计电路及确定相关元器件参数，然后制作电路板并用相关仪器仪表进行反复测试，修改参数直到获得满意的指标为止。现场设备中电子电路的验证、调试、维护等是一项烦琐工作，很多情况下生产设备的电子电路不允许在正常生产运行时进行验证、调试工作。MATLAB 提供了一个交互式的可用于系统动态建模、仿真和分析的工具箱 Simulink。利用 Simulink 这一特点，进行电子电路的设计、验证、仿真及分析，就可以极大地缩短电子电路产品的开发周期，降低设计成本，避免众多烦琐的测试工作。

16.1 MATLAB 在电路分析中的应用

本节将以一个典型的二阶电路为模型，介绍 Simulink 在电子电路分析、设计中的应用。

16.1.1 二阶电路原型

考察图 16-1 所示的简单电路，其中 $R_1=10\Omega$，$R_2=1000\Omega$，$L=0.5\text{H}$，$C=10\mu\text{F}$，$e(t)=100\text{V}$（RMS50Hz），输入量取电压源 $e(t)$，输出变量取电阻 R_2的端电压 u_c。

下面将介绍其数学模型（状态方程、传递函数、拉普拉斯变换），并利用 MATLAB/Simulink 的库函数建立其电路的仿真模型并进行仿真。

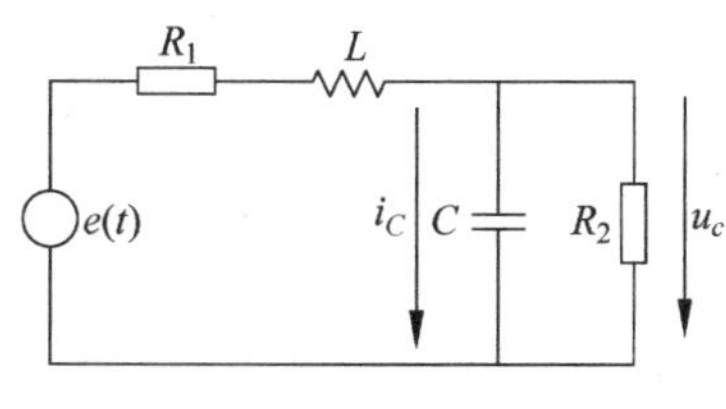

图 16-1 简单电路

16.1.2 二阶电路数学模型

1. 状态方程

确立状态变量，选取电容电压 u_c 和流经电感的电流 i_L 为电路的状态变量。根据电路原理相关定律，对图中的节点电流、电压回路分别列出电路微分方程。

列出原始方程为

$$\begin{cases} R_1 i_L + L\dfrac{\mathrm{d}i_L}{\mathrm{d}t} + u_c = e(t) \\ i_L - \dfrac{u_c}{R_2} - C\dfrac{\mathrm{d}u_c}{\mathrm{d}t} = 0 \end{cases} \tag{16-1}$$

也可以改写成以下形式：

$$\begin{cases} \dfrac{\mathrm{d}i_L}{\mathrm{d}t} = \dfrac{e(t) - R_1 i_L - u_c}{L} \\ \dfrac{\mathrm{d}u_c}{\mathrm{d}t} = \dfrac{i_L - \dfrac{u_c}{R_2}}{C} \end{cases} \tag{16-2}$$

式(16-2)即为图16-1所示简单电路数学模型的二阶常微分方程。进一步可以将其按现代控制理论的相关知识，写成状态方程形式。

$$\begin{bmatrix} \dot{i}_L \\ \dot{u}_c \end{bmatrix} = \begin{bmatrix} -R_1/L & -1/L \\ 1/C & -1/(R_2C) \end{bmatrix}\begin{bmatrix} i_L \\ u_c \end{bmatrix} + \begin{bmatrix} 1/L \\ 0 \end{bmatrix} e(t) \tag{16-3}$$

求其特征根，即求解方程

$$\left(-\frac{1}{R_2C} - \lambda\right)\left(-\frac{R_1}{L} - \lambda\right) + \frac{1}{L}\frac{1}{C} = 0 \tag{16-4}$$

解得

$$\lambda_{1,2} = \frac{-L - R_1R_2C \pm \sqrt{(L^2 - 2LCR_1R_2 + C^2R_2^2R_1^2) + (-4)LCR_1^2}}{2CLR_2} \tag{16-5}$$

代入实际数值，得

$$\lambda_1 = (-0.6 + \mathrm{j}4.4542) \times 10^2$$

$$\lambda_2 = (-0.6 - \mathrm{j}4.4542) \times 10^2$$

【例16-1】 求解式(16-3)所示状态方程的特征根。

MATLAB求解代码如下(exam_16_1.m)：

```
A = sym('[ - R1/L, - 1/L;1/C, - 1/R2/C]');          % 系统的状态方程
eig(A)                                              % 求取特征根符号表达式
% 代入实际值计算
R1 = 10;
R2 = 1000;
L = 0.5;
```

```
C = 10e - 6;
A = [ - 1/R2/C,1/C; - 1/L, - R1/L];
eig(A)
```

运行结果：

```
ans =
   - (L + (C^2 * R1 ^2 * R2 ^2 - 2 * C * L * R1 * R2 - 4 * C * L * R2 ^2 + L ^2)^(1/2) + C * R1
* R2)/(2 * C * L * R2)
- (L - (C^2 * R1 ^2 * R2 ^2 - 2 * C * L * R1 * R2 - 4 * C * L * R2 ^2 + L ^2)^(1/2) + C * R1 *
R2)/(2 * C * L * R2)
ans =
   1.0e + 02 *
  - 0.6000 + 4.4542i
  - 0.6000 - 4.4542i
```

由电路原理和控制理论相关知识可知，状态方程特征根的虚部表达式是系统振荡频率，即发生在 445.42/2/π=70.8908Hz 处。

到此步骤后，要在理论上对系统进行进一步的分析，如获取系统传递函数的伯德图等，用手工方法就相当烦琐了。

【例 16-2】 已知电路如图 16-2 所示，当 $U_s=10\text{V}$，$R_1=2\Omega$，$R_2=4\Omega$，$R_3=4\Omega$，$R_4=4\Omega$，$R_5=2\Omega$，$R_6=12\Omega$，$R_7=12\Omega$，用 MATLAB 编程求 U_{bc}，I_7，U_{de} 的值。

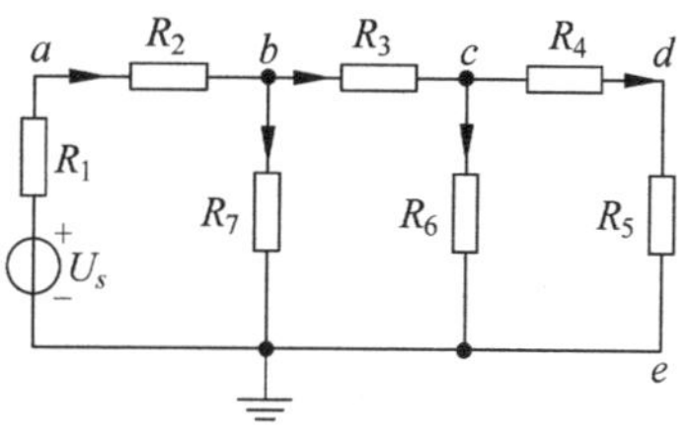

图 16-2 电路图

设节点电压为变量，根据电路理论，独立节点为 U_b、U_c。各支路电流均用电压来表示

$$I_1=\frac{U_s-U_b}{R_1+R_2},\quad I_3=\frac{U_b-U_c}{R_3},\quad I_7=\frac{U_b}{R_7}$$

$$I_4=\frac{U_c}{R_4+R_5},\quad I_6=\frac{U_c}{R_6}$$

对 b 点和 c 点列节点电流方程

$$\begin{cases} I_1=I_3+I_7 \\ I_3=I_4+I_6 \end{cases}$$

$$\begin{cases} \left(\dfrac{1}{R_3}+\dfrac{1}{R_1+R_2}+\dfrac{1}{R_7}\right)U_b-\dfrac{1}{R_3}U_c=\dfrac{U_s}{R_1+R_2} \\ -\dfrac{1}{R_3}U_b+\left(\dfrac{1}{R_3}+\dfrac{1}{R_4+R_5}+\dfrac{1}{R_6}\right)U_c=0 \end{cases}$$

可以将上面方程写成矩阵方程

$$\boldsymbol{G}\cdot\boldsymbol{U}=\boldsymbol{I}_s$$

其中

$$\boldsymbol{G}=\begin{bmatrix} \dfrac{1}{R_3}+\dfrac{1}{R_1+R_2}+\dfrac{1}{R_7} & -\dfrac{1}{R_3} \\ -\dfrac{1}{R_3} & \dfrac{1}{R_3}+\dfrac{1}{R_4+R_5}+\dfrac{1}{R_6} \end{bmatrix}$$

$$\boldsymbol{U}=\begin{bmatrix}U_b\\U_c\end{bmatrix}$$

$$\boldsymbol{I}_s=\begin{bmatrix}\dfrac{U_s}{R_1+R_2}\\0\end{bmatrix}$$

所以

$$U_{bc}=U_b-U_c,\quad U_{de}=\frac{R_5}{R_4+R_5}U_c, I_7=\frac{U_b}{R_7}$$

MATLAB求解代码如下(exam_16_2.m)：

```
r1 = 2;r2 = 4;r3 = 4;r4 = 4;
r5 = 2;r6 = 12;r7 = 12;us = 10;
G = [1/(r1 + r2) + 1/r3 + 1/r7, - 1/r3; - 1/r3,1/r3 + 1/(r4 + r5) + 1/r6];
Is = [us/(r1 + r2);0];
U = G\Is;
Ubc = U(1) - U(2)
Ude = U(2) * r5/(r4 + r5)
I7 = U(1)/r7
```

程序运行结果：

```
>> exam_16_2
Ubc =
    2.2222
Ude =
    0.7407
I7 =
    0.3704
```

2. 传递函数

由于想观察的输出为电容上的电压 u_c，因此系统的输出可以写为

$$y=[0\quad 1]\begin{bmatrix}i_L\\u_c\end{bmatrix}+[0]e(t) \tag{16-6}$$

此时往往使用传递函数来表示输入输出的关系。

在MATLAB下用控制系统工具箱函数的相关函数来求解系统的状态方程是相当直观的。关于控制系统工具箱生成系统传递函数或状态方程函数的方法可查阅相关参考文献。

【例16-3】 求解式(16-3)式及(16-6)所示二阶系统的传递函数。

MATLAB求解代码如下(exam_16_3.m)：

```
%参数实际值
R1 = 10;
R2 = 1000;
```

```
L = 0.5;
C = 10e - 6;
% 生成二阶电路的状态方程
AA = [ - R1/L, - 1/L;1/C, - 1/R2/C];
BB = [1/L;0];
CC = [0 1];
DD = 0;
G = ss(AA,BB,CC,DD);      % 生成状态方程
Gs = tf(G)                % 转化为传递函数
```

运行结果：

```
Gs =
         2e05
  ----------------------
  s^2 + 120 s + 2.02e05
```

上述程序运行结果说明，若图 16-1 所示电路的数学模型输入为 $e(t)$，输出为 u_c，则该二阶端口网络的传递函数可以写为

$$G_S = 2 \times 10^5 \frac{1}{s^2 + 120s + 2.02 \times 10^5} \tag{16-7}$$

同理，若将 i_L 设置为输出，则程序中的 CC 修改为[1　0]，可得到输入为 $e(t)$，输出为 i_L 的二端口网络的传递函数为

$$G_S = \frac{2s + 200}{s^2 + 120s + 2.02 \times 10^5} \tag{16-8}$$

该方法的缺点是生成的传递函数 G_S 是控制系统工具箱定义的结构体(在工作区 WorkSpace 双击变量 G_S 可以看到其内部结构，如图 16-3 所示)，$ss()$、$tf()$ 等函数也不能使用符号变量作为参数。因此虽然表现为拉普拉斯变换的形式，但无法直接使用符号运算来求解。

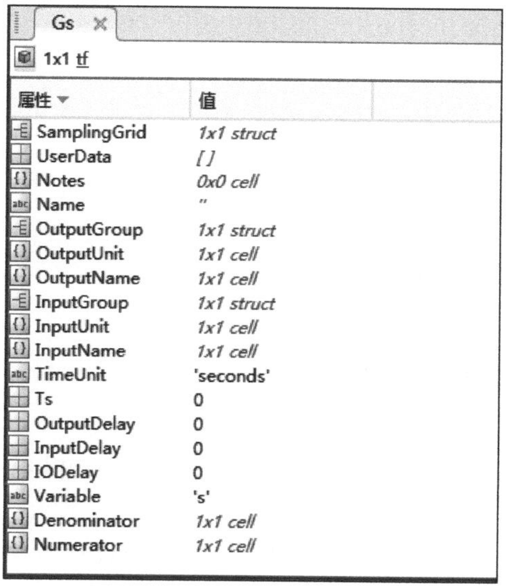

Gs ×

1x1 tf

属性	值
SamplingGrid	1x1 struct
UserData	[]
Notes	0x0 cell
Name	''
OutputGroup	1x1 struct
OutputUnit	1x1 cell
OutputName	1x1 cell
InputGroup	1x1 struct
InputUnit	1x1 cell
InputName	1x1 cell
TimeUnit	'seconds'
Ts	0
OutputDelay	0
InputDelay	0
IODelay	0
Variable	's'
Denominator	1x1 cell
Numerator	1x1 cell

图 16-3　G_S 结构体的组成

3. 拉普拉斯变换

上述结果也可以采用拉普拉斯变换来完成。对式(16-3)进行拉普拉斯变换

$$s\begin{bmatrix} i_L(s) \\ u_c(s) \end{bmatrix} = \begin{bmatrix} -R_1/L & -1/L \\ 1/C & -1/(R_2C) \end{bmatrix}\begin{bmatrix} i_L(s) \\ u_c(s) \end{bmatrix} + \begin{bmatrix} 1/L \\ 0 \end{bmatrix} e(s) \tag{16-9}$$

所以

$$\begin{bmatrix} i_L(s) \\ u_c(s) \end{bmatrix} / e(s) = \begin{bmatrix} s+R_1/L & -1/L \\ 1/C & s+1/(R_2C) \end{bmatrix}^{-1} \begin{bmatrix} 1/L \\ 0 \end{bmatrix} \tag{16-10}$$

【例 16-4】 求输入为 $e(t)$，输出分别为 i_L 和 u_c 时的传递函数。

MATLAB 求解代码如下(exam_16_4.m)：

```
%定义符号变量,中间用空格隔开,不能用逗号
syms R1 R2 L C s Ue;
%定义符号矩阵
AA = [ - R1/L  - 1/L;1/C  - 1/R2/C];
BB = [1/L;0];
%实施矩阵运算
G = (s * eye(2) - AA)^ - 1 * BB
%转化为 Latex 格式
str = [' $ ' latex(G) ' $ ']
```

运行结果：

```
G = (C * R2 * s + 1)/(R1 + R2 + L * s + C * L * R2 * s^2 + C * R1 * R2 * s)
            R2/(R1 + R2 + L * s + C * L * R2 * s^2 + C * R1 * R2 * s)
str = $\left(\begin{array}{c} \frac{C\, \mathrm{R2}\, s + 1}{\mathrm{R1} + \mathrm{R2}
+ L\, s + C\, L\, \mathrm{R2}\, s^2 + C\, \mathrm{R1}\, \mathrm{R2}\, s}\\ \frac{\
mathrm{R2}}{\mathrm{R1} + \mathrm{R2} + L\, s + C\, L\, \mathrm{R2}\, s^2 + C\, \
mathrm{R1}\, \mathrm{R2}\, s} \end{array}\right) $
```

因此，传递函数 G_S 的表达式为

$$G_S = \left\{ \begin{array}{c} \frac{CR_2s+1}{R_1+R_2+Ls+CLR_2\ s^2+CR_1R_2s} \\ \frac{R_2}{R_1+R_2+Ls+CLR_2\ s^2+CR_1R_2s} \end{array} \right\} \tag{16-11}$$

式(16-11)等号右边由调用函数 latex()生成的 LaTex 格式转化而来，原文中有意没用下标，为 LaTex 自动转换结果。

16.1.3 二阶电路的建模及仿真

本节将以 16.1.1 节中的电路模型为例，学习使用 Simulink 构建其仿真模型并进行简单的仿真。

【例 16-5】 构建如图 16-1 所示电路的仿真模型并进行简单仿真。

在 MATLAB 主界面的工具栏中选择“新建”→Simulink→Simulink Model 选项，即

可新建一个空白的 *.slx 模型文件，如图 16-4 所示。

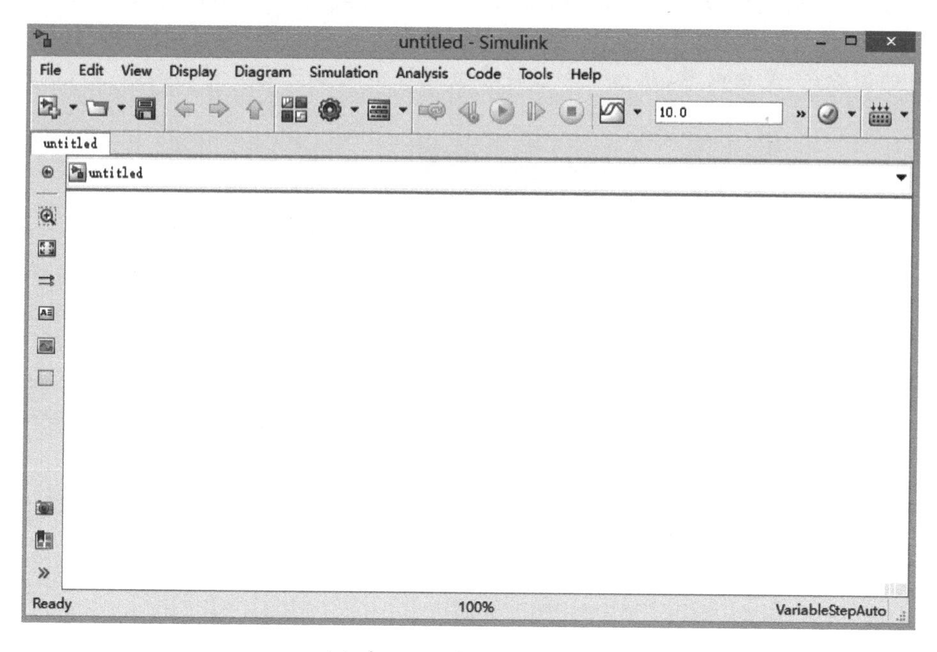

图 16-4　新建.slx 模型文件

将文件保存并命名为 exam_16_5.slx，接下来按以下步骤搭建仿真模型。

步骤 1：打开 Simulink Library Browser 窗口及模块库窗口，如图 16-5 所示。

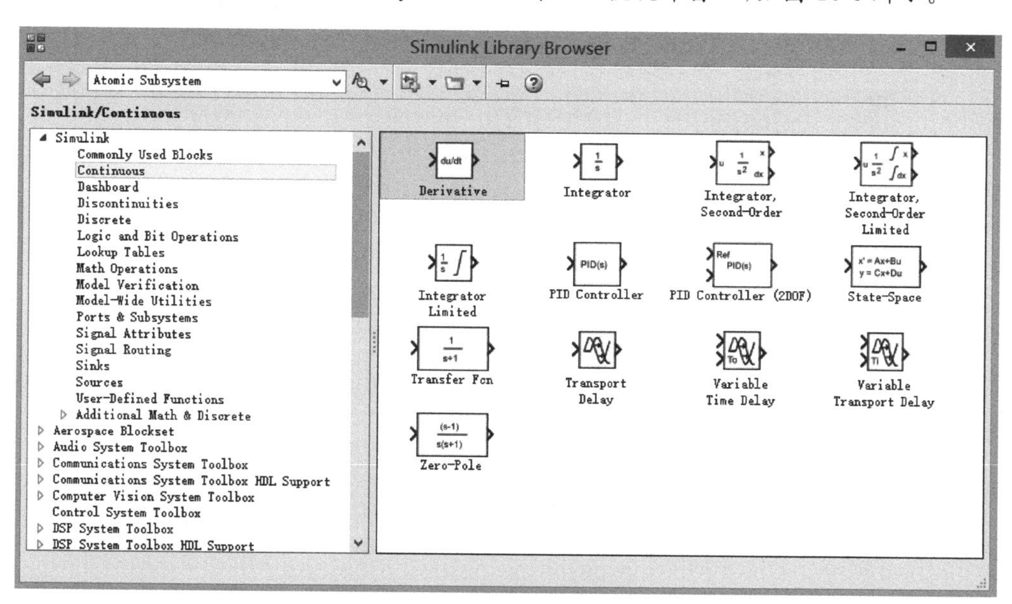

图 16-5　Simulink 模块库窗口

步骤 2：首先由$\frac{du_c}{dt}$和$\frac{di_L}{dt}$得到 u_c和 i_L，这样先在 Simulink→Continous 子模块库中选择 Integrator(积分器)选项，使用拖曳或粘贴的方式新建到 exam_16_5.slx 文件中。积分模块的进线为微分量，如图 16-6 所示。

步骤 3：在假定已知状态量 u_c 和 i_L 后，根据变形公式 $L\dfrac{\mathrm{d}i_L}{\mathrm{d}t}=e(t)-R_1 i_L-u_c$ 可知，状态量 i_L 的微分 $\dfrac{\mathrm{d}i_L}{\mathrm{d}t}$ 是由电源、状态量和器件参数经过加减乘除运算得来的。

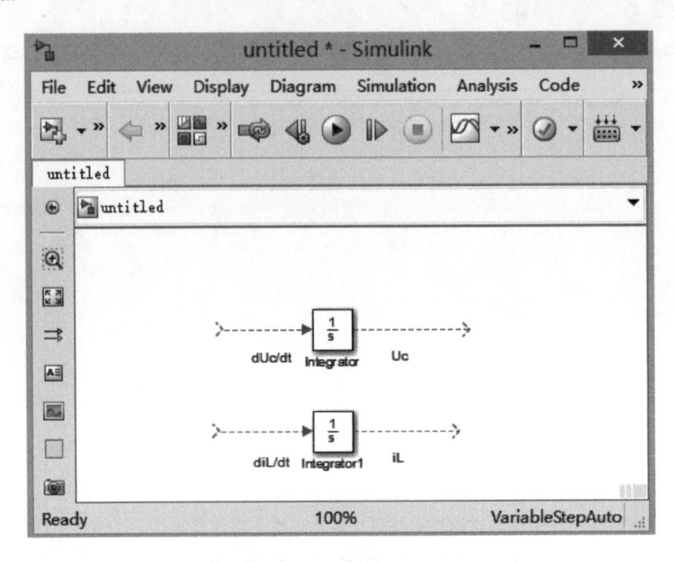

图 16-6　电压和电流状态图

步骤 4：在 Simulink→Math Operations 子模块库中选择 Add(加法器)模块，拖曳到模型窗口中，双击 Add 模块，打开模块属性对话框，将 List of signs 改为“－＋－”，如图 16-7 所示。

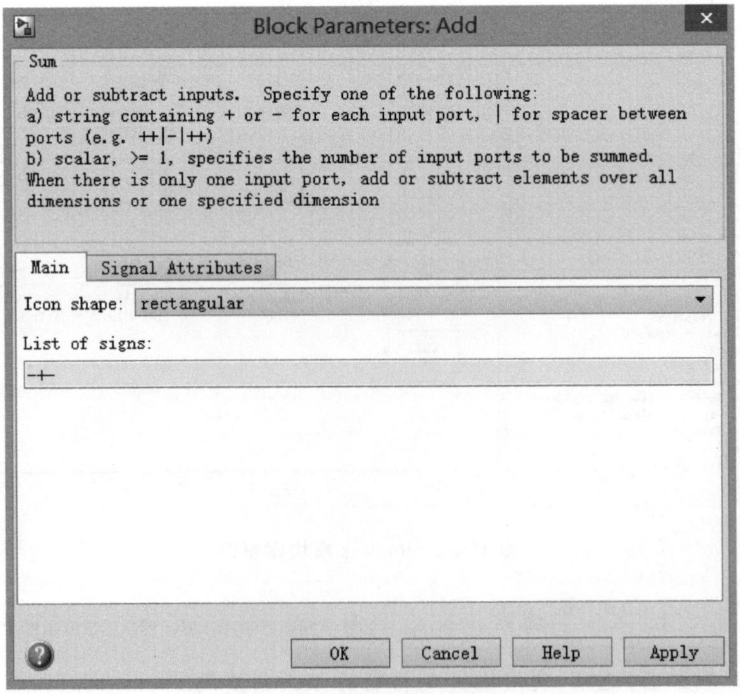

图 16-7　Add 模块属性对话框

步骤5：在Simulink→Sources子模块库中选择Sine Wave(电源)模块，拖曳到模型窗口中，并命名为$e(t)$，将其连接到Add模块“+”端。

步骤6：在Simulink→Math Operations子模块库中选择Gain(增益)模块，拖曳到exam_16_4模型窗口中，命名为$R1$，将这个模块连接到Add模块的“－”端。再复制一个Gain模块，命名为$1/L$。然后依照公式$L\frac{\mathrm{d}i_L}{\mathrm{d}t}=e(t)-R_1i_L-u_c$连线，就可以得到一个电流的闭环，如图16-8所示。

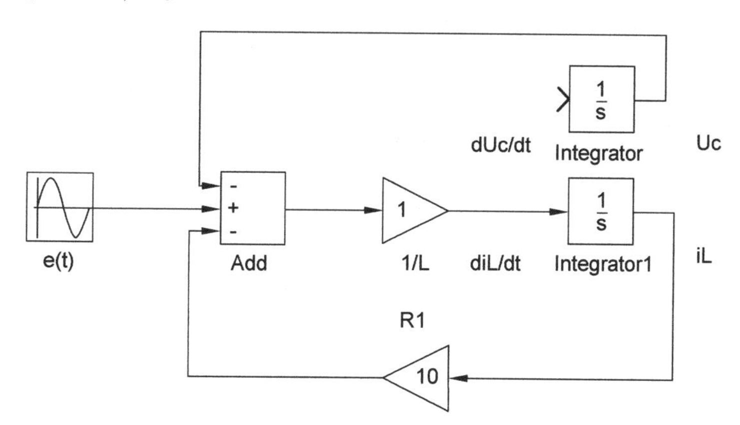

图16-8　系统部分图

步骤7：然后依据相同原理，根据公式$\frac{\mathrm{d}u_c}{\mathrm{d}t}=\frac{i_L-\frac{u_c}{R_2}}{C}$，连接$u_c$这个闭环。完成后系统模型如图16-9所示。图中求和模块Add1可以通过修改其设置界面的Icon Shape属性为Round变形为圆形。

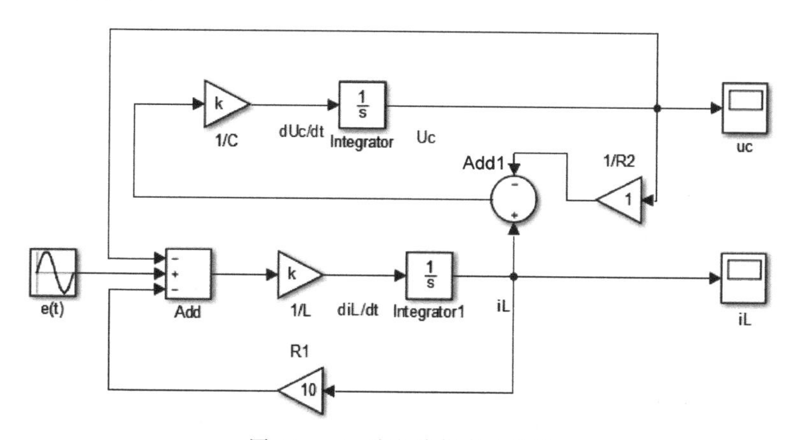

图16-9　二阶电路仿真电路图

步骤8：在Simulink→Sinks子模块库中拖曳两个Scope(示波器)模块，分别连接积分器Integrator和Integrator1。示波器的作用是观测各种信号的波形。示波器可以清楚地显示出信号随时间的变化，同时可以观测信号的频率特性、幅值的变化等。示波器模块可以输入多个不同信号并分别显示，所有轴在一定时间范围里都有独立的y轴，方便对比分析。

步骤9：元件参数的设定。双击电压源模块 $e(t)$，打开模块属性对话框，将参数Amplitude设置为 100 * sqrt(2)，Frequency(频率)设置为 2 * pi * 50(这是因为Frequency的单位是角频率)。双击增益模块 $1/R2$，打开模块属性对话框，将Gain改为1/1000；将增益模块 $R1$ 的Gain改为10；将增益模块 $1/L$ 的Gain改为1/0.5；将增益模块 $1/C$ 的Gain改为1/10e−6。请注意，电容参数的写法 $10e^{-6}$ 代表 $10\times10e^{-6}$。例如R1的修改如图16-10所示。

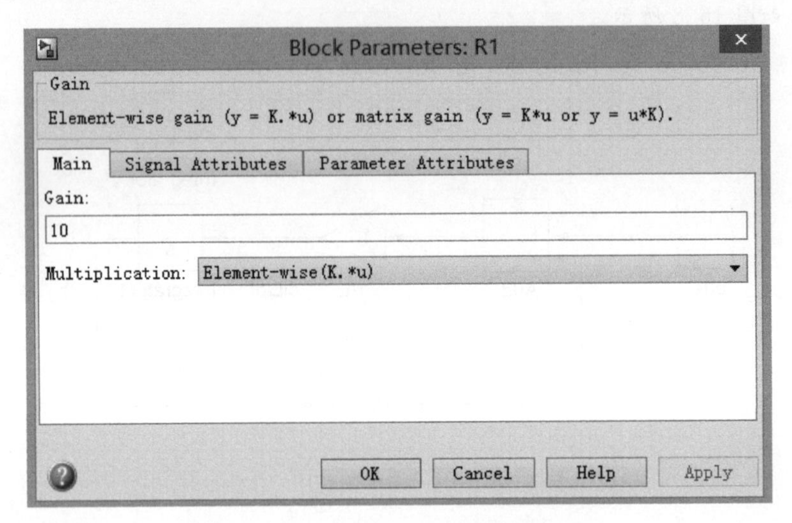

图16-10 R1增益模块参数的设置

步骤10：仿真参数的设定和运行。选择Secondsimulink模型窗口的Simulink→Model Configuration Parameters选项，可以对Secondsimulink模型的仿真参数进行设置，如图16-11所示。

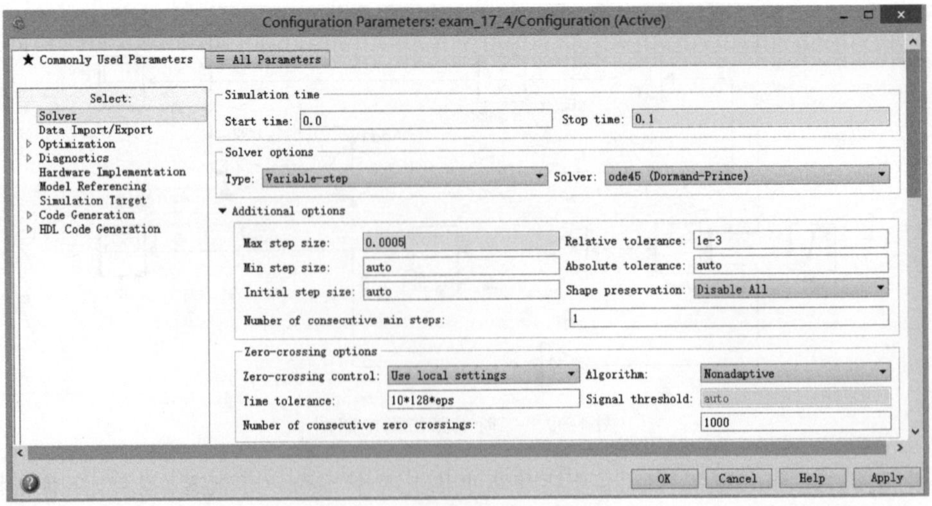

图16-11 仿真参数的设置

默认情况下，系统设置的积分算法为ode45，仿真时间为10s，采用变步长方式。为便于观察波形细节，将仿真终止时间(Stop Time)设置为0.1s(5个完整波形)，同时考虑输出波形的连贯性和精确度，将最大步长由auto(自动)改为0.0005s，即每个周期至少采样40点。

步骤11：单击模型窗口中的▶图标，或选择Simulink→Run选项。运行结束后，双击示波器u_c和i_L模块，即可观察到u_c和i_L的稳态输出，如图16-12所示。由图可知，此时仿真的是电路的零状态响应。

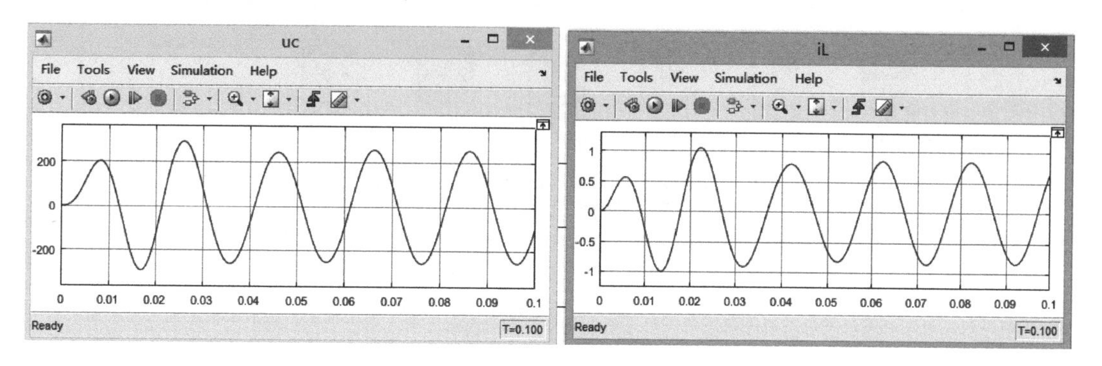

图16-12 输出波形

16.2 Simulink在模拟电路中的应用

16.2.1 模拟电路的建模

考察图16-1所示的简单电路，电路各组成元件的参数见16.1.1节图16-1所示，输入量取电压源$e(t)$，输出变量取R_2的端电压u_{R2}。

下面将介绍SimPowerSystems的powerlib库，通过搭建简单的模拟电路，仿真并分析其稳态特性、动态特性，以及求解系统频率响应等过程，了解和掌握如何使用SimPowerSystems的元件进行模拟电路仿真。

在MATLBA的命令行窗口(Command Window)中输入如下命令。

```
>> powerlib
```

该命令将打开一个名称为powerlib的Simulink窗口，该窗口包含了电力系统工具箱下属的子模块集合，如图16-13所示。双击对应的子模块库，可以看到子窗口中所显示的电力系统工具模块。

可以双击打开这些子模块库，复制所需要的模块到Model编辑窗口。每个模块都用一个专门而且醒目的图标进行标识。通常每个模块都带有一个或几个输入、输出端子。

接下来按以下步骤搭建电路模块。

步骤1：从powerlib窗口的File菜单中打开一个Model(模型)窗口，并将其保存，文件命名为SimpleCircuit.mdl。

步骤2：打开Electrical Sources库，复制或拖曳一个AC Voltage Source(交流电压源)模块到SimpleCircuit模型窗口，并将其更名为$e(t)$。图16-12中给出电源为有效值

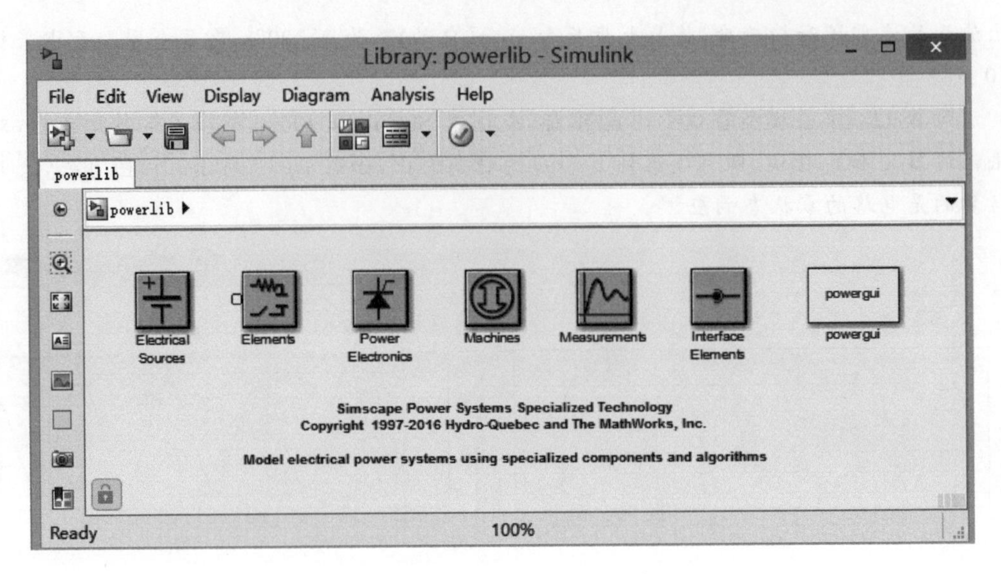

图 16-13　powerlib 的 Simulink 窗口

(RMS: Root-Mean-Square),故幅值中应输入“100 * sqrt(2)”。

步骤 3: 双击 AC Voltage Source 模块,打开其属性页,在 Peak amplitude 文本框中输入图 16-12 所示的电压幅值,并将 Frequency(频率)文本框中 60Hz 修改为 50Hz。

步骤 4: 在 Elements(元件)库复制一个 Parallel RLC Branch(RLC 并联支路)模块到 SimpleCircuit 模型窗口中。

步骤 5: 将该模块更名为 R1,双击该模块,Branch type 选择为 R,电阻值 R 设置如图 16-14 所示。

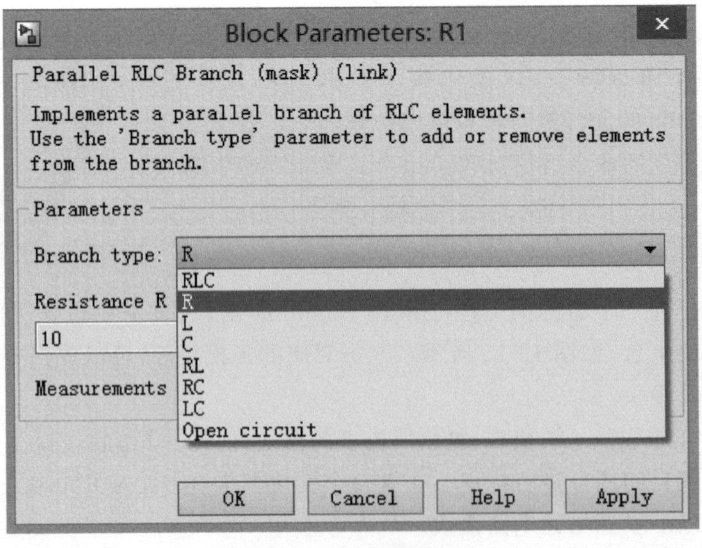

Block Parameters: R1
Parallel RLC Branch (mask) (link)
Implements a parallel branch of RLC elements.
Use the 'Branch type' parameter to add or remove elements from the branch.
Parameters
Branch type: R
RLC
R
L
C
RL
RC
LC
Open circuit
Resistance R
10
Measurements
OK Cancel Help Apply

图 16-14　电阻设置

步骤 6: 在 SimpleCircuit 模型窗口中复制并粘贴 R1 模块,即可得到 R2 模块,修改其 R 值,并右击该模块,选择 Rotate & Flip→Clockwise 选项,将其旋转。

步骤7：以类似的方法获得C和L模块，并将其值按图16-12中的电路参数进行设置。

步骤8：将各模块对应的首尾相接，完成后的电路模型如图16-15所示。

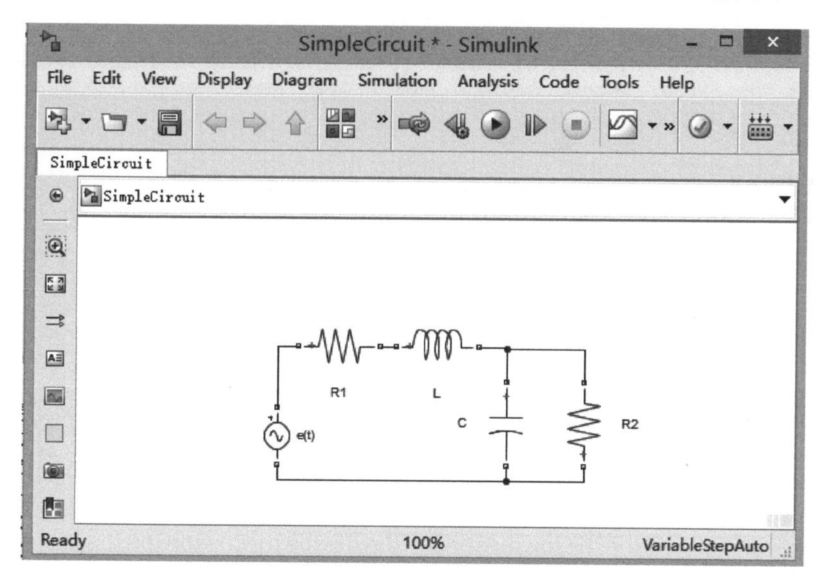

图16-15 SimpleCircuit模型窗口

电路模型搭建完成后，还无法观察电路各部分的状况。为观察电路不同位置的电压或电流波形，需加入相应的测量模块。

步骤9：为观察电容C两端的电压，需从Measurements子模块库中选择Voltage Measurements(电压测量)模块，并复制或拖曳到SimpleCircuit模型窗口中。

步骤10：将其更名为UC，并将标识有"+""−"的两端连接到C模块的两端。

步骤11：从Simulink工具库(非SimPowerSystems工具库)中选择Sinks(接收器)子模块库，复制或拖曳Scope(示波器)模块到SimpleCircuit模型窗口中。

如果将Scope模块输入端与UC电压测量模块输出端直接相连接，那么在Scope模块中显示的将是以伏特来表示的电压值。然而在电力系统中，我们通常使用标幺值系统(perunit system)来对观测量进行归一化，方法是将实际测量值除以基准值。在本例中，对电压进行归一化处理，比例系数为$K=\dfrac{1}{100\times\sqrt{2}}$。

步骤12：从Simulink工具库中选择Math Operation(数学操作)子模块库，复制或拖曳Gain模块到SimpleCircuit模型窗口，并在属性页的Gain文本框中输入"1/100/sqrt(2)"。

步骤13：将其更名为K，并将UC模块的输出端与之连接，将其输出端与Scope模块输入端相连接。

步骤14：从Measurements子模块库中选择Current Measurement(电流测量)模块，并复制或拖曳到SimpleCircuit模型窗口中。

步骤15：将其更名为IL，并将标识有"+""−"的两端串联到L支路。

步骤16：复制并粘贴模块Scope，得到Scope1，为便于对比标幺值与国际标准值，这里不做归一化处理，将其直接连接到 IL 模块的输出端。

步骤 17：从 powerlib 库中复制一个 powergui 到模型。

电路搭建完成后，系统模型如图 16-16 所示。

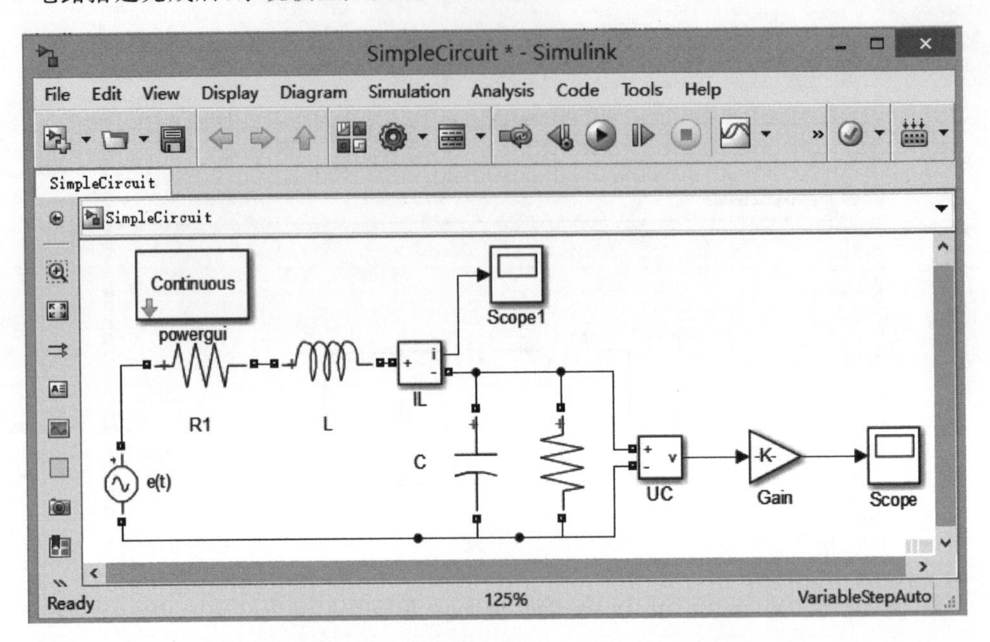

图 16-16　添加测量模块后的 SimpleCircuit 模型

在该系统中，Voltage Measurements 模块和 Current Measurement 模块充当了从 SimPowerSystems 系统到 Simulink 系统的接口。这两个模块将测量到的电压和电流信号转变成 Simulink 信号。

反之，从 Simulink 系统到 SimPowerSystems 系统的信号也需要接口进行连接，如利用 Simulink 系统中的控制模块，将信号加在 Controlled Voltage Source（可控电压源）模块上，向 SimPowerSystems 系统注入电压源。

16.2.2　模拟电路的仿真参数设定与运行

选择 SimpleCircuit 模型窗口的 Simulation→Model Configuration Parameters 选项，可以对 SimpleCircuit 模型的仿真参数进行设置。

默认情况下，系统设置的积分算法为 ode45，仿真时间为 10s，采样方式为变步长方式。为方便观察波形细节，将仿真终止时间（Stop Time）设置为 0.1s（5 个完整波形），同时考虑输出波形的连贯性和精确度，将最大步长由 auto（自动）改为 1e－4（0.0001）s，即每个周波至少采样 200 点。选择 SimpleCircuit 模型窗口的 Simulation→Run 选项或单击工具栏中的 ▶ 按钮，启动仿真，状态栏右下角将显示算法、当前运行时间等信息。

运行结束后，双击 Scope 模块与 Scope1 模块，将观察到系统的状态量 u_c 和 i_L 的稳态输出，如图 16-17 所示。

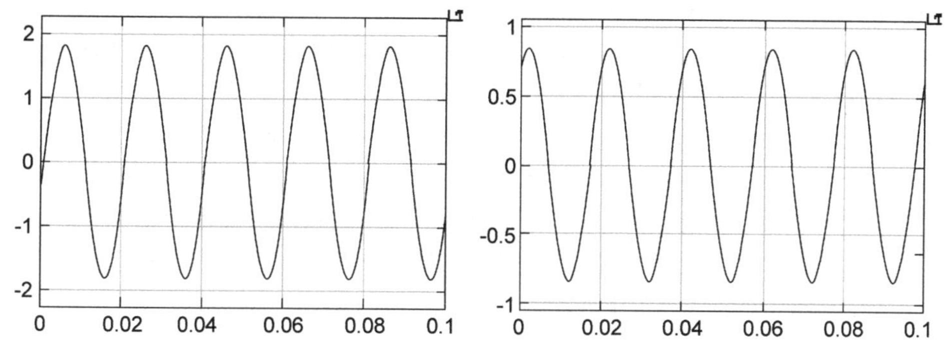

图 16-17 状态量 u_c(标幺值)和 i_L(标幺值)输出波形

16.2.3 模拟电路的稳态分析

为了便于分析电路的稳态信息,powerlib 库提供了一个 Powergui 的图形用户界面(Graphical User Interface,GUI)模块。Powergui 是电气系统模块库提供的一个有力工具。通过它,能方便地计算和显示出系统中各状态变量和测量变量的稳态值。

(1) 在图 16-13 所示的 powerlib 库中复制或拖曳 Powergui 模块到 SimpleCircuit 模型窗口中。双击该模块打开其属性页。

(2) 在 Analysis tools(分析工具)菜单下选择 Steady-State Voltages and Currents(稳态电压与电流)选项,打开 Powergui Steady-State Voltages and Currents Tool(稳态工具)窗口,如图 16-18 所示。

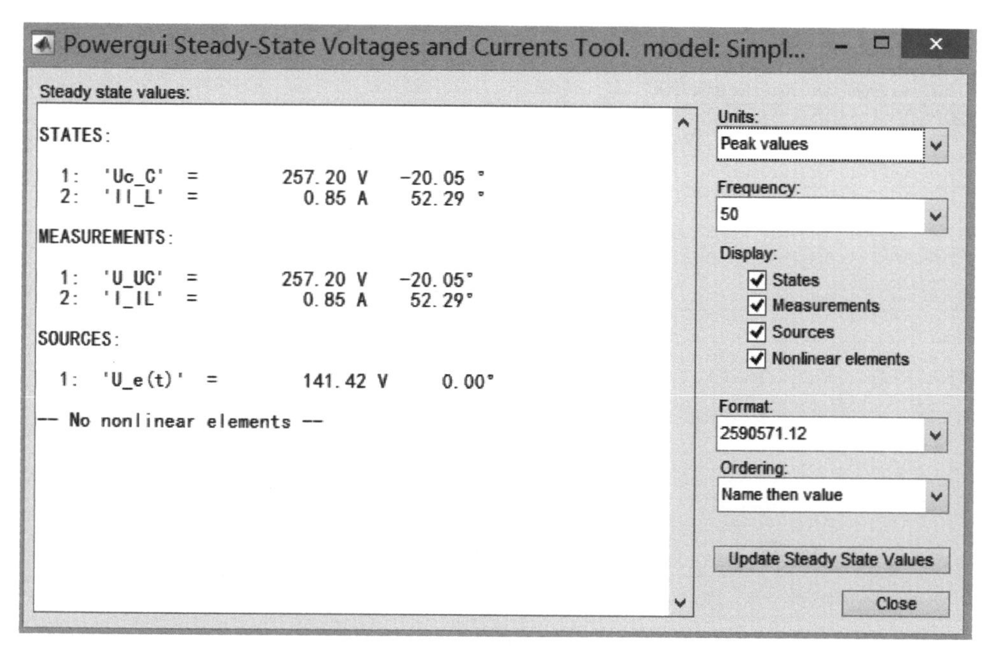

图 16-18 Powergui Steady-State Voltages and Currents Tool 窗口

(3) 在 Display 选项区域选中 States、Measurements、Sources 和 Nonlinear elements 复选框，则在 Steady state value 文本框中显示出系统的内部状态量、测量的输出量和电源输出量的幅值与相位，同时表明本系统无非线性元件。

在图 16-18 中，States 和 Measurements 显示为相同的状态量，但需注意区分其来源。Measurements 来自于 SimpleCircuit 模型窗口中的测量元件，而 STATES 来自 SimPowerSystems 内部。在 SimPowerSystems 系统中的内部状态量命名规则如下。

(1) Il_后缀：后缀为电感电流出现的模块名称，如 Il_L 表示流经模块 L 的电流。

(2) Uc_后缀：后缀为电容电压出现的模块名称，如 Uc_C 表示模块 C 两端的电压。

16.2.4 模拟电路的暂态分析

Powergui 模块允许修改系统的初始状态，以观察不同情况下的系统响应。首先观察一下系统的零状态响应，其操作步骤如下。

(1) 双击 Powergui 模块打开其属性页。

(2) 在 Analysis tools(分析工具)菜单下选择 Initial States Settings(初始状态设置)选项，打开 Powergui Initial States Setting Tool(初始状态工具)窗口，如图 16-19 所示。

(3) 选中 To Zero 单选按钮将系统的初始状态设置为 0，然后关闭稳态工具窗口及 Powergui 模块属性页。

(4) 选择 SimpleCircuit 模型窗口的 Simulation→Run 菜单或单击工具栏中的 ▶ 按钮启动仿真。

(5) 双击打开 Scope 模块，可以看到系统的零状态响应过程，如图 16-20 所示。

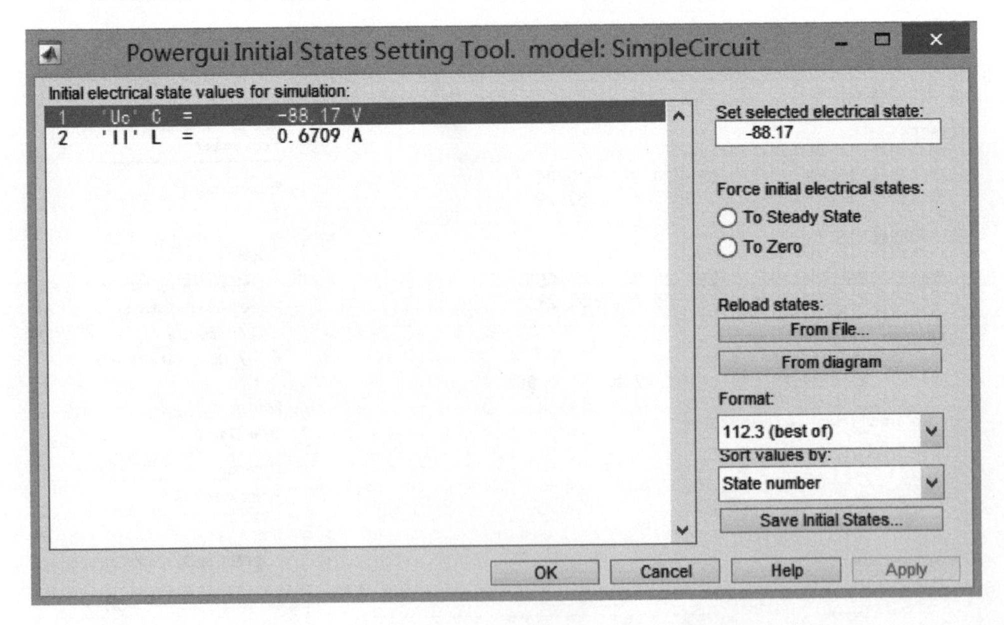

图 16-19 Powergui Initial States Setting Tool 窗口

初始状态设置工具除了能够将系统初始状态全部设置为 0 外，还可以进行以下设置。

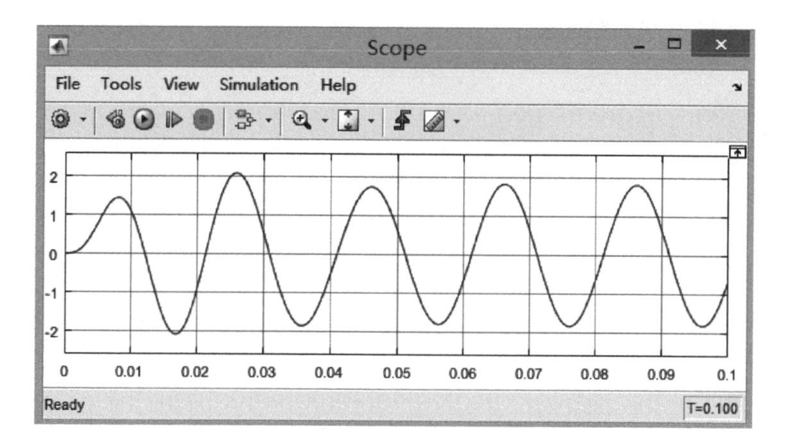

图 16-20 电容 C 上的电压零状态响应曲线

(1) 将系统初始状态全部设置成稳态(To Steady State)。

(2) 将系统初始状态全部设置成任意稳态：在 Set selected electrical state 文本框中输入新的状态值，在完成所有状态量修改后，单击 Apply 按钮接口生效(直接关闭窗口也生效，但也可以在不关闭窗口的情况下再次启动仿真)。

(3) 当状态量较多时，为了便于下次观察不同状态下的响应状况，可以将状态量通过 Save Initial States 功能按钮将其保存到文件中，下次通过 From File 功能按钮将其调出。

16.2.5 模拟电路的频域分析

SimPowerSystems 工具箱获取系统的频域信息还可以采用以下两种方法。

1. 利用 power_analyze 函数分析

对于相对简单的系统，使用理论分析还可以比较方便地得到结果；但对于相对复杂的电路，用理论分析列出微分方程求解就比较烦琐了。SimPowerSystems 提供了 power_analyze 函数专门用于分析由 powerlib 库模块搭建起来的电路模型，一般以电路的等效状态空间模型(状态方程)的方式给出系统结构。

$$\begin{cases} x = Ax + Bu \\ y = Cx + Du \end{cases} \tag{16-12}$$

其中，包含在 x 矢量的状态变量是电路中的电感电流和电容电压；包含在 u 矢量里的是系统的输入(电压源和电流源)；包含在 y 矢量里的是系统的输出量(由电压测量模块和电流测量模块来确定)。

【例 16-6】 构建图 16-1 所示电路的仿真模型并进行简单仿真。

对于 SimpleCircuit 模型，MATLAB 分析程序如下(P_States.m)：

```
>> [A,B,C,D,X0,states,inputs,outputs] = power_analyze('SimpleCircuit');
% 获取系统状态方程、初始状态、输入输出等信息
root = eig(A) % 获取系统特征根
```

可以得到系统的相关信息：

```
A = 1.0e+05 *
    -0.0010    1.0000
    -0.0000   -0.0002
B =   0
      2
C =   1     0
      0     1
D =   0
      0
x0 =
   -88.1748
     0.6709
states =
     'Uc_C'
     'Il_L'
inputs =
     'U_e(t)'
outputs =
U_UC
I_IL
root =
    1.0e+02 *
   -0.6000 + 4.4542i
   -0.6000 - 4.4542i
```

由电路原理和控制理论相关知识可知，从电源两端观察到的系统输入阻抗为电路的激励 $e(t)$和电流 $i_L(t)$之间的比值。该关系通过 Laplace 变换，用传递函数表示可得

$$Z(s)=\frac{e(s)}{i_L(s)} \tag{16-13}$$

目前想观察的是输入阻抗 Z 上的电压电流关系，即输入 $e(t)$与输出 $i_L(t)$的关系。可由以下程序实现：

```
freq=1:1000                          %观测频率范围1～1000Hz
w=2*pi*freq                          %转换为弧度表示
[mag,phase]=bode(A,B,C,D,1,w);       %获取系统伯德图
subplot(2,1,1)                       %画图
loglog(freq,mag(:,2));               %用对数坐标绘制幅度图形
subplot(2,1,1)                       %画图
semilogx(freq,phase(:,2));           %用半对数坐标绘制相位图形
```

Bode(a,b,c,d,iu,w)函数位于 Control System(控制系统)工具箱，第 5 个参数(iu)用于指示当前加入激励的输入。在 SimpleCircuit 模型中，输入只有一个，即 $e(t)$，故 iu=1。但对于多输入系统而言，当需要观察不同输入下系统的响应情况时，iu 可设置为对应的输入序号。

同时，希望得到第 2 个输出 $i_L(t)$与输入之间的响应关系，故程序中使用 mag(:,2)和 phase(:,2)来绘制伯德图。

程序运行后，得出系统传递函数的伯德图，如图 16-21 所示。

但需要指出的是，当前系统的输入是电压 $e(t)$，输出是电流 $i_L(t)$，因此图 16-21 表示的实际是输入导纳 $G(s)$ 随频率变化的曲线，即

$$G(s)=\frac{1}{Z(s)}=\frac{i_L(s)}{e(s)} \tag{16-14}$$

在 Command 窗口中输入以下语句：

```
>> IL = 100 * sqrt(2) * mag(50,2)
IL =
     0.8480
>> angle = phase(50,2)
ang =
     52.2945
```

即电流 i_L 的幅值(输入电压幅值与 50Hz 处导纳增益的乘积)和相位滞后，与图 16-18 中系统稳态电流参数显示相同。

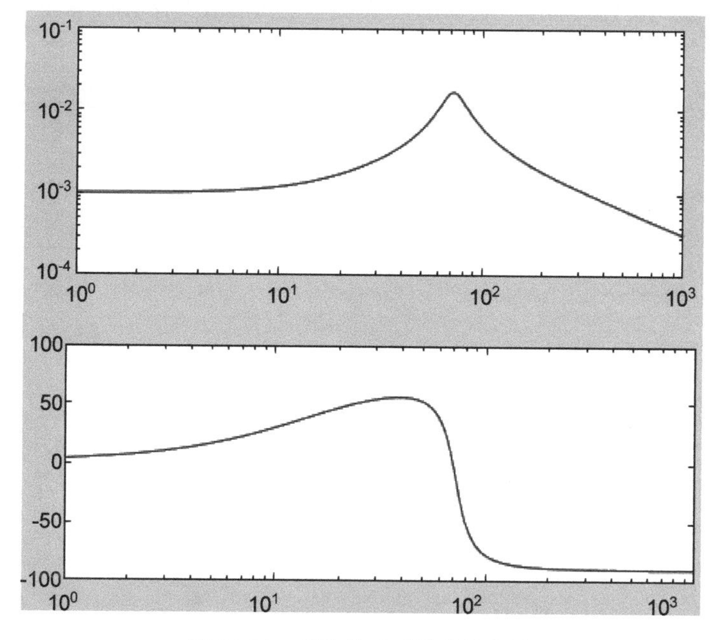

图 16-21 系统传递函数的伯德图

在 Command 窗口中输入以下语句：

```
>> [v,p] = max(mag(:,2))
v =
     0.0171
p =
     71
```

仿真结果表明系统的最大增益为 0.0171，出现在振荡率 70.8908Hz 处。

power_analyze 函数不仅可以用于简单的电路模型，也可以运用于输电线路的分析，

只不过随着系统的复杂度增加，系统的内部状态量也随之增多，要分析和了解这些状态量对应的物理模型位置，就需要有很好的耐心了。

2. 使用 LTI Viewer 观察

如果能熟练利用 power_analyze 函数进行分析，就已经可以得到比较完整的分析结果。但是仍需要进行部分手工编程，并对相关函数有较为清楚的了解。当需要了解电路特定部分的相关信息时，要能够清楚地知道相关状态量在状态方程中的位置。

考虑到为用户提供更为简便和直观的分析，Powergui 提供了更为直接的手段，即 Linear System Analyzer 线性时不变系统观测器。与伯德函数一样，Linear System Analyzer 也属于控制系统工具箱。

(1) 双击 Powergui 模块打开其属性页。

(2) 在 tools(工具)菜单下选择 Use Linear System Analyzer(使用线性时不变观测器)，打开 Powergui 连接到 Linear System Analyzer 的接口，如图 16-22 所示。

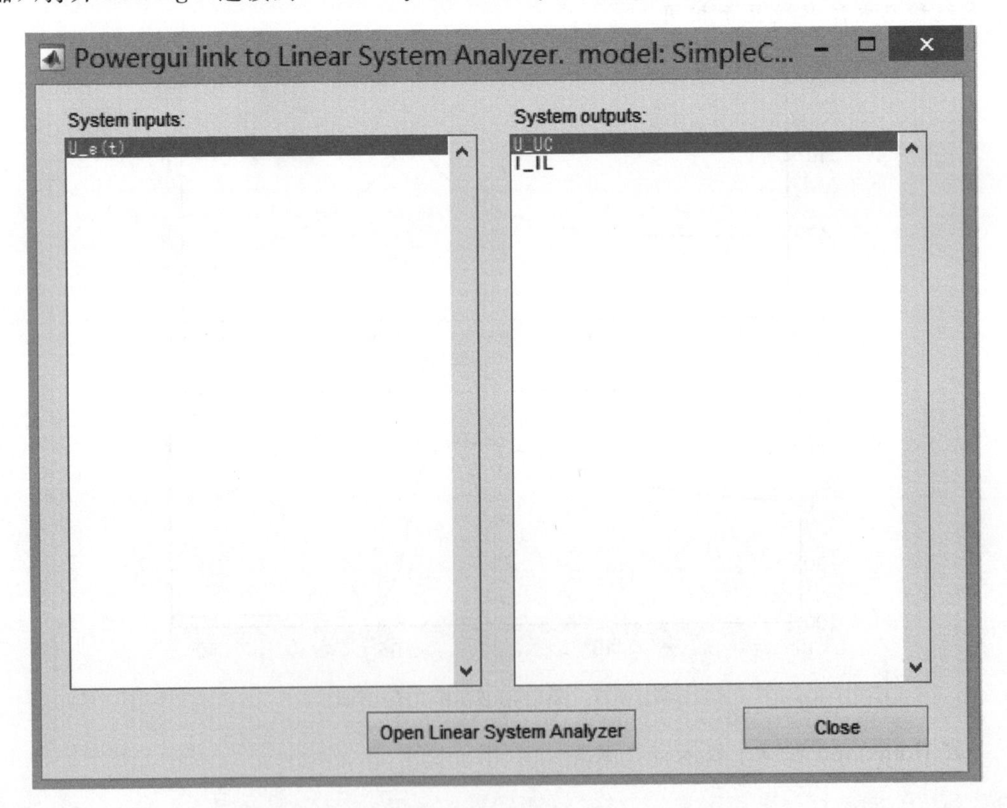

图 16-22 Powergui 连接到 Linear System Analyzer

(3) 当前系统只有一个输入 U_e(t)，在系统输出中选择 I_IL，单击 Open Linear System Analyzer 按钮，将打开控制系统工具箱的 Linear System Analyzer 窗口，如图 16-23 所示。

(4) 默认情况下，Linear System Analyzer 打开的是 I_IL 输出对 U_e(t)输入的阶跃响应。选择 Edit→Plot Configurations 选项，弹出如图 16-24 所示的绘图设置窗口。

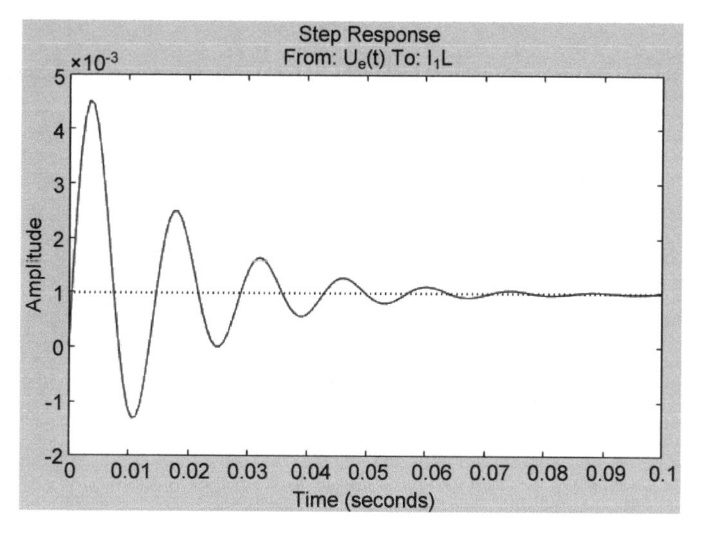

图 16-23 Linear System Analyzer 窗口显示的阶跃响应曲线

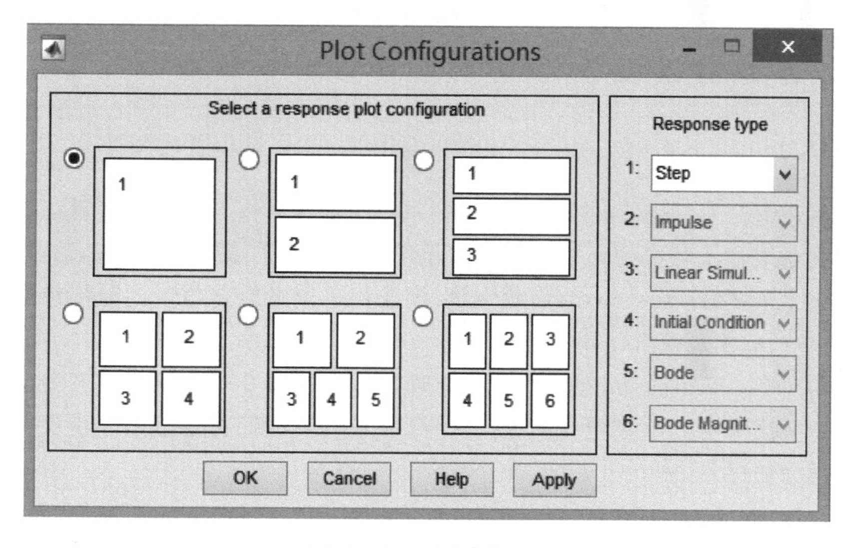

图 16-24 绘图设置窗口

(5) 图 16-24 左侧为图数量和布局显示，可见 Linear System Analyzer 可同时观察 11 种不同的系统响应或频域特性图。右边为 Response type(响应类型)，1 下拉列表框对应选择 1 号子图响应类型，有 Step(阶跃)、Impulse(冲击)、Linear Simulation(线性仿真)、Initial Condition(初始条件)、Bode(伯德图)、Bode Magnitude(幅频特性伯德图)、Nyquist(奈氏图)、Nichols(对数幅相特性图)、Singular Value(频域单一值)、Pole/Zero(零极点图)、IO Pole/Zero(IO 零极点图)共 11 种选择。

(6) 在 Response type 选项区域 1 下拉列表框中选择 Bode 选项，再单击 OK 或 Apply 按钮，Linear System Analyzer 将显示系统的伯德图，如图 16-25 所示。

与图 16-21 相比较，图 16-25 幅频特性纵坐标使用的单位是分贝值(dB)，如果需要，也可以选择 Edit→Linear System Analyzer Preferences 选项修改坐标单位。

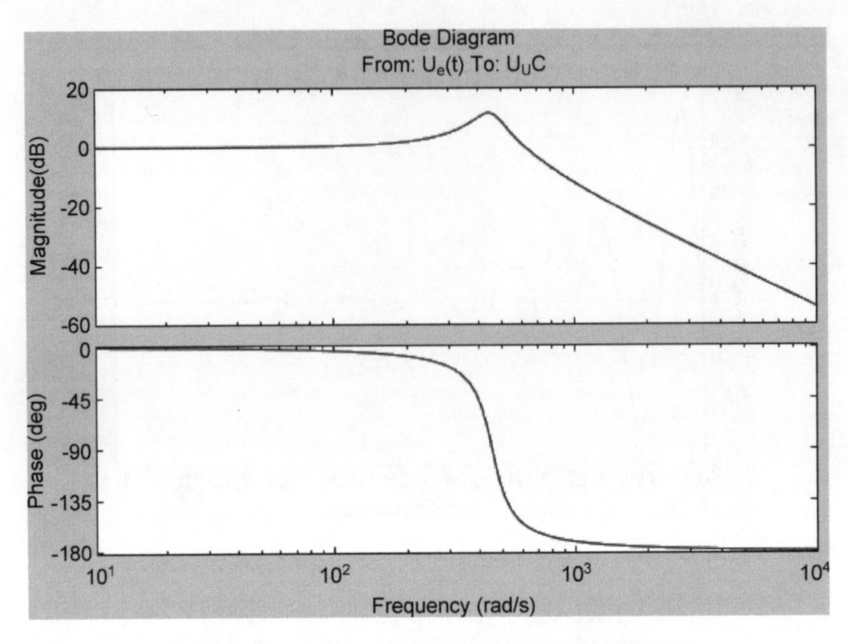

图 16-25 Linear System Analyzer 窗口显示的伯德图

3. 引入 Impedance Measurement 模块和 Powergui 模块自动测量

前面所述情况中，观察到的都是电导纳 $G(s)$ 的幅频特性与幅相特性，然而有时候确实需要得到系统输入阻抗的幅频特性与幅相特性。MATLAB 在 Measurements 模块库提供了 Impedance Measurement（阻抗测量）模块用于测量给定位置的阻抗特性，该模块必须与 Powergui 模块配合使用。

Impedance Measurement 模块的工作原理实际与方法 2 基本相同。事实上，其内部就是由一个电流源模块 Iz 和电压测量模块 Vz 构成的。我们将通过以下步骤，逐步说明其工作原理和使用方法。

(1) 将 SimpleCircuit 窗口另存为 SimpleCircuit_a。

(2) 从 Measurement 模块库引入 Impedance Measurement 模块到 SimpleCircuit_a 模型窗口，将其与电压源模块 $e(t)$ 两端连接，并更名为 Z，如图 16-26 所示。那么显然，我们希望测量的是从电源两端看的系统输入阻抗。

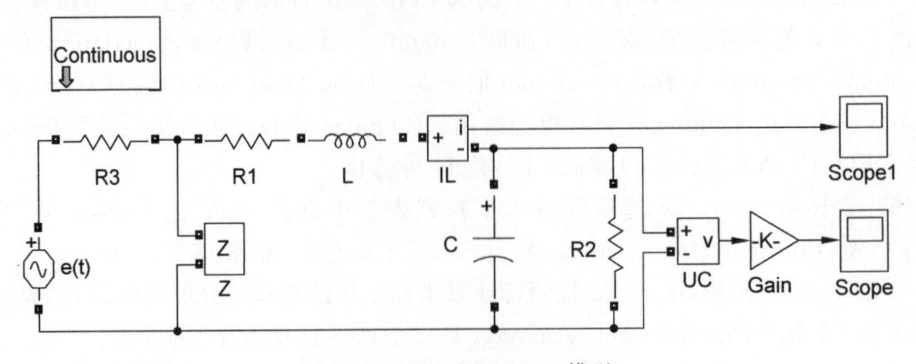

图 16-26 SimpleCircuit_a 模型

(3) 在 Command 窗口中运行如下语句:

```
>> [A,B,C,D,X0,states,inputs,outputs] = power_analyze('SimpleCircuit_a');
   inputs =
       'I_Z'
       'U_e(t)'
   outputs =
       U_Z
       U_UC
       I_IL
```

与程序 P_States.m 运行结果对比,可知当前系统多出了一个输入 I_Z 和一个输出 U_Z,这些来自 Impedance Measurement 模块内部的电流源和电压源测量模块。

(4) 此时双击 Powergui 模块打开其属性页,在 tools 菜单下选择 Impedance Measurement 选项,打开阻抗测量窗口,如图 16-27 所示。

图 16-27 和图 16-25 相比较,幅频曲线值恰好是导数关系,二相频特性则恰好沿 x 轴反转。

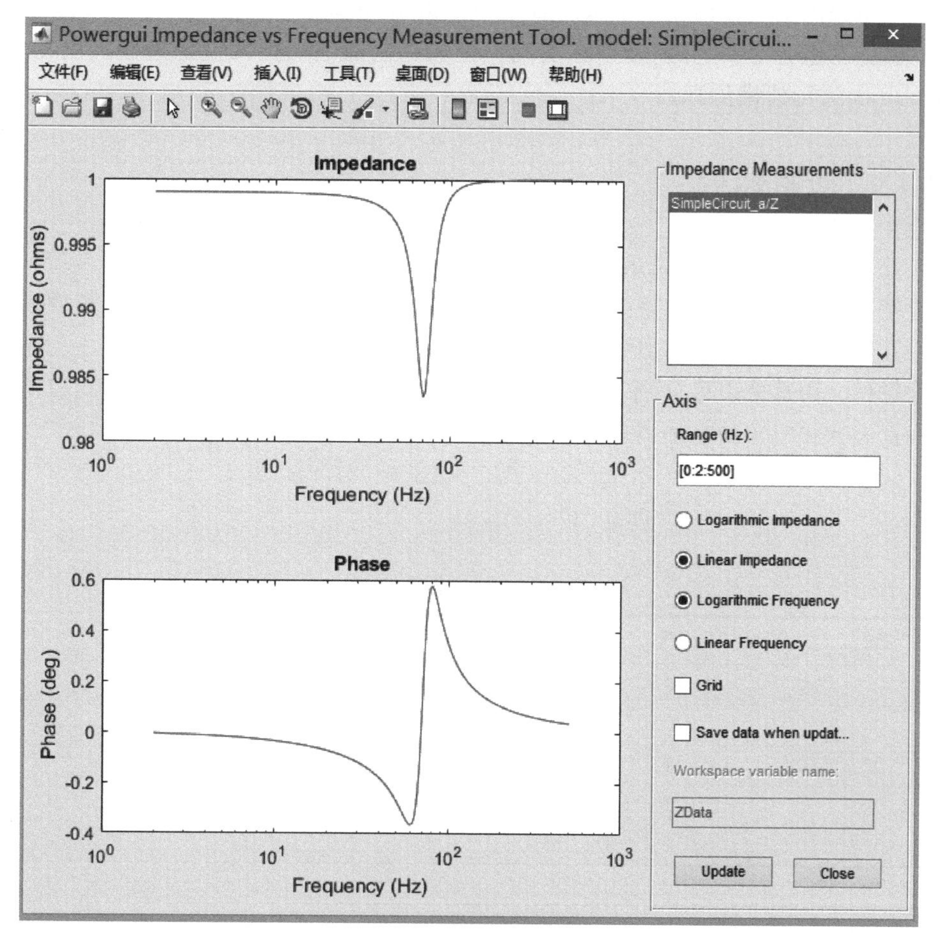

图 16-27 阻抗测量窗口

16.3 Simulink在数字电路中的应用

数字电路由若干个数字集成器件构造而成。根据逻辑功能的不同特点,可以把数字电路分成组合逻辑电路和时序逻辑电路两大类。Simulink数字电路仿真也分为这两大类。对于组合逻辑电路常见的Simulink模块有Logical Operator(逻辑操作模块)(如与门、与非门、或门、或非门、异或门、反相器等)和Combinational Logic(组合逻辑)模块(用真值表方式描述组合逻辑表达式)。对于组合逻辑的多个输入端,Combinational Logic模块需要与Mux模块组合使用。这些数字电路的仿真模块一般位于Math Operations模块库或Logic and Bit Operations模块库里。

数字电路的信号输入模块位于Source模块库里的Pulse Generator(脉冲序列发生器)模块,常采用Sample Based方式。其中Period(Number of Samples)文本框用来设置脉冲周期;Pulse Width(Number of Sample)文本框用来设置高电平时间;Phase Delay(Number of Samples)文本框用来设置脉冲的相位延迟。

数字电路的信号输出模块常采用Scope(示波器)模块。

下面针对组合逻辑电路,设计和实现一位二进制加法器到八位二进制加法器电路,用Simulink进行建模仿真。

16.3.1 二进制加法器

在数字系统中,加法器是最基本的运算单元。二进制算术运算,一般都是按一定规则通过基本的加法操作来实现。全加器有三个输入端,两个输出端,其真值表如表16-1所示。其中Ai、Bi分别是被加数、加数,Ci是低位进位,Si是本位全加和,Ci-1为本位向高位的进位。由真值表可分别写出输出端Si和Ci的逻辑表达式并化简得到以下表达式。根据表达式得出的全加器逻辑电路如式(16-15)所示。

$$\text{本位}: S = \overline{A}B + A\overline{B} = A \oplus B$$
$$\text{进位}: C = AB \qquad (16\text{-}15)$$

表16-1 加法器真值表

Ai	Bi	Ci	Si	Ci
0	0	0	0	0
0	0	1	1	0
0	1	0	1	0
0	1	1	0	1
1	1	0	1	0
1	0	1	0	1
1	1	0	0	1
1	1	1	1	1

从真值表可以看到其组合逻辑表达式为

$$S_i = A_i \oplus B_i \oplus C_i, \quad C_i = A_i(B_i \oplus C_{i-1}) + B_iC_{i-1}$$

在本节中将学习使用 Simulink 平台搭建一位二进制加法器模型，并进行简单的仿真。在 MATLAB 主界面的工具栏中选择“新建”→Simulink→Simulink Model 选项，即可新建一个空白的 *.slx 模型文件。

【例 16-7】 构建式(16-15)所示加法器电路的仿真模型并进行简单仿真。

将文件保存并命名为 exam_16_7.slx，接下来按以下步骤搭建仿真模型。

(1) 单击模型窗口的图标，打开 Simulink Library Browser 窗口(及模块库窗口)，如图 16-28 所示。组合电路仿真常用模块在 Logic and Bit Operations 库中的 Logic Operator 模块。

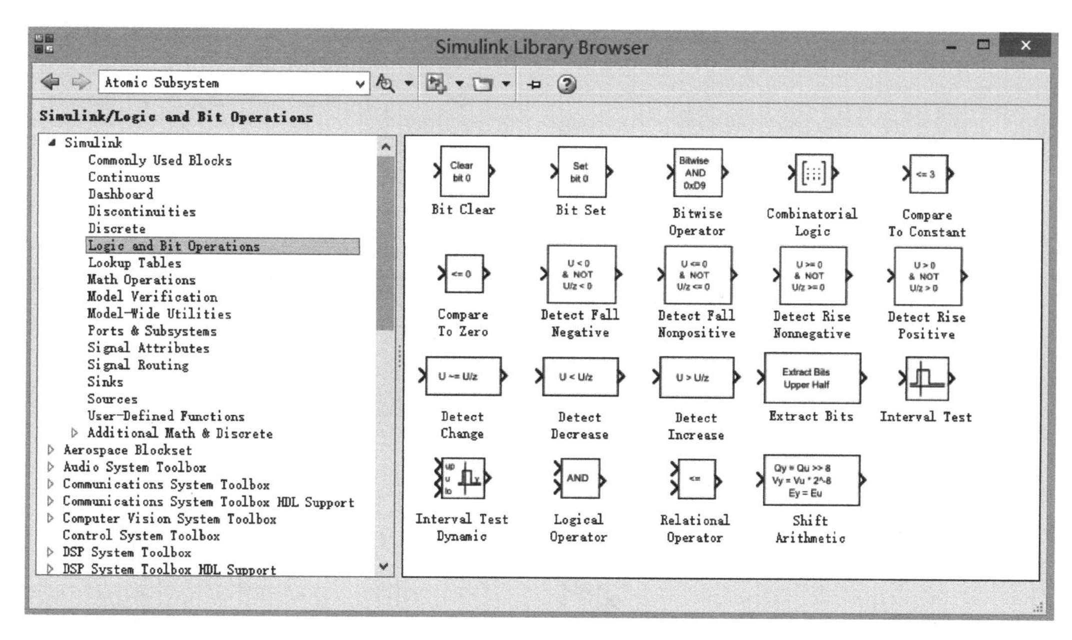

图 16-28 Simulink 中 Logic and Bit Operations 模块库窗口

需要使用到三个库中的模块：Logical and Bit Operations，sources 和 sinks。我们先从逻辑门开始。

双击 Logic and Bit Operations。将 Logical Operator 模块拖到工作窗口中，双击模块打开 Block Parameters 窗口，将 Main 标签中的 Operator 选项改为 XOR。再拖入一个 AND 门。

接下来是输入信号。选用 Pulse Generator 以便检查是否得到了想要的输出。打开 Sources 面板，拖入两个 Pulse Generator 并放置在窗口的左侧。

这两个 Pulse Generator 作为加法器真值表的两个输入。双击第一个并将它的周期(Period)设定为 4 秒，相位延迟(Phase Delay)设定为 2 秒。将这个 Pulse Generator 重命名为 x input，作为输入的最小标志位(Least-significant Bit)。双击第二个，将周期设定为 8 秒，相位设定为 4 秒，重命名为 y input。

(2) 先在 Simulink→Logic and Bit Operations 子模块库中选择 Logical Operator 模

块,使用拖曳或粘贴的方式新建到 exam_16_7.slx 文件中。双击 Logical Operator 模块,打开模块属性对话框,在 Operator 下拉菜单中选择 XOR 选项,如图 16-29 所示。

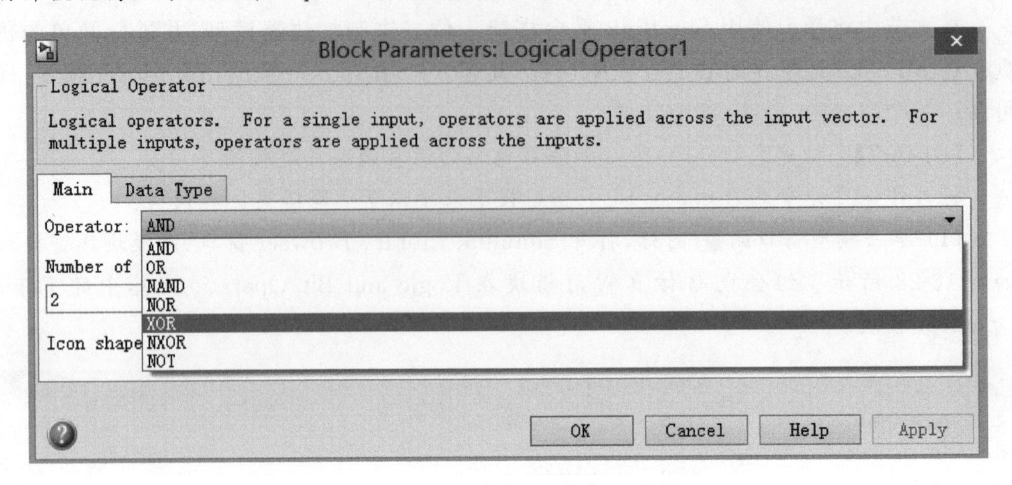

图 16-29 Logical Operator 模块属性对话框

在 exam_16_7.slx 文件中复制 Logical Operator,如图 16-30 所示。

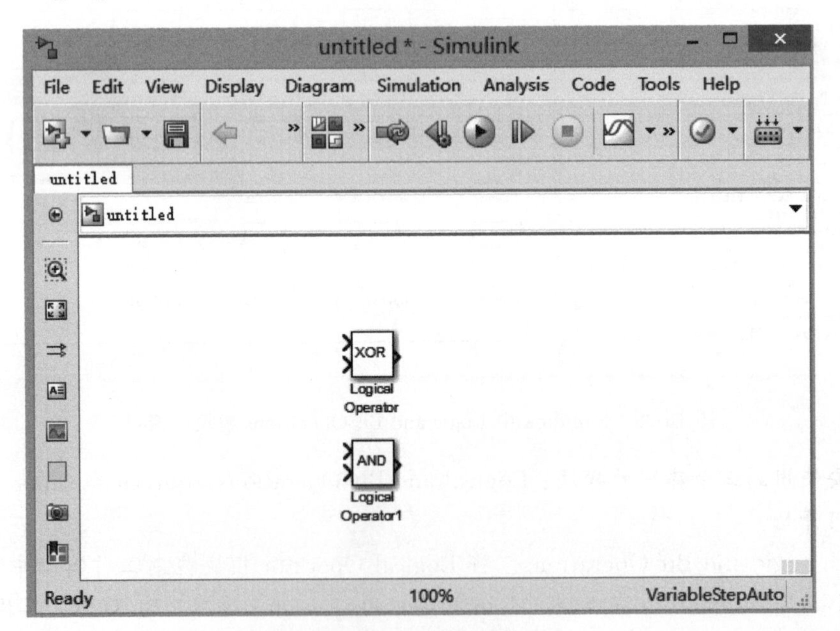

图 16-30 异或和与模块

(3) 在 Simulink→Sinks 子模块库中拖曳四个 Scope(示波器)模块,分别连接 Pulse Generator、Pulse Generator1、Logical Operator 和 Logical Operator1,如图 16-31 所示。

(4) 单击模型窗口 ▶ 图标,或选择 Simulink→Run 选项。运行结束后,双击示波器 sum 和 carry 模块,即可观察到输出,如图 16-32 所示。由图可知,此时仿真的是电路的零状态响应。

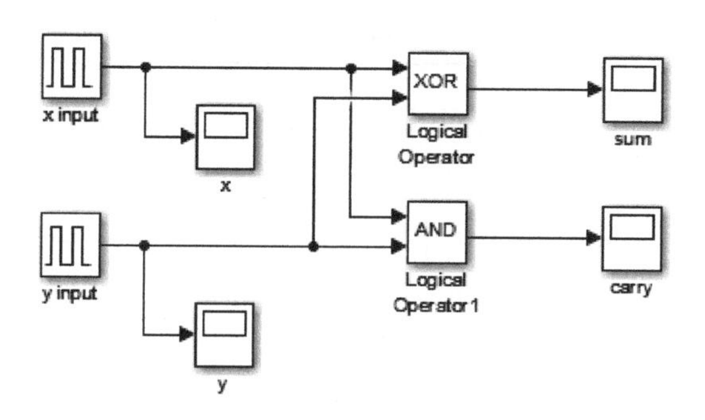

图 16-31 半加器仿真电路图

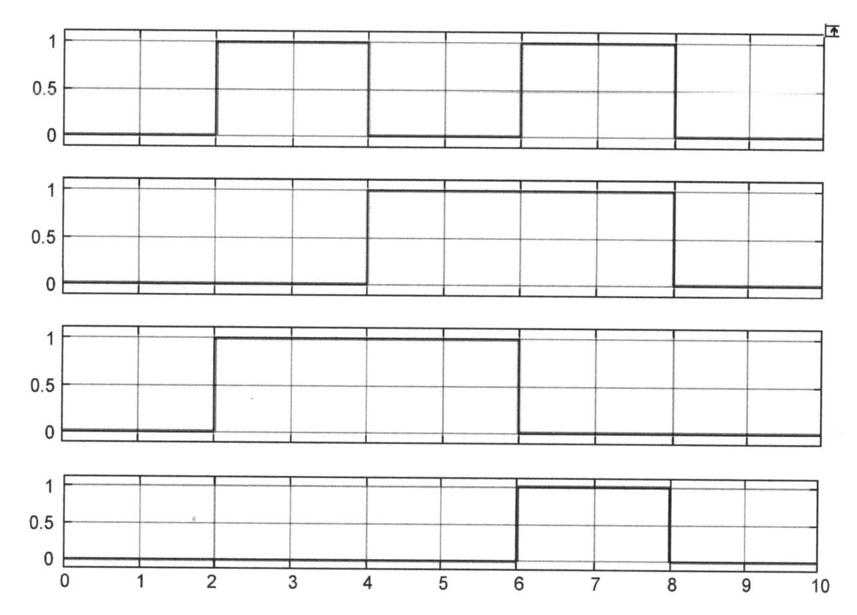

图 16-32 仿真输入及输出波形(x input 波形图、y input 波形图、sum 输出波形、carry 输出波形图)

16.3.2 8421 编码器

在本节中将学习使用 Simulink 平台搭建 8421 编码器模型，当输入逻辑信号时仿真并观察编码结果。在 MATLAB 主界面的工具栏中选择“新建”→Simulink→Simulink Model 选项，即可新建一个空白的 *.slx 模型文件。将文件保存并命名为 exam_16_8.slx，接下来按以下步骤搭建仿真模型。

【例 16-8】 利用 Simulink 构建实现一个 8421BCD 编码器电路，当输入逻辑信号时仿真。对电路进行仿真并观察编码结果。

分析编码器的功能，写出编码器的逻辑表达式。10 线—4 线编码器有 10 个编码信号输入端 I0～I9，假设输入信号高电平有效；4 个编码输出端 Y3，Y2，Y1，Y0，输出 4 位 8421BCD 码。当某个输入信号为 1，其余输出信号都为 0 时，就有一组对应点代码输出。其真值表如表 16-2 所示。其输出逻辑函数如式(16-16)所示。

表 16-2　8421 编码器真值表

输入										输出			
I_0	I_1	I_2	I_3	I_4	I_5	I_6	I_7	I_8	I_9	Y_0	Y_1	Y_2	Y_3
1	0	0	0	0	0	0	0	0	0	0	0	0	0
0	1	0	0	0	0	0	0	0	0	0	0	0	1
0	0	1	0	0	0	0	0	0	0	0	0	1	0
0	0	0	1	0	0	0	0	0	0	0	0	1	1
0	0	0	0	1	0	0	0	0	0	0	1	0	0
0	0	0	0	0	1	0	0	0	0	0	1	0	1
0	0	0	0	0	0	1	0	0	0	0	1	1	0
0	0	0	0	0	0	0	1	0	0	0	1	1	1
0	0	0	0	0	0	0	0	1	0	1	0	0	0
0	0	0	0	0	0	0	0	0	1	1	0	0	1

$$
\begin{cases}
Y_0 = \overline{\overline{I_1} \cdot \overline{I_3} \cdot \overline{I_5} \cdot \overline{I_7} \cdot \overline{I_9}} \\
Y_1 = \overline{\overline{I_2} \cdot \overline{I_3} \cdot \overline{I_6} \cdot \overline{I_7}} \\
Y_2 = \overline{\overline{I_4} \cdot \overline{I_5} \cdot \overline{I_6} \cdot \overline{I_7}} \\
Y_3 = \overline{\overline{I_8} \cdot \overline{I_9}}
\end{cases}
\tag{16-16}
$$

步骤 1：建立一个 8421 电路仿真模型，如图 16-33 所示。

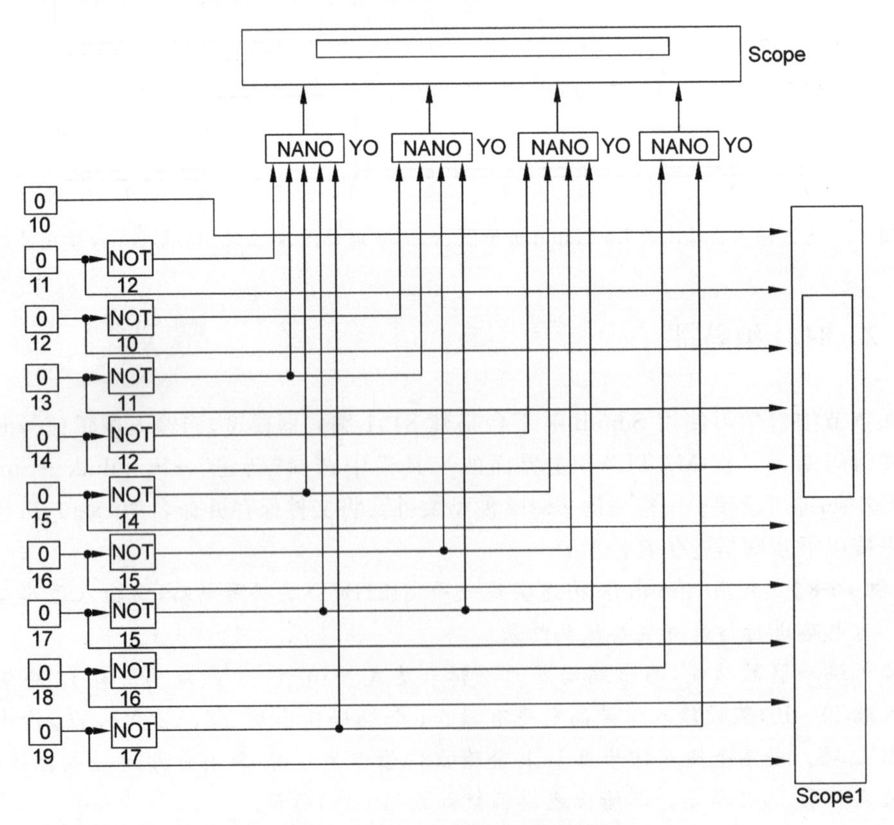

图 16-33　8421 电路仿真模型

步骤 2：复制两个 Scope；复制 10 个 Constant，分别命名为 I0～I9，用来输入常数信号；复制 14 个 Logical Operator，4 个用作与非门，10 个用作非门。参数设置如下所述。

(1) Constant 参数设置：用来输入两种电平信号，高电平(1)和低电平(0)。低电平参数设置如图 16-34 所示。高电平参数设置如图 16-35 所示。

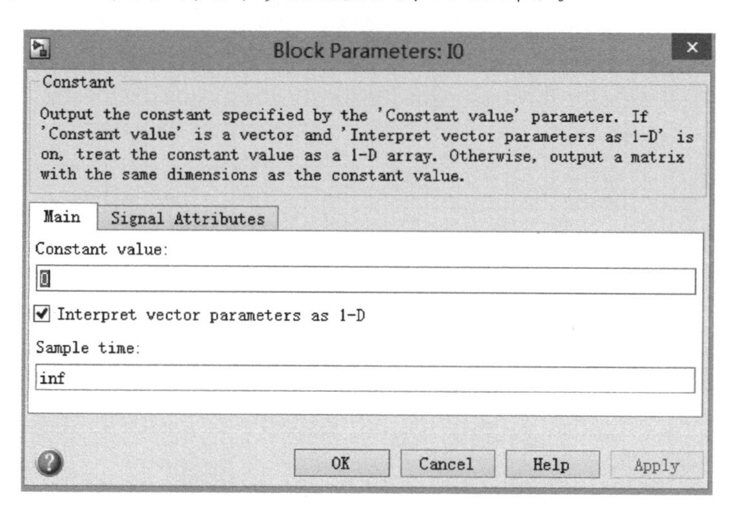

图 16-34 Constant 低电平参数设置

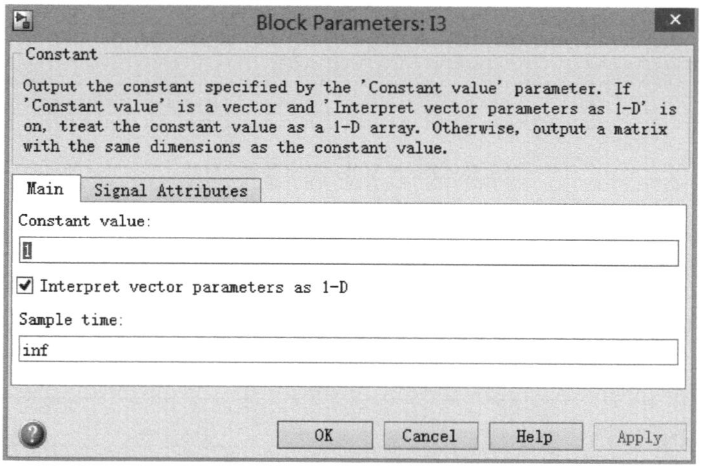

图 16-35 Constant 高电平参数设置

(2) Logical Operator 参数设置：用作 NOT(非门)模块与 NAND(与非门)模块的参数设置分别如图 16-36 和图 16-37 所示。

步骤 3：运行仿真。仿真结果如下：仅当 I3 为高电平，其他输入为低电平时，其对应仿真输出代码是 0011。运行程序后，Scope 输出全是低电平，如图 16-38 所示。Scope1 输出波形如图 16-39 所示。

同样，也可以得到如下所述仿真波形。仅当 I4 为高电平，其他输入为低电平时，其对应仿真输出代码是 0100；仅当 I5 为高电平，其他输入为低电平时，其对应仿真输出代码是 0101；仅当 I6 为高电平，其他输入为低电平时，其对应仿真输出代码是 0110；仅当 I7

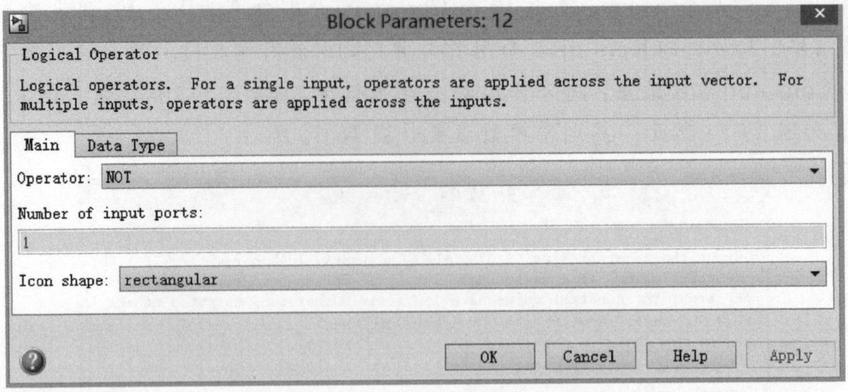

Block Parameters: 12

Logical Operator

Logical operators. For a single input, operators are applied across the input vector. For multiple inputs, operators are applied across the inputs.

Main　Data Type

Operator: NOT

Number of input ports:

1

Icon shape: rectangular

OK　Cancel　Help　Apply

图 16-36　NOT 模块参数设置

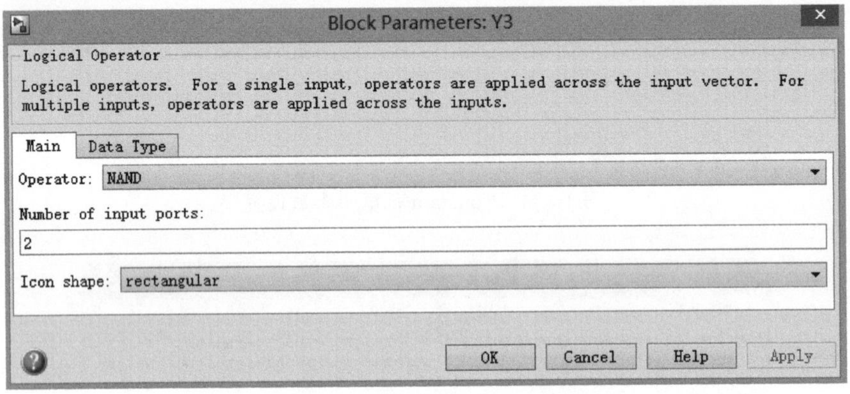

Block Parameters: Y3

Logical Operator

Logical operators. For a single input, operators are applied across the input vector. For multiple inputs, operators are applied across the inputs.

Main　Data Type

Operator: NAND

Number of input ports:

2

Icon shape: rectangular

OK　Cancel　Help　Apply

图 16-37　NAND 模块参数设置

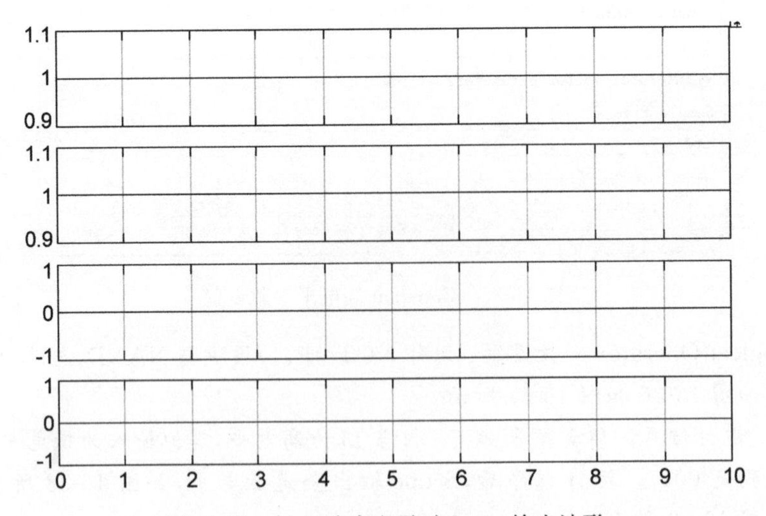

图 16-38　仅 I3 为高电平时 Scope 输出波形

为高电平，其他输入为低电平时，其对应仿真输出代码是 0111；仅当 I8 为高电平，其他输入为低电平时，其对应仿真输出代码是 1000；仅当 I9 为高电平，其他输入为低电平时，其对应仿真输出代码是 1001。

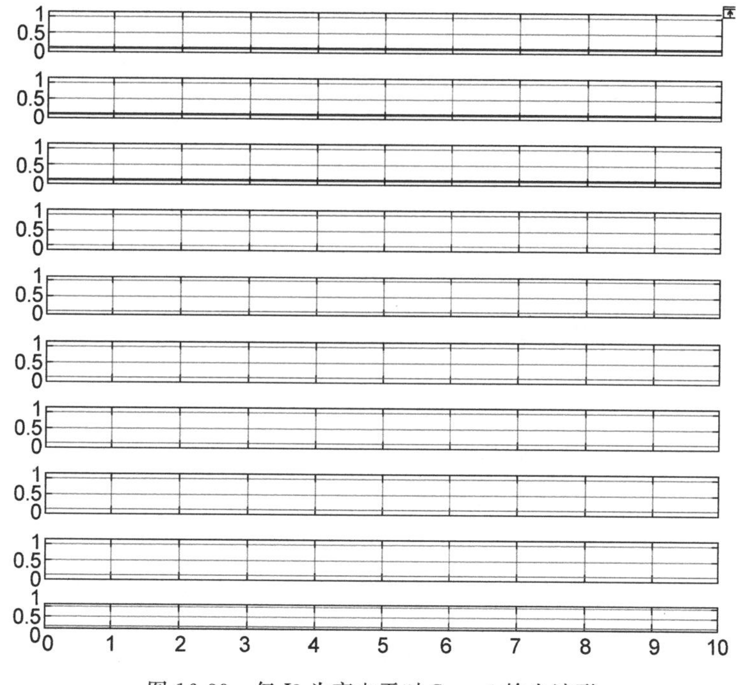

图 16-39 仅 I3 为高电平时 Scope1 输出波形

16.4 本章小结

本章针对 MATLAB 在电子电路中的应用，以简单二阶电路、加法器、三-八译码器等典型模拟及数字电路为例，介绍了 Simulink 在电子电路设计及调试、仿真中的应用。需要注意的是，数字电路的仿真受数值分析方法的影响，是无法替代实物仿真的。通过本章应用实例讲解，读者可以更加深刻地认知 MATLAB 在电子电路中的应用。

第17章 Simulink在电力系统中的应用

本章要点：

◇ Powergui 模块；
◇ 二极管模块；
◇ 晶闸管模块；
◇ 直流电机模块；
◇ 异步电机模块；
◇ 同步电机模块；
◇ 负荷模块；
◇ 电力系统稳态分析；
◇ 电力系统电磁暂态分析。

MATLAB 的 Simulink 工具在电力系统中应用广泛。Simulink 提供了众多电力系统的基本模块(信号源、放大器等)和专用模块(电源、电力电子元件、测量元件、交直流电机等),为解决电力系统实际工程中的仿真及验证提供了快捷、准确、简洁的途径,避免了构建电力系统模型的烦琐。

本章主要介绍电力系统的常用模块及其参数设置,包括 Powergui 模块、二极管模块、晶闸管模块、直流电机模块、异步电机模块、同步电机模块、负荷模块等,并配以实例辅助学习 MATLAB 在电力系统中的稳态分析及电磁暂态分析。

17.1 Powergui 模块

Powergui 模块为电力系统仿真分析提供了有效的图形分析界面。该模块在 MATLAB 的 SimPowerSystems 库中,如图 17-1 所示。该主窗口包含 Simulation Type(仿真类型)和 Analysis Tools(分析工具)两大内容。

17.1.1 Simulation Type(仿真类型)

1. Continuous (连续系统仿真)单选框

连续系统仿真单选框如图 17-2 所示。选用该单选框后,即采用连续算法来分析系统。

Block Parameters: Diode1

Diode (mask) (link)

Implements a diode in parallel with a series RC snubber circuit.
In on-state the Diode model has an internal resistance (Ron) and inductance (Lon).
For most applications the internal inductance should be set to zero.
The Diode impedance is infinite in off-state mode.

Parameters

Resistance Ron (Ohms) : 0.001

Inductance Lon (H) : 0

Forward voltage Vf (V) : 0.8

Initial current Ic (A) : 0

Snubber resistance Rs (Ohms) : 500

Snubber capacitance Cs (F) : 250e-9

Show measurement port

OK Cancel Help Apply

Continuous

powergui

图 17-1 Powergui 模块

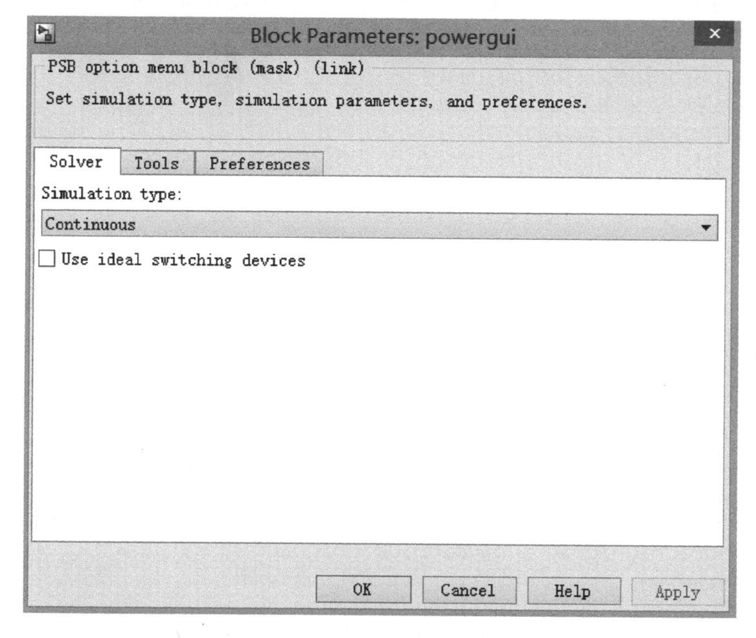

图 17-2 连续系统仿真

2. Discrete(离散系统仿真)

离散系统仿真单选框如图 17-3 所示。选用该单选框后，在 Sample time(采样时间)

文本框中输入指定的采样时间($T_S>0$)，即对系统按指定的步长进行离散化分析。若采样时间为0，则表示不对数据进行离散化处理，仍采用连续算法分析系统。

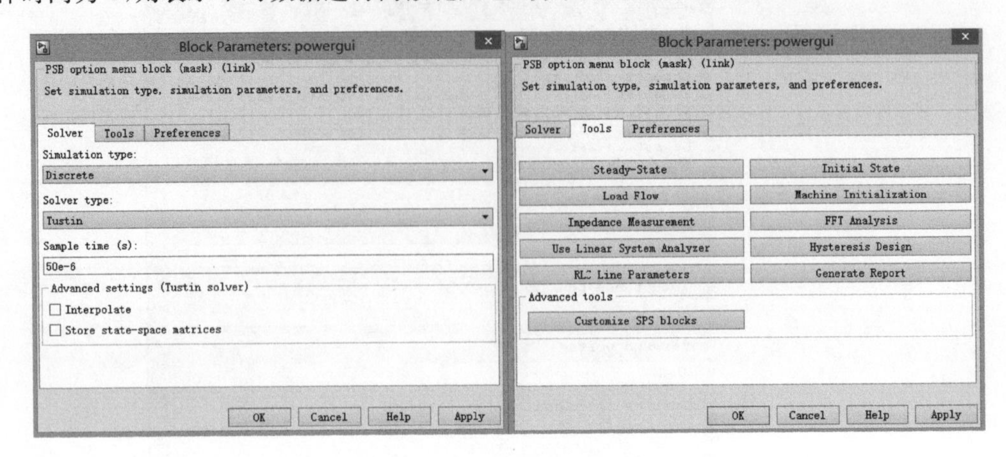

图 17-3　离散系统仿真

17.1.2　Analysis Tools(分析工具)

1. Steady-State Voltages and Currents(稳态电压电流分析)按键

打开稳态电压电流分析窗口，显示模型文件的稳态电压和电流，如图17-4所示。

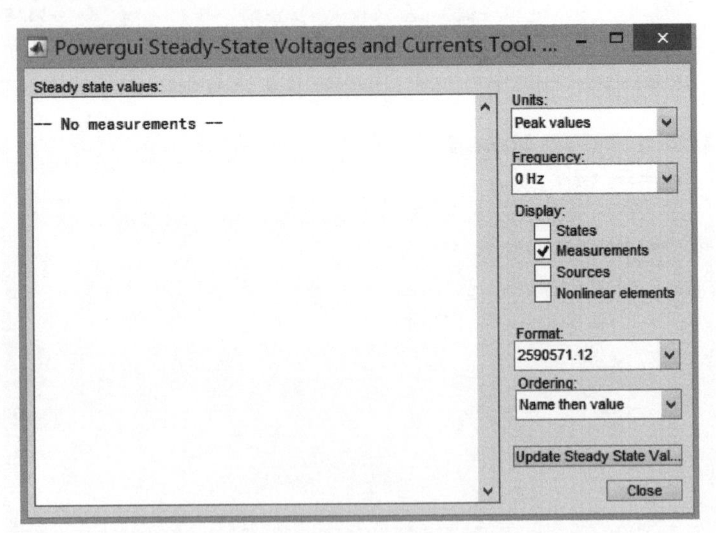

图 17-4　稳态电压电流分析

(1) Steady state values(稳态值)列表框：显示模型文件中指定的电压、电流稳态值。

(2) Units(单位)下拉框：选择显示电压、电流值的Peak(峰值)还是RMS(有效值)。

(3) Frequency(频率)下拉框：选择需要显示的电压、电流相量的频率。该下拉框列出了模型文件中电源的所有频率。

(4) States(状态)复选框：显示稳态下电容电压和电感电流相量值。默认状态为不选。

(5) Measurements(测量)复选框：显示稳态下测量模块测得的电压、电流相量值。默认状态为选中。

(6) Sources(电源)复选框：显示稳态下电源的电压、电流相量值。默认状态为不选。

(7) Nonlinear elements(非线性元件)复选框：显示稳态下非线性元件的电压、电流相量值。默认状态为不选。

(8) Format(格式)下拉框：在下拉列表框中选择要观测的电压和电流的格式。其中floating point(浮点格式)以科学计数法显示5位有效数字；best of(最优格式)显示4位有效数字且在数值大于9999时以科学计数法表示；最后一种格式直接显示数值大小，小数点后保留两位有效数字。该项默认格式为floating point(浮点格式)。

(9) Update Steady State Values按键：重新计算并显示稳态电压、电流值。

2. Initial States Setting(初始状态设置)按键

如图17-5所示，打开设置窗口，显示初始状态并可对模型的初始电压、电流进行设置。

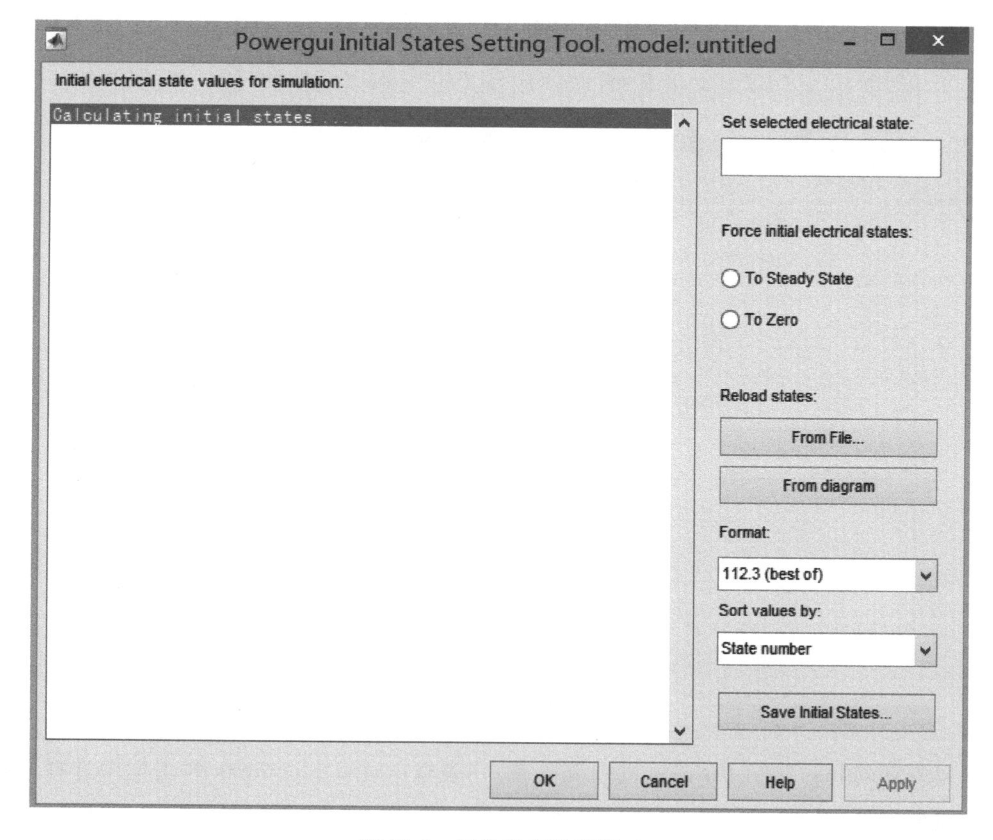

图17-5 初始状态设置窗口

(1) Initial electrical state values for simulation(初始状态)列表框：显示模型文件中状态变量的名称和初始值。

(2) Set selected electrical state(设置到指定状态)文本框：对Initial states values

for simulation(初始状态)列表框中的状态变量进行初始值设置。

(3) Force initial electrical states(强制初始状态量)：选择从 To Steady States(稳态)或者 To Zero(零初始状态)开始仿真。

(4) Reload states(加载状态)：选择 From File(指定文件)中加载初始状态或直接以 From diagram(当前值)作为初始状态开始仿真。

(5) Apply(应用)按键：使用当前设置好的参数进行仿真。

(6) Revert(返回)按键：返回到初始设置窗口打开时的原始状态。

(7) Save Initial States…按键：将初始状态保存到指定的文件中。

(8) Format(格式)下拉框：选择观测的电压和电流格式。默认为浮点格式。

(9) Sort values by(排序)下拉框：选择初始状态值的显示顺序。其中 Default order(默认顺序)按模块在电路中的顺序显示初始值；State number(状态序号)按状态空间模型中状态变量的序号来显示初始值；Type(类型)按电容和电感来分类显示初始值。默认选项为 Default order。

3. Load Flow and Machine Initialization(潮流计算和电机初始化)按键

单击 Load Flow and Machine Initialization 按键后弹出如图 17-6 所示的初始化窗口。

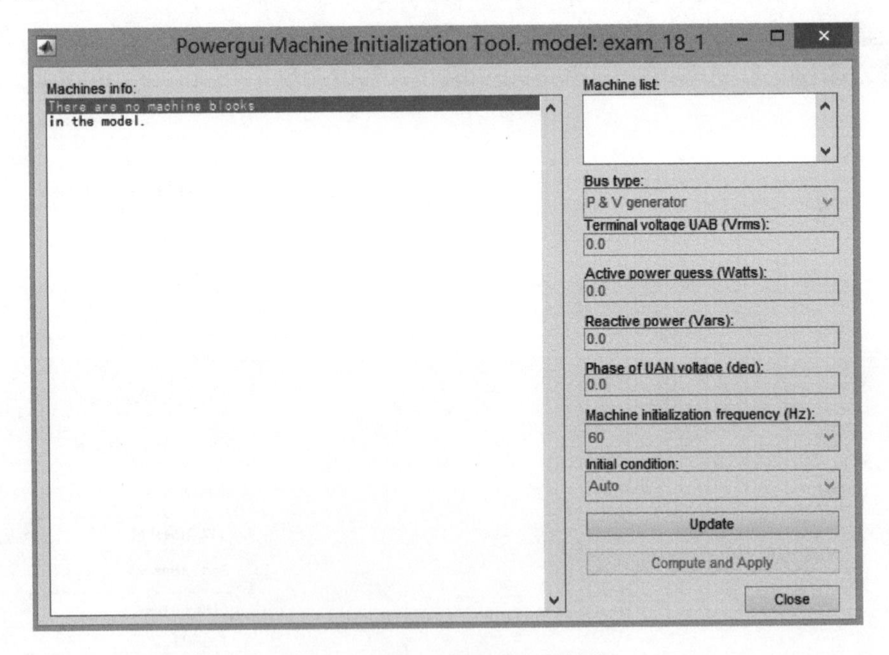

图 17-6 潮流计算和电机初始化

(1) Machines load flow(电机潮流分布)列表框：显示 Machines 列表框中选择电机的潮流分布。

(2) Machines list(电机)列表框：显示简化同步电机、同步电机、非同步电机和三相动态负荷模块的名称。选中该列表框中的电机或负荷后，才能进行参数设置。

(3) Bus type(节点类型)下拉框：选择节点的类型。对于 PV 节点(P&V generator)，可设置电机的端口电压和有功功率；对于 PQ 节点(P&Q Generator)，可设置电机的有功和无功功率；对于 Swing Bus(平衡节点)，可设置终端电压 UAN 的有效值和相角，同时需对有功功率进行预估。

若选择了非同步电机模块，则只需输入电机的机械功率；若选择了三相动态负荷模块，则需设置该负荷消耗的有功和无功功率。

(4) Terminal voltage UAB(终端电压)文本框：设置选中电机的输出线电压(单位：V)。

(5) Active power(有功功率)文本框：设置选中电机的有功功率(单位：W)。

(6) Active power guess(预估的有功功率)文本框：若电机的节点类型为平衡节点，可设置迭代起始时刻的电机有功功率。

(7) Reactive power(无功功率)文本框：设置选中的电机或者负荷的无功功率(单位：Var)。

(8) Phase of UAN voltage(电压 UAN 的相角)文本框：当电机的节点类型为平衡节点时，该文本框被激活。指定被选中电机的 A 相电压的相角。

(9) Load flow frequency(负荷频率)下拉框：设置潮流计算的频率，通常为 50Hz 或 60Hz。

(10) Load flow initial condition 下拉框：默认设置 Auto，是迭代前系统自动调节负荷潮流初始状态。若选择 Start from previous solution，则负荷潮流的初始值为上次仿真结果。若改变电路参数、电机功率分布、电压后负荷潮流不收敛，就可以选择该项。

(11) Update Circuit & Measurements(更新电路和测量结果)按键：更新电机列表、电压相量、电流相量、Machines load flow 列表框中的功率分布。其中的电机电流是最近一次潮流计算的结果。该电流值存储在电机模块的 Initial conditions 文本框中。

(12) Update Load Flow(更新潮流分布)按键：根据给定的参数进行潮流计算。

4. Use LTI Viewer(LTI 视窗)按键

打开 Control System Toolbox(控制系统工具箱)的 LTI 视窗，如图 17-7 所示。

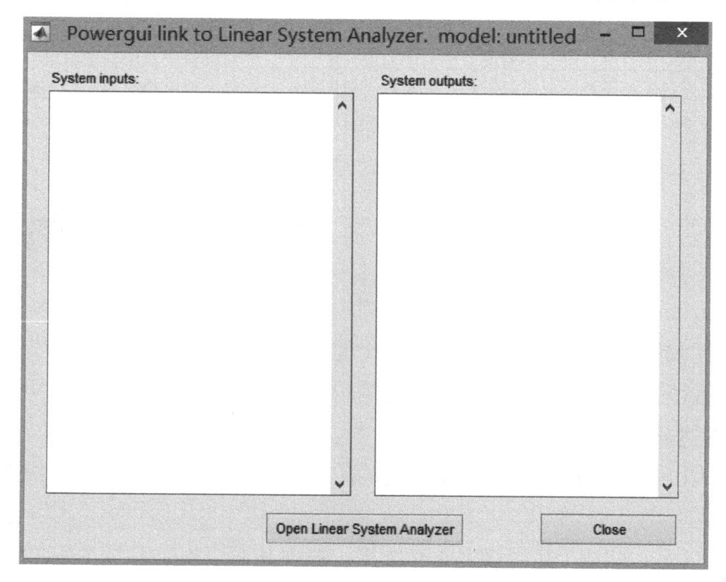

图 17-7　Use LTI Viewer

(1) System inputs(系统输入)列表框：列出电路状态空间模型中的输入变量，选择所需的 LTI 视窗输入变量。

(2) System outputs(系统输出)列表框：列出电路状态空间模型中的输出变量，选择所需的 LTI 视窗输出变量。

(3) Open New LTI Viewer(打开新的 LTI 视窗)按键：产生状态空间模型并打开选中的输入输出变量的 LTI 视窗。

(4) Open in current LTI Viewer(打开当前 LTI 视窗)按键：产生状态空间模型并将选中的输入变量叠加到当前 LTI 视窗。

5. Impedance vs. Frequency Measurement(阻抗与频率特性测量)按键

打开窗口，若模型文件中含阻抗测量模块，该窗口中将显示阻抗与频率特性图，如图 17-8 所示。

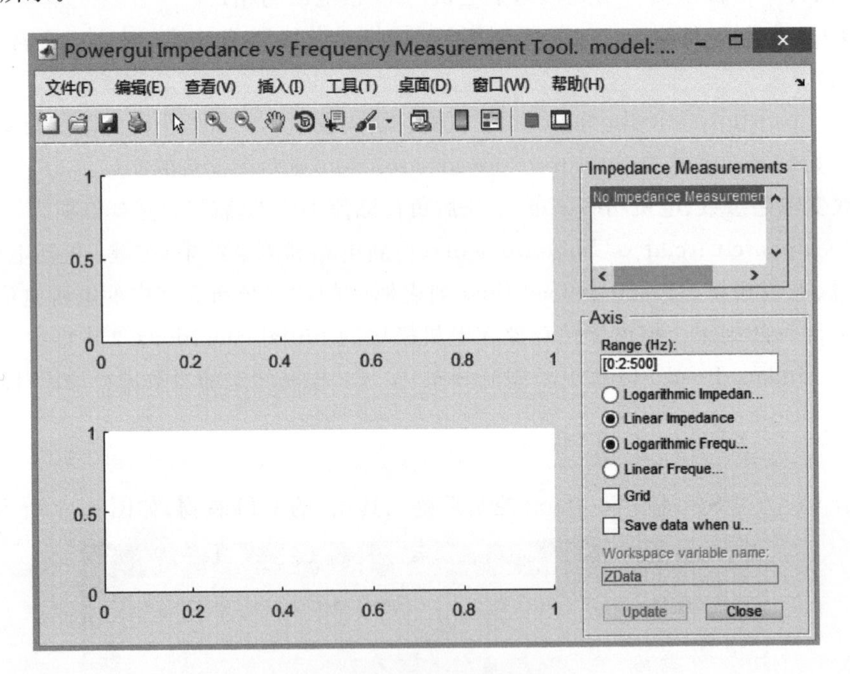

图 17-8　阻抗与频率特性图

(1) 图表：窗口左上侧的坐标系表示阻抗—频率特性，左下侧的坐标系表示相角—频率特性。

(2) Measurement(测量模块)列表框：列出模型文件中的阻抗测量模块，可根据需要显示与频率特性的阻抗测量模块。使用 Ctrl 键可选择多个阻抗显示在同一个坐标中。

(3) Range(范围)文本框：指定频率范围(单位：Hz)。该文本框中可以输入任意有效的 Matlab 表达式。

(4) Logarithmic impedance(对数阻抗)单选框：选中该项，坐标系纵坐标的阻抗以对数形式表示。

(5) Linear impedance(线性阻抗)单选框：选中该项，坐标系纵坐标的阻抗以线性形式表示。

(6) Logarithmic Frequency(对数频率)单选框：选中该项，坐标系横坐标的频率以对数形式表示。

(7) Linear Frequency(线性频率)单选框：选中该项，坐标系横坐标的频率以线性形式表示。

(8) Grid(网格)复选框：选中该项，阻抗—频率特性图和相角—频率特性图上将出现网格。默认设置为无网格。

(9) Save data when updated(更新后保存)复选框：选中该项，该复选框下的Workspace variable name(工作空间变量名)文本框被激活，数据以该文本框中显示的变量名被保存在工作空间中。复数阻抗和对应的频率保存在一起，其中频率保存在第1列，阻抗保存在第2列。默认设置为不保存。

(10) Display/Save(显示/保存)按键：开始阻抗与频率特性测量并显示结果，若选择了Save data when updated复选框，数据将保存到指定位置。

6. FFT Analysis(FFT分析)按键

打开FFT分析窗口，如图17-9所示。

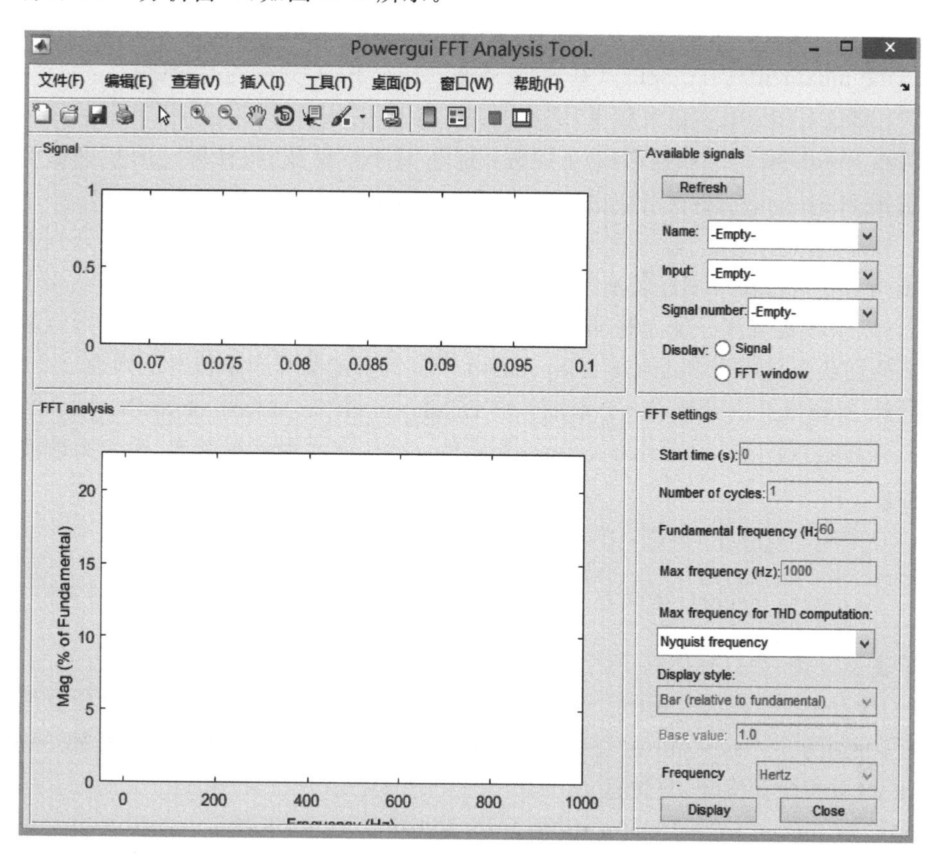

图17-9 FFT分析

(1) 图表：窗口左上方的图形表示分析信号的波形；窗口左下方的图形表示该信号的FFT分析结果。

(2) Structure(结构)下拉框：列出了工作空间中带时间的结构变量名称。使用下拉菜单可选择要分析的结构变量。

结构变量名可由Scope(示波器)模块产生。打开Scope模块参数对话框，选择Data history标签页，在Variable name文本框中输入该结构变量的名称，在Format下拉框中选择Structure with time。

(3) Input下拉框：列出被选中的变量结构中包含的输入变量名称。可选择需要分析的输入变量。

(4) Signal number(信号路数)下拉框：列出被选中的输入变量中包含的各路信号的名称。例如：要把a、b、c三相电压绘制在同一个坐标系中，可通过把这三个电压信号同时送入示波器的一个通道来实现，这个通道就对应一个输入变量，该变量包含3路信号：a、b、c相电压。

(5) Start time文本框：指定FFT分析的起始时间。

(6) Number of cycles(周期个数)文本框：指定需要进行FFT分析的波形周期数。

(7) Display FFT Window/Display entire signal(显示FFT窗/显示完整信号)下拉框：选择Display FFT Window将在左上方图形中显示指定时间段内的波形；选择Display entire signal将在左上方图形中显示完整的信号波形。

(8) Fundamental frequency(基频)文本框：指定FFT分析的基频(单位：Hz)。

(9) Max frequency(最大频率)文本框：指定FFT分析的最大频率(单位：Hz)。

(10) Frequency axis(频率轴)下拉框：选择Hertz(赫兹)将使频谱的频率轴单位为Hz；选择Harmonic order(谐波次数)将使频谱的频率轴单位为基频的整数倍。

(11) Display style(显示类型)下拉框：频谱的显示类型共有4种，分别是Bar(Relative to Fund. or DC)(以基频或直流分量为基准的柱状图)、List(Relative to Fund. or DC)(以基频或直流分量为基准的列表)、Bar(Relative to Specified Base)(指定基准频率值下的柱状图)、List(Relative to Specified Base)(指定基准频率值下的列表)。

(12) Base value(基准值)文本框：当Display style下拉框中选择Bar(Relative to Specified Base)或List(Relative to Specified Base)时，该文本框被激活，输入为谐波分析的基准值。

(13) Display(显示)按键：单击该键后，显示FFT的分析结果。

7. Generate Report(生成报表)按键

单击该按键，会打开如图17-10所示的窗口，产生稳态计算的报表。

(1) Items to include in the report(报表中包含的内容)：包含三个可以任意组合的复选框，分别为：Steady state(稳态)复选框、Initial states(初始状态)复选框、Machine load flow(电机负荷潮流)复选框。

(2) Frequency to include in the report(报表中的频率)下拉框：选择报表中包含的频率，可以是60Hz或者全部，默认为60Hz。

(3) Units(单位)下拉框：可选择以Peak(峰值)或Units(有效值)显示数据。

(4) Format(格式)下拉框：默认格式为浮点格式。

(5) Generate Report(生成报表)按键：单击后将生成报表并保存。

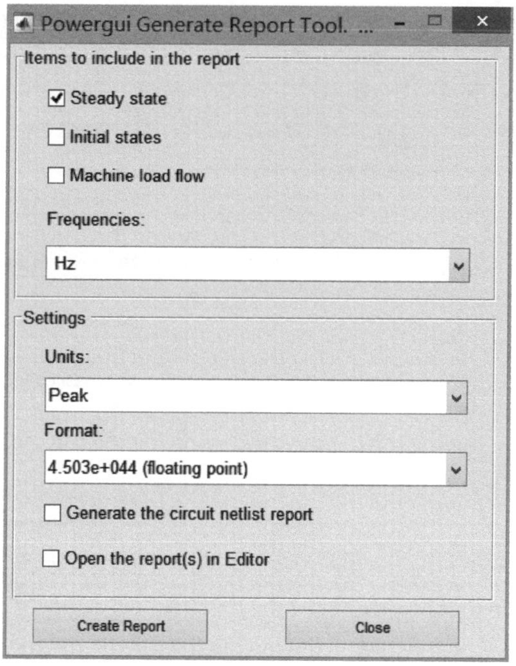

图 17-10 报表生成

8. Hysteresis Design Tool(磁滞特性设计工具)按键

单击该按键,会打开如图 17-11 所示的窗口,可对饱和变压器模块和三相变压器模块的铁芯进行磁滞特性设计。

(1) Hysteresis curve for file(磁滞曲线):单击后将显示设计的磁滞曲线。

(2) Segment(分段)下拉框:将磁滞曲线作分段化处理,并设置磁滞回路第一象限和第四象限内曲线的分段数目。左侧曲线和右侧曲线关于原点对称。

(3) Remanent flux Fr(剩余磁通)文本框:可设置零电流对应的剩磁。

(4) Saturation flux Fs(饱和磁通)文本框:可设置饱和磁通。

(5) Saturation current Is(饱和电流)文本框:可设置饱和磁通对应的电流。

(6) Coercive current Ic(矫顽电流)文本框:设置零磁通对应的电流。

(7) dF/dI at coercive current(矫顽电流处的斜率)文本框:指定矫顽电流点的斜率。

(8) Saturation region currents(饱和区域电流)文本框:设置磁饱和后磁化曲线上各点所对应的电流值,仅需设置第一象限值。注意该电流向量的长度必须和 Saturation region fluxes 的向量长度一致。

(9) Saturation region fluxes(饱和区域磁通)文本框:设置磁饱和后磁化曲线上各点所对应的磁通值,仅需设置第一象限值。注意该电流向量的长度必须和 Saturation region currents 的向量长度一致。

(10) Nominal Parameters(变压器额定参数)文本框:指定额定功率(单位:VA)、一次绕组的额定电压值(单位:V)和额定频率(单位:Hz)。

(11) Parameter units(参数单位)下拉框:将磁通特性曲线中电流和磁通的单位由国

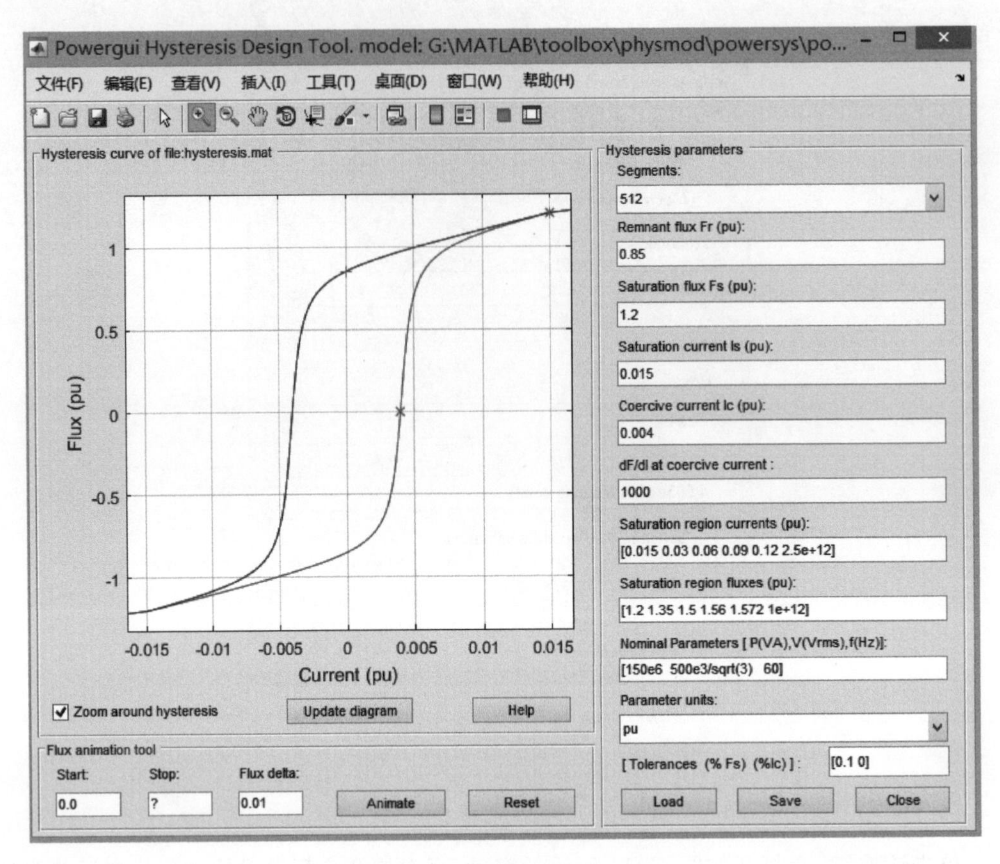

图 17-11　磁滞特性设计工具

际单位制(SI)转换到标幺制(pu)或者由标幺制转换为国际单位制。

(12) Zoom around hysteresis(放大磁滞区域)复选框：选中该复选框，可对磁滞曲线进行放大显示。默认设置为可放大显示。

9. Compute RLC Line Parameters(计算 PLC 线路参数)按键

单击该键后，可打开如图 17-12 所示窗口，可通过导线型号和杆塔结构计算架空输电线的 RLC 参数。

(1) Units(单位)下拉框：选择以 metric(米制)为单位时，以厘米为导线直径、几何平均半径 GMR 和分裂导线直径的单位，以米作为导线间距离的单位；选择以 english(英制)为单位时，以英寸为导线直径、几何平均半径 GMR 和分裂导线直径的单位，以英尺作为导线间距离的单位。

(2) Frequency(频率)文本框：指定 RLC 参数所用的频率(单位：Hz)。

(3) Ground resistivity(大地电阻)文本框：指定大地电阻(单位：Ω·m)。输入 0 表示大地为理想导体。

(4) Comments(注释)多行文本框：输入关于电压等级、导线类型和特性等的注释。该注释将与线路参数一同被保存。

(5) Number of phase conductors(bundles)(导线相数)文本框：设置线路的相数。

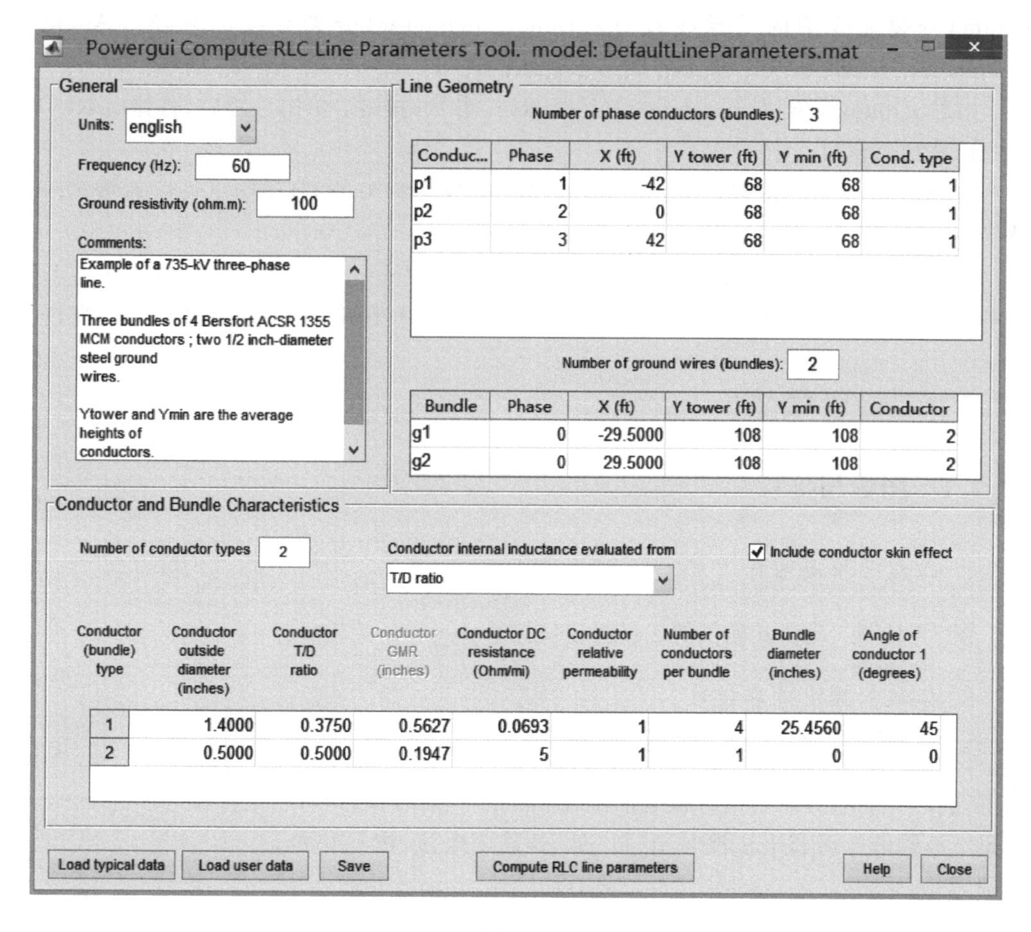

图 17-12　计算 RLC 线路参数

(6) Number of ground wires(bundles)(地线数目)文本框：设置大地导线的数目。

(7) 导线结构参数表：可设置 5 个参数，分别为：输入导线的 Phase number(相序)、X(水平挡距)、Y tower(垂直挡距)、Y min(挡距中央的高度)、Conductor(bundle) type(导线类型)。

(8) Number of conductor types(导线类型的个数)文本框：可设置需要用到的导线类型(单导线或分裂导线)的数量。若需要用到架空导线和接地导线，则该文本框就要填 2。

(9) Conductor internal inductance evaluated from(导线内电感计算方法)下拉框：可选择用三种方法进行内电感计算。分别是：T/D ratio(直径/厚度)、Geometric Mean Radius(GMR)(几何平均半径)、Reactance Xa at 1-foot spacing(1 英尺(米)间距的电抗)。

(10) Include conductor skin effect(考虑导线集肤效应)复选框：选中该复选框后，在计算导线交流电阻和电感时将考虑集肤效应的影响。若未选中，则电阻和电感均为常数。

(11) 导线特性参数表：可输入 8 个参数，分别为：Conductor outside diameter(导线外径)、T/D(Conductor T/D ratio)、GMR(Conductor GMR)、Conductor DC resistance(直流电阻)、Conductor relative permeability(相对磁导率)、Number of conductors per

bundle(分裂导线中的子导线数目)、Bundle diameter(分裂导线的直径)、Angle of conductor1(分裂导线中1号子导线与水平面的夹角)。

(12) Compute RLC parameters(计算 RLC 参数)按键：单击该键后，将弹出 RLC 参数的计算结果窗口。

(13) Save(保存)按键：单击该键后，线路参数及相关的 GUI 信息将以后缀名.mat 被保存。

(14) Load(加载)：单击该键后，选择 Typical line data(典型线路参数)或 User defined line data(用户自定义线路参数)，可将上述所选线路参数信息加载到当前窗口。

17.2 二极管模块

17.2.1 图标与接口

1. 二极管模块图标

图 17-13 为 Matlab 提供的二极管模块图标。

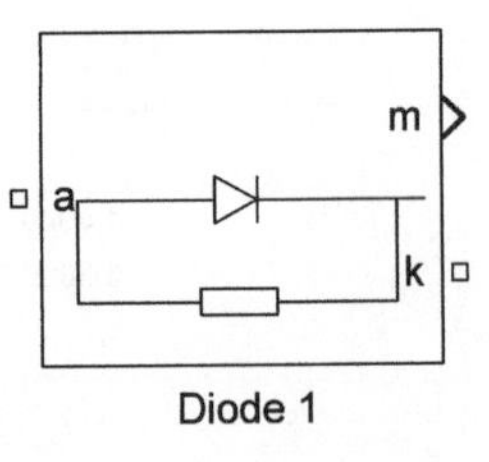

图 17-13 二极管模块图标

2. 二极管模块外部接口

二极管模块外部接口为：2 个电气接口和 1 个输出接口。2 个电气接口(a,k)分别对应二极管的阳极和阴极。输出接口(m)输出二极管的电流和电压测量值[I_{ak}, V_{ak}]，其中电流、电压单位分别为 A、V。

17.2.2 参数设置

双击二极管模块，弹出如图 17-14 所示的模块参数设置对话框。参数设置内容如下所述。

(1) Resistance Ron(导通电阻)文本框：设置二极管导通电阻，单位为 Ω。注意当电感值为 0 时，电阻值不能为 0。

(2) Inductance Lon(电感)文本框：设置二极管导通电感，单位为 H。注意当电阻值为 0 时，电感值不能为 0。

(3) Forward voltage Vf(正向电压)文本框：设置二极管正向电压，单位为 V。当二极管正向电压大于 V_f 时，二极管导通。

(4) Initial current Ic(初始电流)文本框：设置二极管导通的初始电流，单位为 A。通常将该项设置为 0，表示仿真开始时二极管为关断状态。当该项值设置大于 0 时，表示仿真开始时二极管为导通状态。若该项值设置为非 0，则必须设置该线性系统中所有状态变量的初值。对电力电子变换器中的所有状态变量设置初始值是很烦琐的事情，所以该选项一般用于简单电路。

(5) Snubber resistance Rs(缓冲电路阻值)文本框：设置并联缓冲电路的电阻值，单

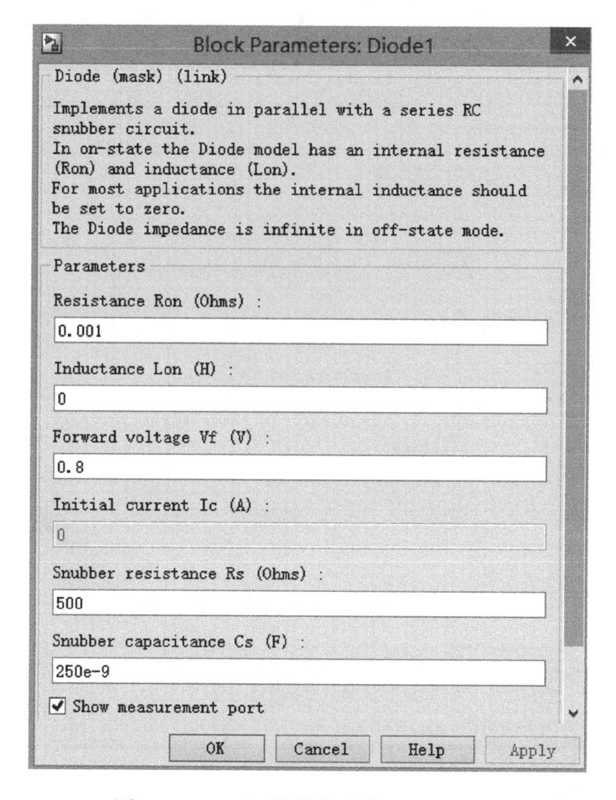

图 17-14　二极管模块参数设置对话框

位为 Ω。该值设为 inf 时，表示取消缓冲电阻。

(6) Snubber capacitance Cs(缓冲电路电容)文本框：设置并联缓冲电路的电容值，单位为 F。当该项值为 0 时，表示取消缓冲电容；当该项值为 inf 时，表示缓冲电路为纯电阻电路。

(7) Show measurement port(测量输出端)复选框：选中该复选框，出现测量输出接口 m，可观测二极管的电流和电压值。

【例 17-1】 构建一个简单的二极管整流电路，观测其整流效果。要求电源频率为 50Hz，电压幅值为 100V，电阻为 1Ω，二极管模块采用默认参数设置。

步骤 1：打开 Simulink，构建一个如图 17-15 所示的二极管整流电路。

步骤 2：打开二极管模块参数设置对话框，参数为默认参数。按题目要求将电源频率 V_S 设置为 50Hz；电压幅值设置为 100V；串联 RLC 支路设置为纯电阻电路，且电阻设为 1Ω。该 RLC 串联支路设置对话框如图 17-16 所示。

步骤 3：打开 Simulation→Configuration Parameters，在图 17-17 所示的 Solver options(算法选择)窗口中选择 variable-step(变步长)和 ode23tb 算法，设置仿真结束时间为 0.2s。

步骤 4：运行仿真。在仿真结束后双击 Scope 模块，得到二极管 D1 和电阻 R 上的电流电压波形，如图 17-18 所示。图中波形从上至下依次为二极管电流、二极管电压、电阻电流、电阻电压。

Continuous
powergui
Diode2
Current Measurement
Diode3
AC Voltage Source
Parallel RLC Branch
Voltage Measurement
Diode1
Diode
Scope

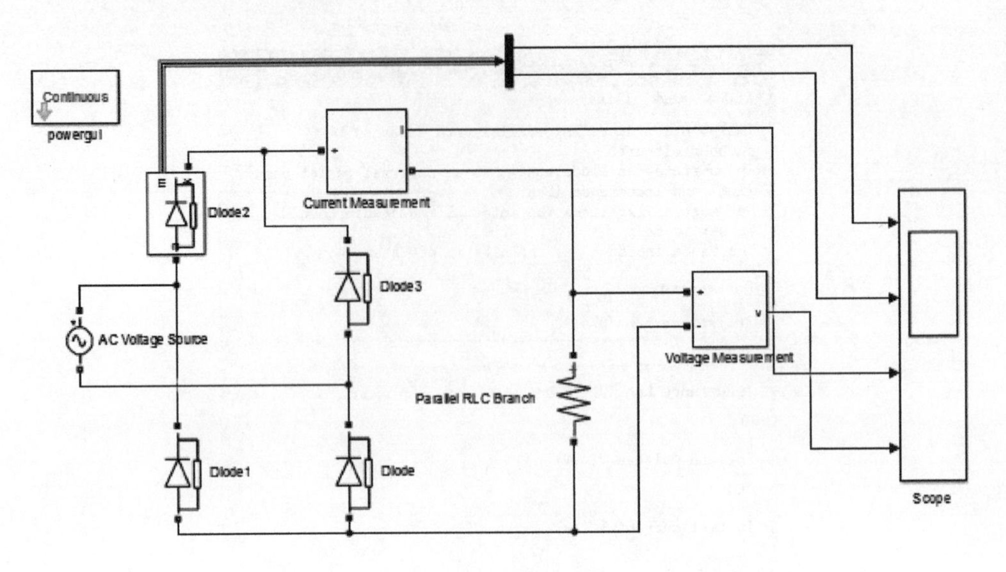

图 17-15　简单二极管整流电路仿真图

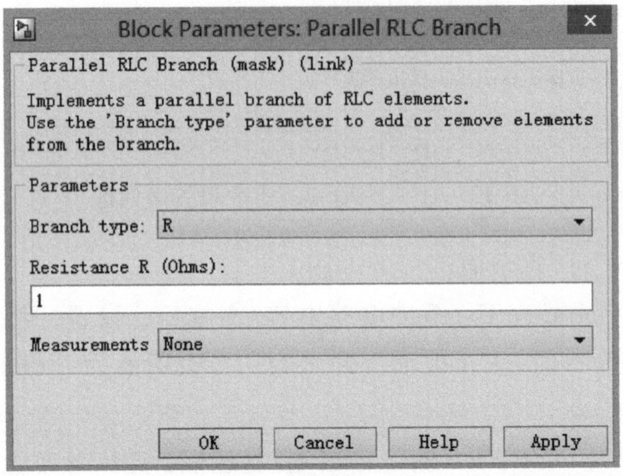

Block Parameters: Parallel RLC Branch
Parallel RLC Branch (mask) (link)
Implements a parallel branch of RLC elements.
Use the 'Branch type' parameter to add or remove elements
from the branch.
Parameters
Branch type: R
Resistance R (Ohms):
1
Measurements None
OK
Cancel
Help
Apply

图 17-16　RLC 串联支路设置

Configuration Parameters: exam_18_1/Configuration (Active)
Commonly Used Parameters
All Parameters
Select:
Solver
Data Import/Export
Optimization
Diagnostics
Hardware Implementation
Model Referencing
Simulation Target
Code Generation
HDL Code Generation
Simscape
Simscape Multibody 1G
Simscape Multibody
Simulation time
Start time: 0.0
Stop time: 10.0
Solver options
Type: Variable-step
Solver: ode23tb (stiff/TR-BDF2)
Additional options
OK
Cancel
Help
Apply

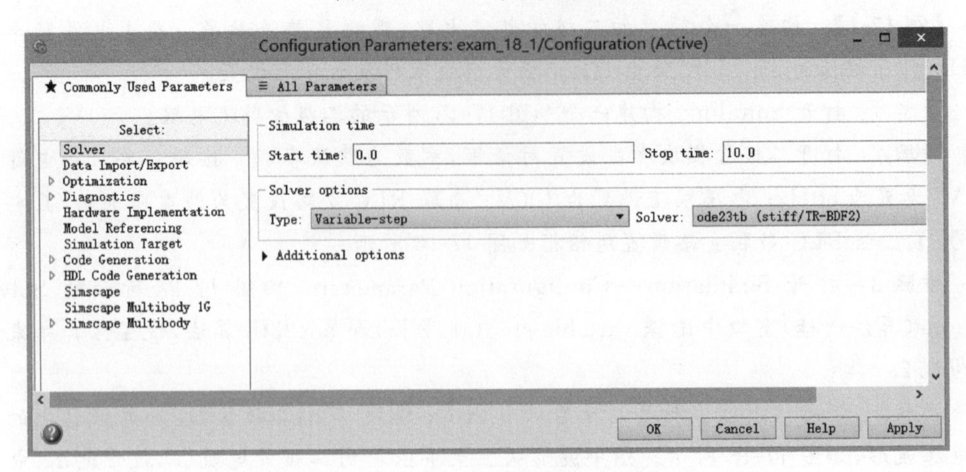

图 17-17　Simulink 模型参数设置

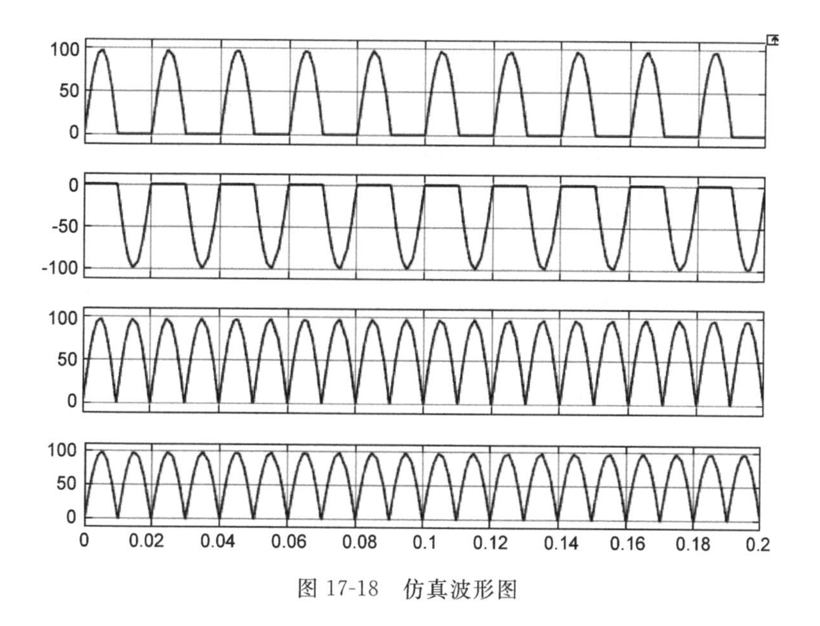

图 17-18　仿真波形图

17.3　晶闸管模块

17.3.1　图标与接口

1. 晶闸管模块图标

图 17-19 为 Matlab 提供的晶闸管模块图标。

2. 晶闸管模块外部接口

二极管模块外部接口为：2 个电气接口，1 个输入接口和 1 个输出接口。2 个电气接口(a，k)分别对应晶闸管的阳极和阴极。输入接口(g)为门极逻辑信号，输出接口(m)输出二极管的电流和电压测量值[I_{ak}，V_{ak}]，其中电流、电压单位分别为 A、V。

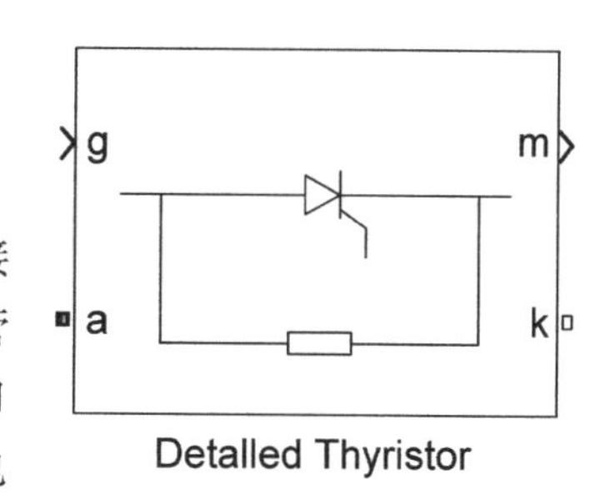

图 17-19　晶闸管模块图标

17.3.2　参数设置

双击晶闸管模块，弹出如图 17-20 所示的模块参数设置对话框。参数设置内容如下所述。

(1) Resistance Ron(导通电阻)文本框：设置晶闸管导通电阻，单位为 Ω。注意当电感值为 0 时，电阻值不能为 0。

(2) Inductance Lon(电感)文本框：设置晶闸管导通电感，单位为 H。注意当电阻值为 0 时，电感值不能为 0。

(3) Forward voltage Vf(正向电压)文本框：设置晶闸管正向电压，单位为 V。

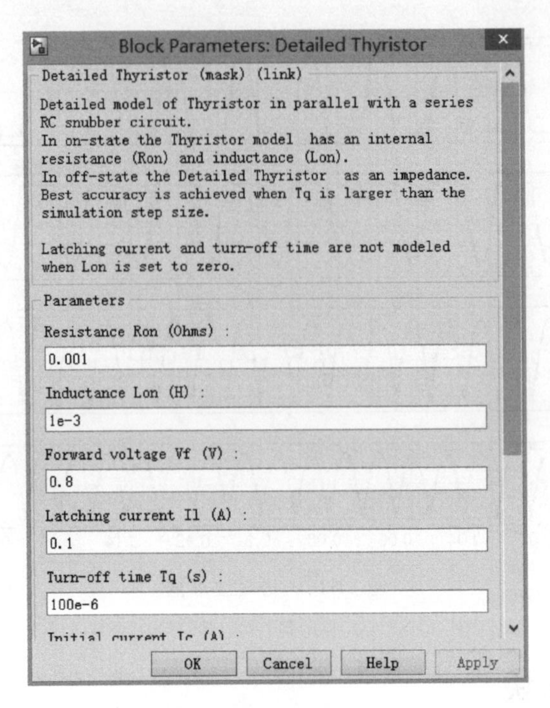

图 17-20　晶闸管模块

(4) Latching current I1(擎住电流)文本框：单位为 A，简单模块没有该项。

(5) Turn-off time Tq(关断时间)文本框：单位为 s。该值包括阳极电流下降到 0 的时间和晶闸管正向阻断的时间。简单模块没有该项。

(6) Initial current Ic(初始电流)文本框：设置晶闸管导通的初始电流，单位为 A。通常将该项设置为 0，表示仿真开始时晶闸管为关断状态。当该项值设置大于 0 时，表示仿真开始时晶闸管为导通状态。若该项值设置为非 0，则必须设置该线性系统中所有状态变量的初值。对电力电子变换器中的所有状态变量设置初始值是很烦琐的事情，所以该选项一般用于简单电路。

(7) Snubber resistance Rs(缓冲电路阻值)文本框：设置并联缓冲电路的电阻值，单位为 Ω。该值设为 inf 时，表示取消缓冲电阻。

(8) Snubber capacitance Cs(缓冲电路电容)文本框：设置并联缓冲电路的电容值，单位为 F。当该项值为 0 时，表示取消缓冲电容；当该项值为 inf 时，表示缓冲电路为纯电阻电路。

(9) Show measurement port(测量输出端)复选框：选中该复选框，出现测量输出接口 m，可观测晶闸管的电流和电压值。

【例 17-2】 构建一个简单的晶闸管可控整流电路，观测其整流效果。晶闸管模块采用默认参数设置。

步骤 1：打开 Simulink，构建一个如图 17-21 所示的晶闸管可控整流电路。

步骤 2：打开晶闸管模块参数设置对话框，参数为默认参数。晶闸管的触发脉冲通过 Pulse Generator(脉冲发生器)模块产生，脉冲发生器的脉冲周期取 2 倍系统频率

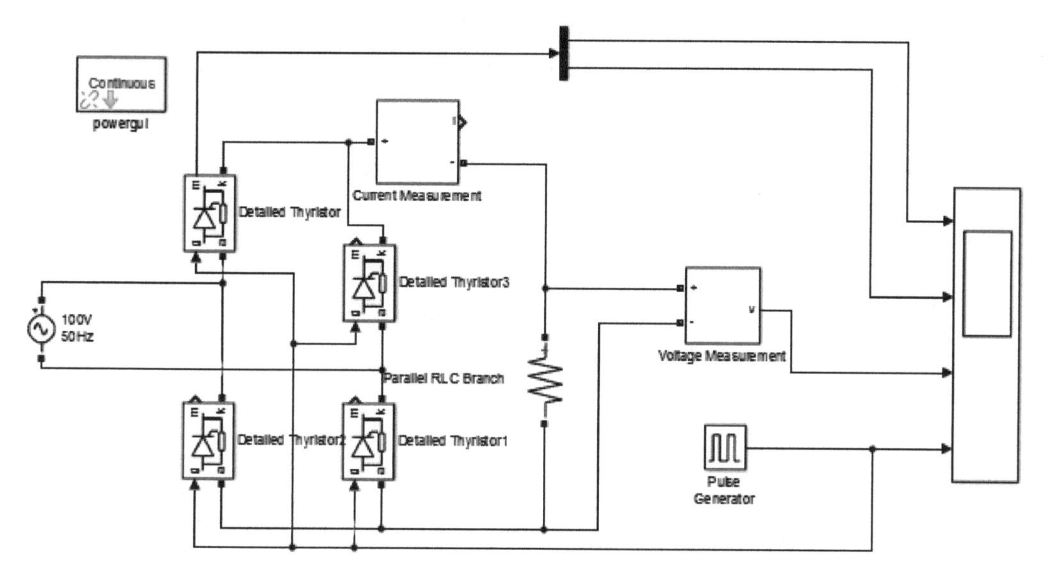

图 17-21　简单晶闸管可控整流电路仿真图

(100Hz)。晶闸管的控制角 α 以脉冲的延迟时间 t 来表示，取 $\alpha=30°$ 对应的时间 $t=0.02\times\frac{30}{360}=0.017\text{s}$。脉冲宽度用脉冲周期的百分比表示，默认值为 50%。双击脉冲发生器模块，该模块参数设置对话框如图 17-22 所示。

Block Parameters: Pulse Generator

Pulse Generator

Output pulses:

```
if (t >= PhaseDelay) && Pulse is on
  Y(t) = Amplitude
else
  Y(t) = 0
end
```

Pulse type determines the computational technique used.

Time-based is recommended for use with a variable step solver, while Sample-based is recommended for use with a fixed step solver or within a discrete portion of a model using a variable step solver.

Parameters

Pulse type: Time based

Time (t): Use simulation time

Amplitude:

1

Period (secs):

0.01

Pulse Width (% of period):

50

Phase delay (secs):

0.0017

☑ Interpret vector parameters as 1-D

OK　Cancel　Help　Apply

图 17-22　脉冲发生器模块参数设置对话框

步骤3：打开Simulation→Configuration Parameters，在图17-23所示的Solver options（算法选择）窗口中选择variable-step（变步长）和ode23tb算法，设置仿真结束时间为0.2s。

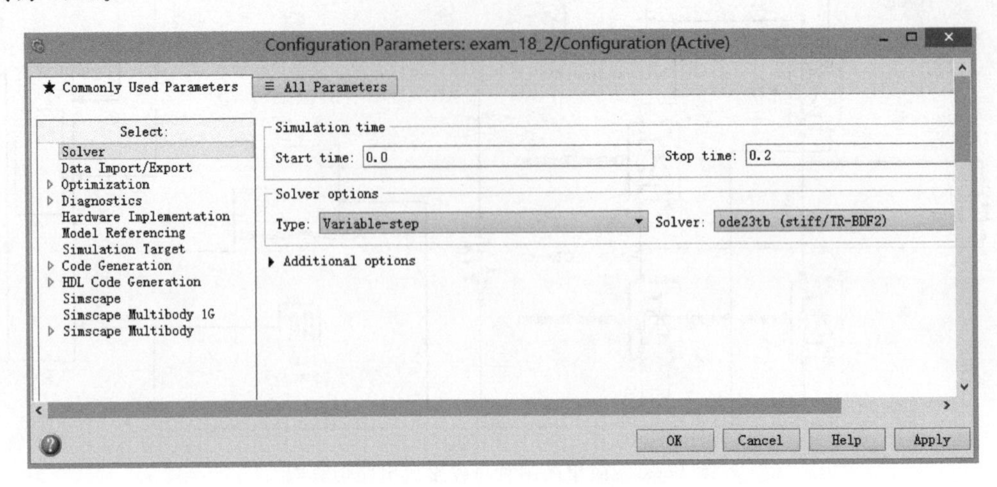

图17-23 Simulink模型参数设置

步骤4：运行仿真。在仿真结束后双击Scope模块，得到晶闸管TH1和电阻R上的电流电压波形如图17-24所示。图中波形从上至下依次为晶闸管电流、晶闸管电压、电阻电流、电阻电压。

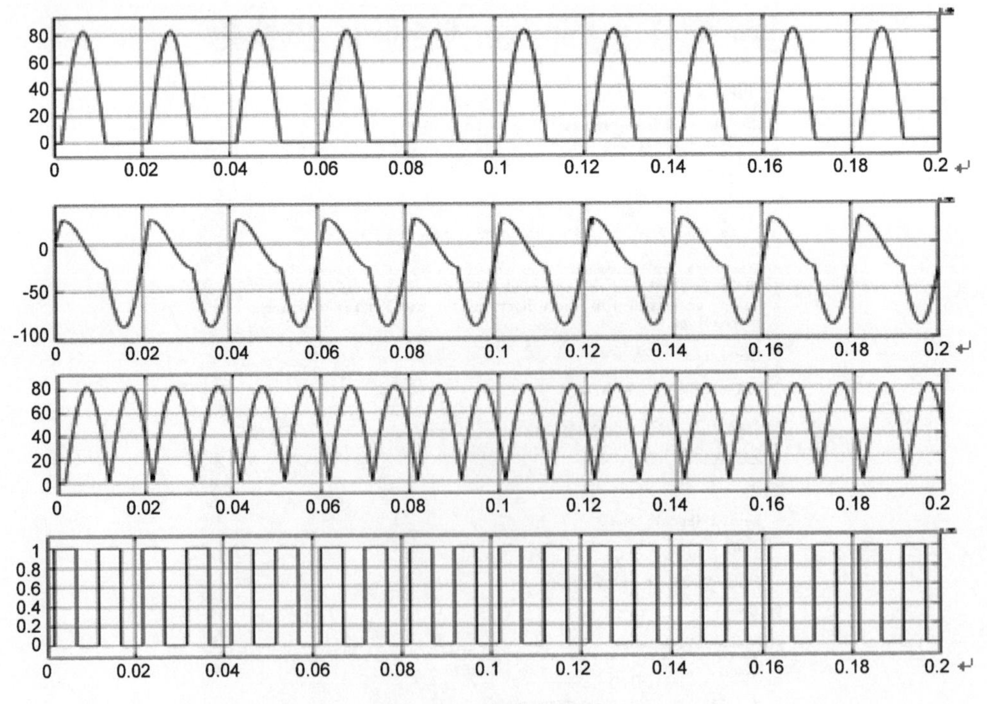

图17-24 仿真波形图

17.4 直流电机模块

17.4.1 直流电机仿真模型

直流电机模块位于 SimPowerSystems 工具箱的 Machine 模块库中，在直流电机调速系统中通常以直流他励电机为控制对象，如图 17-25 所示。其中 A+和 A−分别为电枢电路的正负极；F+和 F−分别是励磁电路的正负极，接入励磁电压为 U_f；TL 是电机负载的机械转矩；m 是用于观测的系统内部状态输出。

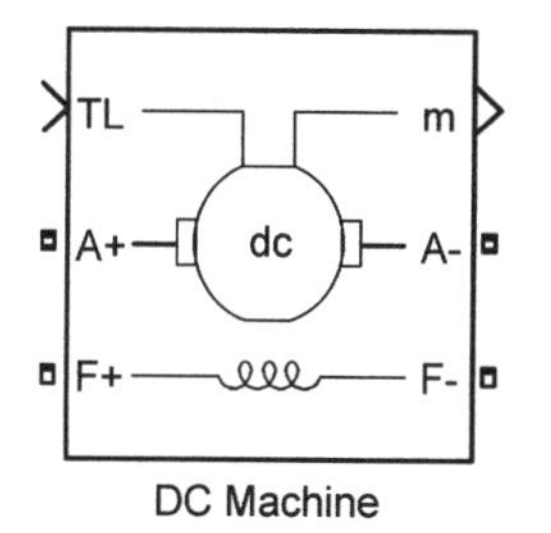

图 17-25 直流电机仿真模块

直流电机模块内部结构如图 17-26 所示。励磁回路的建模可采用如图 17-27 所示电路，其中 F+和 F−之间串联着励磁绕组的电阻模块 Rf 和电感模块 Lf，电流测量模块 iF 用于测量励磁电流 i_f。得到励磁电流 i_f后，送往 Mechanics 模块进行磁通量等以用于下一步计算。

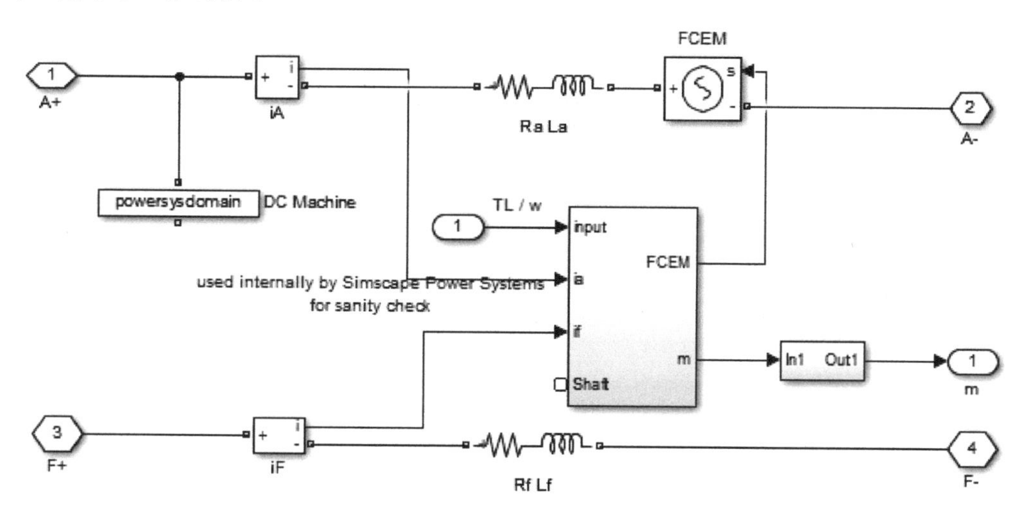

图 17-26 直流电机仿真模块内部结构

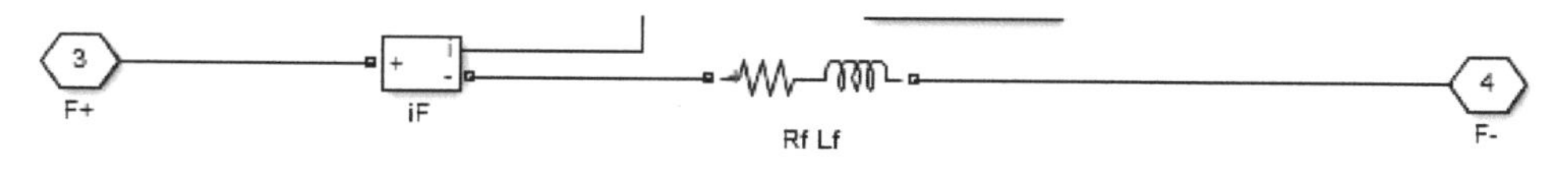

图 17-27 直流电机他励回路仿真模型

双击图 17-26 中的 Continuous TL input 模块，可得直流电机机械部分的内部结构图，如图 17-28 所示。

双击图 17-25 中的直流电机模块，打开 Block Parameters：DC Machine 对话框，如图 17-29 所示。

(1) Armature resistance and inductance[Ra (ohms) La (H)]：设置电枢电阻(Ω)和电感(H)。

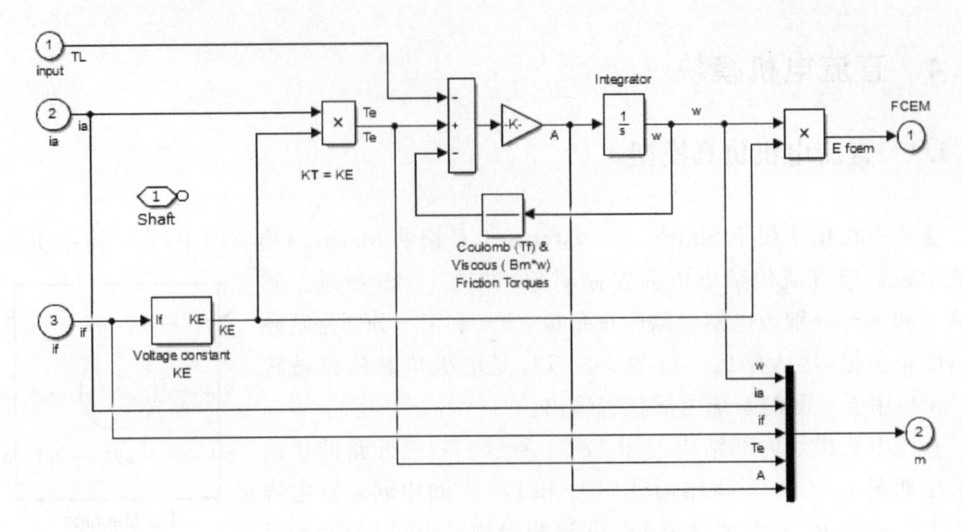

图 17-28　直流电机机械部分内部结构

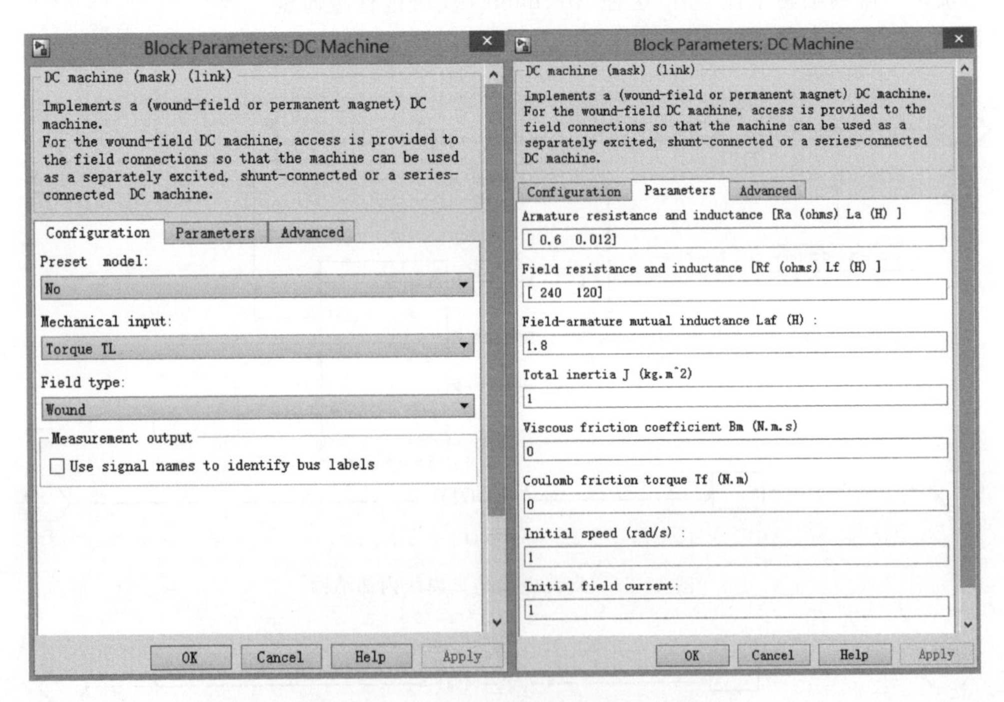

图 17-29　直流电机模块参数设置对话框

(2) Field resistance and inductance[Rf (ohms) Lf (H)]文本框：设置励磁回路电阻(Ω)和电感(H)。

(3) Field-armature mutual inductance Laf (H)文本框：设置电枢和励磁回路的互感(H)。

(4) Total inertia J (kg. m^{-2})文本框：设置总转动惯量(kg. m^{-2})。

(5) Viscous friction coefficient Bm (N. m. s)文本框：设置粘滞摩擦系数(N. m. s)。

(6) Coulomb friction torque Tf (N. m)文本框：设置静摩擦转矩(N. m)。

(7) Initial speed (rad/s)文本框：设置初始速度。

(8) Initial field current 文本框：设置初始励磁电流。

上述参数按照需要设置即可。下拉对话框 Preset model 也提供了一些预先设置好的直流电机参数，可根据需要进行选择，如图 17-30 所示。

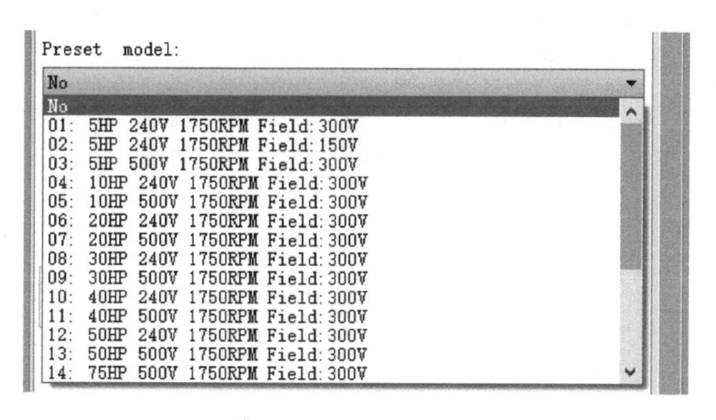

图 17-30 预设直流电机参数

以上直流电机固有参数一般在电机铭牌参数中都没有给出，通常要以实验方式测定或者通过铭牌标示的电机参数计算来获得，这些参数是建立电机模型的基础。

17.4.2 直流电机仿真

下面以直流电机的启动过程为例介绍直流电机的仿真应用。在本例中，直流电机参数如下所述。额定功率：5Hp；额定电压：240V；额定电流：16.2A；额定转速：1220rpm；电枢回路：$R_a=0.6\Omega$，$L_a=0.012\text{H}$；采用他励方式，励磁电压：$U_f=240\text{V}$，励磁回路：$R_f=240\Omega$、$L_f=120\text{H}$。直流电机的粘滞摩擦系数和静摩擦转矩忽略不计。

由上述数据可计算得出

感应电势：$E_a=240-16.2\times0.6=230.3\text{V}$；

电磁功率：$P_e=230.3\times16.2=3731\text{W}\approx5\text{HP}$；

励磁电流：$I_f=240/240=1\text{A}$。

由 $E_a=\omega\times L_{af}\times I_f$ 可知

$$\omega=E_a/(L_{af}\times I_f)=127.944\text{rad/s}\approx1220\text{r/min}$$

假定其负载转矩与转速成正比(初始速度为 1rad/s)，则

$$T_L=B_L\omega=0.2287\omega$$

【例 17-3】 构建一个直流他励电机仿真模型，观测其启动电流。

步骤 1：构建一个如图 17-31 所示的直流电机启动仿真模型。其中 Timer 定时器设置为 0.5s 从 0 跳变为 1，发出关闭信号，控制 Ideal Switch(理想开关)闭合，启动直流电机。

步骤 2：系统仿真时间设置为 10s。运行仿真，结束后双击 Ia Scope 模块，可观测到如图 17-32 所示的直流电机启动过程的电枢电流波形。

由图 17-32 可见，启动电流最大达到了 331A，如此大的启动电流极易把电机烧坏。因此必须采用限流措施。最简单的方法就是在电枢回路串联电阻，当然也可以增设一个

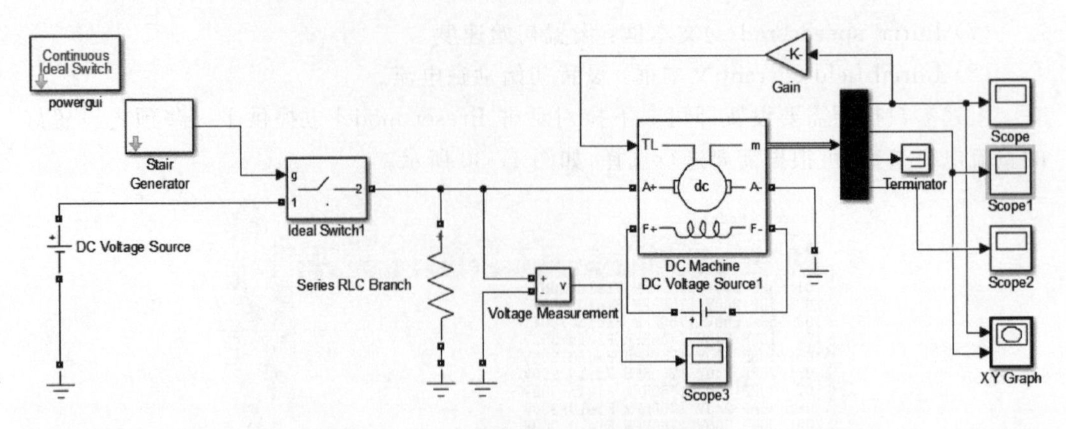

图 17-31　直流他励电机启动仿真模型

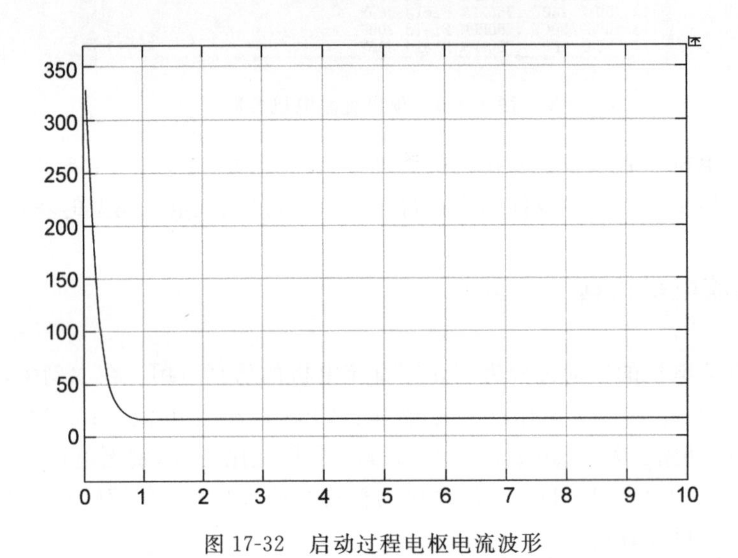

图 17-32　启动过程电枢电流波形

多级启动器，启动时逐级切除串联在电枢回路上的电阻。

17.5　异步电机模块

MATLAB的异步电机仿真模块位于SimPowerSystems工具箱的Machine模块库中，其中国标单位(SI Units)模型的外观如图17-33所示。右击模块选择Look Under Mask选项，可观察模型的内部结构，如图17-34所示。由此可知，异步电机模型主要从电机的电磁模型和机械模型两个方面进行仿真。

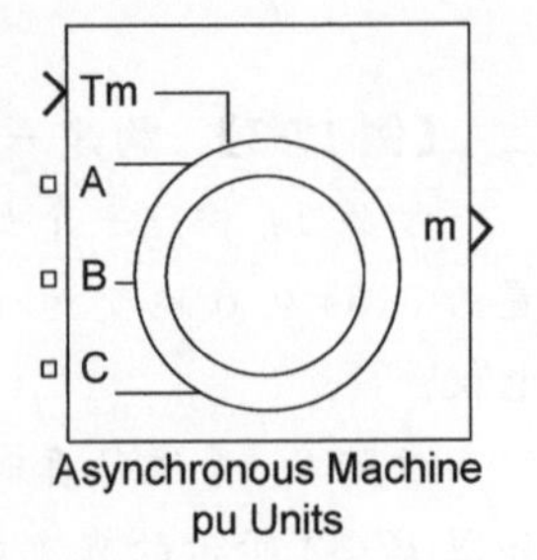

图 17-33　异步电机仿真模型

双击异步电机模型，得到如图17-35所示的输入参数界面。

右击异步电机模型，选择Mask→View Mask选项，得到如图17-36所示的封装参数列表。

【例 17-4】　一台三相四极鼠笼型转子异步电机，额定功率P_n=10kW，额定电压V_{1n}=380V，额定转速n_n=1455r/min，额

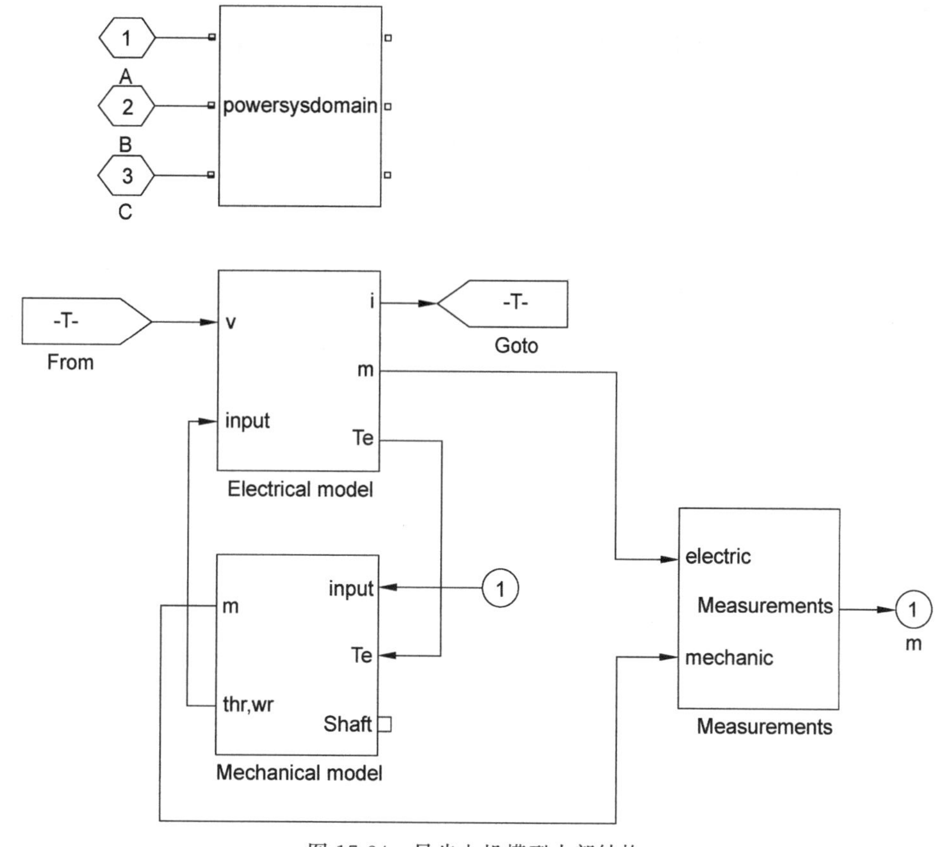

图 17-34 异步电机模型内部结构

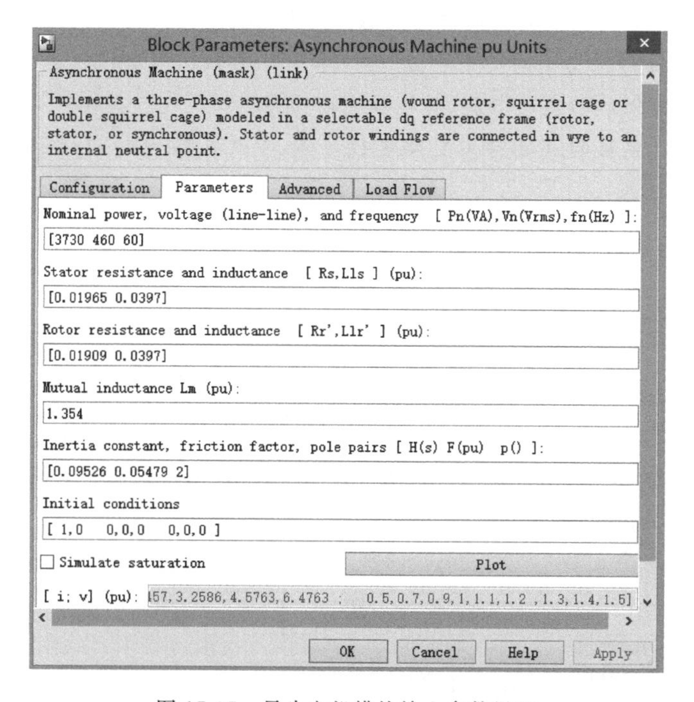

图 17-35 异步电机模块输入参数界面

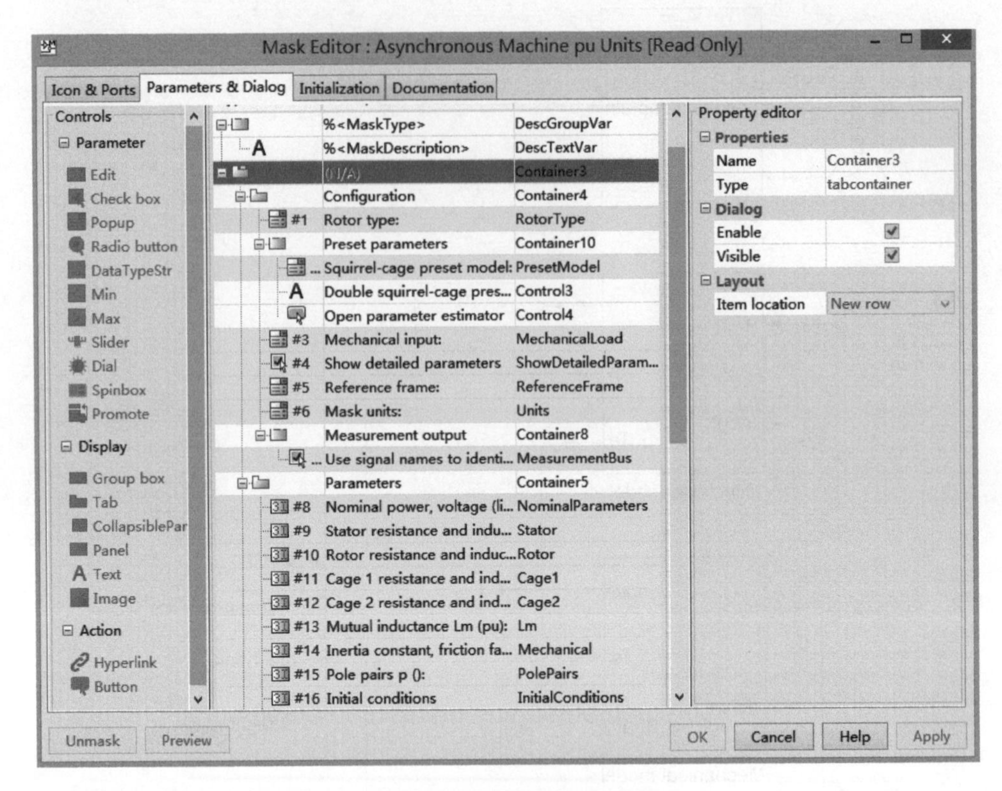

图 17-36　异步电机封装参数

定频率 $f_n=50\text{Hz}$。已知定子每相电阻 $R_s=0.458\Omega$，漏抗 $X_{1s}=0.81\Omega$，转子每相电阻 $R=0.349\Omega$，漏抗 $X_L=1.467\Omega$，励磁电抗 $X_m=27.53\Omega$。

求额定负载运行状态下的定子电流、转速和电磁力矩。当 $t=0.2\text{s}$ 时，负载力矩增大到 100N·m，求变化后的定子电流、转速和电磁力矩。

(1) 采用异步电机的 T 形等效电路进行计算，等效电路如图 17-37 所示。

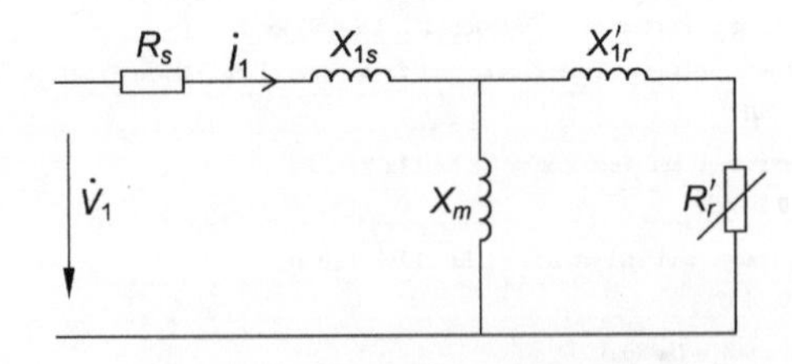

图 17-37　异步电机 T 型等效电路

在图 17-37 中，R_s+X_{1s} 为定子绕组的漏阻抗；X_m 为励磁电抗；$R'_r(1-s)/s$ 为折算后转子绕组的漏阻抗；s 为转差率。

由题意得转差率 s 为

$$s=\frac{n_1-n_n}{n_1}=\frac{1500-1455}{1500}=0.03$$

其中，同步转速 $n_1=\dfrac{60f}{p}=1500\text{r/min}$。

定子额定相电流为

$$\dot{I}_1=\frac{\dot{V}_1}{R_s+\mathrm{j}X_{1s}+\dfrac{\mathrm{j}X_m\times\left(R_r'+\dfrac{R_r'(1-s)}{s}+\mathrm{j}X_{1r}'\right)}{\mathrm{j}X_m+\left(R_r'+\dfrac{R_r'(1-s)}{s}+\mathrm{j}X_{1r}'\right)}}$$

$$=\frac{380\angle 0°/\sqrt{3}}{0.458+\mathrm{j}0.81+\dfrac{\mathrm{j}27.53\times(0.349/0.03+\mathrm{j}1.467)}{\mathrm{j}27.53+0.349/0.03+\mathrm{j}1.467}}$$

$$=19.68\angle-31.5°\mathrm{A}$$

此时的额定输入功率为

$$P_1=\sqrt{3}\times380\times19.68\times\cos31.5°=11044\mathrm{W}$$

定子铜耗为

$$P_{Cu}=3\times19.68^2\times0.349=405\mathrm{W}$$

对应的电磁转矩为

$$T_e=\frac{P_1-P_{Cu}}{\Omega}=\frac{(11044-405)\times60}{2\pi\times1500}=67.7\ \mathrm{N\cdot m}$$

当负荷转矩增大到100N·m时，定子侧电流增大，电机转速下降以满足电磁转矩增加到100N·m的条件。简化计算可得变化后的定子侧相电流为

$$I=\frac{T_e\times\Omega+P_{Cu}}{\sqrt{3}V_1\times\cos31.5°}=28.7\mathrm{A}$$

(2) 构建的系统仿真如图17-38所示。

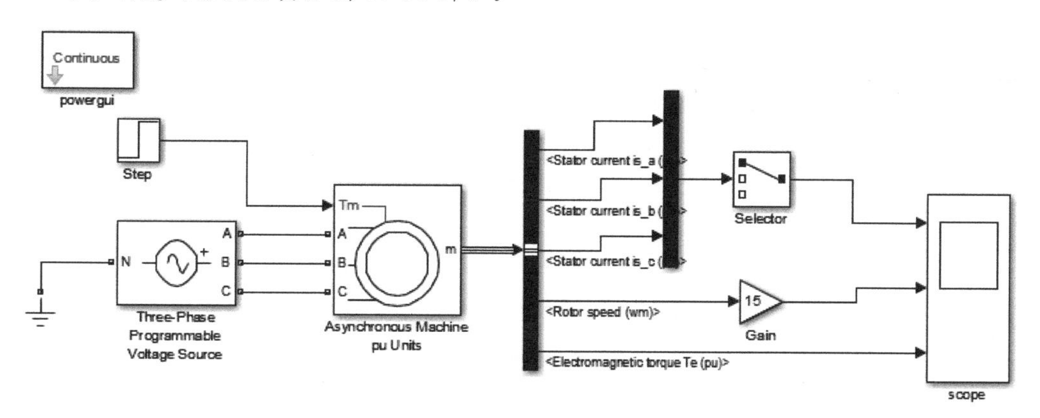

图17-38 仿真电路图

在图17-38中，电路系统图形用户界面Powergui在SimPowerSystems路径下；示波器Scope在Simulink/Sinks路径下；增益模块G在Simulink/Commonly Used Blocks路径下；选择器模块S在Simulink/Signal Routing路径下；阶跃函数Step模块在Simulink/Sources路径下；电机测量信号分离器Demux在Simulink/ SimPowerSystems /Machines路径下；交流电压源Vs在Simulink/SimPowerSystems/Electrical Sources路径下；SI下异步电机AM在Simulink/ SimPowerSystems /Machines路径下。

(3) 设置模块参数和仿真参数。双击异步电机模块，设置参数如图17-39所示。其中初始条件需要由Powergui模块计算得到。

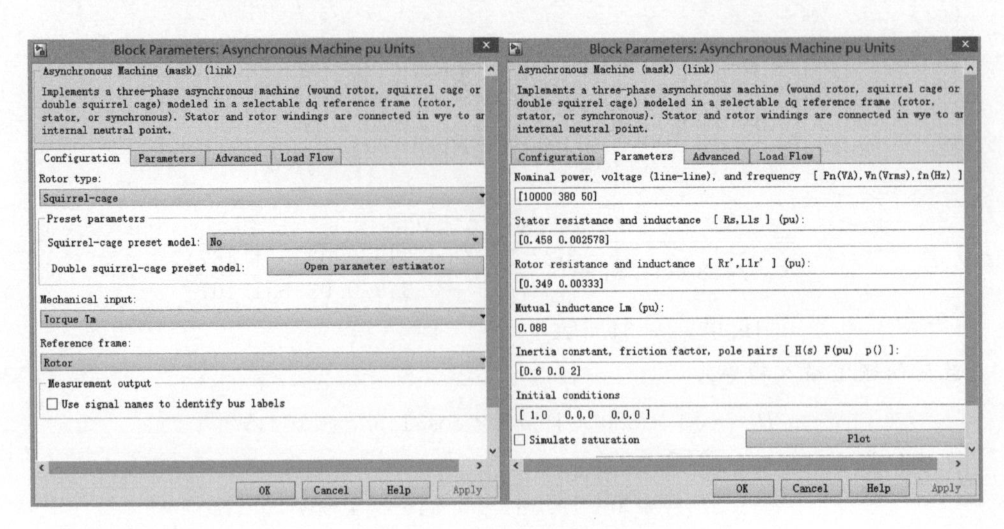

图 17-39 异步电机参数设置

将阶跃函数模块的初始值设为 67.7642,0.2s 时变为 100。电机测量信号分离器分离第 10～12 路、第 19 路和第 20 路信号。选择器模块选择 a 相电流。由于电机模块输出的转速单位为 rad/s,因此使用了一个增益模块将有名单位 rad/s 转换为习惯的有名单位 r/min,增益系数为 K=60/(2p)。

三相电压电流测量模块仅仅用作电路连接,因此内部无须选择任何变量。

(4) 仿真及结果。开始仿真,观察定子电流、转速和电磁力矩的波形如图 17-40 所示。

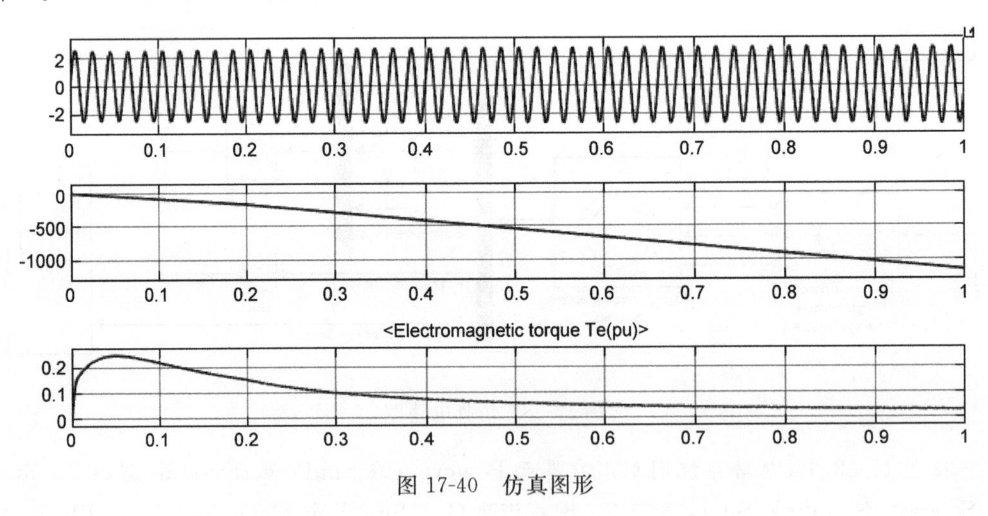

图 17-40 仿真图形

17.6 同步电机模块

17.6.1 简化的同步电机模块

简化同步电机模块忽略了电枢反应电感、励磁和阻尼绕组的漏感,仅由理想电压源串联 RL 线路构成,R 和 L 代表电机的内部阻抗。

SimPowerSystems 库中提供了两种简化同步电机模块,如图 17-41 所示。图 17-41(a)为标幺制单位(pu)下的简化同步电机模块;图 17-41(b)为国际单位制(SI)下的简化同步电机模块。两种简化同步电机模块本质上是一致的,唯一的不同在于参数所选用的单位。

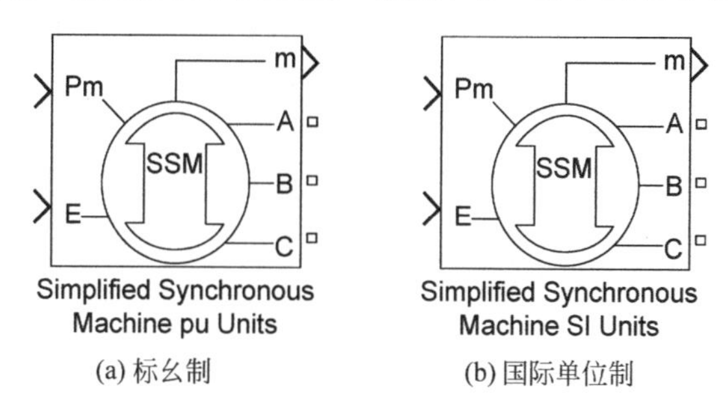

图 17-41 简化同步电机模块图标

简化同步电机模块有 2 个输入端子,1 个输出端子和 3 个电气连接端子。

模块的第 1 个输入端子(Pm)输入电机的机械功率,可以是常数,或者是水轮机和调节器模块的输出。模块的第 2 个输入端子(E)为电机内部电压源的电压,可以是常数,也可以直接与电压调节器的输出相连。模块的 3 个电气连接端子(A、B、C)为定子输出电压。输出端子(m)输出一系列电机的内部信号,共由 12 路信号组成,如表 17-1 所示。

表 17-1 电机的内部信号

输出	符号	端口	定　义	单位
1～3	i_{sa}、i_{sb}、i_{sc}	Is_abc	流出电机的定子三相电流	A 或 pu
4～6	V_a、V_b、V_c	Vs_abc	定子三相输出电压	V 或 pu
7～9	E_a、E_b、E_c	E_abc	电机内部电源电压	V 或 pu
10	θ	Thetam	机械角度	rad
11	ω_N	wm	转子转速	Rad/s 或 pu
12	P_e	Pe	电磁功率	W

通过电机测量信号分离器(Machine Measurement Demux)模块可以将输出端子 m 中的各路信号分离出来,典型接线如图 17-42 所示。

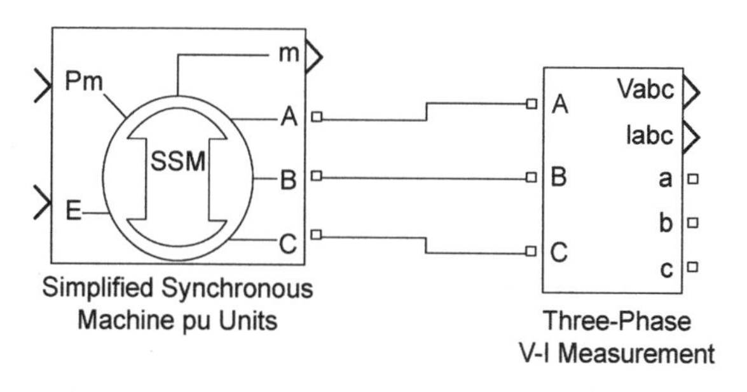

图 17-42 简化同步电机输出信号分离接线

双击简化同步电机模块,将弹出该模块的参数对话框,如图 17-43 所示。

在该对话框中含有如下参数。

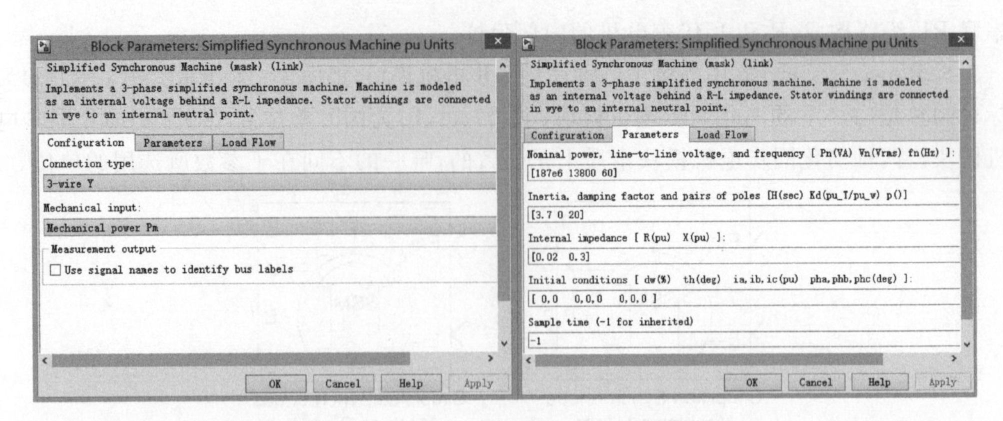

图 17-43 简化同步电机模块参数对话框

(1) Connection type(连接类型)下拉框：定义电机的连接类型，分为 3 线 Y 型连接和 4 线 Y 型连接(即中线可见)两种。

(2) Nominal power, line-to-line voltage, and frequency(额定参数)文本框：三相额定视在功率 P_n(单位：VA)、额定线电压有效值 V_n、额定频率 f_n(单位：Hz)。

(3) Inertia, damping factor and pairs of poles(机械参数)文本框：转动惯量 J(单位：$kg \cdot m^2$)或惯性时间常数 H(单位：s)、阻尼系数 K_d(单位：转矩的标幺值/转速的标幺值)和极对数 p。

(4) Internal impedance(内部阻抗)文本框：单相电阻 R(单位：Ω 或 pu)。R 和 L 为电机内部阻抗，设置时允许 R 等于 0，但 L 必须大于 0。

(5) Initial conditions(初始条件)文本框：初始角速度偏移 dω(单位：%)，转子初始角位移 th(单位：deg)，线电流幅值 i_a、i_b、i_c(单位：A 或 pu)，相角 ph_a、ph_b、ph_c(单位：deg)。初始条件可以由 Powergui 模块自动获取。

【例 17-5】 额定值为 50MVA、10.5kV 的两对隐极同步发电机与 10.5kV 无穷大系统相连。隐极机的电阻 $R=0.005$pu，电感 $L=0.9$pu，发电机供给的电磁功率为 0.8pu。求稳态运行时的发电机的转速、功率角和电磁功率。

(1) 由已知条件得稳态运行时发电机的转速 n 为

$$n=\frac{60f}{p}=1500\text{r/min}$$

其中，f 为系统率，按我国标准取为 50Hz；p 为隐极机的极对数，此处为 2。

电磁功率 $P_e=0.8$pu，功率角 $\delta=\arcsin\frac{P_eX}{EV}=\arcsin\frac{0.8\times0.9}{1\times1}=46.05°$。其中 V 为无穷大系统母线电压；E 为发电机电势；X 为隐极机电抗。

(2) 构建的系统仿真图如图 17-44 所示。

在图 17-44 中，示波器 Scope 在 Simulink/Sinks 路径下；求和模块 Sum 在 Simulink/Math Operations 路径下；信号终结模块 T1、T2 在 Simulink/Sinks 路径下；增益模块 G 在 Simulink/Commonly Used Blocks 路径下；选择器模块 S1、S2 在 Simulink/Signal Routing 路径下；常数模块 Pm、VLLrms 在 Simulink/Sources 路径下；接地模块 Ground 在 Simulink/SimPowerSystems/Elements 路径下；Fourier 分析模块 FFT1、

FFT2 在 Simulink/SimPowerSystems/Extra Library/Measurements 路径下；电机测量信号分离器 Demux 在 Simulink/Sources/Bus Selector 路径下；三相电压电流测量表 V-I M 在 Simulink/SimPowerSystems/Measurements 路径下；交流电压源 V_a、V_b、V_c 在 Simulink/SimPowerSystems/Electrical Sources 路径下；简化同步电机 SSM 在 Simulink/SimPowerSystems/Machines 路径下。

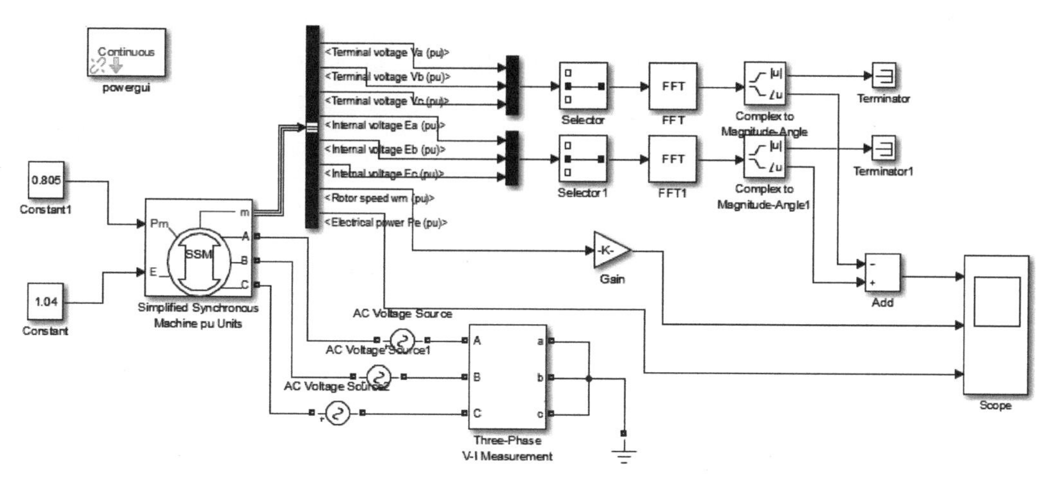

图 17-44　系统仿真模型

(3) 设置模块参数和仿真参数。双击简化同步电机模块，设置电机参数如图 17-45 所示。

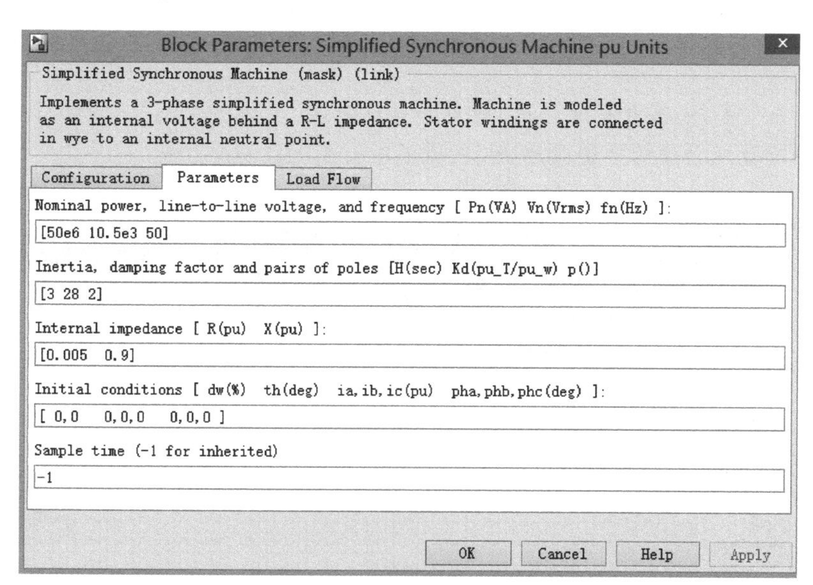

图 17-45　同步电机参数设置

在常数模块 Pm 的对话框中输入 0.805，常数模块 VLLrms 的对话框中输入 1.04(由 Powergui 计算得到的初始参数)。电机测量信号分离器分离第 4～9、11、12 路信号。选择器模块均选择 a 相参数通过。

由于电机模块输出的转速为标幺值，因此使用了一个增益模块将标幺值表示的转速转换为由单位 r/min 表示的转速,增益系数为 $k=n=\frac{60f}{p}=1500$。

两个 Fourier 分析模块均提取 50Hz 的基频分量。

交流电压源 V_a、V_b 和 V_c 为频率是 50Hz,幅值是 $10.5\times\sqrt{2}/\sqrt{3}$ kV,相角相差为 120°的正序三相电压。三相电压电流测量模块仅用作电路连接,因此内部无须选择任何变量。

打开菜单 Simulation→Configuration Parameters,在图 17-46 的算法选择(Solver options)窗口中选择变步长(variable-step)和刚性积分算法(ode15s)。

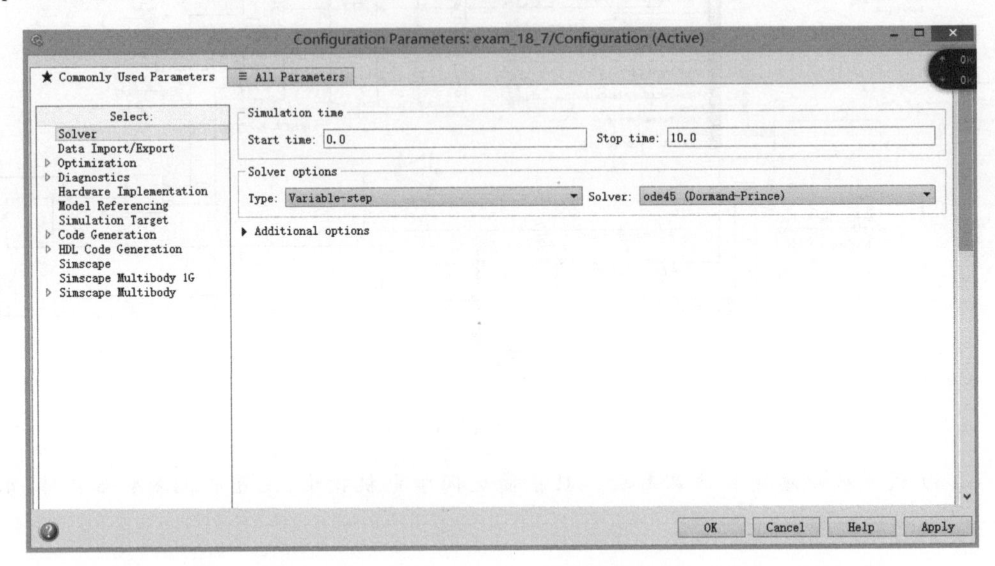

图 17-46 Simulink 模型参数设置

(4) 开始仿真,观察电机的转速、功率和转子角,波形如图 17-47 所示。仿真开始时,发电机输出的电磁功率由 0 逐步增大,机械功率大于电磁功率。

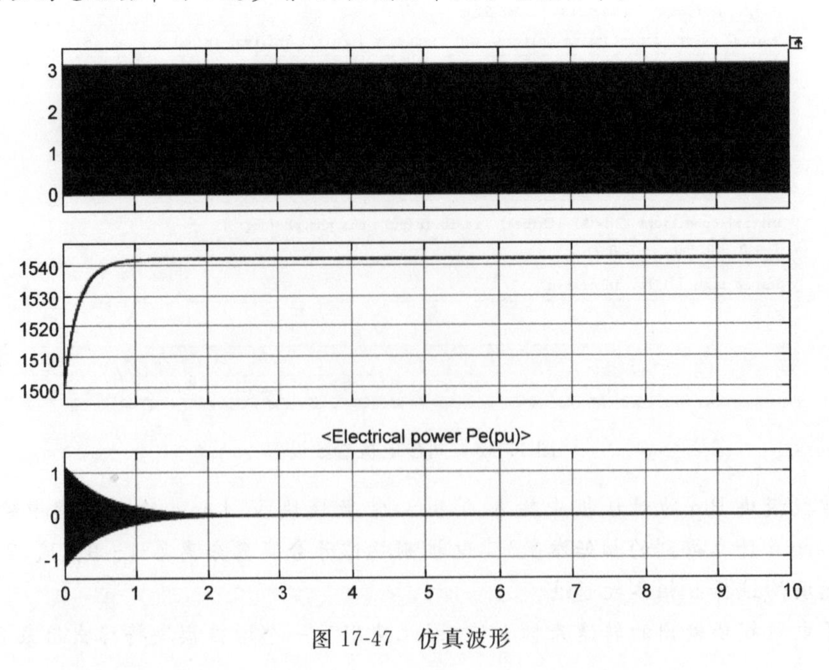

图 17-47 仿真波形

发电机在加速性过剩功率的作用下，转速迅速增大，随着功角 d 的增大，发电机的电磁功率也增大，使得过剩功率减小。

当 $t=0.18$s 时，在阻尼作用下，过剩功率成为减速性功率，转子转速开始下降，但转速仍然大于1500r/min，因此功角 d 继续增大，直到转速小于1500r/min后($t=0.5$s)，功角开始减小，电磁功率也减小。

$t=1.5$s 后，在电机的阻尼作用下，转速稳定在1500r/min，功率稳定在0.8pu，功角为44°。仿真结果与理论计算一致。

17.6.2 同步电机模块的使用

SimPowerSystems库中提供了三种同步电机模块，用于对三相隐极和凸极同步电机进行动态建模，其图标如图17-48所示。图17-48(a)为国际单位制(SI)下的基本同步电机模块；图17-48(b)为标幺制(pu)下的标准同步电机模块；图17-48(c)为标幺制(pu)下的基本同步电机模块。

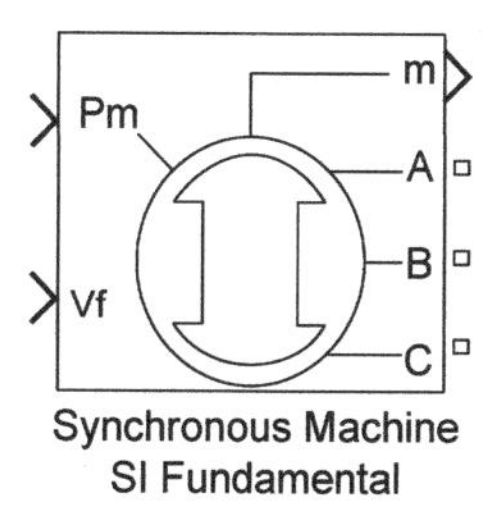

(a) 国际单位制基本同步电机

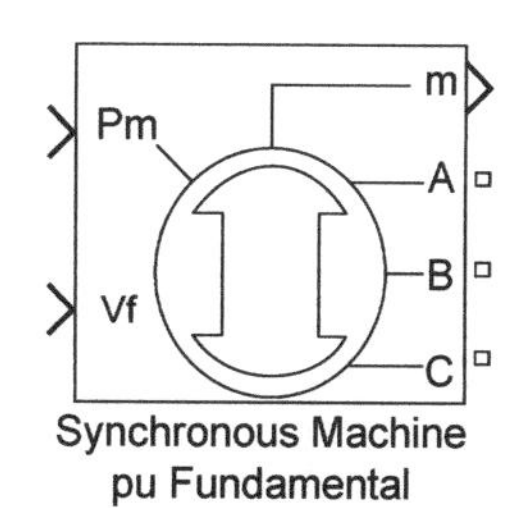

(b) 标幺制标准同步电机

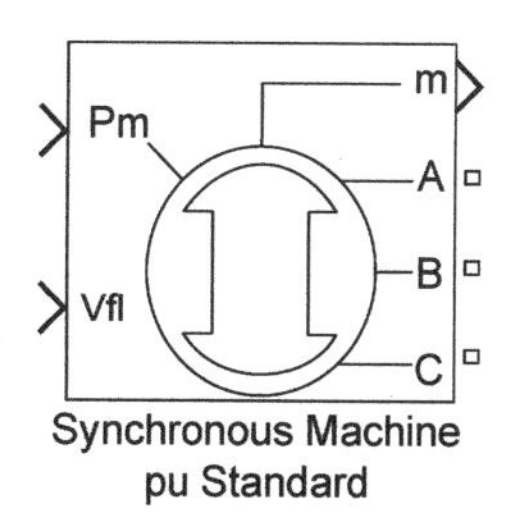

(c) 标幺制基本同步电机

图17-48 同步电机模块图标

同步电机模块有2个输入端子，1个输出端子和3个电气连接端子。模块的第1个输入端子(Pm)输入电机的机械功率。

当机械功率为正时，表示同步电机运行方式为发电机模式；当机械功率为负时，表示同步电机运行方式为电机模式。

在发电机模式下，输入可以是一个正的常数，也可以是一个函数或者是原动机模块的输出；在电机模式下，输入通常是一个负的常数或者函数。

模块的第2个输入端子(Vf)是励磁电压，在发电机模式下可以由励磁模块提供，在电机模式下为一常数。

模块的3个电气连接端子(A、B、C)为定子输出电压。输出端子(m)输出一系列电机的内部信号，共由22路信号组成，如表17-2所示。

表17-2 同步电机的输出信号

输出	符号	端口	定　义	单位
1～3	i_{sa}，i_{sb}，i_{sc}	is_abc	定子三相电流	A或者pu
4～5	i_{sq}，i_{sd}	is_qd	q 轴和 d 轴定子电流	A或者pu
6～9	i_{fd}，i_{kq1}，i_{kq2}，i_{kd}	ik_qd	励磁电流、q 轴和 d 轴阻尼绕组电流	A或者pu

续表

输出	符号	端口	定　义	单位
10～11	$\varphi_{mq}, \varphi_{md}$	phim_qd	q 轴和 d 轴磁通量	Vs 或者 pu
12～13	V_q, V_d	vs_qd	q 轴和 d 轴定子电压	V 或者 pu
14	$\Delta\theta$	d_theta	转子角偏移量	rad
15	ω_m	wm	转子角速度	rad/s
16	P_e	Pe	电磁功率	VA 或者 pu
17	$\Delta\omega$	dw	转子角速度偏移	rad/s
18	θ	theta	转子机械角	rad
19	T_e	Te	电磁转矩	N·m 或者 pu
20	δ	Delta	功率角	N·m 或者 pu
21～22	P_{eo}, Q_{eo}	Peo, Qeo	输出有功和无功功率	rad

通过电机测量信号分离器(Machine Measurement Demux)模块可以将输出端子 m 中的各路信号分离出来,典型接线如图 17-49 所示。

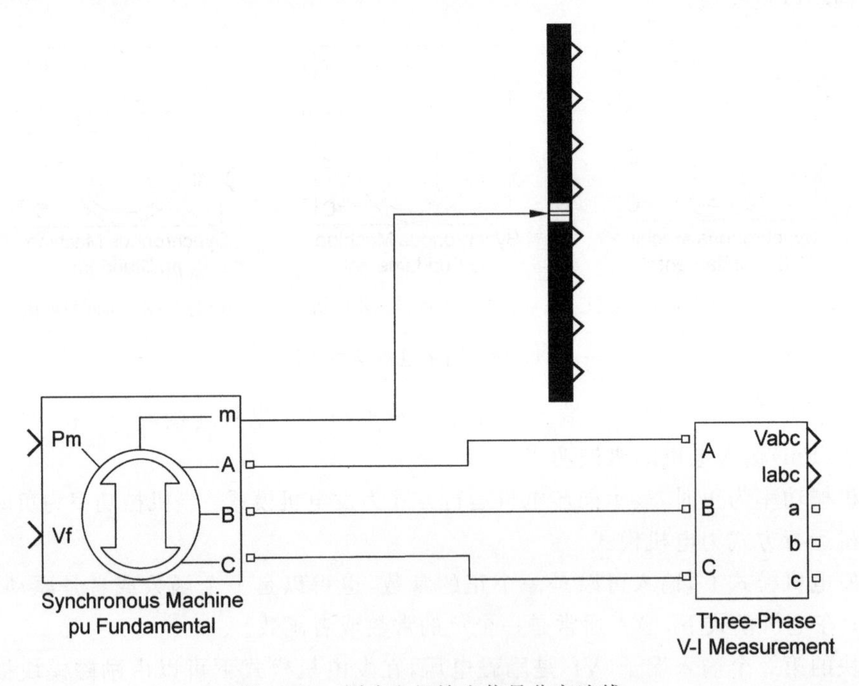

图 17-49　同步电机输出信号分离连线

同步电机输入和输出参数的单位与选用的同步电机模块有关。如果选用 SI 制下的同步电机模块,输入和输出为国际单位制下的有名值(转子角速度偏移量 Δω 以标幺值表示,转子角位移 θ 以弧度表示)。如果选用 pu 制下的同步电机模块,输入和输出为标幺值。双击同步电机模块,将弹出该模块的参数对话框,下面对其逐一进行说明。

1. SI 基本同步电机模块

SI 基本同步电机模块的参数对话框如图 17-50 所示。

在该对话框中含有如下参数。

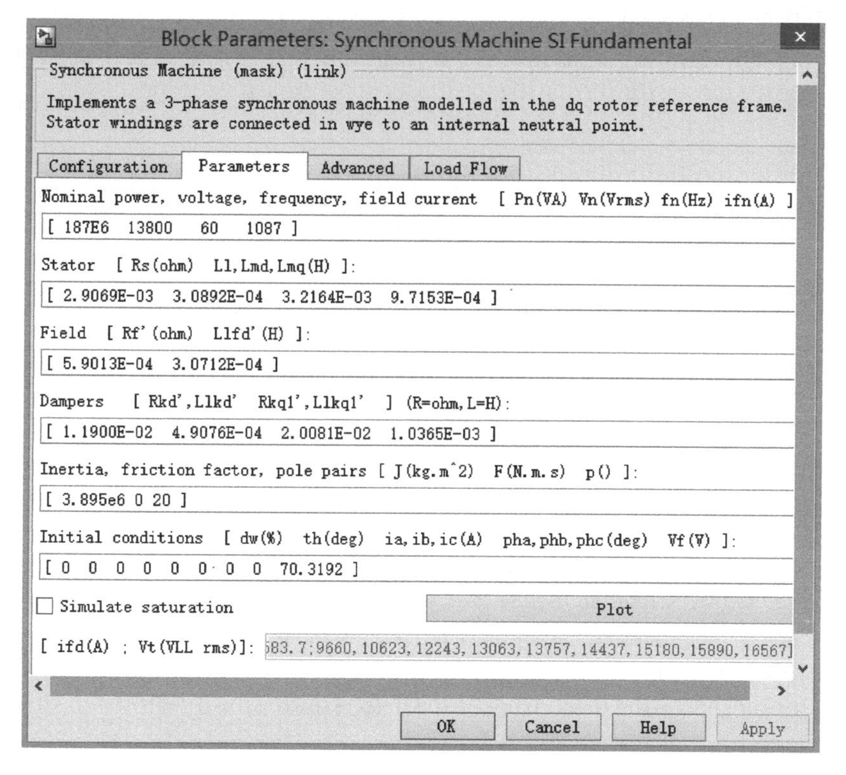

图 17-50　SI 基本同步电机模块的参数对话框

(1) Preset model(预设模型)下拉框：选择系统设置的内部模型后，同步电机自动获取各项数据，如果不想使用系统给定的参数，则选择 No。

(2) Show detailed parameters(显示详细参数)复选框：选中该复选框，可以浏览并修改电机参数。

(3) Rotor type(绕组类型)下拉框：定义电机的类型，分为隐极式(Round)和凸极式(Salient-pole)两种。

(4) Nominal power, voltage, frequency, field current(额定参数)文本框：三相额定视在功率 P_n(单位：VA)、额定线电压有效值 V_n、额定频率 f_n(单位：Hz)和额定励磁电流 i_{fn}(单位：A)。

(5) Stator(定子参数)文本框：定子电阻 R_s(单位：W)，漏感 L_l(单位：H)，d 轴电枢反应电感 L_{md}(单位：H)和 q 轴电枢反应电感 L_{mq}(单位：H)。

(6) Field(励磁参数)文本框：励磁电阻(单位：W)和励磁漏感(单位：H)。

(7) Dampers(阻尼绕组参数)文本框：d 轴阻尼电阻 R_{kd}(单位：W)，d 轴漏感(单位：H)，q 轴阻尼电阻(单位：W)和 q 轴漏感(单位：H)，对于实心转子，还需要输入反映大电机深处转子棒涡流损耗的阻尼电阻(单位：W)和漏感(单位：H)。

(8) Inertia, friction factor, pole pairs(机械参数)文本框：转动 J(单位：N·m)、衰减系数 F(单位：N·m·s/rad)和极对数 p。

(9) Initial conditions(初始条件)文本框：初始角速度偏移 dω(单位：%)，转子初始角位移 th(单位：deg)，线电流幅值 i_a、i_b、i_c(单位：A)，相角 ph_a、ph_b、ph_c(单位：deg)和

初始励磁电压 V_f(单位：V)。

(10) Simulate saturation(饱和仿真)复选框：用于设置定子和转子铁芯是否饱和。若需要考虑定子和转子的饱和情况，则选中该复选框，在该复选框下将出现如图 17-51 所示的文本框。

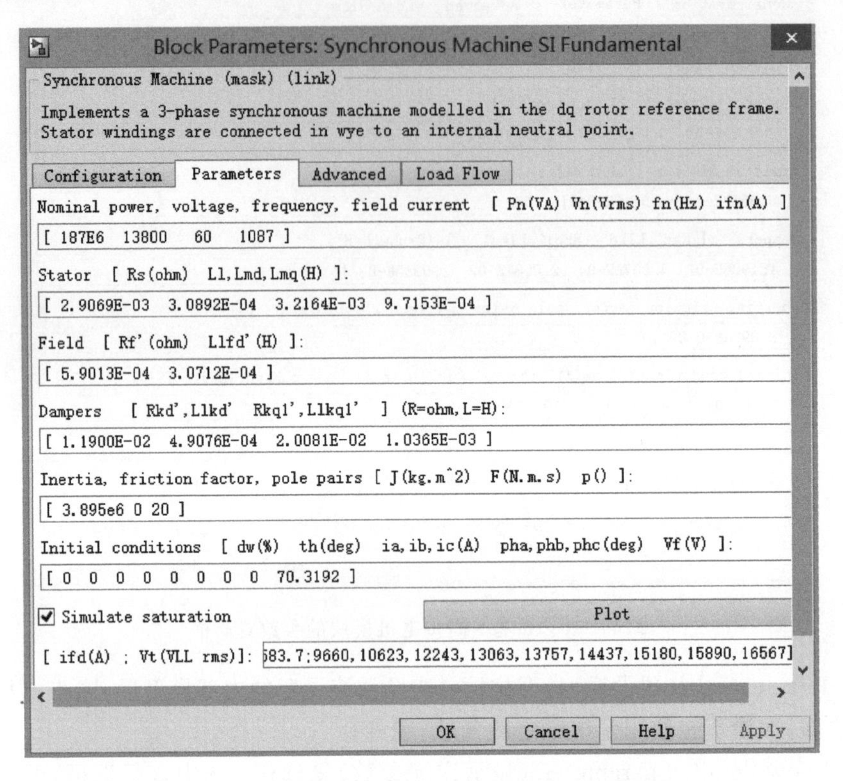

图 17-51　SI 基本同步电机模块饱和仿真复选框窗口

要求在该文本框中输入代表空载饱和特性的矩阵。先输入饱和后的励磁电流值，再输入饱和后的定子输出电压值，相邻两个电流/电压值之间用空格或“,”分隔，电流和电压值之间用“;”分隔。

例如输入矩阵如下：

[0.6404,0.7127,0.8441,0.9214,0.9956,1.082,1.19,1.316,1.457;0.7,0.7698,0.8872,0.9466,0.9969,1.046,1.1,1.151,1.201]

将得到如图 17-52 所示的饱和特性曲线，曲线上的“*”点对应输入框中的一对 $[i_{fd}, V_t]$值。

2. pu 基本同步电机模块

pu 基本同步电机模块的参数对话框如图 17-53 所示。

该对话框结构与 SI 基本同步电机模块的对话框结构相似，不同之处如下。

(1) Nominal power, line-to-line voltage and frequency(额定参数)文本框：与 SI 基本同步电机模块相比，该项内容中不含励磁电流。

(2) Stator(定子参数)文本框：与 SI 基本同步电机模块相比，该项参数为归算到定

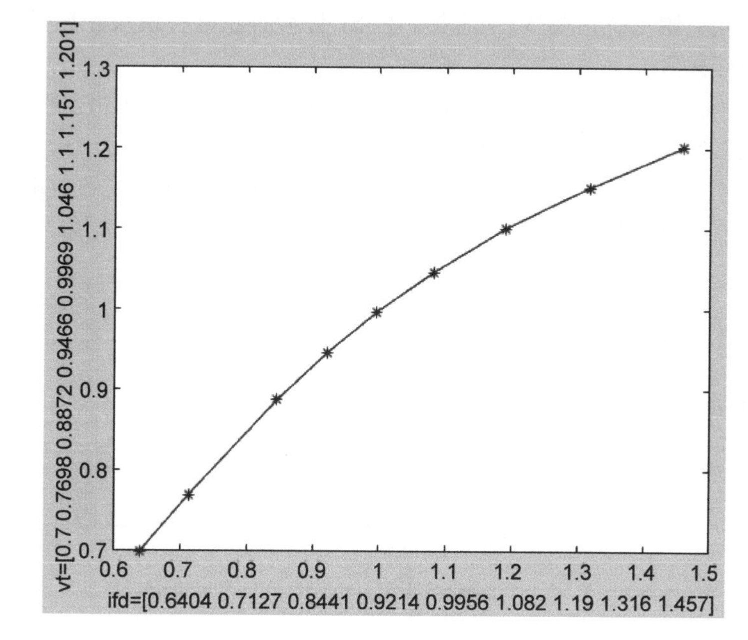

图 17-52 饱和特性曲线

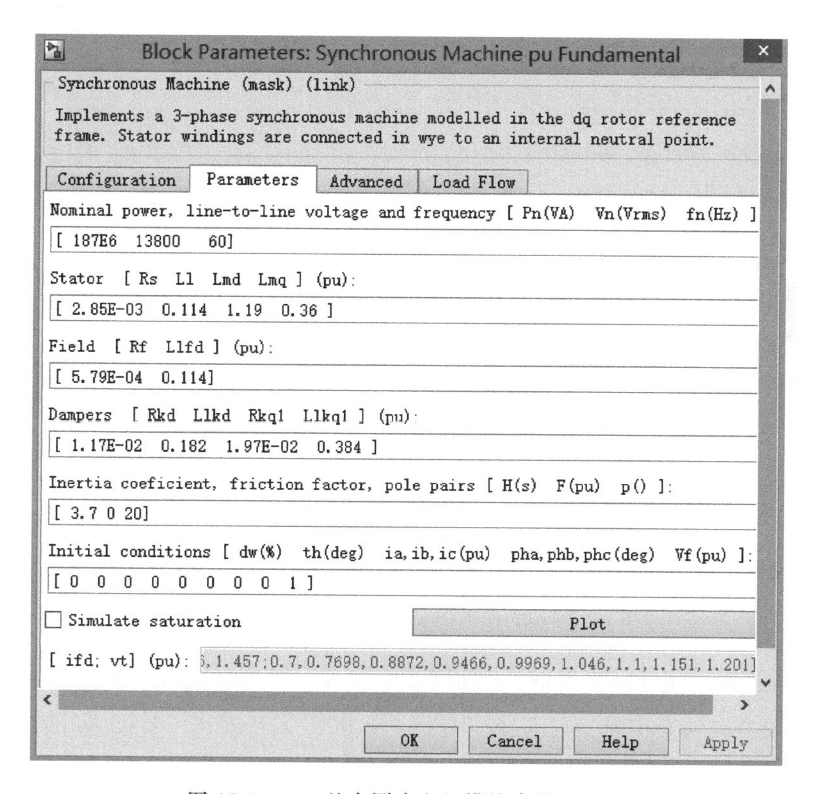

图 17-53 pu 基本同步电机模块参数对话框

子侧的标幺值。

(3) Field(励磁参数)文本框：与 SI 基本同步电机模块相比，该项参数为归算到定子侧的标幺值。

(4) Dampers(阻尼绕组参数)文本框：与 SI 基本同步电机模块相比，该项参数为归算到定子侧的标幺值。

(5) Inertia coeffcient, friction factor pole pairs(机械参数)文本框：惯性时间常数 H(单位：s)、衰减系数 F(单位：pu)和极对数 p。

(6) Simulate saturation(饱和仿真)复选框：与 SI 基本同步电机模块类似，其中的励磁电流和定子输出电压均为标幺值；电压的基准值为额定线电压有效值；电流的基准值为额定励磁电流。

3. pu 标准同步电机模块

pu 标准同步电机模块的参数对话框如图 17-54 所示。

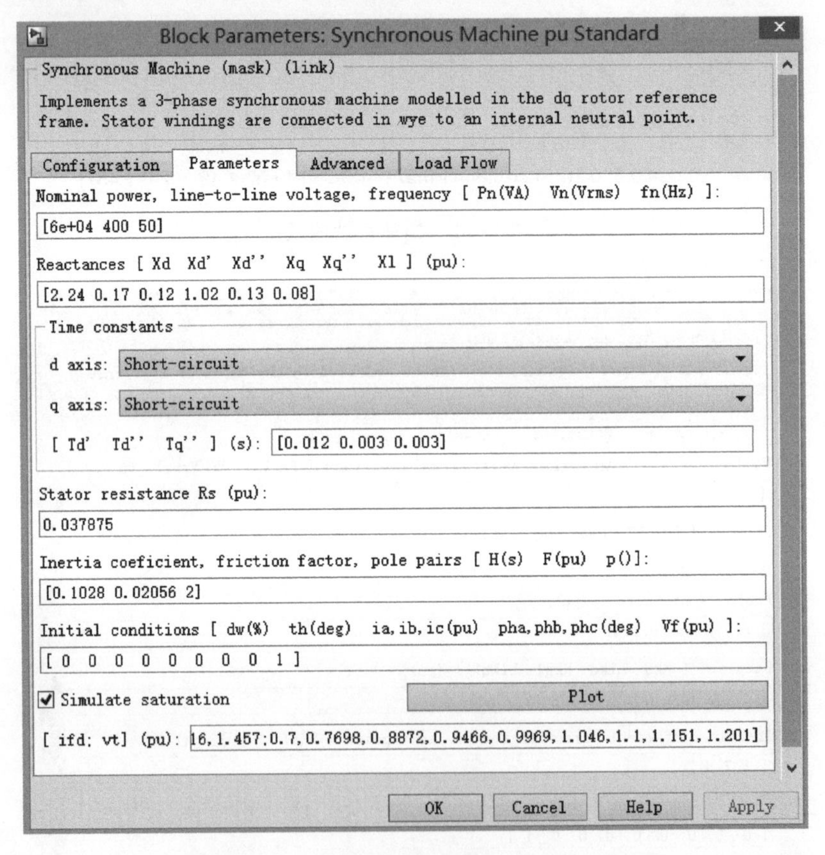

图 17-54　pu 标准同步电机模块的参数对话框

(1) Reactances(电抗)文本框：d 轴同步电抗 X_d、暂态电抗 X'_d、次暂态电抗 X''_d，q 轴同步电抗电枢 X_q、暂态电抗 X'_q(对于实心转子)、次暂态电抗 X''_q，漏抗 X_l，所有的参数均为标幺值。

(2) d axis time constants, q axis time constant(直轴和交轴时间常数)下拉框：定义 d 轴和 q 轴的时间常数类型，分为开路和短路两种。

(3) Time constants(时间常数)文本框：d 轴和 q 轴的时间常数(单位：s)，包括 d 轴开路暂态时间常数(T'_{do})/短路暂态时间常数(T'_d)，d 轴开路次暂态时间常数(T'_{do})/短路暂态时间常数(T'_d),q 轴开路时间常数(T'_{qo})/短路暂态时间常数(T'_q),q 轴开路次暂态时间常数(T'_{qo})/短路暂态时间常数(T''_q),这些时间常数必须与时间常数列表框中的定义一致。

(4) Stator resistance(定子电阻)文本框:定子电阻 R_s(单位:pu)。

【例 17-6】 额定值为 50MVA,10.5kV 的有阻尼绕组同步发电机与 10.5kV 无穷大系统相连。发电机定子侧参数为 $R_s=0.003$,$L_1=0.19837$,$L_{md}=0.91763$,$L_{mq}=0.21763$;转子侧参数为 $R_f=0.00064$,$L_{1fd}=0.16537$;阻尼绕组参数为 $R_{kd}=0.00465$,$L_{1kd}=0.0392$,$R_{kq1}=0.00684$,$R_{1kq1}=0.01454$。各参数均为标幺值,极对数 $p=32$。稳态运行时,发电机供给的电磁功率由 0.8pu 变成 0.6pu,求发电机转速、功率角和电磁功率的变化。

(1) 由已知条件可得稳态运行时发电机的转速为

$$n=\frac{60f}{p}=93.75$$

利用凸极式发电机的功率特性方程 $P_e=\frac{E_qV}{x_{d\sum}}\sin\delta+\frac{V^2}{2}\frac{x_{d\sum}-x_{q\sum}}{x_{d\sum}x_{q\sum}}$ 做近似估算。其中凸极式发电机电势 $E_q=1.233$,无穷大母线电压 $V=1$,系统纵轴总电抗 $x_{d\sum}=L_1+L_{md}=1.116$,系统横轴总阻抗 $x_{d\sum}=L_1+L_{md}=0.416$。

电磁功率为 $P_e=0.8$pu 时,通过功率特性方程计算得到功率角 $\delta=18.35°$。当电磁功率变为 0.6pu 并重新进入稳态后,计算得到功率角 $\delta=13.46°$。

(2) 构建的系统仿真如图 17-55 所示。

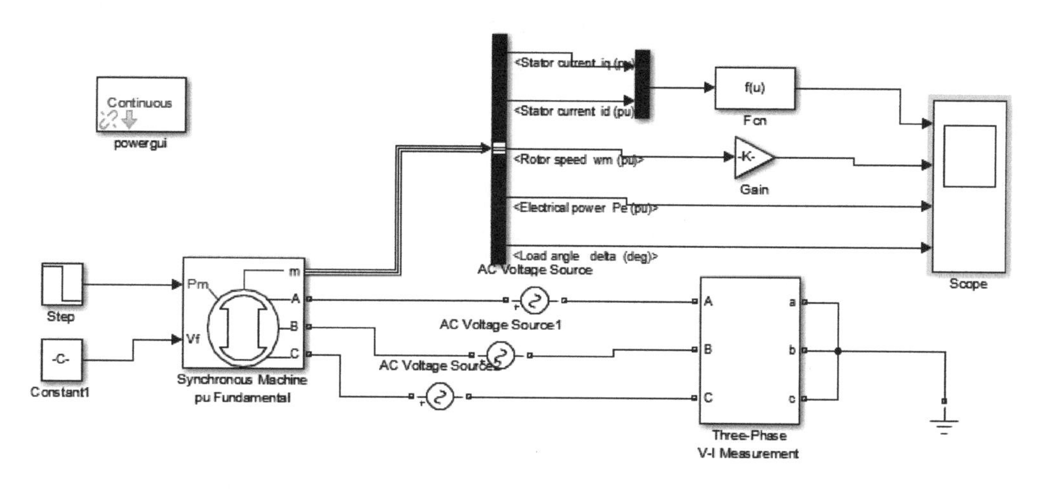

图 17-55 仿真电路图

在图 17-55 中,示波器 Scope 在 Simulink/Sinks 路径下;自定义函数模块 Fcn 在 Simulink/Uses-Defined Function 路径下;增益模块 G 在 Simulink/Commonly Used Blocks 路径下;阶跃函数 Step 模块、常数模块 VLLrms 在 Simulink/Sources 路径下;电力系统图形用户界面 Powergui 在 SimPowerSystems 路径下;接地模块 Ground 在 Simulink/SimPowerSystems/Elements 路径下;电机测量信号分离器 Demux 在 Simulink/ SimPowerSystems /Bus Selector 路径下;三相电压电流测量表 V-I M 在

Simulink/SimPowerSystems/Measurements 路径下；交流电压源 V_a、V_b、V_c在 Simulink/SimPowerSystems/Electrical Sources 路径下；标幺制下的基本同步电机 SM_p. u. 在 Simulink/SimPowerSystems/Measurements 路径下。

(3) 双击同步电机进行参数设置，如图 17-56 所示。

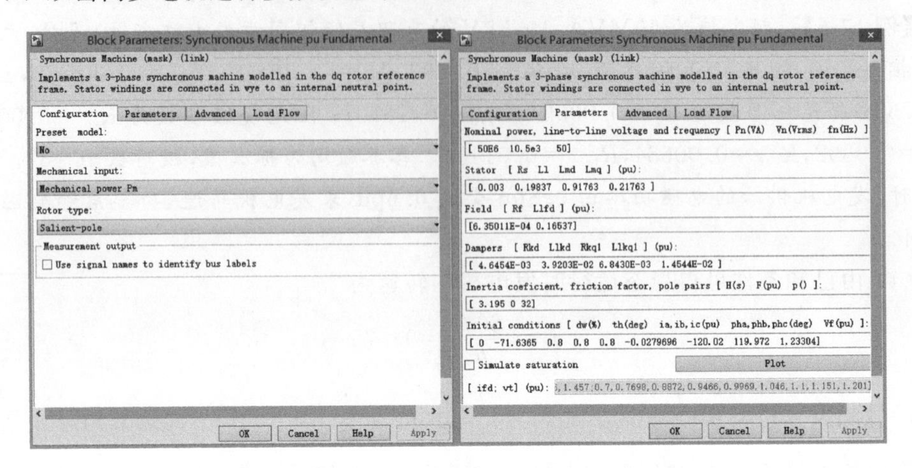

图 17-56　同步电机参数设置

在常数模块的对话框中输入 1.23304(由 Powergui 计算得到的初始参数)。将阶跃函数模块的初始值设为 0.8，然后在 0.6s 时刻变为 0.6。电机测量信号分离器分离第 4、5、15、16、20 路信号。

由于电机模块输出的转速为标幺值，因此使用了一个增益模块将标幺值表示的转速转换为由单位 r/min 表示的转速，增益系数为 $k=n=\dfrac{60f}{p}=93.75$。

交流电压源 V_a、V_b和 V_c为频率是 50Hz，幅值是 $10.5\times\sqrt{2}/\sqrt{3}$kV，相角相差为 120°的正序三相电压。三相电压电流测量模块仅用作电路连接，因此内部无须选择任何变量。

打开菜单 Simulation→Configuration Parameters→Solver，在图 17-57 的算法选择(Solver Options)窗口中选择变步长(Variable-step)和刚性积分算法(Ode15s)。

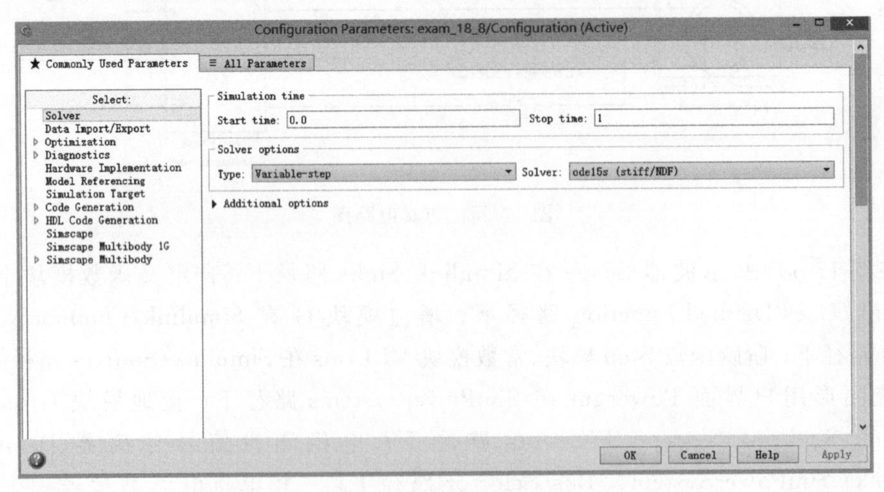

图 17-57　算法选择

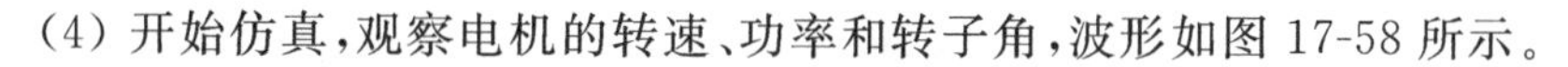
(4) 开始仿真,观察电机的转速、功率和转子角,波形如图 17-58 所示。

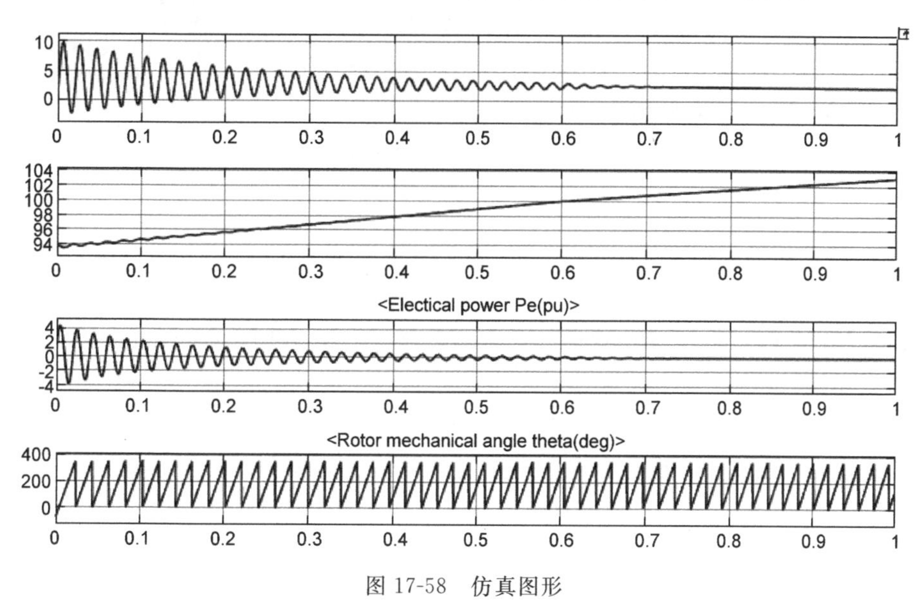

图 17-58　仿真图形

17.7　负荷模块

电力系统的负荷相当复杂,不但数量大、分布广、种类多,而且其工作状态带有很大的随机性和时变性,连接各类用电设备的配电网结构也可能发生变化。因此,如何建立一个既准确又实用的负荷模型,至今仍是一个尚未很好解决的问题。

通常负荷模型分为静态模型和动态模型,其中静态模型表示稳态下负荷功率与电压和频率的关系;动态模型反映电压和频率急剧变化时负荷功率随时间的变化。常用的负荷等效电路有含源等效阻抗支路、恒定阻抗支路和异步电机等效电路。

负荷模型的选择对分析电力系统的动态过程和稳定问题都有很大的影响。在潮流计算中,负荷常用恒定功率表示,必要时也可以采用线性化的静态特性。在短路计算中,负荷可表示为含源阻抗支路或恒定阻抗支路。稳定计算中,综合负荷可表示为恒定阻抗或不同比例的恒定阻抗和异步电机的组合。

17.7.1　静态负荷模块

powerlib 的 Elements 库中提供了四种静态负荷模块,分别为单项串联 RLC 负荷(Series RLC Load)、单相并联 RLC 负荷(Parallel RLC Load)、三相串联 RLC 负荷(Three-Phase Series RLC Load)和三相并联 RLC 负荷(Three-Phase Parallel RLC Load),如图 17-59 所示。

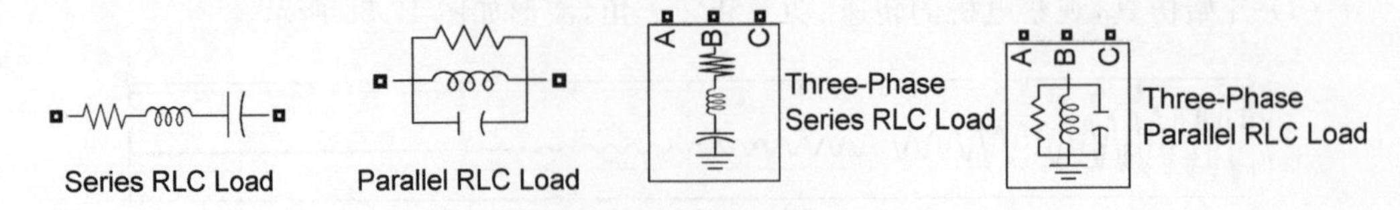

图 17-59 静态负荷模块

17.7.2 三相动态负荷模块

powerlib 的 Elements 库中提供的三相动态负荷(Three-Phase Dynamic Load)模块，如图 17-60 所示。

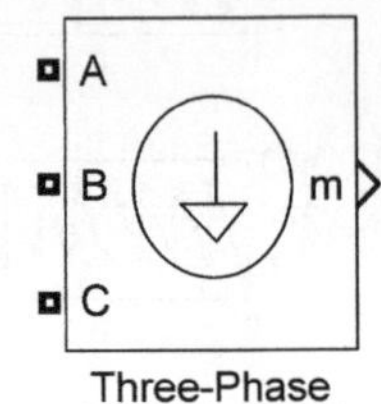

图 17-60 三相动态负荷模块

三相动态负荷模块是对三相动态负荷的建模，其中有功和无功功率可以表示为正序电压的函数或者只接受外部信号的控制。由于不考虑负序和零序电流，因此即使在负荷电压不平衡的条件下，三相负荷电流仍然是平衡的。

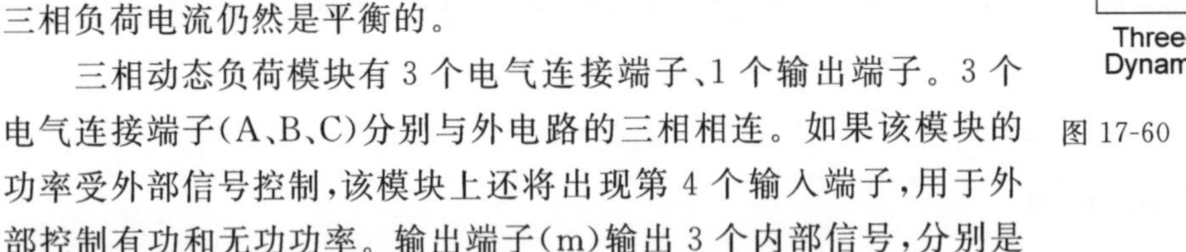

三相动态负荷模块有 3 个电气连接端子、1 个输出端子。3 个电气连接端子(A、B、C)分别与外电路的三相相连。如果该模块的功率受外部信号控制，该模块上还将出现第 4 个输入端子，用于外部控制有功和无功功率。输出端子(m)输出 3 个内部信号，分别是正序电压 V(单位：pu)、有功功率 P(单位：W)和无功功率(单位：Var)。

17.8 电力系统稳态仿真

稳态是电力系统运行的状态之一，稳态时系统的运行参数，如电压、电流、功率等保持不变。在电网的实际运行中，理想的稳态很少存在。因此，工程中的稳态认为电力系统的运行参量保持在某一平均值附近变化，且变化很小。工程中稳态波动范围用相对偏差表示，常见的偏差值取 5%、2%和 1%等。

17.8.1 连续系统仿真

【例 17-7】 一条 300kV、50Hz、300km 的输电线路，其 $z=(0.1+\mathrm{j}0.5)\Omega/\mathrm{km}$，$y=\mathrm{j}3.2\times10^{-6}\mathrm{S/km}$。分析用集总参数、多段 PI 型有效参数和分布参数表示的线路阻抗的频率特性。计算其潮流分布，并利用 Powergui 模块实现连续系统的稳态分析。

1) 理论分析

令 $L=0.0016\mathrm{H}$，$C=0.0102\mu\mathrm{F}$，可得该线路传播速度为

$$v=\frac{1}{\sqrt{LC}}=247.54\mathrm{km/ms}$$

300 公里线路的传输时间为

$$T=\frac{300}{247.54}=1.212\mathrm{ms}$$

振荡频率为

$$f_{soc}=\frac{1}{T}=825\text{Hz}$$

按上述理论分析，第一次谐振发生在$\frac{1}{4}f_{soc}$，即频率为206Hz处。之后，每$206+n\times 412$Hz($n=1,2,\cdots$)，即618Hz，1031Hz，…处均发生谐振。

2）仿真过程

步骤1：打开Simulink，构建一个如图17-61所示的单相电路。

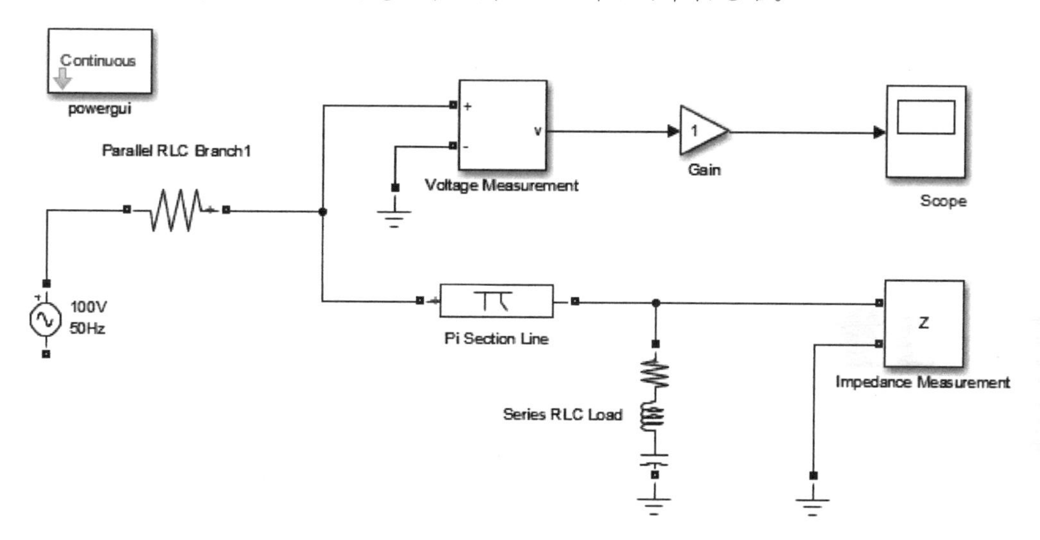

图17-61　单相电路仿真模型

步骤2：打开Simulation→Configuration Parameters，在图17-62所示的Solver options(算法选择)窗口中选择variable-step(变步长)和ode23tb算法，设置仿真结束时间为0.2s。

步骤3：运行仿真，单击Powergui主窗口中Impedance vs Frequency Measurement，得到阻抗依频率特性窗口，如图17-63所示为其仿真结果。单击Scope得到如图17-64所示的仿真波形。

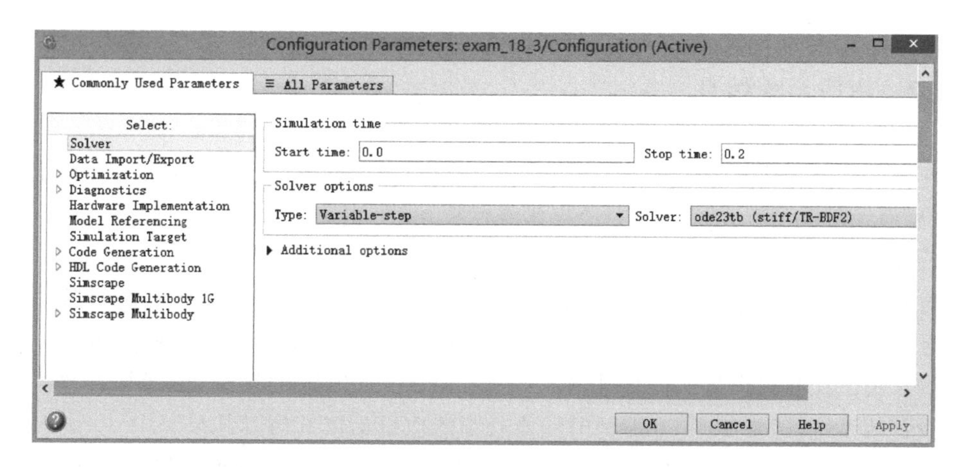

图17-62　Simulink模型参数设置

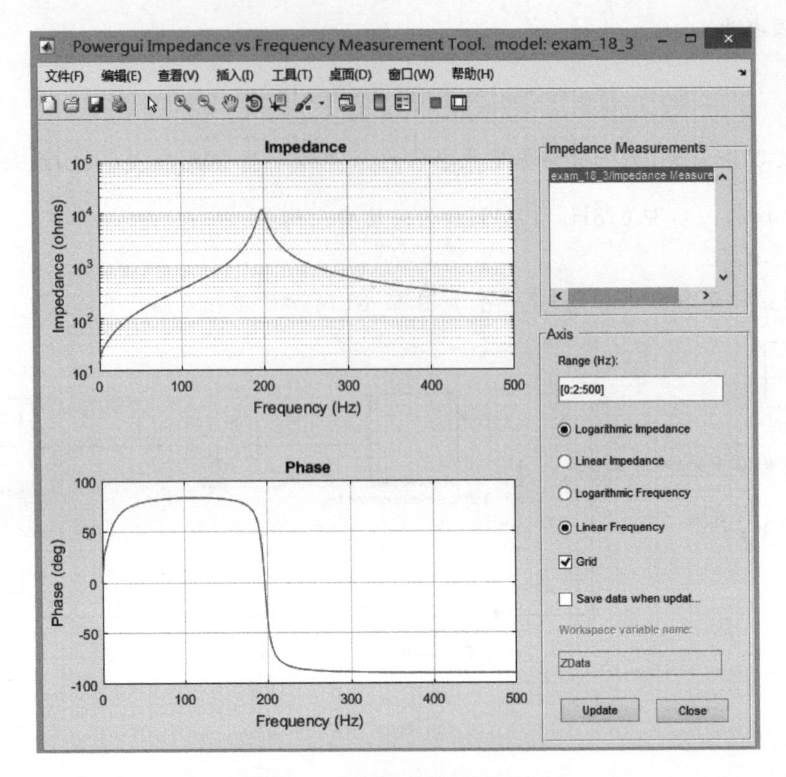

图 17-63　阻抗依频率特性窗口

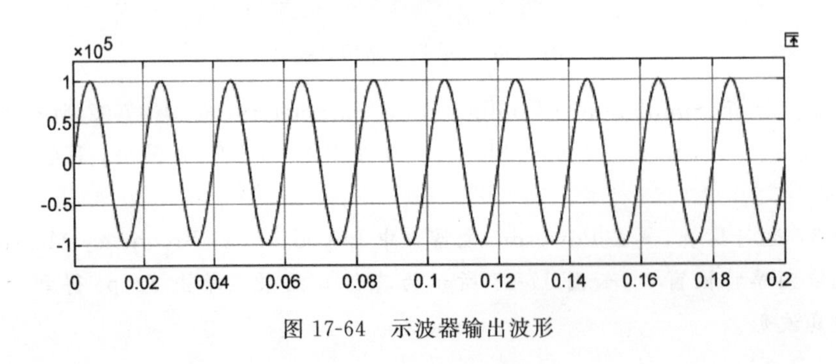

图 17-64　示波器输出波形

17.8.2　离散系统仿真

连续系统仿真通常采用变步长积分算法。对小系统而言，变步长算法通常比定步长算法快，但是对于含有大量状态变量或非线性模块（如电力电子开关）的系统而言，采用定步长离散算法更为优越。

对系统进行离散化时，仿真的步长决定了仿真的精确度。步长太大可能导致仿真精度不足，步长太小又可能大大增加仿真运行时间。判断步长是否合适的唯一办法就是用不同的步长试探并找出最大时间步长。对于 50Hz 或 60Hz 的系统，或者带有整流电力电子设备的系统，通常 20～50μs 的时间步长都能取得不错的仿真结果。

对于含有强迫换流电力电子开关器件的系统，由于这些器件通常都运行在高频下，因此需要适当减少时间步长。例如，对运行在8kHz左右的PWM(脉宽调制)逆变器的仿真，其需要的时间步长为1μs。

【例17-8】 将例17-3中的PI型电路的段数改为10，对系统进行离散化仿真并比较离散系统和连续系统的仿真结果。

步骤1：打开Simulink，构建一个如图17-65所示的系统电路。

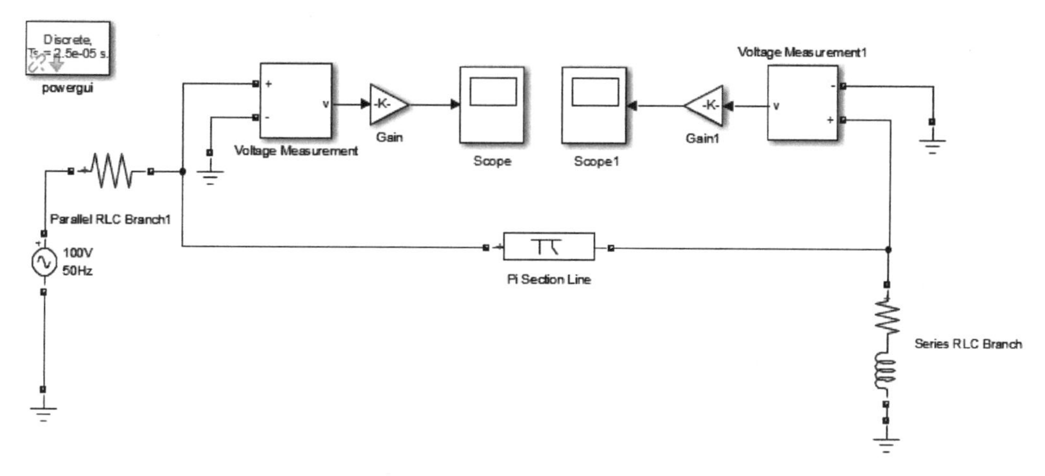

图17-65 单相电路仿真模型

步骤2：双击图17-41中的PI型电路模块，打开参数设置对话框，如图17-66所示，将其分段数改为10。打开Powergui模块，选择"离散化系统仿真"单选框，设置采用时间为25e-6s，如图17-67所示。

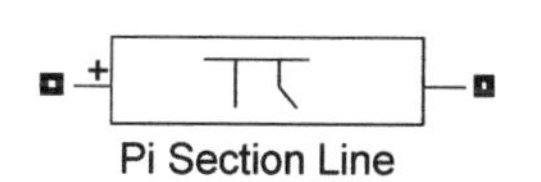

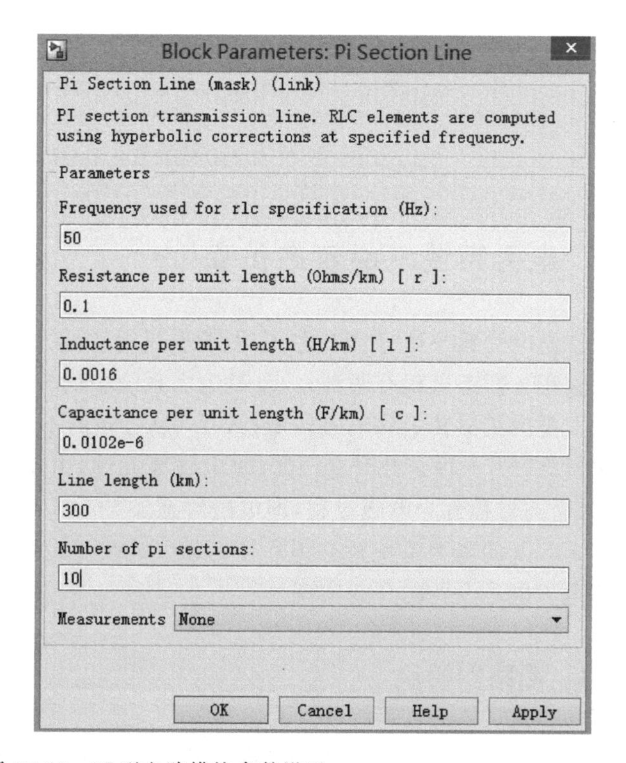

图17-66 PI型电路模块参数设置

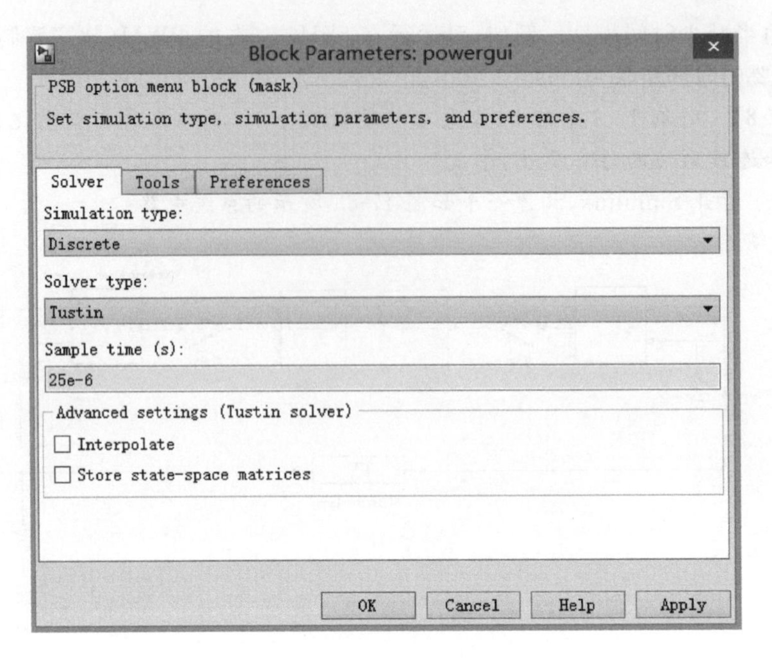

图 17-67　系统离散化

步骤 3：运行仿真，双击 Scope 模块，输出结果如图 17-68 所示。

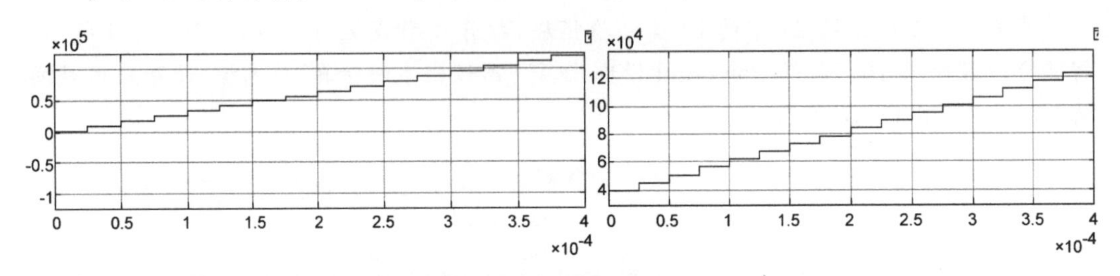

图 17-68　系统离散化后输出波形

17.9　电力系统电磁暂态仿真

暂态是电力系统运行状态之一，由于受到扰动，系统运行参量将发生很大的变化，处于暂态过程。暂态过程有两种，一种是电力系统中的转动元件，如发电机和电机，其暂态过程主要是由机械转矩和电磁转矩（或功率）之间的不平衡引起的，通常称为机电过程，即机电暂态；另一种是针对变压器、输电线等元件，由于并不涉及角位移、角速度等机械量，故其暂态过程称为电磁过程，即电磁暂态。

Simulink 的电力系统暂态仿真过程通过机械开关设备，如 Circuit breakers（断路器）模块或电力电子设备的开断实现。

17.9.1　断路器模块

SimPowerSystems 库提供的断路器模块可对开关的投切进行仿真。断路器合闸后等效于电阻值为R_{on}的电阻元件。R_{on}是很小的值，相对外电路可以忽略。断路器断开时等效于无穷大电阻，熄弧过程通过电流过零时断开断路器完成。开关的投切操作可以受外部或内部信号的控制。

当断路器为外部控制方式时，断路器模块上出现一个输入端口，输入的控制信号必须为0或者1，其中0表示切断，1表示投合。当断路器为内部控制方式时，切断时间由模块对话框中的参数指定。若断路器初始设置为1，SimPowerSystems库自动将线性电路中的所有状态变量和断路器模块的电流进行初始化设置，这样仿真开始时电路就处于稳定状态。断路器模块包含R_s-C_s缓冲电路。若断路器模块和纯电感短路、电流源和空载电路串联，则必须使用缓冲电路。

带有断路器模块的系统进行仿真时需要采用刚性积分算法，如ode23tb、ode15s，这样可以加快仿真速度。

1. 单相断路器

图17-69为单相断路器模块。其参数设置如下所述。

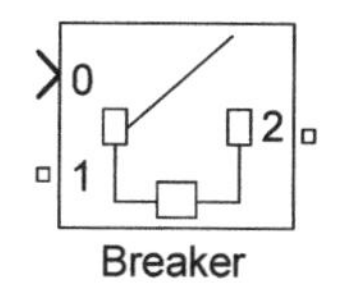

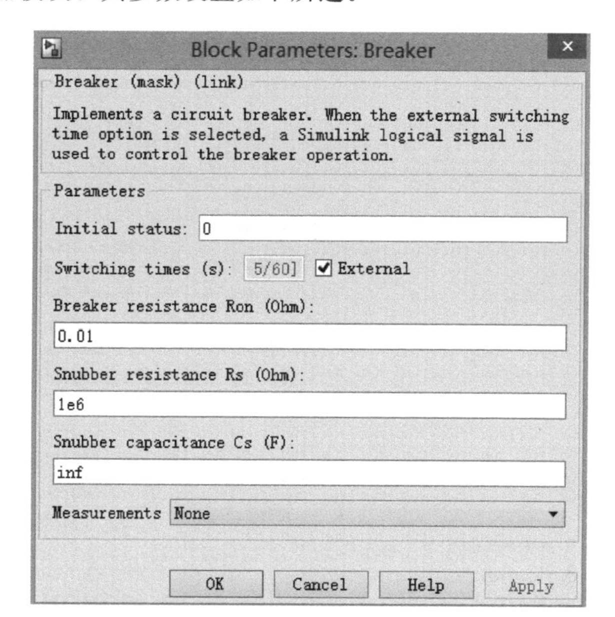

图17-69 单相断路器模块

(1) Breaker resistance Ron(断路器电阻)文本框：设置断路器投合时的内部电阻，单位为Ω。该项值不能为0。

(2) Initial status(初始状态)文本框：设置断路器初始状态。当断路器为合闸状态时，该项值为1，对应的图标显示为投合状态；否则为0。

(3) Snubber resistance Rs(缓冲电路阻值)文本框：设置并联缓冲电路的电阻值，单位为Ω。该值设为inf时，表示取消缓冲电阻。

(4) Snubber capacitance Cs(缓冲电路电容)文本框：设置并联缓冲电路的电容值，单位为F。当该项值为0时，表示取消缓冲电容；当该项值为inf时，表示缓冲电路为纯电阻电路。

(5) Switching times(开关动作时间)文本框：采用内部控制方式时，输入一个时间向量以控制开关动作时间。从开关初始状态开始，断路器在每个时间点动作一次。例如，初始状态为0，在时间向量的第一个时间点，开关投合，第二个时间点，开关断开。若选择外部控制方式，则该项内容不可见。

(6) External control of switching times(外部控制)复选框：选中该复选框，断路器模块上将出现一个外部控制信号输入端。此时，开关时间由外部逻辑信号(0或1)控制。

(7) Measurements(测量参数)下拉框：对以下变量进行测量。

- None(无)：不测量任何变量。
- Branch voltages(断路器电压)：测量断路器电压。
- Branch currents(断路器电流)：测量断路器电流。
- Branch voltages and currents(所有变量)：测量断路器电流和电压。

2. 三相断路器

图17-70为三相断路器模块。其参数设置如下所述。

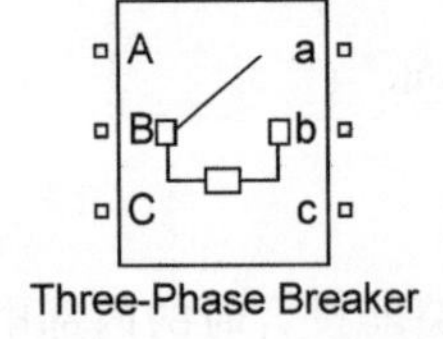

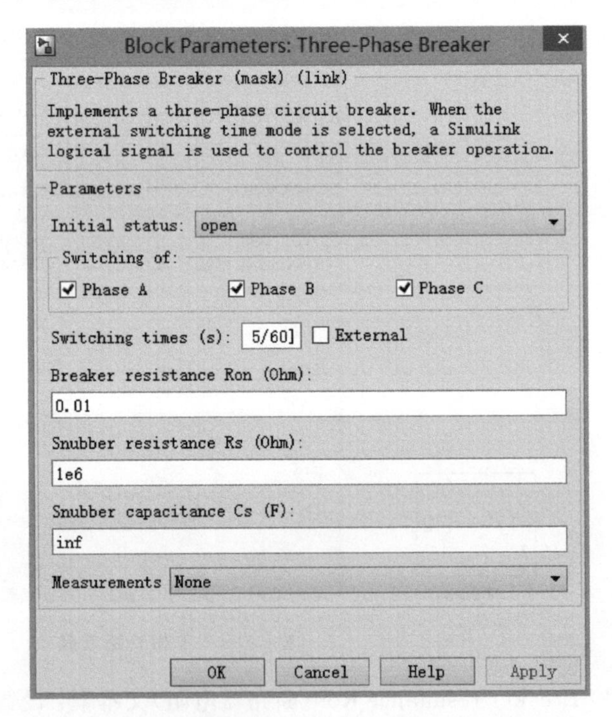

图17-70　三相断路器模块

(1) Initial status(断路器初始状态)下拉框：断路器三相的初始状态相同，选择初始状态后，图标会显示相应的切断或投合状态。

(2) Switching of Phase A(A相开关)复选框：选中该项后表示允许A相断路器动作，否则表示保持初始状态。

(3) Switching of Phase B(B相开关)复选框：选中该项后表示允许B相断路器动作，否则表示保持初始状态。

(4) Switching of Phase C(C 相开关)复选框：选中该项后表示允许 C 相断路器动作，否则表示保持初始状态。

(5) Switching times(切换时间)文本框：采用内部控制方式时，输入一个时间向量以控制开关动作时间。若选择外部控制方式，则该项内容不可见。

(6) External control of switching times(外部控制)复选框：选中该复选框，断路器模块上将出现一个外部控制信号输入端。此时，开关时间由外部逻辑信号(0 或 1)控制。

(7) Breaker resistance R_{on}(断路器电阻)文本框：设置断路器投合时的内部电阻，单位为 Ω。该项值不能为 0。

(8) Snubber resistance Rs(缓冲电路阻值)文本框：设置并联缓冲电路的电阻值，单位为 Ω。该值设为 inf 时，表示取消缓冲电阻。

(9) Snubber capacitance Cs(缓冲电路电容)文本框：设置并联缓冲电路的电容值，单位为 F。当该项值为 0 时，表示取消缓冲电容；当该项值为 inf 时，表示缓冲电路为纯电阻电路。

(10) Measurements(测量参数)下拉框：对以下变量进行测量。

- None(无)：不测量任何变量。
- Branch voltages(断路器电压)：测量断路器的三相终端电压。
- Branch currents(断路器电流)：测量流过断路器内部的三相电流。若断路器带有缓冲电路，则测得的电流仅为流过断路器器件的电流。
- Branch voltages and currents(所有变量)：测量断路器电流和电压。

选中的测量变量需要通过万用表进行观察。测量变量由“标签”加“模块名”加“相序”构成，例如断路器模块名称为 B1 时，测量变量符号如表 17-3 所示。

表 17-3　三相断路器测量变量符号

测量内容	符　　号	说　　明
电压	U_b:B1/Breaker A	断路器 B1 的 A 相电压
	U_b:B1/Breaker B	断路器 B1 的 B 相电压
	U_b:B1/Breaker C	断路器 B1 的 C 相电压
电流	I_b:B1/Breaker A	断路器 B1 的 A 相电流
	I_b:B1/Breaker B	断路器 B1 的 B 相电流
	I_b:B1/Breaker C	断路器 B1 的 C 相电流

17.9.2　三相故障模块

三相故障模块由三个独立的断路器组成。能对相—相故障和相—地故障进行模拟。模块参数设置对话框如图 17-71 所示。其参数内容如下所述。

(1) Phase A Fault(A 相故障)复选框：选中该复选框后表示允许 A 相断路器动作，否则保持初始状态。

(2) Phase B Fault(B 相故障)复选框：选中该复选框后表示允许 B 相断路器动作，否则保持初始状态。

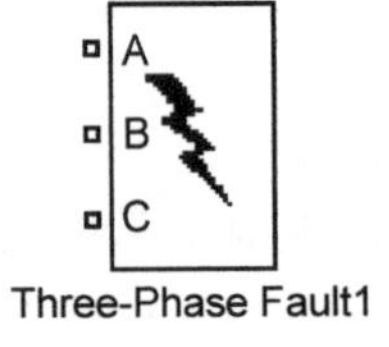

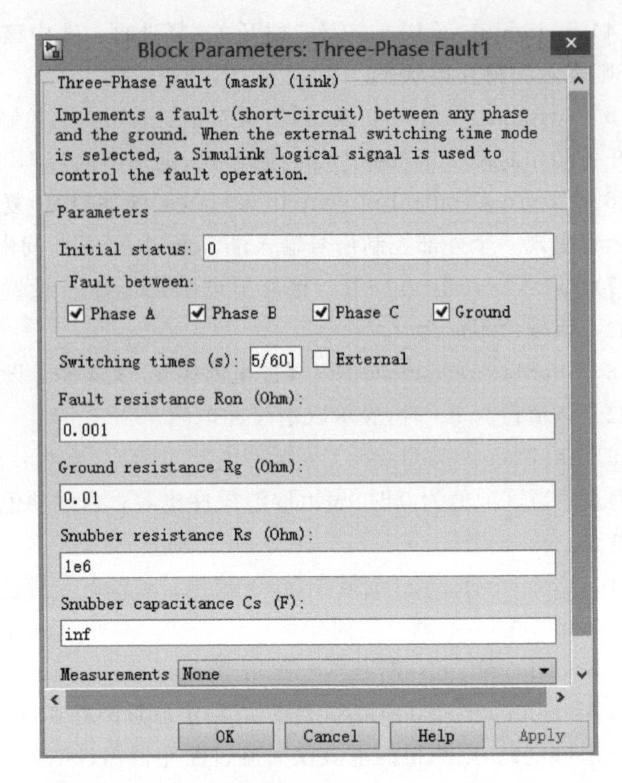

图 17-71　三相故障模块

(3) Phase C Fault(C 相故障)复选框：选中该复选框后表示允许 C 相断路器动作，否则保持初始状态。

(4) Fault resistances R_{on}(故障电阻)文本框：设置断路器投合时的内部电阻，单位为 Ω。故障电阻不能为 0。

(5) Ground Fault(故障接地)复选框：选中该复选框后表示允许接地故障。通过和各个开关配合可实现多种接地故障。未选中该复选框时，则系统自动将大地电阻设置为 106Ω。

(6) Ground resistances R_g(大地电阻)文本框：设置接地故障时的大地电阻，单位为 Ω。大地电阻不能为 0。选中接地故障复选框后，该文本框可见。

(7) External control of fault timing(外部控制)复选框：选中该复选框，三相故障模块上将出现一个外部控制信号输入端。此时，开关时间由外部逻辑信号(0 或 1)控制。

(8) Transition status(切换状态)文本框：设置断路器的开关状态。断路器按照该文本框进行状态切换。采用内部控制方式时，该文本框可见。断路器的初始状态默认设为与该文本框中第一个状态量相反的状态。

(9) Transition times(切换时间)文本框：设置断路器的动作时间。设置后断路器将按照设置的时间进行切换。

(10) Initial status of fault(断路器初始状态)文本框：设置断路器的初始状态。采用外部控制方式时，该文本框可见。

(11) Snubber resistance Rp(缓冲电路阻值)文本框：设置并联缓冲电路的电阻值，

单位为 Ω。该值设为 inf 时，表示取消缓冲电阻。

(12) Snubber capacitance Cp(缓冲电路电容)文本框：设置并联缓冲电路的电容值，单位为 F。当该项值为 0 时，表示取消缓冲电容；当该项值为 inf 时，表示缓冲电路为纯电阻电路。

(13) Measurements(测量参数)下拉框：对以下变量进行测量。

- None(无)：不测量任何变量。
- Branch voltages(故障电压)：测量断路器的三相端口电压。
- Branch currents(故障电流)：测量流过断路器内部的三相电流。若断路器带有缓冲电路，则测得的电流仅为流过断路器器件的电流。
- Branch voltages and currents(所有变量)：测量断路器电流和电压。

选中的测量变量需要通过万用表进行观察。测量变量由"标签"加"模块名"加"相序"构成，例如三相故障模块名称为 F1 时，测量变量符号如表 17-4 所示。

表 17-4　三相故障模块测量变量符号

测量内容	符　号	说　明
电压	U_b:F1/Fault A	三相故障模块 F1 的 A 相电压
	U_b: F1/Fault B	三相故障模块 F1 的 B 相电压
	U_b: F1/Fault C	三相故障模块 F1 的 C 相电压
电流	I_b: F1/Fault A	三相故障模块 F1 的 A 相电流
	I_b: F1/Fault B	三相故障模块 F1 的 B 相电流
	I_b: F1/Fault C	三相故障模块 F1 的 C 相电流

17.9.3 电力系统电磁暂态分析

【例 17-9】 线电压为 380kV 的电压源经过一个断路器和 300km 的输电线路向负荷供电。试搭建电路并对该系统的高频振荡进行仿真，观察不同输电线路模型和仿真类型的精度差别。

步骤 1：打开 Simulink，构建一个如图 17-72 所示的电路仿真模型。

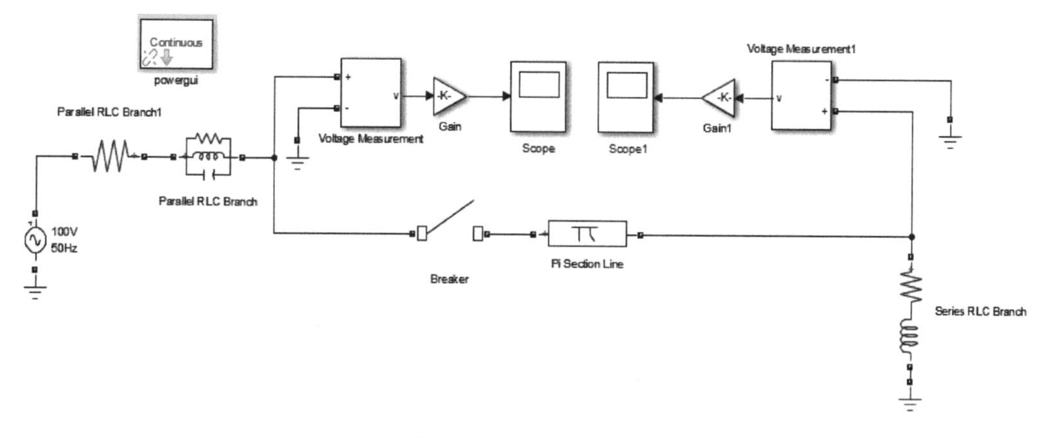

图 17-72　电路仿真模型

步骤2：对图17-72中的并联RLC模块进行参数设置，如图17-73所示。对断路器模块Breaker进行参数设置，如图17-74所示。

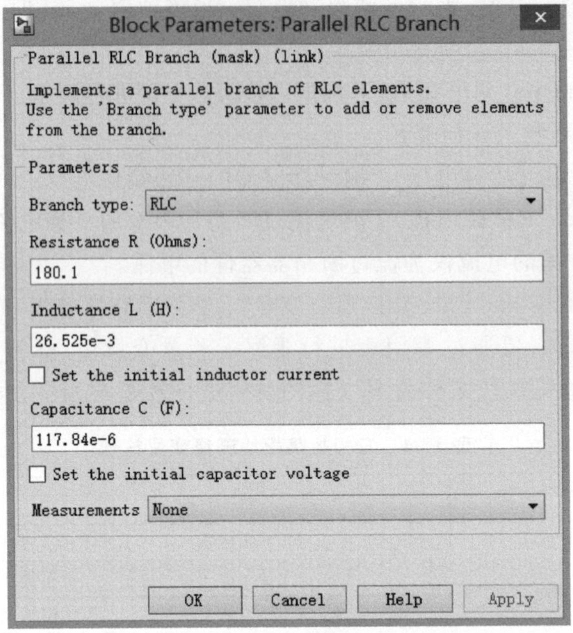

Block Parameters: Parallel RLC Branch

Parallel RLC Branch (mask) (link)

Implements a parallel branch of RLC elements.
Use the 'Branch type' parameter to add or remove elements from the branch.

Parameters

Branch type: RLC

Resistance R (Ohms):
180.1

Inductance L (H):
26.525e-3

Set the initial inductor current

Capacitance C (F):
117.84e-6

Set the initial capacitor voltage

Measurements None

OK Cancel Help Apply

图17-73 并联RLC模块参数设置

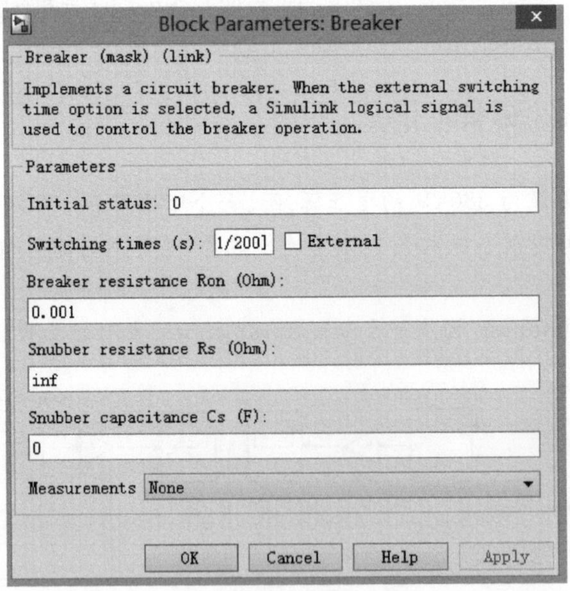

Block Parameters: Breaker

Breaker (mask) (link)

Implements a circuit breaker. When the external switching time option is selected, a Simulink logical signal is used to control the breaker operation.

Parameters

Initial status: 0

Switching times (s): [1/200] External

Breaker resistance Ron (Ohm):
0.001

Snubber resistance Rs (Ohm):
inf

Snubber capacitance Cs (F):
0

Measurements None

OK Cancel Help Apply

图17-74 断路器Breaker参数设置

步骤3：打开Simulation→Configuration Parameters，在图17-75所示的Solver options(算法选择)窗口中选择variable-step(变步长)和ode23tb算法，设置仿真结束时间为0.02s。

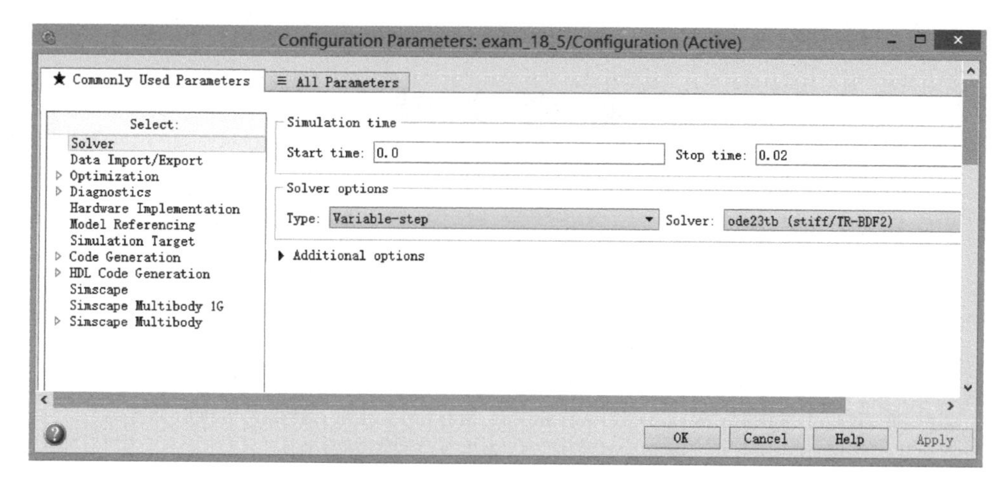

图 17-75　Simulink 模型参数设置

步骤 4：在不同输电线路模型下进行仿真。分别设置线路为 1 段 PI 型电路、10 段 PI 型电路和分布参数线路，把仿真得到的 V_2 处电压分别保存在变量 V_{21}、V_{210} 和 V_{2d} 中，并画出对应的波形图，如图 17-76 所示。

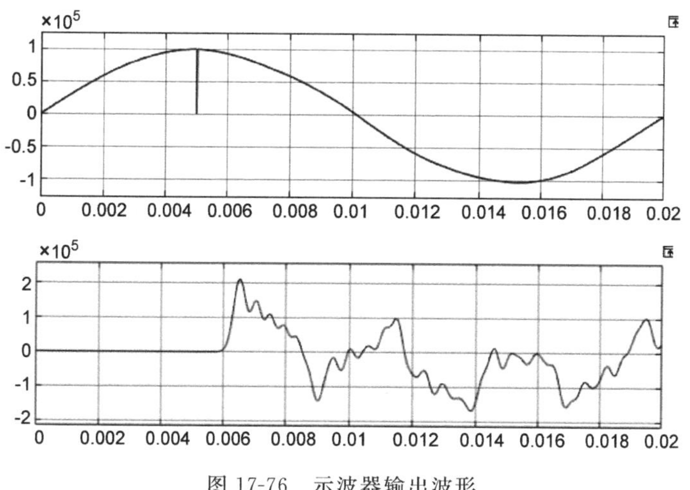

图 17-76　示波器输出波形

17.10　本章小结

本章主要介绍了 MATLAB 提供的常见的电力电子开关模块，包括整流、逆变电路模块以及时序驱动模块。稳态是电力系统运行的状态之一，稳态时系统的运行参数，如电压、电流和功率等保持不变；暂态也是电力系统的运行状态之一，其受扰动后致电力系统运行参数发生很大的变化。本章主要针对电力系统的稳态和暂态进行仿真分析，再现了实际电路的物理状态。通过本章应用实例讲解，读者可以更加深刻地认知 Simulink 在电力系统仿真设计及分析中的应用。

参考文献

[1] 余盛威,吴婷,罗建桥. MATLAB GUI 设计入门与实践[M]. 北京：清华大学出版社,2016.

[2] 李津,刘涛,等. MATLAB 2016 高级应用与仿真[M]. 北京：机械工业出版社,2017.

[3] 刘成龙. MATLAB 图像处理[M]. 北京：清华大学出版社,2017.

[4] 陈众. 电机模型分析及拖动仿真[M]. 北京：清华大学出版社,2017.

[5] 王正林. MATLAB/Simulink 与控制系统仿真[M]. 北京：电子工业出版社,2012.

[6] 李献,骆志伟,于晋臣. MATLAB/Simulink 系统仿真[M]. 北京：清华大学出版社,2017.

[7] 温正,丁伟. MATLAB 应用教程[M]. 北京：清华大学出版社,2016.

[8] 曹戈. MATLAB 教材及实训 [M]. 2 版. 北京：机械工业出版社,2013.

[9] 张德丰. MATLAB R2015b 数学建模[M]. 北京：清华大学出版社,2016.

[10] 刘卫国. MATLAB 程序设计与应用 [M]. 2 版. 北京：高等教育出版社,2006.

[11] 张志涌,杨祖樱. MATLAB 教程 R2011a[M]. 北京：北京航空航天大学出版社,2010.

[12] 徐金明,张孟喜,丁涛. MATLAB 实用教程[M]. 北京：清华大学出版社. 北京交通大学出版社,2005.

[13] 史峰,邓森,等. MATLAB 函数速查手册[M]. 北京：中国铁道出版社,2011.

[14] 林家薇,杜思深,等. 通信系统原理考点分析[M]. 哈尔滨：哈尔滨工程大学出版社,2003.

[15] 樊昌信,曹丽娜. 通信原理 [M]. 6 版. 北京：国防工业出版社,2014.

[16] 郭运瑞. 高等数学[M]. 成都：西南交通大学出版社,2014.

[17] 同济大学应用数学系. 线性代数及其应用[M]. 北京：高等教育出版社,2008.

[18] 韩晓军. 数字图像处理技术与应用[M]. 北京：电子工业出版社,2009

[19] 王正林，刘明，陈连贵. 精通 MATLAB[M]. 3 版. 北京：电子工业出版社，2013.

[20] 陈怀琛，吴大正，高西全. MATLAB 及在电子信息课程中的应用[M]. 4 版. 北京：电子工业出版社，2013.

[21] 唐向宏，岳恒立，郑雪峰. 计算机仿真技术——基于 MATLAB 的电子信息类课程[M]. 3 版. 北京：电子工业出版社，2013.

[22] 尹霄丽，张健明. MATLAB 在信号与系统中的应用[M]. 厦门：厦门大学出版社，2016.

[23] 郑君里，应启珩，杨为理. 信号与系统(上册)[M]. 2 版. 北京：高等教育出版社，2000.

[24] 郑君里，应启珩，杨为理. 信号与系统(下册)[M]. 2 版. 北京：高等教育出版社，2000.

[25] 燕庆明，于凤芹，顾斌杰. 信号与系统教程 [M]. 3 版. 北京：高等教育出版社，2013.

[26] 陈金西. 信号与系统——MATLAB 分析与实现[M]. 北京：电子工业出版社，2013.

[27] 魏晗，陈刚. MATLAB 数字信号与图像处理范例实战速查宝典[M]. 北京：清华大学出版社，2013.

[28] MATLAB 技术联盟，史洁玉. MATLAB 信号处理超级学习手册[M]. 北京：人民邮电出版社，2014.

[29] 徐明远，刘增力. MATLAB 仿真在信号处理中的应用[M]. 西安：西安电子科技大学出版社，2007.

[30] Rafael C Gonzalez，Richard E Woods. 数字图像处理[M]. 阮秋琦，阮宇智，等译. 3 版. 北京：电子工业出版社，2011.

[31] 陈刚，魏晗，高豪林. 计算机仿真技术——基于 MATLAB 的电子信息类课程[M]. 3 版. 北京：清华大学出版社，2016.

[32] 高飞. MATLAB图像处理375例[M]. 北京：人民邮电出版社，2015.
[33] 杨帆. 数字图像处理及应用[M]. 北京：化学工业出版社，2013.
[34] 赵小川，何灏，缪远诚. MATLAB数字图像处理实战[M]. 北京：机械工业出版社，2013.
[35] 余胜威，丁建明，吴婷，魏健蓝. MATLAB图像滤波去噪分析及其应用[M]. 北京：北京航空航天大学出版社，2015.
[36] 刘浩，韩晶. MATLAB R2016a完全自学一本通[M]. 北京：电子工业出版社，2016.
[37] 王正林，郭阳宽. 过程控制与Simulink应用[M]. 北京：电子工业出版社，2006.
[38] 黄永安，李文成，高小科. MATLAB 7.0/Simulink 6.0应用实例仿真与高效算法开发[M]. 北京：清华大学出版社，2008.
[39] 王正林，郭阳宽. MATLAB/Simulink与过程控制系统仿真[M]. 北京：电子工业出版社，2012.
[40] 史峰，邓森，等. MATLAB函数速查手册[M]. 北京：中国铁道出版社，2011.
[41] 温正. MATLAB科学计算[M]. 北京：清华大学出版社，2017.
[42] 陈宝林. 最优化理论与算法[M]. 北京：清华大学出版社，2005.
[43] 张立卫. 最优化方法[M]. 北京：科学出版社，2010.
[44] Edwin K P chong. 最优化导论[M]. 北京：电子工业出版社，2015.
[45] 高飞. MATLAB智能算法超级学习手册[M]. 北京：人民邮电出版社，2014.
[46] 吴进. 语音信号处理实用教程[M]. 北京：人民邮电出版社，2015.
[47] 宋知用. MATLAB在语音信号分析与合成中的应用[M]. 北京：北京航空航天大学出版社，2013.
[48] 曾向阳，杨宏晖. 声信号处理基础[M]. 西安：西北工业大学出版社，2015.
[49] 沈再阳. MATLAB信号处理[M]. 北京：清华大学出版社，2017.
[50] 赵力. 语音信号处理[M]. 2版. 北京：机械工业出版社，2011.
[51] 张雪英. 数字语音处理及MATLAB仿真[M]. 2版. 北京：电子工业出版社，2016.
[52] 梁瑞宇，赵力，魏昕. 语音信号处理实验教程[M]. 北京：机械工业出版社，2016.
[53] 刘豹. 现代控制理论[M]. 北京：机械工业出版社，2008.